TABELLEN DER ZUCKER UND IHRER DERIVATE

VON

HANS VOGEL
ING. CHEM. ASSISTENT
AN DER UNIVERSITÄT GENF

UND

ALFRED GEORG
DR. ÈS. SC. ASSISTENT UND PRIVAT-
DOZENT AN DER UNIVERSITÄT GENF

BERLIN
VERLAG VON JULIUS SPRINGER
1931

ISBN-13: 978-3-642-47311-1   e-ISBN-13: 978-3-642-47764-5
DOI: 10.1007/978-3-642-47764-5

UNSEREM HOCHVEREHRTEN LEHRER

PROFESSOR DR. AMÉ PICTET

IN DANKBARKEIT GEWIDMET

VON DEN

VERFASSERN

Vorwort.

Nach der relativen Ruhepause, welche auf die Konfigurationsermittlung und Synthese der wichtigsten einfachen Zucker durch Emil Fischer folgte, hat seit etwas mehr als einem Jahrzehnt eine neue,
bedeutende Entwicklung der Zuckerchemie eingesetzt. Sowohl auf dem Gebiete der Konstitutions-
bestimmungen als auf demjenigen der Synthese sind Fortschritte erzielt worden. Die wichtigsten Di-
und Trisaccharide sind heute in ihrer Struktur erkannt und die meisten von ihnen auch auf synthetischem
Wege zugänglich. Die Spannweite des Lactolringes der einfachen Zucker und ihrer Derivate konnte
in vielen Fällen einwandfrei festgestellt werden. Die Entdeckung der instabilen „γ"- oder „hetero"-
Formen der Zucker und ihrer Derivate hat der Forschung ein neues und interessantes Gebiet zugänglich gemacht. Endlich ist es gelungen, durch zweckmäßige Anordnung von Reaktionsreihenfolgen
Derivate zu erhalten, in welchen die Stellung des oder der Substituenten im Molekül genau bekannt
ist. War es vor allem die Entdeckung der Osazone gewesen, die Emil Fischer Einblick in die Struktur
der Monosaccharide gewährte, so sind die neueren Erfolge in der Konstitutionsbestimmung hauptsäch-
lich der Methylierungsmethode zu verdanken, die von Purdie und Irvine eingeführt und von Ha-
worth weiter ausgearbeitet wurde. Für die Synthesen sind besonders die von Pictet und seinen
Schülern hergestellten Zuckeranhydride wichtig geworden, sowie die von Freudenberg und Ohle
näher untersuchten Acetonzucker und die von Helferich entdeckten Triphenylmethyläther der Zucker.

Während so die Anzahl der Zucker und besonders ihrer Derivate von Jahr zu Jahr in erstaunlicher
Weise zunimmt, weist deren Registrierung gegenwärtig arge Lücken auf. Die letzte Auflage der „Chemie
der Zuckerarten" von Ed. von Lippmann erschien 1904, und auch Tollens' „Handbuch der Kohlen-
hydrate" ist heute bereits über 15 Jahre alt. In den bisher erschienenen Bänden des „Beilstein" (neue
4. Auflage) sind die Monosaccharide zwar bis 1920, die Polysaccharide jedoch überhaupt noch nicht
behandelt! Und auch von den ersteren stehen noch wichtige Derivate aus (Hydrazone und Osazone,
Acetonzucker usw.). Wer sich also heute ein Bild machen will von dem, was über einen gewissen Zucker
oder über eine bestimmte Kategorie von Derivaten gearbeitet worden ist, muß sich die entsprechenden
Angaben mühsam aus der Originalliteratur zusammensuchen.

Die eben gekennzeichneten Lücken auszufüllen ist der Zweck unseres Tabellenwerkes. Unsere
Absicht ist, es dem Forscher oder Techniker zu ermöglichen, sich schnell über das ihn speziell inter-
essierende Kapitel der Zuckerchemie zu orientieren.

Wir wählten die Form der Tabellen, in denen gleichartige Derivate möglichst übersichtlich zu-
sammengestellt und in verschiedenen Kolonnen ihre charakteristischen Eigenschaften wiedergegeben
sind. In der Zusammenstellung, Reihenfolge und Einteilung der Tabellen haben wir versucht, theore-
tische und praktische Gesichtspunkte nach Möglichkeit zu verbinden. Inwieweit wir darin allen Wün-
schen gerecht werden konnten, überlassen wir der Kritik. Der überaus große Umfang und die außer-
ordentliche Mannigfaltigkeit der Verbindungen machte uns sehr oft die größten Schwierigkeiten be-
treffend Einteilung.

Wir haben uns bemüht, alle einigermaßen gut charakterisierten Zuckerderivate aufzunehmen und
die neuesten und zuverlässigsten Konstanten anzugeben. Ausgelassen wurden ältere Verbindungen von
zweifelhafter Einheitlichkeit und Struktur, Verbindungen, die eher in die allgemeine organische Chemie
als in die spezielle Zuckerchemie gehören, in der Patentliteratur erwähnte Verbindungen, die teils ohne
wissenschaftliches Interesse, teils nicht genügend bezeichnet sind, die komplizierteren natürlichen
Glykoside, deren Konstitution noch nicht oder nicht genügend aufgeklärt ist, alle Derivate der Oxy-

V

dations- und Reduktionsprodukte (Säuren und Alkohole), insofern sie nicht eine besondere Bedeutung für die Zuckerchemie haben. Diese Auslassungen waren nötig, um den Umfang des Buches nicht ins Ungemessene zu vergrößern. Aus demselben Grunde haben auch die polymeren Kohlehydrate mit allen ihren Derivaten keine Aufnahme gefunden, mit Ausnahme einiger niedrigmolekularer Depolymerisationsprodukte. Die ausführlichen Monographien, welche in den letzten Jahren über Stärke (Samec) und Cellulose (Hess) erschienen sind, machen ja auch ihre Einbeziehung in unsere Tabellen überflüssig.

Als Literaturtermin für den Hauptteil gilt der 31. Dezember 1929. Nur ausnahmsweise haben wir besonders wichtige, in den ersten Monaten des Jahres 1930 erschienene Arbeiten noch berücksichtigt. In einem Nachtrag wurden solche Arbeiten aufgenommen, die entweder seit dieser Zeit bis Anfang Juni erschienen sind oder im Hauptteil übersehen wurden.

Wir haben uns nach Möglichkeit bemüht, das ganze vorliegende Material kritisch zu sichten; wo neuere Arbeiten für gewisse Derivate eine andere Struktur erwiesen oder eine andere Benennung eingeführt haben als die vom Verfasser angegebene, haben wir ersteren den Vorzug gegeben; wo uns die angegebene Formulierung fraglich erschien, haben wir sie mit einem Fragezeichen versehen. Wir sind uns jedoch ganz bewußt, daß uns manche Verbindung, manche neuere Konstante oder Formulierung entgangen sein wird, wie dies ja bei dem Umfang der aufgenommenen Derivate und der verhältnismäßig knappen Zeit, die uns zur Verfügung stand, gar nicht anders möglich war. Wir werden deshalb dankbar sein für alle Mitteilungen, welche uns von den Lesern eingesandt werden. Auch werden wir Verbesserungsvorschläge für die Einteilung der Tabellen gern entgegennehmen und sie in einer späteren Auflage zu berücksichtigen versuchen.

Wenn das Werk, dem wir unsere Wünsche auf seinen Weg mitgeben, dazu beiträgt, die chemische Forschung zu fördern, sei es auf rein wissenschaftlichem oder technischem Gebiet, so hat es seinen Zweck erreicht.

Wir danken auch an dieser Stelle der Verlagsbuchhandlung Julius Springer für das Interesse an unserem Buche, das sie durch die Ermöglichung der Herausgabe bewiesen hat.

Ebenso danken wir Fräulein Charlotte Forejtar herzlichst für den Anteil, den sie an den Korrekturen und durch die Herstellung des Registers in vorbildlicher Weise genommen hat.

Genf, im September 1930.

Die Verfasser.

Inhaltsverzeichnis.

Vierter Teil.

Glykoside.

Fünfter Teil.

Reduktions- und Oxydationsprodukte der Zucker.

Berichtigungen.

Tabelle 15, Seite 68, Verbindung 1: In der Formel muß das vierte Kohlenstoffatom neben dem Wasserstoff noch eine Hydroxylgruppe tragen: $\overset{|}{H}COH$.

Tabelle 16, Seite 70, Verbindung 4: In der Spalte „Darstellung" muß es statt $AgCO_3$ heißen Ag_2CO_3.

Tabelle 17, Seite 74, Verbindung 4: In der Spalte „Darstellung" muß es statt Diacetylrhamnose heißen Diacetylrhamnal.

Tabelle 61, Seite 284, Verbindung 6: Diese Verbindung muß richtig heißen: α-Äthoxy-dioxyisobutyraldehyd.

Abgekürzte Zeitschriftentitel im Literaturverzeichnis.

A.	Liebigs Annalen der Chemie.
A. chim. appl.	Annali di Chimica applicata.
Acta phytochim.	Acta phytochimica (Japan).
Am. chem. J.	American Chemical Journal.
Amer. Soc.	Journal of the American Chemical Society.
Ann. chim.	Annales de Chimie.
Ann. chim. phys.	Annales de Chimie et de Physique.
Arch. Path. Pharm.	Archiv für experimentelle Pathologie und Pharmakologie.
Arch. Pharm.	Archiv der Pharmazie.
Ber.	Berichte der Deutschen Chemischen Gesellschaft.
Ber. D. pharm. Ges.	Berichte der Deutschen pharmazeutischen Gesellschaft.
Ber. ges. Physiol.	Berichte über die gesamte Physiologie und experim. Pharmakologie.
Bioch. J.	Biochemical Journal.
Bioch. Z.	Biochemische Zeitschrift.
Bull. Jap.	Bulletin of the Chemical Society of Japan.
C.	Chemisches Zentralblatt.
Chem. Weekblad	Chemisch Weekblad.
Chem. News	Chemical News.
Chem. Z.	Chemiker-Zeitung (Köthen).
Compt. rend.	Comptes rendus de l'Academie des Sciences (Paris).
Franklin Inst.	Journal of the Franklin Institut.
Gazz. chim. Ital.	Gazzetta chimica italiana.
Helv.	Helvetia chimica acta.
J. Biol. Chem.	Journal of Biological Chemistry.
J. chem. Ind.	Journal of the Society of Chemical Industry.
Ind. Eng. Chem.	Industrial and Engineering Chemistry.
J. Russ. phys.-chem. Ges.	Journal der Russischen physik.-chemischen Gesellschaft.
J. prakt. Chem.	Journal für praktische Chemie.
Monatsh. f. Chem.	Monatshefte für Chemie.
N. Ges. Wiss. Göttingen	Nachrichten der Gesellschaft der Wissenschaften in Göttingen.
Papierfabr.	Der Papierfabrikant.
Pharm. et Chim.	Journal de Pharmacie et de Chimie.
Pharm. Weekblad	Pharmazeutisch Weekblad.
Proc. Lond.	Proceedings of the Chemical Society London.
Rec.	Recueil des travaux chimiques des Pays-Bas.
Schweiz. Apoth. Z.	Schweizerische Apotheker-Zeitung.
Soc. chem. Ind.	Journal of the Society of Chemical Industry.
Soc. chim. Biol.	Bulletin de la Société de Chimie Biologique.
Soc. chim. France	Bulletin de la Société Chimique de France.
Soc. Lond.	Journal of the Chemical Society of London.
Sugar	Sugar.
Tidskr. Kemi Bergv.	Tidskrift for Kemi og Bergvaesen.
Washingt. Acad.	Journal of the Washington Academy of Sciences.
Wiener med. W.	Wiener medizinische Wochenschrift.
Z. anal. Ch.	Zeitschrift für analytische Chemie (Fresenius).
Z. angew. Ch.	Zeitschrift f. angewandte Chemie.
Z. Krystall.	Zeitschrift für Krystallographie und Mineralogie.
Z. phys. Chem.	Zeitschrift für physiologische Chemie (Hoppe-Seyler).
Z. physik. Chem.	Zeitschrift für physikal. Chemie.
Z. Unters. Genußm.	Zeitschrift für Untersuchung der Nahrungs- und Genußmittel.
Z. Ver. D. Zuckerind.	Zeitschrift des Vereins der Deutschen Zuckerindustrie.
Z. Zuckerind. Böhmen	Zeitschrift für Zuckerindustrie in Böhmen.

Sonstige Abkürzungen.

(A)	=	Anfangsdrehung
absol.	=	absolut
Alk.	=	Alkohol
alkal.	=	alkalisch
Atm.	=	Atmosphäre
α_D	=	Drehungswinkel
$[\alpha]_D^{20}$	=	Spez. Drehungsvermögen im Na-Licht und Temperatur
Beh.	=	Behandlung
ber.	=	berechnet
ca.	=	zirka
cal/g	=	Kleine Calorie
Cal/g	=	Große Calorie
D_4^{20}	=	Dichte (bei 20°, bezogen auf Wasser von 4°)
Darst.	=	Darstellung
(E)	=	Enddrehung
Essigs.	=	Essigsäure
F	=	Schmelzpunkt
Fehl. Lösg.	=	Fehlingsche Lösung
hygr.	=	hygroskopisch
Hydraz.	=	Hydrazon
Komp.	=	Komponenten
konz.	=	konzentriert
Kp od. Sp	=	Kochpunkt

korr. od. k.	=	korrigiert
Lösg.	=	Lösung
MVW_V	=	Molekulare Verbrennungswärme
M	=	Brechungskonstante
M_∞	=	Brechungskonstante für unendlich große Verdünnung
n_D^{20}	=	Brechungsindex
Osaz.	=	Osazon
R.V.	=	Reduktionsvermögen
V_m	=	Molekularlösungsvolumen
$V_{m\infty}$	=	Molekularlösungsvolumen für unendlich große Verdünnung
V.W.	=	Verbrennungswärme
wässer.	=	wässerig
verd.	=	verdünnt
Z. od. Zers.	=	Zersetzung
l.	=	löslich
l. l.	=	leicht löslich
s. l. l.	=	sehr leicht löslich
w. l.	=	wenig löslich
z. l.	=	ziemlich löslich
unl.	=	unlöslich
f. unl.	=	fast unlöslich
sied.	=	siedend

Bemerkungen zur Nomenklatur.

1. Wegen der Einteilung eines Zuckers zur d- oder l-Reihe sind wir dem Wohl-Freudenbergschen Nomenklaturvorschlag [Ber. **56**, 309 (1923)] gefolgt; daraus ergibt sich die Bezeichnung d- für die früher als l-Threose, l-Xylose, l-Gulose, l-Idose und l-Sorbose bezeichneten Verbindungen sowie deren Derivate und ebenso für die l-Formen.

2. Für die Zuteilung der Glykoside sowie anderer in zwei mutameren Formen auftretender Zuckerderivate zur α- oder β-Reihe haben wir uns dem Hudsonschen Prinzip [Amer. Soc. **31**, 66 (1909)] angeschlossen, wonach in der d-Reihe die stärker rechts (bzw. schwächer links) drehende Verbindung mit α bezeichnet wird, während in der l-Reihe das Gegenteil gilt. Hiermit nicht übereinstimmende Bezeichnungen der Literatur haben wir entweder direkt umgeändert oder aber bei der entsprechenden Verbindung die neuere Bezeichnung angegeben.

3. Die Bezeichnung „γ" besagt bei den Zuckern und den sich davon ableitenden Derivaten, daß sich die Verbindung von einer instabilen Form ableitet, ohne daß dadurch etwas über die Konstitution angegeben werden soll (diese ist, wenn bekannt, anderweitig ausgedrückt). Eine ähnliche Bedeutung hat die Bezeichnung h- (für hetero-). Die Bezeichnung n- (= normal) bedeutet dagegen, daß sich die Verbindung von der stabilen Form des Zuckers ableitet.

4. Bei den Derivaten der Säuren (Aldonsäuren, Zuckersäuren usw.) bedeutet die Bezeichnung α, β, γ, δ usw. die Stellung des Substituenten im Molekül, in bezug auf die Carboxylgruppe, nach dem bekannten Prinzip:

$$\ldots C - C - C - C - C - COOH$$
$$\ldots \delta \quad \gamma \quad \beta \quad \alpha$$

5. Im allgemeinen wurde die Substitutionsstellung in der jetzt üblichen Art ziffernmäßig ausgedrückt, so daß die Ziffern vor den Substituenten zu stehen kommen. Die Numerierung beginnt mit dem aldehydischen Kohlenstoffatom (Aldosen) oder mit demjenigen Ende der Kette, das der Carbonylgruppe am nächsten steht (Ketosen). Die Spannweite des Lactolringes ist hinter dem Namen des Zuckers in Klammern beigefügt.

Beispiele:

<table>
<tr><td>3 Methyl-d-glucose [1,5]</td><td>d-Fructose [2,5]-1,6-di-phosphorsäure</td></tr>
<tr><td>
1   CHOH
2   HCOH
3   CH$_3$OCH   O
4   HCOH
5   C
6   CH$_2$OH
</td><td>
1   CH$_2$OPO(OH)$_2$
2   HOC
3   HOCH
4   HCOH   O
5   HC
6   CH$_2$OPO(OH)$_2$
</td></tr>
</table>

Bei Derivaten, die sich von einer in der Tabelle voranstehenden Verbindung ableiten, haben wir es vielfach unterlassen, Konstitutionsbezeichnungen wie d- oder l-, Ringweite usw. zu wiederholen; es sei in allen diesen Fällen auf den „Grundkörper" verwiesen.

6. Bei komplizierteren Verbindungen, wie Anhydriden, Polysacchariden usw. sind wir im allgemeinen den Nomenklaturvorschlägen von Bergmann und Pringsheim [Ber. **58**, 2647 (1925)] gefolgt; Ausnahmen machten wir nur da, wo die in der Originalliteratur angegebenen Bezeichnungen einfacher waren, ohne Anlaß zu Zweideutigkeiten zu geben. Bekannte Trivialnamen, wie Lävoglucosan (für β-Glucosan[1,5][1,6]), Glucosamin (für 2-Amino-glucose) usw., haben wir beibehalten oder der genaueren Bezeichnung in Klammern beigefügt, wie: (Vaccinin) für 6-Benzoyl-glucose.

7. Zwecks Raumersparnis wurden bei den Formeln Abkürzungen für gewisse Substituenten angewandt, d. h. „Trityl" für die Triphenylmethyl-Gruppe, „Ip" für die Isopropyliden-(Aceton-)Gruppe und „Ac" für die Acetyl-Gruppe.

8. In der Spalte „Diverses" zu findende abgekürzte Bezeichnungen wie „Gärt nicht", „Osazon", „Hydrazon", „reduz. nicht" sind zu verstehen: Gärt nicht mit Hefe, Phenyl-osazon resp. -hydrazon, reduziert nicht Fehlingsche Lösung in der Wärme.

Erster Teil.

Freie Zucker.

Biosen bis Tetrasaccharide, Anhydrozucker, Glucoseene, Desoxyzucker
und Glucale, Saccharin-, Amino-, Thio- und Selenozucker.

Tabelle 1.

Nr	Name	Formel, Konstitution	Vorkommen, Bildung, Darstellung	Krystallogr. Eigenschaften
1	Glykolaldehyd, Glykolose	$C_2H_4O_2$: CHO | CH_2OH [1] In frisch. wässr. Lösg. bimolekular [2]	In d. Natur[3]. Als norm. Stoffwechselprodukt[4]. Aus Bromacetaldehyd u. Barytwasser[5]. D. Kochen v. Dioxymaleinsäure u. Pyridin[6]	Farblose, schiefe Plattten. Süß[2]
2	Milchsäurealdehyd	$C_3H_6O_2$: CHO | CHOH [1] | CH_3 In frisch. wässr. Lösg. bimolekular [2]	In d. Natur[3]. D. Oxydation v. Methylweinsäure mit H_2O_2 u. Ferrosulfat[4]. Aus α-Brompropionacetal u. NaOH[2].	Farblose Nadeln. Bitter[1]

Tabelle 2.

Nr	Name	Formel, Konstitution	Vorkommen, Bildung, Darstellung	Krystallogr. Eigenschaften
1	d-Glycerinaldehyd	$C_3H_6O_3$: CHO | HCOH [1] | H_2COH	Aus Acroleinacetal durch Oxyd. mit $KMnO_4$[2]. Über das d, l-Isoserinaldehyddimethylacetal, welches mit Menthylisocyanat kondens. wird; Trennung durch frakt. Krystallisation u. Verseifung[3]	Sirup
2	l-Glycerinaldehyd	$C_3H_6O_3$: CHO | HOCH [1] | H_2COH	Darst. wie d-Glycerinald.	Sirup
3	d, l-Glycerinaldehyd	$C_3H_6O_3$: Komponenten. In frisch. wässr. Lösg. bimolekular [1]	Aus Acroleinacetal durch Oxyd. mit $KMnO_4$ u. Verseifen mit H_2SO_4[2]. Oxyd. von Glycerin mit H_2O_2 u. Ferrosulfat u. Verseifen des Diacetals mit H_2SO_4[3]	Spitze Nadeln oder Prismen[2][1]. Nicht hygroskop. Süß
4	Dioxyaceton	$C_3H_6O_3$: H_2COH | CO [1] | H_2COH In frisch. wässr. Lösg. bimolekular. Ebenso in fester Form	Aus Formaldehyd u. Nitromethan über Nitroisobutylglycerin, Redukt. u. Oxyd. zu Dioxyacetonoxim[2]. Aus Glycerin d. Oxyd. mit Bacterium xylinum[3]	Rhomb. Nadeln. Süß[1]

Biosen, Methylbiosen.

Schmelz- und Siedepunkt	Optisches Drehungsvermögen	Löslichkeit	Analytisches; Diverses	Literatur
95—97°[2]	inaktiv	l. l. H_2O; l. Alk.; schw. l. Äther[2]	Reduz. Fehl. Lösg. in d. Kälte[5] Nicht gärfähig[2]. p-Nitrophenylosaz. $F = 311°$[7]	[1] Bergmann u. Mikeley: Ber. **54**, 2150 (1921). [2] Fenton u. Jackson: Soc. Lond. **75**, 577 (1899). [3] Mazé: Compt. rend. **171**, 1391 (1920). [4] Rouge: Schweiz. Apoth.-Z. **59**, 157 (1921). [5] Fischer u. Landsteiner: Ber. **25**, 2552 (1892). [6] Mc Cleland: Soc. Lond. **99**, 1829 (1911). — Fischer u. Taube: Ber. **60**, 1704 (1927). [7] Wohl u. Neuberg: Ber. **33**, 3108 (1900).
Sintert: 101°. $F = 105°$[1]	inaktiv	l. l. H_2O; l. Alk.; Aceton; l. l. Eisessig; s. schw. l. Äther, $CHCl_3$[1]	Reduz. Fehl. Lösg. in d. Kälte[1]. Osaz. $F = 145°$[2]	[1] Wohl: Ber. **41**, 3602 (1908). — Wohl u. Lange: Ber. **41**, 3608 (1908). [2] Dworzak u. Pfifferling: Monatsh. f. Chem. **48**, 251 (1927). — Dworzak u. Prodinger: Monatsh. f. Chem. **50**, 459 (1928). [3] Mazé: Compt. rend. **171**, 1391 (1920). [4] Goebel: Amer. Soc. **47**, 1990 (1925).

Triosen, Methyltriosen.

Schmelz- und Siedepunkt	Optisches Drehungsvermögen	Löslichkeit	Analytisches; Diverses	Literatur
—	ca. $+14°$[3]	l. l. H_2O; l. Alk.[3]	—	[1] Wohl u. Freudenberg: Ber. **56**, 309 (1923) [2] Wohl u. Neuberg: Ber. **33**, 3095 (1900). [3] Wohl u. Momber: Ber. **47**, 3346 (1914); **50**, 456 (1917).
—	—	l. l. H_2O; l. Alk.	—	[1] Wohl u. Freudenberg: Ber. **56**, 309 (1923).
142°[3] 138,5°[1] 141°[4]	inaktiv	l. l. H_2O; schw. l. Alk.; Methylalk.; unl. Äther; Benzol[1]	$D^{18} = 1,455$[1]. Reduz. Fehl. Lösg. in d. Kälte. Osaz. $F = 132°$[2]. Gärt schlecht[5]	[1] Wohl u. Neuberg: Ber. **33**, 3095 (1900). [2] Witzemann: Amer. Soc. **36**, 2223 (1914). [3] Reeves: Soc. Lond. **1927**, 2477. [4] Buchner u. Meisenheimer: Ber. **43**, 1779 (1910). [5] Evans u. Hass: Amer. Soc. **48**, 2703 (1926).
Monomol: 65—71°[1] Bimolek: 80°[3]	inaktiv	l. l. H_2O; l. warm. Aceton, l. Methylalk., Äthylalk., unl. Äther[1]	Reduz. Fehl. Lösg. in d. Kälte[2]. Osazon ($F = 132°$) wie d, l-Glycerinaldehyd[2]. Gärt langsam[4]. p-Nitrophenyl-Hydrazon $F = 156°$, schw. l. H_2O[4]. Monomolekulare Form d. Destill. bei 125—130° u. 0,4—0,6 mm[1]	[1] Fischer u. Mildbrand: Ber. **57**, 707 (1924). [2] Piloty: Ber. **30**, 3164 (1897). [3] Bertrand: Annal. chim. [8] **3**, 246 (1904). [4] Fischer u. Taube: Ber. **57**, 1502 (1924).

Tabelle 2 (Fortsetzung).

Nr	Name	Formel, Konstitution	Vorkommen, Bildung, Darstellung	Krystallogr. Eigenschaften
5	Glycerose	$C_3H_6O_3$: Besteht aus Dioxyaceton u. Glycerinaldehyd[1]	Oxyd. von Glycerin mit Brom u. Soda[2]. Oxyd. von Bleiglycerat d. Brom[3]	Sirup
6	β-Methyl-glycerinaldehyd	$C_4H_8O_3$: CHO HCOH HCOH CH_3	Durch Oxyd. von Croton-acetal mit $KMnO_4$ u. Hydrolyse mit H_2SO_4[1]	Sirup. Süß-bitter
7	Methyl-dioxyaceton	$C_4H_8O_3$: H_2COH CO HCOH CH_3	Aus d. Benzoylverb. des Dimethylketols d. Br u. nachf. Einwirk. von Alkalien[1]	Krystallin, kleine Blättchen; bittersüß
8	Tetramethyl-dioxyaceton (Dioxyisobutyron)	$C_7H_{14}O_3$: COH$\cdot(CH_3)_2$ CO COH$\cdot(CH_3)_2$	Aus Mesoxalsäureester od. Triketopentan d. Methyl-magnesiumjodid[1]. Kochen von Dibromiso-butyron mit Pottasche-lösg.[2]	Krystalle. Nadeln[1]. Rhomb. Tafeln[2]
9	Trimethyl-triose	$C_6H_{12}O_3$: COH$\cdot(CH_3)_2$ CHOH CO CH_3	Aus Mesityloxyd durch Einw. von Permang.[1]	hellgelber Sirup

Tabelle 3.

Nr	Name	Formel, Konstitution	Vorkommen, Bildung, Darstellung	Krystallogr. Eigenschaften
1	d-Erythrose	$C_4H_8O_4$: CHOH HCOH HCOH O H_2C	Aus arabons. Calcium mit Ferriacetat u. H_2O_2, Darst. des Benzylphenyl-hydrazons u. Spalt. mit Formaldehyd[1]. Aus Tetracetyl-d-arabon-säurenitril u. ammoniak-alk. Silberlösg.[2]	farbl. Sirup[1]
2	l-Erythrose	CHOH HOCH O HOCH CH_2	Aus l-Arabinose über l-arabons. Calcium mit Ferriacetat u. H_2O_2[1]. Aus l-Arabinose über d. l-Arabinoseoxim u. l-Tetr. acetylarabonsäurenitril so-wie Behandl. mit ammo-niak-alk. Silberlösg.[2]	Sirup, süß[2]
3	d, l-Erythrose	Komponenten	Lösen gleicher Teile d. Komp. u. Isol. a. d. Lösg.	Sirup

Triosen, Methyltriosen.

Schmelz- und Siedepunkt	Optisches Drehungsvermögen	Löslichkeit	Analytisches; Diverses	Literatur
—	inaktiv	l. l. H_2O; l. Alk.; unl. Äther [1—3]	Eigensch. der Komponenten. Osaz. F = 132°. Ident. mit den Osaz. des Glycerinaldehydes u. des Dioxyacetons [4]	[1] **Fischer u. Tafel:** Ber. **22**, 106 (1889). [2] **Fischer u. Tafel:** Ber. **20**, 3384 (1887). [3] **Fischer u. Tafel:** Ber. **21**, 2634 (1888). [4] **Fischer u. Tafel:** Ber. **20**, 1089 (1887).
—	—	l. l. H_2O u. Alk.	Redukt.-Verm. 60% v. d. d. Glucose. Osaz. F = 171°	[1] **Wohl u. Frank:** Ber. **35**, 1904 (1902).
—	—	l. l. H_2O, Alk., unl. Äther	Reduz. Fehling. Lösg. in d. Kälte Osaz. F = 174°, ident. mit vorigem	[1] **Dills u. Stephan:** Ber. **42**, 1787 (1909).
117—118° Sdp. 755 238—240° [1] 42—43° Sp. 11 101,5 bis 102° [2]	—	l. l. H_2O	—	[1] **Henry:** Compt. rend. **144**, 1200 (1907). — **Lemaire:** Rec. trav. Pays-Bas **29**, 27 (1910). [2] **Faworski:** Journ. pr. Chem. [2] **88**, 682 (1913).
Sdp. 19 109°	—	l. l. H_2O, Alk. Äther, Chlorof.	$D_{22} = 1,077$. Reduz. Fehling. Lösg. in d. Kälte	[1] **Harries u. Pappos:** Ber. **34**, 2979 (1901).

Tetrosen, Methyltetrosen.

Schmelz- und Siedepunkt	Optisches Drehungsvermögen	Löslichkeit	Analytisches; Diverses	Literatur
—	$[\alpha]_D^{20}$ (H_2O, 11%) $= -14,5°$ (E) [1]	l. l. H_2O, Alk.	Reduz. Fehling. Lösg. langsam in d. Kälte, schnell beim Erwärmen. Gärt nicht. Benzylphenylhydraz. F = 105,5°. Osazon F = 164°, ident. mit d-Threosaz. [1]	[1] **Ruff:** Ber. **32**, 3672 (1899). [2] **Wohl:** Ber. **26**, 743 (1893).
—	$[\alpha]_D$ (H_2O) $= +21,5°$ [1] $+32,7°$ [2]	l. l. H_2O, Alk.	Reduz. Fehling. Lösg. langs. in d. Kälte, rasch beim Erw. Gärt nicht. Osazon F = 164°, ident. mit vorst. [1]	[1] **Ruff u. Meusser:** Ber. **34**, 1366 (1901). [2] **Wohl:** Ber. **32**, 3666 (1899).
—	inaktiv	l. l. H_2O, Alk.	Osaz. F = 166—168° [1]	[1] **Fischer u. Landsteiner:** Ber. **25**, 2554 (1892).

Tabelle 3 (Fortsetzung).

Nr	Name	Formel, Konstitution	Vorkommen, Bildung, Darstellung	Krystallogr. Eigenschaften
4	**d-Threose** (früher l-Tr.)	CHOH HOCH HCOH O [1] H_2C	Aus Tetracetyl-l-xylon-säurenitril mit NH_3 u. nachfolg. Behandl. mit verd. Säuren[2]. Durch Oxyd. von l-xylons. Calcium mit Ferriacetat u. H_2O_2[3]	Sirup
5	**d-Erythrulose**	H_2COH CO HOCH H_2COH	Durch Oxyd. von Meso-erythrit mit Bacterium xylinum[1]	Sirup
6	**d, l-Erythrulose**	Komponenten	Oxyd. von Erythrit mit H_2O_2 u. Ferrosulfat[1]	gelber Sirup
7	**Methyltetrose**	$C_5H_{10}O_4$[1] CHO HCOH HOCH HOCH CH_3	Aus Tetracetylrhamnon-säurenitril + HCl[2]. Durch Oxyd. von rhamnons. Calcium mit H_2O_2 + Ferriacetat[3]	gelber Sirup, süß[3]
8	**Methyltetrose**	CHO HOCH HCOH HCOH CH_3	Aus isorhamnons. Calcium d. Oxyd. mit H_2O_2 + Ferriacetat[1]	Sirup
9	**d, l-Methyltetrose**	$C_5H_{10}O_4$	Redukt. von Dioxyvalerol-aceton mit Natriumamalg. u. H_2SO_4[1]	Sirup

Tabelle 4.

Nr	Name	Formel, Konstitution	Vorkommen, Bildung, Darstellung	Krystallogr. Eigenschaften
1	**d-Ribose**	$C_5H_{10}O_5$: CHOH HCOH HCOH O HCOH H_2C	In d. Nat. als Kohlenhydr. der Nucleinsäuren[1]. Darst.: D. Hydrolyse der nat. Nucleoside. Aus d-Glucose über d-Gluconsäure → d-Arabinose → d-Arabonsäure → d-Ribonsäure u. Redukt.[2]	farbl., s. hygrosk. Kryst.[2]
2	**l-Ribose**	CHOH HOCH O HOCH HOCH CH_2	Aus l-Arabinose über l-Arabonsäure → l-Ribonsäure u. Redukt.[1]. Aus l-Arabinose mit NaOH[2]	farbl., süße Kryst. (aus absol. Alk.)[2]

Tetrosen, Methyltetrosen.

Schmelz- und Siedepunkt	Optisches Drehungsvermögen	Löslichkeit	Analytisches; Diverses	Literatur
—	—	—	Osaz. ident. mit d-Erythrosaz. F = 164°	[1] **Wohl** u. **Freudenberg**: Ber. **56**, 309 (1923). [2] **Maquenne**: Annal. chim. [7] **24**, 404 (1901). [3] **Ruff**: Ber. **34**, 1370 (1901).
—	$[\alpha]_D^{20} = +12° \rightarrow$ (in H_2O)	l. l. H_2O; l. absol. Alk.	Osaz. F = 164°. Ident. mit Erythrosaz. Reduz. Fehling. Lösg. in d. Kälte. Gärt nicht	[1] **Bertrand**: Annal. chim. [8] **3**, 206, 259 (1904).
—	inaktiv	—	Reduz. stark Fehling. Lösg. Methylphenylosaz. F = 158°—59°	[1] **Neuberg**: Ber. **35**, 2627 (1902).
—	$[\alpha]_D^{20} = -30,5° \rightarrow$ $-16,35°$ (in 96 proz. Alkohol, c = 9,47) [3]	l. l. H_2O; l. Alk. [2]	Reduz. Fehling. Lösg. [3]. Osazon F = 172—173° Benzylphenylhydraz. F = 96°—97°	[1] **Fischer** u. **Zach**: Ber. **45**, 3762 (1912). [2] **Fischer**: Ber. **29**, 1381 (1896). [3] **Ruff**: Ber. **35**, 2362 (1902).
—	—	—	÷	[1] **Votoček**: u. **Krauz**: Ber. **44**, 3287 (1911).
—	—	l. l. H_2O, Alk.	Reduz. stark Fehling. Lösg. Osaz. F = 140°—142°	[1] **Gilmour**: Soc. Lond. **105**, 73 (1914).

Pentosen.

Schmelz- und Siedepunkt	Optisches Drehungsvermögen	Löslichkeit	Analytisches; Diverses	Literatur
95° [2]	$[\alpha]_D = -21,5°$ (in H_2O) [2]	l. l. H_2O; s. schw. l. Alk.	p-Bromphenylhydraz. F = 170°. Osaz. ident. mit d-Arabinosaz., F = 160°	[1] **Levene** u. **Jacobs**: Ber. **42**, 3247, 2473, 2706 (1909); **43**, 3147 (1910). [2] **v. Ekenstein** u. **Blanksma**: Chem. Weekblad **10**, 664 (1913).
87° [2]	$[\alpha]_D = +18,8°$ (H_2O, c = 1,5 %) [3]	l. l. H_2O, schw. l. Alk.	Osaz. F = 166° ident. mit l-Arabinosazon	[1] **Fischer** u. **Piloty**: Ber. **24**, 4214 (1891). [2] **v. Ekenstein** u. **Blanksma**: Chem. Weekblad **6**, 373 (1909); **10**, 213 (1913).

Nr	Name	Formel, Konstitution	Vorkommen, Bildung, Darstellung	Krystallogr. Eigenschaften
3	**d-Arabinose-β**	CHOH HOCH HCOH O [1] HCOH H$_2$C	In d. Nat. als Best. des Glucosids Aloïn, aus dem sie d. Hydrolyse mit verd. Säure gewonnen wird[2]). Aus d-glucons. Calcium d. Oxyd. mit Ferriacetat u. H$_2$O$_2$ [3]). Aus d-Glucose → d-Gluconsäure → d-Gluconsäureamid[4])	farbl., rhomb. Prismen; a:b:c = 0,6783:1 :0,4436; süß[5])
4	**l-Arabinose-β**	HOCH HCOH O HOCH [1, 2] HOCH CH$_2$	In d. Nat. weit verbr. als Best. der Marksubstanz, von Samenschalen u. in Form eines polymeren Anhydrides (Arabane); kommt auch an Glucose geb. als Disaccharid vor (Vicianose). Darst.: D. Hydrolyse von Araban mit verd. Säure[3])	rhomb., farbl. Nadeln, a:b:c = 1,497:1 :0,738[4]); a:b:c = 0,6783:1 :0,4463; süß[5])
5	**l-Arabinose-α**	HCOH HCOH O HOCH [1] HOCH CH$_2$	Erhitzen von β-l-Arabinose im Vakuum[1])	amorph
6	**d, l-Arabinose**	Komponenten	Im Harn bei Pentosurie[1]). DurchMisch.gleich.Meng. d. Kompon. u. Krystall.[2])	rhomb. Nadeln, süß[2])
7	**d-Lyxose-α** **Epixylose**	CHOH HOCH HOCH O HCOH H$_2$C	Durch Redukt. von d-Lyxonsäurelacton mit Na-Amalgam[1]). Aus Pentacetyl-d-galaktonsäurenitril über d-Lyxosediacetamid → d-Lyxose[2]). Oxyd. von d-galaktons. Calcium mit H$_2$O$_2$ u. Ferriacetat[3])	Monokl. Prismen, s. hygr. süß. a:b:c = 1,608:1 :1,828
8	**l-Lyxose**	CHOH HCOH O HCOH HOCH CH$_2$	Aus d, l-Galaktose → l-galaktons. Calcium, Oxyd. mit H$_2$O$_2$ + Ferriacetat[1])	hygr., süße Krystalle
9	**d, l-Lyxose**	Komponenten	Durch Krystall. gleicher Meng. d. gelöst. Komp.	Krystalle

Schmelz- und Siedepunkt	Optisches Drehungsvermögen	Löslichkeit	Analytisches; Diverses	Literatur
158,5 bis 159,5°[2])	$[\alpha]_D = -175° \rightarrow -105°$ (in H_2O c = 9,4524%)[3])	l. l. H_2O; l. in 90% Alk.	Gärt nicht. Reduz. in d. Wärme stark Fehling. Lösg. Osaz. F = 160°[6])	1) **Hirst** u. **Robertsohn:** Soc. Lond. **127**, 358 (1925). 2) **Léger:** Soc. chim. France [4] **7**, 479, 800 (1910). 3) **Ruff:** Ber. **32**, 553 (1899); **35**, 2360 (1902) 4) **McOwan:** Soc. Lond. **1926**, 1737. 5) **Traube:** Ber. **26**, 741 (1893). 6) **Wohl:** Ber. **26**, 735 (1893).
160°[6])	$[\alpha]_D^{20} = +174° \rightarrow +105°$ (in H_2O, c = 10%)[7])	l. l. H_2O; l. Alk., unl. Äther	Reduz. Fehling. Lösg. stark in d. Wärme; R.V. = 92% d. Gluc. Gärt nicht[8]). M.V.W$_v$ = 558,3 Cal.[9]) p-Bromphenylhydraz. F = 162°[10])	1) **Baker** u. **Haworth:** Soc. Lond. **127**, 365 (1925). 2) **Vogel:** Helv. **11**, 1210 (1928). 3) **Kilian** u. **Köhler:** Ber. **37**, 1210 (1904). 4) **Wherry:** Amer. Soc. **40**, 1852 (1918). 5) **Groth:** Ber. **6**, 615 (1873). 6) **Dafert:** Ber. D. pharm. Ges. **264**, 409 (1926). 7) **Hudson** u. **Janowsky:** Amer. Soc. **39**, 1013 (1917). — **v. Lippmann:** Ber. **23**, 3565 (1890). 8) **Pucher** u. **Finch:** Ber. ges. Physiol. **38**, 186 (1927). 9) **Stohmann** u. **Langbein:** Journ. prakt. Ch. [2] **45**, 305 (1892). 10) **Fischer:** Ber. **27**, 2491 (1894).
158°[1])	$[\alpha]_D^{20} = +55,4° \rightarrow +104,6°$ (in H_2O, c = 3,07)[1])	l. l. H_2O; l. Alk., unl. Äther	Reduz. Fehling. Lösg. wie β-d-Arab.[1])	1) **Vogel:** Helv. **11**, 1210 (1928).
164°[2])	inaktiv	l. l. H_2O; l. Alk. (90%tig.)[2])	Diphenylhydraz. F = 202°—04°[1]). Osaz. F = 169°	1) **Neuberg:** Ber. **33**, 2243 (1900). — **Wrzesnewski:** Bioch. Z. **132**, 135 (1922). 2) **Ruff:** Ber. **32**, 554 (1899).
101°[1-3])	$[\alpha]_D = +5,5° \rightarrow -14,0°$ (in H_2O, c = 8%)[1-3][5])	l. l. H_2O; l. Alk.[2])	Osaz. ident. mit d-Xylosaz., F = 163°[1]). Gärt nicht[3]). Reduz. Fehling. Lösg. in d. Wärme Benzylphenylhydraz. F = 128°[3])	1) **Fischer** u. **Bromberg:** Ber. **29**, 584 (1896). 2) **Wohl** u. **List:** Ber. **30**, 3105 (1897). 3) **Ruff** u. **Ollendorff:** Ber. **33**, 1798 (1900). 4) **Wherry:** Amer. Soc. **40**, 1852 (1918). 5) **Hudson** u. **Janowsky:** Amer. Soc. **39**, 1013 (1917).
105°	$[\alpha]_D^{20} = -5,8° \rightarrow +13,5°$ (in H_2O)	l. l. H_2O; l. Alk.	Chemisch vollk. ident. mit d-Lyxose. p-Bromphenylhydraz. F = 157°	1) **v. Ekenstein** u. **Blanksma:** Chem. Weekblad **11**, 189 (1914).
95°	inaktiv	—	—	1) **v. Ekenstein** u. **Blanksma:** Chem. Weekblad **11**, 189 (1914).

Tabelle 4 (Fortsetzung).

Nr	Name	Formel, Konstitution	Vorkommen, Bildung, Darstellung	Krystallogr. Eigenschaften
10	d-Xylose-α (früher l-Xylose) Holzzucker	CHOH HCOH HOCH O 1,2) HCOH H_2C	In d. Nat. weit verbreit. in Form eines polymeren Anhydrides (Xylane). Darst.: D. Hydrolyse d. Xylane mit verd. Säure, z. B. aus Holzgummi[3]), Stroh[4]), Maiskolben[5]), Baumwollsamenhülsen[6]), Bambus[7]). D. Oxyd. von d-Gulonsäure mit H_2O_2 + Ferriacetat[8])	Drüsen. farbl. Nadeln. Monoklin, a:b:c = 1,655:1 :1,776; süß[9])
11	l-Xylose (früher d-Xylose)	CHOH HOCH O HCOH HOCH CH_2	Aus l-Gulonsäure mit H_2O_2 u. Ferriacetat[1])	Weiße Nadeln oder Prismen
12	d, l-Xylose	Komponenten	D. Krystall. d. gemischt. Komp. aus Alk.[1]). Bei d. Oxyd. von Xylit mit Br + Na_2CO_3[2])	Prismen
13	Apiose	CHO CHOH HOH_2C—COH CH_2OH	In d. Nat. als Glucosid apiin in d. Petersilie[1]). Darst. d. Hydrolyse des Apiins mit verd. H_2SO_4	Sirup
14	Cyclamose (Cyclose)	$C_5H_{10}O_5$	Im Glucosid Cyclamin; d. Hydrolyse mit verd. H_2SO_4[1])	Sirup
15	d, l-Riboketose (d, l-Araboketose)	$C_5H_{10}O_5$ Komponenten. Struktur unbek.	D. Oxyd. von Adonit mit Bleisuperoxyd + HCl[1]). D. Kondens. einer wäss. Formaldehydlösung durch Kochen mit $CaCO_3$[2])	Sirup
16	d, l-Xyloketose	$C_5H_{10}O_5$ Komponenten: H_2COH H_2COH CO CO HOCH + HCOH HCOH HOCH H_2COH H_2COH	D. Oxyd. von Xylit mit Bleisuperoxyd u. HCl[1])	Sirup
17	Ketopentose	$C_5H_{10}O_5$ Struktur unbek.	Aus Formaldehyd und Kalkmilch bei gewöhnl. Temp.[1])	Sirup

10

Schmelz- und Siedepunkt	Optisches Drehungsvermögen	Löslichkeit	Analytisches; Diverses	Literatur
143°8); 144 bis 145°3) 145 bis 150°7)	$[\alpha]_D^{20} = +92,0° \rightarrow +19,0°$ (in H_2O)10) $[\alpha]_D^{18} +19,2°$ (E) (in H_2O)7)	l. l, H_2O; l. warm. Alk., unl. k. Alk. u. Äther	Reduz. Fehling. Lösg. in d. Wärme11). R.V. = 92% d. Glucose. D = 1,535 12). M.V.W$_v$ = 561,9 Cal.13) V.W. = 3735 Cal.14). Gärt nicht. Osaz. F = 159°7). Osaz. F = 153—55°15)	[1] Freudenberg u. Brauns: Ber. 55, 1339 (1922). — Wohl u. Freudenberg: Ber. 56, 309 (1923). [2] Hirst u. Purves: Soc. Lond. 123, 1352 (1923). [3] Wheeler u. Tollens: A. 254, 316 (1889). — Fischer u. Stahel: Ber. 23, 2628 (1890). [4] Schulze u. Tollens: A. 271, 40 (1892). [5] Hudson u. Harding: Amer. Soc. 40, 1601 (1918). — Ling u. Nanji: Soc. Lond. 123, 620 (1923). [6] Hudson u. Harding: Amer. Soc. 39, 1031 (1917). [7] Komatsu u. Sasaoka: Bull. Jap. 2, 57 (1927). [8] Fischer u. Ruff: Ber. 33, 2144 (1900). [9] Wherry: Amer. Soc. 40, 1852 (1918). [10] Hudson u. Janowsky: Amer. Soc. 39, 1013 (1917). [11] Pucher u. Finch: Ber. ges. Physiol. 38, 186 (1927). [12] Pionchon: Compt. rend. 124, 1534 (1897) [13] Stohmann u. Langbein: Journ. prakt. Ch. [2] 45, 305 (1892). [14] Karrer u. Fioroni: Helv. 6, 396 (1923). [15] Ehrenstein: Helv. 9, 332 (1926).
141—143°	$[\alpha]_D^{20} = -18\,6°$ (E) (in H_2O, c = 9,94%)	wie d-Xylose	—	[1] Fischer u. Ruff: Ber. 33, 2145 (1900).
129—131°	inaktiv	—	Osaz. F = 210—15°	[1] Fischer u. Ruff: Ber. 33, 2165 (1900). [2] Fischer: Ber. 27, 2487 (1894).
—	$[\alpha]_D^{20} = +3,8°$ (in H_2O, c = 3,4%)	l. l. H_2O: schw. l. Alk.	Gärt nicht. p-Bromphenylosaz. F = 211—212°. Osaz. F = 156°	[1] Vongerichten: A. 318, 121 (1901); 321, 71 (1902). — Vongerichten u. Müller: Ber. 39, 236 (1906).
—	$[\alpha]_D^{20} = +48,78°$ (in H_2O)	l. l. H_2O	Osaz. F = 151°	[1] Plzák: Ber. 36, 1763 (1903).
—	inaktiv	l. l. H_2O	Methylphenylosaz. F = 175°	[1] Neuberg: Ber. 35, 2629 (1902). — Fischer: Ber. 26, 637 (1893); 27, 2486, 2491 (1894). [2] H. u. A. Euler: Ber. 39, 46 (1906).
—	inaktiv	l. l. H_2O	Mrthylphenylosaz. F = 173°1). Osazon mit d,l-Xylosaz. ident. F = 210—215°	[1] Neuberg: Ber. 35, 2628 (1902). — Fischer: Ber. 27, 2486 (1893).
—	inaktiv	—	Methylphenylosaz. F = 137°1)	[1] Neuberg: Ber. 35, 2632 (1902). — H. u. A. Euler: Ber. 39, 48 (1906).

Tabelle 4 (Fortsetzung).

Nr	Name	Formel, Konstitution	Vorkommen, Bildung, Darstellung	Krystallogr. Eigenschaften
18	d-Araboketose	H_2COH CO $HCOH$ (?) $HCOH$ H_2COH	D. Oxyd. von d-Arabit mit H_2O_2 u. Ferrosulfat[1]). Im Harn von mit d-Arabit gefütt. Kaninchen[2])	Sirup
19	l-Araboketose	H_2COH CO $HOCH$ (?) $HOCH$ H_2COH	Oxyd. von l-Arabit mit Brom u. Soda[1])	Sirup

Tabelle 5.

Nr	Name	Formel, Konstitution	Vorkommen, Bildung, Darstellung	Krystallogr. Eigenschaften
1	d-Rhamnose	$C_6H_{12}O_5 + H_2O$ CHOH HOCH HOCH O HCOH HC CH_3	Aus Isorhodeose über Isorhodeonsäure → d-Rhamnonsäurelacton, reduz. zu d-Rhamnose mit Na-Amalgam[1])	Krystalle mit 1 Mol. H_2O[1])
2	l-Rhamnose-α (Isodulcit)	$C_6H_{12}O_5 + H_2O$ HOCH HCOH O HCOH [1]) HOCH CH CH_3	In d. Nat. weit verbr. in Form von Glucosiden (Rhamnosiden): Quercitrin, Frangulin, Hesperidin, Rutin, Xanthorhamnin, Solanin, Strophantin usw.[2]). Als Bestandt. von Di- u. Trisacch.[3]). Darst.: D. Hydrolyse der Rhamnoside mit verd. Säuren[4])	Monokl. Kryst. aus H_2O oder Alk. mit 1 Mol. H_2O. a:b:c = 0,9996:1 :8381 oder 1,2323:1 :0,8382. Süß[5])
3	l-Rhamnose-β	$C_6H_{12}O_5$ HCOH O HCOH ⋮ ⋮	D. läng. Erhitzen der α-Form am Wasserbad u. Umkrystall. aus Aceton[1])	Weiße Nadeln (aus Aceton)[1])

Pentosen.

Schmelz- und Siedepunkt	Optisches Drehungsvermögen	Löslichkeit	Analytisches; Diverses	Literatur
—	—	—	Reduz. Fehling. Lösg. Methylphenylosaz. $F = 172°$[1]. Osaz. ident. mit d-Arabinosaz.	[1] Neuberg: Ber. 35, 962 (1902). [2] Neuberg u. Wohlgemuth: Ber. 34, 1745 (1901).
—	—	—	Osaz. ident. mit l-Arabinosaz.	[1] Neuberg: Z. phys. Ch. 31, 564 (1901).

Methylpentosen.

Schmelz- und Siedepunkt	Optisches Drehungsvermögen	Löslichkeit	Analytisches; Diverses	Literatur
—	$[\alpha]_D^{16,5} = -8,25°$ (E) (in H_2O, c = 10%)	l. l. H_2O, n. l. Alk., unl. Äther	p-Bromphenylosaz. $F = 222—223°$[1]. Osaz. $F = 185°$[2]. Reduz. Fehling. Lösg. in d. Wärme	[1] Votoček u. Valentin: Compt. rend. 183, 62 (1926). [2] Fischer u. Zach: Ber. 45, 3770 (1912).
105°. 93—94°[6])	$[\alpha]_D^{15} = +9,1°$ (E) (in H_2O, c = 10%)[7] $[\alpha]_D^{20} = -7,7° \rightarrow +8,9°$ (in H_2O, berechnet)[8]	l. l. H_2O, l. Methylalk., n. l. absol.Alk.	Reduz. Fehling. Lösg. in d. Wärme. Gärt nicht. $D = 1,4708$[9]. $Verbr.W_r = 3909,2$ Cal/g[10]. $M.V.W_v = 711,5$Cal.[10] Osaz. $F = 182°$[11]	[1] Fischer u. Zach: Ber. 45, 3762 (1912). — Hirst u. Macbeth: Soc. Lond. 1926, 22. [2] Liebermann u. Hörmann: A. 196, 328 (1879). [3] Feist: Ber. 31, 537 (1898); 33, 2091 (1900). — Tanret: Soc. chim. France [3] 21, 1065 (1899). — Ponsot: Soc. chim. France [3] 23, 145 (1900). [4] Clark: J. Biol. Chem. 38, 255 (1919).— Walton: Amer. Soc. 43, 127 (1921). [5] Will: Ber. 20, 294, 1118 (1887). — Liebermann, Hörmann u. Hirschwald: A. 196, 330 (1878). [6] Berend: Ber. 11, 1354 (1878). [7] Pourdie u. Young: Soc. Lond. 89, 1194 (1906). [8] Hudson u. Yanowsky: Amer. Soc. 39, 1013 (1917). [9] Rayman: Soc. chim. France [2] 47, 670 (1887). [10] Stohmann u. Langbein: J. prakt. Chem. [2] 45, 305 (1892). [11] Fischer u. Zach: Ber. 45, 3771 (1912).
122—126°[1])	$[\alpha]_D = +9,1°$ (E) (in H_2O)[1] $[\alpha]_D = +54,0° \rightarrow +8,9°$ (in H_2O berechnet)[2]	l. l. H_2O u. Alk.	Chem. genau wie α-Form. $M.V.W_v = 718,2$ Cal.[3]. $Verbr.W_v = 4379,3$ Cal/g[4]	[1] Fischer: Ber. 28, 1162 (1895). — Purdie u. Young: Soc. Lond. 89, 1194 (1906). [2] Hudson u. Yanowsky: Amer. Soc. 39, 1013 (1917). [3] Stohmann u. Langbein: J. prakt. Chem. [2] 45, 305 (1892). [4] Karrer u. Fioroni: Helv. 6, 396 (1923).

Nr	Name	Formel, Konstitution	Vorkommen, Bildung, Darstellung	Krystallogr. Eigenschaften
4	**d-Isorhamnose** Isorhodeose, d-Epirhamnose, Chinovose	$C_6H_{12}O_5$: CHOH HCOH HOCH · O 1,2) HCOH HC CH$_3$	In d. Nat. als Glucosid (Convolvulin)[3]. In d. Purginsäure[4]. Aus d. Lacton der d-Isorhodeonsäure durch Red. mit Na-Amalgam[5]. Darst.: Synth. od. durch Hydrolyse von Convolvulin mit verd. Säuren. Synthese: Aus Triacetylmethylglucosidbromhydrin durch Red. mit Zinkstaub u. Essigs.[2]. Aus d. Glucosid Chinovin[6]	Krystalle; farbl. harte Kugeln. Süß[2]
5	**l-Isorhamnose** **l-Epirhamnose**	$C_6H_{12}O_5$: CHOH HOCH O HCOH 1,2) HOCH CH CH$_3$	Durch Red. von l-Isorhamnosesäurelacton mit Na-Amalg.[3]	Sirup. Süß
6	**Epifucose**	$C_6H_{12}O_5$: CHOH HCOH O HCOH 1) HCOH CH CH$_3$	Umlagerung der Fuconsäure d. Kochen mit Pyridin u. Redukt. d. Epifuconsäurelactons mit Na-Amalg.[1]	Sirup
7	**Epirhodeose** **(Epi-d-Fucose)**	$C_6H_{12}O_5$: CHOH HOCH HOCH · O 1) HOCH HC CH$_3$	Umlagerung v. Rhodeonsäure d. Kochen mit Pyridin u. Redukt. zu Epirhodeose mit Na-Amalg.[1]	Sirup
8	**d-Fucose** **(Rhodeose)**	$C_6H_{12}O_5$: CHOH HCOH HOCH · O 1) HOCH HC CH$_3$	In d. Nat. als Glucosid: Convolvulin, Jalopin[2]. Aus Diacetongalaktose üb. ihren p-Toluolsulfosäureester u. ihr Jodhydrin, Hydrolyse d. entst. Diacetonfucose mit verd. H_2SO_4[1]. Darst. d. Hydrolyse d. nat. Glucoside m. verd. Säuren[2]	Nadeln. Süß[1]
9	**l-Fucose**	$C_6H_{12}O_5$: CHOH HOCH O HCOH 1) HCOH CH CH$_3$	Als polymeres Anhydrid (Fucosane) vork. im Seetang, im Traganthgummi, im japan. Nori. Aus Seetang d. Hydrolyse mit verd. H_2SO_4 u. Reinig. über d. Phenylhydrazon[1]	Mikrosk. Nadeln. Süß[2]

Schmelz- und Siedepunkt	Optisches Drehungsvermögen	Löslichkeit	Analytisches; Diverses	Literatur
139—140°. (Sintert bei 130°)[2]	$[\alpha]_D^{20} = +73{,}33° \rightarrow +29{,}69°$ (in H_2O, $c = 10\%$)[2]	l. l. H_2O u. Alk., unl. Äther, Aceton	Reduz. sehr stark Fehl. Lösg. in d. Wärme.[2] Osaz. F = 185°[2], F = 187—189°[6]	[1] Votoček u. Krauz: Ber. 44, 819, 3287 (1911). [2] Votoček: C. 1904 I, 581. [3] Votoček: Ber. 43, 476 (1910). [4] Votoček: C. 1902 II, 1361. [5] Fischer u. Zach: Ber. 45, 3761 (1912). [6] Freudenberg u. Raschig: Ber. 62, 373 (1929).
—	$[\alpha]_D^{20} = -30{,}0°$ (in H_2O)[3]	l. l. H_2O u. Alk.	Reduz. stark Fehling. Lösg. in d. Wärme. Osaz. ident. mit Rhamnosaz. F = 182°[3]	[1] Votoček u. Krauz: Ber. 44, 819, 3287 (1911). [2] Fischer u. Zach: Ber. 45, 3761 (1912). [3] Fischer u. Herborn: Ber. 29, 1966 (1896).
—	$[\alpha]_D = -9{,}0°$ (in H_2O)[1]	l. l. H_2O	Osaz. ident. mit Fucosazon F = 178°	[1] Votoček u. Červený: Ber. 48, 658 (1915). — Z. Zuckerind. Böhm. 42, 215 (1917).
—	$[\alpha]_D + 12{,}0°$ (in H_2O)	l. l. H_2O	Osaz. ident. mit Rheodeosaz. F = 178°. Methylphenylhydraz. F = 175°	[1] Votoček u. Krauz: Ber. 44, 362 (1911); 48, 659 (1915).
140—145°[1]	$[\alpha]_D^{22} = +89{,}3° \rightarrow +75{,}7°$ (in H_2O)[1]	l. l. H_2O, w. l. Alk.[2]	Reduz. Fehling. Lösg. in d. Wärme Osaz. F = 177°[2]. Methylphenylhydraz. F = 181°[2]	[1] Freudenberg u. Raschig: Ber. 60, 1633 (1927). [2] Votoček: Ber. 37, 3861 (1904); 43, 469 (1910). — Votoček u. Vondraček: Ber. 37, 4615 (1904). — Votoček: Z. Zuckerind. Böhm. 24, 249 (1901). — Votoček u. Kastner: C. 1907 I, 978.
145°	$[\alpha]_D^{22} = -93{,}6° \rightarrow -75{,}3°$ (in H_2O)	l. l. H_2O, schw. l. Alk.	Reduz. Fehling. Lösg. in d. Wärme Osaz. F = 178°[4]. $M.V.W_V = 711{,}9$ Cal.[5]	[1] Clark: J. Biol. Chem. 54, 65 (1922). [2] Günther u. Tollens: A. 271, 88 (1892). [3] Freudenberg u. Raschig: Ber. 60, 1633 (1927). [4] Votoček: Ber. 37, 3860 (1904). [5] Stohmann u. Langbein: J. prakt. Chem. [2] 45, 309 (1892).

Tabelle 5 (Fortsetzung).

Nr	Name	Formel, Konstitution	Vorkommen, Bildung, Darstellung	Krystallogr. Eigenschaften
10	d, l-Fucose (d, l-Rhodeose)	$C_6H_{12}O_5$: Komponenten	Aus gleich. Tln. d- u. l-Fucose d. Kryst. aus Alk.[1]	Krystalle
11	Digitalose	$C_7H_{14}O_5$: CHO — CHOH — CHOH $+ CH_3OH$ [1] — CHOH — CHOH — CH_3	Aus Digitalin (Digitalisglucoside) d. Hydrolyse mit verd. Säuren[1]	Sirup
12	Antiarose	$C_6H_{12}O_5$: Konst. unbek.	D. Hydrolyse d. Glucosids Antiarin mit verd. HCl[1]	Sirup
13	Methylpentose aus Eiweiß	$C_6H_{12}O_5$	D. Kochen eines aus Eiweiß d. Alk. entst. Gummis mit verd. HCl[1]	Monokl. Nadeln
14	Methylpentose	$C_6H_{12}O_5$	Aus Digitoxosan mit Benzopersäure[1]	Nadeln (aus absol. Alk.)
15	l-Altro-methylose	$C_6H_{12}O_5$: ┌—CHOH — HCOH — O HOCH — HOCH — └—CH — CH_3	Aus Diacetongalaktose-6-jodhydrin d. Natriummethylat bei 130°, Hydrierung mit H + Pt u. Verseifung[1]	Sirup. Süß

Tabelle 6.

Nr	Name	Formel, Konstitution	Vorkommen, Bildung, Darstellung	Krystallogr. Eigenschaften
1	d-Allose	$C_6H_{12}O_6$: CHOH — HCOH — HCOH ⟩O [1] — HCOH — HC — H_2COH	Aus d-Ribose d. d. Cyanhydrinreaktion → d-Allonsäure u. Red. mit Na-Amalg.[1]	Sirup
2	d-Altrose	CHOH — HOCH — HCOH ⟩O [1,2] — HCOH — HC — H_2COH	Aus d-Ribose d. d. Cyanhydrinreaktion → d-Altronsäure u. Red. mit Na-Amalg.[1]. Aus d. Neolactose (d-Galactosido-d-Altrose) durch Hydrolyse[2]	Sirup

Methylpentosen.

Schmelz- und Siedepunkt	Optisches Drehungsvermögen	Löslichkeit	Analytisches; Diverses	Literatur
161°	inaktiv	in Alk. von 96% schw. l. als d. Komp.	Osaz. F = 187°	[1] Votoček: Ber. **37**, 3860 (1904).
—	—	—	Nur als Methyläther bekannt	[1] Kiliani: Ber. **49**, 709 (1916).
—	linksdrehend	—	—	[1] Kiliani: Ber. **46**, 667 (1913).
91—93°	rechtsdrehend	l. l. H_2O, l. Alk.	Reduz. Fehling. Lösg. Osaz. F = 181°	[1] Weiss: C. f. Physiol. **12**, 515 (1898).
146°	—	—	Reduz. Fehling. Lösg. Osaz. F = 178°	[1] Windaus u. Schwartz: N. Ges. Wiss. Göttingen **1926**, 1.
—	$[\alpha]_D^{20} = -17{,}3°$; $[\alpha]_D^{23} = -18{,}0°$ (in H_2O)	—	Hydraz. F = 132°. Osaz. F = 185°	[1] Freudenberg u. Raschig: Ber. **62**, 373 (1929).

Hexosen.

Schmelz- und Siedepunkt	Optisches Drehungsvermögen	Löslichkeit	Analytisches; Diverses	Literatur
—	—	—	Osaz. F = 178°, ident. mit d-Altrosaz.[1]. p-Bromphenylhydraz. F = 145—147°[1]	[1] Levene u. Jacobs: Ber. **43**, 3141 (1910).
—	$[\alpha]_D^{20} = -98°$ (in H_2O, berechnet)[2]	—	Osaz. F = 178°[3]. Benzylphenylhydraz. F = 148—150°[1]	[1] Levene u. Jacobs: Ber. **43**, 3141 (1910). [2] Kunz u. Hudson: Amer. Soc. **48**, 2435 (1926). [3] Levene u. La Forge: J. Biol. Chem. **20**, 429 (1915).

Tabelle 6 (Fortsetzung).

Nr	Name	Formel, Konstitution	Vorkommen, Bildung, Darstellung	Krystallogr. Eigenschaften
3	**d-Talose**	CHOH / HOCH / HOCH / HOCH / HC / H_2COH (O)	Aus Galaktoselösung d. Einw. von Bleihydroxyd, vergär. d. rest. Galaktose[1]	Sirup
4	**d-Mannose** (Seminose)	CHOH / HOCH / HOCH / HCOH / HC / H_2COH (O) [1,2]	Kommt häufig in d. Nat. vor: Als Glucosid, als polymeres Anhydrid (Mannane) u. als Bestandt. von Di- u. Trianh. sowie als Tetrasanh. Darst.: D. Hydrolyse d. Mannane, Glucoside u. Polyosen mit verd. Säuren. Aus Steinnüssen durch Hydrolyse[3]. Aus d-Mannit d. Oxyd. mit verd. HNO_3[4]. Aus d-Mannit d. Oxyd. mit H_2O_2 u. Ferrosulfat[5]	α-Form: D. d. Fällen der wäß. Lösg. der β-Form mit Essigs. oder Behand. mit NH_3[6] β-Form: Die gewöhnl. Form[7] Rhomb. Prismen a:b :c = 0,319 :1:0,826. Süß[8]
5	**l-Mannose**	CHOH / HCOH / (O) HCOH / HOCH / CH / H_2COH	Aus l-Arabinose d. d. Cyanhydrinreakt., Verseifung u. Red. d. l-Mannonsäurelactons mit Na-Amalgam[1]	farbl. Krystalle
6	**d, l-Mannose**	Komponenten	Aus d, l-Mannonsäurelacton d. Red. mit Na-Amalg.[1]. Aus einem Gemenge gleicher Tle. d, l-Phenylhydraz. u. Spaltung mit Formaldehyd[2]	Krystalle[2] Süß[2]
7	**d-Idose** (früher l-Idose)	CHOH / HOCH / HCOH (O) [1] / HOCH / HC / H_2COH	Aus d-Idonsäurelacton d. Red. mit Na-Amalg.[2]. Dass.[3,4]	Sirup
8	**l-Idose** (früher d-Idose)	CHOH / HCOH / (O) HOCH [1] / HCOH / CH / H_2COH	Aus l-Idonsäurelacton d. Red. mit Na-Amalg.[2]	Sirup

Schmelz- und Siedepunkt	Optisches Drehungsvermögen	Löslichkeit	Analytisches; Diverses	Literatur
—	$[\alpha]_D = -21.4°$ (in H_2O)[1]	—	Hydraz. F $= 178°$; p-Bromphenylhydraz. F $= 205°$[1]. Osaz. ident. mit Galaktosaz. Gärt nicht[2]. Reduz. Fehling. Lösg.; R.V. $= 71\%$ d. Invertzuckers[3]	[1] v. Braun u. Bayer: Ber. **58**, 2215 (1925). [2] Fischer u. Thierfelder: Ber. **27**, 2034 (1894). [3] Blanksma u. v. Ekenstein: C. 1908 II, 1584.
α-Form: F $= 133°$ β-Form: F $= 132°$[9]	α-Form: $[\alpha]_D^{20} = +30,0°$ (in H_2O)[6] β-Form: $[\alpha]_D = -13,6° \rightarrow +14,25°$ (in H_2O, c $= 2$)[9] $[\alpha]_D^{20} = +14,6°$ (E.) (in H_2O), Berechnet:[10] $\alpha = +34°$, $\beta = -17°$[10]	l. l. H_2O, w. l. Alk., unl. Äther[4]	Gärt leicht. Reduz. Fehling. Lösg. in d. Wärme. Osaz. ident. mit d-Glucosaz. F $= 208°$. Hydraz. F $= 195—200°$ $D_{20} = 1,539$ (β-Form)[7] α-Form: $V_{m\infty} = 111,69$ ml. $M_\infty = 62,33$. β-Form: $V_{m\infty} = 108,77$ ml. $M_\infty = 62,69$[11]	[1] Drew u. Haworth: Soc. Lond. **1926**, 2303. [2] Hudson: Amer. Soc. **48**, 1424, 1434 (1926). [3] Pringsheim u. Seifert: Z. phys. Ch. **123**. 205 (1922). — Horton: Ind. Eng. Chem. **13**, 1040 (1921). — Clark: Franklin Inst. **193**, 543 (1922). [4] Fischer u. Hirschberger: Ber. **21**, 1806 (1888); **22**, 366 (1889). [5] Fenton u. Jackson: Soc. Lond. **75**, 9 (1899). [6] Levene: J. Biol. Chem. **57**, 329 (1923); **59**, 129 (1924). [7] Hudson u. Sawyer: Amer. Soc. **39**, 470 (1917). [8] Mohr: Rec. trav. Pays-Bas **15**, 222 (1896). [9] v. Ekenstein: Rec. trav. Pays-Bas **15**, 221 (1896). [10] Hudson u. Janowsky: Amer. Soc. **39**, 1013 (1917). [11] Riiber u. Minsaas: Ber. **60**, 2402 (1927).
$132°$	$[\alpha]_D = +14,0° \rightarrow -14,0°$ (in H_2O)	l. l. H_2O; z. l. Methyalk., s. schw. l. Alk.	Gärt nicht. Hydraz. F $= 195°$. Osaz. ident. mit l-Glucosaz. F $= 205°$	[1] Fischer: Ber. **23**, 373 (1890). — v. Ekenstein u. Blanksma: Chem. Weekblad **11**, 902 (1914).
132 bis $133°$[1,2]	inaktiv	l. l. H_2O, schw. l. Alk.	Hydraz. F $= 195°$. Osaz. ident. mit d, l-Glucosaz. F$=217-219$[1]	[1] Fischer: Ber. **23**, 390 (1890). [2] Neuberg u. Mayer: Z. phys. Ch. **37**, 545 (1903).
—	$[\alpha]_D = +7,5°$ (in H_2O)[3]	—	R.V. $= 43\%$ d. Invertzuckers[3]. Osaz. ident. mit d-Glucosaz. F $= 156°$[2]	[1] Wohl u. Freudenberg: Ber. **56**, 309 (1923). — Freudenberg u. Braun: Ber. **55**, 1339 (1922). [2] Fischer u. Fay: Ber. **28**, 1978 (1895). [3] Blanksma u. v. Ekenstein: C. 1908 II, 1584. [4] v. Ekenstein u. Blanksma: Rec. trav. Pays-Bas **27**, 1 (1908).
—	—	—	Osaz. ident. mit l-Glucosaz. F $= 168°$[2]	[1] Wohl u. Freudenberg: Ber. **56**, 309 (1923). — Freudenberg u. Braun: Ber. **55**, 1339 (1922). [2] Fischer u. Fay: Ber. **28**, 1982 (1895).

Nr	Name	Formel, Konstitution	Vorkommen, Bildung, Darstellung	Krystallogr. Eigenschaften
9	d-Gulose (früher l-Gulose)	CHOH / HCOH / HCOH O [1] / HOCH / HC / H_2COH	Durch Red. von d-Gulonsäurelacton mit Na-Amalgam [2,3,4]	Sirup od. hellgelbe amorphe Masse [3]. Süß [2]
10	l-Gulose (früher d-Gulose)	CHOH / HOCH / O HOCH [1] / HCOH / CH / H_2COH	Durch Red. von l-Gulonsäurelacton mit Na-Amalgam [2]	farbl. Sirup
11	d, l-Gulose	Komponenten	D. Red. von d, l-Gulonsäurelacton mit Na-Amalgam [1]	farbl. Sirup
12	d-Galaktose-α	HCOH / HCOH / HOCH O [1] / HOCH / HC / H_2COH	In d. Nat. weit verbr. als polymeres Anhydrid (Galaktane), als Bestandt. von Di- u. Trisanh. sowie Tetrasacch., als Glucoside (Galaktoside) u. in Pflanzengummi. Darst.: Durch Hydrolyse d. nat. Derivate mit verd. Säuren. Aus Lactose mit verd. H_2SO_4 [2]. Synthet. d. Redukt. von d-Galaktonsäurelacton m. Na-Amalg. [3]	Aus H_2O mit 1 Mol. H_2O: Rhomb. Prismen od. Nadeln. Aus Alk. H_2O frei [4]. Hexagonale Primen oder sechsseitige Tafeln. Süß [5]
13	d-Galaktose-β	HOCH / HCOH / HOCH O / HOCH / HC / H_2COH	Aus konz. wäss. Lösg. mit Alk. bei —20° [1]. Durch Fällen mit NH_3 u. Alk. [2]	Krystalle
14	l-Galaktose	CHOH / HOCH / O HCOH [1] / HCOH / CH / H_2COH	Durch Red. von d, l-Galaktonsäurelacton u. Vergärung d. d-Form [2]. Durch Oxyd. von Dulcit mit H_2O_2 u. Ferrosulfat u. Vergärung [3]	Krystallkrusten (aus Alk.) [1]

Hexosen.

Schmelz- und Siedepunkt	Optisches Drehungsvermögen	Löslichkeit	Analytisches; Diverses	Literatur
—	$[\alpha]_D = -20{,}4°$ (in H_2O)[4]	—	R.V. $= 71{,}5\%$ d. Invertzuckers[3]. Osaz. ident. mit d-Idosaz. u. l-Sorbosaz., F $= 156°$	[1] Wohl u. Freudenberg: Ber. **56**, 309 (1923). — Freudenberg u. Braun: Ber. **55**, 1339 (1922). [2] Fischer u. Stahel: Ber. **24**, 532 (1891). [3] Blanksma u. v. Ekenstein: C. 1908 II, 1583. [4] v. Ekenstein u. Blanksma: Rec. trav. Pays-Bas **27**, 3 (1908).
—	—	l. l. H_2O, w. l. Alk.	Osaz. ident. mit l-Idosaz. u. d-Sorbosaz., F $= 168°$[2]	[1] Wohl u. Freudenberg: Ber. **56**, 309 (1923). — Freudenberg u. Braun: Ber. **55**, 1339 (1922). [2] Fischer u. Piloty: Ber. **24**, 526 (1891).
—	inaktiv	—	Osaz. F $= 157$—$159°$[1]. Osaz. F $= 169°$[2])	[1] Fischer u. Curtiss: Ber. **25**, 1029 (1892). [2] Schmitz: Ber. **46**, 2330 (1913).
168°[6]) 170 bis 171° (H_2O-haltig): 118 bis 120°[7])	Berechnet: $[\alpha]_D^{20} = +144{,}0° \to +80{,}5°$ (in H_2O)[8] $[\alpha]_D^{20} = +140{,}0° \to +81{,}7°$ (in H_2O, c $= 10\%$)[9]	l. l. H_2O; schw. l. Alk., l. in Pyridin, unl. Äther	Gärt. Verbr.$W_v = 3721$ Cal/g[10] M.V.$W_v = 669{,}9$ Cal[11] R.V. $= 0{,}795$ (Glucose $= 1$).[12] $V_m\infty = 109{,}31$ ml; $M_\infty = 62{,}10$[13]). Methylphenylhydraz. F $= 190$—$191°$[14]) Osaz. F $= 201°$[15]). $D_{18} = 1{,}0385$. Nachweis: Oxyd. mit HNO_3 zu Schleimsäure (unl. H_2O)	[1] Wohl u. Freudenberg: Ber. **56**, 312 (1923). — Pryde: Soc. Lond. **123**, 1808 (1923). — Hudson: Amer. Soc. **47**, 265, 537, 872 (1925). — Haworth, Hirst u. Jones: Soc. Lond. **1927**, 2428. [2] Clark: J. Biol. Chem. **47**, 1 (1921). — Mougne: Soc. chim. biol. **4**, 206 (1922). [3] Fischer: Ber. **23**, 935 (1890). [4] Pasteur: Compt. rend. **42**, 348 (1856). — Ritthausen: Ber. **29**, 899 (1896). [5] Ost: Z. anal. Ch. **29**, 651. — Soxhlet: J. prakt. Ch. [2] **21**, 270. [6] Fischer u. Piloty: Ber. **23**, 3102 (1890). [7] Tanret: Soc. chim. France [3] **21**, 1066 (1902). [8] Hudson u. Yanowsky: J. Amer. Soc. **39**, 1013 (1917). [9] Tanret: Soc. chim. France [3] **33**, 348 (1906). [10] Karrer u. Fioroni: Helv. **6**, 396 (1923). [11] Stohmann u. Langbein: J. prakt. Ch. [2] **45**, 305 (1892). [12] Pucher u. Finch: Ber. ges. Physiol. **38**, 186 (1927). [13] Riiber u. Minsaas: Ber. **59**, 2266 (1926). [14] Neuberg u. Marx: Bioch. Z. **3**, 531 (1907). [15] Levene u. La Forge: J. Biol. Chem. **20**, 429 (1915).
—	Berechnet: $[\alpha]_D^{20} = +52{,}0° \to +80{,}5°$ (in H_2O)[1]	—	Verhalten wie α-d-Galaktose. $V_m\infty = 109{,}13$ ml; $M_\infty = 62{,}51$[3]	[1] Hudson u. Yanowsky: Amer. Soc. **39**, 1013 (1917). [2] Levene: J. Biol. Chem. **57**, 336 (1923). [3] Riiber u. Minsaas: Ber. **59**, 2266 (1926).
162—163°[2])	$[\alpha]_D = -120{,}0° \to -73{,}6°$ (in H_2O, c $= 10\%$)[2]	l. l. H_2O, w. l. verd. Alk. unl. absol. Alk.	Hydraz. u. Osaz. wie bei d. d-Form	[1] Wohl u. Freudenberg: Ber. **56**, 313 (1923). [2] Fischer u. Hertz: Ber. **25**, 1259 (1892). [3] Neuberg u. Wohlgemuth: Z. phys. Ch. **36**, 226 (1902).

Tabelle 6 (Fortsetzung).

Nr	Name	Formel, Konstitution	Vorkommen, Bildung, Darstellung	Krystallogr. Eigenschaften
15	**d, l‑Galaktose**	Komponenten	In d. Nat. im Gummi eines Quittenbaumes[1]. Im Chagnalgummi, woraus durch Hydrolyse gewinnbar.[2] Im Nori, durch Hydrolyse darstellbar.[3] Red. von d, l‑Galaktonsäurelacton mit Na‑Amalgam[4]. Durch Oxyd. von Dulcit mit H_2O_2 u. Ferrosulfat[5]	Prismen
16	**d‑Glucose‑α** (Traubenzucker, Dextrose)	$\begin{array}{l} HCOH \\ HCOH \\ HOCH \quad O\ ^{1)} \\ HCOH \\ HC \\ H_2COH \end{array}$	In d. Nat. weit verbreitet. Als freier Zucker, als polymeres Anhydrid (Stärke, Cellulose), als Glucoside, als Bestandt. vieler Di‑ bis Tetrasacch. Darst. durch Hydrolyse d. Naturprod. mit verd. Säuren. Aus Kornzucker[2]	Aus H_2O mit 1 Mol. H_2O: Warzen feiner monokl. Tafeln, a:b :c = 1,735 : 1:1,908. Aus beiden alk. Lösg. H_2O‑frei[3]: Rhomb. Nadeln u. Säulen. a:b :c = 0,704 : 1:0,335. Süß[3]
17	**d‑Glucose‑β**	$\begin{array}{l} HOCH \\ HCOH \\ HOCH \quad O\ ^{1)} \\ HCOH \\ HC \\ H_2COH \end{array}$	Durch Kochen d. α‑Form in Pyridin[2]. Durch Fällen einer wäss. Glucoselösg. mit NH_3 u. Alk.[3]. Durch Fällen einer wäss. Glucoselösg. mit Essigs.[1]	Mikrosk. Krystalle Süß
18	**l‑Glucose‑α**	$\begin{array}{l} CHOH \\ HOCH \\ O\ HCOH \ ^{1)} \\ HOCH \\ CH \\ H_2COH \end{array}$	Redukt. von l‑Gluconsäurelacton mit Na‑Amalgam[2]. Dass., Reinig. über das Benzolhydraz.[3]. In d. Nat. in Blättern u. Blüten nachgewiesen[4]	Aus Alk. + Methylalk.: kleine Prismen oder Warzen
19	**d, l‑Glucose**	Komponenten	Durch Hydrolyse des d, l‑Glucosids Capsularin[1]. Aus d. Komp., durch Umkrystall., oder d. Red. von d, l‑Gluconsäure mit Na‑Amalg.[2]	farbl. Sirup
20	**Hamamelose**	$\begin{array}{l} CH_2OH \\ HOC{-}CH{=}O \\ CHOH \quad \text{oder} \\ CHOH \\ CH_2OH \end{array}$ $\begin{array}{l} CH_2OH \\ HOC{-}C{<}^{H}_{OH} \\ CHOH \quad O\ ^{1)} \\ CH \\ CH_2OH \end{array}$	Aus d. Gerbstoff Hamamelitannin d. Abbau mit Tannase[1]	Sirup

22

Schmelz- und Siedepunkt	Optisches Drehungsvermögen	Löslichkeit	Analytisches; Diverses	Literatur
$163°$[1]) $143—144°$[5])	inaktiv	—	Hydraz. F $= 158—160°$[3]) Osaz. F $= 206°$[4])	[1]) **v. Lippmann:** Ber. **55**, 3038 (1922). [2]) **Winterstein:** Ber. **31**, 1571 (1898). [3]) **Oshima** u. **Tollens:** Ber. **34**, 1424 (1901). [4]) **Fischer** u. **Hertz:** Ber. **25**, 1255 (1892). [5]) **Neuberg** u. **Wohlgemuth:** Z. phys. Ch. **36**, 224 (1902).
$+H_2O$: F $= 80$ bis $100°$. H_2O-frei: $146°$[4])	$[\alpha]_D^{20} = +111,2° \to +52,5°$ (in H_2O)[5]) Berechnet: $[\alpha]_D^{20} = +113,4° \to +52,2°$ (in H_2O)[6])	l. l. H_2O, schw. l. verd. Alk. unl. absol. Alk., unl. Äther. l. Pyridin	Gärt. Reduz. in d. Wärme. Fehling. Lösg. $D_{25} = 1,544$[7]). M.V.$W_v = 675$ Cal/g[8]) Verbr.$W_v = 3700$ Cal[9]) Lösungswärme $= -17,1$ cal/g[10]). Säuredissoziationskonst. $= 6,61 . 10^{-13.}$[11]). Isoelektr. Punkt: $p_H 4,88$ $V_{m\infty} = 110,795$ ml[12]). $M_\infty = 62,53$. Osaz. ident. mit d. d. d-Mannose u. d-Fructose, F $= 210°$	[1]) **Hirst:** Soc. Lond. **1926**, 350. — **Drew** u. **Haworth:** Soc. Lond. **1926**, 2303. — **Micheel** u. **Hess:** A. **450**, 21 (1926). — **Pictet:** Helv. **3**, 649 (1920). [2]) **Hudson** u. **Dale:** Amer. Soc. **39**, 320 (1917). [3]) **Becke:** Z. Krystall. **20**, 297 (1892). [4]) **Hesse:** A. **277**, 302 (1893). [5]) **Nelson** u. **Beegle:** Amer. Soc. **41**, 559 (1919). [6]) **Hudson** u. **Janowsky:** Amer. Soc. **39**, 1013 (1917). [7]) **Schoorl:** Rec. trav. Pays-Bas **22**, 41 (1902). [8]) **Ellinghaus:** Z. phys. Ch. **164**, 308 (1927). [9]) **Karrer** u. **Fioroni:** Helv. **6**, 396 (1923). [10]) **Davis, Slater** u. **Smith:** Bioch. J. **20**, 1155 (1927). [11]) **Kühn** u. **Jacob:** Z. phys. Ch. **133**, 389 (1924). [12]) **Riiber:** Ber. **57**, 1599 (1924).
$148—150°$	$[\alpha]_D^{0} = +19°$ (a) (in H_2O)[4]) Berechnet: $[\alpha]_D^{20} = +19,0° \to +52,2°$ (in H_2O)[5])	—	Chemisch wie d. gewöhnl. α-Form. $V_{m\infty} = 111,218$ ml[6]); $M_\infty = 62,92$.	[1]) **Pictet:** Helv. **3**, 649 (1920). [2]) **Behrend:** A. **377**, 220 (1910); **353**, 107 (1907). [3]) **Levene:** J. Biol. Chem. **57**, 336 (1923). [4]) **Hudson** u. **Dale:** Amer. Soc. **39**, 320 (1917). [5]) **Hudson** u. **Yanowsky:** Amer. Soc. **39**, 1013 (1917). [6]) **Riiber:** Ber. **57**, 1599 (1924).
$141—143°$	$[\alpha]_D^{20} = -95,5° \to -51,4°$ (in H_2O, c $= 4\%$)[2])	s. l. l. H_2O, schw. l. Alk.	Gärt nicht[2]). Diphenylhydraz. F $= 162°$[2]). Osaz. F $= 208°$. Ident. mit d. d. l-Fructose u. l-Mannose	[1]) **Wohl** u. **Freudenberg:** Ber. **56**, 313 (1923). [2]) **Fischer:** Ber. **23**, 2618 (1890). [3]) **Karrer, Nägeli** u. **Smirnoff:** Helv. **5**, 141 (1922). [4]) **Power** u. **Tutin:** C. 1906 II, 1633.
—	inaktiv	l. l. H_2O; schw. l. Alk.	Gärt teilw. (d-Form)[2]). Diphenylhydraz. F $= 132—133°$[2]). Osaz. (F $= 217°$) ident. mit d. d. d, l-Mannose u. d, l-Fructose (α-Acrose)	[1]) **Saha** u. **Chondury:** Soc. Lond. **121**, 1044 (1922). [2]) **Fischer:** Ber. **23**, 2620 (1890); **28**, 1152 (1895).
—	$[\alpha]_{578}^{21} = -7,1°$ (in H_2O)	—	Kein Osaz. p-Nitrophenylhydraz. F $= 165—166°$	[1]) **Freudenberg** u. **Blümmel:** A. **440**, 45 (1924). — **Schmidt;** A. **476**, 250 (1929).

Nr	Name	Formel, Konstitution	Vorkommen, Bildung, Darstellung	Krystallogr. Eigenschaften
21	Cygnose	—	Aus d. Glucosid Cygnin aus Gastrolobium calycinum[1]	Sirup
22	Pakoïnose	—	Aus d. Glucosid Pakolin durch Hydrol. mit verd. H_2SO_4[1]	Krystall. rechtwinkl. Platten
23	Cocaose	—	Durch Hydrol. von Cocacitrin mit verd. H_2SO_4[1]	Mit einem Mol. H_2O in Oktaedern. H_2O-frei: Sirup
24	**Formose** (Lycerose, Morphose, β-Formose, Methylenitan)	H_2COH — H_2OHC—COH — $CHOH$ [1] — CO — H_2COH	Aus Polyoxymethylen u. Kalkwasser[2]. Aus Formaldehyd + Bleihydroxyd[3]. Durch Elektrolyse von Glycerin in verd. H_2SO_4[4] Aus Formaldehyd + Kalkmilch[5]. Durch Kondens. von synthet. Formaldehyd[6]	Sirup oder weiche amorphe Masse. Süß[6]
25	**d-Fructose** (Laevulose, Fruchtzucker)	$H_6C_{12}O_6$: H_2COH—HOC—$HOCH$—$HCOH$—$HCOH$—H_2C (O)[1]	Als freier Zucker, als Bestandt. von Di- u. Tetrasacch. sowie Trisacch. u. als polymeres Anhydrid in der Nat. weit verbreitet. Darst.: Aus d. Sacch. oder aus Inulin durch Hydrolyse mit verd. Säuren, durch Enzyme od. Mikroorganismen[2]. Aus d-Mannit d. Oxyd. mit verd. HNO_3 oder $KMnO_4$[3]	Aus abs. Alk. wasserfrei in rhomb. Prismen $a:b:c$ $= 0.8001:1$ $:0,9067$[4]. Aus wäß. konz. Lösg. in feinen Nadeln mit $^1/_2\,H_2O$.[5] Aus H_2O mit $1\,H_2O$[6]
26	**l-Fructose**	H_2COH—COH—$HCOH$—$HOCH$—$HOCH$—CH_2 (O)	Bleibt n. d. Vergärung von α-Acrose (d, l-Fructose) zurück[1]	Sirup
27	**d, l-Fructose** (α-Acrose)	Komponenten	Bei d. Kondens. d. Formaldehyds mit Alk.[1]. Bei der Kondens. von Dibromacroleïn mit Barytwasser[2]. Aus Glycerinaldehyd d. Einw. von Alkalien[3]	Feine kugelförm. gruppierte Nadeln. Süß[3]

Schmelz- und Siedepunkt	Optisches Drehungsvermögen	Löslichkeit	Analytisches; Diverses	Literatur
—	inaktiv	—	Gärt nicht. Osaz. F = 179°	[1] **Mann** u. **Ince**: Proc. Lond. **79** B, 485 (1907).
—	$[\alpha]_D + 17{,}0°$ (in H_2O)	—	Osaz. F = 188°. Reduz. Fehling. Lösg. in d. Wärme	[1] v. **Dongen**: Pharm. Weekblad **40**, 309 (1903).
89—90°	$[\alpha]_D^{15} = +18{,}8°$ (in H_2O, c = 1,468)	—	—	[1] **Hesse**: J. prakt. Ch. [2] **66**, 407.
105° (Zersetzung)[6]	inaktiv	s. l. l. H_2O, l. Alk., unl. Äther	Gärt nicht. Osaz. F = 144°. Reduz. Fehling. Lösg. in d. Kälte[6]	[1] **Loew**: Z. angew. Ch. **37**, 825 (1924). [2] **Butlerow**: A. **120**, 295 (1861). — **Tollens**: Ber. **15**, 1632 (1882); **16**, 919 (1883). [3] de **Bruyn** u. v. **Ekenstein**: Rec. trav. Pays-Bas **18**, 309 (1899). — **Loew**: Ber. **39**, 1592 (1906). [4] **Bartoli** u. **Papasogli**: Gazz. chim. Ital. **13**, 287. [5] **Loew**: Ber. **21**, 473 (1888); **22**, 470 (1889) — **Küster** u. **Schoder**: Z. phys. Ch. **141**, 110 (1924). [6] **Vogel**: Helv. **11**, 370 (1928).
95—100°[7] 102—104°[8]	$[\alpha]_D^{20} = -104{,}02° \rightarrow -92{,}09°$ (in H_2O, c = 10%)[9] $[\alpha]_D^{20} = -93{,}0°$ (E) (in H_2O)[10] Berechnet: $[\alpha]_D^{20} -133{,}5° \rightarrow -92{,}0°$ (in H_2O)[11]	s. l. l. H_2O, l. Alk. Methylalk., Pyridin, Aceton	Gärt leicht. Osaz. F = 205°, ident. mit d. d. Glucose u. Fructose. Methylphenylhydraz. F = 158—160°[12]. Red.Verm. = 1,187 (Gl. = 1)[13]. $D_{17,5} = 1{,}6691$ (H_2O-freie Kryst.)[5]. $MVW_v = 675{,}9$ Cal/g[14] $V_{m\infty} = 108{,}445$ ml; $M_\infty = 61{,}98$[15]	[1] **Haworth** u. **Hirst**: Soc. Lond. **1926**, 1858. — **Ohle**: Ber. **60**, 1168 (1907). — **Haworth**, **Hirst** u. **Learner**: Soc. Lond. **1927**, 1040. [2] **Jackson** u. **Silsbee**, **Proffitt**: Ind. Eng. Chem. **16**, 1250 (1924). — **Harding**: Amer. Soc. **44**, 1765 (1922). [3] **Fischer** u. **Hirschberger**: Ber. **21**, 1805 (1888). [4] **Schuster**: Monatsh. f. Chem. **8**, 555 (1887). [5] **Hönig** u. **Jesser**: Monatsh. f. Chem. **9**, 562 (1888). [6] **Sulc**: Chem.-Z. **19**, Rep. 99 (1895). [7] **Jungfleisch** u. **Lefranc**: Compt. rend. **93**, 549 (1881). [8] **Husdon** u. **Brauns**: Amer. Soc. **38**, 1216 (1916). [9] **Parcus** u. **Tollens**: A. **257**, 166 (1890). [10] **Ost**: Ber. **24**, 1638 (1891). [11] **Hudson** u. **Janowsky**: Amer. Soc. **39**, 1013 (1917). [12] **Neuberg**: Ber. **35**, 967 (1902). [13] **Pucher** u. **Finck**: Ber. ges. Physiol. **38**, 186 (1927). [14] **Stohmann** u. **Langbein**: J. prakt. Ch. [2] **45**, 311 (1892). [15] **Riiber** u. **Esp**: Ber. **58**, 737 (1925).
—	—	—	Gärt nicht. Gibt l-Glucosaz., ident. auch mit l-Mannosazon	[1] **Fischer**: Ber. **23**, 389 (1890).
129—130°[3]	inaktiv	—	Vergärt zu l-Fructose[3]. Osaz. ident. mit d, l-Glucosaz. u. d, l-Mannosaz. F = 216—217°[3]. Reduz. Fehling. Lösg. in d. Wärme[2]. $D_{16} = 1{,}665$[3]	[1] **Fischer**: Ber. **21**, 991 (1888). — **Loew**: Ber. **22**, 475 (1889). — **Neuberg**: Ber. **35**, 2630 (1902). [2] **Fischer** u. **Tafel**: Ber. **20**, 1092, 2566, 3386 (1887). [3] **Schmitz**: Ber. **46**, 2327 (1913).

Tabelle 6 (Fortsetzung).

Nr	Name	Formel, Konstitution	Vorkommen, Bildung, Darstellung	Krystallogr. Eigenschaften
28	**d-Sorbose** (früher l-Sorbose, Sorbinose)	H_2COH HOC $HCOH$ $HOCH$ O 1) $HCOH$ H_2C	Durch Erhitzen einer wäss. Lösg. von d-Galaktose mit Kali[2]). Bei d. Behandl. von d-Gulose oder d-Idose mit Barytwasser in d. Wärme[3])	Weiße rhomb. Krystalle. Süß[3])
29	**l-Sorbose-α** (früher d-Sorbose)	H_2COH COH $HOCH$ O $HCOH$ 1) $HOCH$ CH_2	In d. Nat. nicht in freiem Zust. vorkommend, sondern als Alkohol Sorbit in den Vogelbeeren[2]). Darst.: Durch Oxyd. des Saftes von Vogelbeeren oder von l-Sorbit mit Bacterium xylinum[2]). Bei d. Kondens. v. Formaldehyd in d. gebild. Zukkern findet sich Sorbose[3])	Rhomb. Krystalle. Sehr süß[4])
30	**d, l-Sorbose** (β-Acrose)	Komponenten	Beim Verdampfen einer Lösg. gleich. Tle. d- u. l-Sorbose[1]). Aus Glycerinaldehyd d. Einw. von Alk.[2])	Rhomb. konz. gruppierte Blättchen[2])
31	**d-Tagatose**	H_2COH HOC $HOCH$ $HOCH$ O $HCOH$ H_2C	Durch Einw. von Kali auf eine wäss. Lösg. von d-Galaktose[1])	Weiße Krystalle. Süß
32	**d, l-Tagatose** (Dulcitose)	Komponenten	Bei d. Oxyd. von Dulcit mit Bleisuperoxyd u. HCl[1])	—
33	**Glutose**	H_2COH $HCOH$ $C=O$ (?) 1) $HCOH$ $HCOH$ H_2COH	Bei d. gegenseitig. Umlagerung von d-Glucose, d-Mannose u. d-Fructose durch $Pb(OH)_2$[2]). In Rohrzuckermelassen[3]) Aus Invertzucker durch Erhitzen d. wäss. Lösg. mit Na_2HPO_4[4])	Gelber Sirup
34	**Galtose**	H_2COH $HCOH$ $C=O$ (?) 1) $HCOH$ $HCOH$ H_2COH	Beim Erhitzen ein. wäss. Lösg. von d-Galaktose mit Kali neben d-Talose, d-Sorbose u. d-Tagatose od. beim Erhitzen einer w. Sal.-Lösg. m. $Pb(OH)_2$[2])	Süßer Sirup
35	**ψ-Fructose**	$C_6H_{12}O_6$ Konst. unbek.	Durch Einw. von Alk. auf d-Glucose[1]). Durch Einw. v. Na_2HPO_4 auf Glucose od. Fructose[2])	Sirup
36	**Adenosinketo-hexose**	$C_6H_{12}O_6$ Konst. unbek.	Aus Adenosinhexosid (Glucosid) durch Hydrolyse mit verd. Säuren[1])	Sirup

26

Hexosen.

Schmelz- und Siedepunkt	Optisches Drehungsvermögen	Löslichkeit	Analytisches; Diverses	Literatur
165°[3])	$[\alpha]_D^{20} = +42{,}9°$ (in H_2O, c = 1 %)[3])	l. l. H_2O, schw. l. Methylalk. schw. l. absol. Alk.	$D_{17} = 1{,}612$[2]). Gärt nicht[4]). Reduz. Fehling. Lösg. wie Galaktose[2]). Osaz. ident. mit d-Gulosaz. u. d-Idosaz. F = 168°[2])	[1]) **Freudenberg** u. **Braun**: Ber. **55**, 1347 (1922). [2]) **de Bruyn** u. **v. Ekenstein**: Rec. trav. Pays-Bas **16**, 267 (1897); **19**, 5 (1900). [3]) **v. Ekenstein** u. **Blanksma**: Rec. trav. Pays-Bas **27**, 3 (1908). [4]) **Lindner**: C. 1901 I, 57, 404.
165°[5])	$[\alpha]_D^{20} = -42{,}9°$ (in H_2O, c = 1 %)[5])	s. l. l. H_2O, schw. l. Alk.	$D_{15} = 1{,}654.$ Reduz. Fehling. Lösg. in d. Kälte. Gärt nicht[6]). Verbr.W.$_v = 3714{,}5$ Cal/g MVW$_v = 668{,}6$ Cal. Osaz. ident. mit l-Gulosaz. u. l-Idosaz. F = 156°[7])	[1]) **Freudenberg** u. **Braun**: Ber. **55**, 1347 (1922). [2]) **Bertrand**: Compt. tend. **139**, 985 (1904). — **Freund**: Monatsh. f. Chem. **11**, 560 (1890). [3]) **Küster** u. **Schoder**: Z. phys. Ch. **141**, 129 (1924). [4]) **Berthelot**: Ann. chim. **83**, 55 (1883). [5]) **v. Ekenstein** u. **Blanksma**: Rec. trav. Pays-Bas **27**, 4 (1908). [6]) **Pelouze**: Ann. chim. **83**, 50 (1883). [7]) **Stohmann** u. **Langbein**: J. prakt. Ch. [2] **45**, 305 (1892).
162—163°[2])	inaktiv	—	Gärt nicht[2]). Osaz. F = 169—170°[2]). $D_{17} = 1{,}634$[2])	[1]) **de Bruyn** u. **v. Ekenstein**: Rec. trav. Pays-Bas **19**, 5 (1900). [2]) **Schmitz**: Ber. **46**, 2327 (1913).
124°	$[\alpha]_D^{22} = +1{,}0°$ (in H_2O, c = 1 %)	l. l. H_2O, schw. l. in Alk.	Reduz. Fehling. Lösg. wie Galaktose. Gärt nicht. Osaz. ident. mit d-Galaktosaz. F=193—194°	[1]) **de Bruyn** u. **v. Ekenstein**: Rec. trav. Pays-Bas **16**, 265 (1897); **19**, 5 (1900).
—	—	—	Nur als Methylphenyl-osaz. (F=148—150°) isol.[1]).	[1]) **Fischer**: Ber. **27**, 1525 (1894). — **Neuberg**: Ber. **35**, 2629 (1902).
—	schwach rechtsdreh.[4])	l. l. H_2O	Gärt nicht. Reduz. Fehling. Lösg., R.V. = $^1/_2$ d. Gluc. Osaz. F = 163—166°[4]).	[1]) **Nef**: A. **357**, 296 (1907). [2]) **de Bruyn** u. **v. Ekenstein**: Rec. trav. Pays-Bas **16**, 275 (1897). [3]) **Pellet**: Compt. rend. **163**, 274 (1916) — C. 1917 II, 247. [4]) **Spoehr** u. **Wilbur**: J. Biol. Chem. **69**, 421 (1927).
—	fast inaktiv	—	Gärt nicht. R.V. = $^1/_2$ d. Galaktose. Osaz. F = 183°[2])	[1]) **Nef**: A. **357**, 296 (1907). [2]) **de Bruyn** u. **v. Ekenstein**: Rec. trav. Pays-Bas **16**, 262 (1897).
—	$[\alpha]_D = -40{,}0°$, (in H_2O, Wert nur ungefähr)	—	Nicht rein erhalten[1]). Das unreine Osaz. hat F = 160°[1])	[1]) **de Bruyn** u. **v. Ekenstein**: Rec. trav. Pays-Bas **16**, 162 (1897). [2]) **Spoehr** u. **Wilbur**: J. Biol. Chem. **69**, 421 (1927).
—	$[\alpha]_D^{17} = +69{,}4°$, (in H_2O)	—	Osaz. F = 164°	[1]) **Levene**: J. Biol. Chem. **59**, 465 (1924).

Tabelle 7.

Nr	Name	Formel, Konstitution	Vorkommen, Bildung, Darstellung	Krystallogr. Eigenschaften
1	α-l-Rhamnohexose	$C_7H_{14}O_6$: CHOH / HOCH / O HCOH [1] / HCOH / CH / HOCH / CH_3	Aus Rhamnose d. d. Cyanhydrinreakt. über das l-Rhamnohexonsäure-Lacton u. Red. mit Na-Amalg. [2]	Kurze Säulen oder dicke Tafeln (aus heiß. Methylalk.) Süß [2]
2	β-l-Rhamnohexose (Epi-Rhamnohexose)	CHOH / HCOH / O HCOH [1] / HCOH / CH / HOCH / CH_3	Wie oben, aus β-Rhamnohexonsäurelacton d. Red. [2]	Sirup
3	α-Rhodeohexose	CH=O / HOCH / HCOH / HOCH / HOCH / CHOH / CH_3	Aus Rhodeose d. d. Cyanhydrinreaktion über das α-Rhodeohexonsäure-Lacton u. Red. mit Na-Amalg. [1]	Mikroskop. Krystalle
4	β-Rhodeohexose (Epi-Rhodeohexose)	CH=O / HCOH / HCOH / HOCH / HOCH / CHOH / CH_3	Wie oben, über da β-Rhodeohexonsäure-Lacton u. Red. [1]	Sirup

Tabelle 8.

Nr	Name	Formel, Konstitution	Vorkommen, Bildung, Darstellung	Krystallogr. Eigenschaften
1	α-d-Glykoheptose-β	$C_7H_{14}O_7$: CHOH / HCOH / HCOH O [1] / HOCH / HC / HCOH / H_2COH	Aus Glucose durch die Cyanhydrinreakt. u. Red. des α-d-Glykoheptonsäurelactons mit Na-Amalgam [2]	Trimeth. Tafeln, a:b :c = 0,8040 :1:1,7821 [3] Wasserfreie Prismen. Süß [4]

Methylhexosen.

Schmelz- und Siedepunkt	Optisches Drehungsvermögen	Löslichkeit	Analytisches; Diverses	Literatur
180—181° [2])	$[\alpha]_D^{20} = -80° \rightarrow -61,4°$ (in H_2O, c = 9,67%) [2])	s. l. l. H_2O, l. l. Methylalk., s. schw. l. absol. Alk.	Gärt nicht. Osaz. F = 200° [2])	[1]) **Fischer** u. **Zack:** Ber. **45**, 3762 (1912). — **Drew** u. **Haworth:** Soc. Lond. **1926**, 2303. [2]) **Fischer** u. **Piloty:** Ber. **23**, 3104 (1890).
—	—	—	Nur als Osaz. dargest. Dass. ist ident. mit dem α-Rhamnohexosaz., F = 200° [2])	[1]) **Fischer** u. **Zack:** Ber. **45**, 3762 (1912). [2]) **Fischer** u. **Morrell:** Ber. **27**, 384 (1894).
125—126°	$[\alpha]_D^{20} = +11,96°$ (in H_2O, c = 4,745%)	l. l. H_2O, Alk., Methylalk.	Osaz. F = 231°	[1]) **Krauz:** Ber. **43**, 482 (1910).
—	—	l. l. H_2O, Alk., Methylalk.	Osaz. F = 231°	[1]) **Krauz:** Ber. **43**, 482 (1910).

Heptosen, Methylheptosen.

Schmelz- und Siedepunkt	Optisches Drehungsvermögen	Löslichkeit	Analytisches; Diverses	Literatur
215° [4])	$[\alpha]_D^{22} = -25,39°$ (E.) (in H_2O, c = 8%) [4]) Berechnet: $[\alpha]_D^{20} = -20,4°$ (E.) (in H_2O) [5])	l. l. H_2O, schw. l. absol. Alk. [4])	R.V. = 84% d. Gluc. Gärt nicht [4]). MVW_v = 783,9 Cal. [6]). Diphenylhydraz. F = 140°. Osaz. F = 210° [4])	[1]) **Drew** u. **Haworth:** Soc. Lond. **1926**, 2303. [2]) **Fischer:** A. **270**, 72 (1892). [3]) **Haushofer:** A. **270**, 74 (1892). [4]) **Philippe:** Ann. chim. phys. [8] **26**, 289 (1912). [5]) **Hudson** u. **Janovsky:** Amer. Soc. **39**, 1013 (1917). [6]) **Fogh:** Compt. rend. **114**, 921 (1892).

Nr	Name	Formel, Konstitution	Vorkommen, Bildung, Darstellung	Krystallogr. Eigenschaften
2	β-d-Glykoheptose	CHOH HOCH HCOH — O HOCH HC HCOH H_2COH	Redukt. des β-d-Glyko-heptonsäurelactons mit Na-Amalg.[1]	Sirup
3	α-d-Galaheptose	CH=O HCOH HCOH HOCH HOCH HCOH H_2COH	Aus d-Galaktose durch die Cyanhydrinreakt. u. Red.[1]	Sirup. Süß
4	β-d-Galaheptose-α	CH=O HOCH HCOH HOCH [1] HOCH HCOH H_2COH	Aus d-Galaktose wie oben u. Redukt.[2]	Prismen, dicke, zugespitzte Säulen (aus Alk.). Süß[2]
5	d-Mannoheptose-α	CHOH HCOH HOCH — O HOCH [1] HC HCOH H_2COH	Ausd-Mannoheptonsäure-lacton durch Redukt. mit Na-Amalg.[2]	Feine Nadeln (aus Alk.). Süß[2]
6	l-Mannoheptose	CH=O CHOH HCOH HCOH HOCH H_2COH	Durch Red. des l-Manno-heptonsäurelactons mit Na-Amalg.[1]	Sirup aus Alk., weißes hygrosk. Pulver
7	d, l-Mannoheptose	Komponenten	Durch Red. des d, l-Man-noheptonsäurelactons mit Na-Amalg.[1]	Sirup
8	Glykoheptulose	H_2COH CO HCOH HOCH (?) HCOH HCOH H_2COH	Aus α-Glykoheptit durch Oxydat. mit Bacterium xylinum[1]	Prismen. Süß

Schmelz- und Siedepunkt	Optisches Drehungsvermögen	Löslichkeit	Analytisches; Diverses	Literatur
—	$[\alpha]_D^{20} = -12,2°$ (in H_2O; c = 5,112%)	—	R.V.=60% d. Glucose[2]) Gärt nicht. Hydraz. F=190—193°. Osaz. ident. mit Nr. 1	[1]) **Fischer:** A. **270**, 87 (1892). [2]) **Philippe:** Ann. chim. phys. [8] **26**, 289 (1912).
—	schwach linksdrehend	1. l. H_2O, schw. l. Alk.	Gärt nicht. Hydraz. F = 200°. Osaz. F = 222°[2])	[1]) **Fischer:** A. **288**, 144 (1895). [2]) **La Forge:** J. Biol. Chem. **28**, 521 (1917).
195—199°[2])	$[\alpha]_D^{20} = -22,5 \rightarrow -54,4°$ (in H_2O, c = 9,201%)[2])	1. l. H_2O, schw. l. Alk.	Gärt nicht. Osaz. ident. mit Nr. 3	[1]) **Drew** u. **Haworth:** Soc. Lond. **1926**, 2303. [2]) **Fischer:** A. **288**, 154 (1895).
134—135°[2])	$[\alpha]_D^{20} = +85,05° \rightarrow +68,64°$ (in H_2O, c = 11%)[2])	1. l. H_2O, schw. l. Alk.	Gärt nicht[2]). Hydraz. F = 197°. Osaz. F = 200°. p-Bromphenylhydraz. F = 207—208°	[1]) **Drew** u. **Haworth:** Soc. Lond. **1926**, 2303. [2]) **Fischer** u. **Passmore:** Ber. **23**, 2228 (1890). — **Peirce:** J. Biol. Chem. **23**, 327 (1915).
—	—	1. l. H_2O, schw. l. Alk.	Gärt nicht. Hydraz. F = 196°. Osaz. F = 203°	[1]) **Smith:** A. **272**, 186 (1892).
—	—	1. l. H_2O, schw. l. Alk.	Gärt nicht. Hydraz. F = 175°. Osaz. F = 210°	[1]) **Smith:** A. **272**, 188 (1892).
173,5°	$[\alpha]_D^{22} = -67,8°$ (in H_2O, c = 10%)	1. l. H_2O, schw. l. Alk.	Gärt nicht. R.V.=88% d. Glucose. Osaz. F = 209—210°	[1]) **Bertrand** u. **Nitzberg:** Compt. rend. **186**, 925, 1172 (1928).

Nr	Name	Formel, Konstitution	Vorkommen, Bildung, Darstellung	Krystallogr. Eigenschaften
9	Perseulose	H_2COH CO $HOCH$ $HCOH$ [1] $HCOH$ $CHOH$ H_2COH	Aus Perseit durch Oxyd. mit Bact. xylinum [2]	Seidenglänzende Nadeln (aus H_2O). Sehr süß [2]
10	Sedoheptose	H_2COH CO $HCOH$ $HCOH$ [1] $HCOH$ $HCOH$ H_2COH	Aus Sedum spectabile d. Extraktion [2]	Sirup
11	d-Mannoketoheptose	H_2COH CO $HOCH$ $HOCH$ $HCOH$ $HCOH$ H_2COH	Aus der Avocadobirne d. Extraktion [1].	Prismen [1]
12	α-d-Guloheptose	$C_7H_{14}O_7$	Aus d-Gulose durch die Cyanhydrinreakt. u. Red. mit Na-Amalg. [1]	Rosetten lang. Nadeln; schwach süß
13	β-d-Guloheptose	$C_7H_{14}O_7$	Wie oben [1]	Sirup
14	Volemulose	$C_7H_{14}O_7$	Durch Oxyd. des Volemits mit Bact. xylinum [1]	Sirup
15	Volemose	$C_7H_{14}O_7$ (ident. mit Sedoheptose?)	Bei der Oxyd. d. Volemits mit HNO_3 oder $Br + Na_2CO_3$ [1]	—
16	Methylheptose (Rhamnoheptose)	$C_8H_{16}O_7$: $CH{=}O$ $CHOH$ $HCOH$ $HCOH$ [1] $HCOH$ $HOCH$ $HOCH$ H_2COH	Durch Red. d. α-Rhamnoheptonsäurelactons mit Na-Amalg. [2]	farbl. Sirup. Süß

Schmelz- und Siedepunkt	Optisches Drehungsvermögen	Löslichkeit	Analytisches; Diverses	Literatur
110—115°[2])	$[\alpha]_D^{20} = -90{,}0°\rightarrow$ $-81{,}0$ (in H_2O, c = 10%)[2])	l. l. H_2O, schw. l. Alk., l. l. sied. Alk.	Gärt nicht[2]). Red. etwas schwächer als Glucose Fehl. Lösg. Osaz. F = 233°[3])	[1]) **Peirce:** J. Biol. Chem. **23**, 327 (1916). [2]) **Bertrand:** Compt. rend. **147**, 201 (1908). [3]) **Bertrand:** Soc. chim. France [4] **5**, 631 (1909).
—	schwach rechtsdrehend	—	Osaz. F = 197°. p-Bromphenylosaz. F = 227—228°	[1]) **La Forge:** J. Biol. Chem. **42**, 367 (1920). [2]) **La Forge** u. **Hudson:** J. Biol. Chem. **30**, 61 (1917).
152°[1])	$[\alpha]_D^{20} = +29{,}37°$ (in H_2O, c = 10%)[1])	—	Gärt nicht[1]). p-Bromphenylhydraz. F = 179°. Osaz. F = 200°	[1]) **La Forge:** J. Biol. Chem. **28**, 511 (1917).
185—187°	$[\alpha]_D^{20} = -65{,}65°$ (in H_2O, c = 3%)	—	—	[1]) **La Forge:** J. Biol. Chem. **41**, 251 (1920).
—	—	—	Nicht näher untersucht	[1]) **La Forge:** J. Biol. Chem. **41**, 251 (1920).
—	—	—	Osaz. F = 205—207°	[1]) **Bertrand:** Compt. rend. **126**, 764 (1898).
—	—	—	Osaz. F = 196°	[1]) **Fischer:** Ber. **28**, 1974 (1895).
—	$[\alpha]_D^{20} = +8{,}4°$ (in H_2O, c = 9,4%)	l. l. H_2O, l. Alk., unl. Äther	Osaz. F = 200°	[1]) **Fischer** u. **Zack:** Ber. **45**, 3762 (1912). [2]) **Fischer** u. **Piloty:** Ber. **23**, 3107 (1890).

Tabelle 9.

Nr	Name	Formel, Konstitution	Vorkommen, Bildung, Darstellung	Krystallogr. Eigenschaften
1	α, α-d-Glykooctose	$C_8H_{16}O_8$: CH=O HOCH HCOH HCOH HOCH HCOH HCOH H_2COH	Durch Redukt. des α, α-d-Glykooctonsäurelactons mit Na-Amalg.[1]. Dass.[2]	Mit 2 Mol. H_2O[1]. In feinen Nadeln[2]
2	α-d-Mannooctose	CH=O HCOH HCOH HOCH HOCH HCOH HCOH H_2COH	Durch Redukt. des d-Mannooctonsäurelactons mit Na-Amalg.[1]	Farbl. Sirup. Süß
3	α, α-d-Galaoctose	CH=O HOCH HCOH HCOH HOCH HOCH HCOH H_2COH	Durch Redukt. des α, α-d-Galaktoonsäurelactons mit Na-Amalg.[1]	Aus 80% Alk., farbl. glänz. Blättchen mit 1 H_2O
4	Methyloctose, Rhamnooctose	$C_9H_{18}O_8$: CH=O CHOH CHOH HCOH HCOH [1] HCOH HOCH HOCH CH_3	Durch Redukt. v. Rhamnooctonsäurelacton mit Na-Amalg.[2]	Sirup

Schmelz- und Siedepunkt	Optisches Drehungsvermögen	Löslichkeit	Analytisches; Diverses	Literatur
$93°$ [1]) 110—$115°$ [2])	Wasserfrei: $[\alpha]_D = -50{,}5°$ (E.) (in H_2O, $c = 6{,}5\%$) [1]) $[\alpha]_D^{18} = -86{,}3°\rightarrow$ $-49{,}6°$ (in H_2O, $c = 1{,}72\%$) [2]) Das Hydrat [2]): $[\alpha]_D^{17} = -43{,}2$ (E) (in H_2O, $c = 1{,}78\%$)	—	Gärt nicht. R.V.$=75\%$ d. Glucose [2]) Gibt, auf $55°$ erhitzt, eine zweite Modifikat., glasige, amorphe Masse, l.l. H_2O. $[\alpha]_D^{20} = -28{,}0°$ (in H_2O) [2]). Hydraz. $F = 190°$ [1]); 203—$204°$ [2]). Osaz. $F = 210$—$212°$ [1]); 229—$230°$ [2])	[1]) **Fischer:** A. **270**, 95 (1892). [2]) **Philippe:** Ann. chim. phys. [8] **26**, 289 (1912).
—	$[\alpha]_D^{20} = -3{,}3°$ (in H_2O)	l. l. H_2O, schw. l. absol. Alk.	Gärt nicht. Hydraz. $F = 212°$. Osaz. $F = 223°$	[1]) **Fischer u. Passmore:** Ber. **23**, 2234 (1890).
109—$110°$	$[\alpha]_D = -40{,}0°$ (in H_2O)	—	Gärt nicht. Hydraz. $F = 200$—$205°$ Osaz. $F = 220$—$225°$	[1]) **Fischer:** A. **288**, 150 (1895).
—	—	l. l. H_2O	Nicht rein dargest. [2]). Osaz. $F = 216°$	[1]) **Fischer u. Zach:** Ber. **45**, 3762 (1912). [2]) **Fischer u. Piloty:** Ber. **23**, 3110 (1890).

Tabelle 10.

Nr	Name	Formel, Konstitution	Vorkommen, Bildung, Darstellung	Krystallogr. Eigenschaften
1	α, α, α-d-Glykononose	$C_9H_{18}O_9$: CH=O CHOH CHOH HCOH HCOH HOCH HCOH HCOH H₂COH	Durch Redukt. des Glykonononsäurelactons mit Na-Amalg. [1][2]	Farbl. Sirup [2]
2	d-Mannononose	CH=O CHOH CHOH CHOH HOCH HOCH HCOH HCOH H₂COH	Durch Redukt. des d-Mannonononsäurelactons mit Na-Amalg. [1]	Aus heiß. Alk. kleine Krystalle
3	α, α, α, α-d-Glykodecose	$C_{10}H_{20}O_{10}$: CH=O CHOH CHOH CHOH HCOH HCOH HOCH HCOH HCOH H₂COH	Durch Redukt. des Glykodeconsäurelactons mit Na-Amalg. [1]	Aus H_2O + Alk. in wasserfr. Nadeln. Aus H_2O mit 1 H_2O in lang. hexagon Blättchen

Tabelle 11.

Nr	Name	Formel, Konstitution	Vorkommen, Bildung, Darstellung	Krystallogr. Eigenschaften
1	d-Glucosido-d-Erythrose	$C_{10}H_{18}O_9$: HCOH — CH HC — HCOH HCOH — HOCH CH₂ — HCOH HC H₂COH	Aus Glucoarabinose → Heptacetylglucoarabonsäurenitril u. Verseifung [1]	—

Nonosen, Decosen.

Schmelz- und Siedepunkt	Optisches Drehungsvermögen	Löslichkeit	Analytisches; Diverses	Literatur
—	$[\alpha]_D^{15} = +13{,}5°$ (in H_2O, c = 11,6%)[2])	l. l. H_2O, schw. l. absol. Alk.[1,2])	Gärt nicht[1])[2]). R.V.=82% d. Glucose[2]) Hydraz. F = 195—200°[1]); 224—225°[2]). Osaz. F = 230—233°[1]); 244°[2])	[1]) Fischer: A. **270**, 104 (1892). [2]) Philippe: Ann. chim. phys. [8] **26**, 289 (1912).
130°	$[\alpha]_D^{20} = +50$ (in H_2O)	l. l. H_2O, schw. l. Alk.	Gärt leicht. Hydraz. F = 223°. Osaz. F = 217°	[1]) Fischer u. Passmore: Ber. **23**, 2237 (1890).
210° (H_2O-frei) 155° (Hydrat)	$[\alpha]_D^{20} = +37{,}0° \rightarrow +50{,}4°$ (in H_2O, c = 10%, wasserfr. S)	l. l. H_2O, unl. absol. Alk., Äther	Gärt nicht. R.V.=76% d. Glucose. Hydraz. F=228—229°. Osaz. F = 278°	[1]) Philippe: Ann. chim. phys. [8] **26**, 289 (1912).

Disaccharide.

Schmelz- und Siedepunkt	Optisches Drehungsvermögen	Löslichkeit	Analytisches; Diverses	Literatur
—	—	—	Nicht näher untersucht. Gibt kein Osaz.	[1]) Zemplén: Ber. **59**, 1254 (1926); **60**, 1555 (1927).

Tabelle 11 (Fortsetzung).

Nr	Name	Formel, Konstitution	Vorkommen, Bildung, Darstellung	Krystallogr. Eigenschaften
2	**d-Galaktosido-d-Erythrose**	$C_{10}H_{18}O_9$: (Ringformel)	Aus d-Galakto-d-Arabinose → Heptacetylgalakto-arabonsäurenitril, Verseifung[1])	Flocken
3	**d-α-Galakto-d-Arabinose**	$C_{11}H_{20}O_{10}$: (Ringformel)[1])	Aus Octacetylmelibionsäurenitril u. Verseifung[2]). Reinig. über d. Hydraz.	Sirup
4	**d-Galakto-d-Arabinose**	$C_{11}H_{20}O_{10}$: (Ringformel)	Durch Oxyd. des Milchzuckers zu Lactobionsäure u. Behand. d. Calciumsalzes mit H_2O_2 + Ferriacetat[1]). Aus Octacetyllactobionsäurenitril u. Verseifung[2])	Prismen (aus Alk.). Süß[2])
5	**d-β-Gluco-d-Arabinose**	$C_{11}H_{20}O_{10}$: (Ringformel)	Aus Octacetylcellobionsäurenitril u. Verseifung[1]). Aus Octacetylmaltobionsäurenitril, Verseifung	Sirup
6	**Glucoxylose**	$C_{11}H_{20}O_{10}$: (Ringformel)	Natürl. vork. in Blättern u. Zweigen einer Leguminose Daviesia latifolia[1])	Amorph, farbl.
7	**Arabiose** (Arabin)	$C_{10}H_{18}O_9$: Konstit. unbek. Viell. β, β-1-Arabinose[1])	Durch Säurehydrolyse von Arabinsäuren[2])	Amorphe, s. hygr. Masse. Süß[2])
8	**Strophantobiose**	$C_{12}H_{22}O_{10}$: Konstit. unbek. Mannorhamnose	Im Strophantin. Daraus d. Hydrolyse mit verd. HCl. Nur als Methyläther bekannt[1])	—

Schmelz- und Siedepunkt	Optisches Drehungsvermögen	Löslichkeit	Analytisches; Diverses	Literatur
—	$[\alpha]_D^{24} =$ ca. $+ 18,0°$ (in H_2O)	s. l. l. H_2O, w. l. Alk.	Gibt kein Osaz. R.V. $= 17\%$ d. Glucose	[1] **Zemplén:** Ber. 59, 2402 (1926).
—	—	—	Gibt kein Osaz.	[1] Siehe Melibiose. [2] **Zemplén:** Ber. 60, 923 (1927).
166—168°[2]	$[\alpha]_D^{19} = -50,3° \rightarrow -63,1°$ (in H_2O)[2]	s. l. l. H_2O, s. schw. l. Alk.	R.V. $= 53$—54% d. Glucose[2]. Osaz. F $= 242°$. Benzylphenylhydraz. F $= 223$—$225°$	[1] **Ruff** u. **Ollendorff:** Ber. 32, 552 (1899); 33, 1806 (1900). [2] **Zemplén:** Ber. 59, 2402 (1926); 60, 1309 (1927).
—	—	—	Osaz. F $= 205°$ $(190$—$195°)$	[1] **Zemplén:** Ber. 59, 1254 (1926); 60, 1555 (1927).
—	$[\alpha]_D = -36,5°$ (in H_2O, c $= 0,663\%$)	s. l. l. H_2O, l. l. Methylalk., w. l. Alk.	Reduz. nicht Fehling. Lösg. Gibt kein Osaz.	[1] **Power** u. **Salway:** Soc. Lond. 105, 767, 1062 (1914).
—	$[\alpha]_D = +198,8°$ (H_2O)[2]	l. l. H_2O, Methylalk., schw. l. Alk., unl. Äther	R.V. $= 58\%$ d. Gluc.[2]	[1] **Hudson:** Amer. Soc. 38, 1573 (1916). [2] **O'Sullivan:** Chem. News 61, 23.
—	—	—	Methyläther: Weiße Krystalle, F $= 207°$. $[\alpha]_D + 8,24°$ $(c = 5,76\%)$	[1] **Feist:** Ber. 31, 535 (1898); 33, 2063, 2091 (1900).

Tabelle 11 (Fortsetzung).

Nr	Name	Formel, Konstitution	Vorkommen, Bildung, Darstellung	Krystallogr. Eigenschaften
9	Rutinose	$C_{12}H_{22}O_{10}$: Rhamnosido-glucose	Aus den Glucosiden Rutin u. Datiscin d. Fermente[1]).	Weißes, s. hygr. Pulver. (Aus Alk. mit Äther gefällt)
10	Primverose (Xylosidoglucose)	$C_{11}H_{20}O_{10}$: 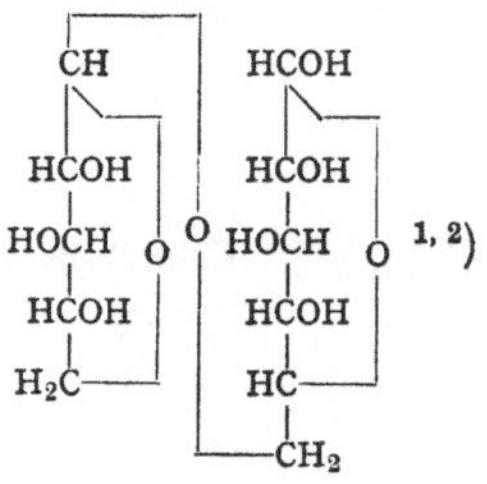	In d. Nat. häufig als Glucosid (Primocrin, Gentiaraulin, Rhamnicosid)[3]). Darst.: Aus d. Glucosiden d. Fermente.[4]). Synth. aus Acetobromxylose $+$ 1, 2, 3, 4, β-Tetracetylglucose, Verseifung[1])	Feine Krystalle; längl. Blättchen. Süß[1,4])
11	Vicianose (l-Arabinosido-d-glucose)	$C_{11}H_{20}O_{10}$: 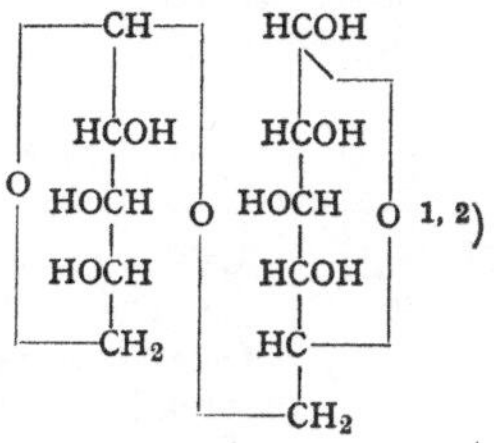	In d. Nat. als Glucosid (Gein, Vicianin usw.) vorkommend. Darst.: Aus d. Gluc. durch Fermente[1]). Synth. aus Acetobromarabinose $+$ 1, 2, 3, 4-β-Tetracetylglucose u. Verseifung[2])	Nadeln (aus verd. Alk.). Süß[1,2])
12	Trehalose-α, α (Mykose)	$C_{12}H_{22}O_{11} + 2\,H_2O$ 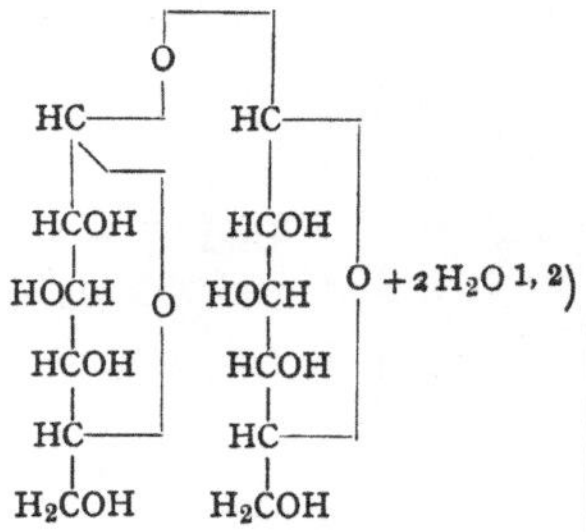	In d. Nat. vorkommend in Pilzen, im Mutterkorn als polymeres Anhydrid Trehalum u. in Schimmelpilzen. Darst.: Durch Extraktion von Trehalamanna mit heiß. Alk. Oder aus Steinpilzen in derselb. Weise[3])	Rhomb. Prismen aus Alk. $a:b:c = 0{,}6814 : 1 : 0{,}4771$. Süß[4])
13	Isotrehalose-β, β	$C_{12}H_{22}O_{11}$: 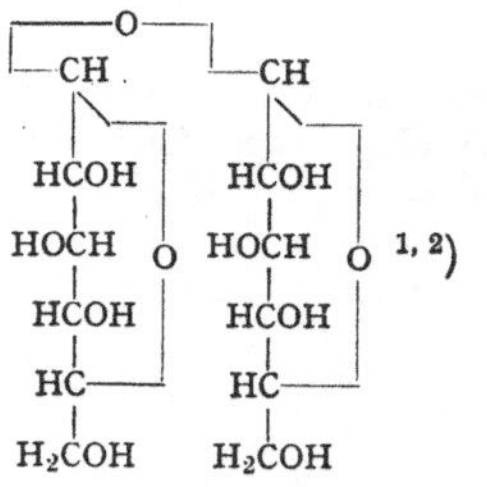	Durch Schütteln von β-Tetracetylglucose in Chloroform mit P_2O_5 u. Verseifen[3]). Durch Schütteln von β-Acetobromglucose mit Ag_2CO_3 mit H_2O in Äther, Verseifen	Amorphes, hellgelb. Pulver. Hygrosk.[3])
14	Isotrehalose-α, β	$C_{12}H_{22}O_{11}$: 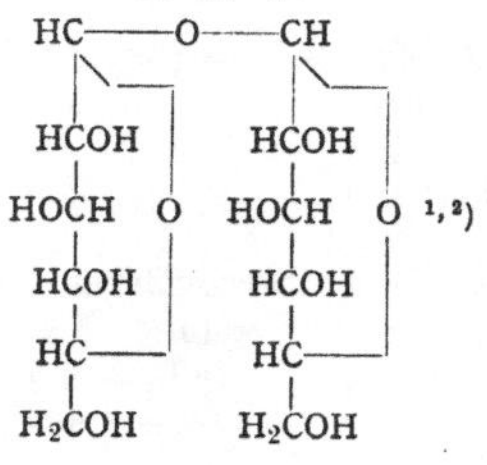	Als Methylderivat isol. bei d. Hitzekondensation von β-Tetracetylglucose $+$ $ZnCl_2$ und Metylierung[1]). Durch Kondens. von β-Tetracetylglucose mit P_2O_5 u. $ZnCl_2$ in Toluol, Verseifen[3])	Kleine Tafeln[3]). Hygr. Schwach süß

Disaccharide.

Schmelz- und Siedepunkt	Optisches Drehungsvermögen	Löslichkeit	Analytisches; Diverses	Literatur
ca. 140°	$[\alpha]_D^{10} = +3,24° \rightarrow$ $-0,81°$ (H_2O, $c = 0,4108\%$) $[\alpha]_D^{20} = -10,0°$ (in Alkohol, $c = 1\%$)	l. l. H_2O, l. Alk., unl. Äther	Reduz. Fehling. Lösg. R.V. $= 32\%$ d. Glucose	[1] **Charaux:** Compt. rend. **178**, 1312 (1924); **180**, 1419 (1925).
210°[4]) 208°[1])	$[\alpha]_D = +24,14° \rightarrow$ $-3,3°$ (in H_2O, $c = 2,52\%$[4]) $[\alpha]_D^{20} = +23,8° \rightarrow$ $-3,4°$ (in H_2O)[1])	l. l. H_2O, schw. l. Alk.	Reduz. Fehling. Lösg. 1 g red. wie 0,631 g Glucose[4]). Osaz. F $= 220°$[1]). Durch verd. Säuren in Xylose u. Glucose hydrolisiert[1])	[1] **Helferich** u. **Rauch:** A. **455**, 168 (1927). [2] **Goris** u. **Vischniac:** Compt. rend. **169**, 975 (1919). [3] **Bridel** u. **Charaux:** Soc. Chim. Biol. **7**, 822 (1925). — **Bridel:** Compt. rend. **179**, 991 (1924). [4] **Bridel:** Compt. rend. **179**, 780 (1924); **180**, 1421 (1925).
210°	$[\alpha]_D^{20} = +39,72°$ (E.) (in H_2O, $c = 8\%$)[1]) $[\alpha]_D^{20} = +56,5° \rightarrow$ $+39,72°$ (in H_2O)[2])	l. l. H_2O, l. verd. Alk.	Gärt nicht. Zerfällt d. verd. Säuren leicht in Glucose u. Arabinose[1])	[1] **Bertrand** u. **Weisweiller:** Compt. rend. **150**, 180 (1910); **151**, 884 (1910). [2] **Helferich** u. **Bredereck:** A. **465**, 166 (1928).
Hydrat: 97°[5]) Anhydrid: 203°[6])	Hydrat: $[\alpha]_D^{20} = +178,3°$ (in H_2O, $c = 7,28\%$)[5]) Anhydrid[6]): $[\alpha]_D^{20} = +197,1°$ (in H_2O)[5]) Berechnet: $[\alpha]_D^{20} = +197,0°$ (für das Anhydr. in H_2O)[2])	l. l. H_2O, s. w. l. Alk., unl. Äther	Gärt nicht. Wird durch ein besond. Enzym Trehalose in 2 Mol. Glucose zerlegt. Ebenso d. verd. Säuren. Red. nicht Fehl. Lösg. Kein Osaz. VW_V für das Hydrat $= 3550,3$ Cal/g, f. d. Anhydrid $= 3947$ Cal/g[7])	[1] **Schlubach** u. **Maurer:** Ber. **58**, 1178 (1925). [2] **Hudson:** Amer. Soc. **38**, 1571 (1916). [3] **Berthelot:** Ann. chim. phys. [3] **55**, 272, 291 (1859). [4] **Scheibler:** Ber. **13**, 2320 (1880). [5] **Schukow:** C. 1900 II, 948. [6] **v. Lippmann:** Ber. **45**, 3431 (1921). [7] **Stohmann** u. **Langbein:** J. prakt. Ch. [2] **45**, 305 (1892).
—	$[\alpha]_D^{23} = -39,4°$ (in H_2O, $c = 2,7\%$)[3]) Berechnet: $[\alpha]_D^{20} = -58,0°$ (in H_2O)[2])	l. l. H_2O; l. l. Methylalk., s. schw. l. Alk., unl. Äther[3])	Reduz. nicht Fehling. Lösg. Gibt kein Osaz. Wird d. verd. Säuren in 2 Mol. Glucose zerlegt[3])	[1] **Schlubach** u. **Maurer:** Ber. **58**, 1178 (1925). [2] **Hudson:** Amer. Soc. **38**, 1571 (1916). [3] **Fischer** u. **Delbrück:** Ber. **42**, 2783 (1909).
85°[3]) (97° Zers.)	$[\alpha]_D^{22} = +67,1°$[3]) (in H_2O, $c = 4,92$). Berechnet: $[\alpha]_D^{20} = +70,0°$[2]) (in H_2O)	l. l. H_2O, Methylalk. Essigs., schw. l. Alk., unl. Äther	Kein Osaz.; red. nicht Fehling. Lösg. Wird d. verd. Säuren in 2 Mol Glucose zerlegt[3])	[1] **Schlubach** u. **Maurer:** Ber. **58**, 1178 (1925). [2] **Hudson:** Amer. Soc. **38**, 1571 (1916). [3] **Vogel** u. **Dewboska-Kurnicka:** Helv. **11**, 910 (1928).

Nr	Name	Formel, Konstitution	Vorkommen, Bildung, Darstellung	Krystallogr. Eigenschaften
15	Maltose-β	$C_{12}H_{22}O_{11} + H_2O$: (Konstitutionsformel mit $+ H_2O$ [1])	In d. Nat. als Abbauprod. d. Stärke verbreitet. Darst.: Stärkekleister wird durch Diastase verzuckert, von den Dextrinen durch Alkoholfällung befreit u. krystallisiert [2]. Synth. d. Kondens. von α- u. β-Glucose, Acetylieren u. Reinigen u. Verseifen d. Acetates [3]	Weiße Nadeln. Anhydrid: Glasige, sehr hygr. Masse. Süß
16	Gentiobiose-β	$C_{12}H_{22}O_{11}$: (Konstitutionsformel [1])	In d. Nat. verbreitet als Bestandt. von Glucosiden (Amygdalin) u. als Best. des Trisacch. Gentianose. Darst.: Durch Hydrolyse d. Glucoside oder d. Trisaccharids [2]. Aus Gentianawurzeln [1]. Synth. d. Einwirk. von HCl auf Glucose, Acetylierung u. Verseifung [3]. Synth. d. Kondens. von Tetracetyl-6-glucose mit β-Acetobromglucose, Verseifung [4]. Synth. d. Einwirk. von Unterhefe auf Glucoselösg. [5]. Synth. d. Einwirk. von Emulsin auf Glucoselösg. [6]	Krystall. aus Methylalk. mit 2 Mol. Alk. [7] Ohne Alk.: Krystalle. Bitter [6]
17	Isomaltose	$C_{12}H_{22}O_{11} + \frac{1}{2} H_2O$ Konstit. unbek.	Durch Kondens. von Glucose mit konz. HCl [1]. Ebenso, u. Reinigen über d. Acetat, Verseifen [2]. Synth. d. partielle Hydrolyse von Dilaevoglucosan [2]	Amorphes, weißes Pulver. Hygr. Süß [2]
18	Revertose	$C_{12}H_{22}O_{11}$ Konstit. unbek.	Durch Einwirk. von Maltase auf Glucoselösung [1]. Ebenso durch Taka-Diastase, Invertase	Krystalle. Süß. Hygr.
19	Amylobiose	$C_{12}H_{22}O_{11}$ Konstit. unsicher Viell. (1,4) Glucosido-1, 4 (1,6) Glucose	Aus β-Hexamylose oder α-Polyamylosen durch Hydratation mit konz. HCl	Amorph.
20	Glucobiose A	$C_{12}H_{22}O_{11}$ Konstit. unbek.	Durch Abbau des Lichenins mit konz. HCl [1].	Flockiges weißes Pulver
21	Glucobiose B	$C_{12}H_{22}O_{11}$ Konstit. unbek.	Wie oben, als Nebenprodukt [1]	Pulver

Disaccharide.

Schmelz- und Siedepunkt	Optisches Drehungsvermögen	Löslichkeit	Analytisches; Diverses	Literatur
160—165° (Hydrat)	Hydrat. $[\alpha]_D = +118,0° \to +129,0°$ (in H_2O)[4]. Berechnet: $[\alpha]_D^{20} = +118,0° \to +129,0°$ (in H_2O)[5]	l. l. H_2O; unl. absol. Alk., Äther	Reduz. Fehling. Lösg.; R. V. = 0,754 (Glucose = 1)[6]. Osaz. F = 206°[7]. Gärt. D = 1,50[8]. $V.W_v$ = 3949 Cal/g[9]. Durch verd. Säuren hydrol. in 2 Mol Glucose. Wird d. ein Enzym, Maltase, in Glucose gespalten	[1] **Haworth, Loach** u. **Long:** Soc. Lond. **1927**, 3146. — **Zemplén:** Ber. **60**, 1555 (1927). [2] **Soxhlet:** J. prakt. Chem. [2], **21**, 274 (1880). — **Pringsheim** u. **Belser:** Bioch. Z. **148**, 336 (1924). [3] **Pictet** u. **Vogel:** Helv. **10**, 588 (1927). [4] **Parcus** u. **Tollens:** A. **257**, 160 (1890). [5] **Hudson** u. **Yanowsky:** Amer. Soc. **39**, 1013 (1917). [6] **Pucher** u. **Finch:** Ber. ges. Physiol. **38**, 186 (1927). [7] **Bruyn** u. **Leent:** Ber. **28**, 3082 (1895). [8] **Ost:** Chem. Z. **21**, 613 (1897). [9] **Karrer:** Ber. **55**, 2854 (1922).
85,5—86°[7] 190—195°[6]	α-Form aus Methylalk. $[\alpha]_D^{20} = +31,0° \to +9,6°$ (in H_2O). β-Form, aus 90proz. Äthylalk. $[\alpha]_D^{20} = -11,0° \to +9,6°$ (in H_2O)[6]	l. l. H_2O, l. in Methylalk., s. schw. l. Alk., unl. Äther	Reduz. Fehling. Lösg. R.V.=0,75 (Gluc.=1)[7] Wird d. verd. Säuren oder d. ein Enzym, Emulsin, in 2 Mol. Glucose gespalten. Gärt nicht. Osaz. F = 162—167°[8]	[1] **Haworth** u. **Wylam:** Soc. Lond. **123**, 3120 (1923). [2] **Bourquelot** u. **Herrisey:** Ann. chim. phys. [7] **27**, 397 (1902). [3] **Georg** u. **Pictet:** Helv. **9**, 444 (1926). [4] **Helferich, Bäuerlein** u. **Wiegand:** A. **447**, 27 (1926). [5] **Pringsheim, Boudé** u. **Leibowitz:** Ber. **59**, 1983 (1926). [6] **Bourquelot, Hérissey** u. **Coirre:** Compt. rend. **157**, 732 (1913). [7] **Zemplén:** Z. phys. Chem. **85**, 399 (1913). [8] **Zemplén:** Ber. **48**, 233 (1915).
145°[2] 170° (Z.)	$[\alpha]_D^{23} = +100,9° \to +98,4°$ (in H_2O, c = 9,13%)[2]	s. l. l. H_2O, l. in Methylalk., s. schw. l. Alk., unl. Äther	Osaz. F = 160°[2]. Reduz. Fehling. Lösg. R.V. = 0,425 (Gl. = 1). Wird d. verd. Säuren in 2 Mol. Glucose hydrolysiert. Emulsin wirkt ebenso, aber sehr langsam	[1] **Fischer:** Ber. **23**, 3687 (1890). — **v. Friedrichs:** C. 1914 I, 763. [2] **Georg** u. **Pictet:** Helv. **9**, 612 (1926).
—	$[\alpha]_D = +91,5°$ (in H_2O)	—	Reduz. Fehling. Lösg. R.V.=0,475 (Gl.=1). Osaz. F = 173—174°. Gärt langsam. Wird d. verd. Säuren oder d. Maltase hydrolysiert zu 2 Mol. Glucose	[1] **Emmerling:** Ber. **34**, 600 (1901). — **Croft Hill:** Soc. Lond. **83**, 578 (1903). — **Armstrong:** C. 1905 II, 1806. — **Pringsheim** u. **Leibowitz:** Ber. **57**, 1576 (1924).
—	$[\alpha]_D^{20} = +110,9°$ (in H_2O, c = 0,1%)	l. H_2O, unl. Alk.	Reduz. Fehling. Lösg. R.V.=32,5% d.Maltos. Osaz. F = 189°	[1] **Pringsheim** u. **Steingroever:** Ber. **59**, 1001 (1916); **57**, 1581 (1924).
—	$[\alpha]_D^{20} = +36,35°$ (in H_2O, c = 4%)	—	Reduz. Fehling. Lösg. R.V.=25% d. Cellobiose	[1] **Pringsheim, Knoll** u. **Kasten:** Ber. **58**, 2135 (1925).
—	$[\alpha]_D^{20} = +112,0°$ (in H_2O, c = 2,2%)	—	R.V.=9% d. Cellobiose	[1] **Pringsheim, Knoll** u. **Kasten:** Ber. **58**, 2135 (1925).

Nr	Name	Formel, Konstitution	Vorkommen, Bildung, Darstellung	Krystallogr. Eigenschaften
22	α-6-Glucosido-Glucose	$C_{12}H_{22}O_{11}$: Formel unsicher geworden	Aus α-Glucosylchlorid u. Kaliumglucose durch Erwärmen mit 95 proz. Alk.[1]	Krusten. Schwach bitter
23	α-2-Glucosido-Glucose	$C_{12}H_{22}O_{11} + H_2O$: [Strukturformel: HC—/HCOH; O; HCOH/—HC; HOCH O/HOCH O + H_2O; HCOH/HCOH; HC/HC; H_2COH/H_2COH]	Aus Diglucosan d. Hydrat. mit konz. HCl[1]	Amorphe, sehr hygr. Masse
24	Dextrinose (Isomaltose)	$C_{12}H_{22}O_{11} + H_2O$: Konstit. unsicher	Häufig in d. Nat. vork., z. B. im Bier, im Urin, im Blut, im Honig, in der Leber usw. Durch Einwirk. von Diastase auf Stärke[1]. Durch Einwirk. von Oxalsäure auf Stärke[2]. Aus Dextrin d. Diastase[3]. Aus Amylopectin oder α, β-Hexamylose durch Diastase[4]. Aus Iso-Trihexosan durch Oxalsäure[5]	Amorphes, weißes Pulver, hygr. Süß[1]
25	Cellobiose-β (Cellose)	$C_{12}H_{22}O_{11}$: [Strukturformel: CH/HOCH; O; HCOH/HCOH; HOCH O/HOCH O [1]; HCOH/—HC; HC/HC; H_2COH/H_2COH]	Entsteht beim acetolyt. Abbau d. Cellulose[2]. Darst.: Aus Watte oder Filtrierpap. durch Acetolyse mit Essigsäureanhydrid u. H_2SO_4 u. Verseif. d. Octacetates[3]. Biochem. Synth. d. Einwirk. von Emulsin auf Glucoselösg.[4]	Weißes, mikrokryst. Pulver. Nicht süß[5]
26	Isocellobiose	$C_{12}H_{22}O_{11}$ Konstit. unbek.	Bei d. Acetolyse von Cellulose als Nebenprod. neben Cellobiose[1]	Nadeln, in büsch. Aggregaten. Schwach süß[1]
27	Celtrobiose	$C_{12}H_{22}O_{11}$	Nur als Octacetat bek. Siehe dieses!	Nicht isoliert!

Schmelz- und Siedepunkt	Optisches Drehungsvermögen	Löslichkeit	Analytisches; Diverses	Literatur
$90°$ $187°$ (Z.)	$[\alpha]_D^{20} = +12{,}02° \rightarrow$ $+10{,}51°$ (in H_2O, $c = 2{,}62\%$)	l. l. H_2O, schw. l. Alk. od. Methylalk., unl. Äther	Reduz. Fehling. Lösg. R.V. $= 40\%$ d. Glucose. Durch verd. Säuren in 2 Mol. Glucose zerlegt. Osaz. F $= 173$—$174°$	[1] **Pictet** u. **Castan:** Helv. **4,** 319 (1921).
H_2O-frei: 116—$117°$	$[\alpha]_D = +77{,}2° \rightarrow$ $+70{,}2°$ (in H_2O, $c = 2{,}54\%$)	l. l. H_2O, Py- ridin; l. Me- thylalk., unl. absol. Alk.	R.V. $= 38{,}47\%$ d. Gluc. Kein Osaz. Durch verd. Säuren zer- legt in 2 Mol. Glucose. Wird d. Emulsin oder Hefe nicht angegriffen	[1] **A.** u. **J. Pictet:** Helv. **6,** 617 (1923).
$85°$ (S.) 120—$200°$ (Z.)[1] 94—$96°$[5])	$[\alpha]_D = +140{,}0°$ (in H_2O)[1] $[\alpha]_D = +141{,}4°$ (in H_2O)[3]	l. l. H_2O, l. Methylalk,, unl. Alk. von 95%[1]	Reduz. Fehling. Lösg. R.V. $= 80\%$ d. Maltose[1]. R.V. $= 84{,}5\%$ d. Malt.[3]) Osaz. F $= 150$—$153°$[1]). Osaz. F $= 167°$[5]). Wird von Maltase nicht zerlegt. Gärt wenig. Verd. Säuren zerlegen in 2 Mol. Glucose. Gibt mit Essigsäure- anhydrid u. Na-Acetat Maltose-Octacetat[5]	[1] **Lintner** u. **Düll:** Ber. **26,** 2533 (1893). [2] **Lintner** u. **Düll:** Ber. **28,** 1522 (1895). [3] **Syniewski:** A. **324,** 212 (1902). [4] **Ling** u. **Nanji:** Soc. Lond. **123,** 2666 (1923); Soc. chem. Ind. **46,** T 279 (1927). [5] **Pictet** u. **Vogel:** Helv. **12,** 700 (1929).
$225°$[5])	$[\alpha]_D = +24{,}4° \rightarrow$ $+35{,}2$ (in H_2O)[5]) Berechnet: $[\alpha]_D^{20} = +16{,}0° \rightarrow$ $+35{,}0°$ (in H_2O)[6])	l. H_2O; unl. Alk., Äther	Reduz. Fehling. Lösg. Wird d. Emulsin oder verd. Säuren in 2 Mol. Glucose zerlegt. Osaz. F $= 198°$[1] $V.W_v = 3944$ Cal/g[7]	[1] **Haworth, Long** u. **Plant:** Soc. Lond. **1927,** 2809. [2] **Skraup** u. **Königs:** Monatsh. f. Chem. **22,** 1011 (1901). — **Schliemann:** A. **378,** 366 (1910). [3] **Pringsheim** u. **Merkatz:** Z. phys. Chem. **105,** 174 (1919). — **Freudenberg:** Ber. **54,** 767 (1921). — **Friese** u. **Hess:** A. **456,** 38 (1927). [4] **Bourquelot** u. **Bridel:** Compt. rend. **168,** 253, 1016 (1919). [5] **Peterson** u. **Spencer:** Amer. Soc. **49,** 2822 (1927). [6] **Hudson** u. **Yanowski:** Amer. Soc. **39,** 1013 (1917). [7] **Karrer:** Ber. **55,** 2854 (1922).
155—$165°$ (Z $= 195°$)[1])	$[\alpha]_D = +24{,}6°$ (E.) (in H_2O, $c = 8\%$)[1])	l. l. H_2O, unl. absol. Alk.	Reduz. Fehling. Lösg.[1]). R.V. $= 63{,}2\%$ d. Glucose $= 85{,}3\%$ d. Cellob., $= 108\%$ d. Maltose. Gärt nicht. Verd. Säuren zerlegen in 2 Mol. Glucose. Osaz. F $= 165$—$167°$[1])[2])	[1] **Ost** u. **Knoth:** Papierfabr. **3,** 25 (1922). — **Ost:** Z. angew. Chem. **39,** 1117 (1926). [2] **Weltzien** u. **Singer:** A. **443,** 71 (1925).
—	—	—	—	—

Nr	Name	Formel, Konstitution	Vorkommen, Bildung, Darstellung	Krystallogr. Eigenschaften
28	Saccharose (Rohrzucker)	$C_{12}H_{22}O_{11}$: [Strukturformel] [1]	In d. Nat. weit verbr. in Früchten u. Pflanzenteilen Synth. aus Tetracetylglucose u. Tetracetyl-γ-fructose d. Kondensation mit P_2O_5 u. Verseifen[2]). Technisch aus Zuckerrübe oder Zuckerrohr[3]	Monokl. Krystalle $a:b:c$ $= 1{,}2595 : 1:0{,}8782$. Süß[4]
29	Saccharose C	$C_{12}H_{22}O_{11}$	Durch Kondens. von β-Tetracetylglucose mit β-Tetracetylfructose durch P_2O_5 u. Verseifen[1]	Amorph. Hygr. Süß
30	Saccharose D, Iso-Saccharose	$C_{12}H_{22}O_{11}$ Konstit. unsicher.	Durch Abbau u. Wiederaufbau von Saccharose-octacetat, Verseifen[1]). Durch Kondens. von γ-Tetracetylfructose mit Tetracetylglucose u. Verseifen[2]	Weißes, mikro.-kryst. Pulver. Süß[1] Nadeln u. Prismen[2]
31	β-d-Glucosidofructose	$C_{12}H_{22}O_{11}$:	Aus Tetracetylfructose u. Acetobromgluc. $+ Ag_2O$, Verseifen[1]	Nicht rein dargest.
32	Turanose-β	$C_{12}H_{22}O_{11}$: [Strukturformel] [1]	In d. Nat. als Bestandt. d. Trisacch. Melezitose[2]). Darst.: Aus Melezitose d. verd. H_2SO_4[3]). Durch Hydrolyse von Melecitose mit verd. Essigsäure[2]	Amorphes, s. hygr. Pulver. Süß[2]. Prismen (aus CH_3OH)[4]
33	Galaktobiose	$C_{12}H_{22}O_{11}$: [Strukturformel]	Durch Kondens. von Tetracetylgalaktose mit $ZnCl_2$ u. P_2O_5 u. Vers. d. Acetates[1]	Weißes, hygr. Pulver. Amorph. Schwach süß
34	Galaktobiose A	$C_{12}H_{22}O_{11}$ Konstit. unbek. Viell. ident. mit Nr 39	Aus d-Galaktose d. Einwirk. von Emulsin[1]	Nadeln aus Methylalk. Nicht süß
35	Galaktobiose B	$C_{12}H_{22}O_{11}$ Konstit. unbek.	Aus d-Galaktose d. Einwirk. von Emulsin[1]	Krystall. Masse. Süß
36	Galaktosidogalaktose	$C_{12}H_{22}O_{11}$ Konstit. unbek.	Aus Galaktose-Natrium u. Acetochlorgalaktose, Verseifung[1]	Sirup

Schmelz- und Siedepunkt	Optisches Drehungsvermögen	Löslichkeit	Analytisches; Diverses	Literatur
Aus Methylalk. 169—170°[4]) Aus Äthylalk. 179—180°[4]) 184—185° aus H_2O + Äthylalk.[2])	$[\alpha]_D^{20} = +66,37°$ (in H_2O, c = 5,07%)[2])	l. l. H_2O; l. Methylalk., schw. l. Alk., unl. absol. Alk., Äther	Reduz. nicht Fehling. Lösg. Kein Osaz. Wird d. verd. Säuren oder ein Enzym, Invertin, in 1 Mol. Glucose u. 1 Mol. Fructose zerl. Gärt. $D_{17,5} = 1,5805$[5]) D_{30} aus Methylalk. $= 1,5737$[4]) D_{30} aus Äthylalk. $= 1,5840$. $V.W_v = 3945,7$ Cal/g[6])	[1]) **Avery, Haworth** u. **Hirst:** Soc. Lond. 1927, 2308. — **Schlubach** u. **Rauchalles:** Ber. 58, 1842 (1925). [2]) **Pictet** u. **Vogel:** Helv. 11, 436 (1928). [3]) **Claassen:** Zuckerfabr. 1918. — **Krüger:** Zuckerrohr, 1899. [4]) **Heldermann,** Z. physik. Chem. 130, 396 (1927). [5]) **Schröder:** Ber. 12, 561 (1879). [6]) **Schläpfer** u. **Fioroni:** Helv. 6, 713 (1923).
104°	$[\alpha]_D^{22} = -24,6°$ (in H_2O, c = 2,076%)	l. l. H_2O, schw. l. Alk., unl. Äther, l. Methylalk.	Reduz. Fehling. Lösg. bei läng. Kochen. Wird von verd. Säuren etwas schwerer als Saccharose gespalten	[1]) **Pictet** u. **Vogel:** Helv. 11, 905 (1928).
127°[1]) Sintert bei 152 bis 194°(Zers.)[2])	$[\alpha]_D^{21} +19,0°$ (in H_2O, c = 2,756%)[1]) $[\alpha]_D +34,2°$ (in H_2O, c = 5,264%), in Methylalk. $[\alpha]_D = +50,0°$ (c = 2,13%)[2])	l. l. H_2O, s. schw. l. Alk., unl. Äther	Reduz. nicht Fehl. Lösg. Kein Osaz. Wird d. verd. Säuren zu 1 Mol. Glucose u. 1 Mol. Fructose hydrolysiert	[1]) **Pictet** u. **Vogel:** Helv. 11, 905 (1928). [2]) **Irvine, Oldham** u. **Skinner:** Amer. Soc. 51, 1279 (1929).
—	—	—	—	[1]) **Helferich** u. **Bredereck:** A. 465, 166 (1928).
Mit $^1/_2$ Mol. Alk. 60 bis 65°, alk.-frei über 100°[2]) 157°[4])	$[\alpha]_D +71,8°$ (in H_2O, c = 5—10%)[2]) $[\alpha]_D^{20} = +65—68°$ (in H_2O, c = 30%)[3]) $[\alpha]_D^{20} = +43,5° \rightarrow +75,6°$ (H_2O)[4])	l. l. H_2O, l. Methylalk., l. Alk.	Reduz. Fehling. Lösg.[2]). R.V. = 60% d. Glucose. Gärt langsam. Wird d. verd. Säuren in 1 Mol. Glucose u. 1 Mol. Fructose zerlegt. Osaz. F = 215—220°[5])	[1]) **Zemplén** u. **Braun:** Ber. 59, 2230 (1926); Ber. 59, 2539 (1926). — **Leitch:** Soc. Lond. 1927, 588. — **Aagaard:** Tidskr. Kemi Bergv. 8, 16 (1928). [2]) **Tanret:** Soc. chim. France [3] 35, 316 (1906). [3]) **Alechin:** A. chim. [6] 18, 532. [4]) **Hudson** u. **Pacsu:** Science 69, 278 (1929). [5]) **Fischer:** Ber. 27, 2488 (1894).
122°	$[\alpha]_D^{20} = +67,8°$ (in H_2O, c = 0,936%)	l. l. H_2O, unl. Alk., Äther	Kein Osaz. Reduz. nicht Fehl. Lösg Wird d. verd. Säuren in 2 Mol. Galaktose zerlegt	[1]) **Vogel** u. **Kurnicka-Debowska:** Helv. 11, 910 (1928).
180°	$[\alpha]_D = +35,01°$ [E.) (in H_2O, c = 2,86%). Mutas. anfangs kleiner	—	Reduz. Fehling. Lösg. R.V. = 50,3% d. Galakt. Osaz. F = 194°. Verd. Säuren hydrolys. zu 2 Mol. Galaktose	[1]) **Bourquelot** u. **Aubry:** Compt. rend. 164, 521 (1917).
—	$[\alpha]_D = +53,05°$ (in H_2O, c = 2,24%.) Endwert, Anfangswert größer	—	Reduz. Fehling. Lösg. R.V. = 53,6% d. Galakt.	[1]) **Bourquelot** u. **Aubry:** Compt. rend. 164, 443 (1917).
—	—	—	Reduz. Fehling. Lösg. Osaz. F = 173—175°. Gärt nicht	[1]) **Fischer** u. **Armstrong:** Ber. 35, 3144 (1902).

Nr	Name	Formel, Konstitution	Vorkommen, Bildung, Darstellung	Krystallogr. Eigenschaften
37	Glucosidogalaktose	$C_{12}H_{22}O_{11}$ Konstit. unbek.	Aus Galaktose-Natrium u. Acetochlorglucose, Verseifung[1]	Sirup
38	Isolactose	$C_{12}H_{22}O_{11}$ Konstit. unbek.	Durch Einwirk. d. Kefirfermentes auf eine wäss. Lösg. von Galaktose u. Glucose[1]	Nicht isol.
39	6-β-Galaktosido-β-galaktose	$C_{12}H_{22}O_{11}$: HOCH — CH HCOH — HCOH HOCH O O HOCH O HOCH — HOCH HC — HC H_2C — H_2COH	Aus Diacetongalaktose u. Acetobromgalaktose und Verseifen[1]	Aus Methylalk. zerfließl. Nädelchen
40	6-β-d-Galaktosido-d-glucose	$C_{12}H_{22}O_{11}$: CH — HCOH HCOH — HCOH HOCH O O HOCH O HOCH — HCOH HC — HC H_2COH — CH_2	Aus β-1,2,3,4-Tetracetylglucose u. Acetobromgalaktose u. Verseifen[1]	Flocken
41	α-Galaktosidoglucose	$C_{12}H_{22}O_{11}$ Konstit. unbek.	Aus α-Galaktosylchlorid u. Glucose + Na-Äthylat	Nicht isol.
42	Galaktosidoglucose	$C_{12}H_{22}O_{11}$ Konstit. unbek.	Aus Glucose-Natrium u. Acetochlorgalaktose, Verseifen[1]	Sirup
43	6-β-Glucosido-β-galaktose	$C_{12}H_{22}O_{11} + H_2O$ HOCH — CH HCOH — HCOH HOCH O O HOCH O + H_2O HOCH — HCOH HC — HC H_2C — H_2COH	Aus Diacetongalaktose u. Acetobromglucose, Verseifen[1]	Krystalle, Prismen (mit Krystall-H_2O)
44	Lactose-α (Milchzucker)	$C_{12}H_{22}O_{11} + H_2O$: HCOH — CH HCOH O HCOH HOCH O HOCH O + H_2O [1] HC — HOCH HC — HC H_2COH — H_2COH	Kommt frei in d. Milch aller Säugetiere vor. Darst.: Aus Molken durch Reinigen u. Eindampfen[2] Synth. d. Kondens. von β-Galaktose (β-Galaktosan) mit β-Glucose, Acetylieren, Reinig. u. Vers.[3]	Monokl. Krystalle a : b : c = 0,3677 : 1 : 0,2143[4] β-Form d. Erhitzen auf 94°. Monokl.-sphenoid. Schwach süß[5]

48

Disaccharide.

Schmelz- und Siedepunkt	Optisches Drehungsvermögen	Löslichkeit	Analytisches; Diverses	Literatur
—	—	—	Reduz. Fehling. Lösg. Osaz. F = 172—174°. Gärt (Unterhefe)	[1] Fischer u. **Armstrong**: Ber. **35**, 3144 (1902).
—	—	—	Osaz. F = 190—193°	[1] Fischer u. **Armstrong**: Ber. **35**, 3144 (1902).
—	$[\alpha]_D^{17} = +25,1° \rightarrow +34,1°$ (in H_2O)	—	Osaz. F = 207°	[1] **Freudenberg, Wolf, Knopf** u. **Zaheer**: Ber. **61**, 1743 (1928).
—	$[\alpha]_D = +36,4°$ (in H_2O)	—	Osaz. F = 185°	[1] **Helferich** u. **Rauch**: Ber. **59**, 2655 (1926).
—	—	—	Osaz. F = 158°	[1] **Pictet** u. **Vernet**: Helv. **5**, 444 (1922).
—	—	—	Osaz. F = 173—174°. p-Bromphenylosaz. F = 181°	[1] Fischer u. **Armstrong**: Ber. **35**, 3144 (1902).
—	$[\alpha]_D^{18} = +1,6° \rightarrow +13,9°$ (in H_2O)	—	Osaz. F = 200°	[1] **Freudenberg, Noë** u. **Knopf**: Ber. **60**, 238 (1927). — **Freudenberg, Wolf, Knopf** u. **Zaheer**: Ber. **61**, 1746 (1928).
201°[3] β-Form: 252,4°[5]	$[\alpha]_D^{23} = +80,67° \rightarrow +51,78°$ (in H_2O, c = 2,752%)[3] Berechnet: $\alpha = [\alpha]_D^{20} = +90° \rightarrow +55,3°$ (in H_2O). $\beta = +35° \rightarrow +55,3°$ (in H_2O)[6]	l. H_2O, unl. Alk., Äther	Reduz. Fehling. Lösg. R.V.=0,655(Gluc.=1)[7] Osaz. F = 200°[8]. VW_v = 3948 Cal/g (H_2O-frei)[9]. Wird d. verd. Säuren in 1 Mol. Glucose u. 1 Mol. Galaktose zerlegt. Gärt nicht. Durch Lactoglykase hydrol.	[1] **Zemplén**: Ber. **59**, 2402 (1926). — **Hirst**: Soc. Lond. **129**, 350 (1926). [2] **Harding**: Roy. Agr. Soc. Engl. **83**, 73 (1922). [3] **Pictet** u. **Vogel**: Helv. **11**, 309 (1928). [4] **Wulf**: Z. Ver. D. Zuckerind. **38**, 1089 (1888). [5] **Wherry**: Washingt. Acad. **18**, 302 (1928). [6] **Hudson** u. **Yanowsky**: Amer. Soc. **39**, 1013 (1917). [7] **Pucher** u. **Finch**: Ber. ges. Physiol. **38**, 186 (1927). [8] **Fischer**: Ber. **20**, 831 (1887). [9] **Karrer** u. **Fioroni**: Helv. **6**, 396 (1923).

Tabelle 11 (Fortsetzung).

Nr	Name	Formel, Konstitution	Vorkommen, Bildung, Darstellung	Krystallogr. Eigenschaften
45	Melibiose-β	$C_{12}H_{22}O_{11} + 2 H_2O$: HC—HOCH / HCOH HCOH / HOCH O O HOCH O $+2H_2O$[1] / HOCH HCOH / HC HC / H_2COH CH_2	Entst. d. partielle Hydrolyse d. Trisacch. Raffinose[2]). Synth. aus Diglucosan u. Digalaktosan d. Polymeris. u. Hydrolyse mit konz. HCl[3]). Synth. d. Kondens. von Acetobromgalaktose und β-1,2,3,4-Tetracetylglucose mit Chinolin u. Vers. d. Acetates[4])	Monokl. Krystalle, Tafeln. $a:b:c = 1{,}9227:1 :2{,}0124$ Süß[5])
46	Neolactose	$C_{12}H_{22}O_{11}$ Konstit. unbek. d-Galaktosido-d-Altrose	Durch Einwirk. von AlCl$_3$ auf Octacetyllactose und Verseifen[1])	Sirup
47	Mannobiose	$C_{12}H_{22}O_{11}$ Konstit. unbek.	Aus wäss. Lösg. von d-Mannose d. Einwirk. d. Fermentes Seminase[1]). Aus Salepmannan durch ferment. Spaltg.[2])	Sirup[1]) Sternf. grupp. Prismen[2])
48	Mannosidomannose	$C_{12}H_{22}O_{11}$: CH O CH / HOCH HOCH / HOCH O HOCH O [1]) / HCOH HCOH / HC HC / H_2COH H_2COH	Aus Diacetonmannose-I-chlorhydrin u. Diacetonmannose, Vers.[1])	Sirup
49	6-Mannosidogalaktose-α	$C_{12}H_{22}O_{11}$: HCOH CH / HCOH HOCH / HOCH O O HOCH O [1]) / HOCH HCOH / HC HC / H_2C H_2COH	Aus Diacetonmannose-I-chlorhydrin u. Diacetongalaktose, Vers.[1])	Krystalle (aus Methylalk.)
50	4-β-Galaktosidomannose-β	$C_{12}H_{22}O_{11}$ Konstit. unbek.	Aus Lactal mit Benzopersäure in Essigester[1])	Nadeln (aus Chlorof.). Nicht süß
51	4-β-Glucosidomannose	$C_{12}H_{22}O_{11} + H_2O$: HOHC—CH / HOCH HCOH / HOCH O O HOCH O $+H_2O$[1]) / HC HCOH / HC HC / H_2COH H_2COH	Aus Cellobial mit Benzopersäure u. Kochen mit H$_2$O[1]) Aus Octacetylcellobiose d. HF u. Vers.[2])	Krystalle. Schwach süß
52	5-β-Galaktosido-d-glucoheptose	$C_{13}H_{24}O_{12}$	Aus Lactoncarbonsäure u. Redukt. mit Na-Amalg.[1])	Nicht rein dargest.

Schmelz- und Siedepunkt	Optisches Drehungsvermögen	Löslichkeit	Analytisches; Diverses	Literatur
$85°$; $180°$ (Z.)[3] H_2O-frei $92—95°$[5])	$[\alpha]_D^{20} = +110{,}5° \rightarrow +126{,}5°$ (in H_2O, $c = 3{,}62\%$)[3]) Berechnet: $[\alpha]_D^{20} = +115° \rightarrow +129°$ (in H_2O)[6]) für d. Hydrat.	l. l. H_2O, l. Methylalk., s. w. l. Alk., unl. Äther	Reduz. Fehling. Lösg. Osaz. F = $178°$[5]). Gärt (Unterhefe). Verd. Säuren zerl. in 1 Mol. Glucose u. 1 Mol. Galaktose	[1]) **Haworth, Loach** u. **Long:** Soc. Lond. **1927**, 3146. [2]) **Harding:** Sugar **25**, 514 (1923). [3]) **Pictet** u. **Vogel:** Helv. **9**, 806 (1926). [4]) **Helferich** u. **Bredereck:** A. **465**, 70 (1928). [5]) **Bau:** Chem.-Z. **21**, 186 (1897); **26**, 69 (1902). [6]) **Hudson** u. **Yanowsky:** Amer. Soc. **39**, 1013 (1917).
—	$[\alpha]_D^{24} = +34{,}7°$ (in H_2O)	—	Osaz. F = $195°$	[1]) **Kunz** u. **Hudson:** Amer. Soc. **48**, 1978, 2435 (1926).
—	$[\alpha]_D^{23} = +12{,}8°$ (in H_2O)[2]) $[\alpha]_D = +20{,}0°$ (in H_2O)[1])	—	Hydraz. F = $199°$[2])	[1]) **Bourquelot** u. **Hérrissey:** Pharm. et Chim. [7)] **21**, 81 (1920). [2]) **Pringsheim** u. **Genin:** Z. phys. Chem. **140**, 299 (1924).
—	$[\alpha]_D^{17} = +53{,}0°$ (in H_2O)	—	Reduz. nicht Fehl. Lösg	[1]) **Freudenberg, Wolf, Knopf** u. **Zaheer:** Ber. **61**, 1743 (1928).
—	$[\alpha]_D^{20} = +144° \rightarrow +134°$ (in H_2O)	—	—	[1]) **Freudenberg, Wolf, Knopf** u. **Zaheer:** Ber. **61**, 1743 (1928).
$196—197°$	$[\alpha]_D^{23} = +23{,}04° \rightarrow +30°$ (in H_2O)	s. l. l. H_2O, l. l. Alk.	Reduz. sofort Fehling. Lösg. Osaz. F = $200°$, ident. mit Lactosaz.	[1]) **Bergmann, Schotte** u. **Rennert:** A. **434**, 79 (1923).
$176°$ (H_2O-frei) $139—140°$ (H_2O-haltig)	$[\alpha]_D^{16} = +15{,}1° \rightarrow +10{,}7°$ (in H_2O, auf wasserf. Subst.)	s. l. l. H_2O, schw. l. Alk.	Gibt Cellobiosaz. F = $198°$	[1]) **Bergmann** u. **Schotte:** Ber. **54**, 1564 (1921). [2]) **Brauns:** Amer. Soc. **48**, 2776 (1926).
—	—	—	—	[1]) **Fischer:** Ber. **23**, 937 (1890). — **Reinbrecht:** A. **272**, 197 (1892).

Tabelle 12.

Nr	Name	Formel, Konstitution	Vorkommen, Bildung, Darstellung	Krystallogr. Eigenschaften
1	**6-β-Cellobiosidogalaktose-α**	$C_{18}H_{32}O_{16} + 2\,H_2O$:	Aus Acetobromcellobiose u. Diacetongalaktose u. Verseifung[1]	Amorph., weißes, s. hygr. Pulver. Aus Methylalk. hygr. Krystalle
2	**6-β-Lactosidogalaktose**	$C_{18}H_{32}O_{16}$:	Aus Acetobromlactose u. Diacetongalaktose u. Verseifung[1]	Amorph
3	**6-β-Cellobiosido-d-α-glucose**	$C_{18}H_{32}O_{16} + H_2O$:	Aus 1, 2, 3, 4-Tetracetyl-β-glucose u. Acetobromcellobiose u. Verseifung[1]	Spitze Blättchen (aus Eisessig). Schwach süß
4	**6-β-Lactosido-d-α-glucose**	$C_{18}H_{32}O_{16}$:	Aus 1,2,3,4-Tetracetyl-β-glucose u. Acetobromlactose u. Verseif.[1]	Weiße Nadeln (aus Eisessig). Süß
5	**6-β-Gentiobiosido-d-α-glucose**	$C_{18}H_{32}O_{16}$:	Aus 1,2,3,4-Tetracetyl-β-glucose u. Acetobrom-gentiobiose u. Verseifung[1]	Sehr hygr. Krystalle
6	**Amylotriose**	$C_{18}H_{32}O_{16}$ Konstit. unbek.	Aus Amylopectin mit konz. HCl[1]. Aus Glykogen in derselben Weise. Aus Glykogen durch ein diast. Muskelferment[2]	Nadeln[1]

Schmelz- und Siedepunkt	Optisches Drehungsvermögen	Löslichkeit	Analytisches; Diverses	Literatur
—	$[\alpha]_D^{19} = +22{,}9° \rightarrow +9{,}25°$ (in H_2O, für das Hydrat). $[\alpha]_D^{19} = +24{,}6° \rightarrow +9{,}9°$ (in H_2O, für das Anhydrid)	—	Osaz. F = 207°	[1] Freudenberg, Wolf, Knopf u. Zaheer: Ber. 61, 1743 (1928).
—	$[\alpha]_D^{18} = +22{,}2°$ (in H_2O)	—	Osaz. F = 211°	[1] Freudenberg, Wolf, Knopf u. Zaheer: Ber. 61, 1743 (1928).
200°. (Anhydrid): 247—252°	$[\alpha]_D^{22} = +15{,}0° \rightarrow +8{,}4°$ (in H_2O, für das Anhydrid)	l. l. H_2O, l. in heiß. Eisessig, l. verd. Alk.	Reduz. Fehling. Lösg. R.V. = 42% d. Glucose. Osaz. F = 224°	[1] Helferich u. Schäfer: A. 450, 229 (1926).
257°	$[\alpha]_D^{24} = +34{,}7° \rightarrow +22{,}6°$ (in H_2O)	l. l. H_2O, l. Eisessig, verd. Alk.	Reduz. Fehling. Lösg. R.V. = 37% d. Glucose. Osaz. F = 233°	[1] Helferich u. Schäfer: A. 450, 229 (1926).
—	—	—	Osaz. sehr l. l. in kalt. H_2O	[1] Helferich u. Schäfer: A. 450, 229 (1926).
—	$[\alpha]_D^{20} = +124{,}4°$ (in H_2O; c = 1%) [1]. $[\alpha]_D^{17} = +137{,}5°$ (in H_2O, c = 0,75%) [2]	—	R.V. = 24% d. Glucose [1] R.V. = 9,7% d. Glucose [2]	[1] Pringsheim: Ber. 57, 1581 (1924). [2] Lohmann: Bioch. Z. 178, 444 (1926).

Tabelle 12 (Fortsetzung).

Nr	Name	Formel, Konstitution	Vorkommen, Bildung, Darstellung	Krystallogr. Eigenschaften
7	Iso-Trihexose	$C_{18}H_{32}O_{16}$ Konstit. unbek.	Aus Isotrihexosan mit konz. HCl[1]	Krystalle. Süß. Hygr.
8	d-Procellose	$C_{18}H_{32}O_{16} + 2\,H_2O$ Konstit. unbek.	Bei d. Acetolyse v. Baumwolle als Nebenprod.[1]	Kugelf. Krystalle (aus Alk.)
9	Cellotriose	$C_{18}H_{32}O_{16}$ Konstit. unbek.	Bei d. Acetolyse v. Baumwolle als Nebenprod.[1]	Feinnadelige Warzen (aus H_2O). Nicht süß
10	Cellotriose	$C_{18}H_{32}O_{16}$	Aus Cellulose d. Abbau mit hochkonz. HCl[1]	Krystalle. Büscheln dünner Prismen. Süßlich
11	β-Glucosidomaltose	$C_{18}H_{32}O_{16}$: HC——— HCOH ⎡—CH HCOH O HCOH HCOH HOCH O HOCH O O HOCH O (?) [1] HCOH ⎣—HC HCOH HC——— HC HC——— H_2COH H_2C——— H_2COH	Aus α, β-Hexamylose d. Malzdiastase bei 70°[2]. Durch Abbau von Stärke mit „Biolase"[3]	Sehr hygr. Pulver. Sehr süß[2]
12	Rhamninose	$C_{18}H_{32}O_{14}$ Konstit. unbek. 1 Mol. Galaktose + 2 Mol. Rhamnose	Kommt in d. Natur als Bestandt. mancher Glucoside vor. Aus d. Glucosid Sophorin d. Spalt. mit Rhamninase.[1] Aus d. Glucosid Xanthorhamnin d. Rhamninase[2]	Weiße Krystalle. Süß[2]
13	Robinose	$C_{18}H_{32}O_{14}$ Konstit. unbek. 1 Mol. Galaktose + 2 Mol. Rhamnose	Aus d. Glucosid Robinin d. Rhamnodiastase[1]	Weißes hygr. Pulver
14	Manninotriose	$C_{18}H_{32}O_{16}$ Konstit. unbek. 1 Mol. Glucose + 2 Mol. Galaktose	In d. Nat. vork. als Bestandteil d. Tetrasacch. Stachyose. Durch Hydrol. von Eschenmanna (Stachyose) mit Essigs.[1]	Weiße Körner, s. hygr. (aus absol. Alk.). Süß
15	Lävidulinose (Lävidulin)	$C_{18}H_{32}O_{16}$ Konstit. unbek. 2 Mol. Mannose + 1 Mol. Glucose	Aus Konjakmannan durch Takadiastase[1]	Weißes krystall. Pulver

54

Schmelz- und Siedepunkt	Optisches Drehungsvermögen	Löslichkeit	Analytisches; Diverses	Literatur
155—160° (Z.)	$[\alpha]_D^{20} = +102,1°$ (in H_2O, c = 1,9%)	s. l. l. H_2O; unl. Alk.	Osaz. s. l. l. H_2O. F = 169 bis 171°. Zers. 180°	[1] **Pictet** u. **Vogel**: Helv. **12**, 700 (1929).
210°	$[\alpha]_D^{21} = +22,8°$ (in H_2O)	l. l. H_2O; unl. Alk.	—	[1] **Bertrand** u. **Benoist**: Compt. rend. **176**, 1583 (1923).
—	$[\alpha]_D = +10,5°$ (E.) (in H_2O, c = 3,195%)	l. l. H_2O	Gärt nicht. R.V. = 45% d. Glucose	[1] **Ost**: Z. angew. Chem. **39**, 1117 (1926).
210° (Z.)	$[\alpha]_D = +21,8°$ (in H_2O, c = 2,5%)	l. l. H_2O, Pyridin. l. Eisessig. Unl. Alk., Methylalk.	Reduz. Fehling. Lösg. b. Erwärmen	[1] **Willstätter** u. **Zechmeister**: Ber. **62**, 722 (1929).
202—203°	$[\alpha]_D = +165,0°$ (E.)[4] (in H_2O)	—	Osaz. F = 122°[2]. Zerfällt d. Emulsin in 1 Mol. Glucose u. 1 Mol. Maltose; mit Maltase in Glucose und Isomaltose (Dextrinose)[4]	[1] **Ling** u. **Nanji**: Soc. Lond. **127**, 629 (1925). [2] **Ling** u. **Nanji**: Soc. Lond. **123**, 2666 (1923). [3] **Pringsheim** u. **Schapiro**: Ber. **59**, 996 (1926). [4] **Ling**: J. chem. Ind. **46**, T 279 (1927).
135—140°[2]	$[\alpha]_D = -41,0°$ (in H_2O)[2] $[\alpha]_D = -26,37°$ (in 75 proz. Alk.)[1]	l. l. H_2O; l. Alk., l. Essigs.; unl. Äther	Gärt nicht[2]. Wird von verd. Säuren hydrolys. R.V. = 33% d. Glucose	[1] **Ter Meulen**: Rec. trav. Pays-Bas **42**, 380 (1923). [2] **Tanret**: Compt. rend. **129**, 725 (1899).
—	$[\alpha]_D = +5,17°\rightarrow +1,94°$ (in H_2O, c = 2,576%) $[\alpha]_D = -16,66°$ (in 90 proz. Alk.)	l. l. H_2O; l. Alk.	R.V. = 44% d. Glucose	[1] **Charaux**: Soc. chim. France **8**, 915 (1926).
150°	—	l. l. H_2O; l. in heiß. Methyl- u. Äthylalk.	Reduz. Fehling. Lösg., R.V. = 33% d. Glucose. Osaz. F = 122—124°. Wird von verd. Säuren zu d. Bestandt. hydrolys. Gärt nicht	[1] **Tanret**: Compt. rend. **134**, 1586 (1902). — **Bierry**: Bioch. Z. **44**, 446 (1912).
—	$[\alpha]_D^{14} = -15,4°$ (in H_2O, c = 2,3%)	l. l. H_2O; l. verd. Alk.	—	[1] **Mayeda**: Compt. rend. **125**, 38, 116 (1897). — **Ohtsuki**: Acta phytochim. **4**, 1 (1928).

Nr	Name	Formel, Konstitution	Vorkommen, Bildung, Darstellung	Krystallogr. Eigenschaften
16	**Raffinose, Melitriose, Gossypose**	$C_{18}H_{32}O_{16} + 5\,H_2O$: (Strukturformel) $+5\,H_2O$ [1]	In d. Nat. vork. (Zuckerrübe, Baumwollsamen). Darst.: Aus Baumwollsaatmehl, Extrakt. mit stark. Methylalk.[2]. Synth. d. Kondens. von Saccharose u. Galaktose[3]	Weiße feine Nadeln oder Prismen, $a:b:c = 1{,}29:1:1{,}06$. Kaum süß[4]
17	**Gentianose**	$C_{18}H_{32}O_{16}$: (Strukturformel) [1]	In d. Nat. vork. (Enzianwurzeln). Darst.: Aus frisch. Enzianwurzeln d. Extrakt. mit H_2O[2]	Weiße Tafeln. Schwach süß[2]
18	**Melecitose, Melecitriose**	$C_{18}H_{32}O_{16} + 2\,H_2O$: (Strukturformel) $+2\,H_2O$ [1]	In d. Nat. vork. (Manna d. Douglastanne, Honigtau). Darst.: Durch Extrakt. d. Pflanzent. mit H_2O[2]	Krusten[2] Nadeln $(+2\,H_2O)$[3] Blättchen (H_2O-frei). Schwach süß[4]

Tabelle 13.

Nr	Name	Formel, Konstitution	Vorkommen, Bildung, Darstellung	Krystallogr. Eigenschaften
1	**β-Cellobiosido-gentiobiose**	$C_{24}H_{42}O_{21}$ (4 Mol. Glucose)	Durch Kondens. von 6-β-Cellobiosido-d-glucosebromacetat mit 1,2,3,4-β-tetracetylglucose u. Verseif.[1]	Sirup
2	**Maltotetrose**	$C_{24}H_{42}O_{21}$ (4 Mol. Glucose)	Durch Kondens. von 2 Mol. Heptacetylmaltose u. Verseif.[1]	Weißes Pulver. Nicht süß
3	**Cellobiotetrose**	$C_{24}H_{42}O_{21}$ (4 Mol. Glucose)	Aus Acetobromcellobiose mit Ag_2CO_3 u. Verseif.[1]	Weißes, hygr. Pulver
4	**Lactotetrose**	$C_{24}H_{42}O_{21}$ (2 Mol. Galaktose + 2 Mol. Glucose)	Aus Acetobromlactose mit Ag_2CO_3 u. Verseif.[1]	Weißes, lockeres Pulver, Hygrosk.

Trisaccharide.

Schmelz- und Siedepunkt	Optisches Drehungsvermögen	Löslichkeit	Analytisches; Diverses	Literatur
Wasserhaltig: 80°. H$_2$O-frei: 118—119°[4])	$[\alpha]_D = +104°$ (in H$_2$O, auf wasserh. Subst.)[5]). $[\alpha]_D = +123°$ (in H$_2$O, Anhydrid)	l. l. H$_2$O; l. Methylalk., unl. Alk., Äther	Reduz. nicht Fehl. Lösg. Kein Osaz. Gärt. Verd. Säuren spalten erst zu 1 Mol. Melibiose + 1 Mol. Fructose, dann Melibiose zu Galaktose u. Glucose. Enzym Emulsin spaltet in 1 Mol. Saccharose + 1 Mol. Galaktose[6]. V.W$_v$ = 3400,2 Cal./g[7]	[1] **Charlton** u. **Haworth:** Soc. Lond. **1927**, 1527. — **Haworth, Loach** u. **Long:** Soc. Lond. **1927**, 3146. [2] **Englis, Decker** u. **Adams:** Amer. Soc. **47**, 2724 (1925). — **Hudson** u. **Harding:** Amer. Soc. **36**, 2110 (1914). — **Ritthausen** u. **Weger:** J. prakt. Chem. [2] **29**, 351 (1884). [3] **Vogel** u. **Pictet:** Helv. **11**, 898 (1928). [4] **Scheibler:** Ber. **18**, 1409 (1885); **19**, 2868 (1886). [5] **Loiseau:** Compt. rend. **82**, 1058 (1876). [6] **Neuberg:** Bioch. Z. **3**, 519 (1907). [7] **Stohmann** u. **Langbein:** J. prakt. Chem. [2] **45**, 305 (1892).
209—211°[2])	$[\alpha]_D = +33,0°$ (in H$_2$O)[2])	l. H$_2$O, s. schw. l. Alk.[2])	Red. nicht Fehl. Lösg.[2]) Kein Osaz. Gärt teilw. (Fructosekomp.). Säuren spalten in 1 Mol. Fructose u. 2 Mol. Glucose, sehr verd. Säuren in 1 Mol. Fructose u. 1 Mol. Gentiobiose	[1] **Haworth** u. **Wylam:** Soc. Lond. **123**, 3120 (1923). [2] **Bourquelot** u. **Nardin:** Compt. rend. **126**, 280 (1898). — **Bourquelot** u. **Hérissey:** Compt. rend. **132**, 571 (1901). — **Binaghi** u. **Falqui:** A. chim. appl. **15**, 386 (1925).
148°[2]) 155°[3,4])	$[\alpha]_D^{20} = +88,7°$ (in H$_2$O, c = 6,35%)[2,3])	l. l. H$_2$O; unl. Alk.[3])	Red. nicht Fehl. Lösg.[2]). Kein Osaz. Gärt nicht. Verd. Säuren hydrolys. erst zu 1 Mol. Glucose + 1 Mol. Turanose, dann letztere zu je 1 Mol. Glucose + Fructose. V.W$_v$ = 3913,7 Cal/g (H$_2$O-frei)[5]). D = 1,5565 (Hydrat)[6]	[1] **Zemplen:** Ber. **59**, 2539, 2230 (1926). — **Leitch:** Soc. Lond. **1927**, 588. [2] **Hudson** u. **Sherwood:** Amer. Soc. **40**, 1456 (1918). [3] **v. Lippmann:** Ber. **60**, 161 (1927). [4] **Wherry:** Amer. Soc. **42**, 125 (1920). [5] **Stohmann** u. **Langbein:** J. prakt. Chem. [2] **45**, 305 (1892). [6] **Pionchon:** Compt. rend. **124**, 1523 (1897).

Tetrasaccharide und höhere.

Schmelz- und Siedepunkt	Optisches Drehungsvermögen	Löslichkeit	Analytisches; Diverses	Literatur
—	—	l. l. H$_2$O	—	[1] **Helferich** u. **Bredereck:** A. **465**, 166 (1928).
120—122°	$[\alpha]_D^{20} = +113,5°$ (in H$_2$O, c = 0,652%)	l. l. H$_2$O; unl. Alk., Äther	Red. nicht Fehl. Lösg. Kein Osaz. Wird von verd. Säuren in 4 Mol. Glucose zerlegt	[1] **Vogel** u. **Debowska-Kurnicka:** Helv. **11**, 910 (1928).
—	$[\alpha]_D^{20} = +18,7°$ (in H$_2$O)	l. l. H$_2$O; schw. l. Alk.	Reduz. Fehling. Lösg. s. schwach.	[1] **Fischer** u. **Zemplen:** Ber. **43**, 2536 (1910).
—	—	—	Nicht rein dargest.	[1] **Fischer** u. **H. Fischer:** Ber. **43**, 2521 (1910).

Tabelle 13 (Fortsetzung).

Nr	Name	Formel, Konstitution	Vorkommen, Bildung, Darstellung	Krystallogr. Eigenschaften
5	Cicerose (viell. ident. mit Stachyose)	$C_{24}H_{42}O_{21}$ (2 Mol. Galaktose + 1 Mol. Glucose + 1 Mol. Fructose)	Aus d. Samen von Cicer-arietinum d. Extrakt. mit sied. 70proz. Alk.[1]	—
6	Lupeose (β-Galaktan) (viell. ident. mit Stachyose)	$C_{24}H_{42}O_{21}$ (2 Mol. Galaktose + 1 Mol. Glucose + 1 Mol. Fructose)	In Lupinensamen[1]. Darst. d. Extrakt. mit verd. Alk.	Sirup
7	Stachyose (Manninotetrose)	$C_{24}H_{42}O_{21} + 4\,H_2O$ (1 Mol. Glucose + 2 Mol. Galaktose + 1 Mol. Fructose)	In d. Nat. vork. (in Bohnen, Leguminosen, im Eschenmanna usw.). Darst.: Aus d. Pflanzensäften über d. Strontianverb. u. Zerleg. mit CO_2[1] Über die Barytverb.[2]	Rhomb. Tafeln. a : b : c = 1,0512 : 1 : 0,4213. Sehr süß[1]
8	Tetramanno-holosid	$C_{24}H_{42}O_{21}$ (4 Mol. Mannose)	Aus Monocellulose durch Acetolyse u. Verseif.[1]	Krystalle, s. hygr.
9	Pentamanno-holosid	$C_{30}H_{52}O_{26}$ (5 Mol. Mannose)	Aus Mannocellulose durch Acetolyse u. Verseif.[1]	Mikrokryst., hygr.
10	Lactosinose (Lactosin)	$C_{36}H_{62}O_{31} + H_2O$ (Galaktose, Fructose, Glucose. Nähere Zusammens. unbek.)	In d. Wurzeln von Caryophyllaceen. Darst. d. Extrakt. mit H_2O u. Reinig. mit Bleiessig[1]	Kleine harte Krystalle (aus verd. Alk.)
11	Verbascose	$C_{36}H_{62}O_{31}$ (Galaktose, Glucose, Fructose. Nähere Zusammens. unbek.)	Aus d. Wurzeln d. Königskerze d. Extrakt. mit sied. Alk. u. Reinig. über d. Barytverb.[1]	Feine Nadeln. Schw. süß
12	Cellotetraose	$C_{24}H_{42}O_{21}$	Aus Cellulose d. Abbau mit hochkonz. HCl[1]	Schneeweiße Körnchen. Schwach süßlich

Tabelle 14.

Nr	Name	Formel, Konstitution	Vorkommen, Bildung, Darstellung	Krystallogr. Eigenschaften
1	Anhydrodigitoxose	$C_6H_{10}O_3$: HC— ‖ HC HCOH ⟩O HC— HCOH H_3C	Durch Erhitzen von Digitoxin oder Gitoxin im Hochvak. bei 270°[1]	Nadeln (aus Äther)
2	β-l-Arabinosan	$C_5H_8O_4$: HC ⟨ HC ⟩O O HOCH HOCH —CH$_2$	Durch Erhitzen von l-Arabinose im Vak. bei 160° während 4 St.[1]	Weißes, amorphes Pulver, s. hygr. Süßl.-bitter

Tetrasaccharide und höhere.

Schmelz- und Siedepunkt	Optisches Drehungsvermögen	Löslichkeit	Analytisches; Diverses	Literatur
—	$[\alpha]_D = +146{,}8°$	l. l. H_2O; unl. absol. Alk.	Red. nicht Fehl. Lösg. Kein Osaz.	[1] **Castoro:** A. chim. appl. **15**, 146 (1925).
—	$[\alpha]_D^{17} = +148°$ (in H_2O, c=5%)	l. l. H_2O; unl. absol. Alk.	Wird von verd. Säuren in d. Komp. zerlegt[2]. Viell. ident. mit Stachyose (s. d.)[3]	[1] **Schulze:** Ber. **43**, 2230 (1910). [2] **Castoro:** Gazz. chim. ital. **55**, 463 (1925). [3] **Tanret:** Compt. rend. **155**, 1526 (1912).
Anhydr.[1] 167—170°	$[\alpha]_D^{15} = +133{,}9°$ (in H_2O, c=3,696%)[2] $[\alpha]_D = +148{,}4°$ (für das Anhydrid, in H_2O)[1]	s. l. l. H_2O; unl. Alk., Äther	Red. nicht Fehl. Lösg. Kein Osaz. Gärt teilw. (Fructose). Verd. Essigsäure zerlegt in 1 Mol. Manninotriose + 1 Mol. Fructose, weiter in d. einz. Bestandt. $V.W_v = 3808$ Cal/g (mit $2^1/_2 H_2O$)[3]	[1] **Tanret:** Compt. rend. **155**, 1526 (1912). [2] **Neuberg** u. **Lachmann:** Bioch. Z. **24**, 171 (1910). [3] **Karrer:** Ber. **55**, 2854 (1922).
278—280°	$[\alpha]_D^{20} = -25{,}20°$ (in H_2O, c=5%)	l. l. H_2O; unl. Alk., Äther	Reduz. Fehling. Lösg. 4,5 mal schwächer als Mannose	[1] **Bertrand** u. **Labarre:** Compt. rend. **185**, 1419 (1927).
298—300°	$[\alpha]_D^{20} = -71{,}40°$ (in H_2O, c=5%)	l. l. H_2O; unl. Alk., Äther	Reduz. Fehling. Lösg. 5 mal schwächer als Mannose	[1] **Bertrand** u. **Labarre:** Compt. rend. **185**, 1419 (1927).
—	$[\alpha]_D^{16} = +211{,}7°$ (in H_2O)	l. l. H_2O; l. verd. Alk., unl. absol. Alk., Äther	Red. nicht Fehl. Lösg.	[1] **Meyer:** Ber. **17**, 685 (1884).
219°	$[\alpha]_D = +169{,}9°$ (in H_2O, c=1,324%)	—	Red. nicht Fehl. Lösg.	[1] **Bourquelot** u. **Bridel:** Compt. rend. **151**, 760 (1910) — Pharm. et Chim. **3**, 569 (1911).
240° (205° S.)	$[\alpha]_D = +21{,}0°$ (in H_2O, c=0,58%)	l. H_2O, l. Pyridin, heiß. Eisessig. Unl. Alk.	Red. koch. Fehl. Lösg.	[1] **Willstätter** u. **Zechmeister:** Ber. **62**, 722 (1929).

Anhydrozucker.

Schmelz- und Siedepunkt	Optisches Drehungsvermögen	Löslichkeit	Analytisches; Diverses	Literatur
114°	—	l. Essigester, Alk., Äther, Chlorof.	—	[1] **Cloëtta:** Arch. Path. Pharm. **112**, 261 (1926). — **Windaus** u. **Schwarte:** N. Ges. Wiss. Göttingen **1926**, 1.
80—81°	$[\alpha]_D^{20} = +60{,}5°$ (in H_2O, c=1,148%)	l. l. H_2O, l. in Methylalk., Essigs., Pyridin. Unl. Äther, absol. Alk.	Red. Fehling. Lösg. b. Kochen. Gibt Arabinosaz. Wird b. Kochen mit H_2O in Arabinose zurückverw.	[1] **Vogel:** Helv. **11**, 1210 (1928).

Tabelle 14 (Fortsetzung).

Nr	Name	Formel, Konstitution	Vorkommen, Bildung, Darstellung	Krystallogr. Eigenschaften
3	Diarabinosan	$(C_5H_8O_4)_2$	Durch Erhitzen von β-Arabinosan mit $ZnCl_2$ im Vak. bei 150° d. $1^{1}/_{2}$ St.[1]	Amorph. Geschmacklos
4	β-l-Rhamnosan	$C_6H_{10}O_4$: (Konstitutionsformel)	Durch Erhitzen v. Rhamnoseanhydrid im Vak. bei 150—155° durch 4 St.[1]	Mikrokryst. Bitter
5	α-d-Glucosan	$C_6H_{10}O_5$: (Konstitutionsformel)[1]	Durch Erhitzen von Glucose auf 170°[2]). Durch Erhitzen von Glucose im Vak. bei 145° während 2 St.[3]	Amorph. Aus heißem Methylalk. in Krystallen. Sehr hygr. Bitter
6	Diglucosan	$(C_6H_{10}O_5)_2$	Durch Erhitzen von Glucosan im Vak. bei 155° durch $^1/_2$ St. unter Zus. von $ZnCl_2$[1]	Mikrokryst. Süß
7	Tetraglucosan (Salabrose)	$(C_6H_{10}O_5)_4 + 2\,H_2O$	Durch Erhitzen von Glucosan im offenen Gefäß mit wenig $ZnCl_2$ bei 135° ($^1/_2$ St.)[1]). Durch Erhitzen von Glucose mit $ZnCl_2$ auf 180°	Amorph., hygr. Geschmacklos
8	Heptaglucosan (?)	$(C_6H_{10}O_5)_7$	Durch Erhitzen von Glucose mit Zn-Staub im Vak.[1]	Hygr. Pulver
9	Lävoglucosan (β-Glucosan)	$C_6H_{10}O_5$: (Konstitutionsformel)[1,2]	Aus β-Glucose d. Destill. im Vak.[3]). Aus β-Glucosiden durch Destill. im Vak.[4]). D. Destill. von Stärke oder Cellulose im Vak.[5]) Synth. aus Acetobromglucose → Tetracetylglucosidotrimethylaminbromid →Lävoglucosan d. Alkal.[6]	Tafeln oder Prismen. Nicht hygr. Süß-bitter
10	Dilävoglucosan	$(C_6H_{10}O_5)_2$	D. Erhitzen von Lävoglucosan im Vak. mit $ZnCl_2$ bei 140°[1]	Weißes, amorphes, w. hygr. Pulver. Schwach süß
11	Tetralävoglucosan	$(C_6H_{10}O_5)_4$	D. Erhitzen von Lävoglucosan bei 180° mit etwas Platinmohr[1]	Weißes, amorphes Pulver. Nicht hygr.
12	Hexalävoglucosan	$(C_6H_{10}O_5)_6$	D. Erhitzen von Lävoglucosan bei 140° mit $ZnCl_2$ bei 4,6 atm. Druck[1]	Amorph. Nicht hygr. Nicht süß

Anhydrozucker.

Schmelz- und Siedepunkt	Optisches Drehungsvermögen	Löslichkeit	Analytisches; Diverses	Literatur
153—155°	$[\alpha]_D^{20} = +18,9°$ (in H_2O, c = 2,77%)	l. l. H_2O; unl. Alk., Äther	Reduz. nicht Fehling. Lösg.	[1] Vogel: Helv. 11, 1210 (1928).
90°	$[\alpha]_D^{20} = +2,50°$ (in H_2O, c = 8,01%)	l. l. H_2O, Methylalk., Alk., unl. Äther	Wird d. Koch. mit H_2O in Rhamnose zurückverwandelt	[1] Vogel: Helv. 11, 442 (1928).
108—109°	$[\alpha]_D^{21} = +69,4°$ (in H_2O, c = 2,41%)	l. l. H_2O; l. Methylalk. schw. l. Alk., unl. Äther	Reduz. Fehling. Lösg. in d. Wärme. Gibt Glucosaz. Wird b. Kochen mit Wasser in Glucose zurückverw. $V.W_v = 4288$ Cal/g (berechnet)[4]	[1] Cramer u. Cox: Helv. 5, 884 (1922). [2] Gélis: Compt. rend. 51, 331 (1860). [3] Pictet u. Castan: Helv. 3, 645 (1920). [4] Karrer u. Fioroni: Helv. 6, 396 (1923).
160°	$[\alpha]_D = +54,8°$ (in H_2O, c = 4,6%)	l. l. H_2O; l. in Methylalk. Kaum l. in Alk., unl. Äther	Wird d. verd. Säuren zu Glucose hydrolys.	[1] A. u. J. Pictet: Helv. 4, 788 (1921).
—	$[\alpha]_D = +82,76°$ (in H_2O, c = 4,35%)	l. l. H_2O; l. in Methylalk., unl. Alk., Äther	Wird von verd. Säuren zu Glucose hydrolys.	[1] A. u. J. Pictet: Helv. 4, 788 (1921).
—	$[\alpha]_D^{20} = +83,9°$ (in H_2O, c = 2,08%)	—	Reduz. nicht Fehling. Lösg.	[1] Irvine u. Oldham: Soc. Lond. 127, 2903 (1925).
179—180°	$[\alpha]_D = -66,2°$ (in H_2O, c = 2,8%)	l. l. H_2O; l. Methylalk.; Alk., unl. Äther	Reduz. nicht Fehling. Lösg. Wird b. Kochen mit verd. Säuren in Glucose zurückverw. $V.W_v = 4181$ Cal/g[7]	[1] Pictet u. Cramer: Helv. 3, 640 (1920). [2] Karrer u. Smirnoff: Helv. 5, 124 (1922). [3] Karrer: Helv. 3, 258 (1920). [4] Pictet u. Goudet: Helv. 2, 698 (1919). [5] Pictet u. Sarasin: Helv. 1, 87 (1918). [6] Karrer u. Smirnoff: Helv. 4, 817 (1921). [7] Karrer: Ber. 55, 2855 (1922).
135° (Z. 150°)	$[\alpha]_D = +27,2°$ (in H_2O, c = 6,26%)	s. l. l. H_2O; l. in 95% Alk., l. l. Eisessig, Pyridin, unl. absol. Alk., Äther	Reduz. nicht Fehling. Lösg.	[1] Pictet u. Ross: Helv. 5, 876 (1922).
—	$[\alpha]_D = +111,9°$ (in H_2O, c = 1,555%)	l. l. H_2O; w. l. Pyridin, sonst unl.	Reduz. nicht Fehling. Lösg. Gärt nicht. Wird von Jod nicht gefärbt. Verd. Säuren zerl. in Glucose	[1] Pictet: Helv. 1, 226 (1918).
195° (Z.)	$[\alpha]_D = +94,8°$ (in H_2O, c = 3,77%)	l. H_2O, unl. in den anderen Lösungsmitt.	—	[1] Pictet u. Ross: Helv. 5, 876 (1922).

Nr	Name	Formel, Konstitution	Vorkommen, Bildung, Darstellung	Krystallogr. Eigenschaften
13	Octolävoglucosan	$(C_6H_{10}O_5)_8$	D. Erhitzen von Lävoglucosan bei 140° und 13,3 at Druck mit $ZnCl_2$[1])	Amorph. Fader Geschmack
14	Glykosin I	$(C_6H_{10}O_5)_3$	Durch Destill. von Glucose mit konz. HCl im Vak. bei 100°[1]). Aus Glucose mit 1 proz. NH_4Cl bei 120—130°[2]). Durch Polymeris. von Glucose mit konz. HCl[3])	Amorph. Wenig hygr.
15	Glykosin II	$(C_6H_{10}O_5)_3$	Durch Lös. von Glucose in konz. H_2SO_4, Fällen mit Alk. u. Zerl. d. Alk.-Verb. d. Koch. mit H_2O[1])	Gummiart., hygr. Masse. Alk.-Verb. mit 1 Mol. Alk., amorph., hygrosk. Masse
16	Glykosin III	$(C_6H_{10}O_5)_x$	Aus Glucose mit konz. HCl u. Extrakt. mit Alk., bis kein red. Zucker mehr vorhanden[1])	Nicht hygr. Pulver
17	3, 6-Anhydroglucose	$C_6H_{10}O_5$: (Konstitutionsformel)[1])	Aus Acetodibromglucose über Triacetylmethylglucosid-6-bromhydrin und Verseif. mit Baryt, sowie nachf. Hydrol. d. Methylgruppe[2])	Feine Nadeln. Süß-bitter
18	Diglucan	$C_{12}H_{20}O_{10}$: (Konstitutionsformel)	Aus Acetodibromglucose mit Ag_2CO_3 über α-2,3,5-2′,3′,5′-Hexacetyl-6,6′-dibromglucosido-1-glucose u. Baryt[1])	Hexagon. Prismen oder Oktaeder
19	Isodiglucan	$C_{12}H_{20}O_{10}$: (Konstitutionsformel)	Wie 18, aus dem isom. β-Acetat d. Baryt[1])	Sirup
20	Chitose (2, 5-Anhydromannose?)	$C_6H_{10}O_5$: (Konstitutionsformel)[1,2])	Aus Chitosamin mit salpetriger Säure[3])	Sirup

62

Schmelz- und Siedepunkt	Optisches Drehungsvermögen	Löslichkeit	Analytisches; Diverses	Literatur
210° (Z.)	$[\alpha]_D = +72,8°$ (in H_2O, c = 3,16%)	l. H_2O, sonst unl.	—	[1] **Pictet** u. **Ross:** Helv. **5**, 876 (1922).
—	$[\alpha]_D = +97,48°$ (in H_2O)[1]. $[\alpha]_D^{25} = +108,0°$ (in H_2O, c = 3,045%)[3] $[\alpha]_D = +110,94°$ [2])	l. l. H_2O; unl. Alk., Äther	R.V. = 17,8% d. Gluc.[1]. R.V. = 8,48% d. Gluc.[2]. Gärt nicht[1]. Wird von Diastase nicht veränd. Verd. Säuren zerl. in Glucose	[1] **Grimaux** u. **Lefèvre:** Compt. rend. **103**, 147 (1886). [2] **Klatt:** A. **329**, 350 (1903). [3] **Georg** u. **Pictet:** Helv. **9**, 612 (1926).
Verliert bei 110° d. Alk.	$[\alpha]_D = 131—134°$ (in H_2O)	l. l. H_2O; unl. Alk., Äther	R.V. = 32% d. Glucose. Gärt nicht. Diastase ist ohne Wirk. Verd. Säuren hydrol. zu Glucose	[1] **Musculus** u. **Meyer:** Soc. chim. France [2] **35**, 368 (1881).
—	$[\alpha]_D = +123,8°$ (in H_2O)	l. l. H_2O; unl. Alk.	R.V. = 11,3% d. Maltose Diastase ist ohne Wirk. Verd. Säuren hydrol. zu Glucose	[1] **Ost:** Chem.-Z. **19**, 1507 (1895).
117°	$[\alpha]_D^{20} = +53,89°$ (in H_2O, c = 12%) [2])	l. l. H_2O; schw. l. absol. Alk., unl. Essigester	Rötet fuchsinschweflige Säure. Verd. Säuren hydrol. zu Glucose[2]. Hydraz. F = 155—156°. Osaz. F = 180°	[1] **Karrer, Widmer** u. **Smirnoff:** Helv. **4**, 796 (1921). [2] **Fischer** u. **Zach:** Ber. **45**, 456, 2068, 3763 (1912). — **Fischer, Helferich** u. **Ostmann:** Ber. **53**, 873 (1920).
170—175°	$[\alpha]_D^{17} = -214,1°$ (in H_2O)	l. l. H_2O; schw. l. heiß. Alk., h. Aceton	Red. nicht Fehling. Lös. Verd. Säuren hydrol. zu Glucose	[1] **Karrer, Widmer** u. **Smirnoff:** Helv. **4**, 796 (1921). — **Karrer** u. **Smirnoff:** Helv. **5**, 124 (1922).
—	linksdrehend	—	Reduz. Fehling. Lösg. erst nach d. Hydrolyse mit verd. Säuren	[1] **Karrer, Widmer** u. **Smirnoff:** Helv. **4**, 796 (1921). — **Karrer** u. **Smirnoff:** Helv. **5**, 124 (1922).
—	$[\alpha]_D^{21} = +33,2°$ (in H_2O)[4]	—	R.V. = 60,7% d. Glucose[4]	[1] **Fischer** u. **Andreae:** Ber. **36**, 2587 (1903). — **Levene:** J. Biol. Chem. **57**, 323 (1923). [2] **Haworth, Hirst** u. **Nicholson:** Soc. Lond. **1927**, 1519. [3] **Ledderhose:** Z. phys. Chem. **4**, 154 (1880). — **Tiemann:** Ber. **17**, 245 (1884). [4] **Levene** u. **Ulpts:** J. Biol. Chem. **64**, 475 (1925).

Nr	Name	Formel, Konstitution	Vorkommen, Bildung, Darstellung	Krystallogr. Eigenschaften
21	**Epichitose** (2, 5-Anhydroglucose?)	$C_6H_{10}O_5$: CHO / HC / HOCH / HCOH / HC / CH_2OH (O [1])	Aus Epichitosamin mit salpetriger Säure[1]	Krystalle
22	**β-Galaktosan**	$C_6H_{10}O_5$	Durch Erhitzen von β-Galaktose im Vak. bei 150°[1]	Mikrokryst. Hygr. Süßscharf
23	**α-Galaktosan**	$C_6H_{10}O_5$	Durch Erhitzen von α-Galaktose im Hochvak. (2 mm) bei 135° u. Extrakt. mit absol. Alk.[1]	Amorph, s. hygr.
24	**α -Digalaktosan**	$(C_6H_{10}O_5)_2$	Durch Erhitzen von α-Galaktose im Vak. bei 145°[1]	Amorph
25	**α-Trigalaktosan**	$(C_6H_{10}O_5)_3$	Durch Erhitzen von α-Galaktose im Vak. bei 180°[1]	Braunes, amorph. Pulver. Wenig hygr.
26	**Lävulosan**	$C_6H_{10}O_5$	Durch Erhitzen von Lävulose im Vak. bei 115 bis 120°[1]	Pulver; s. hygr. Bitterlich
27	**Dilävulosan**	$(C_6H_{10}O_5)_2$	Durch Erhitzen von Lävulosan im Vak. bei 120° mit $ZnCl_2$[1]	Amorphe Masse Hygr.
28	**Hetero-Lävulosan**	$C_6H_{10}O_5$: H_2COH / C / HOCH / HCOH / HC / CH_2 (O, O (?))	Behand. von Fructose mit konz. HCl in d. Kälte[1]	Weißes amorphes Pulver. Geschmacklos
29	**Hetero-Dilävulosan**	$(C_6H_{10}O_5)_2$	Entsteht als Nebenprod. bei d. Darst. d. Heterolävulosans[1]	Weiße Krystalle. Nicht hygr.
30	**h-Fructosan**	$C_6H_{10}O_5$: H_2C / C O / HOCH / HCOH / HC / H_2COH (O)	Entsteht bei d. Acetonierung d. Fructose[1]	Sehr hygr., weißes Pulver. Fader Geschmack

Schmelz- und Siedepunkt	Optisches Drehungsvermögen	Löslichkeit	Analytisches; Diverses	Literatur
240°	$[\alpha]_D = -92,0°$ (in H_2O). $[\alpha]_D^{25} = -96°$ (in H_2O)	—	—	[1] **Levene:** J. Biol. Chem. **39**, 69 (1919).
154—155°	$[\alpha]_D^{20} = +30,49° \rightarrow +80,66°$ (in H_2O, c=2,033%)	l. H_2O; l. Methylalk., unl. absol. Alk.	Reduz. Fehling. Lösg. Gibt Galaktosaz. Wird schon bei läng. Stehen in k. wäss. Lösg. in Galaktose verwandelt	[1] **Pictet** u. **Vogel:** Helv. **11**, 209 (1928).
—	—	s. l. l. H_2O, l. Methylalk., schw. l. absol. Alk., unl. Äther	Reduz. Fehling. Lösg. Wird b. Koch. mit H_2O in Galaktose verwandelt	[1] **Pictet** u. **Vernet:** Helv. **5**, 444 (1922).
—	—	—	—	[1] **Pictet** u. **Vernet:** Helv. **5**, 444 (1922).
—	—	—	Polymeris. sich b. Erwärmen mit $ZnCl_2$	[1] **Pictet** u. **Vernet:** Helv. **5**, 444 (1922).
150°	$[\alpha]_D^{20} = +18,6°$ (in H_2O, c=1,29%). $[\alpha]_D^{20} = +19,5°$ (in Methylalk., c=1,64%)	s. l. l. H_2O; l. Methylalk., fast unl. absol. Alk.	Reduz. Fehling. Lösg. Gibt Glucosaz. Gärt nicht. R.V. = 0,33 (Lävul. = 1)	[1] **Pictet** u. **Reilly:** Helv. **4**, 613 (1921).
138—140°	$[\alpha]_D^{20} = +21,5°$ (in H_2O, c=1,396%)	l. l. H_2O; l. in Methylalk., unl. absol. Alk.	Red. koch. Fehl. Lösg. Wird nur d. l. Kochen mit H_2O in Fructose zerl.	[1] **Vogel** u. **Pictet:** Helv. **11**, 215 (1928).
55—60° Z. 190°	$[\alpha]_D^{20} = -59,47°$ (in H_2O, c=4,17%)	l. l. H_2O, l. Methylalk., w. l. Alk., Pyridin, unl. Äther	Red. nicht Fehl. Lösg. Gärt nicht. Verd. Säuren verw. in Fructose	[1] **Pictet** u. **Chavan:** Helv. **9**, 809 (1926).
266—267°	$[\alpha]_D^{18} = -43,34°$ (in H_2O, c=4,1%)	l. l. H_2O; l. Methylalk., f. unl. Alk., unl. Äther	Red. nicht Fehl. Lösg. Gärt nicht. Verd. Säuren hydrolis. zu Fructose	[1] **Pictet** u. **Chavan:** Helv. **9**, 809 (1926).
86—88°	$[\alpha]_D^{18} = -8,9°$ (in H_2O, c=1,46%)	l. l. H_2O; Methylalk., Pyridin, s. w. l. Alk.	R.V. = 14% d. Fructose. Gärt nicht	[1] **Schlubach** u. **Elsner:** Ber. **61**, 2358 (1928).

Nr	Name	Formel, Konstitution	Vorkommen, Bildung, Darstellung	Krystallogr. Eigenschaften
31	Di-h-Fructosan	$(C_6H_{10}O_5)_2$	Als Nebenprod. bei d. Darst. d. h-Fructosans[1]	Hygr., weißes Pulver
32	Anhydrofructose	$C_6H_{10}O_5$: (Ringformel, ?)	Aus Triacetylinulin durch HNO_3[1]	Spheroide Krystalle. S. hygr.
33	Maltosan	$C_{12}H_{20}O_{10}$	Durch Erhitzen von entwäss. Maltose bei 160° im Vak. währ. 70—80 St.[1]	Bitteres, amorphes Pulver. Hygr.
34	Dextrinosan	$C_{12}H_{20}O_{10}$: (Ringformel, ?)	Durch Erhitzen von Dextrinose im Vak. bei 175°[1]	Amorph. Fad. S. hygr.
35	Lactosan	$C_{12}H_{20}O_{10}$	Durch Erhitzen von Lactose im Vak. bei 185° d. 12 St.[1]	Amorphes, weißes Pulver. Wenig hygr.
36	Tetralactosan	$(C_{12}H_{20}O_{10})_4$	Durch Erhitzen von Lactosan im Vak. bei 105° mit $ZnCl_2$[1]	Amorphe Masse
37	Isosaccharosan	$C_{12}H_{20}O_{10}$	Durch Erhitzen von Saccharose im Vak. bei 185 bis 189°[1] Synth. d. Kondens. von Lävulosan mit Glucose oder Glucosan[2]	Amorphe, s. hygr. Masse. Bitter
38	Caramelan	$C_{24}H_{36}O_{18}$	Durch Erhitzen von Saccharose im Vak. bei 185 bis 190° bis zu einem Gewichtsverl. von 10%[1]	Braune Masse. Hygr. Bitter
39	Caramelen	$C_{36}H_{50}O_{25}$	Durch Erhitzen von Saccharose im Vak. bei 185 bis 190° bis zu einem Gewichtsverl. von 15%[1]	Braunes Pulver. Nicht hygr. Sehr bitter
40	β-Galaktosan [1, 6]	$C_6H_{10}O_5$: (Ringformel)	Aus β-Galaktose durch Destill. im Vak., oder aus β-Acetobromgalaktose mit Trimethylamin u. Verseif. mit Baryt[1]	Lange Prismen (aus Essigester)

Schmelz- und Siedepunkt	Optisches Drehungsvermögen	Löslichkeit	Analytisches; Diverses	Literatur
198°	$[\alpha]_D^{18} = -25,5°$ (in H_2O, c = 1,06%)	l. l. H_2O; unl. Alk.	—	[1] **Schlubach** u. **Elsner:** Ber. **61**, 2358 (1928).
143—145°	$[\alpha]_D = +30,17°$ (in H_2O, c = 2,32%)	l. l. H_2O	Säuren hydratis. zu Fructose. Gibt ein Trimethylderivat	[1] **Irvine** u. **Stevenson:** Amer. Soc. **51**, 2197 (1929).
145—150°	$[\alpha]_D^{20} = +75,59°$ (in H_2O, c = 3,23%)	l. l. H_2O; l. Methylalk., unl. Alk., Äther, w. l. Pyridin	Reduz. warme Fehling. Lösg. Gibt Maltosaz. Gärt	[1] **Pictet** u. **Marfort:** Helv. **6**, 129 (1923).
130—140°	$[\alpha]_D^{21} = +149,2°$ (in H_2O, c = 1,997%)	l. l. H_2O	Red. koch. Fehl. Lösg. Koch. mit H_2O verw. in Isomaltose (Dextrinose)	[1] **Pictet** u. **Vogel:** Helv. **12**, 700 (1929).
200—202°	$[\alpha]_D = +66,5°$ (in H_2O, c = 1,955%)	l. l. H_2O; unl. Alk., Methylalk.	Reduz. Fehling. Lösg. R.V. = 61% d. Glucose. Gärt nicht. Gibt Lactosaz. Wird d. H_2O in Lactose verwand.	[1] **Pictet** u. **Egan:** Helv. **7**, 295 (1924).
245—246°	—	l. H_2O; unl. in all. and. Lösungsmitt.	Red. nicht Fehl. Lösg.	[1] **Pictet** u. **Egan:** Helv. **7**, 295 (1924).
94—95°	$[\alpha]_D^{22} = +64,0°$ (in H_2O, c = 2,5%)	l. l. H_2O; l. Methylalk., schw. l. Alk., unl. Äther	Reduz. Fehling. Lösg. Wird d. H_2O in Glucose u. Fructose hydrolys. Gärt nicht	[1] **Pictet** u. **Andrianoff:** Helv **7**, 703 (1924). [2] **Pictet** u. **Stricker:** Helv. **7**, 707 (1924).
144—145°	$[\alpha]_D^{22} = +80,0°$ (in H_2O, c = 1,3%)	l. H_2O; l. Methylalk., unl. Alk.	Gärt nicht	[1] **Pictet** u. **Andrianoff:** Helv. **7**, 703 (1924).
204—205°	$[\alpha]_D^{23} = +65,4°$ (in H_2O, c = 0,208%)	l. l. H_2O, sonst unl.	Gärt nicht	[1] **Pictet** u. **Andrianoff:** Helv. **7**, 703 (1924).
220—221°	$[\alpha]_D^{21} = -21,9°$ (in H_2O)	l. H_2O, Alk., schw. l. Aceton, Essigester	Reduz. schwach koch. Fehling. Lösg.	[1] **Micheel:** Ber. **62**, 687 (1929).

Tabelle 15.

Nr	Name	Formel, Konstitution	Vorkommen, Bildung, Darstellung	Krystallogr. Eigenschaften
1	**Glucoseen (5-6)**	$C_6H_{10}O_5$: HCOH HCOH HOCH O HC C $\parallel$ CH_2	Aus Tetracetylglucose-6-jodhydrin in Pyridin mit AgF u. Verseif.[1]	Sirup
2	**Glucoseen (1-2)**	$C_6H_{10}O_5$: HC $\parallel$ COH HOCH O HCOH HC H_2COH	Aus Acetobromglucose m. Diäthylamin u. Verseif.[1]	Amorph
3	**Cellobioseen**	$C_{12}H_{20}O_{10}$	Aus Acetobromcellobiose mit Diäthylamin u. Verseifen[1]	Sirup
4	**Iso-rhamnonose**	$C_6H_{10}O_5$: HC=O HCOH HOCH HCOH C=O CH_3	Aus β-Methylglucoseenid d. Verseif. mit $^1/_{10}$n-H_2SO_4[1]	Krystalle
5	**Fuconose**	$C_6H_{10}O_5$: HC=O HCOH HOCH HOCH C=O CH_3	Aus Diacetongalaktoseen d. Verseif. mit verd. H_2SO_4[1]	Sirup

Tabelle 16.

Nr	Name	Formel, Konstitution	Vorkommen, Bildung, Darstellung	Krystallogr. Eigenschaften
1	**Celloglucosan**	$C_6H_{10}O_5 + H_2O$	Aus Celluloseacetat durch $CH_3COBr + HBr$. Verseifung[1]	Tafeln (aus Alk. + Äther)
2	**Cellosan**	$C_6H_{10}O_5$	Aus Celluloseacetat durch Erhitzen mit Naphthalin oder Tetralin u. Verseif.[1]	Weißes Pulver

Glucoseene und Dicarbonylzucker.

Schmelz- und Siedepunkt	Optisches Drehungsvermögen	Löslichkeit	Analytisches; Diverses	Literatur
—	—	—	Gärt nicht. Reduz. Fehling. Lösg. bei Zimmertemp.	[1] **Helferich** u. **Himmen**: Ber. **61**, 1825 (1928).
94° 134° (Z.)	—	—	—	[1] **Maurer** u. **Mahn**: Ber. **60**, 1316 (1927). — **Maurer**: Ber. **62**, 332 (1929).
—	—	—	Nicht als sicher erwiesen	[1] **Zemplen** u. **Bruckner**: Ber. **61**, 2481 (1928).
126°	$[\alpha]_D^{19} = -15,2° \rightarrow -33,6°$ (in H_2O)	l. l. H_2O, Alk., Pyridin, sonst schw. l.	Red. kalte Fehl. Lösg. Bis-p-nitrophenyl-hydraz. F = 120,5°, s. st. gelbgefärbt	[1] **Helferich** u. **Himmen**: Ber. **62**, 2136 (1929).
—	—	—	Bis-p-nitrophenyl-hydraz. F = 209—210°	[1] **Helferich** u. **Himmen**: Ber. **62**, 2136 (1929).

Hexosane durch Depolymerisation.

Schmelz- und Siedepunkt	Optisches Drehungsvermögen	Löslichkeit	Analytisches; Diverses	Literatur
107—109°	$[\alpha]_D = +89,35°$ (in H_2O)	l. l. H_2O, sonst unl., l. in Alkalien	Reduz. nicht Fehling. Lösg.	[1] **Hess, Weltzien** u. **Kunau**: A. **435**, 1 (1923).
—	in H_2O inakt. $[\alpha]_D = -11,0°$ (in 2n NaOH). $[\alpha]_D = -14,0°$ (in 95 proz. Pyridin)	l. in feuchtem Pyridin, l. H_2O, l. in Alkalien	—	[1] **Pringsheim, Leibowitz, Schreiber** u. **Kasten**: A. **448**, 163 (1926).

Nr	Name	Formel, Konstitution	Vorkommen, Bildung, Darstellung	Krystallogr. Eigenschaften
3	Lichosan	$C_6H_{10}O_5$ (1, 4)-(1, 5)-Glucose (?)	Durch Erhitzen von Lichenin in Glycerin[1]	Weißes Pulver
4	Anhydrocellobiose	$C_{12}H_{20}O_{10} + 2\,H_2O$	Aus Baumwolle mit Acetylbromid u. Behandl. mit $AgCO_3$ in Aceton. Verseif.	Körniges Pulver
5	Cellobiosan	$C_{12}H_{20}O_{10}$	Bei d. Behandl. von Celluloseacetat mit Eisessig-Bromwasserstoff. Verseif.[1]	Amorphes Pulver
6	Biosan	$C_{12}H_{20}O_{10}$	Aus Cellulose d. Acetolyse u. Verseif.[1]	Schneeweißes Pulver
7	Inulindihexosan	$C_{12}H_{20}O_{10}$	Durch Kochen von Inulinacetat in Benzolsulfons. + Chloroform. Verseif.[1]	Pulver
8	Difructosan	$C_{12}H_{20}O_{10}$	Durch Erhitzen von Inulin im Vak. mit Glycerin bei 140°[1]	Kryst. Pulver S. hygr.
9	Diamylose	$C_{12}H_{20}O_{10} + 2\,H_2O$	Durch Acetyl. u. nachf. Verseif. von α-Tetramylose[1]	Rhomb. Tafeln oder Nadeln
10	Isodiamylose	$(C_6H_{10}O_5)_2$	Durch Acetyl. von α-Tetramylose mit H_2SO_4 u. Verseif.[1]	Amorphes, weißes Pulver. S. hygr.
11	Dihexosan	$C_{12}H_{20}O_{10}$	Aus Amylose oder Isolichenin durch Glycerin bei 200—210°[1]	Weißes Pulver
12	Dihexosan	$C_{12}H_{20}O_{10}$	Aus Amylose durch Malzamylase[1]	Weißes Pulver
13	Dihexosan	$C_{12}H_{20}O_{10}$	Aus Trihexosan d. Emulsin neben Glucose[1]	Krystalle. S. hygr.
14	Glykogesan	$(C_6H_{10}O_5)_3$	Aus Glykogenacetat d. Abbau mit Benzolsulfonsäure u. Verseif.[1]	Weißes Pulver
15	Dextrinosan	$(C_6H_{10}O_5)_2$	Aus Isotrihexosan d. Abbau mit Glycerin[1]	Amorph. Hygr.
16	Trihexosan	$C_{18}H_{30}O_{15} + H_2O$	Aus Celluloseacetat mit HBr-Acetylbromid $\rightarrow$ saure Vers. $\rightarrow$ vollst. Acetyl. u. Vers.[1]	Pulver
17	Mannotrihexosan	$C_{18}H_{30}O_{15}$ (2 Tle. Mannose + 1 Tl. Glucose)	Durch Abbau von Konjakmannan mit Glycerin[1]	Weißes, amorphes Pulver. Hygr.
18	Trihexosan	$C_{18}H_{30}O_{15}$	Durch Abbau von Stärke mit Glycerin bei 200 bis 210°[1]. Aus Amylopectin mit Malzamylase[2]	Amorphes, weißes Pulver. Wenig hygr.

Hexosane durch Depolymerisation.

Schmelz- und Siedepunkt	Optisches Drehungsvermögen	Löslichkeit	Analytisches; Diverses	Literatur
—	in H_2O inaktiv. $[\alpha]_D = +93,2°$ (in 95 proz. Pyridin). $[\alpha]_D = +33,5°$ (in 2 n NaOH)	l. H_2O; l. in feucht. Pyridin u. Alkalien	—	[1] **Pringsheim u. Routala:** A. **450**, 255 (1926). — **Pringsheim, Knoll u. Kasten:** Ber. **58**, 2135 (1925).
250° 270° (Z.)	$[\alpha]_D^{14} = -10°$ (in $^n/_1$ NaOH, $c = 1,432\%$)	unl. H_2O; l. koch. Alk.	Red. b. Koch. schwach Fehling. Lösg.	[1] **Hess:** Ber. **54**, 2867 (1921); **55**, 2432 (1922).
200° (Z.)	—	unl. H_2O; l. in verd. Alkalien	Reduz. b. Kochen stark Fehling. Lösg. Wird durch Jod braun-violett gefärbt.	[1] **Bergmann u. Knehe:** A. **445**, 1 (1925).
270° (Z.)	$[\alpha]_D^{20} = -6,31°$ (in 2 n NaOH)	unl. H_2O u. allen and. Lösungsmitt., l. l. in verd. NaOH	R.V. = 12% d. Glucose	[1] **Hess u. Friese:** A. **450**, 40 (1926).
—	$[\alpha]_D^{20} = -32,1°$ (in H_2O)	l. l. H_2O; unl. absol. Alk.	—	[1] **Pringsheim u. Reilly:** Ber. **61**, 2018 (1928). — **Pringsheim u. Fellner:** A. **462**, 231 (1928).
96°	$[\alpha]_D^{20} = -24,5°$ (in H_2O, $c = 3,37\%$)	l. l. H_2O; l. in Methylalk. Pyridin, unl. absol. Alk.	Red. koch. Fehl. Lösg.	[1] **Vogel u. Pictet:** Helv. **11**, 215 (1928).
300° (Z.) (H_2O-frei)	$[\alpha]_D^{24} = +136,2°$ (in H_2O)	l. l. H_2O; unl. Äther	Red. nicht Fehl. Lösg. Wird von Jod blau gefärbt. $V.W_v = 4285$ Cal/g [2]	[1] **Pringsheim u. Langhans:** Ber. **45**, 2533 (1912). — **Pringsheim u. Eisler:** Ber. **46**, 2959 (1913); **47**, 2565 (1914). [2] **Karrer:** Ber. **55**, 2854 (1922).
200° (Z.)	$[\alpha]_D^{24} = +168,3°$ (in H_2O)	l. l. H_2O; w. l. Alk.	Reduz. Fehling. Lösg. Jod färbt braun	[1] **Pringsheim u. Mitarb.:** siehe Triamylose.
—	$[\alpha]_D^{20} = +153,9°$ (in H_2O)	l. l. H_2O, unl. Alk.	Red. nicht Fehl. Lösg. Wird d. Jod burgunder-rot gefärbt	[1] **Pringsheim u. Wolfsohn:** Ber. **57**, 887 (1924). — **Pringsheim:** Ber. **57**, 1581 (1924).
—	$[\alpha]_{Hg\,gelb}^{18} = +155°$ (in H_2O)	—	Wahrsch. ident. mit Nr 11	[1] **Sjöberg:** Ber. **57**, 1251 (1924).
209 bis 210° (Z.)	$[\alpha]_D^{29} = +132,2°$ (in H_2O, $c = 1,584\%$)	l. l. H_2O, sonst unl.	Red. nicht Fehl. Lösg. Wird von Jod nicht gefärbt. Gibt b. d. Acetyl. Maltoseoctacetat	[1] **Pictet u. Salzmann:** Helv. **7**, 934 (1924); **8**, 948 (1925).
—	$[\alpha]_D^{20} = +194,0°$ (in H_2O)	l. l. H_2O; unl. absol. Alk.	Wird von Jod braun gefärbt	[1] **Pringsheim u. Will:** Ber. **61**, 2011 (1928).
185—186°	$[\alpha]_D^{20} = +150,8°$ (in H_2O, $c = 4,99\%$)	l. l. H_2O, unl. Alk. u. Äther	Wäss. Lösg. von Jod rot-braun gefärbt. Red. nicht Fehl. Lösg.	[1] **Pictet u. Vogel:** Helv. **12**, 700 (1929).
184—189°	$[\alpha]_D^{17} = +90,5°$ (in H_2O). $[\alpha]_D^{19} = +96,8°$ (in Methylalk.)	l. l. H_2O, Methylalk., s. w. l. absol. Alk.	Red. nicht Fehl. Lösg.	[1] **Micheel:** A. **456**, 69 (1927).
—	in H_2O, $c = 0,875\%$: $[\alpha]_D^{25} = -26,2°$. in 2 n NaOH ($c = 1,12\%$) $[\alpha]_D^{8} = -41,0°$	l. l. H_2O, unl. in and. Lösungsm., l. Alkalien	Red. nicht Fehl. Lösg. Wird von Jod nicht gefärbt	[1] **Ohtsuki:** Acta phytochim. **4**, 1 (1928).
230 bis 232° (Z.)	$[\alpha]_D = +162,2°$ (in H_2O, $c = 9,26\%$)	l. H_2O, Pyridin, unl. Alk. Äther	Red. nicht Fehl. Lösg. Verd. Säuren hydrol. zu Glucose	[1] **Pictet u. Jahn:** Helv. **5**, 640 (1922). [2] **Sjöberg:** Ber. **57**, 1251 (1924).

Tabelle 16 (Fortsetzung).

Nr	Name	Formel, Konstitution	Vorkommen, Bildung, Darstellung	Krystallogr. Eigenschaften
19	Isotrihexosan	$(C_6H_{10}O_5)_3$	Aus Stärke d. Abbau mit Glycerin[1]	Krystall. Strukt. Fad. Geschmack
20	Trifructosan	$C_{18}H_{30}O_{15}$	Durch Abbau von Inulin im Vak. bei 120°[1]	Amorph
21	Lichohexosan	$(C_6H_{10}O_5)_x$	Durch Acetyl. von Lichosan mit Pyridin + Essigs.-Anhydrid u. Wiederverseifen[1]	Weißes Pulver
22	β-Triamylose	$(C_6H_{10}O_5)_3 + 4\,H_2O$	Durch Acetyl. von β-Hexamylose mit $ZnCl_2$ u. Verseif.[1]	Monokl. Krystalle; Tafeln[2]
23	Isotriamylose	$(C_6H_{10}O_5)_3$	Durch Acetyl. von β-Hexamylose mit H_2SO_4 u. Verseif.[1]	Amorphes, weißes Pulver. S. hygr.
24	Tetrahexosan	$(C_6H_{10}O_5)_4$	Entsteht b. d. Darst. von Dihexosan aus Trihexosan mit Emulsin[1]	Prismen
25	α-Tetramylose (Dextrin α)	$(C_6H_{10}O_5)_4 + 2\,C_2H_6O$	Durch Abbau d. Stärke mit Bacillus macerans[1]. Ebenso aus Glykogen[2]	Rhomb. Krystalle mit 2 Mol. Alk.
26	Hexahexosan	$(C_6H_{10}O_5)_6$	Durch Abbau von Stärke mit Glycerin bei 200 bis 210°[1]	Amorphes, weißes Pulver
27	α-Hexamylose (?)	$(C_6H_{10}O_5)_6$	Aus Reisstärke d. Abbau mit Bac. mac.[1]	Amorph. Oder rhomb. sechss. Täfelchen. Mit 12% Alk.
28	β-Hexamylose (Dextrin β)	$(C_6H_{10}O_5)_6 + 9\,H_2O$	Aus Stärke oder Glykogen mit Bac. mac.[1]	Monokl. Tafeln
29	α, β-Hexamylose (α-Amylodextrin)	$(C_6H_{10}O_5)_6$	Aus Amylopectin mit Gerstendiastase bei 50°[1]	—
30	α-Octamylose (α-Hexamylose)[1]	$(C_6H_{10}O_5)_8$	Durch Abbau d. Stärke mit Bac. mac.[1]	Sechseck. Tafeln
31	Difructose-Anhydrid I	$C_{12}H_{20}O_{10}$	Aus Inulin d. Hydrolyse mit H_2SO_4[1]	Rechtwinkl. Platten (aus Alk.)
32	Inulan, Iso-di-fructosan	$(C_6H_{10}O_5)_2$	Aus Inulin d. Abbau mit geschmolzen. Acetamid[1]. Dass. mit Glycerin[2]	Amorph
33	Cellan	$(C_6H_{10}O_5)_x$	Aus Cellulose d. Abbau mit H_2O-freier HF, Acetylier. in Pyrid. u. Verseif.[1] Dass. aus Glucose, Cellobiose od. Lävoglucosan mit H_2O-freier HF wie oben	Amorph., s. w. hygr. Pulver; weiß

Hexosane durch Depolymerisation.

Schmelz- und Siedepunkt	Optisches Drehungsvermögen	Löslichkeit	Analytisches; Diverses	Literatur
260—262°	$[\alpha]_D^{21} = +166,4°$ (in H_2O, c $=$ 2,428%)	l. l. H_2O, sonst unl., l. kalt. Pyridin	Red. nicht Fehl. Lösg. Polymeris. sich in konz. wäss. Lösg. Wird von Jod blauviolett gefärbt	[1] **Pictet** u. **Vogel**: Helv. **12**, 700 (1929).
165 bis 173° (Z.)	$[\alpha]_D^{21} = -29,66°$ (in H_2O, c $=$ 2,9%)	l. l. H_2O; s. w. l. Methylalk., Pyridin, unl. Alk.	Red. nicht Fehl. Lösg. Säuren hydrol. zu Fructose	[1] **Vogel** u. **Pictet**: Helv. **11**, 215 (1928).
—	inakt. (in H_2O, c $=$ 5%)	l. H_2O; unl. Alk.	Red. nicht Fehl. Lösg. Gibt beim Acetyl. mit H_2SO_4 als Katal. Cellobioseoctacetat	[1] **Bergmann** u. **Knehe**: A. **448**, 76 (1926).
300° (Z.)	$[\alpha]_D^{20} = +151,4°$ (in H_2O)	l. H_2O, unl. Alk.	Red. nicht Fehl. Lösg. Wird von Jod braun gefärbt. $V.W_v = 4165,2$ Cal/g [2]	[1] **Pringsheim, Langhans** u. **Eissler**: Ber. **45**, 2533 (1912); **46**, 2959 (1913); **47**, 2565 (1914). — **Pringsheim** u. **Dernikos**: Ber. **55**, 1433 (1922). [2] **Karrer** u. **Bürklin**: Helv. **5**, 181 (1922).
203° (Z.)	$[\alpha]_D^{24} = +172,8°$ (in H_2O)	l. H_2O, unl. absol. Alk.	Reduz. Fehling. Lösg.	[1] **Pringsheim, Langhans** u. **Eissler**: Ber. **45**, 2533 (1912); **46**, 2959 (1913); **47**, 2565 (1914).
260° (Z.)	$[\alpha]_D = +162,6°$ (in H_2O, c $=$ 2,921%)	l. l. H_2O, unl. Alk.	Red. nicht Fehl. Lösg. Amylase baut zu Maltose ab	[1] **Pictet** u. **Salzmann**: Helv. **8**, 949 (1925).
292° (Z.)	$[\alpha]_D^{23} = +138,8°$ (in H_2O)	l. l. H_2O, unl. Alk.	Red. nicht Fehl. Lösg. Wird von Jod blau gefärbt. $V.W_v = 4196$ Cal/g	[1] **Schardinger**: Wiener med. W. **1904**, Nr. 8 — Z. Unters. Genußm. **6**, 874 (1903). — **Pringsheim** u. Mitarb.: Ber. **45—47**. [2] **Pringsheim** u. **Lichtenstein**: Ber. **49**, 364 (1916).
225° (Z.)	$[\alpha]_D = +173,2°$ (in H_2O, c $=$ 2,89%) [2]	l. l. H_2O, sonst unl.	Red. nicht Fehl. Lösg. Wird von Jod rot gefärbt	[1] **Pictet** u. **Stricker**: Helv. **7**, 932 (1924). [2] **Castan** u. **Pictet**: Helv. **8**, 946 (1925).
—	$[\alpha]_D = +122,9°$ (in H_2O)	—	Red. nicht Fehl. Lösg.	[1] **Pringsheim**: Ber. **47**, 2565 (1914).
268° (Z.)	$[\alpha]_D = +157,1°$ (in H_2O)	schw. l. H_2O, sonst unl.	Red. nicht Fehl. Lösg. Jod färbt blau. $V.W_v = 4166$ Cal/g	[1] **Schardinger, Pringsheim** u. Mitarb.: siehe Triamylose und α-Tetramylose.
—	$[\alpha]_D = +193°$ (in H_2O)	—	—	[1] **Baker**: Soc. Lond. **81**, 1177 (1902). — **Ling** u. **Nanji**: Soc. Lond. **127**, 629, 636 (1925); **123**, 2666 (1923).
—	$[\alpha]_D^{24} = +131,8°$ (in 50proz. Alk.)	schw. l. H_2O; unl. absol. Alk.	Red. nicht Fehl. Lösg. $V.W_v = 4620$ Cal/g [2]	[1] **Schardinger, Pringsheim** u. Mitarb.: siehe β-Triamylose und α-Tetramylose. [2] **Karrer**: Ber. **55**, 2854 (1922).
—	$[\alpha]_D^{20} = +26,9°$ (in H_2O).	l. H_2O	—	[1] **Jackson** u. **Goergen**: C. **1929** II, 1653.
—	$[\alpha]_D^{20} = -31,2°$ (in H_2O) [1]. $[\alpha]_D^{20} = -34,1°$ (in H_2O, c $=$ 4,91%) [2]	In frischem Zustande l. l. H_2O	Polymeris. sich spontan zu Inulin zurück	[1] **Pringsheim, Reilly** u. **Donovan**: Ber. **62**, 2378 (1929). [2] **Vogel**: Ber. **62**, 2980 (1929).
—	$[\alpha]_D^{19} = +143,8°$ (in H_2O)	l. H_2O, schw. l. k. Pyrid., s. schw. l. k. Alk., Aceton, Methylalk.	Red. nicht Fehl. Lösg. Gibt mit verd. Säuren Glucose. Wird d. d. üblich. Spaltungs- u. Gärungsferm. nicht angegriffen	[1] **Helferich** u. **Böttger**: A. **476**, 150 (1929).

Tabelle 17.

Nr	Name	Formel, Konstitution	Vorkommen, Bildung, Darstellung	Krystallogr. Eigenschaften
1	**Digitoxose**	$C_6H_{12}O_4$: $CH_3 \cdot (CHOH)_3 \cdot CH_2 \cdot CH = O$ [1])	In d. Nat. vork. als Bestandt. manch. Glucoside (Digitalisglucoside)[2]). Darst.: Durch Spaltung d. Gluc. mit alk. Essigs.[3])	Tafeln
2	**Cymarose**	$C_7H_{14}O_4$ Methyläther d. Digitoxose[1])	Durch Hydrol. d. Glucosids Strophantin[2]). Aus Glucosid Cymarin d. Hydrol.[3])	Farbl. Prismen
3	**2-Desoxyarabinose** (**2-Ribodesose**)	$C_5H_{10}O_4$: (cyclische Form) CHOH—CH$_2$—O HOCH—HOCH—CH$_2$	Aus l-Arabinal durch n H_2SO_4, Extrakt. mit Äther[1])	Krystalle, süß (aus Propylalk.)
4	**2-Desoxy-l-rhamnose**	$C_6H_{12}O_4$: (cyclische Form) CHOH—CH$_2$—O HCOH—HOCH—CH—CH$_3$	Aus Acetobromrhamnose → Diacetylrhamnose → Rhamnal u. Behand. mit $^1/_n$ H_2SO_4[1])	Farbl. Sirup
5	**2-Desoxyglucose-β**	$C_6H_{12}O_5$: (cyclische Form) HOCH—CH$_2$—HOCH—HCOH—HC—H$_2$COH mit O-Brücke	Aus Glucal + n H_2SO_4[1])	Krystalle. Schwach süß
6	**2-Desoxyglucose-α**	$C_6H_{12}O_5$: (cyclische Form) HCOH—CH$_2$—HOCH—HCOH—HC—H$_2$COH mit O-Brücke	Aus der β-Desose durch Erhitzen mit Pyridin bei 100°[1])	Harte Krystalle

Desoxyzucker.

Schmelz- und Siedepunkt	Optisches Drehungsvermögen	Löslichkeit	Analytisches; Diverses	Literatur
$110°$[3]	$[\alpha]_D^{23} = +46,38°$ (in H_2O)[3]	l. l. H_2O, Aceton, Alk.	Kein Osaz. Färbt Fe-haltig. H_2SO_4 blau	[1] **Bergmann, Schotte** u. **Leschinsky:** Ber. **55**, 158 (1922). [2] **Kiliani:** Arch. Pharm. **233**, 319 (1895); **234**, 486 (1896) — Ber. **31**, 2455 (1898); **32**, 2196 (1899); **38**, 4040 (1905). — **Windaus** u. **Schwarte:** Ber. **58**, 1515 (1925). [3] **Cloetta:** Arch. Path. Pharm. **88**, 113 (1920); **112**, 261 (1926).
$91°$[2] $88°$[3]	$[\alpha]_D^{21} = +53,4°$ (in H_2O, c=2,245%)[2]	l. l. H_2O, l. Aceton, Alk., schw. l. Äther, Chlorof., unl. Benzol	Reduz. Fehling. Lösg. b. Erw. Kein Osaz. Färbt eisenhalt. H_2SO_4 blau	[1] **Bergmann, Schotte** u. **Leschinsky:** Ber. **56**, 1052 (1923). [2] **Jacobs** u. **Hoffmann:** J. Biol. Chem. **67**, 609 (1926). [3] **Windaus** u. **Hermanns:** Ber. **48**, 979 (1915).
$90°$	$[\alpha]_D^{23} = +2,13°$ (in Pyrid.)[2] $[\alpha]_D^{23} = +2,88° \rightarrow +2,13°$ (in H_2O)	l. H_2O, l. Alkali	Reduz. Fehling. Lösg. Benzylphenylhydraz. $F = 127—129°$	[1] **Gehrke** u. **Aichner:** Ber. **60**, 918 (1927). — **Meisenheimer** u. **Jung:** Ber. **60**, 1462 (1927). [2] **Levene** u. **Mori:** J. Biol. Chem. **83**, 803 (1929).
—	—	—	Reduz. Fehling. Lösg. Gibt Blaufärb. mit Fe-halt. H_2SO_4 + Eisessig	[1] **Bergmann:** A. **434**, 79 (1923).
$148°$	$[\alpha]_D^{18} = +46,59°$ (in H_2O). $[\alpha]_D^{20} = +15,03° \rightarrow +90,21°$ (in Pyridin)	l. H_2O, Pyridin	Gärt nicht. Kein Osaz. Benzylphenylhydraz. $F = 158—159°$	[1] **Bergmann, Schotte** u. **Leschinsky:** Ber. **55**, 158 (1922); **56**, 1052 (1923).
—	$[\alpha]_D^{19} = +46,52°$ (in H_2O). $[\alpha]_D = +90,11°$ (in Pyridin)	—	Gärt nicht	[1] **Bergmann, Schotte** u. **Leschinsky:** Ber. **56**, 1052 (1923).

Tabelle 18.

Nr	Name	Formel, Konstitution	Vorkommen, Bildung, Darstellung	Krystallogr. Eigenschaften
1	**Rhamnal**	$C_6H_{10}O_3$: CH ‖ CH O HCOH HOCH CH CH_3	Aus Acetobromrhamnose d. Redukt. mit Zinkstaub u. Essigs. u. Verseif. mit alk. Ammoniak[1]	Weiße Prismen (aus Benzol). Bitter
2	**Glucal**	$C_6H_{10}O_4$: CH CH HOCH O HCOH HC H_2COH	Aus Acetobromglucose d. Redukt. mit Zn-Staub u. Essigs. u. Verseif. mit Baryt[1]. Dasselbe, jedoch Verseif. mit alkohol. Ammoniak[2]	Hygr. Nadeln. Bitter[2]
3	**Hydroglucal**	$C_6H_{12}O_4$: CH_2 CH_2 HOCH O HCOH HC H_2COH	Aus Glucal d. Hydrierung mit Platin, oder aus Acetylglucal d. Hydrier. mit Pt u. Verseif.[1]. Durch Hydrol. d. Hydrolactals mit Emulsin u. Vergärung der Gal. mit Hefe[2]	Prismen, hygr. (aus Alk. + Petroläther). Schwach süß
4	**Isoglucal**	$C_6H_{10}O_4$: CHOH CH ‖ CH O [1] HCOH HC H_2COH	Aus Triacetylglucal durch Koch. mit H_2O u. Verseif. mit Baryt[2]	Bitterer Sirup[2] Krystalle[1]
5	**Cellobial**	$C_{12}H_{20}O_9$: HC — HC HCOH O HC HOCH HOCH O HCOH HC HC HC H_2COH H_2COH	Aus Acetobromcellobiose d. Redukt. mit Zn-Staub u. Essigs. u. Verseif. mit alk. NH_3[1]	Dicke Prismen (aus Alk.)
6	**Hydrocellobial**	$C_{12}H_{22}O_9 + H_2O$ HC — H_2C HCOH O H_2C HOCH O HOCH O $+H_2O$ HCOH HC HC HC H_2COH H_2COH	Durch Hydrierung von Hexacetylcellobial mit Pt u. Verseif. mit Baryt[1]	Farbl. kl. Prismen (aus Alk.) mit 1 Mol. H_2O. Süß-bitter

Glucale.

Schmelz- und Siedepunkt	Optisches Drehungsvermögen	Löslichkeit	Analytisches; Diverses	Literatur
74—75°	$[\alpha]_D^{17} = +45,5°$ (in H_2O, c = 10%)	l. l. H_2O, Methylalk., Alk., Pyridin, l. Chlorof., Benzol	Red. nicht Fehl. Lösg. Mit HCl grüne Fichtenspan-Reakt.	[1] Bergmann u. Schotte: Ber. **54**, 440 (1921).
60°[2]	$[\alpha]_D^{19} = -7,2°$ (in H_2O, c = 10%)[2]	l. l. H_2O, CH_3OH, Alk., Pyridin, w. l. Äther, Chlorof., Benzol	Red. schwach Fehl. Lösg.	[1] Fischer: Ber. **47**, 196 (1914). [2] Bergmann u. Schotte: Ber. **54**, 440 (1921).
86—87°[1] 84°[2] Kp$_1$ = 195 bis 205°[1]	$[\alpha]_D^{19} = +16,37°$ (in H_2O)[1]	l. l. H_2O, CH_3OH, Alk., Aceton, schw. l. Chlorof.	—	[1] Fischer: Ber. **47**, 196 (1914). [2] Fischer u. Curme: Ber. **47**, 2047 (1914).
49—50°[1]	$[\alpha]_D^{18} = +45,6°$ (in H_2O)[1]	—	Red. koch. Fehl. Lösg. Grüne Fichtenspan-Reaktion mit HCl. Entfärbt neutr. Permanganatl. i. d. Kälte. Benzylphenylhydraz. F = 121—122°	[1] Bergmann: A. **443**, 223 (1925). [2] Bergmann: A. **434**, 79 (1923).
175—176°	—	l. l. H_2O; schw. l. Alk., unl. Äther	Red. nicht Fehl. Lösg. Gibt keine Fichtenspan-Reaktion	[1] Fischer u. Fodor: Ber. **47**, 2057 (1914). — Bergmann u. Schotte: Ber. **54**, 1564 (1921).
222°	$[\alpha]_D^{18} = +4,2°$ (in H_2O)	l. l. H_2O; w. l. Alk.	Red. nicht Fehl. Lösg. Wird d. Emulsin in Glucose u. Hydroglucal gesp.	[1] Fischer u. Fodor: Ber. **47**, 2057 (1914).

Tabelle 18 (Fortsetzung).

Nr	Name	Formel, Konstitution	Vorkommen, Bildung, Darstellung	Krystallogr. Eigenschaften
7	Lactal	$C_{12}H_{20}O_9$: 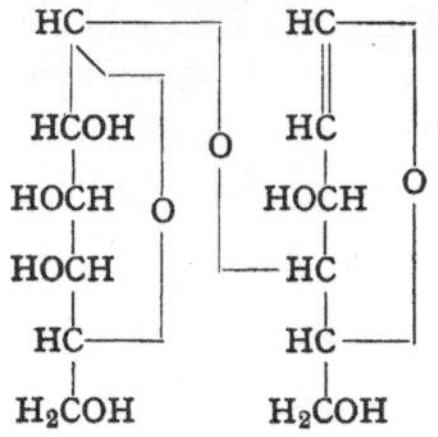 HC — HC HCOH — O — HC HOCH — O — HOCH — O HOCH — HC HC — HC H_2COH — H_2COH	Aus Acetobromlactose d. Redukt. mit Zn-Staub u. Essigs. u. Verseif. mit Baryt[1]). Dasselbe, jedoch Verseif. mit alk. NH_3[2])	Aus heiß. 90proz.Alk.: lange, dünne Prismen mit 1 Mol. H_2O. Schwach süß
8	· Isolactal	$C_{12}H_{20}O_9$	Aus Lactal durch Kochen mit H_2O[1])	Krystalle
9	Hydrolactal	$C_{12}H_{22}O_9$: 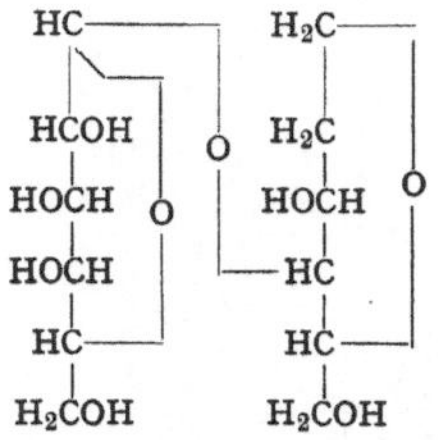 HC — H_2C HCOH — O — H_2C HOCH — O — HOCH — O HOCH — HC HC — HC H_2COH — H_2COH	Durch Hydrieren von Hexacetyllactal mit Pt-Mohr u. Verseif. mit Baryt[1])	Lange Prismen. Aus 90proz. Alk. mit 1 Mol. H_2O. Schwach süß
10	Gentiobial	$C_{12}H_{20}O_9$: 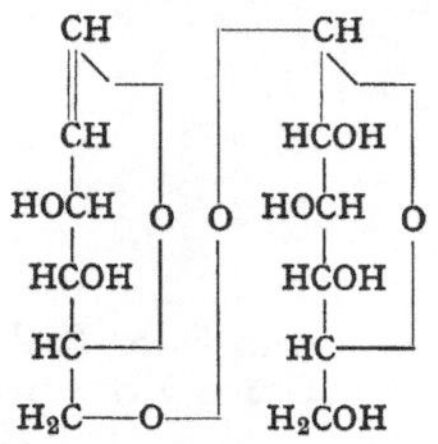 CH — CH CH — HCOH HOCH — O — O — HOCH — O HCOH — HCOH HC — HC H_2C — O — H_2COH	Aus Acetobromgentiobiose d. Redukt. mit Zn-Staub + Essigs. u. Vers. mit methylalk. NH_3[1])	Farbl. Nädelchen (aus verd. Alk.)
11	Hydrogentiobial	$C_{12}H_{22}O_9 + H_2O$: 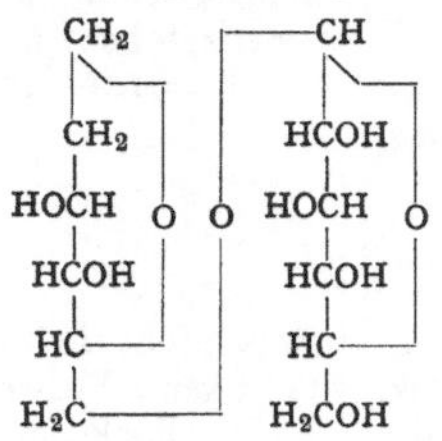 CH_2 — CH CH_2 — HCOH HOCH — O — O — HOCH — O HCOH — HCOH HC — HC H_2C — H_2COH	Aus Hexacetylgentiobial d. Redukt. mit Palladium-Mohr + Eisessig, Verseif. mit methylalk. NH_3[1])	Aus Alk.

Tabelle 19.

Nr	Name	Formel, Konstitution	Vorkommen, Bildung, Darstellung	Krystallogr. Eigenschaften
1	Metasaccharopentose	$C_5H_{10}O_4$: 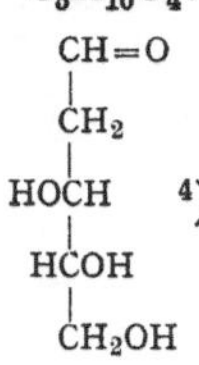 CH=O CH_2 HOCH 4) HCOH CH_2OH	Durch Oxyd. von Metasaccharinsäure mit H_2O_2 u. Ferriacetat[1]). Durch Oxyd. von parasaccharinsaurem Barium mit H_2O_2 u. Ferriacetat[2])	Monoklin. Krystalle[3])

Glucale.

Schmelz- und Siedepunkt	Optisches Drehungsvermögen	Löslichkeit	Analytisches; Diverses	Literatur
184—186° (Hydrat) 165—170° (Anhydrid)[1] 192°[2]	$[\alpha]_D^{19} = +26{,}92°$ (in H₂O, f. d. Hydr.)[1] $[\alpha]_D^{22} = +28{,}53°$ (in H₂O, f.d.Anhydr.). $[\alpha]_D^{16} = +27{,}70°$ (in H₂O)[2]	l. l. H₂O; w. l. Alk., unl. Äther, Chlorof.	Red. schwach Fehl. Lösg. Gibt keine Fichtenspan-Reaktion	[1] Fischer u. Curme: Ber. 47, 2047 (1914). [2] Bergmann: A. 434, 79 (1923).
198°	$[\alpha]_D^{17} = +36{,}43°$ (in H₂O)	l. H₂O; unl. Alk.	Reduz. Fehling. Lösg.	[1] Bergmann: A. 434, 79 (1923).
204—205°	$[\alpha]_D^{19} = +26{,}8°$ (in H₂O)	l. H₂O; s. w. l. k. Alk., sonst unl.	Red. nicht Fehl. Lösg.	[1] Fischer u. Fodor: Ber. 47, 2057 (1914).
194°	$[\alpha]_D^{23} = -5{,}8°$ (in H₂O)	s. l. l. H₂O, s. schw. l. Alk.	Gibt d. grüne Fichtenspan-Reaktion	[1] Bergmann u. Freudenberg: Ber. 62, 2783 (1929).
—	$[\alpha]_D^{22} = -9{,}9°$ (in H₂O)	—	Wird d. Emulsin gesp. in Gluc. u. Hydroglucal	[1] Bergmann u. Freudenberg: Ber. 62, 2783 (1929).

Saccharinzucker.

Schmelz- und Siedepunkt	Optisches Drehungsvermögen	Löslichkeit	Analytisches; Diverses	Literatur
93°[3]	ca. 0°	—	Gibt kein Osaz.[1]	[1] Kiliani u. Nägeli: Ber. 35, 3531 (1902). — Kiliani u. Löffler: Ber. 38, 2668, 3625 (1905). [2] Kiliani: Ber. 41, 120 (1908). [3] Steinmetz: Ber. 41, 121 (1908). [4] Nef: A. 376, 82 (1910).

Tabelle 19 (Fortsetzung).

Nr	Name	Formel, Konstitution	Vorkommen, Bildung, Darstellung	Krystallogr. Eigenschaften
2	Isosaccharopentose	$C_5H_{10}O_4$: CH_2OH | CO | CH_2 | $CHOH$ | CH_2OH	Durch Oxyd. von iso-saccharinsaurem Blei mit H_2O_2 u. Ferriacetat[1]	Sirup

Tabelle 20.

Nr	Name	Formel, Konstitution	Vorkommen, Bildung, Darstellung	Krystallogr. Eigenschaften
1	Xylohexosamin	$C_5H_{11}O_4N$	Aus d. Lacton der Xylo-hexosaminsäure d. Red.[1]	Nicht rein dargestellt
2	Chitosamin, Glucosamin, 2-Aminoglucose	$C_6H_{13}O_5N$: $HCOH$ $HCNH_2$ $HOCH$ O [1] $HCOH$ HC H_2COH	Aus Chitin mit heißer, konz. HCl[2]. Synth. aus d-Arabinose durch die Cyanhydrinreakt. über d-Glucosaminsäure[3]	Nadeln (aus Methylalk.)[4]
3	Chondrosamin, Lyxohexosamin, 2-Aminogalaktose	$C_6H_{13}O_5N$: $CHOH$ $HCNH_2$ $HOCH$ O $HOCH$ HC H_2COH	In d. Nat. vork. als Bestandt. d. Knorpelsubst.[1] Durch Hydrolyse d. Chondroitinschwefelsäure[2]. Synth. aus Lyxohexosaminsäure durch Red.[3]	—
4	Epichitosamin, 2-Aminomannose	$C_6H_{13}O_5N$	Aus Epichitosaminsäure durch Redukt.[1]	—
5	3-Aminoglucose	$C_6H_{13}O_5N$: $HCOH$ $HCOH$ H_2NCH O $HCOH$ HC H_2COH	Aus Diaceton-3-toluol-sulfoglucose mit alk. NH_3 bei 170° u. Behand. mit verd. Säuren[1]	Sirup
6	6-Aminogalaktose	$C_6H_{13}O_5N$	Aus Toluolsulfodiaceton-galaktose mit alk. NH_3 u. Behand. mit verd. Säuren[1]	Sirup

Saccharinzucker.

Schmelz- und Siedepunkt	Optisches Drehungsvermögen	Löslichkeit	Analytisches; Diverses	Literatur
—	$[\alpha]_D^{20} = -36°$ (in Alk.)	—	Red. kalte Fehl. Lösg. Benzylphenylhydraz. F = 124—126°. Osaz. F = 125°	[1] Ruff, Meusser u. Franz: Ber. 35, 2368 (1902).

Aminozucker.

Schmelz- und Siedepunkt	Optisches Drehungsvermögen	Löslichkeit	Analytisches; Diverses	Literatur
—	—	—	Osaz. F = 173°. Pentabenzoylderivat F = 162°	[1] Levene: J. Biol. Chem. 26, 155 (1916).
105—110°	$[\alpha]_D = +48°$ (in H_2O)[4]	l. l. H_2O; l. Methylalk., unl. Äther, Chlorof.	Die H_2O-Lösg. reag. alkal. Reduz. Fehling. Lösg. wie Glucose. Phenylisocyanat F = 210. Gibt d-Glucosephenyl-osaz. Gärt nicht. Gibt zwei Chlor-hydrate	[1] Levene: J. Biol. Chem. 57, 323 (1923). [2] Ledderhose: Z. phys. Chem. 4, 147 (1880). — Neuberg: Bioch. Z. 43, 501 (1912). [3] Fischer u. Leuchs: Ber. 36, 27 (1903). [4] Lobry de Bruyn u. v. Ekenstein: Rec. trav. Pays-Bas 18, 79 (1899). — Breuer: Ber. 31, 2195 (1898).
—	—	—	Osaz. F = 201—202° (Galaktosazon) Zwei Chlorhydrate: F = 185° u. 187°	[1] Levene u. La Forge: J. Biol. Chem. 18, 123 (1914). [2] Levene u. La Forge: J. Biol. Chem. 20, 433 (1915). [3] Levene: J. Biol. Chem. 31, 609 (1917). [4] Levene: J. Biol. Chem. 26, 155 (1916).
—	—	—	Chlorhydrat F = 187°	[1] Levene: J. Biol. Chem. 36, 79 (1918).
—	$[\alpha]_{578}^{18} = -61°$ (in H_2O)	—	Osaz. F = 207° N-Benzoylderiv. F = 128—130°	[1] Freudenberg, Burkhart u. Brauer: Ber. 59, 714 (1926).
—	Anfangs linksdrehend, zum Schluß rechts-drehend	—	Phenylhydrozon d. Benzoylderivates: F = 201°	[1] Freudenberg u. Doser: Ber. 58, 294 (1925).

Tabelle 20 (Fortsetzung).

Nr	Name	Formel, Konstitution	Vorkommen, Bildung, Darstellung	Krystallogr. Eigenschaften
7	**Isoglucosamin** 1-Aminofructose	$C_6H_{13}O_5N$: H_2CNH_2 COH HOCH HCOH O HCOH H_2C	Aus d-Glucosaz. d. Red. mit Zinkstaub u. Essigs.[1] Aus Glucose $+ NH_3$ in Methylalk.[2]	Krystalle (aus Methylalk.)[2]
8	**α-Acrosamin** (d, 1-Fructosamin)	$C_6H_{13}O_5N$	Aus α-Acrosephenylosaz. d. Red. mit Zn-Staub u. Essigs.[1]	Sirup
9	**Epiglucosamin** (3-Aminoaltrose)	$C_6H_{13}O_5N$	Aus Methylglucosid-2-Chlorhydrin mit NH_3 bei 100°, Behand. mit Ag_2CO_3 u. Hydrolyse mit verd. Säuren[1]	Sirup
10	**6-Aminoglucose**	$C_6H_{13}O_5N$: CHOH HCOH HOCH O HCOH HC H_2CNH_2	Aus Triacetylmethylglucosid-6-bromhydrin mit NH_3, Hydrolyse mit verd. HCl[1] Aus 6-Toluolsulfomonoaceton- od. isodiacetonglucose[2]	Sirup

Tabelle 21.

Nr	Name	Formel, Konstitution	Vorkommen, Bildung, Darstellung	Krystallogr. Eigenschaften
1	**Thioglucose**	$C_6H_{12}O_5S$: CHSH HCOH HOCH O HCOH HC H_2COH	Durch Red. d. Diglykosyldisulfid-acetates in alkal., saurer oder neutral. Lösg. u. Verseif. mit methylalk. NH_3[1]. Kommt als Glucosid Sinigrin natürl. vor[2]	Weißes, hygroskop. Pulver. Unangenehmer Geschmack
2	**1, 1-Diglykosylsulfon**	$C_{12}H_{22}O_{12}S$: HC—SO_2—CH HCOH HCOH HOCH O HOCH O HCOH HCOH HC HC H_2COH H_2COH	Aus 1, 1-Octacetyldiglykosylsulfid durch Oxyd. mit $KMnO_4$ in 60proz. Essigs. u. Verseif. mit methylalk. NH_3[1]	Krystalle (aus verd. Alk.)

82

Aminozucker.

Schmelz- und Siedepunkt	Optisches Drehungsvermögen	Löslichkeit	Analytisches; Diverses	Literatur
127 bis 128° [2])	—	l. l. H_2O, l. Alk., unl. Äther	Reduz. Fehling. Lösg. wie Glucose. Gibt Glucosaz.	[1]) **Fischer:** Ber. **19**, 1921 (1886). [2]) **Ling** u. **Nanji:** Soc. Lond. **121**, 1682 (1922).
—	inakt.	—	Reduz. Fehling. Lösg. Gibt α-Acrosaz.	[1]) **Fischer** u. **Tafel:** Ber. **20**, 2573 (1887).
—	—	l. l. H_2O; l. Alk., unl. Chlorof.	Nicht rein dargestellt. F des Methylglucosid-amin-Chlorhydrats $= 210\text{—}211°$. Gibt ein Osaz.	[1]) **Fischer, Bergmann** u. **Schotte:** Ber. **53**, 516 (1920).
—	—	—	Reduz. Fehling. Lösg. Chlorhydrat $F = 210°$ P-Toluolsulfonsaures Salz d. Phenyl-hydroz. $F = 182\text{—}183°$ [2])	[1]) **Fischer** u. **Zach:** Ber. **44**, 132 (1911). [2]) **Ohle** u. **Vargha:** Ber. **61**, 1207 (1928).

Thio- und Selenozucker.

Schmelz- und Siedepunkt	Optisches Drehungsvermögen	Löslichkeit	Analytisches; Diverses	Literatur
Sintert. 70° 150° (Z.)	$[\alpha]_D^{15} = +23°$ (E.) in 50proz. Alk. α-Form: $[\alpha]_D^{20} = +212,8° \rightarrow +76,8°$ (in H_2O). β-Form: $+16,5° \rightarrow +58,4°$ (in H_2O) [3])	l. l. H_2O; schw. l. Alk., unl. Äther	Red. kalte Fehl. Lösg. Gibt Glucosaz.	[1]) **Wrede:** Z. phys. Chem. **119**, 46 (1922). [2]) **Schneider** u. **Wrede:** Ber. **47**, 2225 (1914). [3]) **Schneider** u. **Leonhardt:** Ber. **62**, 1384 (1929).
118° (H_2O-frei) 129°	$[\alpha]_D^{20} = -38,1°$ (in H_2O, c = 3,6%)	l. l. H_2O; w. l. Alk.	Reduz. Fehling. Lösg. Gibt Glucosaz. Gärt nicht	[1]) **Wrede** u. **Zimmermann:** Z. phys. Chem. **148**, 65 (1925).

Nr	Name	Formel, Konstitution	Vorkommen, Bildung, Darstellung	Krystallogr. Eigenschaften
3	Bi(glykosyl-6)sulfid	$C_{12}H_{22}O_{10}S$: HCOH HCOH HCOH HCOH HOCH O HOCH O HCOH HCOH HC HC H_2C—S—CH_2	Aus Triacetylmethylglucosid-6-bromhydrin mit KHS, Acetyl., Verseif. u. Hydrol. m. verd. Säuren[1]	Weißes Pulver (aus Alk. + Äther)
4	Bi(glykosyl-6)selenid	$C_{12}H_{22}O_{10}Se$: HCOH HCOH HCOH HCOH HOCH HOCH HCOH HCOH HC HC H_2C—Se—CH_2	Wie 3, jedoch mit KHSe oder K_2Se_2[1]	Gelbes Pulver; hygroskop. Süß
5	Bi(glykosyl-6)diselenid	$C_{12}H_{22}O_{10}Se_2$: HCOH HCOH HCOH HCOH HOCH HOCH HCOH HCOH HC HC H_2C—Se—Se—CH_2	Als Nebenprodukt bei d. Darst. von Biglykosyl-6-selenid[1]	Gelbes, hygroskop. Pulver. Süß
6	Thioisotrehalose	$C_{12}H_{22}O_{10}S$: HC—S—CH HCOH HCOH HOCH O HOCH O HCOH HCOH HC HC H_2COH H_2COH	Aus Acetobromglucose m. alkoh. Kaliumsulfidlösg. u. Verseifen mit methylalk. NH_3[1]	Krystalle. Süß
7	Selenoisotrehalose	$C_{12}H_{22}O_{10}Se$: HC—Se—CH HCOH HCOH HOCH O HOCH O HCOH HCOH HC HC H_2COH H_2COH	Aus Acetobromglucose in alkoh. Lösg. mit Selenwasserstoff u. Verseif. mit methylalkoh. NH_3[1]	Krystalle. Süß
8	Diglykosyldisulfid	$C_{12}H_{22}O_{10}S_2$: HC—S—S—CH HCOH HCOH HOCH O HOCH O HCOH HCOH HC HC H_2COH H_2COH	Aus Acetobromglucose in alk. Lösg. mit Kaliumdisulfid u. Verseifung mit methylalk. NH_3[1]	Weißes, hygroskop. Pulver. Süß

84

Schmelz- und Siedepunkt	Optisches Drehungsvermögen	Löslichkeit	Analytisches; Diverses	Literatur
150°	$[\alpha]_D^{20}=+80{,}9°$ (in H_2O, c$=1{,}79\%$)	s. l. l. H_2O; l. l. Alk.	Reduz. Fehling. Lösg. Gärt nicht	[1]) **Wrede:** Z. phys. Chem. **115**, 284 (1921).
160° 200° (Z.)	$[\alpha]_D^{14}=+70{,}3°$ (in H_2O, c$=1{,}5\%$)	—	Gärt nicht	[1]) **Wrede:** Z. phys. Chem. **115**, 284 (1921).
125°	$[\alpha]_D^{14}=+139{,}3°$ (in H_2O, c$=1{,}8\%$)	—	Gärt nicht	[1]) **Wrede:** Z. phys. Chem. **115**, 284 (1921).
174°	$[\alpha]_D^{26}=-84{,}74°$ (in H_2O, c$=4\%$)	l. l. H_2O; unl. absol. Alk.	Red. nicht Fehl. Lösg. Gärt nicht. Verd. Säuren spalten langs. zu Glucose	[1]) **Schneider** u. **Wrede:** Ber. **50**, 793 (1917).
193°	$[\alpha]_D^{25}=-83{,}87°$ (in H_2O, c$=4{,}686\%$)	l. l. H_2O; unl. absol. Alk.	Red. nicht Fehl. Lösg. Gärt nicht. Verd. Säuren spalten langsam zu Glucose	[1]) **Schneider** u. **Wrede:** Ber. **50**, 793 (1917).
--	$[\alpha]_D^{18}=-144{,}4°$ (in H_2O)	l. l. H_2O; s. schw. l. Alk.	Färbt Fehling. Lösg. schwarz	[1]) **Wrede:** Ber. **52**, 1756 (1919).

Nr	Name	Formel, Konstitution	Vorkommen, Bildung, Darstellung	Krystallogr. Eigenschaften
9	Diglykosyldiselenid	$C_{12}H_{22}O_{10}Se_2$: HC—Se—Se—CH HCOH HCOH HOCH HOCH HCOH HCOH HC HC H_2COH H_2COH	Aus Acetobromglucose in alk. Lösg. mit Kaliumdiselenid u. Verseifen mit methylalk. NH_3[1])	Hellgelbes, amorph. Pulver
10	1, 1-Digalaktosylsulfon	$C_{12}H_{22}O_{12}S$: HC—SO_2—CH HCOH HCOH HOCH HOCH HOCH HOCH HC HC H_2COH H_2COH	Aus 1, 1-Digalaktosylsulfid d. Oxyd. mit $KMnO_4$ in 60proz. Essigs. u. Verseif. mit methylalk. NH_3[1])	Krystalle (aus Alk. + H_2O)
11	Thiodigalaktose	$C_{12}H_{22}O_{10}S$: HC—S—CH HCOH HCOH HOCH HOCH HOCH HOCH HC HC H_2COH H_2COH	Aus Acetobromgalaktose mit K_2S_2 in alk. Lösg. u. Verseifen mit methylalk. NH_3[1])	Nadeln (aus H_2O)
12	Selenodigalaktose	$C_{12}H_{22}O_{10}Se$: HC—Se—CH HCOH HCOH HOCH HOCH HOCH HOCH HC HC H_2COH H_2COH	Aus Acetobromgalaktose mit Kaliumselenid in alk. Lösg. u. Verseifen mit methylalk. NH_3[1])	Nadeln (aus Alk. + H_2O)
13	Dithiodigalaktose	$C_{12}H_{22}O_{10}S_2$: HC—S—S—CH HCOH HCOH HOCH HOCH HOCH HOCH HC HC H_2COH H_2COH	Aus d. Mutterlauge bei d. Darst. d. Trithiogalaktose[1])	Nadeln
14	Trithiodigalaktose	$C_{12}H_{26}O_{10}S_3$: HS—HC—S—CH—SH HCOH HCOH HOCH HOCH HOCH HOCH HCOH HCOH H_2COH H_2COH	Aus Galaktose mit H_2S in Pyridin[1])	Nädelchen

Schmelz- und Siedepunkt	Optisches Drehungsvermögen	Löslichkeit	Analytisches; Diverses	Literatur
—	$[\alpha]_D^{18} = -93,98°$ (in H_2O)	l. l. H_2O; l. in Alk.	—	[1] Wrede: Ber. **52**, 1756 (1919).
182°	$[\alpha]_D^{20} = -2,16°$ (in H_2O)	l. l. H_2O; w. l. Alk.	—	[1] Wrede u. Zimmermann: Z. phys. Chem. **148**, 65 (1925).
230°	$[\alpha]_D^{20} = -41,86°$ (in H_2O, c = 5%)	l. H_2O	—	[1] Schneider u. Beuther: Ber. **52**, 2135 (1919).
228°	$[\alpha]_D^{29} = -36,6°$ (in H_2O, c = 5,24%)	l. H_2O	—	[1] Schneider u. Beuther: Ber. **52**, 2135 (1919).
183—184°	—	l. H_2O, Pyridin	—	[1] Schneider u. Beuther: Ber. **52**, 2135 (1919).
139—142°	—	schw. l. k., l. l. heiß H_2O, l. l. Pyridin	Spaltet leicht H_2S ab	[1] Schneider u. Beuther: Ber. **52**, 2141 (1919).

Nr	Name	Formel, Konstitution	Vorkommen, Bildung, Darstellung	Krystallogr. Eigenschaften
15	Thiocellobiose	$C_{12}H_{22}O_{10}S$: SHCH — CH HCOH / HCOH HOCH — O / HOCH — O HC / HCOH HC / HC H_2COH / H_2COH	Durch Red. d. Dicellobiosyldisulfidacetates mit Zn in Essigsäureanhydrid u. Verseifen[1]	Weißes, hygroskop. Pulver. Süß-bitter
16	1, 1-Dicellosylsulfon	$C_{24}H_{42}O_{22}S$: CH — HC—SO_2—CH — CH HCOH O HCOH HCOH O HCOH HOCH O HOCH O HOCH O HOCH O HCOH — HC HC — HCOH HC — HC HC — HC H_2COH H_2COH H_2COH H_2COH	Durch Oxyd. d. Dicellosylsulfids mit $KMnO_4$ u. Verseifen[1]	Krystalle
17	Dicellosylsulfid	$C_{24}H_{42}O_{20}S$: CH — HC—S—CH — CH HCOH O HCOH HCOH O HCOH HOCH O HOCH O HOCH O HOCH O HCOH — HC HC — HCOH HC — HC HC — HC H_2COH H_2COH H_2COH H_2COH	Aus Acetobromcellobiose mit K_2S_2 in alk. Lösg. u. Verseifen mit methylalk. NH_3[1]	Amorphes Pulver. Süß
18	Dicellosyldisulfid	$C_{24}H_{42}O_{20}S_2$: CH — HC—S—S—CH — CH HCOH O HCOH HCOH O HCOH HOCH O HOCH O HOCH O HOCH O HCOH — HC HC — HCOH HC — HC HC — HC H_2COH H_2COH H_2COH H_2COH	Wie 17, als Nebenprod.[1]	Weißes, hygroskop. Pulver. Nicht süß
19	Dicellosylselenid	$C_{24}H_{42}O_{20}Se$: Formel wie Nr 17, jedoch Se an Stelle von S	Durch Vers. d. Tetradecaacetates[1]	Gelblichweißes Pulver
20	Cellosylglucosylsulfid	$C_{18}H_{32}O_{15}S$: CH — HC—S—CH HCOH O HCOH HCOH HOCH O HOCH O HOCH HCOH — HC HCOH HC — HC HC H_2COH H_2COH H_2COH	Aus Acetobromcellose + Acetobromglucose + K_2S in alk. Lösg. u. Vers. d. Acet.[1]	Weißes Pulver
21	Cellosylglucosylselenid	$C_{18}H_{32}O_{15}Se$: Formel wie Nr 20, jedoch Se an Stelle von S	Aus d. Acet. d. Vers.[1]	Gelbl. Pulver Süß

Schmelz- und Siedepunkt	Optisches Drehungsvermögen	Löslichkeit	Analytisches; Diverses	Literatur
110°	$[\alpha]_D^{20} = -33,3° \rightarrow +14,8°$ (in H_2O)	l. H_2O, sonst unl.	—	[1] **Wrede** u. **Hettche**: Z. phys. Chem. **172**, 169 (1927).
100°	$[\alpha]_D^{20} = -35,4°$ (in H_2O, c = 2,4%)	—	—	[1] **Wrede** u. **Zimmermann**: Z. phys. Chem. **148**, 65 (1925).
100°	$[\alpha]_D = -48,3°$ (in H_2O)	l. l. H_2O, l. in verd. Alk., unl. absol. Alk.	Red. nicht Fehl. Lösg.	[1] **Wrede**: Z. phys. Chem. **108**, 115 (1919).
165—170°	$[\alpha]_D^{20} = -90,9°$ (in H_2O)	l. l. H_2O, sonst unl.	Färbt Fehl. Lösg. in d. Wärme gelbgrün	[1] **Wrede** u. **Hettche**: Z. phys. Chem. **172**, 169 (1927).
215° (Zers.)	$[\alpha]_D^{20} = -85,93°$ (in H_2O, c = 3%)	l. l. H_2O, verd. Alk., unl. Aeth. Chlorof.	Red. nicht Fehl. Lösg.	[1] **Wrede**: Z. phys. Chem. **112**, 1 (1920).
160° (Zers.)	$[\alpha]_D^{15} = -46,73°$ (in H_2O, c = 2%)	l. l. H_2O, verd. Alk., sonst wenig l.	Red. nicht Fehl. Lösg. Emulsin spaltet Glucose ab	[1] **Wrede**: Z. phys. Chem. **112**, 1 (1920).
ca 160° (Zers.)	—	—	Emulsin spalt. zu Glucose	[1] **Wrede**: Z. phys. Chem. **112**, 1 (1920).

Tabelle 21 (Fortsetzung).

Nr	Name	Formel, Konstitution	Vorkommen, Bildung, Darstellung	Krystallogr. Eigenschaften
22	**Galaktosylglucosylselenid**	$C_{12}H_{22}O_{10}Se$: HC—Se—CH HCOH HCOH HOCH HOCH HOCH HCOH HC HC H_2COH H_2COH	Aus d. Acetobromzuck. + K_2S_2 in alk. Lösg. u. Verseif.[1]	Weißes Pulver
23	**Thiogalaktose** (Ag-Salz)	$C_6H_{11}O_5SAg$	Durch Einleiten von H_2S in eine Lösg. von Gal. in Pyridin u. Darst. d. Silbersalzes[1]	Amorph.
24	**3-Thioglucose**	$C_6H_{12}O_5S$: CHOH HCOH CH·SH HCOH HC H_2COH	Nicht in freier Form dargest.[1]	—
25	**Di-3-glucosyl-di-sulfid**	$C_{12}H_{22}O_{10}S_2$	Aus d. Diacetonverb. d. Vers.[1]	Weißes, amorph. zerfl. Pulver Süß
26	**Thioketopentose** (Methyläther)	$C_6H_{12}O_4S$ H_2COH H_2COH ＼OH ＼OH C C oder CHSCH$_3$ CHOCH$_3$ CHOH CHOH CH_2 CH_2	Aus Hefe[1,2]	Sirup

Thio- und Selenozucker.

Schmelz- und Siedepunkt	Optisches Drehungsvermögen	Löslichkeit	Analytisches; Diverses	Literatur
—	$[\alpha]_D^{16} = -48{,}35°$ (in H_2O)	l. l. H_2O	—	**Wrede:** Z. phys. Chem. **112**, 1 (1920).
—	—	s. l. l. H_2O	—	[1] **Schneider** u. **Beuther:** Ber. **52**, 2135 (1919).
—	—	—	3-Methyl-Thioglucose-Tetracetat: F = 94°. Nadeln	[1] **Freudenberg** u. **Wolf:** Ber. **60**, 232 (1927).
—	$[\alpha]_{578}^{20} = +29{,}85°$ (in H_2O)	—	Red. Fehl. Lösg.	[1] **Freudenberg** u. **Wolf:** Ber. **60**, 232 (1927).
—	[2] $[\alpha]_D^{30} = +41{,}9°$ (in CH_3OH)	—	Osazon: F = 158—59°[1]	[1] **Suzuki, Odake** u. **Mori:** Bioch. Z. **154**, 278 (1924). [2] **Levene** u. **Sobotka:** J. Biol. Chem. **65**, 551 (1925).

Zweiter Teil

Derivate der Zucker als Carbonyle.

Acetale und Mercaptale, Aldazine, Glucamine, Oxime, Osimine, Semi-
und Thiosemicarbazone, Ureïde, Hydrazin-Derivate, andere stickstoff-
haltige Derivate, Bisulfitverbindungen.

Tabelle 22.

Nr	Name	Formel, Konstitution	Vorkommen, Bildung, Darstellung	Krystallogr. Eigenschaften
1	Glykolaldehyd-dimethyl-acetal	$C_4H_{10}O_3$: $HC\big\langle{}^{O\cdot CH_3}_{O\cdot CH_3}$ H_2COH	Beim Stehen von Glykolaldehyd in 1 proz. methyl-alk. HCl[1])	Sirup
2	Glykolaldehyd-diäthyl-acetal	$C_6H_{14}O_3$: $HC\big\langle{}^{O\cdot C_2H_5}_{O\cdot C_2H_5}$ H_2COH	Aus d. Bromacetal mit alk. Kalilauge[1]). Aus d. Chloracetal mit wässer. Kalilauge[2]) Dass. aus Bromacetal[3])	Sirup
3	Milchsäurealdehyd-diäthyl-acetal	$C_7H_{16}O_3$: $HC\big\langle{}^{O\cdot C_2H_5}_{O\cdot C_2H_5}$ $CHOH$ CH_3	D. Red. von Methylgly-oxaldiäthylacetal + Na + Alk.[1])	Sirup. Ranziger Geruch
4	d-Glycerinaldehyd-dimethyl-acetal	$C_5H_{12}O_4$: $HC\big\langle{}^{O\cdot CH_3}_{O\cdot CH_3}$ $HCOH$ H_2COH	Aus Aminomilchsäuralde-hyddimethylacetal[1])	—
5	Diacetyl-glycerin-aldehyd-dimethyl-acetal	$C_9H_{16}O_6$: $HC\big\langle{}^{O\cdot CH_3}_{O\cdot CH_3}$ $HCO_2C_2H_3$ $H_2CO_2C_2H_3$	Aus Glycerinaldehyd-dimethylacetal mit Essigs.-Anhydrid + Na-Acetat[1])	Sirup
6	d, l-Glycerinaldehyd-diäthyl-acetal	$C_7H_{16}O_4$: $HC\big\langle{}^{O\cdot C_2H_5}_{O\cdot C_2H_5}$ $HCOH$ H_2COH	D. Oxyd. von Acroleïn-diäthylacetal[1]). Aus Glycerinaldehyd mit alkohol. HCl[2])	Farbl. Flüssigk. Brennender Geschmack
7	l-Glycerinaldehyd-dimethyl-acetal	$C_5H_{12}O_4$: $HC\big\langle{}^{O\cdot CH_3}_{O\cdot CH_3}$ $HOCH$ H_2COH	Wie bei d-Glycerinald.-dim. durch Trennung der l- und d-Komp.[1])	—
8	β-Methyl-glycerin-aldehyd-diäthyl-acetal	$C_8H_{18}O_4$: $HC\big\langle{}^{O\cdot C_2H_5}_{O\cdot C_2H_5}$ $HCOH$ $HCOH$ CH_3	D. Oxyd. von Croton-acetal + KMnO_4[1])	Sirup. Bitter, von brennend. Geschmack
9	d, l-Epihydrin-aldehyd-dimethyl-acetal	$CH_2{-}CH{-}CH(OCH_3)_2$ $\backslash O \diagup$	Aus d. Chlor-oxy-pro-pionaldehyd-dimethyl-acetal in Äther + KOH u. Destill. im Vak.[1])	Sirup

Schmelz- und Siedepunkt	Optisches Drehungsvermögen	Löslichkeit	Analytisches; Diverses	Literatur
$Kp_{749} = 158$—$159°$	—	—	—	[1] Fischer u. Gilbe: Ber. **30**, 3055 (1897).
Kp. 168°; $Kp_8 = 57$—$58°$ [3])	—	—	$d_{24} = 0{,}888$ [3])	[1] Pinner: Ber. **5**, 150 (1872). [2] Mayer: Z. phys. Chem. **38**, 149 (1903). [3] Hartung u. Adkim: Amer. Soc. **49**, 2517 (1927).
$Kp_{758} = 169$—$170°$ $Kp_{12} = 67°$	—	l. l. k. H_2O, schw. l. heiß. H_2O	—	[1] Wohl u. Lange: Ber. **41**, 3619 (1908).
—	$[\alpha]_D^{22} = +21{,}8°$ (in H_2O, c $=6{,}49\%$)	—	—	[1] Wohl u. Momber: Ber. **47**, 3346 (1914).
$Kp_4 = 128$—$129°$	—	—	—	[1] Wohl u. Momber: Ber. **50**, 455 (1917).
$Kp_{27} = 136°$ $Kp_{11} = 121°$ [3])	—	Mischbar mit H_2O, Alk., Äther	Red. kalte Fehl. Lösg. Gibt Glycerosaz. **Borsäurederivat:** $C_{14}H_{31}O_9B$. Kaliumsalz F = über 320°. Kryst. l. l. H_2O, Alk., unl. Benzol [4])	[1] Wohl: Ber. **31**, 1799 (1898). [2] Wohl u. Neuberg: Ber. **33**, 3103 (1900). [3] Witzemann: Amer. Soc. **36**, 1909, 2230 (1915). [4] Wohl u. Neuberg: Ber. **32**, 3489 (1899).
—	$[\alpha]_D^{26} = -20{,}9°$ (in H_2O, c $=9{,}22\%$)	—	—	[1] Wohl u. Momber: Ber. **47**, 3346 (1914).
$Kp_{12} = 114$—$116°$	—	Mischbar mit H_2O, Alk., Äther, Benzol, Chlorof., Aceton	$D^{17} = 1{,}0498$	[1] Wohl u. Frank: Ber. **35**, 1906 (1902).
$Kp = 146$—$147°$	—	—	—	[1] Wohl u. Momber: Ber. **47**, 3349 (1914).

Tabelle 22 (Fortsetzung).

Nr	Name	Formel, Konstitution	Vorkommen, Bildung, Darstellung	Krystallogr. Eigenschaften
10	d, l-Epihydrin-aldehyd-diäthyl-acetal	CH_2—CH—$CH(OC_2H_5)_2$ mit O-Brücke	Aus Acroleïnacetal → Oxychlorpropionacetal → + KOH u. Destill.[1]	Sirup
11	Glycerinaldehyd-chlorhydrin-dimethyl-acetal	$CH_2OH \cdot CHCl$—CH$\big\langle^{O \cdot CH_3}_{O \cdot CH_3}$	Aus Acroleïndimethyl-acetal mit HClO in wässer. Lösg.[1]	Angenehm riech. Öl
12	„ -diäthylacetal	$CH_2OH \cdot CHCl \cdot CH\big\langle^{O \cdot C_2H_5}_{O \cdot C_2H_5}$	Wie oben, jedoch aus Acroleïndiäthylacetal[1]	Farbl. dick. Öl

Tabelle 23.

Nr	Name	Formel, Konstitution	Vorkommen, Bildung, Darstellung	Krystallogr. Eigenschaften
1	l-Arabinose-di-äthylmercaptal	$C_5H_{10}O_4(SC_2H_5)_2$	Arabinose+HCl+Äthyl-mercaptan[1]	Farblose Nadeln (aus Alk.). Bitter
2	„ -äthylenmercaptal	$C_5H_{10}O_4(SCH_2)_2$	Aus d. Komp., Schütteln[1]	Krystalle (aus Alk.)
3	„ -di-d-amylmercaptal	$C_5H_{10}O_4(SC_5H_{11})_2$	Aus d. HCl-sauren Lösg. d. Komp.[1]	Krystalle (aus Alk.)
4	„ -di-isoamylmercaptal	$C_5H_{10}O_4(SC_5H_{11})_2$	Aus d. Komp., Schütteln[1]	Krystalle (aus Alk.)
5	„ -di-n-propylmercaptal	$C_5H_{10}O_4(SC_3H_7)_2$	Aus d. Komp.[1]	Kryst. (aus verd. Alk.)
6	„ -di-n-butylmercaptal	$C_5H_{10}O_4(SC_4H_9)_2$	Aus d. Komp.[1]	Kryst. (aus verd. Alk.)
7	„ -di-benzylmercaptal	$C_5H_{10}O_4(SCH_2C_6H_5)_2$	Aus d. Komp., Schütteln[1] Aus d. Komp. + HCl. Schütteln[2]	Lange Nadeln (aus 50 proz. Alk.)
8	„ -trimethylenmercaptal	$C_5H_{10}O_4 \cdot S_2C_3H_6$	Aus d. Komp., Schütteln[1]	Lange Nadeln (aus Alk.). Bitter
9	d-Arabinose-di-d-amylmercaptal	$C_5H_{10}O_4(SC_5H_{11})_2$	Aus d. Komp., Schütteln[1]	Schuppen (aus Alk.)
10	„ -di-isoamylmercaptal	$C_5H_{10}O_4(SC_5H_{11})_2$	Aus d. Komp.[1]	Krystalle (aus Alk.)
11	i-Arabinose-di-d-amylmercaptal	$C_5H_{10}O_4(SC_5H_{11})_2$	Aus d. Komp.[1]	Krystalle
12	„ -di-isoamylmercaptal	$C_5H_{10}O_4(SC_5H_{11})_2$	Aus d. Komp.[1]	Krystalle
13	Xylose-di-äthylmercaptal	$C_5H_{10}O_4(SC_2H_5)_2$	Aus d. Komp.[1]	Sirup
14	„ -di-amylmercaptale	$C_5H_{10}O_4(SC_5H_{11})_2$	Aus d. Komp.[1]	Sirup
15	„ -trimethylmercaptal	$C_5H_{10}O_4 \cdot S_2C_3H_6$	Aus d. Komp.[1]	Sirup
16	„ -di-benzylmercaptal	$C_5H_{10}O_4(SCH_2C_6H_5)_2$	Aus d. Komp.[1]	Sirup
17	Fucose-di-äthylmercaptal	$C_6H_{12}O_4(SC_2H_5)_2$	Aus d. Komp.[1]	Krystalle
18	„ -äthylenmercaptal	$C_6H_{12}O_4(SCH_2)_2$	Aus d. Komp.[1]	Krystalle

Acetale.

Schmelz- und Siedepunkt	Optisches Drehungsvermögen	Löslichkeit	Analytisches; Diverses	Literatur
Kp 165°	—	s. sch. l. H_2O	—	[1] Wohl: Ber. **31**, 1799 (1898).
Kp_{11} = 97—98°	—	l. in H_2O	—	[1] Wohl u. Schweitzer: Ber. **40**, 95 (1907)
Kp_{32} = 126°; Kp_{11} = 106°	—	l. H_2O	—	[1] Wohl u. Schweitzer: Ber. **40**, 95 (1907).

Mercaptale.

Schmelz- und Siedepunkt	Optisches Drehungsvermögen	Löslichkeit	Analytisches; Diverses	Literatur
124—126°	—	s. schw. l. kalt H_2O; l. l. heiß H_2O, Alk.	—	[1] Fischer: Ber. **27**, 673 (1894).
154°	—	s. l. l. kalt H_2O	—	[1] Lawrence: Ber. **29**, 547 (1896).
132—134°[1]) 114—116°[2])	$\alpha_D = 0°,55'$ (0,2 g : 10 cm³ Alk.)[1])	s. w. l. k. H_2O, l. heiß. Alk.	Verbindung mit Konstanten ist nicht mit reinem d-Amylmercaptan dargestellt[1])	[1] Neuberg: Ber. **33**, 2253 (1900). [2] Votoček u. Veselý: C. **1916** I, 602.
121—124°	—	s. w. l. H_2O, l. l. heiß. Alk.	—	[1] Votoček u. Veselý: C. **1916** I, 602.
128°	$[\alpha]_D^{17} = +29,0°$	—	—	[1] Maeda u. Uyeda: Bull. Soc. Jap. **1**, 181 (1926).
111,5°	$[\alpha]_D^{8} = +14,0°$	—	—	[1] Uyeda u. Kamon: Bull. Soc. Jap. **1**, 179 (1926).
144°	$[\alpha]_D^{20} = -18,86°$ (in Pyridin)[2])	s. w. l. l. H_2O, l. heiß. Alk.	—	[1] Lawrence: Ber. **29**, 547 (1896). [2] Pacsu u. Ticharich: Ber. **62**, 3008 (1929).
150°	—	s. w. l. k. H_2O, l. heiß. Alk.	—	[1] Lawrence: Ber. **29**, 547 (1896).
118—120°	—	unl. H_2O; l. Alk.	—	[1] Votoček u. Veselý: C. **1916** I, 602.
121—124°	—	—	—	[1] Votoček u. Veselý: C. **1916** I, 602.
106—110°	—	—	—	[1] Votoček u. Veselý: C. **1916** I, 602.
113—115°	—	—	—	[1] Votoček u. Veselý: C. **1916** I, 602.
—	—	—	—	[1] Lawrence: Ber. **29**, 547 (1896).
—	—	—	—	[1] Fischer: Ber. **27**, 673 (1894).
—	—	—	—	[1] Lawrence: Ber. **29**, 547 (1896).
—	—	—	—	[1] Lawrence: Ber. **29**, 547 (1896).
167—168,5°	—	—	Enantiamorph mit d. entspr. Rhodeoseverbdg.	[1] Votoček u. Veselý: C. **1916** I, 602.
191—191,5°	—	—	Enantiamorph mit d. entspr. Rhodeoseverbdg.	[1] Votoček u. Veselý: C. **1916** I, 602.

Nr	Name	Formel, Konstitution	Vorkommen, Bildung, Darstellung	Krystallogr. Eigenschaften
19	Fucose-di-d-amylmercaptal	$C_6H_{12}O_4(SC_5H_{11})_2$	Aus d. Komp.[1]	Krystalle
20	„ -di-isoamylmercaptal	$C_6H_{12}O_4(SC_5H_{11})_2$	Aus d. Komp.[1]	Krystalle
21	i-Fucose-di-isoamylmercaptal	$C_6H_{12}O_4(SC_5H_{11})_2$	Aus d. Komp.[1]	Krystalle
22	Isorhamnose-di-äthylmercaptal	$C_6H_{12}O_4(SC_2H_5)_2$	Aus d. Komp. + rauch. HCl[1]	Schwach rosa gef. Nadeln (aus Äther)
23	Rhamnose-di-äthylmercaptal	$C_6H_{12}O_4(SC_2H_5)_2$	Aus d. Komp.[1]	Feine Blättchen od. Nadeln
24	„ -äthylenmercaptal	$C_6H_{12}O_4(SCH_2)_2$	Aus d. Komp.[1]	Krystalle
25	„ -di-isoamylmercaptal	$C_6H_{12}O_4(SC_5H_{11})_2$	Aus d. Komp.[1]	Krystalle
26	„ -di-n-butylmercaptal	$C_6H_{12}O_4(SC_4H_9)_2$	Aus d. Komp.[1]	Krystalle (aus verd. Alk.)
27	„ -di-n-propylmercaptal	$C_6H_{12}O_4(SC_3H_7)_2$	Aus d. Komp.[1]	Krystalle (aus verd. Alk.)
28	„ -di-benzylmercaptal	$C_6H_{12}O_4(SCH_2C_6H_5)_2$	Aus d. Komp.[1] Komp. + HCl; Schütt.[2]	Rhomboide Tafeln
29	Glucose-di-äthylmercaptal	$C_6H_{12}O_5(SC_2H_5)_2$	Aus d. Komp. + HCl[1]	Bittere Nadeln od. Blättchen (aus heiß. Alk.)
30	„ -di-äthylmercaptal-6-Bromhydrin	$C_6H_{11}O_4Br(SC_2H_5)_2$	Aus Methylglucosid-6-Bromhydrin + HCl + Äthylmercaptan[1]	Lange, seidige Nadeln (aus Äther)
31	„ -äthylenmercaptal	$C_6H_{12}O_5(SCH_2)_2$	Aus d. Komp., Schütteln[1]	Farbl. Nadeln (aus heiß. Alk.). Geruchl., Bitter
32	„ -di-isoamylmercaptal	$C_6H_{12}O_5(SC_5H_{11})_2$	Aus d. Komp. + HCl[1]	Nadeln (aus h. Alk.)
33	„ -di-n-butylmercaptal	$C_6H_{12}O_5(SC_4H_9)_2$	Aus d. Komp.[1]	Krystalle (aus verd. Alk.)
34	„ -di-n-propylmercaptal	$C_6H_{12}O_5(SC_3H_7)_2$	Aus d. Komp.[1]	Nadeln (aus heiß. Alk.)
35	„ -trimethylenmercaptal	$C_6H_{12}O_5 \cdot S_2C_3H_6$	Aus d. Komp., Schütteln[1]	Nadeln (aus Alk.). Bitter

Schmelz- und Siedepunkt	Optisches Drehungsvermögen	Löslichkeit	Analytisches; Diverses	Literatur
140—142°	—	—	—	[1] Votoček u. Veselý: C. 1916 I, 602.
151—152,5°	—	—	Enantiamorph mit d. entspr. Rhodeoseverbdg.	[1] Votoček u. Veselý: C. 1916 I, 602.
160—162°	—	—	—	[1] Votoček u. Veselý: C. 1916 I, 602.
97—98°	—	l. l. H_2O, l. Alk., s. w. l. Äther	—	[1] Fischer u. Herborn: Ber. 29, 1966 (1896).
135—137°	—	—	—	[1] Fischer: Ber. 27, 673 (1894).
169°	—	—	—	[1] Lawrence: Ber. 29, 547 (1896).
108—110,5°	—	—	—	[1] Votoček u. Veselý: C. 1916 I, 602.
119°	$[\alpha]_D^8 = +16,49°$	—	—	[1] Uyeda u. Kamon: Bull. Soc. Jap. 1, 179 (1926).
130°	$[\alpha]_D^{17} = +10,0°$	—	—	[1] Maeda u. Uyeda: Bull. Soc. Jap. 1, 181 (1926).
125°	$[\alpha]_D^{20} = +35,28°$ (in Pyridin)[2]	l. l. heiß. Alk.	—	[1] Lawrence: Ber. 29, 547 (1896). [2] Pacsu u. Ticharich: Ber. 62, 3008 (1929).
127—128°	$[\alpha]_D^{50} = -29,8°$ (c = 4,878%)	l. heiß. H_2O u. h. Alk.; schw. l. k. H_2O; s. w. l. Äther, Benzol	Pentamethyl-Verbindg.: $C_{15}H_{32}O_5S_2$. Gelber Sirup. $Kp_{0,6} = 152°$: $n_D^{20} = 1,48838$. $D_{20}^4 = 1,0834$. $[\alpha]_{20}^D = +19,2°$ (in CH_3OH, c = 4,04%). l. Alk., Äther, unl. H_2O [2]	[1] Fischer: Ber. 27, 673 (1894). [2] Levene u. Meyer; J. Biol. Chem. 69, 175 (1926).
107°	$[\alpha]_D^{17} = +5,08°$ (in Alk.)	l. l. Methylalk., Alk., Aceton; l. Essigester, Chlorof., Benzol., f. unl. H_2O	—	[1] Fischer, Helferich u. Ostmann: Ber. 53, 878 (1920).
143°	$[\alpha]_D^{20} = -10,81°$ (in H_2O)	l. l. heiß. H_2O; l. k. H_2O, l. l. heiß. Alk. Schw. l. Chlorof., Benzol, Äther	—	[1] Lawrence: Ber. 29, 547 (1896).
142—144°	—	schw. l. h. H_2O, l. l. h. Alk.. f. unl. k. H_2O	—	[1] Fischer: Ber. 27, 673 (1894). [2] Votoček u. Veselý: C. 1916 I, 602.
124°	$[\alpha]_D^8 = +27,00°$	—	—	[1] Uyeda u. Kamon: Bull. Soc. Jap. 1, 179 (1926).
147°	$[\alpha]_D^{17} = +41,0°$	—	—	[1] Maeda u. Uyeda: Bull. Soc. Jap. 1, 181 (1926).
130°	—	s. l. l. heiß. H_2O; l. k. H_2O, l. l. heiß. Alk., w. l. k. Alk.	—	[1] Lawrence: Ber. 29, 547 (1896).

Tabelle 23 (Fortsetzung).

Nr	Name	Formel, Konstitution	Vorkommen, Bildung, Darstellung	Krystallogr. Eigenschaften
36	Glucose-di-benzyl-mercaptal	$C_6H_{12}O_5(SCH_2C_6H_5)_2$	Aus d. Komp., Schütteln[1]) Aus Glucose + HCl + $ZnCl_2$ + Benzylmercaptan u. Schütteln[2])	Feine Nadeln (aus 50proz. Alk.) Bitter. Geruchlos
37	„ =di-benzyl-mercaptal-pentacetat	$C_6H_7O_5(CO \cdot CH_3)_5 \cdot (SCH_2C_6H_5)_2$	Aus dem Mercaptal durch Acetyl. mit Essigs.-Anhyd. + Na-Acetat[1])	Krystalle
38	Monoaceton-glucose-di-benzyl-mercaptal	$C_{25}H_{36}O_5S_2$	Aus d. Vorst. + Aceton + H_2SO_4[1])	Nadeln
39	Diaceton-glucose-di-benzyl-mercaptal	$C_{28}H_{40}O_5S_2$	Aus d. Mutterlaug. b. d. Darst. des Monoacetonderiv.[1])	Sirup
40	p-Toluolsulfo-di-acetonglucose-di-benzyl-mercaptal	$C_{33}H_{40}O_7S_3$	Aus d. Komp.	Platten oder Nadeln (aus Methylalk.)[1])
41	Monomethyl-glucose-di-benzyl-mercaptal	$C_{21}H_{23}O_5S_2$	Aus d. Sirup nach d. Acetonierg., Beh. mit Äth. + Na, sowie mit Jodmethyl u. Kochen in 90proz. Alk. mit n-HCl[1])	Kleine weiße Nadeln (aus heiß. Alk.)
42	Trimethyl-glucose-di-benzyl-mercaptal	$C_{23}H_{32}O_5S_2$	Aus d. Mutterlauge b. d. Darst. d. Vorig. u. Zusatz von H_2O[1])	Hexagon. Platten
43	2, 3-Mono-methyl-äthylketon-glucose-di-benzyl-mercaptal	$C_{24}H_{32}O_5S_2$	Aus d. Dibenzylmercapt. + Methyläthylketon + $CuSO_4$, Schütteln[1])	Lange Nadeln (aus Benzol)
44	Glucose-di-methyl-mercaptal	$C_6H_{12}O_5(SCH_3)_2$	Aus d. Komp., Schütteln[1])	Krystalle (aus 10 Tln. heiß. Alk.)
45	„ =di-methyl-mercaptal-pentacetat	$C_6H_7O_5(COCH_3)_5 \cdot (SCH_3)_2$	Aus Vorig. mit Essigs.-Anhydr. + Na-Acetat[1])	Nadeln (aus 50proz. Alk.)
46	Mannose-di-äthyl-mercaptal	$C_6H_{12}O_5(SC_2H_5)_2$	Komp.[1])	Krystalle
47	Pentamethyl-mannose-diäthyl-mercaptal	$C_{15}H_{32}O_5S_2$	Aus d. Mercaptal + Dimethylsulfat[1])	Gelbl. Sirup. Knoblauchgeruch
48	2,3-Monoacetonmannose-diäthyl-mercaptal	$C_{12}H_{26}O_5S_2$	Aus d. Merc. + Aceton + $CuSO_4$[1])	Krystalle, Nadeln
49	2,3,5,6-Diacetonmannose-diäthyl-mercaptal	$C_{15}H_{30}O_5S_2$	Aus d. Mutterl. d. Vorig.[1])	Sirup
50	Mannose-äthylen-mercaptal	$C_6H_{12}O_5(SCH_2)_2$	Komp.[1])	Krystalle
51	„ =di-n-butyl-mercaptal	$C_6H_{12}O_5(SC_4H_9)_2$	Komp.[1])	Krystalle (aus verd. Alk.)

Schmelz- und Siedepunkt	Optisches Drehungsvermögen	Löslichkeit	Analytisches; Diverses	Literatur
$133°$ [1] $139°$ [2]	$[\alpha]_D^{15}=-98,37°$ (in Pyridin) [2]	l. heiß. Alk., l. heiß. H_2O; unl. k. H_2O	—	[1] **Lawrence:** Ber. **29**, 547 (1896). [2] **Pacsu:** Ber. **57**, 849 (1924).
$64°$	$[\alpha]_D^{22}=+31,75°$ (in $C_2H_2Cl_4$ $c=2,047\%$)	—	—	[1] **Schneider, Sepp** u. **Stiehler:** Ber. **51**, 220 (1918).
$94°$	$[\alpha]_D^{15}=-16,44°$ (in $C_2H_2Cl_4$)	l. l. Chlorof., Alk., Äther, Aceton, unl. Petroläther	—	[1] **Pacsu:** Ber. **57**, 849 (1924).
—	—	—	—	[1] **Pacsu:** Ber. **57**, 849 (1924).
$114°$	$[\alpha]_D^{15}=-51,89°$ (in $C_2H_2Cl_4$)	l. l. Aceton, l. sied. Äther	—	[1] **Pacsu:** Ber. **57**, 849 (1924).
$190-191°$	$[\alpha]_D^{15}=-109,02°$ (in Pyridin)	schw. l. heiß. Alk., f. unl. Chlorof., Benzol, Äther	—	[1] **Pacsu:** Ber. **57**, 849 (1924).
$73-74°$ $96°$ [2]	$[\alpha]_D^{15}=-63,12°$ (in Pyridin)	s. l. l. k. Alk., Chorof., Aceton, heiß. Benzol, Alk.	—	[1] **Pacsu:** Ber. **57**, 849 (1924). [2] **Pacsu:** Ber. **58**, 1455 (1925).
$90-91°$	$[\alpha]_D^{15}=-6,56°$ (in $C_2H_2Cl_4$). $[\alpha]_D^{15}=-117,58°$ (in Alk.)	l. l. in allen Solv.	—	[1] **Pacsu:** Ber. **58**, 1455 (1925).
$161°$	$[\alpha]_D^{24}=-20,76°$ (in n-NaOH)	l. H_2O; fast unl. Alk.	—	[1] **Schneider, Sepp** u. **Stiehler:** Ber. **51**, 220 (1918).
$83°$	$[\alpha]_D^{20}=+38,71°$ (in $C_2H_2Cl_4$, $c=2,17\%$)	—	—	[1] **Schneider, Sepp** u. **Stiehler:** Ber. **51**, 220 (1918).
$132-134°$	$[\alpha]_D^{18}=-2,76°$ (in Pyridin) [2]	—	—	[1] **Fischer:** Ber. **27**, 673 (1894). [2] **Levene** u. **Meyer:** J. Biol. Chem. **69**, 175 (1926). — **Pacsu** u. **Kary:** Ber. **62**, 2811 (1929).
$Kp_{0,6}=152°$	$[\alpha]_D^{20}=+19,2°$	l. Alk., Äther, unl. H_2O $D_4^{20}=1,0834$ $n_D^{20}=1,48838$	—	[1] **Levene** u. **Meyer:** J. Biol. Chem. **69**, 175 (1926).
$94°$	$[\alpha]_D^{18}=-11,30°$ (in $C_2H_2Cl_4$)	l. l. Chlorof., Alk., Aceton, $C_2H_2Cl_4$, s. w. l. Äther	—	[1] **Pacsu** u. **Kary:** Ber. **62**, 2811 (1929).
—	—	s. l. l. auß. Petroläther	—	[1] **Pacsu** u. **Kary:** Ber. **62**, 2811 (1929).
$153-154°$	$[\alpha]_D^{20}=+12,88°$ (in H_2O, $c=4,89\%$)	—	—	[1] **Lawrence:** Ber. **29**, 547 (1896).
$117°$	$[\alpha]_D^{8}=+16,45°$	—	—	[1] **Uyeda** u. **Kamon:** Bull. Soc. Jap. **1**, 179 (1926).

Tabelle 23 (Fortsetzung).

Nr	Name	Formel, Konstitution	Vorkommen, Bildung, Darstellung	Krystallogr. Eigenschaften
52	Mannose-di-n-propyl-mercaptal	$C_6H_{12}O_5(SC_3H_7)_2$	Komp.[1]	Krystalle (aus verd. Alk.)
53	„ -di-benzyl-mercaptal	$C_{20}H_{26}O_5S_2$	Komp. + HCl; Schütteln[1]	Rosetten f. weiß. Nadeln (aus Alk.)
54	2, 3, 5, 6-Diaceton-mannose-di-benzyl-mercaptal	$C_{26}H_{32}O_5S_2$	Aus Vorig. + Aceton + H_2SO_4[1]	Sirup
55	2, 5, 3, 6-Diaceton-4-methyl-mannose-di-benzyl-mercaptal	$C_{27}H_{36}O_5S_2$	Aus Vorig. NaOH + Dimethylsulfat[1]	Sirup
56	4-Methyl-mannose-di-benzyl-mercaptal	$C_{21}H_{28}O_5S_2$	Aus Vorig., Beh. mit HCl in Alk., Zus. von H_2O[1]	Weiße Nadeln (aus Alk.)
57	Galaktose-di-äthyl-mercaptal	$C_6H_{12}O_5(SC_2H_5)_2$	Komp.[1]	Nadeln. Bitter
58	„ -äthylen-mercaptal	$C_6H_{12}O_5(SCH_2)_2$	Komp.; Schütteln[1]	Krystalle
59	„ -di-d-amyl-mercaptal	$C_6H_{12}O_5(SC_5H_{11})_2$	Komp. + HCl[1]	Nadeln
60	„ -di-n-butyl-mercaptal	$C_6H_{12}O_5(SC_4H_9)_2$	Komp.[1]	Krystalle (aus verd. Alk.)
61	„ -di-n-propyl-mercaptal	$C_6H_{12}O_5(SC_3H_7)_2$	Komp.[1]	Krystalle (aus verd. Alk.)
62	„ trimethylen-mercaptal	$C_6H_{12}O_5(S_2C_3H_6)$	Komp.; Schütteln[1]	Sirup
63	„ -di-benzyl-mercaptal	$C_6H_{12}O_5(SCH_2C_6H_5)_2$	Komp. + HCl; Schütteln[1,2]	Schneeweiße Krystalle
64	2, 3-Monoaceton-galaktose-di-benzyl-mercaptal	$C_{23}H_{30}O_5S_2$	Aus Vorig. mit Aceton + $CuSO_4$[1]	Nädelchen (aus Chlorof. +Petroläther)
65	2, 3, 5, 6-Diaceton-galaktose-di-benzyl-mercaptal	$C_{26}H_{34}O_5S_2$	Aus d. Mutterl. d. Vorig. oder durch weitere Acetonierung d. Vorig.[1]	Sirup
66	4-Methyl-galaktose-di-benzyl-mercaptal	$C_{21}H_{28}O_5S_2$	Aus d. Diacetonderiv. d. Methyl. mit Dimethylsulfat u. Hydrolyse in Alk. mit HCl u. Verd.+H_2O[1]	Weiße Nadeln (aus heiß. Alk.)
67	α-Glucoheptose-di-äthyl-mercaptal	$C_7H_{14}O_6(SC_2H_5)_2$	Komp. + HCl[1]	Krystalle
68	Maltose-n-butyl-mercaptal (?)	$C_{12}H_{22}O_9(SC_4H_9)_4$ (?)	Komp. + HCl[1]	Krystalle
69	„ -n-propyl-mercaptal (?)	$C_{12}H_{22}O_9(SC_3H_7)_4$ (?)	Komp. + HCl[1]	Krystalle
70	Lactose-n-butyl-mercaptal (?)	$C_{12}H_{22}O_9(SC_4H_9)_4$ (?)	Komp. + HCl[1]	Krystalle

<h1 align="center">Mercaptale.</h1>

Schmelz- und Siedepunkt	Optisches Drehungsvermögen	Löslichkeit	Analytisches; Diverses	Literatur
125°	$[\alpha]_D^{17}=+31,0°$	—	—	[1] Maeda u. Uyeda: Bull. Soc. Jap. 1, 181 (1926).
126°	$[\alpha]_D^{20}=-32,92°$ (in Pyridin)	l. l. Pyrid., heiß. Alk., schw. l. H_2O, unl. Chlorof., Aceton, Äther	—	[1] Pacsu u. Kary: Ber. 62, 2811 (1929).
—	$[\alpha]_D^{20}=+66,26°$ (in $C_2H_2Cl_4$)	—	—	[1] Pacsu u. Kary: Ber. 62, 2811 (1929).
—	—	—	—	[1] Pacsu u. Kary: Ber. 62, 2811 (1929).
188°	$[\alpha]_D^{20}=-106,62°$ (in Pyridin)	l. l. Pyrid., heiß. Alk., schw. l. H_2O, unl. Äther, Chlorof.	—	[1] Pacsu u. Kary: Ber. 62, 2811 (1929).
140—142°	$[\alpha]_D=ca-10°$	l. l. h. H_2O u. Alk.	Pentamethyl-Derivat: $C_{15}H_{32}O_5S_2$. Sirup. $Kp_{0,2}=155—160°$. $[\alpha]_D=0°$	[1] Fischer: Ber. 27, 673 (1894). [2] Levene u. Meyer: J. Biol. Chem. 74, 695 (1927).
149°	—	s. l. l. k. H_2O	—	[1] Lawrence: Ber. 29, 547 (1896).
123—124°[1]) 122—123°[2])	—	—	—	[1] Fischer: Ber. 27, 673 (1897). [2] Votoček u. Veselý: C. 1916 I, 602.
123°	$[\alpha]_D^{12}=+12,67°$	—	—	[1] Uyeda u. Kamon: Bull. Soc. Jap. 1, 179 (1926).
129°	$[\alpha]_D^{17}=+27,5°$	—	—	[1] Maeda u. Uyeda: Bull. Soc. Jap. 1, 181 (1926).
—	—	—	—	[1] Lawrence: Ber. 29, 547 (1896).
144°[2]) 130°[1])	$[\alpha]_D^{20}=-26,36°$ (in Pyridin)[2])	l. l. h. Alk., Pyridin	—	[1] Lawrence: Ber. 29, 547 (1896). [2] Pacsu u. Ticharich: Ber. 62, 3008 (1929).
102—103°	$[\alpha]_D^{18}=+8,76°$ (in $C_2H_2Cl_4$)	l. l. Chlorof., Aceton, Alk., $C_2H_2Cl_4$, s. schw. l. Äther	—	[1] Pacsu u. Löb: Ber. 62, 3104 (1929).
—	—	—	—	[1] Pacsu u. Löb: Ber. 62, 3104 (1929).
130—131°	$[\alpha]_D^{18}=-27,55°$ (in Pyridin)	l. l. Chlorof., Pyrid., h. Alk. schw. l. H_2O, unl. Äther	—	[1] Pacsu u. Löb: Ber. 62, 3104 (1929).
152—154°	—	—	—	[1] Fischer: Ber. 27, 673 (1894).
126°	$[\alpha]_D^{8}=+12,0°$	—	—	[1] Uyeda u. Kamon: Bull. Soc. Jap. 1, 179 (1926).
146°	$[\alpha]_D^{17}=+25,0°$	—	—	[1] Maeda u. Uyeda: Bull. Soc. Jap. 1, 181 (1926).
106°	$[\alpha]_D^{8}=+23,55°$	—	—	[1] Uyeda u. Kamon: Bull. Soc. Jap. 1, 179 (1926).

Tabelle 24.

Nr	Name	Formel, Konstitution	Vorkommen, Bildung, Darstellung	Krystallogr. Eigenschaften
1	**Dioxyaceton-hydrazon**	$(CH_2OH)_2C:N \cdot NH_2$	Hydrazinhydrat + Dioxyac. in verd. Alk.[1]	Kryst. (+ 2 Mol. H_2O)
2	**Arabinosealdazin**	$C_{10}H_{20}O_8N_2$: $CH_2OH \quad CH_2OH$ | \quad\quad | $(CHOH)_3 \quad (CHOH)_3$ | \quad\quad | $CH:N{-\!\!-}N:CH$	Aus Arabinose + Hydrazinhydrat in heiß. Methylalk.[1]	Kryst. Pulver
3	**Glucosealdazin**	$C_{12}H_{24}O_{10}N_2$: $CH_2OH \quad CH_2OH$ | \quad\quad | $(CHOH)_4 \quad (CHOH)_4$ | \quad\quad | $CH:N{-\!\!-}N:CH$	Aus Glucose + Hydrazinhydrat in Methylalk. in d. Wärme[1]	Weißes, lockeres Krystallpulver. S. hygr.
4	**Fructoseketazin**	$C_{12}H_{24}O_{10}N_2$: $CH_2OH \quad CH_2OH$ | \quad\quad | $(CHOH)_3 \quad (CHOH)_3$ | \quad\quad | $C:N{=\!=}N:C$ | \quad\quad | $CH_2OH \quad CH_2OH$	Aus Fructose + Hydrazinhydrat in Methylalk. in d. Wärme[1]	Gelbl. Krystallpulver. Hygr.
5	**Fructosazin**	$(C_6H_9O_4N)_2$: (cyclische Konstitutionsformel)[4]	Beim Eindampfen einer Lösg. von Fructose in methylalk. NH_3[1]. Dasselbe[2]. Bei d. Zersetz. d. Chitosamins als Nebenprod.[3]	Weißes Pulver[1] Weiße, dünne Blättchen[2]
6	**Glucoseammoniak**	$C_6H_{15}O_6N$: $HCOH(NH_2)$ | $HCOH$ | $HOCH$ | $HCOH$ | $HCOH$ | H_2COH	Aus Glucose + Ammoniak bei 30° in CH_3OH[1]	Krystalle
7	Lactoseammoniak	$C_{12}H_{25}O_{13}N$	Durch mehrtäg. Aufbew. von Lactose in mit NH_3 gesätt. CH_3OH	Farbl. kleine Nadeln

Tabelle 25.

Nr	Name	Formel, Konstitution	Vorkommen, Bildung, Darstellung	Krystallogr. Eigenschaften
1	**Di-erythrosimin**	$C_8H_{15}O_6N$: $\left[CH_2 \cdot (CHOH)_2 \cdot CH{-}\right]_2 NH$ (mit O-Brücke)	Aus l-Erythrose mit Ammoniumcarbonat b. Eindampfen d. Lösg. im Vak.[1]	Krystalle (aus H_2O). Süß
2	l-Arabinosimin	$C_5H_{11}O_4N$: $HCNH_2$ | $(CHOH)_3 \quad O$ | CH_2	Aus einer Lösg. von Arabinose in methylalkohol. Ammoniak[1]	Weiße Krystalle

Aldazine, Ketazine und Aldehydammoniake.

Schmelz- und Siedepunkt	Optisches Drehungsvermögen	Löslichkeit	Analytisches; Diverses	Literatur
115° (Zers.)	—	—	—	[1] Sjollema u. Kam: Rec. 36, 191 (1916).
—	—	—	Nicht näher beschrieben	[1] Davidis: Ber. 29, 2308 (1896).
80—100°	—	l. l. H_2O, Methylalk., unl. Äther, Chlorof., Benzol	Verd. Säuren hydrol. zu Glucose	[1] Davidis: Ber. 29, 2308 (1896).
—	—	—	—	[1] Davidis: Ber. 29, 2308 (1896).
125° (Z.)[1] 210°[2] 220° (Z.) 232,5°[4]	inaktiv[1]. $[\alpha]_D = -75{,}0°$ (H_2O, c = 0,4%)[2]	l. H_2O, Methylalk., unl. Äther	Gibt Glucosazon[1]. Gibt kein Osaz.[2]. Red. Fehl. Lösg. beim Koch. R.V. = 40% d. Invertzuckers **Acetylverbindung:** F = 174°. $[\alpha]_D = -6{,}7°$ (in Chlorof.)[2]	[1] Irvine, Thomson u. Garret: Soc. Lond. 103, 241 (1913). [2] Lobry de Bruyn: Rec. trav. Pays-Bas 18, 72 (1899). [3] Lobry de Bruyn u. van Ekenstein: Rec. trav. Pays-Bas 18, 77 (1899). [4] Stolte: C. 1908 I, 224.
123—124°	$[\alpha]_D = +20{,}3°$	—	Wird zu Glucamin reduziert	[1] Ling u. Nanji: Soc. Lond. 121, 1682 (1922).
—	$[\alpha]_D = +39{,}5$ (in H_2O, c = 10%)	—	—	[1] Bruyn u. Leent: Rec. 14, 134 (1895).

Osimine.

Schmelz- und Siedepunkt	Optisches Drehungsvermögen	Löslichkeit	Analytisches; Diverses	Literatur
155°	$[\alpha]_D = +136{,}3°$ (E.) (in H_2O, c = 1,3%)	—	Reag. alkal. Red. warme Fehl. Lösg.	[1] Wohl: Ber. 32, 3671 (1899).
124°	$[\alpha]_D^{20} = +83°$ (in H_2O, c = 10%)	l. H_2O, s. l. l. Methylalk., unl. Äther	Verd. Säuren hydrol. leicht zu Arab. u. Ammoniak	[1] Bruyn u. Leent: Rec. trav. Pays-Bas 14, 134 (1895).

Nr	Name	Formel, Konstitution	Vorkommen, Bildung, Darstellung	Krystallogr. Eigenschaften
3	Xylosimin	$C_5H_{11}O_4N$	Aus einer Lösg. von Arabinose in methylalkoh. Ammoniak [1]	Weiße, feine Krystalle
4	d-Lyxosimin	$C_5H_{11}O_4N$	Ebenso[1]	Krystalle
5	d-Ribosimin	$C_5H_{11}O_4N$	Ebenso. Sehr trockene Substanzen[1]	Krystalle
6	d-Di-ribosimin	$C_{10}H_{19}O_8N$: $\left[CH_2OH \cdot CH \cdot (CHOH)_2 \cdot CH \right] NH$ mit Brücke $-O-$	Ebenso, jedoch etwas feuchte Substanz[1]	—
7	l-Rhamnosimin	$C_6H_{13}O_4N$: $\left[\begin{array}{c} HCNH_2 \\ (CHOH)_3\ O \\ HC \\ H_3C \end{array} \right]_2$	Ebenso[1]	Mit $^1/_2$ Mol. CH_3OH: (aus Äther + Methylalk.) Krystalle. Mit 1 Mol. C_2H_5OH
8	d-Glucosimin	$C_6H_{13}O_5N$: $\begin{array}{c} HCNH_2 \\ (CHOH)_3\ O \\ HC \\ H_2COH \end{array}$	Ebenso[1]	Krystalle
9	d-Di-glucosimin	$C_{12}H_{23}O_{10}N + 2\,H_2O$	Aus Glucosin d. Koch. in Methylalk. $+ NH_3$[1]. Aus Pentacetylglucose in $NH_3 +$ Äther[2]	Krystalle
10	Dimethylaminoglucose	$C_8H_{17}O_5N$	Aus Glucose + methylalkoh. Dimethylamin[1]	Sirup
11	Äthylaminoglucose	$C_8H_{17}O_5N$	Aus Glucose b. Schütteln mit 3 Mol. Äthylamin u. Alk.[1]	Prismen
12	Diäthylaminoglucose	$C_{10}H_{21}O_5N$	Dass., jedoch längere Einwirk. u. Nachbeh. mit rein. Diäthylamin[1]	Amorph.
13	d-Di-mannosimin	$C_{12}H_{25}O_{11}N$ 2 Mol. Mannose $+ 1$ Mol. $NH_3 - 1$ Mol. H_2O	Aus Mannose + methylalkoh. NH_3 u. Fällen mit Äther[1]	Krystallpulver. Süß
14	d-Galaktosimin	$C_6H_{13}O_5N$	Dasselbe[1]	Lange Nadeln
15	Di-galaktosimin	2 Mol. Galaktose $+ 1$ Mol. NH_3	Durch Kochen von Galaktosimin in Methylalk.[1]	Krystalle. Sehr hygr.
16	Maltosimin	$C_{12}H_{23}O_{11}N$	Durch mehrtägig. Aufbewahren von Maltose in mit NH_3 gesätt. Methylalk.[1]	Farbl. Krystalle. Nadeln (aus CH_3OH)

Schmelz- und Siedepunkt	Optisches Drehungsvermögen	Löslichkeit	Analytisches; Diverses	Literatur
130°	$[\alpha]_D = -18°3' \rightarrow$ 0°46' (in H_2O, c = 10%)	—	Verd. Säuren hydrol. leicht zu Arab. u. Ammoniak	[1] **Bruyn** u. **Leent**: Rec. trav. Pays-Bas **14**, 134 (1895).
142—143°	$[\alpha]_D = -44,5°$ (in H_2O)	—	Verd. Säuren hydrol. leicht zu Arab. u. Ammoniak	[1] **Levene** u. **La Forge**: J. Biol. Chem. **22**, 331 (1915). — **Levene**: J. Biol. Chem. **24**, 62 (1916).
137—138°	—	—	Verd. Säuren hyrdol. leicht zu Arab. u. Ammoniak	[1] **Levene** u. **La Forge**: J. Biol. Chem. **20**, 441 (1915).
—	—	—	Nicht isoliert	[1] **Levene** u. **Clark**: Z. Biol. Chem. **46**, 19 (1921).
116°	$[\alpha]_D = +38,0°$ (in H_2O, c = 5%)	—	Wird von verd. Säuren leicht hydrol.	[1] **Bruyn** u. **Leent**: Rec. trav. Pays-Bas **14**, 134 (1895).
80°	$[\alpha]_D = +28,0°$ (in H_2O, c = 5%)	—		
127°	$[\alpha]_D = +19°5'$ (in H_2O). $[\alpha]_D = +19,4° \rightarrow$ $+22,1°$ (c = 1,88%)[2]	l. H_2O	Wird von verd. Säuren leicht hydrol.	[1] **Bruyn** u. **Leent**: Rec. trav. Pays-Bas **14**, 134 (1895). [2] **Irvine, Thomson** u. **Garret**: Soc. Lond. **103**, 241 (1913).
132—134°	$[\alpha]_D = -20,75°$ (in H_2O)	l. H_2O, w. l. Alk.	—	[1] **Sjollema**: Rec. trav. Pays-Bas **18**, 292 (1899). [2] **Irvine, Thomson** u. **Garret**: Soc. Lond. **103**, 241 (1913).
—	—	—	—	[1] **Irvine, Thomson** u. **Garret**: Soc. Lond. **103**, 241 (1913).
107°	$[\alpha]_D = -21,98° \rightarrow$ $-12,48°$ (in Alk., c = 0,84%).	l. Alk.	—	[1] **Irvine, Thomson** u. **Garret**: Soc. Lond. **103**, 241 (1913).
—	$[\alpha]_D = +11,5°$ (in Methylalk., c = 1,9%)	l. Alk.	—	[1] **Irvine, Thomson** u. **Garret**: Soc. Lond. **103**, 241 (1913).
158°	$[\alpha]_D = -28,3°$ (in H_2O, c = 6%)	—	—	[1] **Bruyn** u. **Leent**: Rec. trav. Pays-Bas **15**, 81 (1896).
141°	$[\alpha]_D = +64,3° \rightarrow$ $+58,3°$ (in H_2O, c = 10%)	—	**Additionsverb. mit NH₃:** $C_6H_{13}O_5N + NH_3$. Kleine Nadeln. F = 113—114°. Hygrosk. $[\alpha]_D = +87,3° \rightarrow$ $+62,5°$ (in H_2O, c = 13%)	[1] **Bruyn** u. **Leent**: Rec. trav. Pays-Bas **14**, 134 (1895).
—	$[\alpha]_D = +22,0°$ (in H_2O)	—	—	[1] **Bruyn** u. **Leent**: Rec. trav. Pays-Bas **15**, 81 (1896).
165°	$[\alpha]_D = +118,0°$ (in H_2O, c = 10%)	—	—	[1] **Bruyn** u. **Leent**: Rec. trav. Pays-Bas **14**, 134 (1895).

Tabelle 26.

Nr	Name	Formel, Konstitution	Vorkommen, Bildung, Darstellung	Krystallogr. Eigenschaften
1	**Glycerinaldehydoxim**	$C_3H_7O_3N$: HC : NOH CHOH H_2COH	Aus den reinen Komponenten[1])	Dickes Öl. Bitter
2	Dioxyacetonoxim	$C_3H_7O_3N$: H_2COH C : NOH H_2COH	Aus Methylol-2-hydroxyl-amino-2-propandiol-1,3 in alkoh. Lösg. + Queck-silberoxyd[1]). Aus Glycerose + alkohol. Hydroxylamin	Spitze Pyramiden. Süß
3	**d-Arabinosoxim**	$C_5H_{11}O_5N$: HC : NOH HOCH HCOH HCOH H_2COH	Aus glucons. Calcium d. Oxyd. mit Br + Bleicar-bonat u. Beh. mit alk. Hydroxylamin[1])	Farbl. prismat. Blättchen
4	l-Arabinosoxim	$C_5H_{11}O_5N$: HC : NOH HCOH HOCH HOCH H_2COH	Aus d. Komp. (Hydroxyl-amin in alk. Lösg.)[1])	Krystalle
5	Fucosoxim	$C_6H_{13}O_5N$: HC : NOH HCOH HOCH HOCH HCOH CH_3	Aus Fucose + alkoh. Hydroxylamin[1])	Weiße Krystalle
6	Rhodeosoxim	$C_6H_{13}O_5N$	Aus Rhodeose + alk. Hydroxylamin[1])	Krystalle (aus Alk.)
7	l-Rhamnosoxim	$C_6H_{13}O_5N$: HC : NOH HCOH HCOH HOCH HOCH CH_3	Aus Rhamnose + alkoh. Hydroxylamin[1])	Krystalle. Farbl. Tafeln.
8	Digitoxosoxim	$C_6H_{13}O_4N$: HC : NOH CH_2 CHOH CHOH CHOH CH_3	Aus Digitoxose + salzs. Hydrox. + Na_2CO_3-Lösg.	Konzentr. gruppierte Nadeln. (Äther)

Oxime.

Schmelz- und Siedepunkt	Optisches Drehungsvermögen	Löslichkeit	Analytisches; Diverses	Literatur
—	—	l. H_2O., Alk., Pyridin	Bleiverbind.: $C_3H_7O_3N + 3$ PbO. Weißer, amorph. Niederschlag. $F = 100°$	[1] **Wohl** u. **Neuberg:** Ber. **33**, 3105 (1900).
84°	inaktiv	l. l. H_2O, Methylalk, l. Alk., Essigester, Aceton	Reduz. Fehling. Lösg. Gibt Glycerosaz.	[1] **Piloty** u. **Ruff:** Ber. **30**, 1662 (1897).
138—139°	$[\alpha]_D^{20} = -13{,}23°$ (E.) (in H_2O, c $=8\%$)	l. l. H_2O, schw. l. Alk., l. heiß. Alk.	—	[1] **Ruff:** Ber. **31**, 1576 (1898).
132—133°[1] 138°[2]	$[\alpha]_D^{20} = +12{,}3°$ (in H_2O)[2]	l. H_2O, l. heiß. Alk. 16%, unl. kalt. Alk.	—	[1] **Wohl:** Ber. **26**, 730 (1893). [2] **Ruff:** Ber. **31**, 1576 (1898).
188—189°	$[\alpha]_D = -12{,}7°$ (in H_2O)	—	—	[1] **Votoček:** C. **1919** III, 812.
188—189°	$[\alpha]_D = +13{,}2°$ (in H_2O)	z. schw. l. k. H_2O	Pentaacetat: $C_{16}H_{23}O_{10}N$. Krystalle; $F = 115—116°$	[1] **Votoček:** C. **1919** III, 812.
127—128°	$[\alpha]_D^{20} = +13{,}70°$ (E.) (in H_2O)	l. l. H_2O; schw. l. Alk., unl. Äther	—	[1] **Fischer:** Ber. **29**, 3080 (1896).
102°	—	s. l. l. H_2O	—	[1] **Kiliani:** Ber. **31**, 2455 (1898).

Tabelle 26 (Fortsetzung).

Nr	Name	Formel, Konstitution	Vorkommen, Bildung, Darstellung	Krystallogr. Eigenschaften
9	d-Glucosoxim	$C_6H_{13}O_6N$: HC:NOH HCOH HOCH HCOH HCOH H_2COH	Aus Glucose + wässerig. Hydroxyl.[1]	Mikrosk. farbl. Prismen. Schwach süß
10	d-Mannosoxim	$C_6H_{13}O_6N$: HC:NOH HOCH HOCH HCOH HCOH H_2COH	Aus Mannose + salzs. Hydroxylamin mit Na_2CO_3-Lösg.[1]	Farbl. Krystalle
11	d-Galaktosoxim	$C_6H_{13}O_6N$: HC:NOH HCOH HOCH HOCH HCOH H_2COH	Aus Galaktose + salzs. Hydroxylam.+Na_2CO_3-Lösg.[1]	Krystalle
12	d-Fructosoxim	$C_6H_{13}O_6N$: H_2COH C:NOH HOCH HCOH HCOH H_2COH	Aus Fructose + heiß. alk. Hydroxylamin[1]	Krystalle
13	Metasaccharopentosoxim	$C_5H_{11}O_4N$: HC:NOH CH_2 $(CHOH)_2$ CH_2OH	Aus d. Zucker + Hydroxylamin[1]	Prismat. Krystalle
14	Maltosoxim	$C_{12}H_{23}O_{11}N$	Erwärm. d. alkoh. Lösg. m. Hydroxylamin bei 65°[1]	Glasige Masse
15	Octacetyl-cellobiose-antioxim	$C_{28}H_{39}O_{13}N$	Bei d. Darst. d. Octacetyl-cellobions.-Nitrils in d. Mutterlauge[1]	Nädelchen (aus Alk.)
16	Glucosaminoxim	$C_6H_{14}O_5N_2$	Aus salzs. Glucosamin + Hydroxylamin in verd. Alk. u. Zerl. mit Diäthylamin in Alk.[1] Dass. direkt aus Glucosamin + Hydroxylamin in CH_3OH[2]	Prismat. Kryst. (aus CH_3OH)[2]

Oxime.

Schmelz- und Siedepunkt	Optisches Drehungsvermögen	Löslichkeit	Analytisches; Diverses	Literatur
136—137° 138—139° [3])	$[\alpha]_D^{20} = -2,2°$ (in H_2O)	l. l. H_2O, schw. l. Alk., absol. unl. Äther	Red. stark koch. Fehl. Lösg. **Tetramethylderivat:** D. Methyl. mit Jodmethyl. Krystalle. F = 88°. $[\alpha]_D^{20} = +23,2° \rightarrow + 29,97°$ (in CH_3OH, c = 1,5%) [2]). **Hexacetat:** F = 110 bis 111° [3])	[1]) **Jacobi:** Ber. **24**, 696 (1891). — **Wohl:** Ber. **26**, 730 (1893). [2]) **Irvine u. Gilmour:** Soc. Lond. **93**, 1432 (1908). — **Irvine u. Hynd:** Soc. Lond. **99**, 168 (1911). [3]) **Behrend;** A. **353**, 116 (1907).
184° (bei rauhem Erhitzen). 176—180° (langs. Erh.)	$[\alpha]_D^{20} = +3,2°$ (E.) (in H_2O, c = 5%)	l. l. H_2O, unl. Alk., Äther	—	[1]) **Fischer u. Hirschberger:** Ber. **22**, 1155 (1889). — **Jacobi:** Ber. **24**, 696 (1891).
175—176°	$[\alpha]_D^{20} = +14,5°$ (E.) (in H_2O, c = 5%)	l. H_2O, unl. Alk., Äther, schw. l. verd. Alk.	—	[1]) **Rischbieth:** Ber. **20**, 2673 (1887). — **Jacobi:** Ber. **24**, 696 (1891).
118°	—	l. l. H_2O, schw. l. Alk., unl. Äther	—	[1]) **Wohl:** Ber. **24**, 993 (1891).
136°	$[\alpha]_D = +10,6°$ (in H_2O)	—	—	[1]) **Kiliani u. Sautermeister:** Ber. **40**, 4294 (1907).
—	$[\alpha]_D^{19} = +85,6°$ (in H_2O)	—	—	[1]) **Zemplén:** Ber. **60**, 1555 (1927).
165°	$[\alpha]_D^{19} = -7,9°$ (in Chlorof.)	—	—	[1]) **Zemplén:** Ber. **59**, 1254 (1926).
ca. 127° [2])	—	—	**Chlorhydrat:** Nadeln, F = 166° [1])	[1]) **Winterstein:** Ber. **29**, 1393 (1896). [2]) **Breuer:** Ber. **31**, 2198 (1898).

Tabelle 27.

Nr	Name	Formel, Konstitution	Vorkommen, Bildung, Darstellung	Krystallogr. Eigenschaften
1	Dioxyacetonamin	$C_3H_9O_2N$: H_2COH $HCNH_2$ H_2COH	Aus d. Oxim mit Na-Amalg. + AlSO$_4$ über d. Sulfat[1]	Chlorhydrat: Lange Nadeln od. spitze Blättchen. Hygr.
2	l-Arabinamin	$C_5H_{13}O_4N$: H_2CNH_2 $HCOH$ $HOCH$ $HOCH$ H_2COH	Aus d. Oxim d. Red. mit Na-Amalg.[1]	Weiße krystall. Masse. Schwach süß, ätzend
3	d-Xylamin	$C_5H_{13}O_4N$: H_2CNH_2 $HCOH$ $HOCH$ $HCOH$ H_2COH	Aus d. Oxim d. Red. mit Na-Amalg.[1]	Farbl. Sirup. Ätzend-süß
4	d-Glucamin	$C_6H_{15}O_5N$: H_2CNH_2 $HCOH$ $HOCH$ $HCOH$ $HCOH$ H_2COH	Aus d. Oxim d. Red. mit Na-Amalg.[1]	Krystalle (aus H$_2$O). Scharf-süß
5	d-Galaktamin	$C_6H_{15}O_5N$: H_2CNH_2 $HCOH$ $HOCH$ $HOCH$ $HCOH$ H_2COH	Aus d. Oxim d. Red. mit Na-Amalg.[1]	Farbl. Krystalle
6	d-Mannamin	$C_6H_{15}O_5N$: H_2CNH_2 $HOCH$ $HOCH$ $HCOH$ $HCOH$ H_2COH	Aus d. Oxim d. Red. mit Na-Amalg.[1]	Farblose Krystalle. Ätzend-süß

Glucamine.

Schmelz- und Siedepunkt	Optisches Drehungsvermögen	Löslichkeit	Analytisches; Diverses	Literatur
95—97°	—	l. absol. Alk.	Gibt mit Säuren Salze	[1] **Piloty** u. **Ruff:** Ber. **30**, 1665 (1897).
98—99°	$[\alpha]_D = -4{,}58°$ (in H_2O, c = 5%)	l. l. H_2O, l. Alk.	Oxalat: $C_5H_{13}O_4N \cdot C_2H_2O_4$. Prismat. Nadeln. F = 189—190°. l. l. H_2O, s. w. l. Alk. $[\alpha]_D = -13{,}15°$	[1] **Roux:** Compt. rend. **136**, 1079 (1903).
—	$[\alpha]_D = -8{,}5°$ (in H_2O, c = 5%)	s. l. l. H_2O, l. l. Alk.	Jodhydrat: $C_5H_{13}O_4N \cdot JH$. Prismat. Nadeln. F = 206°, s. l. l. H_2O, unl. Alk. $[\alpha]_D = -12{,}5°$. Chlorhydrat: Prismat., sehr zerfließl. Nadeln aus Methylalk.	[1] **Roux:** Compt. rend. **136**, 1079 (1903)
127°	$[\alpha]_D = -8{,}0°$ (in H_2O, c = 10%)	s. l. l. H_2O, s. w. l. Alk.. unl. Äther	Red. nicht Fehl. Lösg. Oxalat: $C_6H_{15}O_5N \cdot C_2H_2O_4$. Platten, F = 180°. $[\alpha]_D = -15{,}2°$	[1] **Maquenne** u. **Roux:** Compt. rend. **132**, 980 (1901).
139°	$[\alpha]_D = -2{,}77°$ (in H_2O, c = 10%)	l. l. H_2O, w. l. Alk.	Oxalat: $C_6H_{15}O_5N \cdot C_2H_2O_4 \cdot 2\,H_2O$. Nadeln, F = 129—130°. $[\alpha]_D = -11{,}28°$ (in H_2O, c = 8%). s. l. l. H_2O, l. sied. Alk. H_2O-frei: Prismen, F = 200°	[1] **Roux:** Compt. rend. **135**, 691 (1902).
139°	$[\alpha]_D = -2°$ (in H_2O, c = 10%)	s. l. l. H_2O, l. Alk.	Oxalat: $C_6H_{15}O_5N \cdot C_2H_2O_4$. Blättchen, F = 186°. $[\alpha]_D = +4{,}25°$ (in H_2O, c = 10%). s. l. l. H_2O, unl. Alk.	[1] **Roux:** Compt. rend. **138**, 503 (1904).

Tabelle 28.

Nr	Name	Formel, Konstitution	Vorkommen, Bildung, Darstellung	Krystallogr. Eigenschaften
1	Glykolaldehydthiosemicarbazon	$C_4H_8N_6S_2$: $HC{=}N \cdot NH{=}CS \cdot NH_2$ $\mid$ $HC{=}N \cdot NH{=}CS \cdot NH_2$	Durch Vermischen einer wässer. Lösg. von Glyoxal mit einer alkohol. Lösg. von Thiosemicarbazid[1]	Feine Nadeln
2	l-Arabinosesemicarbazon	$C_6H_{13}O_5N_3$	Dasselbe (Semicarbazid)[1]	Kl. Krystalle
3	Xylosesemicarbazon	$C_6H_{13}O_5N_3$	Dasselbe[1]	Voluminöse Krusten
4	Rhamnosesemicarbazon	$C_7H_{15}O_5N_3 + \tfrac{1}{2} H_2O$	Dasselbe[1]	Krystalle (aus verd. Alk.)
5	d-Glucosesemicarbazon	$C_7H_{15}O_6N_3$: $HC{:}N \cdot NH \cdot CO \cdot NH_2$ $\mid$ $(CHOH)_4$ $\mid$ CH_2OH	Dasselbe[1]	Farbl. Nadeln. Mit $2 H_2O$ große Krystalle[2]
6	„ -thiosemicarbazon	$C_7H_{15}O_5N_3S$: $HC{:}N \cdot NH \cdot CS \cdot NH_2$ $\mid$ $(CHOH)_4$ $\mid$ CH_2OH	Komponenten[1]	Rhomb. Blättchen (aus 80 proz. Alk.)
7	d-Glucose-4, 4′-diphenylsemicarbazon	$C_{19}H_{23}O_8N_3 + H_2O$	Komponenten[1]	Weiße Nadeln
8	d-Mannosesemicarbazon	$C_7H_{15}O_6N_3 + \tfrac{1}{2} H_2O$	Komponenten[1]	Prismen (aus verd. Alk.). Hygrosk.
9	„ -thiosemicarbazon	$C_7H_{15}O_5N_3S$	Komponenten[1]	Krystallpulver (aus Methylalk.)
10	d-Galaktosesemicarbazon	$C_7H_{15}O_6N_3$	Komponenten[1]	Flache Prismen (aus 90 proz. Alk.)
11	„ -thiosemicarbazon	$C_7H_{15}O_5N_3S$	Komponenten[1]	Lange Nadeln (aus Alk. 96 %)
12	Cellobiosesemicarbazon	$C_{13}H_{25}O_{11}N_3 + 2 H_2O$	Komponenten[1]	Krystallpulver
13	Lactosesemicarbazon	$C_{13}H_{25}O_{11}N_3 + 2 H_2O$	Komponenten[1]	Vol. Krystalle
14	Glucosaminsemicarbazon	$C_7H_{16}O_5N_4$	Aus dem Chlorhydrat d. Dig. mit alkoh. Diäthylamin[1]	Kleine, gruppenf. Nadeln (aus Alk. 90 %)

Schmelz- und Siedepunkt	Optisches Drehungsvermögen	Löslichkeit	Analytisches; Diverses	Literatur
300° (Z.)	—	—	—	[1] Neuberg u. Niemann: Ber. **35**, 2055 (1902).
190°	$[\alpha]_D^{20}=+25° \rightarrow +23,8°$ (in H_2O, $c=4\%$)	l. l. H_2O	**Thiosemicarbazon** nicht näher untersucht[2]	[1] Maquenne u. Goodwin: Soc. chim. France [3] **31**, 1075 (1904). [2] Neuberg u. Niemann: Ber. **35**, 2055 (1902).
202—204°	$[\alpha]_D^{20}=-38,8° \rightarrow -24,4°$ (in H_2O, $c=4\%$)	l. l. H_2O	**Thiosemicarbazon** nicht näher untersucht[2]	[1] Maquenne u. Goodwin: Soc. chim. France [3] **31**, 1075 (1904). [2] Neuberg u. Niemann: Ber. **35**, 2055 (1902)
183°	$[\alpha]_D^{20}=+75° \rightarrow +57°$ (in H_2O, $c=4\%$)	l. H_2O	**Thiosemicarbazon** nicht näher untersucht[2]	[1] Maquenne u. Goodwin: Soc. chim. France [3] **31**, 1075 (1904). [2] Neuberg u. Niemann: Ber. **35**, 2055 (1902).
175° 197—198°[2]	$[\alpha]_D=-17° \rightarrow -11°$ (in H_2O, $c=2,5\%$)[2]	l. l. H_2O	—	[1] Breuer: Ber. **31**, 2199 (1898). [2] Maquenne u. Goodwin: Soc. chim. France [3] **31**, 1075 (1904).
204°	—	l. H_2O, sonst unl.	—	[1] Neuberg u. Niemann: Ber. **35**, 2055 (1902).
164—166°	—	l. H_2O, unl. Äther, s. l. l. Alk., l. Benzol, Chlorof.	—	[1] Toschi u. Angiolani: Gazz. chim. ital. **45**, I, 205 (1915).
117°	$[\alpha]_D=-53° \rightarrow -43°$ (in H_2O, $c=4\%$)	l. H_2O, unl. Äther	—	[1] Maquenne u. Goodwin: Soc. chim. France [3] **31**, 1075 (1904).
187°	—	l. H_2O	—	[1] Neuberg u. Niemann: Ber. **35**, 2055 (1902).
186—189° 200—202°	$[\alpha]_D=+3,1° \rightarrow +15,6°$ (in H_2O, $c=4\%$)	l. l. H_2O, unl. Äther, s. w. l. Alk.	—	[1] Maquenne u. Goodwin: Soc. chim. France [3] **31**, 1075 (1904).
148°	—	l. l. H_2O, s. schw. l. Alk., sonst unlösl.	—	[1] Neuberg u. Niemann: Ber. **35**, 2055 (1902).
183—185°	$[\alpha]_D=-7,8° \rightarrow -5,9°$ (in H_2O, $c=4\%$)	—	—	[1] Maquenne u. Goodwin: Soc. chim. France [3] **31**, 1075 (1904).
185°	$[\alpha]_D=+10,6° \rightarrow +11,25°$ (in H_2O, $c=4\%$)	l. l. H_2O	—	[1] Maquenne u. Goodwin: Soc. chim. France [3] **31**, 1075 (1904).
165° (Z.)	—	—	**Chlorhydrat:** Aus Chitosaminchlorhydrat + Semicarbazid. $C_7H_{17}O_5N_4Cl$. Feine Nadeln, F = 160—170°. l. l. H_2O, unl. absol. Alk.	[1] Breuer: Ber. **31**, 2199 (1898).

Tabelle 29.

Nr	Name	Formel, Konstitution	Vorkommen, Bildung, Darstellung	Krystallogr. Eigenschaften
1	l-Arabinoseharnstoff	$C_6H_{12}O_5N_2 + H_2O:$ $HC:N \cdot CO \cdot NH_2$ $\mid$ $(CHOH)_3$ $\mid$ H_2COH	Aus d. Zucker + Harnstoff in H_2O-Lösg.+HCl[1]	Krystalle (aus heiß. verd. Alk.). Süß
2	Di-l-Arabinoseharnstoff	$C_{11}H_{20}O_9N_2$	Aus Arabinoseharnstoff + Benzoylchlorid + Pyridin u. Verseif. des Hexabenzoyldiarabinoseharnstoffs[1]	Prismen (aus verd. heiß. Alk.)
3	Di-d-Xyloseharnstoff	$C_{11}H_{20}O_9N_2 + $ I H_2O ┌──── O ────┐ $CH_2 \cdot (CHOH)_3 \cdot CH \cdot NH \cdot CO$ $CH_2 \cdot (CHOH)_3 \cdot CH \cdot NH$ └──── O ────┘	Aus Xylose + Harnstoff in H_2O[1]	Krystalle (aus heiß. verd. Alk.). Süß
4	d-Galaktoseharnstoff	$C_7H_{14}O_6N_2$	Aus d. Zucker u. Harnstoff in wässerig., schwach H_2SO_4-saurer Lösg.[1]	Weiß. amorph. Pulver (aus verd. Alk.)
5	d-Mannoseharnstoff	$C_6H_{12}O_5NCONH_2 + C_6H_{12}O_6$	Ebenso[1]	Krystallin.
6	d-Glucoseharnstoff	$C_7H_{14}O_6N_2:$ $HC \cdot NH \cdot CO \cdot NH_2$ $HCOH$ $HOCH$ ⟩ O $HCOH$ HC H_2COH	Ebenso[1]. Kochen d. wässer. Lösg. d. Komp. mit HCl bei $50°$[2]	Dicke, rhomb. Kryst. (aus verd. Alk.)
7	Di-d-Glucoseharnstoff	$C_{13}H_{24}O_{11}N_2 + 2^1/_2 H_2O$	Aus Glucoseharnstoff d. Benzoylieren in Pyridin u. Verseif. d. Octabenzoylderiv. mit alkoh. NH_3[1]	Nadeln (aus verd. Alk.)
8	d-Glucosethioharnstoff	$C_7H_{14}O_5N_2S:$ $HC:N \cdot CS \cdot NH_2$ $\mid$ $(CHOH)_4$ $\mid$ CH_2OH	Aus d. Zucker u. Thioharnstoff[1]. Aus Acetobromglucose — Rhodansilber d. Kochen mit Äther u. Vers. mit methylalk. NH_3[2]	Stäbchenförmige Krystalle (aus verd. Alk.)

Ureïde.

Schmelz- und Siedepunkt	Optisches Drehungsvermögen	Löslichkeit	Analytisches; Diverses	Literatur
$193°$	$[\alpha]_D^{18} = +51,5°$ (in H_2O)	l. H_2O, w. l. Alk., Methylalk.	Red. heiß. Fehl. Lösg. **Triacetat:** $C_{12}H_{18}O_8N_2$. Krystalle. $F = 212°$ (Zers.); $[\alpha]_D^{18} = +46,8°$ (Pyridin)	[1] Helferich u. Kosche: Ber. **59**, 69 (1926).
$227°$ (Z.)	$[\alpha]_D^{19} = +62,1°$ (in H_2O)	l. l. H_2O	**Hexabenzoat:** $C_{53}H_{44}O_{15}N_2$. Nadeln mit 1 Mol. Alk. $F = 250°$, $Z = 260°$. $[\alpha]_D^{18} = +164,5°$ (in Pyridin). $[\alpha]_D^{19} = +163,0°$ (in Pyridin)	[1] Helferich u. Kosche: Ber. **59**, 69 (1926).
$255°$ (Z.)	$[\alpha]_D^{20} = -19,8°$ (in H_2O)	l. H_2O, w. l. Methylalk., Alk.	Red. heiß. Fehl. Lösg.	[1] Helferich u. Kosche: Ber. **59**, 69 (1926).
—	$[\alpha]_D = +15,0°$ (in H_2O, c = 5%)	l. H_2O	—	[1] Schoorl: Rec. trav. Pays-Bas **22**, 31 (1903).
$188°$	$[\alpha]_D^{20} = -45,8°$ (in H_2O, c = 2%)	l. H_2O	Red. stark Fehl. Lösg.	[1] Schoorl: Rec. trav. Pays-Bas **22**, 31 (1903).
$207°$	$[\alpha]_D^{15} = -23,5°$ (in H_2O, c = 10%)	l. l. H_2O, w. l. Methylalk., Alk., unl. Äther	Red. Fehl. Lösg. nach läng. Kochen. $D^{25} = 1,48$. M.V.W. $= 8307$ Cal. Gärt nicht. **Pentacetat:** $C_{15}H_{22}O_{10}N_2$. Rhomb. Nadeln. $F = 200°$. $[\alpha]_D^{20} = -15,9°$ (in Pyridin) [2]. **Tetracetat:** $C_{15}H_{22}O_{10}N_2$. Krystalle. Sintert: $85°$. $F = 100°$. $[\alpha]_D^{20} = -8,3°$ (in H_2O)	[1] Schoorl: Rec. trav. Pays-Bas **22**, 31 (1903). [2] Helferich u. Kosche: Ber. **59**, 69 (1926).
$235—245°$ (Zers.)	$[\alpha]_D^{17} = -35,8°$ (in H_2O)	l. H_2O, s. schw. l. Alk.	**Octabenzoat:** $C_{69}H_{56}O_{19}N_2$. Krystalle + 1 Mol. Alk. $S = 140°$, $F = 150°$. $[\alpha]_D^{18} = +19,9°$ (in Pyrid. f. d. luftgetrock. Subst.). $[\alpha]_D^{19} = +19,1°$ (in Pyrid. f. d. getrockn. Subst.)	[1] Helferich u. Kosche: Ber. **59**, 69 (1926).
$215—216°$ (Z.)	$[\alpha]_D^{20} = -35,73°$ (in H_2O)	l. H_2O	**Pentabenzoat:** $C_{42}H_{34}O_{10}N_2S$. Weiße Kryst. $F = 205°$. $[\alpha]_D^{18} = +45,10°$ (in Pyridin) [1]. **Triacetyl-glucose-thioharnstoff-6-bromhydrin:** Blättchen. $F = 128$ bis $129°$. $[\alpha]_D^{15} = +10,27°$ (in $C_2H_2Cl_4$) [2]	[1] Helferich u. Kosche: Ber. **59**, 69 (1926). [2] Fischer: Ber. **47**, 1377 (1914). — Fischer, Helferich u. Ostmann: Ber. **53**, 873 (1920).

Tabelle 29 (Fortsetzung).

Nr	Name	Formel, Konstitution	Vorkommen, Bildung, Darstellung	Krystallogr. Eigenschaften
9	d-Glucosemethylharnstoff	$C_8H_{16}O_6N_2$: $HC:N \cdot CO \cdot NHCH_3$ $(CHOH)_4$ CH_2OH	Aus Kompon. wie Glucose-harnstoff[1]). Aus Komp. in wäss. Lösg. mit HCl[2])	Krystalle (aus verd. Alk.)
10	d-Glucosedimethylharnstoff	$C_9H_{18}O_6N_2$: $HC:N \cdot CO \cdot NH(CH_3)_2$ $(CHOH)_4$ CH_2OH	Wie Vorherg.[1])	Krystalle
11	d-Glucosephenylharnstoff	$C_{13}H_{18}O_6N_2$: $HC:N \cdot CO \cdot NH \cdot C_6H_5$ $(CHOH)_4$ CH_2OH	Aus d. Komp.[1])	Krystalle
12	Tetracetylglucosebenzoylharnstoff	$C_{22}H_{26}O_{11}N_2$	Aus Tetracetylglucose-harnstoff + Benzoylchlo-rid[1])	Krystalle (aus absol. Alk.)
13	Lactoseharnstoff	$C_{13}H_{24}O_{11}N_2 + H_2O$	Aus d. Komp.[1])	Monokl. Nadeln od. Platten (aus Alk. 50%)

Tabelle 30.

Nr	Name	Formel, Konstitution	Vorkommen, Bildung, Darstellung	Krystallogr. Eigenschaften
1	Glykolaldehyd-phenyl-osazon	$C_{14}H_{14}N_4$: $CH=N \cdot NH(C_6H_5)$ $CH=N \cdot NH(C_6H_5)$	Aus d. Zucker + essigs. Phenylhydrazin bei 30—40°[1])	Gelbe Blättchen (aus Alk.-Pyrid.)
2	„ -di-phenyl-osazon	$C_{26}H_{22}N_4$: $CH=N \cdot N(C_6H_5)_2$ $CH=N \cdot N(C_6H_5)_2$	Aus d. Komp.[1])	Hellgelbe Nadeln (aus Alk.-Pyrid.)
3	„ -benzylphenyl-osazon	$C_{28}H_{26}N_4$: $CH=N \cdot N{<}^{C_6H_5}_{C_7H_7}$ $CH=N \cdot N{<}^{C_6H_5}_{C_7H_7}$	Aus d. Komp. in alkoh. Lösg.[1])	Hellgelbe Nadeln
4	„ -p-nitrophenyl-osazon	$C_{14}H_{12}O_4N_6$: $CH=N \cdot NH(C_6H_4 \cdot NO_2)$ $CH=N \cdot NH(C_6H_4 \cdot NO_2)$	Aus d. Komp. in 60proz. Alk., kochen[1])	Hellrote Nadeln
5	Milchsäurealdehyd-phenyl-hydrazon	$C_9H_{12}ON_2$: $CH=N \cdot NH(C_6H_5)$ $CHOH$ CH_3	Komp. + Essigs.[1])	Prismat. farbl. Blättchen (aus Benzol +Petroläth.)

Ureïde.

Schmelz- und Siedepunkt	Optisches Drehungsvermögen	Löslichkeit	Analytisches; Diverses	Literatur
$126°$[1] $215°$[2])	$[\alpha]_D^{20}=-30,3°$ (in H_2O, c$=5\%$)[1]). $[\alpha]_D^{18}=-31,8°$ (in H_2O)[2])	l. H_2O	—	[1]) Schoorl: Rec. trav. Pays-Bas **22**, 31 (1903). [2]) Helferich u. Kosche: Ber. **59**, 69 (1926).
$157°$	$[\alpha]_D^{20}=-33,0°$ (in H_2O, c$=5\%$)	l. H_2O	—	[1]) Schoorl: Rec. trav. Pays-Bas **22**, 31 (1903).
$223°$	$[\alpha]_D^{15}=-55°$ (in H_2O, c$=0,1\%$)	l. H_2O	—	[1]) Schoorl: Rec. trav. Pays-Bas **22**, 31 (1903).
Sint: $195°$ F $= 212°$	$[\alpha]_D^{20}=-29,7°$ (in Pyridin)	s. l. l. Pyrid., Aceton, Chlorof., l. l. Methylalk., l. Alk., schw. l. H_2O, Äther	—	[1]) Helferich u. Kosche: Ber. **59**, 69 (1926).
$230—240°$	$[\alpha]_D^{20}=+2,1°$ (in H_2O, c$=7,94\%$)	l. H_2O	Red. heiße Fehl. Lösg.	[1]) Schoorl: Rec. trav. Pays-Bas **22**, 31 (1903).

Hydrazin-Derivate der Bi- bis Tetrosen.

Schmelz- und Siedepunkt	Optisches Drehungsvermögen	Löslichkeit	Analytisches; Diverses	Literatur
$179°$	—	l. l. h. Alk., Äth., Benzol, Chlorof., unl. H_2O	Ident. mit Glyoxal-phenyl-osazon	[1]) Fischer: Ber. **17**, 575 (1884). — Wohl u. Neuberg: Ber. **33**, 3106 (1900).
$207°$	—	—	—	[1]) Wohl u. Neuberg: Ber. **33**, 3107 (1900).
$197,5°$	—	—	Ident. mit d. entspr. Glyoxalverb.	[1]) Ruff u. Ollendorff: Ber. **33**, 1809 (1900).
$311°$	—	l. in Anilin	—	[1]) Wohl u. Neuberg: Ber. **33**, 3107 (1900).
$93°$	—	—	—	[1]) Wohl: Ber. **41**, 3509 (1908).

Nr	Name	Formel, Konstitution	Vorkommen, Bildung, Darstellung	Krystallogr. Eigenschaften
6	Milchsäurealdehyd-phenyl-osazon	$C_{15}H_{16}N_4$: $CH=N \cdot NH(C_6H_5)$ | $CH=N \cdot NH(C_6H_5)$ | CH_3	Komp. + Essigs.; Erhitzen[1]	Citronengelbe, prismat. Nadeln (aus Benzol + Petroläth.)
7	„ -p-nitrophenyl-hydrazon	$C_9H_{11}O_3N_3$: $CH=N \cdot NH(C_6H_4 \cdot NO_2)$ | $CHOH$ | CH_3	Aus d. Komp. in alkoh. Lösg.[1]	Hellgelbe Prismen (aus Benzol)
8	Glycerose-diphenyl-hydrazon	$C_{15}H_{16}O_2N_2$	Aus d. wässer. Lösg. d. Zuck. + alk. Lösg. d. Hydraz. bei 50—60°[1]	Nadeln (aus Benzol + Ligroin)
9	„ -methylphenyl-hydrazon	$C_{10}H_{14}O_2N_2$: $CH=N \cdot N{<}^{CH_3}_{C_6H_5}$ | $CHOH$ | CH_2OH	Ebenso[1]	Farblose glänz. Platten od. Nadeln
10	„ -phenyl-osazon	$C_{15}H_{16}ON_4$	Beim Stehen der Lösg. in verd. Essigs. bei 38—40° Bildet sich sowohl aus Glycerinaldehyd wie aus Dioxyaceton[1]	Längliche gelbe Blättchen oder Prismen (aus Benzol)
11	„ -p-bromphenyl-osazon	$G_{15}H_{15}N_4Br_2$: $CH:N \cdot NH(C_6H_4Br)$ | $CH:N \cdot NH(C_6H_4Br)$ | CH_2OH	Beim Stehen d. essigs. Lösg. d. Komp. bei 44°[1]	Krystalle
12	Dioxyaceton-phenyl-hydrazon	$C_9H_{12}O_2N_2$: CH_2OH | $C=N \cdot NH(C_6H_5)$ | CH_2OH	Aus d. alkoh. Lösg. d. Komp.[1]	Krystalle (aus H_2O)
13	„ -benz-hydrazon	$C_{10}H_{12}O_3N_2$: CH_2OH | $C=N \cdot NH(COC_6H_5)$ | CH_2OH	Aus d. Komp. in essigs. Lösg. od. d. Benzoylierg. d. Dioxyac.-Hydraz.[1]	Krystalle
14	„ -p-nitrophenyl-hydrazon	$C_9H_{11}O_4N_3$	Aus d. Komp. + verd. Essigs.[1]	Feine gelbe Nadeln (aus Alk.)
15	„ -methylphenyl-osazon	$C_{17}H_{20}ON_4$	Aus d. Komp. b. Stehen in d. Wärme[1]	Gelbe Nadeln
16	Methylglycerinaldehyd-benzylphenyl-hydrazon	$C_{17}H_{20}O_2N_2$	Aus d. alkoh. Lösg. d. Komp.[1]	Farbl. Nadeln
17	„ -phenyl-osazon	$C_{16}H_{18}ON_4$	Aus d. Komp. bei 37°[1]. Aus Methyldioxyaceton + Phenylhydraz.[2]	Hellgelbe Krystalle
18	Trimethyl-triose-phenyl-hydrazon	$C_{12}H_{18}O_2N_2$	Dicke Öle, nicht näher untersucht[1]	—

Hydrazin=Derivate der Bi= bis Tetrosen.

Schmelz- und Siedepunkt	Optisches Drehungsvermögen	Löslichkeit	Analytisches; Diverses	Literatur
145° [2]) 146° [3]) 148° [1])	—	—	Ident. mit Methyl-glyoxalosazon	[1]) **Wohl**: Ber. **41**, 3509 (1908). [2]) **Dworzak** u. **Pfifferling**: Monatsh. f. Chem. **48**, 251 (1927). [3]) **Goebel**: Amer. Soc. **47**, 1990 (1925).
128—129°	—	—	—	[1]) **Wohl**: Ber. **41**, 3509 (1908). — **Dworzak** u. **Prodinger**: Monatsh. f. Chem. **50**, 459 (1928).
133°	—	—	—	[1]) **Wohl** u. **Neuberg**: Ber. **33**, 3095 (1900).
120°; 220° (Zers.)	—	unl. k. H_2O, Ligroin, Äth., l. l. heiß. H_2O, Aceton, Benzol, Essigs., s. l. l. heiß. Pyrid.	—	[1]) **Neuberg**: Ber. **35**, 964 (1902).
132°; 170° (Zers.)	—	schw. l. heiß. H_2O; l. l. Benzol; s. l. l. Alk., Äth., Essigest., Aceton, Eisessig	—	[1]) **Wohl** u. **Neuberg**: Ber. **33**, 3095 (1900).
168°	—	w. l. heiß. H_2O, l. l. heiß. Alk., Methylalk., s. l. l. Äth., Aceton, Essigester, Benzol, Eisessig, Pyrid., Toluol	—	[1]) **Wohl** u. **Neuberg**: Ber. **33**, 3095 (1900).
115° (Zers.)	—	—	—	[1]) **Sjollema** u. **Kam**: Rec. trav. Pays-Bas **36**, 180 (1916).
133°	—	schw. l. H_2O, Benzol, Äth., Essigester, l. l. Alk., Eisessig	—	[1]) **Fischer** u. **Taube**: Ber. **57**, 1502 (1924).
156°	—	schw. l. H_2O, l. l. Pyridin	Diacetat: $C_{13}H_{15}O_6N_3$. Längl. glitzernde Blättchen. $F = 138°$. l. l. Alk., Benzol, schw. l. H_2O	[1]) **Fischer** u. **Taube**: Ber. **57**, 1502 (1924).
127—130° (Zers.)	—	unl. k. H_2O; l. h. Alk., Aceton, Essigester, Benzol, l. l. Pyridin	—	[1]) **Neuberg**: Ber. **35**, 964 (1902)
116°	—	l. l. k. Alk., h. Äth., h. Benzol, schw. l. k. Äth., k. Benz., h. Essigest.	—	[1]) **Wohl** u. **Frank**: Ber. **35**, 1904 (1902).
171,5° [1]) 174° [2])	—	l. l. Alk., s. l. l. h. Benzol, schw. l. k. Benzol, Ligroin	—	[1]) **Wohl** u. **Frank**: Ber. **35**, 1904 (1902). [2]) **Diels** u. **Stephan**: Ber. **42**, 1787 (1909).
—	—	—	—	[1]) **Harries** u. **Pappos**: Ber. **34**, 2979 (1901).

Tabelle 30 (Fortsetzung).

Nr	Name	Formel, Konstitution	Vorkommen, Bildung, Darstellung	Krystallogr. Eigenschaften
19	Trimethyl-triose-phenyl-osazon	$C_{18}H_{22}ON_4$	Dicke Öle, nicht näher untersucht[1]	—
20	d-Erythrose-phenyl-osazon	$C_{16}H_{18}O_2N_4$	Aus d. wässer. Lösg. d. Zuckers + essigs. Phenylhydrazin, Erwärmen. Ebenso aus d-Threose[1]	Büschel goldgelber, biegs. Nadeln
21	„ -benzylphenyl-hydrazon	$C_{17}H_{20}O_3N_2$	Aus d. alkoh. Lösg. d. Komp.[1]	Lange feine, weiße Nadeln
22	„ -p-bromphenyl-osazon	$C_{16}H_{16}O_2N_4Br_2$	Aus d-Erythrulose + Hydrazin[1]	Goldgelbe Nadeln
23	l-Erythrose-benzylphenyl-hydrazon	$C_{17}H_{20}O_3N_2$	Aus d. Komp.[1]	Feine weiße, spitze Nadeln
24	„ -phenyl-osazon	$C_{16}H_{18}O_2N_4$	Aus d. Komp. bei 35°[1]	Gelbe Krystalle (aus Benzol od. H_2O)
25	d, l-Erythrose-phenyl-osazon	$C_{16}H_{18}O_2N_4$	Komp.[1]	Büschel gelber Nadeln (aus Benzol)
26	„ -benzylphenyl-hydrazon	$C_{17}H_{20}O_3N_2$	Komp.[1]	Krystalle
27	d-Threose-benzylphenyl-hydrazon	$C_{17}H_{20}O_3N_2$	Komp.[1]	Nadeln (aus Benzol)
28	d, l-Erythrulose-methylphenyl-osazon	$C_{18}H_{22}O_2N_4$	Aus d. essigs. Lösg. d. Komp. bei 40°[1]	Rotgelbe Nadeln
29	l-Rhamnotetrose-benzylphenyl-hydrazon	$C_{18}H_{22}O_3N_2$	Aus d. alkoh. Lösg. d. Komp. beim Zusatz von H_2O[1]	Weiße Nadeln (aus Benzol)
30	„ -phenyl-osazon	$C_{17}H_{20}O_2N_4$	Kochen d. Lösg. d. Komp.[1]	Feine gelbe Nadeln (aus Alk.)
31	d, l-Methyltetrose-phenylbenzyl-hydrazon	$C_{18}H_{22}O_3N_2$	Aus dem Zucker, d. man durch Red. von Dioxyvalerolacton erhält[1]	Farbl. Nadeln (aus H_2O)
32	„ -phenyl-osazon	$C_{17}H_{20}O_2N_4$	Dasselbe[1]	Gelbe, mikrosk. Nadeln (aus Alk. + Äth.)
33	Tetrosazon	$C_{16}H_{18}O_2N_4$	Aus einer Tetrose im Harn[1]	—

Tabelle 31.

Nr	Name	Formel, Konstitution	Vorkommen, Bildung, Darstellung	Krystallogr. Eigenschaften
1	l-Arabinose-phenyl-hydrazon	$C_{11}H_{16}O_4N_2$	Aus d. wässer. Lösg. d. Komp., Erhitzen[1]	Weiße Krystalle
2	„ -phenyl-osazon (l-Ribosazon)	$C_{17}H_{20}O_3N_4$	Aus d. Komp. od. aus l-Ribose od. l-Araboketose[1]	Arsengelbe Krystalle (aus Aceton od. H_2O)

Hydrazin=Derivate der Bi= bis Tetrosen.

Schmelz- und Siedepunkt	Optisches Drehungsvermögen	Löslichkeit	Analytisches; Diverses	Literatur
—	—	—	—.	[1] Harries u. Pappos: Ber. 34, 2979 (1901).
166—168°[1] (Zers.) 174°[2]	$\alpha_D = 0°, 50'$ (in Pyrid.-Alk.)[3]	f. unl. h. H_2O; s. w. l. Äth., Benzol, l. l. Alk., Aceton, Eisessig	Red. warme Fehl. Lösg. Ident. mit dem Osaz. der **d-Threose** u. **d-Erythrulose**	[1] Fischer u. Landsteiner: Ber. 25, 2549 (1892). [2] Bertrand: Compt. rend. 130, 1330 (1900). [3] Ruff u. Meußer: Ber. 34, 1365 (1901).
105,5°	$[\alpha]_D^{20} = -32,0°$ (in 95 proz. Alk., c = 10%)	unl. H_2O; w. l. Äth., k. Benzol; s. l. l. absol. Alk.	—	[1] Ruff: Ber. 32, 3672 (1899).
195°	—	—	Osazon ist ident. mit dem d. **d-Erythrulose**	[1] Bertrand: Compt. rend. 130, 1330 (1900).
105°	$[\alpha]_D^{20} = +32,8°$ (in 95 proz. Alk., c = 5%)	l. l. h. Benzol	—	[1] Ruff u. Meußer: Ber. 34, 1365 (1901).
164°	ca. 0°	—	Gleicht der entspr. l-Verbindung	[1] Ruff u. Meußer: Ber. 34, 1365 (1901).
164°	ca. 0°	w. l. H_2O; l. Äth., h. Benzol; s. l. l. Alk., Aceton, Eisessig	—	[1] Fischer u. Landsteiner: Ber. 25, 2553 (1892). — Fischer u. Tafel: Ber. 20, 1090 (1887).
83°	—	—	—	[1] Ruff u. Meußer: Ber. 34, 1365 (1901).
194,5°	—	l. l. Benzol	—	[1] Ruff u. Kohn: Ber. 34, 1370 (1901).
159°	—	s. l. l. sied. Benzol, Alk., Pyrid.	—	[1] Neuberg: Ber. 35, 2627 (1902).
96—97°	$[\alpha]^{20} = -6,5°$ (in Alk. von 96%, c = 9,04%)	s. schw. l. H_2O, Benzol, l. l. Alk., Äth.	—	[1] Ruff u. Kohn: Ber. 35, 2362 (1902).
171—174°[1] 172—173°[2]	—	schw. l. k. H_2O, Äth., l. h. Alk., l. l. Benzol	—	[1] Fischer: Ber. 29, 1381 (1896). — Ruff u. Kohn: Ber. 35, 2362 (1902).
99—100°	—	l. l. Benzol, Alk., Äth., w. l. k. H_2O	—	[1] Gilmour: Soc. Lond. 105, 73 (1914).
140—142°	—	w. l. H_2O, Äth., l. l. Alk.	—	[1] Gilmour: Soc. Lond. 105, 73 (1914).
130°	—	—	Nicht näher untersucht	[1] Edlbacher: Z. phys. Chem. 120, 71 (1922).

Hydrazin=Derivate der Pentosen.

Schmelz- und Siedepunkt	Optisches Drehungsvermögen	Löslichkeit	Analytisches; Diverses	Literatur
151—153°	$[\alpha]_D = +2,5°$ (in 80 proz. Alk.)	s. schw. l. H_2O, absol. Alk., l. verd. Alk., unl. Benzol	—	[1] Chavanne: Compt. rend. 134, 661 (1902).
160° 166°[2] (200° Zers.)	$\alpha_D = +1°, 10'$ (in Pyrid.-Alk.)[3] $[\alpha]_D = +18,9°$ (in Alk., c = 4%)[4] $\alpha_D = +0°, 62'$ (in Pyrid.-Alk.)[5] $\alpha_D = +0°,55' \to +0°,3'$ (in Pyrid.-Alk.)[2]	unl. k. H_2O, Äth., Benzol, Ligroin; l. h. H_2O, Alk., Pyrid., Aceton	Ident. mit **l-Ribosazon** od. **l-Araboketosazon**	[1] Kiliani: Ber. 20, 339 (1887). [2] Levene u. La Forge: J. Biol. Chem. 20, 429 (1915). [3] Neuberg: Ber. 32, 3384 (1899). [4] Allen u. Tollens: Z. Ver. D. Zuckerind. 40, 1033. [5] Klercker: Bioch. Z. 47, 331 (1912).

Nr	Name	Formel, Konstitution	Vorkommen, Bildung, Darstellung	Krystallogr. Eigenschaften
3	l-Arabinose-diphenyl-hydrazon	$C_{17}H_{20}O_4N_2$	Aus d. wässer. und alkohol. Lösg. der Komp., Erhitzen[1]	Weiße Nadeln
4	„ -α-methylphenyl-hydrazon	$C_5H_{10}O_4:N_2(C_6H_5)$ $\cdot CH_3$	Komp. in essigs. Lösg.[1] Komp. in alkoh. Lösg.[2]	Weiße Nadeln
5	„ -äthylphenyl-hydrazon	$C_5H_{10}O_4:N_2(C_6H_5)$ $\cdot C_2H_5$	Komp.[1]	Hellgelbe Nadeln
6	„ -d-amylphenyl-hydrazon	$C_5H_{10}O_4:N_2(C_6H_5)$ $\cdot C_5H_{11}$	Komp.[1]	Hellgelbe Nadeln. Weiße Nadeln[2]
7	„ -allylphenyl-hydrazon	$C_5H_{10}O_4:N_2(C_6H_5)$ $\cdot C_3H_5$	Komp.[1]	Nadeln
8	„ -α-benzylphenyl-hydrazon	$C_5H_{10}O_4:N_2(C_6H_5)$ $\cdot C_6H_5 \cdot CH_2$	Komp.[1]	Weiße Nadeln
9	„ -p-diphenyl-hydrazon	$C_5H_{10}O_4:N \cdot NH$ $\cdot C_{12}H_9$	Komp. in essigs. Lösg.[1]	Warzen s. feiner farbl. Kryst. (aus Alk.)
10	„ -nitrobenzyl-hydrazon	$C_{12}H_{15}O_7N_3$	Alk. Lösg. d. Komp. Erhitzen u. Destill. b. z. Trockn.[1]	Schneeweiße Tafeln (aus Alk.)
11	„ -β-naphthyl-hydrazon	$C_5H_{10}O_4:N_2 \cdot C_{10}H_8$	Alk. Lösg. d. Komp.[1]	Weiße Nadeln. Braune Nadeln[2]
12	„ -p-tolyl-hydrazon	$C_{12}H_{18}O_4N_2$	Alk. Lösg. d. Komp.[1]	Farbl. Kryst. (Alk.)
13	„ -m-tolyl-hydrazon	$C_{12}H_{17}O_4N_2$	Komp.[1]	Farbl. prism. Nadeln (aus H_2O)
14	„ -diphenyl-methan-dimethyl-dihydrazon	$C_{25}H_{36}O_8N_4:$ $\left[\begin{matrix} C_6H_4-\\ \cdot\\ N(CH_3)\\ \cdot\\ N\\ \cdot\cdot\\ C_5H_{10}O_4 \end{matrix}\right]_2 \cdot CH_2$	Alk. Lösg. d. Komp.[1]	Feines Pulver (aus Alk.+Pyrid.)
15	„ -o-nitrophenyl-hydrazon	$C_{11}H_{15}O_6N_3$	Komp.[1]	Krystalle[1] Rotgelbe Kryst.[2]

Schmelz- und Siedepunkt	Optisches Drehungsvermögen	Löslichkeit	Analytisches; Diverses	Literatur
218° 204—205°[2])	$\alpha_D = +0°,42'$ (in P.-Alk.)	l. l. Eisessig, Pyrid., w. l. h. Alk., h. H_2O, k. Aceton, Essigester, Chlorof., Benz.; unl. k. H_2O, Alk., Äther, Ligr.	—	[1]) **Neuberg:** Ber. **33**, 2254 (1900); **37**, 4616 (1904). [2]) **Müther** u. **Tollens:** Ber. **37**, 311 (1904).
161°[1]) 164°[3])	$[\alpha]_D = +4,3°$ (in Alk., $c = 0,5\%$)[1]) $[\alpha]_D = -21,8°$ (in Eisessig)	w. l. H_2O, absol. Alk.	—	[1]) **Bruyn** u. **Ekenstein:** Rec. trav. Pays-Bas **15**, 97, 226 (1896). [2]) **Neuberg:** Ber. **35**, 963 (1902). [3]) **Müther** u. **Tollens:** Ber. **37**, 311 (1904).
153°	$[\alpha]_D = -14,6°$ (in Eisessig)	w. l. H_2O, Alk.	—	[1]) **Bruyn** u. **Ekenstein:** Rec. trav. Pays-Bas **15**, 97, 226 (1896).
120°[1]) 127°[2])	$[\alpha]_D = +2,8°$ (in Eisessig)[1])	w. l. Alk., H_2O; l. l. Methylalk.	—	[1]) **Bruyn** u. **Ekenstein:** Rec. trav. Pays-Bas **15**, 97, 226 (1896). [2]) **Neuberg** u. **Federer:** Ber. **38**, 868 (1905).
145°	$[\alpha]_D = -2,4°$ (in Eisessig)	w. l. H_2O, Alk.; l. l. Methylalk.	—	[1]) **Bruyn** u. **Ekenstein:** Rec. trav. Pays-Bas **15**, 97, 226 (1896).
170°	$[\alpha]_D = -14,6°$ (Methylalk.). $[\alpha]_D = -12,8°$ (Eisessig). $[\alpha]_D^{10} = -12,0°$ (Methylalk.)[2])	w. l. H_2O, Alk.; l. Methylalk.	—	[1]) **Bruyn** u. **Ekenstein:** Rec. trav. Pays-Bas **15**, 97, 226 (1896). [2]) **Browne** u. **Tollens:** Ber. **35**, 963 (1902).
138—140°	—	unl. k. H_2O, Äth.; s. w. l. h. H_2O	Eigensch. d. entsprech. **d-Xylose-Verb.** sind ganz analog	[1]) **Müller:** Ber. **27**, 3105 (1904).
178°	—	unl. k. H_2O, Äth.; l. l. h. Alk.	—	[1]) **Radenhausen:** Z. Ver. D. Zuckerind. **44**, 768.
176—177° 141°[2])	$[\alpha]_D = +22,5°$ (in absol. Methylalk.)[2])	s. schw. l. k. Alk.; l. w. Alk., Methylalk.	—	[1]) **Hilger** u. **Rothenfusser:** Ber. **35**, 1841, 4444 (1902). [2]) **Bruyn** u. **Ekenstein:** Rec. trav. Pays-Bas **15**, 97, 226 (1896).
160°	—	s. w. l. Benz., Äth.; schw. l. Aceton, l. l. h. Alk.; s. l. l. h. H_2O; schw. l. k. H_2O, l. l. Pyrid., Essigs.	—	[1]) **Haar:** Rec. trav. Pays-Bas **36**, 346 (1917).
156—157°	—	l. l. Alk.; w. l. k. H_2O, l. l. h. H_2O	—	[1]) **Haar:** Rec. trav. Pays-Bas **39**, 191 (1919).
180° (Zers.)	—	unl. Alk.	Verb. $C_{20}H_{28}O_4N_4$: $F = 155°$ (aus Alk.) $=$ Monohydrazon[2]): $C_5H_{10}O_4$ $\\|$ N $\mid$ $N(CH_3)$ $\mid$ C_6H_4 $\mid$ CH_2 $\mid$ C_6H_4 $\mid$ $N(CH_3)$ $\mid$ NH_2 —	[1]) **Braun:** Ber. **46**, 3949 (1913); **43**, 1495 (1910). [2]) **Braun** u. **Bayer:** Ber. **58**, 2215 (1925).
172°[1]) 180°[2])	$[\alpha]_D = -21,4°$	w. l. Alk.	—	[1]) **Ekenstein** u. **Blanksma:** Rec. trav. Pays-Bas **24**, 33 (1905). [2]) **Reclaire:** Ber. **41**, 3665 (1908).

Tabelle 31 (Fortsetzung).

Nr	Name	Formel, Konstitution	Vorkommen, Bildung, Darstellung	Krystallogr. Eigenschaften
16	l-Arabinose-m-nitrophenyl-hydrazon	$C_{11}H_{15}O_6N_3$	Komp.[1]	Gelbe Krystalle
17	„ -p-nitrophenyl-hydrazon	$C_{11}H_{15}O_6N_3$	Komp.[1]	Gelbe Krystalle[2]
18	„ -p-bromphenyl-hydrazon	$C_{11}H_{15}O_4N_2Br$	Komp. in wäss. Lösg. od. essigs. Lösg.[1]	Kugelig. Aggreg. feiner farbl. Nad.
19	„ -p-bromphenyl-osazon	$C_{17}H_{18}O_3N_4Br_2$	Läng. Erwärmen d. Komp. in essigs. Lösung[1]	Unrein: glänzende Flitter; rein: feine gelbe Nadeln (aus Alk.), sechsseitige Platten (Pyrid.)
20	„ -3, 4-dibromphenyl-hydrazon	$C_{11}H_{14}O_4N_2Br_2$	Komp.[1]	Kryst. (aus Alk. + Äther)
21	„ -2, 5-dibromphenyl-hydrazon	$C_{11}H_{14}O_4N_2Br_2$	Komp.[1]	Nadeln (aus verd. Alk.)
22	„ -2, 4-dibromphenyl-hydrazon	$C_{11}H_{14}O_4N_2Br_2$	Komp.[1]	Kryst. (Alk.)
23	d-Arabinose-diphenyl-hydrazon	$C_{17}H_{20}O_4N_2$	Aus d. alkoh. Lösg. d. Komp. beim Abkühlen[1]	Krystalle
24	„ -benzylphenyl-hydrazon	$C_{18}H_{22}O_4N_2$	Lösg. d. Komp. in 75 proz. Alk.[1]	Krystalle. Nadeln od. Blätter (aus Methylalk.)[2], farbl. Blättchen[3]
25	„ -d-amylphenyl-hydrazon	$C_{16}H_{26}O_5N_2$	Alkoh. Lösg. d. Komp.[1]	Weiße, knollenf. Nadeln
26	„ -l-menthyl-hydrazon	$C_5H_{10}O_4 \cdot N_2H \cdot C_{10}H_{19}$	Alk. Lösg. d. Komp., Kochen u. Abkühl.; aus der i-Arabinose und Zus. d. Hydraz. in verd. Alk.[1]	Farbl. Prismen
27	„ -p-bromphenyl-hydrazon	$C_{11}H_{15}O_4N_2Br$	Komp.[1]	Aggr. fein. Nadeln
28	„ -phenyl-osazon (d-Ribosazon)	$C_5H_8O_3(N_2H \cdot C_6H_5)_2$	Komp. in essigs. Lös. Ebenso a. d-Ribose[1]	Gelbe Flocken (aus H_2O). Nadeln (aus Benzol + H_2O)
29	i-Arabinose-diphenyl-hydrazon	$C_{17}H_{20}O_4N_2$	Komp.[1]	Lange weiße Nadeln
30	„ -benzylphenyl-hydrazon	$C_{18}H_{22}O_4N_2$	Komp.[1]	Hellgelbe Nadeln
31	„ -methylphenyl-hydrazon	$C_{12}H_{18}O_4N_2$	Komp.[1]	Glänz. Blättchen (aus Alk.)
32	„ -p-bromphenyl-hydrazon	$C_{11}H_{15}O_4N_2Br$	Komp.[1]	Feine weiße Nadeln

Hydrazin=Derivate der Pentosen.

Schmelz- und Siedepunkt	Optisches Drehungsvermögen	Löslichkeit	Analytisches; Diverses	Literatur
182°[1] 179—180°[2] (aus Alk.) 184°[3]	ca. 0°	l. l. h. Alk.; w. l. H_2O	—	[1] Ekenstein u. **Blanksma**: Rec. trav. Pays-Bas **24**, 33 (1905). [2] **Reclaire**: Ber. **41**, 3665 (1908). [3] **Haar**: Chem. Weekblad **14**, 147 (1917).
168°[1] 181—182°[2]	$[\alpha]_D = +48,3°$[1]	—	—	[1] Ekenstein u. **Blanksma**: Rec. trav. Pays-Bas **22**, 434 (1903). [2] **Reclaire**: Ber. **41**, 3665 (1908).
160° (sint. 150°)	—	schw. l. h. H_2O, w. l. k. Alk., Äth.; l. l. h. Alk., Pyrid.	—	[1] **Fischer**: Ber. **24**, 4214 (1891); **27**, 2490 (1894).
196—200°[1] (sint. 185°). 180°[2]	$\alpha_D = +0°, 28'$ (Pyrid.-Alk.). $\alpha_D = +0°, 50'$ (P.-A.)[2]	schw. l. k H_2O, Chlorof., l. l. H_2O heiß, Alk., Methylalk., Acet., Äther, Essigester, Benzol, Toluol, Pyrid.	—	[1] **Neuberg**: Ber. **32**, 3384 (1899). [2] **Rewald**: Ber. **42**, 3134 (1909).
82—83°	—	—	—	[1] **Votoček** u. **Jiru**: Soc. Chim. France [4] **33**, 918 (1923).
170—175°	—	—	—	[1] **Votoček** u. **Lukes**: Soc. Chim. France [4] **35**, 868 (1924).
161°	—	l. l. Acet., Methylalk.; w. l. Äth., Benzol	—	[1] **Votoček, Ettel** u. **Koppova**: Soc. Chim. France [4] **39**, 278 (1926).
198°	—	f. unl. k. H_2O, Alk., Pyrid.	—	[1] **Ruff** u. **Ollendorff**: Ber. **32**, 3234 (1899).
174°[1] 168,8 bis 169,8°[2] 177—178°[3]	$[\alpha]_D = +14,6°$ (in Methylalk., c=0,54%). $[\alpha]_D^{16} = +14,4°$ (in Methylalk., c=0,5%)[2]	f. unl. H_2O.; s. w. l. Alk., verd. l-Methylalk.	—	[1] **Ruff** u. **Ollendorff**: Ber. **32**, 3234 (1899). [2] **Léger**: Compt. rend. **150**, 1695 (1910). [3] **Fischer, Bergmann** u. **Schotte**: Ber. **53**, 509 (1920).
115°	—	l. l. H_2O, Alk.	—	[1] **Neuberg** u. **Federer**: Ber. **38**, 868 (1905).
131°	—	—	—	[1] **Neuberg**: Ber. **36**, 1194 (1903).
163°	—	w. l. k. H_2O; l. l. h. H_2O, Alk. verd.	—	[1] **Ruff**: Ber. **31**, 1573 (1898). — **Fischer, Bergmann** u. **Schotte**: Ber. **53**, 509 (1920).
160° 162—163°	—	—	Ident. mit **d-Ribosazon** u. mit **d-Araboketosazon**	[1] **Ruff**: Ber. **31**, 1573 (1898).
206° (sintert 203°)	—	l. l. Eisessig, Pyrid.; w. l. h. H_2O, Alk., Aceton, Essigester, Chloroform, Benzol; unl. k. H_2O, Alk., Äth., Ligroin	—	[1] **Ruff**: Ber. **32**, 550 (1899). — **Wohl**: Ber. **26**, 742 (1893).
185°	—	l. l. Pyrid.; l. h. H_2O, Alk., Essigester, Chlorof., w. l. Äth., Benzol, k. Alk.	—	[1] **Ruff**: Ber. **32**, 550 (1899). — **Wohl**: Ber. **26**, 742 (1893).
173°	—	l. l. H_2O, h. Alk., Pyrid.; l. Essigs., Essigester; schw. l. k. Alk., Acet., Chlorof.; f. unl. Benz., Ligroin	—	[1] **Ruff**: Ber. **32**, 550 (1899). — **Wohl**: Ber. **26**, 742 (1893).
160°	—	l. l. Pyrid.; w. l. h. H_2O, Alk., Aceton, Chlorof.	—	[1] **Ruff**: Ber. **32**, 550 (1899). — **Wohl**: Ber. **26**, 742 (1893).

Nr	Name	Formel, Konstitution	Vorkommen, Bildung, Darstellung	Krystallogr. Eigenschaften
33	i-Arabinose-p-bromphenyl-osazon	$C_{17}H_{18}O_3N_4Br_2$	Komp.[1]	Hellgelbe Nadeln
34	„ -phenyl-osazon (i-Ribosazon)	$C_{17}H_{20}O_3N_4$	Komp. od. aus i-Ribose oder i-Araboketose[1]	Gelbe Nadeln oder Prismen
35	l-Ribose-phenyl-hydrazon	$C_{11}H_{16}O_4N_2$	Alkoh. Lösg. d. Komp. u. Ätherzusatz nach 12 St.[1]	Farbl. Krystalle (aus h. absol. Alk.)
36	„ -p-bromphenyl-hydrazon	$C_{11}H_{15}O_4N_2Br$	Ebenso[1]	Farbl. Krystalle (aus h. absol. Alk.)
37	d-Ribose-p-bromphenyl-hydrazon	$C_{11}H_{15}O_4N_2Br$	Komp.[1]	Krystalle
38	„ -diphenylmethan-dimethyl-hydrazon	$C_{25}H_{36}O_8N_4:$ $\begin{bmatrix} C_5H_{10}O_4 \\ \| \\ N \\ \cdot \\ N(CH_3) \\ \cdot \\ C_6H_4{-} \end{bmatrix}_2 CH_2$	Komp.[1]	Krystallpulver (aus Alk.)
39	d-Xylose-phenyl-hydrazon	$C_{11}H_{16}O_4N_2$	Komp.[1]	Gelbliche Krystalle
40	„ -phenyl-osazon (d-Lyxosazon)	$C_{17}H_{20}O_3N_4$	Kochen d. Komp. in essigs. Lösg. Ebenso aus d-Lyxose[1]	Lange hellgelbe Nadeln oder goldgelbe Tafeln
41	„ -methylphenyl-hydrazon	$C_{12}H_{18}O_4N_2$	Komp. in alkoh. Lösg., H_2O-Bad[1]	Sterne lang. weiß. Blättch. (Essigest.)
42	„ -benzylphenyl-hydrazon	$C_{18}H_{22}O_4N_2$	Komp. in verd. alk. Lösg., Erwärmen, Zus. von H_2O[1]	Weiße, seid. Nadeln
43	„ -β-naphthyl-hydrazon	$C_{15}H_{18}O_4N_2$	Methylalk. Lösg. d. Komp.[1]	Krystalle (aus Methylalk.) Braune Nadeln[2]
44	„ -p-bromphenyl-hydrazon	$C_{11}H_{15}O_4N_2Br$	Komp.[1]	Gelbe Krystalle
45	„ -p-bromphenyl-osazon	$C_{17}H_{18}O_3N_4Br_2$	Komp.[1]	Gelbe Nadeln
46	„ -p-nitrophenyl-hydrazon	$C_{11}H_{15}O_6N_3$	Komp.[1]	Krystalle, dunkelgelb
47	„ -m-nitrophenyl-hydrazon	$C_{11}H_{15}O_6N_3$	Komp.[1]	Gelbe Platten
48	„ -diphenyl-hydrazon	$C_{17}H_{20}O_4N_2$	Komp.[1]	Krystalle[1]. Gelbe Plättch. (aus 40 proz. Alk.) oder rein-weiße Nädelchen (aus Ligroin-Pyrid.)[2]

Hydrazin-Derivate der Pentosen.

Schmelz- und Siedepunkt	Optisches Drehungsvermögen	Löslichkeit	Analytisches; Diverses	Literatur
200—202°	—	—	—	[1] **Ruff:** Ber. **32**, 550 (1899). — **Wohl:** Ber. **26**, 742 (1893).
166—168°	—	—	Ident. mit **i-Ribosazon** und **i-Arabinoketosazon**	[1] **Ruff:** Ber. **32**, 550 (1899). — **Wohl:** Ber. **26**, 742 (1893). — **Fischer:** Ber. **26**, 633 (1893); **27**, 9491 (1894).
154—155° (Zers.)	—	l. l. H_2O, schw. l. absol. Alk.	—	[1] **Fischer** u. **Piloty:** Ber. **24**, 4214 (1891).
164—165°	—	l. l. H_2O	—	[1] **Fischer** u. **Piloty:** Ber. **24**, 4214 (1891).
170° (sintert 166°)	$[\alpha]_D = +5{,}69°$ (in absol. Alk., c $= 3{,}6\%$)	—	Osazon: $C_{17}H_{18}O_3N_4Br$, ident. mit d. Osaz. der d-Arabinose; F $= 180$ bis 185°	[1] **Levene** u. **Jacobs:** Ber. **42**, 2706, 3247 (1909).
141—142°	—	l. l. wäss. Alk.	—	[1] **Brauns:** Ber. **46**, 3949 (1913).
—	—	s. l. l. in allen Lösungsmitteln	Nicht näher untersucht	[1] **Tanret:** Soc. chim. France [3] **27**, 392.
161° 153—155°) [2] 164° [3]) (167° Zers.)	$\alpha_D = -0°, 15'$ [4] $[\alpha]_D = -40{,}9°$ (in Alk.) [2]) $\alpha_D = -0°, 67' - 0°, 70'$ (in Pyrid.-Alk.) [5]). $\alpha_D = -0°, 1' \rightarrow -0°, 43'$ (Alk.-Pyrid.) [3])	schw. l. H_2O, l. l. Äth., Aceton	Ident. mit **d-Lyxosazon**	[1] **Tollens:** Z. Ver. D. Zuckerind. **41**, 905. — **Wheeler** u. **Tollens:** Ber. **22**, 1046 (1889). [2] **Ehrenstein:** Helv. **9**, 332 (1926). [3] **Levene** u. **La Forge:** J. Biol. Ch. **20**, 429 (1915). [4] **Neuberg:** Ber. **32**, 3384 (1899). [5] **Klercker:** Bioch. Z. **47**, 331 (1912).
103—105° 108—110° [2])	$\alpha_D = 0°$ (Pyrid.) [2])	unl. Benzol, k. Essigester, l. l. H_2O, verd. Alk., Methylalk., h. Aceton, l. h. Essigest., Chlorof., Pyrid.	—	[1] **Neuberg:** Ber. **35**, 959 (1902). [2] **Müther** u. **Tollens:** Ber. **37**, 311 (1904). — **Ofner:** Ber. **37**, 4399 (1904).
99° 95—100° [2])	$[\alpha]_D = -33°$ (in Alk., c $= 0{,}57\%$)	s. schw. l. H_2O, l. Äth., s. l. l. Alk.	—	[1] **Ruff** u. **Ollendorff:** Ber. **32**, 3234 (1899). [2] **Ofner:** Ber. **37**, 4399 (1904).
123—124° [1]) 70° [2])	$[\alpha]_D = +18{,}6°$ (in Methylalk., c $= 0{,}5\%$) [2]). $+15{,}8°$ (Eisessig)	l. Alk., w. l. Essigester; f. unl. Benz., Chlorof., Äther	—	[1] **Hilger** u. **Rothenfusser:** Ber. **35**, 4444 (1902). [2] **Bruyn** u. **Ekenstein:** Rec. trav. Pays-Bas **15**, 226 (1896).
128°	$[\alpha]_D = -20{,}49°$ (in H_2O, c $= 1\%$)	l. H_2O	—	[1] **Naumann:** Würzburger Dissert. **1892**.
208° 204° [2])	ca. 0°	unl. Aceton	—	[1] **Neuberg:** Ber. **32**, 3384 (1899). [2] **Rewald:** Ber. **42**, 3134 (1909).
156° [1]) 154—155° [2])	—	l. l. Alk.	—	[1] **Ekenstein** u. **Blanksma:** Rec. trav. Pays-Bas **22**, 434 (1903). [2] **Reclaire:** Ber. **41**, 3665 (1908).
130°	—	l. l. Alk.	—	[1] **Reclaire:** Ber. **41**, 3665 (1908).
107—108° [1]) 128° [2])	—	w. l. k., l. l. h. H_2O; l. l. Alk., Chlorof., Aceton; unl. Äth., Ligroin	—	[1] **Tollens** u. **Maurenbrecher:** Ber. **38**, 500 (1905). [2] **Neuberg** u. **Wohlgemuth:** Z. phys. Ch. **35**, 40 (1902).

Tabelle 31 (Fortsetzung).

Nr	Name	Formel, Konstitution	Vorkommen, Bildung, Darstellung	Krystallogr. Eigenschaften
49	d-Xylose-3,4-dibromphenyl-hydrazon	$C_{11}H_{14}O_4N_2Br_2$	Komp.[1])	Kryst. (aus Toluol)
50	i-Xylose-phenyl-osazon	$C_{17}H_{20}O_3N_4$	Komp.[1]). Ebenso a. i-Lyxose. Aus i-Xylit d. Oxyd. u. Beh. mit essigs. Phenylhydraz.	Sehr f. gelbe Nadeln
51	d-Lyxose-benzylphenyl-hydrazon	$C_{18}H_{22}O_4N_2$	Alk. Lösg. d. Komp., Konz. im Vak.[1])	Feine Nadeln (aus verd. Alk.) mit 1 Mol. H_2O. Aus Benzol mit 1 Mol. Benz. Aus absol. Alkohol harte Prismen
52	„ -p-nitrophenyl-hydrazon	$C_{11}H_{15}O_6N_3$	Komp. in alk. Lösg.[1])	Gelbe Krystalle (aus Alk.)
53	„ -p-bromphenyl-hydrazon	$C_{11}H_{15}O_4N_2Br$	Komp.[1])	Krystalle (aus 95 proz. Alk.)
54	„ -diphenylmethan-dimethyl-hydrazon	$C_{25}H_{36}O_8N_4$	Komp. in essigs. Lösg.[1])	Feine Krystalle
55	Apiose-phenyl-osazon	$C_{17}H_{20}O_3N_4$	Komp.[1])	Gelbe Nadeln (aus verd. Alk.)
56	„ -p-bromphenyl-osazon	$C_{17}H_{18}O_3N_4Br_2$	Komp.[1])	Gelbe Nadeln (aus Alk.)
57	d, l-Araboketose-methylphenyl-osazon	$C_{19}H_{24}O_3N_4$	Komp.[1]). Aus dem Prod. d. Kond. des Formaldehyds. Ebenso aus d. Oxyd.-Prod. d. Adonits	Nadeln
58	d-Araboketose-methylphenyl-osazon	$C_{19}H_{24}O_3N_4$	Komp. Aus d. Oxyd.-Prod. d. d-Arabits[1])	Orangegelbe Nadeln
59	i-Xyloketose-methylphenyl-osazon	$C_{19}H_{24}O_3N_4$	Komp. Aus d. Oxyd.-Prod. d. Xylits[1])	Feine, verfilzte, gelbl. Nadeln
60	l-Xyloketose-phenyl-osazon	$C_{17}H_{20}O_3N_4$	Aus Harn. Darst. mit Phenylhydraz.[1])	—
61	„ -p-bromphenyl-hydrazon	$C_{11}H_{15}O_4N_2Br$	Aus Harn. Darst. mit Bromphenylhydr.[1])	Blaßgelbe Platten (aus verd. Alk.)
62	Ketopentose-methylphenyl-osazon	$C_{19}H_{24}O_3N_4$	D. Extrakt. mit pyridinh. Ligroin auf d. Osaz.-Gemisch d. Roh-Formose[1])	Sterne f. gelb. Nad. (aus Essigest.)

Schmelz- und Siedepunkt	Optisches Drehungsvermögen	Löslichkeit	Analytisches; Diverses	Literatur
127—128°	—	—	—	[1] Votoček, Ettel u. Koppova: Soc. chim. France [4] 39, 278 (1926).
210—215° (Zers.)	inaktiv	s. schw. l. h. H_2O, Äth., schw. l. sied. Alk.	Ident. mit i-Lyxosazon	[1] Fischer: Ber. 27, 2487 (1894).
116°	$[\alpha]_D^{20} = +26,39°$ (in absol. Alk., c = 4,893%)	—	—	[1] Ruff u. Ollendorff: Ber. 33, 1798 (1900).
128°				
172°	$[\alpha]_D = +32,3°$	—	—	[1] Ekenstein u. Blanksma: Rec. trav. Pays-Bas 24, 33 (1905).
161,5°	$\alpha_D = +1°,06'$ (in Pyrid., 0,2 g : 3 ccm)	—	Die l-Verbindg. ist in allen Eigensch. ähnlich. F = 157° (H_2O)[2]	[1] Levene u. La Forge: J. Biol. Ch. 18, 319 (1914). [2] Ekenstein u. Blanksma: Chem. Weekblad 11, 189 (1914).
156°[1] 171°[2]	—	w. l. Alk.	—	[1] Braun: Ber. 46, 3949 (1913). [2] Zerner u. Waltuch: Monatsh. f. Ch. 35, 1025 (1914).
156°	—	—	—	[1] Vongerichten: A. 318, 121 (1901); 321, 71 (1902). [2] Vongerichten u. Müller: Ber. 39, 236 (1906).
209—212°	—	—	—	[1] Vongerichten: A. 318, 121 (1901); 321, 71 (1902). [2] Vongerichten u. Müller: Ber. 39, 236 (1906).
175° (Zers.) Sintert 171°	—	l. l. org. Solvent.	Läßt sich in d, l-Arabinose-phenylosaz. überführen	[1] Neuberg: Ber. 35, 2629 (1902).
173° (Zers.) Sintert 169°	aktiv	unl. k. H_2O, Ligroin, w. l. Chlorof., w. l. h. Alk., Aceton, Essigester, Benzol, Pyrid.	Ident. mit d-Arabinose-methylphenyl-osazon	[1] Neuberg: Ber. 35, 2629 (1902).
173°	—	l. l. org. Solvent.	—	[1] Neuberg: Ber. 35, 2628 (1902).
160—163°	$\alpha_D = +0°,15'$ (in Pyrid.-Alk., 0,1 g : 5 ccm)	—	Ident. mit l-Xylosazon u. l-Lyxosazon	[1] Levene u. La Forge: J. Biol. Ch. 18, 319 (1914).
130—131°	$\alpha_D = -1°$ (in Alk., 1 g : 10 ccm)	—	—	[1] Levene u. La Forge: J. Biol. Ch. 18, 319 (1914).
137° (Zers.)	—	—	—	[1] Neuberg: Ber. 35, 2632 (1902).

Tabelle 32.

Nr	Name	Formel, Konstitution	Vorkommen, Bildung, Darstellung	Krystallogr. Eigenschaften
1	l-Rhamnose-phenyl-hydrazon	$C_6H_{12}O_4 \cdot N_2H \cdot C_6H_5$	Aus d. alkoh. Lösg. d. Komp.[1]	Farbl. f. Blättchen
2	,, =phenyl-osazon	$C_6H_{12}O_3 \cdot (N_2H \cdot C_6H_5)_2$	Komp. Erwärmen[1]. Ebenso aus l-Iso-rhamnose	Schöne gelbe Nadeln. Sterne (a. Benzol)
3	,, =diphenyl-hydrazon	$C_6H_{12}O_4 \cdot N_2(C_6H_5)_2$	Komp.[1]	Kleine Prismen
4	,, =α-methylphenyl-hydrazon	$C_{13}H_{20}O_4N_2$	Komp.[1]	Weiße Krystalle
5	,, =α-äthylphenyl-hydrazon	$C_6H_{12}O_4 : N_2 \cdot C_6H_5 \cdot C_2H_5$	Komp.[1]	Hellgelbe Nadeln
6	,, =α-amylphenyl-hydrazon	$C_{17}H_{28}O_4N_2$	Komp.[1]	Hellbr. Krystalle
7	,, =α-allylphenyl-hydrazon	$C_6H_{12}O_4 : N_2 \cdot C_6H_5 \cdot C_3H_5$	Komp.[1]	Hellgelbe Nadeln
8	,, =α-benzylphenyl-hydrazon	$C_{19}H_{24}O_4N_2$	Komp.[1]	Hellgelbe Kryst.
9	,, =β-naphthyl-hydrazon	$C_{16}H_{20}O_4N_2$	Komp.[1]	Braune Nadeln
10	,, =m-tolyl-hydrazon	$C_{13}H_{19}O_4N_2$	Komp.[1]	Kryst. (aus 50proz. Alk.)
11	,, =p-tolyl-hydrazon	$C_{13}H_{20}O_4N_2$	Komp.[1]	Farbl. Blättchen (aus Alk.)
12	,, =diphenylmethan-dimethyl-dihydrazon	$\left[\begin{matrix} C_6H_{12}O_4 \\ \| \\ N \\ \| \\ N(CH_3) \\ \cdot \\ C_6H_4{-} \end{matrix} \right]_2 \!\!>\!CH_2$	Komp.[1]	Amorph. Pulver (aus Alk.+Pyrid.)
13	,, =cyclohexyl-hydrazon	$C_6H_{12}O_4 : N \cdot NH \cdot C_6H_{11}$	Komp.[1]	Nadeln
14	,, =o-nitrophenyl-hydrazon	$C_{12}H_{17}O_6N_3$	Komp.[1]	Krystalle. Gelbe Nadeln[2]
15	,, =m-nitrophenyl-hydrazon	$C_{12}H_{17}O_6N_3$	Komp.[1]	Gelbe Krystalle
16	,, =p-nitrophenyl-hydrazon	$C_{12}H_{17}O_6N_3$	Komp.[1]	Rotgelbe Kryst.
17	,, =p-nitrophenyl-osazon	$C_{18}H_{20}O_7N_6$	Komp.[1]	Zinnoberrote Nadeln (aus Alk.)
18	,, =p-bromphenyl-hydrazon	$C_6H_{12}O_4 \cdot N_2H \cdot C_6H_4Br$	Komp.[1]	Rhomboedrische Platten (aus Alk.)

Hydrazin=Derivate der Methylpentosen.

Schmelz- und Siedepunkt	Optisches Drehungsvermögen	Löslichkeit	Analytisches; Diverses	Literatur
159°	$[\alpha]_D^{20} = +54,2°$ (in H_2O). $[\alpha]_D = +27,0°$ (in Alk. v. 80%)[2]	l. k. H_2O, Alk., unl. Äther	—	[1] **Fischer** u. **Tafel:** Ber. **20**, 2566 (1887). [2] **Tanret:** Soc. chim. France [3] **27**, 392 (1902).
180°(Zers.)[1] 222°[2]	$\alpha_D = +1°, 24'$ (in Pyrid.-Alk.)[3]. $[\alpha]_D^{20} = +93,92°$ (in Pyrid., c $= 2$%)[4]. $[\alpha]_D^{20} = +94°$ (in Pyrid., c $= 2$%)[2]	unl. H_2O, w. l. Äther, Benz., l. h. Alk., Eisessig, l. l. Aceton	Red. koch. Fehl. Lösg. Ident. mit **l-Isorhamnosazon**	[1] **Fischer** u. **Tafel:** Ber. **20**, 1091 (1887). — **Fischer:** Ber. **22**, 97 (1889). — **Will:** Ber. **20**, 1186 (1887). [2] **Lippmann:** Ber. **60**, 161 (1927). [3] **Neuberg:** Ber. **32**, 3384 (1899). [4] **Fischer** u. **Zach:** Ber. **45**, 3761 (1912).
134°	—	l. l. H_2O, Alk., unl. Äther	—	[1] **Stahel:** A. **258**, 242 (1890).
124°	$[\alpha]_D = 0,7°$ (in Methyl-alk., c $= 4$%). $= 0,3°$ (c $= 0,5$%)	w. l. H_2O, absol. Alk., l. l. Methylalk.	—	[1] **Bruyn** u. **Ekenstein:** Rec. trav. Pays-Bas **15**, 226 (1896).
123°	$[\alpha]_D = -11,6°$ (in Methylalk.)	s. schw. l. H_2O, l. Alk., s. l. l. Methylalk.	—	[1] **Bruyn** u. **Ekenstein:** Rec. trav. Pays-Bas **15**, 226 (1896).
99°	$[\alpha]_D = -6,4°$ (in Methylalk.)	Ebenso	—	[1] **Bruyn** u. **Ekenstein:** Rec. trav. Pays-Bas **15**, 226 (1896).
135°	inaktiv in Eisessig	—	—	[1] **Bruyn** u. **Ekenstein:** Rec. trav. Pays-Bas **15**, 226 (1896).
121°	$[\alpha]_D = -6,4°$ (in Methylalk.). $= -2,1°$ (in Eisessig)	—	—	[1] **Bruyn** u. **Ekenstein:** Rec. trav. Pays-Bas **15**, 226 (1896).
170°	$[\alpha]_D = +8,4°$ (in Methylalk.). $= -11,8°$ (in Eisessig)	schw. l. H_2O, Alk. 96%, l. l. absol. Methylalk.	—	[1] **Bruyn** u. **Ekenstein:** Rec. trav. Pays-Bas **15**, 226 (1896).
134°	—	s. l. l. Alk., l. H_2O	—	[1] **Haar:** Rec. trav. Pays-Bas **39**, 191 (1919).
166° 163° (a. H_2O)	—	s. w. l. Benz., Äther, schw. l. Aceton, l. l. h. H_2O, l. l. Pyrid.	—	[1] **Haar:** Rec. trav. Pays-Bas **36**, 346 (1917).
163°	—	unl. Alk.	—	[1] **Braun:** Ber. **43**, 1495 (1910).
123—124°	$[\alpha]_D = +7,37°$ (in H_2O, c $= 4$%)	l. H_2O	—	[1] **Kishner:** J. Russ. Phys.-Chem. Ges. **46**, 1409 (1914).
162°[1] 151°[2]	$[\alpha]_D = -59,0°$ (in Pyrid.-Alk.)[1]	—	—	[1] **Ekenstein** u. **Blanksma:** Rec. trav. Pays-Bas **24**, 33 (1905). [2] **Reclaire:** Ber. **41**, 3665 (1908).
156°[1] 104—105°[2] 159—160°[3]	$[\alpha]_D = -21,4°$ (in Pyrid.-Alk.)	l. l. h. Alk., w. l. H_2O	—	[1] **Ekenstein** u. **Blanksma:** Rec. trav. Pays-Bas **24**, 33 (1905). [2] **Reclaire:** Ber. **41**, 3665 (1908). [3] **Haar:** Chem. Weekblad **14**, 147 (1917).
186°[1]	$[\alpha]_D = +21,4°$ (in Pyrid.-Alk.)	l. l. Alk.	—	[1] **Ekenstein** u. **Blanksma:** Rec. trav. Pays-Bas **22**, 434 (1903). — **Reclaire:** Ber. **41**, 3665 (1908).
208° (Zers.)	—	schw. l. Alk.	Löst sich in NaOH-Lauge mit tiefblauer Farbe	[1] **Feist:** Ber. **33**, 2099 (1900).
160°[1] 167°(Zers.)[2]	—	l. H_2O	—	[1] **Naumann:** Würzburger Dissert. **1892**. [2] **Morrell** u. **Crofts:** Soc. Lond. **83**, 1284 (1903).

Tabelle 32 (Fortsetzung).

Nr	Name	Formel, Konstitution	Vorkommen, Bildung, Darstellung	Krystallogr. Eigenschaften
19	l-Rhamnose-p-bromphenyl-osazon	$C_{18}H_{20}O_3N_4Br_2$	Komp.[1]	Gelbe Nadeln (aus verd. Alk. od. Benz.)
20	„ -2, 5-dibromphenyl-hydrazon	$C_{12}H_{16}O_4N_2Br_2$	Komp.[1]	Krystalle (aus verd. Alk.)
21	„ -3, 4-dibromphenyl-hydrazon	$C_6H_{10}O_4 : N \cdot NH \cdot C_6H_3Br_2$	Komp.[1]	Krystalle
22	„ -2, 4-dibromphenyl-hydrazon	$C_{12}H_{16}O_4N_2Br_2$	Komp.[1]	Kryst. (aus Toluol)
23	„ -m-iodphenyl-hydrazon	$C_{12}H_{17}O_4N_2J$	Komp.[1]	Kryst. (aus Alk.)
24	„ -m-iodphenyl-osazon	$C_{18}H_{20}O_3N_4J_2$	Komp.[1]	Gelbe Nadeln (aus Alk.)
25	„ -p-iodphenyl-hydrazon	$C_{12}H_{17}O_4N_2J$	Komp.[1]	(Kryst. (aus Alk.)
26	„ -p-iodphenyl-osazon	$C_{18}H_{20}O_3N_4J_2$	Komp.[1]	Gelbe Krystalle (aus Alk.)
27	d-Rhamnose-phenyl-osazon (Isorhodeose-phenyl-osazon)	$C_{18}H_{22}O_3N_4$	Komp.[1]. Ebenso a. d-Isorhamnose (Isorhodeose)	Gelbe Prismen oder Nadeln (aus verd. Alk.)
28	Isorhodeose-benzylphenyl-hydrazon	$C_{19}H_{24}O_4N_2$	Komp.[1]	Amorph
29	„ -phenyl-hydrazon	$C_{12}H_{18}O_4N_2$	Komp.[1]	Krystalle
30	„ -p-bromphenyl-osazon	$C_{18}H_{20}O_3N_4Br_2$	Komp.[1]	Gelbe Krystalle (aus verd. Alk.)
31	Epirhodeose-methylphenyl-hydrazon	$C_6H_{12}O_4 : N_2 \cdot C_6H_5 \cdot CH_3$	Komp.[1]	Krystalle (aus verd. Alk.)
32	l-Fucose-phenyl-hydrazon	$C_6H_{12}O_4 \cdot N_2H \cdot C_6H_5$	Komp.[1]	Weiße, rhomb. Tafeln
33	„ -p-bromphenyl-hydrazon	$C_6H_{12}O_4 \cdot N_2H \cdot C_6H_4Br$	Komp.[1]	Perlmutterglänz. Schuppen
34	„ -diphenyl-hydrazon	$C_6H_{12}O_4 : N_2(C_6H_5)_2$	Komp.[1]	Weiße, mikroskop. Nadeln (aus Alk.)
35	„ -methylphenyl-hydrazon	$C_6H_{12}O_4 : N_2(C_6H_5) \cdot CH_3$	Komp.[1]	Weiße Nädelchen
36	„ -benzylphenyl-hydrazon	$C_6H_{12}O_4 : N_2 \cdot C_6H_5 \cdot C_7H_7$	Komp.[1]	Krystalle
37	„ -m-tolyl-hydrazon	$C_{13}H_{19}O_4N_2$	Komp.[1]	Farblose Nadeln (aus 95proz. Alk.)
38	„ -p-toluolsulfonyl-hydrazon	$C_{13}H_{20}O_6N_2S$	Komp.[1]	Krystalle
39	„ -diphenylmethan-dimethyl-dihydrazon	$\left[\begin{array}{c} C_6H_4- \\ \mid \\ N(CH_3) \\ \mid \\ N \\ \parallel \\ C_6H_{12}O_4 \end{array} \right]_2 CH_2$	Komp.[1]	Krystalle (aus Pyrid.+Alk.)

Hydrazin=Derivate der Methylpentosen.

Schmelz= und Siedepunkt	Optisches Drehungsvermögen	Löslichkeit	Analytisches; Diverses	Literatur
215° (Zers.)	—	—	—	[1] **Morrell** u. **Crofts:** Soc. Lond. **83**, 1284 (1903).
184°	—	—	3,5=dibromph.=hydraz. F = 195—196°	[1] **Votoček** u. **Lukes:** Soc. chim. France [4] **35**, 868 (1924).
153—154°	—	l. l. Methylalk., w. l. H_2O, Äth., Benz.	—	[1] **Votoček** u. **Jiru:** Soc. chim. France [4] **33**, 918 (1923).
150°	—	l. l. h. H_2O	—	[1] **Votoček, Ettel** u. **Koppova:** Soc. chim. France [4] **39**, 278 (1926).
161°	—	—	—	[1] **Votoček, Ettel** u. **Koppova:** Soc. chim. France [4] **39**, 278 (1926).
142°	—	—	—	[1] **Votoček, Ettel** u. **Koppova:** Soc. chim. France [4] **39**, 278 (1926).
167°	—	—	—	[1] **Votoček, Ettel** u. **Koppova:** Soc. chim. France [4] **39**, 278 (1926).
190°	—	—	—	[1] **Votoček, Ettel** u. **Koppova:** Soc. chim. France [4] **39**, 278 (1926).
186—187°, 189—190°, 185°, 191°[2])	$[\alpha]_D^{20} = -95,20°$ (in Pyrid., c = 2%)	l. Alk., l. l. Pyrid.	Ident. mit **Isorhodeose= phenyl=osazon.** Ebenso: **d=Isorhamnose= phenyl=osazon.** Dass. f. **Chinovosazon**[2])	[1] **Votoček:** Z. Zuckerind. Böhmen **25**, 297; **27**, 15, 257 — Ber. **44**, 819 (1911). — **Fischer** u. **Zach:** Ber. **45**, 3761 (1912). — **Votoček:** C. 1902, II, 1361. — **Helferich, Klein** u. **Schäfer:** A. **447**, 19 (1926). [2] **Freudenberg** u. **Raschig:** Ber. **62**, 373 (1929).
—	—	s. l. l. in allen Lösungsm.	—	[1] **Votoček:** Z. Zuckerind. Böhmen **25**, 297; **27**, 15, 257.
184—185°	—	—	—	[1] **Votoček:** Ber. **43**, 476 (1910).
221—222°, 225°[2])	—	—	Ident. mit **d=Rhamnose= p=bromphenyl=osazon.** Dass. mit d. entspr. Osaz d. **Chinovose**[2])	[1] **Votoček** u. **Valentin:** Compt. rend. **183**, 62 (1926). [2] **Freudenberg** u. **Raschig:** Ber. **62**, 373 (1929).
175°	—	—	—	[1] **Votoček** u. **Krauz;** Ber. **44**, 362 (1911).
173°	—	—	—	[1] **Tollens** u. **Widtsoe:** Ber. **33**, 132 (1900). — **Votoček:** Ber. **37**, 3859 (1904).
181—183°	—	l. l. Alk. 50proz., w. l. Alk. absol.	—	[1] **Tollens** u. **Widtsoe:** Ber. **33**, 132 (1900).
198°	—	z. l. 96proz. Alk., w. l. verd. Alk., f. unl. H_2O, Äther	—	[1] **Müther** u. **Tollens:** Ber. **37**, 306 (1904).
177°	—	Lösl. w. vor.	—	[1] **Müther** u. **Tollens:** Ber. **37**, 306 (1904).
172—173°	—	—	—	[1] **Müther** u. **Tollens:** Ber. **37**, 306 (1904).
165°	—	—	—	[1] **Haar:** Rec. trav. Pays-Bas **39**, 191 (1919).
174°	$[\alpha]_D^{19} = -17,0°$ (in Pyrid.)	—	—	[1] **Freudenberg** u. **Raschig:** Ber. **62**, 373 (1929).
221°	—	—	—	[1] **Votoček:** C. 1919, III, 1047.

Tabelle 32 (Fortsetzung).

Nr	Name	Formel, Konstitution	Vorkommen, Bildung, Darstellung	Krystallogr. Eigenschaften
40	l-Fucose-phenyl-osazon	$C_6H_{12}O_4 \cdot (N_2H \cdot C_6H_5)_2$	Komp.[1] Dass. aus Epifucose	Krystalle
41	„ -p-bromphenyl-osazon	$C_{18}H_{20}O_3N_4Br_2$	Komp.[1] Ebenso aus Epifucose	Krystalle
42	Rhodeose-p-bromphenyl-hydrazon	$C_6H_{12}O_4 \cdot N_2H \cdot C_6H_4Br$	Komp.[1]	Seidige Nadeln
43	„ -methylphenyl-hydrazon	$C_6H_{12}O_4 \cdot N_2 \cdot C_6H_5 \cdot CH_3$	Komp. in alk. Lösg.[1]	Farbl. seidige Nadeln
44	„ -äthylphenyl-hydrazon	$C_6H_{12}O_4 \cdot N_2 \cdot C_6H_5 \cdot C_2H_5$	Komp.[1]	Farbl. glänzende Nadeln
45	„ -benzylphenyl-hydrazon	$C_6H_{12}O_4 \cdot N_2 \cdot C_6H_5 \cdot C_7H_7$	Komp.[1]	Weiße Nadeln
46	„ -diphenyl-hydrazon	$C_{18}H_{22}N_2O_4$	Komp.[1]	Weiße Nadeln (aus sied. Alk.)
47	„ -dihydrazon (siehe Nr 39)	$C_{27}H_{40}O_8N_4$	Komp.[1]	Krystalle (aus Pyrid.+Alk.)
48	„ -p-toluolsulfonyl-hydrazon	$C_{13}H_{20}O_6N_2S$	Komp.[1]	Nadeln (aus 95 proz. Alk.)
49	„ -phenyl-osazon	$C_6H_{12}O_4 \cdot (N_2H \cdot C_6H_5)_2$	Komp.[1]. Ebenso aus Epirhodeose	Gelbe Krystalle
50	d, l-Fucose-phenyl-osazon	$C_{18}H_{22}O_3N_4$	Durch Umkrystallis. eines Gemenges gleicher Tle. d. Komp. aus Alk.[1]	Krystalle
51	l-Altromethylose-phenyl-hydrazon	$C_{12}H_{18}O_4N_2$	Komp.[1]	Feine weiße Nad. (aus Alk.)
52	„ -phenyl-osazon	$C_{18}H_{23}O_3N_4$	Komp.[1]	Hellgelbe Flocken
53	„ -p-bromphenyl-hydrazon	$C_{12}H_{17}O_4N_2Br$	Komp.[1]	Prismen (aus Alk.+Äth.-Zus.)
54	„ -p-bromphenyl-osazon	$C_{18}H_{20}O_3N_4Br_2$	Komp.[1]	Nadeln (aus Essigs.+Methyl-alk.)
55	Methylpentose-phenyl-osazon	$C_{18}H_{22}O_3N_4$	Komp.[1]	Gelbe Nadeln
56	Eiweiß-Methylpentose-phenyl-osazon	$C_{18}H_{22}O_3N_4$	Komp.[1]	Rosetten gelber Nadeln

Tabelle 33.

Nr	Name	Formel, Konstitution	Vorkommen, Bildung, Darstellung	Krystallogr. Eigenschaften
1	d-Allose-p-bromphenyl-hydrazon	$C_{12}H_{17}O_5N_2Br$	Komp.[1]	Seidige Blättchen (aus h. H_2O)
2	d-Altrose-benzylphenyl-hydrazon	$C_{19}H_{24}O_5N_2$	Komp.[1]	Gelbl. Blättchen (aus Alk.)

Hydrazin=Derivate der Methylpentosen.

Schmelz- und Siedepunkt	Optisches Drehungsvermögen	Löslichkeit	Analytisches; Diverses	Literatur
177—178°[1]; 177,5°[2]	—	—	Ident. mit **Epifucose-phenyl-osazon.**	[1] **Votoček:** Ber. **37**, 3859 (1904). — **Mayer** u. **Tollens:** Ber. **38**, 3021 (1905).
204°	—	—	Ident. mit **Epifucose-p-bromphenyl-osazon.** Gleiche Eigensch. zeigt das **Rhodeose-p-brom-phenyl-osazon**	[1] **Votoček** u. **Červeny:** Ber. **48**, 659 (1915).
184°	—	l. l. h. Alk.	**Osazon:** Gelbe Kryst.[2] F = 202—204°	[1] **Votoček:** Ber. **24**, 248 (1891); **25**, 297 (1892); **27**, 15 (1894). [2] **Votoček:** Ber. **43**, 476 (1910).
181°	—	l. sied. H_2O, l. l. sied. Alk.	—	[1] **Votoček:** Ber. **24**, 248 (1891); **25**, 297 (1892); **27**, 15 (1894).
193°	—	schw. l. verd. Alk., l. l. Alk. 96%	—	[1] **Votoček:** Ber. **24**, 248 (1891); **25**, 297 (1892); **27**, 15 (1894).
179°	—	l. l. h. Alk.	—	[1] **Votoček:** Ber. **24**, 248 (1891); **25**, 297 (1892); **27**, 15 (1894).
199°	—	s. schw. l. in allen Solv.	—	[1] **Votoček:** Ber. **24**, 248 (1891); **25**, 297 (1892); **27**, 15 (1894).
218°	—	—	—	[1] **Votoček:** C. **1919**, III, 1047.
175°	$[\alpha]_D^{17} = +17,1°$ (in Pyridin)	—	—	[1] **Freudenberg** u. **Raschig:** Ber. **62**, 373 (1929).
172°[1] (177—178° Zers.)	—	l. l. k. u. h. Aceton, l. Alk.	Ident. mit **Epirhodeose-phenyl-osazon**	[1] **Votoček:** Ber. **24**, 248 (1891); **25**, 297 (1892); **27**, 15 (1894).
187°	—	—	—	[1] **Votoček:** Ber. **37**, 3861 (1904).
132°	$[\alpha]_D = ca. -1°$ (in Pyrid.)	—	—	[1] **Freudenberg** u. **Raschig:** Ber. **62**, 373 (1929).
185°	$[\alpha]_D = +75°$ (in Pyrid.)	—	—	[1] **Freudenberg** u. **Raschig:** Ber. **62**, 373 (1929).
178°	—	f. unl. Alk., H_2O, Äth.	Aus Amylalk. + Zusatz von Acetonitril: Blätter, F = 155°	[1] **Freudenberg** u. **Raschig:** Ber. **62**, 373 (1929).
203°	—	—	—	[1] **Freudenberg** u. **Raschig:** Ber **62**, 373 (1929).
178°	linksdrehend	—	Aus d. Methylpentose aus Anhydrodigitoxose	[1] **Windaus** u. **Schwarte:** Nachr. Ges. Göttingen **1926**, 1.
181°	—	—	—	[1] **Weiß:** Chem.-Z. **23**, R 292 (1898).

Hydrazin=Derivate der Hexosen.

Schmelz- und Siedepunkt	Optisches Drehungsvermögen	Löslichkeit	Analytisches; Diverses	Literatur
Sintert 143° F = 145 bis 147°	$[\alpha]_D^{30} = -6,7°$	l. l. h. Alk.	—	[1] **Levene** u. **Jacobs:** Ber. **43**, 3141 (1910).
Sintert 145° F = 148 bis 150°	$[\alpha]_D = +13°$ (in Alkoh.)	—	—	[1] **Levene** u. **Jacobs:** Ber. **43**, 3141 (1910).

Tabelle 33 (Fortsetzung).

Nr	Name	Formel, Konstitution	Vorkommen, Bildung, Darstellung	Krystallogr. Eigenschaften
3	**d-Altrose-phenyl-osazon** (d-Allosazon)	$C_{18}H_{22}O_4N_4$	Komp.[1]. Ebenso aus d-Allose	Dünne Nadeln oder Blättchen (aus 50 proz. Alk.)
4	**d-Talose-phenyl-hydrazon**	$C_{12}H_{18}O_5N_2$	Komp.[1]	Weißgelbe Kryst.-blättchen
5	„ **-methylphenyl-hydrazon**	$C_{13}H_{20}O_5N_2$	Komp.[1]	Krystalle (aus Methylalk.)
6	„ **-benzylphenyl-hydrazon**	$C_{19}H_{24}O_5N_2$	Komp.[1]	Gelbl. Blättchen
7	„ **-p-bromphenyl-hydrazon**	$C_{12}H_{17}O_5N_2Br$	Komp.[1]	Krystalle (aus Alk.)
8	„ **-diphenylmethan-dimethyl-dihydrazon**	$C_{27}H_{40}O_{10}N_4$	Komp.[1]	Bräunl. Pulver (aus Pyrid.+Alk.)
9	**d-Mannose-phenyl-hydrazon**	$C_{12}H_{18}O_5N_2$	.Komp. in der Kälte[1]	Farbl. glänzende rhomb. Prismen oder Tafeln
10	„ **-methylphenyl-hydrazon**	$C_{13}H_{20}O_5N_2$	Komp.[1]	Weiße Krystalle
11	„ **-äthylphenyl-hydrazon**	$C_6H_{12}O_5 : N_2 \cdot C_6H_5 \cdot C_2H_5$	Komp.[1]	Gelbe Nadeln
12	„ **-amylphenyl-hydrazon**	$C_{17}H_{28}O_5N_2$	Komp.[1]	Hellgelbe Nadeln
13	„ **-allylphenyl-hydrazon**	$C_{15}H_{22}O_5N_2$	Komp.[1]	Hellgelbe Nadeln
14	„ **-benzylphenyl-hydrazon**	$C_{19}H_{24}O_5N_2$	Komp.[1]	Nadeln
15	„ **-β-naphthyl-hydrazon**	$C_{16}H_{20}O_5N_2$	Komp.[1]	Braune Kryst.[1]. Warzen feiner weißer Nadeln[2]
16	„ **-diphenyl-hydrazon**	$C_6H_{12}O_5 : N_2 \cdot (C_6H_5)_2$	Komp.[1]	Krystalle
17	„ **-cyclohexyl-hydrazon**	$C_{12}H_{24}O_5N_2$	Komp.[1]	Farbl. Nadeln (aus H_2O)
18	„ **-p-tolyl-hydrazon**	$C_{13}H_{19}O_5N_2$	Komp.[1]	Krystalle (aus Alk.)
19	„ **-diphenylmethan-dimethyl-mono-hydrazon**	$C_{21}H_{30}O_5N_4$	Komp.[1]	Krystalle
20	„ **-diphenylmethan-dimethyl-dihydrazon**	$H_{27}H_{40}O_{10}N_4$	Komp.[1]	Amorphes Pulver
21	„ **-diphenylmethan-diäthyl-dihydrazon**	$C_{29}H_{44}O_{10}N_4$	Komp.[1]	Amorph
22	„ **-p-bromphenyl-hydrazon**	$C_{12}H_{17}O_5N_2Br$	Komp.[1]	Seidige Täfelchen
23	„ **-o-nitrophenyl-hydrazon**	$C_{12}H_{17}O_7N_3$	Komp.[1]	Krystalle[1]. Gelbe Krystalle[2] (aus Methylalk.)

Hydrazin=Derivate der Hexosen.

Schmelz- und Siedepunkt	Optisches Drehungsvermögen	Löslichkeit	Analytisches; Diverses	Literatur
178° (189° Zers.)	$[\alpha]_D = -0,4° \rightarrow -0,29°$ (0,1 g: 5 ccm Pyrid.-Alk.)	—	Identisch mit **d-Allose-phenyl-osazon**	[1] **Levene** u. **Jacobs**: Ber. **43**, 3141 (1910). — **Levene** u. **La Forge**: J. Biol. Chem. **20**, 429 (1915).
178° (Zers.)	—	l. l. H_2O [2]	—	[1] **Braun** u. **Bayer**: Ber. **58**, 2215 (1925). [2] **Fischer**: Ber. **24**, 3622 (1891).
154° [1] 220—222° [2]	—	—	—	[1] **Blanksma** u. **Ekenstein**: Chem. Weekblad **5**, 777 (1908). [2] **Braun** u. **Bayer**: Ber. **58**, 2215 (1925).
199°	—	—	—	[1] **Braun** u. **Bayer**: Ber. **58**, 2215 (1925).
205°	—	—	—	[1] **Braun** u. **Bayer**: Ber. **58**, 2215 (1925).
185°	—	l. Alk., unl. verd. Essigs.	—	[1] **Braun** u. **Bayer**: Ber. **58**, 2215 (1925).
195—200° [1] 199—200° [2]	$[\alpha]_D = +26,66°$ [2] (in Pyrid., c=6%). $\alpha_D = -1°, 2'$ [3] (in HCl)	s. schw. l. k. H_2O; l. h. H_2O; w. l. Alk., Äther, Benzol, Aceton; l. l. ver. Alk.	Red. stark heiße Fehl. Lösg. Acetat: $C_{22}H_{28}O_{10}N_2$, oder: $C_{24}H_{30}O_{11}N_2$. F = 60 — 70° [2]	[1] **Tollens** u. **Gans**: Ber. **21**, 2150 (1888). — **Fischer**: Ber. **20**, 821 (1887); **22**, 1805 (1889). [2] **Hofmann**: A. **366**, 277 (1909). [3] **Fischer**: Ber. **23**, 385 (1890).
178°	$[\alpha]_D = +8,6°$ (in Methylalk., c=0,5%)	w. l. H_2O, Alk., l. Methylalk.	—	[1] **Bruyn** u. **Ekenstein**: Rec. trav. Pays-Bas **15**, 226 (1896).
159°	$[\alpha]_D = +14,6°$ (in Methylalk., c=0,5%)	w. l. H_2O, Alk., Methylalk.	—	[1] **Bruyn** u. **Ekenstein**: Rec. trav. Pays-Bas **15**, 226 (1896).
134°	$[\alpha]_D = -9,2°$ (in Methylalk., c=0,5%)	schw. l. H_2O, l. Alk., l. l. Methylalk.	—	[1] **Bruyn** u. **Ekenstein**: Rec. trav. Pays-Bas **15**, 226 (1896).
142°	$[\alpha]_D = +25,7°$ (in Methylalk.) $+16,8°$ (Eisessig)	schw. l. H_2O, Alk., l. l. Methylalk., Eisessig	—	[1] **Bruyn** u. **Ekenstein**: Rec. trav. Pays-Bas **15**, 226 (1896).
165°	$[\alpha]_D = +29,8°$ (in Methylalk.) $-10,6°$ (in Eisessig)	s. schw. l. H_2O, w. l. Alk., Methylalk., l. l. Eisessig	—	[1] **Bruyn** u. **Ekenstein**: Rec. trav. Pays-Bas **15**, 226 (1896).
157° [1] 186° [2]	$[\alpha]_D = +16,8°$ (in Methylalk.) inaktiv in Eisessig	f. unl. H_2O, Alk., l. l. Methylalk., Eisessig	—	[1] **Bruyn** u. **Ekenstein**: Rec. trav. Pays-Bas **15**, 226 (1896). [2] **Hilger**: Ber. **36**, 3198 (1903).
155°	—	s. schw. l. in allen Solvent.	—	[1] **Stahel**: A. **258**, 242 (1890).
143°	$[\alpha]_D = +2,65°$ (in H_2O, c=5,2%)	—	—	[1] **Kishner**: J. Russ. Phys.-Chem. Ges. **46**, 1409 (1914).
190—191°	schwach rechtsdrehend	s. w. l. H_2O, Alk.	—	[1] **Haar**: Rec. trav. Pays-Bas **36**, 346 (1917); **39**, 191 (1920).
165°	—	l. l. Alk., unl. verd. Essigs.	—	[1] **Braun** u. **Bayer**: Ber. **58**, 2215 (1925).
179°	—	—	—	[1] **Braun**: Ber. **43**, 1495 (1910).
183°	—	—	—	[1] **Braun**: Ber. **43**, 1495 (1910).
208—210°	—	unl. Chlorof., w. l. h. H_2O, verd. Alk., Äth., Benzol, Essigest., l. l. h. Eisessig	—	[1] **Naumann** u. **Kölle**: Z. phys. Ch. **29**, 429 (1898).
171° [1] 173° [2]	$[\alpha]_D = +16,0°$ [1]	s. w. l. Alk., z. w. l. Methylalk.	—	[1] **Ekenstein** u. **Blanksma**: Rec. trav. Pays-Bas **24**, 33 (1905). [2] **Reclaire**: Ber. **41**, 3665 (1908).

Tabelle 33 (Fortsetzung).

Nr	Name	Formel, Konstitution	Vorkommen, Bildung, Darstellung	Krystallogr. Eigenschaften
24	d-Mannose-m-nitrophenyl-hydrazon	$C_{12}H_{17}O_7N_3$	Komp. in alkoh. Lösg.[1]	Gelbe Krystalle
25	„ -m-nitrophenyl-osazon	$C_{18}H_{22}O_8N_2$	Komp. in essigs. Lösg.[1]	Rotes Pulver
26	„ -p-nitrophenyl-hydrazon	$C_{12}H_{17}O_7N_3$	Komp. in methyl-alkohol. Lösg.[1]	Gelbe Krystalle (aus H_2O)
27	l-Mannose-phenyl-hydrazon	$C_{12}H_{18}O_5N_2$	Komp. in d. Kälte[1]	Farbl. Krystalle
28	i-Mannose-phenyl-hydrazon	$C_{12}H_{18}O_5N_2$	Komp.[1]	Krystalle
29	d-Gulose-phenyl-hydrazon	$C_{12}H_{18}O_5N_2$	Komp. in d. Kälte[1]	Feine weiße Nadeln
30	„ -benzylphenyl-hydrazon	$C_{19}H_{24}O_5N_2$	Komp.[1]	Gelbe Nadeln
31	„ -p-bromphenyl-osazon	$C_{18}H_{20}O_4N_4Br_2$	Komp.[1]	Glänz. gelbe Nadeln
32	„ -phenyl-osazon	$C_{18}H_{22}O_4N_4$	Komp.[1]. Ebenso aus d-Sor-bose oder d-Idose	Gelbe Flocken (aus H_2O)
33	i-Gulose-phenyl-hydrazon	$C_{12}H_{18}O_5N_2$	Komp. in d. Kälte[1]	Feine farbl. Nadeln
34	„ -phenyl-osazon	$C_{18}H_{22}O_4N_4$	Komp.[1]	Kl. gelbe Nadeln (aus Essigester)
35	„ -p-bromphenyl-osazon	$C_{18}H_{20}O_4N_4Br_2$	Komp. in alkohol. Lösg. in d. Wärme[1]	Feine Nadeln (aus Essigester)
36	d-Galaktose-phenyl-hydrazon	$C_{12}H_{18}O_5N_2$	Komp. in wässer. Lösg.[1]	Feine Nadeln oder Prismen (aus Alk.)
37	„ -phenyl-hydrazon-acetat	$C_{22}H_{28}O_{10}N_2$ oder: $C_{24}H_{30}O_{11}N_2$	Aus obigem mit Essigs.-Anhydr.[1]	Farbl. Blättchen (aus Alk.)
38	„ -phenyl-osazon	$C_{18}H_{22}O_4N_4$	Komp. i. d. Wärme[1]. Ebenso a. d-Talose und d-Tagatose	Derbe gelbe Nadeln
39	„ -methylphenyl-hydrazon	$C_{13}H_{20}O_5N_2$	Komp.[1]	Weiße Nadeln[1]. Aus 96proz. Alk. monokl. Blätter[3]. Aus h. wäßr. Lösg. rhomb. Nadeln m. 1 H_2O

Hydrazin=Derivate der Hexosen.

Schmelz- und Siedepunkt	Optisches Drehungsvermögen	Löslichkeit	Analytisches; Diverses	Literatur
162—$163°$ 166—$167°$[2])	$[\alpha]_D = +10,7°$	l. l. Alk., w. l. H_2O	—	[1]) **Ekenstein** u. **Blanksma**: Rec. trav. Pays-Bas **24**, 33 (1905). — **Reclaire**: Ber. **41**, 3665 (1908). [2]) **Haar**: Chem. Weekblad **14**, 147 (1917).
$214°$	—	—	—	[1]) **Reclaire**: Ber. **41**, 3665 (1908).
$190°$[1]) 194—$195°$[2])	—	—	Aus essigs. Lösung eine andere Modifikation $F = 202°$[1])	[1]) **Ekenstein** u. **Blanksma**: Rec. trav. Pays-Bas **22**, 434 (1903). [2]) **Reclaire**: Ber. **41**, 3665 (1908).
$195°$	$[\alpha]_D = +1,2°$ (in HCl)	schw. l. H_2O	—	[1]) **Fischer**: Ber. **23**, 381 (1890).
($195°$ (Zers.)	—	—	—	[1]) **Fischer**: Ber. **23**, 381 (1890).
$143°$	—	schw. l. k. H_2O, Alk., l. l. h. Alk., s. l. l. h. H_2O	—	[1]) **Fischer** u. **Stahel**: Ber. **24**, 533 (1891).
$124°$	$[\alpha]_D = -24°$ (in Methylalk., $c = 0,5\%$)	—	—	[1]) **Bruyn** u. **Ekenstein**: Rec. trav. Pays-Bas **19**, 182 (1900).
$186°$	$[\alpha]_D = 0,0° \rightarrow +16°$	—	—	[1]) **Levene**: J. Biol. Ch. **59**, 465 (1924).
$156°$[1]) $160°$[2]) ($185°$ Zers.)	$[\alpha]_D^{17} = 0° \rightarrow +16°$[2]) (in Pyrid.) $[\alpha]_D = +6°$[3]) (in Methylalk., $c = 0,4\%$)	l. h. H_2O, verd. Alk.	Identisch mit **d-Sorbose-phenyl-osazon** und **d-Idose-phenyl-osazon**	[1]) **Fischer**: Ber. **24**, 533 (1891). [2]) **Levene**: J. Biol. Ch. **59**, 465 (1924). [3]) **Bruyn** u. **Ekenstein**: Rec. trav. Pays-Bas **19**, 7 (1900).
$143°$	—	s. w. l. k. H_2O, w. l. h. Alk	—	[1]) **Fischer** u. **Curtiss**: Ber. **25**, 1025 (1892).
157—$159°$	—	w. l. h. H_2O	Ident. mit den entspr. d-Idose- u. d-Sorbose-Osaz.	[1]) **Fischer** u. **Curtiss**: Ber. **25**, 1025 (1892).
180—$183°$ (Zers.)	—	—	Ident. mit den entspr. d-Idose- u. d-Sorbose-Osaz.	[1]) **Fischer** u. **Curtiss**: Ber. **25**, 1025 (1892).
$158°$[1]) Sintert: $158°$[2]) $F = 160$-$162°$ (Zers.)	$[\alpha]_D^{20} = -21,6°$ (in H_2O, $c = 2\%$)[1]). $[\alpha]_D = +20,54° \rightarrow +9,34°$ (in Pyrid., $c = 4\%$)[2])	w. l. k. H_2O, Alk., s. w. l. Äth., l. l. Pyrid., l. l. h. Alk., unl. Chlorof.	**Pyridin-Verbindung:** $C_{12}H_{18}O_5N_2 \cdot C_5H_5N$; weiße Blättchen, $F = 156$—$158°$. $[\alpha]_D = -17,91°$ (in H_2O $c = 0,6\%$)[2])	[1]) **Fischer** u. **Tafel**: Ber. **20**, 821, 2566 (1887). [2]) **Hofmann**: A. **366**, 277 (1909).
Sintert: $135°$ $F = 137$-$139°$	$[\alpha]_D = +44,96° \rightarrow +42,21°$ (in Pyrid., $c = 2,5\%$)	—	**Pyridin-Verbindung:** Weiße Blättch. Sintert: $103°$; $F = 108$—$110°$. $[\alpha]_D = +37,91° \rightarrow +36,79°$ (in Pyridin, $c = 4,4\%$)	[1]) **Hofmann**: A. **366**, 277 (1909).
Sintert: 180—$182°$[1]) $F = 188$-$191°$ 196—$197°$[2]) $201°$[3]) ($202°$ Zers.)	$\alpha_D = +0°, 48'$ (in Pyrid.-Alk.)[4]) $\alpha_D = +0°, 73' \rightarrow +0°, 34'$ ($0,1$ g in 5 ccm Pyrid.-Alk.)[3])	w. l. k. H_2O, Benz., Chlorof., z. l. Äth., l. l. h. H_2O, Alk., l. l. verd. Alk., Eisessig [5])	Ident. mit **d-Talose-phenyl-osazon** und **d-Tagatose-phenyl-osazon**	[1]) **Fischer**: Ber. **20**, 821 (1887). — **Tollens**: Ber. **20**, 1004 (1887). [2]) **Fischer** u. **Tafel**: Ber. **20**, 3390 (1887). — **Beythien** u. **Tollens**: Z. Ver. D. Zuckerind. **39**, 917. [3]) **Levene** u. **La Forge**: J. Biol. Chem. **20**, 429 (1915). [4]) **Neuberg**: Ber. **32**, 3384 (1899). [5]) **Fischer**: Ber. **17**, 579 (1884).
$180°$[1]) 180—$183°$[2]) $190°$[3]) 185—$187°$ (mit 1 H_2O)	—	l. l. H_2O, l. Alk., s. l. l. Methylalk.	—	[1]) **Bruyn** u. **Ekenstein**: Rec. trav. Pays-Bas **15**, 226 (1896). [2]) **Ofner**: C. **1907**, I, 995. [3]) **Votoček**: Soc. chim. France [4] **29**, 406 (1921).

Nr	Name	Formel, Konstitution	Vorkommen, Bildung, Darstellung	Krystallogr. Eigenschaften
40	d-Galaktose-äthylphenyl-hydrazon	$C_{14}H_{22}O_5N_2$	Komp.[1]	Weiße Nadeln
41	„ -amylphenyl-hydrazon	$C_{17}H_{28}O_5N_2$	Komp.[1]	Hellgelbe Nadeln
42	„ -allylphenyl-hydrazon	$C_{15}H_{22}O_5N_2$	Komp.[1]	Hellgelbe Nadeln
43	„ -benzylphenyl-hydrazon	$C_{19}H_{24}O_5N_2$	Komp.[1]	Hellgelbe Nadeln
44	„ -benzylphenyl-hydrazon-acetat	$C_{29}H_{34}O_{10}N_2$	Aus vorig. mit Essigs.-Anhydr.[1]	Farbl. Prismen od. Tafeln (aus Alk. od. Äther)
45	„ -diphenyl-hydrazon	$C_{18}H_{22}O_5N_2$	Komp.[1]	Krystalle
46	„ -β-naphthyl-hydrazon	$C_{16}H_{20}O_5N_2$	Komp.[1]	Braune Nadeln[1]. Weiße Warzen[2]
47	„ -diphenylmethan-dimethyl-dihydrazon	$CH_2[C_6H_4 \cdot N(CH_3) \cdot N : C_6H_{12}O_5]_2$	Komp.[1]	Amorphes Pulver
48	„ -benzoyl-dihydromethyl-indol-hydrazon	$C_{22}H_{27}O_6N_3$	Komp. in konz. Lösg.[1]	Farbl. Krystalle
49	„ -p-tolyl-hydrazon	$C_{13}H_{20}O_5N_2$	Komp.[1]	Stäbchen (aus Alk.)
50	„ -o-tolyl-hydrazon	$C_{13}H_{20}O_5N_2$	Komp. in verd. alkohol. Lösg. u. Erhitzen[1]	Nadeln (aus Alk.)
51	„ -m-tolyl-hydrazon	$C_{13}H_{20}O_5N_2$	Komp.[1]	Farbl. Nadeln (aus Alk. od. H_2O)
52	„ -p-nitrophenyl-hydrazon	$C_{12}H_{17}O_7N_3$	Komp. in alkoh. Lösg.[1]	Citroneng. Kryst.
53	„ -m-nitrophenyl-hydrazon	$C_{12}H_{17}O_7N_3$	Komp.[1]	Gelbe Krystalle
54	„ -o-nitrophenyl-hydrazon	$C_{12}H_{17}O_7N_3$	Komp.[1]	Rotgelbe, volumin. Krystallmasse[2]
55	„ -dinitrodibenzyl-hydrazon	$C_6H_{12}O_5 : N \cdot N(CH_2 \cdot C_6H_4 \cdot NO_2)_2$	Komp.[1]	Krystalle
56	„ -p-bromphenyl-hydrazon	$C_{12}H_{17}O_5N_2Br$	Komp.[1]	Krystalle. Nadeln[2]
57	„ -2, 4-dibromphenyl-hydrazon	$C_{12}H_{16}O_5N_2Br_2$	Komp. in alkoh. Lösg.[1]	Mikroskop. Nadeln (aus verd. Alk.)

Hydrazin=Derivate der Hexosen.

Schmelz- und Siedepunkt	Optisches Drehungsvermögen	Löslichkeit	Analytisches; Diverses	Literatur
169°	inaktiv (in Methylalk.)	w. l. H_2O, Alk., unl. Eisessig	—	[1] Bruyn u. Ekenstein: Rec. trav. Pays-Bas 15, 226 (1896).
116° 127—128°[2])	$[\alpha]_D = +4{,}4°$ (in Methylalk.)	w. l. H_2O, Alk., l. l. Methylalk.	—	[1] Bruyn u. Ekenstein: Rec. trav. Pays-Bas 15, 226 (1896). [2] Neuberg u. Federer: Ber. 38, 868 (1905).
157°	$[\alpha]_D = -8{,}6°$ (in Methylalk.)	w. l. H_2O, Alk., l. l. Methylalk.	—	[1] Bruyn u. Ekenstein: Rec. trav. Pays-Bas 15, 226 (1896).
154° 157—158°[2])	$[\alpha]_D = -17{,}2°$ (in Methylalk.). $[\alpha]_D = -14{,}63°$ (in Pyrid., c$=$6%)[2]	w. l. H_2O, absol. Alk., schw. l. Methylalk.	**Pyrid.-Verbindg.:** Kryst. Sint. 106°, F$=$110-112° $[\alpha]_D = -11{,}60°$ (Pyrid., c$=$4%)[2]	[1] Bruyn u. Ekenstein: Rec. trav. Pays-Bas 15, 226 (1896). [2] Hofmann: A. 366, 277 (1909).
Sintert: 125° F$=$128-130°	$[\alpha]_D = +93{,}32°$ (in Pyrid., c$=$5%)	—	**Pyrid.-Verbindg.:** Weiße Blättch. F$=$105—110°. $[\alpha]_D = +82{,}10°$ (in Pyrid., c$=$4%)	[1] Hofmann: A. 366, 277 (1909).
157°	—	—	—	[1] Stahel: A. 258, 942 (1890).
167°[1]) 190°[2])	$[\alpha]_D = +24{,}8°$ (in Methylalk.)[1] $+2°$ (in Eisessig)	schw. l. H_2O, k. Alk., l. l. Methylalk., unl. Äther	—	[1] Bruyn u. Ekenstein: Ber. 35, 3083 (1902). [2] Hilger u. Rothenfusser: Ber. 35, 1842, 3198 (1902).
185°	—	—	Monohydrazon: $C_{21}H_{30}O_5N_4$. F$=$175°[2]	[1] Braun: Ber. 43, 1495 (1910). [2] Braun u. Bayer: Ber. 58, 2215 (1925).
181° (Zers.)	—	k. l. Alk., s. schw. l. h. H_2O, s. l. l. Pyrid.	—	[1] Braun: Ber. 49, 1266 (1916).
168° (164° aus H_2O)	schwach rechtsdrehend	s. w. l. Benzol, Chlorof., Äth., schw. l. Aceton, l. l. h. Alk., h. H_2O, w. l. k. H_2O, l. l. Pyrid., Eisessig	—	[1] Haar: Rec. trav. Pays-Bas 36, 346 (1917).
176°	—	f. unl. H_2O, w. l. k. Alk., l. h. Alk., h. H_2O, l. l. Pyrid.	—	[1] Haar: Rec. trav. Pays-Bas 37, 108 (1918).
154°	—	—	—	[1] Haar: Rec. trav. Pays-Bas 39, 191 (1920).
192°[1]) 194°[2])	$[\alpha]_D = +45{,}6°$[1]	z. w. l. Alk.	—	[1] Ekenstein u. Blanksma: Rec. trav. Pays-Bas 22, 434 (1903). [2] Reclaire: Ber. 41, 3665 (1908).
182°[1]) 181—182°[2]) 181°[3])	ca. 0° (in CH_3OH od. Eisessig)	w. l. H_2O, z. w. l. Alk., l. h. Alk.	—	[1] Ekenstein u. Blanksma: Rec. trav. Pays-Bas 24, 33 (1905). [2] Reclaire: Ber. 41, 3665 (1908). [3] Haar: Chem. Weekblad 14, 147 (1917).
178°[1]) 172°[2])	$[\alpha]_D = -26{,}8°$	z. w. l. Alk.	Gelatiniert leicht	[1] Ekenstein u. Blanksma: Rec. trav. Pays-Bas 24, 33 (1905). [2] Reclaire: Ber. 41, 3665 (1908).
153°	—	—	—	[1] Ekenstein u. Blanksma: Rec. trav. Pays-Bas 22, 434 (1903).
168°[1]) 165—170°[2]) (sintert 164°)	—	unl. k. H_2O, Äther	—	[1] Naumann: Dissert. Würzburg 1892. [2] Hofmann: A. 366, 277 (1909).
191°	—	—	**Monohydrat:** Rhomb. Kryst. F$=$178° (aus d. 30proz. essigs. Lösg. d. Komp.)	[1] Votoček, Ettel u. Koppova: Soc. Chim. France [4] 39, 278 (1926).

Tabelle 33 (Fortsetzung).

Nr	Name	Formel, Konstitution	Vorkommen, Bildung, Darstellung	Krystallogr. Eigenschaften
58	d-Galaktose-o-iodphenyl-hydrazon	$C_{12}H_{17}O_5N_2J$	Komp.[1]	Kryst. (aus Alk.)
59	„ -m-iodphenyl-hydrazon	$C_{12}H_{17}O_5N_2J$	Komp.[1]	Feste Masse (mit Äther)
60	„ -m-iodphenyl-osazon	$C_{18}H_{20}O_4N_4J_2$	Komp.[1]	Krystallin.
61	„ -p-iodphenyl-hydrazon	$C_{12}H_{17}O_5N_2J$	Komp.[1]	Krystallin.
62	„ -p-iodphenyl-osazon	$C_{18}H_{20}O_4N_4J_2$	Komp.[1]	Aus verd. Alk.
63	l-Galaktose-phenyl-hydrazon	$C_{12}H_{18}O_5N_2$	Komp. in d. Kälte[1]	Krystalle
64	„ -phenyl-osazon	$C_{18}H_{22}O_4N_4$	Komp. i. d. Wärme[1]	Krystalle
65	i-Galaktose-phenyl-hydrazon	$C_{12}H_{18}O_5N_2$	Komp.[1]	Farbl. glänzende quadr. Blättchen
66	„ -phenyl-osazon	$C_{18}H_{22}O_4N_4$	Komp.[1]	Krystalle
67	„ -methylphenyl-hydrazon	$C_{13}H_{20}O_5N_2$	Komp.[1]	Weiße Krystalle
68	d-Glucose-phenyl-hydrazon-α	$C_{12}H_{18}O_5N_2$	Aus Glucose mit Phenylhydrazin in alkoh.-essigs. Lösg. bei 20°[1]	Drusen feiner Blättchen
69	„ -phenyl-hydrazon-β	$C_{12}H_{18}O_5N_2$	Aus den Pyrid.- od. Phenylhydrazin-Verbindgn. durch mehrtäg. Stehen mit abs. Alk. Die entspr. Verbindgn. entsteh. aus d. Glucose+Ph.-Hydraz. in alkohol. Lösg.[1]	Prismat. Nadeln
70	„ -phenyl-hydrazon	Gemisch der beiden Formen	Komp. in d. Kälte[1]	Feine Nadeln oder Tafeln. Sehr bitter
71	„ -phenyl-osazon	$C_{18}H_{22}O_4N_4$	Komp. in d. Wärme. Ebenso aus d-Fructose u. d-Mannose[1]	Feine, spießige, gelbe Nadeln

Hydrazin=Derivate der Hexosen.

Schmelz- und Siedepunkt	Optisches Drehungsvermögen	Löslichkeit	Analytisches; Diverses	Literatur
196°	—	—	—	[1] Votoček, Ettel u. Koppova: Soc. Chim. France [4] **39**, 278 (1926).
148°	—	—	—	[1] Votoček, Ettel u. Koppova: Soc. Chim. France [4] **39**, 278 (1926).
168°	—	s. l. l. in allen Solventien	—	[1] Votoček, Ettel u. Koppova: Soc. Chim. France [4] **39**, 278 (1926).
179°	—	—	—	[1] Votoček, Ettel u. Koppova: Soc. Chim. France [4] **39**, 278 (1926).
154—156°	—	l. l. Äther, Aceton	—	[1] Votoček, Ettel u. Koppova: Soc. Chim. France [4] **39**, 278 (1926).
158—160°	$[\alpha]_D = +21{,}6°$ (in H_2O)	schw. l. k. H_2O	—	[1] **Fischer** u. **Hertz**: Ber. **25**, 1247 (1892).
192—195° (Zers.)	inaktiv in Eisessig	—	Gleicht völlig der d-Verbindung	[1] **Fischer** u. **Hertz**: Ber. **25**, 1247 (1892).
158—160° (Zers.)	—	s. schw. l. k., l. l. h. H_2O	—	[1] **Tollens** u. **Oshima**: Ber. **34**, 1422 (1901). — **Fischer** u. **Hertz**: Ber. **25**, 1247 (1892). — **Neuberg** u. **Wohlgemuth**: Z. phys. Ch. **36**, 219 (1902).
206° (Zers.)	—	—	—	[1] **Fischer** u. **Hertz**: Ber. **25**, 1247 (1892).
183°	—	s. l. l. h. H_2O, sonst unl.	—	[1] **Neuberg** u. **Wohlgemuth**: Z. phys. Ch. **36**, 219 (1902).
159—160°	$[\alpha]_D^{19} = -74{,}16° \rightarrow$ $-49{,}50°$ (in H_2O, c = 3,8%). $[\alpha]_D^{19} = -85{,}40°$ (A) (in H_2O + etwas Pyridin)	z. l. l. k. H_2O, s. w. l. k. Alk., Äther	**Acetat:** $C_{22}H_{28}O_{10}N_2$ od. $C_{24}H_{30}O_{11}N_2$. Weiße Nadeln (aus Alk.). F = 152—153°. $[\alpha]_D = +11{,}85°$ (in Pyridin, c = 1,24%)[2] **Hexacetylgluc.=phen.=hydr.** $C_{24}H_{30}O_{11}N_2$ und andere Acetylderivate siehe bei der angegeb. Literatur[3]	[1] **Behrend** u. **Lohr**: A. **362**, 78 (1908). [2] **Hofmann**: A. **366**, 277 (1909). [3] **Behrend** u. **Reinsberg**: A. **377**, 189 (1910).
140—141°	$[\alpha]_D^{19} = -4{,}52° \rightarrow$ $-53{,}74°$ (in H_2O, c = 4%)	z. w. l. k. H_2O, w. l. k. Alk., z. l. l. h. Alk., s. w. l. Äth.	Beim Umkryst. aus Alk. + Essigs. in die α-Form verwandelt. Letztere, mit Alk. gekocht und auf 0° gekühlt, gibt wieder die β-Form. Gibt eine Anzahl von Pyridin- und Phenylhydrazin-Derivaten. **Acetat:** $C_{22}H_{28}O_{10}N_2$. F = 50—70° (Z.). $[\alpha]_D = +96{,}1°$ (in Pyrid., c = 0,4—0,7%)[2]	[1] **Behrend** u. **Lohr**: A. **362**, 78 (1908). [2] **Hofmann**: A. **366**, 277 (1909). — **Behrend** u. **Reinsberg**: A. **377**, 189 (1910).
144—146°	—	l. l. H_2O, h. Alk., l. l. k. konz. HCl, unl. Äth., Benzol, Chlorof.	—	[1] **Fischer**: Ber. **20**, 821 (1887); **37**, 408 (1904).
205°[1] 210°[2] 217°[3] 208°[4]	$\alpha_D = -1°{,}50'$ (in Pyrid.-Alk. 0,2 g : 10 ccm)[5]. $\alpha_D = -0°{,}62' \rightarrow$ $-0°{,}35'$ (0,1 g : 5 ccm Pyrid.-Alk.)[4]. $[\alpha]_{auer} = -50°$ (in Alk., c = 0,2%)[6]	f. unl. h. H_2O, z. l. l. h. Alk., 60%, sied. Aceton, s. w. l. absol. Alk.	Red. h. Fehl. Lösg. Ident. mit **d-Fructose-phenyl=osazon** u. **d-Mannose=phenyl=osazon**	[1] **Fischer**: Ber. **20**, 827 (1887); **21**, 987 (1888); **41**, 73 (1908). [2] **Fischer** u. **Hirschberger**: Ber. **21**, 1805 (1888). [3] **Tutin**: Proc. Soc. Lond. **23**, 250 (1907). [4] **Levene** u. **La Forge**: J. Biol. Ch. **20**, 429 (1915). [5] **Neuberg**: Ber. **32**, 3384 (1899). [6] **Ost**: Chem.-Z. **19**, 1503 (1895).

Tabelle 33 (Fortsetzung).

Nr	Name	Formel, Konstitution	Vorkommen, Bildung, Darstellung	Krystallogr. Eigenschaften
72	d-Glucose-methylphenyl-hydrazon	$C_{13}H_{20}O_5N_2$	Komp. in essigs. Lösg.[1]	Krystalle[1]. Weiße, lange Tafeln (aus 98 proz. Alk.)[2]
73	„ -methylphenyl-osazon	$C_{20}H_{26}O_4N_4$	Komp. in essigs. Lösg. oder aus d-Fructose oder aus Glucosan[1]	Hellgelbe, lange Nadeln (aus Alk. oder Chlorof. + Ligr.)
74	„ -äthylphenyl-hydrazon	$C_{14}H_{22}O_5N_2$	Komp. in alkoh. Lösg.[1]	Nadeln (aus absol. Alk. mit 1 Mol. Alkoh.). Täfelchen (mit 1 Mol. CH_3OH)
75	„ -äthylphenyl-osazon	$C_{22}H_{30}O_4N_4$	Aus essigs. Lösg. d. Komp.[1] (Fructose od. Glucose)	Citronengelbe Nadeln (Essigester)
76	„ -α-amylphenyl-hydrazon	$C_{17}H_{28}O_5N_2$	Komp.[1]	Hellbr. Nadeln
77	„ -α-allylphenyl-hydrazon	$C_{15}H_{22}O_5N_2$	Komp.[1]	Hellg. Nadeln
78	„ -benzylphenyl-hydrazon	$C_{19}H_{24}O_5N_2$	Komp. in alkoh. Lösg.[1]	Hellg. Nadeln oder Prismen
79	„ -benzylphenyl-osazon	$C_{32}H_{34}O_4N_4$	Komp.[1]. Ebenso aus d-Fructose	Gelbe Nadeln
80	„ -diphenyl-hydrazon	$C_{18}H_{22}O_5N_2$	Alkoh. Lösg. d. Komp. i. d. Wärme[1]	Feine schiefe Platten (aus h. H_2O)
81	„ -diphenyl-methan-di-hydrazon	$C_{25}H_{36}O_{10}N_4$: $$\left[\begin{matrix} C_6H_4\text{---} \\ \| \\ NH \\ \| \\ N \\ \| \\ C_6H_{12}O_5 \end{matrix}\right]_2 CH_2$$	Komp. in alkoh. od. essigs. Lösg.[1]	Dunkelgelbes Krystallpulver (aus Essigsäure)
82	„ -β-naphthyl-hydrazon	$C_{16}H_{20}O_5N_2$	Komp.[1]	Braune Nadeln[1]. Gelbl. zersetzliche Warzen[2]
83	„ -p-toluol-sulfohydrazon	$C_{13}H_{20}O_7N_2S$	Komp. in Pyridin[1]	Krystalle
84	„ -nitrobenzyl-hydrazon	$C_{13}H_{17}O_8N_3$	Alkohol. Lösg. d. Komp., Kochen[1]	Weiße Nadeln

Schmelz- und Siedepunkt	Optisches Drehungsvermögen	Löslichkeit	Analytisches; Diverses	Literatur
126—130°[1]) 130°[2])	—	—	—	[1] **Ofner:** Ber. **37**, 4399 (1904). [2] **Neuberg:** Ber. **35**, 965 (1902).
158—160°	$\alpha_D = +1°,40'$ (in Pyrid.-Alk.)	w. l. H_2O, k. Alk., Äth., Benzol, l. l. h. Alk., Chlorof., Aceton, Essigester, h. Benzol, l. l. Pyridin	Es sind gemischte Derivate mit Phenylhydrazin bekannt[2])	[1] **Neuberg** u. **Strauss:** Z. phys. Ch. **36**, 227 (1902). — **Neuberg:** Ber. **35**, 959 (1902). — **Ofner:** Ber. **37**, 3362 (1904). — **Ofner:** Monatsh. f. Chem. **26**, 1165 (1905). [2] **Ofner:** Monatsh. f. Chem. **26**, 1165 (1905).
110° alkoholfrei: 116—118° 112—116°	—	—	—	[1] **Ofner:** Monatsh. f. Chem. **27**, 75 (1906).
143°	—	—	—	[1] **Ofner:** Monatsh. f. Chem. **27**, 75 (1906).
128°	$[\alpha]_D = -6,4°$ (in CH_3OH)	w. l. H_2O, absol. Alk., l. l. CH_3OH	—	[1] **Bruyn** u. **Ekenstein:** Rec. trav. Pays-Bas **15**, 226 (1896). — **Ruff** u. **Ollendorff:** Ber. **32**, 3234 (1899).
155°	$[\alpha]_D = -5,3°$ (in CH_3OH)	—	—	[1] **Bruyn** u. **Ekenstein:** Rec. trav. Pays-Bas **15**, 226 (1896).
165°[1]) 163—164°[2])	$[\alpha]_D = -33,0°$ (in CH_3OH) $= -20,2°$ (in Eisessig)[1]). $[\alpha]_D = -46,33° \rightarrow -48,16°$ (in Pyrid., $c = 4\%$)[2])	w. l. H_2O, schw. l. Alk., CH_3OH, Äth., l. l. Pyrid.	**Acetat:** $C_{29}H_{34}O_{10}N_2$ [2]). Amorph. $F = 60—70°$. $[\alpha]_D = +112,6°$ (in Pyrid., $c = 5,2\%$). **Phenyl-benzylphenyl-osazon:** $C_{25}H_{28}O_4N_4$; $F = 190°$ [3])	[1] **Bruyn** u. **Ekenstein:** Rec. trav. Pays-Bas **15**, 226 (1896). [2] **Hofmann:** A. **366**, 277 (1909). [3] **Ofner:** Ber. **37**, 2623 (1904).
188—190°	$\alpha_D = -1°,32'$ (in Pyrid.-Alk.)	w. l. k. H_2O, Alk., l. l. h. Alk., Aceton, Benzol, Essigester, s. l. l. Pyrid.	Ident. mit **d-Fructose-benzylphenyl-osazon.** Gibt in essigs. Lösg. mit Phenylhydrazin das Glucosazon	[1] **Neuberg:** Ber. **35**, 959 (1902). — **Ofner:** Monatsh. f. Chem. **25**, 621 (1904).
161°	—	l. l. H_2O, h. Alk., unl. Äth., Chlorof., Benzol	**Osazon:** Gelbe Nadeln. $F = 167°$. Ident. mit d. entsprech. Fructosazon[2])	[1] **Stahel:** A. **258**, 242 (1890). — **Hilger** u. **Rothenfusser:** Ber. **35**, 1844 (1902). [2] **Neuberg:** Ber. **35**, 959 (1902).
122—123° (Zers.)	—	—	—	[1] **Borsche** u. **Kienitz:** Ber. **43**, 2333 (1910).
95°[1]) 178—179°[2])	$[\alpha]_D = +40,2°$ (in CH_3OH)[1]). Inakt. in Eisessig	s. schw. l. H_2O, l. l. CH_3OH, schw. l. h. Alk., unl. Äth.	—	[1] **Bruyn** u. **Ekenstein:** Rec. trav. Pays-Bas **15**, 226 (1896). [2] **Hilger** u. **Rothenfusser:** Ber. **35**, 1842 (1902); **36**, 3198 (1903).
179°	$[\alpha]_{578}^{22} = -9,59°$ (in Pyrid.-H_2O, $c = 5\%$)	—	—	[1] **Freudenberg** u. **Blümmel:** A. **440**, 45 (1924).
—	—	w. l. k. H_2O, Alk., l. CH_3OH, z. l. l. h. H_2O	**Dinitrodibenzyl-hydraz.,** $F = 142°$ [2])	[1] **Herzfeld:** Z. Ver. D. Zuckerind. **45**, 116. [2] **Ekenstein** u. **Blanksma:** Rec. trav. Pays-Bas **22**, 434 (1903).

Tabelle 33 (Fortsetzung).

Nr	Name	Formel, Konstitution	Vorkommen, Bildung, Darstellung	Krystallogr. Eigenschaften
85	d-Glucose-p-nitrophenyl-hydrazon	$C_{12}H_{17}O_7N_3$	Komp. in alkohol. Lösg.[1]). Ebenso aus essigs. Lösg.	Gelbe Krystalle (aus Alk.)
86	„ -p-nitrophenyl-osazon	$C_{18}H_{20}O_8N_6$	Komp. in essigs. Lösg.[1])	Rote Nadeln (aus Pyrid. + Äth.)
87	„ -m-nitrophenyl-hydrazon	$C_{12}H_{17}O_7N_3$	Komp. in alkoh. Lösg.[1])	Gelbe Krystalle
88	„ -o-nitrophenyl-hydrazon	$C_{12}H_{17}O_7N_3$	Komp. in alkoh. Lösg.[1])	Gelbl. Krystalle
89	„ -2, 4-dinitrophenyl-hydrazon	$C_{12}H_{16}O_9N_4$	Komp.[1])	Kanariengelbe Büschel
90	„ -2, 4-dinitrophenyl-osazon	$C_{18}H_{18}O_{12}N_8$	Komp.[1])	Gelbe Büschel oder Rosetten (aus Pyrid.)
91	„ -p-bromphenyl-hydrazon	$C_{12}H_{17}O_5N_2Br$	Komp. in H_2O bei Zimmertemp.[1])	Prismen
92	„ -3, 4-dibromphenyl-hydrazon	$C_{12}H_{16}O_5N_2Br_2$	Komp.[1])	Weißes Krystall-pulver (aus Alk. + Äth.)
93	„ -2, 5-dibromphenyl-osazon	$C_{18}H_{18}O_4N_4Br_4$	Komp.[1])	Hellg. Nadeln (aus Anisol)
94	„ -3, 5-dibromphenyl-hydrazon	$C_{12}H_{16}O_5N_2Br_2$	Komp.[1])	Krystalle (aus 10proz. Alk.)
95	l-Glucose-diphenyl-hydrazon	$C_{18}H_{22}O_5N_2$	Alkohol. Lösg. d. Komp. in d. Wärme[1])	Nadeln
96	„ -phenyl-osazon	$C_{18}H_{22}O_4N_4$	Komp.[1]). Ebenso aus l-Fructose u. l-Mannose	Gelbe Nadeln
97	i-Glucose-diphenyl-hydrazon	$C_{18}H_{22}O_5N_2$	Komp.[1])	Farbl. Krystalle
98	„ -phenyl-osazon	$C_{18}H_{22}O_4N_4$	Komp.[1]). Ebenso aus i-Mannose u. i-Fructose (α-Acrose)	Gelbe feine Na-deln oder kurze Prismen
99	Hamamelose-p-nitrophenyl-hydrazon	$C_{12}H_{17}O_7N_3$	Komp.[1])	Hellgelbe Kryst. (aus H_2O)
100	„ -p-toluol-sulfohydrazon	$C_{13}H_{20}O_7N_2S$	Komp.[1])	Nadelbüschel
101	Pakoin-phenyl-osazon	$C_{18}H_{22}O_4N_4$	Komp.[1])	Krystalle
102	Hexosazon	$C_{18}H_{22}O_4N_4$	Aus einem Zucker in Tuberkelbacillen u. Mycobact. lacticola[1])	Krystalle

Hydrazin=Derivate der Hexosen.

Schmelz- und Siedepunkt	Optisches Drehungsvermögen	Löslichkeit	Analytisches; Diverses	Literatur
187—188°[2]) 196° (a. d. essigs. Lösg.)	$[\alpha]_D = +21{,}5°$ (in CH_3OH)[1]). Die Form aus d. essigs. Lösg.: $[\alpha]_D = -128{,}7°$ (in CH_3OH)	w. l. H_2O, Alk.	Beide Formen geben dass. Osazon	[1]) **Ekenstein** u. **Blanksma:** Rec. trav. Pays-Bas **22**, 434 (1903). [2]) **Reclaire:** Ber. **41**, 3665 (1908).
257°	—	fast unl. in allen Solv.	In Alkalien mit tief indigoblauer Farbe lösl.	[1]) **Hyde:** Ber. **32**, 1815 (1899).
115—116°[2])	$[\alpha]_D = -6{,}3°$ (in CH_3OH)[1])	w. l. H_2O, l. l. Alk.	**Osazon:** $C_{18}H_{20}O_8N_6$ [2]). $F = 228°$; s. w. l. Alk.	[1]) **Ekenstein** u. **Blanksma:** Reç. trav. Pays-Bas **24**, 33 (1905). [2]) **Reclaire:** Ber. **41**, 3665 (1908).
158°[1]) 148°[2])	$[\alpha]_D = +27{,}8°$ (in CH_3OH)[1])	l. l. Alk.	**Osazon:** Ziegelrotes Pulver. $F = 215—217°$, unl. Alk.	[1]) **Ekenstein** u. **Blanksma:** Rec. trav. Pays-Bas **24**, 33 (1905). [2]) **Reclaire:** Ber. **41**, 3665 (1908).
118—122°	$[\alpha]_D^{16} = +12°$ (in Pyrid. $+ CH_3OH$, $c = 3{,}3\%$)	w. l. NH_3. In Alkalien mit roter Farbe löslich	—	[1]) **Glaser** u. **Zuckermann:** Z. phys. Chem. **167**, 37 (1927).
256—257° (Zers.)	$[\alpha]_D^{16} = $ ca. $-133°$ (in Pyrid., $c = 2{,}16\%$)	l. l. Ätzalkal., w. l. NH_3	In NH_3 mit violetter Farbe lösl.	[1]) **Glaser** u. **Zuckermann:** Z. phys. Chem. **167**, 37 (1927).
164—166°	$[\alpha]_D = -43{,}67° \rightarrow +18{,}94°$ (in Pyrid., $c = 4{,}8\%$)	w. l. k. H_2O, Äth., Alk., l. l. Pyrid.	**Osazon:** Gelbe Nadeln [2]) $F = 222°$. $\alpha_D = -0°, 31'$ (Pyrid.-Alk.)	[1]) **Hofmann:** A. **366**, 277 (1909). [2]) **Neuberg:** Ber. **32**, 3384 (1899).
165—167°	—	—	**Osazon:** Gelbe Kryst. (aus Phenetol). $F = 225—226°$. Ident. mit dem entspr. d-Fructosazon	[1]) **Votoček** u. **Jiru:** Soc. Chim. France [4] **33**, 918 (1923).
228—229°	—	w. l. Äth., Aceton	—	[1]) **Votoček** u. **Lukes:** Soc. Chim. France [4] **35**, 868 (1924).
158—159°	—	—	—	[1]) **Votocek** u. **Lukes:** Soc. Chim. France [4] **35**, 868 (1924).
162°	—	w. l. k., l. l. h. H_2O	—	[1]) **Fischer:** Ber. **23**, 2618 (1890).
208°	In Eisessig stark rechtsdrehend	schw. l. k. H_2O, Alk., Äth.	Ident. mit **l-Fructose-phenyl-osazon** und **l-Mannose-phenyl-osazon**	[1]) **Fischer:** Ber. **23**, 2618 (1890)
132—133°	—	—	—	[1]) **Fischer:** Ber. **20**, 2566 (1887).
217° (Zers.) Sintert: 210°	—	f. unl. H_2O, Äth., Bzl., w. l. Essigest., absol. Alk. z. l. l. h. Eisessig	Ident. mit **i-Mannose-phenyl-osazon** und **i-Fructose-(α-Acrose-)phenyl-osazon**	[1]) **Fischer** u. **Tafel:** Ber. **20**, 2566, 3384 (1887). — **Fischer:** Ber. **23**, 381, 2617 (1890). — **Schmitz:** Ber. **46**, 2327 (1913).
165—166°	—	—	—	[1]) **Freudenberg** u. **Blümmel:** A. **440**, 45 (1924).
155°	$[\alpha]_{578}^{21} = +76{,}1°$ (in Pyrid., $c = 6\%$)	l. Pyrid., h. H_2O, Alk.	—	[1]) **Freudenberg** u. **Blümmel:** A. **440**, 45 (1924).
188°	—	—	—	[1]) **Dongen:** C. **1903**, 1313.
70° (Zers.) —	—	—	—	[1]) **Tamura:** Z. phys. Chem. **89**, 310 (1914).

Nr	Name	Formel, Konstitution	Vorkommen, Bildung, Darstellung	Krystallogr. Eigenschaften
103	d-Fructose-phenyl-hydrazon	$C_{12}H_{18}O_5N_2$	Komp. in alkoh. Lösg. u. Fällen mit Äther[1]	Weißes, krystallin. Pulver
104	„ -methylphenyl-hydrazon	$C_{13}H_{20}O_5N_2$	Alkoh. Lösg. d. Komp.[1]	Prismen (aus Alk.)
105	„ -β-naphthyl-hydrazon	$C_{16}H_{20}O_5N_2$	Komp. in alkoh. Lösg.[1]	Gelbl. Nadeln (aus Chlorof. oder Benzol)
106	„ -p-nitrophenyl-hydrazon	$C_{12}H_{17}O_7N_3$	Alkoh. Lösg. d. Komp.[1]	Gelbe Krystalle
107	„ -o-nitrophenyl-hydrazon	$C_{12}H_{17}O_7N_3$	Komp.[1]	Ziegelrotes Krystallpulver (aus CH_3OH)
108	„ -p-dinitro-dibenzyl-hydrazon	$C_{20}H_{24}O_9N_4$	Komp.[1]	Gelbe Nadeln
109	i-Fructose-methylphenyl-osazon	$C_{20}H_{26}O_4N_4$	Komp.[1]. Ebenso aus Glucosan	Feine gelbe Nad.
110	l-Sorbose-phenyl-hydrazon	$C_{12}H_{18}O_5N_2$	Komp.[1]	Krystalle
111	„ -phenyl-osazon	$C_{18}H_{22}O_4N_4$	Komp. in d. Wärme[1] Ebenso aus d-Gulose u. l-Idose	Kugelige Aggreg. fein. gelb. Nadeln
112	„ -p-bromphenyl-osazon	$C_{18}H_{20}O_4N_4Br_2$	Komp.[1]	Gelbe Nadeln
113	„ -methylphenyl-osazon	$C_{20}H_{26}O_4N_4$	Komp.[1]	Gelbrotes Öl
114	„ -o-nitrophenyl-osazon	$C_{18}H_{22}O_8N_6$	Komp.[1]	Dunkelrotes Pulver
115	i-Sorbose-phenyl-osazon (β-Acrosazon)	$C_{18}H_{22}O_4N_4$	Aus d. Kondens.-Prod. d. Glycerin-aldehyds + Phenyl-hydr.[1]	Rosetten zugesp. Blättchen (aus verd. Alk.)
116	i-Tagatose-methylphenyl-osazon	$C_{20}H_{26}O_4N_4$	Komp.[1]	Feine Nadeln (aus h. H_2O + Pyrid.)
117	Glutose-phenyl-osazon	$C_{18}H_{22}O_4N_4$	Komp.[1]	Nädelchen
118	Galtose-phenyl-osazon	$C_{18}H_{22}O_4N_4$	Komp.[1]	Krystalle

Hydrazin-Derivate der Hexosen.

Schmelz- und Siedepunkt	Optisches Drehungsvermögen	Löslichkeit	Analytisches Diverses	Literatur
—	linksdrehend	l. H_2O, Alk., verd.Essigs.	**Phenylhydrazin-Verbindung:** $C_{12}H_{18}O_5N_2 \cdot C_6H_5 \cdot NH \cdot NH_2$. Hellg. Nad. od. Prismen, F = 140 bis 150°. s. l. l. H_2O, Alk., Äth., Pyridin. $[\alpha]_D = -4{,}07°$ (in H_2O), $= +6{,}37° \rightarrow -3{,}27°$ (in Alk.), $= +8{,}3° \rightarrow +3{,}44°$ (in Pyrid.). **Pyridin-Verbindung:** $C_{12}H_{18}O_5N_2 \cdot C_5H_5N$. Täfelchen. Sintert: 96°. F = 98—100°. $[\alpha]_D = +8{,}61° \rightarrow +3{,}36°$ (in Pyrid.)	[1] **Tanret:** Soc. chim. France [2] **37**, 392 (1882). — **Landrieu:** Compt. rend. **142**, 580 (1906). [2] **Hofmann:** A. **366**, 277 (1909).
116—120° (Zers.)	—	—	—	[1] **Ofner:** Monatsh. f. Chem. **26**, 1165 (1905).
162°	—	s. l. l. Alk., Aceton, CH_3OH	Soll in zwei Formen vorkommen, deren eine in Alk. leichter, die andere schwerer l. ist	[1] **Hilger u. Rothenfusser:** Ber. **35**, 4444 (1902).
176°	$[\alpha]_D = +16°$ (in Pyrid. + Alk.)	—	—	[1] **Ekenstein u. Blanksma:** Rec. trav. Pays-Bas **22**, 434 (1903). — **Reclaire:** Ber. **41**, 3665 (1908).
155—156°	—	z. l. l. CH_3OH	—	[1] **Reclaire:** Ber. **41**, 3665 (1908).
112°	—	—	—	[1] **Ekenstein u. Blanksma:** Rec. trav. Pays-Bas **22**, 434 (1903).
158°	—	—	—	[1] **Neuberg:** Ber. **35**, 2631 (1902).
—	linksdrehend	—	—	[1] **Tanret:** Soc. chim. France [2] **37**, 392 (1882).
164°; 168°	$\alpha_D = -0°, 15'$ (0,2 g in 10 ccm Pyrid.-Alk.)[2]). $[\alpha]_D = -6°$ (in CH_3OH)[3])	f. unl. k. H_2O, Äth., Benzol, Chlorof., l. h. H_2O, l. l. h. Alk.	Ident. mit **l-Gulose-phenyl-osazon** und **l-Idose-phenyl-osazon**	[1] **Fischer:** Ber. **21**, 2631 (1888); **22**, 87 (1889); **23**, 385 (1890). [2] **Neuberg:** Ber. **32**, 3384 (1899). [3] **Bruyn u. Ekenstein:** Rec. trav. Pays-Bas **19**, 7 (1900).
181°	rechtsdrehend	l. l. außer k. H_2O	Ident. mit den entspr. Osazonen der **l-Gulose** u. **l-Idose**	[1] **Neuberg u. Heymann:** C. **1902**, I, 1241.
—	—	l. absol. Alk.	Nicht näher untersucht	[1] **Neuberg:** Ber. **35**, 964 (1902).
211—212°	—	—	—	[1] **Reclaire:** Ber. **42**, 1424 (1910).
169—170° Sintert: 165°	—	unl. Benzol, l. l. Alk., Essigester	—	[1] **Schmitz:** Ber. **46**, 2327 (1913).
148—150°	—	l. l. in allen org. Solv.	—	[1] **Neuberg:** Ber. **35**, 2629 (1902).
165°	$[\alpha]_D = +6°$ (in CH_3OH, c = 0,5 %)	—	—	[1] **Bruyn u. Ekenstein:** Rec. trav. Pays-Bas **16**, 262 (1897).
182°	$[\alpha]_D = +19°$ (in CH_3OH, c = 0,5 %)	—	—	[1] **Bruyn u. Ekenstein:** Rec. trav. Pays-Bas **16**, 262 (1897).

Tabelle 33 (Fortsetzung).

Nr	Name	Formel, Konstitution	Vorkommen, Bildung, Darstellung	Krystallogr. Eigenschaften
119	Formose-phenyl-osazon	$C_{18}H_{22}O_4N_4$	Aus d. Kondens.-Prod. d. Formaldehyds $+$ Phenylhydrazin[1])	Verfilzte, feine od. dicke Nadeln
120	ψ-Fructose-phenyl-osazon	$C_{18}H_{22}O_4N_4$	Komp.[1])	Krystalle
121	α-Rhamnohexose-phenyl-osazon	$C_7H_{12}O_4 : (N \cdot NH \cdot C_6H_5)_2$	Komp.[1]). Ebenso aus β-Rhamnohexose	Feine gelbe Nad.
122	α-Rhodeohexose-phenyl-hydrazon	$C_{13}H_{20}O_5N_2$	Komp.[1])	Gelbl. Blättchen (aus 80 proz. Alk.)
123	„ -phenyl-osazon	$C_{19}H_{24}O_4N_4$	Komp.[1]). Ebenso aus β-Rhodeohexose	Goldgelbe Nadeln (aus sied. Aceton)
124	„ -p-bromphenyl-hydrazon	$C_{13}H_{19}O_5N_2Br$	Komp.[1])	Weißes Pulver (aus sied. Aceton)
125	„ -p-bromphenyl-osazon	$C_{19}H_{22}O_4N_4Br_2$	Komp.[1]). Ebenso aus β-Rhodeohexose	Goldgelbe Schuppen (aus 60 proz. Alk.)
126	„ -methylphenyl-hydrazon	$C_{14}H_{22}O_5N_2$	Komp.[1])	Schneeweiße Schuppen (aus sied. Aceton)
127	β-Rhodeohexose-phenyl-hydrazon	$C_{13}H_{20}O_5N_2$	Komp.[1])	Weiße Blättchen (aus 96 proz. Alk.)
128	„ -p-bromphenyl-hydrazon	$C_{13}H_{19}O_5N_2Br$	Komp.[1])	Weiße Schuppen (aus 60 proz. Alk.)
129	„ -methylphenyl-hydrazon	$C_{14}H_{22}O_5N_2$	Komp.[1])	Silberglänzende Schuppen (aus 60 proz. Alk.)

Tabelle 34.

Nr	Name	Formel, Konstitution	Vorkommen, Bildung, Darstellung	Krystallogr. Eigenschaften
1	α-d-Glucoheptose-phenyl-hydrazon	$C_7H_{14}O_6 \cdot N_2H \cdot C_6H_5$	Konz. Lösg. d. Komp. in d. Kälte[1])	Weiße Nadeln (aus h. Alk.)
2	„ -phenyl-osazon	$C_7H_{12}O_5 (N_2H \cdot C_6H_5)_2$	Komp. in d. Wärme[1]) Ebenso aus β-d-Glykoheptose u. α-Glykoheptulose	Büschel feiner, goldgelb. Nadeln
3	„ -methylphenyl-hydrazon	$C_7H_{14}O_6 \cdot N_2{<}^{CH_3}_{C_6H_5}$	Alkoh. Lösg. d. Komp.[1])	Feine, verfilzte Nadeln
4	„ -methylphenyl-osazon	$C_{21}H_{28}O_5N_4$	Komp.[1])	Gelbe Nadeln (aus 96 proz. Alk. $+ H_2O$)
5	„ -äthylphenyl-hydrazon	$C_{15}H_{24}O_6N_2$	Komp.[1])	Nadeln (aus h. Alk.)
6	„ -β-naphthyl-hydrazon	$C_{17}H_{22}O_6N_2$	Komp.[1])	Nadeln (aus Alk.)

Hydrazin=Derivate der Hexosen.

Schmelz- und Siedepunkt	Optisches Drehungsvermögen	Löslichkeit	Analytisches; Diverses	Literatur
144° Sintert: 133°	—	s. w. l. sied. H_2O, l. l. h. Alk., s. l. l. Äth., w. l. Benzol	—	[1] Loew: Ber. **21**, 171, 271 (1888); **22**, 479 (1889). — Fischer: Ber. **21**, 359, 988 (1888). — Fischer u. Passmore: Ber. **22**, 359 (1889). — Vogel: Helv. **11**, 370 (1928).
160°	$[\alpha]_D = -5{,}3°$ (in CH_3, c $= 0{,}5\%$)	—	Vielleicht identisch mit Altrosazon u. Allosazon[2]	[1] Bruyn u. Ekenstein: Rec. trav. Pays-Bas **16**, 162 (1897). [2] Nef: A. **403**, 208 (1914).
200° (Zers.)	—	unl. H_2O, l. l. h. Alk.	Ident. mit β-Rhamno-hexose-phenyl-osazon	[1] Fischer u. Piloty: Ber. **23**, 3104 (1890). — Fischer u. Morrell: Ber. **27**, 382 (1894).
150°	—	l. l. Alk., CH_3OH, s. w. l. Äth., Aceton	—	[1] Krauz: Ber. **43**, 488 (1910); C. 1911, II, 1216.
231°	—	l. l. Alk., Aceton, Äth.	Ident. mit β-Rhodeo-hexose-phenyl-osazon	[1] Krauz: Ber. **43**, 488 (1910); C. 1911, II, 1216.
173°	—	l. l. Alk., schw. l. Aceton, unl. Äth.	—	[1] Krauz: Ber. **43**, 488 (1910); C. 1911, II, 1216.
219°	—	l. l. Alk., Aceton, unl. Äth.	Ident. mit β-Rhodeo-hexose-p-bromphenyl-osazon	[1] Krauz: Ber. **43**, 488 (1910); C. 1911, II, 1216.
188°	—	l. l. H_2O, Alk., Aceton	—	[1] Krauz: Ber. **43**, 488 (1910); C. 1911, II, 1216.
131—137°	—	l. l. h. H_2O, Alk., Aceton	—	[1] Krauz: Ber. **43**, 488 (1910); C. 1911, II, 1216.
145°	—	l. l. Alk., schw. l. Aceton	—	[1] Krauz: Ber. **43**, 488 (1910); C. 1911, II, 1216.
163°	—	l. l. Alk., Aceton	—	[1] Krauz: Ber. **43**, 488 (1910); C. 1911, II, 1216.

Hydrazin=Derivate der Heptosen bis Decosen.

Schmelz- und Siedepunkt	Optisches Drehungsvermögen	Löslichkeit	Analytisches; Diverses	Literatur
(170° Zers.)	—	s. l. l. H_2O, w. l. k. Alk., unl. Äth.	—	[1] Fischer: A. **270**, 64 (1892).
210°[2]	$\alpha_D = +0°$, 30' (0,15 g : 10 ccm Pyrid.-Alk.)[3]	f. unl. H_2O, Äth., s. w. l. h. absol. Alk.	Ident. mit β-Glyko-heptose-phenyl-osazon u. α-Glykoheptulose-phenyl-osazon	[1] Fischer: A. **270**, 64 (1892). — Bertrand u. Nitzberg: Compt. rend. **186**, 925 (1928). [2] Philippe: Ann. chim. [8] **26**, 322 (1912). [3] Wohlgemuth: Z. phys. Chem. **35**, 568 (1902).
150°	ca. 0°	—	—	[1] Wohlgemuth: Z. phys. Chem. **35**, 568 (1902).
173°	$[\alpha]_D^{16} = -204°$ (in Pyrid. $+ CH_3OH$, 1 : 1, c $= 1{,}25\%$)	—	—	[1] Glaser u. Zuckermann: Z. phys. Chem. **167**, 37 (1927).
145°	$[\alpha]_D^{16} = -23°$ (in Pyrid. $+$ Alk. 1 : 1, c $= 3{,}95\%$)	—	—	[1] Glaser u. Zuckermann: Z. phys. Chem. **167**, 37 (1927).
182°	$[\alpha]_D^{17} = -13°$ (in Pyrid., c $= 1{,}25\%$)	—	—	[1] Glaser u. Zuckermann: Z. phys. Chem. **167**, 37 (1927).

Nr	Name	Formel, Konstitution	Vorkommen, Bildung, Darstellung	Krystallogr. Eigenschaften
7	α-d-Glucoheptose-benzylphenyl-hydrazon	$C_{20}H_{26}O_6N_2$	Komp.[1]	Krystalle
8	„ -benzylphenyl-osazon	$C_{26}H_{30}O_5N_4$	Komp.[1]	Gelbe Doppel-büschel
9	„ -o-tolyl-osazon	$C_{21}H_{28}O_5N_4$	Komp.[1]	Gelbe Krystalle (aus 50proz. Alk.)
10	„ -p-tolyl-osazon	$C_{21}H_{28}O_5N_4$	Komp.[1]	Gelbe Nadeln od. Büschel
11	„ -p-nitrophenyl-hydrazon	$C_{13}H_{19}O_8N_3$	Komp.[1]	Gelbe Nadeln (aus 80proz. Alk.)
12	„ -p-nitrophenyl-osazon	$C_{19}H_{22}O_9N_6$	Komp.[1]	Gelbrotes Pulver
13	„ -o-nitrophenyl-hydrazon	$C_{13}H_{19}O_8N_3$	Komp.[1]	Rötliche Nadeln (aus h. Alk.)
14	„ -o-nitrophenyl-osazon	$C_{19}H_{22}O_9N_6$	Komp.[1]	Lange rote Nadeln (aus Alk.). Rubinrote Ros. (aus Pyrid.)
15	„ -2, 4-dinitrophenyl-hydrazon	$C_{13}H_{18}O_{10}N_4$	Komp.[1]	Gelbe Platten (aus 96proz. Alk.)
16	„ -2, 4-dinitrophenyl-osazon	$C_{19}H_{19}O_9N_8$	Komp.[1]	Rötlichgelbe Bü-schel (aus Pyrid.)
17	„ -diphenyl-hydrazon	$C_{19}H_{24}O_6N_2$	Komp.[1]	Weiße, spießige Krystalle
18	„ -p-bromphenyl-hydrazon	$C_{13}H_{19}O_6N_2Br$	Komp.[1]	—
19	β-d-Glucoheptose-phenyl-hydrazon	$C_{13}H_{20}O_6N_2$	Komp.[1]	Farbl. Nadeln (aus Alk.)
20	α-d-Galaheptose-phenyl-hydrazon	$C_{13}H_{20}O_6N_2$	Komp. in essigs. Lösg.[1]	Feine weiße Nad.
21	„ -phenyl-osazon	$C_{19}H_{24}O_5N_4$	Komp.[1]. Ebenso aus β-d-Galaheptose	Feine gelbe Nad.
22	α-d-Mannoheptose-phenyl-hydrazon	$C_{13}H_{20}O_6N_2$	Komp.[1]	Feine Nadeln
23	„ -phenyl-osazon	$C_{19}H_{24}O_5N_4$	Komp.[1]. Ebenso aus d-β-Manno-heptose u. Manno-ketoheptose[2]	Rosetten f. gelber Nadeln
24	„ -p-bromphenyl-hydrazon	$C_{13}H_{19}O_6N_2Br$	Komp.[1]	Krystalle (aus Alk.)
25	β-d-Mannoheptose-p-nitrophenyl-hydrazon	$C_{13}H_{19}O_8N_3$	Komp.[1]	Gelbe Nadeln (aus H_2O)
26	l-Mannoheptose-phenyl-hydrazon	$C_{13}H_{20}O_6N_2$	Komp.[1]	Farbl. Nadeln
27	„ -phenyl-osazon	$C_{19}H_{24}O_5N_4$	Komp.[1]	Gelbe Nadeln
28	i-Mannoheptose-phenyl-hydrazon	$C_{13}H_{20}O_6N_2$	Komp.[1]	Krystalle
29	Perseulose-phenyl-osazon	$C_{19}H_{24}O_5N_4$	Komp.[1]	Nadeln (aus Alk.)

Hydrazin=Derivate der Heptosen bis Decosen.

Schmelz- und Siedepunkt	Optisches Drehungsvermögen	Löslichkeit	Analytisches; Diverses	Literatur
155—156°	—	—	—	[1]) Glaser u. Zuckermann: Z. phys. Chem. **167**, 37 (1927).
216—218°	$[\alpha]_D^{18} = -44°$ (in Pyrid., c = 1,4%)	—	—	[1]) Glaser u. Zuckermann: Z. phys. Chem. **167**, 37 (1927).
177° (Zers.)	$[\alpha]_D^{16} = -9°$ (in Pyrid. + CH$_3$OH, 1 : 1, c = 3,2%)	—	—	[1]) Glaser u. Zuckermann: Z. phys. Chem. **167**, 37 (1927).
215—216°	inaktiv (in Pyrid.)	—	—	[1]) Glaser u. Zuckermann: Z. phys. Chem. **167**, 37 (1927).
199° (Zers.)	$[\alpha]_D^{16} = -39°$ (in Pyrid., c = 1,8%)	l. l. Pyrid., H$_2$O, l. verd. Alk., s. w. l. Aceton, unl. Äth.	—	[1]) Glaser u. Zuckermann: Z. phys. Chem. **167**, 37 (1927).
240—241° (Zers.)	—	s. l. l. Pyrid., sonst s. schw. l.	—	[1]) Glaser u. Zuckermann: Z. phys. Chem. **167**, 37 (1927).
172° (Zers.)	—	—	—	[1]) Glaser u. Zuckermann: Z. phys. Chem. **167**, 37 (1927).
222°	—	—	—	[1]) Glaser u. Zuckermann: Z. phys. Chem. **167**, 37 (1927).
180—181° (Zers.)	$[\alpha]_D^{17} = -28°$ (in Pyrid. + CH$_3$OH, 1 : 1, c = 1,2%)	l. in wässer. Alkalien	—	[1]) Glaser u. Zuckermann: Z. phys. Chem. **167**, 37 (1927).
231—232° (Zers.)	—	In Alkalien l. l.	—	[1]) Glaser u. Zuckermann: Z. phys. Chem. **167**, 37 (1927).
140°	ca. 0°	unl. absol. Alk., Äth.	—	[1]) Wohlgemuth: Z. phys. Chem. **35**, 568 (1902).
158°	—	unl. k. H$_2$O, Äth.	—	[1]) Naumann: Würzburger Dissert. **1892**.
190—193° (Zers.)	—	l. l. H$_2$O, schw. l. Alk.	—	[1]) Fischer: A. **270**, 87 (1892).
200° (Zers.)	—	l. h. H$_2$O, Alk.	—	[1]) Fischer: Ber. **23**, 936 (1890); A. **288**, 139 (1895).
222°[2])	$\alpha_D = +0°, 60' \rightarrow +0°, 40'$ (0,1 g : 10 ccm Pyrid.-Alk.)[2])	schw. l. sied. Alk.	Ident. mit β-d-Gala-heptose-phenyl-osazon	[1]) Fischer: Ber. **23**, 936 (1890); A. **288**, 139 (1895). [2]) La Forge: J. Biol. Chem. **28**, 521 (1917).
197° (Zers.)	—	s. w. l. k. H$_2$O, w. l. h. H$_2$O	—	[1]) Fischer u. **Passmore**: Ber. **23**, 2231 (1890).
200° (Zers.)	—	w. l. h. Alk., unl. H$_2$O, Äth.	Ident. mit β-d-Manno-heptose-phenyl-osazon u. **Mannoketoheptose-phenyl-osazon**[2])	[1]) Fischer u. **Passmore**: Ber. **23**, 2231 (1890). [2]) La Forge: J. Biol. Chem. **28**, 519 (1917).
207—208°	—	s. w. l. H$_2$O, Alk.	—	[1]) La Forge: J. Biol. Chem. **28**, 519 (1917).
198° (203° Zers.)	—	l. Alk., f. unl. Äth.	—	[1]) Peirce: J. Biol. Chem. **23**, 327 (1915).
196° (Zers.)	—	—	—	[1]) Smith: A. **272**, 182 (1892).
203° (Zers.)	—	unl. H$_2$O, Äth., w. l. h. Alk.	—	[1]) Smith: A. **272**, 182 (1892).
175°	—	—	Osazon: F = 210°	[1]) Smith: A. **272**, 182 (1892).
233°	—	s. w. l. CH$_3$OH, Alk., l. sied. Alk.	Identisch mit l-Gala-heptose-phenyl-osazon	[1]) Bertrand: Compt. rend. **147**, 201 (1908).

Tabelle 34 (Fortsetzung).

Nr	Name	Formel, Konstitution	Vorkommen, Bildung, Darstellung	Krystallogr. Eigenschaften
30	Sedoheptose-phenyl-osazon	$C_{19}H_{24}O_5N_4$	Komp.[1])	Krystalle
31	„ -p-bromphenyl-osazon	$C_{19}H_{22}O_5N_4Br_2$	Komp.[1])	Glänz. gelbe Nadeln
32	d-Mannoketoheptose-p-bromphenyl-hydrazon	$C_{13}H_{19}O_6N_2Br$	Komp.[1])	Dünne gelbl. Krystallplättchen (aus Alk.)
33	Volemulose-phenyl-osazon	$C_{19}H_{24}O_5N_4$	Komp.[1])	—
34	Volemose-phenyl-osazon	$C_{19}H_{24}O_5N_4$	Komp.[1])	Gelbe Krystalle
35	l-Rhamnoheptose-phenyl-hydrazon	$C_8H_{16}O_6 \cdot N_2H \cdot C_6H_5$	Komp.[1])	Farbl. Nadeln
36	„ -phenyl-osazon	$C_8H_{14}O_5 \cdot (N_2H \cdot C_6H_5)_2$	Komp.[1])	Feine gelbe Nad.
37	d-Glucooctose-phenyl-hydrazon	$C_8H_{16}O_7 \cdot N_2H \cdot C_6H_5$	Komp.[1])	Nadeln oder Prismen
38	„ -phenyl-osazon	$C_8H_{14}O_6 \cdot (N_2H \cdot C_6H_5)_2$	Komp.[1])	Feine gelbe Nad.
39	d-Mannooctose-phenyl-hydrazon	$C_{14}H_{22}O_7N_2$	Komp.[1])	Farbl. Nadeln
40	„ -phenyl-osazon	$C_{20}H_{26}O_6N_4$	Komp.[1])	Feine gelbe Nad.
41	d-Galaoctose-phenyl-hydrazon	$C_{14}H_{22}O_7N_2$	Komp.[1])	Büschel feiner Blättchen
42	„ -phenyl-osazon	$C_{20}H_{26}O_6N_4$	Komp.[1])	Gelbe, sehr feine Nadeln
43	l-Rhamnooctose-phenyl-osazon	$C_{21}H_{29}O_6N_4$	Komp.[1])	Krystalle
44	d-Gluconose-phenyl-hydrazon	$C_9H_{18}O_8 \cdot N_2H \cdot C_6H_5$	Komp.[1])	Weiße Nadeln (mit absol. Alk.)
45	„ -phenyl-osazon	$C_9H_{17}O_7 \cdot (N_2H \cdot C_6H_5)_2$	Komp.[1])	Feine gelbe Nad.
46	d-Mannononose-phenyl-hydrazon	$C_{15}H_{24}O_8N_2$	Komp.[1])	Krystalle
47	„ -phenyl-osazon	$C_{21}H_{28}O_7N_4$	Komp.[1])	Gelbe Nadeln
48	d-Glykodecose-phenyl-hydrazon	$C_{16}H_{26}O_9N_2$	Komp.[1])	Farbl. prismat. Nadeln
49	„ -phenyl-osazon	$C_{22}H_{30}O_8N_4$	Komp.[1])	Gelbe Nadeln

Tabelle 35.

Nr	Name	Formel, Konstitution	Vorkommen, Bildung, Darstellung	Krystallogr. Eigenschaften
1	d-α-5-Galakto-d-arabinose-p-nitrophenyl-osazon	$C_{11}H_{18}O_8 \cdot (N_2H \cdot C_6H_4NO_2)_2$	Aus dem bei d. Elektrolys. d. Melibionsäure gewonn. Zucker[1])	Krystalle (aus Pyrid. + Petroläth.)
2	d-β-3-Galakto-d-arabinose-phenyl-osazon	$C_{23}H_{30}O_8N_4$	Komp.[1])	Citronengelbe Nadeln (aus Essigest.)

Hydrazin=Derivate der Heptosen bis Decosen.

Schmelz- und Siedepunkt	Optisches Drehungsvermögen	Löslichkeit	Analytisches; Diverses	Literatur
197° (Zers.)	—	—	—	[1] **La Forge** u. **Hudson**: J. Biol. Chem. **30**, 61 (1917).
227—228° (Zers.)	—	—	—	[1] **La Forge** u. **Hudson**: J. Biol. Chem. **30**, 61 (1917).
179°	—	—	—	[1] **La Forge**: J. Biol. Chem. **28**, 511 (1917).
205—207°	—	—	—	[1] **Bertrand**: Compt. rend. **126**, 764 (1898).
196° (Zers.)	—	f. unl. k. H_2O, schw. l. h. Alk.	Wahrsch. ident. m. Sedo-heptose-phenyl-osazon	[1] **Fischer**: Ber. **28**, 1973 (1895).
200°	—	schw. l. k. Alk., l. l. h. H_2O	—	[1] **Fischer** u. **Piloty**: Ber. **23**, 3102 (1890).
200° (Zers.)	—	s. w. l. h. Alk., H_2O	—	[1] **Fischer** u. **Piloty**: Ber. **23**, 3102 (1890).
203—204°	—	s. schw. l. k. H_2O, w. l. h. Alk.	—	[1] **Fischer**: A. **270**, 64 (1892). — **Philippe**: Ann. chim. [8] **26**, 355 (1912).
229—230°	—	w. l. H_2O, Alk., Äth.	—	[1] **Fischer**: A. **270**, 64 (1892). — **Philippe**: Ann. chim. [8] **26**, 355 (1912).
212° (Zers.)	—	w. l. H_2O	—	[1] **Fischer** u. **Passmore**: Ber. **23**, 2226 (1890).
223° (Zers.)	—	f. unl. h. H_2O, Alk.	—	[1] **Fischer** u. **Passmore**: Ber. **23**, 2226 (1890).
200—205°	—	schw. l. H_2O	—	[1] **Fischer**: Ber. **27**, 3198 (1894).
220—225° (Zers.)	—	f. unl. H_2O	—	[1] **Fischer**: Ber. **27**, 3198 (1894).
216°	—	unl. H_2O	—	[1] **Fischer** u. **Piloty**: Ber. **23**, 3102 (1890).
224—225°	—	s. w. l. k. H_2O, Alk., schw. l. h. H_2O	—	[1] **Fischer**: A. **270**, 64 (1892). — **Philippe**: Ann. chim. [8] **26**, 362 (1912).
244°	—	f. unl. H_2O, Alk.	—	[1] **Fischer**: A. **270**, 64 (1892). — **Philippe**: Ann. chim. [8] **26**, 362 (1912).
223° (Zers.)	—	w. l. k., l. l. h. H_2O	—	[1] **Fischer** u. **Passmore**: Ber. **23**, 2226 (1890).
217° (Zers.)	—	f. unl. h. H_2O, Alk.	—	[1] **Fischer** u. **Passmore**: Ber. **23**, 2226 (1890).
228—229°	—	—	—	[1] **Philippe**: Compt. rend. **152**, 1774 (1911).
ca. 278°	—	—	—	[1] **Philippe**: Compt. rend. **152**, 1774 (1911).

Hydrazin=Derivate der Di= bis Tetrasaccharide.

Schmelz- und Siedepunkt	Optisches Drehungsvermögen	Löslichkeit	Analytisches; Diverses	Literatur
220°	—	w. l. H_2O, Alk., Äth.	—	[1] **Neuberg**, **Scott** u. **Lachmann**: Bioch. Z. **24**, 152 (1910).
242° (Zers.)	—	l. Alk., schw. l. H_2O, unl. Äth.	—	[1] **Ruff** u. **Ollendorff**: Ber. **33**, 1806 (1900). — **Zemplén**: Ber. **59**, 2402 (1926); **60**, 1309 (1927).

Nr	Name	Formel, Konstitution	Vorkommen, Bildung, Darstellung	Krystallogr. Eigenschaften
3	d-β-3-Galakto-d-arabinose-benzylphenyl-hydrazon	$C_{24}H_{32}O_9N_2$	Komp.[1]	Farbl. od. schwach gelbl. Nadeln
4	d-β-3-Gluco-d-arabinose-phenyl-osazon	$C_{23}H_{30}O_8N_4$	Komp.[1]	Citronengelbe Nadeln (Alk.)
5	d-α-3-Glucosido-d-arabinose-phenyl-osazon	$C_{23}H_{30}O_8N_4$	Komp.[1]	Citronengelbe Nadeln (aus 30 proz. Alk.)
6	Primverose-phenyl-osazon	$C_{23}H_{30}O_8N_4$	Komp.[1]	Hellgelbe Nadeln (aus H_2O)
7	Maltose-phenyl-hydrazon	$C_{18}H_{28}O_{10}N_2$	Komp. in alkoh. Lösg. in d. Wärme + Äth.-Zusatz[1]	Weißes, sehr hygr. Pulver
8	„ -phenyl-osazon	$C_{24}H_{32}O_9N_4$	Komp. in d. Wärme[1]	Feine, hellgelbe Nadeln (aus h. H_2O)
9	„ -β-naphthyl-hydrazon	$C_{22}H_{30}O_{10}N_2$	Komp.[1]	Hellgelbe Krystallmasse
10	„ -p-nitrophenyl-osazon	$C_{24}H_{30}O_{13}N_6$	Komp.[1]	Rote Nadeln
11	„ -p-bromphenyl-osazon	$C_{24}H_{30}O_9N_4Br_2$	Komp. in alkoh. Lösg.[1]	Hellgelbe Nad.
12	„ -p-iodphenyl-osazon	$C_{12}H_{20}O_9 \cdot (N_2H \cdot C_6H_4J)_2$	Komp. in alkoh. Lösg.[1]	Gelbe Nadeln
13	Gentiobiose-phenyl-osazon	$C_{24}H_{32}O_9N_4$	Komp. in d. Wärme[1]	Citronengelbe, sternförm. geordn. Nadeln (aus Essigester). Kurze, spitze Prismen (aus h. H_2O)
14	Isomaltose-phenyl-osazon	$C_{24}H_{32}O_9N_4$	Komp. in d. Wärme[1]	Gelbe, zu Sternen vereinigte, mikrosk. Nadeln (aus Essigester)[2]
15	„ -p-nitrophenyl-osazon	$C_{24}H_{30}O_{13}N_6$	Komp. in d. Wärme[1]	Zinnoberrotes Pulver
16	Revertose-phenyl-osazon	$C_{24}H_{32}O_9N_4$	Komp. in d. Wärme[1]	Gelbe Nadeln (aus Essigester)
17	Amylobiose-phenyl-osazon	$C_{24}H_{32}O_9N_4$	Komp. in d. Wärme[1]	Krystalle
18	α-Glucosido-glucose-phenyl-osazon	$C_{24}H_{32}O_9N_4$	Komp. in d. Wärme[1]	Gelbe, zu Kugeln vereinigte Nad.

Schmelz- und Siedepunkt	Optisches Drehungsvermögen	Löslichkeit	Analytisches; Diverses	Literatur
214°; 220°; 223—225° (Zers.)	$[\alpha]_D^{24}=-13,5°$ (in 50proz. Alk.). $[\alpha]_D^{19}=+26,6°$ (in Pyrid.)	schw. l. in H_2O, Alk., unl. Benzol, Chlorof.	—	[1] **Ruff** u. **Ollendorff**: Ber. **33**, 1806 (1900). — **Zemplén**: Ber. **59**, 2402 (1926); **60**, 1309 (1927).
210° (Zers.)	—	s. schw. l. h. H_2O, l. l. h. Alk.	—	[1] **Zemplén**: Ber. **59**, 1254 (1926).
190—195° (Zers.)	—	—	Der Zucker wurde als solcher nicht isoliert	[1] **Zemplén**: Ber. **60**, 1563 (1927).
204—207°[1]) 220°[2])	$[\alpha]_D^{19}=-109,7°$[2]) (in Pyrid.)	s. w. l. k. H_2O, l. h. H_2O, l. Alk., Aceton, unl. Äth., Chlorof.	—	[1] **Goris, Mascré** u. **Vischniac**: C. **1913, I**, 310. [2] **Helferich** u. **Rauch**: A. **455**, 168 (1927).
130° (Zers.)	—	—	—	[1] **Landrieu**: Compt. rend. **142**, 580 (1906).
205°[1]) 202—208°[2])	$\alpha_D=+1°, 30'$ (in Alk. + Pyrid. 0,2 g : 6 : 4)[3]). $[\alpha]_{auer}=+60°$ (in Alk., c = 0,5 %)[2])	f. unl. k., schw. l. h. H_2O. Alk., l. verd. Alk., unl. Äth.	Aus h. H_2O mit 5—8 % H_2O, die beim Trocknen entweichen[2]). Aus verd. Alk. H_2O-frei	[1] **Fischer**: Ber. **17**, 579 (1884); **20**, 821 (1887); **41**, 73 (1908). — **Fischer** u. **Tafel**: Ber. **20**, 2566 (1887). [2] **Ost**: Chem.-Z. **19**, 1503 (1895). [3] **Neuberg**: Ber. **32**, 3384 (1899).
176°	$[\alpha]_D=+10,6°$ (in CH_3OH)	w. l. H_2O, l. CH_3OH	—	[1] **Bruyn** u. **Ekenstein**: Rec. trav. Pays-Bas **15**, 226 (1896).
261° (Zers.)	—	—	—	[1] **Hyde**: Ber. **32**, 1815 (1899).
198°	—	l. l. h. Alk., Aceton, l. Benzol, Chlorof., Essigester, unl. Äth.	—	[1] **Fischer** u. **Armstrong**: Ber. **35**, 3141 (1902). — **Fischer**: Ber. **44**, 1898 (1911).
208° (Zers.)	$[\alpha]_D^{20}=+82,92° \rightarrow +66,11°$ (in Pyrid.)	w. l. H_2O, z. l. l. 60proz. Alk., s. l. l. Pyrid.	**Hepta-tribenzoyl-galloyl-Verbdg.** Amorph. Sintert: 145°, F = 160°. $[\alpha]_D^{20}=-8,54°$ (in $C_2H_2Cl_4$)	[1] **Fischer** u. **Freudenberg**: Ber. **46**, 1116 (1913).
163—164°[2]); 170—173°[3]); 179—181°[4])	$[\alpha]_D^{20}=-42,9°[5]$)[2]) (in 95proz. Alk.). $[\alpha]_D^{20}=-72,2° \rightarrow -44,4°$[4]) (in Pyrid.-Alk.)	l. h. H_2O, w. l. k. H_2O, l. in feucht. Essigest.	—	[1] **Bourquelot** u. **Hérrissey**: Compt. rend. **132**, 571 (1901); **135**, 290, 399 (1902). — **Zemplén**: Ber. **48**, 233 (1915). [2] **Georg** u. **Pictet**: Helv. **9**, 444 (1926). [3] **Helferich, Bäuerlein** u. **Wiegand**: A. **447**, 37 (1926). [4] **Pringsheim**: Ber. **59**, 1983 (1926). [5] **Berlin**: Amer. Soc. **48**, 1107 (1926).
Sintert: 142°[1]); F = 158° (200° Zers.) Sintert: 153°[2]); F = 160°	$[\alpha]_D^{21}=+23,0°$ (in Alk., c = 1,22 %)[2]) $[\alpha]_D^{23}=+23,1°$ (in CH_3OH, c = 1,17 %)	l. l. h. H_2O, h. verd. Alk., f. unl. Äth., h. Aceton, trock. Essigest., l. feucht. Essigest.	—	[1] **Fischer**: Ber. **28**, 3024 (1895). [2] **Georg** u. **Pictet**: Helv. **9**, 612 (1926).
240° (Zers. 244 bis 245°)	—	—	Färbt sich mit NaOH intensiv blau	[1] **Gatterbauer**: C. **1911, II**, 1320.
173—174°	$[\alpha]_D=$ ca. 0° (in Alk.)	—	—	[1] **Hill**: Proc. Soc. Lond. **19**, 99; Soc. Lond. **83**, 578 (1903).
189°	linksdrehend	—	—	[1] **Pringsheim** u. **Leibowitz**: Ber. **57**, 884 (1924).
174°	—	—	—	[1] **Pictet** u. **Castan**: Helb. **4**, 319 (1921).

Nr	Name	Formel, Konstitution	Vorkommen, Bildung, Darstellung	Krystallogr. Eigenschaften
19	Dextrinose-phenyl-osazon	$C_{24}H_{32}O_9N_4$	Komp. in d. Wärme[1]	Sternförmige, gelbe Krystalle
20	Cellobiose-phenyl-hydrazon	$C_{18}H_{28}O_{10}N_2$	Komp. in d. Wärme u. Fällen mit Äther[1]	Hellgelb., s. hygr. Pulver
21	„ -phenyl-osazon	$C_{24}H_{32}O_9N_4$	Essigs. Lösg. d. Komp.[1]	Lange, gelbe Nad.
22	Isocellobiose-phenyl-osazon	$C_{24}H_{32}O_9N_4$	Komp. in d. Wärme[1]	Gelbe Nadeln
23	Turanose-phenyl-osazon	$C_{24}H_{32}O_9N_4$	Komp. in d. Wärme[1]	Kugel. Aggreg. s. fein. gelb. Nadeln (aus 40proz. Alk.)
24	Galaktobiose-A-phenyl-osazon	$C_{24}H_{32}O_9N_4$	Komp. in d. Wärme[1]	Gelbe Nadeln
25	„ -B-phenyl-osazon	$C_{24}H_{32}O_9N_4$	Komp. in d. Wärme[1]	Gelbe Nadeln (aus H_2O)
26	Galaktosidogalaktose-phenyl-osazon	$C_{24}H_{32}O_9N_4$	Komp. in d. Wärme[1]	Hellg. Nadeln (aus Toluol)
27	Glucosidogalaktose-phenyl-osazon	$C_{24}H_{32}O_9N_4$	Komp. in d. Wärme[1]	Hellg. Nadeln (aus Toluol)
28	Isolactose-phenyl-osazon	$C_{24}H_{32}O_9N_4$	Komp. in d. Wärme[1]	Feine gelbe Nad.
29	6-β-Galaktosido-Galaktose-phenyl-osazon	$C_{24}H_{32}O_9N_4$	Komp. in d. Wärme[1]	Krystalle (aus h. H_2O)
30	6-β-d-Galaktosido-d-Glucose-phenyl-osazon	$C_{24}H_{32}O_9N_4$	Komp. in d. Wärme[1]	Gelbe Nadeln (aus H_2O+Pyrid.)
31	α-Galaktosidoglucose-phenyl-osazon	$C_{24}H_{32}O_9N_4$	Komp. in d. Wärme[1]	Krystalle
32	Galaktosidoglucose-phenyl-osazon	$C_{24}H_{32}O_9N_4$	Komp. in d. Wärme[1]	Hellgelbe kleine Nadeln (aus Toluol)
33	„ -p-bromphenyl-osazon	$C_{24}H_{30}O_9N_4Br_2$	Aus d. Oson d. Zuck.[1]	Krystall. Masse
34	6-β-Glucosido-β-galaktose	$C_{24}H_{32}O_9N_4$	Komp. in d. Wärme[1]	Krystalle
35	Lactose-phenyl-hydrazon	$C_{18}H_{28}O_{10}N_2$	Alkohl. Lösg. d. Komp. + Fällen mit Äther[1]	Gelber Sirup
36	„ -α-amylphenyl-hydrazon	$C_{23}H_{38}O_{10}N_2$	Komp. in d. Wärme[1]	Hellbraune Nad.
37	„ -α-allylphenyl-hydrazon	$C_{21}H_{32}O_{10}N_2$	Komp. in d. Wärme[1]	Hellg. Nadeln
38	„ -β-naphthyl-hydrazon	$C_{22}H_{30}O_{10}N_2$	Komp. in d. Wärme[1]	Braune Nadeln

Hydrazin=Derivate der Di= bis Tetrasaccharide.

Schmelz- und Siedepunkt	Optisches Drehungsvermögen	Löslichkeit	Analytisches; Diverses	Literatur
150—153°[1]) 167°[2])	$[\alpha]_D = +61°$ (in absol. Alk.)[3])	leichter l. in H_2O oder Alk. als Maltosazon	—	[1]) **Lintner** u. **Düll**: Ber. **26**, 2533 (1893). — **Syniewski**: A. **324**, 212 (1902). [2]) **Pictet** u. **Vogel**: Helv. **12**, 700 (1929). [3]) **Nanji** u. **Beageley**: J. Soc. chem. Ind. **45**, T. 215 (1926).
90° (Zers.)	—	—	—	[1]) **Skraup** u. **König**: Ber. **32**, 2413 (1899); **34**, 1115 (1901).
198° 198—200°[2]) (Zers.)	$[\alpha]_D^{18} = -6,46°$ (in Pyrid. + Alk. 4:6)[2])	schw. l. h. H_2O, l. h. Alk., l. l. verd. Alk., f. unl. k. H_2O	—	[1]) **Skraup** u. **König**: Ber. **32**, 2413 (1899); **34**, 1115 (1901). [2]) **Zemplén**, **Csürös** u. **Bruckner**: Ber. **61**, 927 (1928).
165—167°	$[\alpha]_{auer} = -48,4°$ (in Alk.)[1]). $[\alpha]_D = -85,1° \rightarrow -47,3°$ (in Alk.)[2])	—	—	[1]) **Knoth**: Dissert. Hannover 1921. [2]) **Weltzien** u. **Singer**: A. **443**, 71 (1925).
215—220° (Zers.)	—	l. l. h., s. w. l. k. H_2O	—	[1]) **Maquenne**: Compt. rend. **117**, 127 (1893). — **Fischer**: Ber. **27**, 2488 (1894).
194°	—	l. l. h. H_2O	—	[1]) **Bourquelot** u. **Aubry**: Compt. rend. **164**, 521 (1917).
Sintert: 114°. F = 126,7°	—	l. h. H_2O	—	[1]) **Bourquelot** u. **Aubry**: Compt. rend. **163**, 60 (1916).
173—175°	—	w. l. h. H_2O, Benzol, Chlorof., Toluol, unl. Äth., s. l. l. Alk., Aceton, Pyrid., Essigest.	—	[1]) **Fischer** u. **Armstrong**: Ber. **35**, 3144 (1902).
172—174°	—	schw. l. h. H_2O, Benzol, Toluol	—	[1]) **Fischer** u. **Armstrong**: Ber. **35**, 3144 (1902).
190—193°	—	—	—	[1]) **Fischer** u. **Armstrong**: Ber. **35**, 3144 (1902).
207° (Zers.)	—	—	—	[1]) **Freudenberg**, **Wolf**, **Knopf** u. **Zaheer**: Ber. **61**, 1743 (1928).
185°	$[\alpha]_D^{21} = -69,6° \rightarrow -23,9°$ (in Pyrid.)	—	—	[1]) **Helferich** u. **Rauch**: Ber. **59**, 2655 (1926).
158°	—	—	—	[1]) **Pictet** u. **Vernet**: Helv. **5**, 444 (1922).
173—174°	—	z. schw. l. h. H_2O, s. l. l. Alk., Aceton, Pyrid. l. Toluol, unl. Äth.	—	[1]) **Fischer** u. **Armstrong**: Ber. **35**, 3144 (1902).
181°	—	—	—	[1]) **Fischer** u. **Armstrong**: Ber. **35**, 3144 (1902).
200°	—	—	—	[1]) **Freudenberg**, **Noë** u. **Knopf**: Ber. **60**, 238 (1927). — **Freudenberg**, **Wolf**, **Knopf** u. **Zaheer**: Ber. **61**, 1746 (1928).
—	—	l. l. H_2O, Alk., schw. l. trock. Essigest., unl. Äth.	—	[1]) **Fischer** u. **Tafel**: Ber. **20**, 2566 (1887).
123°	$[\alpha]_D = -8,6°$ (in CH_3OH)	s. schw. l. H_2O, l. l. CH_3OH	—	[1]) **Bruyn** u. **Ekenstein**: Rec. trav. Pays-Bas **15**, 227 (1896).
132°	$[\alpha]_D = -14,6°$ (in CH_3OH)	w. l. H_2O, l. Alk., s. l. l. CH_3OH	—	[1]) **Bruyn** u. **Ekenstein**: Rec. trav. Pays-Bas **15**, 227 (1896).
203°	$[\alpha]_D = +7,0°$ (in Eisessig)	s. w. l. H_2O, Alk., l. Essigest., s. l. l. CH_3OH	—	[1]) **Bruyn** u. **Ekenstein**: Rec. trav. Pays-Bas **15**, 227 (1896).

Nr	Name	Formel, Konstitution	Vorkommen, Bildung, Darstellung	Krystallogr. Eigenschaften
39	Lactose-α-benzylphenyl-hydrazon	$C_{12}H_{22}O_{10}\cdot N_2\cdot C_{13}H_{12}$	Komp. in d. Wärme[1])	Hellg. Nadeln[1]). Weiße Nadeln[2])
40	„ -phenyl-osazon	$C_{24}H_{32}O_9N_4$	Komp. in d. Wärme[1])	Feine, kurze gelbe Prismen
41	„ -p-nitrophenyl-osazon	$C_{24}H_{30}O_{13}N_6$	Komp. in d. Wärme[1])	Krystalle
42	Melibiose-phenyl-hydrazon	$C_{18}H_{28}O_{10}N_2$	Alkoh. Lösg. d. Komp. u. Fällen mit Äther[1])	Hellg. mikroskop. Nad. (aus Alk.)
43	„ -α-allylphenyl-hydrazon	$C_{21}H_{32}O_{10}N_2$	Komp. in d. Wärme[1])	Hellgelbe Nad.
44	„ -β-naphthyl-hydrazon	$C_{22}H_{30}O_{10}N_2$	Komp. in d. Wärme[1])	Braune Nad.
45	„ -phenyl-osazon	$C_{24}H_{32}O_9N_4$	Komp. in d. Wärme[1])	Warzen fein. gekrümmter, gelber Nad. (aus h. H_2O od. Toluol)
46	„ -p-bromphenyl-osazon	$C_{24}H_{30}O_9N_4Br_2$	Aus d. Oson[1])	Krystallmasse (aus Alk.)
47	Neolactose-phenyl-osazon	$C_{24}H_{32}O_9N_4$	Komp. in d. Wärme[1])	Gelbe Krystalle (aus h. H_2O)
48	Mannobiose-phenyl-hydrazon	$C_{18}H_{28}O_{10}N_2$	Komp.[1])	Krystalle (aus H_2O+Pyrid.)
49	6-β-Cellobiosido-galaktose-phenyl-osazon	$C_{30}H_{42}O_{14}N_4$	Komp. in d. Wärme[1])	Krystalle (aus Aceton)
50	6-β-Lactosido-galaktose-phenyl-osazon	$C_{30}H_{42}O_{14}N_4$	Komp. in d. Wärme[1])	Krystalle
51	6-β-Cellobiosido-glucose-phenyl-osazon	$C_{30}H_{42}O_{14}N_4$	Komp. in d. Wärme[1])	Gelbe, sternförm. grupp. Nadeln
52	6-β-Lactosido-glucose-phenyl-osazon	$C_{30}H_{42}O_{14}N_4$	Komp. in d. Wärme[1])	Krystalle (aus H_2O)
53	Isotrihexose-phenyl-osazon	$C_{30}H_{42}O_{14}N_4$	Komp. in d. Wärme[1])	Krystalle (aus H_2O)
54	Amylotrisaccharid-phenyl-osazon	$C_{30}H_{42}O_{14}N_4$	Komp. in d. Wärme[1])	Kleine gelbe Nad.
55	β-(?)-Glucosidomaltose-phenyl-osazon	$C_{30}H_{42}O_{14}N_4$	Komp. in d. Wärme[1])	Rosetten kl. Nad. (aus H_2O)
56	Manninotriose-phenyl-hydrazon	$C_{24}H_{18}O_{15}N_2$	Komp.[1])	Amorph
57	„ -phenyl-osazon	$C_{30}H_{42}O_{14}N_4$	Komp. in d. Wärme[1])	Kugel. Aggreg. gelb. Nadeln
58	Glucosido-glucosazon	$C_{24}H_{32}O_9N_4$	Aus d. Reaktionsprod. v. Glucosylchlorid auf Glucose-Calcium + Phenylhydrazin[1])	Kugel. Aggreg. kleiner Nadeln (aus verd. Alk.)

Schmelz- und Siedepunkt	Optisches Drehungsvermögen	Löslichkeit	Analytisches; Diverses	Literatur
$128°$[1] $156—170°$[2] (Zers.)	$[\alpha]_D = -35,4°$ (in Pyrid., $c = 1,5\%$)[2]	w. l. H_2O, Alk., Äth., l. l. Pyrid.	**Acetat:** $C_{41}H_{50}O_{18}N_2$ [2]. Amorph. Sint. $50°$. $Z = 60—70°$. $[\alpha]_D = +62,22°$ (Pyrid., $c = 4\%$)	[1] **Bruyn** u. **Ekenstein:** Rec. trav. Pays-Bas **15**, 227 (1896). [2] **Hofmann:** A. **366**, 277 (1909).
$210—212°$[2] $200°$[1]	ca. $0°$ in Pyrid.-Alk.[3] linksdrehend in Eisessig[1]	l. sied. H_2O, Alk., l. l. h. Essigest., unl. Äth., Benzol, Chlorof., l. l. Pyrid.	**Anhydrid:** $C_{24}H_{30}O_8N_4$. Aus d. Osaz. in h. H_2O + etwas H_2SO_4. Gelbe Nad. $F = 224°$	[1] **Fischer:** Ber. **20**, 821 (1887). — **Fischer** u. **Tafel:** Ber. **20**, 2566 (1887). [2] **Fischer:** Ber. **41**, 73 (1908). [3] **Neuberg:** Ber. **32**, 3384 (1899).
$258°$ (Zers.)	—	l. in verd. NaOH mit blauer Farbe	—	[1] **Hyde:** Ber. **32**, 1815 (1899).
$145°$ ($160°$ Zers.)	—	l. l. H_2O, w. l. Alk., unl. Äth., Chlorof., Benzol	—	[1] **Scheibler** u. **Mittelmeier:** Ber. **23**, 1438 (1890).
$197°$	$[\alpha]_D = +21,2°$ (in CH_3OH) $= +8°$ (in Eisessig)	w. l. H_2O, l. Alk., l. l. CH_3OH	—	[1] **Bruyn** u. **Ekenstein:** Rec. trav. Pays-Bas **15**, 226 (1896).
$135°$	$[\alpha]_{auer} = +15,9°$ (in CH_3OH)	s. w. l. H_2O, l. Alk. 96%, l. l. CH_3OH	—	[1] **Bruyn** u. **Ekenstein:** Rec. trav. Pays-Bas **15**, 226 (1896).
$178—179°$[1] (Zers. 181 bis 183°). $190°$(Zers.)[2]	$[\alpha]_D^{21} = +43,15°$ (in Pyrid.)[3]	schw. l. h. H_2O, l. l. h. Alk., Aceton, Pyrid., s. w. l. Äth., Chlorof., Essigest., Benzol, Toluol	Gibt ein **Anhydrid,** das in Alk. von 60% l. l. ist	[1] **Scheibler** u. **Mittelmeier:** Ber. **23**, 1438 (1890). — **Bau:** Chem.-Z. **26**, 69. — **Fischer** u. **Armstrong:** Ber. **35**, 3144 (1902). [2] **Lippmann:** Ber. **53**, 2069 (1920). [3] **Helferich** u. **Rauch:** Ber. **59**, 2655 (1926).
$181—182°$	—	—	—	[1] **Fischer:** Ber. **44**, 1898 (1911). — **Lippmann:** Ber. **53**, 2069 (1920).
$195°$ (Zers.)	—	—	—	[1] **Kunz** u. **Hudson:** Amer. Soc. **48**, 2435 (1926).
$199°$	—	s. w. lösl.	—	[1] **Pringsheim** u. **Genin:** Z. phys. Chem. **140**, 299 (1924).
$207°$ (Zers.)	—	—	—	[1] **Freudenberg, Wolf, Knopf** u. **Zaheer:** Ber. **61**, 1745 (1928).
$211°$ (Zers.)	—	—	—	[1] **Freudenberg, Wolf, Knopf** u. **Zaheer:** Ber. **61**, 1745 (1928).
$224°$ (Zers.)	$[\alpha]_D^{22} = -61,5°$ (in Pyrid.)	—	—	[1] **Helferich** u. **Schäfer:** A. **450**, 229 (1926).
$233°$ (Zers.)	$[\alpha]_D^{22} = -50,5°$ (in Pyrid.)	—	—	[1] **Helferich** u. **Schäfer:** A. **450**, 229 (1926).
$169—171°$ ($180°$ Zers.)	—	s. l. l. H_2O	—	[1] **Pictet** u. **Vogel:** Helv. **12**, 700 (1929).
$150—153°$	—	—	—	[1] **Ling** u. **Baker:** Soc. Lond. **67**, 709 (1895).
$122°$	—	l. l. in H_2O	—	[1] **Ling** u. **Nanji:** Soc. Lond. **123**, 2666 (1925). — **Pringsheim** u. **Schapiro:** Ber. **59**, 996 (1926).
—	$[\alpha]_D = +21,0°$	l. l. H_2O, Alk., unl. Essigest.	—	[1] **Tanret:** Compt. rend. **134**, 1586 (1902).
$122°$	—	z. l. l. H_2O	—	[1] **Tanret:** Compt. rend. **134**, 1586 (1902).
$126°$ (Zers. 129°)	—	—	—	[1] **Waldkirch:** Dissert. Genf 1926.

Tabelle 35 (Fortsetzung).

Nr	Name	Formel, Konstitution	Vorkommen, Bildung, Darstellung	Krystallogr. Eigenschaften
59	Isosaccharose-phenyl-osazon	$C_{24}H_{32}O_9N_4$	Aus d. Hydrations-prod. d. Isosaccharosans[1]	Gelborange Masse (aus Essigest.)
60	Amylotriose-phenyl-osazon	$C_{30}H_{42}O_{14}N_4$	Komp. in d. Wärme[1]	Krystalle
61	Lichotriose-phenyl-osazon	$C_{30}H_{42}O_{14}N_4$	Komp. in d. Wärme[1]	Krystalle
62	Trimannose-phenyl-osazon	$C_{30}H_{42}O_{14}N_4$	Aus einem Zucker aus Steinnußsamen[1]	Krystalle
63	Dimannose-phenyl-osazon	Nicht untersucht[1]	—	Krystalle
64	Tetra- u. Pentamannoholosid-p-bromphenyl-osazone	Nicht untersucht[1]	—	Krystalle

Tabelle 36.

Nr	Name	Formel, Konstitution	Vorkommen, Bildung, Darstellung	Krystallogr. Eigenschaften
1	3,6-Anhydroglucose-phenyl-hydrazon	$C_{12}H_{16}O_4N_2$	Komp.[1]	Weiße, etwas gelbl. Blättchen
2	„ -phenyl-osazon	$C_{18}H_{20}O_3N_4$	Komp. in d. Wärme[1]	Feine biegs. Nad. (aus 40 proz. Alk.)
3	„ -p-bromphenyl-hydrazon	$C_{12}H_{15}O_4N_2Br$	Komp.[1]	Perlmuttergl. Bl. (Pyrid. + Äth.)
4	3,6-Anhydroallose-phenyl-osazon	$C_{18}H_{20}O_3N_4$	Aus Fructose oder Glucose-3-phosphor-säure + Essigsäure + Phenylhydraz. bei 100°[1]. Aus d. Desaminierungsprod. v. Epiglucosamin + HNO_2[2]	Weiche Nädelchen (aus CH_3OH)
5	Isorhamnonose-bis-p-nitrophenyl-hydrazon	$C_{18}H_{20}O_7N_6$	Komp. in essigs. Lösg. u. Zus. von H_2O[1]	Stark gelb gef. Krystalle
6	Fuconose-bis-p-nitrophenyl-hydrazon	$C_{18}H_{20}O_7N_6$	Komp. in essigs. Lösg.[1]	Krystalle (aus Pyrid.-Alk. + H_2O)
7	2-Desoxyarabinose-benzylphenyl-hydrazon	$C_{18}H_{22}O_3N_2$	Komp.[1]	Nadeln (aus Alk.)
8	2-β-Desoxyglucose-benzylphenyl-hydrazon	$C_{19}H_{24}O_4N_2$	Komp.[1]	Krystalle (aus Alk.)
9	„ -methylphenyl-hydrazon	$C_{13}H_{20}O_4N_2$	Komp.[1]	Weiße Nad. od. Prismen (Essigest.)
10	„ -p-nitrophenyl-hydrazon	$C_{12}H_{18}O_6N_3$	Komp. in alkoh. Lösg.[1]	Gelbe Prismen

Hydrazin=Derivate der Di= bis Tetrasaccharide.

Schmelz- und Siedepunkt	Optisches Drehungsvermögen	Löslichkeit	Analytisches; Diverses	Literatur
124—125°)	—	—	Viell. ident. mit Vorig.	[1] **Pictet** u. **Stricker**: Helv. **7**, 708 (1924).
142—145°	—	s. l. l. H_2O	—	[1] **Pringsheim**: Ber. **57**, 1592 (1924).
178°	$[\alpha]_D = -46,47°$ (in Alk.)	—	—	[1] **Karrer** u. **Lier**: Helv. **8**, 248 (1925).
196° (Zers.)	$\alpha_{aller} = -0,21°$ (in Pyrid.-Alk., 0,1 g : 5 ccm)	—	—	[1] **Pringsheim**: Z. phys. Chem. **80**, 376 (1912).
—	—	—	—	[1] **Pringsheim**: Z. phys. Chem. **80**, 376 (1912).
—	—	—	—	[1] **Bertrand** u. **Labarre**: Soc. chim. France [4] **43**, 311 (1928).

Hydrazin=Derivate der übrigen Zucker.

Schmelz- und Siedepunkt	Optisches Drehungsvermögen	Löslichkeit	Analytisches; Diverses	Literatur
157—158°	—	l. l. h., w. l. k. H_2O, l. l. Alk., Essigest., w. l. Äth., Benzol	—	[1] **Fischer** u. **Zach**: Ber. **45**, 456 (1912).
ca. 180° 188—190°[2])	$[\alpha]_D = -170°$ (in CH_3OH+Pyrid.)[2])	l. l. absol. Alk., Essigest., w. l. h. Benzol, Äth., schw. l. k. CH_3OH	—	[1] **Fischer** u. **Zach**: Ber. **45**, 456 (1912). [2] **Levene**, **Raymond** u. **Walti**: J. Biol. Chem. **82**, 191 (1929).
184°	$[\alpha]_D^{16} = -18,89° \rightarrow -10,86°$	s. l. l. Pyrid., w. l. CH_3OH, Essigs., Alk., Essigest., s. w. l. H_2O, Äth., Chlorof.	—	[1] **Fischer**, **Helferich** u. **Ostmann**: Ber. **53**, 873 (1920).
165—168°	$[\alpha]_D^{20} = -138°$ (in Pyrid. + CH_3OH, 1 : 1, c = 0,8%)	—	—	[1] **Levene**, **Raymond** u. **Walti**: J. Biol. Chem. **82**, 191 (1929). — **Raymond** u. **Levene**: J. Biol. Chem. **83**, 619 (1929). [2] **Levene** u. **Sobotka**: J. Biol. Chem. **71**, 181 (1926).
120,5° (Zers.)	$[\alpha]_D^{18} = -83,5°$ (in Pyridin)	—	—	[1] **Helferich** u. **Himmen**: Ber. **62**, 2136 ((1929).
209—210° (Zers.)	$[\alpha]_C^{20} = +59°$ (in Pyrid.)	—	—	[1] **Helferich** u. **Himmen**: Ber. **62**, 2136 (1929)
127—129°	$[\alpha]_D^{25} = +7,8°$ (in Pyrid.)[2])	l. l. Alk., f. unl. Chlorof., Äth., H_2O	—	[1] **Meisenheimer** u. **Jung**: Ber. **60**, 1462 (1927). [2] **Levene** u. **Mori**: J. Biol. Chem. **83**, 803 (1929).
158—159°	$[\alpha]_D^{14} = +8,7°$ (in 6proz. CH_3OH)	—	—	[1] **Bergmann**, **Schotte** u. **Leschinsky**: Ber. **55**, 158 (1922).
157—158° (Zers. 195°)	—	l. l. Alk., CH_3OH, H_2O, Pyrid., Essigest., s. w. l. Benzol, Chlorof.	—	[1] **Bergmann**, **Schotte** u. **Leschinsky**: Ber. **55**, 158 (1922).
190—191° (Zers.)	—	—	—	[1] **Bergmann**, **Schotte** u. **Leschinsky**: Ber. **55**, 158 (1922).

Tabelle 36 (Fortsetzung).

Nr	Name	Formel, Konstitution	Vorkommen, Bildung, Darstellung	Krystallogr. Eigenschaften
11	Isoglucal-benzylphenyl-hydrazon	$C_{19}H_{22}O_3N_2$	Komp.[1]	Nadeln (aus Alk.)
12	Isosaccharopentose-benzylphenyl-hydrazon	$C_{18}H_{22}O_3N_2$	Alkoh. Lösg. d. Komp. in d. Wärme u. Zus. von H_2O[1]	Gelbl. Nadeln (aus H_2O oder Benzol)
13	„ -phenyl-osazon	$C_{17}H_{20}O_3N_4$	Komp.[1]	Feine hellg. Nad. (aus h. Benzol)
14	Benzoylgalaktosamin-phenyl-hydrazon	$C_{19}H_{23}O_5N_2$	Komp.[1]	Farbl. Krystalle (aus Alk.)
15	3-Aminoglucose-phenyl-osazon	$C_{18}H_{23}O_3N_5$	Komp.[1]	Hellgelbe Krystallnadeln
16	Epiglucosamin-phenyl-osazon	$C_{18}H_{23}O_3N_5$	Komp.[1]	Citronengelbe Krystalle
17	Methyl-thioketopentose-phenyl-osazon	$C_{18}H_{22}O_2N_4S$	Komp.[1]	Gelbe Prismen (aus 50 proz. Alk.)
18	„ -p-bromphenyl-hydrazon	$C_{12}H_{17}O_3N_2SBr$	Komp.[1]	Krystalle (aus Alk. + Äth.)
19	„ -p-bromphenyl-osazon	$C_{18}H_{20}O_2N_4SBr_2$	Komp.[1]	Glänz. gelbe Nadeln
20	Glucosamin-di-phenyl-hydrazon	$C_{18}H_{23}O_4N_3$	Aus Glucosamin-Chlorhydr. + alkoh. Kali in etw. Ligroin + Diphenylhydraz.[1]	Lange Nadeln

Tabelle 37.

Nr	Name	Formel, Konstitution	Vorkommen, Bildung, Darstellung	Krystallogr. Eigenschaften
1	l-Arabinose-benz-hydrazon	$C_{12}H_{16}O_5N_2$	Komp. in alkoh. Lösg. am Wasserbad[1]	Weiße, glänz. Blättchen (aus h. H_2O)
2	„ -p-brombenz-hydrazon	$C_{12}H_{15}O_5N_2Br$	Komp.[1]	Weiße Nadeln
3	„ -salicylsäure-hydrazon	$C_5H_{10}O_4 : N_2H \cdot CO \cdot C_6H_4OH$	Komp. in alkoh. Lösg.[1]	Sandiges Pulver
4	„ -β-naphthyl-sulfon-hydrazon	$C_5H_{10}O_4 : N_2H \cdot SO_2 \cdot C_{10}H_7$	Komp.[1]	Krystalle
5	Xylose-p-brombenz-hydrazon	$C_{12}H_{15}O_5N_2Br$	Komp. in alkoh. Lösg.[1]	Krystalle
6	Glucose-benzolsulfon-hydrazon	$C_{12}H_{18}O_7N_2S$	Komp. in alkoh. Lösg. in d. Wärme[1]	Weiße Nadeln (aus Alkali) od. kl. rhomb. Kryst. (aus H_2O)
7	„ -benzhydrazon	$C_{13}H_{18}O_6N_2$	Komp.[1]	Weiße Nadeln (aus Alk.)
8	„ -p-brombenz-hydrazon	$C_{13}H_{17}O_6N_2Br$	Komp. in alkoh. Lösg.[1]	Feste Krusten

Hydrazin-Derivate der übrigen Zucker.

Schmelz- und Siedepunkt	Optisches Drehungsvermögen	Löslichkeit	Analytisches; Diverses	Literatur
121—122°	$[\alpha]_D^{22} = -22,38°$ (in CH_3OH)	l. h. CH_3OH, Alk., Essigest. in k. schw. l., unl. H_2O, Äth., Benzol	—	[1] Bergmann: A. **434**, 79 (1923).
124—126° (Zers. 200°)	ca. 0°	unl. k. H_2O, w. l k. Benzol, l. h. H_2O, l. l. Alk., Äth., Chlorof.	—	[1] Ruff, Meusser u. Franz: Ber. **35**, 2367 (1902).
125°	ca. 0°	l. l. Benzol, s. l. l. Alk., Äth., Aceton, Chlorof., Essigest.	—	[1] Ruff, Meusser u. Franz: Ber. **35**, 2367 (1902).
201°	—	s. schw. l. Alk., s. l. l. Pyrid., unl. Äth.	—	[1] Freudenberg u. Doser: Ber. **58**, 294 (1925).
207° (Zers.)	$[\alpha]_{578}^{18} = -58°$ (in Pyrid. + 50 proz. CH_3OH, 4 : 6)	—	—	[1] Freudenberg, Burkhart u. Braun: Ber. **59**, 714 (1926).
—	$[\alpha]_{578}^{18} = -42°$ (in Pyrid. + 50 proz. CH_3OH, 4 : 6)	—	—	[1] Freudenberg, Burkhart u. Braun: Ber. **59**, 714 (1926).
158—159°[1] 164°[2] (Zers. 208°)	$[\alpha]_D^{17} = +6° \rightarrow +7°$ (in Pyrid.-Alk.)[2]	—	—	[1] Suzuki, Odake u. Mori: Bioch. Z. **154**, 278 (1924). — Levene u. Sobotka: J. Biol. Chem. **65**, 551 (1925).
134—137°	$[\alpha]_D^{17} = +38°$ (in CH_3OH)	—	—	[1] Levene: J. Biol. Chem. **59**, 465 (1924).
226°	$[\alpha]_D^{20} = -2° \rightarrow +4°$ (in Pyrid.-Alk.)	—	—	[1] Levene: J. Biol. Chem. **59**, 465 (1924).
162° (Zers.)	—	unl. Alk., Äth., Chlorof.	—	[1] Breuer: Ber. **31**, 2193 (1893).

Sonstige Stickstoffverbindungen.

Schmelz- und Siedepunkt	Optisches Drehungsvermögen	Löslichkeit	Analytisches; Diverses	Literatur
184° (Zers.)[1] 212°[2]	—	l. H_2O, Alk.	—	[1] Subaschow: Z. Ver. D. Zuckerind. **46**, 270 (1896). [2] Davidis: Ber. **29**, 2310 (1896).
215—216° (Zers.)	—	s. w. l. in den Lösungsm.	Chlorbenzhydrazon: Z = 203°	[1] Kahl: C. **1904**, II, 1493.
191° (Zers.)	—	unl. k. H_2O, Äth., Benzol	—	[1] Kahl: C. **1904**, II, 1493.
175° (Zers.)	—	—	—	[1] Kahl: C. **1904**, II, 1493.
258—260°	—	—	—	[1] Kahl: C. **1904**, II, 1493.
154—155° (Zers.)[1]. 180°(Zers.)[2]	linksdrehend	schw. l. k. H_2O, z. l. h. Alk., unl. Äth.	—	[1] Wolff: Ber. **28**, 160 (1895). [2] Kahl: C. **1904**, II, 1494.
171—172° (Zers.)[1]. 186—187°[2]	linksdrehend	l. w. vorsteh.	—	[1] Wolff: Ber. **28**, 160 (1895). [2] Bruyn u. Ekenstein: Rec. trav. Pays-Bas **14**, 209 (1895).
200—202° (Zers.) od. 206—207°	—	s. w. l. k. H_2O, l. l. Pyrid.	Chlorbenzhydrazon: Sehr labil; F = 211° (Zers.)	[1] Kahl: C. **1904**, II, 1494.

Nr	Name	Formel, Konstitution	Vorkommen, Bildung, Darstellung	Krystallogr. Eigenschaften
9	Glucose-salicylsäure-hydrazon	$C_6H_{12}O_5 : N_2H \cdot CO \cdot C_6H_4OH$	Komp. in alkoh. Lösg.[1]	Sandiges Pulver
10	„ -β-naphthylsulfon-hydrazon	$C_6H_{12}O_5 : N_2H \cdot SO_2 \cdot C_{10}H_7$	Komp.[1]	Prismen
11	Galaktose-benz-hydrazon	$C_{13}H_{18}O_6N_2$	Komp.[1]	Lange, weiße Blättchen
12	„ -p-brombenz-hydrazon	$C_{13}H_{17}O_6N_2Br$	Komp.[1]	Prismen
13	Mannose-p-brombenz-hydrazon	$C_{13}H_{17}O_6N_2Br$	Komp.[1]	Flache Prismen
14	l-Arabinose-anilid	$C_{11}H_{15}O_4N$	Komp.[1]	Gelbe Nadeln
15	l-Rhamnose-anilid	$C_{12}H_{17}O_4N$	Komp. in konz. wässer. Lösg.[1]. Komp. in alkoh. Lösg.[2]. Kochen d. Komp. in alk. Lösg.[3]	Krystalle[1]. Weiße Nadeln (aus Alk.)[2]. Prismen (aus Alk. + Petroläth.)[3]
16	d-Glucose-anilid	$C_{12}H_{17}O_5N$: $C_6H_{12}O_5$ $\\|$ N oder $\\|$ C_6H_5 $C_6H_{11}O_5$ $\\|$ NH $\\|$ C_6H_5	Alkohol. Lösg. d. Komp.[1]	Dünne Blättchen (aus Alk.)[2]
17	Galaktose-anilid	$C_{12}H_{17}O_5N$	Kochen d. Komp. in Alk.[1]	Nad. od. Prism. (aus Alk.)[2]
18	Mannose-anilid	$C_{12}H_{17}O_5N$	Komp. in CH_3OH[1]	Rechtwinkl. Prismen (aus H_2O)
19	Fructose-anilid	$C_{12}H_{17}O_5N$	Koch. d. alkoh. Lösg. d. Komp.[1]	Nadeln od. Tafeln (aus Alk.)
20	Lactose-anilid	$C_{18}H_{27}O_{10}N$	Komp. in 96 proz. Alk.[1]	Weiße Nadeln (aus 96 proz. Alk.)
21	l-Rhamnose-o-carboxyanilid	$C_{13}H_{17}O_6N$	Komp.[1]	Nadeln (aus CH_3OH)
22	d-Glucose-o-carboxyanilid	$C_{13}H_{17}O_7N$	Komp.[1]	Nadeln + 1 H_2O
23	d-Mannose-o-carboxyanilid	$C_{13}H_{17}O_7N$	Komp.[1]	Nadeln + H_2O (aus Alk.)
24	d-Galaktose-o-carboxyanilid	$C_{13}H_{17}O_7N$	Komp.[1]	Nadeln + H_2O (aus H_2O)
25	Maltose-o-carboxyanilid	$C_{19}H_{27}O_{12}N$	Komp.[1]	Krystalle + 1 H_2O

Sonstige Stickstoffverbindungen.

Schmelz- und Siedepunkt	Optisches Drehungsvermögen	Löslichkeit	Analytisches; Diverses	Literatur
198° (Zers.)	—	unl. H_2O, Benz., Äth.	—	[1] **Kahl:** C. 1904, II, 1494.
—	—	unl. Äth., Benz., Alk., k. H_2O	—	[1] **Kahl:** C. 1904, II, 1494.
178° (Zers.)	—	s. schw. l. k. H_2O, Alk., l. h. Alk.	—	[1] **Subaschow:** Z. Ver. D. Zucker-ind. **46**, 270 (1896).
216° (Zers.)	—	unlöslich	—	[1] **Kahl:** C. 1904, II, 1494.
—	—	unlöslich	—	[1] **Kahl:** C. 1904, II, 1494.
103,5—106° (Zers.)	—	—	—	[1] **Hermann:** C. 1905, I, 1314.
118°[1]). 121—127° (Zers.)[2]). 144°[3])	$[\alpha]_D = -50,4°$ (in Alk.)[2]) $[\alpha]_D^{90} = +136,9° \rightarrow +77,1°$ (in Alk.)[3])	—	—	[1] **Rayman** u. **Kruis:** Soc. chim. France [2] **48**, 633. [2] **Hermann:** C. 1905, I, 1314. [3] **Irvine** u. **McNicoll:** Soc. Lond. **97**, 1450 (1910).
147°[2])	$[\alpha]_D^{20} = +15,4° \rightarrow -52,3°$ (in CH_3OH, $c = 3\%$)[1])	s. w. l. H_2O, Alk.	—	[1] **Irvine** u. **Gilmour:** Soc. Lond. **93**, 1432 (1906). [2] **Sorokin:** J. prakt. Chem. [2] **37**, 292 (1888).
ca. 147° (Zers.)[2])	$[\alpha]_D^{20} = -86,9° \rightarrow -6,88°$ (in Alk., $c = 2,325\%$); $= -76,9° \rightarrow -31,6°$ (in CH_3OH, $c = 0,507\%$)[1])	s. w. l. H_2O, Alk.	—	[1] **Irvine** u. **McNicoll:** Soc. Lond. **97**, 1450 (1910). [2] **Sorokin:** J. prakt. Chem. [2] **37**, 292 (1888).
181° (Zers.)	$[\alpha]_D^{20} = -178,5° \rightarrow -81,5°$ (in Pyrid., $c = 2\%$)	unl. außer in sied. H_2O u. Pyrid.	—	[1] **Irvine** u. **McNicoll:** Soc. Lond. **97**, 1450 (1910).
147° (Zers.)	$[\alpha]_D^{20} = -215,7°$; $-194,3°$; $-185,5°$ (in Alk., $c = 0,7119\%$; $1,0437\%$; $2,0159\%$). $[\alpha]_D^{20} = -181,1°$ (in CH_3OH, $c = 1,4362\%$)	—	—	[1] **Sorokin:** J. prakt. Chem. [2] **37**, 292 (1888).
—	$[\alpha]_D = -14,19°$ (in H_2O)	z. l. l. k. H_2O, l. l. verd. Alk., w. l. Alk., absol. unl. Äth.	—	[1] **Sorokin:** J. prakt. Chem. [2] **37**, 306 (1888).
167—168°	$[\alpha]_D^{20} = +66,4° \rightarrow +51,2°$ (in CH_3OH); $+42,9°$ (in Alk.); $+148,8° \rightarrow +100,2°$ (in Pyrid.)	—	—	[1] **Irvine** u. **Hynd:** Soc. Lond. **99**, 161 (1911).
128—130°	$[\alpha]_D = +87,4° \rightarrow +11,1°$ (in CH_3OH, $c = 2,5\%$)	w. l. H_2O, l. l. Alk., l. l. in wässer. Na_2CO_3	Gibt ein Na-Salz	[1] **Irvine** u. **Gilmour:** Soc. Lond. **95**, 1545 (1909).
126°	$[\alpha]_D^{20} = -29,4° \rightarrow -21,9°$ (in CH_3OH, $c = 2,0\%$)	—	—	[1] **Irvine** u. **Hynd:** Soc. Lond. **99**, 161 (1911).
—	$[\alpha]_D^{20} = -17,3° \rightarrow +4,3°$ (in Alk., $c = 1,158\%$)	—	—	[1] **Irvine** u. **Hynd:** Soc. Lond. **99**, 161 (1911).
153—155°	$[\alpha]_D^{20} = +48,9° \rightarrow +68,0°$ (in CH_3OH, $c = 0,9195\%$)	—	—	[1] **Irvine** u. **Hynd:** Soc. Lond. **99**, 161 (1911).

Nr	Name	Formel, Konstitution	Vorkommen, Bildung, Darstellung	Krystallogr. Eigenschaften
26	Glucose-p-tolylimid	$C_{13}H_{19}O_5N:$ $C_6H_{12}O_5 \quad\quad C_6H_{11}O_5$ $\parallel \quad\quad\quad\quad \mid$ $N \quad oder \quad NH$ $\mid \quad\quad\quad\quad \mid$ $C_6H_4 \quad\quad\quad C_6H_4$ $\mid \quad\quad\quad\quad \mid$ $CH_3 \quad\quad\quad CH_3$	Aus d. Komp. in alkoh. Lösg.[1]	Nadeln $+$ 1 H_2O (aus verd. Alk.) od. Taf.$+^1/_2$ H_2O (aus CH_3OH)
27	Galaktose-p-tolylimid	$C_{13}H_{19}O_5N$	Komp. in 90proz. Alk.[1]	Nadeln
28	Glucose-β-naphthylimid	$C_{16}H_{19}O_5N:$ $C_6H_{12}O_5 \quad\quad C_6H_{11}O_5$ $\parallel \quad\quad\quad\quad \mid$ $N \quad oder \quad NH$ $\mid \quad\quad\quad\quad \mid$ $C_{10}H_7 \quad\quad C_{10}H_7$	Komp. in 83proz. Alk.[1]	Nadeln $+$ 1 H_2O
29	Glucose-alanid	$C_9H_{17}O_7N$	In verd. methyl-alk. Lösg.[1]	Nadeln
30	Di-arabinose-benzidid	$C_{22}H_{28}O_8N_2$	Komp. in 96proz. Alk.[1]	Gelbl. krystall. Pulver
31	Di-glucose-benzidid	$C_{24}H_{34}O_{10}N_2$	Komp. in 96proz. Alk.[1]	Weiße Nadeln (aus 96proz. Alk.)
32	Di-maltose-benzidid	$C_{36}H_{52}O_{20}N_2$	Komp. in 96proz. Alk.[1]	Weißes, krystall. Pulver
33	Glucose-phenetidid	$C_{14}H_{21}O_6N$	Komp. in Alk.[1]	Weiße Nadeln (aus h. Alk.)[1]. Kryst. $+$ 1 H_2O [2]
34	Galaktose-phenetidid	$C_{14}H_{21}O_6N$	Komp. in Alk.[1]	Säulen
35	l-Rhamnose-naphthol-benzylamin	$C_{17}H_{13}ON : C_6H_{12}O_4$	Komp.[1]	Krystalle
36	d-Glucose-naphthol-benzylamin	$C_{17}H_{13}ON : C_6H_{12}O_5$	Komp.[1]	Seidigglänz. Nad. (aus Alk.)
37	d-Galaktose-naphthol-benzylamin	$C_{23}H_{25}O_6N$	Komp.[1]	Kleine Krystalle
38	d-Mannose-naphthol-benzylamin	$C_{23}H_{25}O_6N$	Komp.[1]	Weiße Nadeln (aus h. Alk.)
39	l-Arabinose-o-phenylen-diamin	$C_{11}H_{14}O_4N_2$	Komp. in H_2O[1]	Weiße Nadeln. Bitter
40	Glucose-o-phenylen-diamin	$C_{12}H_{16}O_5N_2$	Komp. in H_2O[1]	Weiße, glänzende Nad. od. Blättch. Bitterlich
41	Galaktose-o-phenylen-diamin	$C_{12}H_{16}O_5N_2$	Komp. in H_2O[1]	Warzen weißer Nadeln. Bitter
42	Guanylharnstoff-glucose-chlorhydrat	$C_8H_{17}O_6N_4Cl$	Komp.[1]	Feine Nadeln (aus Alk.)
43	Guanylguanidin-glucose-chlorhydrat	$C_8H_{19}O_5N_5Cl_2$	Komp.[1]	Bittere Nadeln
44	l-Erythrose-di-acetamid	$C_8H_{16}O_5N_2$	Aus l-Tetracetyl-arabonsäurenitril in Alk. $+$ ammoniak-alk. Silberoxydlösg.[1]	Krystalle (aus H_2O). Süß

Sonstige Stickstoffverbindungen.

Schmelz- und Siedepunkt	Optisches Drehungsvermögen	Löslichkeit	Analytisches; Diverses	Literatur
115—120° 117—119°	$[\alpha]_D^{20} = -97,6° \rightarrow -45,2°$ (in CH_3OH, c=2,5%) $[\alpha]_D^{20} = -94,6° \rightarrow -47,3°$ (in CH_3OH, c=2,5%)	—	In einer rechtsdreh. Form bekannt. Prismen. $[\alpha]_D^{20} = +181,9° \rightarrow -45,0°$ (in CH_3OH, c=2%)	[1] Irvine u. Gilmour: Soc. Lond. 95, 1548 (1909).
139° (Zers.)	linksdrehend	s. schw. l. h. 90proz. Alk.	—	[1] Sorokin: J. prakt. Chem. [2] 37, 309 (1888).
117°	$[\alpha]_D^{20} = -111° \rightarrow -48,1°$ (in CH_3OH, c=2,5%)	—	—	[1] Irvine u. Gilmour: Soc. Lond. 95, 1552 (1909).
114°	$[\alpha]_D^{20} = +45,7°$ (in H_2O, c=1%)	l. l. H_2O, Alk.	—	[1] Irvine u. Hynd: Soc. Lond. 99, 161 (1911).
ca. 86° (Zers.)	ca. 0° in verd. Alk.	w. l. k. H_2O, Alk., l. l. h. Alk., Pyrid., unl. Äth.	—	[1] Adler: Ber. 42, 1742 (1909).
ca. 127° (Zers.)	linksdrehend	w. l. k. H_2O, Alk., l. l. Pyrid., h. Alk., unl. Äth.	—	[1] Adler: Ber. 42, 1742 (1909).
ca. 175° (Zers.)	$[\alpha]_D^{20} = $ ca. $+23° \rightarrow +13°$ (in H_2O, c=1%)	l. l. H_2O, w. l. k., l. l. h. Alk., unl. Äth.	—	[1] Adler: Ber. 42, 1742 (1909).
160°[1]. 110—120° (Zers.)[2]	$[\alpha]_D = -96,1° \rightarrow -38,3°$ (in CH_3OH, c=3,46%)[2]	schw. l. k., l. l. h. H_2O, l. Alk., s. w. l. Äth.	—	[1] Claus u. Rée: Chem.-Z. 22, 545 (1898). [2] Irvine u. Gilmour: Soc. Lond. 95, 1545 (1909).
165°	—	—	—	[1] Claus u. Rée: Chem.-Z. 22, 545 (1898).
192° (Zers.)	—	—	—	[1] Betti: Gazz. chim. ital. 42, I, 288 (1912).
192° (Zers.)	—	—	—	[1] Betti: Gazz. chim. ital. 42, I, 288 (1912).
205—206°	—	unl. H_2O, Äth., Benzol, w. l. Alk., CH_3OH	—	[1] Betti: Gazz. chim. ital. 42, I, 288 (1912).
207—208° (Zers.)	—	—	—	[1] Betti: Gazz. chim. ital. 42, I, 288 (1912).
235°	rechtsdrehend	w. l. h. H_2O, Alk., unl. Äth.	—	[1] Griess u. Harrow: Ber. 20, 2205, 3111 (1887).
—	—	z. l. l. k. H_2O, Alk., unl. Äth.	Chlorhydrat: Weiße Blättchen, l. l. k. H_2O. Anhydrid: $C_{12}H_{14}O_4N_2$. Weiße, sehr bittere Nad.	[1] Griess u. Harrow: Ber. 20, 2205 (1887). — Fischer: Ber. 23, 2121 (1890). — Hinsberg u. Funcke: Ber. 26, 3093 (1893).
246°	in Säure rechtsdrehend	w. l. H_2O, Alk., unl. Äth.	Chlorhydrat: $+1\frac{1}{2}$ Mol. H_2O. s. l. l. H_2O	[1] Griess u. Harrow: Ber. 20, 3111 (1887).
107° (Zers.)	$\alpha_D^{20} = +0,2°$ (c=2% in 96proz. Alk. l=20 cm)	w. l. k. H_2O, k. Alk., l. h. Alk., unl. Äth.	—	[1] Radlberger: C. 1912, II, 1962.
ca. 116°	$\alpha_D^{20} = +0,5°$	unl. k. H_2O, Äth., l. h. Alk., h. H_2O	—	[1] Radlberger: C. 1912, II, 1962.
210° (Zers.)	$[\alpha]_D = -7,9°$ (in H_2O, c=2,5%)	l. l. H_2O, unl. Alk., Äth.	—	[1] Wohl: Ber. 32, 3669 (1899).

Tabelle 37 (Fortsetzung).

Nr	Name	Formel, Konstitution	Vorkommen, Bildung, Darstellung	Krystallogr. Eigenschaften
45	d-Threose-di-acetamid	$C_8H_{16}O_5N_2$	Aus d-Tetracetyl-xylonsäurenitril + ammoniakalk. Silberoxydlösg.[1]	Farbl. Prismen
46	Rhodeotetrose-di-acetamid	$C_9H_{18}O_5N_2$	Aus Tetracetyl-rhodeonsäurenitril + ammoniakalk. Silberoxydlösg.[1]	Weiße, strahlen-artig gruppierte Nädelchen
47	Methyltetrose-di-acetamid	$C_9H_{18}O_5N_2$	Aus Tetracetyl-rhamnonsäurenitril + ammoniakalk. Silberoxydlösg.[1]	Prismen (aus H_2O). Süß
48	d-Arabinose-di-acetamid	$C_9H_{18}O_6N_2$	Aus Pentaacetyl-d-gluconsäurenitril in Alk. + ammoniak-alk. Silberoxydlösg.[1]	Feine weiße Nad. Süß
49	d-Lyxose-di-acetamid	$C_9H_{18}O_6N_2$	Aus Pentaacetyl-d-galaktonsäurenitril in Alk. + ammoniak-alk. Silberoxydlösg.[1]	Krystalle (aus verd. Alk.)
50	l-Arabinose-aminoguanidin (Nitrat)	$C_6H_{14}O_4N_4 \cdot HNO_3$	Alkoh. Lösg. d. Komp.[1]	Weiße Nadeln
51	Glucose-aminoguanidin (Chlorhydrat)	$C_7H_{16}O_5N_4 \cdot HCl + H_2O$	Komp. in Alk. von 96%[1]	Rhomb. Krystalle. Hygr.
52	Galaktose-aminoguanidin (Chlorhydrat)	$C_7H_{16}O_5N_4 \cdot HCl + \frac{1}{2} H_2O$	Komp. in H_2O od. konz. Lösg. in Alk.[1]	Rhomb. Krystalle
53	Lactose-aminoguanidin (Nitrat)	$C_{13}H_{16}O_{10}N_4 \cdot HNO_3$	Komp.[1]	Feine Nadeln (aus Alk)
54	l-Arabinose-γ-diaminobenzoesäure	$C_{12}H_{14}O_6N_2 + 2 H_2O$	Komp.[1]	Kleine Nadeln (aus h. H_2O) od. Prismen (aus ammoniak-alk. Lösg.)
55	Glucose-γ-diaminobenzoesäure	$C_{13}H_{16}O_7N_2$	Komp.[1]	Silberglänzende Blättchen
56	Galaktose-γ-diaminobenzoesäure	$C_{13}H_{16}O_7N_2 + H_2O$	Komp.[1]	Weiße Nadeln
57	Maltose-γ-diaminobenzoesäure	$C_{19}H_{26}O_{12}N_2$	Komp.[1]	Blättchen (mit 1 H_2O) od. (H_2O-freie) weiße Nadeln
58	Lactose-γ-diaminobenzoesäure	$C_{19}H_{26}O_{12}N_2$	Komp.[1]	Kleine spitzige Krystalle

Sonstige Stickstoffverbindungen.

Schmelz- und Siedepunkt	Optisches Drehungsvermögen	Löslichkeit	Analytisches; Diverses	Literatur
166°	—	l. l. k. H_2O, schw. l. Alk., unl. Äth.	—	[1] **Maquenne:** Compt. rend. **130**, 1403 (1900).
233° (Zers.)	—	z. l. l. H_2O	—	[1] **Votoček:** Ber. **50**, 35 (1917).
201—205° (Zers.)	—	s. l. l. h. H_2O, z. w. l. h. Alk.	—	[1] **Fischer:** Ber. **29**, 1381 (1896).
187°	$[\alpha]_D^{20} = -9,5°$ (in H_2O, c = 10,03%)	s. l. l. H_2O, l. h., w. l. k. Alk., unl. Äth., Chlorof.	—	[1] **Wohl:** Ber. **26**, 736 (1893).
222—226°	—	—	—	[1] **Wohl** u. **List:** Ber. **30**, 3104 (1897).
125°	—	l. l. H_2O, schw. l. Alk., unl. Äth.	—	[1] **Radenhausen:** Z. Ver. D. Zukkerind. **44**, 768.
165°	$[\alpha]_D = -15,8°$ (in H_2O)	l. l. H_2O, h. Alk., unl. Äth.	**Nitrat:** Nadeln. F = 180° $[\alpha]_D^{20} = -9,4°$ (in H_2O)	[1] **Wolff:** Ber. **27**, 971 (1894); **28**, 2615 (1895).
125°	in H_2O rechtsdrehend, in Alk. linksdrehend	—	**Sulfat:** Rechtsdrehende Krystalle. l. l. H_2O, Alk., unl. Äther	[1] **Wolff:** Ber. **28**, 160, 2613 (1895).
200° (Zers.)	rechtsdrehend	—	—	[1] **Wolff:** Ber. **28**, 2613 (1895).
235°	rechtsdrehend	w. l. H_2O, Alk., unl. Äth.	—	[1] **Griess** u. **Harrow:** Ber. **20**, 3111 (1887). — **Schilling:** Ber. **34**, 905 (1901).
243°	rechtsdreh. in saurer od. alkal. Lösg.	s. w. l. h. H_2O, unl. Alk., Äth.	**Chlorhydrat:** Weiße Bl., l. l. H_2O, Alk.	[1] **Griess** u. **Harrow:** Ber. **20**, 281, 2210, 3111 (1887). — **Schilling:** Ber. **34**, 905 (1901).
110°	—	—	—	[1] **Griess** u. **Harrow:** Ber. **20**, 281, 2210, 3111 (1887). — **Schilling:** Ber. **34**, 905 (1901).
235° (H_2O-frei)	—	w. l. k., l. l. h. H_2O, unl. Alk., Äth.	—	[1] **Griess** u. **Harrow:** Ber. **20**, 281, 2210, 3111 (1887). — **Schilling:** Ber. **34**, 905 (1901).
206°	—	—	—	[1] **Griess** u. **Harrow:** Ber. **20**, 281, 2210, 3111 (1887). — **Schilling:** Ber. **34**, 905 (1901).

Tabelle 38.

Nr	Name	Formel, Konstitution	Vorkommen, Bildung, Darstellung	Krystallogr. Eigenschaften
1	**Dioxyaceton-bisulfitverb.**	$C_3H_7O_6SNa$: $CH_2OH \cdot C \begin{smallmatrix} OH \\ SO_3Na \end{smallmatrix} CH_2OH$	Komp. in konz. wässer. Lösg. u. Fällen mit Alk.[1]	Sternf. grupp. Nadeln (aus verd. Alk.)
2	**l-Arabinose-bisulfitverb.**	$C_5H_{11}O_8SNa$: $HOCH—SO_3Na$ | $(CHOH)_3$ | CH_2OH	Aus Arab.$+Na_2CO_3$ in H_2O u. von SO_2 u. Fällen mit Alk.[1]	Nicht näher beschrieben
3	**d-Glucose-bisulfitverb.**	$C_6H_{13}O_9SNa$: $HOCH—SO_3Na$ | $(CHOH)_4$ | CH_2OH	Aus Gluc.$+Na_2CO_3$ in H_2O u. Einleiten von SO_2. Fällen mit Alk.[1]	Verfilzte Nadeln

Schmelz- und Siedepunkt	Optisches Drehungsvermögen	Löslichkeit	Analytisches; Diverses	Literatur
—	—	—	—	[1] **Piloty:** Ber. **30**, 3167 (1897). — **Bertrand:** Compt. rend. **126**, 984 (1898).
—	—	—	—	[1] **Kerp** u. **Baur:** C. **1907**, II, 970.
—	Erst linksdrehend, zum Schluß rechts-drehend (in H_2O)	l. H_2O, z. l. l. CH_3OH	Reagiert in H_2O sauer. Es bildet sich noch eine nicht näher untersuchte diastereoisomere (an-fangs rechtsdrehende) Form	[1] **Kerp** u. **Baur:** C. **1907**, II, 970.

Dritter Teil.

Derivate der Zucker als Alkohole.

Anorganische und organische Säure-Ester, Äther, Acetonzucker, Aldehydverbindungen, Chloralosen, Metallverbindungen und Salze der Amino- und Thiozucker.

Tabelle 39.

Nr	Name	Formel, Konstitution	Vorkommen, Bildung, Darstellung	Krystallogr. Eigenschaften
1	Brom-glykolaldehyd (Glykolosylbromid)	$\left[\begin{smallmatrix} HCBr \\ \ \ \ \diagdown O \\ H_2C \diagup \end{smallmatrix}\right]_2$	Aus d. dimeren Acetylglykolaldehyd mit HBr-Eisessig[1]	Kurze, schief abgeschn. Prismen
2	d,l-Glycerinaldehyd-α-chlorhydrin (2-Chlor-glycerose)	$CH_2OH\text{-}CHCl\text{-}CHO$	Aus d. Acetal mit $^1/_{10}$ n-H_2SO_4[1]	Schwach gelb. Öl
3	α-d-Glucosylfluorid (1-Fluorglucose-α)	$C_6H_{11}O_5F$	Aus α-Acetofluorglucose mit CH_3ONa in CH_3OH od. alkohol. NH_3[1]	Schw. Pulver aus kl. prismat. Kryst.
4	β-d-Glucosylfluorid	$C_6H_{11}O_5F$	Aus β-Acetofluorglucose, wie Verb. 3[1]	Amorph
5	α-(?)-Glucosylchlorid	$C_6H_{11}O_5Cl$	Aus α-Glucosan u. konz. HCl i. d. Kälte[1]	Glasige farbl. Masse
6	β-Methylglucosid-2-chlorhydrin	$C_7H_{13}O_5Cl$	Aus d. entspr. Triacetat durch Verseif. mit methylalkohol. NH_3[1]	Feine Nadeln (aus Essigester)
7	β-Methylglucosid-2-bromhydrin I	$C_7H_{13}O_5Br$	Wie bei Verb. 6[1]	Krystalle (aus Essigester)
8	β-Methylglucosid-2-bromhydrin II	$C_7H_{13}O_5Br$	Wie bei Verb. 6[1]	Krystalle (aus Essigester)
9	d-Glucose-2-bromhydrin (2-Bromglucose)	$C_6H_{11}O_5Br$	Aus d. entspr. Tetracetat d. Verseif. mit $^1/_{20}$ n-HCl[1]	Schwach gelbl. Sirup
10	β-Methylglucosid-2-jodhydrin	$C_7H_{13}O_5I$	Aus α-Glucosan u. CH_3I bei 125—130°[1]	Amorph, nicht rein erhalten
11	α-d-Glucose-6-chlorhydrin (6-Chlorglucose-α)	$C_6H_{11}O_5Cl$	Aus d. entspr. α-Methylglucosid mit 10proz. HCl[1]	Kl. Nädelchen (aus Aceton)
12	α-d-Glucosylfluorid-6-chlorhydrin (1-Fluor-6-chlorglucose-α)	$C_6H_{10}O_4ClF$	Aus d. entspr. Triacetat d. Verseif. mit CH_3ONa in CH_3OH[1]	Kl. Prismen
13	α-Methylglucosid-6-chlorhydrin	$C_7H_{13}O_5Cl$	Aus d. Triacetat d. Verseif. mit wäßr. $Ba(OH)_2$ od. methylalk. NH_3[1]	Weiße Blättch. (aus C_6H_6)
14	β-Methylglucosid-6-chlorhydrin	$C_7H_{13}O_5Cl$	Aus d. entspr. Triacetat, wie bei Verb. 13[1]	Krystalle (aus Essigester)
15	α-d-Glucose-6-bromhydrin (6-Bromglucose-α)	$C_6H_{11}O_5Br$	Aus 2,3,4-Triacetyl-6-bromglucose m. 5proz. HBr bei Zimmertemp.[1] Aus d. entspr. β-Methylglucosid durch h. n-HCl[2]	Krystalle (aus abs. Alk.)[1]
16	α-Methylglucosid-6-bromhydrin	$C_7H_{13}O_5Br$	Aus d. Triacetat d. Verseif. m. methylalk. NH_3[1]	Nadeln

178

Schmelz- und Siedepunkt	Optisches Drehungs-vermögen	Löslichkeit	Analytisches; Diverses	Literatur
ca. 136° (Zers.)	—	—	—	[1] H. Fischer u. Taube: Ber. 60, 1704 (1927).
Kp$_{30}$ 118° (teilw. Zers.)	—	schw. l. k. H$_2$O, l. h. H$_2$O, mischbar m. Alk. u. Äth.	Reduz. Fehling. Lösg. i.d. Kälte. **p-Bromphenylhydraz.:** F = 61°, s. schw. l. H$_2$O	[1] Wohl u. Neuberg: Ber. 33, 3102 (1900).
118—125° (Zers.)	$[\alpha]_D^{18} = +96{,}7°$ (in H$_2$O)	l. l. H$_2$O, z. l. CH$_3$OH, Alk., Pyrid.; schw. l. bis unl. in and. org. Lösgm.	Reduz. Fehl. Lösg. i. d. Wärme. Sehr empfindl. gegen Säuren, zieml. stabil gegen Alkalien.	[1] Helferich, Bäuerlein u. Wiegand: A. 447, 30 (1926).
—	—	—	Ähnl. wie Verb. 3; nicht rein erhalten	[1] Helferich u. Gootz: Ber. 62, 2505 (1929).
—	—	l. l. H$_2$O, l. Alk.	Lösg. reagiert m. AgNO$_3$ erst i. d. Wärme. Gibt mit CH$_3$ONa α-Methylglucosid	[1] Pictet u. Castan: Helv. 4, 319 (1921).
164° (unscharf) sint. 159°	$[\alpha]_D^{18} = -12{,}05°$ (in H$_2$O)	l. l. H$_2$O, feucht. Aceton, Essigester, h. Alk.; weniger l. k. Alk., trocken. Aceton; schw. l. Äth., CHCl$_3$, CCl$_4$, C$_6$H$_6$	Reduz. nicht Fehling. Lösg. Gibt m. NH$_3$ Epiglucosamin. Wird erst d. konz. HCl gespalten	[1] E. Fischer†, Bergmann u. Schotte: Ber. 53, 509 (1920).
181—182°	$[\alpha]_D^{16} = +0{,}7°$ (in H$_2$O)	Wie bei Verb. 6	Wie bei Verb. 6. — Wäßr. AgNO$_3$ spaltet selbst i. d. Hitze kein Br ab	[1] E. Fischer†, Bergmann u. Schotte: Ber. 53, 509 (1920).
182—183°	$[\alpha]_D^{16} = -63{,}8°$ (in H$_2$O)	Schwerer l. als Isom. I, außer in H$_2$O	Reduz. Fehling. Lösg. n. kurz. Kochen. — Reagiert nicht mit NH$_3$. Wird d. n-HCl leicht gespalten. Beide Bromhydrine geben bei Redukt. m. Na-Amalgam 2-Desoxy-β-methylglucosid u. unterscheiden sich also d. Konfiguration am C-Atom 2	[1] E. Fischer†, Bergmann u. Schotte: Ber. 53, 509 (1920).
—	—	—	Reduz. Fehling. Lösg. — Wäßr. AgNH$_3$ spaltet Br erst b. längerem Kochen ab. Gibt m. Phenylhydrazin Glucosaz. Ist wahrsch. Gemisch v. Glucose- u. Mannose-2-bromhydrin	[1] E. Fischer†, Bergmann u. Schotte: Ber. 53, 509 (1920).
—	—	—	Gibt bei Redukt. m. Na-Amalgam 2-Desoxy-β-Methylglucosid	[1] Cramer u. Cox: Helv. 5, 884 (1922).
135—136°	$[\alpha]_D^{19} = +78{,}3° \rightarrow +35{,}0°$ (in H$_2$O)	l. l. H$_2$O, CH$_3$OH, h. Alk. schw. l. bis unl. and. org. Lösgm.	Reduz. Fehling. Lösg. bei gel. Wärme. **Osaz.** C$_{18}$H$_{21}$O$_3$N$_4$Cl, gelbe Nad.	[1] Helferich u. Bredereck: Ber. 60, 1995 (1927).
138° (unscharf, Zers.)	$[\alpha]_D^{20} = +88{,}8°$ (in H$_2$O)	l. l. H$_2$O, CH$_3$OH, Alk., z. l. Aceton, Essigester, schw. l. Äth.	Reduz. Fehling. Lösg. beim Kochen	[1] Helferich u. Bredereck: Ber. 60, 1995 (1927).
110—112° sint. 102°	$[\alpha]_D^{21} = +139{,}7°$ (in H$_2$O)	l. l. H$_2$O, CH$_3$OH, Alk., Aceton; l. Essigester, C$_6$H$_6$; fast unl. Äth., Ligroin	Reduz. nicht Fehling. Lösg. Wird d. α-Glucosidase nicht gespalten	[1] Helferich, Klein u. Schäfer: Ber. 59, 79 (1926).
156—157°	$[\alpha]_D^{17} = -48{,}7°$ (in H$_2$O)	Wie bei Verb. 13	—	[1] Helferich u. Schneidmüller: Ber. 60, 2002 (1927).
134° (Zers.)	$[\alpha]_D^{17} = +86{,}9° \rightarrow +48{,}95°$ (in H$_2$O)	l. H$_2$O, h. Alk.	Gibt m. Äthylmercaptal u. HCl: d-Glucose-diäthylmercaptal-6-bromhydrin, F = 107° [2]	[1] Freudenberg, Toepffer u. Andersen: Ber. 61, 1754 (1928). [2] E. Fischer†, Helferich u. Ostmann: Ber. 53, 873 (1920).
129—130° sint. 126°	$[\alpha]_D^{18} = +107{,}4°$ (in H$_2$O)	—	—	[1] Helferich, Klein u. Schäfer: Ber. 59, 79 (1926).

Nr	Name	Formel, Konstitution	Vorkommen, Bildung Darstellung	Krystallogr. Eigenschaften
17	β-Methylglucosid-6-bromhydrin	$C_7H_{13}O_5Br$	Aus d. Triacetat, wie bei Verb. 16[1])	Prismen (aus Essigester)
18	„ -6-jodhydrin	$C_7H_{13}O_5I$	D. Verseif. d. entspr. Triacetates m. methylalk. Dimethylamin[1])	Farbl. Kryst. (aus Chlorof.-Essigester)
19	Bromglucose (?)	$C_6H_{11}O_5Br$	Aus d. entspr. Tetracetat m. Na-Alkoholat in abs. Alk.[1])	Amorph. bröckliges Pulver; hygr.
20	α-d-Glucose-4?, 6-dichlorhydrin (4?, 6-Dichlorglucose)	$C_6H_{10}O_4Cl_2$	D. Verseif. v. α-Methylglucosid-dichlorhydrinsulfat nacheinand. m. methylalk. NH_3 u. k. konz. HCl; od. aus α-Methylglucosid-dichlorhydrin-schwefelsäure m. 12n-H_2SO_4 bei 70°[1])	Kryst.
21	α-Methylglucosid-4 (?), 6-dichlorhydrin	$C_7H_{12}O_4Cl_2$	Aus α-methylglucosid-dichlor-hydrin-schwefelsaurem Na d. Kochen m. wäßr. $CuSO_4$[1])	Weiße Nadeln (aus C_6H_6)
22	α?-Galaktosylchlorid	$C_6H_{11}O_5Cl$	Aus α-Galaktosan u. k. konz. HCl[1])	Amorphe, hellbraune Masse (nicht rein erhalten)
23	Lävulosylchlorid (2-Chlor-d-fructose)	$C_6H_{11}O_5Cl$	Aus Lävulosan u. k. konz. HCl[1])	Krystallisiert
24	α-Gentiobiosylfluorid	$C_{12}H_{21}O_{10}F$	Aus d. entspr. Acetyl-benzoyl-verb. m. methylalkoh. NH_3[1])	Körnige, schwere Kryställchen
25	Gentiobiose-6'-bromhydrin (6'-Bromgentiobiose)	$C_{12}H_{21}O_{10}Br$	Aus Aceto-1,6-dibromglucose u. 1,2,3,4-Tetracetylglucose, u. Verseif. d. Acetates m. CH_3ONa in CH_3OH	Gr. Prismen, z. Drusen vereinigt, hygr. (aus CH_3OH)
26	β?-Maltosylchlorid	$C_{12}H_{21}O_{10}Cl$	Aus Maltosan u. k. konz. HCl[1])	Amorph. blaßgelb. hygr. Masse
27	α-Lactosylfluorid	$C_{12}H_{21}O_{10}F$	D. Verseif. v. Heptacetylfluor-lactose-α m. CH_3ONa in CH_3OH[1])	Prachtvoll kryst.
28	α?-Lactosylchlorid	$C_{12}H_{21}O_{10}Cl$	Aus α-Lactosan m. k. konz. HCl[1])	Braun. amorph. Pulver (nicht rein erhalten)

Schmelz- und Siedepunkt	Optisches Drehungsvermögen	Löslichkeit	Analytisches; Diverses	Literatur
148° (Zers.) 153—154°[2]	$[\alpha]_D^{16}=-34,9°$ (H$_2$O, c=6%) $[\alpha]_D=-33,6°$ (in H$_2$O)[2]	l. l. Aceton, CH$_3$OH, Essigs., H$_2$O; z. l. Alk., Essigester; schw. l. Äth., CHCl$_3$, C$_6$H$_6$	Reduz. nicht Fehling. Lösg. Wird d. Emulsin nicht gespalten	[1] E. Fischer †, Helferich u. Ostmann: Ber. 53, 873 (1920). [2] Irvine u. Oldham: Soc. Lond. 127, 2729 (1925).
157—158°	$[\alpha]_D=-16,1°$ (in CHCl$_3$, c=1,677)	unl. Äth., Petroläth.; schw. l. CHCl$_3$; z. l. Aceton; l. l. and. gew. Lösgm.	—	[1] Oldham: Soc. Lond. 127, 2844 (1925).
—	—	—	—	[1] Hess, Weltzien u. Messmer: A. 435, 99 (1924).
180° (b.168° Dunkelfärbg.)	$[\alpha]_D^{17}=+180,0°\rightarrow$ 126,1° (in Pyrid.)	l. l. h. Alk., Pyrid., z. l. H$_2$O; unl. Äth.	Reduz. Fehling. Lösg. stark. Gärt nicht mit Bierhefe. Gibt amorphe Osaz. m. Phenylhydrazin u. p-Nitrophenylhydrazin: C$_{18}$H$_{20}$O$_2$N$_4$Cl$_2$ u. C$_{18}$H$_{18}$O$_6$N$_6$Cl$_2$. Konfiguration unsicher, wegen mögl. Walden'scher Umkehrungen	[1] Helferich, Sprock u. Besler: Ber. 58, 886 (1925).
155°	$[\alpha]_D^{20}=+180,7°$ (in Alk.)	l. in ca. 20 Tl. Alk., ähnl. in Aceton u. Essigs.; w. l. H$_2$O, Äth.; schw. l. C$_6$H$_6$, CHCl$_3$; unl. Petroläth., Ligroin	Reduz. nicht Fehling. Lösg. — Spaltet bei kurz. Kochen m. wäßr. AgNO$_3$ kein Cl ab. Sublim. beträchtl. b. 100°, 0,2 mm	[1] Helferich u. Nippe: Ber. 56, 1087 (1923).
—	—	l.l. H$_2$O; l. CH$_3$OH, Alk. unl. Aceton, C$_6$H$_6$	—	[1] Pictet u. Vernet: Helv. 5, 444 (1922).
—	—	—	Nicht näher untersucht	[1] Pictet u. Reilly: Helv. 4, 613 (1921).
215—220° (Zers.) sint. 180°	$[\alpha]_D^{20}=+33,47°$ (in H$_2$O)	l. l. H$_2$O; schw. l. CH$_3$OH, Alk.; fast unl. and. Lösgm.	Reduz. h. Fehl. Lösg. langsam. Wäßr. Lösg. wird d. Kochen m. CaCO$_3$ zu Gentiobiose verseift	[1] Helferich, Bäuerlein u. Wiegand: A. 447, 36 (1926).
125—130° (Zers.) sint. 100°	$[\alpha]_D^{18}=$ ca. 0° (in H$_2$O) $[\alpha]_D^{18}=-12,8°$ (in Borax-Lösg.)	l.l. H$_2$O; w. l. CH$_3$OH, h. Alk.; schw. l. bis unl. and. org. Lösgm.	Reduz. Fehling. Lösg.	[1] Helferich u. Collatz: Ber. 61, 1640 (1928).
—	—	—	Gibt m. CH$_3$ONa β-Methylmaltosid	[1] Pictet u. Marfort: Helv. 6, 129 (1923).
Verkohlt bei 180—195°	$[\alpha]_D^{15}=+81,6°$ bis 83,2° (in H$_2$O)	l. l. H$_2$O; schw. l. org. Lösgm.	—	[1] Helferich u. Gootz: Ber. 62, 2505 (1929).
—	—	l. l. H$_2$O; unl. org. Lösgm.	Gibt bei d. Acetylierung Acetochlorlactose	[1] Pictet u. Egan: Helv. 7, 295 (1924).

Tabelle 40.

Nr	Name	Formel, Konstitution	Vorkommen, Bildung, Darstellung	Krystallogr. Eigenschaften
1	l=Arabinose=tetranitrat	$C_5H_6O_5(NO_2)_4$	Beim Eintropf. v. konz. H_2SO_4 in Lösg. v. l-Arabinose i. konz. HNO_3, bei $0°$ [1])	Farbl. monokl. Kryst.
2	d=Xylose=tetranitrat	$C_5H_6O_5(NO_2)_4$	Aus d-Xylose, wie bei Verb. 1 [1])	Öl
3	Xylosan=dinitrat	$C_5H_6O_4(NO_2)_2$	D. Eintragen v. d-Xylose in Nitriersäure [1])	Kugelige Krystallaggr.
4	l=Rhamnose=trinitrat	$C_6H_9O_5(NO_2)_3$	D. Eintragen v. l-Rhamnose in Nitriersäure [1])	Weiße amorphe Masse
5	l=Rhamnose=tetranitrat	$C_6H_8O_5(NO_2)_4$	Aus l-Rhamnose, wie bei Verb. 1 [1])	Derbe, farbl. rhomb. Spieße od. Stäbchen (aus Alk.)
6	d=Glucose=pentanitrat	$C_6H_7O_6(NO_2)_5$	Aus d-Glucose, wie bei Verb. 1 [1])	Farbl. zäh-flüssige Masse; bei $0°$ hart
7	Glucosan=trinitrat	$C_6H_7O_5(NO_2)_3$	D. mehrtägige Einwirkg. v. Nitriersäure auf d-Glucose, od. d. Nitrieren v. α-Gluco-san [1])	Traubenartige Kugelaggr.
8	Lävoglucosan=trinitrat	$C_6H_7O_5(NO_2)_3$	Aus Lävoglucosan, wie bei Verb. 1 [1])	Glänz. Nadeln (aus Alk.)
9	α=Methylglucosid=tetranitrat	$C_7H_{10}O_6(NO_2)_4$	Aus d-α-Methylglucosid, wie bei Verb. 1 [1])	Farbl. quadrat. Tafeln (aus Alk.)
10	β=Methylglucosid=6=mononitrat	$C_7H_{13}O_6NO_2$	Aus d. entspr. Triacetat d. Verseif. m. methylalkohol. Dimethylamin [1])	Sirup
11	d=Mannose=pentanitrat	$C_6H_7O_6(NO_2)_5$	Aus d-Mannose, wie bei Verb. 1 [1])	Durchsichtige, rhomb. Nadeln (aus Alk.)
12	α=Methylmannosid=tetranitrat	$C_7H_{10}O_6(NO_2)_4$	Aus d-α-Methylmannosid, wie bei Verb. 1 [1])	Feine, asbestart. Nadeln (aus Alk.)
13	d=Galaktose=pentanitrat α	$C_6H_7O_6(NO_2)_5$	Aus Galaktose, wie bei Verb. 1 [1])	Wasserhelle Nad. i. Büsch. grupp. (aus Alk.)
14	„ „ β	$C_6H_7O_6(NO_2)_5$	Aus d. alkohol. Mutterlaugen der α-Verb. [1])	Durchsichtige, monokl. Nadeln (aus Alk.)
15	Galaktosan=trinitrat	$C_6H_7O_5(NO_2)_3$	D. mehrtägige Einwirkg. v. Nitriersäure a. d-Galaktose [1])	Traubige Aggr. (aus Alk.)
16	Fructosan=trinitrat α	$C_6H_7O_5(NO_2)_3$	Aus d-Fructose od. Lävulosan u. Nitriersäure, bei $0—15°$ [1])	Farbl., schnell verwitt. Nadeln (aus Alk.)
17	„ „ β	$C_6H_7O_5(NO_2)_3$	Aus d. alkohol. Mutterlaugen der α-Verb. [1])	Weiße, kugelige Krystallaggr.
18	Sorbosan=trinitrat	$C_6H_7O_5(NO_2)_3$	Aus d-Sorbose u. Nitrier-säure, bei $15°$ [1])	Krystallisiert
19	d=α=Glucoheptose=hexanitrat	$C_7H_8O_7(NO_2)_6$	Aus d-α-Glucoheptose, wie bei Verb. 1 [1])	Durchsichtige Nad. (aus Alk.)
20	Trehalose=octonitrat	$C_{12}H_{14}O_{11}(NO_2)_8$	Aus Trehalose, wie bei Verb. 1 [1])	Perlmutterglänz. Blättchen (aus Alk.), stark doppelbrechend

Salpetersäure-Ester.

Schmelz- und Siedepunkt	Optisches Drehungsvermögen	Löslichkeit	Analytisches; Diverses	Literatur
$85°$ Zers. $120°$	$[\alpha]_D^{20}=-101,3° \rightarrow -90°$ (Alk., $c=4,4\%$)	l.l. Alk., Aceton, Essigs., unl. H_2O, Ligroin	Oberhalb $50°$ wenig beständig; explosiv. Reduz. h. Fehling. Lösg.	[1] **Will** u. **Lenze:** Ber. **31**, 68 (1898).
—	—	unl. H_2O	Krystallis. Beiprodukt, F. $141°$, wahrsch. ein **Trinitrat:** $C_5H_7O_5(NO_2)_3$	[1] **Will** u. **Lenze:** Ber. **31**, 68 (1898).
$75—80°$	—	l. Alk.		[1] **Will** u. **Lenze:** Ber. **31**, 68 (1898).
unt. $100°$	—	l. l. Alk., unl. H_2O	Explod. schwach unt. d. Hammer	[1] **Hlasiewetz** u. **Pfaundler:** A. **127**, 362 (1863).
$135°$ (Zers.)	$[\alpha]_D^{20}=-68,4°$ (CH_3OH, $c=2,3\%$)	l. l. Aceton, Essigs., CH_3OH, h. Alk., unl. H_2O	Relativ beständig. Reduz. h. Fehling. Lösg.	[1] **Will** u. **Lenze:** Ber. **31**, 68 (1898).
Zers. b. $135°$	$[\alpha]_D^{20}=+98,7°$ (Alk., $c=6\%$)	l. l. Alk., unl. H_2O, Ligroin	Oberhalb $50°$ unbeständig. Reduz. h. Fehling. Lösg.	[1] **Will** u. **Lenze:** Ber. **31**, 68 (1898).
geg. $60°$ (unscharf)	—	l. l. Alk., unl. H_2O	Nicht frei von Glucose-pentanitrat erhalten	[1] **Will** u. **Lenze:** Ber. **31**, 68 (1898).
$101°$	$[\alpha]_D^{20}=-61,4°$ (Alk., $c=2,4\%$)	—	—	[1] **Will** u. **Lenze:** Ber. **31**, 68 (1898).
$49—50°$ Zers. $135°$	$[\alpha]_D^{20}=+140°$ (Alk., $c=6,2\%$)	—	Stabiler als d. Nitrate d. freien Zucker. Reduz. h. Fehl. Lösg. langsam	[1] **Will** u. **Lenze:** Ber. **31**, 68 (1898).
—	—	—	—	[1] **Oldham:** Soc. Lond. **127**, 2844 (1925).
$81—82°$ Zers. $124°$	$[\alpha]_D^{20}=+93,3°$ (Alk., $c=5\%$)	l. l. Alk., unl. H_2O	Bei $50°$ rasche Zers. Reduz. h. Fehling. Lösg.	[1] **Will** u. **Lenze:** Ber. **31**, 68 (1898).
$36°$	$[\alpha]_D^{20}=+77°$ (Alk., $c=2,5\%$)	—	Relativ beständig bei $50°$	[1] **Will** u. **Lenze:** Ber. **31**, 68 (1898).
$115—116°$ Zers. $126°$	$[\alpha]_D^{16}=+124,7°$ (Alk., $c=4\%$)	schw. l. k. Alk.	Bei $50°$ langsame Zers. Reduz. h. Fehling. Lösg.	[1] **Will** u. **Lenze:** Ber. **31**, 68 (1898).
$72—73°$ Zers. $125°$	$[\alpha]_D^{20}=-57°$ (Alk., $c=6,7\%$)	l. l. Alk.	Bei $50°$ rasche Zers. Reduz. h. Fehling. Lösg.	[1] **Will** u. **Lenze:** Ber. **31**, 68 (1898).
—	—	—	—	[1] **Will** u. **Lenze:** Ber. **31**, 68 (1898).
$137—139°$ $139—140°$[2] Zers. $145°$	$[\alpha]_D^{20}=+62°$ (CH_3OH, $c=1\%$)	l. CH_3OH, Aceton, Essigs., schw. l. k. Alk., unl. H_2O	Bei $50°$ relativ beständig. Reduz. h. Fehl. Lösg. langsam	[1] **Will** u. **Lenze:** Ber. **31**, 68 (1898). [2] **Pictet** u. **Reilly:** Helv. **4**, 613 (1921).
$48—52°$ Zers. $135°$	$[\alpha]_D^{20}=+20°$ (Alk., $c=5\%$)	l. l. k. Alk., sonst wie α-Verb.	Bei $50°$ langsame Zers. Reduz. h. Fehling. Lösg. schnell	[1] **Will** u. **Lenze:** Ber. **31**, 68 (1898).
$40—45°$ (unscharf)	—	—	Gleicht d. Fructosan-trinitrat-β	[1] **Will** u. **Lenze:** Ber. **31**, 68 (1898).
$100°$	$[\alpha]_D^{20}=+104,8°$ (Alk., $c=3,4\%$)	—	Reduz. h. Fehling. Lösg.	[1] **Will** u. **Lenze:** Ber. **31**, 68 (1898).
$124°$ Zers. $136°$	$[\alpha]_D^{18}=+173,8°$ (Eisessig, $c=4\%$)	—	Reduz. h. Fehling. Lösg.	[1] **Will** u. **Lenze:** Ber. **31**, 68 (1898).

Tabelle 40 (Fortsetzung).

Nr	Name	Formel, Konstitution	Vorkommen, Bildung, Darstellung	Krystallogr. Eigenschaften
21	Maltose-octonitrat	$C_{12}H_{14}O_{11}(NO_2)_8$	Aus Maltose, wie bei Verb. 1[1])	Glänz. Nadeln (aus CH_3OH)
22	Lactose-octonitrat	$C_{12}H_{14}O_{11}(NO_2)_8$	Aus Lactose, wie bei Verb. 1[1])	Monokl. Blättchen (aus Alk. od. CH_3OH)
23	Saccharose-octonitrat	$C_{12}H_{14}O_{11}(NO_2)_8$	Aus Saccharose, wie bei Verb. 1, unterhalb 0°[1])	Nadeln, wahrscheinl. monoklin
24	Raffinose-hendekanitrat	$C_{18}H_{21}O_{16}(NO_2)_{11}$	Aus Raffinose, wie bei Verb. 1[1])	Kugelige Aggr., amorph
25	α-Tetraamylose-octonitrat	$[C_6H_8O_5(NO_2)_2]_4$	Aus α-Tetraamylose, wie bei Verb. 1[1])	Feine, seidenglänz. Nadeln (aus Eisessig)
26	α-Diamylose-hexanitrat	$[C_6H_7O_5(NO_2)_3]_2$	Aus α-Diamylose, wie bei Verb. 1; als Nebenprod. bei d. Nitrierung der α-Tetraamylose[1])	Täfelchen (aus Eisessig)
27	β-Triamylose-hexanitrat	$[C_6H_8O_5(NO_2)_2]_3$	Aus β-Triamylose od. β-Hexaamylose, wie bei Verb. 1, Ausziehen des Rohproduktes mit h. Alk.[1])	Aggr. mikroskop. Würfel (aus Alk.)
28	β-Triamylose-enneanitrat	$[C_6H_7O_5(NO_2)_3]_3$	Aus dem alk.-unl. Rückstand des Hexanitrates[1])	Dünne kryst. Schuppen (aus Eisessig)

Tabelle 41.

Nr	Name	Formel, Konstitution	Vorkommen, Bildung, Darstellung	Krystallogr. Eigenschaften
1	p-Toluolsulfonyl-dioxyaceton-äthyl-cycloacetal	$C_{12}H_{16}O_5S$: $O\diagdown\begin{matrix}CH_2\\ COC_2H_5\\ CH_2OSO_2\cdot C_6H_4\cdot CH_3\end{matrix}$	Aus Dioxyaceton-äthylcycloacetal u. p-Toluolsulfochlorid in Pyrid., unter Kühlung[1])	Kryst. (aus absol. Alk.)
2	Rhamnose-dischwefelsäure	$C_6H_{10}O_5(SO_3H)_2$	Bei d. Hydrol. des Hesperidins m. alkohol. H_2SO_4[1])	nicht isoliert
3	d-Glucose-6-schwefelsäure (Brucin-Salz)	$C_6H_{11}O_6SO_3H$ $(+C_{23}H_{26}N_2O_4+\frac{1}{2}H_2O)$	Aus Glucose u. $ClSO_3H$ (1 Mol. in Pyrid., unter Kühlung[1]). Ebenso aus Monoacetonglucose, mit nachfolg. Hydrol. d. Acetonrestes d. verd. Säure[3])	Büschel schmaler Blättchen (aus H_2O-Aceton)[2])
4	α-Methylglucosid-6-schwefelsäure (Ba-Salz)	$(C_7H_{13}O_6SO_3)_2Ba$	Aus α-Methylglucosid und SO_2Cl_2 (1 Mol.) in Pyrid., unterhalb 0°[1])	amorph, hygr.

Salpetersäure-Ester.

Schmelz- und Siedepunkt	Optisches Drehungsvermögen	Löslichkeit	Analytisches; Diverses	Literatur
163—164° (Zers.)	$[\alpha]_D^{20} = +128,6°$ (Eisessig, $c = 3,5\%$)	l. l. CH_3OH, Aceton, Essigs.; schw. l. Alk., unl. H_2O [2])	Bei 50° langsame Zers. Reduz. h. Fehl. Lösg. leichter als Saccharosenitrat	[1]) **Will** u. **Lenze**: Ber. **31**, 68 (1898). [2]) **Pictet** u. **Vogel**: Helv. **10**, 588 (1927).
145—146° (Zers.)	$[\alpha]_D^{20} = +74,2°$ (CH_3OH, $c = 2,8\%$)	l. l. CH_3OH, h. Alk., Aceton, Essigs., schw. l. k. Alk., unl. H_2O	Bei 50° langs. Zers. — Reduz. h. Fehling. Lösg. — $D° = 1,684$ Aus den alkohol. Mutterlaugen des Octonitrates: amorphes **Hexanitrat**: $C_{12}H_{16}O_{11}(NO_2)_6$, F. unscharf geg. 70°	[1]) **Will** u. **Lenze**: **31**, 68 Ber. (1898). — **Gé**: Ber. **15**, 2238 (1882).
85,5° Zers. 135° [2])	$[\alpha]_D^{20} = +55,9°$ (CH_3OH, $c = 2,5\%$)	l.l. CH_3OH, Äth., Nitrobenzol; schw. l. Alk., C_6H_6; unl. H_2O, Petroläth.	Reduz. h. Fehling. Lösg. Bei 50° rasche Zers. [2]) Wenn ganz rein, relativ beständig [1])	[1]) **Hoffman** u. **Hawse**: Amer. Soc. **41**, 235 (1919). [2]) **Will** u. **Lenze**: Ber. **31**, 68 (1898).
55—65° Zers. 136°	$[\alpha]_D^{20} = +94,9°$ (Alk., $c = 3,6\%$)	—	Reduz. h. Fehling. Lösg. Bei 50° rasche Zers.	[1]) **Will** u. **Lenze**: Ber. **31**, 68 (1898).
204° (Zers.)	$[\alpha]_D = +96,4°$ (Nitrobenzol)	l.l. Essigester, Amylacetat, Pyrid., Nitrobenzol; schw. l. bis unl. Alk., Äth., Petroläth., Chlf., C_6H_6, Toluol, H_2O	Wahrscheinl. noch mit etwas Diamylosehexanitrat verunreinigt	[1]) **Leibowitz** u. **Silmann**: Ber. **58**, 1889 (1925).
206—207° (Verpufft)	$[\alpha]_D = +78,1°$ (Nitrobenzol) $[\alpha]_D = +79,7°$ (Essigester)	schw. l. Essigs., sonst wie Verb. 25	Wenig beständig. Aus d. alkohol. Auszügen des Rohproduktes, amorph. **Tetranitrat**: $[C_6H_8O_5(NO_2)_2]_2$	[1]) **Leibowitz** u. **Silmann**: Ber. **58**, 1889 (1925).
203°	$[\alpha]_D = +122,4°$ (Nitrobenzol)	l. h. Alk., sonst wie Verb. 25	—	[1]) **Leibowitz** u. **Silmann**: Ber. **58**, 1889 (1925).
198°	$[\alpha]_D = +90,5°$ (Nitrobenzol)	wie bei Verb. 26	—	[1]) **Leibowitz** u. **Silmann**: Ber. **58**, 1889 (1925).

Schwefelsäure- und Sulfonsäure-Ester.

Schmelz- und Siedepunkt	Optisches Drehungsvermögen	Löslichkeit	Analytisches; Diverses	Literatur
117—118° (Zers.)	—	l. l. C_6H_6, Äth., Alk., schw. l. H_2O	—	[1]) **H. Fischer** u. **Taube**: Ber. **57**, 1505 (1924).
—	—	—	Ba-Salz: $C_6H_{10}O_5(SO_3)_2Ba \cdot 2 H_2O$, verkohlt oberhalb 70°	[1]) **Tanret**: Soc. chim. France [2] **49**, 20 (1888).
183—184° (Zers.) sint. 170°	$[\alpha]_D^{18} = -0,75° \rightarrow -5,65°$ bis $-6,28°$ (in H_2O) [2])	l. l. H_2O, $CHCl_3$, w. l. CH_3OH, schw. l. Alk. [2])	Strychnin-Salz (m. 1 H_2O): feine Nadeln (aus H_2O). $[\alpha]_D = -6,27° \rightarrow -0,72°$ (in H_2O) [3]). Ba-Salz: $(C_6H_{11}O_6SO_3)_2Ba \cdot 2 C_2H_5OH$ (aus verd. Alk.). $[\alpha]_D = +32°$ (in H_2O) [2]). Spaltet erst d. Kochen mit Säuren od. $Ba(OH)_2$ Schwefelsäure ab. — Wird d. Bleiessig $+ NH_3$ gefällt [1])	[1]) **Neuberg** u. **Liebermann**: Bioch. Z. **121**, 326 (1921). [2]) **Ohle**: Bioch. Z. **131**, 601 (1922). — **Soda**: Bioch. Z. **135**, 621 (1923). [3]) **Ohle**: Bioch. Z. **136**, 428 (1923).
—	$[\alpha]_D^{19} = +81,16°$ (in H_2O)	l.l. H_2O, schw. l. CH_3OH unl. and. Lösgm.	Na-Salz wird d. α-Glucosidase nicht gespalten	[1]) **Helferich**, **Löwa**, **Nippe** u. **Riedel**: Z. physiol. Chem. **128**, 141 (1923).

Tabelle 41 (Fortsetzung).

Nr	Name	Formel, Konstitution	Vorkommen, Bildung, Darstellung	Krystallogr. Eigenschaften
5	**β-Methylglucosid-6-schwefelsäure** (Ba-Salz)	$(C_7H_{13}O_6SO_3)_2Ba$	Aus β-Methylglucosid, wie bei Verb. 4[1])	Amorph, hygr.
6	**d-Glucose-trischwefelsäure**	$C_6H_9O_6(SO_3H)_3$	Aus d. Tetraschwefelsäure u. k. H_2O, in 1 Tag[1])	Nicht isoliert, sehr zersetzlich
7	**d-Glucose-2, 3, 4, 6-tetraschwefelsäure**	$C_6H_8O_6(SO_3H)_4$	Aus d. Chlorid u. k. H_2O [1])	Wie Verb. 6
8	**d-Glucose-2, 3, 4, 6-tetraschwefelsäure-1-chlorid**	$C_6H_7O_5(SO_3H)_4Cl$	D. Eintragen von Glucose, Stärke, Cellulose, Isomaltose (Gallisin) usw. in reine $ClSO_3H$ [1])	Durchsichtige, viereck. Prismen, s. zerfließl.
9	**d-Glucose-4 ?, 6-dichlorhydrin-2, 3 ?-sulfat**	$C_6H_8O_6Cl_2S \cdot H_2O$: 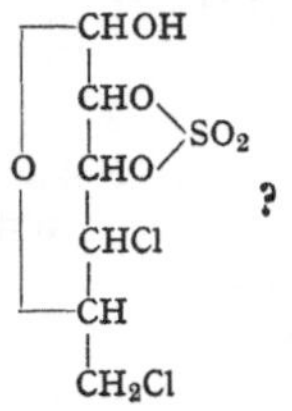	Aus d. entspr. α-Methylglucosid, d. Hydrol. m. konz. HCl b. Zimmertemp.[1])	Weiße Kryst. (aus Äth. + Petroläth.)
10	**α-Methylglucosid-dichlorhydrin-sulfat**	$C_7H_{10}O_6Cl_2S$	Aus α-Methylglucosid und SO_2Cl_2 in Pyrid. + $CHCl_3$, b. Zimmertemp.[1])	Nadeln (aus Äth. + Petroläth.)
11	**β-Methylglucosid-dichlorhydrin-sulfat**	$C_7H_{10}O_6Cl_2S$	Aus β-Methylglucosid, wie bei Verb. 10[1])	Krystalle (aus Äth. + Petroläth.)
12	**α-Methylglucosid-4 ? 6-dichlorhydrin-3 ?-schwefelsäure** (Na-Salz)	$C_7H_{11}O_4Cl_2SO_3Na$	Aus Verb. 10 d. Verseif. mit k. methylalk. NH_3 [1])	Schöne, weiße Nadeln (aus verd. Alk.)
13	**α-Methylglucosid-4 ?-chlorhydrin-3 ?-schwefelsäure** (Na-Salz)	$C_7H_{12}O_5ClSO_3Na \cdot H_2O$	Aus Verb. 12 mit 5n-NaOH bei Zimmertemp.[1])	Schöne Blättchen (aus 95proz. Alk.)
14	**3-p-Toluolsulfonyl-glucose**	$C_6H_{11}O_6 \cdot SO_2 \cdot C_6H_4 \cdot CH_3 \cdot H_2O$	Aus d. Diaceton-Verbind. d. Hydrol. m. H_2SO_4 in wäßr. Alk. bei 70° [1])	Kryst. (aus Isobutylalk.)
15	**6-p-Toluolsulfonyl-glucose**	$C_6H_{11}O_6 \cdot SO_2 \cdot C_6H_4 \cdot CH_3$	Aus d. Monoaceton-Verbind. d. Hydrol. m. 70proz. Essigs. bei 37°[1])	Sirup
16	**6-p-Toluolsulfonyl-glucose-anhydrid [1,4] [1,5] ?**	$C_{13}H_{16}O_7S$	Aus 5,6-Ditoluolsulfonyl-monoacetonglucose d. Hydrol. m. H_2SO_4 in wäßr. Alk. b. 37°[1])	Gelblich. Sirup

Schwefelsäure= und Sulfonsäure=Ester.

Schmelz- und Siedepunkt	Optisches Drehungsvermögen	Löslichkeit	Analytisches; Diverses	Literatur
—	$[\alpha]_D^{18} = -19,12°$ (in H_2O)	—	Na-Salz wird d. Emulsin nicht gespalten. Brucinsalz: Krystalle (m. 1 C_2H_5OH, aus Alk.+Aceton) $[\alpha]_D^{20} = -32,54°$[2])	[1]) **Helferich, Löwa, Nippe** u. **Riedel:** Z. physiol. Chem. **128**, 141 (1923). [2]) **Ohle:** Bioch. Z. **131**, 601 (1922).
—	$[\alpha]_D = +43°,12'$ (in H_2O; aus dem Ba-Salz berechn.)	—	Ba-Salz: $(C_6H_9O_{15}S_3)_2Ba_3 \cdot 2\,H_2O$	[1]) **Claësson:** J. prakt. Chem. [2] **20**, 17 (1879).
—	$[\alpha]_D = +51$ bis $52°$ (in H_2O; aus dem Ba-Salz berechn.)	—	Wird d. h. H_2O in Glucose u. in H_2SO_4 gespalten. — Ba-Salz: $C_6H_8O_{18}S_4Ba_2 \cdot 5\,H_2O$, amorph. hygr. Pulver, schwärzt sich schnell b. 80°; l.l. H_2O, unl. Alk.	[1]) **Claësson:** J. prakt. Chem. [2] **20**, 17 (1879). — **Schmitt** u. **Rosenhek:** Ber. **17**, 2456 (1884).
—	$[\alpha]_D = +71,5°$ bis 73° (in $ClSO_3H$ od. eisk. H_2O)	l. l. H_2O (m. Erwärm. u. Zers.)	Gibt m. Basen d. Salze der Glucosetetraschwefelsäure. Geht d. Acetylchlorid in Acetochlorglucose α über[2])	[1]) **Claësson:** J. prakt. Chem. [2] **20**, 17 (1879). — **Schmitt** u. **Rosenhek:** Ber. **17**, 2456 (1884). [2]) **Gebauer, Fülnegg, Stevens** u. **Krug:** Monatsh. f. Chem. **50**, 324 (1928).
104—106° (Zers.)	$[\alpha]_D^{20} = -68° \rightarrow -11° \rightarrow ?$ (in H_2O, Mutarot. langsam, m. teilw. Zers.)	l. H_2O; l.l. CH_3OH, Alk., Äth., Essigs., Essigester, Aceton; schw. l. $CHCl_3$, C_6H_6; fast unl. Petroläth.	Reagiert geg. Lackmus zentral. Mit k. verd. NaOH: Na-Salz der **Dichlorglucose-3?-schwefelsäure:** $C_6H_9O_4Cl_2SO_3Na$ (nicht isoliert)	[1]) **Helferich, Sprock** u. **Besler:** Ber. **58**, 886 (1925).
106°	$[\alpha]_D^{17} = +140°$ (in Eisessig)	unl. Petroläth., k. H_2O; schw. l. h. H_2O; z. l. CH_3OH, Alk.; l. l. Äth., Essigs., Essigester, $CHCl_3$, C_6H_6	Reduz. Fehling. Lösg. b. kurz. Kochen nicht	[1]) **Helferich:** Ber. **54**, 1082 (1921). — **Helferich** u. **Nippe:** Ber. **56**, 1085 (1923).
137° (Bräunung)	$[\alpha]_D^{19} = -11,84°$ (in Eisessig)	wie bei Verb. 10	Ganz geringe Redukt. v. Fehl. Lösg. beim Kochen	[1]) **Helferich:** Ber. **54**, 1082 (1921).
—	—	z. l. H_2O; w. l. CH_3OH; schw. l. bis unl. and. org. Lösgm.	Reduz. nicht Fehling. Lösg. Cu-Salz: $(C_7H_{11}O_7Cl_2S)_2Cu \cdot 3^1/_2\,H_2O$, rhomb. blaue Blättchen (aus Alk.+Äth.) F. 125°; $[\alpha]_D = +123,8°$ (in H_2O), lösl. Alk.	[1]) **Helferich** u. **Nippe:** Ber. **56**, 1085 (1923).
131° (Aufschäumen) 135° (H_2O-frei)	$[\alpha]_D^{20} = +48,9°$ (in H_2O; Anhydr.)	l.l. H_2O; schw. l. bis unl. org. Lösgm.	Reduz. nicht Fehling. Lösg.; wäßr. $AgNO_3$ spaltet b. Kochen kein Cl ab. Verliert 1 H_2O bei 100°/15 mm	[1]) **Helferich, Sprock** u. **Besler:** Ber. **58**, 886 (1925).
70—71° (unscharf) sint. 65°	$[\alpha]_D^{19} = +39,5°$ (E) (in H_2O; Anhydr.)	l.l. H_2O, CH_3OH, Alk., $CHCl_3$; z. l. Essigester; fast unl. Äth.	Reduz. Fehling. Lösg. Verliert 1 H_2O bei 37° i. Hochvak. β-Tetracetat: F. 170—171° (Zers.); $[\alpha]_D = +13,6°$ (in $C_2H_2Cl_4$)	[1]) **Freudenberg** u. **Ivers:** Ber. **55**, 929 (1922).
—	$[\alpha]_D = +45,3°$ (in 70proz. Essigs.)	l. l. H_2O, Alk.; schw. l. Essigester, $CHCl_3$, Äth.; unl. Benzin	β-Tetracetat: F. 200°; $[\alpha]_D^{20} = +23,97°$ (in $CHCl_3$, $c = 4,046\%$)	[1]) **Ohle** u. **v. Vargha:** Ber. **62**, 2431 (1929).
—	$[\alpha]_D =$ ca. $+38,6°$ (i. d. Hydrolysenfl.) Rechtsdrehend in $CHCl_3$	—	Reduz. Fehling. Lösg. erst nach Kochen m. HCl	[1]) **Ohle** u. **Dickhäuser:** Ber. **58**, 2605 (1925).

Tabelle 41 (Fortsetzung).

Nr	Name	Formel, Konstitution	Vorkommen, Bildung, Darstellung	Krystallogr. Eigenschaften
17	2, 3?-Di-p-toluolsulfonyl-4?, 6-dichlor-α-methylglucosid	$C_{21}H_{24}O_8S_2Cl_2$	Aus α-Methylglucosid-dichlorhydrin u. p-Toluolsulfonylchlorid i. Pyrid.[1]	—
18	d-Galaktose-2,3,4,6-tetraschwefelsäure (Ba-Salz)	$C_6H_8O_6(SO_3)_4Ba_2 \cdot 3\,H_2O$	Aus d-Galaktose u. $ClSO_3H$ in $CHCl_3$, unter Kühlung; Neutral. m. $Ba(OH)_2$[1]	Amorph
19	d-Fructose [2,5]-1,3,4,6-tetraschwefelsäure (?)	$C_6H_8O_6(SO_3H)_4$	Aus Inulin u. $ClSO_3H$, unter Kühlung; über d. Ba-Salz[1]	Nicht isoliert; sehr zersetzlich
20	Trehalose-monoschwefelsäure (Ba-Salz)	$(C_{12}H_{21}O_{11}SO_3)_2Ba$	Aus Trehalose mit 1 Mol SO_2Cl_2, i. Pyrid. unterh. $0°$[1]	Amorph
21	Trehalose-tetrachlorhydrin-disulfat	$C_{12}H_{14}O_{11}Cl_4S_2$	Aus Trehalose u. SO_2Cl_2 in Pyrid. + $CHCl_3$, b. Zimmertemp.[1]	Weiße, seidenglänz. Nadeln (aus CH_3OH)
22	β-Methylmaltosid-schwefelsäure (Ba-Salz)	$(C_{13}H_{23}O_{11}SO_3)_2Ba$	Aus β-Methylmaltosid, wie bei Verb. 20[1]	Amorph
23	β-Methylcellobiosid-schwefelsäure (Ba-Salz)	$(C_{13}H_{23}O_{11}SO_3)_2Ba$	Aus β-Methylcellobiosid, wie bei Verb. 20[1]	Amorph
24	Saccharose-Monoschwefelsäure (Ba-Salz)	$C_{12}H_{20}O_{11} \cdot SO_3 \cdot Ba$	D. Eintragen v. K-Pyrosulfat in eine KOH-haltige Lösg. v. Saccharose, bei $60—70°$[1]	Amorph. weiß. Pulv., luftbeständig
25	Saccharose-Monoschwefelsäure (Ca-Salz)	$(C_{12}H_{21}O_{11}SO_3)_2Ca \cdot 6\,H_2O$	Aus Saccharose u. $ClSO_3H$ (1 Mol) in Pyrid. bei $—10$ bis $0°$[1]	Amorph
	(Ba-Salz)	$(C_{12}H_{21}O_{11}SO_3)_2Ba \cdot 2\,C_2H_5OH$	id.[2]	Amorph (aus H_2O mit Alk. gefällt)
26	Hendeka-β-naphthalinsulfonyl-raffinose	$C_{18}H_{21}O_{16} (SO_2C_{10}H_7)_{11}$	Aus Raffinose u. β-Naphthalinsulfonylchlorid in Chinolin + $CHCl_3$, bei $40°$[1]	Gelbl. amorph. Pulv. (mit Alk. aus $CHCl_3$ gefällt)

Tabelle 42.

Nr	Name	Formel, Konstitution	Vorkommen, Bildung, Darstellung	Krystallogr. Eigenschaften
1	Dioxyaceton-monophosphorsäure (Ba-Salz)	$C_3H_5O_3PO_3Ba$	Aus amorphem Dioxyaceton u. Metaphosphorsäure-äthylester (< 1 Mol) unt. Kühlg.; Neutralis. m. $Ba(OH)_2$[1]. D. Oxydation v. Glycerin-α-phosphorsäure m. Br-Wasser[2]	Mikr. Nadeln, in Sternchen (aus verd. Alk.)[1]
2	Dioxyaceton-diphosphorsäure (Ba-Salz)	$C_3H_4O_3(PO_3Ba)_2$	Wie Verb. 1, aber m. Überschuß an Metaphosphorsäure-äthylester[1]	Ähnl. wie Verb. 1

Schwefelsäure= und Sulfonsäure=Ester.

Schmelz- und Siedepunkt	Optisches Drehungs- vermögen	Löslichkeit	Analytisches; Diverses	Literatur
$>220°$ sint. 117°	$[\alpha]_D^{22}=+95,8°$ (in Pyrid.)	unl. H_2O, l. l. Pyrid., $CHCl_3$, h. Alk.	—	[1] **Helferich, Sprock u. Besler:** Ber. **58**, 886 (1925).
Zers. 60°	—	l. l. H_2O	Reduz. h. Fehling. Lösg. — Geg. h. H_2O beständ., d. HCl hydrol. — Wird d. Bleiessig $+ NH_3$ gefällt. Sulfatase aus Asp. Oryzae spaltet nicht. K-Salz: $C_6H_8O_6(SO_3K)_4$. Zers. geg. 200°, $[\alpha]_D^{20}=+41,7°$ (in H_2O)	[1] **Akamatsu:** Bioch. Z. **142**, 181 (1923).
—	$[\alpha]_D=+11,5°$ (in H_2O, aus dem Ba-Salz berechn.)	—	Wird d. h. H_2O in Fructose u. H_2SO_4 gespalten. Ba-Salz ähnl. wie bei Verb. 7	[1] **Claësson:** J. prakt. Chem. [2] **20**, 17 (1879).
—	$[\alpha]_D^{18}=+128,75°$ (in H_2O)	l. l. H_2O, unl. org. Lösgm.	Na-Salz wird v. Trehalase (aus Asp. niger) nicht gespalten	[1] **Helferich, Löwa, Nippe u. Riedel:** Z. physiol. Chem. **128**, 141 (1923).
Verkohlt b. 175°	$[\alpha]_D^{20}=+152°$ (in $CHCl_3$)	unl. H_2O; l. l. Alk., Äth., $CHCl_3$ u. and. org. Lösgm.; fast unl. Ligroin, Petroläth.	—	[1] **Helferich u. Riedel:** Ber. **56**, 1084 (1923).
—	$[\alpha]_D^{18}=+53,8°$ (in H_2O)	—	Na-Salz wird d. Emulsin teilw. gespalten	[1] **Helferich, Löwa, Nippe u. Riedel:** Z. physiol. Chem. **128**, 141 (1923).
—	$[\alpha]_D^{18}=-16,2°$ (in H_2O)	—	Na-Salz wird d. Emulsin nicht gespalten	[1] **Helferich, Löwa, Nippe u. Riedel:** Z. physiol. Chem. **128**, 141 (1923).
—	$[\alpha]_D^{29}=+26,09°$ (in H_2O, c $=4,426\%$)	l. l. H_2O	Reduz. nicht Fehling. Lösg. Ca-Salz (analog) gärt langsam	[1] **Neuberg u. Pollak:** Ber. **43**, 2060 (1910); Bioch. Z. **26**, 526 (1910).
—	$[\alpha]_D^{19}=+48°$ (in H_2O, c $=1,823\%$)	sehr l. l. H_2O	Reduz. nicht Fehling. Lösg. H_2SO_4 wird d. Mineralsäuren schnell, d. h. Essigs. od. $Ba(OH)_2$ langsam abgespalten. Wird d. Bleiessig $+ NH_3$ gefällt Gärt mit Hefe bei 24°	[1] **Neuberg u. Liebermann:** Bioch. Z. **121**, 326 (1921). [2] **Soda:** Bioch. Z. **135**, 621 (1923).
—	$[\alpha]_D^{22}=+37,64°$ (H_2O, c $=3,215\%$, Alk.-frei)	—	Verliert 2 C_2H_5OH i. Vak. b. 80°. Verschieden vom Ba-Salz von Verb. 24	
126°	—	l. l. $CHCl_3$, Aceton, Essigs.; w. l. Alk., C_6H_6	—	[1] **Odén:** C. **1919**, III, 538.

Phosphorsäure=Ester.

Schmelz- und Siedepunkt	Optisches Drehungs- vermögen	Löslichkeit	Analytisches; Diverses	Literatur
—	—	l. l. H_2O, unl. Alk.	Reduz. k. ammoniakal. Silberlösg.[1]. **Phenylosaz.?** Kryst. (aus CH_3OH). F 143°[1]). **Phenylhydraz.:** $C_9H_{11}O_5N_2PBa$[2])	[1] **Langheld:** Ber. **45**, 1125 (1912). [2] **Bailly:** Ann. chim. [9] **6**, 105, 115 (1916).
—	—	—	—	[1] **Langheld:** Ber. **45**, 1125 (1912).

Nr	Name	Formel, Konstitution	Vorkommen, Bildung, Darstellung	Krystallogr. Eigenschaften
3	d-Ribose[1, 4]-5-phosphorsäure (Ba-Salz)	$C_5H_9O_5PO_3Ba \cdot 5^1/_2\,H_2O$	Aus Inosinsäure d. Hydrol. m. 1 proz. h. HCl[1])	Aggreg. 6 eckig. Platten (aus H_2O)
4	d-Glucose-1?-phosphorsäure (Na-Salz)	$C_6H_{11}O_6PO_3Na_2$	D. Einw. v. $POCl_3$ auf Helicin[1])	Amorph, sehr hygr.
	(Pb-Salz)	$(C_6H_{11}O_6PO_2)_2OPb$		Seidige Nadeln (aus Alk.)
5	d-Glucose-1-phosphorsäure (Ba-Salz)	$C_6H_{11}O_6PO_3Ba$	Aus Pentacetylglucose und $POCl_3$, in H_2O bei —5° in Gegenw. v. $Ba(OH)_2$; Verseif. d. Acetyle d. $Ba(OH)_2$[1])	Weißes Pulver
6	d-Glucose-2?-phosphorsäure	$C_6H_{11}O_6PO_3H_2$	Aus Saccharose-phosphorsäure, d. Hydrol. mit verd. Säuren[1][2]) oder Invertin[3])	Nur in Lösg. erhalten
	(Ca-Salz)	$C_6H_{11}O_6PO_3Ca \cdot H_2O$[1])		Amorph
	(Ba-Salz)	$C_6H_{11}O_6PO_3Ba \cdot 2^1/_2\,H_2O$[2])		Schweres, weiß. Pulv. (verliert H_2O im Vak. bei 56°)
	(Cinchonidin-Salz)	$C_6H_{11}O_6PO_3H_2$ $(C_{19}H_{22}ON_2)_2$[2])		Krystalldrusen (aus Alk.)
	(Brucin-Salz)	$C_6H_{11}O_6PO_3H_2(C_{23}H_{26}O_4N_2)_2$ $\cdot 9\,H_2O$[2])		Krystallplatten (aus H_2O+Acet.) verliert H_2O im Vak. bei 56°
7	d-Glucose-3-phosphorsäure	$C_6H_{11}O_6PO_3H_2$	Aus Diacetonglucose u. $POCl_3$ i. Pyrid. bei —10 bis 15°; Abspalten des Acetons m. verd. HCl bei 40°[1][2])	Nur in Lösg. erhalten
	(Ba-Salz)	$C_6H_{11}O_6PO_3Ba \cdot H_2O$[3])		Weiß. luftbest. Pulv.; wird bei 78° i. Vak. H_2O-frei
8	d-Glucose-6?-phosphorsäure	$C_6H_{11}O_6PO_3H_2$	Aus Glucose in $POCl_3$ (1 Mol) i. Pyrid., unt. Kühlung[1][2])	Nur in Lösg. erhalten
	(Ba-Salz)	$C_6H_{11}O_6PO_3Ba$[1])[3])		Amorph
9	d-Glucose-phosphorsäure	$C_6H_{11}O_6PO_3H_2$	D. Eintragen v. $POCl_3$ (1 Mol) in CH_3Cl gelöst) in gekühlte wäßr. Glucoselösg., i. Gegenwart v. $CaCO_3$[1])	Nur in Lösg. erhalten
	(Ca-Salz)	$C_6H_{11}O_6PO_3Ca \cdot 2\,H_2O$[1])[2])		Weiß. luftbest. Pulv.
10	α-Methylglucosid-6?-monophosphorsäure (Ba-Salz)	$C_7H_{13}O_6PO_3Ba$	Aus α-Methylglucosid und $POCl_3$ (1 Mol) in Pyrid. bei —20°[1])	Amorph

Schmelz- und Siedepunkt	Optisches Drehungsvermögen	Löslichkeit	Analytisches; Diverses	Literatur
—	rechtsdrehend (in H_2O)	schw. l. k. H_2O, unl. Alk.	Reduz. Fehling. Lösg. — Wird d. h. Mineralsäuren langsam gespalten. Geht b. Kochen m. H_2O in bas. Salz: $(C_5H_8O_8P)_2Ba_3$ über	[1] **Levene** u. **Jacobs**: Ber. **41**, 2703 (1908); **44**, 746 (1911). — **Levene** u. **Mori**: J. biol. chem. **81**, 215 (1929).
—	—	l. l. H_2O, Alk., unl. Äth.	Reduz. nicht alkal. Cu-Lösg. Gibt H_3PO_4-Reakt. erst nach Hydrol. m. verd. H_2SO_4.	[1] **Amato**: Gazz. chim. ital. **1**, 56 (1871).
187°	—	l. l. H_2O, Alk., unl. Äth.	Reagiert schwach sauer. Bas. Salz: $C_6H_{11}O_6PO_3Pb_2O$, kryst.	
—	$[\alpha]_D^{23} = +14{,}9°$ (in H_2O)	l. H_2O, unl. Alk.	Reduz. Fehling. Lösg. erst n. länger. Kochen. Osaz. F. 203—204° (Glucosaz.?). Na-Salz gärt m. Zymin	[1] **Komatsu** u. **Nodzu**: Amer. chem. Abstr. **19**, 2811 (1925).
—	$[\alpha]_D^{20} = +12{,}8°$ (H_2O, c = 0,585)[4]	—	Reduz. h. Fehling. Lösg. Wird d. Bleiessig, aber nicht d. Pb-Acetat gefällt. Gibt Glucosaz.[2] Gärt mit Hefe; Phosphatase spaltet H_3PO_4 ab[5]). Dissoziationskonst.: pK$'_1$ = 0,61; pK$'_2$ = 5,83[4]	[1] **Neuberg** u. **Kretschmer**: Bioch. Z. **36**, 11 (1911). — **Hatano**: Bioch. Z. **159**, 175 (1925). [2] **Sabetay** u. **Rosenfeld**: Bioch. Z. **162**, 469 (1925). [3] **Neuberg** u. **Sabetay**: Bioch. Z. **162**, 479 (1925). [4] **Meyerhof** u. **Lohmann**: Bioch. Z. **185**, 119 (1927). [5] **Neuberg**: Z. Ver. D. Zuckerind. **1926**, 463.
—	—	l. H_2O, unl. Alk.		
—	$[\alpha]_D^{20} = +8{,}5°$ (H_2O, c = 1%; H_2O-frei)[4][2]	l. H_2O (leichter in h. als k.), unl. org. Lösgm.[2]		
164° (Zers.)	$[\alpha]_D^{15} = -108{,}7°$ (in CH_3OH)	l. k. H_2O, CH_3OH, h. Alk., Essigs., unl. Aceton, Äth., Essigester		
—	$[\alpha]_D^{18} = -16{,}81°$ (in 50proz. Alk., c = 2,26)			
—	$[\alpha]_D^{18} = +41{,}4°$ (H_2O, c = 2,56)[3]	—	Gibt Anhydroallosaz.; bei d. Hydrol. wird Glucose, nicht Allose gebildet[2] Na-Salz gärt langsam m. leb. Hefe, schneller m. Zymin[1]. Geschwindigkeitskonst. d. H_3PO_4-Hydrol. (0,1 n-H_2SO_4, bei 100°): K = 0,56 bis 0,59 · 10^{-3} [1][2]. Dissoziationskonst.: pK$'_1$ = 0,84; pK$'_2$ = 5,67[3]	[1] **Komatsu** u. **Nodzu**: Amer. chem. Abstr. **19**, 2811 (1925). — **Nodzu**: C. **1926**, II, 779. [2] **Levene** u. **Yamagawa**: J. biol. chem. **43**, 323 (1920). — **Raymond** u. **Levene**: J. biol. chem. **83**, 619 (1929); C. **1928**, I, 368. [3] **Meyerhof** u. **Lohmann**: Bioch. Z. **185**, 121, 134 (1927).
—	$[\alpha]_D = +29{,}2°$ bis 30,7° (in H_2O; schwache abw. Mutarot.)[1] $[\alpha]_D^{18} = +24{,}7°$ (E?) (in H_2O, c = 1,01; f. Anhydr.)[3]	—		
—	$[\alpha]_D = +29{,}0°$[1] bis $+33{,}8°$[3] (in H_2O)	—	Reduz. Fehling. Lösg.; wird d. bas., aber nicht d. neutr. Pb-Acetat gefällt[2]. Ist kein einheitl. Produkt[2][3]	[1] **Komatsu** u. **Nodzu**: Amer. chem. Abstr. **19**, 2811 (1925). [2] **Sabetay**: Soc. chim. France [4] **39**, 1255 (1926). [3] **Meyerhof** u. **Lohmann**: Bioch. Z. **185**, 120 (1927).
—	$[\alpha]_D = +19{,}1°$[1] bis $+26{,}0°$[3] (in H_2O)	—		
—	$[\alpha]_D = +30{,}5°$ (E) (in H_2O)[2]	—	Reduz. h. Fehling. Lösg.; wird d. Bleiessig + NH_3 gefällt[1]. Wird d. H_2O bei 100° langsam, d. Mineralsäur. schneller gespalten[1] Gärt nicht (?)[1]. Identisch mit Verb. 8?[2] Gibt Glucosaz.[3]	[1] **Neuberg** u. **Pollak**: Bioch. Z. **26**, 514 (1910); Ber. **43**, 2060 (1910). [2] **Komatsu** u. **Nodzu**: Amer. chem. Abstr. **19**, 2811 (1925). [3] **v. Lebedew**: Bioch. Z. **28**, 229 (1910).
—	$[\alpha]_D^{15} = +29{,}3°$ → $+25{,}0°$ (in H_2O)[2]	l. l. H_2O, unl. Alk.		
—	$[\alpha]_D^{20} = +81{,}8°$ (freie Säure, in H_2O)[2]	unl. Alk.	Reduz. nicht Fehling. Lösg.[1] Na-Salz wird d. α-Glucosidase nicht gespalten[3]. Geschwindigkeitskonst. d. H_3PO_4-Hydrol. (0,1 n-H_2SO_4, bei 100°): K = 0,22 . 10^{-3} [2]	[1] **E. Fischer**: Ber. **47**, 3193 (1914). [2] **Levene** u. **Yamagawa**: J. biol. chem. **43**, 323 (1920). — **Levene** u. **Meyer**: J. biol. chem. **48**, 235 (1921). [3] **Helferich, Löwa, Nippe** u. **Riedel**: Z. physiol. Ch. **128**, 141 (1923).

Nr	Name	Formel, Konstitution	Vorkommen, Bildung, Darstellung	Krystallogr. Eigenschaften
11	α-Methylglucosid-monophosphorsäure (Ag-Salz)	$C_7H_{13}O_6PO_3Ag_2$	Aus $POCl_3$ u. α-Methylglucosid in H_2O bei o°, in Gegenw. von $Ba(OH)_2$[1])	Farbl. Pulver
12	α-Methylglucosid-diphosphorsäure (Ba-Salz)	$C_7H_{12}O_6(PO_3Ba)_2$	Aus α-Methylglucosid und Metaphosphorsäure-äthyl-ester[1])	Farbl., amorph
13	β-Methylglucosid-6?-phosphorsäure (Ba-Salz)	$C_7H_{13}O_6PO_3Ba$? (wahrsch. Gemisch verschied. Salze)	Aus β-Methylglucosid, wie bei Verb. 10[1])	Amorph
14	Tri-[d-glucose-6]-phosphat	$(C_6H_{11}O_6)_3PO$	Aus 1,2,3,4-Tetracetyl-d-Glucose u. $POCl_3$ ($^1/_3$ Mol) in Pyrid. bei —20°; Verseif. d. Acetyle m. CH_3ONa[1])	Amorph
15	Tri-[α-methyl-d-glucosid-6]-phosphat	$(C_7H_{13}O_6)_3PO$	Aus 2,3,4-Triacetyl-α-methyl-glucosid, wie bei Verb. 14[1])	Farbl. amorphe, hygr. Masse
16	Hexose-monophosphat (Robison-Ester) d-Glucose-5-phosphorsäure?	$$\begin{array}{cc} CHOH & CHO \\ | & | \\ HCOH & HCOH \\ | & | \\ HOCH & HOCH \\ | & | \\ HC{-}O & HCOH \\ | & | \\ HCOPO_3H_2 & HCOPO_3H_2 \\ | & | \\ CH_2OH & CH_2OH \end{array}$$ [1]) oder [3])	Entsteht b. d. Vergärung v. Glucose, Fructose od. Saccharose d. Hefesaft in Gegenw. v. Alkaliphosphat, neb. Hexose-diphosphat (Trennung durch Fällbarkeit, letzteres m. Pb- od. Erdalkaliacetat[2])[3]). Aus Hexosediphosphat durch Einw. von Trockenmuskel-[4]) od. Nierenphosphatase[3])	Nur in Lösg. erhalten
	(Ba-Salz)	$C_6H_{11}O_6PO_3Ba \cdot H_2O$ [2])		Amorph; wenn H_2O-frei, sehr hygr.
	(Ag-Salz)	$C_6H_{11}O_6PO_3Ag_2$ [6])		Weißes Pulver, sehr zersetzlich
	(Brucin-Salz)	$C_6H_{11}O_6PO_3H_2$ $(C_{23}H_{26}O_4N_2)_2$ [2])[3])		Prismat. Blätt-chen (aus H_2O + Aceton)
	(Strychnin-Salz)	$C_6H_{11}O_6PO_3H_2(C_{21}H_{22}O_2N_2)_2$ $\cdot$ 6 H_2O [3])		Nadeln, zu Dru-sen vereinigt (aus H_2O+Alk. od. Aceton). Verliert 6 H_2O i. Vak. bei 78°
17	Phenylosazon des Robison-Esters (prim. Phenylhydrazinsalz)	$C_{18}H_{21}O_4N_4PO_3H_2 \cdot C_6H_8N_2$	Aus d. Komp.[1])	Kurze, hell-gelbe Nadeln (aus Alk. + $CHCl_3$)
18	d-Glucose [1,4]-5-phosphorsäure-methylglucosid (Ba-Salz)	$C_7H_{13}O_6PO_3Ba$ (Gemisch der α-u. β-Formen	Aus d. Robison-Ester mit 0,5 proz. methylalk. HCl bei 25°[1])	Amorph
19	d-Galaktose-phosphorsäure (Ca-Salz)	$C_6H_{11}O_6PO_3Ca \cdot H_2O$	D. Eintragen v. $POCl_3$ (1 Mol, in $CHCl_3$ gelöst) in gekühlte, wäßr. Galaktoselösg., in Ge-genw. v. $CaCO_3$[1])	Lockeres weiß. Pulv. Verliert 1 H_2O bei 110°
20	d-Galaktose-phosphorsäure?	$C_6H_{11}O_6PO_3H_2$	Entsteht b. d. Vergärung v. Galaktose m. angepaßter Trockenhefe (neben Zymo-phosphat) in Gegenw. v. Al-kaliphosphat[1])	Nur in Lösg. erhalten

Phosphorsäure-Ester.

Schmelz- und Siedepunkt	Optisches Drehungsvermögen	Löslichkeit	Analytisches; Diverses	Literatur
—	—	l. H$_2$O, unl. Alk.	Ba-Salz lösl. Alk.	[1] **E. Fischer:** Ber. **47**, 3193 (1914).
—	—	l. H$_2$O, unl. Alk.	Reduz. nicht Fehling. Lösg.	[1] **E. Fischer:** Ber. **47**, 3193 (1914).
—	$[\alpha]_D^{18} = -31,0°$ (in H$_2$O)	—	Na-Salz wird d. Emulsin nicht gespalten. Anal. **β-Phenylglucosid-phosphors.:** C$_{12}$H$_{15}$O$_6$PO$_3$H$_2$. Ba-Salz: $[\alpha]_D^{21} = -51,1°$ (in H$_2$O)	[1] **Helferich, Löwa, Nippe** u. **Riedel:** Z. physiol. Chem. **128**, 141 (1923).
—	—	l. l. H$_2$O, w. l. CH$_3$OH, Alk., unl. and. org. Lösgm.	Reduz. h. Fehling. Lösg. Gibt m. Phenylhydrazin in 50proz. Essigs. Glucosazon. Tri-(β-tetracetat): F 236—237°; $[\alpha]_D^{20} = +31,4°$ (in CHCl$_3$)	[1] **Helferich** u. **du Mont:** Z. physiol. Chem. **181**, 300 (1929).
Sint. 50°	$[\alpha]_D^{20} = +145,7°$ (in H$_2$O)	l. l. H$_2$O, w. l. CH$_3$OH, Alk., unl. and. org. Lösgm.	Reduz. nicht Fehling. Lösg. Tri-triacetat: F 185°; $[\alpha]_D^{18} = +151,9°$ (in CHCl$_3$)	[1] **Helferich** u. **du Mont:** Z. physiol. Chem. **181**, 300 (1929).
—	$[\alpha]_D = +25,0°$ bis $+26,9°$ (in H$_2$O)[1][2][3] $[\alpha]_D = +26,9°$ bis $+35,7°$ (in H$_2$O)[5]	—	Reduz. Fehling. Lösg.[5] Wird d. bas., aber nicht d. neutr. Pb-Acetat gefällt[2]. Säuren spalten zu H$_3$PO$_4$ u. rechtsdrehendem, Glucosaz. lieferndem Zucker (d-Glucose?), versch. Phosphatasen zu H$_3$PO$_4$ u. Glucose od. Fructose[2][3][4]. Wird d. Hefesaft od. Zymin leicht vergoren[2]. Ist zu mindestens 80—90% einheitlich (Aldose)[3]. Geschwindigkeitskonst. d. H$_3$PO$_4$-Hydrol. (n-HCl, bei 100°): K = ca. $0,35 \cdot 10^{-3}$[5]. Dissoziationskonst.: $pK_1' = 0,94$; $pK_2' = 6,11$[5]	[1] **Levene** u. **Raymond:** J. biol. chem. **81**, 279 (1929). [2] **Robison:** Biochem. Journ. Lond. **16**, 809 (1922). [3] **Neuberg** u. **Leibowitz:** Bioch. Z. **184**, 489 (1927); **191**, 456 (1927). — **Neuberg** u. **Schou:** Bioch. Z. **191**, 466 (1927). [4] **Brugsch, Cahen** u. **Horsters:** Bioch. Z. **164**, 199 (1925); **175**, 120 (1926). [5] **Meyerhof** u. **Lohmann:** Bioch. Z. **185**, 113 (1927). — **Lohmann:** Bioch. Z. **194**, 306 (1928). [6] **Weinmann:** Bioch. Z. **204**, 493 (1929).
—	$[\alpha]_D^{25} = +12,4°$ (in H$_2$O, c=9,12% f. Anhydr.)[1][2]	l. l. H$_2$O, unl. Alk.		
—	—	l. H$_2$O, unl. Alk.		
Sint. 155—160° Zers. 170°	$[\alpha]_D = -22,5°$ (in H$_2$O); $-18,6°$ (in 50proz. Alk.)[3]	l. l. H$_2$O, CH$_3$OH w. l. Alk.[2]		
—	$[\alpha]_D = -21,3°$ bis $-23,5°$ (H$_2$O-frei, in 50proz. Alk.)	—		
139—140° (Zers.)	—	schw. l. H$_2$O, unl. Petroläth., l. l. verd. NaOH	Ist verschieden v. d. Osaz. des Neuberg-Esters (Verb. 29)	[1] **Robison:** Biochem. Journ. Lond. **16**, 809 (1922). — **Kluyver** u. **Struyk:** C. **1928**, I, 367.
—	—	—	Wird d. $^1/_{10}$ n-HCl rasch gespalten (γ-Glucosid)	[1] **Levene** u. **Raymond:** J. biol. chem. **81**, 279 (1929).
—	—	l. l. H$_2$O, unl. Alk. Anhydr.: schw. l. H$_2$O	Reduz. Fehling. Lösg. Wird d. Mineralsäur. langsam in H$_3$PO$_4$ u. Galaktose gespalten. Gärt m. Hefe schneller als Galaktose	[1] **Neuberg** u. **Kretschmer:** Bioch. Z. **36**, 10 (1911).
—	$[\alpha]_D^{20} = +81°$ (in H$_2$O). Ba-Salz: $[\alpha]_D^{20} = +49°$ (in H$_2$O)	—	Strychninsalz, l. lösl. in verd. Alk.	[1] **Nilsson:** C. **1929**, II, 2572.

Nr	Name	Formel, Konstitution	Vorkommen, Bildung, Darstellung	Krystallogr. Eigenschaften
21	**Lactacidogen** (Embden-Ester)	$C_6H_{11}O_6PO_3H_2$	Im frischen Muskelpreßsaft d. Kaninchens (0,22—0,35%), Hundes (0,14—0,21%) usw.[1] Wird aus d. enteiweißten Saft d. $CuSO_4 + Ba(OH)_2$ gefällt u. einem langwierigen Reinigungsverfahren unterworf.[2][3]	Nur in Lösg. erhalten
	(Ba-Salz)	$C_6H_{11}O_6PO_3Ba$[2][3]		Amorph; bei 78° im Vak. getrocknet, H_2O-frei
	(Brucin-Salz)	$C_6H_{11}O_6PO_3H_2$ $(C_{23}H_{26}O_4N_2)_2$[2]		Krystalle (aus H_2O + Aceton) bei 78° im Vak. getrocknet, H_2O-frei
22	**d-Fructose-1-phosphorsäure** (Ba-Salz)	$C_6H_{11}O_6PO_3Ba$?	Aus β-Diacetonfructose und $POCl_3$ in Pyrid. bei —10 bis 15°; Abspalten d. Acetons m. verd. HCl bei 40°[1][2]). Entsteht auch (neb. Isom.) b. direkt. Phosphoyl. v. Fructose m. $POCl_3$ in Pyrid.[2]	Weißes Pulv.
23	**d-Fructose-1-phosphorsäure-phenyl-hydrazon** (prim. Phenylhydrazinsalz)	$C_{18}H_{27}O_8N_4P$	Aus d. Komp. i. d. Kälte[1]	Kryst., so z. s. farbl.
24	**d-Fructose-3-phosphorsäure** (Ba-Salz)	$C_6H_{11}O_6PO_3Ba$?	Aus α-Diacetonfructose, wie bei Verb. 22[1][2]). Entsteht auch (neb. Isom.) b. direkt. Phosphoyl. v. Fructose m. $POCl_3$ in Pyrid.[1][3]	Weißes Pulv.
25	**d-Fructose-3-phosphorsäure-phenyl-hydrazon** (sek. Phenylhydrazinsalz)	$C_{24}H_{35}O_8N_6P$	Aus d. Komp. i. d. Kälte[1]	Kryst., so z. s. farbl.
26	**d-Fructose-phosphorsäure** (Ca-Salz)	$2\ C_6H_{11}O_6PO_3Ca \cdot CaCl_2 \cdot 5\ H_2O$	D. Eintragen v. $POCl_3$ (1 Mol, in $CHCl_3$ gelöst) in gekühlte wäßr. Fructoselösg., in Gegenw. v. $CaCO_3$[1]	Krystallnadeln (d. Fällen aus H_2O m. Alk.)
27	**d-Fructose-phosphorsäure** (Ba-Salz)	$C_6H_{11}O_6PO_3Ba \cdot H_2O$	Aus d-Fructose (sirupförmig) u. Metaphosphorsäure-äthyl-ester (< 1 Mol) unt. Kühlg.; Neutralis. m. $Ba(OH)_2$[1]	Glänz. kryst. Blättchen (d. Fällen aus H_2O m. Alk.)
28	**d-Fructose-diphosphorsäure** (Ba-Salz)	$C_6H_{10}O_6(PO_3Ba)_2 \cdot H_2O$	Wie Verb. 27, aber m. Überschuß an Metaphosphorsäure-äthylester[1]	Ähnl. w. Verb. 27
29	**d-Fructose-6-phosphorsäure-phenyl-osazon** (prim. Phenylhydrazinsalz)	$C_{18}H_{21}O_4N_4PO_3H_2 \cdot C_6H_8N_2$	Aus Hexosediphosphat und überschüss. essigs. Phenyl-hydrazin i. d. Wärme[1][2]) id. aus Neuberg-Ester[3] id. aus Roh-Lactacidogen[4]	Gelb. Nadeln i. Büscheln (aus Alk. + Äth. od. $CHCl_3$)[1][2] Orangerot.kugel. Aggreg. mikr. Nadeln (aus 96proz. Alk)[1]
	(sek. Na-Salz)	$C_{18}H_{21}O_4N_4PO_3Na_2$[1]		Gelbe Nadeln (aus verd. Alk.)

Schmelz- und Siedepunkt	Optisches Drehungsvermögen	Löslichkeit	Analytisches; Diverses	Literatur
—	$[\alpha]_D^{20}=+29,5°$ (in H_2O, c=2,287%)[2] $[\alpha]_D=+26,9°$ bis $+31,5°$ (in H_2O)[3]	—	Reduz. Fehling. Lösg.; wird d. Bleizucker gefällt[1]. Wird d. Preßsäfte aus Muskeln, Nieren, Hoden usw. zu H_3PO_4 u. Milchsäure abgebaut[4]. Na-Salz geht m. Muskelpreßsaft in Gegenw. v. NaF in Zymophosphat über[2]. Roh-Lactacidogen gibt m. Phenylhydrazin d. Osaz. d. Neuberg-Esters (Verb. 29[5]). Ist zu ca. 93% einheitlich (Aldose)[2]. Geschwindigkeitskonst. d. H_3PO_4-Hydrol. (n-HCl, bei 100°): K = ca. 0,25 · 10^{-3} [3]. Ist nach Embden[2] verschieden von, nach Lohmann[3] ident. m. Verb. 16	[1] **Embden, Griesbach** u. **Schmitz:** Z. physiol. Chem. **93**, 1 (1914). — **Embden** u. **Laquer:** Z. phys. Chem. **93**, 94 (1914). — **Embden, Schmitz** u. **Meincke:** Z. physiol. Chem. **113**, 10 (1921). [2] **Embden** u. **Zimmermann:** Z. phys. Chem. **167**, 114 (1927). [3] **Lohmann:** Bioch. Z. **194**, 306 (1928). [4] **Embden, Griesbach** u. **Laquer:** Z. physiol. Chem. **93**, 124 (1914). [5] **Embden** u. **Laquer:** Z. physiol. Chem. **98**, 181 (1917); **113**, 1 (1921).
—	—	l. l. H_2O		
Sint. 120° F 145° (unscharf)	—	—		
—	$[\alpha]_D^{23}=-40,5°$ (in H_2O)[1]	—	Reduz. Fehling. Lösg. Wird d. leb. Hefe langsam, d. Zymin schneller vergoren[1]. Geschwindigkeitskonst. d. H_3PO_4-Hydrol. (0,1n-H_2SO_4, bei 100°): K = 5,1 · 10^{-3} [1]	[1] **Nodzu:** C. **1926**, II, 779; Am. chem. Abstr. **21**, 924 (1927). [2] **Raymond** u. **Levene:** J. biol. chem. **83**, 619 (1929).
Sint. 96—97° F > 180°	$[\alpha]_D^{25}=-15,0°$ → $-33,6°$ (Pyrid.-CH_3OH 1:1, c=2,5%)	—	Gibt b. Erwärmen m. Phenylhydrazin Glucosaz.	[1] **Raymond** u. **Levene:** J. biol. chem. **83**, 619 (1929).
—	$[\alpha]_D^{18}=-19,4°$ (in H_2O)[1]	—	Reduz. leicht Fehling. Lösg. Wird d. leb. Hefe langsam, d. Zymin schneller vergoren[1]. Geschwindigkeitskonst. d. H_3PO_4-Hydrol. (0,1n-H_2SO_4, bei 100°): K = 14 · 10^{-3} [1]	[1] **Nodzu:** C. **1926**, II, 779; Am. chem. Abstr. **21**, 924 (1927). [2] **Raymond** u. **Levene:** J. biol. chem. **83**, 619 (1929). [3] **Meyerhof** u. **Lohmann:** Bioch. Z. **185**, 120 (1927).
96—98° Zers. 123 bis 125°	$[\alpha]_D^{25}=-50,6°$ → $-35,0°$ (Pyrid.-CH_3OH 1:1, c=2,5%)	—	Gibt b. Erwärm. m. Phenylhydrazin: Anhydroallosaz.	[1] **Raymond** u. **Levene:** J. biol. chem. **83**, 619 (1929).
—	—	—	Konnte nicht $CaCl_2$-frei erhalten werden	[1] **Neuberg** u. **Kretschmer:** Bioch. Z. **36**, 11 (1911).
—	—	l. l. H_2O, unl. Alk.	Reduz. h. Fehling. Lösg. **Osazon:** $C_{18}H_{23}O_7N_4P$, dünne Nadeln aus (Alk.). F 158°	[1] **Langheld:** Ber. **45**, 1125 (1912).
—	—	—	Das neutr. Ca-Salz (w. lösl. H_2O) wird als Kräftigungsmittel verwend.[2]	[1] **Langheld:** Ber. **45**, 1125 (1912). [2] Farbenfabr. vorm. Fr. Bayer & Co.: C. **1918**, I, 249.
151—153° [1][2][3]	$[\alpha]_D^{17}=-50,9°$ → $-36,0°$ (in Pyrid.-Alk.)[3] $[\alpha]_D=-35°$ in CH_3OH, c=0,4%)[4]	l. Alk.	Prim. Anilinsalz: $C_{24}H_{30}O_7N_5P$: Gelbe, kryst. Masse. F 133—135°[1]. Gibt b. Erwärm. m. HCl: **Glucoson-6-phosphorsäure**, als amorph. Pb-Salz ($C_6H_9O_9PPb$) isoliert[1]	[1] **v. Lebedew:** Bioch. Z. **20**, 114 (1909); **28**, 213 (1910); **36**, 252 (1911). — **Young:** Bioch. Z. **32**, 177 (1911). [2] **Neuberg, Färber, Levite** u. **Schwenk:** Bioch. Z. **83**, 260 (1917). [3] Farbenfabr. vorm. Fr. Bayer & Co.: C. **1921**, II, 961. — **Neuberg** u. **Reinfurth:** Bioch. Z. **146**, 589 (1924). [4] **Embden** u. **Laquer:** Z. physiol. Chem. **98**, 181 (1917); **113**, 1 (1921).
Zers. ohne z. schmelz.	—	z. l. H_2O, fast unl. Alk.	Anal. **p-Bromphenylosazon:** F 165°[1]	

Nr	Name	Formel, Konstitution	Vorkommen, Bildung, Darstellung	Krystallogr. Eigenschaften
30	**d-Fructose-6-phosphorsäure** (Neuberg-Ester)	$C_6H_{11}O_6PO_3H_2$	Aus Zymophosphat d. part. Hydrol. m. verd. Säuren[1]) od. Taka-phosphatase[2])	Nur in Lösg. erhalten
	(Ba-Salz)	$C_6H_{11}O_6PO_3Ba \cdot H_2O$[1])		Weiß. mikro-kryst. Pulv. (b. langs. Fällg. aus H_2O d.Alk.). Verliert 1 H_2O i.Hochvak.b.60°
	(Ag-Salz)	$C_6H_{11}O_6PO_3Ag_2$[4])		Weißes Pulv., sehr zersetzlich
	(Strychnin-Salz)	$C_6H_{11}O_6PO_3H_2(C_{21}H_{22}N_2O_2)_2 \cdot 5\ H_2O$[1])		Nadeln oder derbe Prismen (aus H_2O+Alk.) Verliert H_2O langsam im Vak. bei 78°
	(Brucin-Salz)	$C_6H_{11}O_6PO_3H_2(C_{23}H_{26}N_2O_4)_2 \cdot 9\ H_2O$[1])		Kryst. (aus H_2O + Aceton). Verliert H_2O langsam im Vak. bei 78°
31	Methylfructosid[2,5]-6-phosphorsäure (Ba-Salz)	$C_6H_{10}O_5(OCH_3)PO_3Ba$ (wahrsch. Gemisch von α- und β-Form)	Aus d. Mutterlaugen bei d. Herst. der Methylfructosid-diphosphorsäure (Verb. 37 bis 38)[1])	Amorph
32	Hexose-diphosphat, Zymophosphat[1]) (Harden-Young-Ester) d-Fructose-1, 6-diphosphorsäure	[Strukturformel: $CH_2OPO_3H_2$ / HOC / HOCH / HCOH / HC / $CH_2OPO_3H_2$ mit O [2]) od. $CH_2OPO_3H_2$ / CO / HOCH / HCOH / HCOH / $CH_2OPO_3H_2$ [3])]	Entsteht b. d. zellfreien Gärung, in Gegenw. v. Alkaliphosphaten, von Fructose, Glucose, Mannose, Saccharose[4]), Dioxyaceton[5]), Galaktose[6]). Bildet sich d. Einw. v. frischen Muskelextrakten auf Zymohexosen, Glykogen, Stärke usw. in Gegenw. v. Alkaliphosphat[7]). Desgl. aus Hexosemonophosphat (Robison-Ester) durch Hefenenzym[8])	Nur in Lösg. erhalten
	(Ca-Salz)	$C_6H_{10}O_6(PO_3Ca)_2 \cdot H_2O$ [9])[10])[11])		Weißes Pulver bei 37° üb. P_2O_5 getrocknet, H_2O-frei[12])
	(Ba-Salz)	$C_6H_{10}O_6(PO_3Ba)_2$ [9])[10])[11])		Körnig. weiß. Pulv.
	(Mg-Salz)	$C_6H_{10}O_6(PO_3Mg)_2 \cdot 8\ H_2O$[11])		Körnige weiße Masse; wird bei 55° i. Vak. H_2O-frei
	(Ag-Salz)	$C_6H_{16}O_6(PO_3Ag_2)_2$[10])[13])		Weißes, lichtempfindl. Pulv.
	(Strychnin-Salz)	$C_6H_{10}O_6(PO_3H_2)_2$ $(C_{21}H_{22}N_2O_2)_2 \cdot 2\ H_2O$[14])		Glänz. Nadeln (aus wäßr. Alk. + Essigester). Verliert langsam 2 H_2O bei 60° im Hochvak.
	(Brucin-Salz)	$C_6H_{10}O_6(PO_3H_2)_2$ $(C_{23}H_{26}N_2O_4)_4$[7])		Doppelbrech. Prism. (aus H_2O+CH_3OH) i. Vak. üb. H_2SO_4 getrocknet, H_2O-frei

Phosphorsäure=Ester.

Schmelz- und Siedepunkt	Optisches Drehungsvermögen	Löslichkeit	Analytisches; Diverses	Literatur
—	$[\alpha]_D = +1,5°$ bis $2,1°$ (in H_2O)[2] $[\alpha]_D^{21} = +2,5°$ (in H_2O)[3]	—	Reduz. Fehling. Lösg.[1]). Wird d. Pb-Acetat kaum, d. Bleiessig stark gefällt[1]). Wird im Gegensatz z. Diphosphat d. leb. Hefe vergoren[1]). Geschwindigkeitskonst. d. H_3PO_4-Hydrol. (n-HCl, bei 100°): $K = $ ca. $3,2 \cdot 10^{-3}$[3]). Dissoziationskonst.: $pK'_1 = 0,97$; $pK'_2 = 6,11$[3]). Ca-Salz: $C_6H_{11}O_9PCa \cdot H_2O$, ganz analog d. Ba-Salz[1]). Cinchonidinsalz: Nadeln (aus H_2O) F 152° (Bräunung)[1])	[1] Neuberg: Bioch. Z. 88, 432 (1918). — Neuberg u. Dalmer: Bioch. Z. 131, 188 (1922). [2] Neuberg u. Leibowitz: Bioch. Z. 187, 481 (1927). — Neuberg u. Schou: Bioch. Z. 191, 467 (1927). [3] Meyerhof u. Lohmann: Bioch. Z. 185, 113 (1927). — Lohmann: Bioch. Z. 194, 306 (1928). [4] Weinmann: Bioch. Z. 204, 493 (1929).
—	$[\alpha]_D^{17} = +2,89°$ (in H_2O, $c=2,076$; f. Anhydr.)[1] $[\alpha]_D^{21} = +0,82°$ (in H_2O, $c=3,03\%$; f. Anhydr.)[3]	l. H_2O, unl. Alk.		
—	—	l. H_2O, unl. Alk.		
Sint. 115 bis 120° Zers. geg. 150°	$[\alpha]_D^{17} = -30,86°$ (in 50proz. Alk., $c=1,442\%$; f. Hydrat)	w.l. H_2O u. abs. Alk. (Dissoz. i. h. H_2O), fast unl. Aceton, Essigester, Äth.		
160° (Zers.)	$[\alpha]_D^{18} = -26,85°$ (in 20proz. Alk., $c=1,62\%$)	z. l. H_2O, l. l. Alk., schw. l. Aceton, unl. Äth.		
—	$[\alpha]^{19}_{Hg\ grün} = +0,92°$ (H_2O, $c=1,08\%$)	l. l. H_2O, l. verd. Alk.	Brucin-Salz: $[\alpha]^{19}_{Hg\ grün} = -31,7°$	[1] W. T. J. Morgan: Biochem. Journ. Lond. 21, 675 (1927).
—	$[\alpha]_D = +3,5°$ (in H_2O)[3])[9]	—	Reduz. Fehling. Lösg. Wird d. Pb-Acetat gefällt[4]). Gibt b. Hydrol. d. Säuren od. Phosphatasen: H_3PO_4 u. d-Fructose[4])[9]). Gärt nicht m. leb. Hefe, aber m. Hefe-Preß- od. Macerationssaft[15]). Reduz. kaum Hypojodit (Ketose)[16]). Geschwindigkeitskonst. d. H_3PO_4-(Stellung 1)-Hydrol. (n-HCl, b. 100°): $K = $ ca. $22 \cdot 10^{-3}$[17]). Dissoziationskonst.: $pK'_1 = 1,48$; $pK'_2 = 6,29$[18]). Das Ca-Salz ist Hauptbestandteil d. pharmazeut. Präparate „Glucofos"[9]) u. „Candiolin"[11])[19])	[1] v. Euler: Bioch. Z. 86, 336 (1918). — v. Euler u. Heintze: Z. physiol. Chem. 102, 253 (1918). — Brugsch u. Horsters: Z. physiol. Chem. 157, 186 (1926). [2] Levene u. Raymond: J. biol. chem. 80, 633 (1928). [3] Neuberg u. Schou: Bioch. Z. 191, 466 (1927). [4] Iwanow: Z. physiol. Chem. 50, 281 (1907). — Harden u. Young: C. 1910, II, 1075; Bioch. Z. 32, 173, 177 (1911). [5] v. Lebedew: Ber. 44, 2932 (1911). — Harden u. Young: Bioch. Z. 40, 476 (1912). [6] Nilsson: C. 1929, II, 2572. [7] Embden u. Zimmermann: Z. physiol. Chem. 141, 225 (1924). — Meyerhof: C. 1926, II, 1763. [8] Neuberg u. Leibowitz: Bioch. Z. 187, 488 (1927). [9] Neuberg, Färber, Levite u. Schwenk: Bioch. Z. 83, 243 (1917). [10] Young: C. 1910, I, 517; Bioch. Z. 32, 177 (1911). [11] Neuberg u. Sabetay: Bioch. Z. 161, 240 (1925). [12] v. Lebedew: Bioch. Z. 36, 255 (1911). [13] Schlubach u. Rauchenberger: Ber. 60, 1178 (1927). [14] Neuberg u. Dalmer: Bioch. Z. 131, 191 (1922). [15] Neuberg: Bioch. Z. 88, 432 (1918). [16] Meyerhof u. Lohmann: Bioch. Z. 185, 113 (1927). [17] Lohmann: Bioch. Z. 194, 323 (1928). [18] Meyerhof u. Suranyi: Bioch. Z. 178, 427 (1926). [19] Impens: C. 1916, II, 159. — Messner: Z. angew. Chem. 32, 393 (1919).
—	—	unl. Alk., schw.l. h H_2O, l.l. verd. Säur. In d. Kälte m. NH_3 u. Alk. gefällt: z. l. k. H_2O; aus h. H_2O gefällt: w. l. k. H_2O (Anhydrid?)		
—	—	ca. 3 g (anhydr.) in 10 ccm k. H_2O, weniger in h. H_2O; unl. Alk.		
—	—	l. k. H_2O, unl. Alk.		
unscharf, Zers.	$[\alpha]_D^{21} = -20,4°$ (in 65proz. Alk., $c=1,467\%$)	l. wäßr. Alk., schw. l. absol. Alk., Essigester, Aceton, Äth. Dissoz. i. h. H_2O		
unscharf	$[\alpha]_D = -22,2°$ (in CH_3OH, $c=1,30\%$)	0,135 Vol.-% in H_2O bei 13°; l. CH_3OH		

Tabelle 42 (Fortsetzung).

Nr	Name	Formel, Konstitution	Vorkommen, Bildung, Darstellung	Krystallogr. Eigenschaften
33	**Hexose-diphosphat-phenylhydrazon** (sek. Phenylhydrazinsalz)	$C_{12}H_{20}O_{11}N_2P_2(C_6H_8N_2)_2$	Aus d. Komp. i. d. Kälte[1]	Weiße Nadeln in Büscheln
34	**Hexose-diphosphat-p-bromphenyl-hydrazon** (sek. p-Bromphenylhydrazinsalz)	$C_{12}H_{19}O_{11}N_2P_2Br$ $(C_6H_7N_2Br)_2$	Aus d. Komp. i. d. Kälte [1][2]	Farbl. Nadeln
35	**d-Fructose-1, 6-diphosphorsäure-tetramethylester**	$C_6H_{10}O_6[PO(OCH_3)_2]_2$	Aus d. Ag-Salz des Zymophosphats u. CH_3I[1]	Schwach gelbl. Öl
36	**2, 3, 4-Trimethylfructose-1, 6-di-phosphorsäure-tetramethylester**	$C_6H_7O_3(OCH_3)_3$ $[PO(OCH_3)_2]_2$	Aus Verb. 35 m. CH_3I und Ag_2O[1]	Öl
37	**α-Methylfructosid [2, 5]-1, 6-di-phosphorsäure**	$C_6H_9O_5(OCH_3)(PO_3H_2)_2$	Aus Zymophosphat u.0,5proz. methylalkoh. HCl bei 25°; Trennung v. β-Form d. frakt. Krystallis. d. Brucinsalze[1]	Nur in Lösg. erhalten, selbstzers.
	(Ba-Salz)	$C_6H_9O_5(OCH_3)(PO_3Ba)_2$[1]		Weiß. amorph. Masse
38	**β-Methylfructosid [2, 5]-1, 6-di-phosphorsäure**	$C_6H_9O_5(OCH_3)(PO_3H_2)_2$	Wie bei Verb. 37; Trennung v. α-Form über Brucinsalz[1]	Wie b. Verb. 37
	(Ba-Salz)	$C_6H_9O_5(OCH_3)(PO_3Ba)_2$[1]		Wie b. Verb. 37
	(Brucin-Salz)	$C_6H_9O_5(OCH_3)(PO_3H_2)_2$ $(C_{23}H_{26}N_2O_4)_4$[1]		Kryst. (aus 50proz. Alk.)
39	**Myophosphat** (Hexose-diphosphorsäure?)	$C_6H_{10}O_6(PO_3H_2)_2$?	Aus frischem zerkleinertem Muskel u. 5proz. Glucoselösg., in Gegenw. v. Insulin; Fällung als Pb, Ba- od. Ca-Salz, Reinigung[1]	Nur in Lösg. erhalten
40	**Hexose-diphosphorsäure od. Triose-monophosphorsäure?** (Ba-Salz)	$C_6H_8O_{14}P_2Ba_3 \cdot 2\,H_2O$	Aus Co-Zymose-freier Trokkenhefe, Glucose u. Zymophosphat, in Gegenw. v. Alkaliphosphat u. Acetaldehyd[1]	—
41	**Hexose-monophosphorsäure?**	$C_6H_{11}O_6PO_3H_2$?	Entsteht anstatt (oder neben) Robison-Ester b. Einwirkung stark phosphorylierend. Hefe auf Glucose u. Alkaliphosphat. Über Bleiessigfällung als Ba-Salz isoliert[1]	—
42	**Trehalose-monophosphorsäure (natürliche)**	$C_{12}H_{21}O_{11}PO_3H_2$	Aus d. Produkt. der Vergärung v. Glucose od. Fructose m. Trockenhefe in Gegenw. v. Alkaliphosphat isoliert[1]	Nur in Lösg. erhalten
	(Ba-Salz)	$C_{12}H_{21}O_{11}PO_3Ba$ $(+ 1\,H_2O\,?)$		Weiß. amorph. Pulv.
	(Brucin-Salz)	$C_{12}H_{21}O_{11}PO_3H_2$ $(C_{23}H_{26}O_4N_2)_2 \cdot 9\,H_2O$		Nadeln, i. Büscheln (aus h. H_2O). — Wird b. 100°/15 mm H_2O-frei

Schmelz- und Siedepunkt	Optisches Drehungsvermögen	Löslichkeit	Analytisches; Diverses	Literatur
115—117°	—	schw. l. k. H_2O	Färbt sich an d. Luft gelb. Gibt b. Erhitzen in essigs. Lösg. Verb. 29	[1] **Young:** Bioch. Z. **32**, 184 (1911).
127—128°[1]) 131°(Zers.)[2])	—	l. l. h. H_2O, CH_3OH[2])	Gibt b. Erwärm. i. alkohol. Lösg. d. entspr. Osaz. d. Neuberg-Esters, F 165°[1])[2])	[1] **Young:** Bioch. Z. **32**, 184 (1911). [2] **v. Lebedew:** Bioch. Z. **28**, 223 (1910); **36**, 256 (1911).
—	$[\alpha]_D^{18} = +20{,}22°$ (in CH_3OH, c=0,3956)	—	$n_D^{19} = 1{,}4648$	[1] **Schlubach u. Rauchenberger:** Ber. **60**, 1178 (1927).
$Kp_{0,01}$ 130 bis 140°	$[\alpha]_D^{19} = +20{,}77°$ (in $CHCl_3$, c=1,372)	—	$n_D^{19} = 1{,}4457$	[1] **Schlubach u. Rauchenberger:** Ber. **60**, 1178 (1927).
—	$[\alpha]_{Hg\,grün}^{18} = +19{,}7°$ (in H_2O, c = 1,96%)	—	Wird d. kalt. 0,1 n-HCl rasch zu Zymophosphat u. CH_3OH hydrol. (γ-Fructosid)[2]). Wird d. Emulsin nicht, d. Invertase zu ca. 30% gespalten[1]). Knochenphosphatase spalt. zu H_3PO_4 u. α-Methylfructosid [2,5][3])	[1] **W. T. J. Morgan:** Biochem. journ. Lond. **21**, 675 (1927). [2] **Levene u. Raymond:** J. biol. chem. **80**, 633 (1928). [3] **Morgan u. Robison:** Biochem.journ.Lond.**22**,1270(1928).
—	$[\alpha]_{Hg\,grün}^{18} = +8{,}2°$ (in H_2O, c = 3,65%)	weniger l. h. als k. H_2O wenigerl.H_2O-Alk. als β-Verb.	Brucin-Salz löslicher in verd. Alk. als β-Verb., mikrokryst. (aus verd. Alk. + Aceton)[1])	
—	$[\alpha]_{Hg\,grün}^{18} = -23{,}2°$ (in H_2O, c = 1,66%)	—	Wird d. kalt. 0,1 n-HCl wie Verb. 37 gespalten[2]) Wird weder d. Emulsin noch d. Invertase gespalten[1]). Knochenphosphatase spaltet zu H_3PO_4 u. β-Methylfructosid [2,5][3])	[1] **W. T. J. Morgan:** Biochem. journ. Lond. **21**, 675 (1927). [2] **Levene u. Raymond:** J. biol. chem. **80**, 633 (1928). [3] **Morgan u. Robison:** Biochem. journ. Lond. **22**, 1270 (1928).
—	$[\alpha]_{Hg\,grün}^{18} = -10{,}4°$ (in H_2O, c = 3,16%)	wie bei Verb. 37, nur leichter lösl.		
—	$[\alpha]_{Hg\,grün}^{18} = -38{,}4°$ (in 10proz. Alk., c=0,38%)	weniger l. verd. Alk. als α-Verb.		
—	$[\alpha]_D = -40°$ (in H_2O). Na-Salz: $[\alpha]_D = -20$ bis $-27°$	—	Verschieden v. Zymophosphat; ident. m. Embdens (Roh-) Lactacidogen u. Virtanens Milchsäuregärungsphosphat? — Geht d. Säuren od. Alkalien in rechtsdr. Monophosphorsäure (Robison-Ester?) über	[1] **Brugsch u. Horsters:** Z. physiol. Chem. **157**, 186 (1926); Bioch. Z. **175**, 115 (1926).
—	$[\alpha]_D^{21} = -11°$ (f. freie Säure?)	—	Gibt ein kryst. Strychninsalz	[1] **Nilsson:** C. **1929**, II, 2572.
—	$[\alpha]_D = +63°$ (in H_2O)	—	Ba-Salz: $[\alpha]_D = +33°$	[1] **v. Euler u. Myrbäck:** A. **464**, 67 (1928). — **v. Euler, Myrbäck u. Runehjelm:** C. **1928**, I, 2416.
—	$[\alpha]_{5461}^{20} = +185°$ (in H_2O, c=2,4%)	—	Reduz. nicht Fehling. Lösg. Wird d. Knochenphosphatase zu H_3PO_4 u. Trehalose gespalten; h. Mineralsäur. spalten zu Glucose u. Glucose-phosphorsäure (nur unrein erhalten) u. weiter zu Glucose u. H_3PO_4. Trockenhefe vergärt leicht, Zymin langsamer	[1] **Robison u. Morgan:** Biochem. journ. Lond. **22**, 1277 (1928). — **Boyland:** Biochem. journ. Lond. **23**, 219 (1929).
—	$[\alpha]_{5461}^{20} = +132°$ (in H_2O, c=3,2%)	sehr l. l. H_2O, l. verd. Alk., unl. abs. Alk.		
—	$[\alpha]_{5461}^{20} = +31{,}3°$ (in H_2O, c=0,77; f. Hydrat) $= +35{,}4°$ f. Anhydr.	l. l. h. H_2O, w. l. k. H_2O, CH_3OH, schw. l. h. Alk., unl.Aceton, $CHCl_3$		

Tabelle 42 (Fortsetzung).

Nr	Name	Formel, Konstitution	Vorkommen, Bildung, Darstellung	Krystallogr. Eigenschaften
43	Trehalose-monophosphorsäure (Ba-Salz)	$(C_{12}H_{21}O_{11}PO_3H)_2Ba$	Aus Trehalose u. $POCl_3$ (1 Mol) in Pyrid., unter o°[1])	Amorph
44	β-Methylcellobiosid-phosphorsäure (Ba-Salz)	$(C_{13}H_{23}O_{11}PO_3H)_2Ba$	Aus β-Methylcellobiosid u. $POCl_3$ (1 Mol) in Pyrid., unter o°[1])	Amorph
45	Saccharose-monophosphorsäure (Hesperonal) [1])	$C_{12}H_{21}O_{11}PO_3H_2$	D. Eintropfen v. $POCl_3$ (1 Mol, in $CHCl_3$ gelöst) in wäßr. Saccharoselösg. unter Kühlung, in Gegenw. von $Ca(OH)_2$ [2])	Nur in Lösg. erhalten, unbest.
	(Ca-Salz)	$C_{12}H_{21}O_{11}PO_3Ca \cdot 2\ H_2O$ [2])		Weißes, luftbest. Pulv.
	(Strychnin-Salz)	$C_{12}H_{21}O_{11}PO_3H_2$ $(C_{21}H_{22}O_2N_2)_2 \cdot 6\ H_2O$ [5])		Kl. derbe Nad. (aus H_2O + Aceton)
46	Disaccharid-monophosphorsäure	$C_{12}H_{21}O_{11}PO_3H_2$	Aus hexosediphosphorsaurem Na, d. phosphatat. Einw. v. Bac. Delbrücki (Milchsäurebakt.) in Gegenw. v. Chlf. od. Toluol[1])	Nur in Lösg. erhalten
	(Ba-Salz)	$C_{12}H_{21}O_{11}PO_3Ba$		Amorph
47	α-Tetraamylose-tetraphosphat	$[C_6H_9O_5PO_3H_2]_4$	Aus α-Tetraamylose bzw. β-Hexaamylose u. $POCl_3$ in Pyrid. bei —15°, Ausfällen m. H_2O, entwässern m. abs. Alk.[1])	Gallerte
48	β-Hexaamylose-hexaphosphat	$[C_6H_9O_5PO_3H_2]_6$		Gallerte

Tabelle 43.

Nr	Name	Formel, Konstitution	Vorkommen, Bildung, Darstellung	Krystallogr. Eigenschaften
1	Monoacetyl-Glykolaldehyd (dimer)	$C_4H_6O_3$: $\left(\begin{array}{c}CH \cdot O \cdot CO \cdot CH_3 \\ \rangle O \\ H_2C\end{array}\right)_2$	Acetylieren in Pyridin[1])	Krystalle (aus Alk.)
2	Triacetyl-Glykolaldehyd	$C_8H_{12}O_6$: $HC(O \cdot CO \cdot CH_3)_2$ | $H_2CO \cdot CO \cdot CH_3$	Aus Vinylacetat + Br in Eisessig + Kaliumacetat[1]). Ebenso d. Acetylierung des Zuckers	Krystalle (aus Äth. + Petroläth.)
3	Acetat des rac. Milchsäurealdehyds	$C_5H_8O_3$: $CH_3 \cdot CO \cdot O \cdot CH(CH_3) \cdot CHO$	Aus rac. α-Jodpropionaldehyd + Silberacetat in Alk. bei 100°[1])	Aromatisch riech. Öl

Phosphorsäure=Ester.

Schmelz- und Siedepunkt	Optisches Drehungsvermögen	Löslichkeit	Analytisches; Diverses	Literatur
—	$[\alpha]_D^{19} = +135{,}5°$ (in H_2O)	l. l. H_2O, unl. org. Lösgm.	Na-Salz wird d. Trehalase (aus Asp. Niger) nicht gespalten	[1] Helferich, Löwa, Nippe u. Riedel: Z. physiol. Chem. 128, 141 (1923).
—	$[\alpha]_D^{22} = -15{,}0°$ (in H_2O)	l. l. H_2O, unl. org. Lösgm.	Na-Salz wird d. Emulsin nicht gespalten	[1] Helferich, Löwa, Nippe u. Riedel: Z. physiol. Chem. 128, 141 (1923).
—	$[\alpha]_D^{20} = +85{,}1°$ (in H_2O, $c = 2{,}42\%$) [3]	—		[1] Hesperonal: C. 1916, II, 684. [2] Neuberg u. Pollak: Bioch. Z. 23, 515 (1910); 26, 514 (1910). — Neuberg: Z. Ver. D. Zuckerind. 1926, 463. [3] Meyerhof u. Lohmann: Bioch. Z. 185, 118 (1927). [4] Sabetay u. Rosenfeld: Bioch. Z. 162, 474 (1925). [5] Neuberg u. Dalmer: Bioch. Z. 131, 192 (1922). [6] Neuberg u. Behrens: Bioch. Z. 170, 254 (1926). [7] Hatano: Bioch. Z. 159, 175 (1925). [8] Neuberg u. Sabetay: Bioch. Z. 162, 479 (1925). — R. Kuhn u. Münch: Z. physiol. Chem. 150, 220 (1925). [9] Djenab u. Neuberg: Bioch. Z. 82, 391 (1917).
—	$[\alpha]_D^{26} = +42{,}9°$ (in H_2O, $c = 9{,}3\%$) $[\alpha]_D^{28} = +51{,}9°$ (in H_2O, $c = 2{,}196$, f. gereinigt. Anhydr. ?) [4]	l. l. H_2O	Freie Säure reduz. Fehling. Lösg.; Salze erst n. Hydrol. [2]. Wird d. Bleiessig + NH_3 gefällt [2]. Alkalien b. 100° u. H_2O unt. Druck b. 160° spalten in H_3PO_4 u. Saccharose [2], ebenso Nierenphosphatase [6]. Verd. h. Oxalsäure spaltet in Fructose u. Glucose-phosphorsäure [7], ebenso Invertin (zu ca. 30%) [8]. Gärt langsam m. Hefe [9]	
185° (Zers.)	$[\alpha]_D = 0°$	l. H_2O; w. l. abs. Alk., unl. Aceton, Äth. Dissoz. i. h. H_2O		
—	$[\alpha]_D = +55°$ (in H_2O)	—	Reduz. Fehling. Lösg. Wird v. Hefemacerationssaft langsam vergoren. Gibt ein kryst. Strychninsalz	[1] Neuberg u. Leibowitz: Bioch. Z. 193, 237 (1928).
—	$[\alpha]_D = +38°$ (in H_2O)	l. l. H_2O		
—	—	unl. H_2O	Während H- u. P-Gehalt der angegeb. Formel entsprachen, wurde C-Gehalt bedeutend zu hoch gefunden	[1] Pringsheim u. Goldstein: Ber. 56, 1520 (1923).
—	—	unl. H_2O		[1] Pringsheim u. Goldstein: Ber. 56, 1520 (1923).

Acetate der Bi= bis Tetrosen.

Schmelz- und Siedepunkt	Optisches Drehungsvermögen	Löslichkeit	Analytisches; Diverses	Literatur
157—158°	—	—	—	[1] H. O. L. Fischer u. Taube: Ber. 60, 1707 (1927).
52°	—	—	—	[1] H. O. L. Fischer u. Feldmann: Ber. 62, 854 (1929).
$Kp_{15} = 52$ bis 53°	—	—	—	[1] Nef: A. 335, 266 (1904).

Tabelle 43 (Fortsetzung).

Nr	Name	Formel, Konstitution	Vorkommen, Bildung, Darstellung	Krystallogr. Eigenschaften
4	Acetyl-Milchsäurealdehyd (dimolekular)	$C_5H_8O_3$:	Acetylieren in Pyrid.[1]	Krystalle (aus Äth. + Petroläth.)
5	Monoacetyl-Glycerinaldehyd (dimer)	$C_5H_8O_4$:	Aus der Bromverbindung + Ag_2CO_3[1]	Krystalle (aus Aceton)
6	Diacetyl-Glycerinaldehyd (dimer)	$C_7H_{10}O_5$:	Acetylieren in Pyrid. in der Kälte[1]	Nadeln (aus absol. Alk.)
7	Acetobrom-Glycerinaldehyd (dimer)	$C_5H_7O_3Br$:	Aus dem Diacetat + HBr in Eisessig[1]	Krystalle (aus trock. Chlorof.)
8	Diacetyl-Dioxyaceton	$C_7H_{10}O_5$:	Aus Aceton + Bleitetracetat in Eisessig in d. Wärme u. nachf. Destill.[1]. Acetylieren in Pyrid.[2][3]	Krystalle[1]. Lange, biegsam. Nadeln (aus Äth. + Petroläth.)[2]
9	Triacetyl-l-Erythrose	$C_{10}H_{14}O_7$	Aus Tetracetyl-l-Arabonsäurenitril in CH_3OH + Silberoxyd bei $35°$[1]	Krystalle (aus Alk.). Bitter

Tabelle 44.

Nr	Name	Formel, Konstitution	Vorkommen, Bildung, Darstellung	Krystallogr. Eigenschaften
1	α-Tetracetyl-l-Arabinose	$C_{13}H_{18}O_9$: $C_5H_6O_5(OC_2H_3)_4$	Aus Acetobromarabinose + Ag-Acetat[1]. Dasselbe, oder durch Acetyl. mit Na-Acetat[2]. Acetylieren in Pyridin[3]	Lange Nadeln (aus h. H_2O)
2	β-Tetracetyl-l-Arabinose	$C_{13}H_{18}O_9$	Aus der α-Form in Essigs.-Anhydr. + $ZnCl_2$[1]	Krystalle
3	β-Acetochlor-l-Arabinose	$C_5H_6O_4Cl(OC_2H_3)_3$	Aus Arabin. + Acetylchlorid[1] Dass. + $ZnCl_2$[2]. Aus d. Tetracetat + Titanchlorid in Chlorof.[3]	Weiße Nadeln (aus Äth.)
4	β-Acetobrom-l-Arabinose	$C_5H_6O_4Br(OC_2H_3)_3$	Aus Arab. + Acetylbromid[1]. Aus d. Tetracetat + HBr in Eisessig[2]. Aus Arab. + HBr in Essigs.-Anhydr.[3]	Farbl. Nadeln (aus Äth.)

Schmelz- und Siedepunkt	Optisches Drehungs- vermögen	Löslichkeit	Analytisches; Diverses	Literatur
185,5°	—	—	—	[1] H. O. L. Fischer, Taube u. Baer: Ber. 60, 479 (1927).
118,5°	—	—	Aus 50proz. Alk. od. Äth. + Petroläth. umkryst. F = 108 bis 112° (Acyl-Wanderung?)	[1] H. O. L. Fischer u. Taube: Ber. 60, 1707 (1927).
154°	—	schw. l. k. Alk., Äth., H_2O; z. l. h. Alk.	—	[1] H. O. L. Fischer, Taube u. Baer: Ber. 60, 479 (1927).
168—169° (Zers.)	—	unl. H_2O, w. l. Äth., z. l. Chlorof.	—	[1] H. O. L. Fischer u. Taube: Ber. 60, 1707 (1927).
46—47°[1] 42—45°[2]	—	l. l. Benzol, Alk., Essig-ester, l. Äth., schw. l. k. H_2O	**Semicarbazon:** Nadeln (aus Benzol). F = 93°[1]. **p-Nitrophenyl-hydrazon:** $C_{13}H_{15}O_6N_3$. Blättchen. F = 138°[4]	[1] Dimroth u. Schweizer: Ber. 56, 1379 (1923). [2] H. O. L. Fischer u. Mildbrand: Ber. 57, 707 (1924). [3] H. O. L. Fischer u. Feldmann: Ber. 62, 854 (1929). [4] H. O. L. Fischer u. Taube: Ber. 57, 1502 (1924).
134°	—	l. l. in H_2O u. d. gewöhn-lichen Solventien	Reduz. warme Fehl. Lösg.	[1] Wohl: Ber. 32, 3668 (1899).

Acetate der Pentosen.

Schmelz- und Siedepunkt	Optisches Drehungs- vermögen	Löslichkeit	Analytisches; Diverses	Literatur
97°[2]	$[\alpha]_D^{20} = +42,5°$ (in Chlorof.)[2]	unl. k. H_2O, l. h. H_2O, l. Alk., s. l. l. h. Alk.	Reduz. h. Fehl. Lösg.	[1] Chavanne: Compt. rend. 134, 661 (1902). [2] Hudson u. Dale: Amer. Soc. 40, 992 (1918). — Gehrke u. Aichner: Ber. 60, 918 (1927). [3] Ohle, Marecek u. Bourjau: Ber. 62, 833 (1929).
86°	$[\alpha]_D^{20} = +147,2°$ (in Chlorof.)	—	—	[1] Hudson u. Dale: Amer. Soc. 40, 992 (1918).
148—149°[1] 150—152° (aus Äthyl-acetal)	$[\alpha]_D = +244,4°$ (in Chlorof.)[2]	l. l. in organ. Lösungs-mitteln auß. Petroläth.	Reduz. h. Fehl. Lösg. Chavanne gibt der optischen Drehung ein „—" Vorzeichen	[1] Ryan u. Mills: Soc. Lond. 79, 706 (1901). — Chavanne: Compt. rend. 134, 661 (1902). [2] Brauns: Amer. Soc. 46, 1484 (1924). [3] Ohle, Marecek u. Bourjau: Ber. 62, 833 (1929).
139°[2] (Zers.) 138—139°[4]	$[\alpha]_D^{20} = +287,11°$ (in Chlorof.)[4]	schw. l. k., z. l. l. h. Alk., unl. H_2O, etw. l. Äth., z. l. l. Chlorof., Benzol	Reduz. h. Fehl. Lösg. Chavanne gibt der optischen Drehung ein „—" Vorzeichen	[1] Chavanne: Compt. rend. 134, 661 (1902). [2] Gehrke u. Aichner: Ber. 60, 918 (1927). [3] Hudson u. Dale: Amer. Soc. 40, 992 (1918). [4] Brauns: Amer. Soc. 46, 1484 (1924).

Nr	Name	Formel, Konstitution	Vorkommen, Bildung, Darstellung	Krystallogr. Eigenschaften
5	β-Acetoiod-l-Arabinose	$C_5H_6O_4J(OC_2H_3)_3$	Aus α-Tetracetylarab. + HJ in Eisessig[1]	Farbl. Krystalle (aus Äth.)
6	β-Acetofluor-l-Arabinose	$C_5H_6O_4F(OC_2H_3)_3$	Aus d. β-Tetracetat + HF in Eisessig[1]	Nadeln (aus sied. H_2O)
7	Triacetyl-l-Arabinose	$C_{11}H_{16}O_8$	Bei d. Destillation des Roh-Diacetyl-arabinals[1]	Öl
8	Triacetyl-α-l-Arabinosido-l-schwefel-säure-triacetyl-α-l-Arabinosido-l'-pyridinium-hydroxyd	$C_{27}H_{35}O_{18}NS$	Aus Acetochlorarabinose + Ag_2SO_4 in Pyridin[1]	Seidige, weiße Nadeln (aus Alk.)
9	Acetonitropentose	$C_{11}H_{15}O_{10}N$	Bei d. Darst. d. Triacetyl-methylglucosido-mononitrats als Nebenprod. u. nachfolg. Acetyl. mit Na-Acetat u. Essigs.-Anhydr.[1]	Krystalle (aus Alk.)
10	α-Tetracetyl-d-Xylose	$C_5H_6O_5(OC_2H_3)_4$	Aus d. β-Tetracetat + $ZnCl_2$ in Essigs.-Anhydr.[1]	Krystalle
11	β-Tetracetyl-d-Xylose	$C_5H_6O_5(OC_2H_3)_4$	Acetylieren + Na-Acetat bei $105°$[1]. Aus d. Bromacetat + Silberacetat in Eisessig[2]	Weiße Nadeln (aus h. H_2O)
12	2, 3, 4-α-Triacetyl-d-Xylose	$C_{11}H_{16}O_8$	Aus Acetobromxylose + Ag_2CO_3 in verd. Aceton[1]	Krystalle (aus Äth.)
13	α-Acetochlor-d-Xylose	$C_5H_6O_4Cl(OC_2H_3)_3$	Koch. von Xyl. + Acetyl-chlorid + $ZnCl_2$[1]. Aus d. Tetracetat + Titan-chlorid in Chlorof.[4]	Krystalle
14	α-Acetobrom-d-Xylose	$C_5H_6O_4Br(OC_2H_3)_3$	Aus Xylose + HBr in Essigs.-Anhydrid[1]	Krystalle (aus Äth.)
15	α-Triacetyl-fluor-Xylose	$C_5H_6O_4F(OC_2H_3)_3$	Aus d. Tetracetat + HF[1]	Krystalle (aus Alk.)
16	Triacetyl-α-d-Xylosido-l-schwefel-säure-triacetyl-α-d-Xylosido-l'-pyridinium-hydroxyd	$C_{27}H_{35}O_{18}NS$	Aus Acetochlorxylose + Ag_2SO_4 in Pyridin[1]	Krystalle (aus Alk.)
17	Triacetyl-brom-d-Arabinose	$C_5H_6O_4Br(OC_2H_3)_3$	Aus d. Triacetat + HBr in Eisessig[1]	—

Acetate der Pentosen.

Schmelz- und Siedepunkt	Optisches Drehungsvermögen	Löslichkeit	Analytisches; Diverses	Literatur
—	$[\alpha]_D^{20} = +339,06°$ (in Chlorof.)	—	Unbeständig	[1] **Brauns:** Amer. Soc. **46**, 1484 (1924).
117—118°	$[\alpha]_D^{20} = +138,02°$ (in Chlorof., c = 2,4 %)	l. l. in d. org. Lösungsmitteln	Geruch- u. Geschmacklos	[1] **Brauns:** Amer. Soc. **46**, 1484 (1924).
$Kp_{0,5} = 117$ bis 119°	$[\alpha]_D^{23} = +26,1°$ (in Chlorof.)	l. l. Alk., CH_3OH, l. Chlorof., Eisessig, s. schw. l. H_2O	Reduz. Fehl. Lösg. Rötet fuchsinschwefl. Säure. Gibt bei der Acetyl. die gew. Tetracetyl-Arabin.	[1] **Gehrke** u. **Aichner:** Ber. **60**, 918 (1927).
153°	$[\alpha]_D^{18} = +27,97°$ (in Chlorof., c = 1,43 %)	l. l. Chlorof., CH_3OH, Aceton, Eisessig, h. Alk., w. l. k. Alk., Essigester, unl. Benzol, Äth., Petroläth., l. h. H_2O, f. unl. k. H_2O	Reduz. schwach sied. Fehl. Lösg.	[1] **Ohle, Marecek** u. **Bourjau:** Ber. **62**, 833 (1929).
168—169°	$[\alpha]_D = +92,0°$ (in Chlorof., c = 1,214 %)	—	—	[1] **Oldham:** Soc. Lond. **127**, 2840 (1925).
59°	$[\alpha]_D^{20} = +88,9°$ (in Chlorof., c = 9,99 %); +80,4° (in Benzol, c = 10,01 %); +95,8° (in Eisessig, c = 10,04 %)	—	—	[1] **Hudson** u. **Johnson:** Amer. Soc. **37**, 2748 (1915).
123,5 bis 124,5° [1]) 128° [2])	$[\alpha]_D = -25,43°$ (in Alk.) [1]) $[\alpha]_D^{20} = -25,1°$ (in Chlorof., c = 11,07 %) [3]); -22,3° (in Benzol, c = 10,03 %); -7,3° (in Eisessig, c = 10,04 %)	unl. k. H_2O, l. h. H_2O, z. l. l. h. Alk., Chlorof., Äth.	—	[1] **Stone:** Am. chem. J. **15**, 653 (1893). — **Bader:** Chem.-Z. **19**, 55 (1895). [2] **Dale:** Amer. Soc. **37**, 2745 (1915). [3] **Hudson** u. **Johnson:** Amer. Soc. **37**, 2748 (1915).
138—141°	$[\alpha]_D^{23} = +70,11° \rightarrow +40,8°$ (in Chlorof. c = 3,2 %)	l. l. Chlorof., Aceton, schw. l. Alk., H_2O, s. schw. l. Äth.	—	[1] **Hudson** u. **Dale:** Amer. Soc. **40**, 997 (1918).
95—97° [1]) 101° [2]) 105° [3])	$[\alpha]_D^{20} = +165°$ in Chlorof., c = 12 %). [1]) $[\alpha]_D^{20} = +171,23°$ (in Chlorof., c = 2,4 %) [3])	—	—	[1] **Hudson** u. **Johnson:** Amer. Soc. **37**, 2748 (1915). [2] **Ryan** u. **Ebrill:** C. **1916**, I, 604. [3] **Brauns:** Amer. Soc. **47**, 1280 (1925). [4] **Ohle, Marecek** u. **Bourjau:** Ber. **62**, 833 (1929).
102°	$[\alpha]_D^{20} = +212,2°$ (in Chlorof., c = 2,5 %)	s. l. l. Chlorof., Benzol, Aceton, l. Äth., unl. Ligroin	—	[1] **Dale:** Amer. Soc. **37**, 2745 (1915). — **Brauns:** Amer. Soc. **47**, 1280 (1925).
87°	$[\alpha]_D^{20} = +67,24°$ (in Chlorof.)	s. l. l. Benzol, Chlorof., H_2O, Alk., Äther, z. l. l. Petroläth.	—	[1] **Brauns:** Amer. Soc. **45**, 833 (1923).
143°	$[\alpha]_D^{18} = -41,24°$ (in Chlorof., c = 1,68 %)	l. l. Aceton, Eisessig, CH_3OH, z. schw. l. Chlorof., k. Alk., Essigest., unl. Äth., Benzol, Petroläth.	—	[1] **Ohle, Marecek** u. **Bourjau:** Ber. **62**, 833 (1929).
—	$[\alpha]_D^{22} = -283,4°$ (in Chlorof.)	—	Gleicht im Verhalten der l-Verbindung	[1] **Gehrke** u. **Aichner:** Ber. **60**, 918 (1927).

Tabelle 45.

Nr	Name	Formel, Konstitution	Vorkommen, Bildung, Darstellung	Krystallogr. Eigenschaften
1	β-Tetracetyl-1-Rhamnose	$C_{14}H_{20}O_9$	Aus d. Zucker oder dessen α-Triacetat in Pyridin[1]	Prismen (aus 50proz. Alk.)
2	α-Acetobrom-1-Rhamnose	$C_6H_8O_4Br(OC_2H_3)_3$	Aus d. Tetracetat + HBr in Eisessig[1]	Nadeln (aus Amylalk. + Petroläth.)
3	β-Triacetyl-chlor-Rhamnose	$C_6H_8O_4Cl(OC_2H_3)_3$	Aus d. Tetracetat + Titanchlorid in Chlorof.[1]	Krystalle (aus Äth. + Petroläth.)
4	Triacetyl-α-1-Rhamnosido-1-schwefelsäure-triacetyl-α-1-Rhamnosido-1′-pyridiniumhydroxyd	$C_{29}H_{29}O_{18}NS$	Aus Acetochlorrhamnose + Ag_2SO_4 in Pyridin[1]	Krystalle (aus Essigest.). Hygr.
5	β-Triacetyl-1-Rhamnose	$C_6H_8O_4 \cdot OH(OC_2H_3)_3$	Aus d. Acetobromverbind. in Aceton + Ag_2CO_3[1]	Sechsseit. Tafeln (aus Äth.)
6	Triacetyl-1-Rhamnose	$C_6H_8O_4 \cdot OH(OC_2H_3)_3$	Aus d. Sirup nach d. Einstellung des Gleichgewichts einer Lösg. d. α-Form[1]	Stäbchen
7	Tetracetyl-1-Fucose	$C_{14}H_{20}O_9$	—	Braune, sehr bittere Masse[1]

Tabelle 46.

Nr	Name	Formel, Konstitution	Vorkommen, Bildung, Darstellung	Krystallogr. Eigenschaften
1	α-Pentacetyl-Mannose	$C_6H_7O_6(OC_2H_3)_5$	Aus d. β-Form durch Erhitz. in Essigs.-Anhydr. + $ZnCl_2$[1]. Aus α-Mannose in Pyrid. + Essigs.-Anhydr. bei 0° [2]	Krystalle (aus H_2O)
2	β-Pentacetyl-Mannose	$C_6H_7O_6(OC_2H_3)_5$	Aus β-Mannose in Essigs.-Anhydr. + $ZnCl_2$ bei 0° [1]. Aus β-Mannosecalciumchlorid d. Acetyl. mit Essigs.-Anhydr. u. Pyridin in der Kälte[2]	Krystalle
3	α-Tetracetyl-1-chlor-Mannose	$C_6H_7O_5Cl(OC_2H_3)_4$	Aus Maltose + Acetylchlorid[1]. Aus d. β-Pentacetat in trock. Chlorof. + PCl_5 + $AlCl_3$ am Wasserbad[2]. Aus β-Pentacetat in Chlorof. + Titanchlorid[3]	Harte, derbe Krystalle (aus Äth. + Petroläther)
4	α-Tetracetyl-1-brom-Mannose	$C_6H_7O_5Br(OC_2H_3)_4$	Aus β-Pentacetat + HBr in Eisessig[1]	Rhomb. Blättchen
5	β-Tetracetyl-Mannose-6-chlorhydrin	$C_6H_7O_5Cl(OC_2H_3)_4$	Aus d. β-1,2,3,4-Tetracetyl-mannose + PCl_5 in Pyridin[1].	Kleine viereckige Tafeln (aus Alk.)
6	β-1,2,3,4-Tetracetyl-Mannose	$C_6H_8O_6(OC_2H_3)_4$	Aus Tetracetyl-6-trityl-β-mannose in Eisessig + HBr[1]	Krystalle (aus Alk.)

Acetate der Methylpentosen.

Schmelz- und Siedepunkt	Optisches Drehungsvermögen	Löslichkeit	Analytisches; Diverses	Literatur
98—99°	$[\alpha]_D^{19} = +14,08°$ (in $C_2H_2Cl_4$)	l. l. CH_3OH, Aceton, Essigest., Eisessig, Chlorof., Benzol, w. l. Äth., h. Alk., z. l. l. h. H_2O	—	[1] **Fischer, Bergmann** u. **Rabe:** Ber. **53**, 2362 (1920).
71—72°	$[\alpha]_D^{20} = -168,97°$ (in $C_2H_2Cl_4$)	l.l. CH_3OH, Alk., Äth., Aceton, Essigest., CCl_4, Chlorof., l. in h. H_2O; w. l. k. H_2O	Reduz. sied. Fehl. Lösg.	[1] **Fischer, Bergmann** u. **Rabe:** Ber. **53**, 2362 (1920).
72,5°	$[\alpha]_D^{20} = -127,03°$ (in Chlorof., $c = 0,858\%$)	—	—	[1] **Ohle, Marecek** u. **Bourjau:** Ber. **62**, 833 (1929).
142°	$[\alpha]_D^{18} = -51,38°$ (in Chlorof., $c = 0,331\%$)	l. Chlorof., Aceton, Eisessig, CH_3OH, w. l. k. Alk., schw. l. Essigester, unl. Benzol, Äth., Petroläth., s. schw. l.H_2O	—	[1] **Ohle, Marecek** u. **Bourjau:** Ber. **62**, 833 (1929).
96—98°	$[\alpha]_D^{21} = +28,09° \rightarrow$ $-18,6°$ (in Alk.)	l. l. CH_3OH, Chlorof., Alk., Aceton, Essigest., Benzol, k. H_2O, schw. l. Äther	Reduz. stark warme Fehl. Lösg.	[1] **Fischer, Bergmann** u. **Rabe:** Ber. **53**, 2362 (1920).
Sint. 100° F = 115° (Zers.)	$[\alpha]_D^{18} = -19,4°$	schw. l. k., l. l. h. H_2O	Nicht einheitlich. Wahrsch. Gemisch d. α- u. β-Form	[1] **Fischer, Bergmann** u. **Rabe:** Ber. **53**, 2362 (1920).
40°	$[\alpha]_D = -46,5°$	l. l. in d. gew. Lösungsmitteln, außer H_2O	—	[1] **Tadokoro** u. **Nakamura:** C. **1924**, I, 1507.

Acetate der Hexosen.

Schmelz- und Siedepunkt	Optisches Drehungsvermögen	Löslichkeit	Analytisches; Diverses	Literatur
64° (k.)[1] 75°[2]	$[\alpha]_D^{20} = +54,9°$ (in Chlorof., $c = 3,8\%$)[1]. $[\alpha]_D^{17} = +57,6°$ (in Chlorof., $c = 2,5\%$)[2]	—	—	[1] **Hudson** u. **Dale:** Amer. Soc. **37**, 1280 (1915.) [2] **Levene:** J. Biol. Chem. **59**, 141 (1924). — **Levene** u. **Bencowitz:** J. Biol. Chem. **72**, 627 (1927).
117—118° (k.)	$[\alpha]_D^{20} = -25,3°$ (in Chlorof., $c = 8,4\%$)	—	—	[1] **Hudson** u. **Dale:** Amer. Soc. **37**, 1280 (1915). [2] **Dale:** Amer.Soc. **51**, 2795 (1929).
81°	$[\alpha]_D^{20} = +90,58°$ (in Chlorof.)	s. l. l. außer H_2O od. Petroläther	—	[1] **Fischer** u. **Hirschberger:** Ber. **22**, 3218 (1889). [2] **Brauns:** Amer. Soc. **44**, 401 (1922). [3] **Pacsu:** Ber. **61**, 1508 (1928).
—	$[\alpha]_D = +122,1°$ (in Chlorof.)	—	—	[1] **Levene** u. **Sobotka:** J. Biol.Chem. **67**, 759, 771 (1926).
142—143°	$[\alpha]_D^{12} = -7,6°$ (in Chlorof.)	—	Reduz. heiße Fehl. Lösg.	[1] **Helferich** u. **Leete:** Ber. **62**, 1549 (1929).
135,5-136,5° (k.)	$[\alpha]_D^{20} = -22,5°$ (in Chlorof.)	l. l. außer Petroläth.	Gibt in Essigs.-Anhydr. + Pyridin das β-Mannosepentacetat	[1] **Helferich** u. **Leete:** Ber. **62**, 1549 (1929).

Tabelle 46 (Fortsetzung).

Nr	Name	Formel, Konstitution	Vorkommen, Bildung, Darstellung	Krystallogr. Eigenschaften
7	Di-(β-Tetracetyl-mannose-6-)sulfit	$C_{28}H_{38}O_{21}S$	—	Sechseckige Tafeln (aus Alk.)
8	α-Pentacetyl-Galaktose	$C_6H_7O_6(OC_2H_3)_5$	Durch Acetyl. von α-Galaktose mit Essigs.-Anhydr. in Pyridin bei 0°[1]). Aus der β-Form d. Erhitzen in Essigs.-Anhydrid + $ZnCl_2$ am Wasserbade[2])	Krystalle
9	β-Pentacetyl-Galaktose	$C_6H_7O_6(OC_2H_3)_5$	Acetylierung mit Na-Acetat in d. Wärme[1]). Durch Erwärmen von Acetochlorgalaktose + Silberacetat in Eisessig. Aus Acetonitrogalaktose in Essigs. + Na-Acetat[2])	Farbl. rhomb. Nadeln oder Tafeln. $a:b:c = 0,9276 : 1 : 1,3951$[3])
10	β-Pentacetyl-Galaktose-[1, 4]	$C_6H_7O_6(OC_2H_3)_5$	Aus d. Mutterlauge bei d. Darst. des Vorigen oder d. Chlorof.-Extrakt. der wässer. Lösg. bei der Fällung[1])	Krystalle (aus Alk.)
11	α-Pentacetyl-Galaktose-[1, 4]	$C_6H_7O_6(OC_2H_3)_5$	Aus Vorigem d. Erhitzen in Essigs.-Anhydr. + $ZnCl_2$[1])	Lange Prismen (aus Alk.)
12	α-Tetracetyl-1-chlor-Galaktose	$C_6H_7O_5Cl(OC_2H_3)_4$	Aus d. β-Pentacetat+flüss. HCl[1]). Durch Einwirk. v. PCl_5+$AlCl_3$ in Chlorof. auf d. β-Pentacetat[2])	Dimorph: 1. Prismen (aus Äther); 2. Kugel.Aggreg. fein. Nadeln (aus Petroläth.)
13	Tetracetyl-1-chlor-Galaktose-[1, 4]	$C_6H_7O_5Cl(OC_2H_3)_4$	Aus Verb. Nr. 10 in Chlorof. + PCl_5 + $AlCl_3$ in der Hitze[1])	Krystalle (aus Äth.)
14	α-Tetracetyl-1-brom-Galaktose	$C_6H_7O_5Br(OC_2H_3)_4$	Aus d. β-Pentacetat + flüssig. HBr[1]). Aus d. β-Pentacetat + HBr in Eisessig[2])	Prismen (aus Chlorof. + Petroläth.)
15	α-Tetracetyl-1-jod-Galaktose	$C_6H_7O_5J(OC_2H_3)_4$	—	Krystalle[1])
16	α-Tetracetyl-1-nitro-Galaktose	$C_6H_7O_5NO_2(OC_2H_3)_4$	Aus d. β-Pentacetat in Chlorof. + rauch. HNO_3[1])	Krystalle (aus Äth.)
17	α-Tetracetyl-Galaktose	$C_6H_8O_6(OC_2H_3)_4$	Aus α-Acetochlorgalaktose + Na + $AgNO_3$ in trock. Äth. unter Erhitzen[1])	Blättchen (aus Äth. od. Chlorof.)

Acetate der Hexosen.

Schmelz- und Siedepunkt	Optisches Drehungsvermögen	Löslichkeit	Analytisches; Diverses	Literatur
173—175° (k.)	$[\alpha]_D^{12} = -33,1°$ (in Chlorof.)	—	—	[1] Helferich u. Leete: Ber. 62, 1549 (1929).
95,5°[2]	$[\alpha]_D^{20} = +106,7°$ (in Chlorof., c = 3,25 %); +94,8° (in Benzol, c = 1,68 %); +113,6° (in CH_3OH, c = 3,95 %); +114,0° (in Eisessig, c = 3,37 %)[2]	—	—	[1] Heikel: A. 338, 74 (1905). [2] Hudson u. Parker: Amer. Soc. 37, 1589 (1915).
142°[4]	$[\alpha]_D^{20} = +25,0°$ (in Chlorof.)[5]. $[\alpha]_D^{20} = +7,48°$ (in Benzol, c = 0,89 %)[6]	s. l. l. Chlorof., Benzol, Essigest., z. l. l. Äth., h. Alk., h. H_2O, schw. l. Ligroin	Reduz. heiße Fehl. Lösg.	[1] Skraup u. Kremann: Monatsh. f. Chem. 22, 1047 (1901). [2] Königs u. Knorr: Ber. 34, 978 (1901). [3] Muthmann: Monatsh. f. Chem. 22, 2209 (1901). [4] Erwig u. Königs: Monatsh. f. Chem. 22, 2207 (1901). [5] Hudson u. Parker: Amer. Soc. 37, 1589 (1915). [6] Fischer u. Armstrong: Ber. 35, 838 (1902).
98°	$[\alpha]_D^{20} = -41,6°$ (in Chlorof.)[1]. $[\alpha]_D = -43,6°$ (in Benzol, c = 10 %); −42,4° (in Eisessig, c = 10 %)[2]	—	—	[1] Hudson: Amer. Soc. 37, 1591 (1915). [2] Hudson u. Johnson: Amer. Soc. 38, 1223 (1916).
87°	$[\alpha]_D^{20} = +61,2°$ (in Chlorof., c = 4,28 %); +44,8° (in Benzol, c = 3,52 %); +62,4° (in Eisessig, c = 3,04 %); +70,2° (in Essigs.-Anhydr., c = 5 %)	s. l. l. Chlorof., Benzol, Eisessig, w. l. Äther, Alk., s. w. l. H_2O	Verwandelt sich d. Erhitzen in Essigs.-Anhydr. + $ZnCl_2$ teilweise in das Vorige zurück	[1] Hudson u. Johnson: Amer. Soc. 38, 1223 (1916).
1. Form: 82—83°. 2. Form: 75—76°	$[\alpha]_D^{20} = +212,25°$ (in Chlorof., c = 1 %)[2]	s. l. l. Alk., Äth., Benzol	Erhitzen in Eisessig + Ag-Acetat verwandelt in β-Pentacetat	[1] Fischer u. Armstrong: Ber. 34, 2894 (1901); 35, 834 (1902). [2] Skraup u. Kremann: Monatsh. f. Chem. 22, 379 (1901).
67° (k.)	$[\alpha]_D^{20} = -79,1°$ (in Chlorof., c = 6,2 %)	—	—	[1] Hudson u. Johnson: Amer. Soc. 38, 1223 (1916).
82—83°[1] 85°[2]	$[\alpha]_D^{20} = +236,4°$ (in Benzol, c = 10 %)[1]	—	—	[1] Fischer u. Armstrong: Ber. 35, 838 (1902). [2] Ohle, Marecek u. Bourjau: Ber. 62, 848 (1929).
88°	—	—	Sehr unbeständig	[1] Unna: Dissertation Berlin 1911.
93—94°	$[\alpha]_D^{20} = +153°,13'$ (in Chlorof., c = 5 %)	—	Reduz. koch. Fehl. Lösg. Gibt in Eisessig + Ag-Acetat β-Pentacetylgalaktose. In CH_3OH + $BaCO_3$ wird es in Tetracetyl-β-methylgalaktosid umgewandelt	[1] Königs u. Knorr: Ber. 34, 978 (1901).
145°	$[\alpha]_D^{25} = +137,17°$ (in Chlorof., c = 4 %)	—	Gibt mit Essigs.-Anhydr. u. Na-Acetat β-Pentacetylgalaktose	[1] Skraup u. Kremann: Monatsh. f. Chem. 22, 1045 (1901).

Tabelle 46 (Fortsetzung).

Nr	Name	Formel, Konstitution	Vorkommen, Bildung, Darstellung	Krystallogr. Eigenschaften
18	β-Tetracetyl-Galaktose	$C_6H_8O_6(OC_2H_3)_4$	Aus Acetobromgalaktose $+ Ag_2CO_3$ in Aceton[1]	Nadeln (aus Chlorof. + Petroläth.)
19	γ-Tetracetyl-Galaktose	$C_6H_8O_6(OC_2H_3)_4$	Aus dem bei 98° schmelz. Pentacetat d. Gal. + HBr in Eisessig, Extrakt. mit Chlorof. u. Behandeln in CH_3OH mit Ag_2CO_3[1]	Krystalle (aus CH_3OH)
20	Tetracetyl-β-galaktosido-1-schwefelsaures-Tetracetyl-β-galaktosido-1'-pyridinium-hydroxyd	$C_{33}H_{43}O_{22}NS$	Aus Acetobromgalaktose $+ Ag_2SO_4$ in Pyridin[1]	Feine Nadeln (aus Alk.)
21	α-Pentacetyl-Glucose	$C_6H_7O_6(OC_2H_3)_5$ HCOCOCH$_3$ HCOCOCH$_3$ CH$_3$COOCH ⎯ O HCOCOCH$_3$ HC⎯ H$_2$COCOCH$_3$	Aus α-Glucose in Essigs.-Anhydr. u. Pyridin[1]. Acetylieren von Glucose in Essigs. Anhydr. $+ ZnCl_2$ bei 0°[2]	Nadeln (aus Alk.)
22	β-Pentacetyl-Glucose	$C_6H_7O_6(OC_2H_3)_5$: CH$_3$COOCH	Aus β-Glucose d. Acetyl. in Pyrid. bei 0°[1]. Aus Glucose d. Acetyl. mit Na-Acet. in d. Wärme[2]	Nadeln (aus Alk.)
23	α-Pentacetyl-γ-Glucose	$C_6H_7O_6(OC_2H_3)_5$: HCOCOCH$_3$ HCOCOCH$_3$ CH$_3$COOCH O ⎯ HCOCOCH$_3$ HCOCOCH$_3$ CH$_2$	Aus d. β-Form d. Erhitzen in Essigs.-Anhydr. $+ ZnCl_2$[1]	Weiße, amorphe Masse
24	β-Pentacetyl-γ-Glucose	$C_6H_7O_6(OC_2H_3)_5$: CH$_3$COOCH	Aus γ-Glucose $+$ Essigs.-Anhydr. u. Na-Acetat[1]	Weiße, amorphe Masse (aus Chlorof. + Petroläth.)
25	2, 3, 4, 5, 6-Pentacetyl-d-Glucose	$C_6H_7O_6(OC_2H_3)_5$	Aus Pentacetylglucose-äthylmercaptal in verd. Aceton $+$ Cadmiumcarbonat $+$ Quecksilberchlorid[1]	Monokl. Platten
26	α-Tetracetyl-1-chlor-Glucose	$C_6H_7O_5Cl(OC_2H_3)_4$	Aus β-Pentacetylglucose $+$ flüss. HCl im Einschlußrohr. Ebenso aus Glucose$+$Acetylchlor.$+$HCl. Aus β-Pentacetylgl. in Chlorof. $+ PCl_5 + AlCl_3$[2]	Nadeln (aus Äth. od. Ligroin)[1]

Acetate der Hexosen.

Schmelz- und Siedepunkt	Optisches Drehungsvermögen	Löslichkeit	Analytisches; Diverses	Literatur
102°	$[\alpha]_D^{17} = +51,39°\rightarrow$ $+71,54°$ (in H_2O, $c=1\%$)	z. schw. l. k. H_2O, l. Alk., z. l. l. Aceton, Chlorof.. s. schw. l. Äth., Benzol	Reduz. Fehl. Lösg. Gibt β-Pentacetylgal. mit Essigs.-Anhydr. + Na-Acetat	[1] **Unna:** Dissertation Berlin **1911**.
71—73° (k.)	$[\alpha]_D^{20} = -17,8°\rightarrow$ $-1,9°$ (in Chlorof., $c=4,7\%$); $-12,9°\rightarrow +21,0°$ (in H_2O, $c=4,4\%$); $-23,4°$ (A.) (in Benzol, $c=3,5\%$); $-11,0°$ (A.) (in Essigs., $c=4,1\%$); $-6,2°$ (A.) (in Alk., $c=4,4\%$)	—	**Phenylhydrazon:** $F=95°$. $[\alpha]_D^{20}=+15,5°$ in Chlorof. Gibt mit Essigs.-Anhydr. u. Na-Acetat das bei 98° schmelz. Pentacetat d. Gal. zurück	[1] **Hudson** u. **Johnson:** Amer. Soc. **38**, 1227 (1916).
172—173°	$[\alpha]_D = 0°$ (in Chlorof.)	l. Benzol, Aceton, CH_3OH, h. Alk., h. H_2O, f. unl. k. Alk., Essigest., unl. Äth., Benzin	—	[1] **Ohle, Marecek** u. **Bourjau:** Ber. **62**, 833 (1929).
112—113° [2] 114—114,5° (k.) [3]	$[\alpha]_D^{20} = +101,6°$ (in Chlorof., $c=6,74\%$); $+96,7°$ (in Benzol, $c=6,31\%$); $+108,8°$ (in Eisessig, $c=10,4\%$); $+100,9°$ (in Alk., $c=0,52\%$) [2]	schw. l. H_2O, Ligroin, z. w. l. k. Alk., l. l. Äth., Benzol, Chlorof., Eisessig	Reduz. koch. Fehl. Lösg.	[1] **Behrend** u. **Roth:** A. **331**, 362 (1904). [2] **Hudson** u. **Dale:** Amer. Soc. **37**, 1264 (1915). [3] **Georg:** Helv. **12**, 261 (1929).
134° [2] 132° [3] 135,5° [4]	$[\alpha]_D^{20} = +3,8°$ (in Chlorof., $c=6,8\%$); $+2,7°$ (in Benzol, $c=6,5\%$); $+4,4°$ (in Eisessig, $c=10,6\%$); $+1,9°$ (in Alk., $c=0,54\%$) [3]	s. schw. l. k. H_2O, schw. l. k. Alk., s. l. l. Benzol, Chlorof., schw. l. Petroläther	Sublimiert beim Erhitzen im Vak. Reduz. heiße Fehl. Lösg.	[1] **Behrend** u. **Roth:** A. **331**, 364 (1904). [2] **Erwig** u. **Königs:** Ber. **22**, 1466 (1889). [3] **Hudson** u. **Dale:** Amer. Soc. **37**, 1264 (1915). [4] **Brigl** u. **Scheyer:** C. **1927**, I, 418.
120—121°	$[\alpha]_D^{20} = +118,19°$ (in Chlorof., $c=0,858\%$)	—	—	[1] **Pringsheim** u. **Beiser:** Ber. **59**, 2241 (1926).
105°	$[\alpha]_D^{20} = +86,5°$ (in Chlorof., $c=1,24\%$)	—	—	[1] **Pringsheim** u. **Beiser:** Ber. **59**, 2241 (1926).
116—118°	$[\alpha]_D^{25} = +2,7°$ (in $C_2H_2Cl_4$); $[\alpha]_D^{24} = -4,6°\rightarrow$ $+10,0°$ (in Chlorof., $c=$ ca. 5%)	s. l. l. Chlorof., l. Aceton, Alk., h. H_2O, w. l. Äth., Benzol, unl. Petroläther	**Semicarbazon:** $C_7H_{10}O_6N_3(OC_2H_3)_5$. Krystalle. $F=150—151°$	[1] **Wolfrom:** Amer. Soc. **51**, 2188 (1929).
73—74° [1] 75—76° [3]	$[\alpha]_D^{20} = +166,15°$ (in Chlorof., $c=1,5\%$) [3]	l. l. Alk., Äth., Chlorof., f. unl. Ligroin	Reduz. koch. Fehl. Lösg.	[1] **Fischer** u. **Armstrong:** Ber. **34**, 2890 (1901); **35**, 835 (1902). [2] **Skraup** u. **Kremann:** Monatsh. f. Chem. **22**, 377 (1901). [3] **Brauns:** Amer. Soc. **47**, 1280 (1925).

Nr	Name	Formel, Konstitution	Vorkommen, Bildung, Darstellung	Krystallogr. Eigenschaften
27	2, 3, 4-Triacetyl-α-1-chlor-Glucose	$C_{12}H_{17}O_8Cl$	Aus Triacetyl-lävoglucosan + Titanchlorid in Chlorof.[1]	Krystalle (aus Chlorof. + Petroläth.)
28	α-1-Chloracetyl-tetracetyl-Glucose	$C_{16}H_{21}O_{11}Cl$	Aus Tetracetylglucose + Chloracetanhydrid + $ZnCl_2$[1]	Lange Nadeln (aus Alk.)
29	β-Tetracetyl-1-chlor-Glucose	$C_6H_7O_5Cl(OC_2H_3)_4$	Aus α-Acetobromglucose d. Umsetzung mit AgCl in Äther[1]	Harte Krystalle (aus Äth.)
30	α-Tetracetyl-Glucose-6-chlorhydrin	$C_6H_7O_5Cl(OC_2H_3)_4$	Aus d. Mutterlauge des α-Methyltriacetylglucosid-6-chlorhydrin d. saure Verseif. u. nachf. Acetyl.[1]	Krystalle
31	β-Tetracetyl-Glucose-6-chlorhydrin	$C_6H_7O_5Cl(OC_2H_3)_4$	Aus β-Tetracetylglucose-6-trityläther + PCl_5 bei 100°[1].	Prismen (aus Alk.)
32	Tetracetyl-Glucose-2-chlorhydrin	$C_6H_7O_5Cl(OC_2H_3)_4$	Aus d. Triacetylglucaldichlorid in Eisessig + Ag-Acetat bei 100°[1]	Monokl.-sphenoide Krystalle (aus CH_3OH). $a:b:c = 0{,}7786 : 1 : 0{,}7030$
33	β-2, 3, 4-Triacetyl-Glucose-6-chlorhydrin	$C_{12}H_{17}O_8Cl$	Aus der 1-Bromverbindung mit Ag_2CO_3 in wässer. Aceton[1]	Krystalle (aus Chlorof. + Petroläth.)
34	β-3, 4, 6-Triacetyl-1-chlor-Glucose	$C_{12}H_{17}O_8Cl$	Aus Chlor-trichloracetyl-triacetylglucose in Äth. + NH_3 bei 0°[1]	Nadelgruppen (aus Essigester)
35	Triacetyl-1, 6-dichlor-Glucose	$C_{12}H_{16}O_7Cl_2$	Aus β-Tetracetylglucose-6-chlorhydrin in Chlorof. + PCl_5 + $AlCl_3$[1]	Nadeln (aus Chlorof. + Petroläth.)
36	1-Chlor-2-trichloracetyl-3, 4, 6-triacetyl-Glucose	$C_{14}H_{16}O_9Cl_4$: ClCH | HCOCOCCl₃ | CH₃COOCH O | HCOCOCH₃ | HC—— | H₂COCOCH₃	Aus d. β-Pentacetylglucose d. Zusammenschmelzen mit PCl_5 am Wasserbad u. nachf. Erhitzen im Vak. (15 mm) auf 100°[1]	Nadeln (aus Äth.)
37	1-Chlor-2-monochlor-acetyl-3, 4, 6-triacetyl-Glucose	$C_{14}H_{18}O_9Cl_2$	Aus voriger Verbind. d. Redukt. mit Al-Amalgam in feucht. äther. Lösg.[1]	Lange Nadeln (aus Äth. + Petroläth.)
38	β-1, 2-Dichlor-3, 4, 6-triacetyl-Glucose	$C_{12}H_{16}O_7Cl_2$	Aus 1-Chlortriacetylglucose + PCl_5 am Wasserbad[1]	Tafeln (aus Alk.)
39	1-Chlor-3, 4, 6-Triacetyl-Glucose-2-chlorsulfinsäure-Ester	$C_{12}H_{16}O_9Cl_2S$	Aus 1-Chlortriacetylglucose + $SOCl_2$[1]	Strahlige Kryst. od. Nadeln (aus Äth. + Petroläth.)

Schmelz- und Siedepunkt	Optisches Drehungsvermögen	Löslichkeit	Analytisches; Diverses	Literatur
124—125°	$[\alpha]_D^{19} = +191{,}5°$ (in Chlorof.)	l. l. H_2O, Essigest., Chlorof.,Alk.,CH_3OH, schw. l. Äth., w. Benzol, unl. k. Benzol, Petroläth.	Gibt bei der Acetyl. die α-Acetochlorglucose	[1] Zemplén u. Csürös: Ber. 62, 993 (1929).
128°	$[\alpha]_D^{20} = +100{,}82°$ (in Chlorof., c = 3,3 %)	—	—	[1] Brauns: Amer. Soc. 47, 1285 (1925).
99—100°	$[\alpha]_D^{17} = -13{,}0°$ → $+81{,}2°$ (in gew. Chlorof.); $-24{,}0°$ → $-10{,}0°$ (in CCl_4); $-27{,}0°$ → $-15{,}2°$ (in Benzol); $-13{,}7°$ → $-11{,}8°$ (in Äth.)	—	Sehr labil. Wird durch Lösungsmittel, besonders Alkohol, in die α-Form umgelagert	[1] Schlubach: Ber. 59, 840 (1926). — Schlubach, Stadler u. Wolf: Ber. 61, 287 (1928).
162—164°	$[\alpha]_D^{20} = +111{,}6°$ (in Chlorof.)	—	—	[1] Helferich u. Bredereck: Ber. 60, 1995 (1927).
114—115° (k.)	$[\alpha]_D^{18} = +17{,}6°$ (in Chlorof.)	—	—	[1] Helferich u. Bredereck: Ber. 60, 1995 (1927).
110—111°	$[\alpha]_D^{18} = +51{,}10°$ (in $C_2H_2Cl_4$)	l. l. Benzol, Aceton, Essigest., CCl_4, unl. Petroläth., schw. l. Äth., Alk., CH_3OH, l. l. in heiß. Alk., Äth., CH_3OH, s. w. l. h. H_2O	Reduz. heiße Fehl. Lösg.	[1] Fischer, Bergmann u. Schotte: Ber. 53, 509 (1920).
125°	$[\alpha]_D^{19} = +18{,}1°$ (in Chlorof.)	—	—	[1] Helferich u. Bredereck: Ber. 60, 1995 (1927).
158° (Z.)	$[\alpha]_D^{15} = +24{,}6°$ (in Essigest.)	k. l. Äth., Benzol, w. l. Chlorof., l. Essigest., l. l. Aceton z. l. w. Alk.	Reduz. heiße Fehl. Lösg. Gibt mit HBr-Eisessig die α-Acetobromglucose, mit Essigs.-Anhydr. + $ZnCl_2$ die α-Pentacetylglucose	[1] Brigl: Z. physiol. Chem. 116, 1 (1921).
156°	$[\alpha]_D^{20} = +196{,}8°$ (in Chlorof.)	—	—	[1] Helferich u. Bredereck: Ber. 60, 1995 (1927).
142°	$[\alpha]_D^{14} = +3{,}0°$ (in Benzol, c = 7,8 %)	—	—	[1] Brigl: Z. physiol. Chem. 116, 1 (1921).
81°	—	—	Nicht ganz rein dargestellt	[1] Brigl: Z. physiol. Chem. 116, 1 (1921).
83°	$[\alpha]_D^{15} = +65{,}6°$ (in $C_2H_2Cl_4$, c = 2 %)	—	Bildet sich auch aus Tri-acetylglucal + Cl (wahrscheinlich als α-Form) [2]	[1] Brigl: Z. physiol. Chem. 116, 1 (1921). [2] Fischer, Bergmann u. Schotte: C. 1920, I, 820.
103°	—	—	Zerfließlich an der Luft	[1] Brigl: Z. physiol. Chem. 116, 1 (1921).

Nr	Name	Formel, Konstitution	Vorkommen, Bildung, Darstellung	Krystallogr. Eigenschaften
40	α-1-Trichloracetyl-2, 3, 4, 6-tetracetyl-Glucose	$C_{16}H_{19}O_{11}Cl_3$	Aus β-Pentacetylglucose + CCl_3 · COCl in Benzol mit etw. $POCl_3$ u. Destill.[1]	Feine Nadeln od. Drusen kugelig. Spieße
41	β-1-Trichloracetyl-2, 3, 4, 6-tetracetyl-Glucose	$C_{16}H_{19}O_{11}Cl_3$	Aus Acetobromglucose + Silbercarbonat u. Trichloressigsäure in Benzol[1]	Kryställe (aus Äth.)
42	2-Trichloracetyl-1, 3, 4, 6-tetracetyl-Glucose	$C_{16}H_{19}O_{11}Cl_3$	Aus 1-Chlortrichloracetylglucose d. Kochen in Essigs.-Anhydr. + $ZnCl_2$[1]	Kryst. (aus Alk.) α-Form: Feine Nad., l. l. Alk., Äth. β-Form: Nad. Nur in Nitrobenzol z. l. l.
43	α-Tetracetyl-1-brom-Glucose	$C_6H_7O_5Br(OC_2H_3)_4$	Aus Glucose + Acetylbromid[1]. Aus β-Pentacetylglucose + HBr-Eisessig[2]. Aus Stärke + HBr in Essigs.-Anhydr.[3]	Nadeln (aus Äth.)[1]. Prism. Nadeln (aus Amylalk.)[2]
44	α-1-Bromacetyl-tetracetyl-Glucose	$C_{16}H_{21}O_{11}Br$	Aus Tetracetylglucose + Bromacetanhydrid + $ZnCl_2$[1]	Krystalle (aus Alk.)
45	Isomere Tetracetyl-brom-Glucose (?)	$C_6H_7O_5Br(OC_2H_3)_4$	Aus Celluloseacetat A + HBr + Acetylbromid[1]	Körniges, schwach gelbl. Pulver
46	Tetracetyl-Glucose-2-bromhydrin	$C_6H_7O_5Br(OC_2H_3)_4$	Aus Triacetylglucaldibromid in Chlorof. + Ag-Acetat[1]	Nicht isoliert
47	β-Tetracetyl-Glucose-6-bromhydrin	$C_6H_7O_5Br(OC_2H_3)_4$	Aus Acetodibromglucose in Eisessig + Ag-Acetat u. Kochen[1]	Nadeln od. Prismen (aus 75 proz. Alk.)
48	α-Tetracetyl-Glucose-6-bromhydrin	$C_6H_7O_5Br(OC_2H_3)_4$	Aus Acetodibromglucose + Essigs.-Anh. + H_2SO_4[1]	Krystalle (aus CH_3OH)
49	2,3, 4-Triacetyl-Glucose-6-bromhydrin	$C_{12}H_{17}O_8Br$	Aus Acetodibromglucose + Ag_2CO_3 in wässer. Aceton[1]	Nadeln (aus Äth.)
50	Triacetyl-1, 6-di-brom-Glucose	$C_6H_7O_4Br_2(OC_2H_3)_3$	Durch läng. Einwirk. von flüss. HBr im Rohre auf β-Pentacetylglucose[1]. Aus Triacetyllävoglucosan mit PBr_5[2]	Nädelchen (aus Chlorof. + Ligroin)
51	2, 3, 4-Triacetyl-Glucose-1-brom-6-chlorhydrin	$C_{12}H_{16}O_7BrCl$	Aus Tetracetylglucose-6-chlorhydrin + HBr in Eisessig[1]	Lange Nadeln (aus Alk.)
52	2, 3, 4-Triacetyl-Glucose-1-brom-6-jodhydrin	$C_{12}H_{16}O_7BrF$	Aus Tetracetylglucose-6-jodhydrin in Chlorof. + HBr in Eisessig[1]	Nädelchen (aus Essigs.)
53	2, 4, 6-Triacetyl-1-brom-3-toluolsulfo-Glucose	$C_{19}H_{23}O_{10}BrS$	Aus Tetracetyl-3-toluolsulfoglucose + HBr in Eisessig[1]	Feine Nadeln
54	α-Tetracetyl-1-fluor-Glucose	$C_6H_7O_5F(OC_2H_3)_4$	Aus β-Pentacetylglucose + trock. HF[1]	Krystalle (aus Alk.)

Schmelz- und Siedepunkt	Optisches Drehungsvermögen	Löslichkeit	Analytisches; Diverses	Literatur
131°	$[\alpha]_D^{13} = +94{,}6°$ (in Nitrobenz., c = 2,2%)	w. l. k. Alk., Äth., s. w. l. Petroläth., l. l. Benzol, Chlorof.	Gibt mit NBr-Eisessig. Acetobromglucose	[1] **Brigl**: Z. physiol. Chem. **116**, 1 (1921).
132° (k.)	$[\alpha]_D^{20} = -4{,}2°$ (in Chlorof.); $[\alpha]_D^{22} = +19{,}1°$ (in Nitrobenzol)	—	Reduz. heiße Fehl. Lösg.	[1] **Helferich** u. **Gootz**: Ber. **62**, 2788 (1929).
120°	α: $[\alpha]_{D'}^{14} = +101{,}5°$ (in Nitrobenzol, c = 2,4%). β: $[\alpha]_D^{13} = +28{,}9°$ (in Nitrobenzol)	l. l. Nitrobenzol, sonst je nach der Form l. od. schw. l. Alk., Äth.	—	[1] **Brigl**: Z. physiol. Chem. **116**, 1 (1921).
88—89°	$[\alpha]_D^{20} = +197{,}84°$ (in Chlorof., c = 1,5%) [4]	z. unl. H_2O, s. schw. l. k. Ligr., s. l. l. in den anderen Solv.	Reduz. koch. Fehl. Lösg. In Methylalkohol entsteht β-Methylglucosidacetat. In Essigs. + Ag-Acetat entsteht β-Pentacetylgluc.	[1] **Königs** u. **Knorr**: Ber. **34**, 961 (1901). [2] **Fischer**: Ber. **44**, 1898 (1911); **49**, 584 (1916). [3] **Bergmann** u. **Beck**: Ber. **54**, 1376 (1920). — **Dale**: Amer. Soc. **38**, 2187 (1916). [4] **Brauns**: Amer. Soc. **47**, 1280 (1925).
116°	$[\alpha]_D^{20} = +94{,}81°$ (in Chlorof., c = 3,2%)	—	—	[1] **Brauns**: Amer. Soc. **47**, 1285 (1925).
Sintert: ca. 60°	$[\alpha]_{D.}^{24} = +76{,}34°$	l. l. Äth.	Gibt kein Glucosepentac. mit Ag-Acetat + Eisessig	[1] **Hess**, **Weltzien** u. **Messmer**: A. **435**, 1 (1923).
—	—	—	—	[1] **Fischer**, **Bergmann** u. **Schotte**: Ber. **53**, 509 (1920).
127° (k.)	$[\alpha]_D^{15} = +12{,}13°$ (in $C_2H_2Cl_4$)	w. l. H_2O, Alk., l. Äth., CH_3OH, z. l. l. Aceton, Eisessig, Essigest.	Reduz. heiße Fehl. Lösg.	[1] **Fischer**, **Helferich** u. **Ostmann**: Ber. **53**, 873 (1920).
172—173°	$[\alpha]_D^{24} = +110{,}6°$ (in Chlorof.); $+108{,}5°$ (in Essigest.)	—	—	[1] **Helferich** u. **Himmen**: Ber. **61**, 1825 (1928).
119° (k.)	$[\alpha]_D^{20} = +23{,}33°$ (in Aceton)	l. l. Aceton, Essigest., Alk., Chlorof., z. l. l. h. H_2O, s. w. l. Ligroin	—	[1] **Fischer** u. **Zach**: Ber. **45**, 465 (1912).
176,5° (k.) [1] 177—178° [2]	$[\alpha]_D = +191{,}4°$ (in Chlorof.) [2]	f. unl. H_2O, schw. l. k. Äth., Petroläth., sonst l. l.	Reduz. s.schw. Fehl. Lösg.	[1] **Fischer** u. **Armstrong**: Ber. **35**, 836 (1902). [2] **Karrer** u. **Smirnoff**: Helv. **5**, 124 (1922).
165—166° (k.)	$[\alpha]_D^{20} = +209{,}0°$ (in Chlorof.)	—	—	[1] **Helferich** u. **Bredereck**: Ber. **60**, 1995 (1927).
168—177° (Z.)	$[\alpha]_D^{23} = +178{,}9°$ (in Chlorof.)	l. l. Chlorof., Acet., schw. l. Äth., Alk., Essigest.	Reduz. schwach Fehl. Lösg. beim Kochen	[1] **Helferich** u. **Collatz**: Ber. **61**, 1640 (1928).
150—151°	$[\alpha]_D = +164{,}4°$ (in $C_2H_2Cl_4$)	l. l. CH_3OH, Alk., Aceton, Chlorof., w. l. Äth., CCl_4, unl. H_2O	—	[1] **Freudenberg** u. **Ivers**: Ber. **55**, 929 (1922).
108°	$[\alpha]_D^{20} = +90{,}08°$ (in Chlorof.)	s. w. l. Petroläth., l. Alk., s. l. l. Chlorof.	—	[1] **Brauns**: Amer. Soc. **45**, 833 (1923).

Nr	Name	Formel, Konstitution	Vorkommen, Bildung, Darstellung	Krystallogr. Eigenschaften
55	α-Fluoracetyl-tetracetyl-Glucose	$C_{16}H_{21}O_{11}F$	Aus Tetracetylglucose + Fluoracetanhydrid + $ZnCl_2$ [1]	Nadeln (aus Äth.)
56	β-Tetracetyl-1-fluor-Glucose	$C_6H_7O_5F(OC_2H_3)_4$	Aus α-Acetobromglucose + AgF in Acetonitril [1]	Krystalle (aus Äth.). Zweite Modifikation wird manchmal erhalten
57	2, 3, 4-Triacetyl-Glucose-1-fluor-6-chlorhydrin	$C_{12}H_{16}O_7FCl$	Aus Tetracetylglucose-6-chlorhydrin + HF bei $-20°$ [1]	Krystalle (aus Chlorof. + Petroläth.)
58	α-Tetracetyl-1-jod-Glucose	$C_6H_7O_5J(OC_2H_3)_4$	Aus α- od. β-Pentacetylglucose + HJ in Eisessig [1]. Aus Acetobromglucose + NaJ in Aceton [2]	Feine lange Nadeln (aus h. Ligr.)
59	α-Tetracetyl-Glucose-6-jodhydrin	$C_6H_7O_5J(OC_2H_3)_4$	Aus d. Bromverbindung + NaJ in Aceton bei $100°$ [1]	Weiße Krystalle (aus CH_3OH)
60	β-Tetracetyl-Glucose-6-jodhydrin	$C_6H_7O_5J(OC_2H_3)_4$	Aus d. entspr. Bromverbindung + NaJ in Aceton bei $100°$ [1]	Krystalle (aus Alk.)
61	β-2, 3, 4-Triacetyl-Glucose-6-jodhydrin	$C_{12}H_{17}O_8J$	Aus der 1-Bromtriacetyl-6-jodglucose + Ag_2CO_3 in wässer. Aceton [1]	Krystalle (aus Chlorof. + Petroläth.)
62	2, 3, 4-Triacetyl-Glucose-1, 6-dijod-hydrin	$C_{12}H_{16}O_7J_2$	Aus Tetracetylglucose-6-jodhydrin in Chlorof. + HJ in Eisessig [1]	Farbl. Nadeln (aus Essigest.)
63	α-Tetracetyl-1-nitro-Glucose	$C_6H_7O_5NO_2(OC_2H_3)_4$	Aus Acetobrómglucose od. β-Pentacetylglucose in Chlorof. + rauch. HNO_3 [1]	Prismen od. Tafeln (aus Äth. + Alk.) Krystalle (aus Ligroin)
64	β-Tetracetyl-1-nitro-Glucose	$C_6H_7O_5NO_2(OC_2H_3)_4$	Aus Acetochlorglucose + Na + $AgNO_3$ in Äther [1]. Dasselbe [2]	Seidige Nädelchen (aus Äth.) [1] Nadeln od. große Oktaeder (aus Äth.) [2]
65	β-Tetracetyl-Glucose-6-mononitrat	$C_6H_7O_5NO_2(OC_2H_3)_4$	Aus dem Triacetyldinitrat durch Kochen in Essigs. + Na-Acetat [1]	Krystalle
66	2, 3, 4-Triacetyl-Glucose-1, 6-dinitrat	$C_{12}H_{18}O_{13}N_2$	Aus Triacetyllävoglucosan in Chlorof. + rauch. HNO_3 u. P_2O_5 [1]	Krystalle (aus Alk.)
67	Tri-[β-1, 2, 3, 4-tetracetyl-glucose-6]-phosphat	$C_{42}H_{57}O_{31}P$: $$\left[\begin{array}{c} HCOAc \\ HCOAc \\ AcOCH \quad O \\ HCOAc \\ HC \\ H_2CO- \end{array}\right]_3 P:O$$	Aus 1, 2, 3, 4-Tetracetylglucose in Pyrid. + $POCl_3$ bei $-20°$ [1]	Krystallin (aus Aceton + H_2O) bei $50°$
68	β-Tetracetyl-Glucose-1-schwefelsäure	$C_{14}H_{20}O_{13}S$	Aus 2, 3, 4, 6-Tetracetylglucose + $ClSO_3H$ in Pyrid. bei $-10°$ [1]	**Pyridin-Salz:** Kryst. (aus Alk.) **Natrium-Salz:** Nad. (aus Alk.)

Schmelz- und Siedepunkt	Optisches Drehungsvermögen	Löslichkeit	Analytisches; Diverses	Literatur
$119°$	$[\alpha]_D^{20} = +92,65°$ (in Chlorof., $c = 3,6\%$)	—	—	[1] **Brauns:** Amer. Soc. **47**, 1285 (1925).
$85—87°$ $98°$	$[\alpha]_D^{18} = +19,48°$ (in Chlorof. für die bei $85—87°$ schm. Modif.) $+21,9°$ (für die bei $98°$ schm. Mod.)	l. l. Aceton, Chlorof., schw. l. Benzol, Äth., Alk., s. w. l. H_2O, Petroläth.	Lagert sich in Lösg. langs. in die α-Form um	[1] **Helferich** u. **Gootz:** Ber. **62**, 2505 (1929).
$151—152°$ (k.)	$[\alpha]_D^{20} = +106,95°$ (in Chlorof.)	—	—	[1] **Helferich** u. **Bredereck:** Ber. **60**, 1995 (1927).
$109—110°$ [1] $108—109°$ [3]	$[\alpha]_D^{20} = +231,0°$ (in $C_2H_2Cl_4$) [1]. $[\alpha]_D^{20} = +237,43°$ (in Chlorof., $c = 1,5\%$) [3]	s. l. l. Äth., Chlorof., Benzol, Eisessig	Sehr zersetzlich	[1] **E. u. H. Fischer:** Ber. **43**, 2535 (1910). [2] **Helferich** u. **Gootz:** Ber. **62**, 2791 (1929). [3] **Brauns:** Amer. Soc. **47**, 1280 (1925).
$182°$ (k.)	$[\alpha]_D^{24} = +102,0°$ (in Chlorof.)	s. l. l. Chlorof., Essigester, Aceton, Benzol, w. l. k. Alk., Äth., unl. H_2O, Petroläth.	Reduz. schwach Fehl. Lösg. beim Kochen	[1] **Helferich** u. **Himmen:** Ber. **61**, 1825 (1928).
$152°$ (k.)	$[\alpha]_D^{23} = +9,12°$ (in Chlorof.)	Wie vorsteh.	Reduz. ebenfalls koch. Fehl. Lösg.	[1] **Helferich** u. **Collatz:** Ber. **61**, 1640 (1928).
$159—160°$ (k.)	$[\alpha]_D^{21} = +31,25° \rightarrow$ $+81,25°$ (in Chlorof.)	l. l. Alk., Aceton, Essigest., w. Äth., schw. l. Petroläth.	Reduz. stark Fehl. Lösg.	[1] **Helferich** u. **Collatz:** Ber. **61**, 1640 (1928).
Z. ca. $150°$	$[\alpha]_D^{21} = +205,9°$ (in Chlorof.)	l. l. Chlorof., l. Aceton, h. Alk., h. Essigester, s. schw. l. Äth., unl. Petroläth.	Reduz. nicht Fehl. Lösg.	[1] **Helferich** u. **Collatz:** Ber. **61**, 1640 (1928).
$145°$ $150—151°$	$[\alpha]_D^{25} = +143,65°$ (in Chlorof.)	unl. H_2O, schw. l. Alk., Äth., s. w. l. Ligroin, l. l. Chlorof., Benzol	$D^{18} = 1,3487$. Reduz. heiße Fehl. Lösg. Gibt b. Erwärm. mit Na-Acet. in Eisessig β-Pent-acetylglucose	[1] **Königs** u. **Knorr:** Ber. **34**, 973 (1901).
$92°$ [1] $96°$ [2]	$[\alpha]_D = +1,536°$ (in Chlorof.) [1]. $[\alpha]_D^{20} = -8,44°$ (in Chlorof., $c = 1\%$) [2]	—	Verwandelt sich b. Stehen in alkoh. Lösg. in der α-Form	[1] **Skraup** u. **Kremann:** Monatsh. f. Chem. **22**, 1043 (1901). [2] **Schlubach, Stadler** u. **Wolf:** Ber. **61**, 287 (1928).
$142—143°$	$[\alpha]_D = +23,2°$ (in Essigs., $c = 2,494\%$)	—	Reduz. koch. Fehl. Lösg.	[1] **Oldham:** Soc. Lond. **127**, 2840 (1925).
$132—133°$	$[\alpha]_D = +144,2°$ (in Chlorof. $+ HNO_3$, $c = 5\%$)	unl. H_2O, k. Alk., Petroläth.	Reduz. nicht koch. Fehl. Lösg.	[1] **Oldham:** Soc. Lond. **127**, 2840 (1925).
$236—237°$ (k.)	$[\alpha]_D^{27} = +30,2°$ (in Chlorof.); $[\alpha]_D^{20} = +31,4°$ (in Chlorof.)	l. l. Pyrid., Chlorof., s. w. l. Aceton, Alk., CH_3OH, unl. Äth., Ligr., Petroläth.	—	[1] **Helferich** u. **Du Mont:** Z. phys. Chem. **181**, 300 (1929).
$127°$ (Z.) $149—151°$ (Z.)	$[\alpha]_D^{20} = -4,82°$ (in H_2O) $[\alpha]_D^{17} = -6,23°$ (in H_2O)	— —	Sehr zersetzlich. **Trimethyl-phenyl-ammoniumhydroxyd-Salz:** $C_{22}H_{31}O_{13}NS$. Kryst. (aus Alk.), $F = 163—164°$. $[\alpha]_D = $ ca. $0°$ [2]	[1] **Ohle:** Bioch. Z. **131**, 601 (1922). [2] **Ohle, Marecek** u. **Bourjau:** Ber. **62**, 833 (1929).

Nr	Name	Formel, Konstitution	Vorkommen, Bildung, Darstellung	Krystallogr. Eigenschaften
69	β-Tetracetyl-Glucose-6-schwefelsäure	$C_{14}H_{20}O_{13}S$	Durch Veresterung d. Glucose mit $ClSO_3H$ in Pyrid. u. Acetyl. mit Essigs.-Anh $+$ Na-Acetat[1]	**Pyridin-Salz:** Kryst. (aus Alk.) **Natrium-Salz:** Kryst.$+^1/_2$ H_2O (aus 95proz.Alk.)
70	6-Brom-2, 3, 4-triacetyl-β-glucosido-1-schwefelsaures-6'-brom-2', 3', 4'-triacetyl-β-glucosido-1'-pyridinium-hydroxyd	$C_{29}H_{37}O_{18}NSBr_2$	Aus Acetodibromglucose in Pyrid. $+$ Ag_2SO_4[1]	Krystalle (aus Alk.) $+$ 2 Mol. Alk.
71	α-1-p-Toluolsulfonyl-tetracetyl-Glucose	$C_{21}H_{26}O_{12}S$	Aus Acetobromglucose $+$ p-toluolsulfonsaurem Silber in Äth.[1]	Krystalle (aus Äth.)
72	2, 4, 6-Triacetyl-3-toluolsulfo-Glucose	$C_{19}H_{24}O_{11}S$	Aus d. Bromverbindg. in Aceton $+$ Ag_2CO_3[1]	Krystalle
73	β-Tetracetyl-3-toluolsulfo-Glucose	$C_{21}H_{26}O_{12}S$: CH_3COOCH $HCOCOCH_3$ $CH_3 \cdot C_6H_4 \cdot SO_2 \cdot OCH \qquad O$ $HCOCOCH_3$ HC $H_2COCOCH_3$	Aus 3-Toluolsulfoglucose in Pyrid. $+$ Essigs.-Anhydr.[1]	Mikroskop. Nadeln
74	2-Acetyl-3, 5, 6-tri-p-toluolsulfo-Glucosyl-1-bromid-(1, 4)	$C_{29}H_{31}O_{12}S_3Br$	Aus Tritoluolsulfomonoaceton-glucose in HBr-Eisessig[1]	Farbl. Krystalle $+$ 1 Mol. Benzol (aus Benzol). Benzolfreie Krystalle durch Fällen der Lösg. mit Petroläth.
75	α-2-Acetyl-3, 5, 6-tri-p-toluolsulfo-Glucose-(1, 4)	$C_{29}H_{32}O_{13}S_3$	Aus Vorsteh. d. Schütteln mit Ag_2CO_3 in feucht. Aceton[1]	Krystalle (aus Benzol)
76	3-p-Toluolsulfo-2, 5, 6-triacetyl-Glucosyl-1-bromid-(1, 4)	$C_{19}H_{23}O_{10}SBr$	Aus 3-p-Toluolsulfo-5,6-diacetyl-monoaceton-Glucose in HBr-Eisessig[1]	Nadeln, Blättchen od. Keile (aus Aceton $+$ H_2O)
77	α-3-p-Toluolsulfo-2, 5, 6-triacetyl-Glucose-(1, 4)	$C_{19}H_{24}O_{11}S$	Aus voriger d. Absp. von BrH, welche bereits bei d. Darstellung der vorsteh. Verbindg. bei Anwendung von zuviel Aceton eintritt[1]	Krystalle (aus Benzol)
78	β-3-p-Toluolsulfo-2, 4, 6-triacetyl-Glucose-(1, 5)	$C_{19}H_{24}O_{11}S$	Aus d. entsprech. Glucosyl-1-bromid von Freudenberg und Ivers mit Ag_2CO_3 in feucht. Aceton[1]	Krystalle (aus Benzol)
79	3-p-Toluolsulfonyl-2, 4, 6-triacetyl-β-glucosido-1-schwefelsaures-3'-p-toluolsulfonyl-2', 4', 6'-triacetyl-β-glucosido-1'-pyridinium-hydroxyd	$C_{43}H_{51}O_{24}NS_3$	Aus 3-p-Toluolsulfonyl-triacetyl-glucose-bromhydrin in Pyridin $+$ Ag_2SO_4[1]	Krystalle (aus Alk.-Acet.)
80	β-1, 2, 3, 4-Tetracetyl-6-toluolsulfo-β-Glucose	$C_{21}H_{26}O_{12}S$	Aus 1,2,3,4-Tetracetylglucose in Pyridin $+$ Toluolsulfochlorid[1]	Schöne Nadeln (aus Alk.)

Schmelz- und Siedepunkt	Optisches Drehungsvermögen	Löslichkeit	Analytisches; Diverses	Literatur
158—160°	$[\alpha]_D^{18} = +11{,}71°$ (in H_2O)	—	—	[1] **Ohle, Marecek** u. **Bourjau:** Ber. **62**, 833 (1929).
137° (Z.)	$[\alpha]_D^{18} = +12{,}73°$ (in H_2O)	—		
ca. 62—69°	—	—	—	[1] **Ohle, Marecek** u. **Bourjau:** Ber. **62**, 833 (1929).
95°	$[\alpha]_D^{24} = +135{,}6°$ (in Chlorof.)	—	Sehr zersetzlich, besond. in Lösung	[1] **Helferich** u. **Gootz:** Ber. **62**, 2788 (1929).
175°	$[\alpha]_{578}^{18} = +52{,}8°$ (in Aceton)	l. l. Alk., schw. l. Essigest., unl. H_2O	—	[1] **Freudenberg, Burkhart** u. **Braun:** Ber. **59**, 719 (1926).
170—171° (Z.)	$[\alpha]_D = +13{,}7°$ (in $C_2H_2Cl_4$)	l. l. CH_3OH, Alk., l. Essigest., unl. H_2O, Äth.	—	[1] **Freudenberg** u. **Ivers:** Ber. **55**, 929 (1922).
106,5—108° (Z.)	$[\alpha]_D^{20} = +114{,}5°$ (in Chlorof., c=4,9%; benzolhaltige Subst.);			[1] **Ohle, Erlbach** u. **Vogl:** Ber. **61**, 1875 (1928).
124—125°	$[\alpha]_D^{19} = +124{,}5°$ (in Chlorof., c=3%; benzolfreie Subst.)	—	—	
117—118°	$[\alpha]_D^{20} = +51{,}9° \rightarrow +37{,}2°$ (in Chlorof., c=4,97%)	—	—	[1] **Ohle, Erlbach** u. **Vogl:** Ber. **61**, 1875 (1928).
140° (Sintert: 135°)	$[\alpha]_D^{20} = +198{,}9°$ (in Chlorof., c=4,056%)	—	—	[1] **Ohle** u. **Erlbach:** Ber. **61**, 1870 (1928).
129,5°	$[\alpha]_D^{20} = +62{,}97° \rightarrow +40{,}65°$ (in Chlorof., c=4,748%)	—	—	[1] **Ohle** u. **Erlbach:** Ber. **61**, 1870 (1928).
178,5—179°	$[\alpha]_D^{20} = +40{,}11° \rightarrow +51{,}48°$ (in Chlorof., c=4,662%)	—	—	[1] **Ohle** u. **Erlbach:** Ber. **61**, 1870 (1928).
145—146°	$[\alpha]_D^{20} = -4{,}47°$ (in Chlorof., c=1%)	—	—	[1] **Ohle, Marecek** u. **Bourjau:** Ber. **62**, 833 (1929).
203—205° (Z.)	$[\alpha]_D^{20} = +23{,}9°$ (in Chlorof.)	—	Aus d. alkoh. Mutterlaug. Kryst. eines Isomeren (α?) F = 129—130° (Hydrat.) $[\alpha]_D^{20} = +105{,}7°$ (in Chlorof., c=3%) [2]	[1] **Helferich** u. **Klein:** A. **450**, 219 (1926). [2] **Ohle** u. **Vargha:** Ber. **62**, 243 (1929).

Nr	Name	Formel, Konstitution	Vorkommen, Bildung, Darstellung	Krystallogr. Eigenschaften
81	β-1, 2, 3, 6-Tetracetyl-4 (?)-toluol-sulfo-β-Glucose	$C_{21}H_{26}O_{12}S$	Aus 1, 2, 3, 6-Tetracetylglucose in Pyridin + Toluolsulfochlorid[1]	Lange Nadeln (aus Alk.)
82	α-2, 3, 4, 6-Tetracetyl-Glucose	$C_6H_8O_6(OC_2H_3)_4$	Aus β-Acetochlorglucose in feucht. Aceton + Ag_2CO_3[1]). Aus Acetobromglucose in Äther + $AgNO_3$ bei $0°$[2])	Nadeln (aus Äth.)
83	β-2, 3, 4, 6-Tetracetyl-Glucose	$C_6H_8O_6(OC_2H_3)_4$	Aus Acetobromglucose in feucht. Äther + Ag_2CO_3[1]). Dass. in wässer. Aceton[2])	Rechteckige Prismen (aus Äth. od. Malonester)
84	β-1, 2, 3, 4-Tetracetyl-Glucose	$C_6H_8O_6(OC_2H_3)_4$	Aus Tetracetyl-6-triphenyl-methylglucose+HBr in Eisessig[1]). Aus Tetracetylglucose-mono-nitrat d. Hydrolyse[2])	Säulenförmige Krystalle (aus Äth. + Petroläth.)
85	β-1, 2, 3, 6 (?)-Tetracetyl-Glucose	$C_6H_8O_6(OC_2H_3)_4$	Aus vorig. in H_2O nach Abklin-gen d. Mutarotation durch Aus-schütteln mit Chlorof., Eindamp-fen[1]). Dass. mit $n/1000$ NaOH. Auf-arbeitung wie [1])[2])	Plättchen (aus Pyridin; pyridinhaltig). Pyridinfrei
86	α-3, 4, 6-Triacetyl-Glucose	$C_6H_9O_6(OC_2H_3)_3$	Aus d. 1,2-Anhydroglucose-tri-acetat + H_2O[1]). Aus Chlortriacetylglucose in Aceton + Ag_2CO_3[2])	Nadeln (aus Äth.)
87	Amorphe Di- und Triacetyl-Glucosen	$C_8H_{10}O_6(OC_2H_3)_2$; $C_6H_9O_6(OC_2H_3)_3$	Durch Acetyl. von Glucose mit Essigs.-Anhydrid[1])	Amorphe Sub-stanzen
88	Tetracetyl-1-brom-1-Glucose	$C_6H_7O_5Br(OC_2H_3)_4$	Aus 1-Glucose in Eisessig+Acetyl-bromid bei $40°$[1])	Weiße Nadeln (aus Äth.)
89	α-Pentacetyl-Fructose	$C_6H_7O_6(OC_2H_3)_5$	Aus β-Tetracetylfructose+Essigs. Anhydr. + $ZnCl_2$[1]). Ebenso aus Fructose d. Acetyl. in Pyrid.	Krystalle (aus Chlorof.-Alk.). Rhomb.-bisphenoid.[2])
90	β-Pentacetyl-Fructose	$C_6H_7O_6(OC_2H_3)_5$	Durch Acetylier. von Fructose mit Essigs.-Anhydr. u. H_2SO_4 in der Kälte[1])	Feine Nadeln (aus Alk.). Rhomb.-bisphenoid.[2])
91	β-Tetracetyl-n-Fructose	$C_6H_8O_6(OC_2H_3)_4$	Aus Fructose + Acetylbromid bei $-15°$[1]). Aus Fructose + Essigs.-Anhydr. + $ZnCl_2$ bei $0°$[2]). Ebenso + HBr in Essigs.-Anhydr.	Monokl.-sphenoide Krystalle (aus Alk. + Äth.)[1])
92	γ-Tetracetyl-Fructose	$C_6H_8O_6(OC_2H_3)_4$: $H_2COCOCH_3$ | COH CH_3COOCH | O $HCOCOCH_3$ | HC—— | $H_2COCOCH_3$	Aus d. Mutterlauge bei d. Darst. der β-Tetracetylfructose[1]). Aus Triacetylinulin + Acetyl-chlorid+HCl u. Beh. mit Ag_2O[2]). Ebenso über das γ-Tetracetyl-äthyl-fructosid. Aus Triacetylanhydrofructose u. Acetylchlorid + HCl[3])	Amorph

Acetate der Hexosen.

Schmelz- und Siedepunkt	Optisches Drehungsvermögen	Löslichkeit	Analytisches; Diverses	Literatur
$111{-}112°$ [1]) $117{-}118°$ [2])	$[\alpha]_D^{20} = -15,9°$ (in Chlorof.) [1]). $[\alpha]_D^{18} = -19,3°$ (in Chlorof.) [2])	—	—	[1]) **Helferich** u. **Klein:** A. **450**, 219 (1926). [2]) **Helferich** u. **Klein:** A. **455**, 173 (1927).
$107{-}108°$	$[\alpha]_D^{20} = +138,9°$ (in Chlorof., $c = 0,8946\%$ $[\alpha]_D^{20} = +139,4° \rightarrow$ $+83,1°$ (in 96 proz. Alk.)	s. schw. l. Äth., l. l. Alk., Chlorof., h. H_2O, schw. l. Benzol	Wandelt sich in Lösung teilweise in die β-Form um	[1]) **Schlubach** u. **Wolf:** Ber. **62**, 1507 (1929). [2]) **Nef:** A. **403**, 333 (1912).
$118°$ (k.) [1]) $120°$ (k.) [2])	$[\alpha]_D^{22} = +2,19° \rightarrow$ $+82,7°$ (in Alk.)	schw. l. k., l. l. h. H_2O, l. l. h. Alk., s. l. l. verd. NaOH-Lauge, s. schw. l. Äth., Benzol, l. l. Chlorof., Aceton	Reduz. heiße Fehl. Lösg.	[1]) **Fischer** u. **Delbrück:** Ber. **42**, 2778 (1909). [2]) **Fischer** u. **Hess:** Ber. **45**, 914 (1912).
$128{-}129°$ (k.)	$[\alpha]_D^{20} = +12,1°$ (in Chlorof.); $[\alpha]_D^{24} = +21,7° \rightarrow$ (in H_2O)	l. l. Chlorof., Essigest., Alk., CH_3OH, Pyrid., s. w. l. Äth., unl. Petroläth.	Reduz. sof. h. Fehl. Lösg. Gibt in Pyrid. + Essigs.-Anh. β-Pentacetylglucose	[1]) **Helferich** u. **Klein:** A. **450**, 219 (1926). [2]) **Oldham:** Soc. Lond. **127**, 2840 (1925).
$108{-}110°$ [1])	$[\alpha]_D^{20} = -22,0° \rightarrow$ $+$ ca. $52°$ (in H_2O) [1])	Etwas schwerer l. als vorige	Gibt in Pyrid. + Essigs.-Anh. β-Pentacetylglucose	[1]) **Helferich** u. **Klein:** A. **450**, 219 (1926). [2]) **Helferich** u. **Klein:** A. **455**, 173 (1927).
$132°$ [1]) $134°$ (k.) [2])	$[\alpha]_D^{21} = -30,2°$ (in H_2O); $-33,0°$ (in Chlorof.) [2])		·	
$113{-}115°$	$[\alpha]_D^{18} = +139,6° \rightarrow$ (in Essigester)	z. l. l. H_2O, l. Alk., Essigest., w. l. Benzol, Äth.	—	[1]) **Brigl:** Z. physiol. Chem. **122**, 245 (1922). [2]) **Brigl** u. **Schinle:** Ber. **62**, 1719 (1929).
—	—	—	Nicht näher untersucht u. wahrsch. nicht einheitlich	[1]) **Schützenberger** u. **Naudin:** Soc. chim France [2] **12**, 204 (1869).
$88°$	$[\alpha]_D^{17,5} = -192,7°$ (in Äth.)	—	**d, l-Acetobromglucose:** Aus d. Antipoden in Äth. weiße Nadeln; F $= 85°$	[1]) **Karrer, Nägeli** u. **Smirnoff:** Helv. **5**, 141 (1922).
$70°$	$[\alpha]_D^{20} = +34,75°$ (in Chlorof., $c = 4\%$)	—	Reduz. koch. Fehl. Lösg. Aus d. Mutterlauge Krystalle F $= 64{-}65°$ u. $55{-}56°$. $[\alpha]_D^{20} = -7,8°$; $-19,0°$ (in Chlorof.)	[1]) **Hudson** u. **Brauns:** Amer. Soc. **37**, 1283 (1915). [2]) **Jaeger:** C. **1918**, I, 183.
$108{-}109°$	$[\alpha]_D^{20} = -120,9°$ (in Chlorof., $c = 5\%$) [1]) $[\alpha]_D = -105,5°$ (in Benzol) [2])	w. l. k. H_2O, unl. Petroläth., l. l. Alk., Chlorof., Benzol, Äth.	Reduz. heiße Fehl. Lösg. Aus Benzol mit 1 Mol. Benzol. F $= 90°$. Spaltet das Benzol leicht wieder ab	[1]) **Hudson** u. **Brauns:** Amer. Soc. **37**, 1283 (1915). [2]) **Jaeger:** C. **1918**, I, 183.
$132°$ [1]) $129{-}130°$ [3])	$[\alpha]_D = -92,30°$ (in Chlorof.) [3]); $[\alpha]_D^{20} = -80,0°$ (in Eisessig) [2])	—	$D^{15} = 1,388$ [1]). Reduz. stark h. Fehl. Lösg. Zeigt keine Mutarotation. Reduz. nicht $KMnO_4$. Gibt in Essigs.-Anhyd. + $ZnCl_2$ das α-Pentacetat, mit H_2SO_4 das β-Pentacetat	[1]) **Brauns:** C. **1918**, I, 183. [2]) **Hudson** u. **Brauns:** Amer. Soc. **37**, 2738 (1915). [3]) **Steele:** Soc. Lond. **113**, 261 (1918).
—	$[\alpha]_D^{20} = -2,3°$ (in Chlorof., $c = 6,078\%$); $-3,27°$ (in Alk., $c = 3,366\%$) [1]). $[\alpha]_D = +38,7°$ (in Benzol, $c = 5,4\%$) [2])	l. in den org. Solv., etw. schwer. l. in Äth.	Reduz. stark h. Fehl. Lösg. Entfärbt kalte $KMnO_4$-Lösg. sofort	[1]) **Pictet** u. **Vogel:** Helv. **11**, 436 (1928). [2]) **Irvine, Oldham** u. **Skinner:** Amer. Soc. **51**, 1979 (1929). [3]) **Irvine** u. **Oldham:** Amer. Soc. **51**, 3609 (1929).

Nr	Name	Formel, Konstitution	Vorkommen, Bildung, Darstellung	Krystallogr. Eigenschaften
93	2, 3, 4, 5-Tetracetyl-Fructose	$C_6H_8O_6(OC_2H_3)_4$	Aus Fructose + Tritylchlorid, Acetyl. u. Abspaltung d. Tritylrestes[1])	Krystalle (aus Alk.)
94	Triacetyl-Fructose	$C_6H_9O_6(OC_2H_3)_3$	Aus Fructose+Essigs.-Anhydr. + $ZnCl_2$ neben Tetracetat[1])	Gelbl. Sirup
95	β-Tetracetyl-2-chlor-Fructose	$C_6H_7O_5Cl(OC_2H_3)_4$	Aus d. β-Pentacetat od. β-Tetracetat in Chlorof.+$AlCl_3$+PCl_5[1]) Aus d. β-Pentacetat in Chlorof. + $TiCl_4$ + $ZnCl_2$[2])	Rhomb.-bisph. Nadeln (aus Äth. bei 0°); $a:b:c = 0{,}9759 : 1:0{,}3284$[3])
96	α-Tetracetyl-2-chlor-Fructose	$C_6H_7O_5Cl(OC_2H_3)_4$	Aus d. β-Pentacetat od. β-Tetracetat in Chlorof. + PCl_5[1])	Rhomb.-bisphen. Säulen (aus Benzol); $a:b:c = 1{,}7478 : 1:0{,}7112$[2])
97	β-Tetracetyl-2-brom-Fructose	$C_6H_7O_5Br(OC_2H_3)_4$	Aus d. β-Pentacetat in Eisessig + HBr in d. Kälte[1])	Krystalle
98	β-Tetracetyl-2-fluor-Fructose	$C_6H_7O_5F(OC_2H_3)_4$	Aus d. β-Pentacetat + HF[1])	Krystalle (aus Alk.)

Tabelle 47.

Nr	Name	Formel, Konstitution	Vorkommen, Bildung, Darstellung	Krystallogr. Eigenschaften
1	α-Hexacetyl-α-Glucoheptose	$C_{19}H_{26}O_{13}$	Acetylier. + $ZnCl_2$[1])	Krystalle (aus H_2O)
2	β-Hexacetyl-α-Glucoheptose	$C_{19}H_{26}O_{13}$	Acetylier. + Na-Acetat[1])	Krystalle (aus H_2O)
3	α-Aceto-1-brom-α-Glucoheptose	$C_{17}H_{23}O_{11}Br$	Aus β-Hexacetyl-glucoheptose mit HBr in Eisessig[1])	Sechsseit. Taf. (aus Chlorof. + Alk.); Vierseit. Tafeln (aus CCl_4)
4	β-Hexacetyl-α-Mannoheptose	$C_{19}H_{26}O_{13}$	Acetylier. + Na-Acetat[1])	Krystalle (aus H_2O od. 50proz. Alk.)
5	γ-Hexacetyl-α-Mannoheptose	$C_{19}H_{26}O_{13}$	Aus vorig. d. Essigs.-Anhydr. + $ZnCl_2$[1])	Harte prismat. Krystalle (aus Äth.)

Tabelle 48.

Nr	Name	Formel, Konstitution	Vorkommen, Bildung, Darstellung	Krystallogr. Eigenschaften
1	Tetracetyl-Glykolaldehyd-glucosid	$C_2H_3O \cdot O$ $\cdot C_6H_7O_5(OC_2H_3)_4$	Aus Allylglucosid-tetracetat d. Ozonisierung in Eisessig u. Redukt. in Äther mit Zn-Staub[1])	Weiße Masse

Acetate der Hexosen.

Schmelz- und Siedepunkt	Optisches Drehungsvermögen	Löslichkeit	Analytisches; Diverses	Literatur
112°	$[\alpha]_D^{21} = +51{,}0°$ (in Chlorof.)	s. l. l. Chlorof., Aceton, l. h. Alk., Äth., schw. l. H_2O	Sehr empfindlich. In H_2O zeigt sich Mutarotation	[1] Helferich u. Bredereck: A. **465**, 166 (1928).
—	$[\alpha]_D = -20{,}42°$ (in Chlorof.)	—	Entfärbt k. $KMnO_4$-Lösg. Gibt bei d. Methylierung ein sirupöses Fructose-triacetylmethylderivat	[1] Steele: Soc. Lond. **113**, 261 (1918).
83°[1]	$[\alpha]_D^{20} = -160{,}9°$ (in Chlorof.)	s. l. l. außer H_2O, Petroläth.	Sehr instabil. Geht in die α-Form über	[1] Brauns: Amer. Soc. **42**, 1846 (1920). [2] Ohle, Marecek u. Bourjau: Ber. **62**, 851 (1929). [3] Jaeger: C. **1921**, I, 992.
108°	$[\alpha]_D^{20} = +45{,}3°$ (in Chlorof.)	l. l. außer H_2O u. Petroläth.	Stabil	[1] Brauns: Amer. Soc. **42**, 1846 (1920). [2] Jaeger: C. **1921**, I, 992.
65°	$[\alpha]_D^{20} = -189{,}1°$ (in Chlorof.)	l. l. außer Petroläth.	Sehr instabil. Spaltet leicht Br ab	[1] Brauns: Amer. Soc. **45**, 2381 (1923).
112°	$[\alpha]_D^{20} = -90{,}43°$ (in Chlorof.)	l. l. Benzol, w. l. Alk., unl. Petroläth.	—	[1] Brauns: Amer. Soc. **45**, 2381 (1923).

Acetate der Heptosen.

Schmelz- und Siedepunkt	Optisches Drehungsvermögen	Löslichkeit	Analytisches; Diverses	Literatur
156°[1] 164°[2] (aus Äther)	$[\alpha]_D^{20} = +87{,}0°$ (in Chlorof.)[2]	schw l. k., l. l. h. H_2O, s. l. l. Alk., Äth., Chlorof.	—	[1] Fischer: A. **270**, 78 (1891). [2] Hudson u. Janovsky: Amer. Soc. **38**, 1575 (1916).
131—132°[1] 135°[2]	$[\alpha]_D^{20} = +4{,}8°$ (in Chlorof.)[2]	—	—	[1] Fischer: A. **270**, 78 (1891). [2] Hudson u. Janovsky: Amer. Soc. **38**, 1575 (1916).
110°	—	—	—	[1] Glaser u. Zuckermann: Z. physiol. Chem. **166**, 103 (1927).
106°	$[\alpha]_D^{20} = +24{,}1°$ (in Chlorof.)	—	—	[1] Hudson u. Monroe: Amer. Soc. **46**, 979 (1924).
139—140°	$[\alpha]_D^{20} = -31{,}0°$ (in Chlorof.)	—	Es entsteht neben diesen Prod. noch ein amorpher Körper ($\alpha_D = +80°$ in Essigs.-Anh.), wahrscheinlich das der Verbindung 4 entsprech. α-Acetat	[1] Hudson u. Monroe: Amer. Soc. **46**, 979 (1924).

Acetate der Di- bis Tetrasaccharide.

Schmelz- und Siedepunkt	Optisches Drehungsvermögen	Löslichkeit	Analytisches; Diverses	Literatur
—	—	s. l. l. Äth., Alk., Benzol, Eisessig, Chlorof., unl. H_2O, Ligroin	Wird von verd. H_2SO_4 zu Glucose u. Glykolaldehyd hydrolysiert	[1] H. O. L. Fischer u. Feldmann: Ber. **62**, 854 (1929).

Nr	Name	Formel, Konstitution	Vorkommen, Bildung, Darstellung	Krystallogr. Eigenschaften
2	Tetracetyl-Dimethylacetal	$C_2H_3(OCH_3)_2 \cdot O$ $\cdot C_6H_7O_5(OC_2H_3)_4$	Aus vorig. in Methylalk. + HCl u. Reacetyl. in Pyridin[1]). Dasselbe aus Acetobromglucose + Glykolaldehyddimethylacetal + Ag_2CO_3 in Chlorof.	Krystalle (aus Ligroin)
3	Heptacetyl-Gluco-d-arabinose A	$C_{25}H_{34}O_{17}$	Aus Gluco-d-Arabinose (Cellobiose-Abbau) d. Acetylier. mit Na-Acetat u. Essigs.-Anhydrid[1])	Farbl. lange Nadeln (aus Alk.)
4	Heptacetyl-Gluco-d-arabinose B	$C_{25}H_{34}O_{17}$	Aus der Mutterlauge bei d. Darstellung d. Vorig.[1])	Farbl. lange Nadeln (aus Alk.)
5	Heptacetyl-Gluco-d-arabinose C	$C_{25}H_{34}O_{17}$	Ebenso[1])	Kleine farbl. Prismen (aus Äth.)
6	β-Heptacetyl-Primverose	$C_{25}H_{34}O_{17}$	Aus 1,2,3,4-Tetracetyl-glucose + Acetobromxylose in Chlorof. + Ag_2O[1])	Weiße Nadeln (aus Alk.)
7	β-Heptacetyl-Vicianose	$C_{25}H_{34}O_{17}$	Aus 1,2,3,4-Tetracetyl-glucose + Acetobromarabinose in Chlorof. + Ag_2O[1])	Nädelchen (aus absol. Alk.)
8	Octacetyl-Trehalose-α, α	$C_{12}H_{14}O_{11}(OC_2H_3)_8$	Acetylier. + Na-Acet. in der Wärme[1])[2])	Weiße Krystallmasse (aus Alk.)
9	Diacetyl-Trehalose	$C_{12}H_{20}O_9(OC_2H_3)_2$	Aus d. Zucker + Essigsäure[1])	Hexagonale Prismen
10	Octacetyl-Isotrehalose-α,β	$C_{12}H_{14}O_{11}(OC_2H_3)_8$	Aus Tetracetyl-glucose in Toluol + $ZnCl_2$ u. dann mit P_2O_5[1])	Prismat. Nadeln (aus Äth.)
11	Octacetyl-Isotrehalose-β,β	$C_{12}H_{14}O_{11}(OC_2H_3)_8$	Aus Acetobromglucose + Ag_2CO_3 in Äther + H_2O[1]). Dass. d. Schütteln von β-Tetracetyl-glucose + P_2O_5 in Chlorof., neben einer amorphen Substanz	Nädelchen (aus Alk.)
12	α-2, 3, 4, 2′, 3′, 4′-Hexacetyl-6, 6′-dibrom-glucosido-1-glucose	siehe Konstitution unten	Aus Acetodibromglucose in Chloroform + Ag_2CO_3. Trennung der α- u. β-Form d. fraktion. Krystallisation in Alk.[1])	α-Form: Feine Nadeln β-Form: Derbe Nadeln
13	α-Octacetyl-Maltose	$C_{12}H_{14}O_{11}(OC_2H_3)_8$	Aus d. β-Form in Essigs.-Anhydr. + $ZnCl_2$ in d. Wärme[1])	Krystalle (aus Alk.)
14	β-Octacetyl-Maltose	$C_{12}H_{14}O_{11}(OC_2H_3)_8$	Aus Maltose + Essigs.-Anhydr. + Na-Acetat[1])	Feine Nadeln (aus Alk.)

Konstitution zu Nr. 12:

$$C_{24}H_{32}O_{15}Br_2:$$

$$
\begin{array}{ccc}
\text{HC}\!-\!-\!\text{O}\!-\!-\!\text{CH} & & \\
| \quad\quad\quad | & & \\
\text{HCOAc} \quad | & & \\
| \quad\quad | & & \\
\text{AcOCH} \quad \text{O} & \text{AcOCH} \quad \text{O} & \\
| \quad\quad | & & \\
\text{HCOAc} \quad | & \text{HCOAc} & \\
| \quad\quad | & & \\
\text{HC}\!-\!-\! & \text{HC}\!-\!- & \\
| & | & \\
\text{H}_2\text{CBr} & \text{H}_2\text{CBr} &
\end{array}
$$

$$(Ac = \cdot OC \cdot CH_3)$$

Acetate der Di- bis Tetrasaccharide.

Schmelz- und Siedepunkt	Optisches Drehungsvermögen	Löslichkeit	Analytisches; Diverses	Literatur
84°	$[\alpha]_D^{18} = -20,48°$ (in CH_3OH).	—	—	[1] H. O. L. Fischer u. Feldmann: Ber. 62, 854 (1929).
196°	$[\alpha]_D^{16} = -16,95°$ (in Chlorof.)	l. l. Chlorof., Acet., h. Benzol, h. Essigest., l. h. Alk., schw. l. k. Alk., Äth., f. unl. h. H_2O, Petroläth.	—	[1] Zemplén: Ber. 59, 1254 (1926).
157—161°	$[\alpha]_D^{16} = -50,25°$ (in Chlorof.)	l. l. als voriges	—	[1] Zemplén: Ber. 59, 1254 (1926).
105,5—106°	$[\alpha]_D^{16} = +12,0°$ (in Chlorof.)	s. l. l. Äth., sonst noch l. l. als voriges	—	[1] Zemplén: Ber. 59, 1254 (1926).
216°	$[\alpha]_D^{20} = -23,5°$ (in Chlorof.)	s. l. l. Chlorof., schw. l. Alk. CH_3OH, Essigest., Äth., unl. H_2O	Reduz. allmähl. Fehl. Lösg. beim Kochen	[1] Helferich u. Rauch: A. 455, 168 (1927).
158—160°	$[\alpha]_D^{14} = +7,5°$ (in Chlorof.)	l. l. Aceton, Chlorof., l. Äth., schw. l. Alk., CH_3OH, s. schw. l. H_2O	—	[1] Helferich u. Bredereck: A. 465, 166 (1928).
97°[1] 96—98°[2]	$[\alpha]_D^{20} = +162,3°$ (in Chlorof.)[2]	—	Reduz. nicht koch. Fehl. Lösg.	[1] Maquenne: Compt. rend. 112, 947 (1891). [2] Hudson u. Johnson: Amer. Soc. 37, 2748 (1915).
68°	—	z. l. l. Benzol	—	[1] Böning siehe Lippmann: Chem. d. Zuckerart. 1904, 1433.
68—70°	$[\alpha]_D^{20} = +68,1°$ (in Chlorof., c = 2,042%). Berechnet: $[\alpha]_D^{20} = +70°$ (in Chlorof.)[2]	f. unl. H_2O, l. l. verd., schw. l. absol. Alk., l. l. Benzol, Äth., Chlorof.	Reduz. nicht koch. Fehl. Lösg.	[1] Vogel u. Debowska-Kurnicka: Helv. 11, 910 (1928). [2] Hudson: Amer. Soc. 38, 1566 (1916).
181° (korr.)	$[\alpha]_D^{20} = -17,2°$ (in Benzol). Berechnet: $[\alpha]_D^{20} = -40°$ (in Chlorof.)[2]	unl. H_2O, s. w. l. Petroläth., l. Äth., z. l. l. Benzol, l. l. h. Alk.	Reduz. nicht Fehl. Lösg. **Amorphes Octacetat:** Sint. 80°. F = 115°. $[\alpha]_D^{20} = +31,1°$ (in Benzol). Nicht einheitl.; wahrsch. Gemisch von α, α- u. α, β-Acetaten	[1] Fischer u. Delbrück: Ber. 42, 2780 (1909). [2] Hudson: Amer. Soc. 38, 1566 (1916).
212°	$[\alpha]_D = $ ca. 0° (in Chlorof., c = 1,5%)	l. l. Chlorof., unl. H_2O, schw. l. h. Alk.	Reduz. nicht heiße Fehl. Lösg.	[1] Karrer, Widmer u. Smirnoff: Helv. 4, 796 (1921).
152°	$[\alpha]_D^{18} = -10,2°$ (in Chlorof.)	l. l. h. Alk.		
125° (korr.)	$[\alpha]_D^{20} = +122,77°$ (in Chlorof., c = 5%)	Lösl. wie folgend	—	[1] Hudson u. Johnson: Amer. Soc. 37, 1276 (1915).
159—160° 160—161°[2]	$[\alpha]_D^{20} = +62,59°$ (in Chlorof., c = 5%); +74° (in Benzol)	f. unl. H_2O, l. l. Chlorof., Benzol, Äth., h. Alk., Essigs., unl. Petroläth.	Reduz. heiße Fehl. Lösg.	[1] Hudson u. Johnson: Amer. Soc. 37, 1276 (1915). [2] Brigl u. Scheyer: C. 1927, I 418.

Nr	Name	Formel, Konstitution	Vorkommen, Bildung, Darstellung	Krystallogr. Eigenschaften
15	β-Heptacetyl-Maltose	$C_{12}H_{15}O_{11}(OC_2H_3)_7$	Aus Acetobrommaltose in feucht. Äth. od. Chlorof. $+$ Ag$_2$CO$_3$ [1])	Feine Nadeln (aus Alk.)
16	Hexacetyl-Maltose	$C_{12}H_{16}O_{11}(OC_2H_3)_6$	Aus Maltose bei d. Acetyl. neben d. Octacetat[1])	Amorph
17	α-Heptacetyl-chlor-Maltose	$C_{12}H_{14}O_{10}Cl(OC_2H_3)_7$	Aus d. Octacetat $+$ flüss. HCl in d. Kälte[1]). Aus Maltose $+$ Essigs.-Anhydr. $+$ HCl[2])	Farbl. Prismen
18	β-Heptacetyl-chlor-Maltose	$C_{12}H_{14}O_{10}Cl(OC_2H_3)_7$	Aus d. Octacetat $+$ trockn. HCl in Äth.[1])	Nadeln
19	β-1-Chlor-2 (trichloracetyl)-hexacetyl-Maltose	$C_{26}H_{32}O_{17}Cl_4$	Aus Maltoseoctacetat $+$ PCl$_5$[1])	Feine Nadeln (aus Äth.)
20	α-Heptacetyl-brom-Maltose	$C_{12}H_{14}O_{10}Br(OC_2H_3)_7$	Aus d. Octacetat $+$ HBr in Eisessig, od. $+$ fl. HBr im Rohr[1])[2])	Farbl. Prismen (aus h. Ligroin)
21	α-Heptacetyl-jod-Maltose	$C_{12}H_{14}O_{10}J(OC_2H_3)_7$	Aus d. Octacetat $+$ HJ in Eisessig[1])	Krystalle
22	α-Heptacetyl-fluor-Maltose	$C_{12}H_{14}O_{10}F(OC_2H_3)_7$	Aus d. Octacetat $+$ HF in Eisessig[1])	Kleine Prismen (aus 95 proz. Alk.)[2])
23	α-Heptacetyl-nitro-Maltose	$C_{12}H_{14}O_{10}NO_2(OC_2H_3)_7$	Aus d. Octacetat $+$ HNO$_3$ in Chlorof.[1])	Große, farbl. Prismen
24	α-Octacetyl-Gentiobiose	$C_{12}H_{14}O_{11}(OC_2H_3)_8$	Aus d. β-Form in Essigs.-Anhydr. $+$ ZnCl$_2$ in d. Wärme[1])	Krystalle
25	β-Octacetyl-Gentiobiose	$C_{12}H_{14}O_{11}(OC_2H_3)_8$	Aus Gentiobiose $+$ Essigs.-Anh. u. Na-Acetat[1])	Farbl., glänz. Nadeln
26	α-Heptacetyl-Gentiobiose	$C_{12}H_{15}O_{11}(OC_2H_3)_7$	Aus Heptacetyl-Amygdalin in Eisessig $+$ Palladium-Mohr und Wasserstoff[1])	Feine lange Nadeln (aus CH$_3$OH)
27	α-Heptacetyl-chlor-Gentiobiose	$C_{12}H_{14}O_{10}Cl(OC_2H_3)_7$	Aus d. Octacetat in Essigs.-Anh. $+$ HCl $+$ ZnCl$_2$[1]). Aus d. Octacetat in Chlorof. $+$ TiCl$_4$[2])	Krystalle (aus Chlorof. $+$ Äth., dann aus CH$_3$OH)

Acetate der Di- bis Tetrasaccharide.

Schmelz- und Siedepunkt	Optisches Drehungsvermögen	Löslichkeit	Analytisches; Diverses	Literatur
179—180°[1] (korr.) 181°[2]	$[\alpha]_D^{16} = +72,62° \to +76,66°$ (in $C_2H_2Cl_4$); $[\alpha]_D^{20} = +67,8° \to +110,0°$ (inChlorof.)[2] $[\alpha]_D^{20} = +80,3° \to +100,4°$ (in$C_2H_2Cl_4$)[3]	s. w. l. h. H_2O, s. l. l. Aceton, l. l. h. Benzol, Chlorof.	Reduz. stark Fehl. Lösg.	[1] E. u. H. Fischer: Ber. 43, 2521 (1910). [2] Hudson u. Sayre: Amer. Soc. 38, 1867 (1916). [3] Karrer u. Nägeli: Helv. 4, 169 (1921).
—	$[\alpha]_D = +133\ 96°$ (in Benzol, c=2,5—4%); $+139,96°$ (in Chlorof.)	s. w. l. Alk., unl. Äth.	—	[1] Schliephacke: A. 377, 164 (1910).
66—68°[1] 118—120°[2] 125°[4]	$[\alpha]_D^{20} = +177,7°$ (in Benzol, c=7,8%)[1]. $[\alpha]_D = +158,68°$ (in Chlorof.)[2] $[\alpha]_D^{20} = +159,0°$ (in Chlorof.)[3] $+159,5°$ (in Chlorof.)[4]	w. l. Äth., l. l. Chlorof., Alk., Benzol	Reduz. koch. Fehl. Lösg.	[1] Fischer u. Armstrong: Ber. 35, 3153 (1902). [2] Schliephacke: A. 377, 186 (1910). [3] Hudson u. Phelps: Amer. Soc. 46, 2591 (1924). [4] Brauns: Amer. Soc. 51, 1820 (1929).
112—114°	$[\alpha]_D = +67,5°$ (in Chlorof.)	—	Sehr empfindlich. Feuchtigkeit spaltet Cl ab und gibt Heptacetyl-Maltose	[1] Freudenberg u. Ivers: Ber. 55, 929 (1922). — Freudenberg, Hochstetter u. Engels: Ber. 58, 666 (1925).
132—133°	$[\alpha]_D = +58,65°$ (in Benzol)	l. l. Benzol, Chlorof., Essigester, Aceton, h. Alk., w. l. Äth., l. unt. Zers. h. H_2O	Reduz. heiße Fehl. Lösg. Aus d. Mutterlauge: Kryst., F = ca.104—106°. $[\alpha]_D$ = ca. $+80°$ (Benzol)	[1] Brigl u. Mistele: Z. physiol. Chem. 126, 120 (1923).
84° 112—113°[2]	$[\alpha]_D^{20} = +175,0°$ (in Chlorof. berechnet)[3] $+180,1°$ (in Chlorof.)[2]	—	Reduz. Fehl. Lösg. in d. Wärme	[1] Fischer u. Armstrong: Ber. 35, 3153 (1902). [2] Brauns: Amer. Soc. 51, 1820 (1929). [3] Hudson u. Phelps: Amer. Soc. 46, 2591 (1924).
62—66°[2]	$[\alpha]_D^{20} = +199°$ (in Chlorof. berechnet)[1]	—	—	[1] Hudson u. Phelps: Amer. Soc. 46, 2591 (1924). [2] Mills: Chem. News 106, 165 (1912).
174—175°[2]	$[\alpha]_D^{20} = +114°$ (in Chlorof. berechnet)[1] $[\alpha]_D^{20} = +111,1°$ (in Chlorof.)[2]	—	—	[1] Hudson u. Phelps: Amer. Soc. 46, 2591 (1924). [2] Brauns: Amer. Soc. 51, 1820 (1929).
93—95°	$[\alpha]_D^{19} = +149°, 18'$ (in Chlorof.)[1] $[\alpha]_D^{20} = +149°$ (in Chlorof.)[2]	w. l. H_2O, Äth., l. l. Alk., Aceton, Chlorof., Essigest.	—	[1] Knoenigs u. Knorr: Ber. 34, 4343 (1901). [2] Hudson u. Phelps: Amer. Soc. 46, 2599 (1929).
188—189°	$[\alpha]_D^{20} = +52,3°$ (in Chlorof., c=3,5%)	—	—	[1] Hudson u. Johnson: Amer. Soc. 39, 1272 (1917).
Sint. 192°[1]. F = 195° 192—193°[2]	$[\alpha]_D^{20} = -5,6°$ (in Chlorof.)[1] $[\alpha]_D^{20} = -5,3°$ (in Chlorof., c=6—12%)[2]	l. l. Chlorof., Aceton, h. Benzol, h. Essigest., l. h. Alk., w. l. k. Alk., Äth., f. unl. h. H_2O, l.l.verd.Alk.	—	[1] Zemplén: Z. physiol. Chem. 85, 399 (1913). [2] Hudson u. Johnson: Amer. Soc. 39, 1272 (1917).
178°	$[\alpha]_D^{20} = +35,31° \to +30,4°$ (in Pyrid.)	l. l. Chlorof., Acet., Pyrid., schw. l. Alk., CH_3OH, unl. H_2O	Reduz. stark warme Fehl. Lösg.	[1] Bergmann u. Freudenberg: Ber. 62, 2783 (1929).
148°	$[\alpha]_D^{20} = +80,52°$ (in Chlorof., c=2-6%)[1]. $[\alpha]_D^{20} = +82°$ (in Chlorof. berechnet)[3]. $+89,22°$ (in Chlorof.)[2]	—	—	[1] Brauns: Amer. Soc. 49, 3170 (1927). Soc. 46, 2591 (1924). [2] Pacsu: Ber. 61, 1508 (1928). [3] Hudson u. Phelps: Amer.

Tabelle 48 (Fortsetzung).

Nr	Name	Formel, Konstitution	Vorkommen, Bildung, Darstellung	Krystallogr. Eigenschaften
28	α-Heptacetyl-brom-Gentiobiose	$C_{12}H_{14}O_{10}Br(OC_2H_3)_7$	Aus Octacetat in Chlorof. + HBr in Eisessig[1]	Nadeln (aus Chlorof. + Äth.)
29	α-Hexacetyl-1,6'-dibrom-Gentiobiose	$C_{12}H_{14}O_9Br_2(OC_2H_3)_6$	Aus d. 6'-Bromheptacetyl-Gentiobiose + HBr in Eisessig-Chlorof.[1]	Feine Nadeln (aus Chlorof. + Petroläth.)
30	β-Heptacetyl-6'-bromhydrin-Gentiobiose	$C_{12}H_{14}O_{10}Br(OC_2H_3)_7$	Aus Acetodibromgluc. + 1, 2, 3, 4-Tetracetylglucose in Chloroform + Ag_2O[1]	Krystalle (aus Alk.)
31	β-Hexacetyl-6'-bromhydrin-Gentiobiose	$C_{12}H_{15}O_{10}Br(OC_2H_3)_6$	Aus d. Dibromverbind. + Ag_2CO_3 in wässer. Aceton[1]	Nadeln (aus Aceton + Petroläth.)
32	α-Heptacetyl-jod-Gentiobiose	$C_{12}H_{14}O_{10}J(OC_2H_3)_7$	Aus d. Octacetat in CH_2Cl_2 + HJ + $ZnCl_2$[1]	Lange Nadeln (aus Chlorof. + Äth.)
33	α-Heptacetyl-fluor-Gentiobiose	$C_{12}H_{14}O_{10}F(OC_2H_3)_7$	Aus Octacetat + HF in Eisessig[1]	Krystalle (aus CH_3OH)
34	α-Octacetyl-iso-maltose	$C_{12}H_{14}O_{11}(OC_2H_3)_8$	Aus d. β-Form in Essigs.-Anh. + $ZnCl_2$ in d. Wärme[1]	Weißes, amorph. Pulver
35	β-Octacetyl-iso-maltose	$C_{12}H_{14}O_{11}(OC_2H_3)_8$	D. Acetyl. von Isom. + Na-Acet. u. frakt. Reinigung[1]	Weißes, amorph. Pulver
36	Octacetyl-Amylobiose	$C_{12}H_{14}O_{11}(OC_2H_3)_8$	Acetylier. + $ZnCl_2$[1]	Weißes, amorph. Pulver (aus h. Alk.)
37	Octacetyl-Glucobiose A	$C_{12}H_{14}O_{11}(OC_2H_3)_8$	Acetylier. + etwas H_2SO_4[1]	Weißes Pulver
38	Octacetyl-Glucobiose B	$C_{12}H_{14}O_{11}(OC_2H_3)_8$	Ebenso[1]	Pulver
39	Octacetyl-α-2-Glucosido-glucose	$C_{12}H_{14}O_{11}(OC_2H_3)_8$	Acetylier. in Pyridin[1]	Feine Kryställchen (aus Äth.)
40	α-Octacetyl-Cellobiose	$C_{12}H_{14}O_{11}(OC_2H_3)_8$	Aus d. β-Form in Essigs.-Anhydr. + $ZnCl_2$[1]. Aus Baumwolle od. Papier mit Essigs.-Anh. + H_2SO_4[2]	Krystalle
41	β-Octacetyl-Cellobiose	$C_{12}H_{14}O_{11}(OC_2H_3)_8$	Aus d. Komp. + Na-Acetat[1]	Weiße Nadeln
42	β-Heptacetyl-Cellobiose	$C_{12}H_{15}O_{11}(OC_2H_3)_7$	Aus Acetobromcellobiose + $CaCO_3$ od. Ag_2CO_3 od. H_2O[1]	Feine Nadeln (aus Chlorof. + Äth.)
43	Heptacetyl-chlor-Cellobiose	$C_{12}H_{14}O_{10}Cl(OC_2H_3)_7$	Aus Cellobiose in Essigs.-Anhydr. + HCl[1]. Aus d. Octacetat + HCl[2]	Krystalle
44	Heptacetyl-brom-Cellobiose	$C_{12}H_{14}O_{10}Br(OC_2H_3)_7$	Aus d. Octacetat + HBr in Eisessig[1]	Dünne Nadeln (aus Essigest. + Petroläth.)

228

Schmelz- und Siedepunkt	Optisches Drehungsvermögen	Löslichkeit	Analytisches; Diverses	Literatur
144°	$[\alpha]_D^{20} = +101{,}08°$ (in Chlorof., c $= 2{,}45\%$)[1]. $[\alpha]_D^{20} = +112°$ (in Chlorof. berechnet)[2]. $[\alpha]_D^{19} = +111{,}8°$ (in Chlorof.)[3]	—	—	[1] **Brauns:** Amer. Soc. **49,** 3170 (1927). [2] **Hudson u. Phelps:** Amer. Soc. **46,** 2591 (1924). [3] **Zemplén:** Ber. **57,** 698 (1924).
ca. 193° (Zers.)	$[\alpha]_D^{18} = +108{,}1°$ (in Chlorof.)	—	—	[1] **Helferich u. Collatz:** Ber. **61,** 1640 (1928).
240°	$[\alpha]_D^{17} = +2{,}38°$ (in Chlorof.)	l. l. Chlorof., l. Aceton, Essigest., w. l. Alk., Äth., schw. l. H_2O	—	[1] **Helferich u. Collatz:** Ber. **61,** 1640 (1928).
(264° (Z.)	$[\alpha]_D^{18} = +9{,}9° \rightarrow +41{,}45°$ (in Pyrid.)	l. l. Pyrid., l. Äth., Chlorof., Essigest., Aceton, Alk., unl. Petroläth.	—	[1] **Helferich u. Collatz:** Ber. **61,** 1640 (1928).
134° (Zers.)	$[\alpha]_D^{20} = +126{,}10°$ (in Chlorof., c $= 2{,}2\%$)[1]. $[\alpha]_D^{20} = +136°$ (in Chlorof. berechnet)[2]	—	—	[1] **Brauns:** Amer. Soc. **49,** 3170 (1927). [2] **Hudson u. Phelps:** Amer. Soc. **46,** 2591 (1924).
168—169°	$[\alpha]_D^{20} = +43{,}8°$ (in Chlorof., c $= 2{,}45\%$)[1]. $[\alpha]_D^{20} = +40°$ (in Chlorof. berechnet)[2]	—	—	[1] **Brauns:** Amer. Soc. **49,** 3170 (1927). [2] **Hudson u. Phelps:** Amer. Soc. **46,** 2591 (1924).
72—77°	$[\alpha]_D^{19} = +115{,}5°$ (in Benzol, c $= 4{,}224\%$)	l. l. Benzol, Acet., Essigs., Alk., Äth., unl. H_2O, Petroläth.	Dürfte nicht ganz rein sein	[1] **Georg u. Pictet:** Helv. **9,** 612 (1926).
72—77°	$[\alpha]_D^{20} = +93{,}70°$ (in Benzol, c $= 4{,}774\%$)	wie vorsteh., nur etwas weniger l. in Äth.	Dürfte nicht ganz rein sein	[1] **Georg u. Pictet:** Helv. **9,** 612 (1926).
—	$[\alpha]_D = +120{,}7°$ bis $+122{,}1°$ (in Chlorof.)[2]	unl. H_2O, Äth., Petroläth., l. l. Alk., Chlorof., Benzol, Toluol	—	[1] **Pringsheim:** Ber. **57,** 1593 (1924). [2] **Pringsheim u. Leibowitz:** Ber. **58,** 2808 (1925).
—	$[\alpha]_D^{20} = +43{,}5°$ (in Chlorof.)	l. l. Chlorof., Benzol, Eisessig, l. h. Alk.	—	[1] **Pringsheim, Knoll u. Kasten:** Ber. **58,** 2135 (1925).
—	$[\alpha]_D^{20} = +114{,}6°$ (in Chlorof.)	—	—	[1] **Pringsheim, Knoll u. Kasten:** Ber. **58,** 2135 (1925).
85—86°	—	s. l. l. Äth., l. h. Alk.	—	[1] **A. u. J. Pictet:** Helv. **6,** 617 (1923).
229,5°	$[\alpha]_D^{20} = +41{,}95°$ (in Chlorof.)	—	—	[1] **Hudson u. Johnson:** Amer. Soc. **37,** 1276 (1915). [2] **Skraup u. König:** Monatsh. f. Chem. **22,** 1011 (1901).
202°[1]	$[\alpha]_D^{20} = -14{,}48°$ (in Chlorof.)[1]	—	—	[1] **Hudson u. Johnson:** Amer. Soc. **37,** 1276 (1915).
204°[2]	$[\alpha]_D^{20} = +19{,}95°$ (E.) (in Chlorof.)[1]. $[\alpha]_D = -2{,}4° \rightarrow +22{,}6°$ (in Chlorof.)[2]	l. l. Aceton, Essigester, Chlorof., CH_3OH, h. Benzol, l. Äth., l. k. verd. NaOH l. H_2O	Reduz. heiße Fehl. Lösg.	[1] **Fischer u. Zemplén:** Ber. **43,** 2536 (1910). [2] **Hudson u. Sayre:** Amer. Soc. **38,** 1867 (1916).
ca. 178°[1] 186—187°[2] 200—201°[3]	$[\alpha]_D^{20} = +73{,}0°$ (in Chlorof., c $= 1\%$)[2]; $[\alpha]_D^{20} = +71{,}7°$ (in Chlorof.)[3]	l. l. h. Benzol, z. l. h. Alk., w. l. Äth.	Reduz. heiße Fehl. Lösg.	[1] **Erwig u. Koenigs:** Ber. **34,** 996 (1901). [2] **Schliemann:** A. **378,** 366 (1911). [3] **Brauns:** Amer. Soc. **48,** 2776 (1926).
ca. 180° (Z.)[1]	$[\alpha]_D^{20} = +96{,}54°$ (in Chlorof.)[1]; $[\alpha]_D^{20} = +95{,}76°$ (in Chlorof.)[2]	l. l. Chlorof., Acet., h. Essigest., Alk., l. Äth., w. l. Petroläth.	Reduz. heiße Fehl. Lösg.	[1] **Fischer u. Zemplén:** Ber. **43,** 2536 (1910). [2] **Brauns:** Amer. Soc. **48,** 2776 (1926).

Nr	Name	Formel, Konstitution	Vorkommen, Bildung, Darstellung	Krystallogr. Eigenschaften
45	Heptacetyl-jod-Cellobiose	$C_{12}H_{14}O_{10}J(OC_2H_3)_7$	Aus d. Octacetat $+$ HJ in Eisessig[1]	Feine Nadeln (aus Aceton)
46	Heptacetyl-fluor-Cellobiose	$C_{12}H_{14}O_{10}F(OC_2H_3)_7$	Aus d. Octacetat $+$ HF in Eisessig[1]	Krystalle (aus Alk.)
47	Heptacetyl-Cellobiosido-1-schwefel-saures-heptacetyl-Cellobiosido-1'-pyridiniumhydroxyd	$C_{57}H_{75}O_{38}NS + 2^1/_2\,H_2O$	Aus Heptacetylchlorcellobiose $+$ Ag_2SO_4 in Pyridin[1]	Feine seidige Nadeln (aus H_2O)
48	Octacetyl-Cello-isobiose	$C_{12}H_{14}O_{11}(OC_2H_3)_8$	Bei d. Acetolyse d. Cellulose u. nachf. Ätherfraktion d. Acetate[1]	Weißes Pulver od. mikroskop. Nadeln
49	α-Heptacetyl-chlor-Celtrobiose	$C_{12}H_{14}O_{10}Cl(OC_2H_3)_7$	Aus Octacetylcellobiose $+$ $AlCl_3$ in Chlorof.[1]	Hexagonale Platten (aus Äth.)
50	Octacetyl-Saccharose (Rohrzuckeracetat)	$C_{12}H_{14}O_{11}(OC_2H_3)_8$	D. Acetylieren von Rohrzucker $+$ Pyrid. od. Na-Acetat[1]	Zu Gruppen vereinigte feine Nadeln (aus Alk.)
51	Octacetyl-Saccharose C	$C_{12}H_{14}O_{11}(OC_2H_3)_8$	D. Kondens. von β-Tetracetylglucose $+$ β-Tetracetyl-n-Fructose in Chlorof. $+$ P_2O_5[1]	Krystallpulver (aus Alk.)
52	Octacetyl-Isosaccharose (Saccharose D)	$C_{12}H_{14}O_{11}(OC_2H_3)_8$	D. Kondens. von β-Tetracetylglucose $+$ γ-Tetracetylfructose in Benzol $+$ P_2O_5; dasselbe mit Acetochlor-γ-fructose[1]. D. Abbau u. Wiederaufbau von Saccharose-Octacetat $+$ HCl u. P_2O_5[2]. Dass. mit Acetylbromid u. P_2O_5[3]	Farblose Nadeln od. Prismen (aus Alk.)
53	Octacetyl-β-d-glucosido-fructose	$C_{28}H_{38}O_{19}$	Aus Acetobromglucose$+$2,3,4,5-Tetracetylfructose in Chloroform $+$ Ag_2O[1]	Nadeln (aus Alk.)
54	Octacetyl-Galaktobiose	$C_{12}H_{14}O_{11}(OC_2H_3)_8$	Durch Kondens. von β-Tetracetylgalaktose in Chlorof. $+$ $ZnCl_2$ $+$ P_2O_5[1]	Weißes, mikrokrystall. Pulver
55	β-Octacetyl-Melibiose	$C_{12}H_{14}O_{11}(OC_2H_3)_8$	Acetylier. $+$ Na-Acetat in der Wärme[1]. Synthetisch aus Acetobromgalaktose $+$ 1,2,3,4-Tetracetylglucose in Chinolin[2]	Krystalle (aus Alk.)
56	β-Octacetyl-6-β-d-galaktosido-d-glucose	$C_{12}H_{14}O_{11}(OC_2H_3)_8$	Aus Acetobromgalakt. $+$ 1,2,3,4-Tetracetylglucose in Chloroform $+$ Ag_2O[1]	Farbl. Nadeln (aus Alk.)
57	α-Octacetyl-Lactose	$C_{12}H_{14}O_{11}(OC_2H_3)_8$	Aus d. β-Form in Essigs.-Anhydr. $+$ $ZnCl_2$ in d. Wärme[1]	Krystalle (aus Alk.) od. feine Nadeln

Schmelz- und Siedepunkt	Optisches Drehungsvermögen	Löslichkeit	Analytisches; Diverses	Literatur
160—170° (Zers.)	$[\alpha]_D^{20} = +125{,}43°$ (in Chlorof.)[1]; $[\alpha]_D^{20} = +125{,}70°$ (in Chlorof.)[2]	l. l. h. Chlorof., Alk., w. l. Äth.	Reduz. heiße Fehl. Lösg.	[1] **Fischer** u. **Zemplén:** Ber. **43**, 2536 (1910). [2] **Brauns:** Amer. Soc. **48**, 2776 (1926).
187°	$[\alpha]_D^{20} = +30{,}03°$ (in Chlorof.)	schw. l. außer Chlorof.	—	[1] **Brauns:** Amer. Soc. **45**, 833 (1923).
194—195° Z.)	—	s. schw. l. bis unl. in den gew. Solvent.	—	[1] **Ohle, Marecek** u. **Bourjau:** Ber. **62**, 833 (1929).
200° (216°Max.)	$[\alpha]_D^{20} = +17{,}4°$ (in Chlorof.)	l. Äth.	—	[1] **Ost:** Z. angew. Chem. **33**, 100 (1920); **39**, 1117 (1926). — **Weltzien** u. **Singer:** A. **443**, 71 (1925).
137—138° (155—165° Zers.)	$[\alpha]_D^{20} = +59{,}2°$ (in Chlorof., $c = 4{,}35\%$)	s. l. l. Chlorof., Aceton, unl. H_2O, Petroläth.	Reduz. heiße Fehl. Lösg.	[1] **Hudson:** Amer. Soc. **48**, 2002 (1926).
69° . 70°[2] 72—73°[3]	$[\alpha]_D^{20} = +59{,}6°$ (in Chlorof.)	l. l. Chlorof., CH_3OH, Benzol, Äth., l. h. Alk., schw. l. k. Alk., unl. k., s. schw. l. h. H_2O, l. h. Essigsäure, l. h. Pyrid., unl. Petroläth.	$VW = 4472$ cal[4]. Reduz. nicht koch. Fehl. Lösg. $D^{16} = 1{,}27{,}$[5]	[1] **Hudson** u. **Johnson:** Amer. Soc. **37**, 2748 (1915). [2] **Pictet** u. **Vogel:** Helv. **11**, 436 (1928). [3] **Brigl** u. **Scheyer:** C. **1927**, I, 418. [4] **Karrer** u. **Fioroni:** Helv. **6**, 396 (1923). [5] **Herzfeld:** Z. Ver. D. Zuckerind. **37**, 422.
113—114°	$[\alpha]_D^{21} = -60{,}8°$ (in Chlorof.)	unl. k., s. schw. l. h. H_2O, s. l. l. Chlorof., CH_3OH, z. l. Benzol, unl. Petroläth., s. schw. l. k., l. h. Alk.	Reduz. Fehl. Lösg. beim läng. Kochen	[1] **Pictet** u. **Vogel:** Helv. **11**, 905 (1928).
131-132°[1][3] 125°[2]	$[\alpha]_D^{20} = +19{,}9°$ (in Chlorof., $c = 3{,}76\%$)[1][3]; $+20{,}0°$ (in Aceton, $c = 4{,}07\%$); $-2{,}0°$ (in Benzol, $c = 3{,}92\%$). $[\alpha]_D^{21} = +20{,}3°$ (in Chlorof., $c = 2{,}9\%$)[2]	l. l. h. CH_3OH, Alk., Chlorof., Aceton, z. schw. l. Benzol, Äth., unl. H_2O	Reduz. nicht koch. Fehl. Lösg.	[1] **Irvine, Oldham** u. **Skinner:** Amer. Soc. **51**, 1279 (1929). [2] **Pictet** u. **Vogel:** Helv. **11**, 905 (1928). [3] **Irvine** u. **Oldham:** Amer. Soc. **51**, 3609 (1929).
129°	$[\alpha]_D^{20} = +14{,}1°$ (in Chlorof.)	—	Gibt ein nicht näher untersuchtes Disaccharid beim Verseifen	[1] **Helferich** u. **Brederck:** A. **465**, 166 (1928).
82—83°	$[\alpha]_D^{20} = +51{,}7°$ (in Chlorof.)	unl. k., s. w. l. h. H_2O, s. l. l. Äth., Chlorof., w. l. Alk., Benzol, unl. Petroläth.	Reduz. nicht Fehl. Lösg. in d. Siedehitze	[1] **Vogel** u. **Debowska-Kurnicka:** Helv. **11**, 910 (1928).
177,5°[1] 172—173°[2]	$[\alpha]_D^{20} = +102{,}5°$ (in Chlorof.); $+101{,}9°$ (in Eisessig)[1] $[\alpha]_D^{20} = +97{,}2°$ (in Chlorof.)[2]	schw. l. k., l. l. h. Alk., l. l. verd. Alk., l. Äth., Benzol, Chlorof., unl. k. H_2O, Petroläth.	α-Octacetat: Aus der α-Form + $ZnCl_2$ in Essigs.-Anhydrid. $[\alpha]_D = +147{,}3°$ (in Essigs.-Anh.)[1]	[1] **Hudson** u. **Johnson:** Amer. Soc. **37**, 2748 (1915). [2] **Helferich** u. **Brederck:** A. **465**, 166 (1928).
166° (k.)	$[\alpha]_D^{22} = 0°$ (in Chlorof.)	schw. l. Alk., Äth., l. CH_3OH, s. l. l. Chlorof., Essigest.	—	[1] **Helferich** u. **Rauch:** Ber. **59**, 2655 (1926).
152°	$[\alpha]_D^{20} = +53{,}62°$ (in Chlorof.)	l. l. Alk., Äth., s. l. l. Chloroform, Essigest., Benzol, w. l. H_2O	—	[1] **Hudson** u. **Johnson:** Amer. Soc. **37**, 1270 (1915).

Nr	Name	Formel, Konstitution	Vorkommen, Bildung, Darstellung	Krystallogr. Eigenschaften
58	β-Octacetyl-Lactose	$C_{12}H_{14}O_{11}(OC_2H_3)_8$	Acetylier. $+$ Na-Acetat in der Wärme[1])	Krystalle (aus Alk. od. aus Äth.)
59	Tetracetyl-Lactose	$C_{12}H_{18}O_{11}(OC_2H_3)_4$	D. Kochen von Lactose in Essigsäure-Anhydr.[1])	Zerfließl. körnige Masse
60	β-Heptacetyl-Lactose	$C_{12}H_{15}O_{11}(OC_2H_3)_7$	Aus d. Acetobromlactose in feucht. Aceton $+$ Ag_2CO_3[1])	Prismen (aus Chlorof. $+$ Äth.)
61	α-Heptacetyl-chlor-Lactose	$C_{12}H_{14}O_{10}Cl(OC_2H_3)_7$	Aus d. Octacetat in Chlorof. $+$ PCl_5 $+$ $AlCl_3$ u. Kochen[1]). Aus d. β-Octacetat$+$Titanchlorid in Chlorof.[2])	Nadeln (aus Chlorof. $+$ Äth.)
62	α-Heptacetyl-brom-Lactose	$C_{12}H_{14}O_{10}Br(OC_2H_3)_7$	Aus Lactose $+$ Acetylbromid[1]). Aus Octacetat $+$ HBr in Essigs.-Anhydrid[2]). Aus Octacetat$+$HBr in Eisessig[3])	Prismen (aus Äth.)
63	α-Heptacetyl-jod-Lactose	$C_{12}H_{14}O_{10}J(OC_2H_3)_7$	Aus Octacetat $+$ HF in Eisessig[1])	Krystalle
64	Heptacetyl-β-Lactosido-1-schwefel-saures-heptacetyl-β-Lactosido-1'-pyridiniumhydroxyd	$C_{57}H_{75}O_{38}NS$	Aus Heptacetylchlorlactose $+$ Ag_2SO_4 in Pyridin[1])	Krystalle (aus viel Alk.)
65	α-Octacetyl-Neolactose	$C_{12}H_{14}O_{11}(OC_2H_3)_7$	Aus Octacetyl-Lactose $+$ ACl_3 in Chlorof. über d. Heptacetyl-chlorderivat in Essigs.-Anhydr. $+$ Na-Acetat od. Ag_2CO_3[1])	Sternf. grupp. Blättchen (aus Alk.)
66	β-Octacetyl-Neolactose	$C_{12}H_{14}O_{11}(OC_2H_3)_7$	Aus α-Acetochlorneolactose in Aceton $+$ Ag_2O u. Acetylier. mit Na-Acetat in Essigs.-Anhydrid[1])	Platten (aus Alk.)
67	α-Heptacetyl-chlor-Neolactose	$C_{12}H_{14}O_{10}Cl(OC_2H_3)_7$	Aus Octacetyllactose $+$ $AlCl_3$ in Chlorof.[1])	Dicke Prismen (aus Essigest.)
68	Octacetyl-4-β-Glucosido-mannose	$C_{12}H_{14}O_{11}(OC_2H_3)_8$	Aus d. Hexacetyl-fluor-Verbind. in Essigs.-Anhydr. $+$ $ZnCl_2$[1])	Nadeln (aus CH_3OH)
69	Hexacetyl-fluor-4-β-Glucosido-mannose	$C_{12}H_{14}O_9OHF(OC_2H_3)_6$	Aus Octacetyl-cellobiose $+$ KF $\cdot$ HF in d. Kälte[1])	Krystalle (aus CH_3OH)
70	Heptacetyl-fluor-4-β-Glucosido-mannose	$C_{12}H_{14}O_{10}F(OC_2H_3)_7$	Aus d. Hexacetyl-fluor-Verbind. $+$ Na-Acetat in Essigs.-Anhydr.[1])	Feine Nadeln (aus CH_3OH)
71	Heptacetyl-chlor-4-β-Glucosido-mannose	$C_{12}H_{14}O_{10}Cl(OC_2H_3)_7$	Aus d. Octacetat $+$ HCl in Eisessig[1])	Feine Nadeln (aus Äthylacetal $+$ Petroläth.)
72	Heptacetyl-brom-4-β-Glucosido-mannose	$C_{12}H_{14}O_{10}Br(OC_2H_3)_7$	Aus d. Octacetat $+$ HBr in Eisessig[1])	Feine Nadeln (aus Äthylacetal $+$ Petroläth.)

232

Acetate der Di- bis Tetrasaccharide.

Schmelz- und Siedepunkt	Optisches Drehungsvermögen	Löslichkeit	Analytisches; Diverses	Literatur
90°	$[\alpha]_D^{20} = -4{,}70°$ (in Chlorof.)	s. l. l. Chlorof., Essigester, Benzol, l. Äth., s. w. l. H_2O	Reduz. koch. Fehl. Lösg. VW = 4466 cal[2]	[1] **Hudson** u. **Johnson**: Amer. Soc. **37**, 1270 (1915). [2] **Karrer** u. **Fioroni**: Helv. **6**, 396 (1923).
—	$[\alpha]_D = +50{,}1°$ (in H_2O, c = 7,46%)	l. l. H_2O	—	[1] **Schützenberger** u. **Naudin**: Soc. chim. France [2] **12**, 208 (1869).
83°	$[\alpha]_D^{20} = -0{,}3° \rightarrow +52{,}8°$ (in Chlorof.)	—	Reduz. Fehl. Lösg.	[1] **Hudson** u. **Sayre**: Amer. Soc. **38**, 1867 (1916).
120—121°	$[\alpha]_D^{20-25} = +83{,}9°$ (in Chlorof., c = 1%); $[\alpha]_D^{23} = +68{,}2°$ (in Benzol, c = 1%)	—	—	[1] **Hudson** u. **Kunz**: Amer. Soc. **47**, 2052 (1925). [2] **Pacsu**: Ber. **61**, 1508 (1928)
141—142°[2]) 145° (Zers.)[3])	$[\alpha]_D^{23} = +108{,}7°$ (in Chlorof., c = 1%)[3]) $[\alpha]_D^{24} = +105{,}16°$ (in $C_2H_2Cl_4$)[2])	w. l. H_2O, l. Alk., Äth., Aceton, Essigest., Benzol, Toluol, l. l. Chlorof.	Reduz. koch. Fehl. Lösg.	[1] **Ditmar**: Ber. **35**, 1951 (1902) [2] E. u. H. **Fischer**: Ber. **43**, 2521 (1910). [3] **Hudson** u. **Kunz**: Amer. Soc. **47**, 2052 (1925).
145° (Zers.)	$[\alpha]_D^{23} = +136{,}9°$ (in Chlorof., c = 1%)	—	—	[1] **Hudson** u. **Kunz**: Amer. Soc. **47**, 2052 (1925).
185—186°	$[\alpha]_D^{20} = -9{,}44°$ (in Chlorof., c = 0,1388%)	z. l. Chlorof., sonst schw. l.	—	[1] **Ohle**, **Marecek** u. **Bourjau**: Ber. **62**, 833 (1929).
178°	$[\alpha]_D^{20} = +53{,}4°$ (in Chlorof.); $[\alpha]_{578}^{20} = +56{,}0°$; $[\alpha]_{546}^{20} = +63{,}1°$; $[\alpha]_{436}^{20} = +112{,}0°$	z. l. l. Essigest., Aceton, Benzol, Chlorof., unl. Petroläth., H_2O, Äth.	Reduz. sied. Fehl. Lösg.	[1] **Kunz** u. **Hudson**: Amer. Soc. **48**, 1978 (1926).
148°	$[\alpha]_D^{23} = -7{,}04°$ (in Chlorof., c = 1,02%); $[\alpha]_{578}^{23} = -7{,}9°$; $[\alpha]_{546}^{23} = -9{,}2°$; $[\alpha]_{436}^{23} = -16{,}2°$	etwas l. l. als die α-Form	—	[1] **Kunz** u. **Hudson**: Amer. Soc. **48**, 1978 (1926).
182° (Zers.)	$[\alpha]_D^{25} = +71{,}2°$ (in Chlorof., c = 1,023%); $[\alpha]_{578}^{20} = +75{,}6°$; $[\alpha]_{546}^{20} = +84{,}5°$; $[\alpha]_{436}^{20} = +147{,}0°$	l. l. Chlorof., Benzol, Aceton, w. l. k. Alk., s. w. l. Äth., unl. H_2O, Petroläth.	Reduz. sied. Fehl. Lösg.	[1] **Kunz** u. **Hudson**: Amer. Soc. **48**, 1978 (1926).
202—203°	$[\alpha]_D^{20} = +36{,}26°$ (in Chlorof.)	l. Benzol, Alk., l. l. Chlorof., unl. H_2O, Petroläth.	—	[1] **Brauns**: Amer. Soc. **48**, 2776 (1926).
145°	$[\alpha]_D^{20} = +20{,}75°$ (in Chlorof.)	—	—	[1] **Brauns**: Amer. Soc. **48**, 2776 (1926).
155—156°	$[\alpha]_D^{20} = +13{,}65°$ (in Chlorof.)	l. Benzol, Alk., sonst l. l. auß. H_2O u. Petroläth.	—	[1] **Brauns**: Amer. Soc. **48**, 2776 (1926).
172°	$[\alpha]_D^{20} = +51{,}12°$ (in Chlorof.)	l. Benzol, s. l. l. in allen and. Solvent. außer H_2O u. Petroläth.	—	[1] **Brauns**: Amer. Soc. **48**, 2776 (1926).
168—169°	$[\alpha]_D^{20} = +77{,}88°$ (in Chlorof.)	l. wie vorstehend	—	[1] **Brauns**: Amer. Soc. **48**, 2776 (1926).

Tabelle 48 (Fortsetzung).

Nr	Name	Formel, Konstitution	Vorkommen, Bildung, Darstellung	Krystallogr. Eigenschaften
73	Heptacetyl-jod-4-β-Glucosido-mannose	$C_{12}H_{14}O_{10}J(OC_2H_3)_7$	Aus d. Octacetat in Methylchlorid + HJ in d. Kälte[1]	Feine, konzentr. grupp. Nadeln (aus Äthylacetal + Petroläth.)
74	Hendekacetyl-6-β-Cellobiosido-glucose	$C_{18}H_{21}O_{16}(OC_2H_3)_{11}$	Aus Acetobromcellobiose + 1,2-3,4-Tetracetylglucose + Ag_2O in Chlorof.[1]	Krystalle (aus CH_3OH)
75	Hendekacetyl-6-β-Lactosido-glucose	$C_{18}H_{21}O_{16}(OC_2H_3)_{11}$	Aus Acetobromlactose + 1,2,3,4-Tetracetylglucose in Chloroform + Ag_2O[1]	Krystalle (aus absol. Alk.)
76	Hendekacetyl-6-β-Gentiobiosido-glucose	$C_{18}H_{21}O_{16}(OC_2H_3)_{11}$	Aus Acetobromgentiobiose + 1,2,3,4-Tetracetylglucose + Ag_2O in Chlorof.[1]	Krystalle (aus Alk.+Chlorof.)
77	Heptacetyl-6-β-Cellobiosido-aceto-bromglucose	$C_{38}H_{51}O_{25}Br$	Aus d. Hendekacetat in Chlorof. + HBr in Eisessig[1]	Feine Nadeln (aus Chlorof. + Petroläth.)
78	Heptacetyl-6-β-Cellobiosido-2,3,4-tri-acetylglucose	$C_{38}H_{52}O_{26}$	Aus d. vorsteh. Verbind. + Ag_2O in wässer. Aceton[1]	Feine Nadeln (aus Chlorof. + Petroläth.)
79	Hendekacetyl-Amylotriose	$C_{18}H_{21}O_{16}(OC_2H_3)_{11}$	Acetylier. + $ZnCl_2$ in d. Wärme[1]	Amorph. weiß. Pulver (aus Alk.)
80	Hendekacetyl-β-Glucosido-maltose	$C_{18}H_{21}O_{16}(OC_2H_3)_{11}$	Acetylier. in Pyrid. bei $35°$[1]	Weißes Pulver (aus Chlorof. + Petroläth.)
81	Octacetyl-Rhamninose	$C_{18}H_{24}O_{14}(OC_2H_3)_8$	Durch Acetylierung[1]	Weiße Krystalle
82	Hendekacetyl-Raffinose	$C_{18}H_{21}O_{16}(OC_2H_3)_{11}$	Acetyl. in Essigs.-Anhydr. + Na-Acetat[1]	Weiße Blättchen (aus Alk.)
83	Hendekacetyl-Melezitose	$C_{18}H_{21}O_{16}(OC_2H_3)_{11}$	Acetylier. + Na-Acetat[1]	Monokl. Prismen (Alk.)[1]
84	Hendekacetyl-Manninotriose	$C_{18}H_{21}O_{16}(OC_2H_3)_{11}$	Acetylier. + Na-Acetat[1]	Amorph
85	Tetradekacetyl-6'-β-Cellobiosido-β-gentiobiose	$C_{24}H_{28}O_{21}(OC_2H_3)_{14}$	Aus Heptacetyl-cellobiosido-acetobromglucose + 1,2,3,4-Tetr-acetylglucose in Chlorof.+Ag_2O[1]	Feine Nadeln (aus CH_3OH)
86	Tetradekacetyl-Maltotetrose	$C_{24}H_{28}O_{21}(OC_2H_3)_{14}$	Aus Heptacetylmaltose + P_2O_5 in Chlorof.[1]	Krystall. Masse
87	Tetradekacetyl-Cellobiotetrose	$C_{24}H_{28}O_{21}(OC_2H_3)_{14}$	Aus Acetobromcellobiose + Ag_2CO_3 in Chlorof.[1]	Farbl. körnig. Pulver (aus Alk.)

Acetate der Di- bis Tetrasaccharide.

Schmelz- und Siedepunkt	Optisches Drehungsvermögen	Löslichkeit	Analytisches; Diverses	Literatur
140° (Zers.)	$[\alpha]_D^{20} = +111,45°$ (in Chlorof.)	unl. Petroläth., H_2O, w. l. Äth., Benzol, s.l.l.Chlorof.	Instabil	[1] **Brauns:** Amer. Soc. **48**, 2776 (1926).
245—247° (k.)	$[\alpha]_D^{21} = -10,4°$ (in Chlorof.)	l. l. Chlorof., Essigester, Aceton, Eisessig, w. l. CH_3OH, Alk., Benzol, unl. Äth., Petroläth.	—	[1] **Helferich u. Schäfer:** A. **450**, 229 (1926).
198° (k.)	$[\alpha]_D^{22} = -2,53°$ (in Chlorof.)	l. l. Benzol, Eisessig, Essigester, Chlorof., Aceton, schw. l. Alk., CH_3OH, unl. Äth., Petroläth.	—	[1] **Helferich u. Schäfer:** A. **450**, 229 (1926).
221° (k.)	$[\alpha]_D^{22} = -8,0°$ (in Chlorof.)	wie vorstehend	—	[1] **Helferich u. Schäfer:** A. **450**, 229 (1926).
209°	$[\alpha]_D^{19} = +63,8°$ (in Chlorof.)	—	—	[1] **Helferich u. Schäfer:** A. **450**, 229 (1926). [2] **Helferich u. Bredereck:** A. **465**, 166 (1928).
233°	$[\alpha]_D^{15} = -6,6°$ (in Chlorof.)	—	—	[1] **Helferich u. Bredereck:** A. **465**, 177 (1928).
—	$[\alpha]_D^{17} = +127°$ (in Chlorof., $c = 0,834\%$)[2]. $[\alpha]_D = +127,9°$ (in Chlorof.)[3]	unl. H_2O, Äth., Petroläth., l. l. Alk., Chlorof., Benzol, Toluol	—	[1] **Pringsheim:** Ber. **57**, 1593 (1924). [2] **Lohmann:** Bioch. Z. **178**, 444 (1926). [3] **Pringsheim u. Leibowitz:** Ber. **58**, 2808 (1925).
—	$[\alpha]_D^{22} = +120,8°$ (in Chlorof.); $[\alpha]_D = +121,7°$ (in Chlorof.)	—	—	[1] **Pringsheim u. Schapiro:** Ber. **59**, 1000 (1926).
95°	$[\alpha]_D = -30,87°$ (in Alk.); $-31,7°$ (in Eisessig)	—	—	[1] **Tanret:** Soc. chim. France [3] **21**, 1065 (1899).
99—101°	$[\alpha]_D = +92,2°$ (in Alk.)[1]; $[\alpha]_D = +100,3°$ (in Alk.)[2]	l. Alk., Chlorof., Benzol, Eisessig, s.l.l.h. Alk., Äth., s. w. l. Ligroin	Reduz. nicht koch. Fehl. Lösg.	[1] **Scheibler u. Mittelmeier:** Ber. **23**, 1438 (1890). [2] **Tanret:** Soc. chim. France [3] **13**, 261 (1895).
117°[2]	$[\alpha]_D^{20} = +110,4°$ (in Benzol, $c = 0,6243\%$)[1]; $[\alpha]_D^{20} = +103,6°$ (in Chlorof., $c = 1\%$)[2]	unl. H_2O, l.l.Alk., Chlorof., Essigester[1]	$D = 1,32$[1]. Reduz. nicht koch. Fehl. Lösg.	[1] **Alechin:** Ann. chim. phys. [6] **18**, 532 (1889). [2] **Hudson u. Sherwood:** Amer. Soc. **40**, 1456 (1918).
105°	$[\alpha]_D = +135°$ (in Alk.); $+131°$ (in Eisessig)	f. unl. H_2O	—	[1] **Tanret:** Soc. chim. France [3] **27**, 947 (1902).
239—240°	$[\alpha]_D^{15} = -19,6°$; $[\alpha]_D^{17} = -18,3°$ (in Chlorof.)	—	—	[1] **Helferich u. Bredereck:** A. **465**, 166 (1928).
105°	$[\alpha]_D^{20} = +105,4°$ (in Chlorof.)	s. w. l. h. H_2O, unl. k. H_2O, w. l. Chlorof., Benzol, Alk., Äth., z. l. in diesen, heiß. unl. Petroläth.	Reduz. nicht koch. Fehl. Lösg.	[1] **Vogel u. Debowska-Kurnicka:** Helv. **11**, 910 (1928).
—	$[\alpha]_D^{20} = +9,40°$ (in Benzol); $+11,51°$ (in Chlorof.)	l. l. Chlorof., Benzol, Aceton, h. Alk., schw. l. Äth., s. schw. l. h. H_2O	Nicht in ganz reinem Zustande dargestellt	[1] **Fischer u. Zemplén:** Ber. **43**, 2536 (1910).

Tabelle 48 (Fortsetzung).

Nr	Name	Formel, Konstitution	Vorkommen, Bildung, Darstellung	Krystallogr. Eigenschaften
88	Tetradekacetyl-Lactotetrose	$C_{24}H_{28}O_{21}(OC_2H_3)_{14}$	Aus Acetobromlactose $+ Ag_2CO_3$ in Chlorof.[1])	Farbl. körnig. Pulver
89	Tetradekacetyl-Stachyose	$C_{24}H_{28}O_{21}(OC_2H_3)_{14}$	Acetylier. $+$ Na-Acetat[1])	Weißes, amorph. Pulver

Tabelle 49.

Nr	Name	Formel, Konstitution	Vorkommen, Bildung, Darstellung	Krystallogr. Eigenschaften
1	Diacetyl-l-Rhamnosan	$C_6H_8O_4(OC_2H_3)_2$	Acetylierung in Pyridin[1])	Amorphes Pulver
2	Octacetyl-Tetraglucosan	$C_{40}H_{56}O_{28}$	Acetylierung $+$ Na-Acetat[1])	Pulver
3	Triacetyl-Lävoglucosan	$C_6H_7O_5(OC_2H_3)_3$	Acetylier. mit Essigs.-Anhydr. $+$ Na-Acetat[1])	Schöne Nadeln (aus Essigester)
4	Hexacetyl-Dilävoglucosan	$C_{12}H_{14}O_{10}(OC_2H_3)_6$	Mit Essigs.-Anhydr. $+$ Na-Acetat[1])	Weißes, amorph. Pulver
5	Octacetyl-Tetralävoglucosan	$C_{40}H_{56}O_{28}$	Mit Essigs.-Anhydr. $+$ Na-Acetat[1])	Kleine Krystalle (aus verd. Alk.)
6	Triacetyl-Hepta-(?)-lävoglucosan	$(C_{12}H_{16}O_8)_7$	Durch Acetylierung[1])	Pulver (aus Alk.)
7	Acetyl-Hexaglucosan	$[C_6H_7O_5(OC_2H_3)_3]_6$	Bei der Acetylierung der Roh-Isomaltose u. Isolierung d. fraktion. Lösen in Alk.[1])	Farbl. Pulver
8	3,4,6-Triacetyl-1,2-Anhydroglucose	$C_6H_7O_5(OC_2H_3)_3$	Aus Triacetylchlorglucose in Benzol $+$ NH$_3$[1])	Schiefe Tafeln od. gezackte Drusen (aus Benzol od. Essigester+Petroläth.
9	Triacetyl-Lävulosan	$C_6H_7O_5(OC_2H_3)_3$	Acetyl. in Pyrid. mit Acetylchlorid[1])	Pulver
10	Hexacetyl-Dilävulosan	$C_{12}H_{17}O_{10}(OC_2H_3)_6$	Acetyl. in Pyridin[1])	Mikrokrystall. Pulver
11	Triacetyl-Anhydrofructose	$C_6H_7O_5(OC_2H_3)_3$	Aus Triacetylinulin in Chlorof. $+$ HNO$_3$ $+$ P$_2$O$_5$[1])	Nadeln (aus Alk.)
12	Hexacetyl-Di-hetero-Lävulosan A	$C_{12}H_{17}O_{10}(OC_2H_3)_6$	Durch Acetylieren von Heterolävulosan mit Essigs.-Anh. $+$ Na-Acetat[1])	Feine weiße Nadeln (aus Alk.)
13	Hexacetyl-Di-hetero-Lävulosan B	$C_{12}H_{17}O_{10}(OC_2H_3)_6$	Durch Acetyl. von Di-heterolävulosan mit Essigs.-Anh. $+$ Na-Acetat[1])	Krystall. Masse (aus Alk.)

236

Acetate der Di- bis Tetrasaccharide.

Schmelz- und Siedepunkt	Optisches Drehungsvermögen	Löslichkeit	Analytisches; Diverses	Literatur
—	$[\alpha]_D^{21} = +20,69°$ (in Chlorof.)	s. l. l. Chlorof., Aceton, warm. Essigester, Benzol, Pyrid., s. w. l. Äth., f. unl. H_2O	Reduz. s. schw. Fehl. Lösg. in d. Wärme. Nicht ganz rein dargest.	[1] E. u. H. Fischer: Ber. 43, 2532 (1910).
über 100°	$[\alpha]_D = +125°$ (in Alk.); $+127°$ (in Essigs.)	unl. H_2O	—	[1] Tanret: Soc. chim. France [3] 27, 947 (1902).

Acetate der Anhydrozucker.

Schmelz- und Siedepunkt	Optisches Drehungsvermögen	Löslichkeit	Analytisches; Diverses	Literatur
102—105°	$[\alpha]_D^{20} = +30,47°$ (in Chlorof.)	unl. k., l. h. H_2O, l. l. Alk., CH_3OH, Chlorof., Benzol, Äth., unl. Petroläth.	—	[1] Vogel: Helv. 11, 442 (1928).
84—85	—	—	—	[1] A. u. J. Pictet: Helv. 4, 788 (1921).
110°	$[\alpha]_D = -45,5°$ (in Alk.)	s. l. l. h. H_2O, Äth., Alk., schw. l. k. H_2O	Reduz. nicht koch. Fehl. Lösg.	[1] Tanret: Soc. chim. France [3] 11, 954 (1894). — Vongerichten u. Müller: Ber. 39, 245 (1906). — Pictet u. Sarasin: Helv. 1, 87 (1918).
89—92°	—	l. h. Amylalk.	—	[1] Pictet u. Ross: Helv. 5, 876 (1922).
154—155°	—	—	—	[1] A. u. J. Pictet: Helv. 4, 788 (1921).
142°	$[\alpha]_D = +85,1°$ (in 50proz. Alk., $c = 2,2315\%$)	unl. H_2O, k. Alk., Äth., sonst l. l.	—	[1] Irvine u. Oldham: Soc. Lond. 127, 2903 (1925).
Sint.: 115°. F 120—125°. Endgültig geschm. 135°	$[\alpha]_D^{20} = +112,4°$ (in Benzol, $c = 2,028\%$)	l. l. Benzol, h. Alk., w. l. k. Alk., f. unl. Äth., unl. H_2O, Petroläth.	Der Grundkörper dieses Acetates ist identisch mit Glykosin I. Polymerisat. bei d. Acetylierung!	[1] Georg u. Pictet: Helv. 9, 620 (1926).
59,5°	$[\alpha]_D^{18} = +106,5°$ (in Benzol)	l. l. außer in Petroläther, H_2O löst unter Zers.	Reduz. heiße Fehl. Lösg. Entfärbt nicht $KMnO_4$-Lösg. Gibt in Methylalk. das Triacetyl-β-Methylglucosid. Gibt beim Kochen mit Essigs.-Anhydrid α- u. β-Pentacetylglucose	[1] Brigl: Z. physiol. Chem. 122, 245 (1922).
85°	—	—	—	[1] Pictet u. Reilly: Helv. 4, 613 (1921).
83—84°	$[\alpha]_D^{20} = +6,98°$ (in Benzol)	unl. k. H_2O, sonst l. l.	—	[1] Vogel u. Pictet: Helv. 11, 215 (1927).
123°	$[\alpha]_D = +1,5°$ (in Chlorof., $c = 2,27\%$)	l. l. in allen organ. Solvent.	—	[1] Irvine u. Stevenson: Amer. Soc. 51, 2197 (1929).
258°; 264,5°	$[\alpha]_D^{18} = -206,2°$ (in Benzol, $c = 2,367\%$)	unl. H_2O, w. l. k., z. l. h. Alk. od. CH_3OH, l. l. Äth., Benzol, Toluol, Xylol, Aceton, Chlorof., Pyrid.	Reduz. nicht Fehl. Lösg.	[1] Chavan: Dissertation Genf 1927.
94°	$[\alpha]_D = -43,48°$ (in Benzol, $c = 3,65\%$)	l. l. Eisessig, unl. Petroläth., sonst l. wie voriges	—	[1] Chavan: Dissertation Genf 1927.

Tabelle 49 (Fortsetzung).

Nr	Name	Formel, Konstitution	Vorkommen, Bildung, Darstellung	Krystallogr. Eigenschaften
14	2,3,4-Triacetyl-(α-1,5-β-1,6)-Galaktosan	$C_6H_7O_5(OC_2H_3)_3$	Acetyl. in Pyridin[1]	Krystalle (aus Benzin)
15	Hexacetyl-Maltosan	$C_{12}H_{14}O_{10}(OC_2H_3)_6$	Acetylier. + Na-Acetat oder in Pyrid. + Acetylchlorid[1]	Amorph
16	Hexacetyl-Isosaccharosan	$C_{12}H_{14}O_{10}(OC_2H_3)_6$	Acetylier. in Pyridin[1]. Ebenso aus dem synthet. Isosaccharosan in Pyrid.[2]	Kleine farblose Prismen (aus Alk.)

Tabelle 50.

Nr	Name	Formel, Konstitution	Vorkommen, Bildung, Darstellung	Krystallogr. Eigenschaften
1	α-Tetracetyl-d(5,6)-Glucoseen	$C_{14}H_{18}O_9$: HCOCOCH₃ HCOCOCH₃ CH₃COOCH ... O HCOCOCH₃ C ‖ CH₂	Aus α-Tetracetylglucose-6-jod-hydrin in Pyridin + AgF[1]	Krystalle (aus Alk.)
2	β-Tetracetyl-d(5,6)-Glucoseen	$C_{14}H_{18}O_9$: CH₃COOCH ⋮ ... ⋮	Ebenso, aber aus d. β-Tetrac.[1]	Krystalle (aus Alk.)
3	Tetracetyl-d(1,2)-Glucoseen	$C_{14}H_{18}O_9$: HC—— ‖ COCOCH₃ CH₃COOCH ... O HCOCOCH₃ HC—— H₂COCOCH₃	Aus Acetobromglucose in Benzol + Diäthylamin[1]	Büschel langer dünner Nadeln (aus H_2O)
4	Tetracetyl-d(1,2)-Glucoseen-dichlorid	$C_{14}H_{18}O_9Cl_2$: HCCl ClCOCOCH₃ CH₃COOCH ... O HCOCOCH₃ HC—— H₂COCOCH₃	Aus d. Tetracetat + Cl[1]	Krystalle (aus Äth.)
5	2,3,4,6-Tetracetyl-Glucoson-hydrat	$C_{14}H_{20}O_{11}$: HCOH HOCOCOCH₃ CH₃COOCH ... O (?) HCOCOCH₃ HC—— H₂COCOCH₃	Aus d. Acetat oder d. Dichlorid in Äther + Ag_2CO_3 + wenig H_2O[1]	Feine spitze Nadeln

Acetate der Anhydrozucker.

Schmelz- und Siedepunkt	Optisches Drehungsvermögen	Löslichkeit	Analytisches; Diverses	Literatur
73—74°	$[\alpha]_D^{22} = -5,7°$ (in Chlorof.)	—	—	[1] **Micheel:** Ber. **62**, 692 (1929).
95°	—	—	—	[1] **Pictet** u. **Marfort:** Helv. **6**, 129 (1923).
79—80°	$[\alpha]_D = +51,8°$ (in CH_3OH, c = 0,56%)	w. l. k. Alk., unl. H_2O u. Petroläth., sonst l. l.	Reduz. nicht Fehl. Lösg. und entfärbt nicht $KMnO_4$-Lösg.	[1] **Pictet** u. **Andrianoff:** Helv. **7**, 703 (1924). [2] **Pictet** u. **Stricker:** Helv. **7**, 708 (1924).

Acetate der Glucoseene.

Schmelz- und Siedepunkt	Optisches Drehungsvermögen	Löslichkeit	Analytisches; Diverses	Literatur
115—116° (k.)	$[\alpha]_D^{23} = +110,9°$ (in Chlorof.)	—	—	[1] **Helferich** u. **Himmen:** Ber. **61**, 1825 (1928).
119° (k.)	$[\alpha]_D^{22} = -35,0°$ (in Chlorof.)	l. l. Chlorof., Alk., Äth., Essigest., l. Benzol, k.Alk., s. w. l. H_2O, Petroläth.	—	[1] **Helferich** u. **Himmen:** Ber. **61**, 1825 (1928).
65—66°	$[\alpha]_D^{20} = -20,71°$ (in Alk.)	l. l. Alk., Äth., Chlorof., Benzol, unl. Petroläth., z. l. h. H_2O	Gibt Glucosazon b. Koch. mit Phenylhydrazin. Reduz. Fehl. Lösg. Rötet langs. fuchsinschweflige Säure. Entfärbt Perman-ganat-Soda-Lösg. Addiert 2 At. Halogen	[1] **Maurer** u. **Mahn:** Ber. **60**, 1316 (1927). — **Maurer:** Ber. **62**, 332 (1929).
Sintert: 46°; F = 70°	$[\alpha]_D^{20} = +48,57° \rightarrow +43,98°$ (in Chlorof.)	l. l. Chlorof., Alk.	Weitere Mutarotation we-gen Zersetzung d. Lösg. nicht verfolgbar	[1] **Maurer:** Ber. **63**, 30 (1930).
116°; 126°; 118°	$[\alpha]_D^{21} = +14,69° \rightarrow +53,66°$ (in Chlorof.); $[\alpha]_D^{21} = +14,2° \rightarrow +54,45°$ (in H_2O)	l. H_2O, Alk., Chlorof., schw. l. Äth., Benzol, unl. Petroläth.	Reduz. Fehl. Lösg. Entfärbt $KMnO_4$-Lösg. H_2O-Lösg. reagiert sauer	[1] **Maurer:** Ber. **62**, 332 (1929); **63**, 31 (1930).

Tabelle 50 (Fortsetzung).

Nr	Name	Formel, Konstitution	Vorkommen, Bildung, Darstellung	Krystallogr. Eigenschaften
6	Tetracetyl-d(1,2)-Galaktoseen	$C_{14}H_{18}O_9$	Aus Acetobromgalaktose in Benzol- + Diäthylamin[1])	Krystalle (l. dünne Nad.)
7	Hexacetyl-(1,2)-Cellobioseen	$C_{24}H_{31}O_{16}$	Aus Acetobromcellobiose + Diäthylamin in Chlorof.[1])	Krystalle (aus verd. Alk.)
8	Diacetyl-Digitoxoseen-(1,2)	$C_{10}H_{14}O_5$: HC— ‖ HC— HCOCOCH_3 O HCOCOCH_3 HC— CH_3	D. Acetylier. in Pyridin[1])	Farbl. Nadeln (aus Äth.+Petroläth.)

Tabelle 51.

Nr	Name	Formel, Konstitution	Vorkommen, Bildung, Darstellung	Krystallogr. Eigenschaften
1	Triacetyl-Cellosan	$C_6H_7O_5(OC_2H_3)_3$	Aus Triacetylcellulose in Naphthalin od. Tetralin bei 235°[1])	Pulver
2	Acetyl-Lichosan	$C_6H_7O_5(OC_2H_3)_3$	Aus Licheninacetat in Naphthalin bei 235°[1]). Dass. d. Acetyl. von Lichosan + $ZnCl_2$[2])	Flockiges, weißes Pulver (aus Alk.)
3	Hexacetyl-Anhydrocellobiose	$C_{12}H_{14}O_{10}(OC_2H_3)_6$	Aus Cellulose + Acetylchlorid[1])	Weiß. körniges Pulver
4	Tetracetyl-Cellobiosan	$C_{12}H_{16}O_{10}(OC_2H_3)_4$	Aus Cellulose in Eisessig + HCl u. Acetylchlorid; das acetyl. Prod. in Chlorof. mit HBr in Eisessig behand. u. mit Silberacetat umsetzen[1])	Kleine spindelf. Sechsecke (aus CH_3OH)
5	Hexacetyl-Cellobiosan	$C_{12}H_{14}O_{10}(OC_2H_3)_6$	Aus vorig. in Pyrid. + Essigs.-Anhydr.[1])	Feine farblose Nädelchen (aus CH_3OH)
6	Hexacetyl-Biosan	$C_{12}H_{14}O_{10}(OC_2H_3)_6$	Aus Cellulose + Essigs.-Anhydr. Essigs. + H_2SO_4[1]). Ebenso d. Reacetylier. v. Biosan	Weißes Pulver (aus CH_3OH). Krystallisiert manchmal in Nadeln
7	Hexacetyl-Inulindihexosan	$C_{12}H_{14}O_{10}(OC_2H_3)_6$	Aus Inulinacetat d. Erhitzen in Tetralin auf 290°[1]). Dass. in Chlorof. + Benzolsulfonsäure[2])	Pulver
8	Hexacetyl-Difructosan	$C_{12}H_{14}O_{10}(OC_2H_3)_6$	Acetylier. in Pyrid.[1])	Weißes Pulver (aus CH_3OH)
9	Hexacetyl-α-Diamylose	$C_{12}H_{14}O_{10}(OC_2H_3)_6$	D. Acetyl. von α-Tetramylose + $ZnCl_2$[1])	Quadrat. Tafeln od. Nadeln (aus Benzol od. Toluol)

Acetate der Glucoseene.

Schmelz- und Siedepunkt	Optisches Drehungsvermögen	Löslichkeit	Analytisches; Diverses	Literatur
110°	$[\alpha]_D^{21}=+4,69°$ (in Alk.)	Lösl. wie d. Glucoseenverb.	—	[1] **Maurer** u. **Mahn**: Ber. 60, 1316 (1927).
125—126°	$[\alpha]_D^{20}=-19,78°$ (in Chlorof.)	l. l. Alk., CH_3OH, Chlorof., Aceton, Benzol, Äth., schw. l. H_2O	Nimmt 2 At. Brom auf	[1] **Zemplén** u. **Bruckner**: Ber. 61, 2481 (1928).
47—50°	$[\alpha]_D^{19}=+387°$ (in Chlorof.)	s. l. l. in allen Lösungsmitteln	—	[1] **Micheel**: Ber. 63, 347 (1930).

Acetate der Anhydrozucker durch Depolymerisation.

Schmelz- und Siedepunkt	Optisches Drehungsvermögen	Löslichkeit	Analytisches; Diverses	Literatur
—	$[\alpha]_D^{20}=$ ca. $-20,9°$ (in 9 Tln. Chlorof. $+$ 1 Tl. CH_3OH)	s. l. l. Aceton, Pyrid., Nitrobenzol, schw. l. Chlorof., l. l. Chlorof.-CH_3OH	Assoziiert sich in Lösung und gelatiniert	[1] **Pringsheim, Leibowitz, Schreiber** u. **Kasten**: A. 448, 163 (1926).
—	$[\alpha]_D^{20}=-21,8°$ (in Chlorof.)[1]; $[\alpha]_D^{20}=-32,7°$ (in Chlorof.)[2]	—	—	[1] **Pringsheim** u. **Routala**: A. 450, 255 (1926). [2] **Pringsheim, Knoll** u. **Kasten**: Ber. 58, 2135 (1925).
265—270°	$[\alpha]_D^{20}=-17,8°$ (in Chlorof.)	s. l. l. Eisessig, Chlorof., l. l. Bromoform, l. l. w. Phenol, schw. l. Aceton, Äth., unl. H_2O	—	[1] **Hess**: Ber. 54, 2867 (1921).
Sintert: 155°. F = 185°	$[\alpha]_D^{20}=-19,6°$ (in $C_2H_2Cl_4$)	l. h. CH_3OH, Alk., l. l. Chlorof., Benzol, $C_2H_2Cl_4$, s. l. l. Essigest., Essigs., s. w. l. Äth.	—	[1] **Bergmann**: A. 445, 1 (1925).
Sintert: 178°. F = 229°	$[\alpha]_D^{19}=-14,75°$ (in $C_2H_2Cl_4$)	z. w. l. CH_3OH., Alk., l. l. Benzol, s. l. l. Essigest., Chlorof.	—	[1] **Bergmann**: A. 445, 1 (1925).
258—259°; 260—261°	$[\alpha]_D^{18}=-12,61°$ (in Chlorof.); $[\alpha]_D^{21}=-32,21°$ (in Pyrid.); $+6,37°$ (in Eisessig); $+1,39°$ (in Aceton)	s. l. l. Eisessig, Pyrid., Chlorof., Aceton, s. w. l. CH_3OH, Benzol, f. unl. Äth.	—	[1] **Hess** u. **Friese**: A. 450, 40 (1926).
—	$[\alpha]_D^{20}=-39,3°$ (in Eisessig)	—	—	[1] **Pringsheim** u. **Fellner**: A. 462, 231 (1928). [2] **Pringsheim** u. **Reilly**: Ber. 61, 2018 (1928).
92°	$[\alpha]_D^{20}=-29,8°$ (in Benzol)	unl. k. H_2O, s. w. l. h. H_2O, s. l. l. CH_3OH, Chlorof., Benzol, unl. Äth., w. l. k. Alk., Essig, l. h. Alk.	—	[1] **Vogel** u. **Pictet**: Helv. 11, 215 (1928).
151,5-152,5° (Zers.)	$[\alpha]_D^{20}=+101,6°$ (in Eisessig)[1]; $[\alpha]_D=+106,50°$ (in Chlorof.)[2]	l. l. Aceton, Alk., Eisessig, schw. l. Äth., Petroläth., Ligroin	—	[1] **Pringsheim** u. **Langhans**: Ber. 45, 2533 (1912). [2] **Leibowitz** u. **Silmann**: Ber. 58, 1891 (1925).

Tabelle 51 (Fortsetzung).

Nr	Name	Formel, Konstitution	Vorkommen, Bildung, Darstellung	Krystallogr. Eigenschaften
10	Hexacetyl-Iso-diamylose	$C_{12}H_{14}O_{10}(OC_2H_3)_6$	Acetyl. von α-Tetramylose mit Essigs.-Anhydr. $+$ H_2SO_4[1])	Weißes, amorph. Pulver (aus Benzol$+$Petroläth.)
11	Hexacetyl-Dihexosan	$C_{12}H_{14}O_{10}(OC_2H_3)_6$	Acetylier. in Pyrid.[1])	Pulver (aus Toluol)
12	Acetyl-Glykogesan	$[C_6H_7O_5(OC_2H_3)_3]_{2\,(?)}$	Aus Glykogenacetat in Chlorof. $+$ Benzolsulfonsäure[1])	Pulver
13	Hexacetyl-Dextrinosan	$C_{12}H_{14}O_{10}(OC_2H_3)_6$	Durch Acetylierung[1])	Kurze Prismen (aus Alk.)
14	Nonacetyl-Trihexosan	$[C_6H_7O_5(OC_2H_3)_3]_3$	Aus Cellulose $+$ HBr $+$ Acetylbromid[1])	Farbl. Pulver (aus Xylol-Toluol $+$ Petroläth.)
15	Acetyl-Mannotrihexosan	$[C_6H_7O_5(OC_2H_3)_3]_x$	Aus d. Depolymeris.-Produkt d. Konjakmanan $+$ Essigs.-Anhydr. u. $ZnCl_2$[1])	Weißes Pulver
16	Nonacetyl-Trihexosan	$[C_6H_7O_5(OC_2H_3)_3]_3$	Komp. in Pyridin[1])[2]). Ebenso d. Acetyl. von Hexahexosan $+$ Na-Acetat[3])	Weißes, amorph. Pulver
17	Nonacetyl-Isotrihexosan	$[C_6H_7O_5(OC_2H_3)_3]_3$	Acetylier. in Pyridin erhitzen[1])	Blumenkohlartige Krystallwarzen (aus Alk.)
18	Nonacetyl-Trifructosan	$[C_6H_7O_5(OC_2H_3)_3]_3$	Acetylier. in Pyridin[1])	Krystall. Pulver (aus CH_3OH)
19	Acetyl-Lichohexosan	$[C_6H_7O_5(OC_2H_3)_3]_x$	Acetylier. in Pyridin[1])	Gelbl. mikrokr. Kügelchen (aus heiß. Alk.)
20	Nonacetyl-Triamylose	$[C_6H_7O_5(OC_2H_3)_3]_3$	Acetylierung von β-Hexamylose mit Essigs.-Anhydr. $+$ $ZnCl_2$ am H_2O-Bad[1]). Aus β-Hexamylose $+$ Essigs.-Anhydrid in Pyridin[2])	Rundl. Warzen (aus Toluol); Prismat. Tafeln (aus Benzol); Säulen (aus Nitrobenzol)
21	Nonacetyl-Isotriamylose	$[C_6H_7O_5(OC_2H_3)_3]_3$	Aus β-Hexamylose $+$ Essigs.-Anhydrid $+$ H_2SO_4[1])	Pulver, amorph
22	Dodekacetyl-α-Tetramylose	$[C_6H_7O_5(OC_2H_3)_3]_4$	Acetyl. in Pyrid. bei 45°[1])	Nadeln (aus Pyrid. od. Toluol)
23	Dodekacetyl-α-Hexaamylose	$[C_6H_7O_5(OC_2H_3)_3]_6$	Aus dem „Schlamm" genannten Dextrin $+$ Essigs.-Anhydrid in Pyrid. bei 48°[1])	Sehr feine Nädelchen
24	Acetyl-Difructose-anhydrid I	$C_{12}H_{14}O_{10}(OC_2H_3)_6$	Acetylier. in Pyrid. bei 60—70°[1])	Nadeln (aus Alk.)
25	Acetyl-Cellan	$[C_6H_7O_5(OC_2H_3)_3]_x$	Acetylier. in Pyridin[1])	Pulver (aus Chlorof. $+$ Äth.)

Schmelz- und Siedepunkt	Optisches Drehungsvermögen	Löslichkeit	Analytisches; Diverses	Literatur
$155°$ (Zers.)	$[\alpha]_D^{24} = +128,9°$ (in Eisessig)	—	—	[1] Pringsheim u. Eisler: Ber. 46, 2959 (1913).
$150—165°$	$[\alpha]_{Hg}^{18} = +123,5°$ (in Pyridin); $+124,6°$ (in Essigs.-Anhydr.); $[\alpha]_D = +151,6°$ (in Chlorof.)[2]	s. w. l. Alk., sonst überall l.	—	[1] Sjöberg: Ber. 57,1251(1924). [2] Pringsheim u. Leibowitz: Ber. 58, 2808 (1925).
—	$[\alpha]_D^{20} = +174,7°$ (in Chlorof.); $+157,0°$ (in Pyrid.)	—	—	[1] Pringsheim u. Will: Ber. 61, 2011 (1928).
$140—143°$	$[\alpha]_D^{21} = +145,6°$ (in Chlorof., $c = 1,785\%$)	unl. H_2O, w. l. k. Alk., Benzol, s. w. l. Äth., l. l. Chloroform	Reduz. nicht koch. Fehl. Lösg. Wird von Jodlösg. nicht gefärbt	[1] Pictet u. Vogel: Helv. 12, 700 (1929).
Sint.: $100°$; $F = 123$ bis $126°$	$[\alpha]_D^{20} = +86,6°$ (in Chlorof.)	l. l. Chlorof., Benzol, Alk., schw. l. Xylol, Äther, unl. Petroläth.	—	[1] Micheel: A. 456, 69 (1927).
ca. $248°$	$[\alpha]_D^{10} = -13,3°$ (in Aceton, $c = 3\%$)	l. Essigs., Phenol, Chlorof., Aceton, Essigest., unl. Äth., Alk.	Assoziiert sich in Lösg. Dürfte nicht einheitlich sein	[1] Ohtsuki: Acta phytochim. 4, 1 (1928).
$153—154°$[1] $156—165°$[2]	$[\alpha]_D^{26} = +126,1°$ (in Eisessig, $c = 2,98\%$)[1]; $[\alpha]_{Hg}^{18} = +131,4°$ (in Eisessig)[2]; $+132,9°$ (in Pyrid.); $[\alpha]_D = +151,3°$ (in Chlorof.)[4]	l. l. Aceton, h. Eisessig, Benzol, Toluol, Pyrid., unl. Äth., Petroläth., H_2O, s. w. l. k. Alk., k. CH_3OH	Nonacetyl-Trihexosan aus Glykogen: $[\alpha]_D^{20} = +145,3°$ (in $C_2H_2Cl_4$)[5]	[1] Pictet u. Jahn: Helv. 5, 640 (1922). [2] Sjöberg: Ber. 57,1251(1924). [3] Pictet u. Stricker: Helv. 7, 932 (1924). [4] Pringsheim u. Leibowitz: Ber. 58, 2808 (1925). [5] Pringsheim: Ber. 57, 1581 (1924).
$156—160°$ ($200°$ Z.)	$[\alpha]_D^{20} = +154,9°$ (in Chlorof.)	unl. H_2O, k. Alk., Äth., l. Chlorof., Benzol, Eisessig, l. h. Pyridin	Wird von Jodlösg. nicht gefärbt	[1] Pictet u. Vogel: Helv. 12, 700 (1929).
$91°$	$[\alpha]_D^{21} = -35,52°$ (in Benzol, $c = 2,027\%$)	unl. H_2O, Äth., Petroläth., w. l. k., l. l. h. Alk., CH_3OH, l. l. Benzol, Chlorof.	—	[1] Vogel u. Pictet: Helv. 11, 215 (1928).
Sintert: $145°$; $F = 180$ bis $182°$	$[\alpha]_D^{22} = -18,9°$ (in Chlorof.)	s. l. l. Chlorof., Essigest., Aceton, h. CH_3OH, h. Alk., schw. l. Pyrid., Benzol, s. w. l. Petroläth.	Gibt Octacetylcellobiose. Vielleicht ident. mit Verbindung Nr. 2	[1] Bergmann u. Kuche: A. 448, 76 (1926).
$142°$ (Z.)[1] $148°$[3]	$[\alpha]_D^{16} = +117,9°$ (in Eisessig)[2]. $[\alpha]_D = +120,4°$ (in Chlorof.)[3]	l. l. Aceton, Alk., CH_3OH, schw. l. Äth., Ligroin	—	[1] Pringsheim u. Langhans: Ber. 45, 2533 (1912). [2] Pringsheim u. Dernikos: Ber. 55, 1433 (1922). [3] Leibowitz u. Silmann: Ber. 58, 1891 (1925).
$138°$ (Z.)	$[\alpha]_D^{24} = +130,1°$ (in Eisessig)	—	—	[1] Pringsheim u. Eisler: Ber. 46, 2959 (1913).
—	$[\alpha]_D^{18} = +115,8°$ (in Eisessig)	—	—	[1] Pringsheim u. Dernikos: Ber. 55, 1433 (1922).
ca. $135°$	$[\alpha]_D^{20} = +95,77°$ (in Eisessig)	—	—	[1] Pringsheim u. Persch: Ber. 55, 1425 (1922).
Sint.: $125°$; $F = 137°$	$[\alpha]_D^{20} = +0,54°$ (in Chlorof.)	—	—	[1] Jackson u. Goergen: C. 1929, II, 1653.
$170—175°$	$[\alpha]_D^{20} = +127,7°$ (in Chlorof.)	—	l. Benzol, Pyrid., $C_2H_2Cl_4$, Essigs., Aceton, Chlorof., l. h. Alk., CH_3OH, unl. Äth., H_2O, Petroläth.	[1] Helferich u. Böttger: A. 476, 150 (1929).

Tabelle 52.

Nr	Name	Formel, Konstitution	Vorkommen, Bildung, Darstellung	Krystallogr. Eigenschaften
1	d-Diacetyl-Arabinal	$C_9H_{12}O_5$	Aus Acetobromarabinose in Eisessig + Zn-Staub[1])	Öl
2	Diacetyl-Dihydro-arabinal	$C_9H_{14}O_5$	Aus vorsteh. Verbindg. d. Hydrier. mit Palladiummohr[1])	Öl
3	Monoacetyl-Pseudo-arabinal-Cyclo-halbacetal	$C_9H_{14}O_4$	Aus Diacetylarabinal d. Kochen mit H_2O u. Behand. mit Alkohol + orthoameisens. Äthyl. in der Wärme[1])	Öl
4	Diacetyl-Pseudo-arabinal	$C_9H_{12}O_5$	Aus Diacetylarabinal d. Kochen mit H_2O, Acetylier. i. Pyridin u. Destill.[1])	Öl
5	Diacetyl-l-Rhamnal	$C_{10}H_{14}O_5$	Aus Acetobromrhamnose in Eisessig + Zn-Staub bei o° u. Reinigen d. Destill. im Hochvak.[1])	Öl
6	Diacetyl-d-Rhamnal	$C_{10}H_{14}O_5$	Aus Acetobrom-d-glucomethylose in Essigsäure + Zn-Staub[1])	Sirup
7	Triacetyl-Glucal	$C_6H_7O_4(OC_2H_3)_3$: $$\begin{array}{l} HC\!-\!\rule{0pt}{0pt} \\ \| \\ HC \\ | \\ CH_3COOCH \qquad O \\ | \\ HCOCOCH_3 \\ | \\ HC\!-\!\!\!\!\! \\ | \\ H_2COCOCH_3 \end{array}$$	Aus Acetobromglucose in Eisessig + Zn-Staub[1]). Ebenso d. Acetylier. von Glucal mit Essigs.-Anhydr. u. Na-Acetat	Krystalle (aus Chlorof. + Petroläth.)
8	Triacetyl-Hydroglucal	$C_6H_9O_4(OC_2H_3)_3$	Aus Triacetylglucal d. Redukt. mit Pt-Mohr in essigs. Lösg.[1]). Ebenso d. Acetyl. von Hydroglucal mit Essigs.-Anhydr. u. Na-Acetat	Amorph
9	Diacetyl-Glucal-bromid	$C_6H_9O_4Br(OC_2H_3)_2$	Aus Triacetylglucal + HBr in Eisessig[1])	Feine Nadeln (aus Benzol + Petroläth.)
10	Triacetyl-Glucal-bromid	$C_6H_8O_4Br(OC_2H_3)_3$	Aus vorigem d. Acetylier. in Pyridin[1])	Prismen (aus verd. Alk.)
11	Diacetyl-Glucal-6-bromhydrin	$C_6H_8O_3Br(OC_2H_3)_2$	Aus Acetodibromglucose in Eisessig + Zn-Staub[1])	Nadeln (aus Alk.)
12	Triacetyl-Glucal-dibromid	$C_6H_7O_4Br_2(OC_2H_3)_3$	Aus Triacetylglucal + Br in CCl_4[1])	Büschel feiner Nadeln (aus Äth.)
13	Triacetyl-Glucal-dichlorid	$C_6H_7O_4Cl_2(OC_2H_3)_3$	Aus Triacetylglucal + Cl in CCl_4[1])	Warzen feiner Nadeln (aus Äth.)
14	Triacetyl-Pseudo-glucal	$C_6H_7O_4(OC_2H_3)_3$	Aus Triacetylglucal d. Kochen in H_2O u. Reacetyl. mit Essigs.-Anh. + Na-Acetat[1])	Öl

Schmelz- und Siedepunkt	Optisches Drehungsvermögen	Löslichkeit	Analytisches; Diverses	Literatur
$Kp_{0,3-0,4} =$ 78—82°	$[\alpha]_D^{22} = +266,2°$ (in Chlorof.)	l. löslich in org. Solvent.	Addiert Br und Cl. Gibt d. Fichtenspan-Reak. Reduz. nicht Fehl. Lösg. **l-Diacetyl-Arabinal:** $[\alpha]_D^{18} = -266,7°$ (in Chlorof.)	[1] **Gehrke** u. **Aichner:** Ber. **60**, 918 (1927).
$Kp_3 =$ 122—123°	$[\alpha]_D^{23} = +43,1°$ (in Chlorof.)	l. l. H_2O, Alk., CH_3OH	—	[1] **Gehrke** u. **Aichner:** Ber. **60**, 918 (1927).
$Kp_1 =$ 77—79°	$[\alpha]_D^{23} = -146,8°$ (in Benzol)	l. l. außer H_2O	—	[1] **Gehrke** u. **Aichner:** Ber. **60**, 918 (1927).
$Kp_{0,6} =$ 120—124°	—	—	$n_D^{24} = 1,4625.$ Reduz. heiße Fehl. Lösg.	[1] **Bergmann** u. **Breuers:** A. **470**, 61 (1929).
$Kp_{0,3-0,5} =$ 100—120° (Badtemp.)	$[\alpha]_D^{20} = +63,4°$ (in $C_2H_2Cl_4$)	l. l. außer H_2O	Addiert Br od. Cl	[1] **Bergmann** u. **Schotte:** Ber. **54**, 440 (1921).
—	$[\alpha]_D^{18} = -68,5°$ (in Chlorof.)	l. in allen Lösungsmitteln	Red. schwach Fehl. Lösg. b. Kochen. Entfärbt sofort Br- od. $KMnO_4$-Lösg.	[1] **Micheel:** Ber. **63**, 347 (1930).
54—55°	$[\alpha]_D^{22} = -13,02°$ (in Alk.); $[\alpha]_D^{22} = -15,76°$ (in Alk. nach 7facher Umkrystallis.)	l. l. außer Petroläth.	Reduz. stark Fehl. Lösg. b. Kochen. Addiert 2 Atome Br	[1] **Fischer:** Ber. **47**, 196 (1914).
—	$[\alpha]_D^{17} = +35,55°$ (in Alk.)	z. l. l. H_2O	—	[1] **Fischer:** Ber. **47**, 196 (1914).
99—100°	$[\alpha]_D^{19} = +46,4° \rightarrow +38,8°$ (in $C_2H_2Cl_4$); $[\alpha]_D^{16} = +48,58° \rightarrow +43,74°$ (in Chlorof.); $[\alpha]_D^{17} = +39,9° \rightarrow +34,1°$ (in Alk.)	l. sied. H_2O	Reduz. stark Fehl. Lösg.	[1] **Fischer, Bergmann** u. **Schotte:** Ber. **53**, 509 (1920).
82—85°	$[\alpha]_D^{19} = +54,43°$ (in $C_2H_2Cl_4$)	l. l. h. Alk., Äth., Aceton, Chlorof., Eisessig, Essigest., w. l. Petroläth., unl. H_2O	—	[1] **Fischer, Bergmann** u. **Schotte:** Ber. **53**, 509 (1920).
44—45°	$[\alpha]_D^{16} = -43,03°$ (in $C_2H_2Cl_4$)	s. l. l. Äth., schw. l. H_2O	Sehr zersetzlich. Addiert Brom	[1] **Fischer, Bergmann** u. **Schotte:** Ber. **53**, 509 (1920).
116—117°	$[\alpha]_D^{21} = +7,42°$ (in $C_2H_2Cl_4$). Drehungsvermögen variabel d. Umkrystallisation	l. l. Benzol, Chloroform, h. Aceton, schw. l. Äth., unl. Petroläth.	Zersetzlich. Wahrsch. nicht einheitlich	[1] **Fischer, Bergmann** u. **Schotte:** Ber. **53**, 509 (1920).
92—94°	$[\alpha]_D^{16} = +173,6°$ (in $C_2H_2Cl_4$); $[\alpha]_D^{15} = +199,7°$ (in $C_2H_2Cl_4$); nach 5fachem Umkrystall.	s. w. l. h. H_2O, l. l. Aceton, Chlorof., Benzol, w. Äth., h. Alk., CCl_4, s. schw. l. Petroläth.	Reduz. Fehl. Lösg. in der Wärme. Wahrsch. nicht einheitlich	[1] **Fischer, Bergmann** u. **Schotte:** Ber. **53**, 509 (1920).
$Kp_{0,2} =$ 150—165°	—	l. l. außer H_2O, Petroläth.	Heißes H_2O spaltet 1 Acetyl ab. Reduz. st. Fehl. Lösg. in d. Wärme. Addiert träge Brom. Gibt kräftig die Fichtenspan-Reaktion	[1] **Bergmann:** A. **434**, 79 (1923).

Tabelle 52 (Fortsetzung).

Nr	Name	Formel, Konstitution	Vorkommen, Bildung, Darstellung	Krystallogr. Eigenschaften
15	Triacetyl-Dihydro-pseudoglucal	$C_6H_9O_4(OC_2H_3)_3$	Bei der Hydrierung von Triacetyl-pseudoglucal[1]	Öl
16	4,6-Diacetyl-2,3-Dihydro-pseudo-glucal	$C_{10}H_{16}O_6$: CHOH | CH$_2$ | CH$_2$ O HCOCOCH$_3$ HC— H$_2$COCOCH$_3$	Aus Diacetylglucal d. Hydrier. mit Palladiummohr[1]. Ebenso aus Diacetylpseudoglucal in CH_3OH + Pt-Mohr (Willstätter) und Wasserstoff	Krystalle (aus Essigest. + Petroläth.)
17	Diacetyl-tetrahydro-pseudoglucal	$C_{10}H_{18}O_6$	Aus vorigem in Eisessig + Palladiummohr (Wieland)[1]	Öl
18	Diacetyl-n-hexan-tetrol-(1,4,5,6)-Anhydrid (1,5)	$C_{10}H_{16}O_5$: CH$_2$ | CH$_2$ | CH$_2$ O HCOCOCH$_3$ HC— H$_2$COCOCH$_3$	Aus Triacetyl-pseudoglucal in Eisessig + Palladiummohr (Wieland) u. Destill.[1]	Öl
19	Hexacetyl-Gentiobial	$C_{24}H_{32}O_{15}$	Aus Acetobromgentiobiose in Essigs. + Zn-Staub[1]	Krystalle (aus Chlorof. + Petroläth.)
20	Hexacetyl-Hydrogentiobial	$C_{24}H_{34}O_{15}$	Aus vorigem in Eisessig, Hydrieren mit Palladiummohr[1]	Krystalle (aus H_2O)
21	Pentacetyl-Maltal-hydrat	$C_{22}H_{32}O_{15}$	Aus Acetobrommaltose in 50proz. Essigs. + Zn-Staub u. Kochen mit H_2O[1]	Nadeln (aus CH_3OH)
22	Hexacetyl-Maltal-hydrat	$C_{24}H_{34}O_{16}$	Aus obigem d. Acetylier. in Pyridin[1]	Krystalle
23	Hexacetyl-Cellobial	$C_{12}H_{14}O_9(OC_2H_3)_6$	Aus Acetobromcellobiose in Eisessig + Zn-Staub bei 10—15°[1]	Farbl. dick. Prismen (aus Äth).; kleine rhomb. Blättchen (aus Chlorof. + Petroläth.)
24	Hexacetyl-Cellobial-dibromid	$C_{12}H_{14}O_9Br(OC_2H_3)_6$	Bromieren des Vorigen[1]	Prismen (aus Chlorof. + Petroläth.)
25	Hexacetyl-Hydrocellobial	$C_{12}H_{16}O_9(OC_2H_3)_6$	Aus Verbindg. 23 d. Hydrieren[1]	Farbl. lange Prismen od. kl. Taf. (aus Alk.)
26	Pentacetyl-Isocellobial	$C_{12}H_{15}O_9(OC_2H_3)_5$	Aus Hexacetylcellobial d. Kochen mit H_2O[1]	Feine, verfilzte weiße Nadeln, Fäden od. Tafeln
27	Hexacetyl-Isocellobial	—	D. Acetyl. des Vorig. in Pyridin[1]	Lange spitze Nadeln (aus Alk.)
28	Hexacetyl-Lactal	$C_{24}H_{32}O_{15}$	Aus Acetobromlactose in Eisessig + Zn-Staub bei 0°[1][2]. Ebenso d. Reacetyl. von Lactal	Dünne schiefe Prismen (aus Alk.)

246

Acetate der Glucale.

Schmelz- und Siedepunkt	Optisches Drehungsvermögen	Löslichkeit	Analytisches; Diverses	Literatur
$Kp_{1,2-1,5} =$ 150—157°	—	l. l. Chlorof., schw. l. H_2O	$n_D^{17} = 1,4545$. Addiert Brom. Red. nicht h. Fehl. Lösg.	[1] **Bergmann** u. **Breuers:** A. **470**, 61 (1929).
75—76°	$[\alpha]_D^{20} = +42,51°$ (in H_2O); $[\alpha]_D^{20} = +116,7° \rightarrow +77,5°$ (in Pyridin)	l. l. auß. H_2O, Petroläth.	Red. nicht Fehl. Lösg. u. gibt keine Fichtenspan-Reakt. **Bis-(dihydropseudo-gluca-lyl)-imin:** Kryst., F = 142 bis 143° (k.). $C_{12}H_{23}O_6N$	[1] **Bergmann:** A. **443**, 223 (1925).
$Kp_{0,3} = 160°$	$[\alpha]_D^{20} = +2,2°$ (in Alk.)	—	$n_D^{20} = 1,4587$	[1] **Bergmann:** A. **443**, 223 (1925).
$Kp_{0,7} =$ 102—103°	—	l. l. H_2O, Aceton, Alk.	$n_D^{18} = 1,4511$	[1] **Bergmann** u. **Breuers:** A. **470**, 61 (1929).
126° (k.)	$[\alpha]_D^{19} = -15,1°$ (in Pyridin)	s. unl. H_2O, Petroläther, z. l. l. h. CH_3OH, h. Alk., l. l. Chlorof.	—	[1] **Bergmann** u. **Freudenberg:** Ber. **62**, 2783 (1929).
132—133° (k.)	$[\alpha]_D^{18} = +11,1°$ (in Pyridin)	l. l. Alk., Ligroin, Essigest., schw. l. Äth., Chlorof.	Reduz. s. schwach Fehl. Lösg. b. längerem Kochen	[1] **Bergmann** u. **Freudenberg:** Ber. **62**, 2783 (1929).
173—174° (k.)	—	—	—	[1] **Bergmann:** A. **434**, 109 (1923).
155—157°	—	—	—	[1] **Bergmann:** A. **434**, 109 (1923).
134—135°	$[\alpha]_D^{17} = -19,6°$ (in $C_2H_2Cl_4$)	l. l. w. Alk., Chlorof., Aceton, z. schw. l. Äth., unl. Petroläth.	—	[1] **Fischer** u. **Fodor:** Ber. **47**, 2057 (1914).
165—166° (k.)	$[\alpha]_D^{20} = +57,9°$ (in $C_2H_2Cl_4$)	l. l. h. Alk., Chlorof., Aceton	—	[1] **Fischer** u. **Fodor:** Ber. **47**, 2057 (1914).
133—134°	$[\alpha]_D^{19} = +11,2°$ (in $C_2H_2Cl_4$)	l. l. Chlorof., h. Alk., Benzol, Essigest., Aceton, schw. l. Äth.	—	[1] **Fischer** u. **Fodor:** Ber. **47**, 2057 (1914).
121—124° (Sintert 120°)	$[\alpha]_D^{22} = +44,43°$ (in $C_2H_2Cl_4$)	s. l. l. Essigest., Chlorof., Aceton, $C_2H_2Cl_4$, l. l. h. Alk., h. Benzol, s. schw. l. k., l. l. h. H_2O, unl. Petroläth.	Reduz. s. schwach Fehl. Lösg.	[1] **Bergmann** u. **Schotte:** Ber. **54**, 1564 (1921).
121—122° (Sintert 118°)	—	l. l. Äth., Aceton, Chlorof., h. Alk., Essigester	Reduz. Fehl. Lösg. Addiert sehr träge Brom	[1] **Bergmann** u. **Schotte:** Ber. **54**, 1564 (1921).
113—114° (k.)	$[\alpha]_D^{18} = -8,3°$ (in $C_2H_2Cl_4$); $[\alpha]_D^{19} = -12,27°$ (nach 6 facher Umkrystallis.)	l. l. Chlorof., Aceton, CH_3OH, h. Alk., Äth., s. schw. l. h. H_2O	—	[1] **Fischer** u. **Curme:** Ber. **47**, 2047 (1914). [2] **Bergmann:** A. **434**, 86 (1923).

Tabelle 52 (Fortsetzung).

Nr	Name	Formel, Konstitution	Vorkommen, Bildung, Darstellung	Krystallogr. Eigenschaften
29	Hexacetyl-Lactaldibromid	$C_{24}H_{32}O_{15}Br_2$	D. Bromieren des Vorigen in Chlorof.[1]	Lange, sehr dünne Prismen
30	Hexacetyl-Hydrolactal	$C_{24}H_{34}O_{15}$	Aus Verbindg. 28 d. Hydrieren in Eisessig + Pt-Mohr[1]	Amorph
31	Pentacetyl-Pseudo-lactal	$C_{22}H_{30}O_{14}$	Aus Hexacetyllactal d. Kochen mit H_2O[1]	Prism. od. flache Taf. (aus H_2O); lange dünne Prismen oder abgestumpfte Sechsecke (aus Alk.)
32	Hexacetyl-Pseudo-lactal	$C_{24}H_{32}O_{15}$	Aus vorigem d. Nachacetylier. in Pyridin[1]	Würfelförm. Kryst. (aus Alk.); Prismen oder Nadeln (aus verd. Eisessig)
33	Hexacetyl-Isolactal	$C_{24}H_{32}O_{15}$	Aus Isolactal + Essigs.-Anhydr. in Pyridin[1]	Feine rhomb. Prismen oder Plättchen (aus Alk.)
34	Acetodibrom-Pseudolactal	$C_{22}H_{30}O_{13}Br_2$	Aus Pentacetylpseudolactal in HBr in Eisessig[1]	Weiße Nadeln oder Prismen (aus Alk. oder Chlorof. + Petroläth.)
35	Brom-hydroxy-acetyl-Pseudolactal	$C_{22}H_{30}O_{13}Br(OH)$ $+ \frac{1}{2} H_2O$	Aus vorigem in feucht. Aceton + Ag_2CO_3[1]	Weiße glänz. Schuppen (aus Aceton + H_2O)

Tabelle 53.

Nr	Name	Formel, Konstitution	Vorkommen, Bildung, Darstellung	Krystallogr. Eigenschaften
1	α-Pentacetyl-Glucosamin	$C_6H_8O_5N(OC_2H_3)_5$	Durch Acetyl. von Glucosaminchlorhydrat mit Essigs.-Anhydr. + Na-Acetat[1]	Nadeln (aus Äth.)
2	β-Pentacetyl-Glucosamin	$C_6H_8O_5N(OC_2H_3)_5$	Entsteht neben der α-Form[1]	Krystalle (aus Alk.)
3	N-Monoacetyl-Glucosamin	$C_6H_{12}O_5N(OC_2H_3)$	Aus Glucosamin in CH_3OH u. Essigs.-Anhydr. u. Fällen mit Äther[1]. Aus Chitin d. Hydrol. m. H_2SO_4[2] D. Einwirkg. von Schneckenchitinase auf Chitin aus Hummernschalen od. Pilzchitin[3]	Monokl. dicke, farbl. Nadeln (aus CH_3OH)
4	β-Pentacetyl-Chondrosamin	$C_6H_8O_5N(OC_2H_3)_5$	Aus Chondrosaminchlorid durch Acetyl. i. Essigs.-Anh. + $ZnCl_2$[1]	Krystalle (aus Alk.)
5	α-Pentacetyl-Chondrosamin	$C_6H_8O_5N(OC_2H_3)_5$	Aus vorigem d. Erwärmen in Essigs.-Anhydr. + $ZnCl_2$[1]	Krystalle (aus Chlorof. + Äth.)
6	α-Pentacetyl-Epichitosamin	$C_6H_8O_5N(OC_2H_3)_5$	Aus d. β-Form d. Erwärmen in Eisessig + $ZnCl_2$ bei 40°[1]	Nicht isoliert
7	β-Pentacetyl-Epichitosamin	$C_6H_8O_5N(OC_2H_3)_5$	Aus d. Chlorhydrat d. Acetylier. in Pyridin bei 37°[1]	Lange Nadeln (aus Alk.)

248

Acetate der Glucale.

Schmelz- und Siedepunkt	Optisches Drehungsvermögen	Löslichkeit	Analytisches; Diverses	Literatur
207°	$[\alpha]_D^{18} = +135{,}5°$ (in $C_2H_2Cl_4$)	—	—	[1] **Fischer** u. **Curme:** Ber. **47,** 2047 (1914).
ca. 50—60°	—	s. l. l. außer H_2O, Petroläth.	—	[1] **Fischer** u. **Curme:** Ber. **47,** 2047 (1914).
123—124° (k.) 190° Z.	$[\alpha]_D^{18} = +51{,}86°$ (in $C_2H_2Cl_4$)	s. schw. l. H_2O, l. l. h. Alk., Essigest., Chlorof., Aceton, Benzol, schw. l. Äth., CCl_4	Addiert nicht Brom	[1] **Bergmann:** A. 434, 79 (1923).
127—128°	$[\alpha]_D^{18} = +32{,}24°$ (in $C_2H_2Cl_4$)	l. l. Petroläther, Äther	Verliert d. h. H_2O eine Acetylgruppe u. gibt Pentacetyl-pseudolactal. Addiert nicht Brom. Reduz. Fehl. Lösg. Gibt keine Fichtenspan-Reakt.	[1] **Bergmann:** A. 434, 79 (1923).
166—167° (Sintert 163°)	$[\alpha]_D^{23} = +55{,}30°$ (in $C_2H_2Cl_4$)	s. l. l. Essigest., Chlorof., schw. l. Alk., h. H_2O, unl. Äth.	Spaltet in sied. H_2O eine Acetylgruppe ab. Addiert langs. Brom. Gibt Fichtenspan-Reakt.	[1] **Bergmann:** A. 434, 79 (1923).
124° (Zers.)	$[\alpha]_D^{23} = +69{,}6°$ (in $C_2H_2Cl_4$)	l. l. Alk., Benzol, Chlorof., unl. Äth., Petroläth.	Sehr labil	[1] **Bergmann:** A. 434, 79 (1923).
87—88° (110° Z.)	—	s. l. l. Aceton, l. l. Alk., Essigest., schw. l. h. Äth., unl. Petroläth.	—	[1] **Bergmann:** A. 434, 79 (1923).

Acetate der Aminozucker.

Schmelz- und Siedepunkt	Optisches Drehungsvermögen	Löslichkeit	Analytisches; Diverses	Literatur
139—140° (k.)	$[\alpha]_D^{20} = +93{,}5°$ (in Chlorof., c=4,9%)	l. l. Äth., Chlorof., leichter l. als die β-Form	—	[1] **Hudson** u. **Dale:** Amer. Soc. **38,** 1431 (1916).
188—189° (k.)	$[\alpha]_D^{20} = +1{,}2°$ (in Chlorof., c=4,1%)	schw. l. H_2O, Alk., Chlorof., Äth., Benzol	—	[1] **Hudson** u. **Dale:** Amer. Soc. **38,** 1431 (1916).
Bräunt sich bei 150°. 190° (Z.)	$[\alpha]_D = +41{,}86°$ (in H_2O)[1]. $[\alpha]_D = +55{,}6° \rightarrow +41{,}3°$[3])	l. l. H_2O, h. CH_3OH, w. l. Alk., unl. Äth.	Reduz. stark Fehl. Lösg. Red.V. = 60% d. Glucose. Gibt keine Salze	[1] **Breuer:** Ber. **31,** 2193 (1898). [2] **Fränkel** u. **Kelly:** Monatsh. f. Chem. **23,** 123 (1902). [3] **Karrer:** Helv. **12,** 616, 986 (1929).
235° (Z.)	$[\alpha]_D^{20} = +10{,}5°$ (in Chlorof., c=0,5%)	unl. k. H_2O, Alk., Äth., w. l. Chlorof., Aceton	—	[1] **Hudson** u. **Dale:** Amer. Soc. **38,** 1431 (1916).
182—183°	$[\alpha]_D^{17} = +102{,}1°$ (in Chlorof., c=3,2%)	s. l. l. k. H_2O, Alk., Essigest., Chlorof.	—	[1] **Hudson** u. **Dale:** Amer. Soc. **38,** 1431 (1916).
—	—	—	—	[1] **Levene:** J. Biol. Chem. **57,** 323 (1923).
158—159° (k.)	$[\alpha]_D^{20} = -18°$ (in Chlorof.)	—	—	[1] **Levene:** J. Biol. Chem. **57,** 323 (1923).

Tabelle 53 (Fortsetzung).

Nr	Name	Formel, Konstitution	Vorkommen, Bildung, Darstellung	Krystallogr. Eigenschaften
8	Pentacetyl-1-Aminoglucose	$C_{13}H_{23}O_{10}N$	Durch Acetylieren in Pyridin [1]	Prismen (aus Chlorof. + Petroläth.)
9	Monoacetyl-1-Aminoglucose	$C_8H_{15}O_6N$	Aus d. Pentacetat in $CH_3OH + NH_3$ [1]	Krystalle (aus H_2O + Aceton)
10	α-Diglucosylamino-Octacetat	$C_{28}H_{39}O_{18}N$: 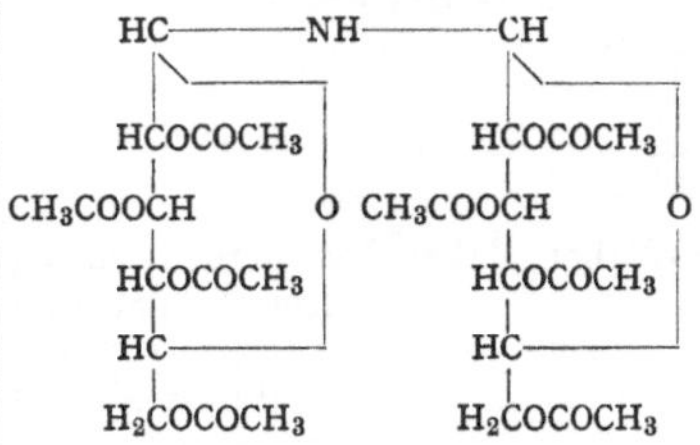 (siehe Strukturformel unten)	Aus 1-Aminoglucose+Glucose in Pyridin, Erhitzen, Acetylier. [1]). Entsteht auch als Nebenprod. bei der Acetylier. von 1-Aminoglucose. Aus β-Diglucosylamin d. Acetyl. in Pyridin	Nadeln (aus Chlorof. + CH_3OH)
11	β-Diglucosylamino-Octacetat	$C_{28}H_{39}O_{18}N$	Acetyl. in Pyridin, Extrahieren mit Äth. [1]	Amorph
12	N-Acetyl-Diglucosylamino-Octacetat	$C_{30}H_{41}O_{19}N$	Aus Diglucosylaminooctacetat d. Kochen mit $ZnCl_2$ in Essigs.-Anhydrid [1]). Ebenso aus Pentacetyl-1-aminoglucose nach derselben Methode	Nadeln (aus Alk.)
13	α-Diglucosyl-nitrosamino-Octacetat	$C_{28}H_{38}O_{19}N_2$	Aus α-Diglucosylaminacetat in Äth. u. Einleiten von N_2O_3 [1]	Gelbe Blätter
14	β-Diglucosylnitrosamino-Octacetat	$C_{28}H_{38}O_{19}N_2$	Wie vorstehend, jedoch aus der β-Form des Acetates [1]	Nadeln (aus Alk.)

Strukturformel zu Nr. 10 ($C_{28}H_{39}O_{18}N$):

$$\begin{array}{ll}
HC\!-\!\!-\!\!NH\!-\!\!-\!CH & \\
HCOCOCH_3 \quad\quad HCOCOCH_3 & \\
CH_3COOCH \quad O \quad CH_3COOCH \quad O & \\
HCOCOCH_3 \quad\quad HCOCOCH_3 & \\
HC \quad\quad HC & \\
H_2COCOCH_3 \quad\quad H_2COCOCH_3 &
\end{array}$$

Tabelle 54.

Nr	Name	Formel, Konstitution	Vorkommen, Bildung, Darstellung	Krystallogr. Eigenschaften
1	Triacetyl-Thioketopentose	$C_{12}H_{18}O_7S$	Acetylier. in Pyridin u. Destillation [1]	Sirup
2	Tetracetyl-3-Methylthioglucose	$C_{15}H_{20}O_9S$: 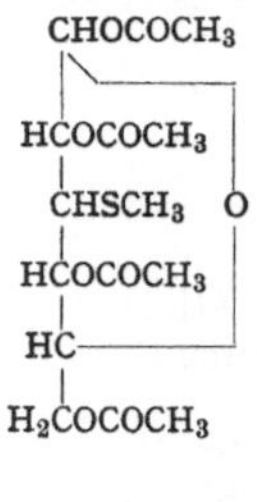 (siehe Strukturformel unten)	D. Acetylier. in Pyridin [1]	Farbl. Nadeln (aus CH_3OH)
3	α-Pentacetyl-1-Thioglucose (α-Pentacetyl-Glucothiose)	$C_{16}H_{22}O_{10}S$	Entsteht neben der β-Form bei d. Acetyl. von Natriumglucothionat [1]). Ebenso aus β-Natriumthioglucose nach d. Verseifung, Acetyl. u. frakt. Krystallisation aus Äther	Feine Nadeln (aus CH_3OH)

Strukturformel zu Nr. 2 ($C_{15}H_{20}O_9S$):

$$\begin{array}{l}
CHOCOCH_3 \\
HCOCOCH_3 \\
CHSCH_3 \quad O \\
HCOCOCH_3 \\
HC \\
H_2COCOCH_3
\end{array}$$

Acetate der Aminozucker.

Schmelz- und Siedepunkt	Optisches Drehungsvermögen	Löslichkeit	Analytisches; Diverses	Literatur
159—160° (Z.) Sintert: 157°	$[\alpha]_D = +16{,}2°$ (in Chlorof.)	—	—	[1] **Brigl** u. **Keppler:** Z. physiol. Chem **180**, 38 (1929).
257° (Z.)	—	—	—	[1] **Brigl** u. **Keppler:** Z. physiol. Chem. **180**, 38 (1929).
216—217° (Z.)	$[\alpha]_D = +87{,}0°$ (in Chlorof.)	—	—	[1] **Brigl** u. **Keppler:** Z. physiol. Chem. **180**, 38 (1929).
190—192° (Sintert: 135—140°)	$[\alpha]_D = +7{,}6°$ (in Chlorof.)	—	—	[1] **Brigl** u. **Keppler:** Z. physiol. Chem. **180**, 38 (1929).
192°	$[\alpha]_D = -9{,}2°$ (in Chlorof.)	—	—	[1] **Brigl** u. **Keppler:** Z. physiol. Chem. **180**, 38 (1929).
204—205° (Z.)	$[\alpha]_D = +80{,}4°$ (in Chlorof.)	—	—	[1] **Brigl** u. **Keppler:** Z. physiol. Chem. **180**, 38 (1929).
218—220° (Z.) (Sint.: 215°)	$[\alpha]_D = +12{,}5°$ (in Chlorof.)	—	—	[1] **Brigl** u. **Keppler:** Z. physiol. Chem. **180**, 38 (1929).

Acetate der Thio= und Selenozucker.

Schmelz- und Siedepunkt	Optisches Drehungsvermögen	Löslichkeit	Analytisches; Diverses	Literatur
$K_{P_{0,1}} = 170°$	$[\alpha]_D = $ ca. 0°	—	—	[1] **Levene** u. **Sobotka:** J. Biol. Chem. **65**, 551 (1925).
94°	$[\alpha]_{578}^{21} = +24{,}65°$ (in $C_2H_2Cl_4$)	—	—	[1] **Freudenberg** u. **Wolf:** Ber. **60**, 232 (1927).
126—127°; 128—129°	$[\alpha]_D^{20} = +120{,}2°$ (in $C_2H_2Cl_4$); $[\alpha]_D^{23} = +132{,}6°$ (in $C_2H_2Cl_4$)	schwerer l. in Alk. und CH_3OH als die β-Form	—	[1] **Schneider** u. **Leonhardt:** Ber. **62**, 1386 (1929).

Tabelle 54 (Fortsetzung).

Nr	Name	Formel, Konstitution	Vorkommen, Bildung, Darstellung	Krystallogr. Eigenschaften
4	β-Pentacetyl-1-Thioglucose (β-Pentacetyl-Glucothiose)	$C_{16}H_{22}O_{10}S$	Aus Diglucosyldisulfid in verd. Essigs. + Alk., Schütteln mit Al-Amalgam, Eindampfen u. Acetyl. mit Na-Acetat[1]). Ebenso aus Diglucosyldisulfid-acetat, Kochen mit Essigs.-Anh. +Na-Acet. u.Koch. m. Zn-Staub. D. Verseif. von Acetoxanthogen-glucose mit methylalk. NH_3 u. Reacetyl. mit Na-Acetat[2]). Ebenso aus d. Na-Salz d. Gluco-thiose d. Acetylier. in Pyridin	Weiße Nadeln (aus CH_3OH)
5	β-Tetracetyl-1-Thioglucose	$C_{14}H_{20}O_9S$	Aus Octacetyldiglucosyldisulfid d. Redukt. mit Al-Amalgam[1])	Krystalle
6	Octacetyl-Thioisotrehalose	$C_{12}H_{14}O_{10}S(OC_2H_3)_8$	Aus Acetobromglucose in Alk. + K_2S in Alk. bei 50°[1])	Feine farbl. Nadeln (aus Alk.)
7	Octacetyl-Selenoisotrehalose	$C_{12}H_{14}O_{10}Se(OC_2H_3)_8$	Ebenso, jedoch mit K_2Se[1])	Feine farbl. Nadeln
8	Octacetyl-Thio-Digalaktose	$C_{12}H_{14}O_{10}S(OC_2H_3)_8$	Aus Acetobromgalaktose + K_2S in Alk.[1])	Feine farbl. Nadeln (aus Alk.)
9	Octacetyl-Seleno-Digalaktose	$C_{12}H_{14}O_{10}Se(OC_2H_3)_8$	Ebenso, mit K_2Se[1])	Feine farbl. Nadeln (aus Alk.)
10	Octacetyl-Thiocellobiose	$C_{12}H_{14}O_{10}S(OC_2H_3)_8$	Aus Tetradekacetyl-Dicellobiosyl-disulfid d. Redukt. mit Zn in Essigs.-Anhydr.[1])	Lange weiße Nadeln (aus Alk.)
11	Octacetyl-Galaktosyl-glucosyl-selenid	$C_{12}H_{14}O_{10}Se(OC_2H_3)_8$	Aus Acetobromglucose + Aceto-bromgalaktose + K_2Se in Alk.[1])	Derbe Nadeln (aus Alk.)
12	Heptacetyl-Thiocellobiose	$C_{12}H_{15}O_{10}S(OC_2H_3)_7$	D. Redukt. d. Dicellobiosyldisul-fidacetates in Phenol + Al-Amal-gam[1])	Rosetten feiner Blättch. od.Nad. (aus CH_3OH)
13	Dodekacetyl-Trithio-di-Galaktose	$C_{36}H_{50}O_{22}S_3$	Acetylier. in Pyridin[1])	Krystalle (aus Alk.)
14	Octacetyl-Diglucosyl-disulfid	$C_{12}H_{14}O_{10}S_2(OC_2H_3)_8$	Aus Acetobromglucose in CH_3OH + Kaliumdisulfid[1])	Derbe Krusten (aus Benzol). Fein. farbl. Nad. (aus CH_3OH)
15	Octacetyl-Diglucosyl-diselenid	$C_{12}H_{14}O_{10}Se_2(OC_2H_3)_8$	Wie vorst. mit Kaliumdiselenid[1])	Krystalle
16	Octacetyl-Bis-(glucosyl-6-)sulfid	$C_{28}H_{38}O_{18}S$	Acetylier. in Pyridin[1])	Drusen (aus Äth. + Petroläth.)
17	Octacetyl-Bis-(glucosyl-6-)selenid	$C_{28}H_{38}O_{18}Se$	Ebenso[1])	Drusen
18	Octacetyl-Bis-(glucosyl-6-)diselenid	$C_{28}H_{38}O_{18}Se_2$	Ebenso[1])	Kleine Kryst. (aus Äth. + Petroläth.)
19	Octacetyl-1,1-Diglucosylsulfon	$C_{28}H_{38}O_{22}S$	Bei d. Oxydat. von Octacetyldi-glucosylsulfid+$KMnO_4$ in 60proz. Essigs.[1])	Nadeln (aus CH_3OH)
20	Octacetyl-1,1-Digalaktosylsulfon	$C_{28}H_{38}O_{22}S$	Ebenso aus Octacetyldigalaktosyl-sulfid[1])	a) Nadeln (aus CH_3OH) b) Derbe Blätter (aus Benzol)

Acetate der Thio- und Selenozucker.

Schmelz- und Siedepunkt	Optisches Drehungsvermögen	Löslichkeit	Analytisches; Diverses	Literatur
$121°$[1] $120°$[2]	$[\alpha]_D^{23} = +10,17°$ (in $C_2H_2Cl_4$); $+2,96°$ (in Essigest.)[2]	l. l. h. Alk., Benzol, Chlorof., Essigest., w. l. k. Alk., CH_3OH, k. l. H_2O	—	[1] **Wrede:** Z. physiol. Chem. **119**, 46 (1922). [2] **Schneider, Gille u. Eisfeld:** Ber. **61**, 1244 (1928).
$75°$	$[\alpha]_D^{15} = -13,57° \rightarrow -6,78°$ (in Alk. von 90%); $+0,5°$ (in $C_2H_2Cl_4$)	l. l. w. Alk., Äth., Chlorof., Benzol. $C_2H_2Cl_4$, schw. l. h. H_2O	—	[1] **Wrede:** Z. physiol. Chem. **119**, 46 (1922).
$174°$	$[\alpha]_D^{25} = -38,21°$ (in $C_2H_2Cl_4$)	unl. H_2O, f. unl. k., l. h. Alk., z. l. l. Äth., Benzol, s. l. l. Chlorof., Eisessig	—	[1] **Schneider u. Wrede:** Ber. **50**, 793 (1917).
$186°$	$[\alpha]_D^{21} = -51,24°$ (in $C_2H_2Cl_4$)	schw. l. h. Alk.	—	[1] **Schneider u. Wrede:** Ber. **50**, 793 (1917).
$200°$	$[\alpha]_D^{19} = -6,08°$ (in $C_2H_2Cl_4$)	l. wie Nr. 6	—	[1] **Schneider u. Beuther:** Ber. **52**, 2135 (1919).
$202°$	$[\alpha]_D^{19} = -13,4°$ (in $C_2H_2Cl_4$)	—	—	[1] **Schneider u. Beuther:** Ber. **52**, 2135 (1919).
$205°$	$[\alpha]_D^{20} = -12,9°$ (in Chlorof.)	l. l. Chlorof., h. Alk., w. l. k. Alk., H_2O	—	[1] **Wrede u. Hettche:** Z. physiol. Chem. **172**, 169 (1927).
$161°$	$[\alpha]_D^{16} = -30,72°$ (in Essigest.)	l. l. Chlorof., Essigest., k. l. k. Alk., H_2O	—	[1] **Wrede:** Z. physiol. Chem. **112**, 1 (1920).
$197°$; $220°$	$[\alpha]_D^{20} = -12,8°$ (in Chlorof.)	l. l. Chlorof., h. Alk., w. l. k. Alk., f. unl. H_2O	—	[1] **Wrede u. Hettche:** Z. physiol. Chem. **172**, 169 (1927).
$157°$	$[\alpha]_D^{20} = +24,8°$ (in $C_2H_2Cl_4$)	unl. H_2O, schw. l. k., l. l. h. Alk., l. l. Benzol, Äth., Chlorof.	—	[1] **Schneider u. Beuther:** Ber. **52**, 2135 (1919).
$139°$	$[\alpha]_D^{18} = -177,7°$ (in Nitrobenzol)	f. unl. k. Benzol, Äth., Petroläth., w. l. k. CH_3OH, Alk., l. l. Chlorof.	—	[1] **Wrede:** Ber. **52**, 1756 (1919).
$133°$	$[\alpha]_D^{18} = -133,8°$ (in Chlorof.)	—	—	[1] **Wrede:** Ber. **52**, 1756 (1919).
$163°$	$[\alpha]_D^{18} = +56,2°$ (in Essigest.)	l. l. in den org. Solventien	—	[1] **Wrede:** Z. physiol. Chem. **115**, 284 (1921).
$150—155°$	$[\alpha]_D = $ ca. $+40°$ (in Essigest.)	l. l. außer Ligroin	—	[1] **Wrede:** Z. physiol. Chem. **115**, 284 (1921).
$175—179°$	—	l. l. außer Ligroin	—	[1] **Wrede:** Z. physiol. Chem. **115**, 284 (1921).
$189°$	$[\alpha]_D^{20} = -45,5°$ (in Essigest.); $-20,8°$ (in $C_2H_2Cl_4$)	l. l. Chlorof., Essigs., w. l. k. Alk., CH_3OH, Benzol	—	[1] **Wrede u. Zimmermann:** Z. physiol. Chem. **148**, 65 (1925).
a) $175°$ b) $149°$	a) $[\alpha]_D^{20} = -5,32°$ (in C_6H_6); $+2,83° \rightarrow +5,20°$ (in CH_3OH) b) $[\alpha]_D^{20} = -8,70°$ (in C_6H_6); $+3,56° \rightarrow +5,94°$ (in CH_3OH)	l. l. Essigs., w. l. Alk., Benzol	—	[1] **Wrede u. Zimmermann:** Z. physiol. Chem. **148**, 65 (1925).

Tabelle 54 (Fortsetzung).

Nr	Name	Formel, Konstitution	Vorkommen, Bildung, Darstellung	Krystallogr. Eigenschaften
21	Hendekacetyl-Cellosyl-glucosylsulfid	$C_{12}H_{14}O_{10}(OC_2H_3)_7 \cdot S \cdot C_6H_7O_5(OC_2H_3)_4$	Aus Acetobromcellobiose + Acetobromglucose + K_2S in Alk.[1]	Derbe, rhomb. Blättchen (aus CH_3OH)
22	Hendekacetyl-Cellosyl-glucosylselenid	$C_{40}H_{54}O_{26}Se$	Ebenso mit K_2Se[1]	Dicke, rhomb. Prismen od. Rosetten (aus CH_3OH)
23	Tetradekacetyl-Dicellosylsulfid	$C_{12}H_{14}O_{10}(OC_2H_3)_7 \cdot S \cdot C_{12}H_{14}O_{10}(OC_2H_3)_7$	Aus Acetobromcellobiose + K_2S in Alkohol[1]	Feine Nadeln (aus Alk.)
24	Tetradekacetyl-Dicellosylselenid	$C_{24}H_{28}O_{20}(OC_2H_3)_{14} \cdot Se$	Ebenso mit K_2Se[1]	Feine weiße Nadeln (aus Alk.)
25	Tetradekacetyl-Dicellobiosyl-disulfid	$[C_{12}H_{14}O_{10}(OC_2H_3)_7]_2S_2$	Aus Acetobromcellobiose + K_2S_2 in Alkohol[1]	Weißes Pulver (aus Chlorof. + CH_3OH)
26	Tetradekacetyl-1,1-Dicellosylsulfon	$C_{52}H_{70}O_{36}S$	D. Oxyd. von Tetradekacetyldicellosylsulfid mit $KMnO_4$ in 60proz. Essigs.[1]	Lange Nadeln (aus CH_3OH)

Tabelle 55.

Nr	Name	Formel, Konstitution	Vorkommen, Bildung, Darstellung	Krystallogr. Eigenschaften
1	Dibenzoyl-Dioxyaceton	$C_{17}H_{14}O_5$	Benzoylieren in Pyridin od. durch Kochen von Glycerinaldehyd u. nachfolg. Benzoylieren in Pyrid.[1]	Krystalle
2	Di-p-nitrobenzoyl-Dioxyaceton	$C_{17}H_{12}O_9N_2$	Wie oben, mit p-Nitrobenzoylchlorid[1]	Krystalle (aus Toluol)
3	Dibenzoyl-Glycerinaldehyd	$[C_{17}H_{14}O_5]_2$	Aus Glycerinaldehyd + Benzoylchlorid in Pyrid. bei 0°[1]	Krystalle (aus Toluol)
4	Di-p-nitrobenzoyl-Glycerinaldehyd	$[C_{17}H_{12}O_9N_2]_2$	Ebenso mit p-Nitrobenzoylchlorid[1]	Krystalle (aus h. Toluol)
5	Tetrabenzoyl-l-Arabinose	$C_5H_6O_5(OC_7H_5)_4$	Benzoyl. in Pyrid. in d. Kälte[1]	Farbl. glänzende Nadeln (aus Alk.)
6	Tetrabenzoyl-d-Arabinose	$C_5H_6O_5(OC_7H_5)_4$	Ebenso[1]	Glänz. farbl. Nadeln (aus Alk.)
7	β-Tetra-p-brombenzoyl-l-Arabinose	$C_5H_6O_5(OC_7H_4Br)_4$	l-Arabinose in Chlorof. + p-Brombenzoylchlorid in Chinin u. 4 Tage schütteln bei 60°[1]. Trennung von der α-Form durch frakt. Fällung mit Alk.	Amorphe, weiße Masse
8	α-Tetra-p-brombenzoyl-l-Arabinose	$C_5H_6O_5(OC_7H_4Br)_4$	Ebenso[1]	Amorphe, weiße Masse
9	β-Pentabenzoyl-Mannose	$C_6H_7O_6(OC_7H_5)_5$	Benzoylieren in Chlorof. + Chinolin und Benzoylchlorid bei 0°[1]	Sternförm. vereinigte Nadeln (aus Alk.)
10	Pentabenzoyl-Galaktose	$C_6H_7O_6(OC_7H_5)_5$	Benzoylieren mit verd. NaOH-Lauge[1]	Mikroskop. Nadeln (aus Alk.)

Acetate der Thio= und Selenozucker.

Schmelz- und Siedepunkt	Optisches Drehungsvermögen	Löslichkeit	Analytisches; Diverses	Literatur
163°	$[\alpha]_D^{18}=-34{,}19°$ (in Chlorof.)	s. w. l. k. Alk., l. l. Chlorof.	—	[1] **Wrede:** Z. physiol. Chem. **112**, 1 (1920).
141°	$[\alpha]_D^{17}=-40{,}36°$ (in Essigester)	Wie vorstehend	—	[1] **Wrede:** Z. physiol. Chem. **112**, 1 (1920).
262°	$[\alpha]_D^{18}=-36{,}38°$ (in Chlorof.)	l. l. Chlorof., h. Essigest., schw. l. Benzol, f. unl. k., w. l. h. Alk., unl. H_2O	—	[1] **Wrede:** Z. physiol. Chem. **108**, 115 (1919).
252°	$[\alpha]_D^{18}=-47{,}74°$ (in Chlorof.)	l. l. Chlorof., sonst schw. bis unl.	—	[1] **Wrede:** Z. physiol. Chem. **112**, 1 (1920).
271—273°	$[\alpha]_D^{18}=-78{,}7°$ bis $-79{,}2°$ (in Chlorof.)	f. unl. Äth., Petroläther, k. Alk., H_2O, l. l. Chlorof.	—	[1] **Wrede** u. **Hettche:** Z. physiol. Chem. **172**, 169 (1927).
238° (Z.) Sintert: 162°	$[\alpha]_D^{20}=-19{,}9°$ (in Chlorof.)	w. l. k. Alk., l. l. h. Alk., Essigs., Chlorof.	—	[1] **Wrede** u. **Zimmermann:** Z. physiol. Chem. **148**, 65 (1925).

Benzoylderivate der Monosen.

Schmelz- und Siedepunkt	Optisches Drehungsvermögen	Löslichkeit	Analytisches; Diverses	Literatur
121°	—	—	Phenylhydrazon: $C_{23}H_{20}O_4N_2$. Prismat. Kryst. $F=69—70°$	[1] **H. O. L. Fischer** u. **Taube:** Ber. **60**, 481 (1927).
197,5° (Z.)	—	—	—	[1] **H. O. L. Fischer** u. **Taube:** Ber. **60**, 481 (1927).
231°	—	s. schw. l. außer h. Toluol od. Nitrobenzol	Dimolekular	[1] **H. O. L. Fischer** u. **Taube:** Ber. **60**, 481 (1927).
247°	—	—	Dimolekular	[1] **H. O. L. Fischer** u. **Taube:** Ber. **60**, 481 (1927).
—	$[\alpha]_D^{20}=+300{,}8°$ (in Chlorof.)	l. l. Essigest., Chlorof., $C_2H_2Cl_4$, Aceton, Benzol, Toluol; schw. l. Alk., CH_3OH, CCl_4, unl. H_2O, Petroläth.	—	[1] **Gehrke** u. **Aichner:** Ber. **60**, 918 (1927).
153°	$[\alpha]_D^{20}=-301{,}1°$ (in Chlorof.)	l. wie vorsteh.	—	[1] **Gehrke** u. **Aichner:** Ber. **60**, 918 (1927).
ca. 210°	$[\alpha]_D^{20}=+383{,}0°$ (in Chlorof.)	w. l. Alk., l. l. Chlorof., Benzol, Aceton	—	[1] **Odén:** C. **1919**, III, 254.
ca. 125°	$[\alpha]_D^{20}=+228{,}0°$ (in Chlorof.)	l. wie vorsteh. etwas l. l. Alk.	Wohl noch mit β-Form verunreinigt	[1] **Odén:** C. **1919**, III, 254.
161—161,5° (k.)	$[\alpha]_D^{20}=-80{,}7°$ (in Chlorof.)	s. l. l. Chlorof., Aceton, Essigest., schw. l. Äth., z. schw. l. Alk., s. w. l. H_2O Ligroin	—	[1] **Fischer** u. **Oetker:** Ber. **46**, 4029 (1913).
165°	—	—	—	[1] **Skraup:** Monatsh. f. Chem. **10**, 397 (1889).

Nr	Name	Formel, Konstitution	Vorkommen, Bildung, Darstellung	Krystallogr. Eigenschaften
11	Penta-p-brombenzoyl-Galaktose	$C_6H_7O_6(OC_7H_4Br)_5$	Aus Galaktose in Chlorof. + p-Brombenzoylchlorid in Chinolin 5 Tage schütteln[1]	α-Form: Nad. β-Form: Amorph.
12	Pentabenzoyl-Fructose	$C_6H_7O_6(OC_7H_5)_5$	Benzoylieren in starker NaOH[1]	Amorph (aus Alk.)
13	Tetrabenzoyl-Fructose	$C_6H_8O_6(OC_7H_5)_4$	Benzoylieren in verd. NaOH[1]	Krystalle (aus Alk.)
14	3, 4, 5-Tribenzoyl-Fructose (2, 6)	$C_6H_9O_6(OC_7H_5)_3$	Aus Monoacetontribenzoylfructose d. saure Verseifung[1]	—
15	Tri-p-brombenzoyl-Fructose	$C_6H_9O_6(OC_7H_4Br)_3$	Aus Tri-p-Brombenzoyl-monoacetonfructose d. Verseif. mit HCl in Essigs.[1]	Amorph
16	3-Monobenzoyl-Fructose	$C_6H_{11}O_6(OC_7H_5)$	Durch Verseifen von Benzoyldiacetonfructose in Essigsäure + H_2SO_4[1]	Amorph
17	α-Pentabenzoyl-Glucose	$C_6H_7O_6(OC_7H_5)_5$	Aus α-Glucose in Chlorof. + Chinolin + Benzoylchlorid[1]. Aus α-Glucose in Chlorof. + Pyridin + Benzoylchlorid bei —10°, dann 18 St. bei 0°[2]	Nadeln (aus Alk.)
18	β-Pentabenzoyl-Glucose	$C_6H_7O_6(OC_7H_5)_5$	Ebenso aus β-Glucose[1]. Ebenso aus β-Glucose bei 15°[2]	Feine glänzende Nadeln (aus Alk.)[1]
19	α-Pentabenzoyl-Glucose-(1, 4)	$C_6H_7O_6(OC_7H_5)_5$	Aus Tribenzoylglucose (nach Fischer u. Rund) mit Benzoylchlorid in Pyridin[1]	Krystalle (aus Alk.)
20	β-Pentabenzoyl-Glucose-(1, 4)	$C_6H_7O_6(OC_7H_5)_5$	Ebenso[1]. Aus Tribenzoylglucose + Benzoylchlorid in 20proz. NaOH bei 15°[2]	Krystalle
21	2, 3, 4, 6-Tetrabenzoyl-Glucose	$C_6H_8O_6(OC_7H_5)_4$	Aus d. Benzobromglucose + Ag_2CO_3 in feucht. Aceton[1]	**Krystall. Präp.:** Feine Nadeln (aus h. Ligroin). Nadeln (aus CH_3OH) **Amorph. Präp.:**
22	Tetrabenzoyl-Glucose	$C_6H_8O_6(OC_7H_5)_4$	Benzoylieren in verd. NaOH[1]. Extrah. mit Äther	Nadeln (aus Essigs.-Anhydr.)
23	2, 3, 5, 6-Tetrabenzoyl-Glucose-(1, 4)	$C_6H_8O_6(OC_7H_5)_4$	Aus Tetrabenzoylglucosyl-1-chlorid-(1,4) in feucht. Aceton + Ag_2CO_3[1]	Amorphes Pulver
24	3, 5, 6-Tribenzoyl-Glucose	$C_6H_9O_6(OC_7H_5)_3 + CCl_4$	Aus Tribenzoylacetonglucose d. Verseif. in Eisessig + HCl[1]	Krystallisiert mit CCl_4. Freie Verbindg.: Öl
25	2, 3, 4-Tribenzoyl-Glucose	$C_6H_9O_6(OC_7H_5)_3$	Aus 6-Acetyl-1,2,3,4-tetrabenzoylglucose in Aceton + H_2SO_4[1]	Krystalle (aus Alk.)
26	Tribenzoyl-Glucose	$C_6H_9O_6(OC_7H_5)_3$	Benzoylieren in verd. NaOH[1]	Nadeln (aus Alk.)

Benzoylderivate der Monosen.

Schmelz- und Siedepunkt	Optisches Drehungsvermögen	Löslichkeit	Analytisches; Diverses	Literatur
$207,5°$ ca. $130°$	$[\alpha]_D^{19} = +107,5°$ $[\alpha]_D^{19} = + 45,0°$	schw. l. l. l.	—	[1] Odén: C. 1919, III, 254.
$78—79°$	—	l. l. h. Alk., CH_3OH	—	[1] Panormoff: Ber. 24, Ref. 971 (1891).
$108°$	—	—	—	[1] Skraup: Monatsh. f. Chem. 10, 397 (1889).
—	$[\alpha]_D^{15} = -248,4°$ (in Alk.)	s. w. l. H_2O, sonst l. l.	Reduz. Fehl. Lösg. ebenso stark wie Glucose	[1] Fischer u. Noth: Ber. 51, 321 (1918).
—	—	w. l. H_2O, sonst l. l.	—	[1] Fischer u. Noth: Ber. 51, 321 (1918).
—	—	l. l. H_2O, schw. l. Alk.	Reduz. stark Fehl. Lösg.	[1] Fischer u. Noth: Ber. 51, 321 (1918).
$157°$[1] $187°$[2]	$[\alpha]_D^{25} = +107,6°$ (in Chlorof.)[1]; $[\alpha]_D^{20} = +138,5°$ (in Chlorof., c $= 2\%$)[2]	—	—	[1] Fischer u. Freudenberg: Ber. 45, 2724 (1912). [2] Levene u. Meyer: J. Biol. Chem. 76, 513 (1928).
$187°$ (k.)[1] $157°$[2]	$[\alpha]_D^{24} = +23,71°$ (in Chlorof.)[1]; $[\alpha]_D^{20} = +24,0°$ (in Chlorof., c $= 3\%$)[2]	—	—	[1] Fischer u. Freudenberg: Ber. 45, 2724 (1912). [2] Levene u. Meyer: J. Biol. Chem. 76, 513 (1928).
$118—120°$[1]	$[\alpha]_D^{20} = +58,6°$ (in Chlorof., c $= 0,938\%$) $[\alpha]_D^{20} = +79,0°$ (in Chlorof., c $= 2\%$)[2]	—	—	[1] Schlubach u. Huntenburg: Ber. 60, 1487 (1927). [2] Levene u. Meyer: J. Biol. Chem. 76, 513 (1928).
$149—151°$[1] $146—147°$[2]	$[\alpha]_D^{20} = -52,6°$ (in Chlorof., c $= 0,993\%$)[1] $[\alpha]_D^{20} = -82,0°$ (in Chlorof., c $= 2\%$)[2]	—	—	[1] Schlubach u. Huntenburg: Ber. 60, 1487 (1927). [2] Levene u. Meyer: J. Biol. Chem. 76, 513 (1928).
$119—120°$	$[\alpha]_D^{21} = +70,6°$ (in Alk.);	—	Pyridinverbindung: $C_{39}H_{33}O_{10}N.$ Feine Nadeln. $F = 103—104°.$ $[\alpha]_D^{24} = +62,71° \rightarrow +60,45°$ (in Alk.)	[1] Fischer u. Noth: Ber. 51, 321 (1918).
Sintert: $75°$; $F = 105$ bis $110°$; $130°$ (Z.)	$[\alpha]_D^{17} = +48,17° \rightarrow +63,29°$ (in Alk.)	f. unl. H_2O, sonst l. l. auß. Petroläth.		
Sintert: $125°$ $F = 141°$	—	z. l. l. Alk., Eisessig, z. w. l. Äth.	—	[1] Kueny: Z. physiol. Chem. 14, 344 (1890).
—	$[\alpha]_D^{20} = +5,15° \rightarrow +4,96°$ (in Chlorof., c $= 1,088\%$); $[\alpha]_D^{20} = +11,9° \rightarrow +3,5°$ (in Alk., c $= 1\%$)	—	—	[1] Schlubach, Trefz u. Rauchenberger: Ber. 6.1, 2368 (1928).
Sintert: $65°$; $F = 80°$ (Z.)	$[\alpha]_D^{20} = -75,24° \rightarrow -91,7°$ (in Alk.)	l. l. Alk., Benzol, Chlorof., Aceton, s. schw. l. Petroläth.	Gibt ein krystallinisches Semicarbazon	[1] Fischer u Rund: Ber. 49, 100 (1916).
$189—191°$ (k.)	—	—	—	[1] Josephson: Ber. 62, 317 (1929).
Sintert: $80°$	—	z. l. l. Alk., Benzol	—	[1] Kueny: Z. physiol. Chem. 14, 333 (1890).

Nr	Name	Formel, Konstitution	Vorkommen, Bildung, Darstellung	Krystallogr. Eigenschaften
27	3, 5-Dibenzoyl-Glucose	$C_6H_{10}O_6(OC_7H_5)_2$	Aus Acetyldibenzoylacetonglucose d. Verseif. in Aceton $+ H_2SO_4$[1]	Feine gelbl. Nadeln od. sechseckige Plättchen (aus Chlorbenzol)
28	6-Monobenzoyl-Glucose[1] (Vacciniin)	$C_6H_{11}O_6(OC_7H_5)$	Kommt natürlich vor im Saft der Preißelbeeren[2]	Amorph[2]
29	3-Monobenzoyl-Glucose	$C_6H_{11}O_6(OC_7H_5)$	Aus d. Benzoyldiacetonglucose d. Verseif. in Essigs. $+ H_2SO_4$[1]	Derbe Krystalle (aus Aceton) $+ 1 H_2O$ Amorph (H_2O-frei). Hygr.
30	Penta-p-brombenzoyl-Glucose	$C_6H_7O_6(OC_7H_4Br)_5$	Aus Glucose in Chlorof. $+$ p-Brombenzoylchlorid in Chinolin, 4 Tage schütteln bei 40°[1]	α-Form: Amorph (aus Alk.); Nadeln (aus Chlorof.) β-Form: Amorphes weiß. Pulver (wohl nicht rein)
31	Penta-p-nitrobenzoyl-Glucose	$C_6H_7O_6(OC_7H_4NO_2)_5$	Aus α- od. β-Glucose in Chlorof. $+$ p-Nitrobenzoylchlorid in Chinolin, 2 Tage bei 30° schütteln[1]	α-Form: Amorph β-Form: Gelbes, amorph. Pulver
32	Mono-p-brombenzoyl-Glucose	$C_6H_{11}O_6(OC_7H_4Br)$	Aus d. Diacetonverbindung d. Verseifen in Essigs. $+$ HCl[1]	Amorph
33	β-Tetrabenzoyl-1-brom-Glucose (1, 5)	$C_6H_7O_5Br(OC_7H_5)_4$	Aus Pentabenzoylglucose $+$ HBr-Eisessig[1]	Feine Nadeln (aus Amylalk.)
34	Tetrabenzoyl-1-chlor-Glucose-(1, 4)	$C_6H_7O_5Br(OC_7H_5)_4$	Aus β-Pentabenzoylglucose-(1,4) $+$ flüss. HCl 20 St. bei 20°[1]	Sirup
35	1-Acetyl-2, 3, 4, 6-tetrabenzoyl-Glucose	$C_{36}H_{30}O_{11}$	Aus α-Diglucosylnitrosaminoctobenzoat d. Erwärmen in Essigs.-Anh. $+ ZnCl_2$[1]	Prismen (aus Alk.)
36	6-Acetyl-1, 2, 3, 4-tetrabenzoyl-Glucose	$C_{36}H_{30}O_{11}$	Aus Tribenzoyllävoglucosan in Chlorof. $+$ HBr-Eisessig. Dann mit Silberbenzoat in Äth. schütteln[1]	Krystalle (aus CH_3OH)
37	1, 6-Diacetyl-2, 3, 4-tribenzoyl-Glucose (β)	$C_{31}H_{28}O_{11}$	Aus Tribenzoyllävoglucosan $+$ HBr-Eisessig u. Schütteln mit Ag-Acetat in Eisessig[1]	Farbl. dünne Nadeln
38	β-Tetracetyl-1-benzoyl-Glucose	$C_6H_7O_6(OC_2H_3)_4 \cdot (OC_7H_5)$	Aus Acetobromglucose $+$ Silberbenzoat in Benzol u. Erhitzen[1]. Aus β-Tetracetylglucose $+$ Benzoylchlorid in Chlorof. $+$ Chinolin[2]	Farbl. glänz. Prismen (aus Alk.)

Benzoylderivate der Monosen.

Schmelz- und Siedepunkt	Optisches Drehungsvermögen	Löslichkeit	Analytisches; Diverses	Literatur
Sint.: 141°; F = 145 bis 146° 200° (Z.)	$[\alpha]_D^{19} = +56,2° \rightarrow +66,7°$ (in Alk.)	s. schw. l. k. H_2O, l. l. h. H_2O, Alk., Essigest., Aceton, Pyridin, schw. l. Äth., Chlorof., $C_2H_2Cl_4$, s. schw. l. CCl_4, Benzol, Ligroin	—	[1] **Fischer** u. **Noth:** Ber. **51**, 321 (1918).
—	$[\alpha]_D = +48,0°$ (in Alk.)[2]	—	**Phenylhydrazon**[2]): $C_{18}H_{22}O_6N_2$. F = 135—136°	[1] **Ohle:** Bioch. Z. **131**, 611 (1922). [2] **Griebel:** Z. Unters. Genußm. **19**, 241 (1910).
Sintert: 95°; F = 104 bis 106°; 120° (Z.)	$[\alpha]_D^{21} = +45,76° \rightarrow +44,57°$ (in H_2O); $[\alpha]_D^{20} = +47,32° \rightarrow +49,34°$ (in Alk.)	z. l. l. k. H_2O, l. l. Aceton, CH_3OH, z. l. Alk., Essigester, Pyrid., schw. l. Benzol, Chlorof., unl. Äth., Petroläth.	Reduz. Fehl. Lösg. **Phenylhydrazon:** $C_{19}H_{22}O_6N_2$. Hellgelbe Prismen. F = 146—147°. $[\alpha]_D^{20} = +11,1° \rightarrow +12,5°$ (in Pyrid.). Gibt bei weiterer Beh. mit h. Phenylhydrazin Glucosazon	[1] **Fischer** u. **Noth:** Ber. **51**, 321 (1918).
180° 197°	$[\alpha]_D^{20} = +110°$ (in Chlorof.)	l. l. Alk.	—	[1] **Odén:** C. **1919**, III, 254.
212—219°	$[\alpha]_D^{22} = +83°$ (in Chlorof.)	l. l. Chlorof., Benzol, Essigest., s. w. l. Äth., Alk.	—	
ca. 235° (Z.)	$[\alpha]_D^{19} = +176°$ (in Chlorof.)	z. l. l. Chlorof.	—	[1] **Odén:** C. **1919**, III, 254.
ca. 265° (Z.)	—	z. l. in Nitrobenzol	—	
—	$[\alpha]_D^{19} = +26,8° \rightarrow +44°$ (in CH_3OH)	l. l. h. H_2O, s. l. l. h. Alk., schw. l. Äth., h. Benzol, l. l. Essigs.	Reduz. Fehl. Lösg. Wahrsch. Gemisch des 3- und 6-Acylderivates	[1] **Fischer** u. **Rund:** Ber. **49**, 103 (1916).
125—128° (k.)	$[\alpha]_D^{19} = +145,1°$ (in Toluol)	s. l. l. Aceton, Essigester, Chlorof., Benzol, Toluol, z. l. l. Äth., Alk., z. schw. l. CH_3OH, schw. l. Petroläth., unl. H_2O		[1] **Fischer** u. **Helferich:** A. **383**, 88 (1911).
—	$[\alpha]_D^{20} = -11,3°$ (in Chlorof., c = 1,06%)	—	Bromverbindg. $[\alpha]_D = +11°$ bis $+31°$. Nicht isoliert	[1] **Schlubach, Trefz** u. **Rauchenberger:** Ber. **61**, 2368 (1928).
159—160°	—	—	—	[1] **Brigl** u. **Keppler:** Z. physiol. Chem. **180**, 38 (1929).
183—184° (k.)	—	—	—	[1] **Josephson:** Ber. **62**, 317 (1929).
172—173°	$[\alpha]_D^{20} = +24,75°$ (in $C_2H_2Cl_4$)	l. l. Essigest., CCl_4, Benzol; schw. l. b. Alk., h. CH_3OH	**Diacetyl-tribenzoyl-Glucose**[2]): Aus 2,3,4-Tribenzoylglucose + Essigs.-Anh in Pyrid. Aus Alk. Kryst. Sintert: 167°. F = 178—183°	[1] **Bergmann** u. **Koch:** Ber. **62**, 311 (1929). [2] **Josephson:** Ber. **62**, 317 (1929).
146° (Sintert: 143°)	$[\alpha]_D^{20} = -28,1°$ (in Chlorof.)	l. l. Chlorof., h. Alk., schw. l. k. Alk., H_2O	**α-Tetracetyl-1-benzoyl-Glucose**[3]): Nadeln (aus Essigester + Petroläther). F = 60—63°. $[\alpha]_D^{18} = +113,5°$ (in Chloroform); l. l. Chlorof., Benzol, Essigest., Aceton, l. CCl_4, s. w. l. Petroläth., H_2O	[1] **Zemplén** u. **László:** Ber. **48**, 923 (1915). [2] **Fischer** u. **Bergmann:** Ber. **51**, 1760 (1918). [3] **Fischer** u. **Bergmann:** Ber. **52**, 829 (1919).

Nr	Name	Formel, Konstitution	Vorkommen, Bildung, Darstellung	Krystallogr. Eigenschaften
39	α-Triacetyl-3-monobenzoyl-1-brom-Glucose-(1, 4 od. 1, 5)	$C_{19}H_{21}O_9Br$	Aus Diacetonbenzoylglucose + HBr-Eisessig[1])	Krystalle (aus Aceton + H_2O)
40	2-Acetyl-3-p-toluolsulfo-5, 6-di-benzoyl-α-d-Glucose-(1, 4)	$C_{29}H_{28}O_{11}S$	Aus 3-p-Toluolsulfo-5,6-diben-zoyl-monoaceton-Glucose+HBr-Eisessig u. Schütteln mit Ag_2CO_3 in feucht. Aceton[1])	Krystalle (aus Toluol)
41	2-Acetyl-3, 5-di-p-toluolsulfo-6-benzoyl-α-d-Glucose-(1, 4)	$C_{29}H_{30}O_{12}S_2$	Aus dem Bromid. d. Ag_2CO_3 in feucht. Aceton[1])	Krystalle
42	2-Acetyl-3, 5-di-p-toluolsulfo-6-benzoyl-d-glucosyl-1-bromid-(1, 4)	$C_{29}H_{29}O_{11}S_2Br$	Aus 3,5-Di-p-toluolsulfo-6-ben-zoyl-monoaceton-glucose + HBr-Eisessig[1])	Krystalle (aus Benzol)
43	Tribenzoyl-Glucose-schwefligsäure-Ringester	$C_{27}H_{22}O_{10}S:$ (Ringester-Strukturformel)	Aus Tribenzoylglucose + Thio-nylchlorid[1])	Krystalle (aus CH_3OH)

Konstitution zu Nr. 43:

$$\begin{array}{l} CH\!-\!O \\ \qquad\quad\diagdown SO \\ HC\!-\!O\diagup \\ C_6H_5COOCH \\ HCOCOC_6H_5 \\ HC \\ H_2COCOC_6H_5 \end{array}$$

Tabelle 56.

Nr	Name	Formel, Konstitution	Vorkommen, Bildung, Darstellung	Krystallogr. Eigenschaften
1	Dibenzoyl-Glucoxylose	$C_{25}H_{28}O_{12}$	Natürlich vorkommend in Da-viesia latifolia[1])	Farblose Nadeln + 1 H_2O (aus Wasser); sehr bitter
2	Heptabenzoyl-Cellobiose	$C_{12}H_{15}O_{11}(OC_7H_5)_7$	Durch Benzoylierung mit Ben-zoylchlorid in verd. NaOH[1])	Mikroskop. Na-deln (aus Chlorof. + Alk.)
3	β-Heptacetyl-1-benzoyl-Cellobiose	$C_{12}H_{14}O_{11}(CO\cdot CH_3)_7\cdot CO\cdot C_6H_5$	Aus Acetobromcellobiose + ben-zoesaurem Silber in sied. Benzol[1])	Nadeln (aus Alk.)
4	6-(Tetracetyl-β-glucosido)-2, 3, 5-tri-benzoyl-glucosylfluorid	$C_{41}H_{41}O_{17}F$	Aus Tribenzoylglucosylfluorid in CCl_4 + Acetobromgluc. + Ag_2O[1])	Feine Nadeln (aus Alk.)
5	Pentabenzoyl-Maltose	$C_{12}H_{17}O_{11}(OC_7H_5)_5$	D. Benzoyl. in verd. NaOH mit Benzoylchlorid[1])	Krystalle
6	Hexabenzoyl-Maltose	$C_{12}H_{16}O_{11}(OC_7H_5)_6$	Ebenso[1])	Krystalle (aus Alk.)
7	Heptabenzoyl-Maltose	$C_{12}H_{15}O_{11}(OC_7H_5)_7$	Ebenso[1])	Krystallin
8	Hexa-p-chlorbenzoyl-Maltose	$C_{12}H_{16}O_{11}(OC_7H_4Cl)_6$	Benzoyl. in verd. NaOH mit p-Chlorbenzoylchlorid[1])	Pulver
9	Octo-m-nitrobenzoyl-Maltose	$C_{12}H_{14}O_{11}(OC_7H_4NO_2)_8$	Ebenso mit m-Nitrobenzoylchlo-rid[1])	Pulver
10	Hexabenzoyl-Isomaltose	$C_{12}H_{16}O_{11}(OC_7H_5)_6$	Benzoylieren in verd. NaOH mit Benzoylchlorid[1])	Pulver (aus Essigs.)
11	Hexa-p-chlorbenzoyl-Isomaltose	$C_{12}H_{16}O_{11}(OC_7H_4Cl)_6$	Ebenso mit p-Chlorbenzoyl-chlorid[1])	Pulver

Benzoylderivate der Monosen.

Schmelz- und Siedepunkt	Optisches Drehungsvermögen	Löslichkeit	Analytisches; Diverses	Literatur
152°	$[\alpha]_D = +162,5°$ (in $C_2H_2Cl_4$)	l. Äth., Chlorof., schw. l. k. CH_3OH	—	[1] Freudenberg u. Ivers: Ber. 55, 929 (1922).
122°	$[\alpha]_D^{20} = +3,55° \rightarrow$ $-20,52°$ (in Chlorof., $c = 3\%$)	—	Das Bromid wurde als Zwischenprod. krystallis. erhalten, jedoch nicht näher untersucht	[1] Ohle, Erlbach u. Vogl: Ber. 61, 1875 (1928).
139°	$[\alpha]_D^{20} = +69,2° \rightarrow$ $+46,33$ (in Chlorof., $c = 4,986\%$)	—	—	[1] Ohle, Erlbach u. Vogl: Ber. 61, 1875 (1928).
159—160°	$[\alpha]_D^{20} = +156,6°$ (in Chlorof., $c = 4\%$)	—	—	[1] Ohle, Erlbach u. Vogl: Ber. 61, 1875 (1928).
139—140°	$[\alpha]_D^{18} = -136,7°$ (in Chlorof., $c = 2,3\%$)	z. l. CH_3OH, schw. l. Ligroin, Benzol	—	[1] Brigl u. Schinle: Ber. 62, 1716 (1929).

Benzoylderivate der Di- bis Tetrasaccharide.

Schmelz- und Siedepunkt	Optisches Drehungsvermögen	Löslichkeit	Analytisches; Diverses	Literatur
147—148°	$[\alpha]_D = -106,7°$ (in CH_3OH, für die wasserfreie Substanz)	—	Pentacetat: $C_{35}H_{38}O_{17}$. Nadeln (aus Essigsäure). $F = 203°$. w. l. Alk., l. Benzol, Chlorof., Essigs., unl. H_2O	[1] Power u. Salway: Soc. Lond. 105, 767, 1062 (1914).
202—204° (215—217° Z.)	—	—	—	[1] Hintikka: C. 1923, III, 1603.
210°	$[\alpha]_D^{20} = -30,5°$ (in Chlorof.)	l. l. Chlorof., h. Benzol, schw. l. h. Alk., w. l. Äth., f. unl. h. H_2O, Petroläth.	—	[1] Zemplén u. László: Ber. 48, 915 (1915).
195—196°	$[\alpha]_D^{23} = +15,0°$ (in Chlorof.)	l. l. Aceton, Chlorof., CCl_4, schw. l. CH_3OH, Alk., H_2O	—	[1] Helferich, Bäuerlein u. Wiegand: A. 447, 27 (1926).
110—115°	—	—	—	[1] Skraup: Monatsh. f. Chem. 10, 399 (1889).
120°	—	—	—	[1] Kueny: Z. physiol. Chem. 14, 349 (1890).
115°	—	—	—	[1] Panormoff: C. 1891, II, 853.
120—125°	—	—	—	[1] Gatterbauer: C. 1911, II, 152.
90—92°	—	—	—	[1] Gatterbauer: C. 1911, II, 152.
100—102°	—	—	—	[1] Gatterbauer: C. 1911, II, 152.
98°	—	—	—	[1] Gatterbauer: C. 1911, II, 152.

Tabelle 56 (Fortsetzung).

Nr	Name	Formel, Konstitution	Vorkommen, Bildung, Darstellung	Krystallogr. Eigenschaften
12	Tribenzoyl-Trehalose	$C_{12}H_{19}O_{11}(OC_7H_5)_3$	Benzoylier. mit Benzoylchlorid in verd. NaOH[1])	Weiße Nadeln (aus Benzol + Petroläth.)
13	Octobenzoyl-Trehalose	$C_{12}H_{14}O_{11}(OC_7H_5)_8$	Ebenso[1])	Weiße krystall. Masse
14	Tetrabenzoyl-β-glucosido-1-schwefelsaures Tetrabenzoyl-β'-glucosido-1'-pyridiniumhydroxyd	$C_{73}H_{59}O_{22}NS$	Aus Benzobromglucose in Pyridin + Ag_2SO_4[1])	Krystalle (aus Alk.)
15	Hexabenzoyl-Lactose	$C_{12}H_{16}O_{11}(OC_7H_5)_6$	Benzoylier. mit Benzoylchlorid in verd. NaOH[1])	Krystalle (aus Alk.)
16	Heptabenzoyl-Lactose	$C_{12}H_{15}O_{11}(OC_7H_5)_7$	Ebenso[1])	Stäbchen
17	Octobenzoyl-Lactose	$C_{12}H_{14}O_{11}(OC_7H_5)_8$	Ebenso[1])	Amorph
18	Pentabenzoyl-Saccharose	$C_{12}H_{17}O_{11}(OC_7H_5)_5$	Benzoylieren einer 10proz. Saccharose-Lösg. mit Benzoylchlorid u. NaOH[1])	Weißes, krystall. Pulver (aus Alk. + H_2O)
19	Hexabenzoyl-Saccharose	$C_{12}H_{16}O_{11}(OC_7H_5)_6$	Ebenso[1])	Weiße Krystalle
20	Heptabenzoyl-Saccharose	$C_{12}H_{15}O_{11}(OC_7H_5)_7$	Ebenso[1])	Amorphe, weiße Masse
21	Octo-p-brombenzoyl-Saccharose	$C_{12}H_{14}O_{11}(OC_7H_4Br)_8$	Aus einer Suspension von Saccharose in Chloroform + p-Brombenzoylchlorid in Chinolin und 6 Tage schütteln bei 40—60°[1])	Amorphes Pulver (aus Äth. + Alk.)
22	Octo-p-nitrobenzoyl-Saccharose	$C_{12}H_{14}O_{11}(OC_7H_4NO_2)_8$	Ebenso, mit p-Nitrobenzoylchlorid u. 6 Tage bei 40° schütteln[1])	Amorph (aus Chlorof. + Alk.)
23	Octobenzoyl-Raffinose	$C_{18}H_{24}O_{16}(OC_7H_5)_8$	Benzoylier. mit Benzoylchlorid in verd. NaOH[1])	Weißes Pulver od. Krystalle (aus Essigs.)
24	Hendekabenzoyl-Raffinose	$C_{18}H_{21}O_{16}(OC_7H_5)_{11}$	Aus einer Suspension von Raffinose in Chlorof. + Benzoylchlorid in Chinolin u. 3 Tage bei 30° schütteln[1])	Weißes Pulver (aus Alk.)
25	Hendeka-p-chlorbenzoyl-Raffinose	$C_{18}H_{21}O_{16}(OC_7H_4Cl)_{11}$	Ebenso, mit p-Chlorbenzoylchlorid, 20 Stunden schütteln[1])	Lockeres Pulver (aus Chlorof. + Alk.)
26	Hendeka-p-brombenzoyl-Raffinose	$C_{18}H_{21}O_{16}(OC_7H_4Br)_{11}$	Ebenso, mit p-Brombenzoylchlorid[1])	Weißes Pulver (aus Äth.+Alk.)

Tabelle 57.

Nr	Name	Formel, Konstitution	Vorkommen, Bildung, Darstellung	Krystallogr. Eigenschaften
1	Tribenzoyl-Glucosan	$C_6H_7O_5(OC_7H_5)_3$	Benzoylieren mit Benzoylchlorid u. NaOH[1])	Kleine Nadeln (aus Essigs.)
2	Tetrabenzoyl-Diglucosan	$C_{12}H_{16}O_{10}(OC_7H_5)_4$	Benzoylieren mit Benzoylchlorid in Pyridin[1])	Krystalle (aus Alk.)
3	Octobenzoyl-Tetraglucosan	$H_{24}C_{32}O_{20}(OC_7H_5)_8$	Ebenso[1])	Krystalle (aus Amylalk.)

Benzoylderivate der Di- bis Tetrasaccharide.

Schmelz- und Siedepunkt	Optisches Drehungsvermögen	Löslichkeit	Analytisches; Diverses	Literatur
81—83°	—	unl. H$_2$O, schw. l. Petrol-äth., Xylol, l. l. Alk., Äth., Benzol	Teilweise mit einer Tetra-benzoylverbindung verun-reinigt	[1] **Schukow:** Z. Ver. D. Zucker-ind. **50**, 818.
168—170°	—	unl. H$_2$O, z. l. l. h. Alk., s. l. l. Äth., Benzol	Mit Heptabenzoylderivat verunreinigt	[1] **Panormoff:** C. **1891**, II, 853.
193—194°	$[\alpha]_D = +15,47°$ (in Chlorof., c = 0,646%)	—	—	[1] **Ohle, Marecek u. Bourjau:** Ber. **62**, 833 (1929).
130—136°	—	unl. H$_2$O, s. l. l. Alk., Ace-ton, Äth., Essigs.	—	[1] **Skraup:** Monatsh. f. Chem. **10**, 399 (1889). — **Kueny:** Z. physiol. Chem. **14**, 349 (1890).
200°	—	—	—	[1] **Panormoff:** C. **1891**, II, 853.
188°	—	—	—	[1] **Panormoff:** C. **1891**, II, 853.
106° (Sintert: 60°)	—	s. l. l. Alk., Äth., Essigs., schw. l. Benzol, unl. H$_2$O	—	[1] **Kueny:** Z. physiol. Chem. **14**, 330 (1890).
109°[2]	—	l. Alk.	—	[1] **Baumann:** Ber. **19**, 3220 (1886). [2] **Skraup:** Monatsh. f. Chem. **10**, 398 (1889).
98°	—	—	—	[1] **Panormoff:** C. **1891**, II, 853.
114—117°	—	. l. l. Chlorof., Benzol, h. Äth., w. l. h. Alk.	—	[1] **Odén:** C. **1919**, III, 538.
ca. 150° (Z.)	—	—	—	[1] **Odén:** C. **1919**, III, 254.
98°	$[\alpha]_D^{18,5} = +155,3°$ (in Eisessig, c = 1,319%)	—	—	[1] **Stolle:** Z. Ver. D. Zuckerind. **51**, 33.
113°	$[\alpha]_D^{20,5} = +106,8°$ (in Chlorof.)	l. l. Chlorof., Äth., Benzol, Aceton, h. Alk., h. CH$_3$OH, w. l. h. H$_2$O	—	[1] **Odén:** C. **1919**, III, 538.
130—132°	$[\alpha]_D^{18} = +96,8°$ (in Chlorof.)	l. l. Chlorof., Benzol, Ace-ton, Pyrid., z. l. Äth., Essigest., w. l. Alk., Ligroin	—	[1] **Odén:** C. **1919**, III, 538.
138°	$[\alpha]_D = +85,2°$ (in Chlorof.)	l.l. Benzol, Chlorof., Pyri-din, Essigest., l. Aceton, h. Äth., z. l. Alk.	—	[1] **Odén:** C. **1919**, III, 538.

Benzoylderivate der Anhydrozucker usw.

Schmelz- und Siedepunkt	Optisches Drehungsvermögen	Löslichkeit	Analytisches; Diverses	Literatur
75°	—	—	—	[1] **Pictet u. Castan:** Helv. **3**, 645 (1920).
128—129°	—	—	—	[1] **A. u. J. Pictet:** Helv. **4**, 788 (1921).
109—110°	—	—	—	[1] **A. u. J. Pictet:** Helv. **4**, 788 (1921).

Nr	Name	Formel, Konstitution	Vorkommen, Bildung, Darstellung	Krystallogr. Eigenschaften
4	Tribenzoyl-Lävoglucosan	$C_6H_7O_5(OC_7H_5)_3$	Mit Benzoylchlorid in verd. NaOH[1]	Schöne, kub. Krystalle (aus Essigs.)[2]
5	Octobenzoyl-Tetralävoglucosan	$C_{24}H_{32}O_{20}(OC_7H_5)_8$	Benzoylier. in Pyridin mit Benzoylchlorid[1]	Krystalle (aus Alk.)
6	Tribenzoyl-Lävulosan	$C_6H_7O_5(OC_7H_5)_3$	Ebenso[1]	Kleine Tafeln (aus Essigs.)
7	Hexabenzoyl-Di-Heterolävulosan	$C_{12}H_{14}O_{10}(OC_7H_5)_6$	Aus Heterolävulosan od. Diheterolävulosan mit Benzoylchlorid u. verd. NaOH[1]	Flocken kleiner Krystalle (aus Essigs.)
8	Tetrabenzoyl-Glucodesose	$C_{34}H_{28}O_9$	Benzoyl. in Pyridin + Chlorof.[1] Aus α-Glucodesose d. Benzoyl. in Pyrid.[2]	Rechtwinkl. Tafeln od. breite, fächerförmig geordnete Prismen (aus Alk.)
9	Tribenzoyl-1-brom-Glucodesose	$C_{27}H_{23}O_7Br:$ $HCBr$ HCH C_6H_5COOCH … O $HCOCOC_6H_5$ HC $H_2COCOC_6H_5$	Aus Tetrabenzoylglucodesose + HBr-Eisessig[1]	Lange Nadeln od. breite Tafeln (aus Chlorof.- Petroläth.)
10	3, 4, 6-Tribenzoyl-Glucodesose	$C_{27}H_{24}O_8$	Aus vorigem + Ag_2CO_3 in feucht. Aceton[1]	Lange Nadeln (aus Essigest. + Petroläth.)
11	Pentabenzoyl-Glucosamin	$C_6H_8O_5N(OC_7H_5)_5$	Benzoylier. in verd. NaOH[1]	Farbl. lange Nadeln (aus 98 proz. Alk.)
12	Tetrabenzoyl-Glucosamin	$C_6H_9O_5N(OC_7H_5)_4$	Aus Glucosaminchlorhydrat + Benzoylchlorid in alkoh. Lösg.[1]	Lange Nadeln
13	Dibenzoyl-Glucosamin	$C_6H_{11}O_5N(OC_7H_5)_2$	Aus vorigem mit rauch. HNO_3[1]	Schöne Krystalle
14	Pentabenzoyl-Xylohexosamin	$C_6H_8O_5N(OC_7H_5)_5$	Benzoylier. in verd. NaOH[1]	Nadeln (aus Alk.)
15	Glucosyl-3-(benzoylamin)	$C_{13}H_{17}O_6N$	Aus d. Diacetonverbindg. in Alk. + H_2SO_4[1]	Weiße Nadelbüschel (aus Essigest.)
16	α-Octobenzoyl-Diglucosyl-nitrosamin	$C_{68}H_{54}O_{19}N_2$	Aus α-Diglucosylnitrosaminoctacetat d. Verseif. u. Benzoylieren in NaOH + Benzoylchlorid[1]	Feine Nadeln (aus Toluol + Alk.)
17	Dibenzoyl-α-Diamylose	$C_{12}H_{18}O_8(OC_7H_5)_2$	Aus Tetramylose od. Octamylose d. Benzoylier. in verd. NaOH[1]	Weiße Masse
18	Tetrabenzoyl-α-Diamylose	$[C_6H_8O_5(OC_7H_5)_2]_2$	Ebenso, mit stärkerer NaOH-Lauge[1]	Masse

Schmelz- und Siedepunkt	Optisches Drehungsvermögen	Löslichkeit	Analytisches; Diverses	Literatur
199—200°	—	schw. l. Alk., unl. Äth.	—	[1] **Vongerichten u. Müller:** Ber. **39**, 244 (1906). [2] **Pictet u. Sarasin:** Helv. **1**, 91 (1918).
145—146°	—	—	—	[1] **A. u. J. Pictet:** Helv. **4**, 788 (1921).
125—126°	—	l. l. Chlorof., Benzol, Aceton, Essigest., w. l. Alk., CH_3OH, CCl_4, s. w. l. Äth., unl. Petroläth.	—	[1] **Pictet u. Reilly:** Helv. **4**, 613 (1921).
118°	$[\alpha]_D^{21,5} = -122{,}49°$ (in Benzol, c = 3,49%)	s. l. l. Benzol, Essigs., Chloroform, Aceton, h. Alk., h. CH_3OH, schw. l. Äth., unl. H_2O, Petroläth.	—	[1] **Pictet u. Chavan:** Helv. **9**, 809 (1926).
148—149° (k.)[2]	$[\alpha]_D^{16} = +8{,}96°$ (in $C_2H_2Cl_4$)[2]	l. l. Pyrid., h. Aceton, Chlorof., s. schw. l. Alk., unl. Äth.-Petroläth., H_2O[2]	Reduz. nicht Fehl. Lösg.	[1] **Bergmann, Schotte u. Leschinsky:** Ber. **55**, 172 (1922). [2] **Bergmann, Schotte u. Leschinsky:** Ber. **56**, 1054 (1923).
139° (k.)	$[\alpha]_D^{16} = +118{,}9°$ (in $C_2H_2Cl_4$)	s. l. l. Chlorof., Pyridin, Aceton, Essigest., l. Eisessig, h. Alk., h. CH_3OH, Benzol, CCl_4, unl. H_2O, Äth.	—	[1] **Bergmann, Schotte u. Leschinsky:** Ber. **56**, 1054 (1923).
123° (k.)	$[\alpha]_D^{19} = +38{,}39°$ (in $C_2H_2Cl_4$)	s. l. l. Aceton, l. l. Chlorof. CH_3OH, Essigest., Pyrid., Benzol, Eisessig, h. Alk., unl. H_2O, Petroläth.	Reduz. Fehl. Lösg.	[1] **Bergmann, Schotte u. Leschinsky:** Ber. **56**, 1054 (1923).
216°	$[\alpha]_D^{20} = +44{,}4°$ (in Pyrid.)	unl. H_2O, schw. l. k., l. l. h. Alk., l. Pyrid.	—	[1] **Levene:** J. Biol. Chem. **26**, 155 (1916).
197°[1] 199° (aus Alk.)[2] 207° (aus Essigs.)	—	unl. H_2O, z. l. h. Alk., l. l. Äth., Chlorof.	—	[1] **Baumann:** Ber. **19**, 3220 (1886). [2] **Kueny:** Z. physiol. Chem. **14**, 353 (1890).
166°	—	—	—	[1] **Kueny:** Z. physiol. Chem. **14**, 363 (1890).
162°	$[\alpha]_D^{20} = +77{,}6°$ (in Pyrid.)	—	—	[1] **Levene:** J. Biol. Chem. **26**, 155 (1916).
128—130°	—	—	—	[1] **Freudenberg, Burkhart u. Braun:** Ber. **59**, 717 (1926).
Sint. 198°; F = 202 bis 203° (Z.)	—	—	—	[1] **Brigle u. Keppler:** Z. physiol. Chem. **180**, 38 (1929).
ca. 200°	—	l. k. Alk., unl. H_2O	—	[1] **Pringsheim u. Eissler:** Ber. **46**, 2959 (1913). — **Pringsheim u. Goldstein:** Ber. **56**, 1526 (1926).
—	—	unl. Alk., l. Aceton, unl. H_2O	—	[1] **Pringsheim u. Goldstein:** Ber. **56**, 1526 (1926).

Tabelle 57 (Fortsetzung).

Nr	Name	Formel, Konstitution	Vorkommen, Bildung, Darstellung	Krystallogr. Eigenschaften
19	Tribenzoyl-β-Triamylose	$[C_6H_9O_5(OC_7H_5)]_3$	Aus Hexamylose in verd. NaOH + Benzoylchlorid[1]	Weiße Masse
20	Hexabenzoyl-β-Triamylose	$[C_6H_8O_5(OC_7H_5)_2]_3$	Ebenso, mit stärkerer NaOH-Lauge[1]	Masse
21	Tribenzoyl-Celloglucosan	$C_{27}H_{22}O_8$	Benzoylier. in verd. NaOH[1]	Lanzettförmige Nadeln (aus Alk.)

Tabelle 58.

Nr	Name	Formel, Konstitution	Vorkommen, Bildung, Darstellung	Krystallogr. Eigenschaften
1	Tetraphenylurethan der l-Arabinose	$C_5H_6O_5(CONHC_6H_5)_4$	Aus Arabinose + Phenylisocyanat in Pyridin und Erhitzen[1]	Amorph., weißes Pulver
2	Tetraphenylurethan der d-Xylose	$C_5H_6O_5(CONHC_6H_5)_4$	Ebenso aus d-Xylose[1]	Pulver
3	Pentaphenylurethan der d-Glucose	$C_{41}H_{37}O_{11}N_5$: HCOCONHC$_6$H$_5$ HCOCONHC$_6$H$_5$ C$_6$H$_5$NHCOOCH O HCOCONHC$_6$H$_5$ HC H$_2$COCONHC$_6$H$_5$	Ebenso aus d-Glucose[1]	Amorphes Pulver
4	Pentaphenylurethan der d-Galaktose	$C_{41}H_{37}O_{11}N_5$	Ebenso aus d-Galaktose[1]	Amorphes Pulver
5	Octophenylurethan der Lactose	$C_{12}H_{14}O_{11}(CONHC_6H_5)_8$	Ebenso aus Lactose[1]	Weißes Pulver
6	Octophenylurethan der Trehalose	$C_{12}H_{14}O_{11}(CONHC_6H_5)_8$	Ebenso aus Trehalose[1]	Amorphes Pulver
7	Enneophenylurethan der Melezitose	$C_{18}H_{21}O_{16}(CONHC_6H_5)_{11}$	Ebenso aus Melezitose[1]	Amorphes Pulver
8	O-Carbomethoxy-Glykolaldehyd	$C_2H_6O_4$	Aus Kohlensäure-methyl-allylester in Eisessig + Ozon u. Behandlung mit Zn-Staub[1]	Öl
9	Tetracarbomethoxy-l-Arabinose	$C_{13}H_{18}O_{13}$	Aus Arabinose in Pyrid. + Chlorkohlensäuremetylester[1]	Platten (aus Äth.)
10	Isomere Tetracarbomethoxy-l-Arabinose	$C_{13}H_{18}O_{13}$	Aus Arabinose in Äth. + Chlorkohlensäuremethylester + Na[1]	Krystalle (aus Äth.)
11	Dicarbomethoxy-l-Arabinose-monocarbonat	$C_{10}H_{12}O_{10}$: CHO CHO CO O CHOCO$_2$CH$_3$ CHOCO$_2$CH$_3$ CH$_2$	Aus einer wässer. Arabinose-Lösg. + Chlorkohlensäuremethylester + Alkali[1]	Seidige Nadeln (aus Alk.)

Benzoylderivate der Anhydrozucker usw.

Schmelz- und Siedepunkt	Optisches Drehungsvermögen	Löslichkeit	Analytisches; Diverses	Literatur
190°	—	l. k. Alk., unl. H_2O	—	[1]) Pringsheim u. Eissler: Ber. 46, 2959 (1913). — Pringsheim u. Goldstein: Ber. 56, 1526 (1926).
—	—	unl. H_2O, Alk.	—	[1]) Pringsheim u. Goldstein: Ber. 56, 1526 (1923).
126—128°	$[\alpha]_D^{18} = +61,92°$	—	—	[1]) Hess, Weltzien u. Messmer: A. 435, 101 (1924).

Urethane und Carbonate.

Schmelz- und Siedepunkt	Optisches Drehungsvermögen	Löslichkeit	Analytisches; Diverses	Literatur
250—255° (Z.)	—	unl. H_2O, s. w. l. Alk., sonst unl.	Reduz. nicht Fehl. Lösg.	[1]) Maquenne u. Goodwin: Soc. chim. France [3] 31, 430 (1904).
265—270°	—	f. unl. Alk., unl. H_2O und übrige Solventien	Reduz. nicht Fehl. Lösg.	[1]) Maquenne u. Goodwin: Soc. chim. France [3] 31, 430 (1904).
ca. 255°	—	s. w. l. h. Alk., sonst unl.	Reduz. nicht Fehl. Lösg.	[1]) Maquenne u. Goodwin: Soc. chim. France [3] 31, 430 (1904).
ca. 275° (Z.)	—	w. l. h. Alk., sonst unl.	Reduz. nicht Fehl. Lösg.	[1]) Maquenne u. Goodwin: Soc. chim. France [3] 31, 430 (1904).
275—280°	—	s. w. l. h. Alk., sonst unl.	Reduz. nicht Fehl. Lösg.	[1]) Maquenne u. Goodwin: Soc. chim. France [3] 31, 430 (1904).
ca. 283°	—	f. unl. in allen Solventien	Reduz. nicht Fehl. Lösg.	[1]) Maquenne u. Goodwin: Soc. chim. France [3] 31, 430 (1904).
ca. 180° (Z.)	—	w. l. h. Alk., sonst unl.	Reduz. nicht Fehl. Lösg.	[1]) Maquenne u. Goodwin: Soc. chim. France [3] 31, 430 (1904).
$Kp_{17} =$ 78—79°	—	l. H_2O, Äth., Benzol, Eisessig, Aceton, unl. Alk., Petroläth.	$n_D^{20,4} = 1,4171$. Reduz. stark Fehl. Lösg. beim Kochen. **Diäthylacetal:** $C_9H_{18}O_5$. Öl. $Kp_{0,5} = 73\text{-}75°$. $n_D^{20,3} = 1,4105$	[1]) H. O. L. Fischer u. Feldmann Ber. 62, 854 (1929).
123°	$[\alpha]_D = +126,6°$ (in Aceton)	—	Nebenprodukt: Sirup. $Kp_{0,4} = 219\text{-}220°$. $[\alpha]_D = +83,3° \rightarrow +95,4°$ (in Aceton)	[1]) Haworth u. Maw: Soc. Lond. 1926, 1751.
186°	$[\alpha]_D = -16,4°$ (in Aceton)	—	—	[1]) Haworth u. Maw: Soc. Lond. 1926, 1751.
137°	$[\alpha]_D = +39,5°$ (in Aceton)	—	—	[1]) Haworth u. Maw: Soc. Lond. 1926, 1751.

Nr	Name	Formel, Konstitution	Vorkommen, Bildung, Darstellung	Krystallogr. Eigenschaften
12	Tetracarboäthoxy-l-Arabinose	$C_{17}H_{26}O_{13}$	Aus Arabinose in Pyrid. + Chlor-kohlensäureäthylester[1])	Sirup
13	l-Arabinose-1-2, 3-4-dicarbonat	$C_7H_6O_7$	Aus Arabinose in Pyrid. + $COCl_2$ bei 0°[1])	Harte Prismen (aus H_2O)
14	Tetracarbomethoxy-d-Xylose	$C_{13}H_{18}O_{13}$	Aus Xylose in Pyridin + Chlor-kohlensäuremethylester[1])	Sirup
15	Tetracarboäthoxy-d-Xylose	$C_{17}H_{26}O_{13}$	Ebenso, mit d. Äthylester[1])	Sirup
16	Mannose-2-3, 5-6-dicarbonat	$C_8H_8O_8$	Wie Nr 13, mit Mannose[1])	Glänz. Nadeln (aus H_2O)
17	Tetracarbomethoxy-Galaktose-(1, 5)	$C_6H_8O_6(CO \cdot O \cdot CH_3)_4$	Aus Galaktose + Chlorkohlen-säuremethylester in Pyridin[1])	Gelbe Masse
18	Tricarbomethoxy-Galaktose-carbonat	$C_{13}H_{16}O_{13}$:	Aus Galaktose in H_2O + Chlor-kohlensäuremethylester + Alkali bei 0°[1])	Nadeln (aus d. Sirup nach Extrakt. m. Benzol u. Umkryst. aus Aceton + Äth.)
19	Galaktose-1-2, 3-4-dicarbonat	$C_8H_8O_8$	Wie Nr 13, aus Galaktose[1])	Lange Nadeln (aus H_2O)
20	β-Pentacarbomethoxy-Glucose	$C_{16}H_{22}O_{16}$:	Aus Glucose + Chlorkohlensäure-methylester in Pyrid. in d. Kälte[1])	Rhombenähnl. Plättchen (aus $CH_3OH + H_2O$)
21	β-Pentacarboäthoxy-Glucose	$C_{21}H_{32}O_{16}$:	Ebenso, mit Chlorkohlensäure-äthylester[1])	Farbl. dicke Platten oder schiefabgeschnit-tene Säulen (aus CH_3OH)
22	Tetracarbomethoxy-Glucose	$C_6H_8O_6(CO \cdot O \cdot CH_3)_4$	Aus Glucose in H_2O + Chlorkoh-lensäuremethylester + Alkali bei 0°[1])	Sirup (aus Benzol + Petroläth.)

Urethane und Carbonate.

Schmelz- und Siedepunkt	Optisches Drehungsvermögen	Löslichkeit	Analytisches; Diverses	Literatur
$Kp_{0,4} = 230°$	$[\alpha]_D = +98,8° \rightarrow$ $+96,9°$ (in Aceton)	—	$n_D = 1,4475$	[1] **Haworth** u. **Maw:** Soc. Lond. **1926**, 1751.
200—202° (Z.)	$[\alpha]_{5780}^{25} = +61,3°$; $[\alpha]_{5461}^{25} = +66,0°$ (in Aceton $+ 33\%$ H_2O, $c = 1,3\%$)	w. l. $CHCl_3$, l. Alk., Essigest., Aceton, H_2O	Reduz. Fehl. Lösg. Sublim. unzersetzt im Vak. bei 180 bis 190°. Gibt $BaCO_3$ mit Baryt-Lösg.	[1] **Haworth** u. **Porter:** Soc. Lond. **1930**, 151.
$Kp_{0,5} = 215°$	$[\alpha]_D = +59,5°$ (in Aceton)	—	—	[1] **Haworth** u. **Maw:** Soc. Lond. **1926**, 1751.
$Kp_{0,4} =$ 221—222°	$[\alpha]_D = +62,1° \rightarrow$ $+52,4°$ (in Aceton)	—	$n_D = 1,4450$	[1] **Haworth** u. **Maw:** Soc. Lond. **1926**, 1751.
122—123° (Z.)	$[\alpha]_{5780}^{21} = +26°$; $[\alpha]_{5461}^{21} = +28,5°$ (in Aceton, $c = 1\%$)	l. l. als das Glucose-Deriv.	Reduz. plötzlich b. Erwärmen Fehl. Lösg. **Anilid:** $C_{14}H_{13}O_7N$. Prismen. $F = 174\text{-}175°$. $[\alpha]_{5780}^{20} = -70°$ $\rightarrow -32°$ (in Alk., $c = 0,2\%$); $[\alpha]_D^{18} = -83°$ (A.? in CH_3OH, $c = 0,1\%$)	[1] **Haworth** u. **Porter:** Soc. Lond. **1930**, 151.
—	$[\alpha]_D = +92,6°$ (in Aceton, $c = 1,86\%$)	—	—	[1] **Allpress** u. **Haworth:** Soc. Lond. **125**, 1223 (1924).
170,5—171°	$[\alpha]_D = -88,9°$ (in Aceton, $c = 0,53\%$)	—	**Isomeres:** Aus d. Mutterlauge. Pulver (aus Alk.). $F = 126°$. $[\alpha]_D = -29,8°$ bis $-45°$ je nach Belichtung (in Aceton, $c = 0,4\%$). $[\alpha]_D = -34,9°$ (in Chlorof., $c = 1,1\%$)	[1] **Allpress** u. **Haworth:** Soc. Lond. **125**, 1223 (1924).
212° (Z.) S. 190°	$[\alpha]_{5780}^{21,5} = -86,5°$ (in Aceton $+ 25\%$ H_2O, $c = 0,6\%$)	Etwas lösl. in H_2O als das Glucose-Derivat	Reduz. Fehl. Lösg. Wird d. Alkalien gespalten. Stabil gegen kalte verd. Säuren. Gibt $BaCO_3$ mit Baryt-Lösg.	[1] **Haworth** u. **Porter:** Soc. Lond. **1930**, 151.
122—123°	$[\alpha]_D^{20} = +1,35°$ (in Chlorof.)	l. l. Chlorof., Aceton, h. Essigest., h. Alk., h. CH_3OH, k. l. k. CH_3OH, schw. l. Äth., Petroläther, f. unl. H_2O	—	[1] **Zemplén** u. **Lászlo:** Ber. **48**, 921 (1915).
102°	$[\alpha]_{Di}^{20} = +2,47°$ (in Chlorof.)	l. l. Chlorof., Aceton, Essigest., h. Alk., h. CH_3OH, schw. l. k. Alk. und CH_3OH, Äth., Petroläther, f. unl. h. H_2O	—	[1] **Zemplén** u. **Lászlo:** Ber. **48**, 921 (1915).
—	$[\alpha]_D = +34,6°$ (in Aceton, $c = 1,56\%$); $+51,3°$ (in Aceton, $c = 2,2\%$)	—	**Isomeres:** Darstellg. mit Pyridin. Amorph. $[\alpha]_D = +87,1°$ (in Aceton)	[1] **Allpress** u. **Haworth:** Soc. Lond. **125**, 1223 (1924).

Tabelle 58 (Fortsetzung).

Nr	Name	Formel, Konstitution	Vorkommen, Bildung, Darstellung	Krystallogr. Eigenschaften
23	Glucose(1, 4)-5, 6-monocarbonat	$C_7H_{10}O_7$	Aus d. entsprech. β-Methyl- od. Äthylglucosid durch Hydrol. mit sehr verd. Säuren[1]). Ebenso aus Glucoseacetoncarbonat mit verd. wässer.-alkoh. HCl	Große, farbl. Krystalle (aus Alk.)
24	Glucose-1-2, 5-6-dicarbonat	$C_8H_8O_8$	Wie Nr 13, mit Glucose[1])	Nadeln oder glänz. Flocken (aus Alk.)
25	N-Carboäthoxy-Glucosamin	$C_9H_{17}O_7N$	Aus Glucosaminchlorhydrat + Chlorameisensäuremethylester in wässer. Lösg. + etwas Bleioxyd[1])	Krystalle
26	Tetracarbomethoxy-Fructose	$C_6H_8O_6(CO \cdot O \cdot CH_3)_4$	Aus Fructose+Chlorkohlensäuremethylester in Pyridin[1])	Prismen (aus Alk.); Platten (aus H_2O)
27	Tetracarboäthoxy-Fructose	$C_6H_8O_6(CO \cdot O \cdot C_2H_5)_4$	Ebenso, mit Chlorkohlensäureäthylester![1])	Anfangs sirupös, krystallis. nach 1 Jahr (aus Alk. + Äth.)
28	Monocarbomethoxy-Fructose-dicarbonat	$C_{10}H_{10}O_{10}$:	Aus einer wässer. Lösg. von Fructose + Chlorkohlensäuremethylester u. Alkali bei o° u. Behandl. d. Sirups mit Alkoh. bis zur Krystallis.[1])	Prismen (aus Alk. + Äth.)
29	Fructose-1-2, 4-5-dicarbonat	$C_8H_8O_8 + {}^1/_2 H_2O$	Wie Nr 13, aus Fructose[1])	Harte Prismen od. Drusen von Nadeln (ausH_2O) + ${}^1/_2 H_2O$
30	Carbomethoxy-Saccharose	$C_{26}H_{35}O_{25}$ od. $C_{28}H_{37}O_{27}$	In Pyridin[1])	Gelbe, glasartige Masse

Tabelle 59.

Nr	Name	Formel, Konstitution	Vorkommen, Bildung, Darstellung	Krystallogr. Eigenschaften
1	3-(od. 6-)-Monogalloyl-Glucose	$(HO)_3 \cdot C_6H_2 \cdot CO \cdot C_6H_{11}O_6$	Aus Galloyldiacetonglucose d. Verseif. mit H_2SO_4[1])	Amorphe, farbl. Masse
2	1-Monogalloyl-β-Glucose	$(HO)_3 \cdot C_6H_2 \cdot CO \cdot C_6H_{11}O_6$	D. Verseifung des Heptacetates (Nr. 3) mit alkohol. NH_3[1])	Mikroskop. Prismen od. Tafeln (aus H_2O). Nadeln (aus CH_3OH). Bitter

Urethane und Carbonate.

Schmelz- und Siedepunkt	Optisches Drehungsvermögen	Löslichkeit	Analytisches; Diverses	Literatur
182—183°	$[\alpha]_{5780}^{20}=+18°$ (E; in H_2O, c=0,8%)	w. l. Alk., z. l. Aceton, H_2O	Reduz. Fehl. Lösg. u. kalte neutr. $KMnO_4$-Lösg. **Osazon:** $C_{19}H_{20}O_5N_4$. Gelbe Nad. F=202—203°; unl. H_2O. $[\alpha]_{5780}^{21}=-103°\rightarrow -43°\rightarrow$? (in Pyrid. n. 4 Tag.). **Anilid:** $C_{13}H_{15}O_6N$. Nadeln. Z=180°. $[\alpha]_D=$ ca. o°	[1] **Haworth** u. **Porter:** Soc. Lond. **1929**, 2796.
224° (Z.) S. 200°	$[\alpha]_D=-29°$ (in Aceton + 25% H_2O, c=1%)	w. l. Pyridin, Aceton, Essigest., Alk., H_2O, Chlorof.	Stabil gegen verd. Säuren. Wird d. Alkalien gespalten u. reduz. Fehl. Lösg. Gibt $BaCO_3$ mit Baryt-Lösg.	[1] **Haworth** u. **Porter:** Soc. Lond. **1930**, 151.
166—167°	$[\alpha]_D=+33,18°$ (in H_2O, c=14,85%)	l. l. h. H_2O, schw. l. Alk., unl. Äth. Benzol	—	[1] **Forschbach:** C. **1906**, II, 755.
126—127°	$[\alpha]_D=-75,1°$ bis $-77,6°$ (in Aceton); $-98,1°$ (in Chlorof.); $-80,6°$ (in 5 proz. alkohol. HCl, bei Zimmertemp. konstant)	—	Reduz. Fehl. Lösg.	[1] **Allpress** u. **Haworth:** Soc. Lond. **125**, 1223 (1924).
118°	$[\alpha]_D=-97,0°$ bis $-95,3°$ (in Chlorof., c=1,6%); $-72,0°$ (in Aceton, c=0,6%)	—	Isomeres: Nebenprodukt. Gelb. Sirup. $[\alpha]_D=-19,0°$ (in Aceton, c=2,4%)	[1] **Allpress** u. **Haworth:** Soc. Lond. **125**, 1223 (1924).
192°	$[\alpha]_D=-78,5°$ (in Aceton, c=0,82%)	—	Reduz. wed. Fehl. Lösg. noch $KMnO_4$. **Verbindung:** $C_{17}H_{18}O_{18}$. Aus d. Mutterlaugen. Nadeln. F=196°. Leitet sich von einer Difructose ab und ist wahrscheinl. **Carbomethoxy-difructose-tricarbonat**	[1] **Allpress** u. **Haworth:** Soc. Lond. **125**, 1223 (1924).
173—174° (Z.)	$[\alpha]_{5780}^{16}=-143°$; $[\alpha]_{5461}^{16}=-159°$ (in Aceton + 50% H_2O, c=1,14%)	Wie Glucose-Deriv.	—	[1] **Haworth** u. **Porter:** Soc. Lond. **1930**, 151.
—	$[\alpha]_D=+53,8°$ (in Aceton, c=1%)	—	Zusammensetzung nicht sicher	[1] **Allpress** u. **Haworth:** Soc. Lond. **125**, 1223 (1924).

Galloyl-Verbindungen.

Schmelz- und Siedepunkt	Optisches Drehungsvermögen	Löslichkeit	Analytisches; Diverses	Literatur
—	$[\alpha]_D^{18}=+46,50°$; $+47,15°$ (in Aceton)	l. l. Alk., H_2O, z. w. l. Aceton, Essigester, Äther	Gibt Phenylglucosazon. Gibt ein amorph. Ka-Salz. Mit $FeCl_3$ tiefblaue Farbe	[1] **Fischer** u. **Bergmann:** C. **1916**, II, 132.
214—215° b. raschem Erhitzen. 202—203° b. langsam. Erhitzen	$[\alpha]_D^{18}=-24,1°$; $-25,6°$ (in H_2O)	l. l. h. H_2O, l. h. verd. Alk., z. w. l. k. H_2O, s. w. l. absol. Alk., Essigest., Aceton, f. unl. Äther, Benzol, Chlorof., Petroläth.	Reduz. Fehl. Lösg. Gibt blaue Farbe mit $FeCl_3$ in wässer. Lösg. Emulsin, Phaseolunatase od. untergärige Hefe hydrolysier.	[1] **Fischer** u. **Bergmann:** Ber. **51**, 1760 (1918).

Nr	Name	Formel, Konstitution	Vorkommen, Bildung, Darstellung	Krystallogr. Eigenschaften
3	1-Triacetylgalloyl-2, 3, 4, 6-tetracetyl-β-Glucose	$(C_2H_3O_2)_3C_6H_2 \cdot CO \cdot O \cdot C_6H_7O_5(OC_2H_3)_4$	Aus Acetobromglucose + triacetylgallussaurem Ag in Benzol. Ebenso aus β-Tetracetylglucose + Triacetylgalloylchlorid in Chloroform + Chinolin[1])	Feine Nadeln (aus Benzol). Viereck. Platten (aus CH_3OH)
4	1-Triacetylgalloyl-2, 3, 4, 6-tetracetyl-α-Glucose (1-Monogalloyl-α-glucose-heptacetat)	Wie vorstehend	Aus amorph. α-Tetracetylglucose + Triacetylgalloylchlorid in Chloroform + Chinolin[1])	Nadeln (aus Benzol od. Essigest. + Petroläth.)
5	3, 5, 6-Trigalloyl-Glucose	$[C_6H_2(OH)_3 \cdot CO]_3 \cdot C_6H_9O_6$	Aus Tri-(triacetylgalloyl-)acetonglucose d. Verseif. mit NaOH in Äth.-Alk. und nachf. 2. Verseif. mit H_2SO_4[1])	Amorphe Masse
6	3, 5, 6-Tri-(trimethylgalloyl-)-Glucose	$[(CH_3O) \cdot C_6H_2CO]_3 \cdot C_6H_9O_6$	Aus d. Acetonverbindung durch Verseif. in Eisessig mit HCl[1])	Amorphe Masse
7	Tetra-(tricarbomethoxygalloyl-)-α-methylglucosid	$H_{59}H_{54}O_{46}$	Aus α-Methylglucosid + Tricarbomethoxygalloylchlorid in Chlorof. + Chinolin[1])	Amorph
8	Tetra-(tribenzoylgalloyl-)tribromphenolglucosid	$(C_{28}H_{17}O_7)_4 \cdot C_6H_7O_6 \cdot (C_6H_2Br_3)$	Aus Tribromphenolglucosid + Tribenzoylgalloylchlorid in Chloroform + Chinolin[1])	Amorph. weiß. Pulver
9	Tetra-(triacetyl-galloyl-)-α-Methylglucosid	$C_{58}H_{51}O_{33} \cdot (OCH_3)$	Aus α-Methylglucosid + Triacetylgalloylchlorid in Chloroform + Chinolin[1])	Weiße Masse
10	Tetra-(triacetyl-galloyl-)-β-Methylglucosid	Ebenso	Ebenso, aus β-Methylglucosid. Entsteht auch aus Tetratriacetylgalloyl-1-bromglucose in CH_3OH + Ag_2CO_3 u. Reacetyl. mit Essigsäure-Anh. + Pyrid.[1])	Weiße Masse
11	Tetra-(triacetyl-galloyl-)-1-brom-Glucose	$C_{58}H_{51}O_{33}Br$	Aus chines. Tannin + HBr-Eisessig. Ebenso aus synth. Pentatriacetylgalloylglucose + HBr-Eisessig[1])	Weißes Pulver (aus Chlorof. + Äth.)
12	Tetra-(triacetylgalloyl-)-1-acetyl-Glucose	$C_{34}H_{22}O_{15}(OC_2H_3)_{13}$	Aus vorig. in Essigs.-Anh. + Na-Acetat[1])	Weiße Masse (aus Alk.)
13	α-Pentagalloyl-Glucose	$[C_6H_2(OH)_3 \cdot CO]_5 \cdot C_6H_7O_6$	Aus Pentatricarbomethoxygalloylglucose d. Verseifen in Aceton mit NaOH[1]). D. Verseif. von Pentatriacetylgalloylglucose in Aceton + Na-Acetat[2]). D. Abbau des chines. Tannins[3])	Hellgelbe Masse
14	β-Pentagalloyl-Glucose	$[C_6H_2(OH)_3 \cdot CO]_5 \cdot C_6H_7O_6$	Aus β-Pentatriacetylgalloylglucose d. Verseif. in Aceton + Na-Acetat[1]) D. Abbau des chines. Tannins[2])	Hellgelbe Masse

Schmelz- und Siedepunkt	Optisches Drehungsvermögen	Löslichkeit	Analytisches; Diverses	Literatur
125—126° (k.)	$[\alpha]_D^{22} = -24,5°$ (in $C_2H_2Cl_4$)	l. l. Chlorof., Aceton, Essigest., z. w. l. k. Benzol, CCl_4, CH_3OH s. w. l. H_2O	**1-Galloyl-β-Glucose-mono-acetat:** Dünne Nadeln (aus H_2O). F = ca. 150°. $[\alpha]_D^{18} = +10,5°$ (in Alk.) **1-Galloyl-β-Glucose-tetrace-tat?:** Lanzettförmige Nadeln. F = 136—137°. $[\alpha]_D = +38,8°$ (in Alk.)	[1] **Fischer u. Bergmann:** Ber. **51**, 1760 (1918).
158—159° (k.)	$[\alpha]_D^{18} = +99,9°$ (in $C_2H_2Cl_4$)	l. l. Chlorof., Essigest., Aceton, l. k. CH_3OH, Alk., Benzol, CCl_4, s. w. l. H_2O, Petroläth.	—	[1] **Fischer u. Bergmann:** Ber. **52**, 829 (1919).
—	$[\alpha]_D^{20} = -107,2°$ bis $-118,6°$ (in Aceton)	l. k. H_2O, l. l. CH_3OH, Alk., Aceton, Essigest., Pyrid., l. Äth., s. w. l. Chlorof., Benzol	Gibt mit $FeCl_3$ tiefviolette Farbe	[1] **Fischer u. Bergmann:** C. **1916**, II, 132.
—	$[\alpha]_D^{20} = -92,99°$ (in Aceton); $[\alpha]_D^{15} = -96,61°$ (in Aceton)	l. l. k. CH_3OH, Alk., Benzol, Essigest., Aceton, w. l. CCl_4, f. unl. H_2O	Nimmt 2 Mol. p-Brombenzol auf: Tritrimethylgalloyl-di-p-brombenzoylglucose. Amorphe Masse	[1] **Fischer u. Bergmann:** C. **1916**, II, 132.
—	$[\alpha]_D^{20} = +48,70°$ (in $C_2H_2Cl_4$)	—	**Tetragalloyl-α-methylgluco-sid:** $C_{35}H_{30}O_{22}$. Amorph. Sint. 130°. Z = 140°. $[\alpha]_D^{20} = +26,39°$ (in H_2O)	[1] **Fischer u. Freudenberg:** Ber. **45**, 915 (1912).
Sint.: 130°; F = ca. 155°	$[\alpha]_D^{20} = -31,01°$ (in $C_2H_2Cl_4$)	unl. H_2O, s. w. l. Äth., Alk., Ligroin, l. l. Benzol, Aceton, Essigest., Chlorof., $C_2H_2Cl_4$	—	[1] **Fischer u. Freudenberg:** Ber. **46**, 1116 (1913).
—	$[\alpha]_D^{18,5} = +42,36°$ (in Aceton)	l. l. Aceton, Chlorof., w. l. h. Alk., s. w. l. k. Alk.	—	[1] **Karrer, Salomon u. Peyer:** Helv. **6**, 3 (1923).
Sint.: 110°; F = 150 bis 160°	$[\alpha]_D^{19} = +32,9°$ (in Aceton)	l. wie vorsteh.	—	[1] **Karrer, Salomon u. Peyer:** Helv. **6**, 3 (1923).
—	$[\alpha]_D^{18} = +58,83°$; $[\alpha]_D^{16} = +59,5°$ (in Aceton)	l. l. Aceton, Essigest., Chlorof., w. l. Alk., CH_3OH, s. w. l. Äth.	—	[1] **Karrer, Salomon u. Peyer:** Helv. **6**, 3 (1923).
130—135° (Sint.: 110°)	$[\alpha]_D^{22} = +44,67°$ (in Aceton); $[\alpha]_D^{22} = +36,47°$ (in $C_2H_2Cl_4$)	l. Aceton, Essigester, Chlorof., s. w. l. h. Alk., f. unl. H_2O, k. Alk., Äth.	**2, 3, 4, 6-Tetragalloylglucose:** Aus nebenst. Acetat d. Verseif. $C_{34}H_{26}O_{22}$. $[\alpha]_D^{15} = +50,08°$ (in Alk.); l. l. H_2O, Alk. Wohl nicht einheitlich!	[1] **Karrer, Salomon u. Peyer:** Helv. **6**, 3 (1923).
Z = 160°; S = 150° [1]	$[\alpha]_D^{18} = +66,5°$; $[\alpha]_D^{23} = +65,4°$ (in H_2O); $[\alpha]_D^{20} = +77,0°$ (in Alk.) [2]. $[\alpha]_D^{16} = +60,0°$ (in H_2O); $[\alpha]_D^{16} = +81,5°$ (in Alk.) [3]	l. l. H_2O, Aceton, l. Äth.	—	[1] **Fischer u. Freudenberg:** Ber. **45**, 915 (1912). [1] **Fischer u. Bergmann:** Ber. **51**, 1760 (1918). [3] **Fischer u. Bergmann:** Ber. **52**, 829 (1919).
—	$[\alpha]_D^{18} = +13,6°$ (in H_2O); $+23,3°$ (in Alk.) [1]. $[\alpha]_D^{18} = +15,0°$ (in H_2O); $+24,0°$ (in Alk.) [2]	l. l. H_2O, Alk.	—	[1] **Fischer u. Bergmann:** Ber. **51**, 1760 (1918). [2] **Fischer u. Bergmann:** Ber. **52**, 829 (1919).

Tabelle 59 (Fortsetzung).

Nr	Name	Formel, Konstitution	Vorkommen, Bildung, Darstellung	Krystallogr. Eigenschaften
15	α-Penta-(triacetylgalloyl-)-Glucose	$[C_6H_2O_3(OC_2H_3)_3 \cdot CO]_5 \cdot C_6H_7O_6$	Aus α-Glucose + Triacetylgalloyl-chlorid in Chlorof. + Chinolin[1]). Ebenso aus Verb. 13 d. Acetyl. in Pyridin	Amorphe, gelbe Masse (aus Chlorof. + CH_3OH)
16	α-Penta-(trimethylgalloyl-)-Glucose	$C_{56}H_{62}O_{26}$	Aus α-Glucose + Trimethylgal-loylchlorid in Chlorof. + Chino-lin[1]). Auch aus d. Galloylderivat d. Methyl. mit Diazomethan[2])	Weiß., amorph. Pulver
17	β-Penta-(trimethylgalloyl-)-Glucose	Wie vorsteh.	Ebenso, aus β-Glucose[1]). Auch d. Methyl. d. entspr. Gal-loylderiv. mit Diazomethan[2])	Kugelig grupp. Nadeln (aus Benzol + Petroläth.)
18	α-Penta-(tricarbomethoxygalloyl-)-Glucose	$C_{71}H_{62}O_{56}$	Aus α-Glucose + Tricarbometh-oxygalloylchlorid in Chloroform + Chinolin[1])	Weiß. amorph. Pulver (aus Chlorof. + Petroläth.)
19	β-Penta-(tricarbomethoxygalloyl-)-Glucose	$C_{71}H_{62}O_{56}$	Ebenso, aus β-Glucose[1])	Amorph. Pulver
20	α-Penta-m-digalloyl-Glucose	$(C_{14}H_9O_8)_5 \cdot C_6H_7O_6$	Durch Verseif. d. Acetates in Aceton bei 0°. Nachf. Reinigung mit H_2O[1]). Ebenso in Aceton + CH_3OH u. wässer. HCl[2])	Hellbraunes, amorph. Pulver
21	β-Penta-m-digalloyl-Glucose	$(C_{14}H_9O_8)_5 \cdot C_6H_7O_6$	Durch Verseif. d. Acetates in Aceton bei 0°. Nachf. Reinigung mit H_2O[1]). Ebenso in Aceton + CH_3OH u. wässer. HCl[2])	Schwach braune spröde Masse
22	α-Penta-(pentacetyl-m-digalloyl-)-Glucose	$(C_{24}H_{19}O_{13})_5 \cdot C_6H_7O_6$	Aus α-Glucose + Pentacetyl-m-digalloylchlorid in Chloroform + Chinolin[1])	Amorph
23	β-Penta-(pentacetyl-m-digalloyl-)-Glucose	$(C_{24}H_{19}O_{13})_5 \cdot C_6H_7O_6$	Ebenso, aus β-Glucose[1]). — Aus durch Acetyl. d. chines. Tan-nins (?)	Farbl. Pulver (aus Chlorof. + CH_3OH)
24	α-Penta-(pentamethyl-m-digalloyl-)-Glucose	$C_{101}H_{102}O_{46}$	Aus α-Glucose + Pentamethyl-m-digalloylchlorid in Chlorof. + Chi-nolin[1])	Amorph (aus CH_3OH)
25	β-Penta-(pentamethyl-m-digalloyl-)-Glucose	$C_{101}H_{102}O_{46}$	Ebenso, aus β-Glucose[1])	Amorph
26	Hamamelitannin (Digalloyl-hamamelose)	$C_{20}H_{20}O_{14}$: $CH_2O\!-\!CO$ (Ring: OH, OH, OH) $HOC\!-\!C$ (H, OH) $CHOH$ $CH\!-\!O$ $CH_2O\!-\!CO$ (Ring: OH, OH, OH)	In der Natur vorkommend[1])	Nadeln (aus H_2O), + 6 H_2O

Galloyl-Verbindungen.

Schmelz- und Siedepunkt	Optisches Drehungsvermögen	Löslichkeit	Analytisches; Diverses	Literatur
—	$[\alpha]_D^{24} = +45,5°$; $[\alpha]_D^{22} = +42,7°$ (in $C_2H_2Cl_4$)	l. l. Chlorof., Aceton, Essigest., $C_2H_2Cl_4$, w. l. Äth., Alk., Benzol, CH_3OH, f. unl. H_2O	**β-Form:** Aus β-Glucose. $[\alpha]_D^{22} = +5,61°$; $+4,1°$ (in $C_2H_2Cl_4$). Ebenso d. Acetyl. von Verbindg. 14 in Pyridin	[1] Fischer u. Bergmann: Ber. 51, 1760 (1918).
98—99° (Sint.: 90°)	$[\alpha]_D^{19} = +70,04°$ (in $C_2H_2Cl_4$)	l. l. k. Aceton, Benzol, Chlorof., CCl_4, h. Alk., w. l. k. Alk.	—	[1] Fischer u. Freudenberg: Ber. 47, 2485 (1914). [2] Fischer u. Bergmann: Ber. 51, 1760 (1918).
133—134° (k.)	$[\alpha]_D^{23} = +17,18°$ (in $C_2H_2Cl_4$)	l. wie vorsteh., w. l. Äth.	—	[1] Fischer u. Freudenberg: Ber. 47, 2485 (1914). [2] Fischer u. Bergmann: Ber. 51, 1760 (1918).
$S = 90°$; $Z = 130°$	$[\alpha]_D^{20} = +34,34°$ (in $C_2H_2Cl_4$)	l. l. Aceton, Essigest., l. Benzol, w. l. Alk., Äth., w. l. Ligroin, CCl_4, unl. H_2O	—	[1] Fischer u. Freudenberg: Ber. 45, 915 (1912).
—	$[\alpha]_D^{15} = +6,10°$ (in $C_2H_2Cl_4$)	l. l. Essigest., Aceton, Benzol, w. l. Alk., Äth., CH_3OH, CCl_4, Petroläth.	—	[1] Fischer u. Freudenberg: Ber. 47, 2485 (1914).
—	$[\alpha]_D^{18} = +51,0°$ (in H_2O); $[\alpha]_D^{18} = +41,3°$ (in Alk., $c = 5\%$); $+44,6°$ (in Aceton, $c = 5\%$). $[\alpha]_D^{60} = $ ca. $+46,0°$ (in H_2O, $c = 0,5\%$)[2]	—	**K-Salz:** $[\alpha]_D^{19} = +56,6°$ (in H_2O)[2]	[1] Fischer u. Bergmann: Ber. 51, 1760 (1918). [2] Fischer u. Bergmann: Ber. 52, 829 (1919).
—	$[\alpha]_D^{25} = $ ca. $+21,0°$ (in H_2O, $c = 0,1\%$); $[\alpha]_D^{18} = +10,8°$ (in Alk. od. Aceton)[2]	—	**K-Salz:** $[\alpha]_D^{18} = +33,7°$ (in H_2O)[2]	[1] Fischer u. Bergmann: Ber. 51, 1760 (1918). [2] Fischer u. Bergmann: Ber. 52, 829 (1919).
—	$[\alpha]_D^{16} = +25,5°$ bis $+30,8°$ (in $C_2H_2Cl_4$)	l. l. Chlorof., Essigest., Aceton, z. w. l. h. Benzol, h. Alk., h. CH_3OH	**p-Derivat:** $[\alpha]_D^{22} = +31,3°$ (in $C_2H_2Cl_4$)	[1] Fischer u. Bergmann: Ber. 51, 1760 (1918).
—	$[\alpha]_D^{15} = +2,60°$; $[\alpha]_D^{18} = +3,97°$ (in $C_2H_2Cl_4$)	l. wie vorsteh.	**p-Derivat:** $[\alpha]_D^{23} = +1,54°$ (in $C_2H_2Cl_4$)	[1] Fischer u. Bergmann: Ber. 51, 1760 (1918).
135°; (S: 125°)	$[\alpha]_D = +15,1°$ bis $+21,7°$ (in Benzol, $c = 3\%$); $[\alpha]_D = +28,8°$ bis $+14,3°$ (in $C_2H_2Cl_4$)	l. l. Chlorof., Aceton, Benzol, Pyrid., s. w. l. Alk., Äth.	Wohl noch verunreinigt mit der β-Form	[1] Fischer u. Freudenberg: Ber. 45, 2709 (1912).
—	$[\alpha]_D^{25} = +19,5°$ bis $+8,7°$ (in $C_2H_2Cl_4$)	l. wie vorsteh.	Wohl noch verunreinigt mit der α-Form	[1] Fischer u. Freudenberg: Ber. 45, 2709 (1912).
—	$[\alpha]_{578}^{21} = +35,7°$ (in H_2O, $c = 2\%$)[1]; $[\alpha]_{546}^{8} = +14,4°$ (in H_2O)[2]	—	**Octo-p-brombenzoyl-Derivat:** $C_{76}H_{44}O_2Br_8$. Amorph. $F = 128—135°$[2]). **Methyllactolid:** Amorph. $[\alpha]_D^{37} = -36,4°$. l. Aceton, Alk., CH_3OH, w. l. k. H_2O, s. w. l. Äth., Benzol	[1] Freudenberg u. Blümmel: A. 440, 45 (1924). [2] Schmidt: A. 476, 250 (1929).

Nr	Name	Formel, Konstitution	Vorkommen, Bildung, Darstellung	Krystallogr. Eigenschaften
27	α-Trigalloyl-Lävoglucosan	$C_6H_7O_5(C_6H_5O_3 \cdot CO)_3$	Aus d. Acetat d. Verseif. in Aceton + NaOH neben d. β-Form[1]	Mikrosk. Nadeln od. langgestreckte Sechsecke (aus Alk.)
28	β-Trigalloyl-Lävoglucosan	Wie vorstehend	Neben der α-Form wie vorsteh.[1]	Mikrosk. Nadeln (aus Alk.)
29	Tri-(triacetylgalloyl-)-Lävoglucosan	$C_{45}H_{26}O_{40}$: *(Konstitutionsformel: Lävoglucosan-Gerüst mit CH, HC—O·[Benzolring mit OAc, OAc, OAc], HC—Dasselbe, HC—Dasselbe, CH, CH_2)*	Aus Lävoglucosan + Triacetylgalloylchlorid in Chlorof. + Chinolin[1]	Gelbl. weiße Masse (aus Alk.)
30	Digalloyl-Lävoglucosan	$C_{20}H_{13}O_{18}$	Aus d. Mutterlaugen d. Verb. 27 u. 28 d. Extrakt. mit Essigester[1]	Nadeln
31	Monogalloyl-Fructose	$C_6H_{11}O_6 \cdot CO$ $\cdot C_6H_2(OH)_3$	Aus Galloyl-diacetonfructose d. Verseif. mit $n/2$-H_2SO_4[1]	Feine, verfilzte Nadeln (aus Propylalk. od. aus Aceton)

Tabelle 60.

Nr	Name	Formel, Konstitution	Vorkommen, Bildung, Darstellung	Krystallogr. Eigenschaften
1	Tetrapalmityl-l-Arabinose	$C_5H_6O_5(OC_{16}H_{31})_4$	Aus Arabinose in Chlorof. u. Schütteln mit Palmitylchlorid in Chinolin bei 50°[1]	Weißes, amorph. Pulver (aus Alk. + Äth.)
2	Pentacinnamoyl-Mannose	$C_6H_7O_6(OC_9H_7)_5$	Mannose + Zimtsäurechlorid in Chlorof. + Chinolin[1]	Sehr feine Nadeln mit 1 Benzol (aus Benzol)
3	β-1-Formyl-tetracetyl-Glucose	$C_{15}H_{20}O_{11}$	Aus Acetobromglucose + Natriumformiat u. Kochen in verd. Aceton[1]	Krystalle (aus Äth.)
4	β-1-[Phthalyl-monomethylester]-tetracetyl-Glucose	$C_{23}H_{28}O_{13}$	Aus Acetobromglucose u. dem Ag-Salz der Monomethylesterphthalsäure in Benzol[1]	Dicke Drusen (aus Äth.)
5	Glucose-äthylxanthogenat	$C_6H_{11}O_5 \cdot S_2OC_3H_5$	Aus d. Acetat d. Verseif. mit HCl in CH_3OH[1]	Krystall. Masse (aus Essigest. + Benzol); Feine Nadeln + 1 H_2O (aus Wasser)

Galloyl-Verbindungen.

Schmelz- und Siedepunkt	Optisches Drehungsvermögen	Löslichkeit	Analytisches; Diverses	Literatur
[$Z = 250$ bis $320°$	$[\alpha]_D^{18} = -18,0°$ (in Alk.)	f. unl. k. Essigest., k. Chlorof., Benzol, Äth., k. H_2O, w. l. h. H_2O, h. Alk., s. w. l. k. Alk., Aceton	Gibt positive Gerbstoffreaktion. Blauschwarze Fällung in Alk. $+$ FeCl$_3$	[1] **Karrer** u. **Salomon**: Helv. 5, 108 (1922).
$Z = 270$ bis $320°$	$[\alpha]_D^{18} = -21,0°$ (in Alk.)	f. unl. Benzol, Chlorof., Äth., k. H_2O, k. Alk., w. l. h. Alk., h. H_2O, z. l. h. Aceton	Gibt positiv. Gerbstoffreaktion. Blauviolette Färbung mit Alk.-FeCl$_3$	[1] **Karrer** u. **Salomon**: Helv. 5, 108 (1922).
$137°$; (S: $126°$)	$[\alpha]_D^{21} = -10,45°$ (in Aceton)	f. unl. k. Alk., Äth., Ligroin, w. l. k. CCl$_4$, Benzol, l. l. Aceton, Chlorof., Essigest., Eisessig	—	[1] **Karrer** u. **Salomon**: Helv. 5, 108 (1922).
$Z = 220$ bis $270°$	$[\alpha]_D^{18} = -27,93°$ (in Alk.)	l. l. Aceton, z. l. l. h. H_2O, l. k., l. l. h. Alk., z. w. l. k. H_2O	Gibt positive Gerbstoffreakt. Blauschwarze Fällung mit Alk.-FeCl$_3$. **Monogalloyl-Lävoglucosan:** $C_{13}H_9O_{14}$. Weiße Nadeln. $Z = 220$—$240°$, unl. Äther, s. w. l. k. H_2O, l. h. H_2O. Gibt violette Lösg. mit Alk.-FeCl$_3$	[1] **Karrer** u. **Salomon**: Helv. 5, 108 (1922).
S $= 110°$; $Z = 150$ bis $155°$	$[\alpha]_D^{18} = -80,4°$ (in H_2O)	l. l. H_2O, z. l. l. Alk., Propylalk., Pyridin, schw. l. Essigest., Aceton, Benzol, $C_2H_2Cl_4$, f. unl. Chlorof., Petroläther, Äth.	Reduz. stark heiße Fehl. Lösg. Gibt in alkoh. Lösg. mit einer alkoh. Lösg. von K-Acetat einen amorph. Niederschlag. Mit Eisenchlorid blaue Färbg. in H_2O	[1] **Fischer** u. **Noth**: Ber. 51, 350 (1918).

Andere organ. Säure-Ester.

Schmelz- und Siedepunkt	Optisches Drehungsvermögen	Löslichkeit	Analytisches; Diverses	Literatur
$69,5°$	$[\alpha]_D^{19} = +4,24°$ (in Chlorof.)	l. l. Chlorof., Benzol, z. l. Äth., Aceton, s. w. l. Alk., Essigester	—	[1] **Odén**: C. **1919**, III, 254.
108—$112°$	$[\alpha]_D^{20} = -99,9°$ (in Benzol)	s. l. l. Chlorof., Aceton, w. Benzol, z. w. l. Äth., f. unl. Alk.	—	[1] **Fischer** u. **Oetker**: Ber. 46, 4029 (1913).
$121°$ (k.)	$[\alpha]_D^{17} = +6,4°$ (in Chlorof.)	l. l. Chlorof., Aceton, schw. l. Alk., Äth., s. schw. l. Petroläther, H_2O	—	[1] **Helferich** u. **Gootz**: Ber. 62, 2788 (1929).
$116,5°$ (k.)	$[\alpha]_D^{15} = -7,5°$ (in Chlorof.)	—	—	[1] **Helferich** u. **Gootz**: Ber. 62, 2788 (1929).
92—$98°$	$[\alpha]_D^{20} = -50,5°$ (in H_2O, c $= 1,34\%$);	l. l. H_2O, Alk., CH$_3$OH, Essigest., Aceton, s. schw. l. Äth., Benzol	—	[1] **Schneider, Gille** u. **Eisfeld**: Ber. 61, 1244 (1928).
63—$65°$	$[\alpha]_D^{20} = -45,4°$ (in H_2O, c $= 1,035\%$)			

Nr	Name	Formel, Konstitution	Vorkommen, Bildung, Darstellung	Krystallogr. Eigenschaften
6	Tetracetyl-Glucose-äthylxanthogenat	$(C_2H_3O)_4 \cdot C_6H_7O_5 \cdot S_2OC_3H_5$	Aus Acetobromglucose+Kalium-äthylxanthogenat in Alk.[1]	Farbl. derbe Prismen (aus Petroläth., dann aus Alk.)
7	β-Tetracetyl-salicyl-Glucose	$C_6H_7O_6(OC_2H_3)_4 \cdot CO \cdot C_6H_4OH$	Aus Acetobromglucose+salicyl-saurem Ag in Benzol[1]	Prismen (aus Alk.)
8	β-Tetracetyl-hippuryl-Glucose	$C_6H_7O_6(COCH_3)_4 \cdot (COCH_2NHCO \cdot C_6H_5)$	Aus Acetobromglucose+hippur-saurem Ag in sied. Benzol[1]	Nadeln (aus Benzol)
9	β-Pentahippuryl-Glucose	$C_{51}H_{47}O_{16}N_5$	Glucose+Hippursäurechlorid in Pyrid.-Chlorof. bei —15°[1]	Sirup. Beim Verreiben mit H_2O: Gelbl.Pulver + 2 H_2O
10	Penta-(p-oxybenzoyl)-α-Glucose	$C_{41}H_{32}O_{16}$	Aus d. p-Carbomethoxyoxyben-zoylglucose d. NaOH in Aceton[1]. Aus d. Acetylderivat d. Verseif. mit NaOH in Aceton bei 0°[2]	Flocken oder farbl. Masse (aus Äth. + Petroläth.)
11	Penta-(acetyl-p-oxybenzoyl-)-α-Glucose	$C_6H_7O_6(OC_7H_4CO_2CH_3)_5$	Aus α-Glucose+Acetyl-p-oxy-benzoylchlorid in Chinolin +Chlorof.[1]	Nadeln (aus Essigest. + CH_3OH)
12	Penta-(p-carbomethoxyoxybenzoyl)-α-Glucose	$C_{51}H_{42}O_{26}$	Glucose+p-Carbomethoxyoxy-benzoylchlorid in Chlorof.+Chinolin[1]	Flocken
13	Penta-(acetyl-p-oxybenzoyl-)-β-Glucose	$C_6H_7O_6(OC_7H_4CO_2CH_3)_5$	Aus β-Glucose[1]	Amorphe Masse
14	Penta-(p-oxybenzoyl-)-β-Glucose	$C_{41}H_{32}O_{16}$	D. Verseif. des vorig. mit NaOH in Aceton[1]	Farbl. amorphe, blätterige Masse
15	1-(p-oxybenzoyl-)-β-Glucose	$C_6H_{11}O_6(CO \cdot C_6H_4OH)$	Aus d. Acetat d. Verseifung mit NaOH in Alk.[1]	Flache Nadeln (aus H_2O)
16	1-(Acetyl-p-oxybenzoyl-)-tetracetyl-β-Glucose	$C_6H_7O_6(OC_2H_3)_4 \cdot (CO \cdot C_6H_4 \cdot CO_2 \cdot CH_3)$	Aus β-Tetracetylglucose+Acetyl-p-oxybenzoylchlorid in Chinolin + Chlorof.[1]	Nadeln (aus Aceton + H_2O)
17	1-(Acetyl-p-oxybenzoyl-)-tetracetyl-α-Glucose	Dasselbe	Ebenso, aus amorph. α-Tetra-cetylglucose[1]	Krystalle (aus Benzol u. CCl_4)
18	Pentaanisoyl-Glucose	$C_6H_7O_6(O_2C_8H_7)_5$	Aus Glucose in Chlorof.+Anis-säurechlorid in Chinolin u. 2 Tage bei 30° schütteln, darauf 14 Std. bei 60°[1]	α-Form: In d. Mutterlaug. bei d. Aufarbeit. d. β-Form. Weißes, amorph. Pulver. β-Form: D. Ein-gießen d. Reak-tionsgemisches in k. Alk. Amorph. Pulve

Schmelz- und Siedepunkt	Optisches Drehungsvermögen	Löslichkeit	Analytisches; Diverses	Literatur
88—89°	$[\alpha]_D^{20} = +30,8°$ (in $C_2H_2Cl_4$, c = 3,2%)	l. l. Alk., CH_3OH, Äth., Aceton, Essigest., Eis-essig, w. l. k. Benzol, s. schw. l. k. Petroläth.	Krystallis. manchmal in fein. Nadeln vom F = 74—76° bis 89°, die instabil sind u. sich in die stabile Form umlagern. $[\alpha]_D^{20} = +27,12°$ bis $+29,0°$ (in $C_2H_2Cl_4$)	[1] Schneider, Gille u. Eisfeld: Ber. 61, 1244 (1928).
184°	$[\alpha]_D^{20} = -43,4°$ (in Chlorof.)	s. l. l. Chlorof., h. Alk., w. l. H_2O	β-Tetracetyl-acetylsalicyl-Glucose: $C_6H_7O_6(OC_2H_3)_4 \cdot (C_9H_7O_3)$. Farbl. Prismen. F = 116—117°. $[\alpha]_D^{24} = -41,0$ (in $C_2H_2Cl_4$)	[1] Zemplén u. László: Ber. 48, 915 (1915). [2] Fischer u. Bergmann: Ber. 51, 1760 (1918).
193—194°	$[\alpha]_D^{20} = +3,64°$ (in Chlorof.)	l. l. Chlorof., h. Alk., w. l. H_2O	—	[1] Zemplén u. László: Ber. 48, 915 (1915).
—	$[\alpha]_D^{16} = $ ca. $+9,8°$ (in Chlorof.)	—	—	[1] Hess u. Messmer: Ber. 54, 499 (1921).
—	$[\alpha]_D^{12} = +124,2°$ (in Alk.)[1]. $[\alpha]_D^{18} = +163,4°$ (in Alk.)[2]	l. l. CH_3OH, Alk., Eis-essig, Essigest., s. w. l. Chlorof., Benzol, H_2O	—	[1] Fischer u. Freudenberg: Ber. 45, 915 (1912). [2] Fischer u. Bergmann: Ber. 51, 1760 (1918).
158—159° (k.)	$[\alpha]_D^{17} = +124,5°$ (in $C_2H_2Cl_4$)	l. l. Chlorof., Aceton, Essigest., z. w. l. Benzol, w. l. Äth., Alk., CH_3OH, s. w. l. Petrol-äth., unl. H_2O	—	[1] Fischer u. Bergmann: Ber. 51, 1760 (1918).
—	—	l. l. Chlorof., Aceton, Benzol, w. l. h. Alk., s. w. l. h. Ligroin, unl. H_2O	—	[1] Fischer u. Freudenberg: Ber. 45, 915 (1912)
—	$[\alpha]_D^{17} = +16,23°$ (in $C_2H_2Cl_4$)	l. wie die α-Form	—	[1] Fischer u. Bergmann: Ber. 51, 1760 (1918).
—	$[\alpha]_D^{17} = +18,86°$ (in Alk.)	—	—	[1] Fischer u. Bergmann: Ber. 51, 1760 (1918).
ca. 228° (Z.)	$[\alpha]_D^{17} = -23,9°$ (in Alk.-H_2O)	w. l. H_2O, Essigester, Aceton, l. h. H_2O, h. Alk., CH_3OH, l. l. verd. Alk., verd. Aceton, verd. CH_3OH	Reduz. stark Fehl. Lösg.	[1] Fischer u. Bergmann: Ber. 52, 829 (1919).
172—173° (k.)	$[\alpha]_D^{18} = -30,6°$ (in $C_2H_2Cl_4$)	l. l. Chlorof., Aceton, Essigest., l. Benzol, w. l. Alk., s. w. l. H_2O, Petroläth.	Monoacetat: F = 177—178°. Tetracetat: F = 196—197°. $[\alpha]_D^{18} = +38,4°$ (in Aceton)	[1] Fischer u. Bergmann: Ber. 52, 829 (1919).
134—135°	$[\alpha]_D^{18} = +115,4°$ (in $C_2H_2Cl_4$)	l. l. Chlorof., Benzol, Essigest., Aceton, schw. l. CCl_4, s. w. l. Petroläth.	Wahrscheinlich nicht ganz frei von β-Form	[1] Fischer u. Bergmann: Ber. 52, 829 (1919).
98°	$[\alpha]_D^{20} = +103,4°$	l. l. h. Alk., Äth., Benzol, Chlorof., Essigest.	—	[1] Odén: C. 1919, III, 254.
175°	$[\alpha]_D^{20} = +10,7°$	s. w. l. Alk., l. l. Äther, Benzol, Chlorof., Essig-ester	—	

Tabelle 60 (Fortsetzung).

Nr	Name	Formel, Konstitution	Vorkommen, Bildung, Darstellung	Krystallogr. Eigenschaften
19	α-Pentacinnamoyl-Glucose	$C_6H_7O_6(OC_9H_7)_5$	Aus α-Glucose + Zimtsäurechlorid in Chlorof. + Chinolin[1]	Farbl. sternförm. geordn. Nadeln (aus Essigest.)
20	β-Pentacinnamoyl-Glucose	$C_6H_7O_6(OC_9H_7)_5$	Ebenso, mit β-Glucose[1]	Lange, schmale Blättchen
21	Penta-(3, 4-dicarbomethoxydioxycinnamoyl-)Glucose	$C_6H_7O_6(O_7C_{13}H_{11})_5$	Aus α-Glucose + Dicarbomethoxykaffeesäurechlorid u. Schütteln in Chlorof. + Chinolin[1]	Farbl. amorphe Masse
22	Penta-(3, 4-dioxycinnamoyl-)Glucose	$C_6H_7O_6(O_3C_9H_7)_5$	Aus vorig. d. Verseif. mit 2 n-NaOH in Aceton[1]	Hellgelbe, amorphe Masse
23	α-Pentapropionyl-Glucose	$C_6H_7O_6(OC_3H_5)_5$	Aus Glucose + Propionsäure-Anhydrid in Pyridin[1]	Farbl. Öl
24	α-Pentapropionyl-Isoglucose?	$C_6H_7O_6(OC_3H_5)_5$	Aus Glucose + Propionylchlorid in Pyrid.-Chlorof.[1]	Gelbl. Öl
25	α-Pentabutyryl-Glucose	$C_6H_7O_6(OC_4H_7)_5$	Aus Glucose + Butyronsäure-Anhydrid in Pyridin[1]	Dickes, farbl. Öl
26	α-Pentabutyryl-Isoglucose?	$C_6H_7O_6(OC_4H_7)_5$	Aus Glucose + Butyrylchlorid in Pyrid.-Chlorof.[1]	Dickes Öl
27	α-Pentaisovaleryl-Glucose	$C_6H_7O_6(OC_5H_9)_5$	Aus Glucose + Isovalerylsäure-Anhydr. in Pyridin[1]	Nadeln
28	α-Pentaisovaleryl-Isoglucose?	$C_6H_7O_6(OC_5H_9)_5$	Aus Glucose + Isovalerylchlorid in Pyrid.-Chlorof.[1]	Weiche Nadeln (aus verd. Alk.)
29	β-Pentaisovaleryl-Glucose	$C_6H_7O_6(OC_5H_9)_5$	Aus β-Glucose + Isovalerylchlorid in Pyrid.-Chlorof. bei 0°[1]	Nadeln (aus Alk.)
30	α-Pentacapronyl-Glucose	$C_6H_7O_6(OC_6H_{11})_5$	Aus Glucose + Capronylchlorid in Pyrid[1]. Ebenso mit Capronsäure-Anhydr. in Pyrid.	Gelbl. Öl
31	α-Pentalauryl-Glucose	$C_6H_7O_6(OC_{12}H_{23})_5$	Aus α-Glucose + Laurylchlorid in Pyrid.-Chlorof.[1]	Nadeln (aus Chlorof. + Alk.)
32	β-Pentalauryl-Glucose	$C_6H_7O_6(OC_{12}H_{23})_5$	Ebenso, aus β-Glucose[1]	Nadeln (aus Chlorof. + Alk.)
33	α-Pentapalmityl-Glucose	$C_6H_7O_6(OC_{16}H_{31})_5$	Aus α-Glucose + Palmitylchlorid in Pyrid.-Chlorof.[1]	Nadeln (aus Chlorof. + Alk.)[1]. Weiße Masse (aus h. Alk.)[2]
34	β-Pentapalmityl-Glucose	$C_6H_7O_6(OC_{16}H_{31})_5$	Ebenso, aus β-Glucose[1]	Krystall. Pulver (aus Aceton)
35	α-Pentastearyl-Glucose	$C_6H_7O_6(OC_{18}H_{35})_5$	Aus Glucose + Stearylchlorid in Pyrid.[1]	Flockige Masse (aus Alk.)

Schmelz- und Siedepunkt	Optisches Drehungsvermögen	Löslichkeit	Analytisches; Diverses	Literatur
225—226° (k.)	$[\alpha]_D^{20} = +198,1°$ (in Chlorof.)	—	—	[1] Fischer u. Oetker: Ber. 46, 4029 (1913).
191—192° (k.)	$[\alpha]_D^{20} = -3,6°$ (in Chlorof.)	—	—	[1] Fischer u. Oetker: Ber. 46, 4029 (1913).
Sintert: 80°	$[\alpha]_D^{20} = +116,7°$ (in Chlorof.). Drehungsverm. ist veränderlich	l. l. Chlorof., Essigest., Aceton, f. unl. Äth., k. Alk., Ligroin	—	[1] Fischer u. Oetker: Ber. 46, 4029 (1913).
Z = 180°	$[\alpha]_D^{20} = +57,4°$ (in Alk.)	s. l. l. Aceton, Essigest., schw. l. Alk., Äther, Chlorof., Ligroin, s. w. l. h. H_2O	—	[1] Fischer u. Oetker: Ber. 46, 4029 (1913).
Kp$_2$ = 205°	$[\alpha]_D^{16} = +61,06°$ (in Chlorof.)	—	Tetrapropionyltribromphenol-glucosid: $C_{24}H_{29}O_{10}Br_3$. Gelbl. Prismen. F = 89,5°	[1] Hess u. Messmer: Ber. 54, 499 (1921). [2] Odén: C. 1918, II, 1034.
Kp$_1$ = 193—195°	$[\alpha]_D^{16} = +80,87°$ (in Chlorof.)	—	—	[1] Hess u. Messmer: Ber. 54, 499 (1921).
Kp$_{1,5}$ = 228—230°	$[\alpha]_D^{16} = +52,04°$ (in Chlorof.)	—	—	[1] Hess u. Messmer: Ber. 54, 499 (1921).
Kp$_2$ = 215—220°. Kp$_4$ = 240°	$[\alpha]_D^{16} = +73,31°$ (in Chlorof.)	— .	--	[1] Hess u. Messmer: Ber. 54, 499 (1921).
Kp$_2$ = 242°	$[\alpha]_D^{16} = +43,68°$ (in Chlorof.)	—	—	[1] Hess u. Messmer: Ber. 54, 499 (1921).
ca. 43°. Kp$_2$ = 242°	$[\alpha]_D^{16} = +75,19°$ (in Chlorof.)	s. l. l. in allen Solvent.	—	[1] Hess u. Messmer: Ber. 54, 499 (1921).
92°	$[\alpha]_D^{20} = +9,1°$ (in Chlorof.)	l. l. Chlorof., Äther, Petroläth., Benzol, CS_2, h. Alk., w.l. H_2O	—	[1] Zemplén u. László: Ber. 48, 915 (1915).
Kp$_{0,01}$ = 240—242°	$[\alpha]_D^{16} = +44,28°$ (in Chlorof.)	—	—	[1] Hess u. Messmer: Ber. 54, 499 (1921).
52°	$[\alpha]_D^{20} = +40,62°$ (in Chlorof.)	s. l. l. Chlorof., Benzol, Äth., Petroläth., CS_2, w. l. h. Alk.	Tetralauryl-tribromphenol-glucosid: $C_{60}H_{101}O_{10}Br_3$. Weiche Masse. F = 48—49° [2]	[1] Zemplén u. László: Ber. 48, 915 (1915). [2] Odén: C. 1918, II, 1034.
66°	$[\alpha]_D^{20} = +3,9°$ (in Chlorof.)	—	—	[1] Zemplén u. László: Ber. 48, 915 (1915).
75° [1] 65—67° [2]	$[\alpha]_D^{20} = +29,7°$ (in Chlorof.) [1]. $[\alpha]_D^{16} = +34,30°$ (in Chlorof.) [2]	s. l. l. Chlorof., Äther, Petroläth., w. l. Alk., unl. H_2O	Tetrapalmityltribromphenol-glucosid: $C_{76}H_{133}O_{10}Br_3$ [3]. Amorph. Pulv. F = 61—62°. Tripalmityl-α-methylglucosid $C_6H_8O_6CH_3(OC_{16}H_{31})_3$. Weißes, amorph. Pulver. F = 77°	[1] Zemplén u. László: Ber. 48, 915 (1915). [2] Hess u. Messmer: Ber. 54, 499 (1921). [3] Odén: C. 1918, II, 1034.
72°	$[\alpha]_D^{20} = +4,0°$ (in Chlorof.)	—	—	[1] Zemplén u. László: Ber. 48, 915 (1915).
70—71°	$[\alpha]_D^{16} = +34,17°$ (in Chlorof.)	s. l. l. Chlorof., Äther, Petroläth., w. l. Alk., H_2O	Tetrastearyl-α-methylgluco-sid: $C_6H_7O_6CH_3(OC_{18}H_{35})_4$ [2]. Weißes, amorph. Pulver. F = 68°. Tristearyl-α-methylglucosid: Weißes, amorph. Pulver. F = 82°	[1] Hess u. Messmer: Ber. 54, 499 (1921). [2] Odén: C. 1918, II, 1034.

Tabelle 60 (Fortsetzung).

Nr	Name	Formel, Konstitution	Vorkommen, Bildung, Darstellung	Krystallogr. Eigenschaften
36	β-Pentastearyl-Glucose	$C_6H_7O_6(OC_{18}H_{35})_5$	Aus β-Glucose $+$ Stearylchlorid in Pyrid.-Chlorof.[1]	Kugelf. Aggregate (aus Aceton)
37	α-Pentaoleyl-Glucose	$C_6H_7O_6(OC_{18}H_{33})_5$	Aus Glucose $+$ Ölsäurechlorid in Pyrid.[1]	Bräunl., zieml. dünnes Öl
38	β-Heptacetyl-salicyl-Cellobiose	$C_{12}H_{14}O_{11}(OC_2H_3)_7 \cdot CO \cdot C_6H_4OH$	Aus Acetobromcellobiose $+$ salicylsaurem Ag in Benzol[1]	Nadeln (aus CH_3OH)
39	β-Heptacetyl-hippuryl-Cellobiose	$C_{12}H_{14}O_{11}(OC_2H_3)_7 \cdot CO \cdot CH_2 \cdot NH \cdot CO \cdot C_6H_5$	Aus Acetobromcellobiose $+$ hippursaurem Ag in Benzol[1]	Nadeln (aus CH_3OH)
40	Octo-cinnamoyl-Saccharose	$C_{12}H_{14}O_{11}(OC_9H_7)_8$	Aus Saccharose in Chloroform $+$ Zimtsäurechlorid in Chinolin u. 3 Tage bei 40° schütteln[1]	Pulver
41	Octo-palmityl-Saccharose	$C_{12}H_{14}O_{11}(OC_{16}H_{31})_8$	Aus Saccharose $+$ Palmitylchlorid in Pyrid.[1]	Körnige, weiße Masse (aus Petroläth. $+$ Alk.)
42	Octo-stearyl-Saccharose	$C_{12}H_{14}O_{11}(OC_{18}H_{35})_8$	Aus Saccharose $+$ Stearylchlorid in Pyrid.[1]	Körner (aus Chlorof.-Alk.)
43	Hendeka-palmityl-Raffinose	$C_{18}H_{21}O_{16}(OC_{16}H_{31})_{11}$	Aus Raffinose in Chlorof. $+$ Palmitylchlorid in Chinolin u. 4 Tage bei 60° schütteln[1]. Aus Raffinose $+$ Palmitylsäurechlorid in Pyridin[2]	Weiß. Pulver[1]. Sehr weiche, fettähnl. Masse[2]
44	Hendeka-stearyl-Raffinose	$C_{18}H_{21}O_{16}(OC_{18}H_{35})_{11}$	Aus Raffinose in Chlorof. $+$ Stearylchlorid in Chinolin u. 4 Tage bei 60° schütteln[1]	Pulver
45	Hendeka-cerotyl-Raffinose	$C_{18}H_{21}O_{16}(OC_{26}H_{51})_{11}$	Aus Raffinose in Chlorof. $+$ Cerotylchlorid in Chinolin u. 5 Tage bei 30—70° schütteln[1]	Amorph

Tabelle 61.

Nr	Name	Formel, Konstitution	Vorkommen, Bildung, Darstellung	Krystallogr. Eigenschaften
1	Äthoxyacetaldehyd (Äthylglykolose)	$C_2H_5OCH_2CHO$	Aus d. Acetal, d. Kochen mit sehr verd. H_2SO_4 (in H_2O od. wässer. Aceton)[1]	Leicht bewegl. Flüssigkeit von stechend. Geruch
2	Äthoxyacetaldehyd-diäthylacetal	$C_2H_5OCH_2CH(OC_2H_5)_2$	Aus $\alpha\beta$-Dichloräther mit überschüss. Na-Äthylat bei 150°[1]. Aus Bromacetal[2] od. Chloracetal[3] mit Na-Äthylat bei 120 bis 160° od. in abs. alk. Lösg. auf d. Wasserbad	Farbl. wasserhelle Flüssigkeit von angenehm. Geruch

Andere organ. Säure=Ester.

Schmelz- und Siedepunkt	Optisches Drehungsvermögen	Löslichkeit	Analytisches; Diverses	Literatur
78°	$[\alpha]_D^{20} = +14,12°$ (in Chlorof.)	l. l. Chlorof., Benzol, CS_2, w. Äth., w. Petroläth., w. Pyrid., w. l. Alk., unl. H_2O	**β-Monostearyl-tetracetylglucose:** $C_{32}H_{54}O_{11}$. Rosetten. F = 78°[2]). **Tetrastearyltribromphenolglucosid**[3]): $C_{84}H_{149}O_{10}Br_3$. Weißes, am. Pulver. F = 72°. $[\alpha]_D^{20} = -3,6°$ (in Chlorof.). **Tetrahexabromstearyl-tri-bromphenolglucosid**[3]): $C_{84}H_{89}O_{10}Br_{27}$. Pulv. F = 151°	[1]) **Zemplén u. László:** Ber. **48**, 915 (1915). [2]) **Hess u. Messmer:** Ber. **54**, 499 (1921). [3]) **Odén:** C. 1918, II, 1034.
—	$[\alpha]_D^{16} = +27,51°$ (in Chlorof.)	—	**5,6-Anhydro-α-methylglucosid (1,4)-3-monooleat(?):** $C_{25}H_{44}O_6$. Gelb., zähes Öl. $[\alpha]_D^{15} = +38,55°$ (in $CHCl_3$, c = 2,36%); +33,29° (in Essigester, c = 1,23%). Nicht unzersetzt destillierbar[2])	[1]) **Hess u. Messmer:** Ber. **54**, 499 (1921). [2]) **Irvine u. Gilchrist:** Soc. Lond **125**, 7 (1924).
221—223°	$[\alpha]_D^{20} = -43,43°$ (in Chlorof.)	l. l. Chlorof., w. l. Äth., k. Alk., s. schw. l. H_2O	—	[1]) **Zemplén u. László:** Ber. **48**, 915 (1915).
186° (Z.)	$[\alpha]_D^{20} = -15,04°$ (in Chlorof.)	l. l. Chlorof., w. l. Äth., Petroläth., k. Alk., f. unl. H_2O	—	[1]) **Zemplén u. László:** Ber. **48**, 915 (1915).
87—88°	$[\alpha]_D^{18} = +12,5°$	l. l. Chlorof., Pyridin, Essigest., Benzol, Aceton, z. l. l. Äth., CS_2, w. l. Alk., Ligroin	—	[1]) **Odén:** C. 1919, III, 538.
54—55°	$[\alpha]_D^{16} = +17,12°$ (in Chlorof.)	—	—	[1]) **Hess u. Messmer:** Ber. **54**, 499 (1921).
57°	$[\alpha]_D^{16} = +16,55°$ (in Chlorof.)	—	—	[1]) **Hess u. Messmer:** Ber. **54**, 499 (1921).
52—53°[1]) 43°[2]) (Sint.: 39°)	$[\alpha]_D^{20,5} = +31,8°$ (in Chlorof.)[1]); $[\alpha]_D^{16} = +4,15°$ (in Chlorof.)[2])	l. l. Chlorof., Benzol, Essigest., z. l. h. Äth., w. l. Alk., Aceton	—	[1]) **Odén:** C. 1919, III, 538. [2]) **Hess u. Messmer:** Ber. **54**, 499 (1921).
63°[1]) 47°[2])	$[\alpha]_D^{20} = +28,3°$ (in Chlorof.)[1]); $[\alpha]_D^{16} = +27,17°$ (in Chlorof.)[2])	l. wie vorsteh.	**Hexabromstearyl-Raffinose:** $C_{18}H_{21}O_{16}(OC_{18}H_{29}Br_6)_{11}$. Amorph. F = 147—148°	[1]) **Odén:** C. 1919, III, 538. [2]) **Hess u. Messmer:** Ber. **54**, 499 (1921).
68°	—	l. Chlorof., Benzol	—	[1]) **Odén:** C. 1919, III, 538.

Methyl= und Äthyläther der Bi= bis Tetrosen.

Schmelz- und Siedepunkt	Optisches Drehungsvermögen	Löslichkeit	Analytisches; Diverses	Literatur
Kp = 71—73°	—	—	Reduz. ammoniakal. Silberlösg. **Ammoniakat,** F = 79—81°, sehr unbest.[2]). **Semicarbazon:** $C_5H_{11}N_3O_2$. Rhomboëder (aus H_2O). F = 85—86°[2]) $D^{21} = 0,8924$[1])	[1]) **Klüger:** Monatsh. f. Chem. **26**, 879 (1905). — **Eissler u. Pollak:** Monatsh. f. Chem. **27**, 1129 (1906). [2]) **Leuchs u. Geiger:** Ber. **39**, 2649 (1906).
Kp = 168°[1]) Kp = 164°[3]) Kp_{11} = 57—58°[2])	—	—		[1]) **Lieben:** A. **146**, 196 (1868). [2]) **Pinner:** Ber. **5**, 150 (1872). — **Späth:** Monatsh. f. Chem. **36**, 4 (1915). [3]) **Leuchs u. Geiger:** Ber. **39**, 2645 (1906). — **Klüger:** Monatsh. f. Chem. **26**, 879 (1905). — **Eissler u. Pollak:** Monatsh. f. Chem. **27**, 1129 (1906).

Tabelle 61 (Fortsetzung).

Nr	Name	Formel, Konstitution	Vorkommen, Bildung, Darstellung	Krystallogr. Eigenschaften
3	**2-Brom-3-äthylglycerinaldehyd-diäthylacetal** (α-Brom-β-äthoxypropionaldehyd-diäthylacetal)	$C_9H_{19}O_3Br$: $C_2H_5OCH_2—CHBr$ $—CH(OC_2H_5)_2$	D. Erhitzen v. Acroleïndibromid mit 1 proz. alkoh. HCl auf 100°[1])	Öl
4	**Diäthoxyaceton**	$CO(CH_2OC_2H_5)_2$	Bei längerem Stehen od. Erwärm. von α, γ-Diäthoxyacetessigester mit verd. NaOH, dann Neutralis. mit H_2SO_4[1]). D. trockene Dest. v. Äthylglykolsaurem Kalk im H_2-Strom[2]	Öl, von aromat. Geruch
5	**2, 4-Diäthyltetrose**	$C_8H_{16}O_4$: CHO | $CHOC_2H_5$ | CHOH | $CH_2OC_2H_5$	D. Aldolisierung v. Äthoxyacetaldehyd in wässer. K_2CO_3-Lösg.[1])	Dünne, wasserhelle Flüssigkeit, wird b. längerem Stehen zäher
6	**α-Methoxy-dioxyisobutyraldehyd**	$C_6H_{12}O_4$: CHO | $C—OC_2H_5$ $HOCH_2$ CH_2OH	Aus Äthoxyacetaldehyd u. Formaldehyd (2 mol.), mittels wässer. K_2CO_3-Lösg.	Zähfl., schwach gelbl. Öl

Tabelle 62.

Nr	Name	Formel, Konstitution	Vorkommen, Bildung, Darstellung	Krystallogr. Eigenschaften
1	**2, 4-Dimethyl-d-arabinose**	$C_5H_8O_3(OCH_3)_2$	D. Hydrol. v. Hexamethyl-methyl-[3-β d-gluco-d-arabinosid] mit 5 proz. HCl bei 100°[1])	Farbl. viscoser Sirup
2	**Dimethyl-d-arabinose**	$C_5H_8O_3(OCH_3)_2$	D. Hydrol., mit 5 proz. HCl bei 100°, v. Hexamethyl-methylglucoarabinosid (aus Maltose-octacetat erhalten)[1])	Glasige Masse
3	**Dimethyl-methylarabinosid**	$C_5H_7O_2(OCH_3)_3$	Aus Verb. 2, d. Erhitzen m. HCl-haltigem CH_3OH[1])	Farbl. Sirup
4	**2, 3, 4-Trimethyl-α-methyl-d-arabinosid**	$C_5H_6O(OCH_3)_4$	D. Methylierg. v. α-Methyl-d-arabinosid sukzessive m. $(CH_3)_2SO_4$ + Natronlauge u. CH_3I+Ag_2O[1])	Farbl. Krystalle
5	**2, 3, 4-Trimethyl-l-arabinose**	$C_5H_7O_2(OCH_3)_3$	Aus Verb. 6 durch Hydrol. m. 8 proz. HCl bei 70—100°[1])	Farbl. Sirup
6	**2, 3, 4-Trimethyl-α-methyl-l-arabinosid**	$C_5H_6O(OCH_3)_4$	D. Methylierg. v. α-Methyl-l-arabinosid m. $CH_3I + Ag_2O$[1])	Krystalle (aus Petroläth.)
7	**2, 3, 4-Trimethyl-β-methyl-l-arabinosid**	$C_5H_6O(OCH_3)_4$	D. Methylieren v. l-Arabinose m. $(CH_3)_2SO_4$ + Natronlauge[1])	Lange, weiße Nadeln

Methyl= und Äthyläther der Bi= bis Tetrosen.

Schmelz= und Siedepunkt	Optisches Drehungsvermögen	Löslichkeit	Analytisches; Diverses	Literatur
$Kp_{14} =$ 103—104°	—	s. w. l. H_2O	$D^{15} = 1,185$. Reduz. Fehl. Lösg. erst n. Hydrol. m. verd. Säuren	[1] **E. Fischer** u. **Giebe**: Ber. **30**, 3056 (1897). — **Claisen**: Ber. **36**, 3670 (1903).
$Kp = 194°$[1] $Kp_{76} =$ 107—110°[2]	—	l. l. H_2O; mischbar mit Alk., Äth., Chlorof.	$D^{18} = 0,980$[1]. Reduz. ammoniakal. Silberlösg. u. alkal. Kupferlösg. Ist m. Wasserdampf flüchtig	[1] **Grimaux** u. **Lefèvre**: Soc. chim. France [3] **1**, 11 (1889). — **Erlenbach**: A. **269**, 30 (1892). [2] **Gintl**: Monatsh. f. Chem. **15**, 803 (1894).
$Kp_{18} =$ 115—117°	—	—	Reduz. ammoniakal. Silberlösg., rötet entfärbte Fuchsinlösg.[1]. Analog aus äquimol. Mengen v. Äthoxyacetaldehyd u. Acetaldehyd: **4-Äthyl-2-desoxytetrose** (γ-Äthoxyacetaldol): $C_6H_{12}O_3$, zähfl. Öl, $Kp_{18} = 122—125°$[2]	[1] **Fried**: Monatsh. f. Chem. **27**, 1251 (1906). [2] **Eissler** u. **Pollak**: Monatsh. f. Chem. **27**, 1129 (1906).
—	—	—	Reduz. ammoniakal. Silberlösg. **Diacetat**: $C_{10}H_{16}O_6$, gelbl. zähes Öl, $Kp_{34} = 172—174°$	[1] **Klüger**: Monatsh. f. Chem. **26**, 879 (1905).

Methyl= und Äthyläther der Pentosen und Methylpentosen.

Schmelz= und Siedepunkt	Optisches Drehungsvermögen	Löslichkeit	Analytisches; Diverses	Literatur
$Kp_{0,32} =$ 128—129°	$[\alpha]_D^{24} = -95,5° \rightarrow -105,1°$ (in Alk.)	—	R.V. $= 20,6$ (Glucose $= 100$)	[1] **Zemplén** u. **Braun**: Ber. **59**, 2240 (1926).
—	$[\alpha]_D^{20} = +57,7°$ (in H_2O), $+50,6°$ (in Alk.), $+56,9°$ (in Aceton) ($c =$ ca. 5%)	l. l. H_2O u. org. Lösgm. außer Petroläth.	Reduz. leicht Fehl. Lösg. Ist, der Genese nach, wahrsch. 2,5-Dimethyl-d-arabinose(1,4)	[1] **Irvine** u. **Dick**: Soc. Lond. **115**, 598 (1919).
$Kp_{0,1} = 120°$	—	—	Reduz. nicht Fehl. Lösg. $n_D = 1,4620$. Daraus d. Methylierg. m. $CH_3I + Ag_2O$: **Trimethylmethylarabinosid**, $Kp_{0,08} = 94$ bis 96°; $n_D = 1,4460$	[1] **Irvine** u. **Dick**: Soc. Lond. **115**, 598 (1919).
43—45° $Kp_{30} = 126°$	$[\alpha]_D^{16} = -217,5°$ (in CH_3OH; $c = 1,164$%)	—	$n_D^{25} = 1,4452$ (unterkühlte Fl.). Ist nach Hudson's Regel β-Arabinosid	[1] **McOvan**: Soc. Lond. **1926**, 1747.
$Kp_{19} =$ 148—152°	$[\alpha]_D^{20} = +122,3° \rightarrow +127,2°$ (in H_2O, $c = 7,978$%) $[\alpha]_D^{20} = +98,7° \rightarrow +102,7°$ (in CH_3OH, $c = 7,528$%)	s. l. l. H_2O u. org. Lösgm. auß. Petroläth.	Reduz. Fehl. Lösg. Gibt b. Oxydat. m. Br_2: Trimethyl-δ-l-arabonolacton[2]. Gibt m. rauch. HCl Furfurol[3]	[1] **Purdie** u. **Rose**: Soc. Lond. **89**, 1204 (1906). [2] **Pryde** u. **Humphreys**: Soc. Lond. **1927**, 559. [3] **Hirst** u. **Morrison**: Soc. Lond. **123**, 3232 (1923).
44—46° $Kp_{14} = 124°$	$[\alpha]_D = +250°$ (in H_2O, $c = 1,200$%) $[\alpha]_D = +223°$ (in CH_3OH, $c = 1,320$%)	—	$n_D^{25} = 1,4450$; $n_D^{30} = 1,4432$ (unterkühlte Fl.). Ist nach Hudson's Regel β-Arabinosid	[1] **Purdie** u. **Rose**: Soc. Lond. **89**, 1204 (1906). — **Hirst** u. **Robertson**: Soc. Lond. **127**, 358 (1925).
46—48° $Kp_{24} = 123°$	$[\alpha]_D = +46,2°$ (in H_2O, $c = 0,865$%) $[\alpha]_D = +24°$ (in CH_3OH, $c = 1,100$%)	—	$n_D^{17} = 1,4473$ (unterkühlte Fl.) Ist nach Hudson's Regel α-Arabinosid	[1] **Hirst** u. **Robertson**: Soc. Lond. **127**, 358 (1925).

Nr	Name	Formel, Konstitution	Vorkommen, Bildung, Darstellung	Krystallogr. Eigenschaften
8	2, 3, 5-Trimethyl-l-arabinose (1, 4)	$C_5H_7O_2(OCH_3)_3$	Aus Verb. 9 d. Hydrol. m. 0,15 n-HCl bei 100°[1])	Farbl. Flüssigk.
9	2, 3, 5-Trimethyl-γ-methyl-l-arabinosid	$C_5H_6O(OCH_3)_4$	D. Methylierg. v. γ-Methyl-l-arabinosid sukzessive m. $(CH_3)_2SO_4$ + Natronlauge u. $CH_3I + Ag_2O$[1])	Farbl. Flüssigk.
10	3- od. 5-Monomethyl-d-xylose	$C_5H_9O_4OCH_3$	Aus Monomethylacetonxylose d. Hydrol. m. verd. H_2SO_4[1])	Nur in Lösg. erhalten
11	3, 5-Dimethyl-d-xylose (1, 4)	$C_5H_8O_3(OCH_3)_2$	Aus Dimethylacetonxylose, wie bei Verb. 10[1])	Hellgelb. Sirup
12	2, 3-Dimethyl-d-xylose	$C_5H_8O_3(OCH_3)_2$	Aus Verb. 13 d. Hydrol. m. verd. HCl bei 100°[1])	Zäher Sirup
13	2, 3-Dimethyl-methylxylosid	$C_5H_7O_2(OCH_3)_3$	D. Hydrol. v. Dimethylxylan m. methylalkohol. HCl[1])	Sirup
14	2, 3, 4-Trimethyl-d-xylose	$C_5H_7O_2(OCH_3)_3$	Aus Verb. 15 od. 16 d. Hydrol. m. heiß. verd. HCl[1])[2])	Prismen (aus Essigest. od. Äth.)
15	2, 3, 4-Trimethyl-α-methylxylosid	$C_5H_6O(OCH_3)_4$	D. Methylierg. v. α-Methylxylosid m. $CH_3I + Ag_2O$[1])	Flüssig
16	2, 3, 4-Trimethyl-β-methylxylosid	$C_5H_6O(OCH_3)_4$	D. Methylierg. v. d-Xylose sukzessive m. $(CH_3)_2SO_4 + NaOH$ u. $CH_3I + Ag_2O$[1]). Aus β-Methylxylosid, wie bei Verb. 15[2])	Krystalle (aus Petroläth.)
17	2, 3, 5-Trimethyl-d-xylose (1, 4)	$C_5H_7O_2(OCH_3)_3$	Aus Verb. 18 d. Hydrol. m. 0,15 n-HCl bei 100°[1])	Farbl. Flüssigk.
18	2, 3, 5-Trimethyl-γ-methylxylosid	$C_5H_6O(OCH_3)_4$	D. Methylierg. v. γ-Methylxylosid[1])	Farbl. Flüssigk.
19	2, 3, 4-Trimethyl-d-lyxose	$C_5H_7O_2(OCH_3)_3$	Aus Verb. 20 d. Hydrol. m. 6 proz HCl bei 100°[1])	Lange Nadeln
20	2, 3, 4-Trimethyl-α-methyllyxosid	$C_5H_6O(OCH_3)_4$	Aus α-Methyllyxosid d. Methylierung m. $CH_3I + Ag_2O$[1])	Farbl. bewegl. Öl
21	5-Methyl-l-rhamnose (1, 4)	$C_6H_{11}O_4OCH_3$	Aus 1,5-Dimethylmonoaceton-rhamnose d. Hydrol. m. heiß. verd. HCl[1])	Gelbl. glasig. Sirup

Methyl= und Äthyläther der Pentosen und Methylpentosen.

Schmelz- und Siedepunkt	Optisches Drehungsvermögen	Löslichkeit	Analytisches; Diverses	Literatur
$Kp_{6,18}=$ 97—99°	$[\alpha]_D=-39,5°$ (in H_2O)	—	Reduz. momentan Fehl. Lösg. u. neutr. $KMnO_4$-Lösg. $n_D=1,4503$. Gibt b. Oxydat. m. Br_2: Trimethyl-γ-l-arabonolacton[2])	[1]) **Baker** u. **Haworth:** Soc. Lond. **127,** 365 (1925). [2]) **Pryde** u. **Humphreys:** Soc. Lond. **1927,** 562.
$Kp_{0,3}=$ 85—87°	$[\alpha]_D=-55,8°$ (in H_2O, $c=1,04\%$)[1]) $[\alpha]_D=-33,62°$ (in H_2O, $c=0,81\%$; f. frisch destill. Prod.)[2]) $[\alpha]_D=-34,37° \rightarrow -56,33°$ (in CH_3OH, etwas HCl enthaltend; $c=0,91\%$)[2])	—	Reduz. neutr. $KMnO_4$-Lösg.[1]) $n_D^{15,5}=1,4370$[2]). Ist ein Gemisch v. α- u. β-Form	[1]) **Baker** u. **Haworth:** Soc. Lond. **127,** 365 (1925). [2]) **Pryde** u. **Humphreys:** Soc. Lond. **1927,** 562.
—	$[\alpha]_{Hg\,gelb}^{18}=+40,5°$ bis 42,0° (i. d. Hydrolysenfl.)	—	—	[1]) **Svanberg:** Ber. **56,** 2195 (1923). — Vgl. **Haworth** u. **Porter:** Soc. Lond. **1928,** 611.
—	$[\alpha]_{Hg\,gelb}^{18}=+23,7°$ bis 25,9° (i. d. Hydrolysenfl.)	—	Reduz. stark Fehl. Lösg. **Osaz.:** Öl, manchmal kryst. b. niedr. Temp., lösl. k. Alk.	[1]) **Svanberg:** Ber. **56,** 2195 (1923). — Vgl. **Haworth** u. **Porter:** Soc. Lond. **1928,** 611.
—	$[\alpha]_D^{20}=+22,6° \rightarrow +24°$ (in H_2O, $c=3,5\%$)	—	Red. Fehl. Lösg. $n_D^{20}=1,4783$. **Anilid:** $C_{13}H_{19}O_4N$, Nadeln, $F=146°$; $[\alpha]_D^{19}=+185° \rightarrow +65,5°$ (in Essigest. + Spuren Essigs., $c=0,76\%$)	[1]) **Hampton, Haworth** u. **Hirst:** Soc. Lond. **1929,** 1739.
$Kp_{0,04}=$ ca. 80°	$[\alpha]_D^{22}=+61,8° \rightarrow +43°$ (in $CH_3OH+0,8\%$ HCl)	—	$n_D^{17}=1,4581$. Gemisch v. α- u. β-Form	[1]) **Hampton, Haworth** u. **Hirst:** Soc. Lond. **1929,** 1739.
91—92°[2])	$[\alpha]_D^{20}=+64,5° \rightarrow +17,7°$ (in H_2O, $c=1,124\%$)[2]); $[\alpha]_D^{20}=+55,8° \rightarrow +24,2°$ (in $CHCl_3$, $c=1,79\%$)[2]); $[\alpha]_D=+74° \rightarrow +21°$ (in Alk., $c=0,879\%$)[1])	—	Reduz. Fehl. Lösg., aber nicht k. neutr. $KMnO_4$-Lösg.[1]). Gibt b. Oxydat. m. Br_2: Trimethyl-δ-l-xylonolacton[3]) Gibt m. rauch. HCl Furfurol[4])	[1]) **Carruthers** u. **Hirst:** Soc. Lond. **121,** 2299 (1922). [2]) **Phelps** u. **Purves:** Amer. Soc. **51,** 2443 (1929). [3]) **Haworth** u. **Westgarth:** Soc. Lond. **1926,** 886. [4]) **Hirst** u. **Morrison:** Soc. Lond. **123,** 3232 (1923).
$Kp_{10}=110°$ (Bad-Temp.)	$[\alpha]_D^{20}=+112,7°$ (in H_2O), $+121,5°$ (in $CHCl_3$), $+122,2°$ (in CH_3OH)	—	$n_D^{23}=1,4397$	[1]) **Phelps** u. **Purves:** Amer. Soc. **51,** 2443 (1929).
46—48°[1]) 51°[2]) $Kp_{0,5}=$ 69—72°[1])	$[\alpha]_D^{20}=-81,7°$ (in H_2O)[2]), $-69,5°$ (in $CHCl_3$)[2]), $-66,6°$ (in CH_3OH)[1])	—	$n_D^{25}=1,4350$; $n_D^{32}=1,4316$ (unterkühlte. Fl.)	[1]) **Carruthers** u. **Hirst:** Soc. Lond. **121,** 2299 (1922). [2]) **Phelps** u. **Purves:** Amer. Soc. **51,** 2443 (1929).
$Kp_{0,04}=110°$	$[\alpha]_D=+24,7° \rightarrow +31,2°$ (in H_2O)	—	Reduz. Fehl. Lösg. u. k. neutr. $KMnO_4$-Lösg. $n_D=1,4539$. Gibt b. Oxydat. m. Br_2: Trimethyl-γ-d-xylonolacton	[1]) **Haworth** u. **Westgarth:** Soc. Lond. **1926,** 880.
$Kp_{0,03}=$ 82,5—84,5°	$[\alpha]_D=+32,0°$ (in CH_3OH, $c=0,8\%$)	—	Reduz. k. neutr. $KMnO_4$-Lösg., aber nicht Fehl. Lösg. $n_D=1,4387$	[1]) **Haworth** u. **Westgarth:** Soc. Lond. **1926,** 880.
79° $Kp_{0,05}=90°$	$[\alpha]_D^{21}=-10° \rightarrow -21,8°$ (in H_2O, $c=2,01\%$)	—	$n_D^{15}=1,4629$ (unterkühlte Fl.). Gibt b. Oxydat. m. Br_2: Trimethyl-δ-d-lyxonolacton	[1]) **Hirst** u. **Smith:** Soc. Lond. **1928,** 3147.
$Kp_{0,02}=70°$	$[\alpha]_{5461}^{20}=+10°$ (in H_2O, $c=2,61\%$) $[\alpha]_{5461}^{20}=+37,3°$ (in Alk., $c=4,05\%$)	—	$n_D^{14}=1,4460$	[1]) **Hirst** u. **Smith:** Soc. Lond. **1928,** 3147.
—	schwach rechtsdrehend in CH_3OH	l. H_2O, Alk., w. l. Aceton, schw. l. Äth.	Reduz. Fehl. Lösg. **Phenylhydraz.:** $C_{18}H_{20}O_4N_2$, farbl. Prismen (aus Alk.), $F=159$—160°, Zers. 163—164°	[1]) **Purdie** u. **Young:** Soc. Lond. **89,** 1194 (1906). — **Freudenberg** u. **Wolf:** Ber. **59,** 836 (1926).

Tabelle 62 (Fortsetzung).

Nr	Name	Formel, Konstitution	Vorkommen, Bildung, Darstellung	Krystallogr. Eigenschaften
22	5-Methyl-α-methyl-l-rhamnosid (1, 4)	$C_6H_{10}O_3(OCH_3)_2$	Aus Verb. 21 m. methylalkohol. HCl[1])	Farbl. Nadeln (aus Petroläth.)
23	3, 4-Dimethyl-l-rhamnose-α	$C_6H_{10}O_3(OCH_3)_2$	Aus Verb. 24 d. Hydrol. m. 2 proz. wässer. HCl[1])	Farbl. Nadeln (aus Äth. + Petroläth.)
24	2-Acetyl-3, 4-dimethyl-β-methyl-rhamnosid	$C_{11}H_{20}O_6$	Aus Monoacetyl-,,γ''-methyl-rhamnosid d. Methylierg. m. CH_3I u. Ag_2O [m. $Ba(OH)_2$ gefällt][1])	Lange, farbl. Nadeln
25	2, 3, 4-Trimethyl-l-rhamnose	$C_6H_9O_2(OCH_3)_3$	Aus d. entspr. α-Rhamnosid d. Hydrol. m. heißer 8 proz. HCl[1]). Aus d. entspr. β-Rhamnosid d. Hydrol. m. heiß. 0,5 proz. HCl[2])	Blaßgelb. Sirup
26	2, 3, 4-Trimethylrhamnose-anilid	$C_{12}H_{14}ON(OCH_3)_3$	D. Kochen d. Kompon. in alkohol. Lösg.[1])	Nadeln (aus Petroläth.)
27	2, 3, 4-Trimethyl-α-methyl-l-rhamnosid	$C_6H_8O(OCH_3)_4$	D. Methylierg. v. (sirupösem) α-Methylrhamnosid m. CH_3I u. Ag_2O[1])	Farbl. Flüssigk.
28	2, 3, 4-Trimethyl-β-methyl-l-rhamnosid	$C_6H_8O(OCH_3)_4$	Aus Verb. 23 m. CH_3I u. Ag_2O, od. d. Methylierg. v. Monoacetyl-,,γ''-methylrhamnosid m. CH_3I + Ag_2O (m. NaOH gefällt)[1])	Krystalle

Tabelle 63.

Nr	Name	Formel, Konstitution	Vorkommen, Bildung, Darstellung	Krystallogr. Eigenschaften
1	2-Methyl-d-glucose	$C_6H_{11}O_5OCH_3$	Aus α-Glucosan u. CH_3ONa; Hydrol. d. Na-Deriv. m. verd. H_2SO_4[1]). Aus d. entspr. Methyl- od. Äthyl-glucosiden, resp. deren Triace-taten mit h. verd. Säuren[2])[3])[4]). Aus Monomethyl-dicellulose d. Hydrol. m. h. verd. H_2SO_4 u. Vergären d. freien Glucose[4]). Aus Monomethyl-anhydromethyl-glucosid-monooleat durch sukzes-sives Behandeln m. methylalkoh. HCl, h. wäßr. $Ba(OH)_2$ u. h. verd. HCl(?)[5])	Farbl. dicker Sirup[1])[5]) od. amorphe feste Masse[3])[4])
2	2-Methyl-β-methylglucosid	$C_6H_{10}O_4(OCH_3)_2$ + $^1/_2 H_2O$?	Aus d. entspr. Triacetat m. me-thylalkohol. NH_3 b. 0°[1])	Feine Nadeln (aus Essigester)
3	2-Methyl-β-methylglucosid-triacetat	$C_{14}H_{22}O_9$	D. Methylierg. v. 3,4,6-Triace-tylglucose m. CH_3I + Ag_2O[1])	Krystalle (aus H_2O)

Methyl= und Äthyläther der Pentosen und Methylpentosen.

Schmelz- und Siedepunkt	Optisches Drehungsvermögen	Löslichkeit	Analytisches; Diverses	Literatur
53—56° Kp_{19} = 158—161°	$[\alpha]_D$ = ca. —95° (in Alk.)	—	Reduz. nicht Fehl. Lösg.	[1] Purdie u. Young: Soc. Lond. 89, 1194 (1906). — Freudenberg u. Wolf: Ber. 59, 836 (1926).
91—92°	$[\alpha]_D^{20}$ = —10° → +18,6° (in H_2O, c = 1,5%)	—	Definierte Osazone konnten nicht erhalten werden	[1] Haworth, Hirst u. Miller: Soc. Lond. 1929, 2469.
67° $Kp_{0,1}$ = ca. 90°	$[\alpha]_D^{20}$ = +36° (in H_2O, c = 1,02%)	l.l. in allen gebräuchl. Lösgm.	Reduz. nicht Fehl.Lösg.; wird d. Säuren leicht verseift. n_D^{17} = 1,4510 (unterkühlte Fl.)	[1] Haworth, Hirst u. Miller: Soc. Lond. 1929, 2469.
Kp_{19} = 141°[1]) Kp_{15} = 151 bis 155°(Badtemp.?)[1])	$[\alpha]_D^{18}$ = +24,15° → +25,44° (in H_2O, c = 4,638%)[1]); $[\alpha]_D^{18}$ = +3,25° → +5,82° (in C_6H_6, c = 5,238%)[1]); $[\alpha]_D^{18}$ = —4,86° → —9,52° (in Alk., c = 4,938%)[1]); $[\alpha]_D^{21}$ = +27° (in H_2O, c = 1%)[2])	l. l. H_2O, Alk., C_6H_6, Äth.	Reduz. Fehl. Lösg. n_D^{15} = 1,4565[1]); n_D^{17} = 1,4570[2]) **Phenylhydraz.:** $C_{12}H_{15}ON_2$ $(OCH_3)_3$: gelbl. Prismen (aus Äth.), F = 126—128° (Zers.)[1] Gibt b. Oxydat. m. Br_2: Trimethyl-δ-l-rhamnonolacton[2])	[1] Purdie u. Young: Soc. Lond. 89, 1194 (1906). — Hirst u. Macbeth: Soc. Lond. 1926, 22. [2] Haworth, Hirst u. Miller: Soc. Lond. 1929, 2469.
111—113°	$[\alpha]_D^{20}$ = +138,5° → +16,9° (in Alk., c = 1,184%); $[\alpha]_D^{20}$ = +138,3° → +46,9° (in Aceton, c = 1,215%)	l. l. in allen gebräuchl. Lösgm. außer Petroläth.	—	[1] Irvine u. McNicoll: Soc. Lond. 97, 1455 (1910).
Kp_{11} = 112° (Badtemp.?) Kp_9 = 101°	$[\alpha]_D^{20}$ = —62,18° (in Subst.), —15° (in H_2O), —54° (in Alk.)	l. l. H_2O u. gewöhnl. org. Lösgm.	Reduz. nicht Fehl. Lösg. n_D^{15} = 1,4415 — D^{20} = 1,0724 Wohl nicht ganz frei v. β-Ver.	[1] Purdie u. Young: Soc. Lond. 89, 1194 (1906). — Hirst u. Macbeth: Soc. Lond. 1926, 22.
53—54°	$[\alpha]_D$ = +106° bis 106,9° (in H_2O)	—	Reduz. nicht Fehl. Lösg.; wird d. Säuren leicht hydrolisiert	[1] Haworth, Hirst u. Miller: Soc. Lond. 1929, 2469.

Methyl= und Äthyläther der Hexosen.

Schmelz- und Siedepunkt	Optisches Drehungsvermögen	Löslichkeit	Analytisches; Diverses	Literatur
—	—	—	Reduz. Fehl. Lösg.[1] Gärt nicht[4]. Gibt kein Osaz.[1][2][5], resp. in Gegenw. v.Essigs.: Glucosaz.[3] **Phenylhydraz.:** $C_{13}H_{20}O_5N_2$, farbl. Blättchen (aus Alk.) F = 176°[2][4] od. gelb. Nadeln (aus H_2O) F = 178°, schw. l. H_2O, lösl. Alk., Pyrid., unl. Äth.; $[\alpha]_D^{17}$ = —12,3° (in Pyrid., c = 1,99%)[3]	[1] Pictet u. Castan: Helv. 3, 645 (1920). [2] Hickinbottom: Soc. Lond. 1928, 3140. [3] Brigl u. Schinle: Ber. 62, 1716 (1929). [4] Lieser: A. 470, 104 (1929). [5] Irvine u. Gilchrist: Soc. Lond. 125, 1 (1924).
95—97°	$[\alpha]_D^{17}$ = —23,9° (in Alk.)	—	Reduz. nicht Fehl. Lösg.	[1] Brigl u. Schinle: Ber. 62, 1716 (1929).
74—75°	$[\alpha]_D^{18}$ = +5,88° (in Alk., c = 2,296%) $[\alpha]_D^{19}$ = +6,28° (in $CHCl_3$, c = 3,426%)	z. l. Äth., Alk., Aceton, w. l. $CHCl_3$, schw. l. H_2O, Ligroin	Reduz. nicht Fehl. Lösg. **2-Methyl-α?-methylglucosidtriacetat:** aus β-1-Chlor-3,4,6-triacetylglucose m. CH_3I + Ag_2O: strahlige Nadeln (aus H_2O), F = 121°[2]	[1] Brigl u. Schinle: Ber. 62, 1716 (1929). [2] Lieser: A. 470, 104 (1929).

Tabelle 63 (Fortsetzung).

Nr	Name	Formel, Konstitution	Vorkommen, Bildung, Darstellung	Krystallogr. Eigenschaften
4	**2-Methyl-β-äthylglucosid-triacetat**	$C_{15}H_{24}O_9$	Aus 3,4,6-Triacetyl-β-äthylglucosid m. $CH_3I + Ag_2O$[1])	Nadeln (aus Alk.)
5	**2?-Methyl-α?-methylglucosid?**	$C_6H_{10}O_4(OCH_3)_2$	Aus Monomethyl-anhydromethylglucosid-monooleat m. methylalkohol.HCl u. h. wäßr. $Ba(OH)_2$[1])	Farbl. zäher Sirup
6	**3[1])-Methyl-d-glucose**	$C_6H_{11}O_5OCH_3$	D. Hydrol. v. Methyl-diacetonglucose m. verd. wäßr.-alkohol. HCl[2])	α-Form: Tafeln (aus CH_3OH)[2]) β-Form: Prismen (aus CH_3OH + Aceton)[2])
7	**3-Methyl-glucosazon**	$C_{18}H_{21}O_3N_4OCH_3$	Aus 3-Methylglucose od. 3-Methylfructose u. Phenylhydrazinacetat in d. Hitze[1])	Gelbe Nadeln (aus verd. Alk.)
8	**3-Methyl-methylglucosid**	$C_6H_{10}O_4(OCH_3)_2$	Aus 3-Methylglucose m. methylalkohol. HCl b. 100°[1]). D. Hydrol. v. Hexamethylamylobiose m. methylalkohol. HCl (?)[2])	Zäher Sirup
9	**4-Methyl-d-glucose (β)**	$C_6H_{11}O_5OCH_3$	Aus 4-Methylglucose-dibenzylmercaptal d. Kochen m. $HgCl_2$ in alkohol. Lösg., dann Hydrol. m. verd. HCl[1])	Harte Prismen (aus abs. Alk.)
10	**5-Methyl-d-glucose (α)**	$C_6H_{11}O_5OCH_3$	Aus (5,6) Anhydro-monoacetonglucose m. CH_3ONa, Abspalten d. Acetons m. 50proz. Essigs.[1])	Schöne, weiße Nadeln (aus abs. Alk.)
11	**6-Methyl-d-glucose**	$C_6H_{11}O_5OCH_3$	D. Hydrol. d. entspr. α-Methylglucosides m. verd. h. HCl[1]). D. Hydrol. v. Monomethyltrihexosan m. verd. h. HCl[2]). D. Hydrol. v. Methylisodiacetonglucose m. 50proz. Essigs.[3])	Sirup
12	**6-Methyl-α-methylglucosid**	$C_6H_{10}O_4(OCH_3)_2$	D. Verseif. d. Tribenzoates m. methylalkohol. NH_3[1])	Sirup
13	**6-Methyl-2,3,4-tribenzoyl-α-methylglucosid**	$C_{29}H_{28}O_9$	Aus 2,3,4-Tribenzoyl-α-methylglucosid d. Methylierg. m. $CH_3I + Ag_2O$[1])	Nadeln (aus Alk.)
14	**6-Methyl-β-methylglucosid**	$C_6H_{10}O_4(OCH_3)_2$	D. Verseif. d. Triacetates m. methylalkohol. NH_3[1])	Glitzernde Kryställchen (aus Essigester)

<h2 align="center">Methyl= und Äthyläther der Hexosen.</h2>

Schmelz- und Siedepunkt	Optisches Drehungsvermögen	Löslichkeit	Analytisches; Diverses	Literatur
95—96°	$[\alpha]_D = +5,0°$ (in Alk., c = 1,01%)	l. C_6H_6, CCl_4, $CHCl_3$, Aceton; w. l. k. Alk., schw. l. Petroläth.	—	[1] Hickinbottom: Soc. Lond. 1928, 3140.
—	$[\alpha]_D = +93,6° \to +59,0°$ (in wässer. 5proz. HCl)	—	—	[1] Irvine u. Gilchrist: Soc. Lond. 125, 1 (1924).
160,5—161°	$[\alpha]_D^{17} = +104,3° \to +55,3°$ (in H_2O, c = 1,33%)[3] $[\alpha]_D^{19} = +107,6° \to +68,5°$ (in CH_3OH, c = 0,604%)[2]	l. l. H_2O, w. l. CH_3OH, s. w. l. and. org. Lösgm.[2]	Reduz. h. Fehl. Lösg.[2] Anilid: $C_{12}H_{19}O_3N$: Nadeln (aus Essigester), F = 154 bis 155°; lösl. CH_3OH, Alk., w. l. H_2O, unl. Äth. — $[\alpha]_D^{20} = -108,5 \to -50,3°$ (in CH_3OH, eine Spur HCl enthaltend; c = 0,636%)[2]	[1] Karrer u. Hurwitz: Helv. 4, 732 (1921). — Levene u. G. M. Meyer: J. biol. Chem. 54, 805 (1922); 60, 173 (1924). — Haworth u. Hirst: Soc. Lond. 1926, 1862. [2] Irvine u. Scott: Soc. Lond. 103, 571 (1913). — Irvine u. Hogg: Soc. Lond. 105, 1391 (1914). [3] Anderson, Charlton u. Haworth: Soc. Lond. 1929, 1329.
133,5—135°	$[\alpha]_D^{20} = +31,9° \to +55,1°$ (in H_2O, c = 1,08%) $[\alpha]_D^{20} = +24,4° \to +68,3°$ (in CH_3OH, c = 1,62%)[2]	leichter l. als α-Form; geht langsam in diese über[2]		
164—165°[1], 178-179°[2][3]	$[\alpha]_{Hg\,gelb}^{16} = ca. -170°$ (in Pyrid.)[2] $[\alpha]_D = -109° \to -9°$ (in Alk., c = 1,1%)[3]	viel leichter l. als Glucosaz.[1]	—	[1] Irvine u. Hynd: Soc. Lond. 95, 1220 (1909). — Irvine u. Scott: Soc. Lond. 103, 571 (1913). [2] Freudenberg u. Hixon: Ber. 56, 2126 (1913). [3] Anderson, Charlton u. Haworth: Soc. Lond. 1929, 1329. — Anderson, Charlton, Haworth u. Nicholson: Soc. Lond. 1929, 1337.
—	$[\alpha]_D = +99,3°$ (in Alk., c = 1,973%)[1]	s. l. l. H_2O u. org. Lösgm. außer Kohlenwasserstoffen	Reduz. nicht Fehl. Lösg. Gemisch m. vorwieg. α-Form	[1] Irvine u. Scott: Soc. Lond. 103, 571 (1913). [2] Pringsheim u. Steingroever: Ber. 59, 1005 (1926).
Sint. 149°, F = 156 bis 157°	$[\alpha]_D^{15} = +18,6° \to +61,9°$ (in H_2O) $[\alpha]_D^{15} = +32,44° \to +52,58°$ (in Alk.)	l. l. H_2O, h. Alk., schw. l. h. Aceton, Essigester	Reduz. stark Fehl. Lösg. Mutarotation verläuft bimolekular. Osaz.: $C_{19}H_{24}O_4N_4$, lange gelbe Nadeln (aus wäßr. Pyrid.) F = 198° (Zers.). — $[\alpha]_D^{15} = -50,33° \to -34,84°$ (in Pyrid.-Alk.); fast unl. H_2O	[1] Pacsu: Ber. 58, 1455 (1925).
143—144°	$[\alpha]_D^{20} = +101,2° \to +59,92°$ (in H_2O)	l. l. H_2O, CH_3OH, Alk., unl. Essigester, C_6H_6, Benzin, Petroläth.	R.V. = 82 (Glucose = 100) Osaz.: $C_{19}H_{24}O_4N_4$, citronengelbe Nadeln, F = 180°(Zers.); unl. H_2O. — $[\alpha]_D^{20} = -101,9° \to -86,6° \to$? (in Pyrid.)	[1] Ohle u. v. Vargha: Ber. 62, 2435 (1929).
—	$[\alpha]_D^{21} = +80,1° \to +66,3°$ (in H_2O)[1]	—	Osaz.: $C_{19}H_{24}O_4N_4$, feine gelbe Nadeln, F = 177°[1]; 178 bis 179°[2]. — $[\alpha]_D^{25} = -70,3° \to -46,9°$ (in Alk.)[1]; cf. [2][3]	[1] Helferich u. Becker: A. 440, 13 (1924). [2] R. Kuhn u. Ziese: Ber. 59, 2314 (1926). [3] Ohle u. v. Vargha: Ber. 62, 2434 (1929).
$Kp_1 = 195—200°$	$[\alpha]_D^{19} = +127,9°$ (in H_2O)	—	Reduz. nicht Fehl. Lösg. Wird d. α-Glucosidase nicht gespalten	[1] Helferich u. Becker: A. 440, 12 (1924). — Helferich, Klein u. Schäfer: Ber. 59, 79 (1926).
116—117°	$[\alpha]_D^{20} = +116,4°$ (in Pyrid.)	l. l. i. d. meist. org. Lösgm.	—	[1] Helferich u. Becker: A. 440, 12 (1924).
133—135°k.	$[\alpha]_D^{23} = -27,0°$ (in H_2O)	l. l. H_2O	Reduz. nicht Fehl. Lösg. Wird d. Emulsin nicht gespalten	[1] Helferich u. Himmen: Ber. 62, 2141 (1929).

Nr	Name	Formel, Konstitution	Vorkommen, Bildung, Darstellung	Krystallogr. Eigenschaften
15	6-Methyl-2, 3, 4-triacetyl-β-methyl-glucosid	$C_{14}H_{22}O_9$	D. Kochen v. Triacetyl-β-methyl-glucosid-6-jodhydrin m. AgF u. CH_3OH; Reinigen d. fraktion. Krystallisat. aus CH_3OH u. Alk.[1]	Farbl. Nadeln
16	2, 3-Dimethyl-d-glucose	$C_6H_{10}O_4(OCH_3)_2$	Aus d. entspr. α-Methylglucosid d. Hydrol. m. verd. heiß. HCl[1]. D. Hydrol. v. 2,3-Dimethyl-5,6-monoaceton-γ-methylglucosid m. verd. HCl[2]. D. Hydrol. v. Tetramethyldihexosan[3] od. Dimethylstärke (?)[4] mit verd. Säuren	α-Form: Sphärische Krystallaggr. (aus Alk. + Äth.)[1]. β-Form: Prismen (aus Essigester od. Alk. + Äth.)[1]
17	2, 3-Dimethyl-α-methylglucosid	$C_6H_9O_3(OCH_3)_3$	Aus Benzyliden-dimethyl-α-methylglucosid m. 1 proz. HCl bei $95°$[1]	Krystalle (aus C_6H_6)
18	2, 4?-Dimethyl-methylglucosid	$C_6H_9O_3(OCH_3)_3$	D. Hydrol. v. methylierten Poly-lävoglucosanen m. methylalkohol. HCl[1]	Sirup
19	2, x-Dimethylglucose	$C_6H_{10}O_4(OCH_3)_2$	D. Hydrol. v. methyliert. Stärke m. methylalkohol. HCl, dann wäßr. HCl (neben ander. Methylderiv.)[1]	Sirup
20	2, 6?-Dimethylglucose	$C_6H_{10}O_4(OCH_3)_2$	D. saure Hydrol. v. Dekamethyl-α-tetraamylose (neb. Trimethylglucose)[1]	Sirup
21	3, 6?-Dimethylglucose	$C_6H_{10}O_4(OCH_3)_2$	Beim Fractionieren d. Hydrolysenprod. aus methylierter Cellulose m. kalt. konz. HCl[1]	Sirup
22	Dimethylglucose	$C_6H_{10}O_4(OCH_3)_2$	D. Hydrol. v. (mit Diazomethan erhaltener) Methylstärke[1]	Weiße Subst.
23	Dimethylglucose	$C_6H_{10}O_4(OCH_3)_2$	Bei unvollst. Methylierg. v. Glucose m. $(CH_3)_2SO_4$ u. NaOH (neb. and. Methylderiv.), Fraktionieren d. Dest., Hydrol. d. Glucosides[1]	Prismat. Nadeln (aus Essigester)
24	Dimethyl-γ-methylglucosid	$C_6H_9O_3(OCH_3)_3$	Aus (unreiner) Verb. 23 m. kalt. methylalkohol. HCl[1]	Farbl. Sirup

Methyl= und Äthyläther der Hexosen.

Schmelz- und Siedepunkt	Optisches Drehungsvermögen	Löslichkeit	Analytisches; Diverses	Literatur
107—108°	—	Ähnl. wie bei den einfachen Acetylzuckern	—	[1] Helferich u. Himmen: Ber. 62, 2141 (1929).
85—87°	$[\alpha]_D = +81,93° \to +48,3°$ (in Aceton, c=1%)[1]	l. l. H₂O, CH₃OH, Alk., Aceton, schwerer in Essigest., unl. Äth., Kohlenwasserstoffen; β-Form weniger l. Alk. u. Essigest. als α-Form[1][2])	Phenylhydraz.: $C_{14}H_{22}O_5N_2$: gelber Sirup, kryst. bei längerem Stehen[1]	[1] Irvine u. Scott: Soc. Lond. 103, 575 (1913). [2] Macdonald: Soc. Lond. 103, 1896 (1913). [3] Sjöberg: Ber. 57, 1255(1924). [4] Irvine u. Macdonald: Soc. Lond. 1926, 1512.
108—110°	$[\alpha]_D^{20} = +5,7° \to +64,4°$ (in H₂O, c=5%); $+5,68° \to +49,41°$ (in Alk., c=5,02%); $+5,9° \to +50,9°$ (in Aceton, c=3,84%)[1]; $[\alpha]_D^{20} = +58,1°$ (E) (in.CH₃OH)[2]			
80—82°	$[\alpha]_D^{20} = +142,64°$ (in H₂O, c=5,08%); $+143,08°$ (in Alk., c=5,07%); $+143,49°$ (in Aceton, c=4,25%)	l. l. H₂O u. meist. org. Lösgm.; schw. l. Äth., C_6H_6, unl. Kohlenwasserstoffen	Reduz. Fehl. Lösg. erst nach d. Hydrol.	[1] Irvine u. Scott: Soc. Lond. 103, 582 (1913).
Kp₀,₄ = >190°	$[\alpha]_D = +108,4°$ (in CH₃OH)	—	$n_D = 1,4743$ freie 2,4?-Dimethylglucose: Sirup, gibt weder Osaz. noch Benzalderiv.[1][2]	[1] Irvine u. Oldham: Soc. Lond. 127, 2903 (1925). [2] Pringsheim u. Schmalz: Ber. 55, 3005 (1922).
—	$[\alpha]_D = +55,4°$ (E) (in H₂O, c=1,128%)	—	Gibt kein Osazon. Entspr. Methylglucosid: Sirup, $Kp_{0,2} = 142\text{-}145°$; $n_D = 1,4736$ $[\alpha]_D = +80,15°$ (in Aceton, c=1,78%). Die zweite CH₃O-Gruppe kann, entgegen der Ansicht d. Verf., nicht in 4-Stellg. stehen	[1] Macbeth u. Mackay: Soc. Lond. 125, 1513 (1924).
—	$[\alpha]_D = +57,8°$ (in Aceton)	—	Gibt kein Osaz. Gibt sowohl n-Methylglucosid (Sirup, im Hochvak. destillierbar, n=1,4738) als auch γ-Methylglucosid (linksdreh.)	[1] Irvine, Pringsheim u. Skinner: Ber. 62, 2372 (1929).
—	$[\alpha]_D = +67,8°$ (in CH₃OH)	—	Gibt ein Osaz. Entspr. Methylglucosid: farbl. Sirup, $Kp_{0,03} = 143°$; $[\alpha]_D = +80,26°$ (in CH₃OH)	[1] Denham u. Woodhouse: Soc. Lond. 105, 2357 (1914).
—	$[\alpha]_D = +83,85°$ (in Alk.)	—	Eine —OCH₃-Gruppe ist wahrsch. in 6-Stellung	[1] L. Schmid u. Zentner: Monatsh. f. Chem. 49, 111 (1928).
156—157°	$[\alpha]_D = +110,7° \to +64,7°$ (in CH₃OH, c=0,8%); $+93,1° \to +62,4°$ (in H₂O, c=0,5%)	—	$n_D^{20} = 1,4867$ (f. nicht ganz reines Prod.). Reduz. Fehl. Lösg., aber nicht k. KMnO₄-Lösg. Gibt kein Osaz.; ist verschied. v. 2,3-Dimethylglucose. Gibt b. Methylierg. n-Tetramethylglucose	[1] Haworth u. Sedgwick: Soc. Lond. 1926, 2573.
Kp₀,₀₁ = 140—144°	$[\alpha]_D = -7,9°$ (in H₂O?, c=1,4%)	—	$n_D = 1,4710$. Reduz. nicht Fehl. Lösg., aber entfärkt k. neutr. KMnO₄-Lösg. Wird d. heiß. methylalk. HCl in n-Glucosid umgelagert	[1] Haworth u. Sedgwick: Soc. Lond. 1926, 2573.

Tabelle 63 (Fortsetzung).

Nr	Name	Formel, Konstitution	Vorkommen, Bildung, Darstellung	Krystallogr. Eigenschaften
25	2, 3, 4-Trimethyl-d-glucose	$C_6H_9O_3(OCH_3)_3$	D. Hydrol. d. entspr. α-Methyl-glucosides m. h. verd. HCl[1]). D. Hydrol. v. Trimethyllävo-glucosan m. h. verd. HCl[2]). Bei d. Hydrol. v. permethylierter Gentiobiose[3]), Melibiose[4]), Raffi-nose[5])	Zäher farbl. Sirup
26	2, 3, 4-Trimethyl-α-methylglucosid	$C_6H_8O_2(OCH_3)_4$	D. Methylierg. v. α-Methylgluco-sid m.CH_3I+Ag_2O in CH_3OH[1])[2]) id. m. $(CH_3)SO_4+NaOH$ bei un-vollständ. Methylierg.[3])[4])	Zähes farbl. Öl
27	2, 3, 4-Trimethyl-α-methylglucosid-6-phosphorsäure	$C_6H_{19}O_6PO_3H_2$	Aus Verb. 26 u. $POCl_3$ in Pyrid. b. —20°; neutralis. m. $Ba(OH)_2$[1])	Ba-Salz: Weiß. hygr. Pulver
28	2, 3, 4-Trimethyl-β-methylglucosid	$C_6H_8O_2(OCH_3)_4$	D. Erhitzen v. Trimethyllävoglu-cosan[1]) od. 2,3,4-Trimethylglu-cose[2]) m. methylalkohol. HCl. Aus d. entspr. 6-Bromhydrin d. Verseif. m. K-Acetat in CH_3OH bei 150°[3]), od. aus d. 6-Nitrat d. Redukt. m. Fe+Essigs.[4]): D. Methylierg. v. Triphenylme-thylglucose m. CH_3I+Ag_2O, u. Hydrol. d. Tritylrestes m. methyl-alkohol. HCl[5])	Feine Nadeln (aus Petroläth.)
29	2, 3, 4-Trimethyl-β-methylglucosid-6-bromhydrin	$C_6H_7O(OCH_3)_4Br$	D. Methylierg. v. β-Methylgluco-sid-6-bromhydrin m. CH_3I+Ag_2O[1])	Bewegl. Sirup od. Krystalle
30	2, 3, 4-Trimethyl-β-methylglucosid-6-jodhydrin	$C_6H_7O(OCH_3)_4I$	Aus d. Bromhydrin m. NaI in Aceton bei 100°[1]). Ebenso aus d. 6.-Nitrat[2])	Nadeln[1])
31	2, 3, 4-Trimethyl-6-nitro-β-methyl-glucosid	$C_6H_7O_2(OCH_3)_4NO_2$	D. Erhitzen d. 6-Jodhydrins (Verb. 30) m. trock. $AgNO_2$ auf 100°[1]). Aus d. 1,6-Dinitrat (Verb. 32) d. Kochen m. CH_3OH in Gegenw. v. $BaCO_3$[2])	Krystalle (aus Petroläth.)[2])
32	1, 6-Dinitro-2, 3, 4-Trimethyl-glucose-α	$C_6H_7O_3(OCH_3)_3(NO_2)_2$	Aus Trimethyllävoglucosan und rauchend. HNO_3, in $CHCl_3$ gel., b. Zimmertemp. in Gegenw. v. P_2O_5[1])	Farbl. Nadeln (aus abs. Alk.)

Methyl- und Äthyläther der Hexosen.

Schmelz- und Siedepunkt	Optisches Drehungsvermögen	Löslichkeit	Analytisches; Diverses	Literatur
$Kp_9 =$ ca. 194° $Kp_{0,02} =$ 152—155°[1] $Kp_{0,2} =$ 160—164°[2]	$[\alpha]_D = +73,8°$ bis 75,8° (in H_2O, f. nicht dest. Prod.)[2] $[\alpha]_D^{20} = +66,8°$ (in H_2O), $+70,5°$ (in Aceton), $+69,1°$ (in CH_3OH) (Maximalwerte, f. dest. Prod.)[2] $[\alpha]_D^{20} = +79,2°$ (in CH_3OH, $c = 3,787\%$)[1]	l. H_2O u. d. meist. org. Lösgm.	$n_D = 1,4768$ bis $1,4780$[1]; $1,4780$ bis $1,4789$[2]; $n_D = 1,4678$ (?)[3]. R.V. $= 9,4$ bis $10,6$ (Glucose $= 100$)[6]. Gibt kein Osaz.; **Anilid** nur schwierig kryst. zu erhalten[2]. Gibt bei d. Oxyd. m. HNO_3: 2, 3, 4-Trimethylzuckersäure-monolacton[1][2][3]	[1] **Purdie** u. **Bridgett:** Soc. Lond. **83**, 1039 (1903). — **Irvine** u. **Dick:** Soc. Lond. **115**, 600 (1919). [2] **Irvine** u. **Oldham:** Soc. Lond. **119**, 1744 (1921). [3] **Haworth** u. **Leitch:** Soc. Lond. **121**, 1921 (1922). — **Haworth** u. **Wylam:** Soc. Lond. **123**, 3120 (1923). — Vgl. **Zemplén:** Ber. **57**, 698 (1924). [4] **Charlton, Haworth** u. **Hickinbottom:** Soc. Lond. **1927**, 1527. [5] **Haworth, Hirst** u. **Ruell:** Soc. Lond. **123**, 3125 (1923). [6] **Zemplén** u. **Braun:** Ber. **58**, 2566 (1925).
$Kp_9 =$ 157°[1] $Kp_{0,13} =$ 130°[3] $Kp_{0,15} =$ 108°[4]	$[\alpha]_D^{30} = +129,8°$ (in Subst.)[1] $[\alpha]_D^{20} = +150,2°$ (in Alk., $c =$ ca. 5%)[1] $[\alpha]_D^{20} = +134,6°$ (in abs. Alk.)[2] $[\alpha]_D = +160,3°$ (in CH_3OH, $c = 2,823\%$)[3]	l. H_2O, Alk., Äth.	Reduz. nicht Fehl. Lösg. $D_4^{30} = 1,1656$[1]; $D_4^{20} = 1,158$[3]; $1,1477$[4]; $n_D = 1,4606$[2]; $1,4583$[3]; $n_D^{20} = 1,4578$[4]. Dürfte, besonders wenn nach [3][4] hergestellt, mit Stellungsisom. verunreinigt sein	[1] **Purdie** u. **Irvine:** Soc. Lond. **83**, 1028 (1903). — **Purdie** u. **Bridgett:** Soc. Lond. **83**, 1037 (1903). [2] **Irvine** u. **Dick:** Soc. Lond. **115**, 600 (1919). [3] **W. N. Haworth:** Soc. Lond. **107**, 8 (1915). [4] **Levene** u. **G. M. Meyer:** J. Biol. Chem. **48**, 241 (1921).
—	$[\alpha]_D^{20} = +77,07°$ (in H_2O)	l. l. Alk., Aceton, d. Äth. gefällt	Wahrsch. nicht einheitlich. Geschwindigkeitskonst. d. H_3PO_4-Hydrol. (0,1 n H_2SO_4, b. 100°): $K = 0,43 \cdot 10^{-3}$	[1] **Levene** u. **Yamagawa:** J. Biol. Chem. **43**, 323 (1920). — **Levene** u. **G. M. Meyer:** J. Biol. Chem. **48**, 233 (1921).
93—94°[1] 94,5°[2] $Kp_{0,06} =$ 109°[2]	$[\alpha]_D = -22,9°$ (in CH_3OH, $c = 1,5\%$)[1] $[\alpha]_D^{17} = -25,1°$ (in CH_3OH)[2] $[\alpha]_D = -11,9°$ (in $CHCl_3$, $c = 1,084\%$)[3]	—	—	[1] **Irvine** u. **Oldham:** Soc. Lond. **119**, 1758 (1921). [2] **Haworth** u. **Leitch:** Soc. Lond. **121**, 1921 (1922). — **Haworth** u. **Wylam:** Soc. Lond. **123**, 3120 (1923). [3] **Irvine** u. **Oldham:** Soc. Lond. **127**, 2729 (1925). [4] **Oldham:** Soc. Lond. **127**, 2840 (1925). [5] **Haworth, Hirst, Miller** u. **Learner:** Soc. Lond. **1927**, 2443.
$Kp_1 = 140°$ $F = 24°$	$[\alpha]_D = -5,8°$ (in Aceton, $c = 3,851\%$); $-4,7°$ (in CH_3OH); $-7,7°$ (in C_6H_6); $-3,5°$ (in $CHCl_3$)	l. l. in allen Lösgm. außer H_2O	$n_D = 1,4735$	[1] **Irvine** u. **Oldham:** Soc. Lond. **127**, 2729 (1925).
31—34°	$[\alpha]_D = +4,1°$ (in Aceton, $c = 3,897\%$); $+6,5°$ (in CH_3OH, $c = 4,221\%$); $+8,6°$ (in $CHCl_3$, $c = 3,637\%$)	sehr l. l. in allen Lösgm. außer H_2O	$n_D = 1,4992$ (unterkühlte Fl.)	[1] **Irvine** u. **Oldham:** Soc. Lond. **127**, 2729 (1925). [2] **Oldham:** Soc. Lond. **127**, 2840 (1925).
53—54°	$[\alpha]_D = -4,4°$ (in Aceton, $c = 3,5845\%$); $-1,3°$ (in CH_3OH, $c = 3,3413\%$); $-5,2°$ (in $CHCl_3$, $c = 2,0653\%$)	unl. H_2O, l. in allen org. Lösgm.	$n_D = 1,4565$ (unterkühlte Fl.)	[1] **Irvine** u. **Oldham:** Soc. Lond. **127**, 2729 (1925). [2] **Oldham:** Soc. Lond. **127**, 2840 (1925).
86°	$[\alpha]_D = +151,7°$ (in Aceton, $c = 1,463\%$); $+144,8°$ (in CH_3OH, $c = 1,508\%$); $+149,3°$ (in $CHCl_3$, $c = 2,3193\%$)	w. l. Alk., unl. H_2O, Petrol-äth.; l. i. d. and. org. Lösgm.	—	[1] **Oldham:** Soc. Lond. **127**, 2840 (1925).

Nr	Name	Formel, Konstitution	Vorkommen, Bildung, Darstellung	Krystallogr Eigenschaften
33	2, 3, 6-Trimethyl-d-glucose (α)	$C_6H_9O_3(OCH_3)_3$	Bei d. saur. Hydrol. v. methylierter Cellulose[1][2], Methyllichenin[3], -Glykogen[4], -Stärke[5]; v. Octomethyllactose[6],-Cellobiose[7] -Maltose[8], Heptamethylsaccharose[9] usw.	Feine Nadeln (aus Äth.)[1][10] Andere Modif.: kurze Prismen (aus Äth. + Petroläth.); ebenfalls Abwärtsmutarotat.: Gemisch von α- u. β-Form?[10]
34	2, 3, 6-Trimethyl-1, 4-diacetyl-β-glucose [1, 5]	$C_{13}H_{22}O_8$	D. Acetylierg. v. 2, 3, 6-Trimethylglucose m. $(CH_3CO)_2O$ u. Na-Acetat)[1]	Derbe, tafelförmige Kryst. (aus Benzin)
35	2, 3, 6-Trimethyl-4-acetyl-1-chlor-α-glucose [1, 5]	$C_{11}H_{19}O_6Cl$	Aus Verb. 33 od. 34 m. Acetylchlorid-HCl[1]	Fast farbl. Sirup
36	2, 3, 6-Trimethyl-1-chlorglucose	$C_6H_8O_2Cl(OCH_3)_3$	D. Hydrol. v. Trimethylcellulose m. HCl in trocken. Äth.[1]	Sirup
37	2, 3, 6-Trimethyl-4? (od. 5?)-chlorglucose	$C_6H_8O_2Cl(OCH_3)_3$	Aus 2,3,6-Trimethyl-methylglucosid u. PCl_5 in trocken. Chlorof., dann Hydrol. m. verd. HCl[1]	Farbl. Sirup
38	Di-[2, 3, 6-trimethylglucosido]-phosphorsäuretrichlorid	$(C_9H_{17}?O_6)_2PCl_3$	Aus 2,3,6-Trimethylglucose u. PCl_5, in trocken. Benzol[1]	Krystalle (aus Äth.)
39	2, 3, 6-Trimethyl-($\alpha + \beta$) methylglucosid	$C_6H_8O_2(OCH_3)_4$	Aus 2,3,6-Trimethylglucose m. 0,5 proz. methylalkohol. HCl bei 110°[1]. Aus Trimethylcellulose[2] od. Trimethylstärke[3] d. Hydrol. mit methylalkohol. HCl	Farbl. bewegl. Sirup
40	2, 3, 6-Trimethyl-β-methylglucosid	$C_6H_8O_2(OCH_3)_4$	D. teilweise Hydrol. v. Heptamethyl-β-methyllactosid m. verd. wäßr. od. methylalkohol. HCl, Reinigen üb. d. Benzoylverb.[1][2]. Aus 2,3,6-Trimethylglucose, Trimethylcellulose od. Trimethylstärke, m. methylalkohol. HCl[3]	Lange Nadeln (aus Petroläth.[1]

Methyl= und Äthyläther der Hexosen.

Schmelz- und Siedepunkt	Optisches Drehungsvermögen	Löslichkeit	Analytisches; Diverses	Literatur
115—116°[7]) 122—123°[10]) 124°[9]) 92—93°[10]) $Kp_{0,3}$=171 bis 175°[10])	$[\alpha]_D=+90,2° \to +70,5°$ (in H_2O)[10]) $[\alpha]_D=+118,4° \to +69,3°$ (in CH_3OH)[9]) $[\alpha]_D=+67,5°$ bis $+68,0°$ (E) (in CH_3OH)[1][4][7][8]) $[\alpha]_D=+69,5°$ (E)[1]); $+61,4°$ (E)[8]) (in Aceton)	l. l. H_2O, CH_3OH, Aceton; w. l. Äth., s. schw. l. Petroläth.[10])	$n_D=1,4743$[10]); $1,4795$[9]) (f. unterkühlte Fl.). R.V.=27,1 (Glucose=100)[11]) Beständig geg. k. neutr. od. alkal. $KMnO_4$-Lösg.[1]). Gibt kein Osaz.[1]); Phenylhydraz. u. Anilid ölig[10]). **Oxim:** $C_6H_{10}O_6N(OCH_3)_3$:Öl, $n_D=1,4762$; $[\alpha]_D=+42°$ (in Alk.)[10])	[1]) Denham u. Woodhouse: Soc. Lond. 105, 2357 (1914); 111, 244 (1917). [2]) Irvine u. Hirst: Soc. Lond. 123, 518 (1923). — Hess u. Weltzien: A. 442, 46 (1925). [3]) Karrer u. Nishida: Helv. 7, 363 (1924). [4]) Macbeth u. Mackay: Soc. Lond. 125, 1513 (1924). [5]) Irvine u. Macdonald: Soc. Lond. 1926, 1502. - Haworth, Hirst u. Webb: Soc. Lond. 1928, 2681. [6]) Haworth u. Leitch: Soc. Lond. 113, 197 (1918). [7]) Haworth u. Hirst: Soc. Lond. 119, 193 (1921). — Karrer u. Widmer: Helv. 4, 295 (1921). [8]) Irvine u. Black: Soc. Lond. 1926, 862. — Cooper, Haworth u. Peat: Soc. Lond. 1926, 876. — Vgl. Haworth u. Leitch: Soc. Lond. 115, 815 (1919). [9]) Haworth u. Mitchell: Soc. Lond. 123, 310 (1923). [10]) Irvine u. Hirst: Soc. Lond. 121, 1213 (1922). [11]) Zemplén u. Braun: Ber. 58, 2566 (1925).
67—68° $Kp<1$= 142—143°	$[\alpha]_D^{19}=-8,7°$ (in $CHCl_3$)	—	—	[1]) Micheel u. Hess: Ber. 60, 1898 (1927).
$Kp_{0,04}$= 143—146°	$[\alpha]_D^{20}=+146,9°$ (in $CHCl_3$)	—	—	[1]) Micheel u. Hess: Ber. 60, 1898 (1927).
—	—	l. l. Petroläth., d. H_2O zersetzt	**Pyridiniumsalz:** $C_5H_5NClC_9H_{17}O_5$: Krystalle (aus Alk.-Äth.). Zers. 180°. $[\alpha]_D^{15}=+26,6°$ (in H_2O)	[1]) Freudenberg u. Braun: A. 460, 299 (1927).
$Kp_{0,1}$= 140—150°	$[\alpha]_D^{20}=+27,5°$ (in $CHCl_3$)	In H_2O begrenzt lösl.	Reduz. stark Fehl. Lösg. Entspr. **Methylglucosid:** $C_{10}H_{19}O_5Cl$: Sirup, $Kp_{0,1}=88$—95°	[1]) Freudenberg u. Braun: A. 460, 303 (1927).
160° (Zers.)	—	—	Im Original ist Formel — wohl irrtümlich — mit H_{16} angegeben	[1]) Freudenberg u. Braun: A. 460, 303 (1927).
$Kp_{0,07}$= 150° (Badtemp. ?)[1]) $Kp_{0,5}$= 115—118°[2])	$[\alpha]_D^{20}=+63,0°$ (in H_2O), $+66,5°$ (in Alk.), $+70,4°$ (in Aceton)[1]), $+66,0°$ (in $CHCl_3$)[2]) $[\alpha]_D=+79,2°$ (E) (in HCl-haltig. CH_3OH)[4])	l. l. H_2O u. org. Lösgm. außer Petroläth.[1])	$n_D=1,4583$[1]); $1,4590$[2]). Für reine α-Form errechnet sich aus β-Form u. Gleichgewichtsform: $[\alpha]_D=$ ca. $+150°$[4])	[1]) Irvine u. Hirst: Soc. Lond. 121, 1213 (1922). [2]) Irvine u. Hirst: Soc. Lond. 123, 518 (1923). [3]) Irvine u. Macdonald: Soc. Lond. 1926, 1516. [4]) Micheel u. Hess: A. 449, 146 (1926).
60,5°[1]) 57,5°[3]) $Kp_{0,04}$= 81° (?)[1]) Kp_1= 120—122°[2])	$[\alpha]_D^{16}=-34,6°$ (in H_2O?, c=0,9908%)[1]) $[\alpha]_D=-29,3°$ (in CH_3OH, c=1%)[3])	l. l. H_2O u. gebräuchl. org. Lösgm.[1])	$n_D^{20}=1,4548$ (f. unterkühlte Fl.)[1]). Geschwindigkeitskonst. d. Hydrol. in 5 proz. HCl bei 70°: K=0,001559[1]). **4-Benzoat:** $C_{17}H_{24}O_7$-Sirup, $Kp_{0,08}=134$—135°; $n_D^{20}=1,5024$; $[\alpha]_D^{18}=-23,87°$ (in 50 proz. Alk.); schw. l. H_2O[1]). **4-Acetat:** $C_{12}H_{22}O_7$-Sirup, $Kp_{0,055}=106$—108°; $n_D^{20}=1,4476$; $[\alpha]_D^{26}=-14,17°$ (in H_2O)[1])	[1]) Schlubach u. Moog: Ber. 56, 1957 (1923). [2]) Micheel u. Hess: A. 449, 146 (1926). [3]) Irvine u. Black: Soc. Lond. 1926, 875. — Irvine u. Macdonald: Soc. Lond. 1926, 1502.

Nr	Name	Formel, Konstitution	Vorkommen, Bildung, Darstellung	Krystallogr. Eigenschaften
41	2, 3, 6-Trimethyl-γ-methylglucosid [1, 4]	$C_6H_8O_2(OCH_3)_4$	Aus 2, 3, 6-Trimethylglucose m. k. 0,25 proz. methylalkohol. HCl[1]	Sirup
42	2, 3, 6-Trimethyl-5-benzoyl-1-chlor-glucose [1, 4]	$C_{16}H_{21}O_6Cl$	Aus 2, 3, 6-Trimethyl-γ-methyl-glucosid-benzoat m. HCl in k. trocken. Äth.[1]	Farbl. derbe Kryst. (aus C_6H_6 + Petroläth.)
43	1-Dimethylamino-2, 3, 6-trimethyl-glucose	$C_{11}H_{23}O_5N$	Aus d. Kompon. in CH_3OH bei 100°[1]	Flüssig
44	2, 3, 6-Trimethylglucosido [1, 5]-trimethylammonium-jodid	$C_{12}H_{26}O_5NI$	Aus Verb. 43 mit CH_3I in Äth.[1]	Nadeln (aus Alk.-Äth.)
	„ -chlorid	$C_{12}H_{26}O_5NCl$	Aus d. Jodid m. AgCl[1] od. aus Verb. 45 d. Verseif. m. wäßr. $Ba(OH)_2$, dann HCl, als Neben-prod.[2]	Nadeln (aus Alk.-Äth.)
45	[2, 3, 6-Trimethyl-4-acetyl-gluco-sido (1, 5)]-trimethylammonium-chlorid	$C_{14}H_{28}O_6NCl$	Aus Verb. 35 u. Trimethylamin, in abs. alkohol. Lösg.[1]	Fast farbl. amorph. Prod.
46	2, 3, 6-Trimethylglucosido [1, 4]-trimethylammonium-hydrat	$C_{12}H_{26}O_5NOH$	Aus Verb. 47 d. Verseif. m. Alka-lien[1]	Feine Nadeln (aus Butylalk. + Äth.)
	„ -chlorid	$C_{12}H_{26}O_5NCl$	Hydrat + HCl	Kryst.
47	[2, 3, 6-Trimethyl-5-benzoyl-gluco-sido (1, 4)]-trimethylammonium-chlorid	$C_{19}H_{30}O_6NCl$	Aus Verb. 42 u. Trimethylamin in C_6H_6 + Alk. b. Zimmertemp. Aus Verb. 46 (Chlorid) d. Ben-zoylieren[1]	Kryst. (aus Ace-ton od. Butyl-alk. + Äth.)
48	2, 4, 6?-Trimethyl-d-glucose [1, 5]	$C_6H_9O_3(OCH_3)_3$	D. Fraktionierung v. unvollst. m. $(CH_3)_2SO_4$ + NaOH methylierter Glucose; desgl. aus d. Trimethyl-glucosegemisch bei d. Hydrol. v. Heptamethylsaccharose[1]	Farbl. Nadeln (aus Äth.)
49	2, 4, 6?-Trimethyl-β-methylglucosid	$C_6H_8O_2(OCH_3)_4$	Aus Verb. 48 m. methylalkohol. HCl, od. direkt aus unvollst. me-thylierter Glucose d. frakt. Dest.[1]	Farbl. Nadeln
50	3, 4, 6-Trimethyl-d-glucose	$C_6H_9O_3(OCH_3)_3$	D. Methylierg. v. α-Glucosan m. $(CH_3)_2SO_4$ + NaOH bei 35—40° u. Hydrol. des Trimethylgluco-sans m. h. Wasser[1]	Nur in Lösg. erhalten
51	3, 5, 6-Trimethyl-d-glucose [1, 4]	$C_6H_9O_3(OCH_3)_3$	Aus 3, 5, 6-Trimethyl-monoace-tonglucose d. Hydrol. m. verd. wäßr.-alkohol. HCl[1]	Fast farbl. Sirup[1][3]

Schmelz= und Siedepunkt	Optisches Drehungsvermögen	Löslichkeit	Analytisches; Diverses	Literatur
—	$[\alpha]_D = -36°$ (in methylalkoh. HCl)[1] $[\alpha]_D = -30$ bis $-40,5°$[2]	—	Gemisch d. 2 stereoisomeren Formen. **5-Benzoat:** $C_{17}H_{24}O_7$-glasiger Sirup; $[\alpha]_D = -35$ bis $-43°$ (in CH_3OH)[2]	[1] **Irvine** u. **Hirst:** Soc. Lond. **121**, 1213 (1922). — **Schlubach** u. **v. Bomhard:** Ber. **59**, 845 (1926). [2] **Hess** u. **Micheel:** A. **466**, 100 (1928).
122—123°	$[\alpha]_D^{19} = -114,5°$ (in $CHCl_3$, $c = 1,214\%$)	—	Der Drehung nach wohl β-Deriv.	[1] **Hess** u. **Micheel:** A. **466**, 100 (1928).
$Kp_{0,1} = 109°$	$[\alpha]_D^{15} = +18,6°$ (in H_2O), $+7,2°$ (in CH_3OH)	—	—	[1] **Freudenberg** u. **Braun:** A. **460**, 302 (1927).
—	$[\alpha]_D^{15} = -41,2°$ (in H_2O)	—	—	[1] **Freudenberg** u. **Braun:** A. **460**, 302 (1927).
180—181°[2]	$[\alpha]_D^{16} = -9,4°$ (in H_2O)[1], $-11,2°$ (in H_2O)[2]	—	Gibt m. $Ba(OH)_2$ kein Trimethylglucose-anhydrid[1][2]	[2] **Micheel** u. **Hess:** Ber. **60**, 1898 (1927). — **Hess** u. **Micheel:** A. **466**, 100 (1928).
—	$[\alpha]_D^{19} = -3,6°$ (in $CHCl_3$)	—	Wahrscheinl. Gemisch von Stereoisom. Gibt m. $Ba(OH)_2$ in wäßr. Lösg. erhitzt: 2,3,6-Trimethylglucoseanhydrid (neben etwas Verb. 44)	[1] **Micheel** u. **Hess:** Ber. **60**, 1898 (1927).
187—188°	$[\alpha]_D^{21} = -68,3°$ (in H_2O, $c = 1,318\%$)	—	**5-Acetat (Chlorid):** $C_{14}H_{28}O_6NCl$: amorph $[\alpha]_D^{19} = -33,9°$ (in H_2O)	[1] **Hess** u. **Micheel:** A. **466**, 100 (1928).
165°	$[\alpha]_D^{17} = -68,40$ (in H_2O, $c = 1,58\%$)	—	Weder Acetat noch acetylfreie Base lassen sich anhydrisieren	
146—149° (Zers.)	$[\alpha]_D^{17} = -60,2°$ (in H_2O, $c = 2,106\%$)	—	**Doppelverb. m. Pyridinchlorhydrat:** $C_{24}H_{36}O_6N_2Cl_2$, derbe Prismen (aus Aceton), $F = 102$ bis $103°$; $[\alpha]_D^{20} = -48,4°$ (in H_2O, $c = 1,612\%$)	[1] **Hess** u. **Micheel:** A. **466**, 100 (1928).
123° $Kp_{0,04} =$ 145—148°	$[\alpha]_D = +89,7° \rightarrow +71,9°$ (in H_2O, $c = 2,0\%$) $+110° \rightarrow +69,7°$ (in CH_3OH, $c = 1,77\%$)	—	$n_D = 1,4740$. Gibt weder Osaz. noch γ-Glucosid. Konstit. v. d. Verfassern per exclusionem aus d. Eig. u. Reakt. abgeleitet, jedoch nicht als sicher angegeb.	[1] **Haworth** u. **Sedgwick:** Soc. Lond. **1926**, 2573.
67—68°	$[\alpha]_D = -12,3°$ (in H_2O, $c = 0,5\%$); $-19,1°$ (in H_2O, $c = 2,25\%$); $[\alpha]_D = -13,5°$ (in CH_3OH, $c = 0,77\%$)	—	$n_D = 1,4575$	[1] **Haworth** u. **Sedgwick:** Soc. Lond. **1926**, 2573.
—	—	—	Reduz. Fehl. Lösg. **Osaz.:** $C_{21}H_{28}O_4N_4$, gelbe Kryst.; $F = 163$—$164°$ (Zers.)	[1] **Cramer** u. **Cox:** Helv. **5**, 884 (1922).
$Kp_{0,15} =$ 153°[2] $Kp_{0,04} =$ ca. 134°[3]	F. nicht dest. Prod.: $[\alpha]_D^{20} = -8,32°$ (E, in H_2O)[1], $+2,6°$ (in H_2O)[4], $-8,34°$ (E; in Alk.)[1] $[\alpha]_D = -8,0$ bis $-11,4°$ (in CH_3OH)[5] F. dest. Prod.: $[\alpha]_D = -25,9°$ (A?, in H_2O), $-44,1°$ (A? in Alk.)[3], $-41,6° \rightarrow -22,2°$ (in CH_3OH, $c = 3,36\%$)[5]	l.l. H_2O u. org. Lösgm.[1]	$n_D = 1,4675$[3]. Reduz. Fehl. Lösg. kräftig[1]; wenn destilliert, gelegentlich schon in d. Kälte[5]; reduz. k. neutr. $KMnO_4$-Lösg.[2]. Hydraz. u. Anilid wurden nicht erhalten[1]. **Osaz.:** $C_{21}H_{28}O_4N_4$; mattgelbe Nadeln (aus verd. Alk.), $F = 70$—$72°$[3]. Das dest. Prod. wird v. Irvine u. Macdonald als **Trimethylglucoson:** $C_9H_{16}O_6$ aufgefaßt[2], von and. Forsch. jedoch nicht	[1] **Irvine** u. **Scott:** Soc. Lond. **103**, 573 (1913). [2] **Irvine** u. **Macdonald:** Soc. Lond. **107**, 1710 (1915). — Vgl. **Irvine** u. **Patterson:** Soc. Lond. **121**, 2160 (1922). [3] **Anderson, Charlton** u. **Haworth:** Soc. Lond. **1929**, 1329. [4] **Ohle** u. **v. Vargha:** Ber. **62**, 2443 (1929). [5] **Levene** u. **G. M. Meyer:** J. Biol. Chem. **70**, 343 (1926); vgl. **48**, 244 (1921); **74**, 701 (1927).

Nr	Name	Formel, Konstitution	Vorkommen, Bildung, Darstellung	Krystallogr. Eigenschaften
52	3, 5, 6-Trimethyl-α-methyl-glucosid [1, 4]	$C_6H_8O_2(OCH_3)_4$	Aus Trimethylmonoacetonglucose od. 3,5,6-Trimethylglucose d. Erhitzen m. HCl-haltigem CH_3OH; Trennung v. β-Verb. d. wiederholte frakt. Dest.[1]	Sirup
53	3, 5, 6-Trimethyl-β-methyl-glucosid [1, 4]	$C_6H_8O_2(OCH_3)_4$	Darst. u. Trennung v. α-Verb. wie bei Verb. 52[1]	Sirup
54	3, 5, 6-Trimethyl-methylglucosid-2-phosphorsäure (Ba-Salz)	$(C_{10}H_{19}O_6PO_3H)_2Ba$	Aus 3,5,6-Trimethyl-γ-methylglucosid u. $POCl_3$ in Pyrid. bei —20°; neutralis. m. $Ba(OH)_2$[1]	Weißes Pulver
55	4, 5, 6-Trimethyl-d-glucose	$C_6H_9O_3(OCH_3)_3$	Aus 4,5,6-Trimethylglucose-dibenzylmercaptal d. Kochen m. $HgCl_2$ in CH_3OH-Lösg.; Hydrol. d. Glucosids m. h. 5 proz. HCl[1]	Amorph. Masse, hygr.; läßt sich, wenn absol. trocken, pulverisieren
56	2, 3, 4-Trimethyl-d-glucose [1, 6] ?	$C_6H_9O_3(OCH_3)_3$	D. Methylierg. v. γ-Glucose (1,6) m. $(CH_3)_2SO_4 + NaOH$[1]	Sirup; geht beim Verreiben mit Petroläth. in weiß. Pulv. über
57	Trimethyl-β-methylglucosid	$C_6H_8O_2(OCH_3)_4$	D. Fraktionierung v. unvollst. m. $(CH_3)_2SO_4 + NaOH$ methylierter Glucose[1]	Krystalle
58	Trimethyl-d-glucose	$C_6H_9O_3(OCH_3)_3$	D. Hydrol. v. völlig methylierter Galaktosido-Glucose (v. Fischer-Armstrong) m. 5 proz. HCl[1]	Sirup
59	2, 3, 4, 6-Tetramethyl-1-chlorglucose	$C_6H_7OCl(OCH_3)_4$	D. Erhitzen v. n-Tetramethylglucose od. Tetramethylmethylglucosid u. PCl_5 in C_6H_6 auf d. Wasserbad[1]	Farbl. Öl
60	2, 3, 4, 6-Tetramethyl-d-glucose-oxim	$C_6H_7O(OCH_3)_4NHOH$	Aus d. Kompon. d. Kochen in CH_3OH-Lösg.[1]	Krystalle (aus Äth. + Petroläth.)[2]
61	2,3,4,6-Tetramethyl-d-glucose-anilid	$C_6H_7O(OCH_3)_4NHC_6H_5$	Aus d. Kompon. d. Kochen in Alk.[1]. D. Methylierg. v. Glucose-anilid m. $CH_3I + Ag_2O$[2]	Lange Nadeln (aus Äth., CH_3OH od. abs. Alk.)[1][2][3]

Schmelz- und Siedepunkt	Optisches Drehungsvermögen	Löslichkeit	Analytisches; Diverses	Literatur
$Kp_{0,4}$ = 105—109°	$[\alpha]_D^{20} = +93°$ (in CH_3OH, c = 3,08%) $[\alpha]_D^{24} = +83,5° \rightarrow -13°$ (in $CH_3OH + 0,2\%$ HCl, c = 10%	l. l. H_2O, Alk., Äth.	Reduz. nicht od. spurenweise Fehl. Lösg. — Wird d. 0,5-proz. HCl leicht gespalten	[1] **Levene** u. **G. M. Meyer:** J. Biol. Chem. **70**, 343 (1926); **74**, 701 (1927).
$Kp_{0,2}$ = 145—150°	$[\alpha]_D^{20} = -87°$ (in CH_3OH, c = 2,804%) $[\alpha]_D^{24} = -80,0° \rightarrow -12,5°$ (in $CH_3OH + 0,2\%$ HCl, c = 10%)	wie b. Verb. 52	Wie bei Verb. 52	[1] **Levene** u. **G. M. Meyer:** J. Biol. Chem. **70**, 343 (1926); **74**, 701 (1927).
—	$[\alpha]_D^{20} = +26,38°$ (in H_2O, c = 2,692%)	l. H_2O, Alk., Äth., Aceton	Reduz. nicht Fehl. Lösg. Geschwindigkeitskonst. d. H_3PO_4-Hydrol. (0,1 n H_2SO_4, b. 100°): K = ca. $0,87 \cdot 10^{-3}$	[1] **Levene** u. **G. M. Meyer:** J. Biol. Chem. **48**, 245 (1921); **53**, 433 (1922).
—	$[\alpha]_D^{15} = +65,94° \rightarrow +61,13°$ (in H_2O) $[\alpha]_D^{15} = +75,8°$ (in Alk.)	—	Reduz. Fehl. Lösg.; gibt ein nicht reduz. Acetonderiv. **Osaz.:** $C_{21}H_{28}O_4N_4$; gelbe Nadeln (aus wäßr. Aceton od. wäßr. Pyrid.), F = 156—157°; l. l. Alk., Aceton, Äth. $[\alpha]_D^{15} = -32,63 \rightarrow -15,46°$ (in Alk.)	[1] **Pacsu:** Ber. **58**, 1463 (1925).
—	$[\alpha]_D^{20} = +92,6°$ (in H_2O)	—	Geht d. Kochen m. 8 proz. HCl in 2,3,4-Trimethylglucose (1,5) über	[1] **Pringsheim** u. **Kolodny:** Ber. **59**, 1135 (1926).
64°	$[\alpha]_D = -21°$ (in H_2O) (f. unreines, noch Verb. 49 enthaltend. Prod.)	—	Ist verschieden von Verb. 49 u. 28	[1] **Haworth** u. **Sedgwick:** Soc. Lond. **1926**, 2573.
—	$[\alpha]_D^{20} = +56,84° \rightarrow +60,94°$ (in CH_3OH) $+54,25°$ (in $CHCl_3$)	—	$n_D^{20} = 1,4762$. R.V. = 18,4 (Glucose = 100). Verf. haben Identität mit 2,4,6- od. 2,3,6-Trimethylglucose erwogen	[1] **Schlubach** u. **Rauchenberger** Ber. **58**, 1184 (1925); **59**, 2105 (1926).
Zers. 140°	$[\alpha]_D^{20} = $ ca. $+154°$ (in CH_3OH)	l. org. Lösgm., unl. k. H_2O; d. h. H_2O hydrolysiert	Analog. **Bromid:** $C_{10}H_{19}O_5Br$; $[\alpha]_D^{20} = +45,9°$ (?) (in Aceton). Sehr zersetzlich	[1] **Irvine** u. **Moodie:** Soc. Lond. **93**, 105 (1908).
88°	$[\alpha]_D^{20} = +23,2° \rightarrow +30,0°$ (in CH_3OH, c = 1,5%) $[\alpha]_D^{20} = +36,4° \rightarrow +30,0°$ (id., nach Erhitz. auf 100°)[2] $[\alpha]_D^{20} = +27,8°$ (E) (in H_2O, c = 5%)[1]	l. l. H_2O u. org. Lösgm. außer Petroläth.[1]	Reduz. Fehl. Lösg. erst beim Kochen; h. wäßr. HCl spaltet in d. Kompon.[1]. **Methyläther:** $C_6H_7O(OCH_3)_4$ NHOCH₃, aus Verb. 60[1] od. aus Glucose-oxim[3] m. CH_3I + Ag_2O: farbl. neutr. Fl., $Kp_{10} = 144$—146. $[\alpha]_D^{20} = +39,8°$ (in CH_3OH, c = 5%)[1]	[1] **Irvine** u. **Moodie:** Soc. Lond. **93**, 100 (1908). [2] **Irvine** u. **Hynd:** Soc. Lond. **99**, 168 (1911). [3] **Irvine** u. **Gilmour:** Soc. Lond. **93**, 1435 (1908).
135°[1] 138°[3]	$[\alpha]_D^{20} = +238,4°$ (A) (in Aceton), $+224,0° \rightarrow +47°$ (in CH_3OH + Spuren Säure)[2] $[\alpha]_D^{20} = +230° \rightarrow +59°$ (in Alk., + 0,001% HCl, c = 5%)[3]	unl. H_2O, l. l. org. Lösgm.[1], w. l. Anilin[3]	Wird d. Kochen m. H_2O langsam, m. verd. Säuren schnell in d. Kompon. zerlegt[1]. **p-Toluidid:** $C_{17}H_{27}O_5N$, lange Prismen, F = 144°[4] bzw. 151°[5]); $[\alpha]_D^{20} = +156,5° \rightarrow -53,5°$ (in CH_3OH, c = 1,093%)[4]. Über Mutarotation u. Mutarotationskonst. in verschied. Lösgm. des Anilides, p-Toluidides u. and. p-substituierter Anilide siehe [5]	[1] **Irvine** u. **Moodie:** Soc. Lond. **93**, 103 (1908). [2] **Irvine** u. **Gilmour:** Soc. Lond. **93**, 1429 (1908). [3] **Wolfrom** u. **Lewis:** Amer. Soc. **50**, 850 (1928). — **Greene** u. **Lewis:** Amer. Soc. **50**, 2822 (1928). [4] **Irvine** u. **Hynd:** Soc. Lond. **99**, 168 (1911). [5] **J. W. Baker:** Soc. Lond. **1928**, 1979.

Nr	Name	Formel, Konstitution	Vorkommen, Bildung, Darstellung	Krystallogr. Eigenschaften	Schmelz- und Siedepunkt
62	**2, 3, 4, 6-Tetramethyl-d-glucose [1, 5]** (n-Tetramethylglucose)	$C_6H_8O_2(OCH_3)_4$	D. Hydrol. v. Tetramethyl-α- od. β-glucosid m. h. verd. Säuren[1]. D. saure Hydrol. v. völlig methylierter Saccharose[2], Maltose[3], Cellobiose[4], Gentiobiose[5], Trehalose[6], Melezitose[7] usw. Aus n-Tetramethylmannose d. Epimerisation m. verd. Alkalien[8]	α-Form: Nadeln (aus Petroläth. + etwas Äth.)[1]	88—89°[1]) 95—96°[9]) 103—104°[10])
				Gleichgewichtsform: Nadeln[1].	ca. 80° (unscharf)
				β-Form (unrein) Kryst. Masse (d. Erhitzen d. vorigen auf 115—120° od. Dest.)[1]	ab 50° (unscharf) $Kp_{20} =$ 182—185°[1]) $Kp_{0,5} =$ 125°[11])
63	**2,3,4,6-Tetramethyl-α-methyl-glucosid**	$C_6H_7O(OCH_3)_5$	D. Metylierg. v. α-Methylglucosid m. $CH_3I + Ag_2O$[1] od. $(CH_3)_2SO_4 + NaOH$[2]	Farbl. bewegl. Öl[2])	$Kp_{13} =$ 148—150°[1]) $Kp_{0,1} =$ 108°[2])
64	**2,3,4,6-Tetramethyl-β-methyl-glucosid**	$C_6H_7O(OCH_3)_5$	D. Methylierg. v. n-Tetramethylglucose[1], 2,3,6-Trimethylglucose[2] od. β-Methylglucosid[3] m. $CH_3I + Ag_2O$. D. Methylierg. v. Glucose m. $(CH_3)_2SO_4 + NaOH$[4]	Nadeln	40—41°[8])[5]) $Kp_8 =$ 124—127°[1]) $Kp_{0,23} =$ 108—110°[4])
65	**2, 3, 5, 6-Tetramethyl-d-glucose [1,4]** (Tetramethyl-γ-glucose)	$C_6H_8O_2(OCH_3)_4$	D. Methylierg. v. γ-Methylglucosid[1][2], 2,3,6-Trimethyl-γ-methylglucosid[3] od. 3,5,6-Trimethyl-methylglucosid[4][5][6] mit $CH_3I + Ag_2O$ od. $(CH_3)_2SO_4 + NaOH$, u. Hydrol. d. entstandenen Glucosides m. verd. HCl	Farbl. Sirup; erstarrt im Kältegemisch krystallin[1]	F wenig oberhalb 0°[4]) $Kp_1 =$ 117—120°[4]) $Kp_{0,4} =$ 122°[5]) $Kp_{0,01} =$ 95—98°[3])

Methyl- und Äthyläther der Hexosen.

Optisches Drehungsvermögen	Löslichkeit	Analytisches; Diverses	Literatur
(α-Form) $[\alpha]_D^{20} = +100,8° \to +83,3°$ (in H_2O, c=5,236%)[1]) $[\alpha]_D^{20} = +104,9° \to +83,9°$ (in Alk.)[11]) $[\alpha]_D^{20} = +114,5° \to +88,9°$ (in C_6H_6)[12]) $[\alpha]_{5461}^{44} = +142,3°$ (A) (in Essigest., c=1,526%) $[\alpha]_{5461}^{44} = +135,6°$ (A) (in Aceton, c=1,482%)[10]) (Gleichgewicht) $[\alpha]_D^{20} = +89,6°$ (in Aceton), +84,1° (in $CHCl_3$), +84,8° (in CCl_4)[12]) (β-Form) $[\alpha]_D^{20} = +73,1° \to +83,1°$ (in H_2O, c=5,117%) +73,5° → +82,5° (in Alk., c=4,621%)[1]) *[handschriftlich:]* $[\alpha]_D^{20}\ +81.3°$ $[\alpha]_{5461}^{20}\ +94.76°$ } West and Holden J.A.C.S. **56** (1934) 930.	l. l. in allen gebräuchl. Lösgm. außer Ligroin[1])	$n_D = 1,4588$ (f. unterkühlte Fl.)[13]). R.V. = 12,5—13,6 (Glucose = 100)[14]. **Phenylhydraz.:** Öl, $[\alpha]_D^{20} = +16,6°$ (in CH_3OH)[15]) Drehungsänderg. m. Lösgm. u. Temp.: siehe [12]). Elektr. Leitfähigkeit u. Mutarotation in Gegenw. v. H_3BO_3: siehe [16]). Mutarotationsgeschwindigkeit in versch. Lösgm. siehe[17]). Gibt bei d. Oxydat. m. Br_2: Tetramethyl-δ-gluconolacton[18])	1) Purdie u. Irvine: Soc. Lond. **83**, 1021 (1903); **85**, 1049 (1904). 2) Haworth u. Law: Soc. Lond. **109**, 1323 (1916). 3) Haworth u. Leitch: Soc. Lond. **115**, 815 (1919). 4) Haworth u. Hirst: Soc. Lond. **119**, 193 (1921). — Karrer u. Widmer: Helv. **4**, 184 (1921). 5) Haworth u. Wylam: Soc. Lond. **123**, 3120 (1923). — Zemplén: Ber. **57**, 698 (1924). 6) Schlubach u. Maurer: Ber. **58**, 1183 (1925). 7) Zemplén u. Braun: Ber. **59**, 2230 (1926). — G. C. Leitch: Soc. Lond. **1927**, 588. 8) Greene u. Lewis: Amer. Soc. **50**, 2813 (1928). 9) Irvine u. Oldham: Soc. Lond. **119**, 1748 (1921). 10) J. W. Baker: Soc. Lond. **1928**, 1583. 11) Irvine u. Dick: Soc. Lond. **115**, 598 (1919). 12) Irvine u. Moodie: Soc. Lond. **89**, 1578 (1906). 13) W. N. Haworth: Soc. Lond. **107**, 13 (1915). 14) Zemplén u. Braun: Ber. **58**, 2566 (1925). 15) Irvine u. Moodie: Soc. Lond. **93**, 104 (1908). 16) Irvine u. Steele: Soc. Lond. **107**, 1230 (1915). — Böeseken u. Couvert: Rec. **40**, 354 (1921). 17) Lowry u. Richards: Soc. Lond. **127**, 1385 (1925). — Lowry u. Faulkner: Soc. Lond. **127**, 2883 (1925). — Jones u. Lowry: Soc. Lond. **1926**, 720. — Richards, Faulkner u. Lowry: Soc. Lond. **1927**, 1733. 18) Charlton, Haworth u. Peat: Soc. Lond. **1926**, 89. — Haworth, Hirst u. Miller: Soc. Lond. **1927**, 2436.
$[\alpha]_D^{20} = +154,4°$ (in Subst.), +153,9° (in Alk.)[1]), +143,2° (in Aceton)[3]) $[\alpha]_D^{25} = +151,1°$ (in H_2O)[4])	l. H_2O, Alk., Äth.[1])	$D_4^{20} = 1,1082$[1]); $D_4^{15} = 1,1044$[4]) $n_D^{20} = 1,4464$[1]); $n_D^{25} = 1,4467$[4]) Reduz. nicht Fehl. Lösg.; lagert sich, m. methylalkoh. HCl erhitzt, teilw. i.d. β-Verb.um[1]) Hydrolysengeschwindigkeit b. 60°: 3mal größer als f. α-Methylglucosid[4])	1) Purdie u. Irvine: Soc. Lond. **83**, 1021 (1903); **85**, 1049 (1904). 2) W. N. Haworth: Soc. Lond. **107**, 13 (1915). 3) Irvine u. Moodie: Soc. Lond. **89**, 1584 (1906). 4) Moelwyn-Hughes: C. **1929**, I, 2874.
$[\alpha]_D^{20} = -17,34°$ (in H_2O, c=4,413%), -17,43° (in Alk., c=5,020%), -16,56° (in C_6H_6, c=5,011%), -18,07° (in Aceton, c=5,008%)[3]) $[\alpha]_D^{17} = -18,38°$ (in CH_3OH, c=4,052%)[5])	l. l. in allen gebräuchl. Lösgm.[1])	$n_D = 1,4457$[2]); 1,4455[4]) Reduz. nicht Fehl. Lösg.[1]); lagert sich, m. methylalkoh. HCl erhitzt, teilw. in d. α-Verb. um[3]). Für bei 0° in methylalkohol. HCl hergest. Gleichgew. ist $[\alpha]_D^{18} = +124,2°$ (in H_2O)[5]). Wird d. Emulsin teilw. gespalten[1])[3]); siehe dageg. [7]). Rotationsdispersion in wäßr. u. Chlorof.-Lösg.: siehe [6])	1) Purdie u. Irvine: Soc. Lond. **83**, 1034 (1903); **85**, 1049 (1904). 2) Haworth u. Hirst: Soc. Lond. **119**, 200 (1921). 3) Irvine u. Cameron: Soc. Lond. **87**, 900 (1905). 4) Haworth u. Leitch: Soc. Lond. **113**, 194 (1918). 5) Micheel u. Littmann: A. **466**, 128 (1928). 6) Th. Wagner-Jauregg: Helv. **11**, 786 (1928). 7) R. Kuhn u. Schlubach: Z. physiol. Chem. **143**, 154 (1925).
$[\alpha]_D^{20} = -11,1°$ (in H_2O)[4]) $[\alpha]_D^{19} = -14,3°$ (in H_2O, (c=1,26%)[6]) $[\alpha]_D^{20} = -20,5°$ (in CH_3OH, c=6,1%), -17,1° (in C_6H_6, c=4,68%)[5]) $[\alpha]_D^{20} = -27,5°$ (in $CHCl_3$, c=1,052%)[2])	—	$D_4^{15} = 1,1644$[1]) $n_D^{20} = 1,4525$[4]); 1,4450(?)[2]); $n_D^{24} = 1,4500$[6]) Reduz. h., aber nicht k. Fehl. Lösg.[5]). Gibt ein öliges Hydraz., kein Osaz. u. kein Anilid[1]). Gibt b. d. Oxydat. m. Br_2: Tetramethyl-γ-gluconolacton[7])	1) Irvine, Fyfe u. Hogg: Soc. Lond. **107**, 524 (1915). 2) Schlubach, Trefz u. Rauchenberger: Ber. **61**, 2368 (1928). 3) Schlubach u. v. Bomhard: Ber. **59**, 845 (1926). 4) Micheel u. Hess: A. **450**, 21 (1926). 5) Levene u. G. M. Meyer: J. Biol. Chem. **74**, 701 (1927). 6) Anderson, Charlton u. Haworth: Soc. Lond. **1929**, 1329. 7) Charlton, Haworth u. Peat: Soc. Lond. **1926**, 89.

Nr	Name	Formel, Konstitution	Vorkommen, Bildung, Darstellung	Krystallogr. Eigenschaften
66	2, 3, 5, 6-Tetramethyl-α-methyl-glucosid [1, 4]	$C_6H_7O(OCH_3)_5$	Aus 3,5,6-Trimethyl-α-methyl-glucosid d. Methylierg. m. CH_3I + Ag_2O[1])	Farbl. Flüssigkeit
67	2, 3, 5, 6-Tetramethyl-β-methyl-glucosid [1, 4]	$C_6H_7O(OCH_3)_5$	Aus 3,5,6-Trimethyl-β-methyl-glucosid, wie bei der α-Verb.[1])	Farbl. Flüssigkeit
68	2, 3, 4, 5, 6-Pentamethyl-d-glucose	$C_6H_7O(OCH_3)_5$	Aus Pentamethylglucose-diäthyl-mercaptal, d. Kochen m. $HgCl_2$ in wäßr. Alk.[1])	Wasserklarer Sirup
69	Pentamethylglucose-dimethylacetal	$C_6H_7(OCH_3)_7$	Aus Verb. 68 in CH_3OH, mit od. ohne Gegenw. v. HCl[1])	Farbl. Sirup
70	2, 3, 6-Triäthyl-d-glucose	$C_6H_9O_3(OC_2H_5)_3$	Aus Äthylcellulose d. Acetolyse u. nachfolg. Verseif. m. methyl-alkohol. NH_3[1]) od. d. Hydrol. m. alkohol., dann wäßr. HCl[2]). D. Hydrol. v. Octoäthylcellobiose m. alkohol., dann wäßr. HCl[3])	α-Form: Nadeln (aus Äth. + Petroläth.[1]) od. Toluol, bzw. Aceton[3])) β-Form (unrein) Kryst. (aus den Mutterlaugen d. α-Form)[3])
71	2, 3, 4, 6-Tetraäthyl-d-glucose	$C_6H_8O_2(OC_2H_5)_4$	D. Hydrol. v. Octoäthylcellobiose wie bei Verb. 70; Trennung von letzterer d. frakt. Krystallisation u. Dest.[1])	Kryst. (aus Äth. + Petroläth.), wahrsch. Gleichgewichtsform
72	4-Methyl-d-mannose	$C_6H_{11}O_5OCH_3$	Aus Monomethyl-diacetonman-nose-dibenzylmercaptal (oder Monomethylmannose-dibenzyl-mercaptal) m. $HgCl_2$ in alkohol. Lösg.; Hydrol. d. entstandenen Äthylmannosides m. verd. wäßr. HCl[1])	Farbl. zäher Sirup
73	Trimethyl-d-mannose	$C_6H_9O_3(OCH_3)_3$	Aus methyliertem Steinnuß-man-nan, d. Hydrol. m. h. 8proz. HCl[1])	Zäher gelber Sirup
74	2,3,4,6-Tetramethyl-d-mannose [1,5] (n-Tetramethylmannose)	$C_6H_8O_2(OCH_3)_4$	D. Hydrol. d. entspr. α-Methyl-mannosides m. verd. h. HCl[1])[2]). D. Epimerisation v. n-Tetra-methylglucose m. verd. Alkalien[3])	Monokl. Kryst. (aus Petroläth.)[4]) gewöhnl.: farbl. zäh. Sirup; wenn dest.: leichte Aufwärtsmuta-rotat.[1])[2])

Schmelz- und Siedepunkt	Optisches Drehungsvermögen	Löslichkeit	Analytisches; Diverses	Literatur
$Kp_{0,2} = 105°$	$[\alpha]_D^{20} = +104°$ (in CH_3OH, $c = 3,96\%$) $[\alpha]_D^{25} = +104,3° \rightarrow -22,5°$ (in $CH_3OH + 0,2\%$ HCl, $c = 20\%$)	—	Gleichgewichtsgemisch (**Tetramethyl-γ-methylglucosid**): Darstellung siehe bei Verb. 65. $Kp_{12} = 142—144°^{[2]}$; $Kp_{0,025} = $ ca. $96°^{[3]}$. $[\alpha]_D = $ ca. $-10°^{[4]}$ bis $-20°^{[3]}$ (in H_2O). $D_4^{15} = 1,1064^{[5]}$. $n_D^{20} = 1,4472^{[2]}$; $1,4449^{[4]}$); $n_D^{16} = 1,4440^{[3]}$. Wird d. Säuren sehr leicht gespalten[5]	[1] **Levene** u. **G. M. Meyer**: J. Biol. Chem. **74**, 701 (1927). [2] **Schlubach, Trefz** u. **Rauchenberger**: Ber. **61**, 2368 (1928). [3] **Anserson, Charlton** u. **Haworth**: Soc. Lond. **1929**, 1329. [4] **Schlubach** u. **v. Bomhard**: Ber. **59**, 845 (1926). [5] **Irvine, Fyfe** u. **Hogg**: Soc. Lond. **107**, 524 (1915).
$Kp_{0,2} = 105°$	$[\alpha]_D^{20} = -64°$ (in CH_3OH, $c = 4,06\%$) $[\alpha]_D^{25} = -64,0° \rightarrow -17,7°$ (in $CH_3OH + 0,2\%$ HCl, $c = 20\%$)	—		
$Kp_{0,4} = 108—110°$	$[\alpha]_D^{20} = -35,1°$ (in $C_2H_2Cl_4$, $c = 4,696\%$) $[\alpha]_D^{12} = -33,5° \rightarrow +11,9°$ (in CH_3OH, $c = 4,2\%$)	l. Alk., Äth.	$D_4^{20} = 1,0944$; $n_D^{20} = 1,44665$. R.V. $= 1,85$ (n-Tetramethylglucose, äquimol. $= 1$). Reduz. h. Fehl. Lösg. u. k. neutr. $KMnO_4$-Lösg.	[1] **Levene** u. **G. M. Meyer**: J. Biol. Chem. **69**, 175 (1926).
$Kp_{0,8} = 95°$	$[\alpha]_D^{20} = +15,09°$ (in CH_3OH, $c = 4,44\%$)	l. H_2O, Alk., Äth.	$n_D^{20} = 1,4373$. Reduz. Fehl. Lösg. erst nach Hydrol.	[1] **Levene** u. **G. M. Meyer**: J. Biol. Chem. **69**, 175 (1926).
$99°^{[1]}$ $112°^{[3]}$ (scharf)	$[\alpha]_D^{16,5} = +83,38° \rightarrow +53,92°$ (in H_2O, $c = 2,003\%$) $[\alpha]_D^{16,5} = +84,87° \rightarrow +75,65°$ (in CH_3OH, ohne Katal., $c = 2,062\%$) $[\alpha]_D^{16,5} = +80,52° \rightarrow +78,23°$ (in Aceton, ohne Katal., $c = 0,8756\%$)$^{[3]}$	l. l. H_2O, Alk., $CHCl_3$, h.Äth. w. l. k. Äth., unl. Petroläth.[1]	Reduz. Fehl. Lösg.[1]. In Gegenw. v. Alkali nimmt Drehwert beständig ab, und wird schließl. negativ (Epimerisation zu Mannose-Derivat?)[3]. **Äthylglucosid**: $C_{14}H_{28}O_6$ (Gemisch v. α- u. β-Form): farbl., stark lichtbrechend. Öl, $Kp_{0,2} = 120—123°$. $[\alpha]_D^{18} = +63,37°$ (in H_2O)[2]	[1] **Hess, Wittelsbach** u. **Messmer**: Z. angew. Chem. **34**, 449 (1921). [2] **Hess** u. **Müller**: A. **466**, 94 (1928). [3] **Hess** u. **Salzmann**: A. **445**, 111 (1925).
85—86°	$[\alpha]_D^{20} = +42,24° \rightarrow +53,08°$ (in H_2O, $c = 0,876\%$)			
61—64° $Kp_{0,5} = 138—139°$	$[\alpha]_D^{20} = +65,3°$ (E) (in H_2O, $c = 1,041\%$)	—	—	[1] **Hess** u. **Salzmann**: A. **445**, 111 (1925).
—	$[\alpha]_D^{20} = +7,4°$ (in H_2O)	—	**Phenylhydrazon**: $C_{13}H_{20}O_5N_2$ fast farbl. Nadeln (aus H_2O), F $= 179°$; w. l. H_2O. **Osazon** ident. m. 4-Methylglucosaz. (cf. Verb. 9)	[1] **Pacsu** u. **v. Kary**: Ber. **62**, 2811 (1929).
—	$[\alpha]_D = -5,8°$ (in H_2O)	—	$n_D = 1,4780$. Entspr. **Methylmannosid**: farbl. Sirup, $Kp_{0,6} = 135—140°$ (Badtemp.); $[\alpha]_D = +43,2°$ (in CH_3OH); $n_D = 1,4616$; gibt d. weitere Methylierg.: n-Tetramethyl-α-methylmannosid	[1] **J. Patterson**: Soc. Lond. **123**, 1148 (1923).
$50—51°^{[4]}$ $Kp_{19} = 187—189°^{[1]}$ $Kp_{0,035} = 114,5°^{[2]}$	$[\alpha]_D^{20}$ (E; $c = $ ca. 5%) $=$ $+ 2,4°$ (in H_2O), $+27,6°$ (in CH_3OH), $+23,0°$ (in $CHCl_3$)[4] $[\alpha]_D^{20} = +34,4°$ (in CCl_4)[1]	l. l. in allen gebräuchl. Lösgm.[1]	$n_D^{19} = 1,4597^{[2]}$. Reduz. h. Fehl. Lösg.; gibt ein öliges Phenylhydraz.[1]. Gibt bei d. Oxydat. m. Br_2: Tetramethyl-δ-mannonolacton[2]	[1] **Irvine** u. **Moodie**: Soc. Lond. **87**, 1462 (1905); **89**, 1585 (1906) [2] **Drew, Goodyear** u. **Haworth**: Soc. Lond. **1927**, 1237. [3] **Wolfrom** u. **Lewis**: Amer. Soc. **50**, 837 (1928). [4] **Greene** u. **Lewis**: Amer. Soc. **50**, 2816 (1928).

Nr	Name	Formel, Konstitution	Vorkommen, Bildung, Darstellung	Krystallogr. Eigenschaften
75	2, 3, 4, 6-Tetramethyl-d-mannose-anilid	$C_6H_7O(OCH_3)_4NHC_6H_5$	Aus d. Kompon. d. Erhitzen in Alk.[1]	Dünne Prismen (aus Ligroin)
76	2, 3, 4, 6-Tetramethyl-α-methyl-mannosid	$C_6H_7O(OCH_3)_5$	Aus α-Methylmannosid m. CH_3I + Ag_2O, od. aus n-Tetramethylmannose m. methylalkohol. HCl[1] Aus α-Methylmannosid mit $(CH_3)_2SO_4$ + NaOH[2]. Aus Trimethyl-methylmannosid m. CH_3I + Ag_2O[3]	Prismen, schwer umkrystallisierbar (aus CH_3OH)[1]
77	2, 3, 4, 6-Tetramethyl-β-methyl-mannosid	$C_6H_7O(OCH_3)_5$	D. Methylierg. v. n-Tetramethylmannose m. CH_3I + Ag_2O[1]	Farbl., stark lichtbrechende Fl.
78	2,3,5,6-Tetramethyl-d-mannose [1,4] (Tetramethyl-γ-mannose)	$C_6H_8O_2(OCH_3)_4$	D. Hydrol. v. Tetramethyl-γ-methylmannosid m. $^1/_{10}$ n-HCl[1]	Zäher Sirup; kryst. langsam in Prismen
79	2, 3, 5, 6-Tetramethyl-γ-methyl-mannosid	$C_6H_7O(OCH_3)_5$	Aus γ-Methylmannosid m. CH_3I + Ag_2O[1][2]	Farbl. bewegl. Fl.
80	2, 3, 4, 5, 6-Pentamethyl-d-mannose	$C_6H_7O(OCH_3)_5$	Aus Pentamethylmannose-diäthylmercaptal d. Kochen m. $HgCl_2$ in methylalkohol. Lösg.[1]	Flüssig
81	4-Methyl-d-galaktose (α)	$C_6H_{11}O_5OCH_3$	Aus 4-Methyl-d-galaktose-dibenzylmercaptal (od. dessen Diacetonverb.), wie bei Verb. 72[1]	Weiße Aggr. v. Prismen (aus Alk.)
82	6-Methyl-d-galaktose (α)	$C_6H_{11}O_5OCH_3$	Aus 6-Methyl-diacetongalaktose d. Hydrol. m. 1 proz. wäßr. h. · H_2SO_4[1]	Farbl. Blättchen (aus Alk.)
83	2,3,4,6-Tetramethyl-d-galaktose [1,5] (n-Tetramethylgalaktose)	$C_6H_8O_2(OCH_3)_4$	D. Hydrol. d. entspr. α- od. β-Methylgalaktosides m. h. verd. HCl[1]. D. Hydrol. v. permethylierter Lactose[2], Melibiose[3], Raffinose[4] usw. Bei d. Hydrol. v. methylierten Ochsenhirncerebrosiden[5]	α-Form: Kurze Säulen (aus Petroläth.)[6] β-Form (unrein): Farbl. Sirup (d. Dest. od. Erhitzen auf 130°)[1]

Methyl= und Äthyläther der Hexosen.

Schmelz- und Siedepunkt	Optisches Drehungsvermögen	Löslichkeit	Analytisches; Diverses	Literatur
142—$143°$[1] veränderlich[2])	$[\alpha]_D^{20} = -87,9° \to -8,3°$ (in CH_3OH, $c=2,161\%$) $-95,5° \to -38,9°$ (in Aceton + Spuren Säure, $c=2,031\%$)[1]) $[\alpha]_D^{20} = -8,5°$ (E) (in Alk., $+0,001\%$ HCl, $c=5\%$)[2])	l. l. in allen org. Lösgm. außer Petrol-äth.[1]); leichter l. Anilin als Verb. 61[2])	Sehr leicht in die Kompon. hydrolysierbar[1])	[1]) **Irvine** u. **McNicoll**: Soc. Lond. **97**, 1452 (1910). [2]) **Greene** u. **Lewis**: Amer. Soc. **50**, 2822 (1928).
37—$38°$[1]) 39—$40°$[4]) $Kp_{15} = 148$—$150°$[1]) $Kp_2 = 116°$[4]) $Kp_{0,03} = 105°$[2])	$[\alpha]_D = +43,5°$ (in H_2O, $c=5\%$)[4]) $[\alpha]_D^{20} = +75,5°$ (in Alk., $c=7,952\%$), $+70,5°$ (in CH_3OH, $c=9,989\%$), $+82,3°$ (in CCl_4)[1])	s. l. l. in den meist. Lösgm.[1])	$n_D^{16} = 1,4494$[2]); $n_D = 1,4464$[3]). Reduz. nicht Fehl. Lösg. Wird leicht d. HCl, aber nicht d. Emulsin gespalten[1])	[1]) **Irvine** u. **Moodie**: Soc. Lond. **87**, 1462 (1905); **89**, 1585 (1906). [2]) **Drew, Goodyear** u. **Haworth**: Soc. Lond. **1927**, 1237. [3]) **J. Patterson**: Soc. Lond. **123**, 1149 (1923). [4]) **Greene** u. **Lewis**: Amer. Soc. **50**, 2816 (1928).
$Kp_{18} = 151$—$152°$	$[\alpha]_D^{20} = -34,1°$ (in H_2O, $c=6,6\%$), $-26,6°$ (in CH_3OH, $c=7,88\%$)	—	Reduz. nicht Fehl. Lösg. Wird d. Emulsin teilw. gespalten. Ist wahrscheinl. noch nicht frei vom α-Isom.	[1]) **Irvine** u. **Moodie**: Soc. Lond. **87**, 1467 (1905).
$Kp_{10} = 190°$	$[\alpha]_D^{20} = +47,4°$ (in Alk., $c=1,012\%$), $+48,5°$ (in CH_3OH, $c=1,010\%$)	—	$n_D = 1,4647$. Reduz. Fehl. Lösg. u. $KMnO_4$-Lösg.[1]). Gibt bei d. Oxydat. m. Ba-Hypojodit: Tetramethyl-γ-mannonolacton[2])	[1]) **Irvine** u. **Burt**: Soc. Lond. **125**, 1343 (1924). [2]) **Levene** u. **G. M. Meyer**: J. Biol. Chem. **76**, 809 (1928).
$Kp_{13} = 141°$[1]) $Kp_{0,3} = 105°$[2])	$[\alpha]_D^{20} = +22,6°$ (in H_2O), $+24,9°$ (in Alk.), $+30,9°$ (in Aceton)[1]), $+24,7°$ (in CH_3OH)[2])	—	$n_D = 1,4482$. Wird d. $^{1}/_{10}$ n-HCl leicht gespalten[1])	[1]) **Irvine** u. **Burt**: Soc. Lond. **125**, 1343 (1924). [2]) **Levene** u. **G. M. Meyer**: J. Biol. Chem. **76**, 809 (1928).
$Kp_{0,1} = 98$—$100°$	$[\alpha]_D^{20} = +9,1°$ (in $C_2H_2Cl_4$, $c=6,4\%$) $[\alpha]_D = +8,0° \to +17,8°$ (in CH_3OH)	—	Reduz. h. Fehl. Lösg. u. k. neutr. $KMnO_4$-Lösg. **Dimethylacetal:** $C_{13}H_{28}O_7$: Darst. wie b. Verb. 69. — $Kp_{0,1} = 112$—$114°$. — $[\alpha]_D^{20} = +21,2°$(in CH_3OH, $c=6,7\%$); $+19,3°$(in $C_2H_2Cl_4$, $c=5,7\%$)	[1]) **Levene** u. **G. M. Meyer**: J. Biol. Chem. **74**, 695 (1927).
geg. $118°$ (unscharf)	$[\alpha]_D^{18} = +117° \to +67,8°$ (in H_2O)	l. H_2O, h. Alk.; schw. l. h. Aceton	Reduz. stark Fehl. Lösg. **Osaz.:** $C_{19}H_{24}O_4N_4$, gelbe Nadeln (aus wäßr. Pyrid.), F = 194—$195°$; $[\alpha]_D^{18} = +130,7°$ (in Pyrid.)	[1]) **Pacsu** u. **Löb**: Ber. **62**, 3104 (1929).
geg. $128°$ (unscharf)	$[\alpha]_{578}^{22} = +114° \to +77°$ (in H_2O)	—	**Phenylhydraz.:** $C_{13}H_{20}O_5N_2$, farbl. Nadeln (aus H_2O od. CH_3OH). Zers. 182—$183°$. $[\alpha]_{578}^{17} = +14,5°$ (in Pyridin, ohne Mutarotat.). **Osaz.:** $C_{19}H_{24}O_4N_4$, gelbe Nädelchen (aus CH_3OH), F=204—$205°$; $[\alpha]_{578}^{17} = +135°$ (in Pyrid.)	[1]) **Freudenberg** u. **Smeykal**: Ber. **59**, 104 (1926).
$71,5°$—$72°$[6]) $Kp_{13} = 172°$[1]) $Kp_{0,01} = 96°$[6])	$[\alpha]_D = +149,4° \to +116,9°$ (in H_2O)[3]) $[\alpha]_D^{17} = +142,0° \to +118,0°$ (in H_2O)[6]) $[\alpha]_D^{20} = +102,2° \to +109,5°$ (in H_2O, $c=3\%$), $+58,3° \to +62,6°$ (in Alk., $c=6,09\%$) $+73,0° \to +90,0°$ (in C_6H_6)[1])	l. l. H_2O, Alk., Äth., C_6H_6; schw. l. Petrol-äth.[1])	$n_D^{20} = 1,4622$ (f. unterkühlte Fl.)[6]). R.V. $= 22$ (Glucose$=100$)[1]). Gibt ein ölig. Phenylhydraz.[1]). Gibt bei d. Oxydat. m. Br_2: Tetramethyl-δ-galaktono-lacton[7])	[1]) **Irvine** u. **Cameron**: Soc. Lond. **85**, 1071 (1904). [2]) **Haworth** u. **Leitch**: Soc. Lond. **113**, 188 (1918). [3]) **Charlton, Haworth** u. **Hickinbottom**: Soc. Lond. **1927**, 1527. [4]) **Haworth, Hirst** u. **Ruell**: Soc. Lond. **123**, 3125 (1923). [5]) **Pryde** u. **Humphreys**: Bioch. J. Lond. **20**, 825 (1926). [6]) **Schlubach** u. **Moog**: Ber. **56**, 1957 (1923). [7]) **Pryde**: Soc. Lond. **123**, 1808 (1923). — **Haworth, Ruell** u. **Westgarth**: Soc. Lond. **125** 2468 (1924). — **Pryde, Hirst** u. **Humphreys**: Soc. Lond. **127**, 348 (1925).

Nr	Name	Formel, Konstitution	Vorkommen, Bildung, Darstellung	Krystallogr. Eigenschaften
84	2, 3, 4, 6-Tetramethyl-d-galaktose-anilid	$C_6H_7O(OCH_3)_4NHC_6H_5$	Aus d. Kompon., d. Erhitzen in Alk.[1]	Quadr. Prismen (aus Alk.)[1], lange seidige Nadeln (aus Essigester)[2]
85	2, 3, 4, 6-Tetramethyl-α-methyl-galaktosid	$C_6H_7O(OCH_3)_5$	D. Methylierg. v. α-Methyl-galaktosid m. $CH_3I + Ag_2O$[1] od. $(CH_3)_2SO_4 + NaOH$[2]	Farbl. Öl
86	2, 3, 4, 6-Tetramethyl-β-methyl-galaktosid	$C_6H_7O(OCH_3)_5$	D. Methylierg. v. n-Tetramethyl-galaktose od. β-Methylgalaktosid m. $CH_3I + Ag_2O$[1]. D. Methylierg. v. d-Galaktose m. $(CH_3)_2SO_4 + NaOH$[2][3]	Nadeln (aus Petrol-äth.)[1]
87	2, 3, 5, 6-Tetramethyl-d-galaktose [1,4] (Tetramethyl-γ-galaktose)	$C_6H_8O_2(OCH_3)_4$	Als Nebenprod. bei d. Darst. des n-Deriv. aus unreinem (γ-Form enthaltend.) Methylgalaktosid[1]. D. Hydrol. v. (reinem) Tetra-methyl-γ-methylgalaktosid mit o,1 n-HCl bei 95°[2]	Farbl. Flüssig-keit
88	2, 3, 5, 6-Tetramethyl-γ-methyl-galaktosid	$C_6H_7O(OCH_3)_5$	Als Nebenprod. bei d. Darst. des n-Deriv., wie bei Verb. 87[1]. D. Methylierg. v. γ-Methyl-galaktosid m. $(CH_3)_2SO_4 + NaOH$, dann $CH_3I + Ag_2O$[2]	Farbl. Flüssig-keit
89	2, 3, 4, 5, 6-Pentamethyl-d-galaktose	$C_6H_7O(OCH_3)_5$	Aus Pentamethylgalaktose-di-äthylmercaptal, wie bei Verb. 80	Flüssig
90	2, 3, 6-Trimethyl-aldohexose	$C_6H_9O_3(OCH_3)_3$	D. Hydrol. m. h. verd. HCl des entspr. $(1,4)(1,5)$-Anhydrides (aus Verb. 37 m. metall. Na erhalten)[1]	—
91	Tetramethyl-aldohexose	$C_6H_8O_2(OCH_3)_4$	Aus Verb. 90 d. Methylierg., dann Hydrol. d. Glykosides[1]	—
92	1-Methyl-d-fructose	$C_6H_{11}O_5OCH_3$	Aus β-Fructosediaceton-methyl-äther d. Hydrol. m. verd. alkohol. H_2SO_4[1]	Sirup
93	3[1]-Methyl-d-fructose (β)	$C_6H_{11}O_5OCH_3$	Aus α-Fructose-diacetonmethyl-äther d. Hydrol. m. verd. Säuren[2][3]	Krystalle (aus Essigester + CH_3OH)[3] α-Form(unrein): d. Schmelzen u. rasch. Abkühlen v. β-Form[2]

Methyl= und Äthyläther der Hexosen.

Schmelz- und Siedepunkt	Optisches Drehungsvermögen	Löslichkeit	Analytisches; Diverses	Literatur
192°[1])[2]) 202°[3])	$[\alpha]_D = -83{,}3° \rightarrow +40{,}7°$ (in Aceton)[2])	unl. H$_2$O[2]); l. in 34 Tl. 96 proz. Alk. b. 78°, in 150 Tl. b. 15°[3]); im allgem. weniger l. als Verb. 61	—	[1]) **Irvine** u. **McNicoll:** Soc. Lond. **97**, 1454 (1910). [2]) **Haworth** u. **Leitch:** Soc. Lond. **113**, 197 (1918). [3]) **Schlubach** u. **Moog:** Ber. **56**, 1960 (1923).
Kp = 260 bis 262° (geringe Zers.) Kp$_{11}$ = 136—137°[1]) Kp$_{0,05}$ = 80—84°[2])	$[\alpha]_D^{20} = +105{,}7°$ (in Subst.), $+143{,}4°$ (in H$_2$O), $+109{,}9°$ (in Alk.)[1]) $[\alpha]_D^{20} = +188{,}5°$ (in H$_2$O, $c = 1{,}233\%$) $[\alpha]_D^{18} = +148{,}0°$ (in Alk., $c = 2{,}298\%$)[2])	l. l. H$_2$O u. org. Lösgm.[1])	$D_4^{20} = 1{,}10727$[1]). Die Irvine'sche Subst. wurde d. Emulsin schwach gespalten u. dürfte noch etwas β-Verb. enthalten haben[1])	[1]) **Irvine** u. **Cameron:** Soc. Lond. **85**, 1071 (1904). [2]) **Micheel** u. **Littmann:** A. **466**, 124 (1928).
44—45°[1]) 48—48,5°[2]) Kp$_{0,035}$ = 87°[2])	$[\alpha]_D^{20} = +19{,}59°$ (in H$_2$O, $c = 0{,}9872\%$)[2]) $[\alpha]_D^{20} = -24{,}42°$ (in Alk., $c = 1{,}003\%$)[3])	l.l. H$_2$O u. org. Lösgm., z. l. Petroläth.	$n_D^{20} = 1{,}4420$ (f. unterkühlte Fl.)[2]). — Reduz. nicht Fehl. Lösg. — Wird d. Emulsin leicht gespalten[1]). Gleichgew. zwischen α- u. β-Form (in methylalkohol. HCl bei 0° hergestellt): $[\alpha]_D^{20} = +134{,}64°$ (in H$_2$O)[3])	[1]) **Irvine** u. **Cameron:** Soc. Lond. **85**, 1071 (1904); **87**, 907 (1905). [2]) **Schlubach** u. **Moog:** Ber. **56**, 1962 (1923). [3]) **Micheel** u. **Littmann:** A. **466**, 123 (1928).
Kp$_{12}$ = 170—172°[1]) Kp$_{0,05}$ = 136° (Badtemp. ?)[2])	$[\alpha]_D = -21{,}2°$ (in H$_2$O, $c = 2{,}12\%$)[2])	—	$n_D = 1{,}4540$[2]). Kondensiert sich nach Cunningham[1]) beim Stehen zu Octomethyl-γ-digalaktose; nach Haworth[2]) dagegen ist letzteres nur ungespaltenes Tetramethyl-methylgalaktosid gewesen. — Gibt bei d. Oxydat. m. Br$_2$: Tetramethyl-γ-galaktonolacton[2])	[1]) **Irvine** u. **Cameron:** Soc. Lond. **87**, 907 (1905). — M. **Cunningham:** Soc. Lond. **113**, 596 (1918). [2]) **Haworth, Ruell** u. **Westgarth:** Soc. Lond. **125**, 2468 (1924).
Kp$_{14}$ = 140—142°[1]) Kp$_{0,015}$ = 112° (Badtemp. ?)[2])	$[\alpha]_D = -45{,}2°$ (in H$_2$O, $c = 1{,}42\%$) $-46{,}3°$ (in Alk.)[2])	—	$n_D = 1{,}4405$[2]). Wird d. $^1/_{10}$ n-HCl leicht gespalten, jedoch schwerer als Tetramethyl-γ-methylglucosid[2])	[1]) **Irvine** u. **Cameron:** Soc. Lond. **87**, 907 (1905). — M. **Cunningham:** Soc. Lond. **113**, 596 (1918). [2]) **Haworth, Ruell** u. **Westgarth:** Soc. Lond. **125**, 2468 (1924).
—	$[\alpha]_D^{20} = -4{,}8°$ (in C$_2$H$_2$Cl$_4$, $c = 4{,}12\%$) $[\alpha]_D = 0° \rightarrow -10°$ (in CH$_3$OH)	—	Reakt. wie b. Verb. 80. **Dimethylacetal:** C$_{13}$H$_{28}$O$_7$, Kp$_{0,6}$ = 118—120°; $[\alpha]_D = 0°$ (in C$_2$H$_2$Cl$_4$, $c = 7\%$)	[1]) **Levene** u. **G. M. Meyer:** J. Biol. Chem. **74**, 695 (1927).
—	$[\alpha]_D = +95{,}2°$ (in H$_2$O)	—	Ist verschieden v. 2,3,6-Trimethylglucose; es muß also bei Einführung od. Abspaltung des Cl in bzw. aus letzterer Walden'sche Umkehrung eingetreten sein	[1]) **Freudenberg** u. **Braun:** A. **460**, 304 (1927).
—	$[\alpha]_D = +55°$ (in H$_2$O)	—	Ist verschieden v. n-Tetramethylgalaktose. **Methylglykosid:** $[\alpha]_D = +33°$ (in H$_2$O)	[1]) **Freudenberg** u. **Braun:** A. **460**, 304 (1927).
—	$[\alpha]_D^{20} = -49{,}8°$ bis $-50{,}5°$ (in CH$_3$OH, $c = $ ca. 2%)	—	Gibt kein Osaz., nur Spuren Glucosaz.	[1]) **Ohle:** Ber. **58**, 2581 (1925).
122—123°[2]) 128—130° sint. 122°[3])	$[\alpha]_D^{20} = -84{,}1° \rightarrow -53{,}5°$ (in H$_2$O)[3]) $[\alpha]_D^{20} = -74{,}1° \rightarrow -22{,}1°$ (in CH$_3$OH)[2]) $[\alpha]_D$ (A) $= -41{,}9°$ (in H$_2$O) $-12{,}5°$ (in CH$_3$OH)[2])	l. l. H$_2$O, Alk.; w. l. and. org. Lösgm.[2])	Reduz. Fehl. Lösg.[2]). Gibt 3-Methylglucosaz. (Verb. 7)[2])[3]). Gibt sowohl **n-Methylfructosid** (→ n-Tetramethylfructose)[2]) als **γ-Methylfructosid** (→ Tetramethyl-γ-fructose), $[\alpha]_D = +35{,}4°$ (in methylalkohol. HCl) (Allpress)[1])	[1]) **Karrer** u. **Hurwitz:** Helv. **4**, 732 (1921). — **Haworth** u. **Hirst:** Soc. Lond. **1926**, 1862. — **Allpress:** Soc. Lond. **1926**, 1720. [2]) **Irvine** u. **Hynd:** Soc. Lond. **95**, 1220 (1909). — **Irvine** u. **Scott:** Soc. Lond. **103**, 573 (1913). [3]) **Anderson, Charlton, Haworth** u. **Nicholson:** Soc. Lond. **1929**, 1337.

Nr	Name	Formel, Konstitution	Vorkommen, Bildung, Darstellung	Krystallogr. Eigenschaften
94	**3-Methyl-methylfructosid**	$C_6H_{10}O_4(OCH_3)_2$	Aus Verb. 93 m. k. methylalkohol. HCl; verbleibender Rückstand nach Extraktion m. Äth. u. Essigester[1]	Farbl. Tetraëder
95	**Dimethyl-γ-fructose**	$C_6H_{10}O_4(OCH_3)_2$	D. Hydrol. v. Dimethylinulin m. h. verd. wäßr.-alkohol. Oxalsäure[1]	Dicker Sirup
96	**3, 4, 6 [1])-Trimethyl-d-fructose [2, 5]**	$C_6H_9O_3(OCH_3)_3$	D. Hydrol. v. Trimethylinulin, wie bei Verb. 95[2]). D. Methylierg. v. h-Fructose-anhydrid $(1,2)(2,5)$ m. $(CH_3)_2SO_4$ + NaOH; dann Hydrol. m. verd. Oxalsäure[3]). D. Hydrol. v. methyliertem Sinistrin[4])	Zäher farbl. Sirup
97	**1, 3, 4?-Trimethyl-d-fructose [2, 5]**	$C_6H_9O_3(OCH_3)_3$	D. Hydrol. v. Hendekamethyl-melezitose, bzw. Octomethyl-turanose m. h. verd. HCl[1])[2])	Sirup
98	**3, 4, 5 [1])-Trimethyl-d-fructose [2, 6]**	$C_6H_9O_3(OCH_3)_3$	D. Hydrol. v. α-Monoaceton-fructose-trimethyläther m. 0,1-proz. HCl bei 80°[2])	Sirup
99	**1, 3, 4, 5 [1])-Tetramethyl-d-fructose [2,6]** (n-Tetramethylfructose)	$C_6H_8O_2(OCH_3)_4$	D. Methylierg. v. (rohem) Methylfructosid m. $CH_3I + Ag_2O$, dann Hydrol. m. verd. HCl[2]). D. Hydrol. von (reinem) α-[3]) bzw. β-[4]) n-Tetramethyl-methylfructosid	β-Form: 4eckige Platten (aus Petroläth.)[2])[5]) Gleichgewichtsform: lang.spitze Prismen (aus d. Mutterlaugen d. β-Form)[5]) α-Form(unrein): d. Erhitzen von β-Form auf 115—120°[2])
100	**1, 3, 4, 5-Tetramethyl-α-methyl-fructosid**	$C_6H_7O(OCH_3)_5$	Aus Tetracetyl-α-methylfructosid d. gleichzeitige Verseif. u. Methylierg. m. $(CH_3)_2SO_4 + NaOH$[1]) Aus (reinem) α-Methylfructosid m. $CH_3I + Ag_2O$[2])	Flüssig[1]); erstarrt in d. Kälte krystallin[2])

Schmelz- und Siedepunkt	Optisches Drehungsvermögen	Löslichkeit	Analytisches; Diverses	Literatur
$143°$	$[\alpha]_D = -34,6°$ (in Alk., $c = 1,1\%$)	—	Vom Verf. als wahrscheinl. n-Deriv. angesprochen; dürfte nach Darst. u. Drehung wohl eher 3-Methyl-β-methylfructosid $(2,5)$ sein	[1] **Allpress:** Soc. Lond. **1926**, 1720.
—	$[\alpha]_D^{20} = +17,1°$ (in $CHCl_3$, $c = 2,675\%$)	l. H_2O, Alk., Aceton	Reduz. Fehl. Lösg. u. k. neutr. $KMnO_4$-Lösg. Gibt d. Methylierg.: Tetramethyl-γ-fructose	[1] **Irvine, Steele u. Shannon:** Soc. Lond. **121**, 1060 (1922).
$Kp_{0,37} = 146°$ [2]) $Kp_{0,02} = 115°$ [1])	$[\alpha]_D^{15} = +30,51°$ (in H_2O, $c = 1,016\%$), $+28,18°$ (in Alk., $c = 1,029\%$), $+27,77° \to +22,14°$ (in Aceton, $c = 1,084\%$) [2]) $[\alpha]_D^{20} = +24,6°$ [2]) bis $27,7°$ [1]) (in $CHCl_3$)	—	$n_D^{14} = 1,4675$ [1]); $n_D^{20} = 1,4680$ [3]); $n_D = 1,4689$ [2]). Reduz. Fehl. Lösg. u. k. neutr. $KMnO_4$-Lösg. [2]). **Osaz.:** a) Hydrat: $C_{21}H_{28}O_4N_4 \cdot H_2O$, gelbe Nadeln (aus verd. Alk.), $F = 80$—$82°$. b) Anhydrid: $C_{21}H_{28}O_4N_4$, gelatinöse Masse v. Prismen (aus Petroläth. + Äth.), $F = 137$—$138°$ [1]). — Sollte ident. sein m. 3,4,6-Trimethylglucosaz. (Verb. 50). Entspr. **Methylfructosid:** $[\alpha]_D = +57°$ (in methylalkoh. HCl) [2])	[1] **Haworth u. Learner:** Soc. Lond. **1928**, 619. [2] **Irvine u. Steele:** Soc. Lond. **117**, 1474 (1920). — **Irvine, Steele u. Shannon:** Soc. Lond. **121**, 1060 (1922). [3] **Schlubach u. Elsner:** Ber. **61**, 2358 (1928). [4] **Schlubach u. Flörsheim:** Ber. **62**, 1491 (1929).
—	$[\alpha]_D^{16} = +29,27° \to +30,3°$ (in H_2O) [1]) $[\alpha]_D = +55,6°$ (in Alk., $c = 6\%$) [2])	—	$n_D = 1,4660$ [2]). Reduz. Fehl. Lösg. u. k. neutr. $KMnO_4$-Lösg. [1]) [2]). Gibt kein Osaz. [1]). Gibt d. Methylierg.: Tetramethyl-γ-fructose [2])	[1] **Zemplén u. Braun:** Ber. **59**, 2230, 2539 (1926). [2] **G. C. Leitch:** Soc. Lond. **1927**, 588.
—	$[\alpha]_D = -115,9°$ (in H_2O)	—	Entspr. **Methylfructosid:** farbl. Sirup; gibt d. Methylierung: n-Tetramethylfructose	[1] **Anderson, Charlton, Haworth u. Nicholson:** Soc. Lond. **1929**, 1337. [2] **Irvine u. Patterson:** Soc. Lond. **121**, 2159 (1922).
98—$99°$ $92°$	$[\alpha]_D^{20}$ ($c = $ ca. 5%) $= -94,2° \to -86,7°$ (in Alk.), $-99,0° \to -95,6°$ (in CH_3OH), $-124,7° \to -121,3°$ (in H_2O) [2]) $[\alpha]_D^{20} = -116,6° \to -84,7°$ (in C_6H_6, $c = 1,507\%$) [5]) $[\alpha]_D = -85,7°$ (in Alk.) [5])	s. l. l. H_2O u. org. Lösgm., w. l. Petroläth.	Reduz. h. Fehl. Lösg. α- u. β-Form nach Hudsonscher Regel umformuliert. **Phenylhydraz.:** Öl, in Alk. rechtsdrehend (nicht rein erhalten) [2])	[1] **Haworth u. Hirst:** Soc. Lond. **1926**, 1858. — **Haworth, Hirst u. Learner:** Soc. Lond. **1927**, 1040. — **Anderson, Charlton, Haworth u. Nicholson:** Soc. Lond. **1929**, 1337. [2] **Purdie u. Paul:** Soc. Lond. **91**, 289 (1907). [3] **Schlubach u. Schröter:** Ber. **61**, 1216 (1928). [4] **Steele:** Soc. Lond. **113**, 257 (1918). [5] **Irvine u. Patterson:** Soc. Lond. **121**, 2696 (1922).
$Kp_{14} = 142$—$146°$ [2])	$[\alpha]_D^{20}$ (A; $c = $ ca. 5%) $= -70,9°$ (in Alk.), $-112,4°$ (in H_2O) [2])			
F. niedrig [2]) $Kp_{0,1} = 75$—$80°$ (?) [1])	$[\alpha]_D = +16,7°$ (in H_2O, $c = 0,6\%$), $+83,7°$ (in $CHCl_3$, $c = 1\%$), $+90°$ (in Alk., $c = 0,6\%$), $+93°$ (in Essigest., $c = 0,4\%$) [2])	—	$n_D = 1,4637$ [1])	[1] **Schlubach u. Schröter:** Ber. **61**, 1216 (1928). [2] **Schlubach u. Schröter:** Ber. **63**, 364 (1930).

Tabelle 63 (Fortsetzung).

Nr	Name	Formel, Konstitution	Vorkommen, Bildung, Darstellung	Krystallogr. Eigenschaften
101	1, 3, 4, 5-Tetramethyl-β-methyl-fructosid	$C_6H_7O(OCH_3)_5$	Aus n-Tetramethylfructose m. methylalkohol. HCl[1]). Aus (reinem) β-Methylfructosid m. $CH_3I + Ag_2O$[2]). Aus 3,4,5-Trimethyl-methyl-fructosid m. $CH_3I + Ag_2O$[3]). Aus Tetracetyl-β-methylfructosid, wie bei Verb. 100[4])	Prismen (aus Petroläth. bei 0°)[4])
102	1, 3, 4, 6 [1])-Tetramethyl-d-fructose [2, 5] (Tetramethyl-γ-fructose)	$C_6H_8O_2(OCH_3)_4$	Als Nebenprod. bei d. Darst. des n-Deriv. aus rohem (γ-Form enthaltendem) Methylfructosid[2]). D. Methylierg. v. γ-Methylfructosid m. $CH_3I + Ag_2O$, dann Hydrol. m. verd. HCl[3]). D. Methylierg. v. Verb. 96 (aus Inulin)[4]), od. Verb. 97[5]), dann Hydrol. m. verd. HCl. D. Hydrol. v. Heptamethylsaccharose[6])[7]), Octomethylsaccharose[8]) od. Hendekamethylraffinose[9]) m. 0,4proz. HCl bei 60°	Farbl. Sirup
103	1, 3, 4, 6-Tetramethyl-γ-methyl-fructosid	$C_6H_7O(OCH_3)_5$	D. Methylierg. v. γ-Methylfructosid[1]), 3-Methyl-γ-methylfructosid[2]) od. 3,4,6-Trimethyl-γ-methylfructosid[3]) m. $CH_3I + Ag_2O$. Aus Tetramethyl-γ-fructose m. 0,25proz. methylalkohol. HCl bei Zimmertemp.[4])	Farbl. Sirup

Tabelle 64.

Nr	Name	Formel, Konstitution	Vorkommen, Bildung, Darstellung	Krystallogr. Eigenschaften
1	Hexamethyl-methyl-[3-α-d-gluco-sido-d-arabinosid (1, 4)?]	$C_{11}H_{13}O_3(OCH_3)_7$	Aus d. entspr. Methylglucoarabinosid (aus Maltose-octacetat d. oxydativen Abbau erhalten), d. Methylierg. m. $CH_3I + Ag_2O$[1])	Zäher, farbl. Sirup
2	Hexamethyl-α-methyl-[3-β-d-gluco-sido-d-arabinosid (1, 5)]	$C_{11}H_{13}O_3(OCH_3)_7$	D. Methylierg. v. 3-β-Glucosido-arabinose (Abbauprod. v. Cellobiose) m. $(CH_3)_2SO_4 + NaOH$[1])	Glänz. derbe Kryst. (aus Petroläth.)

Methyl= und Äthyläther der Hexosen.

Schmelz= und Siedepunkt	Optisches Drehungsvermögen	Löslichkeit	Analytisches; Diverses	Literatur
33—$34°$[4] $Kp_{11} =$ 130—$134°$[3] $Kp_{0,06} =$ 105—$106°$[4]	$[\alpha]_D = -149{,}8°$ (in H_2O, $c = 0{,}7\%$), $-137°$ (in $CHCl_3$, $c = 0{,}8\%$), $-124{,}5°$ (in Alk., $c = 0{,}6\%$), $-113{,}7°$ (in Essigest., $c = 0{,}6\%$)[5] $[\alpha]_D^{17} = -149{,}1°$ (in H_2O, $c = 3{,}1\%$)[4]	s. l. l. in allen Lösgm., etwas weniger k. Petroläth.[4]	$n_D^{16} = 1{,}4560$[4]. Reduz. nicht Fehl. Lösg.[1][2]	[1] **Purdie** u. **Paul**: Soc. Lond. **91**, 289 (1907). [2] **Steele**: Soc. Lond. **113**, 257 (1918). — **Irvine** u. **Patterson**: Soc. Lond. **121**, 2696 (1922). [3] **Irvine** u. **Patterson**: Soc. Lond. **121**, 2159 (1922). [4] **Haworth, Hirst** u. **Learner**: Soc. Lond. **1927**, 1040. [5] **Schlubach** u. **Schröter**: Ber. **63**, 364 (1930).
$Kp_{13} = 154°$ $Kp_{0,32} =$ 110—$112°$[6] $Kp_{0,01} =$ 95—$97°$[8]	$[\alpha]_D^{16} = +31{,}3°$ (in H_2O, $c = 2{,}015\%$)[7] $[\alpha]_D = +24{,}6°$[3] bis $+32{,}9°$[4] (in H_2O) $[\alpha]_D = +21{,}3°$[6] bis $+24{,}4°$[5] (in CH_3OH) $[\alpha]_D = +15{,}5°$[4] bis $+29{,}1°$[5] (in Alk.)	—	$n_D^{13} = 1{,}4513$[7]; $n_D = 1{,}4545$[3]); $1{,}4554$[4]. Reduz. leicht $KMnO_4$-Lösg.[6] Gibt, wenn völlig rein, weder m. Anilinacetat noch mit Schiff's Reagens Färbung. — Wird d. verd. Mineralsäuren leicht in Furfurolderiv. übergeführt[7]	[1] **Avery, Haworth** u. **Hirst**: Soc. Lond. **1927**, 2308. — **Haworth, Hirst** u. **Learner**: Soc. Lond. **1927**, 2432. [2] **Purdie** u. **Paul**: Soc. Lond. **91**, 289 (1907). [3] **Menzies**: Soc. Lond. **121**, 2238 (1922). [4] **Irvine** u. **Steele**: Soc. Lond. **117**, 1474 (1920). [5] **G. C. Leitch**: Soc. Lond. **1927**, 588. [6] **W. N. Haworth**: Soc. Lond. **117**, 206 (1920). [7] **Haworth, Hirst** u. **Nicholson**: Soc. Lond. **1927**, 1513. [8] **Haworth** u. **Mitchell**: Soc. Lond. **123**, 301 (1923). [9] **Haworth, Hirst** u. **Ruell**: Soc. Lond. **123**, 3125 (1923).
$Kp_{13} =$ 137—$139°$[4] $Kp_{0,03} =$ 93—$94°$[2]	$[\alpha]_D = +48{,}8°$ (in H_2O), $+40{,}0°$ (in CH_3OH), $+38{,}7°$ (in Alk.)[4] $[\alpha]_D = +36{,}0°$ (E; in CH_3OH $+0{,}5\%$ HCl)[2] $[\alpha]_D = +44{,}9°$ (in Alk.)[1]	—	$n_D = 1{,}4468$[1][2]); $1{,}4461$[4]. Reduz. ganz schwach Fehl. Lösg., stark neutr. $KMnO_4$-Lösg.[3][4]. Teilweise Trennung v. α- u. β-Form d. Methylierg. v. α- bzw. β-Methylfructosid (2,5): siehe [5]. — Den Drehungen nach ($[\alpha]_{5461} = +15{,}5°$ bzw. $-6{,}8°$) ist jedoch bereits partielle Racemisierg. eingetreten	[1] **Menzies**: Soc. Lond. **121**, 2238 (1922). [2] **Allpress**: Soc. Lond. **1926**, 1720. [3] **Irvine** u. **Steele**: Soc. Lond. **117**, 1486 (1920). [4] **Haworth** u. **Mitchell**: Soc. Lond. **123**, 308 (1923). [5] **Morgan** u. **Robison**: Bioch. J. Lond. **22**, 1270 (1928).

Methyl= und Äthyläther der Di= und Trisaccharide.

Schmelz= und Siedepunkt	Optisches Drehungsvermögen	Löslichkeit	Analytisches; Diverses	Literatur
$Kp_{0,1} = 195°$	$[\alpha]_D^{20} = +78{,}8°$ (in H_2O), $+77{,}5°$ (in CH_3OH), $+75{,}9°$ (in Alk.), $+76{,}9°$ (in Aceton)	l. l. org. Lösgm., weniger H_2O	$n_D = 1{,}4688$. Hydrol. liefert: n-Tetramethylglucose u. 2,5 ?-Dimethyl-d-arabinose	[1] **Irvine** u. **Dick**: Soc. Lond. **115**, 593 (1919).
$96{,}5$—$97°$ $Kp_{0,4} =$ 167—$168°$	$[\alpha]_D^{24} = -35{,}26°$ (in H_2O), $-11{,}4°$ (in Alk.)	l. l. H_2O u. meisten org. Lösgm., w. l. Petroläther	Hydrol. liefert: n-Tetramethylglucose u. 2,4-Dimethyl-d-arabinose	[1] **Zemplén** u. **Braun**: Ber. **59**, 2239 (1926).

Tabelle 64 (Fortsetzung).

Nr	Name	Formel, Konstitution	Vorkommen, Bildung, Darstellung	Krystallogr. Eigenschaften
3	**Octamethyl-trehalose**	$C_{12}H_{14}O_3(OCH_3)_8$	D. Methylierg. v. Trehalose m. $(CH_3)_2SO_4 + NaOH^1)$	Schwach gelbl. Öl
4	**Octamethyl-α, β-isotrehalose**	$C_{12}H_{14}O_3(OCH_3)_8$	D. gleichzeitige Verseif. u. Methylierg. d. entspr. (unreinen) Octacetates m. $(CH_3)_2SO_4 + NaOH^1)$	Gelbl. Sirup
5	**Heptamethyl-β-methylmaltosid**	$C_{12}H_{14}O_3(OCH_3)_8$	D. Methylierg. v. Maltose m. $(CH_3)_2SO_4 + NaOH^1)$ od. v. β-Methylmaltosid m. $CH_3I + Ag_2O^2)$	Farbl. Sirup
6	**Hexamethyl-β-methylcellobiosid**	$C_{12}H_{15}O_4(OCH_3)_7$	Aus β-Methylcellobiosid m. $(CH_3)_2SO_4 + NaOH^1)$	Farbl. Nadeln (aus Äth.)
7	**Heptamethyl-β-methylcellobiosid**	$C_{12}H_{14}O_3(OCH_3)_8$	Aus Verb. 6 m. $CH_3I + Ag_2O^1)$. Aus Cellobiose[2]) od. ß-Methylcellobiosid[3]) m. $(CH_3)_2SO_4 + NaOH$	Farbl. Kryst. [aus Äth.[1]) od. Petroläth.[2])]
8	**Heptaäthyl-β-äthyl-cellobiosid**	$C_{12}H_{14}O_3(OC_2H_5)_8$	D. gleichzeitige Verseif. u. Methylierg. v. Heptacetyl-β-äthyl-cellobiosid m. $(C_2H_5)_2SO_4 + NaOH^1)$	Dünne, biegsame Nadeln (aus CH_3OH bei —10°)
9	**Heptamethyl-β-methyl-gentiobiosid**	$C_{12}H_{14}O_3(OCH_3)_8$	D. Methylierg. v. Gentiobiose m. $(CH_3)_2SO_4 + NaOH$, dann $CH_3I + Ag_2O^1)$	Farbl. Nadeln (aus Petroläth.)
10	**Hexamethyl-amylobiose**	$C_{12}H_{16}O_5(OCH_3)_6$	D. Methylierg. v. Amylobiose m. $(CH_3)_2SO_4 + NaOH$, dann $CH_3I + Ag_2O^1)$	Sirup; geht d. Verreib. m. Petroläth. in weißes Pulv. über
11	**Hexamethyl-β-methyl-lactosid**	$C_{12}H_{15}O_4(OCH_3)_7$	D. Methylierg. v. Lactose m. $(CH_3)_2SO_4 + NaOH^1)$	Öl

314

Schmelz- und Siedepunkt	Optisches Drehungsvermögen	Löslichkeit	Analytisches; Diverses	Literatur
$Kp_{0,03} = 170°$ $Kp_{0,015} =$ $160°$	$[\alpha]_D^{20} = +199{,}8°$ (in C_6H_6, $c = 0{,}626\%$) $[\alpha]_D^{20} = +82{,}2°$ (in C_6H_6, $c = 0{,}640\%$)	l. l. in allen org. Lösgm., inkl. Petroläth.; wenig. H_2O[2]	$n_D^{20} = 1{,}4598$ (f. Trehalosederiv.); $1{,}4626$ (f. Isotrehalosederiv.)[1]. Das v. Purdie u. Irvine[2] d. Erhitzen v. n-Tetramethylglucose in HCl-haltig. C_6H_6 erhaltene **Octamethyl-glucosido-glucosid** ($Kp_{14} = 180$ bis $190°$; $[\alpha]_D^{20} = +135{,}9°$ (in CH_3OH); reduz. nicht Fehl. Lösg.) dürfte in d. Hauptsache ein Gemisch v. Verb. 3 u. 4 sein; liefert b. d. Hydrol. wie diese: n-Tetramethylglucose[1][2])	[1] **Schlubach** u. **Maurer**: Ber. **58**, 1178 (1925). [2] **Purdie** u. **Irvine**: Soc. Lond. **87**, 1022 (1905).
$Kp_{0,2} =$ $190°$[2] $Kp_{0,03} =$ $201—203°$[3]	$[\alpha]_D = +89{,}5°$ (in Alk., CH_3OH, Aceton)[1] $[\alpha]_D = +88{,}1°$ (in H_2O, $c = 0{,}508\%$) $+81{,}9°$ (in Alk., $c = 0{,}562\%$) $+78{,}9°$ (in $CHCl_3$, $c = 0{,}557\%$) $+78{,}1°$ (in Aceton, $c = 0{,}577\%$)[2]	l. H_2O, CH_3OH, Alk., Aceton	$n_D = 1{,}4698$[1]; $1{,}4662$[2]. Reduz. nicht Fehl. Lösg.[1]. Hydrol. liefert: n-Tetramethylglucose u. 2,3,6-Trimethylglucose[2][3]	[1] **Haworth** u. **Leitch**: Soc. Lond. **115**, 809 (1919). [2] **Irvine** u. **Black**: Soc. Lond. **1926**, 862. [3] **Cooper**, **Haworth** u. **Peat**: Soc. Lond. **1926**, 876.
$83—84°$ $Kp_1 =$ $223—224°$	$[\alpha]_D^{18} = -7{,}73°$ (in H_2O)	l. H_2O u. meist. org. Lösgm., inkl. Ligroin	$n_D = 1{,}4687$[2]	[1] **Karrer** u. **Widmer**: Helv. **4**, 174 (1921). [2] **Haworth** u. **Hirst**: Soc. Lond. **119**, 198 (1921).
$86°$[1][3] $Kp_{0,02} =$ $190—200°$[2]	$[\alpha]_D^{20} = -15{,}9°$ (in H_2O)[1] $[\alpha]_D^{20} = -14{,}63°$ (in $CHCl_3$, $c = 5{,}606\%$)[3]	l. l. in den gebräuchl. Lösgm.[1]	$n_D = 1{,}4643$[2]. Hydrol. liefert: n-Tetramethylglucose u. 2,3,6-Trimethylglucose[1][2]. **Heptamethyl-β-benzylcellobiosid**: $C_{26}H_{42}O_{11}$; d. Methylierg. v. β-Benzylcellobiosid. Nadeln (aus CH_3OH), $F = 71$ bis $72{,}5°$; $[\alpha]_D^{19} = -32{,}5°$ (in $CHCl_3$); schw. l. H_2O, l. l. meist. org. Lösgm.[4]	[1] **Karrer** u. **Widmer**: Helv. **4**, 174, 295 (1921). [2] **Haworth** u. **Hirst**: Soc. Lond. **119**, 193 (1921). [3] **Micheel** u. **Littmann**: A. **466**, 129 (1928). [4] **Hess** u. **Salzmann**: A. **445**, 121 (1925).
$64—66°$ $Kp_{0,5} =$ $185—190°$	$[\alpha]_D^{20} = -2{,}06°$ (in $CHCl_3$, $c = 2{,}908\%$) $[\alpha]_D^{22} = -3{,}07°$ (in CH_3OH, $c = 2{,}278\%$)	unl. H_2O, l. l. meist. org. Lösgm.	Hydrol. liefert: n-Tetraäthylglucose u. 2,3,6-Triäthylglucose	[1] **Hess** u. **Salzmann**: A. **445**, 111 (1925).
$106°$[1] $109°$[2]	$[\alpha]_D = -33{,}9°$ (in H_2O), $-29{,}9°$ (in Alk.), $-30{,}0°$ (in CH_3OH), $-27{,}0°$ (in Aceton, $c = 0{,}57\%$)[1] $[\alpha]_D^{11} = -22{,}39°$ (in H_2O) $[\alpha]_D^{16,5} = -20{,}89°$ (in Alk.)[2]	l. l. in den gebräuchl. Lösgm. außer k. Petroläth.[2]	Reduz. nicht Fehl. Lösg.[1]. Hydrol. liefert: n-Tetramethylglucose u. 2,3,4-Trimethylglucose[1][2]	[1] **Haworth** u. **Wylam**: Soc. Lond. **123**, 3120 (1923). [2] **Zemplén**: Ber. **57**, 698 (1924)
Dest. nicht b. $350°$/ $0{,}04$ mm (Badtemp.)	—	l. k. H_2O, CH_3OH, Alk., C_6H_6, $CHCl_3$; schw. l. Äth.; unl. Petroläth. u. h. H_2O	Red. nicht Fehl. Lösg., aber verd. alkal. k. $KMnO_4$-Lösg. Hydrol. liefert: n-Tetramethylglucose u. Monomethylglucose **Monoacetat**, d. Acetylierg. in Pyrid.; lösl. H_2O	[1] **Pringsheim** u. **Steingroever**: Ber. **59**, 1001 (1926).
$Kp_{0,38} =$ $204—210°$	$[\alpha]_D = +7{,}47°$ (in H_2O, $c = 4{,}28\%$)	—	$n_D = 1{,}4760$	[1] **Haworth** u. **Leitch**: Soc. Lond. **113**, 195 (1918).

Tabelle 64 (Fortsetzung).

Nr	Name	Formel, Konstitution	Vorkommen, Bildung, Darstellung	Krystallogr. Eigenschaften
12	Heptamethyl-β-methyl-lactosid	$C_{12}H_{14}O_3(OCH_3)_8$	Aus Verb. 11 m. $CH_3I + Ag_2O$ od. $(CH_3)_2SO_4 + NaOH$[1]	Farbl. Nadeln (aus Petroläth.)
13	Heptamethyl-β-methyl-melibiosid	$C_{12}H_{14}O_3(OCH_3)_8$	Als Nebenprod. b. d. Methylierg. v. Raffinose erhalten[1]. D. Methylierg. v. Melibiose m. $(CH_3)_2SO_4 + NaOH$[2][3]	Nadeln (aus Petroläth.)[2][3]
14	Octamethyl[galaktosido-glucose]	$C_{12}H_{14}O_3(OCH_3)_8$	D. Methylierg. v. Fischer-Armstrong's Galaktosido-glucose m. $(CH_3)_2SO_4 + NaOH$[1]	Gelbl. Sirup
15	Heptamethyl-saccharose	$C_{12}H_{15}O_4(OCH_3)_7$	D. Methylierg. v. Saccharose m. $(CH_3)_2SO_4 + NaOH$[1]	Farbl. zäher Sirup
16	Octamethyl-saccharose	$C_{12}H_{14}O_3(OCH_3)_8$	Aus Verb. 15 m. $CH_3I + Ag_2O$[1] od. $(CH_3)_2SO_4 + NaOH$ im Überschuß, in verd. Lösg.[2]	Farbl. Sirup, weniger zäh wie Verb. 15[1]
17	Heptamethyl-turanose	$C_{12}H_{15}O_4(OCH_3)_7$	D. Hydrol. v. Hendekamethylmelezitose m. 20proz. Essigs.[1] od. v. Octamethyl-turanose m. verd. HCl[2]	Hellgelb. zäher Sirup[2]
18	Octamethyl-turanose (Heptamethyl-methylturanosid)	$C_{12}H_{14}O_3(OCH_3)_8$	D. Hydrol. v. Hendekamethylmelezitose m. 20proz. Essigs., Remethylierg. m. $(CH_3)_2SO_4 + NaOH$ u. frakt. Dest.[1]	Hellgelb. zäher Sirup
19	Tetramethyl-dimannose	$C_{16}H_{26}O_9$	D. Autokondensation v. Tetramethyl-γ-mannose b. Erhitzen; bleibt bei deren Dest. im Kolben zurück[1]	Farbl. glasige Masse
20	Hendekamethyl-raffinose	$C_{18}H_{21}O_5(OCH_3)_{11}$	D. Methylierg. v. Raffinose m. $(CH_3)_2SO_4 + NaOH$, dann $CH_3I + Ag_2O$[1]	Zäher gelbl. Sirup

Methyl- und Äthyläther der Di- und Trisaccharide.

Schmelz- und Siedepunkt	Optisches Drehungsvermögen	Löslichkeit	Analytisches; Diverses	Literatur
$81,5$—$82°$[2]) $Kp_{0,05}=$ $195°$[1]) $Kp_{0,08}=148$ bis $155°(?)$[2])	$[\alpha]_D^{17}=-1,62°$ (in H_2O, $c=0,924\%$) [2]) $[\alpha]_D=+5,19°$ (in H_2O, $c=0,771\%$) $-16,87°$ (in abs. Alk., $c=1,482\%$) $-13,04°$ (in CH_3OH, $c=1,459\%$) $-13,64°$ (in Aceton, $c=1,1466\%$)[1]) $[\alpha]_D=-3,94°$ (in C_6H_6)[3])	—	$n_D=1,4675$ (f. unterkühlte Fl.)[1]). $n_D^{20}=1,4642$ (id.)[2]). Hydrol. liefert: n-Tetramethylgalaktose u. 2,3,6-Trimethylglucose[1])[2]). Wird d. Emulsin nicht gespalten[4])	[1]) **Haworth** u. **Leitch:** Soc. Lond. **113**, 195 (1918). [2]) **Schlubach** u. **Moog:** Ber. **56**, 1957 (1923). [3]) **Schlubach** u. **Rauchenberger** Ber. **58**, 1185 (1925). [4]) **R. Kuhn** u. **Schlubach:** Z. physiol. Chem. **143**, 154 (1925).
106—$107°$[3]) $Kp_{0,03}=$ 185—$190°$[3]) $Kp_{0,015}=$ $163°$[2])	$[\alpha]_D=+97,8°$ (in H_2O, $c=1\%$) $+85,0°$ (in Alk., $c=1,1\%$)[3])	—	$n_D^{20}=1,4662$ (f. unterkühlte Fl.)[2]). Hydrol. liefert: n-Tetramethylgalaktose u. 2,3,4-Trimethylglucose[3]). **Heptamethyl-α?-methyl-melibiosid:** Nebenprod. beim Umkryst. d. β-Form; $F=122$—$123°$[3])	[1]) **Haworth, Hirst** u. **Ruell:** Soc. Lond. **123**, 3129 (1923). [2]) **Schlubach** u. **Rauchenberger:** Ber. **58**, 1184 (1925). [3]) **Charlton, Haworth** u. **Hickinbottom:** Soc. Lond. **1927**, 1527.
$Kp_{0,03}=160°$	$[\alpha]_D^{20}=+8,39°$ (in H_2O, $c=0,7149\%$); $-6,15°$ u. $+12,92°$ (in 96proz. Alk.); $-12,21°$ (in C_6H_6); $-7,15°$ (in $CHCl_3$)	—	$n_D^{20}=1,4660$. Krystallis. nicht b. Animpfen m. Heptamethyl-β-methyl-lactosid bzw. -melibiosid. Hydrol. liefert: n-Tetramethylgalaktose u. 2,4,6? od. 2,3,6?-Trimethylglucose	[1]) **Schlubach** u. **Rauchenberger:** Ber. **58**, 1184 (1925); **59**, 2102 (1926).
$Kp_{0,18}=$ 191—$195°$	$[\alpha]_D=+68,5°$ (in CH_3OH, $c=5,585\%$) $[\alpha]_D=+64,3°$(A.; in 0,4proz. wäßr. HCl)	w. l. Natronlauge	$n_D=1,4656$; $D_4^{25}=1,1654$[1]). Hydrol. liefert: Tetramethyl-γ-fructose[1]) u. Gemisch v. 2,3,6-Trimethyl-[2]) u. 2,4,6?-Trimethyl-glucose[3])	[1]) **W. N. Haworth:** Soc. Lond. **107**, 12 (1915); **117**, 199 (1920). [2]) **Haworth** u. **Mitchell:** Soc. Lond. **123**, 310 (1923). [3]) **Haworth** u. **Sedgwick:** Soc. Lond. **1926**, 2573.
$Kp_{0,05}=176°$	$[\alpha]_D=+69,3°$ (in CH_3OH, $c=7,345\%$); $+66,8°$ (in Aceton, $c=6,782\%$)[1]) $[\alpha]_D=+66,7°$ (A.; in verd. wäßr. HCl)[3])	—	$n_D=1,4588$; $D_4^{20}=1,1406$[1]). Hydrol. liefert: n-Tetramethylglucose u. Tetramethyl-γ-fructose[2])[3])	[1]) **W. N. Haworth:** Soc. Lond. **107**, 12 (1915). [2]) **Haworth** u. **Mitchell:** Soc. Lond. **123**, 301 (1923). [3]) **Haworth** u. **Law:** Soc. Lond. **109**, 1314 (1916).
$Kp_{0,2}=$ 185—$190°$[1]) $Kp_{0,06}=$ 162—$163°$[2])	$[\alpha]_D=+127°$ (A.; in 5proz. HCl)[1]) $[\alpha]_D^{19}=+106,0° \rightarrow +104,8°$ (in Alk.)[2])	l.l. H_2O u. org. Lösgm. außer Petroläth.[2])	$n_D=1,4652$[1]). R.V.$=24,5$ (Glucose$=100$)[2]). Hydrol. liefert: n-Tetramethylglucose u. 1,3,4?-Trimethyl-γ-fructose[1])[2])	[1]) **G. C. Leitch:** Soc. Lond. **1927**, 588. [2]) **Zemplén** u. **Braun:** Ber. **59**, 2230, 2539 (1926).
$Kp_{0,15}=$ 159—$162°$	$[\alpha]_D^{19}=+106,7°$ (in H_2O) $+109,7°$ (in Alk.)	l.l. H_2O u. org. Lösgm., inkl. Petroläth.	Hydrol. wie bei Verb. 17	[1]) **Zemplén** u. **Braun:** Ber. **59**, 2230, 2539 (1926).
—	—	—	Verliert bei d. Hydrol. kein Methoxyl. Ist nach Entstehung u. Formel wohl richtiger als Tetramethyl-di-anhydro-mannose:$[C_6H_7O_2(OCH_3)_2]_2O$ zu formulieren	[1]) **Irvine** u. **Burt:** Soc. Lond. **125**, 1343 (1924).
$Kp_{0,02}=$ 238—$240°$	$[\alpha]_D^{18,5}=+126,1°$ (in H_2O, $c=1,838\%$) $[\alpha]_D^{16,5}=+128,4°$ (in H_2O, $c=1,005\%$) $[\alpha]_D^{18}=+112,1°$ (in Alk., $c=1,05\%$) $[\alpha]_D^{16}=+112,7°$ (in Alk., $c=1,05\%$)	—	$n_D=1,4680$. Reduz. nicht Fehl. Lösg. Hydrol. liefert: n-Tetramethylgalaktose, 2,3,4-Trimethylglucose u. Tetramethyl-γ-fructose	[1]) **Haworth, Hirst** u. **Ruell:** Soc. Lond. **123**, 3125 (1923).

Tabelle 64 (Fortsetzung).

Nr	Name	Formel, Konstitution	Vorkommen, Bildung, Darstellung	Krystallogr. Eigenschaften
21	Hendekamethyl-melezitose	$C_{18}H_{21}O_5(OCH_3)_{11}$	D. Methylierg. v. Melezitose m. $(CH_3)_2SO_4 + NaOH$[1][2])	Schwach gelb., s. zäher Sirup[1]

Tabelle 65.

Nr	Name	Formel, Konstitution	Vorkommen, Bildung, Darstellung	Krystallogr. Eigenschaften
1	Trimethyl-α-glucosan	$C_6H_7O_2(OCH_3)_3$	D. Methylierg. v. α-Glucosan m. $(CH_3)_2SO_4 + NaOH$ b. 35—40°[1])	Dickes, blaß-gelbes Öl
2	Dodekamethyl-tetra-α-glucosan	$[C_6H_7O_2(OCH_3)_3]_4$	Aus Tetraglucosan m. $(CH_3)_2SO_4 + NaOH$[1])	Sirup
3	Dimethyl-lävo (?) glucosan	$C_6H_8O_3(OCH_3)_2$	D. Vakuumdest. v. Dimethylcellulose (m. $(CH_3)_2SO_4 + NaOH$ hergestellt)[1])	Feste, glasige, farbl. Masse
4	Trimethyl-lävo (od. β-)glucosan	$C_6H_7O_2(OCH_3)_3$	D. Methylierg. v. Lävoglucosan m. $CH_3I + Ag_2O$[1]). Bei d. Methylierg. u. Destill. v. Fischer-Armstrong's Galaktosido-glucose, als Nebenprod.[2])	Aggr. v. Rhomboëdern [aus Äth.[1]) od. Petroläth.[2])]
5	Di-trimethyl-lävoglucosan	$[C_6H_7O_2(OCH_3)_3]_2$	D. frakt. Destill. v. methyliertem Polylävoglucosangemisch[1])	Schwach gelber, zäher Sirup
6	Tri-trimethyl-lävoglucosan	$[C_6H_7O_2(OCH_3)_3]_3$	D. Methylierg. v. Trilävoglucosan m. $(CH_3)_2SO_4 + NaOH$[1])	Farbl. glasige Masse, zu weiß. Pulv. verreibbar
7	Tetra-trimethyl-lävoglucosan	$[C_6H_7O_2(OCH_3)_3]_4$	Aus Tetralävoglucosan, wie bei Verb. 6[1])	Glasige Masse
8	Hepta?-dimethyl-lävoglucosan	$[C_6H_8O_3(OCH_3)_2]_7$?	D. Methylierg. v. Hepta?-lävoglucosan m. $CH_3I + Ag_2O$[1])	Farbl. Glas, leicht pulverisierbar
9	Hepta?-trimethyl-lävoglucosan	$[C_6H_7O_2(OCH_3)_3]_7$?	D. Methylierg. v. Hepta?-lävoglucosan m. $(CH_3)_2SO_4 + NaOH$[1])	Glasige Masse, leicht zu weiß. Pulv. verreibbar
10	Dodekamethyl-tetralävoglucosan	$[C_6H_7O_2(OCH_3)_3]_4$	D. Methylierg. v. Tetralävoglucosan m. $(CH_3)_2SO_4 + NaOH$[1])	Schwach gelb. Sirup
11	2?-Monomethyl-(5, 6)?anhydro-methyl-glucosid-3?-oleat	$C_{26}H_{46}O_6$	Aus Anhydromethylglucosid-monooleat (d. Erhitzen v. α-Methylglucosid u. Olivenöl in Gegenwart v. Na-Äthylat gewonnen) m. $CH_3I + Ag_2O$[1])	Hellgelb. bewegliches Öl

Methyl= und Äthyläther der Di= und Trisaccharide.

Schmelz- und Siedepunkt	Optisches Drehungsvermögen	Löslichkeit	Analytisches; Diverses	Literatur
$\mathrm{Kp}_{0,36} =$ 195—200° [1] $\mathrm{Kp}_{0,01} =$ 236° [2])	$[\alpha]_D^{19} = +105,25°$ (in H_2O), $+113,4°$ (in Alk.) [1]) $[\alpha]_D = +114°$ (in CH_3OH, $c = 0,85\%$) $+108,6°$ (in Alk., $c = 2,2\%$) [2])	l.l. H_2O u. org. Lösgm., inkl. Petroläth. [1])	$n_D = 1,4680$ [2]). Hydrol. liefert: n-Tetramethylglucose u. Heptamethylturanose bzw. deren Spaltungsprod. [1] [2])	[1]) **Zemplén** u. **Braun**: Ber. **59**, 2230, 2539 (1926). [2]) **G. C. Leitch**: Soc. Lond. **1927**, 588.

Methyl= und Äthyläther der übrigen Zucker.

Schmelz- und Siedepunkt	Optisches Drehungsvermögen	Löslichkeit	Analytisches; Diverses	Literatur
$\mathrm{Kp}_9 =$ 210—212°	—	—	Wird d. h. H_2O zu 3,4,6-Trimethylglucose (Osaz. F = 163 bis 164°) hydrol.	[1]) **Cramer** u. **Cox**: Helv. **5**, 884 (1922).
—	—	l.l. org. Lösgm. auß. Petroläth.	Reduz. nicht Fehl. Lösg. Hydrol. liefert: n-Tetramethylglucose, Tri- und Dimethylglucose	[1]) **Pringsheim** u. **Schmalz**: Ber. **55**, 3001 (1922).
—	—	—	Hydrol. liefert eine (nicht identifizierte) Dimethylglucose	[1]) **Reilly**: Helv. **4**, 616 (1921).
63—64° [1]) $\mathrm{Kp}_{12} =$ 135,5°	$[\alpha]_D^{20}$ ($c = 5\%$) $=$ $-63,5°$ (in H_2O) $-63,6°$ (in Aceton), $-53,2°$ (in CH_3OH), $-48,5°$ (in C_6H_6) [1])	l.l. org. Lösgm.	Reduz. nicht Fehl. Lösg. Hydrol. liefert: 2,3,4-Trimethylglucose [1])	[1]) **Irvine** u. **Oldham**: Soc. Lond. **119**, 1744 (1921). [2]) **Schlubach** u. **Rauchenberger**: Ber. **59**, 2102 (1926).
$\mathrm{Kp}_{0,2} =$ 205—210°	$[\alpha]_D^{20}$ ($c = $ ca. 2%) $=$ $+46,5°$ (in $CHCl_3$), $+48,3°$ (in CH_3OH), $+51,8°$ (in Aceton)	—	$n_D = 1,4720$. Hydrol. liefert: 2,4?-Dimethylglucose u. n-Tetramethylglucose	[1]) **Irvine** u. **Oldham**: Soc. Lond. **127**, 2903 (1925).
—	$[\alpha]_D$ ($c = $ ca. 2%) $=$ $+53,5°$ (in $CHCl_3$), $+52,8°$ (in CH_3OH), $+56,4°$ (in Aceton)	—	Einheitlichkeit fraglich, da etwa d. Hälfte b. 180—200° 0,5 mm destill. als bewegl. Sirup, $[\alpha]_D = +23,9°$ (in $CHCl_3$), $n_D = 1,4770$. Hydrol. wie bei Verb. 9	[1]) **Irvine** u. **Oldham**: Soc. Lond. **127**, 2903 (1925).
—	$[\alpha]_D = +61,2°$ (in $CHCl_3$, $c = 2,900\%$) $+68,7°$ (in CH_3OH, $c = 1,3625\%$) $+70,5°$ (in Aceton, $c = 1,958\%$)	Wie b. Verb. 9	Wie bei Verb. 9	[1]) **Irvine** u. **Oldham**: Soc. Lond. **127**, 2903 (1925).
—	$[\alpha]_D = +76,0°$ (in $CHCl_3$, $c = 0,6035\%$)	—	—	[1]) **Irvine** u. **Oldham**: Soc. Lond. **127**, 2903 (1925).
—	$[\alpha]_D = +89,4°$ (in $CHCl_3$, $c = 2,745\%$)	s. l.l. org. Lösgm. auß. Petroläth.	Hydrol. liefert: n-Tetramethylglucose, 2,3,4-Trimethyl- u. 2,4?-Dimethylglucose	[1]) **Irvine** u. **Oldham**: Soc. Lond. **127**, 2903 (1925).
—	—	l.l. org. Lösgm. auß. Petroläth.	Reduz. nicht Fehl. Lösg. Hydrol. liefert: n-Tetramethylglucose u. 2,4?-Dimethylglucose. Identität mit Verb. 7 zweifelhaft	[1]) **Pringsheim** u. **Schmalz**: Ber. **55**, 3001 (1922).
—	—	—	**2-Monomethyl-anhydromethylglucosid?**: $C_6H_8O_3(OCH_3)_2$, aus d. Oleat m. methylalkohol. HCl; nicht rein erhalten	[1]) **Irvine** u. **Gilchrist**: Soc. Lond. **125**, 1 (1924).

Nr	Name	Formel, Konstitution	Vorkommen, Bildung, Darstellung	Krystallogr. Eigenschaften
12	2, 3?-Dimethyl-(5, 6)?-anhydro-methyl-glucosid	$C_6H_7O_2(OCH_3)_3$	Aus (unreinem) 2-Monomethyl-anhydromethylglucosid (Verb. 11) m. $CH_3I + Ag_2O$	Bewegl. Sirup
13	2, 3, 6-Trimethylglucosan [1, 4] [1, 5]	$C_6H_7O_2(OCH_3)_3$	D. Erhitzen v. [2,3,6-Trimethyl-4-acetyl-glucosido (1, 5)]-trimethylammoniumchlorid m. wäßr. $Ba(OH)_2$[1]). Aus 2,3,6-Trimethyl-1-chlor-glucose m. Na in absol. Äth.[2])	Farbl. bewegl. Sirup
14	2, 3, 6-Trimethylhexosan [1, 4] [1, 5]	$C_6H_7O_2(OCH_3)_3$	Aus 2,3,6-Trimethyl-4?-chlor-glucose m. Na in absol. Äth. (wahrscheinl. unter Walden'scher Umkehrung)[1]	Farbl. bewegl. Öl
15	Hexamethyl-h-difructose-anhydrid [1, 2'] [1', 2]	$[C_6H_7O_2(OCH_3)_3]_2$	D. Methylierg. v. h-Fructose-anhydrid (1, 2) m. $(CH_3)_2SO_4 + NaOH$[1])	Sirup
16	Di-[trimethyl-anhydrofructose]	$[C_6H_7O_2(OCH_3)_3]_2$	D. Methylierg. einer aus Inulin (bzw. Acetylinulin, m. HNO_3, dann Verseif.) erhaltenen Anhydrofructose m. $(CH_3)_2SO_4 + NaOH$, dann $CH_3I + Ag_2O$[1])	Bewegl. Sirup
17	Trimethyl-sinistrin	$[C_6H_7O_2(OCH_3)_3]_{10}?$	D. Methylierg. v. Sinistrin A (Difructosan) m. $(CH_3)_2SO_4 + NaOH$[1])	Caramelartige Subst.; im Hochvak. nicht destillierbar
18	Tetramethyl-dihexosan	$[C_6H_8O_3(OCH_3)_2]_2$	D. Methylierg. v. Dihexosan (aus Stärke-Amylose)m.$CH_3I + Ag_2O$[1])	—
19	Monomethyl-trihexosan (od. besser: Tri-[monomethyl-hexosan])	$[C_6H_9O_4OCH_3]_3$	Aus Trihexosan (aus Stärke) d. einmaliges Methylieren m. $(CH_3)_2SO_4 + NaOH$ bei Zimmertemp.[1])	Schneeweißes Pulver (aus $CHCl_3$ d. Petroläth. gefällt)
20	Hexamethyl-trihexosan	$[C_6H_8O_3(OCH_3)_2]_3$	D. Methylierg. v. Trihexosan (aus Stärke) m. $(CH_3)_2SO_4 + NaOH$ bei 30—40°[1])	Weißes Pulver d. Verreiben m. Petroläth.)
21	Hexamethyl-biosan	$[C_6H_7O_2(OCH_3)_3]_2$	D. Methylierg. v. Biosan (aus Celluloseacetat d. Acetolyse u. Verseif.) m. $(CH_3)_2SO_4 + NaOH$[1])	Fest
22	Tri-[trimethyl-anhydroglucose]	$[C_6H_7O_2(OCH_3)_3]_3$	Aus Anhydrotriglucose-acetat (d. Acetolyse v. Cellulose gewonnen) d. gleichzeitige Verseif. u. Methylierg. m. $(CH_3)_2SO_4 + NaOH$[1])	Farbl. glasige Masse, zu feinem weiß. Pulv. verreibbar
23	Enneamethyl-trihexosan	$[C_6H_7O_2(OCH_3)_3]_3$	D. Methylierg. v. Trihexosan (aus Cellulose d. Acetolyse — wahrscheinl. Reversionsprodukt) mit $(CH_3)_2SO_4 + NaOH$[1])	Weiß. amorph. Pulver (aus $CHCl_3$ m.Petrol-äth. gefällt)

Schmelz- und Siedepunkt	Optisches Drehungsvermögen	Löslichkeit	Analytisches; Diverses	Literatur
$Kp_{0,2} =$ 115—120°	—	—	$n_D = 1,4419$	[1] **Irvine** u. **Gilchrist**: Soc. Lond. **125**, 1 (1924).
$Kp_{0,1} =$ 83—85°[2] $Kp_{0,06} =$ 107—108°[1]	$[\alpha]_D^{16} = -10,1°$ (in Subst.) $-14,6°$ (in CHCl$_3$, c = 5,36%) $+16,5°$ (in H$_2$O, c = 3,86%)[2] $[\alpha]_D^{20} = +70,1°$ bis $+84,3°$ (in CHCl$_3$)[1]	l. l. in allen gebräuchl. Lösgm., inkl. H$_2$O u. Petroläth.[2]	$D^{15} = 1,1593$; $n_D^{14} = 1,4656$[2]. Reduz. nicht Fehl. Lösg.[1][2]; entfärbt, wenn nach [2] dargestellt, weder KMnO$_4$-Lösg. noch Br-Lösg., wenn nach [1] dargestellt, jedoch beide, d. Gegenw. eines isomer. ungesätt. Nebenprod., wahrscheinl. **2,3,6-Trimethyl-glucoseen [1,2][1,5]**. Hydrol. liefert: 2,3,6-Trimethylglucose[1][2]	[1] **Micheel** u. **Hess**: Ber. **60**, 1898 (1927). — **Hess** u. **Micheel**: A. **466**, 100 (1928). [2] **Freudenberg** u. **Braun**: A. **460**, 288 (1927).
$Kp_{0,1} = 84°$	$[\alpha]_D^{20} = +106,8°$ (in Subst.) $+112,8°$ (in H$_2$O)	Wie Verb. 13	Reduz. nicht Fehl. Lösg.; entfärbt weder KMnO$_4$-Lösg. noch Br-Lösg. Hydrol. liefert: 2,3,6-Trimethylhexose, verschieden v. 2,3,6-Trimethylglucose	[1] **Freudenberg** u. **Braun**: A. **460**, 304 (1927).
$Kp_{0,1} = 150°$	$[\alpha]_D^{20} = +31,1°$ (in CHCl$_3$, c = 1,12%)	l. l. Alk., Äth., CHCl$_3$, unl. H$_2$O	$n_D^{20} = 1,4738$. Reduz. nicht Fehl. Lösg. Hydrol. liefert: 3,4,6-Trimethyl-h-(=γ-)fructose	[1] **Schlubach** u. **Elsner**: Ber. **61**, 2358 (1928).
$Kp_{0,1} = 166°$	$[\alpha]_D = +23,8°$ (in CHCl$_3$, c = 2,5%)	—	$n_D = 1,4730$. Ist vielleicht ident. m. Verb. 15	[1] **Irvine** u. **Stevenson**: Amer. Soc. **51**, 2197 (1929).
—	$[\alpha]_D^{20} = -41,5°$ (in CHCl$_3$, c = 1,3836%)	—	Hydrol. liefert: 3,4,6-Trimethyl-γ-fructose	[1] **Schlubach** u. **Flörsheim**: Ber. **62**, 1491 (1929).
—	$[\alpha]_{Hg\,gelb}^{18} = +144,9°$ (in H$_2$O)	—	Hydrol. liefert: 2,3-Dimethylglucose	[1] **Sjöberg**: Ber. **57**, 1251 (1924).
—	$[\alpha]_D^{22} = +116,7°$ (in 1,15 n-HCl, c = 1,273%)	—	Reduz. nicht Fehl. Lösg.; wird d. Jod nicht gefärbt. — Amylasen spalten nicht; Säurehydrol. liefert: 6-Methylglucose	[1] **R. Kuhn** u. **Ziese**: Ber. **59**, 2314 (1926).
—	—	—	—	[1] **Pringsheim, Steingroever** u. **Schapiro**: Ber. **59**, 1006 (1926).
210—215°	$[\alpha]_D^{24} = -4,51°$ (in C$_6$H$_6$, c = 1,114%) $[\alpha]_D^{20} = -10,18°$ (in H$_2$O, c = 1,080%)	l. CHCl$_3$, C$_6$H$_6$ Toluol, Essigs., Pyrid., k. H$_2$O; w. l. h. H$_2$O, h. Alk., h. Aceton	Hydrol. liefert: 2,3,6-Trimethylglucose	[1] **Hess** u. **Friese**: A. **450**, 40 (1926).
erweicht ab 40°	$[\alpha]_D = +7,0°$ (in CHCl$_3$), $+10,1°$ (in C$_6$H$_6$), $+15,7°$ (in Aceton)	l. l. Äth., CHCl$_3$ C$_6$H$_6$, Aceton; w. l. CH$_3$OH, Alk., H$_2$O	Reduz. Fehl. Lösg. erst nach Hydrol. Ist m. ca. 30% methyliertem Trisaccharid verunreinigt; Hydrol. liefert daher ca. 7% n-Tetramethylglucose neben 84% 2,3,6-Trimethylglucose	[1] **Irvine** u. **Robertson**: Soc. Lond. **1926**, 1488.
84—91°	$[\alpha]_D^{19} = +94,8°$ (in CHCl$_3$, c = 1,044%)	—	Hydrol. liefert: 2,3,6-Trimethylglucose	[1] **Micheel**: A. **456**, 84 (1927).

Nr	Name	Formel, Konstitution	Vorkommen, Bildung, Darstellung	Krystallogr. Eigenschaften
24	Tetramethyl-α-diamylose	$[C_6H_8O_3(OCH_3)_2]_2$	D. Methylierg. v. α-Diamylose m. $(CH_3)_2SO_4 + NaOH$, dann $CH_3I + Ag_2O$[1])	Sechsseit. Tafeln (aus Aceton + Petroläth.)
25	Hexamethyl-β-triamylose	$[C_6H_8O_3(OCH_3)_2]_3$	Aus β-Triamylose, wie b. Verb. 24[1])	Sechsseit.Tafeln, zu Warzen vereinigt (aus Aceton+Petroläth.)
26	Oktamethyl-α-tetraamylose	$[C_6H_8O_3(OCH_3)_2]_4$	Aus α-Tetraamylose, wie bei Verb. 24[1])	Sechsseit. weiße Tafeln (aus Aceton+Petroläth.)
27	Dekamethyl-α-tetraamylose	$C_{24}H_{30}O_{10}(OCH_3)_{10}$	D. fortgesetzte Methylierg. v. α-Tetraamylose m. $(CH_3)_2SO_4 + NaOH$[1])	Wachsartiger Körper
28	Dodekamethyl-α-hexaamylose	$[C_6H_8O_3(OCH_3)_2]_6$	Aus α-Hexaamylose, wie bei Verb. 24[1])	Rhomboëder, zu Rosetten vereinigt (aus Aceton + Petroläth.)
29	Dodekamethyl-β-hexaamylose	$[C_6H_8O_3(OCH_3)_2]_6$	Aus β-Hexaamylose, wie bei Verb. 24[1])	Kl. vierseitige Plättchen (aus Aceton + Petroläth.)
30	Oktadekamethyl-β-hexaamylose (od. β-Hexa-trimethylamylose)	$[C_6H_7O_2(OCH_3)_3]_6$	D. fortgesetzte Methylierg. v. β-Hexaamylose m. $(CH_3)_2SO_4 + NaOH$ u. Fraktion. m. Petroläth.[1])	Platten (aus Äth.)
31	Digitoxose-monomethyläther-methyl-halbacetal	$C_6H_{10}O_2(OCH_3)_2$	D. Methylierg. v. Digitoxose m. $(CH_3)_2SO_4 + NaOH$	Klares Öl
32	2-Methylamino-β?-methylglucosid	$CH_3OC_6H_{10}O_4NHCH_3$ od.$OC_6H_{10}O_4NH(CH_3)_2$[1])	D. Methylierg. v. 2-Aminio-β?-methylglucosid m. $CH_3I + Ag_2O$, u. Kochen m. H_2O zur Zers. d. Additionsprod. m. AgI[2])	Kl. wachsartige kryst. Blättchen (ausAlk.+Äth.)[2])
33	2-Dimethylamino-β?-methylglucosid	$CH_3OC_6H_{10}O_4N(CH_3)_2$ od. $OC_6H_{10}O_4N(CH_3)_3$[1])	Aus Verb. 32 d. anhaltendes Methylieren m. $CH_3I + Ag_2O$ u. Kochen m. H_2O[2])	Farbl. Sirup[2])

Schmelz- und Siedepunkt	Optisches Drehungsvermögen	Löslichkeit	Analytisches; Diverses	Literatur
bis 200° weder F. noch Zers.	$[\alpha]_D^{20} = +143{,}6°$ (in Alk., ohne Mutarotat.)	l. l. in den gebräuchl. Lösgm. auß. Petroläth.	Reduz. nicht Fehl. Lösg.	[1] **Pringsheim** u. **Persch:** Ber. **55**, 1425 (1922).
—	$[\alpha]_D^{20} = +138°$ (in Alk.)	Wie b. Verb. 24	Reduz. nicht Fehl. Lösg.	[1] **Pringsheim** u. **Goldstein:** Ber. **56**, 1520 (1923).
bis 250° weder F. noch Zers.	$[\alpha]_D^{20} = +141{,}5° \rightarrow +148{,}2°$ (in Alk.)	l. l. CH_3OH, Alk., Aceton, C_6H_6	Reduz. nicht Fehl. Lösg.[1]. **Tetracetat:** $(C_{10}H_{16}O_6)_4$, d. Acetylierg. m. $(CH_3CO)_2O$ in Pyrid.; sechsseitige Säulen; $[\alpha]_D^{20} = +119°$ (in Alk.)[2]	[1] **Pringsheim** u. **Persch:** Ber. **54**, 3162 (1921). [2] **Pringsheim** u. **Persch:** Ber. **55**, 1425 (1922).
—	$[\alpha]_D = +151{,}5°$ (in CH_3OH) $+147{,}2°$ bis $148{,}9°$ (in $CHCl_3$)	—	Hydrol. liefert äquimol. Mengen v. 2,3,6-Trimethyl- u. 2,6?-Dimethylglucose. **Hendekamethyl-α-Tetraamylose:** $C_{24}H_{29}O_9(OCH_3)_{11}$, d. Behandeln des Dekamethylderiv. nacheinand. m. $SOCl_2$ u. CH_3ONa	[1] **Irvine, Pringsheim** u. **Skinner:** Ber. **62**, 2372 (1929).
—	$[\alpha]_D^{20} = +148{,}75°$ (in Alk.)	—	Reduz. nicht Fehl. Lösg.	[1] **Pringsheim** u. **Goldstein:** Ber. **56**, 1520 (1923).
—	$[\alpha]_D^{20} = +143°$ (in Alk.)	—	Reduz. nicht Fehl. Lösg.	[1] **Pringsheim** u. **Goldstein:** Ber. **56**, 1520 (1923).
102—105°	$[\alpha]_D = $ ca. $+144°$ (in $CHCl_3$; f. noch nicht ganz reine Subst.)	—	Hydrol. liefert: 2,3,6-Trimethylglucose	[1] **Irvine, Pringsheim** u. **Macdonald:** Soc. Lond. **125**, 942 (1924).
$Kp_{0{,}5} = 100°$	—	l. l. Äth.	Reduz. nicht Fehl. Lösg.	[1] **Windaus** u. **Schwarte:** C. **1927**, I, 882.
89—90° Zers. 215°	$[\alpha]_D^{20}$ (c = 2%) = $-14{,}95°$ (in CH_3OH) $-12{,}99°$ (in H_2O)	l. l. H_2O, Alk., Aceton; w. l. C_6H_6, Essigester; unl. Äth.	Reduz. Fehl. Lösg. erst nach Hydrol. m. konz. HCl; ist neutral gegen Lackmus u. gibt keine Salze. — **Additionsverb. m. AgI:** $C_8H_{17}O_5N \cdot AgI$, aus d. Kompon. — Weißes Pulv., unl. in d. gewöhnl. organ. Lösgm.; d. h. H_2O gespalten; Zers. 74°[2]	[1] **Irvine** u. **Fyfe:** Soc. Lond. **105**, 1647 (1914). [2] **Irvine** u. **Hynd:** Soc. Lond. **101**, 1141 (1912).
—	—	l. l. org. Lösgm.	Reakt. wie bei Verb. 32. Heiße Alkalien spalten in Dimethylamin u. $(\alpha + \beta)$ Methylglucosid. — **Additionsverb. m. AgI:** $C_9H_{19}O_5N \cdot AgI$. Blaßgelb. mikrokryst. Pulver, d. h. H_2O gespalten[2]	[1] **Irvine** u. **Fyfe:** Soc. Lond. **105**, 1647 (1914). [2] **Irvine** u. **Hynd:** Soc. Lond. **101**, 1141 (1912).

Tabelle 66.

Nr	Name	Formel, Konstitution	Vorkommen, Bildung, Darstellung	Krystallogr. Eigenschaften
1	**Glykolaldehyd-phenyläther** (Phenyl-glykolose; Phenoxy-acetaldehyd)	$C_6H_5OCH_2CHO$	D. Hydrol. d. entspr. Diäthylacetals m. verd. H_2SO_4[1])	Farbl. aromat. Fl.
	Hydrat	$C_6H_5OCH_2CH(OH)_2$	Aus d. Kompon.[1])	Weiße Kryst.
2	**Phenoxyacetaldehyd-diäthylacetal**	$C_6H_5OCH_2CH(OC_2H_5)_2$	D. Erhitzen v. Na-Phenolat u. Chloracetal in Alk. auf 160° bis 200°[1])	Farbl. schweres Öl
3	**d, l-Milchsäurealdehyd-phenyläther** (α-Phenoxypropionaldehyd)	CHO | CHOC$_6$H$_5$ | CH$_3$	Aus d. entspr. Diäthylacetal d. Hydrol. m. verd. H_2SO_4[1])	Intensiv aromat. riechendes Öl
4	**α-Phenoxypropionaldehyd-diäthylacetal**	CH(OC$_2$H$_5$)$_2$ | CHOC$_6$H$_5$ | CH$_3$	D. Einwirk. v. C_2H_5ONa u. Phenol auf α-Brompropionaldehyd im Autoklaven bei 200—210°[1])	Aromat. Fl.
5	**3-Allyl-d-glucose**	$C_6H_{11}O_5OC_3H_5$	Aus 3-Allyl-diacetonglucose d. Hydrol. m. verd. wäßr.-methylalkohol. H_2SO_4[1])	Kryst. (aus Essigest. + Alk., 3:1)
6	**3-Benzyl-d-glucose**	$C_6H_{11}O_5OCH_2C_6H_5$	Aus 3-Benzyl-diacetonglucose, wie bei Verb. 5[1])	Kryst. (aus Aceton)
7	**6-Trityl-(= Triphenylmethyl-) d-glucose-α**	$(C_6H_5)_3C$—O—$C_6H_{11}O_5$	Aus wasserfreier d-Glucose u. Tritylchlorid (= Triphenylchlormethan) in abs. Pyrid. bei Zimmertemp.[1])	Breite, abgespitzte Nadeln (aus abs. Alk.), m. 2 Mol. C_2H_5OH Alkoholfrei (bei 35°/1 mm üb. P_2O_5 getrocknet)
8	**6-Trityl-α-tetracetyl-glucose [1, 5]**	$C_{33}H_{34}O_{10}$	Aus Verb. 7 m. $(CH_3CO)_2O$ in Pyrid. b. Zimmertemp.[1])	Nadeln (aus abs. Alk.)
9	**6-Trityl-β-tetracetyl-glucose [1, 5]**	$C_{33}H_{34}O_{10}$	Aus wasserfreier d-Glucose in Pyrid. b. Zimmertemp., erst m. Tritylchlorid, dann m. $(CH_3CO)_2O$[1]). Aus 1,2,3,4-Tetracetyl-β-glucose m. Tritylchlorid in Pyrid.[2])	Feine, glänz. Nadeln [aus Äth. + Ligroin[1]) od. Alk. + 1 % Petroläth.[2])]
10	**6-Trityl-α-glucosyl-fluorid**	$(C_6H_5)_3C$—O—$C_6H_{10}O_4F$	Aus α-Glucosylfluorid, wie bei Verb. 7[1])	Weiße Nädelchen (aus Aceton m. Petroläth. gefällt)

324

Sonstige Äther.

Schmelz- und Siedepunkt	Optisches Drehungsvermögen	Löslichkeit	Analytisches; Diverses	Literatur
$Kp = 215°$ (Zers.) $Kp_{30} = 118—119°$ $38°$	— —	— z. l. H_2O	Reduz. ammoniakal. Silberlösg.; sehr unbeständig[1]. Gibt m. Eisessig u. $ZnCl_2$ erhitzt: Cumaron[2]. **Phenylhydraz.:** $C_{14}H_{14}N_2O$, hellgelbe Prism. (aus Alk.), $F = 86°$[1]. **Oxim:** $C_8H_9O_2N$, Prismen (aus Petroläth.), $F = 95°$[1]	[1] **Pomeranz:** Monatsh. f. Chem. **15**, 739 (1894). [2] **Stoermer:** A. **312**, 261 (1900).
$Kp = 257°$	—	—	Über Kresoxy-, Xylenoxy-, Naphthoxy-acetale usw. und d. entspr. freien Aldehyde: siehe [2]). Weitere Äther d. Glykolaldehyds u. sein. Acetals: siehe [3])	[1] **Autenrieth:** Ber. **24**, 162 (1891). — **Pomeranz:** Monatsh. f. Chem. **15**, 740 (1894). [2] **Hesse:** Ber. **30**, 1438 (1897). — **Stoermer:** Ber. **30**, 1700 (1897) A. **312**, 237 (1900). [3] **Sabetay:** Soc. chim. France [4] **45**, 1161 (1929).
$Kp_{16} = 99—101°$	—	l. l. Alk., Äth., C_6H_6; unl. k. H_2O	Reduz. stark; ist m. H_2O-Dampf leicht flüchtig; bildet kein Hydrat. **Oxim:** $C_9H_{11}O_2N$, Nadeln, $F = 110°$. **Semicarbazon:** $C_{10}H_{13}O_2N_3$, schimmernde Blättchen, $F = 161,5°$	[1] **Stoermer:** A. **312**, 271 (1900) — Vgl. **Kissel:** Dissertat., Rostock 1901.
$Kp_{14} = 131—132°$	—	—	Analoge Kresoxy- u. Cumenoxy-acetale u. d. entspr. freien Aldehyde: siehe im Original (S. 286, 305)	[1] **Stoermer:** A. **312**, 271 (1900) — Vgl. **Kissel:** Dissert., Rostock 1901.
$131°$	$[\alpha]_{578} = +37,15°$ (in H_2O)	l. l. H_2O, Alk.; schw. l. Aceton, Essigester	Reduz. Fehl. Lösg. **Osaz.:** $C_{21}H_{26}O_4N_4$, gelbe Nadeln (aus verd. Alk.), $F = 145°$	[1] **Freudenberg, v. Hochstetter** u. **Engels:** Ber. **58**, 671 (1925).
$127—128°$	$[\alpha]_{578} = +29,1°$ (in H_2O)	l. l. H_2O, Alk.; schw. l. Aceton, Essigester	Reduz. Fehl. Lösg. **Osaz.:** $C_{25}H_{28}O_4N_4$, Nadeln (aus verd. Alk.), $F = 149$ bis $150°$	[1] **Freudenberg, v. Hochstetter** u. **Engels:** Ber. **58**, 671 (1925).
sint. $45°$ $F = 57—58°$ sint. ab $60°$, F unscharf, Zers. geg. 100	— $[\alpha]_D^{22} = +59,6°$ → $+38,0°$ (in Pyrid.)	s. l. l. Äth., Aceton, Essigester, C_6H_6, $CHCl_3$, CCl_4; l. CH_3OH, Alk.; unl. H_2O, Petroläth.	Reduz. h. Fehl. Lösg. Wird d. HCl in Lösg. oder 0,5 proz. alkohol. NaOH in Glucose u. Triphenylmethylcarbinol gespalten	[1] **Helferich, Moog** u. **Jünger:** Ber. **58**, 872 (1925).
$129—131°$	$[\alpha]_D^{22} = +97,4°$ (in Pyrid.)	s. l. l. Äth., Aceton, Essigester, C_6H_6; l. CH_3OH, Alk.; s. schw. l. Ligroin, Petroläth.; unl. H_2O	Ist noch nicht ganz einheitlich (m. β-Verb. verunreinigt?)[2]	[1] **Helferich, Moog** u. **Jünger:** Ber. **58**, 872 (1925). [2] **Helferich** u. **Klein:** A. **450**, 222 (1926).
$166°$ (k)[2]	$[\alpha]_D^{19} = +44,8°$ (in Pyrid.)[1]	l. l. Aceton, $CHCl_3$, Essigester; weniger absol. Alk.; schw. l. Äth.; s. schw. l. Ligroin, Petroläth.; unl. H_2O[1]	Gibt m. HBr in Eisessig b. 0°: 1, 2, 3, 4-Tetracetyl-β-glucose[2]	[1] **Helferich, Moog** u. **Jünger:** Ber. **58**, 872 (1925). [2] **Helferich** u. **Klein:** A. **450**, 222 (1926).
sint. $135°$ $F = 140°$ (Zers.)	$[\alpha]_D^{14} = +58,4°$ (in Pyrid.)	l. l. Aceton, Pyrid.; z. l. CH_3OH, Alk., Essigester; schw. l. bis unl. Äth., Petroläth., H_2O	**Triacetat:** $C_{31}H_{31}O_8F$, Nadeln (aus abs. Alk.), $F = 147—148°$; $[\alpha]_D^{20} = +119,6°$. **Tribenzoat:** $C_{46}H_{37}O_8F$, amorphes Pulv., F gegen $95°$ (unscharf); $[\alpha]_D^{18} = +75,1°$ (in Pyrid.)	[1] **Helferich, Bäuerlein** u. **Wiegand:** A. **447**, 32 (1926).

Nr	Name	Formel, Konstitution	Vorkommen, Bildung, Darstellung	Krystallogr. Eigenschaften
11	6-Trityl-α-methylglucosid	$(C_6H_5)_3C$—O —$C_6H_{10}O_4OCH_3$	Aus α-Methylglucosid u. Tritylchlorid in abs. Pyrid. auf d. Wasserbad[1]	Lange Nadeln (aus Alk.) m. $1^1/_2$ Mol. C_2H_5OH Alkoholfrei (im Vak. bei 78° getrocknet)
12	2, 3, 4-Triacetyl-6-trityl-α-methyl-glucosid	$C_{32}H_{34}O_9$	Aus Verb. 11 m. $(CH_3CO)_2O$ in Pyrid. bei Zimmer-temp.[1] od. direkt aus α-Methylglucosid in Pyrid. m. Tritylchlorid u. dann $(CH_3CO)_2O$[2]	Nadeln (aus Alk. od. Ligroin)[1]
13	2, 3, 4-Tribenzoyl-6-trityl-α-methyl-glucosid	$C_{47}H_{40}O_9$	Aus Verb. 11 m. Benzoyl-chlorid in Pyrid. b. Zim-mertemp.[1]	Farbl. Nad. (d. Fällen aus Essigest. m. Alk.) Andere Form (a. Alk.)
14	6-Trityl-β-methylglucosid	$(C_6H_5)_3C$—O —$C_6H_{10}O_4OCH_3$	Aus β-Methylglucosid, wie bei Verb. 11[1]	Nadeln (aus abs. Alk.), alkoholhaltig[1] Alkoholfrei? (aus Alk. od. CH_3OH)[1][2] Wieder erstarrte Schmelze[2]
15	2, 3, 4-Triacetyl-6-trityl-β-methyl-glucosid	$C_{32}H_{34}O_9$	Aus β-Methylglucosid in Pyrid. m. Tritylchlorid u. dann $(CH_3CO)_2O$[1]	Kryst. (aus CS_2)
16	6-Trityl-d-mannose-β	$(C_6H_5)_3C$—O—$C_6H_{11}O_5$	Aus d-Mannose, wie bei Verb. 7[1]	Kryst. (aus H_2O), m. Krystallwasser, das im Vak. bei 100° lang-sam entweicht
17	6-Trityl-β-tetracetyl-mannose	$C_{33}H_{34}O_{10}$	Aus Verb. 16 m. $(CH_3CO)_2O$ in Pyrid. b. Zimmertemp.[1]	Kryst. (aus Alk.)
18	6-Trityl-α-tetracetyl-mannose	$C_{33}H_{34}O_{10}$	Aus d. Mutterlaugen der β-Verb.[1]	Kryst. (aus Alk.) Andere Form
19	6-Trityl-d-galaktose-β	$(C_6H_5)_3C$—O—$C_6H_{11}O_5$	Aus d-Galaktose, wie bei Verb. 7[1]	Kryst. (aus Alk.), m. 1 Mol. C_2H_5OH Bei 67°/2 mm üb. P_2O_5 getrocknet: $C_{25}H_{26}O_6 \cdot {}^1/_2 C_2H_5OH$
20	1-Trityl-d-fructose-β	$(C_6H_5)_3C$—O—$C_6H_{11}O_5$	Aus d-Fructose, wie bei Verb. 7[1]	Dünne Blättchen (aus $CHCl_3$)
21	1-Trityl-α-tetracetyl-fructose [2, 6]	$C_{33}H_{34}O_{10}$	Aus Verb. 20 m. $(CH_3CO)_2O$ in Pyrid. b. Zimmertemp.[1]	Kryst. (aus abs. Alk.)
22	Di-trityl-maltose (6-Trityl-glucosido [1, 5] ↑ 1) (6-Trityl-glucose [1, 5] ↓ 4)	$C_{50}H_{50}O_{11}$	Aus Maltose (Hydrat) wie bei Verb. 7[1]	Weiß. amorph. Flocken (aus Alk. + H_2O), viel-leicht m. $^1/_2 C_2H_5OH$ (b. 77° im Vak. ge-trocknet)

Schmelz- und Siedepunkt	Optisches Drehungsvermögen	Löslichkeit	Analytisches; Diverses	Literatur
geg. 80° 151—152°	$[\alpha]_D^{15} = +72,8°$ (in Pyrid.) $[\alpha]_D^{16} = +86,3°$ (in Pyrid.)	l. l. $CHCl_3$, C_6H_6, Aceton, Essigester; weniger CH_3OH, Alk.; schw. l. Äth.; fast unl. H_2O, Petroläth.	Aus Essigester: Krystalle, F=138—140°; Lösgm. enthaltend. **Trimethyläther:** $C_{29}H_{34}O_6$, d. Methylierg. m. CH_3I+Ag_2O; amorphe, gelbliche, s. hygr. Flocken (aus Ligroin)	[1] Helferich u. Becker: A. **440**, 7 (1924).
136°	$[\alpha]_D^{21} = +136,9°$ (in Pyrid.)	l. l. Alk., Aceton, $CHCl_3$; schw. l. Äth., Petroläth.; unl. H_2O	Gibt m. PBr_5 im Überschuß erhitzt: Acetodibrom-glucose[2]). Mit HBr in Eisessig b. 0° entsteht: 2,3,4-Triacetyl-α-me-thylglucosid[3])	[1] Helferich u. Becker: A. **440**, 9 (1924). [2] Helferich, Klein u. Schäfer: Ber. **59**, 81 (1926); A. **447**, 21 (1926). [3] Helferich, Bredereck und Schneidmüller: A. **458**, 113 (1927).
171° 108—110°	$[\alpha]_D^{17} = +97,9°$ bis 100,3° (in Pyrid.)	l. l. C_6H_6, $CHCl_3$, Essig-ester; w. l. Äth., CH_3OH, Alk.; s. schw. l. Petroläth., Ligroin	Methylalkohol. NH_3 spaltet die Benzoylgruppen, HCl in Chlorof. die Tritylgruppe ab	[1] Helferich u. Becker: A. **440**, 9 (1924).
50° 105—110° 148° (k)	—	} Wie bei Verb. 11[1])	**Tribenzoat:** Krystalle (aus CH_3OH): $C_{47}H_{40}O_9 \cdot CH_3OH$, F=99—101°[2])	[1] Helferich u. Becker: A. **440**, 8 (1924). [2] Josephson: Ber. **62**, 315 (1929).
126° (k)	$[\alpha]_D^{22} = +32,0°$ (in Pyrid.)	l. l. Aceton, $CHCl_3$, Pyrid., w. l. Äth., CH_3OH, Alk.; fast unl. H_2O, Petroläth.	Gibt m. HBr in Eisessig b. 0°: 2,3,4-Triacetyl-β-methyl-glucosid[2])	[1] Helferich u. Schneidmüller: Ber. **60**, 2002 (1927). [2] Helferich, Bredereck und Schneidmüller: A. **458**, 114 (1927).
H_2O-frei: sint. 140°, F=160-170° (unscharf)	$[\alpha]_D^{17} = -2,0°$ (in $CHCl_3$) $[\alpha]_D^{10} = -3,7°$ → $+20,4°$ (in Pyrid.)	l. l. Aceton, Alk., $CHCl_3$, Pyrid., Essigs.; z. l. Äth.; schw. l. H_2O; s. schw. l. Petroläth.	Reduz. h. Fehl. Lösg.	[1] Helferich u. Leete: Ber. **62**, 1549 (1929).
204—206°	$[\alpha]_D^{23} = -2,3°$ bis $-2,6°$ (in $CHCl_3$)	l.l. in d. gewöhnl. organ. Lösgm.; w. l. k. CH_3OH od. Alk.; unl. H_2O, Petrol-äth.	—	[1] Helferich u. Leete: Ber. **62**, 1549 (1929).
130,5 bis 131,5° 123—124°	$[\alpha]_D^{23} = +73,4°$ (in $CHCl_3$)	Wie bei Verb. 17	—	[1] Helferich u. Leete: Ber. **62**, 1549 (1929).
sint. 72° F=73—75° sint. ab 76°, Zers. 108°	— $[\alpha]_D^{22} = +0,58°$ → $+2,24°$ (in Pyrid.)	} Wie bei Verb. 7	Analog wie bei Verb. 7	[1] Helferich, Moog u. Jünger: Ber. **58**, 876 (1925).
170°	$[\alpha]_D^{16} = -26,2°$ → $+4,2°$ (in Pyrid.)	l. l. CH_3OH, Aceton; schw. l. $CHCl_3$, C_6H_6, Es-sigester; s. schw. l. H_2O, Petroläth., CCl_4	—	[1] Helferich u. Bredereck: A. **465**, 180 (1928).
146°	$[\alpha]_D^{20} = +42,4°$ (in $CHCl_3$)	—	Gibt m. HBr in Eisessig b. 0°: 2,3,4,5-Tetracetylfructose-α	[1] Helferich u. Bredereck: A. **465**, 180 (1928).
137—139°	$[\alpha]_D^{23} = +77$ bis 78° (in Alk.)	l. l. Aceton; z. l. Alk., Es-sigester; schw. l. H_2O, Äth., Petroläth.	Reduz. stark Fehl. Lösg. **Hexacetat:** $C_{62}H_{62}O_{17}$ (+ $\frac{1}{2}$ C_2H_5OH?, aus Alk.), F=116—119°. — $[\alpha]_D^{22} = +88$ bis 91° (in $CHCl_3$)	[1] Josephson: A. **472**, 230 (1929).

Tabelle 66 (Fortsetzung).

Nr	Name	Formel, Konstitution	Vorkommen, Bildung, Darstellung	Krystallogr. Eigenschaften
23	**Tri-trityl-saccharose** (6-Trityl-glucosido [1, 5]-1, 6-ditrityl-fructosid [2, 5])	$C_{69}H_{64}O_{11}$	Aus Saccharose u. Tritylchlorid in Pyrid., auf d. Wasserbad[1]	Amorph (aus Essigest. d. Petroläth. gefällt, über P_2O_5 im Vak. bei 77° getrocknet)
24	**Tri-trityl-raffinose** (6-Trityl-galaktosido [1, 5]↑1 / 1↑glucosido [1, 5]- ↓6 / 2↓1, 6-ditrityl-fructosid [2,5])	$C_{75}H_{74}O_{16}$	Aus Raffinose, wie bei Verb. 7[1]	Weiße Flocken (aus Alk.+H_2O; über P_2O_5 im Vak. b. 77° getrocknet)

Tabelle 67.

Nr	Name	Formel, Konstitution	Vorkommen, Bildung, Darstellung	Krystallogr. Eigenschaften
1	**β-l-Arabino-chloralose**	$C_7H_9O_5Cl_3$	Kompon.$+$HCl bei 100°[1]	Krystalle (Blätter), (aus H_2O u. Chlorof.)
2	**β-Dechlor-l-arabino-chloralose**	$C_7H_{10}O_5Cl_2$	Aus β-Arabinochloralose d. Redukt. mit Al-Amalg. in Alkoh. bei neutraler od. saurer Reakt.[1]	Krystalle
3	**α-l-Arabino-chloralose**	$C_7H_9O_5Cl_3$	Aus d. Mutterlaugen bei d. Darst. der β-Arabinochloralose[1]	Blättchen (aus H_2O u. Chlorof.)
4	**l-Arabino-bromalose**	$C_7H_9O_5Br_3$	Aus d. Kompon.$+$etwas HCl bei 100°[1]	Kleine Krystalle (aus Alk.)
5	**β-Xylo-chloralose**	$C_7H_9O_5Cl_3$	Kompon.$+$HCl bei 100°[1]	Lange Blätter (aus H_2O)
6	**Manno-chloralose**	$C_8H_{11}O_6Cl_3$	Kompon. mit HCl bei 100°[1]	Weiße Blätter
7	**β-Galakto-chloralose**	$C_8H_{11}O_6Cl_3$	Aus d. Kompon. m. HCl bei 100°[1]	Blättchen (aus CH_3OH)

Sonstige Äther.

Schmelz- und Siedepunkt	Optisches Drehungsvermögen	Löslichkeit	Analytisches; Diverses	Literatur
127—129°	$[\alpha]_D^{23} = +43.4°$ bis 44,3° (in Alk.)	l. l. Aceton, Essigester; l. Alk.; s. schw. l. H_2O, Petroläth.; viel leichter l. Äth. als Verb. 22	**Pentacetat:** $C_{79}H_{74}O_{16}$, sint. 125—126°, F einige Grade höher; $[\alpha]_D^{23} = +57°$ (in $CHCl_3$)	[1] **Josephson:** A. **472**, 230 (1929).
130° (unscharf)	$[\alpha]_D^{23} = +77$ bis 79° (in Alk.)	l. l. Aceton, Essigester; z. l. Alk.; schw. l. Äth., Petroläth., H_2O	**Octacetat:** $C_{91}H_{90}O_{24}$ $(+ C_2H_5OH?$, aus Alk.), sint. 118—120°, F = 123—125°; $[\alpha]_D^{20} = +66°$ (in $CHCl_3$)	[1] **Josephson:** A. **472**, 230 (1929).

Chloralosen.

Schmelz- und Siedepunkt	Optisches Drehungsvermögen	Löslichkeit	Analytisches; Diverses	Literatur
183°	$[\alpha]_D = -23,2°$ (in Alk.)	w. l. H_2O, Chlorof., z. l. l. Alk., Äth., Chlorof.	Sublimiert b. Erhitzen. **Triacetat:** Prismen; F = 92°; unl. H_2O, s. l. l. Chlorof., Alk., Äth.[1]). **Dibenzoat:** Kryst.; F = 138°; Kp_{15} = 275°; l. l. Alk., Chlorof., w. l. Äth.[1][2])	[1] **Hanriot:** Compt. rend. **120**, 153 (1895). [2] **Hanriot:** Ann. chim. phys. [8] **18**, 466 (1909).
88—89°	$[\alpha]_D^{15} = -19,72°$ (in Alk.)	l. h. H_2O, Äth. Alk.	**Dibenzoat:** Kryst.; F = 90,5°; unl. H_2O, w. l. Alk., l. l. Benzol. **β-Dechlorarabinochloralsäure:** $C_7H_8O_6Cl_2$. D. Oxyd. m. NHO_3. Krystalle; F = 215°; w. l. k. H_2O	[1] **Hanriot u. Kling:** Compt. rend. **152**, 1596 (1909); Ann. chim. phys. [9] **12**, 129 (1919).
124°	—	l. l. als die ß-Verbindg.	**Dibenzoat:** F = 138°; l. l. Äth., Alk., Chlorof. — **α-Arabinochloralsäure:** $C_7H_7O_6Cl_3$. D. Oxyd. m. $KMnO_4$ + H_2SO_4 od. HNO_3. Nadeln; F = 320°; w. l. in organ. Solvent.[2]). β-Säure ident. mit der β-Galaktochloralsäure. Siehe Nr. 7	[1] **Hanriot:** Compt. rend. **120**, 153 (1895). [2] **Hanriot:** Compt. rend. **148**, 487 (1909).
210°	—	w. l. h. H_2O, h. Alk., sonst unl.	—	[1] **Hanriot:** Compt. rend. **122**, 1127 (1896); Ann. chim. phys. [8] **18**, 466 (1909).
132°	$[\alpha]_D = -13,6°$ (in Alk.)	l. H_2O	Flüchtig. — **Dibenzoat:** Kleine Kryst., unl. H_2O; sonst lösl. — β-Xylochloralsäure ident. mit β-Glucochloralsäure. Siehe dort	[1] **Hanriot:** Compt. rend. **120**, 153 (1895).
208°	—	—	**Tetracetat:** Große Nadeln (aus verd. Acet.); F = 163°; z. l. l. — **Tribenzoat:** Krystalle (aus Chlorof.); F = 152°; l. Alk. Äth., Chlorof. — **Mannochloralsäure-Lacton:** $C_8H_7O_6Cl_3$. Durch Oxyd. mit HNO_3 od. $KMnO_4 + H_2SO_4$; Blättchen; F = 242°; s. w. l. H_2O, sonst f. unl.[2])	[1] **Hanriot:** Ann. chim. phys. [8] **18**, 466 (1909). [2] **Hanriot:** Compt. rend. **148**, 487 (1909); Soc. chim. France [4] **5**, 819 (1909).
202°	—	s. unl. H_2O, Äth., z. l. l. CH_3OH, s. l. l. h. CH_3OH	Reduz. nicht Fehl. Lösg. **Tetracetat:** Krystalle; F = 125°; unl. H_2O, Äth., s. l. l. Alk., Chlorof. — **Tribenzoat:** Lange Nad.; F = 141°; l. Alk., CH_3OH, Benzol, w. l. Äth. — **β-Galaktochloralsäure:** $C_7H_7O_6Cl_3$. Orthorhomb. Kryst.; a:b:c = 1,319:1:0,825; F = 307°. Lacton: F = 130° Gibt ein l. l. Na-Salz. Ident. mit **β-Arabinochloralsäure**, durch Oxyd. von β-Galakto- od. Arabinochloralose m. HNO_3 od. $KMnO_4 + H_2SO_4$	[1] **Hanriot:** Compt. rend. **122**, 1127 (1896). [2] **Hanriot:** Compt. rend. **148**, 487 (1909); Soc. chim. France [4] **5**, 819 (1909).

Nr	Name	Formel, Konstitution	Vorkommen, Bildung, Darstellung	Krystallogr. Eigenschaften
8	β-Dechlor=galakto=chloralose	$C_8H_{12}O_6Cl_2$	Aus β-Galaktochloralose d. Red. mit Al-Amalg. in Alkoh. mit neutraler od. saurer Reakt.[1]	Krystalle (aus Alk. + Äth. u. H_2O); (aus Chlorof.)
9	Lävulo=chloralose	$C_8H_{11}O_6Cl_3$	Kompon. + HCl bei 80°[1]	Lange Nadeln (aus H_2O)
10	Chloralose (α-Glucochloralose)	$C_8H_{11}O_6Cl_3$: (Struktur) (?)[2]	Aus d. Kompon. bei 100°, mit etwas HCl od. H_2SO_4, neben Parachloralose. Trennung durch frakt. Krystallis.[1]. Aus Lävoglucosan + Chloral + H_2SO_4[2]	Große Nadeln (aus Alk. + Äth.)[1]
11	Parachloralose (β-Glucochloralose)	$C_8H_{11}O_6Cl_3$: (Struktur) oder (Struktur)[3]	Wie vorstehend, neben α-Gluco-chloralose[1]. Aus α-Glucosan + Chloral + H_2SO_4[2]	Blättchen oder Prismen (aus Alk.)
12	3, 5, 6-Trimethyl=mono=chloral-glucose	$C_{11}H_{17}O_6Cl_3$	Aus 3,5,6-Trimethylglucose + Chloral + H_2SO_4[1]	Krystalle
13	α-Glucochloralsäure	$C_7H_7O_6Cl_3$	Aus Chloralose d. Oxydat. mit HNO_3 od. $KMnO_4 + H_2SO_4$[1]	Feine Nadeln
14	β-Glucochloralsäure (β-Xylochloralsäure)	$C_7H_7O_6Cl_3 \cdot 2\,H_2O$	Ebenso aus Parachloralose oder Xylochloralose[1]	Rhomb. Tafeln
15	α-Dechloroglucochloralose	$C_8H_{12}O_6Cl_2$	Aus Chloralose d. Redukt. mit Al-Amalgam in Alk. bei neutraler od. saurer Reakt. (55—60°)[1]	Nadeln (aus Alk. od. Äth.)
16	β-Dechloroglucochloralose	$C_8H_{12}O_6Cl_2$	Ebenso[1]	Farbl. Nadeln
17	α-Bidechloroglucochloralose	$C_8H_{13}O_6Cl$	Ebenso, mit Al-Amalg. in alkalischer Lösg. od. mit Na-Amalg. in verd. Alkohol bei 50—60°[1]	Nadeln
18	β-Bidechloroglucochloralose	$C_8H_{13}O_6Cl$	Ebenso[1]	Nadeln

Chloralosen.

Schmelz- und Siedepunkt	Optisches Drehungsvermögen	Löslichkeit	Analytisches; Diverses	Literatur
$96°$ $133°$	$[\alpha]_D = -29,2°$ (in H_2O)	—	Oxyd. mit HNO_3 gibt Schleimsäure. **Dibenzoat:** $F = 116°$	[1] **Hanriot u. Kling:** Compt. rend. **152**, 1596 (1909); Ann. chim. [9] **12**, 129 (1919).
$228°$	—	z. l. k. H_2O, s. l. l. h. H_2O, h. Alk., w. l. Äth.	**Tetracetat:** Große Nadeln (aus Äth.); $F = 155°$; f. unl. H_2O; l. l. Äth., Chlorof.[2]	[1] **Hanriot:** Compt. rend. **122**, 1127 (1896). [2] **Hanriot:** Ann. chim. phys. [8] **18**, 466 (1909).
$187°$	$[\alpha]_D^{20} = +19,4°$ (in Alk.)[3]	z. l. H_2O, Alk., Äth., w. l. h. Chlorof., f. unl. Petrol- äth.	Färbt salzs. Orcinlösg. rot. Verdünnte Säuren greifen nicht an. Reduz. nicht Fehl. Lösg.[1]. **α-Glucochloralose-disulfosäure-Na-Salz:** $C_8H_9O_4Cl_3(SO_4H)_2$: Feine Nadeln. — **Tetracetat:** $C_8H_7O_6Cl_3(OC_2H_3)_4$: Kryst. $F = 145°$. — **Tetrabenzoat:** Prismen. $F = 138°$	[1] **Hanriot u. Richet:** Compt. rend. **116**, 63 (1893); **117**, 734 (1894). — **Hanriot:** Ann. chim. phys. [8] **18**, 466 (1909). [2] **Pictet u. Reichel:** Helv. **6**, 621 (1923). [3] **Petit u. Polonovski:** Soc. chim. France [3] **11**, 125 (1894).
$227°$ $229°$	—	f. unl. H_2O, Chlorof., Äth., s. w. l. k. Alk., z. l. h. Alk., l. KOH-Lauge	Sublimiert im Vak. Reduz. nicht Fehl. Lösg.[1]. **β-Glucochloralose-disulfosäure-Ba-Salz:** Nadeln; z. l. H_2O, z. w. l. h. Alk. — **Tetracetat:** Lange Nadeln; $F = 106°$; $Kp_{25} = $ ca. $250°$. — **Trimethyl-β-Gluco-chloralose:** $C_{11}H_{17}O_6Cl_3$. Mit Dimethyl- sulfat bei $60°$. $F = 109—110°$. Gibt positive Reaktion nach Zerewitinoff. Gibt ein Monoacetylderivat[3]	[1] **Hanriot u. Richet:** Compt. rend. **116**, 63 (1893); **117**, 734 (1894). — **Hanriot:** Ann. chim. phys. [8] **18**, 466 (1909). [2] **Pictet u. Reichel:** Helv. **6**, 621 (1923). [3] **Coles, Goodhue u. Hixon:** Amer. Soc. **51**, 519 (1929).
$120°$	$[\alpha]_D^{25} = -29,01°$	—	Gibt kein Acetat. Die Reaktion nach Zerewitinoff ist negativ	[1] **Coles, Goodhue u. Hixon:** Amer. Soc. **51**, 519 (1929).
$212°$	—	z. l. l. H_2O, Alk., Äth.	Gibt ein l. l. Ammon- und Na-Salz	[1] **Hanriot:** Compt. rend. **148**, 487 (1909).
$202°$	—	l. l. H_2O, Alk., Äth.	**Lacton:** $C_7H_5O_5Cl_3$. Kryst. $F = 185°$. —**Na-Salz:** Blättchen. $F = 202°$; f. unl. — **K-Salz:** l. l. H_2O. — **NH_3-Salz:** Nad.; l. H_2O	[1] **Hanriot:** Compt. rend. **148**, 487 (1909); Soc. chim. France [4] **5**, 819 (1909).
$165°$	$[\alpha]_D^{15} = +9,96°$ (in H_2O)	l. H_2O, Alk., Äth.	**Dibenzoat:** Nadeln (aus Alk.). $F = 146°$; unl. H_2O, l. Alk., Äth.	[1] **Hanriot u. Kling:** Compt. rend. **152**, 1596 (1909); Ann. chim. [9] **12**, 129 (1919).
$156—157°$	$[\alpha]_D = -10,57°$ (in H_2O)	l. l. H_2O, l. Alk.	**Lacton:** $C_8H_8O_6Cl_2$. Nad. (aus Benzol); $F = 129—130°$[1]). — **Amid:** $C_7H_9O_5Cl_2$ $\cdot CONH_2$. Perlmuttergl. Blättch. (aus Alk.); $F = 161—162°$; l. Alk., s. w. l. H_2O[1]). — **Trimethyl-monodechloro-β-glucochloralose:** $C_{11}H_{18}O_6Cl_2$. $F = 68°$[2]).	[1] **Hanriot u. Kling:** Compt. rend. **152**, 1398 (1909); Ann. chim. [9] **12**, 129 (1919). [2] **Coles, Goodhue u. Hixon:** Amer. Soc. **51**, 519 (1929).
$168°$	ca. $0°$	l. H_2O, Alk., Äth.	**Dibenzoat:** Krystalle; $F = 149°$	[1] **Hanriot u. Kling:** Ann. chim. [9] **12**, 129 (1919).
$166°$	ca. $0°$	l. H_2O, Alk., Äth.	**Trimethyl-bidechloro-β-glucochloralose:** $C_{11}H_{19}O_6Cl$. Sirup. $Kp_4 = 155—160°$[2]). — **Dibenzoat:** Kryst.; $F = 146°$[1]). — **Lacton** einer Säure, d. Oxyd. von β-Bi-dechloroglucochloralose mit HNO_3[1]). $C_7H_7O_5Cl$, amorph. Verbdg. $C_7H_7O_5Cl$ $\cdot N_2H_4$. Weiße Nadeln (aus Essigester); $F = 170°$	[1] **Hanriot u. Kling:** Ann. chim. [9] **12**, 129 (1919). [2] **Coles, Goodhue u. Hixon:** Amer. Soc. **51**, 519 (1929).

Tabelle 67 (Fortsetzung).

Nr	Name	Formel, Konstitution	Vorkommen, Bildung, Darstellung	Krystallogr. Eigenschaften
19	Monochloralglucosan	$C_8H_9O_5Cl_3$	Aus Glucose + Chloral + H_2SO_4 neben Dichloralglucose[1])	Perlmuttergl. Tafeln
20	Dichloralglucose I (Isodichloralglucose A)	$C_{10}H_{10}O_6Cl_6$	Entsteht als Nebenprod. bei d. Darst. d. Parachloralose[1]). Aus Cellulose + Chloral + H_2SO_4, Eingieß. in H_2O u. Behand. d. Niederschl. m. Alk. u. Aceton[2]). Aus β-Glucochloralose (Parachloralose) mit Chloralhydrat und H_2SO_4 u. Fällen mit H_2O[3])	Sechs- od. dreiseitige Tafeln (aus Aceton od. Alk.)
21	Dichloralglucose II	$C_{10}H_{10}O_6Cl_6$	Aus Glucose + Chloral + H_2SO_4[1]). Aus Cellulose + Chloral + H_2SO_4, wie vorstehend, neben den Isomeren[2]). Aus Parachloralose + Chloralhydrat + H_2SO_4 u. Fällen mit H_2O[3])	Nadeln (aus Alk.)[2])
22	Dichloralglucose III	$C_{10}H_{10}O_6Cl_6$	Aus Cellulose + Chloral + H_2SO_4 neben d. Isomeren[1])	Nadeln (aus h. Alk.)
23	Dichloralglucose IV	$C_{10}H_{10}O_6Cl_6$	Ebenso[1])	Krystallin.
24	α-Glykohepto-chloralose	$C_9H_{13}O_7Cl_3$	Kompon. + HCl[1])	Farbl. Nadeln

Tabelle 68.

Nr	Name	Formel, Konstitution	Vorkommen, Bildung, Darstellung	Krystallogr. Eigenschaften
1	Methylenglucose	$C_7H_{12}O_6$	Beim mehrmonatigem Stehenlassen einer Mischung von Glucose, 40proz. Formaldehyd, konz. HCl in Eisessig[1])	Aus H_2O: Nädelchen mit $^1/_2$ H_2O
2	Dimethylenarabinose	$C_7H_{10}O_5$	Durch Zusammenschmelzen von Arabinose mit Trioxymethylen[1])	Farbl. Flüssigkeit
3	Dimethylenxylose	$C_7H_{10}O_5$	Ebenso, aus Xylose[1])	Krystalle (aus Benzol)
4	Methylenrhamnose	Formel nicht sicher	Ebenso, mit Rhamnose[1])	Krystalle
5	Monomethylenmannose	$C_7H_{12}O_6$	Ebenso, mit Mannose[1])	Krystalle
6	Monomethylengalaktose	$C_7H_{12}O_6$	Ebenso, mit Galaktose, neb. einem sirupös. Diformal[1])	Krystalle
7	Monomethylenglucose	$C_7H_{12}O_6$	Entsteht neben einem sirupös. Diformal d. Zusammenschmelzen von Glucose mit Trioxymethylen[1])	Krystalle

Chloralosen.

Schmelz- und Siedepunkt	Optisches Drehungsvermögen	Löslichkeit	Analytisches; Diverses	Literatur
ca. 225°	—	unl. k. H_2O; f. unl. Äth., k. Alk., l. h. Alk.	Beständig gegen verd. Säuren	[1] **Meunier:** Soc. chim. France [3] **15**, 631 (1896).
268°[1][2][3]	Linksdrehend in Pyrid.[2]	w. l. h. Aceton, Pyrid., Alk., unl. Äth., Chlorof., CCl_4, Petroläth., H_2O, Alkalien, unl. Benzol	Reduz. nicht Fehl. Lösg. **Monoacetat:** $C_{12}H_{12}O_7Cl_6$. Nadeln (aus Äth. od. Alk.); F = 198°; $[\alpha]_D = -12°$ (in Chlorof.)[1][2][3]. — **Monomethylat:** $C_{11}H_{12}O_6Cl_6$. Nadeln (aus Äth.); F = ca. 200°; $[\alpha]_D = -17°$ (in Pyrid.-Acet)[2]. — **Isodichloralglucose B:** Amorph. Pulver; F = 85°; l. l. in organ. Solvent.; Reduz. nicht Fehl. Lösg.[1]	[1] **Pictet** u. **Reichel:** Helv. 6, 621 (1923). [2] **Ross** u. **Payne:** Amer. Soc. 45, 2363 (1923). [3] **Coles, Goodhue** u. **Hixon:** Amer. Sloc. 51, 519 (1929).
225°[1][2][3]	$[\alpha]_D = -15°$ (in Chlorof.)[2]	w. l. CCl_4, unl. H_2O, Petroläth., l. Alk., Äth., l. Benzol	Reduz. nicht Fehl. Lösg. **Monoacetat:** Kryst. F = 126°; $[\alpha]_D = -21,4°$ (in Chlorof.)[2][3]. — **Monomethylat:** Kryst. F = ca. 110°; $[\alpha]_D = -23°$ (in Chlorof.); l. l. in organ. Solvent.	[1] **Meunier:** Soc. chim. France [3] **15**, 631 (1896). [2] **Ross** u. **Payne:** Amer. Soc. 45, 2363 (1923). [3] **Coles, Goodhue** u. **Hixon:** Amer. Soc. 51, 519 (1929).
135—136°	$[\alpha]_D = +32°$ (in Benzol); $+10,5°$ (in Chlorof.)	l. in organ. Solvent., unl. Alkalien	Reduz. nicht Fehl. Lösg.	[1] **Ross** u. **Payne:** Amer. Soc. 45, 2363 (1923).
74—75°	$[\alpha]_D = +17,0°$ (in Chlorof.)	unl. H_2O, Alkalien	Reduz. nicht Fehl. Lösg.	[1] **Ross** u. **Payne:** Amer. Soc. 45, 2363 (1923).
206,5°	—	—	**Acetat:** Feine Nadeln; w. l. H_2O; l. l. Äth., Chlorof., Benzol	[1] **Philippe:** Ann. chim. phys. [8] **26**, 289 (1912).

Sonstige Aldehyd= und Acetessigester=Verbindungen.

Schmelz- und Siedepunkt	Optisches Drehungsvermögen	Löslichkeit	Analytisches; Diverses	Literatur
187—189°; Sint.: 175 bis 180°	$[\alpha]_D = +9,4°$ (in H_2O, c = 11,5%)	l. H_2O	Reduz. Fehl. Lösg. schwächer als Glucose Gibt Niederschlag mit Phloroglucinsäure + HCl. **Phenylosazon:** $C_{19}H_{22}O_4N_4$. Hellg. Pulv. S = 160°; F = 164—166°	[1] **Tollens:** Ber. **32**, 2585 (1899).
$Kp_{32} = 155°$	$[\alpha]_D = -16°$ (in CH_3OH, c = 2%)	w. l. Benzol, Chlorof., l. l. H_2O, Alk.	Reagiert nicht mit Essigs.-Anhydrid. Reduz. nicht Fehl. Lösg. Verd. Säuren hydrolisieren	[1] **Bruyn** u. **Ekenstein:** Rec. **22**, 159 (1903).
56—57°	$[\alpha]_D = +25,7°$ (in CH_3OH, c = 2%)	Wie vorsteh.	Wie vorstehend	[1] **Bruyn** u. **Ekenstein:** Rec. **22**, 159 (1903).
76°	$[\alpha]_D = -18°$ (in H_2O, c = 0,4%)	—	—	[1] **Bruyn** u. **Ekenstein:** Rec. **22**, 159 (1903).
188°	$[\alpha]_D = +53°$ (in H_2O, c = 2%)	l. l. Chlorof., Alk., Äth., Benzol, H_2O	—	[1] **Bruyn** u. **Ekenstein:** Rec. **22**, 159 (1903).
203°	$[\alpha]_D = +124,8°$ (in H_2O, c = 2%)	—	—	[1] **Bruyn** u. **Ekenstein:** Rec. **22**, 159 (1903).
140—150°	—	—	Nicht rein	[1] **Bruyn** u. **Ekenstein:** Rec. **22**, 159 (1903).

Tabelle 68 (Fortsetzung).

Nr	Name	Formel, Konstitution	Vorkommen, Bildung, Darstellung	Krystallogr. Eigenschaften
8	Dimethylenfructose	$C_8H_{12}O_6$	Durch Zusammenschmelzen von Fructose od. Saccharose mit Trioxymethylen[1]	Krystalle (aus Petroläth.)
9	Dimethylen-l-sorbose	$C_8H_{12}O_6$	Beim Zusammenschmelzen von l-Sorbose mit Trioxymethylen[1]	Krystalle (aus Chlorof.)
10	Dimethylen-d-sorbose	$C_8H_{12}O_6$	Ebenso, aus d-Sorbose[1]	Krystalle (aus Chlorof.)
11	Di-p-toluyl-arabinose	$C_{21}H_{22}O_5$	Kompon. $+ P_2O_5$[1]	Krystalle
12	Di-p-toluyl-xylose	$C_{21}H_{22}O_5$	Ebenso[1]	Krystalle
13	Dibenzalarabinose	$C_{19}H_{18}O_5$	Kompon. $+ P_2O_5$[1]	Krystalle (aus CH_3OH)
14	Dibenzalxylose	$C_{19}H_{18}O_5$	Ebenso[1]	Krystalle
15	Dibenzalrhamnose	$C_{20}H_{20}O_5$	Ebenso[1]	Große, farbl. Krystalle
16	Benzalmannose	$C_{13}H_{16}O_6$	Aus Benzalmethylglucosamin-HCl d. Umsetzung mit $NaNO_2$ in H_2O[1]	Weiße, amorphe Masse. Nicht umkrystallisierbar
17	Monobenzal-α-methylmannosid	$C_{14}H_{18}O_6$	Kompon. $+ Na_2SO_4$ (wasserfrei) erhitzen[1]	Krystalle
18	Dibenzal-α-methylmannosid	$C_{21}H_{22}O_6$	Entsteht neben vorsteh.[1]	Krystalle
19	Monobenzal-α-methylgalaktosid	$C_{14}H_{18}O_6$	Kompon. $+$ wasserfreiem Na_2SO_4 erhitzen[1]	Krystalle
20	4, 6-Monobenzal-α-methylglucosid	$C_{14}H_{18}O_6$: $\begin{array}{l} HCOCH_3 \\ \mid \\ HCOH \\ \mid \\ HOCH \qquad O \\ \mid \\ HC{-}O{-} \\ \mid \\ HC{-} \\ \mid \qquad\qquad CH \cdot C_6H_5 \\ H_2C{-}O{-} \end{array}$	Kompon. m. wasserfreiem Na_2SO_4 erhitzen[1]. Erhitzen d. Kompon. m. $ZnCl_2$[2]. Bildet sich beim Erhitzen der Kompon. auf 145—160° während einiger Stunden in zwei Formen[3]	l-Form: Nadeln (aus H_2O)[2][3]. d-Form: Warzen großer Prismen (aus H_2O)[3]
21	4, 6-Monobenzal-β-methylglucosid	$C_{14}H_{18}O_6$	Kompon. m. wasserfreiem Na_2SO_4 erhitzen[1]. Kompon. m. $ZnCl_2$ erhitzen[2]	Krystalle
22	4, 6-Monobenzal-3-methyl-α-methyl-glucosid	$C_{15}H_{20}O_6$	Aus 3-Methylglucose in HCl $+ CH_3OH$ u. nachher m. Benzaldehyd $+ ZnCl_2$[1]	Krystalle (aus H_2O)

Sonstige Aldehyd= und Acetessigester=Verbindungen.

Schmelz- und Siedepunkt	Optisches Drehungs- vermögen	Löslichkeit	Analytisches; Diverses	Literatur
92°	$[\alpha]_D = -34,9°$ (in H_2O, $c = 2\%$)	l. l. Chlorof., H_2O, Alk., Äth., Benzol	**Acetat:** $C_8H_{11}O_6(COCH_3)$. Öl. $[\alpha]_D =$ ca. $-46°$ (in Alk., $c = 2\%$); l. Chlorof., f. unl. H_2O, l. Alk.	[1] **Bruyn u. Ekenstein:** Rec. **22**, 159 (1903).
54°	$[\alpha]_D = -25°$ (in H_2O, $c = 2\%$)	—	—	[1] **Bruyn u. Ekenstein:** Rec. **22**, 159 (1903).
54°	$[\alpha]_D = +25°$ (in H_2O, $c = 2\%$)	—	**d,l-Verbindung:** Durch Mischen der Kompon. $F = 81°$	[1] **Bruyn u. Ekenstein:** Rec. **22**, 159 (1903).
164°	$[\alpha]_D = +2,9°$ (in Chlorof., $c = 0,4\%$)	s. w. l. H_2O, w. l. CH_3OH, l. Chlorof.	Reduz. nicht Fehl. Lösg. Verd. Säuren hydrolysieren	[1] **Ekenstein u. Blanksma:** Rec. **25**, 153 (1906).
140°	$[\alpha]_D = +45,6°$ (in Aceton)	s. w. l. H_2O, Alk., l. Aceton, s. l. l. Benzol	—	[1] **Ekenstein u. Blanksma:** Rec. **25**, 153 (1906).
154°	$[\alpha]_D = +26,8°$ (in CH_3OH, $c = 0,4\%$)	l.l. Äth., Chlf., w. l. H_2O, w. l. k., l. l. h. Alk.	Reduz. nicht Fehl. Lösg. Enthält keine OH-Gruppe. Verd. Säuren hydrolysieren	[1] **Ekenstein u. Blanksma:** Rec. **25**, 153 (1906).
130°	$[\alpha]_D = +37,5°$ (in CH_3OH, $c = 0,4\%$)	Wie vorsteh.	—	[1] **Ekenstein u. Blanksma:** Rec. **25**, 153 (1906).
128°	$[\alpha]_D = +56,3°$ (in CH_3OH, $c = 0,4\%$)	Wie vorsteh.	—	[1] **Ekenstein u. Blanksma:** Rec. **25**, 153 (1906).
144—145°	$[\alpha]_D^{20} = -22,43°$ (in Aceton, $c = 1,3\%$)	unl. H_2O, w. l. Aceton, l. l. Alk.	—	[1] **Irvine u. Hynd:** Soc. Lond. **105**, 698 (1914).
110°	Schwach links-drehend	l. CH_3OH, l. l. h. H_2O, Chlorof., Benzol	—	[1] **Ekenstein u. Blanksma:** Rec. **25**, 153 (1906).
178°	$[\alpha]_D = -5°$ (in Chlorof., $c = 0,4\%$)	f. unl. H_2O, s.w. l. h. CH_3OH, l. l. Chlorof., Benzol	—	[1] **Ekenstein u. Blanksma:** Rec. **25**, 153 (1906).
152°	$[\alpha]_D = +120,7°$ (in CH_3OH, $c = 1\%$)	l.l. h. CH_3OH	—	[1] **Ekenstein u. Blanksma:** Rec. **25**, 153 (1906).
161 bis 162°[2])[3]	$[\alpha]_D = +85°$ (in H_2O)[3]	w. l. k., l. l. h. H_2O, Alk.	—	[1] **Ekenstein u. Blanksma:** Rec. **25**, 153 (1906).
148—149°[3]	$[\alpha]_D^{50} = +96,01°$ (in H_2O)[3]	leichter lösl. als die l-Form		[2] **Freudenberg, Toepffer u. Andersen:** Ber. **61**, 1750 (1928). [3] **Irvine u. Scott:** Soc. Lond. **103**, 575 (1913).
194°[1]); 205°[2]	$[\alpha]_D = -75°$ (in CH_3OH, $c = 1\%$)	—	—	[1] **Ekenstein u. Blanksma:** Rec. **25**, 153 (1906). [2] **Freudenberg, Toepffer u. Andersen:** Ber. **61**, 1750 (1928).
133°	$[\alpha]_D^{22} = +49,1°$ (in $C_2H_2Cl_4$)	—	**Entsprechendes β-Glucosid:** Aus dem in H_2O unl. Anteil. Krystalle (aus Alk.); $F = 164°$; $[\alpha]_D^{22} = -39,1°$ (in $C_2H_2Cl_4$)	[1] **Freudenberg, Toepffer u. Andersen:** Ber. **61**, 1750 (1928).

Nr	Name	Formel, Konstitution	Vorkommen, Bildung, Darstellung	Krystallogr. Eigenschaften
23	4, 6-Monobenzal-2, 3-dimethyl-α-methylglucosid	$C_{13}H_{13}O_3(OCH_3)_3$	Aus d. l-Form d. Monobenzal-α-methylglucosids in Aceton $+$ $CH_3J + Ag_2O$ am Wasserbad[1])	Prismen (aus Petroläth.)
24	2, 3-Dibenzoyl-4, 6-benzal-α-methyl-glucosid	$C_{28}H_{26}O_8$	Aus Benzal-α-methylglucosid in Pyrid. $+$ Benzoylchlorid in Chloroform[1])	Krystalle (aus Alk.)
25	2, 3-Di-p-toluolsulfonyl-4, 6-benzal-α-methylglucosid	$C_{28}H_{30}O_{10}S_2$	Wie vorsteh. mit p-Toluolsulfonylchlorid in Pyrid.[1])	Krystalle (aus Alk.)
26	Tetracetyl-glucosido-benzal-(α-methyl)-glucosid	$C_{23}H_{36}O_{15}$	Aus Acetobromglucose $+$ Benzal-α-methylglucosid mit Ag_2CO_3 in Chlorof.[1])	Feine Nadeln (aus CH_3OH)
27	Monobenzal-methyl-glucosamin	$C_{14}H_{19}O_5N$	Aus d. Hydrochlorid (erhalten aus Methylglucosaminchlorhydrat $+$ Benzal $+$ HCl) d. Verseif. mit Na-Methylat in CH_3OH[1])	Nadeln (aus H_2O)
28	Glucose-cycloacetessigester	$C_{12}H_{18}O_7$: $$\begin{array}{c} CH_3 \\ | \\ C{=}C\!-\!CO_2C_2H_5 \\ \diagdown\ | \\ C\!-\!\!\rceil \\ | \quad\ | \\ HCOH \quad | \\ \quad\ O\ (?) \\ HOCH \quad | \\ | \quad\ | \\ HC\!-\!\!\rfloor \\ | \\ HCOH \\ | \\ H_2COH \end{array}$$	Aus Glucose $+$ Acetessigester in Alk. $+$ $ZnCl_2$ und Erhitzen am Wasserbad[1])	Nadeln
29	Glucose-cycloacetessigsäure	$C_{10}H_{14}O_7$	—	Nadeln (aus H_2O)[1])
30	Anhydroglucose-cycloacetessigester	$C_{12}H_{16}O_6$: $$\begin{array}{c} CH_3 \\ | \\ C{=}C\!-\!CO_2C_2H_5 \\ \diagdown\ | \\ C\!-\!\!\rceil \\ | \quad\ | \\ HC\!-\!\!\rceil \ | \\ \quad O\ | \\ HOCH \quad\ O\ (?) \\ | \quad | \ | \\ HC\!-\!\!\rfloor\ | \\ | \quad\ | \\ HC\!-\!\!\rfloor \\ | \\ H_2COH \end{array}$$	Durch Einwirkung von konz. HCl bei o° auf Glucosecycloacetessigester[1])	Sirup
31	Anhydroglucose-cycloacetessigsäure	$C_{10}H_{12}O_6$	Aus vorsteh. d. Alkalien od. aus Glucosecycloacetessigsäure durch Kochen mit H_2O[1])	Nadeln (aus H_2O)

Sonstige Aldehyd- und Acetessigester-Verbindungen.

Schmelz- und Siedepunkt	Optisches Drehungs- vermögen	Löslichkeit	Analytisches; Diverses	Literatur
122—$123°$	$[\alpha]_D^{20} = +97,03°$ (in Aceton, $c = 1,64\%$)	s. w. l. H_2O; sonst l. l.	**Entsprechendes β-Glucosid:** Krystalle. $F = 134°$; $[\alpha]_D^{23} = -61,0°$ (in Alk.)	[1] **Irvine** u. **Scott:** Soc. Lond. **103**, 575 (1913). [2] **Freudenberg, Toepffer** u. **Andersen:** Ber. **61**, 1750 (1928).
$148°$	$[\alpha]_D^{19} = +96,89°$ (in Chlorof., $c = 2,8\%$)	—	**Entsprechendes β-Glucosid:** $F = 185°$; $[\alpha]_D^{19} = +15,84°$ (in Chlorof., $c = 2,8\%$)	[1] **Ohle** u. **Spencker:** Ber. **61**, 2387 (1928).
$149°$	$[\alpha]_D^{19} = +66,5°$ (in Chlorof., $c = 3,1\%$)	—	**Entsprechendes β-Glucosid:** $F = 158°$; $[\alpha]_D^{19} = -54,70°$ (in Chlorof., $c = 2,8\%$)	[1] **Ohle** u, **Spencker:** Ber. **61**, 2387 (1928).
$232°$	$[\alpha]_D^{21} = +47°$ (in Chlorof.)	—	**Glucosido-benzal-α-methylglucosid:** $C_{20}H_{28}O_{11}$. Durch Verseif. d. Acetates in Chlorof. $+$ Na-Methylat. Feine Nad. (aus H_2O od. verd. CH_3OH); $F = 245°$. Reduz. nicht Fehl. Lösg.	[1] **Freudenberg, Toepffer** u. **Andersen:** Ber. **61**, 1750 (1928).
$168°$	$[\alpha]_D^{20} = -72,93°$ (in CH_3OH, $c = 1\%$)	unl. k. H_2O; l. l. h. H_2O, Aceton	Reagiert stark alkalisch. **Hydrochlorid:** Nadeln; $F = 205°$; $[\alpha]_D^{20} = -54,43°$ (in CH_3OH, $c = 1,6\%$). Zersetzt sich in wässerig. Lösg.; l. H_2O, Alk., unl. Äth., Benzol, Petroläth. — **Benzaldimethylamino-methylglucosid-jodmethylat:** $C_{17}H_{26}O_5NJ$. Prismen; $F = 162°$; $[\alpha]_D^{20} = -33,38°$ (in CH_3OH, $c = 1,05\%$). l. l. in organ. Solventien	[1] **Irvine** u. **Hynd:** Soc. Lond. **105**, 698 (1914).
—	$[\alpha]_D^{26} = -19°$ (in CH_3OH, $c = 1,6\%$)	w. l. Äth., Chlorof.; l. Alk., Pyrid., Essigest.	Reduz. nicht Fehl. Lösg. Reduz. $KMnO_4$-Lösg. Nach dem Kochen mit verd. HCl tritt Reduktionsvermögen auf u. verschwindet wieder beim alkalisch machen. **Tetracetat:** $C_{26}H_{26}O_{11}$. Prismat. Blättchen (aus verd. Alk.); $F = 84°$; $[\alpha]_D^{20} = -36,85°$ (in Chlorof., $c = 2\%$)	[1] **West:** J. Biol. Chem. **74**, 561 (1927).
160—$161°$ (Z.)	$[\alpha]_D^{26} = -21,54°$ (in CH_3OH, $c = 1,35\%$); $-17,08°$ (in H_2O, $c = 1,35\%$)	l. l. h. Alk.; w. l. Chlorof., Äth.	**Na-Salz:** $[\alpha]_D^{25} = -14,86°$ (in H_2O, $c = 1,35\%$). — **Tetracetat:** $C_{13}H_{22}O_{11}$. Nadeln; $F = 94°$.; $[\alpha]_D^{25} = -38,4°$ (in Chlorof., $c = 1,6\%$). — **Tetramethylderivat:** $C_{14}H_{22}O_7$. Sirup; $K_{P0,9} = 205°$; $[\alpha]_D^{25} = -42,20°$ (in Chlorof., $c = 2,55\%$). w. l. k. H_2O. Gibt b. Koch. mit H_2O eine Tetramethylglucoseacetessigsäure m. offener Kette. Nicht isoliert	[1] **West:** J. Biol. Chem. **74**, 561 (1927).
$K_{P0,8} = 205°$	$[\alpha]_D^{25} = -89,9°$ (in CH_3OH, $c = 1,4\%$)	—	Reduz. nicht Fehl. Lösg. Wird nach d. Kochen mit verd. Säuren reduzierend. Reduz. $KMnO_4$-Lösg. **Diacetat:** $C_{16}H_{20}O_8$. Sirup; $K_{P0,6} = 175°$ $[\alpha]_D^{25} = -67°$ (in Chlorof., $c = 1,52\%$)	[1] **West:** J. Biol. Chem. **74**, 561 (1927).
$141°$	$[\alpha]_{Di}^{25} = -111,7°$ (in CH_3OH, $c = 1,25\%$); $-120,1°$ (in H_2O, $c = 1,25\%$)	—	**Na-Salz:** $[\alpha]_D^{25} = -126,6°$ (in H_2O)	[1] **West:** J. Biol. Chem. **74**, 561 (1927).

Tabelle 68 (Fortsetzung).

Nr	Name	Formel, Konstitution	Vorkommen, Bildung, Darstellung	Krystallogr. Eigenschaften
32	Dianhydroglucose-acetessigester	$C_{12}H_{16}O_6$: OC—CH—$CO_2C_2H_5$ (mit CH_3 an OC), C=HC—CH=C ... HCOH, H_2COH, O (?)	Durch Behandeln von Glucose-cycloacetessigester m. konz. HCl bei 20° [1]	Sirup
33	Trianhydroglucose-acetessigester	$C_{12}H_{14}O_5$: OC—CH—$CO_2C_2H_5$ (mit CH_3 an OC), C=HC—CH=C ... CO—CH_3, O (?)	Durch Destillat. d. vorigen [1]	Gelbe Krystalle (aus H_2O + Pyrid.)

Tabelle 69.

Nr	Name	Formel, Konstitution	Vorkommen, Bildung, Darstellung	Krystallogr. Eigenschaften
1	**Isopropyliden-glycerinaldehyd-diäthylacetal**	$C_{10}H_{20}O_4$: CH_2—CH—$CH(OC_2H_5)_2$, mit O—O—Ip (Ip$=CH_3$—C—$CH_3=$Isopropyliden)	Aus Glycerinaldehyd-diäthylacetal u. Aceton, in Gegenw. v. H_2O-freiem $CuSO_4$, b. Zimmertemp. [1]	Sirup
2	**Isopropyliden-dioxyaceton**	$[C_6H_{10}O_3]_2$: [CH_2—C—CH_2, mit O, O—O—Ip]$_2$	Aus mono- od. di-molekularem Dioxyaceton, wie bei Verb. 1 [1], od. m. $ZnCl_2$ als Katal. [2]	Biegsame Nadeln, in Büscheln (aus CH_3OH) [1]
3	**Diaceton-l-arabinose**	$C_{11}H_{18}O_5$: HCO, HCO—Ip, OCH, OCH—Ip, CH_2, O ? [1]	Aus d. Kompon. in Gegenw. v. HCl [2] od. H_2SO_4 [3] b. Zimmertemp.	Farbl. Nadeln (aus verd. Alk.) [2]
4	**Monoaceton-l-arabinose**	$C_8H_{14}O_5$	Aus d. Kompon. in Gegenw. v. H_2O-freiem $CuSO_4$ b. Zimmertemp. [1]	Asbestartige, lange Nadeln (aus Benzin), enth. $^1/_2 H_2O$ H_2O-frei (b. 70° i. Vak. üb. P_2O_5)

Sonstige Aldehyd= und Acetessigester=Verbindungen.

Schmelz- und Siedepunkt	Optisches Drehungsvermögen	Löslichkeit	Analytisches; Diverses	Literatur
$Kp_{0,8} = 200°$	$[\alpha]_D^{26} = -30,6°$ (in CH_3OH, $c = 1,4\%$)	—	Reduz. Fehl. Lösg. in der Kälte. **Diacetat:** $C_{16}H_{20}O_8$. Sirup; $Kp_{0,8} = 220°$ $[\alpha]_D^{25} = -59,5°$ (in Chlorof., $c = 1,56\%$)	[1] **West:** J. Biol. Chem. **74,** 561 (1927).
137°	—	unl. H_2O; w. l. Alk.; l. l. verd. Alkalien	**Phenylhydrazon:** $F = 177°$; $Z. = 180°$; unl. Alkalien	[1] **West:** J. Biol. Chem. **74,** 561 (1927).

Acetonzucker (und Methyläthylketon=zucker).

Schmelz- und Siedepunkt	Optisches Drehungsvermögen	Löslichkeit	Analytisches; Diverses	Literatur
$Kp_{20} = 90$ bis 91°	—	—	$D^{20} = 0,9897$; $n_D^{17} = 1,4208$; $n_D^{21,5} = 1,4188$. Reduz. Fehl. Lösg. erst nach Hydrol. m. verd. Säuren	[1] **H. Fischer, Taube** u. **Baer:** Ber. **60,** 484 (1927).
170°[2]	—	l. l. Aceton, CH_3OH, Alk.; z. l. $CHBr_3$, Äth.; s. schw. l. H_2O[1]	Reduz. nicht Fehl. Lösg.; gibt weder Hydraz. noch Acetylderiv.; d. verd. Säuren leicht hydrolysiert[1]. Sublimiert im Vak. bei 150 bis 160° (Badtemp.)[2]	[1] **H. Fischer** u. **Mildbrand:** Ber. **57,** 707 (1924). [2] **H. Fischer** u. **Taube:** Ber. **60,** 485 (1927).
41,5—43°[2] $Kp_1 = 85$ bis 87°[3]	$[\alpha]_D^{20} = +5,4°$ (in H_2O)[2]	l. l. Alk., Äth., C_6H_6, Petroläth.; schw. l. H_2O, bes. in d. Hitze[2]	Reduz. nicht Fehl. Lösg. Ist m. Wasserdampf flüchtig. Wird d. 0,1 proz. HCl rasch gespalten[2]	[1] **Karrer** u. **Hurwitz:** Helv. **4,** 728 (1921). — **Freudenberg** u. **Svanberg:** Ber. **55,** 3239 (1922). [2] **E. Fischer:** Ber. **28,** 1163 (1895). [3] **Svanberg** u. **Bergman:** C. **1924,** I, 1021.
80° 110° (sint. 103°)	$[\alpha]_D^{20} = +128,8°$ (in H_2O, $c = 0,932\%$) Mutarotat. nicht beobachtet	—	Reduz. h. Fehl. Lösg. Ist wahrscheinl. 3,4-Isopropyliden-l-arabinose	[1] **Ohle** u. **Behrend:** Ber. **60,** 810 (1927).

Nr	Name	Formel, Konstitution	Vorkommen, Bildung, Darstellung	Krystallogr. Eigenschaften
5	Diaceton-d-xylose	$C_{11}H_{18}O_5$: HCO–Ip, HCO, OCH, Ip–HC, OCH$_2$, O [1]	Aus d. Kompon. in Gegenw. v. HCl, Naphthalin-β-sulfonsäure[2]) od. H_2SO_4[3]) b. Zimmertemp.	Dickes, farbl. Öl
6	1,2-Monoaceton-d-xylose [1,4] [1]	$C_8H_{14}O_5$	Als Nebenprod. bei d. Darst. v. Verb. 5 (mittels H_2SO_4-Katal.), od. aus Verb. 5 durch part. Hydrol. m. 0,16 proz. HCl b. Zimmertemp.[2])	Zäher Sirup, kryst. langsam i. farbl. Nadeln; nicht umkrystallisierbar
7	Monomethyl-acetonxylose	$C_9H_{16}O_5$	Aus Verb. 6 d. Methylierg. m. $CH_3I + Ag_2O$[1])	Nadeln (aus d. Rohsirup)
8	3,5-Dimethyl-acetonxylose	$C_{10}H_{18}O_5$	Aus d. öligen Rückständen von Verb. 7; Reinigung d. frakt. Dest.[1]) D. Methylierg. v. Verb. 6 m. $(CH_3)_2SO_4 + NaOH$[2])	Leicht bewegl. Flüssigkeit
9	1,2;3,5-Di-methyläthylketon-d-xylose	$C_{13}H_{22}O_5$	Aus d. Kompon. m. H_2SO_4-Katal.[1])	Dickflüssiges Öl
10	1,2-Mono-methyläthylketon-d-xylose	$C_9H_{16}O_5$	Entsteht als Nebenprod. bei d. Darst. v. Verb. 9, od. aus dieser d. Verseif. m. sehr verd. Säuren[1])	Öl; erstarrt zuweilen krystallin
11	1,2-Aceton-3,5-methyläthylketon-d-xylose	$C_{12}H_{20}O_5$	Aus Verb. 6 u. Methyläthylketon m. H_2SO_4-Katal.[1])	Farbl. Öl
12	1,2-Methyläthylketon-3,5-aceton-d-xylose	$C_{12}H_{20}O_5$	Aus Verb. 10 u. Aceton, m. H_2SO_4-Katal.[1])	Farbl. Öl
13	Monoaceton-l-rhamnose	$C_9H_{16}O_5$: HOCH, O, HCO–Ip, HCO, CH, HOCH, CH$_3$ [2]	Aus d. Kompon. m. HCl-Katal. b. Zimmertemp.[1])	Große, farbl. Prismen (aus Äth. + Petroläth.)[1]) Andere Form: aus d. Destillat; lange Nad. (aus Äth. + Petroläth. umkryst.)[2])
14	Monoacetonrhamnosyl-l-dimethylamin	$C_9H_{15}O_4N(CH_3)_2$	Aus Verb. 13 u. methylalkohol. Dimethylamin bei 100°[1])	Dünnfl. gelbl. Öl
15	1,5-Dimethyl-2,3-monoaceton-rhamnose (α) [1]	$C_{11}H_{20}O_5$	D. Methylierg. v. Verb. 13 m. $CH_3I + Ag_2O$[2])	Farbl., angenehm riechende Fl., stark lichtbrechend
16	Diaceton-d-fucose	$C_{12}H_{20}O_5$: HCO–Ip, HCO, OCH, Ip–OCH, HC, CH$_3$, O [1]	D. Redukt. v. Diacetongalaktose-6-jodhydrin m. Na in abs. Äth., dann Behandeln m. H_2O; od. aus d-Fucose (Rhodeose) u. Aceton m. H_2SO_4-Katal.[1])	Sirup; erstarrt zu Kryst.

Aectonzucker (und Methyläthylketon=zucker).

Schmelz- und Siedepunkt	Optisches Drehungsvermögen	Löslichkeit	Analytisches; Diverses	Literatur
$Kp_{0,5}=85$ bis $87°$[2])	$[\alpha]_D^{18}=+14{,}0°$ (in H_2O)[3]	l.l.org.Lösgm.; l. ca. 30 Tln. H_2O (bei gewöhnl.Temp.); unl. starken Lösgm. Laugen	Reduz. nicht Fehl. Lösg.	[1] **Haworth** u. **Porter:** Soc. Lond. **1928**, 611. [2] **Freudenberg** u. **Svanberg:** Ber. **55**, 3239 (1922). [3] **Svanberg** u. **Sjöberg:** Ber. **56**, 863 (1923); cf. Ber. **56**, 2196.
$41—43°$ $Kp_{0,5-1}=140—155°$ (Badtemp.)	$[\alpha]_D^{18}=—19{,}0°$ (in H_2O, $c=2$ bis 4%)	l.l.H_2O; l.Aceton, Essigest.; fast unl. Petroläth.	Reduz. nicht Fehl. Lösg. Wird d. verd. Säuren leicht gespalten	[1] **Haworth** u. **Porter:** Soc. Lond. **1928**, 611. [2] **Svanberg** u. **Sjöberg:** Ber. **56**, 863 (1923).
$78°$ $Kp_{0,5}=105—107°$	$[\alpha]_{Hg\ gelb}^{18}=—21{,}4°$ (in H_2O)	l. l. H_2O u. gebräuchl. org. Lösgm.	—	[1] **Svanberg:** Ber. **56**, 2195 (1923).
$Kp_{0,5}=78$ bis $80°$[1]) $Kp_{0,07}=75$ bis $78°$[2])	$[\alpha]_{Hg\ gelb}^{18}=—43{,}3°$ (in H_2O)[1] $[\alpha]_{5780}^{15}=—46{,}6°$ (in H_2O?)[2]	l.l.org.Lösgm.; l. 6 Tl. H_2O[1]	$n_D^{15}=1{,}4455$[2]. Hydrol. liefert: 3,5-Dimethyl xylose(1,4)[2]	[1] **Svanberg:** Ber. **56**, 2195 (1923). [2] **Haworth** u. **Porter:** Soc. Lond. **1928**, 611.
$Kp_{Hochvak.}=104—106°$	$[\alpha]_{Hg\ gelb}=+17{,}4°$ (in H_2O, $c=0{,}517\%$)	l. org. Lösgm.; l. 180 Tl. H_2O b. gewöhnl. Temp.	Konstitution nach Verb. 5 umformuliert	[1] **Svanberg** u. **Sjöberg:** Ber. **56**, 1448 (1923).
$Kp_{Hochvak.}=127—129°$	$[\alpha]_{Hg\ gelb}=—8{,}0°$ (in H_2O)	Wie Verb. 6, nur leichter l. Äth.	Reduz. nicht Fehl. Lösg.	[1] **Svanberg** u. **Sjöberg:** Ber. **56**, 1448 (1923).
$Kp_{Hochvak.}=104—105°$	$[\alpha]_{Hg\ gelb}=+16{,}1°$ (in H_2O)	l. 125 Tl. H_2O b. gewöhnl. Temp.	Wie bei Verb. 9	[1] **Svanberg** u. **Sjöberg:** Ber. **56**, 1448 (1923).
$Kp_{Hochvak.}=102—104°$	$[\alpha]_{Hg\ gelb}=+15{,}7°$ (in H_2O)	l. 80 Tl. H_2O b. gewöhnl. Temp.	Wie bei Verb. 9	[1] **Svanberg** u. **Sjöberg:** Ber. **56**, 1448 (1923).
$90—91°$[1]) $87—89°$[2]) $Kp_{0,5}=108—110°$[2]) $79—80°$	$[\alpha]_D^{20}=+17{,}5°$ (in H_2O, $c=8{,}34\%$)[1] $[\alpha]_{578}^{20}=+13{,}5° \rightarrow +17{,}8°$ (in H_2O)[2] $[\alpha]_{578}^{20}=+10{,}9° \rightarrow +17{,}6°$ (in H_2O)[2]	l.l. H_2O, Alk., Äth.; schw. l. Petroläth.[1] Aus der H_2O-Lösg. wird wiederModif. F=$87—89°$ gewonnen[2]	Red. nicht Fehl. Lösg.[1][2]. Sublimiert leicht[1]. Wird d. verd. Säuren etwa 10mal schneller gespalten wie Monoacetonglucose[3]. Beide Modif. sind wahrsch. Gemische v. α- u. β-Form[2], der Drehg. nach vorwieg. α	[1] **E. Fischer:** Ber. **28**, 1162 (1895). [2] **Freudenberg** u. **Wolf:** Ber. **59**, 836 (1926). [3] **Freudenberg, Dürr** u.v.**Hochstetter:** Ber. **61**, 1738 (1928).
$Kp_1=82$ bis $84°$	$[\alpha]_{578}^{18}=—20{,}2°$ (in H_2O)	—	Wird d. 3proz. Essigs. bei $20°$ in Dimethylamin u. Verb. 13 gespalten	[1] **Freudenberg** u. **Wolf:** Ber. **59**, 836 (1926).
$Kp_{22}=121—124°$[2]) $Kp_{0,5-1}=65—67°$[1])	$[\alpha]_D^{20}=—33{,}43°$ (in Subst.), $—31{,}10°$ (in CH_3OH), $—35{,}32°$ (in Aceton)[2] $[\alpha]_{578}^{16}=—32{,}5°$ (in Subst.)[1]	l. l. org. Lösgm.; unl. H_2O[2]	$D^{20}=1{,}0795$[2]. Reduz. nicht Fehl. Lösg.[2]. Hydrol. gibt: 5-Methylrhamnose[1]	[1] **Freudenberg** u. **Wolf:** Ber. **59**, 836 (1926). [2] **Purdie** u. **Irvine:** Chem. News **86**, 191 (1902). — **Purdie** u. **Young:** Soc.Lond.**89**, 1200 (1906).
$37°$ $Kp_{13}=120°$	$[\alpha]_D^{19}=—52{,}4°$ $[\alpha]_{546}^{19}=—61{,}7°$ (beides f. unterkühlte Schmelze)	—	$D^{19}=1{,}113$	[1] **Freudenberg** u. **Raschig:** Ber. **60**, 1633 (1927).

Nr	Name	Formel, Konstitution	Vorkommen, Bildung, Darstellung	Krystallogr. Eigenschaften
17	Diaceton-l-fucose	$C_{12}H_{20}O_5$	Aus l-Fucose, wie bei Verb. 16[1])	Sirup; erstarrt zu Kryst.
18	Monoaceton-l-fucose	$C_9H_{16}O_5$	Aus d. Kompon.; nähere Angaben fehlen[1])	Nadeln
19	Diaceton-d-glucose (1, 2; 5, 6-Di-isopropyliden-d-glucose [1,4])	$C_{12}H_{20}O_6$: $\begin{array}{c} \text{HCO} \\ \text{HCO} \end{array}\!\!\Big\rangle\text{Ip}$ HOCH HC $\begin{array}{c} \text{HCO} \\ \text{H}_2\text{CO} \end{array}\!\!\Big\rangle\text{Ip}$ 1) 2)	D. Acetonieren v. α-[3]) od. β[4])-Glucose, α, β[5])- od. γ[6])-Methylglucosid (letzteres damals als Glucose-dimethylacetal angesproch.) od. Saccharose[7]) m. HCl-[6]), H_2SO_4-[7])[8]) od. $ZnCl_2 + H_2SO_4$-[9]) Katal. b. Zimmertemp. Aus Monoacetonglucose u. Aceton m. H_2O-freiem $CuSO_4$[10])	Farbl. Nadeln (aus Äth. od. Petroläth.[6]), resp. Ligroin[4])
20	3-Methyl-diacetonglucose	$C_{13}H_{22}O_6$	Aus Diacetonglucose m. $CH_3I +$ Ag_2O[1]) od. $Na + CH_3I$[2])	Farbl. bewegl. Sirup[1])
21	3-Allyl-diacetonglucose	$C_{15}H_{24}O_6$	Aus d. Na-Verb. der Diacetonglucose u. Allylbromid, bei 70°[1])	Farbl. dünnflüss. Öl
22	3-Benzyl-diacetonglucose	$C_{19}H_{26}O_6$	Wie bei Verb. 21, m. Benzylbromid[1])	Farbl. zähes Öl
23	Diaceton-glucosyl-3-amin (3-Amino-diacetonglucose)	$C_{12}H_{19}O_5NH_2$	Aus Diaceton-toluolsulfo-glucose u. alkohol. NH_3 bei 170°[1])	Farbl. Nadeln (aus Ligroin)
24	Diaceton-glucosyl-3-tetramethyl-ammoniumjodid	$C_{12}H_{19}O_5N(CH_3)_3I$	Aus Diaceton-toluolsulfo-glucose u. methylalkohol. NH_3 bei 160°, Destill. u. Behandeln m. CH_3I[1])	Krystalle (aus Essigester)

Acetonzucker (und Methyläthylketon=zucker).

Schmelz- und Siedepunkt	Optisches Drehungsvermögen	Löslichkeit	Analytisches; Diverses	Literatur
$37°$	$[\alpha]_D^{18} = +52,2°$ $[\alpha]_{546}^{19} = +62,1°$ (f. unterkühlte Schmelze)	—	**Diaceton-d,l-fucose:** d. Verreiben der akt. Kompon.; Öl, kryst. langsam, $F = 41°$	[1] **Freudenberg** u. **Raschig:** Ber. 60, 1633 (1927).
$57°$	$[\alpha]_D = -62,28°$	l. H_2O u. org. Lösgm.	—	[1] **Tadokoro** u. **Nakamura:** C. **1924**, I, 1507. — Vgl. **Freudenberg** u. **Raschig:** Ber. 60, 1636 (1927).
$110—111°$ (k)[4][9] $Kp_{ca.\,15} =$ $180—200°$[9] (Badtemp.) $Kp_{0,1} =$ $148°$[5]	$[\alpha]_D^{20} = -18,5°$ (in H_2O, $c =$ ca. 5%)[6] vgl. [2] u. [4] $[\alpha]_D^{20} = -19,0°$ (in Aceton, $c = 5\%$)[5] $[\alpha]_D^{20} = -13,5°$ (in $CHCl_3$)[11]	l.l. Alk., Aceton, $CHCl_3$, h. Äth.; l. in ca. 200 Tl. h. Petroläth. u. ca. 7 Tl. h. H_2O; wird d. konz. Alkalilaugen aus wäßr. Lösg. gefällt[6]	Sublim. leicht bei 100°. — Schmeckt bitter. — Wird weder d. Emulsin noch d. Hefeenzyme gespalten[6]. Reduz. nicht Fehl. Lösg.; ist geg. alkal. $KMnO_4$-Lösg. stabil[1]. Wird d. verd. Säuren rasch gespalten[6], u. zwar die Acetongruppe in 5,6-Stellung ca. 40mal schneller als die in 1,2-Stellung[12].	[1] **Karrer** u. **Hurwitz:** Helv. 4, 728 (1921). — **Levene** u. **G. M. Meyer:** J. Biol. Chem. 54, 805 (1922); 60, 173 (1924). — **Freudenberg** u. **Doser:** Ber. 56, 1243 (1923). [2] **Anderson, Charlton** u. **Haworth:** Soc. Lond. **1929**, 1329. [3] **Levene** u. **G. M. Meyer:** J. Biol. Chem. 57, 317 (1923). [4] **E. Fischer** u. **Rund:** Ber. 49, 93 (1916). [5] **Levene** u. **G. M. Meyer:** J. Biol. Chem. 79, 359 (1928). — **Ohle** u. **Spencker:** Ber. 61, 2390 (1928). [6] **E. Fischer:** Ber. 28, 1165 (1895). [7] **Ohle** u. **Koller:** Ber. 57, 1566 (1924). [8] **Freudenberg** u. **Smeykal:** Ber. 59, 107 (1926); cf. Ber. 61, 1741 (1928). [9] **H. Fischer** u. **Taube:** Ber. 60, 485 (1927). [10] **Ohle:** Bioch. Z. 131, 611 (1922). [11] **Ohle** u. **v. Vargha:** Ber. 62, 2427 (1929). [12] **Freudenberg, Dürr** u. **v. Hochstetter:** Ber. 61, 1735 (1928).
$Kp_{12} =$ $139—140°$[1] $Kp_{0,3} =$ $105—106°$[3]	$[\alpha]_D^{20} = -32,17°$ (in Alk., $c = 5,05\%$); $-31,78°$ (in Aceton, $c = 5,02\%$)[1]; $-38,62°$ (in $CHCl_3$)[4]	l.l. org. Lösgm.; w. l. H_2O[1]	$n_D^{17} = 1,4518$[3]. Reduz. nicht Fehl. Lösg.[1]. Hydrol. liefert: 3-Methylglucose[1][2][3]	[1] **Irvine** u. **Scott:** Soc. Lond. 103, 570 (1913). [2] **Freudenberg** u. **Hixon:** Ber. 56, 2125 (1923). [3] **Anderson, Charlton** u. **Haworth:** Soc. Lond. **1929**, 1329. [4] **Ohle** u. **v. Vargha:** Ber. 62, 2427 (1929).
$Kp_2 = 133°$	$[\alpha]_{578} = -21,01°$ (in $C_2H_2Cl_4$)	—	Hydrol. liefert: 3-Allylglucose	[1] **Freudenberg, v. Hochstetter** u. **Engels:** Ber. 58, 671 (1925).
$Kp_{0,2-0,5} =$ $165—169°$	$[\alpha]_{578} = -26,9°$ (in Alk.)	unl. H_2O; l. l. Äth., Aceton, Alk., Ligroin	Reduz. nicht Fehl. Lösg. Hydrol. liefert: 3-Benzylglucose[1]. Katalyt. Hydrierung liefert je nach Bedingungen: Di- od. Monoacetonglucose[2]	[1] **Freudenberg, v. Hochstetter** u. **Engels:** Ber. 58, 670 (1925). [2] **Freudenberg, Dürr, v. Hochstetter** u. **v. Hove:** Ber. 61, 1742 (1928).
$92—93°$	$[\alpha]_{578}^{18} = +40,5°$ (in $C_2H_2Cl_4$)	l.l. H_2O, Alkoholen, Essigest. $CHCl_3$; schwerer C_6H_6, CCl_4 Ligroin	**N-Benzoylderiv.:** $C_{19}H_{25}O_6N$, Kryst. (aus Ligroin), $F = 142$ bis $143°$. — $[\alpha]_{578}^{18} = +96,64°$ (in $C_2H_2Cl_4$)	[1] **Freudenberg, Burkhart** u. **Braun:** Ber. 59, 714 (1926).
—	$[\alpha]_{578}^{18} = +49,5°$ (in H_2O)	—	—	[1] **Freudenberg, Burkhart** u. **Braun:** Ber. 59, 714 (1926).

Nr	Name	Formel, Konstitution	Vorkommen, Bildung, Darstellung	Krystallogr. Eigenschaften
25	3-Hydrazino-diacetonglucose	$C_{12}H_{19}O_5NHNH_2$	Aus Diaceton-toluolsulfo-glucose u. H_2O-freiem Hydrazin bei 140 bis 145°[1]	Krystalle (aus Äth.)
26	Diaceton-3-thioglucose	$C_{12}H_{19}O_5SH$	Aus Diacetonglucosyl-3-dithiol-kohlensäuremethylester (aus dem Xanthogenat d. Umlagerung bei d. Destill. unt. gewöhnl. Druck entstanden) mit methylalkohol. NH_3 in Abwesenheit von O_2[1]	Gelber Sirup
27	Di-diacetonglucosyl-3-disulfid	$C_{12}H_{19}O_5-S-S-C_{12}H_{19}O_5$	Wie bei Verb. 26, aber unt. Luftzutritt; od. aus Verb. 26 d. Oxyd. m. H_2O_2, bzw. aus d. Na-Salz m. alkohol. Jodlösg.[1]	Nadeln (aus CH_3OH)
28	Diaceton-glucoseen (3,4)? (Diaceton-glucoenose)	$C_{12}H_{18}O_5:$ $$\begin{array}{l} HCO \\ \;\;\;\;\; {>}Ip \\ HCO \\ \;\mid \\ CH \\ \;\parallel \\ C \\ \;\mid \\ HCO \\ \;\;\;\;\;{>}Ip \\ H_2CO \end{array}\;?$$	Aus d. Mutterlaugen v. Verb. 25; Reinigung d. Wasserdampfdest.[1]	Federförmig vereinigte Nadeln
29	Diaceton-3-desoxyglucose	$C_{12}H_{20}O_5$	Aus Verb. 28 m. H_2 u. Pt-Mohr in Methylacetat[1]	Krystalle (aus Petroläth.); derbe Prismen (aus H_2O)
30	Iso-diaceton-d-glucose (1,2; 3,5-Di-isopropyliden-d-glucose [1,4])	$C_{12}H_{20}O_6:$ $$\begin{array}{l} HCO \\ \;\;\;\;\;{>}Ip \\ HCO \\ \;\mid \\ OCH \\ \;\mid \\ Ip{<}\;HC \\ \;\mid \\ HCO \\ \;\mid \\ CH_2OH \end{array}$$	Aus 6-Amino-isodiacetonglucose m. HNO_2. Aus p-Toluolsulfonyl-isodiacetonglucose m. alkohol. NaOH od. CH_3ONa (neben Diacetonglucoseen [5,6])[1]	Farbl. Sirup
31	6-Methyl-isodiacetonglucose	$C_{13}H_{22}O_6$	Aus Verb. 30 m. CH_3I+Ag_2O[1]	Farbl. Sirup
32	Iso-diacetonglucosyl-6-amin (6-Amino-isodiacetonglucose) (p-Toluolsulfonat)	$C_{12}H_{19}O_5NH_2$ $\cdot C_7H_7SO_2OH$	Aus p-Toluolsulfonyl-isodiacetonglucose m. methylalkohol. NH_3 bei 100°[1]	Krystalle (aus Essigester; umkryst. aus C_6H_6)

Schmelz- und Siedepunkt	Optisches Drehungsvermögen	Löslichkeit	Analytisches; Diverses	Literatur
96—97°	$[\alpha]^{17}_{Hg\ gelb}=+83,4°$ (in H_2O); $+163,6°$ (in Aceton: Verb. m. d. Lösgm.)	l. l. H_2O, CH_3OH, Alk., Acet., $CHCl_3$; schw.l. k. Äth.	Reduz. k. Fehl. Lösg.; zersetzt sich an d. Luft[1]). Gibt m. konz. HCl: Trioxypropylpyrazol[2]). **Benzalderiv.:** $C_{19}H_{26}O_5N_2$, aus d. Kompon. in Äth.; Aggr. v. Prismen (aus $CH_3OH + H_2O$), $F=99—100°$; $[\alpha]^{20}_{Hg\ gelb}= +144,2°$ (in $C_2H_2Cl_4$); fast unl. H_2O[1])	[1]) **Freudenberg** u. **Brauns:** Ber. **55**, 3233 (1922). [2]) **Freudenberg** u. **Doser:** Ber. **56**, 1243 (1923).
--	—	1 l., außer H_2O u. Petroläth.; l. wäßr. Laugen	Verd. Mineralsäuren hydrol. zu 3-Thioglucose. **S-Methyläther:** $C_{12}H_{19}O_5SCH_3$ aus d. Na-Salz (m. Na in Äth. erhalten) m. CH_3I: derbe Krystallplatten (aus Äth.); $F=43°$; $[\alpha]^{22}_{578}=-26,5°$ (in $C_2H_2Cl_4$); lösl. org. Lösgm.; unl. H_2O. — Reduz. nicht Fehl. Lösg.	[1]) **Freudenberg** u. **Wolf:** Ber. **60**, 232 (1927).
163°	$[\alpha]^{21}_{578}=-330,1°$ (in $C_2H_2Cl_4$)	—	Hydrol. liefert: Di-glucosyl-3-disulfid	[1]) **Freudenberg** u. **Wolf:** Ber. **60**, 232 (1927).
51°	$[\alpha]^{17}_{Hg\ gelb}=+21,56°$ (in abs. Alk.)	l. l. org. Lösgm.; schw. l. H_2O	Reduz. Fehl. Lösg. erst nach saurer Hydrol. Entfärbt Bromwasser sofort. Die Doppelbindung kann sich auch zwischen C_2 u. C_3 befinden	[1]) **Freudenberg** u. **Brauns:** Ber. **55**, 3233 (1922).
80°	$[\alpha]^{20}_{Hg\ gelb}=-61,9°$ (in H_2O) $[\alpha]^{25}_{Hg\ gelb}=-34,6°$ bis $-34,9°$ (in Alk.)	Wie Verb. 28, nur etwas schwerer in Petroläth.; leichter in H_2O	—	[1]) **Freudenberg** u. **Brauns:** Ber. **55**, 3233 (1922).
$Kp_{0,5}=150°$ $Kp_{0,1}=140°$ (Badtemp.)	$[\alpha]^{20}_D=+42,8°$ (in $CHCl_3$, $c=4,056\%$)	l. l., auß. H_2O u. Petroläth.	Reduz. nicht Fehl. Lösg. Gibt kryst. p-Toluolsulfonylester, $F=87°$	[1]) **Ohle** u. **v. Vargha:** Ber. **62**, 2425 (1929).
$Kp_{0,1}=105°$ (Badtemp.)	$[\alpha]^{20}_D=+15,3°$ (in $CHCl_3$, $c=4,244\%$)	l. l. in allen org. Lösgm.	Hydrol. liefert: 6-Methyl-d-glucose	[1]) **Ohle** u. **v. Vargha:** Ber. **62**, 2425 (1929).
172,5°	$[\alpha]^{20}_D=+30,96°$ (in H_2O, $c=4,004\%$)	l.l. H_2O, Alk.; weniger k. Essigest. u. C_6H_6; schw. l. $CHCl_3$; unl. Äth., Petroläth., Benzin	—	[1]) **Ohle** u. **v. Vargha:** Ber. **62**, 2425 (1929).

Tabelle 69 (Fortsetzung).

Nr	Name	Formel, Konstitution	Vorkommen, Bildung, Darstellung	Krystallogr. Eigenschaften
33	**Bis-[isodiacetonglucosyl-6-]-imin**	$(C_{12}H_{19}O_5)_2NH$	Aus d. Mutterlaugen v. Verb. 32; Reinigung d. frakt. Destillation[1])	Spröde, kolophoniumartige Masse
34	**(Iso-)Diaceton-glucoseen (5,6)**	$C_{12}H_{18}O_5$: 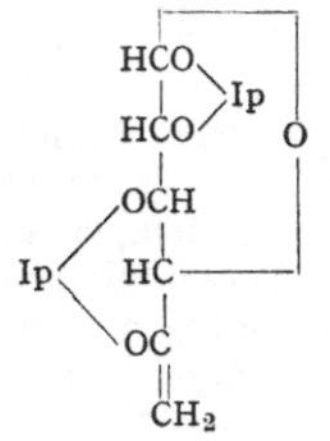	Wie bei Verb. 33	Farbl. Fl.
35	**Monoaceton-d-glucose** (**1,2-Isopropyliden-d-glucose [1,4]**)	$C_9H_{16}O_6$: 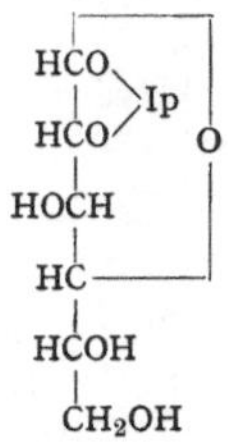 [1])	Entsteht als Nebenprod. bei der Darst. der Diacetonglucose nach E. Fischer, bes. bei nicht zu langer Einwirk. v. Aceton + HCl auf γ-Methylglucosid[2]). D. Hydrol. v. Diacetonglucose m. sehr verd. HCl[3]), Eisessig + etwas H_2O[4]) od. HNO_3-haltig. Essigester[5]), bei nicht zu hoher Temp.	Farbl. feine, verfilzte Nadeln (aus Essigest.)
36	**3-Methyl-monoacetonglucose**	$C_{10}H_{18}O_6$	Aus Verb. 20 m. ca. 80proz. Essigs. bei 20°[1])	Sirup
37	**5-Methyl-monoacetonglucose**	$C_{10}H_{18}O_6$	Aus (5,6)-Anhydro-monoacetonglucose m. CH_3ONa in CH_3OH bei Zimmertemp.[1])	Lange Nadeln (aus Äth. + Petroläth.)
38	**3,5,6-Trimethyl-monoacetonglucose**	$C_{12}H_{22}O_6$	Aus Monoacetonglucose m. CH_3I + Ag_2O[1]) od. $(CH_3)_2SO_4$ + NaOH[2]) Aus Verb. 37 m. CH_3I + Ag_2O[3])	Farbl. Sirup
39	**3-Benzyl-monoacetonglucose**	$C_{16}H_{22}O_6$	Aus Verb. 22 m. H_2O-haltiger Essigs. auf d. Wasserbad; od. aus d. Na-Deriv. der Monoacetonglucose (m. Na in Dioxan dargestellt) u. Benzylchlorid bei 70°[1])	Sirup
40	**5,6-Benzyliden-1,2-acetonglucose**	$C_{16}H_{20}O_6$	Aus Monoacetonglucose u. Benzaldehyd d. Erhitzen m. H_2O-freiem Na_2SO_4 auf 145—170°[1])	Krystalle (aus abs. Alk.)

Schmelz- und Siedepunkt	Optisches Drehungsvermögen	Löslichkeit	Analytisches; Diverses	Literatur
$Kp_{0,05} = 220°$ (Badtemp.)	$[\alpha]_D^{20} = +41,4°$ (in $CHCl_3$, $c = 2,776\%$)	l. l. org. Lösgm.; unl. H_2O	**p-Toluolsulfonat:** $C_{31}H_{47}O_{13}NS$; Feine Nadeln (aus abs. Alk. + Petroläth.), $F = 183°$ (Zers.). $[\alpha]_D^{20} = +20,1°$ (in $CHCl_3$, $c = 2,336\%$)	[1] **Ohle** u. **v. Vargha:** Ber. **62**, 2425 (1929).
$Kp_{0,1} = 150°$ (Badtemp.)	$[\alpha]_D^{20} = +33,2°$ (in $CHCl_3$, $c = 2,35\%$)	unl. H_2O; l. l. org.Lösgm.	Entfärbt sofort chlorof. Br-Lösg.	[1] **Ohle** u. **v. Vargha:** Ber. **62**, 2425 (1929).
161—$162,5°$ (k)[3]	$[\alpha]_D^{20} = -11,8°$ (in H_2O)[3]	l.l. H_2O, Alk., Aceton; l. ca. 20-25 Tl. h. Essigester; unl. Äth. [2]	Reduz. nicht Fehl. Lösg.[2]. Sublim. nicht; in kl. Mengen unzersetzt destillierbar[2]. Wird d. verd. Säuren leicht, d. Emulsin u. Hefe-enzyme nicht gespalten[2]. Hydrolysengeschwindigk. ca. 500mal größer als bei n-Glucosiden u. Disacchariden: $K = 3100 \cdot 10^{-4}$ (f. 0,5n-H_2SO_4, bei 70°)[4]. Beeinflussung der Drehung d. Kupferammin-hydroxyd s. [6]	[1] **Anderson, Charlton** u. **Haworth:** Soc. Lond. **1929**, 1329. [2] **E. Fischer:** Ber. **28**, 2496 (1895). [3] **E. Fischer** u. **Rund:** Ber. **49**, 94 (1916). — **Irvine** u. **Macdonald:** Soc. Lond. **107**, 1701(1915) [4] **Freudenberg,Dürr** u. **v.Hochstetter:** Ber. **61**, 1735 (1928). [5] **Coles, Goodhue** u. **Hixon:** Amer. Soc. **51**, 523 (1929). [6] **Hess, Weltzien** u. **Messmer:** A. **435**, 20ff. (1924).
$Kp_1 =$ 173—$175°$	—	—	**Dibenzoat:** $C_{24}H_{26}O_8$, Kryst. (aus Alk.), $F = 81$—$82°$	[1] **Freudenberg,Dürr** u. **v.Hochstetter:** Ber. **61**, 1742 (1928).
71—$72°$ (vorher Sint.) $Kp_{0,1} =$ 140—$150°$ (Badtemp.)	$[\alpha]_D^{20} = -6,42°$ (in $CHCl_3$, $c = 3,112\%$)	—	—	[1] **Ohle** u. **v. Vargha:** Ber. **62**, 2443 (1929).
$Kp_{12} = 138$ bis $139°$[1)3)] $Kp_{0,3} =$ $110°$[2)] $Kp_{0,05} =$ $96°$[3)]	$[\alpha]_D^{20} = -27,1°$ (in CH_3OH, $c = 3,434\%$)[3)] $[\alpha]_D = -29,5°$ (in CH_3OH, $c = 1,55\%$)[4)] $[\alpha]_D^{25} = -31,1°$ (in CH_3OH, $c = 1,028\%$)[5)]	—	$n_D^{23} = 1,44914$[2)]; $n_D = 1,4470$[4)] Reduz. nicht Fehl. Lösg.[2)]. Hydrol. liefert: 3,5,6-Trimethylglucose[2)4)]	[1] **Irvine** u. **Scott:** Soc. Lond. **103**, 573 (1913). [2] **Levene** u. **G. M. Meyer:** J. Biol. Chem. **48**, 243 (1921); **65**, 540 (1925); **70**, 347 (1926); **74**, 705 (1927). [3] **Ohle** u. **v. Vargha:** Ber. **62**, 2443 (1929). [4] **Anderson, Charlton** u. **Haworth:** Soc. Lond. **1929**, 1329. [5] **Micheel** u. **Hess:** A. **450**, 27 (1926).
—	—	—	**Diacetat:** $C_{20}H_{26}O_8$, Kryst. (aus CH_3OH), $F = 119$-$119,5°$ $[\alpha]_D = -53°$ (in $C_2H_2Cl_4$)	[1] **Freudenberg, Dürr, v. Hochstetter,** mit **v. Hove** u. **Noë:** Ber. **61**, 1741 (1928).
$144°$	$[\alpha]_D^{25} = +22°$	—	**Methyläther:** $C_{17}H_{22}O_6$: d. Methylierg. m. $(CH_3)_2SO_4$ + NaOH; Sirup; liefert b. d. Hydrol.: 3-Methylglucose	[1] **Levene** u. **G. M. Meyer:** J. Biol. Chem. **53**, 434 (1922); **57**, 319 (1923).

Nr	Name	Formel, Konstitution	Vorkommen, Bildung, Darstellung	Krystallogr. Eigenschaften
41	6-Amino-1,2-monoaceton-d-glucose [1,4]	$C_9H_{15}O_5NH_2$	Aus 6-p-Toluolsulfonyl-monoace-tonglucose m. methylalkoh. NH_3 bei Zimmertemp.[1]	Flüssig
	p-Toluolsulfonat	$C_9H_{15}O_5NH_2$ · $C_7H_7SO_2OH$	Kryst. aus d. Reaktionsprod. aus	Farbl. Nadeln, in Büscheln (aus Alk. + Äth.)
	CO_2-Verbindung	$C_9H_{15}O_5NHCOONH_3$ $C_9H_{15}O_5$	Aus d. Toluolsulfonat m. wäßr. Na_2CO_3	Weiße Blättch. (aus Essigest.)
42	1,2-Monoaceton-3,6-anhydro-d-glucose [1,4]	$C_9H_{14}O_5$: (HCO–HCO>Ip, –CH–O, –HC–, –HCOH, –CH₂)	Aus d. entspr. 5-p-Toluolsulfonat (aus 5,6-Ditoluolsulfo-monoace-tonglucose m. NaOH erhalten) d. Kochen m. alkohol. NaOH[1]	Lange Nadeln (aus Äth. + Benzin)
43	1,2-Monoaceton-5,6-anhydro-d-glucose [1,4]	$C_9H_{14}O_5$: (HCO–HCO>Ip, –HOCH, –HC–O, –HC, –H₂C>O)	Aus 6-p-Toluolsulfonyl-monoace-tonglucose m. CH_3ONa in $CHCl_3$ im Kältegemisch[1]. Aus (Iso-)diaceton-glucose-6-bromhydrin m. Na-Äthylat in Alk. bei 100°; od. aus Monoace-tonglucose-6-bromhydrin mit Ag_2O in Aceton[2]	Weiße, feine Nadeln (aus C_6H_6)[1]
44	5,6-Monoaceton-γ-methyl-d-glucosid	$C_{10}H_{18}O_6$: (CHOCH₃, HCOH–O, HOCH, HC, HCO–H₂CO>Ip)	D. Acetonieren v. γ-Methyl-glucosid m. HCl-[1] od. $CuSO_4$-[2] Katal.	Farbl. zäher Sirup; wenn m. HCl-Katal. bereitet u. nicht destill.: reich an β-Form[1][2]); wenn m. $CuSO_4$-Katal. bereitet u. destill.: reich an α-Form[2]
45	5,6-Monoaceton-γ-methylglucosid-dimethyläther	$C_9H_{13}O_3(OCH_3)_3$	Aus Verb. 44 d. Methylierg. m. $CH_3I + Ag_2O$, sowohl aus links-drehend.[1] als aus rechtsdrehend.[2] Prod.	Bewegl. Sirup
46	Trimethyl-oxy-γ-methylglucosid-monoaceton?	$C_{13}H_{24}O_7$: (O<CHOCH₃–COCH₃, CH₃OCH, HCOCH₃, HCO–H₂CO>Ip) ?	D. Erhitzen v. γ-Methylglucosid m. reinem Aceton, dann oxyda-tive Methylierg. m. $CH_3I + Ag_2O$[1]	Farbl. Sirup

Acetonzucker (und Methyläthylketon=zucker).

Schmelz- und Siedepunkt	Optisches Drehungsvermögen	Löslichkeit	Analytisches; Diverses	Literatur
—	—	l. l. H_2O	Reagiert stark alkalisch; gibt m. HNO_2: Monoacetonglucose, m. verd. Mineralsäuren: 6-Amino-glucose	[1] **Ohle** u. **v. Vargha:** Ber. **61**, 1203 (1928).
176—177° (Zers.)	$[\alpha]_D^{20} = -7,02°$ (in H_2O, c = 5,01%)	—	—	
80° Zers. (rasch erhitzt) kein F., Zers. 180—190° (langsam erhitzt)	$[\alpha]_D^{20} = 0° \rightarrow -6,25°$ (in H_2O, c = 4%)	l. l. H_2O, Alk.; schw. l. k. Essigest. u. Aceton; unl. Äth., $CHCl_3$	Mutarotation wahrscheinl. d. Übergang des Carbaminates in echtes Carbonat verursacht	
56—57°	$[\alpha]_D^{20} = +29,33°$ (in H_2O, c = 3,172%)	l.l. Alk., Äth., Essigester, $CHCl_3$, C_6H_6, H_2O; z. l. Toluol; fast unl. Benzin	Hydrol. liefert: 3,6-Anhydroglucose[1]. Oxydat. m. $KMnO_4$ liefert: Monoaceton-d-xyluronsäure (Verf. notieren nach alter Nomenklatur l-)[2]	[1] **Ohle, v. Vargha** u. **Erlbach:** Ber. **61**, 1211 (1928). [2] **Ohle** u. **Erlbach:** Ber. **62**, 2758 (1929).
133,5°[1]) 126°[2])	$[\alpha]_D^{20} = -26,5°$ (in H_2O, c = 4,00%)[1]) $[\alpha]_D^{18} = -27,1°$ (in H_2O)[2])	l. l. H_2O; unl. Benzin, Petroläth.; l. in and. org. Lösgm.[1]	Mit Wasserdampf flüchtig; im Hochvak. destillierbar[2]	[1] **Ohle** u. **v. Vargha:** Ber. **62**, 2435 (1929). [2] **Freudenberg, Toepffer** u. **Anderson:** Ber. **61**, 1750 (1928).
— ⋯ $Kp_{0,1} = 148°$[2])	$[\alpha]_D^{20} = -11,68°$ (in CH_3OH, c = 4,451%) $-11,43°$ (in Alk., c = 4,110%)[1]) $[\alpha]_D^{25} = +36,4°$ (in CH_3OH, c = 5,00%)[2])	l. H_2O, CH_3OH, Alk., Aceton, Äth., Essigest.; w. l. CH_3I[1])[2]	Reduz. nicht Fehl. Lösg.[1]	[1] **Macdonald:** Soc. Lond. **103**, 1896 (1913). [2] **Levene** u. **G. M. Meyer:** J. Biol. Chem. **79**, 357 (1928).
$Kp_{12} = 142—143°$[1]) $Kp_{0,3} = 105°$[2])	$[\alpha]_D^{20} = -19,0°$ (in CH_3OH, c = 6,11%) $-15,0°$ (in 80proz. Alk., c = 10,0%)[1]) $[\alpha]_D^{25} = +3,76°$ (in CH_3OH, c = 6,65%)[2])	—	Reduz. nicht Fehl. Lösg.[1])[2]). Hydrol. liefert: 2,3-Dimethylglucose[1]	[1] **Macdonald:** Soc. Lond. **103**, 1896 (1913). [2] **Levene** u. **G. M. Meyer:** J. Biol. Chem. **79**, 357 (1928).
$Kp_{0,025} = 105—106°$	$[\alpha]_D = +7,6°$ (in Aceton), $+5,3°$ (in Alk.), $+3,2°$ (in C_6H_6), 0° bis $-3,4°$ (in CH_3OH) c = 2,5% überall	—	$D_4^{15} = 1,1133$; $n_D = 1,4493$. Nebenprod.: **Anhydro-bis-[dimethyl-oxy-γ-methylglucosid-monoaceton]**?: $C_{24}H_{42}O_{13}$, zäher Sirup, $Kp_{1,4} = 200°$; $n_D = 1,4587$. Einheitlichkeit u. Zusammensetzung dieser Prod. scheint recht fraglich	[1] **Irvine, Fyfe** u. **Hogg:** Soc. Lond. **107**, 524 (1915).

Nr	Name	Formel, Konstitution	Vorkommen, Bildung, Darstellung	Krystallogr. Eigenschaften
47	**Diaceton-d-mannose (α)** (2,3; 5,6-Di-isopropyliden-mannose [1,4])	$C_{12}H_{20}O_6$: HCOH OCH, OCH, HC (Ip, O) HCO, H_2CO (Ip) [1] [2] [3]	D. Acetonieren v. d-Mannose m. HCl-[4], H_2SO_4-[2] od. $CuSO_4$-[3] Katal.	Zu Büscheln vereinigte Nadeln (aus Petroläth.) [4]; Kryst. d. Sublim. b. 120°/0,2 mm [5]
48	**Diaceton-α-methylmannosid [1,4]**	$C_{13}H_{22}O_6$: $HCOCH_3$ OCH, OCH, HC (Ip, O) HCO, H_2CO (Ip)	D. Methylierg. v. Diacetonmannose m. $CH_3I + Ag_2O$, od. Acetonierung v. α- od. besser γ-Methylmannosid m. HCl-Katal.; Trennung v. β-Form d. Frakt. m. Petroläth. [1] od. frakt. Dest. [2]. Aus Diacetonmannose u. methylalkohol. HCl bei Zimmertemp. [3]	Glycerinartiger Sirup
49	**Diaceton-β-methylmannosid [1,4]**	$C_{13}H_{22}O_6$	Aus der Na-Verb. der Diacetonmannose (m. Na in abs. Äth. erhalten) m. CH_3I [1]	Farbl. Sirup, erstarrt langsam zu Kryst.
50	**Diaceton-mannosyl-1-amin** (Diaceton-1-aminomannose)	$C_{12}H_{19}O_5NH_2$	Aus Diacetonmannose u. methylalkohol. NH_3 bei 95°; Reinigung d. frakt. Destill. [1]	Farbl. Öl
51	**Di-[diaceton-mannosyl-1]-amin**	$(C_{12}H_{19}O_5)_2NH$	Als Nebenprod. bei d. Darst. v. Verb. 50 erhalten, od. aus Verb. 50 d. Kochen m. konz. wäßr. Laugen [1]	Prismat. Säulen (aus Alk.)
52	**Diaceton-mannosyl-1-dimethylamin** (Diaceton-1-dimethylamino-mannose)	$C_{12}H_{19}O_5N(CH_3)_2$	Aus Diacetonmannose u. methylalkohol. Dimethylamin bei 95° [1]. Aus Diacetonmannose-1-chlorhydrin u. Dimethylamin [2]	Krystalle
53	**Monoaceton-d-mannose** (2,3-Isopropyliden-d-mannose [1,4])	$C_9H_{16}O_6$	Aus Diacetonmannose d. vorsichtige Hydrol. m. Biphthalat-Lösg. im Ölbad; Trennung v. d. Diacetonverb. mittels Petroläth. [1]	Sirup
54	**1,2-Monoaceton-1-idose**	$C_9H_{16}O_6$: HCO, HCO (Ip, O) HOCH HC HOCH CH_2OH	Entsteht neben Monoacetonglucose bei d. Hydrol. v. 5,6-Anhydro-monoacetonglucose m. n-NaOH auf d. Wasserbad; Reinigung über das Triacetat [1]	Sirup (nicht rein isoliert)

Acetonzucker (und Methyläthylketon=zucker).

Schmelz- und Siedepunkt	Optisches Drehungsvermögen	Löslichkeit	Analytisches; Diverses	Literatur
122 bis 123°[2])[5])	$[\alpha]_D^{14} = +38,4°$ (A) (in Aceton, c=1,016%) $[\alpha]_D^{14} = +16,9°$ (E) (in Aceton + Spur Alkali, c=1,559%) $[\alpha]_D^{14} = +31,5° \rightarrow +9,8°$ (in $C_2H_2Cl_4$, c=0,51%) $[\alpha]_D^{16} = +15,9°$ (in abs. Alk., c=2,574%) $[\alpha]_D^{16} = +11,9° \rightarrow -5,6° \rightarrow +1,1°$ (in H_2O, c=0,4455%)[5])	l. 8 Tl. Äth.; l. C_6H_6, H_2O, im übrigen wie Verb. 19[4])	Reduz. nicht Fehl. Lösg.[4]). Oxydat. m. alkal. $KMnO_4$ liefert: Diacetonmannonsäure-γ-lacton[1])[3]). **Natriumverb.** (Additions- od. Substitutionsprod.?), d. Fällen aus H_2O m. 50proz. NaOH: feine, farbl. Nadeln[2]). **Phenylhydraz.:** ölig[5]). **Anilid:** $C_{18}H_{25}O_5N$, Nadeln, in Büscheln, F=114°. — $[\alpha]_D = -118,3 \rightarrow +83°$ (in abs. Alk.)[5])	[1]) **Goodyear** u. **Haworth:** Soc. Lond. **1927**, 3136. [2]) **Freudenberg** u. **Wolf:** Ber. **58**, 300 (1925); **59**, 836 (1926); **60**, 238 (1927). [3]) **Ohle** u. **Berend:** Ber. **58**, 2590 (1925). [4]) **Freudenberg** u. **Hixon:** Ber. **56**, 2119 (1913). [5]) **Irvine** u. **Skinner:** Soc. Lond. **1926**, 1089.
$Kp_1 =$ 111—115°[2]) $Kp_{0,2} =$ 105°[1])	$[\alpha]_D^{20} = +56,0°$ (in CH_3OH, c=4,04%)[1])	—	Wird d. verd. Säuren in Mannose, Aceton u. CH_3OH gespalten[1])	[1]) **Levene** u. **G. M. Meyer:** J. Biol. Chem. **59**, 145 (1924); **78**, 363 (1928). [2]) **Freudenberg** u. **v. Hochstetter:** Ber. **61**, 1743 (1928). [3]) **Irvine** u. **Skinner:** Soc. Lond. **1926**, 1089.
40—41° $Kp_{0,2-0,5} =$ 118—124°	$[\alpha]_D^{20} = -42,2°$ (in $C_2H_2Cl_4$, c=5,36%)[2])[1]) $[\alpha]_D^{20} = -41°$ (in CH_3OH?)[2])	—	Hydrol. wie bei Verb. 48[1]). Ist einheitlich[2])	[1]) **Freudenberg** u. **Hixon:** Ber. **56**, 2119 (1923). — **Freudenberg** u. **v. Hochstetter:** Ber. **61**, 1743 (1928). [2]) **Levene** u. **G. M. Meyer:** J. Biol. Chem. **59**, 145 (1924); **78**, 363 (1928).
$Kp_1 =$ 128—129°	$[\alpha]_{578}^{17} = +9,4°$ (in abs. Alk.)	l. l. Alk., Äth., $CHCl_3$, C_6H_6; weniger H_2O; schw. l. Alkalilaugen	Verd. Essigs. spaltet zu NH_3 u. Diacetonmannose. **N-Benzoylderiv.:** $C_{19}H_{25}O_6N$: farbl. Nad. (aus Alk.), F=178°	[1]) **Freudenberg** u. **Wolf:** Ber. **58**, 300 (1925).
160°	$[\alpha]_{578}^{17} = +26°$ (in $C_2H_2Cl_4$)	l. l. $CHCl_3$, Aceton, Essigester, sowie h. Ligroin, C_6H_6, Äth., CH_3OH, Alk.; w. l. k. Ligroin, usw.	Verd. Essigs. spaltet wie bei Verb. 50	[1]) **Freudenberg** u. **Wolf:** Ber. **58**, 300 (1925).
76° $Kp_1 = 115°$	$[\alpha]_{578}^{17} = +42,5°$ (in abs. Alk.)	l. l. gebräuchl. org. Lösgm.; w. l. H_2O	Verd. Essigs. spaltet zu $(CH_3)_2NH$ u. Diacetonmannose	[1]) **Freudenberg** u. **Wolf:** Ber. **58**, 300 (1925). [2]) **Freudenberg** u. **Wolf:** Ber. **60**, 238 (1927).
—	—	—	Reduz. nicht Fehl. Lösg. **Triacetat:** $C_{15}H_{22}O_9$, Kryst. (aus $CH_3OH + H_2O$), F=59°. $[\alpha]_D = +49,9°$ (in $C_2H_2Cl_4$)	[1]) **Freudenberg, Dürr, v. Hochstetter** u. **Gärtner:** Ber. **61**, 1735 (1928).
—	$[\alpha]_D^{20} = +22,8°$ (in H_2O, c=1,53%)	—	Hydrol. liefert: l-Idose (von d. Verf. nach alter Nomenklatur mit d- bezeichnet). **Triacetat:** $C_{15}H_{22}O_9$, aus d. Rohprod. m. $(CH_3CO)_2O$ in Pyrid., Reinigen d. Destill. ($Kp_{0,05} = 130—135°$). Farbl. bewegl. Sirup; l. l. org. Lösgm., unl. H_2O; $[\alpha]_D^{20} = +58,3°$ (in $CHCl_3$, c=2,144%). **Trimethyläther:** $C_{12}H_{22}O_6$, d. Methylierg. m. $CH_3I + Ag_2O$; leicht bewegl. Öl, $Kp_{0,07} = 92$ bis 93°; $[\alpha]_D^{20} = +66,2°$ (in CH_3OH, c=3,96%)	[1]) **Ohle** u. **v. Vargha:** Ber. **62**, 2441 (1929).

Nr	Name	Formel, Konstitution	Vorkommen, Bildung, Darstellung	Krystallogr. Eigenschaften
55	Diaceton-d-galaktose	$C_{12}H_{20}O_6$: (siehe Formelbild) [1] oder eher [1][2]	D. Acetonieren v. α-[3] od. β-[4] Galaktose m. HCl-, H_2SO_4-, $CuSO_4$-[2] od. $ZnCl_2$-[5])Katal.	Zähes, farbl. Öl
56	6-Methyl-diacetongalaktose	$C_{13}H_{22}O_6$	Aus d. Na-Verb. der Diacetongalaktose (m. Na in abs. Äth. erhalten) m. CH_3I[1]	Zäher Sirup
57	Diaceton-galaktosyl-6-amin (Diaceton-6-amino-galaktose)	$C_{12}H_{19}O_5NH_2$	Aus Diaceton-p-toluolsulfonylgalaktose m. fl. NH_3 b. Zimmertemp., od. m. methylalkohol. NH_3 bei 100°[1]	Farbl. Öl
58	Di-[diaceton-galaktosyl-6]-amin	$(C_{12}H_{19}O_5)_2NH$	Entsteht als Nebenprod. (bis zu ca. 50%) bei d. Darst. v. Verb. 57[1]	Zentimeterlange Nadeln (aus CH_3OH + H_2O), H_2O-frei. Aus Ligroin: andere Form
59	Diaceton-galaktosyl-6-dimethylamin	$C_{12}H_{19}O_5N(CH_3)_2$	Aus Diaceton-p-toluolsulfonylgalaktose u. methylalkohol. $(CH_3)_2NH$ bei 100°[1]	Farbl. glycerinartiger Sirup
60	6-Hydrazino-diacetongalaktose	$C_{12}H_{19}O_5NHNH_2$	Aus p-Toluolsulfonyl-diacetongalaktose u. H_2O-freiem Hydrazin bei 50—70°[1]	Nicht krystallisierendes Öl
61	Asymm. Di-[diaceton-galaktosyl-6-]-hydrazin	$(C_{12}H_{19}O_5)_2NNH_2$	Entsteht als Nebenprod. bei der Darst. v. Verb. 60[1]	Nadeln (aus Alk.)

Acetonzucker (und Methyläthylketon-zucker).

Schmelz- und Siedepunkt	Optisches Drehungsvermögen	Löslichkeit	Analytisches; Diverses	Literatur
$Kp_1 = 126°$ [4]) $Kp_{0,2} = 131$ bis $135°$ [3]) [6])	$[\alpha]_{Hg\,gelb} = -60{,}9°$ (in $C_2H_2Cl_4$) [3]) $[\alpha]^{18}_{Hg\,gelb} = -46°$ (in H_2O) [4]) $[\alpha]^{29}_D = -54{,}7°$ (in $CHCl_3$, $c = 3{,}565\%$) [2]) $[\alpha]^{20}_D = -53{,}3°$ (in $C_2H_2Cl_4$, $c = 4{,}412\%$) [6])	meist l. lösl.; etwas weniger Äth., Petrol- äth. [4])	Reduz. nicht Fehl. Lösg. [2]) [3]). Gibt kryst. p-Toluolsulfonyl- deriv. ($F = 91—92°$) [3]) Hydrolysengeschwindigk. ca. gleich groß wie bei Monoace- tonglucose [7]). Oxydat. m. $KMnO_4$ liefert: Diaceton-d-galakturon- säure [2]) [8])	[1]) Freudenberg u. Smeykal: Ber. **59**, 100 (1926). [2]) Ohle u. Berend: Ber. **58**, 2585 (1925). [3]) Freudenberg u. Hixon: Ber. **56**, 2119 (1923). [4]) Svanberg u. Bergmann: C. **1924**, I, 1021. [5]) H. Fischer u. Taube: Ber. **60**, 488 (1927). [6]) Levene u. G. M. Meyer: J. Biol. Chem. **64**, 473 (1925). [7]) Freudenberg, Dürr u. v. Hoch- stetter: Ber. **61**, 1735 (1928). [8]) Svanberg: C. **1925**, I, 2374.
$Kp_{0,2-0,5} = 109—115°$	$[\alpha]^{20}_{578} = -66{,}6°$ (in Subst.) [2]) $[\alpha]^{19}_{Hg\,gelb} = -63{,}2°$ (in $C_2H_2Cl_4$) [1])	—	$D^{20} = 1{,}150$ [2])	[1]) Freudenberg u. Hixon: Ber. **56**, 2119 (1923). [2]) Freudenberg u. Smeykal: Ber. **59**, 100 (1926).
$Kp_{0,5-1} = 122—126°$	$[\alpha]^{19}_{633} = -50{,}42°$ $[\alpha]^{19}_{578} = -63{,}09°$ $[\alpha]^{19}_{546} = -70{,}85°$ $[\alpha]^{19}_{434} = -127{,}2°$ (in Subst.)	l. l. H_2O u. gewöhnl. org. Lösgm.; unl. in starken Alkalilaugen	$D^{19} = 1{,}1742$. Verd. Säuren hydrol. zu Ace- ton u. 6-Aminogalaktose. Reagiert stark alkalisch; bildet festes Carbonat. **Chlorhydrat:** Krystalle (aus $CHCl_3$), $F = 229°$ (Zers.). **Pikrolonat:** filzige Nadeln (aus Alk.), $F = 223°$ (Zers.). **N-Benzoylderiv.:** $C_{19}H_{25}O_6N$: Kryst. (aus verd. CH_3OH od. Benzin), $F = 132{,}5°$; $[\alpha]^{18}_{578} = -26{,}74°$ (in Aceton)	[1]) Freudenberg u. Doser: Ber. **58**, 294 (1925).
$108°$ $125—126°$	$[\alpha]^{18}_{578} = -84{,}35°$ (in Aceton)	—	Hydrol. liefert: Di-galaktosyl- 6-amin. **N-Benzoylderiv.:** $C_{31}H_{43}O_{11}N$: Kryst. (aus Alk.), $F = 129°$; $[\alpha]^{18}_{578} = -53{,}9°$ (in Aceton). **Nitrosamin:** $C_{24}H_{38}O_{11}N_2$, aus Verb. 58 od. 61 m. $NaNO_2$ in Essigs. — Kryst. (aus Alk. od. CH_3OH), $F = 181—182°$. — $[\alpha]^{19}_{578} = -7{,}9°$ (in Aceton)	[1]) Freudenberg u. Doser: Ber. **58**, 294 (1925).
$Kp_{1-2} = 110—115°$	$[\alpha]^{18}_{578} = -85{,}7°$ (in Subst.)	—	$D^{18} = 1{,}0935$. **Jodmethylat:** $C_{12}H_{19}O_5N(CH_3)_3I$: aus d. Kompon.; Kryst. (aus Alk.). — $[\alpha]^{18}_{578} = -32°$ (in H_2O); l. H_2O, CH_3OH	[1]) Freudenberg, Smeykal u. Doser: Ber. **59**, 106 (1926).
—	—	—	Gibt m. 2 Mol. Phenylisocya- nat: **Diaceton-galaktosyl-6- hydrazin-dicarbonsäure-diani- lid,** $C_{28}H_{32}O_7N_4$, farbl. nadel- förmige Kryst. (aus Pyrid. od. Methylcyclohexanol), $F = 227°$ (Zers.)	[1]) Freudenberg u. Hixon: Ber. **56**, 2119 (1923).
$129—130°$	$[\alpha]^{15}_{Hg\,gelb} = -77°$ (in $C_2H_2Cl_4$)	l. l. abs. Alk., weniger wäßr. Alk.; z. l. Ace- ton, Äth.; unl. H_2O; l. verd. Säuren	Reduz. Fehl. Lösg. in wäßr. Lösg. nicht, in alkohol. Lösg. langsam in d. Wärme. Gibt d. Oxydat. m. $KMnO_4$: **Tetra-[diaceton-galaktosyl-6-] -tetrazen,** $(C_{12}H_{19}O_5)_2N—N =N—N(C_{12}H_{19}O_5)_2$, mikr. Prismen (aus 95 proz. Alk.), $F = 103—104°$; l. l. org. Lösgm., unl. H_2O; $[\alpha]^{18}_{Hg\,gelb} = -76{,}3°$ (in $C_2H_2Cl_4$)	[1]) Freudenberg u. Hixon: Ber. **56**, 2119 (1923).

Nr	Name	Formel, Konstitution	Vorkommen, Bildung, Darstellung	Krystallogr. Eigenschaften
62	**Diaceton-d-galaktoseen (5,6)**	$C_{12}H_{18}O_5$: HCO–, HCO–⟩Ip; O; OCH; CH–Ip; CO; CH₂ *oder eher* CO–, CO–⟩Ip; OCH; OCH–Ip; O; C=CH₂	Aus Diacetongalaktose-6-jodhydrin m. CH_3ONa b. 125—130°[1]	Derbe Kryst. (aus Äth. bei —10°)
63	**Monoaceton-d-galaktose** (1,2-Isopropyliden-d-galaktose [1,5]?)	$C_9H_{16}O_6$	Bei d. Darst. v. Diacetongalaktose, als Nebenprod.; od. beim längeren Aufbewahren v. nicht völlig reiner Diacetongalaktose[1]	Krystalle (aus Essigester + etw. Ligroin)
64	**3,4-Isopropyliden-β-methyl-d-galaktosid [1,5]**	$C_{10}H_{18}O_6$	Aus β-Methylgalaktosid u. Aceton, m. $CuSO_4$-Katal.[1]	Nadeln (aus C_6H_6)
65	**3,4-Isopropyliden-d-galaktosan [α 1,5] [β 1,6]**	$C_9H_{14}O_5$: CH; HCOH; OCH–Ip–OCH; O ... O; HC; CH₂	Aus Galaktosan (α 1,5)(β 1,6) m. Aceton u. $CuSO_4$-Katal.[1]	Lange, dünne Nadeln (aus C_6H_6)
66	**α-Diaceton-d-fructose** (1,2; 4,5-Di-isopropyliden-d-fructose [2,6])	$C_{12}H_{20}O_6$: H_2CO–, CO–⟩Ip; HOCH; O; HCO–, HCO–⟩Ip; CH₂ [1]	D. Acetonieren v. β-Fructose m. HCl-[2], $CuSO_4$-[3] od. $ZnCl_2$[4]-Katal. D. Acetonieren v. γ-Methylfructosid m. HCl-Katal.[5]; v. Saccharose m. wenig H_2SO_4-Katal.[3]; v. α-Monoacetonfructose mit $CuSO_4$-Katal.[3]	Lange, feine Nadeln (aus Äth. + Petroläth.) od. derbe Säulen, sternförmig verwachsen (aus H_2O)[2]
67	**3-Methyl-α-diacetonfructose**	$C_{13}H_{22}O_6$	Aus Verb. 66 m. $CH_3I + Ag_2O$[1] od. m. Na (in C_6H_6), dann CH_3I[2]	Krystalle (aus verd. CH_3OH)
68	**β-Diaceton-d-fructose** (2,3; 4,5-Di-isopropyliden-d-fructose [2,6])	$C_{12}H_{20}O_6$: CH_2OH; OC–, OCH–Ip; HCO–, HCO–⟩Ip; O; H_2C [1]	D. Acetonieren v. β-Fructose m. größeren Mengen Säure-Katal. [H_2SO_4[2] od. HCl[3]]. Analog aus Saccharose[2]	Lange prismat. Krystalle[3]

Acetonzucker (und Methyläthylketon-zucker).

Schmelz- und Siedepunkt	Optisches Drehungsvermögen	Löslichkeit	Analytisches; Diverses	Literatur
86° $Kp_{15} = 133°$	$[\alpha]_D^{20} = -128°$ (in $C_2H_2Cl_4$)	l.l.org.Lösgm.; unl. H_2O	Sublim. geg. 100° in langen, biegsamen Nadeln. Ist mit Wasserdampf flüchtig. Entfärbt sofort Brom in Acetonlösg.	[1] Freudenberg u. Raschig: Ber. 62, 373 (1929).
157° (scharf)	$[\alpha]_D^{20} = -10,9°$ (in Alk., c = 2,288%)	l. H_2O, Alk., Essigester	Wird weder d. Fehl. Lösg. noch d. Hypojodit-Lösg. angegriffen	[1] Levene u. G. M. Meyer: J. Biol. Chem. 64, 473 (1925). — Vgl.Freudenberg, Dürr u. v.Hochstetter: Ber. 61, 1737 (1928).
134—135°	$[\alpha]_D^{17} = +20,96°$ (in H_2O, c = 1,145%)	l.l. H_2O u. abs. Alk.	1 proz. methylalkohol. HCl b. Zimmertemp. hydrol. zu Aceton u. β-Methylglucosid	[1] Micheel: Ber. 62, 687 (1929).
151—152°	$[\alpha]_D^{22} = -61,7°$ (in H_2O, c = 1,555%) $-73,3°$ (in $CHCl_3$, c = 1,405%)	—	1 proz. k. HCl spaltet zu Aceton u. Galaktosan [1,5] [1,6]	[1] Micheel: Ber. 62, 687 (1929).
119 bis 120°[2][4])	$[\alpha]_D^{20} = -161,3°$ (in H_2O, c = ca. 7,3%)[2]) $[\alpha]_D^{23} = -154°$ (in Aceton, c = ca. 4,5%)[3])	l. H_2O, wird d. starke Alkalilaugen gefällt[2])	Reduz. nicht Fehl. Lösg.[2]); ist geg. alkal. $KMnO_4$-Lösg. stabil[6]). Emulsin u. Hefeenzyme spalten nicht[2]); 0,1 proz. HCl dagegen schon langsam b. 20°[7]), rasch u. völlig b. 100°[2]). Sublim. leicht b. 100°[2]). Leitet sich v. β-Fructose[2,6] ab[8])	[1] Freudenberg u. Doser: Ber. 56, 1243 (1923). — Anderson, Charlton, Haworth u. Nicholson: Soc. Lond. 1929, 1337. [2] E. Fischer: Ber. 28, 1164 (1895). [3] Ohle u. Koller: Ber. 57, 1566 (1924). [4] H. Fischer u. Taube: Ber. 60, 485 (1927). [5] Irvine u. Patterson: Soc. Lond. 121, 2159 (1922). [6] Karrer u. Hurwitz: Helv. 4, 728 (1921). [7] Irvine u. Garrett: Soc. Lond. 97, 1283 (1910). [8] Ohle: Ber. 60, 1168 (1927). — Vgl. Hudson u. Brauns: Amer. Soc. 38, 1218 Anm. (1916).
115°[1][2])	$[\alpha]_D^{20} = -135,3°$ (in Aceton, c = 2,66%) $-136,4°$ (in CH_3OH, c = 1,704%) $-149,4°$ (in C_6H_6, c = 1,7545%)[1])	l.l.org.Lösgm.; w. l. H_2O[1])	Hydrol. liefert: 3-Methylfructose[1][2])	[1] Irvine u. Hynd: Soc. Lond. 95, 1220 (1909). [2] Freudenberg u. Hixon: Ber. 56, 2125 (1923).
97°[2][3]) $Kp_{0,2} = 110—115°[2])$	$[\alpha]_D^{22} = -32,9°$ (in H_2O, c = 3,161%) $[\alpha]_D^{23} = -26,17°$ (in H_2O, c = 1,856%) $[\alpha]_D^{21} = -36,69°$ (in Alk., c = 1,172%) $[\alpha]_D^{22} = -33,83°$ (in Aceton, c = 4,08%) $[\alpha]_D^{23} = -28,98°$ (in C_6H_6, c = 1,02%)[2])	Wie bei Verbindg. 66[3])	Reduz. nicht Fehl. Lösg.[3]); alkal. $KMnO_4$-Lösg. oxyd. zu Diaceton-2-ketogluconsäure (Diacetonfructuronsäure)[1]). Wird d. 0,1 proz. HCl unterhalb 60° praktisch nicht[4]), bei 100° dageg. leicht[3]) gespalten. Leitet sich v. α-Fructose[2,6] ab[5])	[1] Ohle: Ber. 58, 2577 (1925). — Anderson, Charlton, Haworth u. Nicholson: Soc. Lond. 1929, 1337. [2] Ohle u. Koller: Ber. 57, 1566 (1924). [3] E. Fischer: Ber. 28, 1165 (1895). [4] Irvine u. Garrett: Soc. Lond. 97, 1283 (1910). [5] Ohle: Ber. 60, 1168 (1927). — Vgl. Hudson u. Brauns: Amer. Soc. 38, 1218, Anm. (1916).

Tabelle 69 (Fortsetzung).

Nr	Name	Formel, Konstitution	Vorkommen, Bildung, Darstellung	Krystallogr. Eigenschaften
69	**1-Methyl-β-diacetonfructose**	$C_{13}H_{22}O_6$	Aus Verb. 68 m. $CH_3I + Ag_2O$, $(CH_3)_2SO_4 + NaOH$ od. Na (in Xylol), dann CH_3I[1])	Rhomb. Platten od. vierseitige Prismen (aus Alk. + H_2O)
70	**α-Monoaceton-d-fructose** (1,2-Isopropyliden-d-fructose [2,6])	$C_9H_{16}O_6$	D. Hydrol. v. α-Diacetonfructose m. 0,1proz. HCl bei 30°[1])	Sternförmige Aggr. großer Prismen (aus Essigester)
71	**3,4,5-Trimethyl-α-mono-aceton-fructose**	$C_{12}H_{22}O_6$	Aus Verb. 70 m. $CH_3I + Ag_2O$[1])	Bewegl. Fl.
72	**β-Monoaceton-d-fructose** (2,3-Isopropyliden-d-fructose [2,6])	$C_9H_{16}O_6$	Aus β-Diacetonfructose d. teilw. Hydrol. m. n-H_2SO_4 b. Zimmertemp.[1])	Sirup, wohl noch nicht völlig rein erhalten
73	**2,3?-Monoaceton-γ-fructose** (2,3 od. 1,2-Isopropyliden-d-fructose [2,5])	$C_9H_{16}O_6$: 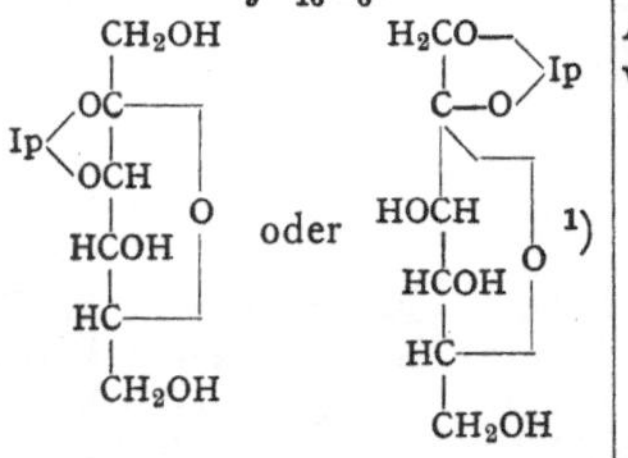	Entsteht als Nebenprod. bei d. Acetonierg. v. β-Fructose mit wenig Säure-[2]) od. $CuSO_4$[3])-Katal.	Sirup, wohl noch nicht völlig rein erhalten
74	**Monoaceton-methylfructosid**	$C_{10}H_{18}O_6$	Aus Fructose u. acetonhaltigem methylalkohol. HCl, od. aus (Roh-)Methylfructosid u. Aceton m. 0,5% HCl, b. Zimmertemp.; Reinigung durch Extrakt. mit Essigester u. frakt. Dest.[1])	Farbl. glasige Masse
75	**Diacetonmannosido [1,4]-diacetonmannosid [1,4]**	$C_{24}H_{38}O_{11}$	Aus Diacetonmannose-1-chlorhydrin u. Diacetonmannose in CCl_4 + $CHCl_3$, mit Ag_2CO_3[1])	Prismen (aus CH_3OH)
76	**6-β-Glucosido-diaceton-galaktose**	$C_{18}H_{30}O_{11}$	Aus Diacetongalaktose u. Acetobromglucose mittels Ag_2O, in CCl_4; Verseif. m. wäßr.-alkohol. $Ba(OH)_2$[1])	Krystalle (aus Essigester)
77	**6-β-Galaktosido-diaceton-galaktose**	$C_{18}H_{30}O_{11}$	Aus Diacetongalaktose u. Acetobromgalaktose, wie b. Verb. 76[1])	Sirup

Acetonzucker (und Methyläthylketon-zucker).

Schmelz- und Siedepunkt	Optisches Drehungsvermögen	Löslichkeit	Analytisches; Diverses	Literatur
48—$49°$ $Kp_{0,12} = 90°$	$[\alpha]_D^{20} = -38,26°$ (in abs. Alk., $c = 2,07\%$) $-29,53°$ (in $CHCl_3$, $c = 5,08\%$)	—	$n_D^{22,5} = 1,4512$. Hydrol. liefert: 1-Methyl-fructose	[1] **Ohle** u. **Koller**: Ber. **57**, 1566 (1924); **58**, 2577 (1925).
120—$121°$	$[\alpha]_D^{20} = -158,9°$ (in H_2O, $c = 1,079\%$)	zwischen Fructose u. α-Diacetonfructose	Reduz. nicht Fehl. Lösg.[1]. Leitet sich v. β-Fructose[2,6] ab[2])	[1] **Irvine** u. **Garrett**: Soc. Lond. **97**, 1277 (1910).—**Irvine** u. **Patter son**: Soc. Lond. **121**, 2157 (1922). [2] **Ohle**: Ber. **60**, 1168 (1927).
$Kp_{10} =$ 135—$138°$	$[\alpha]_D^{20} = -147,9°$ (in H_2O, $c = 0,902\%$) $-125,7°$ (in Alk., $c = 0,887\%$) $-125,0°$ (in Aceton, $c = 1,208\%$)	l. lösl.	$n_D = 1,4575$. Reduz. nicht Fehl. Lösg. Hydrol. liefert: 3,4,5-Tri-methylfructose[2,6]	[1] **Irvine** u. **Patterson**: Soc. Lond. **121**, 2158 (1922). — Vgl. **Anderson, Charlton, Haworth** u. **Nicholson**: Soc. Lond. **1929**, 1337.
—	$[\alpha]_D^{22} = +27,62°$ (in Alk., $c = 1,448\%$)	l. l. H_2O, CH_3OH, Alk., Aceton, Essig-ester, $CHCl_3$; w. l. Äth.; fast unl. Petrol-äth., Benzin	Reduz. nicht Fehl. Lösg. Regeneriert m. Aceton + $CuSO_4$-Katal. β-Diaceton-fructose[1]. Leitet sich v. α-Fructose[2,6] ab[2])	[1] **Ohle** u. **Koller**: Ber. **57**, 1566 (1924). [2] **Ohle**: Ber. **60**, 1168 (1927).
—	$[\alpha]_D^{20} = -17,4°$ (in H_2O)[2] $[\alpha]_D^{20} = -29°$ (in H_2O)[3]	—	Reduz., wenn weitgehend ge-reinigt, Fehl. Lösg. nicht[2], sonst schwach[3]. — Läßt sich nicht weiter acetonieren; wird d. h. H_2O nicht, d. verd. Säuren leicht gespalten[2]. **Trimethyläther:** $C_{12}H_{22}O_6$, d. Methylierg. m. $CH_3I + Ag_2O$: farbl. Öl, $Kp_{15} = 120°$; reduz. nicht[2])	[1] **Ohle**: Ber. **60**, 1168 (1927). [2] **Irvine** u. **Garrett**: Soc. Lond. **97**, 1277 (1910). [3] **Ohle** u. **Koller**: Ber. **57**, 1566 (1924).
$Kp_{0,02-0,05}$ 142—$145°$	$[\alpha]_D^{20} = -85,3°$ $[\alpha]_D^{50} = -90,3°$ (beides in H_2O, $c = 2,625\%$)	—	$n_D = 1,4882$. Reduz. nicht Fehl. Lösg., aber k. alkal. $KMnO_4$-Lösg. Wird d. 0,36 proz. HCl b. 50° völlig gespalten[1]. Die Verf. betrachten d. Verb. als Deriv. d. γ-Methylfructo-sides; nach heutigen Kennt-nissen dürfte es sich eher um ein 4,5-Isopropyliden-β?-methylfructosid (2,6) handeln, vgl. [2])	[1] **Irvine** u. **Robertson**: Soc. Lond. **109**, 1305 (1916). [2] **Irvine** u. **Patterson**: Soc. Lond. **121**, 2159 (1922). — **All press**: Soc. Lond. **1926**, 1720.
180—$181°$	$[\alpha]_D^{18} = +84°$ (in $C_2H_2Cl_4$)	—	Der Drehung nach wahr-scheinl. $\alpha\alpha$. Hydrol. m. 0,01 proz. H_2SO_4 liefert: Mannosido-[1,4]man-nosid[1,4]	[1] **Freudenberg, Wolf, Knopf** u. **Zaheer**: Ber. **61**, 1743 (1928).
84—$88°$	$[\alpha]_D^{20} = -67,5°$ (in H_2O)	—	Hydrol. m. sehr verd. Säuren liefert: 6-β-Glucosido-galak-tose. **Tetracetat:** $C_{26}H_{38}O_{15}$, Kryst. (aus Alk.), $F = 141°$; $[\alpha]_D^{22} = -52,6°$ (in $C_2H_2Cl_4$)	[1] **Freudenberg, Noë** u. **Knopf**: Ber. **60**, 238 (1927).
—	—	—	Reduz. nicht Fehl. Lösg.; Hydrol. m. 0,1 proz. H_2SO_4 liefert: 6-β-Galaktosido-galaktose. **Tetracetat:** $C_{26}H_{38}O_{15}$, Kryst. (aus $CH_3OH + H_2O$), $F = 101$ bis $102°$; $[\alpha]_D^{18} = -44,7°$ (in $C_2H_2Cl_4$)	[1] **Freudenberg, Wolf, Knopf** u. **Zaheer**: Ber. **61**, 1743 (1928).

<h1 style="text-align:center">Tabelle 69 (Fortsetzung).</h1>

Nr	Name	Formel, Konstitution	Vorkommen, Bildung, Darstellung	Krystallogr. Eigenschaften
78	6-α?-Diacetonmannosido[1,4]-diacetongalaktose	$C_{24}H_{38}O_{11}$	Aus Diacetonmannose-1-chlorhydrin u. Diacetongalaktose mit Ag_2CO_3 in CCl_4-Lösg.[1])	Öl; erstarrt glasig
79	6-β-Cellobiosido-diaceton-galaktose	$C_{24}H_{40}O_{16}$	Aus Diacetongalaktose u. Acetobromcellobiose in $CHCl_3$, wie bei Verb. 76[1])	Sirup
80	6-β-Lactosido-diacetongalaktose	$C_{24}H_{40}O_{16}$	Aus Diacetongalaktose u. Acetobromlactose in $CHCl_3$, wie bei Verb.76[1])	Kryst. (a. H_2O), krystallwasserhaltig

<h1 style="text-align:center">Tabelle 70.</h1>

Nr	Name	Formel, Konstitution	Vorkommen, Bildung, Darstellung	Krystallogr. Eigenschaften
1	3-Chlor-diacetonglucose	$C_{12}H_{19}O_5Cl$	Aus Diacetonglucose od. aus Verb. 7 mit PCl_5 in H_2O-freiem Petroläth. in Gegenw. v. trocken. Na_2CO_3, b. Zimmertemp.[1])	Farbl. Öl
2	6-Brom-isodiacetonglucose (Isodiacetonglucose-6-bromhydrin)	$C_{12}H_{19}O_5Br$	D. Acetonieren v. 6-Bromglucose m. H_2SO_4-Katal.; Trennung v. d. Monoacetonverb. durch Aufnahme in Petroläth. u. Destill.[1])	Schwach gelbes Öl
3	6-Jod-isodiacetonglucose (Isodiacetonglucose-6-jodhydrin)	$C_{12}H_{19}O_5I$	Aus Verb. 2 mit NaI in Aceton bei 100°[1])	Kryst. (aus abs. Alk.)
4	6-Brom-monoacetonglucose (Monoacetonglucose-6-bromhydrin)	$C_9H_{15}O_5Br$	D. Acetonieren v. 6-Bromglucose m. H_2SO_4-Katal.; Trennung v. Verb. 2 durch Aufnahme in H_2O	Kryst. (aus Äth. od. C_6H_6)
5	Diacetonmannose-1-chlorhydrin	$C_{12}H_{19}O_5Cl$	Aus Diacetonmannose u. PCl_5, wie bei Verb. 1[1]) od. mitt. $SOCl_2$ in Pyrid. + $CHCl_3$ bei 0°[2])	Öl
6	6-Jod-diacetongalaktose (Diacetongalaktose-6-jodhydrin)	$C_{12}H_{19}O_5I$	Aus 6-Toluolsulfonyl-diacetongalaktose m. NaI in Aceton bei 125°[1])	Kryst. (aus CH_3OH)
7	Bis-[diacetonglucosyl-3]-sulfit	$C_{12}H_{19}O_5$—O—SO—O——$C_{12}H_{19}O_5$	Aus Diacetonglucose od. dess. Na-Deriv. u. $SOCl_2$ in Petroläth. od. Äth., bei 0°[1])	Farbl. Öl, nicht unzersetzt destillierbar

Acetonzucker (und Methyläthylketon=zucker).

Schmelz- und Siedepunkt	Optisches Drehungsvermögen	Löslichkeit	Analytisches; Diverses	Literatur
$Kp_1 =$ 205—210°	$[\alpha]_D^{18} = -44{,}6°$ (in $C_2H_2Cl_4$)	l. Äth., Petroläth.; unl. H_2O	0,01proz. H_2SO_4 spaltet zu 6-α?-Mannosido[1,4]-galaktose	[1] Freudenberg, Wolf, Knopf u. Zaheer: Ber. **61**, 1743 (1928).
—	—	—	Hydrol. m. 0,02proz. H_2SO_4 liefert: 6-β-Cellobiosido-galaktose. **Heptacetat:** $C_{38}H_{54}O_{23}$, Nadeln (aus Alk.), $F = 227°$; $[\alpha]_D^{18} = -47{,}1°$ (in $C_2H_2Cl_4$)	[1] Freudenberg, Wolf, Knopf u. Zaheer: Ber. **61**, 1743 (1928).
117°	$[\alpha]_D^{18} = -39{,}8°$ (in H_2O; f. Anhydr.?)	—	Hydrol. m. 0,02proz. H_2SO_4 liefert: 6-β-Lactosido-galaktose. **Heptacetat:** amorph	[1] Freudenberg, Wolf, Knopf u. Zaheer: Ber. **61**, 1743 (1928).

Säurederivate der Acetonzucker.

Schmelz- und Siedepunkt	Optisches Drehungsvermögen	Löslichkeit	Analytisches; Diverses	Literatur
$Kp_{0,01} =$ 127°	—	—	Wird d. h. wäßr. 6n-NaOH nicht verseift; konz. alkohol. NaOH liefert langsam Diacetonglucose zurück	[1] Allison u. Hixon: Amer. Soc. **48**, 406 (1926).
$Kp_{1-2} =$ 146°	$[\alpha]_D^{18} = +42{,}0°$ (in Alk.)	s. w. l. H_2O	Das Brom haftet sehr fest	[1] Freudenberg, Toepffer u. Andersen: Ber. **61**, 1755 (1928); vgl. Ohle u. v. Vargha: Ber. **62**, 2429 (1929).
58° $Kp_{0,5} =$ 110—120°	$[\alpha]_D^{18} = +30{,}9°$ (in Alk.)	—	—	[1] Freudenberg, Toepffer u. Andersen: Ber. **61**, 1757 (1928).
87°	$[\alpha]_D^{20} = -13{,}1°$ (in H_2O)	l. l. H_2O	**Diacetat:** $C_{13}H_{19}O_7Br$, Kryst. (aus abs. Alk.), $F = 115°$; $[\alpha]_D^{20} = -7{,}11°$ (in $C_2H_2Cl_4$)	[1] Freudenberg, Toepffer u. Andersen: Ber. **61**, 1755 (1928).
$Kp_1 = 119°$[1] $Kp_1 =$ 112—115°[2]	$[\alpha]_D^{21} = +85{,}7°$ (in Subst.?)[1]	—	—	[1] Freudenberg u. Wolf: Ber. **60**, 238 (1927). [2] Freudenberg, Wolf u. Zaheer: Ber. **61**, 1749 (1928).
72°	$[\alpha]_D^{18} = -50{,}4°$ (in $C_2H_2Cl_4$)	w. l. H_2O	Wird v. h. wäßr. Natronlauge nicht angegriffen	[1] Freudenberg, Raschig u. Smeykal: Ber. **60**, 1634 (1927).
—	—	l. in allen inerten trocken. Lösgm.	Hydrazin u. verd. Alkalien spalten zu Sulfit u. Diacetonglucose. Wird die Darst. bei ca. 80° vorgenommen, entsteht neb. d. symm. das isomere **asymm.** **Sulfit od. Sulfonat:** R—SO_2—O—R, das mit Hydrazin Hydrazino-diacetonglucose ($F = 98°$) liefert	[1] Allison u. Hixon: Amer. Soc. **48**, 406 (1926).

Nr	Name	Formel, Konstitution	Vorkommen, Bildung Darstellung	Krystallogr. Eigenschaften
8	Diacetonglucose-3-schwefelsäure (Ba-Salz)	$(C_{12}H_{19}O_6SO_3)_2Ba$	Aus Diacetonglucose u. SO_2Cl_2 in Pyrid. $+$ $CHCl_3$ bei $-$10°; neutralis. m. wäßr. $Ba(OH)_2$[1]	Amorph. Pulver (aus Alk. m. Äth. gefällt)
	Pyridin-Salz	$C_{12}H_{19}O_6SO_3H \cdot C_5H_5N$	Aus Diacetongluc. u. $ClSO_3H$ in Pyrid., unterhalb 0°[2]	Nadelrosetten (aus Alk., in Gegenw. von überschüss. Pyrid.)
	Na-Salz	$C_{12}H_{19}O_6SO_3Na$ [2]	—	Feine, verfilzte Nadeln (aus Alk. $+$ Petroläth.)
	Brucin-Salz	$C_{12}H_{19}O_6SO_3H$ $\cdot C_{23}H_{26}O_4N_2$ [2]	—	Nadeln (aus Alk.)
9	Monoacetonglucose-3-schwefelsäure (Pyridin-Salz)	$C_9H_{15}O_6SO_3H \cdot C_5H_5N$	Aus d. Pyridinsalz v. Verb. 8 durch kurzes Koch. in Alk.[1]	Derbe Nadeln (aus Alk., in Gegenw. von überschüss. Pyrid.)
	Ba-Salz	$(C_9H_{15}O_6SO_3)_2Ba \cdot 4 C_2H_5OH$	—	Winzige Nadeln (aus $CH_3OH + $ Alk.); enthalten Krystallalk., wovon 4 Mol. über $CaCl_2$ beständig
10	Monoacetonglucose-5?-schwefelsäure (Ba-Salz)	$(C_9H_{15}O_6SO_3)_2Ba$	Aus Fischer's Benzoyl-monoacetonglucose (Verb. 65) u. SO_2Cl_2 in Pyrid. $+$ $CHCl_3$ wie b. Verb. 8, unt. gleichzeitiger Abspaltg. d. Benzoylgruppe[1]	Amorph. Pulver (aus Alk. m. Äth. gefällt)
11	Monoacetonglucose-6-schwefelsäure (Na-Salz)	$C_9H_{15}O_6SO_3Na \cdot {}^1/_2H_2O$	Aus Monoacetonglucose u. $ClSO_3H$ in Pyrid., unterhalb 0°[1]	Kryst. (aus Alk.)
	Ba-Salz	$(C_9H_{15}O_6SO_3)_2Ba \cdot C_2H_5OH$	—	Amorph. hygr. Niederschlag (aus Alk. m. Äth. gefällt)
	Strychnin-Salz	$C_9H_{15}O_6SO_3H \cdot C_{21}H_{22}O_2N_2$	—	Nadelrosetten (aus Alk.)
12	β-Diacetonfructose-1-schwefelsäure (Na-Salz)	$C_{12}H_{19}O_6SO_3Na$	Aus β-Diacetonfructose u. $ClSO_3H$ in Pyrid.[1]	Kryst. (aus Alk.)
	K-Salz	$C_{12}H_{19}O_6SO_3K \cdot {}^1/_2H_2O$	—	Kryst. (aus Alk.); H_2O entweicht langs. b. 40°, schnell im Vak. b. 100°
13	Diacetonglucose-3-phosphorsäure (Ba-Salz)	$C_{12}H_{19}O_6PO_3Ba \cdot 3 H_2O$	Aus Diacetonglucose u. $POCl_3$ in Pyrid., bei $-$10 bis $-$35°; Neutralis. m. $Ba(OH)_2$[1][2]	Weiß. kryst. Pulver (aus H_2O); verliert $3 H_2O$ im Vak. b. 100°[2]
	Saures Ba-Salz	$(C_{12}H_{19}O_6PO_3H)_2Ba$ [2][4]	—	Weißes Pulver

Säurederivate der Acetonzucker.

Schmelz- und Siedepunkt	Optisches Drehungsvermögen	Löslichkeit	Analytisches; Diverses	Literatur
—	—	—	Reduz. Fehl. Lösg. erst nach d. Hydrol.[1]	[1] **Levene** u. **G. M. Meyer**: J. Biol. Chem. **53**, 437 (1922). [2] **Ohle**: Bioch. Z. **136**, 428 (1923).
163—164°	$[\alpha]_D^{20} = -21,9°$ (in $CHCl_3$, $c = 2,914\%$)	l. Aceton, w. l. k. Alk., fast unl. h. Essigester; l. H_2O u. Zers.	Die Säure ist in verd. Alkalien in der Siedehitze beständig[2]	
sint. 208°, ohne zu schmelzen	$[\alpha]_D^{20} = -14,69°$ (in H_2O, $c = 3,268\%$)	l. l. H_2O; l. Aceton, h. Essigest., h. Amylalk.; w. l. $CHCl_3$, k. Essigester, konz. wäßr. NaOH	**Doppelsalz mit Na-Acetat:** $C_{12}H_{19}O_6SO_3Na + CH_3COONa$, Nadeln (aus Alk.), F = 221 bis 222° (Zers.); $[\alpha]_D^{12} = -13,37°$ (in H_2O, $c = 3,74\%$)[2]	
248°	$[\alpha]_D^{20} = -27,63°$ (in H_2O, $c = 3,148\%$); $-30,98°$ (in $CHCl_3$, $c = 3,26\%$)	—	—	
134°	$[\alpha]_D^{20} = -13,46°$ (in H_2O, $c = 3,715\%$)	—	Bei länger. Koch. in Alk. wird sowohl Aceton als H_2SO_4 abgespalten; mit Aceton u. $CuSO_4$: Rückbildung von Verbindg. 8	[1] **Ohle**: Bioch. Z. **136**, 428 (1923).
ab 120° Dunkelfärbung	$[\alpha]_D^{23} = -14,39°$ (in H_2O, $c = 4,24\%$)	l. l. H_2O, CH_3OH, h. Alk.; w. l. k. Alk.	—	
—	—		Reduz. nicht Fehl. Lösg. Die Abspaltung d. H_2SO_4-Gruppe durch verd. Säuren erfolgt langsamer als beim Isom. mit 3-Stellung	[1] **Levene** u. **G. M. Meyer**: J. Biol. Chem. **53**, 437 (1922).
157° (Zers.)	$[\alpha]_D^{18} = -9,89°$ (in H_2O, $c = 3,544\%$)	schw. l. k. Alk.	Läßt sich im Gegensatz zu Verb. 9 nicht mit $CuSO_4$-Katal. acetonieren. — Verd. Säuren spalten zu Aceton u. Glucose-6-schwefelsäure	[1] **Ohle**: Bioch. Z. **136**, 428 (1923).
—	$[\alpha]_D^{20} = -7,23°$ (in H_2O, $c = 4,148\%$)	l. h. Amylalk.		
182° (Zers.)	$[\alpha]_D^{20} = -25,19°$ (in H_2O, $c = 4,406\%$)	schw. l. k. H_2O u. Alk., leicht in d. Hitze		
F unscharf ab 200° (Zers.)	$[\alpha]_D^{20} = -22,53°$ (in H_2O?, $c = 5,06\%$)	l. l. H_2O, weniger in Alkoholen	—	[1] **Ohle** u. **Neuschaller**: Ber. **62**, 1651 (1929).
F unscharf ab 210° (Zers.)	$[\alpha]_D^{20} = -21,91°$ (in H_2O?, $c = 3,657\%$)			
—	$[\alpha]_D^{20} = -2,48°$ (in H_2O)[1] $-2,85°$ (in H_2O, $c = 1,225\%$)[2]	s. l. l. Alk.[1], schw. l. Äth.[2]	Reduz. nicht Fehl. Lösg.[1][2]. Hydrol. m. sehr verd. H_2SO_4 liefert: Glucose-3-phosphorsäure[2][4].	[1] **Levene** u. **G. M. Meyer**: J. Biol. Chem. **48**, 233 (1921); **53**, 431 (1922). [2] **Nodzu**: J. of Biochemistry (Japan) **6**, 31, 49 (1926); vgl. C. **1926, II**, 779. [3] **Levene** u. **Yamagawa**: J. Biol. Chem. **43**, 323 (1920). [4] **Raymond** u. **Levene**: J. Biol. Chem. **83**, 619 (1929).
	$[\alpha]_D^{20} = -5,2°$ (in H_2O)[2]	l. Äth.[2]	Geschwindigkeitskonstante d. H_3PO_4-Hydrol. ($0,1$ n-H_2SO_4, bei 100°): $K = 0,56$ bis $0,59 \cdot 10^{-3}$[2][3]	

Nr	Name	Formel, Konstitution	Vorkommen, Bildung, Darstellung	Krystallogr. Eigenschaften
14	Monoacetonglucose-3-phosphorsäure (Ba-Salz)	$C_9H_{15}O_6PO_3Ba$	Nebenprodukt b. d. Darst. v. Verb. 13, besonders wenn b. d. Neutralis. d. Temp. $+10°$ übersteigt[1]	Feines weißes Pulver (aus H_2O m. Aceton gefällt)
15	Monoacetonglucose-5?-phosphorsäure (Ba-Salz)	$C_9H_{15}O_6PO_3Ba$	Aus Fischer's Benzoyl-monoacetonglucose (Verb. 65) u. $POCl_3$ in Pyrid. bei $-30°$; Neutralis. m. $Ba(OH)_2$, dann Hydrol. des Benzoylrestes m. sehr verd. H_2SO_4 b. $50°$[1]	Amorph. Pulver (aus Alk. m. Äth. gefällt)
16	Monoacetonglucose-6?-phosphorsäure (Ba-Salz)	$C_9H_{15}O_6PO_3Ba$	Aus Monoacetonglucose u. $POCl_3$, wie b. Verb. 13[1]. Ebenso aus 5,6-Benzyliden-monoacetonglucose unt. spontaner Abspaltg. d. Benzyliden-restes[2]	Amorph. Pulver (aus Alk. m. Äth. gefällt)
17	α-Diacetonfructose-3-phosphorsäure (Ba-Salz)	$C_{12}H_{19}O_6PO_3Ba$	Aus α-Diacetonfructose u. $POCl_3$, wie b. Verb. 13[1]	Amorphes Pulver (aus konz. wäßr. Lösg. m. Alk. gefällt)[2]
18	β-Diacetonfructose-1-phosphorsäure (Ba-Salz)	$C_{12}H_{19}O_6PO_3Ba$	Aus β-Diacetonfructose u. $POCl_3$, wie b. Verb. 13[1]	Amorphes Pulver (aus Alk.-Äth. m. Petroläth. gefällt)[2]
19	3-Äthansulfonyl-diacetonglucose	$C_{12}H_{19}O_6SO_2C_2H_5$	Aus Diacetonglucose u. Äthansulfonylchlorid in Pyrid. bei Zimmertemp.[1]	Krystalle (aus wäßr. CH_3OH)
20	3-p-Toluolsulfonyl-diacetonglucose	$C_{12}H_{19}O_6SO_2C_7H_7$	Aus Diacetonglucose u. p-Toluolsulfonylchlorid in 50-proz. NaOH auf d. Wasserbad oder in Pyrid. b. $30°$[1]	Feine, zu Büscheln vereinigte Nadeln (aus CH_3OH)
21	3-α-Naphthalinsulfonyl-diacetonglucose	$C_{12}H_{19}O_6SO_2C_{10}O_7$	Aus Diacetonglucose u. α-Naphthalinsulfonylchlorid in Pyrid.[1]	Krystalle (aus C_6H_6+Benzin; Umkryst. a. CH_3OH)
22	3-β-Naphthalinsulfonyl-diacetonglucose	$C_{12}H_{19}O_6SO_2C_{10}O_7$	Analog wie Verb. 21[1] od. aus der Na-Verb. der Diacetonglucose (m. Na in abs. Äth. erhalten) u. β-Naphthalinsulfonylchlorid[2]	Kryst. (aus CH_3OH)
23	6-p-Toluolsulfonyl-isodiacetonglucose	$C_{12}H_{19}O_6SO_2C_7H_7$	Aus Verb. 25 mit Aceton $+$ $CuSO_4$ u. etwas konz. H_2SO_4[1] Aus Isodiacetonglucose u. p-Toluolsulfonylchlorid in Pyridin b. $37°$[2]	Farbl. Nadeln (aus 80proz. Alk.)
24	3-p-Toluolsulfonyl-monoacetonglucose	$C_9H_{15}O_6SO_2C_7H_7$	D. part. Hydrol. v. Verb. 20 mit ca. 75proz. Essigs. bei Zimmertemp.[1]	Amorphe, pulverisierbare Masse; wird an der Luft ölig

Säurederivate der Acetonzucker.

Schmelz- und Siedepunkt	Optisches Drehungsvermögen	Löslichkeit	Analytisches; Diverses	Literatur
—	$[\alpha]_D^{20} = +6,8°$ (in H_2O)	—	Reduz. nicht Fehl. Lösg.[1]. Geschwindigkeitskonstante d. H_3PO_4-Hydrol. (0,1 n-H_2SO_4, bei 100°): $K = 0,58 \cdot 10^{-3}$[2]	[1] **Levene** u. **G. M. Meyer:** J. Biol. Chem. **48**, 233 (1921); **53**, 431 (1922). [2] **Levene** u. **Yamagawa:** J Biol. Chem. **43**, 323 (1920).
—	$[\alpha]_D^{20} = +6,25°$ (in H_2O)	—	Reduz. nicht Fehl. Lösg. Geschwindigkeitskonstante d. H_3PO_4-Hydrol. (0,1 n-H_2SO_4, bei 100°): $K = 0,24 \cdot 10^{-3}$. **6-Benzoat:** $C_{16}H_{19}O_{10}PBa$, amorphes Pulv. (aus Alk. m. Äth. gefällt), nicht rein erhalten; $[\alpha]_D^{20} = +11,94°$ (in H_2O)	[1] **Levene** u. **G. M. Meyer:** J. Biol. Chem. **48**, 233 (1921); **53**, 431 (1922).
—	$[\alpha]_D^{20} = +5,0°$ (in H_2O)[1]	—	Geschwindigkeitskonstante d. H_3PO_4-Hydrol. (0,1 n-H_2SO_4, bei 100°): $K = 0,17 \cdot 10^{-3}$[2]. Ist, wenn nach [1] dargestellt, wahrscheinl. m. Stellungsisom. verunreinigt[2]	[1] **Levene** u. **G. M. Meyer:** J. Biol. Chem. **48**, 233 (1921). [2] **Levene** u. **G. M. Meyer:** J. Biol. Chem. **53**, 431 (1922).
—	$[\alpha]_D^{20} = -84,7°$ (in H_2O, c = 0,8%)[2]	—	Reduz. nicht Fehl. Lösg. Hydrol. m. sehr verd. Säuren liefert: Fructose-3-phosphorsäure[1][2]. Geschwindigkeitskonstante d. H_3PO_4-Hydrol. (0,1 n-H_2SO_4, bei 100°): $K = 14 \cdot 10^{-3}$[2]	[1] **Raymond** u. **Levene:** J. Biol. Chem. **83**, 619 (1929). [2] **Nodzu:** J. of Biochemistry (Japan) **6**, 31, 49 (1926); vgl. C. **1926**, II, 779.
—	$[\alpha]_D^{23} = -53,5°$ (in H_2O, c = 1,384%)[2]	—	Hydrol. m. sehr verd. Säuren liefert: Fructose-1-phosphorsäure[1][2]. Geschwindigkeitskonstante d. H_3PO_4-Hydrol. (0,1 n-H_2SO_4, bei 100°): $K = 5,1 \cdot 10^{-3}$[2]	[1] **Raymond** u. **Levene:** J. Biol. Chem. **83**, 619 (1929). [2] **Nodzu:** J. of Biochemistry (Japan) **6**, 31, 49 (1926); vgl. C. **1926**, II, 779.
84—85°	$[\alpha]_{578}^{20} = -51,58°$ (in $C_2H_2Cl_4$)	—	—	[1] **Freudenberg, Burkhart** u. **Braun:** Ber. **59**, 720 (1926).
120—121°	$[\alpha]_D = -81,7°$ bis $-82°$ (in $C_2H_2Cl_4$)[1]; $[\alpha]_D^{20} = -68,61°$ (in $CHCl_3$)[2]	l. l. $CHCl_3$, C_6H_6, Äth.; schwerer CH_3OH, Alk.; fast unl. H_2O[1]	Reduz. nicht Fehl. Lösg. Verd. Säuren hydrol. zu 3-p-Toluolsulfonyl-glucose und Aceton[1]. Na-Amalgam in Alk. spaltet in Diacetonglucose u. p-Toluolsulfinsäure[3]	[1] **Freudenberg** u. **Ivers:** Ber. **55**, 929 (1922). [2] **Ohle** u. **v. Vargha:** Ber. **62**, 2427 (1929). [3] **Freudenberg** u. **Brauns:** Ber. **55**, 3238 (1922).
110—111°	$[\alpha]_D^{20} = -149,2°$ (in $CHCl_3$, c = 1,24%) $-147,5°$ (in abs. Alk., c = 0,956%)	s. l. l. Essigest., $CHCl_3$, Alk., weniger C_6H_6, CH_3OH; mäßig in Benzin	—	[1] **Ohle, Euler** u. **Lichtenstein:** Ber. **62**, 2893 (1929).
106°[1] 101—102°[2]	$[\alpha]_D^{20} = -71,47°$ (in abs. Alk., c = 3,344%)[1] $[\alpha]_{578}^{18} = -69,7°$ (in $C_2H_2Cl_4$)[2]	ähnl. wie bei Verb. 21[1]	—	[1] **Ohle, Euler** u. **Lichtenstein:** Ber. **62**, 2893 (1929). [2] **Freudenberg, Burkhart** u. **Braun:** Ber. **59**, 720 (1926).
87°	$[\alpha]_D^{20} = +27,1°$ (in $CHCl_3$, c = 5,244%)[1]	l. l. $CHCl_3$, Aceton, Essigest., C_6H_6, CH_3OH, h. Alk. u. Benzin; w. l. k. Alk. u. Benzin; unl. H_2O[1]	Reduz. nicht Fehl. Lösg.	[1] **Ohle** u. **v. Vargha:** Ber. **61**, 1208 (1928). [2] **Ohle** u. **v. Vargha:** Ber. **62**, 2433 (1929).
—	$[\alpha]_D^{20} = -11,65$ bis $-12,6°$ (in $CHCl_3$)	l. l. Äth., Essigest., $CHCl_3$, Alk.; unl. H_2O, Benzin	Reduz. nicht Fehl. Lösg. Liefert m. Aceton + $CuSO_4$ die Diacetonverb. zurück. — Mit verd. Alkalien findet keine Acylwanderung statt	[1] **Ohle** u. **Dickhäuser:** Ber. **58**, 2593 (1925).

363

Nr	Name	Formel, Konstitution	Vorkommen, Bildung, Darstellung	Krystallogr. Eigenschaften
25	6-p-Toluolsulfonyl-mono-acetonglucose	$C_9H_{15}O_6SO_2C_7H_7$	Aus Monoacetonglucose u. p-Toluolsulfonylchlorid (1 Mol.) in Pyrid. + CHCl$_3$ b. Zimmertemp.[1]). D. part. Hydrol. v. Verb. 23 m. 80proz. Essigs. b. Zimmertemp.[2])	Krystalle (aus Äth. + Benzin)
26	3, 6-Di-p-toluolsulfonyl-mono-acetonglucose	$C_9H_{14}O_6(SO_2C_7H_7)_2$	Aus Verb. 24 u. p-Toluolsulfonylchlorid (ca. 2 Mol.) in Pyridin + CHCl$_3$ b. 40°[1])	Amorphes Pulver
27	5, 6-Di-p-toluolsulfonyl-mono-acetonglucose	$C_9H_{14}O_6(SO_2C_7H_7)_2$	Aus p-Toluolsulfonylchlorid im Überschuß u. Monoacetonglucose od. Verb. 25, in Pyrid. + CHCl$_3$ bei 40°[1])	Kryst. (aus Alk.)
28	3, 5, 6-Tri-p-toluolsulfonyl-monoacetonglucose	$C_9H_{13}O_6(SO_2C_7H_7)_3$	Entsteht neb. Verb. 27 bei Anwendung v. ganz reinem, H$_2$O-freiem Pyrid. u. CHCl$_3$; Trennung v. Verb. 27 d. Ausziehen m. Äth.[1])	Nadeln (aus Alk. + Äth.)
29	5-p-Toluolsulfonyl-1, 2-mono-aceton-3, 6-anhydroglucose [1, 4]	$C_9H_{13}O_5SO_2C_7H_7$	D. Erhitzen v. Monoacetonglucose m. überschüssig. p-Toluolsulfonylchlorid in Pyridin bei 100°[1]). Aus Verb. 27 m. alkoh. NaOH (1 Mol.) auf d. Wasserbad[2]). Aus Monoaceton-3, 6-anhydroglucose u. p-Toluolsulfonylchlorid in Pyrid. + CHCl$_3$ bei 37°[2])	Kryst. (aus Alk.)
30	6-p-Toluolsulfonyl-diaceton-galaktose	$C_{12}H_{19}O_6SO_2C_7H_7$	Aus Diacetongalaktose u. p-Toluolsulfonylchlorid in Pyridin bei 60°[1])	Krystalle (aus CH$_3$OH od. Alk.)
31	3-Äthansulfonyl-α-diaceton-fructose	$C_{12}H_{19}O_6SO_2C_2H_5$	Aus α-Diacetonfructose u. Äthansulfonylchlorid in Pyrid. bei Zimmertemp.[1])	Krystalle (aus wäßr. CH$_3$OH)
32	3-p-Toluolsulfonyl-α-diaceton-fructose	$C_{12}H_{19}O_6SO_2C_7H_7$	Aus der Na-Verb. der α-Diacetonfructose (mit Na in C$_6$H$_6$ erhalten) u. p-Toluolsulfonylchlorid[1])	Kryst. (aus CH$_3$OH)
33	3-p-Toluolsulfonyl-β-diaceton-fructose	$C_{12}H_{19}O_6SO_2C_7H_7$	Aus β-Diacetonfructose u. p-Toluolsulfonylchlorid in Pyridin bei 37°[1])	Krystalle (aus Alk. od. Benzin)
34	Diacetonglucose-3-xanthogen-säure-methylester	$C_{12}H_{19}O_5$—O—CS—SCH$_3$	Aus d. Na-Deriv. der Diacetonglucose (m. Na in abs. Äth. erhalten) u. CS$_2$, unt. Kühlung; Behandeln d. gebildeten Na-Xanthogenates (gelber, zäher Brei) m. CH$_3$I[1])	Lange, prismat. Nadeln (aus Petroläth. umkryst.)
35	Diacetonglucose-3-dithio-kohlensäure-methylester	$C_{12}H_{19}O_5$—S—CO—SCH$_3$	D. teilw. Isomerisierung von Verb. 34 bei d. Destill. unter gewöhnl. Druck[1])	Farbl. prismat. Nad. (aus Alk. od. CH$_3$OH)
36	Isodiacetonglucose-6-methyl-carbonat	$C_{12}H_{19}O_5$—O—CO—OCH$_3$	D. Kochen v. Isodiacetonglucose m. CH$_3$I u. Ag$_2$CO$_3$[1])	Farbl. Nadeln (aus verd. Alk.)

Schmelz- und Siedepunkt	Optisches Drehungsvermögen	Löslichkeit	Analytisches; Diverses	Literatur
108°	$[\alpha]_D^{20} = -9,29°$ (in $CHCl_3$, $c = 2,152\%$)[1]	l. l. Alk., CH_3OH, Aceton, $CHCl_3$, heiß. Äth.; w. l. k. Äth.; unl. Benzin[1]	Hydrol. m. 70 proz. Essigs. im Brutofen liefert: 6-p-Toluol-sulfonyl-glucose[2]	[1] Ohle u. Dickhäuser: Ber. 58, 2593 (1925). [2] Ohle u. v. Vargha: Ber. 62, 2425 (1929).
—	$[\alpha]_D^{20} = -4,92°$ (in $CHCl_3$, $c = 2\%$)	l. l. $CHCl_3$, Äth., Aceton, Essigest., h. Alk.; w. l. k. Alk.; fast unl. Benzin	Wahrscheinl. mit etwas Tri-toluolsulfonyl-Verb. verunreinigt	[1] Ohle u. Dickhäuser: Ber. 58, 2593 (1925).
160°	$[\alpha]_D^{20} = -6,37°$ (in $CHCl_3$, $c = 1,2726\%$)	l. l. Aceton, $CHCl_3$; schw. l. k. Alk.; unl. Äth., Benzin	—	[1] Ohle u. Dickhäuser: Ber. 58, 2593 (1925).
95—96°	$[\alpha]_D^{19} = -5,15°$ (in $CHCl_3$, $c = 12,12\%$)	l. Äth.	—	[1] Ohle, Erlbach u. Vogl: Ber. 61, 1880 (1928).
132°	$[\alpha]_D^{20} = +39,3°$ (in $CHCl_3$, $c = 2,8\%$)[2]	l. l. Aceton, $CHCl_3$; z. l. Äth.; s. schw. l. CH_3OH, k. Alk., Benzin[1]	Liefert bei alkal. Verseif. (in Alk.): 1,2-Monoaceton-3,6-anhydroglucose[2]	[1] Ohle u. Dickhäuser: Ber. 58, 2593 (1925). [2] Ohle, v. Vargha u. Erlbach: Ber. 61, 1211 (1928).
91—92°[1] 102—103°[2]	$[\alpha]_{\text{Hg gelb}} = -64,7°$ (in $C_2H_2Cl_4$)[1]	wie bei Verb. 20	Reduz. nicht Fehl. Lösg.	[1] Freudenberg u. Hixon: Ber. 56, 2123 (1923). [2] Freudenberg u. Raschig: Ber. 60, 1634 Anm. (1927).
100—101°	$[\alpha]_{578}^{20} = -163,62°$ (in $C_2H_2Cl_4$)	—		[1] Freudenberg, Burkhart u. Braun: Ber. 59, 720 (1926).
97°	$[\alpha]_{578}^{20} = -159,5°$ (in $C_2H_2Cl_4$)	—		[1] Freudenberg, Burkhart u. Braun: Ber. 59, 720 (1926).
83°	$[\alpha]_D^{19} = -27,1°$ (in Alk., $c = 1,476\%$)	—	Wird d. alkohol. Kalilauge nur schwer zu β-Diaceton-fructose zurückverseift	[1] Ohle u. Koller: Ber. 57, 1575 (1924).
61° $Kp_1 =$ 156—162°	$[\alpha]_{633}^{16} = -11,51°$; $[\alpha]_{578}^{16} = -12,82°$; $[\alpha]_{546}^{16} = -14,55°$ (in $C_2H_2Cl_4$)	—	—	[1] Freudenberg u. Wolf: Ber. 60, 232 (1927).
142° $Kp =$ 290—300° (Bad-temp.)	$[\alpha]_{633}^{16} = -52,84°$; $[\alpha]_{578}^{16} = -59,91°$; $[\alpha]_{546}^{16} = -67,73°$ (in $C_2H_2Cl_4$)	—	—	[1] Freudenberg u. Wolf: Ber. 60, 232 (1927).
111°	$[\alpha]_D^{20} = +38,4°$ (in $CHCl_3$, $c = 3,124\%$)	unl. H_2O, l. l. org. Lösgm.	Wird d. methylalkohol. NaOH zu Isodiacetonglucose zurück-verseift	[1] Ohle u. v. Vargha: Ber. 62, 2434 (1929).

Nr	Name	Formel, Konstitution	Vorkommen, Bildung, Darstellung	Krystallogr. Eigenschaften
37	Monoacetonglucose-5, 6-carbonat	$C_{10}H_{14}O_7$: (siehe Strukturformel)	Aus Glucose, in Aceton suspendiert, oder Monoacetonglucose, in Aceton gelöst, u. $COCl_2$; Neutralis. m. bas. $PbCO_3$[1])	Farbl. Nadeln (aus Alk.)
38	Diacetonmannose-1-xanthogensäure-methylester	$C_{12}H_{19}O_5$—O—CS—SCH_3	Aus der Na-Verb. der Diacetonmannose, wie b. Verb. 34[1])	Farbl. Nadeln (durch Verreiben m k. CH_3OH gereinigt)
39	Di-[diacetonmannosyl-1]-thiocarbonat	$(C_{12}H_{19}O_5$—$)_2CS$	Entsteht als Nebenprod. bei d. Darst. v. Verb. 38, od. besser aus Verb. 38 u. Diacetonmannose-natrium beim Stehen d. ätherischen Lösg.[1])	Farbl. prismat. Nad. (aus CH_3OH)
40	Di-[diacetonmannosyl-1]-carbonat	$(C_{12}H_{19}O_5$—$)_2CO$	D. Zers. v. Verb. 41 bei der Vakuumdestill.[1])	Farbl. Nadeln (aus $CHCl_3$)
41	Di-[diacetonmannosyl-1]-oxalat	$(C_{12}H_{19}O_5$—$)_2C_2O_2$	Aus Diacetonmannose (2 Mol. u. Oxalylchlorid in Pyrid. + $CHCl_3$ bei Zimmertemp.[1])	Feine, farbl. Nadeln (aus Aceton + H_2O)
42	Diacetongalaktose-6-xanthogensäure-methylester	$C_{12}H_{19}O_5$—O—CS—SCH_3	Aus der Na-Verb. der Diacetongalaktose, wie bei Verb. 34	Gelbes Öl
43	3-Galloyl-diacetonglucose	$C_{12}H_{19}O_6COC_6H_2(OH)_3$	Aus Diacetonglucose u. Triacetylgalloylchlorid in Chinolin od. Pyrid. + $CHCl_3$ b. 60°; dann alkal. Verseif. d. Acetyle im H_2-Strom, in verd. alkohol. Lösg.[1])	Amorphe, spröde, sehr bittre Masse
44	3?-Galloyl-monoacetonglucose	$C_9H_{15}O_6COC_6H_2(OH)_3$	Aus Verb. 43 d. kurzes Erwärmen m. $^n/_4$ H_2SO_4 auf 70°	Amorphe, spröde, farbl. Masse
45	3, 5, 6-Trigalloyl-monoacetonglucose	$C_9H_{13}O_6[COC_6H_2(OH)_3]_3$	Aus Monoacetonglucose u. Triacetylgalloylchlorid in Chinolin + $CHCl_3$ bei 50°; Verseif. d. Acetyle wie bei Verbindg. 43[1])	Spröde, amorphe, schwach bräunl. Masse
46	3, 5, 6-Tri-[tricarbomethoxy-galloyl-]-monoacetonglucose	$C_9H_{13}O_6$ $[COC_6H_2(OCOOCH_3)_3]_3$	Aus Monoacetonglucose u. Tricarbomethoxy-galloylchlorid in Chinolin + $CHCl_3$ bei 20°[1])	Fast farbl. amorphe Flocken (aus $CHCl_3$ mit CH_3OH gefällt)
47	3, 5, 6-Tri-[trimethyl-galloyl-]-monoacetonglucose	$C_9H_{13}O_6[COC_6H_2(OCH_3)_3]_3$	Aus Monoacetonglucose u. Trimethylgalloylchlorid in Chinolin + $CHCl_3$ bei 50°[1])	Gallertähnl. Masse (aus CH_3OH); trocken: farbl. amorphes Pulver

366

Schmelz- und Siedepunkt	Optisches Drehungsvermögen	Löslichkeit	Analytisches; Diverses	Literatur
sint. 215° F = 223 bis 224° (Zers.)	$[\alpha]^{20}_{5780} = -36°$ (Lösgm. nicht angegeben)	—	Reduz. nicht Fehl. Lösg. Wäßr. $Ba(OH)_2$ spaltet zu Monoacetonglucose, wäßr.-alkohol. HCl zu Glucofuranose-5,6-carbonat. **3-p-Toluolsulfonat:** $C_{17}H_{20}O_9S$ (m. p-Toluolsulfonylchlorid in Pyrid. bei 60°), farbl. Nadeln (aus Alk.), F = 103—105°; $[\alpha]^{23}_{5780} = -36°$, $[\alpha]^{23}_{5461} = -39°$ (in Aceton, c = 0,6%)	[1] **Haworth** u. **Porter:** Soc. Lond. **1929**, 2796.
80—81°	$[\alpha]^{16}_{633} = +58,37°$; $[\alpha]^{16}_{578} = +69,30°$; $[\alpha]^{16}_{546} = +79,09°$ (in $C_2H_2Cl_4$)	—	—	[1] **Freudenberg** u. **Wolf:** Ber. **60**, 232 (1927).
158—159°	—	unl. H_2O	—	[1] **Freudenberg** u. **Wolf:** Ber. **60**, 232 (1927).
186—187° $Kp_1 = $ 185—200°	—	—	—	[1] **Freudenberg** u. **Wolf:** Ber. **60**, 232 (1927).
138°	$[\alpha]^{19}_{578} = +82,94$ bis $+83,44°$ (in $C_2H_2Cl_4$)	—	—	[1] **Freudenberg** u. **Wolf:** Ber. **60**, 232 (1927).
$Kp_1 = $ 162—163°	$[\alpha]^{16}_{633} = -57,15°$; $[\alpha]^{16}_{578} = -67,37°$; $[\alpha]^{16}_{546} = -80,36°$ (in $C_2H_2Cl_4$)	—	—	[1] **Freudenberg** u. **Wolf:** Ber. **60**, 232 (1927).
—	$[\alpha]^{18}_{D} = -33,8$ bis $-35,0°$ (in Aceton)	schw. l. k., leichter h. H_2O; l. l. CH_3OH, Alk., Äth., Aceton, Essigest.; z. schw. l. C_6H_6	Die wäßr.-alkohol. Lösg. gibt m. $FeCl_3$ tiefblaue Färbung. **Triacetat:** $C_{25}H_{30}O_{13}$, amorphe farbl. Flocken (aus C_3H_6 m. Petroläth. gefällt), $[\alpha]^{18}_{D} = -30,1°$ bis $-30,4°$ (in Aceton)	[1] **E. Fischer** u. **Bergmann:** Ber. **51**, 298 (1918).
—	$[\alpha]^{20}_{D} = -20,2$ bis $-21,2°$ (in Aceton)	l. l. H_2O, Alk., Aceton, Essigest.; schwerer Äth.; s. schwer C_6H_6	Färbg. m. $FeCl_3$ wie b. Verb. 43 Verd. Säuren hydrol. zu 3?-Monogalloyl-glucose	[1] **E. Fischer** u. **Bergmann:** Ber. **51**, 298 (1918).
—	$[\alpha]^{20}_{D} = -92,75$ bis $-93,32°$ (in Aceton)	l. l. h. H_2O, CH_3OH, Alk., Aceton, Essigest.; s. schw. l. C_6H_6, $CHCl_3$	Schmeckt adstringierend, aber nicht sauer. Gibt Tanninreaktionen, u. a. tiefblauviolette Färbg. m. $FeCl_3$-Lösg. Verd. Säuren hydrol. zu 3,5,6-Trigalloyl-glucose. **Enneaacetat:** $C_{48}H_{46}O_{27}$, amorphe Masse (aus CH_3OH umgelöst), $[\alpha]^{20}_{D} = -66,2°$ (in Aceton)	[1] **E. Fischer** u. **Bergmann:** Ber. **51**, 298 (1918).
—	$[\alpha]^{23}_{D} = -56,25°$ (in $C_2H_2Cl_4$)	l. l. $CHCl_3$, Essigester, Aceton; schwerer C_6H_6, schwer Alk., CCl_4	—	[1] **E. Fischer** u. **Bergmann:** Ber. **51**, 298 (1918).
—	$[\alpha]_{D} = -89,3°$ bis $-94,7°$ (in Aceton)	l. l. C_6H_6, Essigester, Aceton, CCl_4, h. CH_3OH u. Alk.	Die alkohol. Lösg. färbt sich mit $FeCl_3$ nicht. Verd. Säuren hydrol. zu Tri-trimethylgalloyl-glucose	[1] **E. Fischer** u. **Bergmann:** Ber. **51**, 298 (1918).

Tabelle 70 (Fortsetzung).

Nr	Name	Formel, Konstitution	Vorkommen, Bildung, Darstellung	Krystallogr. Eigenschaften
48	3-Galloyl-α-diacetonfructose	$C_{12}H_{19}O_6COC_6H_2(OH)_3$	Aus α-Diacetonfructose, wie bei Verb. 43[1])	Aggr. mikr. Nadeln (aus Essigester + Petroläth.)
49	3-Acetyl-diacetonglucose	$C_{12}H_{19}O_6COCH_3$	Aus Diacetonglucose u. $(CH_3CO)_2O$ in Pyrid. b. o°[1])	Farbl. Plättchen (aus $CH_3OH + H_2O$)
50	6-Acetyl-isodiacetonglucose	$C_{12}H_{19}O_6COCH_3$	Aus Isodiacetonglucose u. $(CH_3CO)_2O$ in Pyridin bei 37°[1])	Farbl. zähflüssig. Öl
51	3-Acetyl-monoacetonglucose	$C_9H_{15}O_6COCH_3$	Aus Verb. 49 m. 75proz. Essigs. bei Zimmertemp.[1])	Kl. Prismen (aus Essigest. + Petroläth.)
52	6-Trityl-3-acetyl-monoaceton-glucose	$C_9H_{14}O_6(COCH_3)C(C_6H_5)_3$	Aus Verb. 51 u. Tritylchlorid in Pyrid. bei Zimmertemp.[1])	Weiße Flocken (durch H_2O aus Alk. gefällt)
53	6-Trityl-3, 5-diacetyl-mono-acetonglucose	$C_9H_{13}O_6(COCH_3)_2C(C_6H_5)_3$	Aus Verb. 52 m. $(CH_3CO)_2O$ in Pyrid. bei Zimmertemp.[1])	Amorph
54	6[1])-Acetyl-monoacetonglucose	$C_9H_{15}O_6COCH_3$	Aus Monoacetonglucose u. $(CH_3CO)_2O$ (1 Mol.) in Pyrid. + CCl_4 bei 40°[1]). Aus Verb. 49 d. Hydrol. m. verd. wäßr.-alkohol. H_2SO_4 b. 50°, Neutralis. m. NaOH[2])	Kryst. (aus Essigest.)
55	3, 5, 6-Triacetyl-monoaceton-glucose	$C_9H_{13}O_6(COCH_3)_3$	Aus Monoacetonglucose u. $(CH_3CO)_2O$ in Pyrid. b. 38°[1]). Beim Erhitzen v. Monoaceton-diacetyl-glucose-6-bromhydrin mit Thalliumacetat auf 155° in Eisessig-$(CH_3CO)_2O$-Gemisch[2])	Lange, seidige Nadeln (aus Benzin + Äth.)[1])
56	5-Acetyl-1, 2-monoaceton-3, 6-anhydroglucose [1, 4]	$C_9H_{13}O_5COCH_3$	Aus Monoaceton-3,6-anhydro-glucose u. $(CH_3CO)_2O$ in Pyrid. bei 37°[1])	Farbl. Öl
57	6-Acetyl-diacetongalaktose	$C_{12}H_{19}O_6COCH_3$	Aus Diacetongalaktose u. $(CH_3CO)_2O$ in Pyrid. b. 40°[1])	Krystalle (aus Äth. + Benzin)
58	3-Acetyl-α-diacetonfructose	$C_{12}H_{19}O_6COCH_3$	Aus α-Diacetonfructose u. $(CH_3CO)_2O$ in Pyrid. b. o°[1])	Spießige, farbl. Nadeln, od. harte Warzen (aus Ligroin)
59	3?-Acetyl-α-monoaceton-fructose	$C_9H_{15}O_6COCH_3$	Aus Verb. 58 m. verd. H_2SO_4 in Alk. bei 40°[1])	Kryst. (aus Essigest.)
60	3, 4, 5-Triacetyl-α-monoaceton-fructose	$C_9H_{13}O_6(COCH_3)_3$	Aus Verb. 59 m. $(CH_3CO)_2O$ in Pyrid. bei o°[1])	Farbl. Prismen, oft zentrisch verwachsen (aus h. H_2O)
61	1-Acetyl-β-diacetonfructose	$C_{12}H_{19}O_6COCH_3$	Aus β-Diacetonfructose u. $(CH_3CO)_2O$ in Pyrid. b. 37°[1])	Prismat. Nadeln (aus Benzin)

Schmelz- und Siedepunkt	Optisches Drehungsvermögen	Löslichkeit	Analytisches; Diverses	Literatur
sint. 180° F = 199 bis 200° (unscharf)	$[\alpha]_D^{18} = -141{,}24°$ (in Aceton)	l. l. Alk., Aceton, Essigest., Äth.; schwerer $CHCl_3$, Ligroin, k. H_2O; fast unl. k. C_6H_6, Petroläth.	Schmeckt sehr bitter und schwach adstringierend; die alkohol. Lösg. gibt m. $FeCl_3$ tiefblaue Färbung. Verd. Säuren hydrol. zu 3?-Monogalloyl-fructose. **Triacetat:** $C_{25}H_{30}O_{13}$, Prismen (aus CH_3OH) od. Nadeln (aus Aceton), F = 157—159°(korr.) $[\alpha]_D^{20} = -118{,}17°$ (in Aceton), fast unl. H_2O	[1] **E. Fischer** u. **Noth:** Ber. **51**, 321 (1918).
62—63°	$[\alpha]_D^{22} = -31{,}5°$ (in Alk.)[1]; $[\alpha]_D^{20} = -31{,}10°$ (in $CHCl_3$)[2]	z. l. h. H_2O, weniger k. H_2O, l. l. org. Lösgm., z. l. Petroläther, Ligroin[1]	Reduz. nicht Fehl. Lösg. Läßt sich im Vak. unzersetzt destillieren[1]	[1] **E. Fischer** u. **Noth:** Ber. **51**, 321 (1918). [2] **Ohle** u. **v. Vargha:** Ber. **62**, 2427 (1929).
$Kp_{0,4} = 140°$	$[\alpha]_D^{20} = +32{,}8°$ (in $CHCl_3$, c = 1,946%)	l. l. Alk., $CHCl_3$, C_6H_6, Aceton, Benzin; unl. H_2O	—	[1] **Ohle** u. **v. Vargha:** Ber. **62**, 2433 (1929).
125—126° (k.)	$[\alpha]_{Hg\ gelb}^{20} = -19{,}8$ bis $-20{,}1°$ (in H_2O)[1]; $[\alpha]_D^{20} = -26{,}29°$ (in abs. Alk.)[2]	l. l. H_2O, Alk., Aceton, Essigest., $CHCl_3$; schw. l. Äth., Ligroin; s. schw. l. Petroläther[1]	Liefert m. Aceton u. $CuSO_4$ Verb. 49 zurück; lagert sich langsam in neutraler, rasch in alkal. Lösg. in Verb. 54 um[1][2]	[1] **Josephson:** A. **472**, 217 (1929). [2] **Ohle, Euler** u. **Lichtenstein:** Ber. **62**, 2885 (1929).
sint. 55° F unscharf	$[\alpha]_{Hg\ gelb}^{20} = -16°$ (in $CHCl_3$)	l. l. Aceton, Essigest., $CHCl_3$, C_6H_6, Äth.; z. l. Alk.; schw. l. H_2O, Petroläth., Ligroin	—	[1] **Josephson:** A. **472**, 217 (1929).
sint. 64° F unscharf	$[\alpha]_{Hg\ gelb}^{20} = $ ca. $+5°$ (in $CHCl_3$)	ähnl. wie bei Verb. 52	—	[1] **Josephson:** A. **472**, 217 (1929).
148°[1]	$[\alpha]_D^{24} = -5{,}5$ bis $-6{,}27°$ (in Alk.)[2]	l. l. H_2O; z. l. CH_3OH, Alk., Aceton, $CHCl_3$; sukzessive schwer. Äth., C_6H_6, Petroläth.[2]	Reduz. nicht Fehl. Lösg. Läßt sich im Vak. unzersetzt destillieren[2]	[1] **Ohle, Euler** u. **Lichtenstein:** Ber. **62**, 2885 (1929). [2] **E. Fischer** u. **Noth:** Ber. **51**, 321 (1918).
75°	$[\alpha]_D^{20} = +24{,}6°$ (in $CHCl_3$, c = 3,456%)	—	—	[1] **Ohle** u. **Spencker:** Ber. **59**, 1845 (1926). [2] **Freudenberg, Toepffer** u. **Andersen:** Ber. **62**, 1750 (1929).
$Kp_{0,05} = $ 125—130° (Bad-temp.)	$[\alpha]_D^{20} = +35{,}7°$ (in $CHCl_3$, c = 4,92%)	l. l. in allen org. Lösgm.	—	[1] **Ohle, v. Vargha** u. **Erlbach:** Ber. **61**, 1211 (1928).
108°	$[\alpha]_D^{20} = -48{,}08°$ (in $CHCl_3$, c = 4,832%)	unl. H_2O, schw. l. k. Benzin u. Petroläth., sonst l. lösl.	—	[1] **Ohle** u. **Berend:** Ber. **58**, 2585 (1925).
76—77°	$[\alpha]_D^{18} = -176{,}3$ bis $-176{,}75°$ (in Alk.)	l. h. H_2O u. gebräuchl. org. Lösgm., außer k. Petroläth. u. Ligroin	Reduz. nicht Fehl. Lösg. Sublim. leicht im Vak. u. läßt sich unzersetzt destillieren	[1] **E. Fischer** u. **Noth:** Ber. **51**, 321 (1918).
154—155° (k.)	$[\alpha]_D^{19} = -179{,}6$ bis $-180{,}6°$ (in Alk.)	l. l. H_2O, Alk., Äth., $CHCl_3$; schwerer CCl_4, C_6H_6, Petroläth.	Reduz. nicht Fehl. Lösg.	[1] **E. Fischer** u. **Noth:** Ber. **51**, 321 (1918).
99—101°	$[\alpha]_D^{22} = -134{,}9$ bis $-135{,}6°$ (in Alk.)	l. l. in d. gebräuchl. org. Lösgm., schwerer Petroläth. u. Ligroin	—	[1] **E. Fischer** u. **Noth:** Ber. **51**, 321 (1918).
66°	$[\alpha]_D^{25} = -36{,}02°$ (in Alk., c = 1,388%)	viel leichter l. in Benzin als β-Diaceton-fructose	—	[1] **Ohle** u. **Koller:** Ber. **57**, 1575 (1924).

Nr	Name	Formel, Konstitution	Vorkommen, Bildung, Darstellung	Krystallogr. Eigenschaften
62	3-Benzoyl-diacetonglucose	$C_{12}H_{19}O_6COC_6H_5$	Aus Diacetonglucose u. Benzoylchlorid in Chinolin od. Pyrid. b. 50—55°[1])	Kryst. (aus Ligroin)
63	6-Benzoyl-isodiacetonglucose	$C_{12}H_{19}O_6COC_6H_5$	Aus Isodiacetonglucose u. Benzoylchlorid in Pyrid. bei 37°[1])	Farbl. Sirup
64	3-Benzoyl-monoacetonglucose	$C_9H_{15}O_6COC_6H_5$	D. Erhitzen v. Verb. 62 m. Anilinchlorhydrat in alkohol. Lösg.; Trennung v. unveränderter Diacetonverb. d. Fällen aus CCl_4 m. Petroläth.[1]). Aus Verb. 62 d. Hydrol. m. verd. wäßr.-alkohol. H_2SO_4 bei 50°, unt. Vermeidung jeglichen Alkalisch-werdens bei d. Neutralis.[2])	Harzige Masse
65	6[1])-Benzoyl-monoaceton-glucose	$C_9H_{15}O_6COC_6H_5$	Aus Monoacetonglucose u. Benzoylchlorid (1 Mol.) in Pyrid. bei 35°[1]). Aus Verb. 62 d. Hydrol. m. verd. wäßr.-alkohol. H_2SO_4 bei 50°, Neutralis. m. NaOH[2]) Aus Vacciniin [6-Benzoyl-glucose[1])] d. Acetonierg. m. HCl-Katal.[2])	Kryst. (aus Essigester, CH_3OH od. Alk.)
66	3, 5-Diacetyl-6-benzoyl-mono-acetonglucose	$C_9H_{13}O_6(COCH_3)_2COC_6H_5$	Durch Kochen v. Verb. 65 m. $(CH_3CO)_2O$, od. aus Verb. 65 u. $(CH_3CO)_2O$ in Pyrid. bei 36°[1])	Kryst. (aus Alk.)
67	6-Trityl-3, 5-dibenzoyl-mono-acetonglucose	$C_9H_{13}O_6(COC_6H_5)_2C(C_6H_5)_3$	Aus Monoacetonglucose in Pyrid. erst m. Tritylchlorid, dann m. Benzoylchlorid, bei Zimmertemp.[1])	Nadeln, zu Büscheln vereinigt (aus Äth. + Petroläth.)
68	6-Acetyl-3, 5-dibenzoyl-mono-acetonglucose	$C_9H_{13}O_6(COC_6H_5)_2COCH_3$	Aus Verb. 54 u. Benzoylchlorid in Pyrid. bei 0°[1])	Mehrseitige, langgestreckte Plättchen (aus Äth.)
69	5?, 6-Dibenzoyl-monoaceton-glucose	$C_9H_{14}O_6(COC_6H_5)_2$	Aus 6-Benzoyl-monoacetonglucose u. Benzoylchlorid (1 Mol.) in Pyrid. bei 37°[1])	Sirup
70	3-Acetyl-5, 6-dibenzoyl-mono-acetonglucose	$C_9H_{13}O_6(COCH_3)(COC_6H_5)_2$	Aus Verb. 51 u. Benzoylchlorid in Pyrid. bei 40°[1])	Nadeln (aus CH_3OH)
71	3, 5, 6-Tribenzoyl-monoaceton-glucose	$C_9H_{13}O_6(COC_6H_5)_3$	Aus Monoacetonglucose[1]), 6-Benzoyl-[2]) od. 3-Benzoyl-mono-aceton-glucose[3]) u. Benzoylchlorid in Chinolin bei 60—65°. Aus 3,5,6-Tribenzoylglucose u. Aceton, m. HCl-Katal.[1])	Nadeln, oft zu Knollen verwachsen (aus Ligroin)[1])
72	5-Benzoyl-1, 2-monoaceton-3, 6-anhydroglucose [1, 4]	$C_9H_{13}O_5(COC_6H_5)$	Aus Monoaceton-3,6-anhydroglucose u. Benzoylchlorid bei 37°[1])	Nadeln (aus Benzin)

Schmelz- und Siedepunkt	Optisches Drehungsvermögen	Löslichkeit	Analytisches; Diverses	Literatur
63—64° sint. 60°	$[\alpha]_D^{18}=-49{,}7°$ (in Alk.)[1]; $[\alpha]_D^{20}=-53{,}49°$ (in $CHCl_3$)[2]	s. schw. l. H_2O, l. l. org. Lösgm. außer Petroläth. u. Ligroin[1]	Reduz. nicht Fehl. Lösg. — Destill. im Vak. unzersetzt[1]. Anal. **p-Brombenzoyl-Verb.:** $C_{19}H_{23}O_7Br$, lange Nadeln (aus CH_3OH+H_2O), F$=79$ bis 80°, $[\alpha]_D^{19}=-49{,}2°$ (in Aceton)[3]	[1] **E. Fischer** u. **Noth**: Ber. **51**, 321 (1918). [2] **Ohle** u. **v. Vargha**: Ber. **62**, 2427 (1929). [3] **E. Fischer** u. **Rund**: Ber. **49**, 102 (1916).
$Kp_{0,6}=200°$	$[\alpha]_D^{20}=+29{,}5°$ (in $CHCl_3$, c$=1{,}694\%$)	unl. H_2O, l. l. organ. Lösgm.	—	[1] **Ohle** u. **v. Vargha**: Ber. **62**, 2433 (1929).
—	$[\alpha]_D^{20}=-26°$ (in Alk., c$=2$ bis 5%)[1]	l. l. in allen org. Lösgm. außer Petroläther u. Benzin, weniger l. H_2O[1]	Lagert sich in Gegenw. von Spuren von Alkali od. bei der Destill. in Verb. 65 um. Läßt sich m. $CuSO_4$-Katal. nicht reacetonieren[1]	[1] **Ohle**: Ber. **57**, 403 (1924). [2] **Ohle** u. **Dickhäuser**: Ber. **58**, 2599 (1925).
195—197° (k.)[2]	$[\alpha]_D^{15}=+7{,}4°$; $[\alpha]_D^{20}=+8{,}5°$ (in Alk.)[2]	schw. l. k. H_2O, Äth., Petroläth., l. l. h. Alk. u. Essigs., Aceton, Essigester, $CHCl_3$[2]	Reduz. nicht Fehl. Lösg.[2]. Läßt sich m. $CuSO_4$-Katal. nicht acetonieren[1]	[1] **Ohle**: Ber. **57**, 403 (1924); Bioch. Z. **131**, 611 (1922). [2] **E. Fischer** u. **Noth**: Ber. **51**, 321 (1918).
108°	$[\alpha]_D^{20}=+7{,}08°$ (in $CHCl_3$, c$=2{,}965\%$)	—	—	[1] **Ohle, Euler** u. **Lichtenstein:** Ber. **62**, 2885 (1929).
78—79° od. 97—99° (dimorph)	$[\alpha]_D^{21}=-4{,}0$ bis $-4{,}5°$ (in Pyrid.)	l. l. Aceton, $CHCl_3$, Essigest., C_6H_6, weniger Äth., CH_3OH, Alk., fast unl. Petroläth., unl. H_2O	Reduz. Fehl. Lösg. erst nach saurer Hydrol.	[1] **Helferich, Moog** u. **Jünger:** Ber. **58**, 878 (1925).
114—115° (k.)	$[\alpha]_D=-74{,}0$ bis $-74{,}4°$ (in Aceton)	s. schw. l. H_2O, schw. l. k. CH_3OH u. Alk., l. l. übrig. org. Lösgm. außer Petroläther u. Ligroin	Hydrol. m. verd. wäßr.-acetonig. H_2SO_4 liefert: Dibenzoylglucose	[1] **E. Fischer** u. **Noth**: Ber. **51**, 321 (1918); vgl. **Ohle, Euler** u. **Lichtenstein**: Ber. **62**, 2890 (1929).
—	$[\alpha]_D^{22}=$ ca. 0° (in $CHCl_3$) (für reines Prod. errechnet)	—	Das Prod. war noch mit ca. 25% Tribenzoat verunreinigt; das Gemisch drehte $[\alpha]_D^{22}=-16{,}3°$ in $CHCl_3$	[1] **Ohle** u. **Dickhäuser**: Ber. **58**, 2593 (1925).
90°	$[\alpha]_D^{20}=-26{,}64°$ (in $CHCl_3$, c$=0{,}976\%$)	—	—	[1] **Ohle, Euler** u. **Lichtenstein:** Ber. **62**, 2885 (1929).
120—121° (k.)[2][3]	$[\alpha]_D^{19}=-92{,}0°$ (in CCl_4)[2] $[\alpha]_D=-94{,}2°$ (in CCl_4, c$=4{,}374\%$)[3]	l. l. in d. meist. org. Lösgm., auß. Petroläth.; s. schw. l. H_2O[1]	Reduz. (in verd. alkohol. Lösg.) nicht Fehl. Lösg. Hydrol. m. verd. HCl (in Essigs.) liefert: 3,5,6-Tribenzoyl-glucose[1]	[1] **E. Fischer** u. **Rund**: Ber. **49**, 100 (1916); vgl. **E. Fischer** u. **Bergmann**: Ber. **51**, 318 (1918). [2] **E. Fischer** u. **Noth**: Ber. **51**, 325 (1918). [3] **Ohle**: Ber. **57**, 409 (1924).
58—59°	$[\alpha]_D^{20}=+22{,}28°$ (in $CHCl_3$, c$=2{,}828\%$)	unl. H_2O; mehr od. weniger l. in allen org. Lösgm.	—	[1] **Ohle, v. Vargha** u. **Erlbach:** Ber. **61**, 1211 (1928).

Nr	Name	Formel, Konstitution	Vorkommen, Bildung, Darstellung	Krystallogr. Eigenschaften
73	3-Benzoyl-α-diacetonfructose	$C_{12}H_{19}O_6COC_6H_5$	Aus α-Diacetonfructose u. Benzoylchlorid in Chinolin od. Pyrid. bei 70°[1])	Kryst. (aus Ligroin)
74	3?-Benzoyl-α-monoaceton-fructose	$C_9H_{15}O_6COC_6H_5$	Aus Verb. 73 d. kurzes Erwärmen m. verd. HCl in Aceton od. Alk. auf 50°[1])	Feine Nadeln (aus Aceton, CH_3OH od. Alk.)
75	3?-Benzoyl-diacetyl-α-mono-acetonfructose	$C_9H_{13}O_6(COC_6H_5)(COCH_3)_2$	D. Acetylierg. v. Verb. 74 m. $(CH_3CO)_2O$ in Pyrid.[1])	Kryst. (aus Ligroin)
76	3?-Acetyl-dibenzoyl-α-mono-acetonfructose	$C_9H_{13}O_6(COCH_3)(COC_6H_5)_2$	Aus Verb. 59 u. Benzoylchlorid in Chinolin bei 55°[1])	Kryst. Plättchen (aus $CH_3OH + H_2O$)
77	3, 4, 5-Tribenzoyl-α-mono-acetonfructose	$C_9H_{13}O_6(COC_6H_5)_3$	Aus Verb. 74 u. Benzoylchlorid in Pyrid. bei 50°[1])	Amorphe, farbl. blasige Masse
78	1-Benzoyl-β-diacetonfructose	$C_{12}H_{19}O_6COC_6H_5$	Aus β-Diacetonfructose u. Benzoylchlorid in Pyrid. bei 37°[1]) .	Lange, dünne Prismen (aus Benzin) od. derbe, vielflächige Kryst. (aus Alk.)
79	3-p-Toluolsulfonyl-5, 6-di-acetyl-monoacetonglucose	$C_9H_{13}O_6(COCH_3)_2SO_2C_7H_7$	Aus Verb. 24 u. $(CH_3CO)_2O$ in Pyrid. bei 36°[1])	Derbe Kryst. (a. Alk. od. Äth. + Benzin) And. Form
80	3-p-Toluolsulfonyl-6-benzoyl-monoacetonglucose	$C_9H_{14}O_6(COC_6H_5)SO_2C_7H_7$	Aus Verb. 24 u. Benzoylchlorid (1 Mol.) in Pyrid. bei 40°[1])	Sirup
81	3-p-Toluolsulfonyl-5, 6-di-benzoyl-monoacetonglucose	$C_9H_{13}O_6(COC_6H_5)_2SO_2C_7H_7$	Aus Verb. 24 u. Benzoylchlorid ($2^1/_2$ Mol.) in Pyrid. bei 40°[1])	Feine Nadeln (a. Alk.)
82	5-p-Toluolsulfonyl-6-acetyl-monoacetonglucose	$C_9H_{14}O_6(COCH_3)SO_2C_7H_7$	Aus Verb. 54 u. p-Toluolsulfonylchlorid (2 Mol.) in Pyrid. + $CHCl_3$ auf d. Wasserbad[1])	Farbl. Nadeln (aus C_6H_6 + Benzin)
83	5-p-Toluolsulfonyl-6-benzoyl-monoacetonglucose	$C_9H_{14}O_6(COC_6H_5)SO_2C_7H_7$	Aus Verb. 65 u. p-Toluolsulfonylchlorid (1 Mol.) in Pyrid. + $CHCl_3$ bei 37°[1])	Kryst. (aus Alk.)
84	3-Acetyl-5-p-toluolsulfonyl-6-benzoyl-monoacetonglucose	$C_9H_{13}O_6(COCH_3)(COC_6H_5)SO_2C_7H_7$	Aus Verb. 83 u. $(CH_3CO)_2O$ d. Kochen od. in Pyrid. bei 36°[1])	Kryst. (aus Alk.)
85	5-p-Toluolsulfonyl-3, 6-di-benzoyl-monoacetonglucose	$C_9H_{13}O_6(COC_6H_5)_2SO_2C_7H_7$	Aus Verb. 83 u. Benzoylchlorid in Pyrid. bei 36°[1])	Kryst. (aus CCl_4)
86	6-p-Toluolsulfonyl-3, 5-di-acetyl-monoacetonglucose	$C_9H_{13}O_6(COCH_3)_2SO_2C_7H_7$	Aus Verb. 25 d. Kochen mit $(CH_3CO)_2O$[1])	Kryst. (aus Äth. od. CH_3OH)

Säurederivate der Acetonzucker.

Schmelz- und Siedepunkt	Optisches Drehungsvermögen	Löslichkeit	Analytisches; Diverses	Literatur
107—108° (k.)	$[\alpha]_D^{20} = -161{,}2$ bis $-161{,}6°$ (in Alk., $c = $ ca. 5%)	l. l. org. Lösgm. außer Petroläth. u. Ligroin; schw. l. h. H_2O, fast unl. k. H_2O	Reduz. nicht Fehl. Lösg. — Destill. im Vak. unzersetzt. Anal. **p-Brombenzoyl-Verb.:** $C_{19}H_{23}O_7Br$, Prismen od. Nadeln (aus h. Alk.), $F = 136$ bis $137°$ (k.)	[1] **E. Fischer** u. **Noth:** Ber. **51**, 321 (1918).
202—204° (k.) sint. 185°	$[\alpha]_D^{16} = -151{,}64$ bis $-152{,}25°$ (in Alk., $c = $ ca. 1%)	s. schw. l. k. H_2O, etw. leichter h. H_2O; w. l. k. Alk., l. l. h. Alk., h. C_6H_6, h. Essigs., $CHCl_3$; s. l. l. Pyrid., z. l. k. Aceton; schw. l. Petroläth., Äth., CCl_4	Reduz. nicht Fehl. Lösg. Schmeckt sehr bitter. Anal. **p-Brombenzoyl-Verb.:** $C_{16}H_{19}O_7Br$, Krystalle (aus CH_3OH od. Essigest.), sint. 202°, $F = 222—225°$ (k.)	[1] **E. Fischer** u. **Noth:** Ber. **51**, 321 (1918).
77—78° sint. 75°	$[\alpha]_D = -131{,}6$ bis $-132{,}5°$ (in Alk.)	schw. l. H_2O, l. l. org. Lösgm. außer Petroläth., Ligroin, CS_2	Reduz. nicht Fehl. Lösg.	[1] **E. Fischer** u. **Noth:** Ber. **51**, 321 (1918).
108—109° (k.)	$[\alpha]_D^{21} = -269{,}4°$ (in Alk.)	s. schw. l. H_2O, l. l. org. Lösgm. außer Petroläth. u. Ligroin	Anal. **3?-Acetyl-di-p-brombenzoyl-Verb.:** $C_{25}H_{24}O_9Br_2$, Kryst. (aus Alk.), $F = 146$ bis 147°, $[\alpha]_D^{15} = -288{,}0°$ (in Aceton)	[1] **E. Fischer** u. **Noth:** Ber. **51**, 321 (1918).
—	—	s. schw. l. H_2O, l. l. org. Lösgm. außer Petroläth. u. Ligroin	Reduz. nicht Fehl. Lösg. — Hydrol. m. verd. Säuren liefert: Tribenzoyl-fructose. Anal. **Tri-p-brombenzoyl-Verb.:** $C_{30}H_{25}O_9Br_3$, Kryst. (aus Alk.), $F = 142—143°$ (k.); $[\alpha]_D^{16} = -365{,}0°$ (in Aceton); w. l. k. Alk. u. C_6H_6	[1] **E. Fischer** u. **Noth:** Ber. **51**, 321 (1918).
81°	$[\alpha]_D^{23} = -21{,}8°$ (in Alk., $c = 1{,}512$%)	—	Ist geg. 0,1 n alkohol. H_2SO_4 bei Zimmertemperat. stabil. Wird d. alkohol. KOH leicht zu β-Diacetonfructose zurückverseift	[1] **Ohle** u. **Koller:** Ber. **57**, 1575 (1924).
85—86°	$[\alpha]_D^{20} = -16{,}96°$ (in $CHCl_3$, $c = 5{,}60$%)	—	Verseif. m. alkohol. KOH liefert: Monoacetonglucose	[1] **Ohle** u. **Erlbach:** Ber. **61**, 1873 (1928).
78,5°	$[\alpha]_D^{20} = -16{,}17°$ (in $CHCl_3$, $c = 4{,}886$%)			
—	$[\alpha]_D^{21} = -11{,}21°$ (in $CHCl_3$, $c = 2{,}676$%)	l. l. Alk., Äth., w. l. Benzin	—	[1] **Ohle** u. **Dickhäuser:** Ber. **58**, 2593 (1925).
156°	$[\alpha]_D^{22} = -68{,}38°$ (in $CHCl_3$, $c = 1{,}828$%)	l. l. $CHCl_3$, CCl_4, Aceton; s. schw. l. Äth., Benzin, k. Alk.	—	[1] **Ohle** u. **Dickhäuser:** Ber. **58**, 2593 (1925).
133°	$[\alpha]_D^{20} = +16{,}72°$ (in $CHCl_3$, $c = 1{,}854$%)	—	Die Mutterlaugen enthalten (nicht rein isolierte) **3, 5-Di-p-toluolsulfonyl-Verb.**	[1] **Ohle, Euler** u. **Lichtenstein:** Ber. **62**, 2885 (1929).
142°	$[\alpha]_D^{22} = +9{,}34°$ (in $CHCl_3$, $c = 2{,}142$%)	l. l. Aceton, weniger $CHCl_3$; schw. l. Äth., k. Alk., Benzin	—	[1] **Ohle** u. **Dickhäuser:** Ber. **58**, 2593 (1925); vgl. **Ohle, Euler** u. **Lichtenstein:** Ber. **62**, 2893 (1929).
150—151°	$[\alpha]_D^{19} = +0{,}98°$ (in $CHCl_3$, $c = 3{,}069$%)	—	—	[1] **Ohle, Euler** u. **Lichtenstein:** Ber. **62**, 2885 (1929).
143,5 bis 144,5°	$[\alpha]_D^{20} = -24{,}07°$ (in $CHCl_3$, $c = 3{,}432$%)	—	—	[1] **Ohle, Euler** u. **Lichtenstein:** Ber. **62**, 2885 (1929).
94°	$[\alpha]_D^{20} = +4{,}69°$ (in $CHCl_3$, $c = 3{,}046$%)	—	—	[1] **Ohle, Euler** u. **Lichtenstein:** Ber. **62**, 2885 (1929).

Tabelle 70 (Fortsetzung).

Nr	Name	Formel, Konstitution	Vorkommen, Bildung, Darstellung	Krystallogr. Eigenschaften
87	6?-p-Toluolsulfonyl-5?-benzoyl-monoacetonglucose	$C_9H_{14}O_6(COC_6H_5)SO_2C_7H_7$	Aus 5,6-Di-p-toluolsulfonyl-monoacetonglucose u. Benzoylchlorid (ca. 2 Mol.) in Pyrid., bei 37°[1])	Amorphes Pulver
88	6-p-Toluolsulfonyl-3, 5-di-benzoyl-monoacetonglucose	$C_9H_{13}O_6(COC_6H_5)_2SO_2C_7H_7$	Aus Verb. 25 u. Benzoylchlorid in Pyrid. bei 60°[1])	Kryst. (aus Äth. + Benzin)
89	6-Benzoyl-3, 5-di-p-toluol-sulfonyl-monoacetonglucose	$C_9H_{13}O_6(COC_6H_5)(SO_2C_7H_7)_2$	Aus Verb. 65 u. p-Toluol-sulfonylchlorid (2,5 Mol.) in Pyrid. + CHCl₃ bei 37°[1])	Feine Nadeln (aus Alk.)
90	3-Acetyl-5, 6-di-p-toluol-sulfonyl-monoacetonglucose	$C_9H_{13}O_6(COCH_3)(SO_2C_7H_7)_2$	Aus Verb. 27 u. $(CH_3CO)_2O$ d. Kochen[1]) od. in Pyrid.[2]); od. aus Verb. 51 u. p-Toluol-sulfonylchlorid in Pyrid. [1])	Kryst. (aus CH_3OH)[1])
91	3- od. 5-[Tetracetyl-β-gluco-sido]-1, 2-monoaceton-mono-acetylglucose-6-bromhydrin	$C_{25}H_{35}O_{15}Br$	Aus Monoacetonglucose-6-bromhydrin u. Acetobrom-glucose, m. Ag_2CO_3 in trock. $CHCl_3$, dann Acetylieren d. Sirups in Pyrid.[1])	Kryst. (aus abs. Alk.)
92	3- od. 5-[Tetracetyl-β-gluco-sido]-1, 2-monoaceton-mono-acetylglucose-6-jodhydrin	$C_{25}H_{35}O_{15}I$	Aus Verb. 91 m. NaI in Aceton bei 100°	Kryst. (aus CH_3OH)

Tabelle 71.

Nr	Name	Formel, Konstitution	Krystallogr. Eigenschaften	Schmelz- und Siedepunkt
1	**Glucosamin:** Chlorhydrat	$C_6H_{13}O_5N \cdot HCl$	α-Form: Monokl.-sphen. Kryst. (aus H_2O). Süß[1])	—
			β-Form: Hexagonale Platten (H_2O + Alk.)	—
	Bromhydrat	$C_6H_{13}O_5N \cdot HBr$	Monokl.-sphen. Prismen (aus H_2O)[4])	—
	Jodhydrat	$C_6H_{13}O_5N \cdot HJ$	Glasglänzende Platten (aus H_2O od. Alk.)[6])	Z = ca. 165°
	Oxalat	$2\ C_6H_{13}O_5N \cdot C_2H_2O_4$	Feine Nadeln (aus H_2O + Alk. + Äth.)[6])	Z = ca. 153°
2	**Glucosamin-methylglucosid:** Chlorhydrat	$C_7H_{15}O_5N \cdot HCl$	Nadeln[1])	190,5° (Z.k.)[2])
	Bromhydrat	$C_7H_{15}O_5N \cdot HBr$	Nadeln (aus CH_3OH + Äth.)[2])	181° (Z.) (k.)
	3, 4, 6-Triacetyl-bromhydrat	$C_{13}H_{21}O_8N \cdot HBr$	Prismen (aus CH_3OH + Äth.)[1])	230—233°(Z.)
	3, 4, 6-Triacetyl-1-brom-bromhydrat	$C_{12}H_{18}O_7NBr \cdot HBr$	Farbl. Nadeln (aus Chlorof. + Äth.)[1])	153° (Z.)[3])

374

Säurederivate der Acetonzucker.

Schmelz- und Siedepunkt	Optisches Drehungsvermögen	Löslichkeit	Analytisches; Diverses	Literatur
—	$[\alpha]_D^{20} = -29,6°$ (in $CHCl_3$, c=0,912%)	—	—	[1] Ohle u. Dickhäuser: Ber. 58, 2593 (1925).
97—100° (unscharf)	$[\alpha]_D^{19} = -66,42°$ (in $CHCl_3$, c=3,192%)[1]	l. l. k. Alk., CH_3OH, $CHCl_3$; schw. l. absol. Äth.[2]	Ist vielleicht noch nicht völlig rein[1]	[1] Ohle, Euler u. Lichtenstein: Ber. 62, 2885 (1929). [2] Ohle u. Dickhäuser: Ber. 58, 2593 (1925).
113°	$[\alpha]_D^{22} = +1,61°$ (in $CHCl_3$, c=2,482%)	l. l. $CHCl_3$, Äth.; s. schw. l. k. Alk. u. Benzin	—	[1] Ohle u. Dickhäuser: Ber. 58, 2593 (1925).
92°	$[\alpha]_D^{19} = -28,76°$ (in $CHCl_3$, c=4,347%)[1]	l. l. k. Alk., schw. l. h. Benzin[2]	Bei der Darst. aus Verb. 51 wurde einmal eine **3-Acetyl-mono-p-toluolsulfonyl-mono-acetonglucose**: $C_{18}H_{24}O_9S$ (F = 150°) erhalten[1]	[1] Ohle, Euler u. Lichtenstein: Ber. 62, 2885 (1929). [2] Ohle u. Dickhäuser: Ber. 58, 2604 (1925).
161°	$[\alpha]_D^{17} = -63,6°$ (in $C_2H_2Cl_4$)	—	—	[1] Freudenberg, Toepffer u. Andersen: Ber. 62, 1750 (1929).
186°	$[\alpha]_D^{18} = -80,8°$ (in $C_2H_2Cl_4$)	—	**3- od. 5-[Tetracetyl-β-glucosido]-1,2-monoaceton-anhydroglucose**: $C_{23}H_{32}O_{14}$, aus Verb. 92 m. Thalliumacetat in CH_3OH bei 126°, dann Reacetylieren in Pyrid. — Kryst. (aus abs. Alk.), F = 106°	[1] Freudenberg, Toepffer u. Andersen: Ber. 62, 1750 (1929).

Salze der Amino- und Thiozucker.

Optisches Drehungsvermögen	Löslichkeit	Literatur
$[\alpha]_D^{20} = +100° \to +72,5°$ (in H_2O)[2]; $[\alpha]_D^{20} = +51,3°$ (in H_2O, c=1,6%)[3]; $+51,4°$ (in konz. HCl, c=1,85%) $[\alpha]_D^{20} = +25° \to +72,6°$ (in H_2O)[2]	s. l. l. H_2O; s. w. l. Alk. —	[1] Tanret: Soc. chim. France [3] 17, 802 (1897). — Ledderhose: Ber. 9, 1200 (1876). [2] Irvine u. Earl: Soc. Lond. 121, 2370 (1922). [3] Irvine: Soc. Lond. 95, 570 (1909). [4] Tiemann: Ber. 19, 51 (1886). [5] Landolt: Ber. 19, 155 (1886). [6] Breuer: Ber. 31, 2197 (1898).
$[\alpha]_D^{20} = +59,63°$ (in H_2O, c=12,5%)[5]	l. l. H_2O; k. l. Alk., unl. Äth.	
—	—	
—	l. l. H_2O; unl. Alk., Äth.	
$[\alpha]_D^{20} = -24,22°$ (in H_2O, c=9%); $-16,65°$ (in CH_3OH, c=2,7%)[2] $[\alpha]_D^{20} = -20,23°$ (in H_2O, c=2,4%)	l. l. H_2O, CH_3OH —	[1] Irvine, McNicoll u. Hynd: Soc. Lond. 99, 256 (1911). [2] Irvine u. Hynd: Soc. Lond. 101, 1128 (1912). [3] Hamlin: Amer. Soc. 33, 766 (1911).
$[\alpha]_D = +20,6°$ (in H_2O, c=1,24%)	l. l. H_2O, Alk., w. l. Aceton; unl. Essigest., Chloroform, Äth., Benzol	
$[\alpha]_D^{20} = +135,9° \to +148,4°$ (in Aceton, c=5%)[1]	l. l. H_2O, Chlorof., Alk., Essigest., Aceton; unl. Äth.	

Tabelle 71 (Fortsetzung).

Nr	Name	Formel, Konstitution	Krystallogr. Eigenschaften	Schmelz- und Siedepunkt
3	**Glucosamin-Phenylisocyanat-Verbindg.** (Anhydrid)	$C_{13}H_{16}O_5N_2$	Weiße, rhomb. Krystalle[1]	210°
	Glucosamin-Phenylsenföl-Verbindg.[2]	$C_{13}H_{16}O_4N_2S$	Lange, weiße Prismen oder Nadeln (aus Alk.)	108°
	Glucosamin-Allylsenföl-Verbindg.[2]	$C_{10}H_{16}O_4N_2S$	Lange, weiße Prismen	138°
4	**Epichitosamin:** Chlorhydrat	$C_6H_{13}O_5N \cdot HCl$	Krystalle[1]	187°
5	**Methyl-epiglucosamin:** Bromhydrat	$C_7H_{15}O_5N \cdot HBr$	Nadeln (aus Alk.)[1]	215° (Z.)
	Chlorhydrat	$C_7H_{15}O_5N \cdot HCl$	Nadeln[1]	—
	Essigsaures Salz	$C_7H_{15}O_5N \cdot C_2H_4O_2$	Krystalle[2]	214° (k.)
6	**1-Methylglucosyl-3-amin-Chlorhydrat:**	$C_7H_{15}O_5N \cdot HCl$	Krystalle (aus Alk.)[1]	Z = ca. 207°
7	**6-Aminoglucose:** Carbonat	$(C_6H_{13}O_5N)_2 \cdot H_2CO_3$	Amorph[1]	96—98° (Z.)
	p-Toluolsulfonat	$C_{13}H_{21}O_8NS$	Amorph., weiß. Pulver (hygrosk.)[1]	—
	Pikrat	$C_{12}H_{16}O_{12}N_4$	Tiefgelbe Nadeln (aus 50proz. Alk.)[1]	Z = 140°
	Phenylhydrazon-p-Toluolsulfonat	$C_{19}H_{27}O_7N_3S$	Feine, hellgelbe Nadeln (aus H_2O)[1]	182—183°
8	**6-Aminoglucose-β-methylglucosid:** Chlorhydrat	$C_7H_{15}O_5N \cdot HCl$	Farbl. l. Nadeln (aus $CH_3OH + $Äth.)[1]	Z = 210°
	Bromhydrat	$C_7H_{15}O_5N \cdot HBr$	Farbl. l. Nadeln (aus $CH_3OH + $Äth.)[1]	Z = 205° (k.)
9	**Chondrosamin:** Chlorhydrat	$C_6H_{13}O_5N \cdot HCl$	**α-Form:** Nadeln[1]	185°
			β-Form: Lange Prismen (aus CH_3OH)[2]	187° (Z.)
10	**6-Aminogalaktose:** Chlorhydrat	$C_6H_{13}O_5N \cdot HCl$	Krystalle (aus Chlorof.)[1]	Z = 229°
	Pikrat	$C_{12}H_{16}O_{12}N_4$	Filzige Nadeln[1]	Z = 223°
	Dimethylammonium-jodid	$C_9H_{20}O_5NJ + H_2O$	Krystalle (aus H_2O)[2]	S = 90°; Z = 140°
11	**d-Fructosamin:** Acetat	$C_6H_{13}O_5N \cdot C_2H_4O_2$	Nadeln (aus $H_2O + $Alk.)	Z = 135°
	Oxalat	$C_6H_{13}O_5N \cdot C_2H_2O_4$	Kryst. (aus $H_2O + $Alk.)	Z = 140—145°
	Pikrat	$C_{12}H_{16}O_{12}N_4$	Feine, gelbe warzenf. Kryst.	—
	Sulfat	$C_6H_{13}O_5N \cdot H_2SO_4$	} Sirupe	—
	Chlorhydrat	$C_6H_{13}O_5N \cdot HCl$	}	

376

Salze der Amino- und Thiozucker.

Optisches Drehungsvermögen	Löslichkeit	Literatur
$[\alpha]_D = +76,9°$ (in H_2O)	w. l. Alk., H_2O	[1] **Steudel:** Z. physiol. Chem. **33**, 233 (1891); **34**, 353 (1892). [2] **Neuberg** u. **Wolff:** Ber. **34**, 3843 (1901).
$[\alpha]_D = +58°,20'$ (in H_2O)	l. l. h. H_2O, h. Alk., schw. l. k. Alk., Aceton; unl. Benzol, Essigester	
—	etwas löslich. als vorsteh.	
$[\alpha]_D^{20} = -4,7°$ (in 5 proz. HCl)	—	[1] **Levene:** J. Biol. Chem. **39**, 69 (1919).
$[\alpha]_D^{22} = -123,8°$ (in H_2O)	s. l. l. H_2O; schw. l. Alk., CH_3OH; sonst unl.	[1] **Fischer, Bergmann** u. **Schotte:** Ber. **53**, 539 (1920). [2] **Levene** u. **Meyer:** J. Biol. Chem. **55**, 221 (1923).
$[\alpha]_D^{21} = -146,5°$ (in H_2O)[2]); $-138°$ (in 2,5 proz. HCl)	z. schw. l.	
$[\alpha]_D^{20} = -130,0°$ (in HCl)	—	
$[\alpha]_{578}^{18} = -46,6°$ (in H_2O)	—	[1] **Freudenberg, Burkhart** u. **Braun:** Ber. **59**, 714 (1926).
$[\alpha]_D^{20} = +12,5°$ (in H_2O, $c = 2,077\%$)	s. l. l. H_2O; schw. l. Alk., CH_3OH; sonst unl.	[1] **Ohle** u. **v. Vargha:** Ber. **61**, 1203 (1928).
$[\alpha]_D^{20} = +31,68°$ (in H_2O, $c = 1,128\%$)	l. H_2O, Alk., CH_3OH	
$[\alpha]_D^{20} = +7,4°$ (in H_2O, $c = 2\%$)	—	
$[\alpha]_D^{20} = +6,8° \rightarrow +1,3°$ (in Alk., $c = 2,5\%$)	l. l. Alk., unl. Äth., Chloroform	
$[\alpha]_D^{20} = -25,1°$ (in H_2O)	s. l. l. H_2O; l. l. h. CH_3OH; s. schw. l. h. Alk., f. unl. Essigest., Benzol, Äth., Chlorof.	[1] **Fischer** u. **Zach:** Ber. **44**, 132 (1911).
$[\alpha]_D^{20} = -21,2°$ (in H_2O)	wie vorsteh.	
$[\alpha]_D^{20} = +121° \rightarrow +95°$ (in H_2O); $[\alpha]_D = +129,5° \rightarrow ?$ (in H_2O)	—	[1] **Levene** u. **La Forge:** J. Biol. Chem. **18**, 123 (1914). — **Levene:** J. Biol. Chem. **57**, 337 (1923). [2] **Levene:** J. Biol. Chem. **26**, 155 (1916); **57**, 337 (1923).
$[\alpha]_D^{25} = +46° \rightarrow +95°$	—	
—	—	[1] **Freudenberg** u. **Doser:** Ber. **58**, 294 (1925). [2] **Freudenberg** u. **Smeykal:** Ber. **59**, 100 (1926)
—	—	
$[\alpha]_{578}^{12} = +65,3° \rightarrow +51,8°$ (in H_2O)	s. l. l. H_2O; w. l. CH_3OH; kaum l. Alk.	
linksdreh. in H_2O	s. l. l. H_2O; s. schw. l. Alk., unl. Äth.	[1] **Fischer:** Ber. **19**, 1920 (1886).
linksdreh. in H_2O	s. l. l. H_2O; f. unl. Alk.	
linksdreh. in H_2O	—	
linksdreh. in H_2O	} l. H_2O; unl. Alk., Äth.	

<h2 align="center">Tabelle 71 (Fortsetzung).</h2>

Nr	Name	Formel, Konstitution	Krystallogr. Eigenschaften	Schmelz- und Siedepunkt
12	**Glucothiose-Natrium:** β-Form	$C_6H_{11}O_5SNa + 2H_2O$	Tetraeder[1]	173—$174°$(Z.)
	α-Form	$C_6H_{11}O_5SNa + 2H_2O$	Tetragonale Tafeln[2]	$S = 100°$; $F = 129$—$130°$ (Z.)
13	**Glucothiose-Silber**	$C_6H_{11}O_5SAg$ (Ag-Gehalt wird zu hoch od. zu niedrig gefunden)	Weißgelb. amorph. Pulver[1]	ca. $165°$ (Z.)[2]
14	**Galaktothiose-Silber**	$C_6H_{11}O_5SAg$	Hellgelb. amorph. Pulver[1]	—
15	**Cellobiothiose-Silber**	$C_{12}H_{21}O_{10}SAg$	Weißes, amorph. Pulver[1]	$155°$ (Z.)
16	**Thioisotrehalose-monokalium**	$C_{12}H_{21}O_{10}SK + 2H_2O$	Feine, zugesp. Nadeln (aus Alk.)[1]	170—$180°$(Z.)
17	**Thioisotrehalose-dikalium**	$C_{12}H_{20}O_{10}SK_2 + 4H_2O$	Kleine, vierkantige Doppelpyramiden (aus 50proz.Alk.)[1]	$S = 145°$; $Z = 170°$
18	**Selenoisotrehalose-monokalium**	$C_{12}H_{21}O_{10}SeK + 2H_2O$	Feine Nadeln (aus Alk.)[1]	$S = 125°$; $Z = 132°$ (ohne H_2O: $Z = $ ca. $160°$)
19	**Selenoisotrehalose-dikalium**	$C_{12}H_{20}O_{10}SeK_2 + 4H_2O$	Krystalle[1] (aus 50proz. Alk. kryst. die Monokal.-Verbg. aus)	$S = 115°$; $Z = 130°$
20	**Diglucosyldisulfid-Kalium**	$C_{12}H_{20}O_{10}S_2K_2 + 2H_2O$	Mikrokrystall. Pulver[1]	—
21	**Diglucosyldiselenid-Kalium**	$C_{12}H_{20}O_{10}Se_2K_2 + 2H_2O$	Mikrokrystall. Pulver[1]	—
22	**Cellosyl-glucosyl-sulfid-Kalium**	$C_{18}H_{30}O_{15}SK_2$	Amorph. weiß. Pulver[1]	$Z = 180°$
23	**Dicellosylsulfid-Kalium**	$C_{24}H_{40}O_{20}SK_2 + 4H_2O$	Amorph. weiß. Pulver[1]	170—$180°$

<h2 align="center">Tabelle 72.</h2>

Nr	Name	Formel, Konstitution	Vorkommen, Bildung, Darstellung	Krystallogr. Eigenschaften
1	**Barium-di-l-arabinosat**	$(C_5H_{10}O_5)_2BaO$, oder wohl besser: $(C_5H_9O_5)_2Ba \cdot H_2O$	Aus l-Arabinose u. $Ba(OH)_2$, d. Fällen d. konz. wäßr. Lösg. m. Alk. bei $0°$[1]	Amorph. bis mikrokryst. weißer Niederschlag
2	**Tri-thallium-α-methyl-l-arabinosid**	$C_6H_9O_5Tl_3$	Aus α-Methylarabinosid u. TlOH in wäßr. Lösg.	Amorph. Pulver
3	**Barium-di-d, l-arabinosat**	$(C_5H_{10}O_5)_2BaO$, oder wohl besser: $(C_5H_9O_5)_2Ba \cdot H_2O$	Aus d,l-Arabinose (Harn-pentose), wie bei Verb. 1[1]	Wie bei Verb. 1
4	**Barium-di-d-xylosat**	$(C_5H_{10}O_5)_2BaO$, oder wohl besser: $(C_5H_9O_5)_2Ba \cdot H_2O$	Aus d-Xylose, wie bei Verb. 1[1]	Wie bei Verb. 1
5	**Di-natrium-l-rhamnosat**	$C_6H_{10}O_5Na_2 \cdot H_2O$	Aus Rhamnose u. Na-Alkoholat, in abs. Alk.[1]	Weißes kryst. Pulver

378

Optisches Drehungsvermögen	Löslichkeit	Literatur
$[\alpha]_D^{23} = +15,56°$ (in H_2O, c = 1,48%), $+18,13°$ für H_2O-freie Substanz	l. l. H_2O; f. unl. Alk., CH_3OH	[1]) Schneider, Gille u. Eisfeld: Ber. **61**, 1244 (1928). [2]) Schneider u. Leonhardt: Ber. **62**, 1384 (1929).
$[\alpha]_D^{18} = +142,93°$ (in H_2O, c = 1%)	l. wie vorst.	
—	l. H_2O; sonst unl.	[1]) Wrede: Z. physiol. Chem. **119**, 58 (1922). [2]) Schneider u. Clibben: Ber. **47**, 2224 (1914). — Schneider u. Wrede: Ber. **47**, 2227 (1914).
—	—	[1]) Schneider u. Beutler: Ber. **52**, 2139 (1919).
—	l. l. H_2O; sonst schw. l.	[1]) Wrede u. Hettche: Z. physiol. Chem. **172**, 169 (1927).
—	—	[1]) Schneider u. Wrede: Ber. **50**, 799 (1917).
—	—	[1]) Schneider u. Wrede: Ber. **50**, 799 (1917).
—	—	[1]) Schneider u. Wrede: Ber. **50**, 799 (1917).
—	—	[1]) Schneider u. Wrede: Ber. **50**, 799 (1917).
—	—	[1]) Wrede: Ber. **52**, 1760 (1919).
—	—	[1]) Wrede: Ber. **52**, 1760 (1919).
—	l. l. H_2O	[1]) Wrede: Z. physiol. Chem. **112**, 8 (1920).
—	—	[1]) Wrede: Z. physiol. Chem. **108**, 119 (1919).

Metall= und Additionsverbindungen (Saccharate).

Schmelz- und Siedepunkt	Optisches Drehungs- vermögen	Löslichkeit	Analytisches; Diverses	Literatur
—	—	unl. Alk.	Färbt sich an d. Luft gelb; wird d. CO_2 in l-Arabinose u. $BaCO_3$ zerlegt. Analog: **Strontium-di-l-arabino-sat**, $(C_5H_{10}O_5)_2 \cdot$ SrO	[1]) Suleiman Bey: C. **1900**, I, 803.
dunkelt ab 160°. F = 215 bis 220° (Zers.)	—	—	Wird d. h. H_2O in d. Kompon. gespalten; ist gegen Tageslicht stabil	[1]) Menzies u. Kieser: Soc. Lond. **1928**, 186.
—	—	unl. Alk.	Wie bei Verb. 1. — Eignet sich zur Trennung v. Rhamnose	[1]) Bergell u. Blumenthal: C. **1900** I, 518.
—	—	unl. Alk.	Wie bei Verb. 1. Analog: **Strontium-di-d-xylosat**, $(C_5H_{10}O_5)_2 \cdot$ SrO	[1]) Suleiman Bey: C. **1900**, I, 803.
—	—	—	Zersetzt sich an der Luft	[1]) Liebermann u. Hamburger: Ber. **12**, 1186 (1879). — Vgl. Schlunck u. Marchlewski: A. **278**, 352 (1893).

Nr	Name	Formel, Konstitution	Vorkommen, Bildung, Darstellung	Krystallogr. Eigenschaften
6	**Natrium-d-glucosat** (d-Glucose-natrium)	$C_6H_{11}O_6Na$	Durch Einwirk. v. Na-äthylat auf Glucose in fast abs. alkoh.[1] od. methylalkoh.[2] Lösg. Aus Glucose u. Natrium in flüss. NH_3[3]	Amorph. weißes, sehr hygr. Pulv.; wenn über H_2SO_4 getrocknet, H_2O-frei[1]
		$C_6H_{12}O_6 \cdot C_2H_5ONa$	Aus d. Kompon. in abs. Alk. in Abwesenheit v. H_2O[7]	Weißes, wenig hygr. Pulv., b. 56° üb. P_2O_5 im Vak. beständig
7	**Kalium-glucosat** (Glucose-kalium)	$C_6H_{11}O_6K$	D. Fällen v. kalt. alkohol. Glucoselösg. m. alkoh. KOH[1]	Amorph; schmeckt nicht süß
8	**Glucosan-kalium**	$C_6H_9O_5K$	Aus α-Glucosan u. KOH in methylalkohol. Lösg.[1]	Weißer, amorph., sehr hygr. Niederschlag
9	**Tri-thallium-α-methyl-glucosid**	$C_7H_{11}O_6Tl_3$	Aus α-Methylglucosid u. TlOH in wenig H_2O[1]	Gelbes, amorphes Pulver
10	**Calcium-glucosat** (Glucose-kalk)	$C_6H_{12}O_6 \cdot CaO$, resp. $C_6H_{11}O_6CaOH$	Aus d. Kompon. in 5proz. wäßr. Lösg. bei 0°, Fällen m. Alk.[1]	Weißes amorph. Pulv.; hält, über $CaCl_2$ getrocknet, 2 H_2O, über P_2O_5 getrocknet 1 H_2O fest
11	**Barium-glucosat** (Glucose-baryt)	$C_6H_{12}O_6 \cdot BaO$, resp. $C_6H_{11}O_6BaOH$	Aus Glucose u. $Ba(OH)_2$ od. BaO in methylalkohol. od. alkohol. Lösg., od. in wäßr. Lösg. u. Fällen m. Alk.[1]	Weißes Pulver
12	**Blei-glucosat**	$(C_6H_{12}O_6)_2 \cdot 3\,PbO$, resp. $(C_6H_9O_6)_2Pb_3 \cdot 3\,H_2O$	D. Fällen v. Glucose in wäßr. Lösg. m. ammoniakal. Bleiessig, od. d. Umsetzung v. Na-glucosat m. Bleiacetat in alkohol. Lösg.; soll auch direkt aus Glucose u. PbO od. $Pb(OH)_2$ in konz. Lösg. entstehen[1]	Feinpulveriger, weiß., amorph. Niederschlag, färbt sich beim Erwärmen od. längerem Stehen gelb, dann rot
13	**Kupfer-(Cupri-)glucosate** (Glucose-kupferoxyd)	$C_6H_{12}O_6 \cdot 5\,CuO$ $C_6H_{12}O_6 \cdot 4\,CuO$ $C_6H_6O_6Cu_3 \cdot 2\,H_2O$	D. Fällen v. wäßr. Lösg. v. Glucose u. Cupri-salzen m. Alkalien ohne Überschuß; od. aus Glucose u. ammoniakal. CuO-Lösg. ohne Überschuß an NH_3[1]	Blaue Flocken
14	**Zink-glucosate**	$5\,C_6H_{12}O_6 \cdot Zn(OH)_2$	D. Einwirkung v. Alkali auf Glucose u. Zinksalze in wäßr. Lösg.[1]	—
		$C_6H_{12}O_6 \cdot 2\,ZnO \cdot 3\,H_2O$	Aus alkohol. Glucoselösg. u. konz. ammoniakal. $Zn(OH)_2$-Lösg.[2]	Weiße, amorph. Subst.; s. hygr.
15	**Nickel-glucosat**	$C_6H_{12}O_6 \cdot 2\,NiO \cdot 3\,H_2O$	D. Fällen v. Glucoselösg. in 90proz. Alk. m. ammoniakalischer $Ni(OH)_2$-Lösg.[1]	Blaßgrüner, amorpher Niederschlag

380

Schmelz= und Siedepunkt	Optisches Drehungs= vermögen	Löslichkeit	Analytisches; Diverses	Literatur
—	—	—	Wird d. H_2O in Glucose u. NaOH gespalten. — Verliert bei 100° im H_2-Strom $2 H_2O$ unt. Bräunung[1]). Reagiert nicht mit Phenylhydr-azin[4]). Wärmetönung b. d. Bildung aus Glucose u. NaOH = 5342 Cal.[5]). Dissoziationskonst. d. Glucose als Säure, siehe[6])	[1]) **Hönig** u. **Rosenfeld**: Ber. **10**, 871 (1877). [2]) **Skraup** u. **Kremann**: Monatsh. f. Chem. **22**, 1040 (1901). [3]) **Schmid, Waschkau** u. **Ludwig**: Monatsh. f. Chem. **49**, 107 (1928). [4]) **Marchlewski**: Ber. **26**, 2928 (1893). [5]) **Madsen**: Z. physik. Chem. **36**, 290 (1901). [6]) **Hirsch** u. **Schlags**: Z. physik. Chem. A, **141**, 387 (1929). [7]) **Zemplén** u. **Kunz**: Ber. **56**, 1705 (1923).
—	—	s. l. l. H_2O(Zers.); w. l. Alk.	Ist als Additionsverb. zu betrach-ten	
—	—	l. H_2O u. h. Alk.	Wird d. CO_2 zersetzt	[1]) **Winkler**: Jahrbuch f. Pharm. 18. — Vgl. **v. Lippmann**: Chemie der Zuckerarten, 3. Aufl. (1904), S. 548.
—	—	l. l. H_2O (Zers.); unl. org. Lösgm.	In Abwesenheit v. Feuchtigkeit haltbar	[1]) **Pictet** u. **Castan**: Helv. **4**, 319 (1921). — Vgl. **Castan**: Dissert. Genf 1921.
—	—	—	Gibt b. Kochen m. CH_3I: 2,3,4 ?-Trimethyl-α-methyl-glucosid	[1]) **Fear** u. **Menzies**: Soc. Lond. **1926**, 939. — Vgl. **Menzies** u. **Kieser**: Soc. Lond. **1928**, 186.
—	—	—	Beständig wenn trocken; in Ge-genwart v. Feuchtigkeit rasche Zers. Ist nach d. Verseif. die einzige isolierbare Glucose-CaO-Verb.[1]). Wird d. CO_2 in Glucose u. $CaCO_3$ gespalten. Über ältere Angaben u. Verbb. d. Zus.: $(C_6H_{12}O_6)_2CaO \cdot H_2O$; $(C_6H_{12}O_6)_4 \cdot 3\ CaO$; $(C_6H_{12}O_6)_2 \cdot 3\ CaO \cdot xH_2O$ vgl.[2])	[1]) **Mackenzie** u. **Quin**: Soc. Lond. **1929**, 951. [2]) **Beilstein**: 4. Aufl., Bd. 1, S. 894. — **v. Lippmann**: Chemie der Zuckerarten, 3. Aufl. (1904), S. 551.
—	—	l. H_2O; unl. Alk.	Wird d. CO_2 zersetzt. Weitere angegebene Formeln: $(C_6H_{12}O_6)_2BaO$; $(C_6H_{12}O_6)_4 \cdot 3\ BaO$; $(C_6H_{12}O_6)_2 \cdot 3\ BaO \cdot 2 H_2O$; $C_6H_{12}O_6 \cdot 2\ BaO$	[1]) **Beilstein**: 4. Aufl., Bd. 1, S. 894. — **v. Lippmann**: Chemie der Zuckerarten, 3. Aufl. (1904), S. 550.
—	—	fast unl. k. H_2O	Wird d. H_2O, Säuren (inkl. CO_2) u. Alkalien zersetzt. Erwähnt werden ferner: $C_6H_8O_6Pb_2$(od. $C_6H_{12}O_6 \cdot 2 PbO$); $C_6H_{12}O_6 \cdot PbO + 5(C_6H_{12}O_6 \cdot 2 PbO)$ (?)	[1]) **Beilstein**: 4. Aufl., Bd. 1, S. 894. — **v. Lippmann**: Chemie der Zuckerarten, 3. Aufl. (1904), S. 552.
—	—	l. in überschüss. Alkali od. NH_3	Zersetzt sich beim Erwärmen unt. Bildung v. Cu_2O. Kann, je nach Darstellungsweise, auch Alkali enthalten	[1]) **Beilstein**: 4. Aufl., Bd. 1, S. 883. — **v. Lippmann**: Chemie der Zuckerarten, 3. Aufl. (1904), S. 553.
—	—	in H_2O klar lösl.	—	[1]) **v. Grabowski**: C. **1903**, I, 1241. [2]) **Chapman**: Soc. Lond. **55**, 576 (1889).
—	—	unl. org. Lösgm.	Wird d. H_2O od. Erhitzen auf 65—70° zersetzt	
Zers. ab 100°	—	unl. H_2O, Alk.; l. verd. Säuren (Zers.)	Wird d. kochend. H_2O hydroly-siert	[1]) **Chapman**: Soc. Lond. **59**, 323 (1891).

Nr	Name	Formel, Konstitution	Vorkommen, Bildung, Darstellung	Krystallogr. Eigenschaften
16	**Chromi-, Ferri- und Aluminium-glucosate**	$C_6H_{12}O_6 \cdot Cr_2O_3 \cdot 4\,H_2O$?	D. Fällen v. Glucoselösg. in 90-proz. Alk. m. ammoniakalischer $Cr(OH)_3$-Lösg.; oder aus konz. wäßr. Lösg. v. Glucose u. $CrCl_3$, bzw. $FeCl_3$, mit NH_3, Fällen m. Alk.[1]	Schieferfarb. amorph. flockig. Niederschlag
		$2\,C_6H_{12}O_6 \cdot 3\,Fe_2O_3 \cdot 3\,H_2O$?		Orangefarb. amorph. flockig. Niederschlag
		$3\,C_6H_{12}O_6 \cdot 5\,Al_2O_3 \cdot 15\,H_2O$?	Aus Lösg. v. Glucose u. $AlCl_3$ in 90proz. Alk. d. Fällen m. wäßr. NH_3[2]	Weißer amorph. gelatinöser Niederschlag; verliert, über H_2SO_4 getrocknet, ca. 4 H_2O
17	**Glucose-chlornatrium**	$C_6H_{12}O_6 \cdot NaCl \cdot {}^1/_2\,H_2O$	Bei langsamem Verdunsten eines m. NaCl gesättigten diabet. Harns[1]	Kryst., verliert H_2O bei 130—140°
		$(C_6H_{12}O_6)_2NaCl \cdot H_2O$	Bei langsamem Verdunsten der Kompon. in konz. wäßr. Lösg.[1]	Harte, farbl. trigonal-trapezoëdr. Krystalle; wird b. 100° H_2O-frei
18	**Glucose-bromnatrium**	$(C_6H_{12}O_6)_2NaBr \cdot H_2O$	Bei langs. Verdunsten d. Kompon. in konz. wäßr. Lösg.[1]	Trigonal-trapezoëdr. Kryst., isomorph mit d. entspr. Verb. 17
19	**Glucose-jodnatrium**	$(C_6H_{12}O_6)_2NaI \cdot H_2O$	Wie bei Verb. 18[1]	Kryst., isomorph mit Verb. 17 u. 18, hygr.; verliert H_2O bei 130° u. Zers.[1][2]
		$(C_6H_{12}O_6)_2NaI$	Aus d. Kompon. in CH_3OH, Alk. od. Aceton, od. d. Zusammenschmelzen der mit Alk. angefeuchteten Kompon. bei 100—115°[2]	Oktaëdr. spinellartige Krystallaggreg., nicht hygr.
20	**Blei-d-mannosat**	$C_6H_{12}O_6 \cdot PbO \cdot H_2O$, resp. $C_6H_{11}O_6PbOH \cdot H_2O$	D. Fällen v. konz. wäßr. neutr. Mannoselösg. m. Bleiessig; in verd. Lösg. erfolgt die Fällung erst nach längerem Stehen od. in Gegenw. v. NH_3[1]	Weißer, gelatinöser Niederschlag; wird b. Stehen od. Erwärmen gelb, dann rot
21	**Mannose-wismutnitrat**	$C_6H_{10}O_6 \cdot BiNO_3$:	Aus d. Kompon. in konz. wäßr. Lösg., Fällen m. abs. Alk.[1]	Flockiger weißer Niederschlag
22	**d-Mannose-calciumchlorid**	$C_6H_{12}O_6 \cdot CaCl_2 \cdot 4\,H_2O$	Aus d. Kompon. d. langsames Verdunsten d. konz. wäßr. Lösg. b. Zimmertemp.[1]	Krystalline Masse; verliert im Vak. über P_2O_5 bei 100° 4 H_2O
		$C_6H_{12}O_6 \cdot CaCl_2 \cdot 2\,H_2O$	Aus obigem Tetrahydrat d. Umkryst. aus h. Alk., od. direkt aus d. Kompon. in h. alkohol. Lösg.[1]	Harte, dreieckig. Prismen; gibt bei 100°/50 mm über P_2O_5 kein H_2O ab
23	**Barium-d-galaktosat**	$(C_6H_{11}O_6)_4Ba_2 \cdot BaO$?	Aus Galaktose u. $Ba(OH)_2$ in methylalkohol. Lösg.[1]	Weißer amorpher Niederschlag

Schmelz- und Siedepunkt	Optisches Drehungs- vermögen	Löslichkeit	Analytisches; Diverses	Literatur
Zers. ab 90°	—	wenn frisch ge- fällt, l. H_2O, wenn trocken, unl. H_2O; unl. Alk.; l. in verd. Säuren u. Zers.	Die Zusammensetzung dieser Verbindungen ist nicht ganz konstant u. etwas unsicher. Alle werden d. Kochen m. H_2O hydrolytisch gespalten	[1] **Chapman:** Soc. Lond. **59,** 323 (1891). [2] **Chapman:** Proc. Soc. Lond. **19,** 74 (1903).
Zers. ab 80°	—			
Zers. ab 100°	—	unl. H_2O, Alk.; l. in verd. Säuren u. Zers.		
—	—	—	Anal.: **Glucose-chlorkalium:** $C_6H_{12}O_6 \cdot KCl$, schöne Kryst.[1]	[1] **Beilstein:** 4. Aufl., Bd. 1, S. 893. — **v. Lippmann:** Chemie der Zucker- arten, 3. Aufl. (1904), S. 549. [2] **Matsuma:** C. **1927,** II, 7.
145° Zers. 240°	Entspricht d. Ge- halt d. Verb. an Glucose; zeigt Ab- wärtsmutarotat.	l. in 0,66 Tl. H_2O v. 20°; weniger l. in Gegenwart v. überschüss. NaCl; unl. abs. Alk.	$D = 1,57$. — Reduz. Fehl. Lösg. Ist in wäßr. Lösg. weitgehend dissoziiert[1]. Ist bei +24° die einzige existenz- fähige Verb. im System Glucose— NaCl—H_2O[2]	
—	—	—	$(C_6H_{12}O_6)_2NaBr$: d. Umkryst. d. H_2O-haltigen Verb. aus abs. Alk.[2] od. d. Zers. v. Na-glucosat m. alkohol. Bromlösg.: weiße blätt- rige Kryst.[3]	[1] **Beilstein:** 4. Aufl., Bd. 1, S. 893. [2] **Stenhouse:** A. **129,** 286 (1864). [3] **Hönig u. Rosenfeld:** Ber. **10,** 872 (1877).
—	—	—	—	[1] **Beilstein:** 4. Aufl., Bd. 1, S. 894. [2] **Wülfing:** C. **1908,** I, 1588; **1909,** I, 233; **1919,** IV, 147.
185—186° (scharf)	—	—	—	
—	—	schw. l. k. H_2O, leichter h. H_2O (u. Zers.); l. in über- schüssig. Bleiessig	Wird d. h. H_2O, verd. H_2SO_4, H_2S u. CO_2 zersetzt	[1] **Reiss:** Ber. **22,** 611 (1889). — **E. Fischer u. Hirschberger:** Ber. **22,** 367, 1155 (1889).
—	—	l. H_2O m. schwach saurer Reakt.	Ist bei Raumtemp. unzersetzt haltbar. Die wäßr. Lösg. wird d. Alkalien gefällt; d. Niederschlag löst sich jedoch in überschüssig. Alkali wieder auf. $(NH_4)_2S$ fällt Bi_2S_3 aus d. wäßr. Lösg.	[1] **Maschmann:** Arch. Pharm. **263,** 99 (1925).
101—102° (k.)	$[\alpha]_D^2 = -30° \rightarrow +11,35° \rightarrow +6,50°$ (in H_2O, $c = 11,4\%$) $[\alpha]_D^{20} = +6,72°$ (E — in H_2O) $[\alpha]_D^{20} = -34° \rightarrow +4,0°$ (in CH_3OH)	l. l. H_2O, CH_3OH, h. Alk.; weniger k. Alk., Aceton	Leitet sich von einer d-Mannose mit $[\alpha]_D = $ ca. —60° ab [β-Man- nose(1,5)?]	[1] **Dale:** Amer. Soc. **51,** 2788 (1929).
159—160° (k.)	$[\alpha]_D^{20} = -9,0° \rightarrow +6,73°$ (in H_2O, $c = 12,06\%$)	—	Leitet sich von der gewöhnl. β- Mannose(1,4?) mit $[\alpha]_D = -17°$ ab. Gibt m. $(CH_3CO)_2O +$ Pyrid. bei 0°: β-Pentacetylmannose	
—	—	— —	—	[1] **Fudakowski:** Ber. **11,** 1072 (1878).

Nr	Name	Formel, Konstitution	Vorkommen, Bildung, Darstellung	Krystallogr. Eigenschaften
24	Galaktosimin-zinkhydroxyd	$(C_6H_{12}O_6)_2 \cdot 3\,NH_3 \cdot Zn(OH)_2 \cdot 2$ (od. 3) H_2O	Aus Galaktose od. Galaktosimin u. ammoniakal. $Zn(OH)_2$-Lösg.[1]	Feine, weiße Nadeln
25	Natrium-d-fructosat (d-Fructose-natrium)	$C_6H_{11}O_6Na$	Aus Fructose u. Na-äthylat in 98—99proz. Alk. bei ca. 50°[1]. Aus Fructose u. Natrium in flüss. NH_3[2]	Gelblich-weiße, sehr hygr. Masse; im Vak. über H_2SO_4 getrocknet, H_2O-frei
26	Kalium-fructosat (Fructose-kalium)	$C_6H_{11}O_6K$	Aus Fructose u. KOH in abs. alkohol. Lösg.[1]	Weißer, flockiger, sehr hygr. Niederschlag; wird beim Trocknen gelb u. erdig
27	Thallium-fructosat (Fructose-thallium)	$C_6H_{11}O_6Tl$	Aus Fructose u. Thallium-alkoholat in alkohol. Lösg.[1]	Hell-rahmgelber Niederschlag
28	Calcium-fructosat (Fructose-kalk)	$C_6H_{12}O_6 \cdot CaO \cdot 6\,H_2O$, resp. $C_6H_{11}O_6 \cdot CaOH \cdot 6\,H_2O$	D. Versetzen einer verd. wäßr. Lösg. v. Invertzucker[1] od. Fructose[2]) m. $Ca(OH)_2$ b. Zimmertemp., Abkühlen der filtrierten Lösg. auf 0°	Weiße, seidenglänz. Nadeln, monoklin od. triklin[2][3]); verliert b. Trocknen über CaO[1]) od. über H_2SO_4 b. 9[3]) $4\,H_2O$
		$C_6H_{12}O_6 \cdot CaO \cdot H_2O$[1]) od. $(C_6H_{12}O_6 \cdot CaO)_2 \cdot H_2O$[2])	Beim Trocknen des Hexahydrates zur Gewichtskonstanz im Vak. über H_2SO_4	Kanariengelbes Pulv., unbegrenzt haltbar
29	Blei-fructosat	$C_6H_{12}O_6 \cdot 2\,Pb(OH)_2$, resp. $C_6H_{10}O_6(PbOH)_2 \cdot 2\,H_2O$	D. Fällen v. wäßr. Fructoselösg. m. ammoniakal. Bleiessig, od. d. Digerieren v. $Pb(OH)_2$ in wäßr. konz. Fructoselösg. u. Fällen d. filtrierten Lösg. m. Alk.[1]	Gelber Niederschlag, färbt sich b. Trocknen braun. Verliert, b. 150° getrocknet, $2\,H_2O$
30	Fructose-Wismutnitrat	$C_6H_{10}O_6BiNO_3$	Aus d. Kompon. in konz. wäßr. Lösg., Fällen m. abs. Alk.[1]	Flockiger weißer Niederschlag
31	Additionsverbindungen der d-Fructose mit Erdalkali-halogeniden	$C_6H_{12}O_6 \cdot CaBr_2 \cdot 4\,H_2O$ $(C_6H_{12}O_6)_2CaCl_2 \cdot 2\,H_2O$ $(C_6H_{12}O_6)_2CaI_2 \cdot 2\,H_2O$ $(C_6H_{12}O_6)_2SrCl_2 \cdot 3\,H_2O$ $(C_6H_{12}O_6)_2SrBr_2 \cdot 3\,H_2O$ $(C_6H_{12}O_6)_3(SrI_2)_2 \cdot 4\,H_2O$? $(C_6H_{12}O_6)_2BaI_2 \cdot 2\,H_2O$	Aus d. Kompon. in konz. wäßr. Lösg. bei langsamem Verdunsten[1]	Krystallisiert; lassen sich d. Umkryst. aus wenig H_2O reinigen
32	Additionsverbindungen der d-Fructose mit Bleisalzen	$C_6H_{12}O_6 \cdot 2\,PbCl_2$	Aus d. Kompon. in konz. wäßr. Lösg., Fällen m. Alk.[1]	Hellbrauner Niederschlag
		$C_6H_{12}O_6 \cdot 3\,Pb(NO_3)_2$	Desgl.[1]	Brauner Niederschlag, verpufft b. Erhitzen
33	Trehalose-kalk	$(C_{12}H_{22}O_{11})_2 \cdot 3\,CaO$	Aus d. Kompon. in wäßr. Lösg., Fällen m. Alk.[1]	Schwer zu reinigender Niederschlag
34	Natrium-maltosat (Maltose-natrium)	$C_{12}H_{21}O_{11}Na$ ($+\,H_2O$?)	D. Fällen v. k. gesättigt. Maltoselösg. in 90proz. Alk. m. konz. NaOH od. Na-alkoholat[1]	Weißer, flockiger Niederschlag, an d. Luft zerfließlich

Schmelz- und Siedepunkt	Optisches Drehungsvermögen	Löslichkeit	Analytisches; Diverses	Literatur
Sint. 70° F = 77° (Zers.)	—	—	Wird d. H_2O in d. Kompon. gespalten. Liefert beim Erhitzen m. 10proz. wäßr. NH_3 auf 100°: α-Methylimidazol	[1] **Windaus:** Ber. **40**, 801 (1907).
—	—	fast unl. abs. Alk.	Wird d. H_2O in Glucose u. NaOH gespalten. — Verliert bei 100°. 1 H_2O unt. Bräunung [1]). Wärmetönung bei d. Bildung aus Fructose u. NaOH = 6871 cal. [3]). Dissoziationskonst. d. Fructose als Säure siehe [4])	[1] **Hönig** u. **Rosenfeld:** Ber. **12**, 45 (1879). [2] **Schmid, Waschkau** u. **Ludwig:** Monatsh. f. Chem. **49**, 107 (1928). [3] **Madsen:** Z. physik. Chem. **36**, 290 (1901). [4] **Hirsch** u. **Schlags:** Z. physik. Chem. A, **141**, 387 (1929).
—	—	w. l. Alk.	—	[1] **Dafert:** Z. Ver. D. Zuckerind. **34**, 574 (1884).
—	—	—	In Abwesenheit v. Feuchtigkeit beständig. — Ist mit etwas Polythallium-fructosat verunreinigt	[1] **Freudenberg** u. **Uthemann:** Ber. **52**, 1513 (1919).
—	$[\alpha]_D^{15} = -39,05°$ (in H_2O)[3])	lösl. in 137[1]) bzw. 118[2])[3]) Tl. H_2O v. 15—17°	Zersetzt sich langsam. — Wird d. CO_2 in $CaCO_3$ aq. u. Fructose zerlegt. Über die fragliche Existenz Careicherer Fructosate vgl. auch [4])	[1] **Péligot:** Compt. rend. **90**, 153 (1880). [2] **Winter** u. **Winter:** A. **244**, 314 (1888). [3] **Mackenzie** u. **Quin:** Soc. Lond. **1929**, 951. [4] **v. Lippmann:** Chemie der Zuckerarten, 3. Aufl. (1904), S. 881.
—	—	—	—	
—	Zeigt in alkal. od. Bleiessig-Lösg. Rechtsdrehung (Derivat d. γ-Fructose?)	unl. H_2O; wenn frisch gefällt, l. in überschüssig. Bleiessig; l. in verd. Alkalien	Reduz. Fehl. Lösg. beim Kochen. Zieht aus d. Luft kein CO_2 an [1]). Weitere Angaben, sowie über Verbb. v. vielleicht anderer Zusammensetzung siehe [2])	[1] **Winter:** A. **244**, 319 (1888) [2] **v. Lippmann:** Chemie d. Zuckerarten, 3. Aufl. (1904), S. 883.
Ab 105° Bräunung. Zers. 120 bis 121°[2])	in H_2O linksdrehend [2])	wie bei Verb. 21[1])	Zersetzt sich bei Raumtemp. langsam unt. Gelbfärbung. Reaktionen wie bei Verb. 21[1]). Reduz. Fehl. Lösg.; Erwärmen in alkal. Lösg. liefert metall. Bi [2])	[1] **Maschmann:** Arch. Pharm. **263**, 99 (1925). [2] **Winter:** A. **244**, 325 (1888).
—	Entspricht d. Gehalt an Fructose; Anfangsdrehung stärker links (Ableitung v. β-Fructose)	s. l. l. H_2O; l. Alk.; unl. Äth.	—	[1] **Smith** u. **Tollens:** Ber. **33**, 1277 (1900).
—	—	—	Wenn trocken, luftbeständig. — Reduz. h. Fehl. Lösg.	[1] **Winter:** A. **244**, 323 (1888).
—	—	—	Anal. **Trehalose-strontian:** $(C_{12}H_{22}O_{11})_2 \cdot 3\,SrO$	[1] **Schukow:** Z. Ver. D. Zuckerind. **50**, 818 (1900).
—	—	l. in 35proz. Alk.	**Kalium-maltosat:** $C_{12}H_{21}O_{11}K$ $(+ H_2O?)$, ganz analog [1]). Dissoziationskonst. d. Maltose als Säure siehe [2])	[1] **Herzfeld:** A. **220**, 208, 214 (1883); Z. Ver. D. Zuckerind. **33**, 55 (1883). — Vgl. **v. Lippmann:** Chemie der Zuckerarten, 3. Aufl. (1904), S. 1494. [2] **Hirsch** u. **Schlags:** Z. physik. Chem. A, **141**, 387 (1929).

Nr	Name	Formel, Konstitution	Vorkommen, Bildung, Darstellung	Krystallogr. Eigenschaften
35	Calcium-maltosat (Maltose-kalk)	$C_{12}H_{22}O_{11} \cdot CaO$, resp. $C_{12}H_{21}O_{11}CaOH$	Aus d. Kompon., wie b. Verb. 10[1]	Amorph., weiß. Pulv.; hält, bei 0° über P_2O_5 getrockn., wahrscheinl. 1 H_2O zurück[1]); bei Zimmertemperat. üb. H_2SO_4 getrockn., H_2O-frei[2]
36	Eisen-maltosat	$C_{12}H_{22}O_{11} \cdot 2\,Fe_2O_3 \cdot 2\,H_2O$?	D. Fällen einer verd. wäßr. Lösg. v. Maltose u. $FeCl_3$ m. verd. NaOH, Auswaschen d. Niederschlags m. H_2O, Wiederauflösen in wenig Maltoselösg., Verdampfen d. Lösg. im Vak.[1]	Braune, amorphe, hygr. Masse
37	Natrium-lactosat (Lactose-natrium)	$C_{12}H_{21}O_{11}Na$	Aus Lactose u. Na-äthylat in 98—99 proz. Alk. bei ca. 50°[1]	Gelblich-weiße, leicht zerreibliche, an d. Luft zerfließende Masse
38	Calcium-lactosat (Lactose-kalk)	$C_{12}H_{22}O_{11} \cdot CaO$, resp. $C_{12}H_{21}O_{11}CaOH$	Aus d. Kompon., wie b. Verb. 10[1]	Weißes, amorphes Pulver
39	Blei-lactosat	$C_{12}H_{16}O_{11}Pb_3$?	D. Lösen v. Bleioxyd in wäßr. Lactoselösg. u. Fällen m. Alk., od. d. Fällen v. wäßr. Lactoselösg. m. ammoniakal. Bleiessig[1]	Weißer Niederschlag; färbt sich b. Kochen m. H_2O erst gelb, dann rot
40	Natrium-melibiosat (Melibiose-natrium)	$C_{12}H_{21}O_{11}Na$	Wie bei Verb. 37[1]	Amorphe, nicht filtrierbare Masse
41	Natrium-turanosat (Turanose-natrium)	$C_{12}H_{21}O_{11}Na$	Aus Turanose u. Na-äthylat in alkohol. Lösg.[1]	Hellgelber, s. hygr. Niederschlag
42	Natrium-saccharosat (Saccharose-natrium)	$C_{12}H_{21}O_{11}Na$	D. Fällen einer alkohol. Saccharoselösg. m. konz. NaOH[1]) od. einer konz. wäßr. Lösg. m. alkoh. Na-äthylat; Reinigen d. mehrfaches Umfällen aus H_2O m. Alk.[2]	Gelatinöse, nicht süße Masse[3]
43	Kalium-saccharosat (Saccharose-kalium)	$C_{12}H_{21}O_{11}K$	D. Fällen einer alkohol. Saccharoselösg. m. konz. KOH u. Zerreiben d. Niederschlags m. Alk.[1]	Wie bei Verb. 42
44	Mono-calcium-saccharosat (Mono-kalk-saccharose)	$C_{12}H_{22}O_{11} \cdot CaO \cdot 2\,H_2O$, resp. $C_{12}H_{21}O_{11}CaOH \cdot 2\,H_2O$	D. Eintragen v. $Ca(OH)_2$[1]) od. gepulvertem, reinem CaO[2]) (1 Mol.) in verd. wäßr. Saccharoselösg. u. Fällen m. Alk.	Amorph., weiß. Pulv.; verliert b. 100° 2 H_2O [2][3]
		$C_{12}H_{22}O_{11} \cdot CaO \cdot 6\,H_2O$	Bei langsamem Verdunsten d. wäßr. Lösg. d. Kompon. bei 0° über P_2O_5[3]	Teilw. krystalline Masse

Metall= und Additionsverbindungen (Saccharate).

Schmelz- und Siedepunkt	Optisches Drehungsvermögen	Löslichkeit	Analytisches; Diverses	Literatur
—	$[\alpha]_D^{15} = +120,4°$ (in gesättigt. wäßr. Lösg., f. Mono-hydrat)[1]	18,9 g Monohydrat in 1 Liter H_2O bei $15°$[1])	Wird d. Kochen m. H_2O zersetzt, viell. unt. intermed. Bildung eines unbest. Ca-reicheren Maltosats[2]). Analog wurden erhalten: **Strontium- u. Barium-maltosat:** $C_{12}H_{22}O_{11} \cdot SrO (x H_2O)$ u. $C_{12}H_{22}O_{11} \cdot BaO (x H_2)$[2])	[1] **Mackenzie u. Quin:** Soc. Lond. **1929**, 951. [2] **Herzfeld:** A. **220**, 214 (1883); Z. Ver. D. Zuckerind. **33**, 55 (1883).
Zers. ab 90°	—	l. H_2O	Der zuerst gefällte Niederschlag ist ein Fe-reicheres Maltosat. unl. in H_2O, l. in Maltoselösg. unter Bildung vorstehender Verb.	[1] **Evers:** Ber. **27**, 474 (1894).
—	—	—	Verliert bei 100° 2 H_2O unter Bräunung[1]). Über d. anal. **Kalium-lactosat:** $C_{12}H_{21}O_{11}K$, siehe [2]). Dissoziationskonst. d. Lactose als Säure siehe [3])	[1] **Hönig u. Rosenfeld:** Ber. **12**, 45 (1879). [2] **Brendeke:** Arch. Pharm. **79**, 88. — Vgl. **v. Lippmann:** Chemie der Zuckerarten, 3. Aufl. (1904), S. 1574. [3] **Hirsch u. Schlags:** Z. physik. Chem. A, **141**, 387 (1929).
—	$[\alpha]_D^{15} = +46,06°$ (in gesättigt. wäßr. Lösg.)	ca. 18,6 g in 1 Liter H_2O bei 15°	Ist trocken längere Zeit haltbar; wird d. H_2O zieml. rasch zersetzt[1]). Über hypothet. Ca-reichere Lactosate sowie **Barium-lactosat:** $C_{12}H_{20}O_{11}Ba(?)$ siehe [2])	[1] **Mackenzie u. Quin:** Soc. Lond. **1929**, 951. [2] **Dubrunfaut,** vgl. **v. Lippmann:** Chemie der Zuckerarten, 3. Aufl. (1904), S. 1574.
—	—	—	Wird d. CO_2 leicht zersetzt	[1] **Dubrunfaut u. a.,** vgl. **v. Lippmann:** Chemie der Zuckerarten, 3. Aufl. (1904), S. 1574.
—	—	unl. Alk., Äth.	Eigenschaften wie bei Verb. 37. **K-, Ca-, Sr- u. Ba-Melibiosate,** analog d. entspr. Lactosaten zusammengesetzt	[1] **Bau:** Chem. Z. **21**, 185 (1897); C. **1904, I,** 1645.
—	—	—	—	[1] **Alekhin:** Ann. chim. [6] **18**, 547 (1889).
Zers. ab 97° unt. Bräunung[2])	$[\alpha]_D^{20} = +56,84°$ (für trockn. Subst. extrapoliert)[4])	l. H_2O u. verd. Alk., unl. stark. Alk.[3])	Ist, wenn nicht mehrmals umgefällt, leicht m. Na-reicheren Saccharosaten verunreinigt[2]). Ist in wäßr. Lösg. beständig; die Lösg. besitzt bedeutendes Lösungsvermögen für viele Metalloxyde. CO_2 zerlegt in Saccharose u. Na_2CO_3[3]). Wärmetönung bei d. Bildung aus Saccharose u. NaOH = 3302 cal.[5]). Dissoziationskonst. d. Saccharose als Säure siehe [6])	[1] **Soubeiran:** A. **43**, 230 (1842). [2] **Pfeiffer u. Tollens:** A. **210**, 296 (1881). [3] **v. Lippmann:** Chemie d. Zuckerarten, 3. Aufl. (1904), S. 1321. [4] **Thomsen:** Ber. **14**, 1647 (1881). [5] **Madsen:** Z. physik. Chem. **36**, 290 (1901). [6] **Aten, v. Ginneken u. Engelhard:** Rec. **45**, 753 (1926). — **Dedek u. Terechov:** C. **1926, II,** 1344. — **Hirsch u. Schlags:** Z. physik. Chem. A, **141**, 387 (1929).
—	—	wie bei Verb. 42	Eigenschaften analog wie bei der Na-Verb.[2]). **Tri-kalium-saccharosat:** $C_{12}H_{22}O_{11} \cdot 3 KOH$? vgl. [2])	[1] **Soubeiran:** A. **43**, 230 (1842). [2] **v. Lippmann:** Chemie d. Zuckerarten, 3. Aufl. (1904), S. 1321.
Bei 120° Gelbfärbg. Zers. 150°[4])	—	l. l. k. H_2O, in h. H_2O Zers.; w. l. verd. Alk., unl. stark. Alk.[4])	Geht bei wiederholtem Verreiben m. verd. Alk. in Di-[3]), beim Kochen d. wäßr. Lösg. in Tricalciumsaccharosat u. Saccharose über[2]). Wärmetönung b. d. Bildung aus Saccharose u. $Ca(OH)_2 = 7,2$ cal.[5]) Weitere Angaben siehe [4])	[1] **Péligot:** A. **30**, 71 (1839); Ann. chim. [3] **54**, 377 (1858); Compt. rend. **59**, 930 (1864). [2] **v. Lippmann:** Chem. Z. **7**, 1344 (1883); Ber. **16**, 2764 (1883). [3] **Mackenzie u. Quin:** Soc. Lond. **1929**, 951. [4] **v. Lippmann:** Chemie d. Zuckerarten, 3. Aufl. (1904), S. 1330—1332. [5] **Petit:** Compt. rend. **116**, 823 (1893).
—	—	—		

Nr	Name	Formel, Konstitution	Vorkommen, Bildung, Darstellung	Krystallogr. Eigenschaften
45	**Sesqui-calcium-saccharosat** (Tri-calcium-disaccharosat)	$(C_{12}H_{22}O_{11})_2 \cdot 3\,CaO$	Aus konz. wäßr. mit $Ca(HO)_2$ gesättigter Saccharoselösg. d. Fällen m. Alk. od. Verdunsten im Vak.[1]	Weiße, unkrystallisierbare Masse, b. $100°$ getrocknet H_2O-frei
46	**Di-calcium-saccharosat** (Di-kalk-saccharose)	$C_{12}H_{22}O_{11} \cdot 2\,CaO$, resp. $C_{12}H_{20}O_{11}(CaOH)_2$	D. Eintragen v. $Ca(OH)_2$[1] od. gepulvertem, reinem CaO[2] (2 Mol.) in wäßr. Saccharoselösg. b. Zimmertemp. u. rasches Abkühlen d. filtrierten Lösg. auf $0°$	Schöne, weiße, H_2O-freie Kryst.[1][2]
		$C_{12}H_{22}O_{11} \cdot 2\,CaO \cdot 6\,H_2O$	D. Fällen einer m. CaO gesättigt. wäßr. Saccharoselösg. m. Alk. u. mehrfaches Durchkneten d. Niederschlages m. 60proz. Alk.[3]	Amorph. od. pseudokrystallin; verliert sehr langs. $6\,H_2O$ beim Erhitzen im Vak. auf $100°$
47	**Tri-calcium-saccharosat** (Tri-kalk-saccharose)	$C_{12}H_{22}O_{11} \cdot 3\,CaO \cdot 3\,H_2O$, resp. $C_{12}H_{19}O_{11}(CaOH)_3 \cdot 3H_2O$	Bei vorsichtigem Eintragen v. gepulvert. CaO in d. wäßr. Lösg. v. Verb. 46, ohne daß d. Temp. $35°$ übersteigt[1]	Körniger, kryst. Niederschlag
		$C_{12}H_{22}O_{11} \cdot 3\,CaO \cdot 4\,H_2O$	Beim Eintragen v. gepulvert. CaO (3 Mol.) in alkohol. Saccharoselösg., Trocknen über H_2SO_4[2]	Körnig. Niederschlag; verliert im Vak. über H_2SO_4 $1\,H_2O$
		$C_{12}H_{22}O_{11} \cdot 3\,CaO \cdot 6\,H_2O$	Beim Erhitzen d. wäßr. Lösg. der Ca-ärmeren Saccharosate u. Filtrieren d. Niederschlags bei $80°$[3]	Weißer, amorph. Niederschlag; verliert b. $100°$ im Vak. langsam, b. $110°$ schneller $6\,H_2O$
48	**Mono-strontium-saccharosat** (Mono-strontian-saccharose)	$C_{12}H_{22}O_{11} \cdot SrO$, resp. $C_{12}H_{21}O_{11}SrOH$	Entsteht aus d. Kompon. in wäßr. Lösg. unter geeigneten Konzentrationsverhältnissen b. Temp. zwischen $55°$ u. $85°$[1][2]	Prismat. orthorhomb. Kryst.[1]
		$C_{12}H_{22}O_{11} \cdot SrO \cdot 6\,H_2O$	D. Lösen v. Strontian in 20proz. wäßr. Saccharoselösg. b. $75°$ u. Abkühlen unt. Schütteln[3][4], od. d. Einrühren v. gepulvert. Strontian in kalt. Saccharoselösg.[4]	Rhombenförm. dünne Tafeln[2] od. Aggreg. mikr. Nadeln[3]); verliert im Vak. über H_2SO_4 langsam das Kryst.-H_2O[2]
49	**Di-strontium-saccharosat** (Di-strontian-saccharose)	$C_{12}H_{22}O_{11} \cdot 2\,SrO$, resp. $C_{12}H_{20}O_{11}(SrOH)_2$	Beim Erhitzen d. wäßr. Lösg. v. Verb. 48 oberhalb $60°$[1]. D. Fällen einer 15proz. wäßr. Saccharoselösg. m. Strontian (ca. 3 Mol.) bei $100°$[1][2]. Fällt bei höherer Temp. (70—$100°$) erst in einer instabilen β-Form aus, die sich langsam in die stabile α-Form umlagert[3]	α-Form: erst mikr. Nadeln, bilden sich b. längerem Stehen d. Lösg. zu quadrat. Tafeln aus[3] β-Form: Amorph[3]

Metall= und Additionsverbindungen (Saccharate).

Schmelz- und Siedepunkt	Optisches Drehungsvermögen	Löslichkeit	Analytisches; Diverses	Literatur
—	—	l. k. H_2O u. saccharosehaltigem verd. Alk.; unl. stark. Alk.	Die wäßr. Lösg. bildet beim Verdunsten Gallerten[1]). Die chem. Individualität ist fraglich; ist viell. nur ein Gemisch v. Mono- u. Disaccharosat[2])	[1]) **Soubeiran:** A. 43, 228 (1842). — **Shafor:** C. 1929, II, 1215. — **v. Lippmann:** Chemie der Zuckerarten, 3. Aufl. (1904), S. 1332. [2]) **Péligot:** Ann. chim. [3] 54, 377 (1858). — **Mackenzie** u. **Quin:** Soc. Lond. 1929, 951.
—	—	l. in ca. 33 Tl. k. H_2O; l. l. Zuckerwasser[2])	Zerfällt beim Kochen d. wäßr. Lösg. in Tri-calcium-saccharosat u. freie Saccharose[2]). Wärmetönung bei der Bildung aus Saccharose u. $Ca(OH)_2$ = 11,7 Cal.[4])	[1]) **Boivin** u. **Loiseau:** Compt. rend. 60, 164 (1865); Ann. chim. [4] 6, 203 (1865). [2]) **v. Lippmann:** Chem. Z. 7, 1377 (1883); Ber. 16, 2764 (1883). [3]) **Mackenzie** u. **Quin:** Soc. Lond. 1929, 951. [4]) **Petit:** Compt. rend. 116, 823 (1893).
—	$[\alpha]_D^{17} = +32{,}1°$ (in H_2O, c = 2,5%)[3])	ca. 45 g Hydrat in 1 Liter k. H_2O		
—	—	l. in ca. 200 Tl. k. H_2O; l. l. Zuckerwasser	Zersetzt sich langsam bei langem Aufbewahren[4]). Die wäßr. Lösg. zerfällt oberhalb 35° in $Ca(OH)_2$ u. Ca-ärmere Saccharosate; diese bilden sich ebenfalls b. d. Lösg. d. Trisaccharosates in Zuckerwasser[1]). Wird, wie auch die anderen Ca-Saccharosate, durch CO_2 in Saccharose u. $CaCO_3$ zerlegt; intermediär bilden sich Zuckerkalkcarbonate v. wechselnder Zusammensetzung. — Ca-Saccharatlösungen besitzen ein ausgezeichnetes Lösungsvermögen für viele in H_2O unl. Metalloxyde u. -salze[4]). Über d. Syst. CaO—Saccharose—H_2O bei 80° vgl. [5]). Über hypothet. **Ca-reichere Saccharosate** vgl. [4]) u. [3])	[1]) **v. Lippmann:** Chem. Z. 7, 1377 (1883); Ber. 16, 2764 (1883). [2]) **Seyffart:** Neue Z. f. Rübenzuckerind. 3, 178 (1879). [3]) **Mackenzie** u. **Quin:** Soc. Lond. 1929, 951. — **Péligot:** Ann. chim. [3] 54, 377 (1858). [4]) **v. Lippmann:** Chemie d. Zuckerarten, 3. Aufl. (1904), S. 1334—1342. [5]) **v. Ginneken:** C. 1912, I, 128.
—	—	—		
—	$[\alpha]_D^{15} = +36{,}52°$ (in gesättigt. wäßr. Lösg., f. Anhydrid)[3])	15,33 g Anhydrid in 1 Liter H_2O bei 15°[3]); fast unl. Alk., unl. Glycerin[4])		
--	—	—	Zerfällt in Lösg. oberhalb 85° in Di-strontiumsaccharosat u. freie Saccharose[2])	[1]) **Nishigawa** u. **Hachihama:** Z. f. Elektrochem. 35, 385 (1929). [2]) **Reinders** u. **Klinkenberg:** Rec. 48, 1227, 1246 (1929). [3]) **Mackenzie** u. **Quin:** Soc. Lond. 1929, 51. — Vgl. **Scheibler:** Ber. 16, 984 (1883). [4]) **Scheibler:** Neue Z. f. Rübenzuckerind. 9, 83 (1882); 10, 143, 229 (1883); 16, 2 (1886). — Vgl. **v. Lippmann:** Chemie der Zuckerarten, 3. Aufl. (1904), S. 1326.
—	$[\alpha]_D^{16} = +42{,}09°$ (in gesättigt. wäßr. Lösg., f. Anhydrid)[3])	43,95 g (als Anhydrid ber.) in 1 Liter H_2O bei 16°[3]); f. and. Temp. vgl. [4])	Ist nur unterhalb einer Temp. zwischen 55° u. 70° in Lösg. stabil[2]). Neigt sehr zur Bildung übersättigter Lösungen[4]). Die wäßr. Lösg. ist leicht dialysierbar[3])	
—	$[\alpha]_D^{15} = +37{,}79°$ (in heiß gesättigt., rasch abgekühlter wäßr. Lösg.)[2])	11,89 g in 1 Liter H_2O bei 100°[2]); l. l. in Zuckerlösg. u. 10proz. Salmiaklösg.; unl. Alk. u. stark alkal. Flüssigk.[4])	Ist unterhalb 28° in Gegenw. v. H_2O immer instabil u. zers. sich zu Verb. 48 u. $Sr(OH)_2$[3]). Ist trocken längere Zeit haltbar[2]). Physiologisch ungiftig[4]). Wäre nach **Grube** u. **Nußbaum**[5]) (deren Angaben über das Syst. SrO—Saccharose—H_2O nicht mit denen anderer Forscher übereinstimmen) nur oberh. 96° beständig. Über ein hypothet. **Tri-strontium-saccharosat** vgl. [1])[2])[4]); auch die β-Form d. Di-saccharosates, m. ca. 2—3% zu hohem SrO-Gehalt enthält vielleicht solches[3])	[1]) **Scheibler:** Neue Z. f. Rübenzuckerind. 6, 49 (1881); 10, 143, 229 (1883); Z. Ver. D. Zuckerind. 31, 867 (1881). [2]) **Mackenzie** u. **Quin:** Soc. Lond. 1929, 951. [3]) **Reinders** u. **Klinkenberg:** Rec. 48, 1227, 1246 (1929). [4]) **v. Lippmann:** Chemie d. Zuckerarten, 3. Aufl. (1904), S. 1328. [5]) **Grube** u. **Nussbaum:** Z. f. Elektrochemie 34, 91 (1928). — Vgl. **Reinders** u. **Klinkenberg:** ibid. 34, 406 (1928).
—	—	leichter l. wie α-Form[3])		

Nr	Name	Formel, Konstitution	Vorkommen, Bildung, Darstellung	Krystallogr. Eigenschaften
50	**Sesqui-strontium-saccharosat** (Tri-strontium-disaccharosat)	$(C_{12}H_{22}O_{11})_2 \cdot 3\,SrO \cdot x\,H_2O$	Bildet sich beim Erstarren zuckerreicher Strontiumsaccharatlösungen unterhalb 40°[1]) D. langsames Abkühlen v. feuchtem Di-strontiumsaccharat, neben $Sr(OH)_2$[2])	Verzweigte, feine, ultramikr. Nadeln, m. d. Mutterlauge ein Gel bildend[1])
51	**Mono-barium-saccharosat** (Mono-baryt-saccharose)	$C_{12}H_{22}O_{11} \cdot BaO$, resp. $C_{12}H_{21}O_{11}BaOH$	Aus d. Kompon. in wäßr. Lösg. d. Kochen od. Fällen m. Alk., od. d. Animpfen einer kalt m. $Ba(OH)_2$ gesättigt. Saccharoselösg.[1]). Aus BaS u. Saccharose od. Saccharose-Na in wäßr. Lösg., od. d. Fällen m. NaOH einer wäßr. Lösg. v. Saccharose u. $BaCl_2$[2])	Prismat. od. bipyramidale Kryst., wahrscheinl. orthorhomb.; H_2O-frei[1])[3])
52	**Tri-barium-saccharosat** (Tri-baryt-saccharose)	$C_{12}H_{22}O_{11} \cdot 3\,BaO$, resp. $C_{12}H_{19}O_{11}(BaOH)_3$	Aus d. Kompon. in wäßr. Lösg. oberhalb 75°[1])	Prismat. monoklin. Kryst.
53	**Di-blei-saccharosat**	$C_{12}H_{22}O_{11} \cdot 2\,PbO \cdot 3\,H_2O$, resp. $C_{12}H_{18}O_{11}Pb_2 \cdot 5\,H_2O$	Aus wäßr. Lösungen v. äquimol. Mengen Saccharose, PbO u. Alkali; od. d. Erhitzen v. 1 Mol. Saccharose, 2 Mol. PbO u. 2 Tl. H_2O auf d. Wasserbad, dann Stehenlassen b. Zimmertemp.[1]). Aus d. Lösg. v. Verb. 54 in Zuckerwasser[2])	Warzen mikr. weiß., radial angeordneter Nadeln; verliert Kryst.-H_2O b. 125°[1])
		$C_{12}H_{18}O_{11}Pb_2$	D. Lösen v. Ca-Saccharosaten in Bleiessig, Fällen m. Alk., Trocknen bei 100°[1])[3]); od. d. Fällen v. Saccharoselösg. m. ammoniakal. Bleiessig, u. Umkryst. d. Niederschlags aus H_2O[1])[4])	Weißes Krystallpulver
54	**Tri-blei-saccharosat**	$C_{12}H_{16}O_{11}Pb_3$	D. Fällen v. konz. Lösungen v. Saccharose u. Bleiacetat m. Alkalien, NH_3 od. Alk.; id. v. Saccharose u. PbO m. Alk.; d. Umsetzg. v. Bleiessig u. Ca-Saccharosaten in kochend. wäßr. Lösg.; Trocknen bei 120°[1])	Weißer Niederschlag
55	**Ferro?-saccharosat**	$C_{12}H_{22}O_{11} \cdot FeO$, resp. $C_{12}H_{21}O_{11}FeOH$?	D. langsames Lösen v. metall. Eisen in Saccharoselösg. unt. Luftzutritt (Gegenw. v. anorg. Salzen beschleunigt d. Reakt.)[1])	Amorphe Masse
56	**Ferri-saccharosate**	$C_{12}H_{22}O_{11} \cdot 2\,Fe_2O_3 \cdot 2\,H_2O$, resp. $C_{12}H_{18}O_{11}[Fe(OH)_2]_4$ und $(C_{12}H_{22}O_{11})_3 \cdot 5\,Fe_2O_3 \cdot 5H_2O$?	D. Lösen v. frisch b. niederer Temp. gefälltem, gut ausgewaschenem $Fe(OH)_3$ in wäßr. Saccharoselösg.[1]). Aus Saccharose u. $FeCl_3$, wie bei Verb. 36[2]). D. Elektrolyse v. konz. Zuckerlösg. zwischen Fe-Elektroden u. Oxydat. d. entstandenen kolloiden $Fe(OH)_2$ m. H_2O_2, Luft usw.[3])	Amorphe, braune, hygr. Masse

Schmelz- und Siedepunkt	Optisches Drehungsvermögen	Löslichkeit	Analytisches; Diverses	Literatur
—	—	l. l. H_2O[2]	Ist in bezug auf Verb. 48 u. 49 immer metastabil[1])	[1]) **Reinders** u. **Klinkenberg**: Rec. **48**, 1246 (1929). [2]) **Scheibler**: Neue Z. f. Rübenzuckerind. **9**, 83 (1882).
—	$[\alpha]_D^{20} = +43,89°$ (in gesättigt. wäßr. Lösg.)[1])	22,10 g in 1 Liter H_2O bei 20°[1]); in saccharosehaltiger H_2O leichter, in $Sr(HO)_2$-haltiger weniger l. l. als in H_2O[2]); Löslichk. nimmt m. steigender Temp. ab[3]); unl. CH_3OH, Alk.[2])	Neigt zur Bildung übersättigter Lösungen[3]); d. wäßr. Lösg. läßt sich dialysieren[1]). Ist trocken bis gegen 200° beständig. Wird d. CO_2 zersetzt, jedoch unvollständig[2]). Das bei v. Lippmann[2]) erwähnte **Di-barium-saccharosat** v. Soubeiran[4]) ist, wenn in heutiger Formulierung richtig wiedergegeben, identisch m. Verb. 51. Über d. hypothet. **Barium-di-saccharosat** $(C_{12}H_{22}O_{11})_2BaO$, vgl.[2])	[1]) **Mackenzie** u. **Quin**: Soc. Lond. **1929**, 951. — Vgl. **Péligot**: Ann. chim. [2] **67**, 125 (1838); A. **30**, 70 (1839). [2]) **v. Lippmann**: Chemie d. Zuckerarten, 3. Aufl. (1904), S. 1324—1326. [3]) **Nishizawa** u. **Hachihama**: Z. f. Elektrochemie **35**, 385 (1929). [4]) **Soubeiran**: Compt. rend. **14**, 648 (1842).
—	—	s. w. l. Barytwasser	Brechungsindex u. Doppelbrechg. stärker als bei Verb. 51	[1]) **Nishizawa** u. **Hachihama**: Z. f. Elektrochemie **35**, 385 (1929).
Zers. ab 160° (H_2O-frei)	—	l. ca. 10000 Tl. k. u. 2000 Tl. h. H_2O, l. Bleizuckerlösg. u. konz. Zuckerlösg.; l. verd. Säuren u. Zers.[1])	Wird d. CO_2 u. H_2S rasch u. vollständig zerlegt in Saccharose u. $PbCO_3$ bzw. PbS[1]) Über ein hypothet. **Mono-blei-saccharosat**: $C_{12}H_{22}O_{11} \cdot PbO \cdot H_2O$, kryst. in Warzen mikr. weißer Nadeln, vgl.[1])	[1]) **Wohl, Kassner** u. a.: Neue Z. f. Rübenzuckerind. **35**, 166, 174 (1895); **36**, 84; **37**, 257 (1896). — Vgl. **v. Lippmann**: Chemie der Zuckerarten, 3. Aufl., (1904), S. 1349—1351. [2]) **Boivin** u. **Loiseau**: Compt. rend. **60**, 454 (1865). [3]) **Soubeiran**: A. **43**, 230 (1842). [4]) **Péligot**: A. **30**, 93 (1839).
—	—	unl. H_2O; l. verd. Säuren u. Zers.		
—	—	unl. k., s. w. l. h. H_2O; l. in überschüssig. Bleiessig, Alkali od. Zuckerlösg.	Wird d. CO_2 rasch, d. H_2S langsam zerlegt. Weitere Angaben vgl.[2])	[1]) **Boivin** u. **Loiseau**: Compt. rend. **60**, 454 (1865). [2]) **v. Lippmann**: Chemie d. Zuckerarten, 3. Aufl. (1904), S. 1348.
—	—	l. l. H_2O m. rötlich-braun. Farbe; unl. Alk.	Das Eisen wird aus d. Verb. d. $(NH_4)_2S$, nicht aber d. Alkalien gefällt	[1]) **Gladstone**: Jahresber. d. Chem. **1854**, 619; Pharm. et chim. [3] **27**, 376 (1855).
—	—	l. H_2O u. 90proz. Alk.[2])	Gibt, wenn alkali-frei, m. Na-Acetat keine Fällung[2]). Zersetzt sich teilweise am Licht[4]). Wird pharmazeutisch als Ferrum oxydatum saccharatum verwendet. Der nach Evers[2]) zuerst m. Alkali gefällte Niederschlag (rotbraunes kryst. Pulv., unl. H_2O, lösl. in Saccharoselösg.) ist ein Fe-reicheres Saccharosat, dem Fe-Gehalt nach etwa: $C_{12}H_{14}O_{11}(FeO)_8 \cdot$ Weitere Angaben, bes. über alkalihaltige Eisensaccharosate, vgl.[5])	[1]) **Athenstedt**: Chem. Z. **14**, 840 (1890). — **Athenstedt** u. **Redeker**: C. **1896**, II, 982. [2]) **Evers**: Ber. **27**, 474 (1894). [3]) **Scheermesser**: C. **1929**, II, 2909. [4]) **Neuberg** u. **Schewket**: Bioch. Z. **44**, 498 (1912). [5]) **v. Lippmann**: Chemie d. Zuckerarten, 3. Aufl. (1904), S. 1344—1347.

Nr	Name	Formel, Konstitution	Vorkommen, Bildung, Darstellung	Krystallogr. Eigenschaften
57	Saccharose=chlornatrium	$C_{12}H_{22}O_{11} \cdot NaCl \cdot 2\,H_2O$	Aus d. Kompon. in ca. molekularem Verhältnis durch langsames Verdunsten d. konz. wäßr. Lösung[1][2][3]). D. Fällen m. Äth. aus 75 proz. alkohol. Lösg.[2]	Orthorhomb. Prismen m. pyramidalen Enden[1][2]); verliert langsam 2 H_2O im Vak. b. 60°[2][3])
		$C_{12}H_{22}O_{11} \cdot NaCl$	Aus d. Kompon. in konz. wäßr. Lösg.[5]). D. Umkryst. d. H_2O-haltigen Verb. aus 85 proz. h. Alk.[2]	Monokline Kryst., isomorph m. Saccharose[2]
		$(C_{12}H_{22}O_{11})_2 \cdot 3\,NaCl \cdot 4\,H_2O$	Wurde gelegentlich aus d. Komp. (m. überschüss. NaCl) in konz. wäßr. Lösg. d. langsames Verdunsten bei niedriger Temp. erhalten[2]	Kl. Kryst.
58	Saccharose=bromnatrium	$C_{12}H_{22}O_{11} \cdot NaBr$ $\cdot 1^{1}/_{2}$ od. $2\,H_2O$	Aus d. Kompon. (3 Mol. NaBr, 2 Mol. Saccharose) d. sehr langsames Verdunsten d. konz. wäßr. Lösg.[1]	Kl. Kryst. (krystallisiert langs. u. schwer)
59	Saccharose=jodnatrium	$C_{12}H_{22}O_{11} \cdot NaI \cdot 2\,H_2O$	Aus d. Kompon. in konz. wäßr. Lösg.[1]	Große Prismen
		$(C_{12}H_{22}O_{11})_2 \cdot 3\,NaI \cdot 3\,H_2O$	Desgl.[2]	Große, monokl. Kryst. (aus H_2O od. verd. Alk. umkryst.); verliert im Vak. b. 60° 3 H_2O, aber nicht b. Zimmertemp.
60	Saccharose=chlorkalium	$C_{12}H_{22}O_{11} \cdot KCl \cdot 2\,H_2O$	Aus d. Kompon. d. langsames Verdunsten d. konz. wäßr. Lösg.[1]	Farbl. orthorhomb. Kryst.
		$C_{12}H_{22}O_{11} \cdot KCl$	Desgl.[3]	Monokl. Kryst., isomorph m. Saccharose; nicht zerfließlich
61	Additionsverbindungen der Saccharose mit Lithium=halogeniden	$C_{12}H_{22}O_{11} \cdot LiCl \cdot 2\,H_2O$ $C_{12}H_{22}O_{11} \cdot LiBr \cdot 2\,H_2O$ $C_{12}H_{22}O_{11} \cdot LiI \cdot 2\,H_2O$	Aus d. Kompon. in konz. wäßr. Lösg.[1]	Große, schöne Kryst.
62	Additionsverbindungen der Saccharose mit Erdalkali=halogeniden	$C_{12}H_{22}O_{11} \cdot CaBr_2 \cdot 3\,H_2O$ $C_{12}H_{22}O_{11} \cdot CaI_2 \cdot 3\,H_2O$ $(C_{12}H_{22}O_{11})_2 BaCl_2$ $(C_{12}H_{22}O_{11})_2 BaBr_2$ $(C_{12}H_{22}O_{11})_2 BaI_2$	Aus d. Kompon. in konz. wäßr. Lösg.[1]	Krystalle
63	Additionsverbindungen der Saccharose mit Rhodaniden	$C_{12}H_{22}O_{11} \cdot NaCNS \cdot H_2O$ $C_{12}H_{22}O_{11} \cdot KCNS \cdot H_2O$ $C_{12}H_{22}O_{11} \cdot NH_4CNS \cdot 1^{1}/_{2}H_2O$ $C_{12}H_{22}O_{11} \cdot Ba(CNS)_2 \cdot 2\,H_2O$	Aus d. Kompon. d. langsames Verdunsten d. konz. wäßr. Lösg.	Schöne prismat. Kryst.
64	Saccharose=borax	$(C_{12}H_{22}O_{11})_3 Na_2B_4O_7 \cdot 4\,H_2O$	Aus d. Kompon. in konz. wäßr. Lösg.[1]	Große, farbl. Kryst.
65	Saccharose=kupfersulfat	$C_{12}H_{22}O_{11} \cdot CuSO_4 \cdot 4\,H_2O$	Aus d. Kompon. in konz. wäßr. Lösg.[1]	Weißer, schwach bläulicher Niederschlag
66	Saccharose=chlorquecksilber=chlornatrium	$(C_{12}H_{22}O_{11})_2 HgCl_2 \cdot NaCl$	Aus d. Kompon. bei langs. Verdunsten einer schwach alkohol. Lösg.[1]	Kleine Kryst.

Schmelz- und Siedepunkt	Optisches Drehungsvermögen	Löslichkeit	Analytisches; Diverses	Literatur
50—80° (unscharf)[3]. Zers. geg. 180°[4])	Entspricht d. Gehalt an Saccharose[1])	s. l. l. H_2O, weniger Alk.; unl. Äth.[2])	$D^{15} = 1,574$[4]). An feuchter Luft zerfließl., nicht aber an trockener[3]). Ist bei 25° d. einzige stabile Verb. im Syst. Saccharose—NaCl—H_2O[3])	1) **Maumené:** Soc. chim. France [2] **15**, 1 (1871). 2) **Gill:** Soc. Lond. **24**, 269 (1871); vgl. Ber. **4**, 417 (1871). 3) **Schoorl:** Rec. **42**, 790 (1923). 4) **v. Lippmann:** Chemie d. Zuckerarten, 3. Aufl. (1904), S. 1323. 5) **Péligot:** Ann. chim. [2] **67**, 132 (1838); A. **30**, 71 (1839).
—	—	—	Bildet Mischkrystalle m. Saccharose in jedem Verhältnis[2])	
—	—	—	—	
—	—	—	—	1) **Gill:** Soc. Lond. **24**, 269 (1871); vgl. Ber. **4**, 417 (1871).
—	—	—	—	1) **Gauthier:** Compt. rend. **138**, 638 (1904). 2) **Gill:** Soc. Lond. **24**, 269 (1871); vgl. Ber. **4**, 417 (1871).
gegen 90° (H_2O-haltig) Zers. ab 120° (H_2O-frei)	Entspricht d. Gehalt an Saccharose	l. in 1,5 Tl. H_2O bei Zimmertemp., in jedem Verhältnis bei 100°; weniger l. verd. Alk.	$D = 1,854$. An feuchter Luft zerfließlich. Abs. Alk. zerlegt in Saccharose u. NaI	
—	—	—	Anal. **Saccharose-jodkalium:** $C_{12}H_{22}O_{11} \cdot KI \cdot 2 H_2O$, große schöne Kryst.[2])	1) **Maumené:** Soc. chim. France [2] **19**, 289 (1873). — **Mackenzie u. Quin:** Soc. Lond. **1929**, 958. 2) **Gauthier:** Compt. rend. **137**, 1259 (1903). 3) **Gill:** Soc. Lond. **24**, 269 (1871). — **Viollette:** Compt. rend. **76**, 485 (1873).
—	—	—	Bildet Mischkrystalle m. Saccharose in jedem Verhältnis. Analog verhalten sich: $C_{12}H_{22}O_{11} \cdot KBr$ $C_{12}H_{22}O_{11} \cdot NH_4Cl$[3])	
—	—	—	—	1) **Gauthier:** Compt. rend. **137**, 1259 (1903).
—	—	—	Anal., aber sehr langsam, kryst.: $C_{12}H_{22}O_{11} \cdot SrCl_2 \cdot 3 H_2O$ $C_{12}H_{22}O_{11} \cdot SrBr_2 \cdot 3 H_2O$[1]) Über **Saccharose-calciumchlorid** (aus Monocalciumsaccharosat u. gasförm. HCl in abs. Alk.) vgl.[2])	1) **Gauthier:** Compt. rend. **137**, 1259 (1903). 2) **Herzfeld:** Z. Ver. D. Zuckerind. **36**, 117 (1886); C. **1886**, 271.
—	—	—	—	1) **Gauthier:** Compt. rend. **138**, 638 (1904).
—	—	—	—	1) **Stürenberg:** Arch. Pharm. **18**, 279. — Vgl. **v. Lippmann:** Chemie d. Zuckerarten, 3. Aufl. (1904), S. 1352.
Rasch erhitzt, Zers. gegen 140°	—	—	Die wäßr. Lösg. gibt beim Erhitzen erst Cu_2O, dann metall. Cu	1) **Barresnil:** Pharm. et chim. [3] **7**, 29 (1845).
—	—	—	Zers. beim Kochen d. wäßr. Lösg. Beim Calcinieren bildet sich metall. Hg	1) **Boullay,** vgl. **v. Lippmann:** Chemie der Zuckerarten, 3. Aufl. (1904), S. 1352.

Nr	Name	Formel, Konstitution	Vorkommen, Bildung, Darstellung	Krystallogr. Eigenschaften
67	**Natrium-raffinosate** (Raffinose-natrium)	$C_{18}H_{31}O_{16}Na$	D. Fällen einer konz. wäßr. Raffinoselösg. m. Na-äthylat (1 Mol.) in Alk., Umfällen aus wenig H_2O m. abs. Alk.[1]	Weiße, amorphe Pulver
		$C_{18}H_{31}O_{16}Na \cdot NaOH$, od. $C_{18}H_{30}O_{16}Na_2 \cdot H_2O$	Wie vorstehend, nur m. 3 od. mehr Mol. Na-äthylat[1]	
68	**Calcium-raffinosate** (Raffinose-kalk)	$C_{18}H_{32}O_{16} \cdot 2\ CaO \cdot 5\ H_2O$, resp. $C_{18}H_{30}O_{16}(CaOH)_2 \cdot 5\ H_2O$	Aus d. Kompon. in wäßr. Lösg.[1]	—
		$C_{18}H_{32}O_{16} \cdot 3\ CaO \cdot 2\ H_2O$, resp. $C_{18}H_{29}O_{16}(CaOH)_3 \cdot 2\ H_2O$	D. Erhitzen auf d. Wasserbad einer m. $Ca(OH)_2$ gesättigten wäßr. Raffinoselösg.[2]	Feines weißes Pulver; verliert b. Trocknen b. $100°$ 2 H_2O
69	**Strontium-raffinosat** (Raffinose-strontian)	$C_{18}H_{32}O_{16} \cdot 2\ SrO \cdot H_2O$, resp. $C_{18}H_{30}O_{16}(SrOH)_2 \cdot H_2O$	D. Kochen d. wäßr. Lösg. d. Kompon. unt. Zusatz v. Alk., od. im Salzwasserbad[1]	Amorph. weiß. Pulv.; verliert b. $80°$ langsam 1 H_2O
70	**Barium-raffinosate** (Raffinose-baryt)	$C_{18}H_{32}O_{16} \cdot BaO$, resp. $C_{18}H_{31}O_{16}BaOH$	D. Fällen einer konz. wäßr. Raffinoselösg. m. $Ba(OH)_2$ (2 Mol.) in verd. alkohol. Lösg., Trocknen bei $100°$[1]	Schwach rötlicher Niederschlag
		$C_{18}H_{32}O_{16} \cdot 2\ BaO$, resp. $C_{18}H_{30}O_{16}(BaOH)_2$	Wie vorstehend, nur mit 3 Mol. $Ba(OH)_2$[1]. D. Versetzen d. warm. wäßr. Lösg. d. Kompon. m. CH_3OH bis zu 75 % u. längeres Stehenlassen bei Zimmertemp.[2]	Weißer, körnig-krystalliner Niederschlag[2]
71	**Blei-raffinosat** (Raffinose-bleioxyd)	$C_{18}H_{32}O_{16} \cdot 3\ PbO$, resp. $C_{18}H_{29}O_{16}(PbOH)_3$	D. Fällen einer wäßr. Lösg. v. Raffinose u. Bleiessig m. NH_3 od. Alk., Verreiben m. Alk., Trocknen bei $100°$[1]	Feines, weißes Pulver
72	**Manninotriose-baryt**	$C_{18}H_{32}O_{16}BaO$	D. Fällen d. Kompon. aus wäßr. Lösg. m. Alk.[1]	Weißer Niederschlag
73	**Manninotriose-blei**	$C_{18}H_{24}O_{16}Pb_4$ ($+$ 2 H_2O ?)	D. Fällen v. wäßr. Manninotrioselösg. m. ammoniakal. Bleiessig, Trocknen bei $100°$[1]	Weißer Niederschlag
74	**Strontium-stachyosate** (Stachyose-strontian)	$C_{24}H_{42}O_{21} \cdot 6\ SrO$, resp. $C_{24}H_{36}O_{21}(SrOH)_6$	D. Erhitzen einer 20proz. Stachyoselösg. m. gesättigt. $Sr(OH)_2$-Lösg.[1]	Weißer Niederschlag
		$C_{24}H_{42}O_{21} \cdot 2\ SrO$, resp. $C_{24}H_{40}O_{21}(SrOH)_2$	Aus d. Hexa-stachyosat d. Behandeln m. k. H_2O[1]	—
75	**Stachyose-baryt** (Manninotetrose-baryt)	$(C_{24}H_{42}O_{21})_2 \cdot 3\ BaO$	Aus d. Kompon. d. Fällen d. wäßr. Lösg. m. Alk.[1]	Weißer Niederschlag
76	**Stachiose-blei** (Manninotetrose-blei)	$C_{24}H_{34}O_{21}Pb_4$ ($+$ 2 H_2O ?)	D. Fällen v. wäßr. Stachyoselösg. m. ammoniakal. Bleiessig, Trocknen bei $100°$[1]	Weißer Niederschlag
77	**Cicerose-strontian**	$C_{24}H_{42}O_{21} \cdot 4\ SrO$	D. Fällen d. Kompon. aus H_2O m. Alk. ?[1]	Weißer Niederschlag ?

Schmelz- und Siedepunkt	Optisches Drehungs- vermögen	Löslichkeit	Analytisches; Diverses	Literatur
—	—	l. H_2O; unl. abs. Alk. u. Äth.	**Kalium-raffinosat**, amorphe Masse, analog Verb. 43 erhalten, vgl.[2]	[1] **Beythien u. Tollens:** A. **255**, 209 (1889). — Vgl. **Rischbiet u. Tollens:** A. **232**, 182 (1885). [2] **Gunning:** vgl. **v. Lippmann,** Chemie der Zuckerarten, 3. Aufl. (1904), S. 1647.
—	—	l. l. H_2O; in verd. Alk. löslicher, in stark. Alk. weniger l. als Ca-saccharosat	Die wäßr. Lösg. soll sich beim Erhitzen nicht trüben	[1] **Lindet,** vgl. **v. Lippmann:** Chemie der Zuckerarten, 3. Aufl. (1904), S. 1648. [2] **Beythien u. Tollens:** A. **255**, 205 (1889).
—	—	w. l. H_2O	Beim Fällen d. wäßr. Lösg. d. Kompon. m. Alk. in d. Kälte entsteht ein Gemisch v. Di- u. Tri-raffinosat[2]	
—	—	unl. stark. Alk. u. Äth.	Färbt sich bei 100° gelblich. Wird d. CO_2 zerlegt	[1] **Beythien u. Tollens:** A. **255**, 199 (1889). — Vgl. **Scheibler:** Ber. **18**, 1409 (1885).
—	—	—	Läßt sich schwer reinigen (durch Verreiben m. Alk.)	[1] **Beythien u. Tollens:** A. **255**, 204 (1889). [2] **Gunning:** Bull. de l'Acad. roy. de Belgique **4**, 318. — Vgl. **v. Lippmann:** Chemie der Zuckerarten, 3. Aufl. (1904), S. 1648.
—	—	—	—	
—	—	unl. H_2O, Alk.; l. in Zuckerwasser[2]	In sehr verd. Lösg. bleibt d. Fällung m. Alk. aus, wenn viel Saccharose zugegen ist[1]. Weitere Angaben vgl. [2]	[1] **Beythien u. Tollens:** A. **255**, 207 (1889). [2] **v. Lippmann:** Chemie d. Zuckerarten, 3. Aufl. (1904), S. 1649.
—	—	—	—	[1] **C. Tanret:** Soc. chim. France [3] **27**, 958 (1902).
—	—	—	—	[1] **C. Tanret:** Soc. chim. France [3] **27**, 958 (1902).
—	—	unl. h. $Sr(OH)_2$-haltig. H_2O; l. k H_2O u. Zers.	Entsteht auch aus der m. Stachyose ident. Lupeose[2]	[1] **G. Tanret:** Compt. rend. **155**, 1526 (1912); Soc. chim. France [4] **13**, 176 (1913). [2] **Schulze:** Ber. **25**, 2213 (1892).
—	—	s. l. l. H_2O	Wird d. CO_2 in Stachyose u. $SrCO_3$ zerlegt[1]	
—	—	—	—	[1] **C. Tanret:** Soc. chim. France [3] **27**, 956 (1902).
—	—	—	—	[1] **C. Tanret:** Soc. chim. France [3] **27**, 955 (1902).
—	—	l. H_2O; unl. Alk.	—	[1] **Castoro:** C. **1926**, I, 415.

Nr	Name	Formel, Konstitution	Vorkommen, Bildung, Darstellung	Krystallogr. Eigenschaften
78	**Natriumhydroxydverbin-dungen der Polyamylosen**	$(C_{12}H_{20}O_{10} \cdot NaOH)_x$ $x = 1, 2, 3$ bzw. 4	D. Fällen v. Di-, Tetra-, β-Hexa- u. α-Hexa- (bzw. Octa-) amylose in verd. wäßr. NaOH-Lösg. m. abs. Alk., Umfällen aus wenig H_2O m. abs. Alk., Trocknen im Vakuum bei 100°[1]	Weiße, amorphe Fällungen
	(Triamylose-NaOH)	$(C_{12}H_{20}O_{10} \cdot NaOH)_3$[2] od. $(C_6H_{10}O_5)_3 \cdot NaOH$[3]	Wie vorstehend[2][3] od. d. Verseifen v. Triamylose-acetat m. Na-äthylat in abs. Alk.[3]	---
79	**Jodverbindungen der Poly-amylosen**		D. Versetzen d. h. wäßr. Lösungen d. Polyamylosen m. KI_3-Lösg. u. Abkühlen[1]	
	(Jod-α-hexaamylose)	$(C_6H_{10}O_5)_6 \cdot 2^{1}/_{4} I \cdot x\, H_2O$		α-Reihe: feine, dunkelgrüne, metallglänz. Nadeln; hygr.
	(Jod-α-tetraamylose)	$(C_6H_{10}O_5)_4 \cdot 1^{1}/_{2} I \cdot 4\, H_2O$		
	(Jod-α-diamylose)	$(C_6H_{10}O_5)_2 \cdot {}^{3}/_{4} I \cdot x\, H_2O$		
	(Tri-jod-β-hexaamylose)	$(C_6H_{10}O_5)_6 \cdot 3 I \cdot 9\, H_2O$		β-Reihe: dunkel-rotbraune Prism.; hygr.
	(Sesqui-jod-β-triamylose)	$(C_6H_{10}O_5)_3 \cdot 1^{1}/_{2} I \cdot 4^{1}/_{2} H_2O$		
80	**Bromverbindungen der Poly-amylosen**		Wie bei Verb. 79, m. KBr_3-Lösg.[1]	
	(Brom-α-hexaamylose)	$(C_6H_{10}O_5)_6 \cdot 2\, Br$		α-Reihe: hell- bis dunkelgelbe Nadeln
	(Brom-α-tetraamylose)	$(C_6H_{10}O_5)_4 \cdot 1^{1}/_{2}\, Br$		
	(Brom-α-diamylose)	$(C_6H_{10}O_5)_2 \cdot {}^{7}/_{8}\, Br$		
	(Di-brom-β-hexaamylose)	$(C_6H_{10}O_5)_6 \cdot 2\, Br$		β-Reihe: gelbe Prismen
	(Brom-β-triamylose)	$(C_6H_{10}O_5)_3 \cdot Br$		
81	**Di-barium-glucosamin**	$C_6H_9O_5NBa_2$	Entsteht als Nebenprod. b. d. Verseif. von (vielleicht nicht ganz reinem) Triacetyl-methylglucosamin-bromhydrat mit h. wäßr. $Ba(OH)_2$[1]	Kryst. (aus CH_3OH), b. 100° getrocknet H_2O-frei

Schmelz- und Siedepunkt	Optisches Drehungsvermögen	Löslichkeit	Analytisches; Diverses	Literatur
—	—	—	Nach Pringsheim[3] hat das β-Hexaamylosederiv. d. Zusammensetzung $(C_6H_{10}O_5)_6 \cdot 2NaOH$. Nach Karrer[4] enthält das mittels Na-Äthylat hergest. Triamylosederiv. nicht NaOH, sondern C_2H_5ONa.	[1] **Karrer:** Helv. **4**, 811 (1921); vgl. Helv. **4**, 996, Anm. 1. [2] **Karrer u. Bürklin:** Helv. **5**, 181 (1922). [3] **Pringsheim u. Dernikos:** Ber. **55**, 1433 (1922). [4] **Karrer:** Ber. **55**, 2860 (1922). [5] **Karrer, Staub u. Wälti:** Helv. **5**, 129 (1922). [6] **Karrer, Nägeli, Hurwitz u. Wälti:** Helv. **4**, 695 (1921).
—	—	—	Anal. **Kaliumhydroxyd-derivate** siehe [5] (Konstit. d. β-Hexaamylosederiv. vgl. [3]). Über **Barytverbindungen d. Polyamylosen** (Zus. nicht konstant) vgl. [6]	
—	—	l. H_2O m. roter Farbe	Werden beim Stehen an der Luft nicht gewichtskonstant; verlieren bei Zimmertemp. im Vak. über KOH kein H_2O, wohl aber bei 100° über P_2O_5, unt. gleichzeitig. Abgabe v. etwas Jod. — Die wäßr. Lösg. gibt beim Kochen nur langsam Jod ab	[1] **Pringsheim u. Eissler:** Ber. **46**, 2959 (1913); **47**, 2565 (1914). — **Pringsheim u. Steingroever:** Ber. **57**, 1579 (1924).
—	—	l. H_2O	Sind, über KOH im Vak. bei Zimmertemp. getrocknet, H_2O-frei. — Sonstige Eigenschaften analog d. Jodverbindungen	[1] **Pringsheim u. Eissler:** Ber. **47**, 2565 (1914). — **Pringsheim u. Steingroever:** Ber. **57**, 1579 (1924).
—	—	—	—	[1] **Irvine, McNicoll u. Hynd:** Soc. Lond. **99**, 258 (1911).

Vierter Teil.

Glykoside.

O-, N- und S-Glykoside der Monosen bis Di-saccharide.

Tabelle 73.

Nr	Name	Formel, Konstitution	Vorkommen, Bildung, Darstellung	Krystallogr. Eigenschaften
1	Äthyl-glykolosid (Glykolaldehyd-äthyl-cycloacetal)	$(C_4H_8O_2)_2$: $[CH_2-CH \cdot O \cdot C_2H_5 / O]_2$	Aus Vinyläthyläther in Äther $+$ Benzopersäure; Reinig. d. Destill. unter 9 mm bei 84—85°[1]). Aus Bromglykolaldehyd in Alk. mit Ag_2CO_3[2])[3])	Krystallblätter[1])
2	Methyl-glykolosid (Glykolaldehyd-methyl-cycloacetal)	$(C_3H_6O_2)_2$: $[CH_2-CH \cdot O \cdot CH_3 / O]_2$	Aus Bromglykolaldehyd in CH_3OH mit Ag_2CO_3[1])	Krystalle
3	d, l-Glycerinaldehyd-methyl-cycloacetal	$(C_4H_8O_3)_2$: $[CH \cdot O \cdot CH_3 / O / HC / H_2COH]_2$	Aus Acetobromglycerinaldehyd in $CH_3OH + Ag_2CO_3$ u. Verseifen mit $CH_3OH + NH_3$[1])	Krystalle (aus Aceton)
4	d, l-Glycerinaldehyd-methyl-cycloacetal	$(C_4H_8O_3)_2$	Aus Glycerinaldehyd in $CH_3OH + HCl$ (4%)[1])	Prismat. Nadeln (aus Essigest.)
5	Dioxyaceton-methyl-cycloacetal	$(C_4H_8O_3)_2$: $[CH_2 / O / C-O \cdot CH_3 / CH_2OH]_2$	Aus Dioxyaceton in CH_3OH mit Orthoameisensäuremethylester u. NH_4Cl[1]). Aus Dioxyaceton in $CH_3OH + HCl$[2])[3])	Prismen (aus Essigest.) $+$ 1 H_2O[1]). Kryst. mit 1 H_2O (aus Aceton)[2]) (aus Essigest.) Kryst., ohne H_2O[3])
6	Dioxyaceton-äthyl-cycloacetal	$(C_5H_{10}O_3)_2$: $[CH_2OH / C-O \cdot C_2H_5 / O / CH_2]_2$	Aus Dioxyaceton in Alk. mit Orthoameisensäureäthylester u. NH_4Cl[1])	Nädelchen (aus Essigest.)
7	α-Methyl-l-arabinosid	$C_5H_9O_4 \cdot O \cdot CH_3$	Aus Arabinose in $CH_3OH + HCl$ in d. Hitze[1])[2])	Farbl. Nadeln od. Blättch. (aus Alk. od. Essigest.)
8	β-Methyl-l-arabinosid	$C_5H_9O_4 \cdot O \cdot CH_3$	Neben dem Vorigen[1]). Aus Acetochlorarabinose in $CH_3OH + Ag_2CO_3$[2])	Prismen (aus Essigest.)[1]); Blättchen (aus CH_3OH)[2])
9	γ-Methyl-l-arabinosid (1,4)	$C_6H_{12}O_5$	Aus Arabinose d. Schütteln in CH_3OH, welcher 1% HCl enthält, bei gewöhnl. Temperatur[1])	Sirup
10	α-Äthyl-l-arabinosid	$C_5H_9O_4 \cdot O \cdot C_2H_5$	Kompon. mit Emulsin[1])	Feine Nädelchen (aus Essigest.)
11	β-Äthylarabinosid	$C_7H_{14}O_5$	Aus Arabinose in Alk. $+ HCl$[1])	Nad. od. Blättch. Süß
12	α-Benzyl-l-arabinosid	$C_{12}H_{16}O_5$: $\cdot CH_2 \cdot O \cdot C_5H_9O_4$	Komponenten mit HCl[1])	Farbl. Nadeln od. Blättchen. Bitter

Glykoside der Biosen bis Methylpentosen.

Schmelz- und Siedepunkt	Optisches Drehungsvermögen	Löslichkeit	Analytisches; Diverses	Literatur
59—$60°$[1]); $59,5°$[2]) $Kp_{12}=$ $90°$[1]); $Kp_{51}=122°$	—	. —	Reduz. nicht Fehl. Lösg. — Verd. Säuren hydrol. $n_D^{20}=1,4293$; $D_4^{24}=1,0428$[1])	[1]) **Bergmann** u. **Mickeley:** Ber. **54,** 2150 (1921). [2]) **H. O. L. Fischer** u. **Taube:** Ber. **60,** 1704 (1927). [3]) **Bergmann** u. **Mickeley:** Ber. **62,** 2297 (1929).
$72°$	—	—	Reduz. nicht Fehl. Lösg.	[1]) **H. O. L. Fischer** u. **Taube:** Ber. **60,** 1704 (1927).
$158,5$ bis $159,5°$	—	—	**Acetat:** $(C_6H_{10}O_4)_2$. Krystalle (aus CH_3OH). F $=101,5$ bis $102,5°$	[1]) **H. O. L. Fischer** u. **Taube:** Ber. **60,** 1704 (1927).
$204,5°$	—	l. l. H_2O, Benzol; w. l. Chlorof., Ligr.; unl. Äth.	Reduz. nicht Fehl. Lösg. Dürfte mit dem Vorstehend. **stereoisomer** sein	[1]) **Reeves:** Soc. Lond. **1929,** 1327.
90—$91°$[1]) $91°$[2]); wasserfrei: 131—$132°$; $136°$[3])	—	l. l. H_2O, CH_3OH, Alk.; z. l. Essigest.; w. l. Äth., $CHBr_3$[1])	**Acetat:** $(C_6H_{10}O_4)_2$. Krystalle (aus CH_3OH). F $=138°$	[1]) **H. O. L. Fischer** u. **Taube:** Ber. **57,** 1502 (1924). [2]) **H. O. L. Fischer** u. **Taube:** Ber. **60,** 1704 (1927). [3]) **Levene** u. **Walti:** J. Biol. Chem. **84,** 39 (1929).
$126°$	—	s. l. l. H_2O, CH_3OH, Alk., l. Äth., $CHBr_3$	Reduz. nicht Fehl. Lösg. **Acetat:** $(C_7H_{12}O_4)_2$. Durch Acetyl. in Pyrid. — Tafeln (aus Alk.). F $=109$—$110°$. l. l. Alk., Äth., Benzol; w. l. H_2O, Petroläth. [2])	[1]) **H. O. L. Fischer** u. **Milbrand:** Ber. **57,** 707 (1924). [2]) **H. O. L. Fischer** u. **Taube:** Ber. **57,** 1502 (1924).
$131°$[2])	$[\alpha]_D^{20}=+17,3°$ (in H_2O, c $=3,414\%$)[2])	l. l. H_2O; z. w. l. Alk., f. unl. Äth.	—	[1]) **Purdie** u. **Rose:** Soc. Lond. **89,** 1204 (1906). [2]) **Hudson:** Amer. Soc. **47,** 265 (1925).
166—$168°$[2]); $169°$[3]); 169—$171°$[5])	$[\alpha]_D^{20}=+245,5°$ (in H_2O, c $=7,25\%$)[3])	—	**Triacetat:** $C_{12}H_{18}O_8$. Kryst. F $=85°$. $[\alpha]_D^{123}=+182°$ (in C[h]rof.)[4])]	[1]) **Pourdie** u. **Rose:** Soc. Lond. **89,** 1204 (1906). [2]) **Ryan** u. **Ebrill:** C. **1913, II,** 1927. [3]) **Hudson:** Amer. Soc. **47,** 265 (1925). [4]) **Hudson** u. **Dale:** Amer. Soc. **40,** 992 (1918). [5]) **Fischer:** Ber. **26,** 2400 (1893); **28,** 1156 (1895).
$Kp_{0,15}=$ 173—$175°$	$[\alpha]_D=-71,3°$ (in CH_3OH, c $=0,8\%$); $-46,8°$ (in H_2O)	—	$n_D=1,4880$. Entfärbt sofort kalte $KMnO_4$-Lösg. — Verd. Säuren hydrol. sehr schnell	[1]) **Baker** u. **Haworth:** Soc. Lond. **127,** 365 (1925).
122—$123°$	$[\alpha]_D=+9,95°$ (in H_2O)	—	Reduz. nicht. — Verd. Säuren od. Emulsin spalten	[1]) **Bridel** u. **Béguin:** Compt. rend. **182,** 659, 812 (1926).
132—$135°$	—	l. l. H_2O, Alk.; w. l. Essigest.; f. unl. Äth.	Wird weder von Emulsin noch von Invertin gespalten	[1]) **Fischer:** Ber. **26,** 2400 (1893); **27,** 2985 (1894).
169—$170°$; 172—$173°$ (k.)	$[\alpha]_D^{20}=+215,2°$ (in H_2O, c $=1\%$)	l. l. h. H_2O; l. l. h., w. l. k. Alk.	Über amorphes **Resorcin-** u. **Pyrogallol-arabinosid** s. Literaturstelle [2]) im Original	[1]) **Fischer:** Ber. **27,** 2482 (1894). [2]) **Fischer** u. **Jennings:** Ber. **27,** 1355 (1894).

Tabelle 73 (Fortsetzung).

Nr	Name	Formel, Konstitution	Vorkommen, Bildung, Darstellung	Krystallogr. Eigenschaften
13	β-o-Kresyl-l-arabinosid	$C_{12}H_{18}O_5$: $\cdot O \cdot C_5H_9O_4$ $\cdot CH_3$	Aus Acetochlorarabinose u. o-Kresol mit KOH in Alk.[1]	Nadel-Rosetten (aus H_2O)
14	β-Carvacryl-l-arabinosid	$C_{15}H_{22}O_5$: $\cdot CH_3$ $\cdot O \cdot C_5H_9O_4$ $\overset{\bullet}{C}H$ $(CH_3)_2$	Wie vorstehend, mit Carvacrol[1]	Lange Nadeln (aus H_2O)
15	β-Naphthyl-β-l-arabinosid	$C_{15}H_{16}O_5$: $\cdot O \cdot C_5H_9O_4$	Wie vorstehend, mit β-Naphthol[1]	Nadeln (aus Alk.)
16	β-Methyl-d-arabinosid	$C_5H_9O_4 \cdot O \cdot CH_3$	Aus d-Arabinose in CH_3OH + HCl[1]	Krystalle (aus CH_3OH)
17	α-Methyl-d-xylosid	$C_5H_9O_4 \cdot O \cdot CH_3$	Aus d. essigätherisch. Mutterlauge bei d. Darstell. d. β-Form[1]. Aus Xylose in CH_3OH u. Hefe[2]	Nadelbüschel od. monokl. Prismen[3] $a:b:c = 1{,}7887:1:1{,}9144$
18	β-Methyl-d-xylosid	$C_6H_{12}O_5$	Aus Xylose in CH_3OH mit 0,25% HCl bei 100°[1]. Aus Xylose in CH_3OH mit Emulsin[2]	Nadeln od. dreieckige Krystalle (aus Essigest.)[1]
19	γ-Methyl-d-xylosid (1,4)	$C_6H_{12}O_5$	Aus Xylose mit CH_3OH u. 1% HCl bei gewöhnl. Temp.[1]	Sirup
20	β-Carvacryl-xylosid	$C_{15}H_{22}O_5$	Aus Acetochlorxylose + Carvacrol u. KOH in Alk.[1]	Lange Nadeln (aus H_2O)
21	α-Naphthyl-β-xylosid	$C_{15}H_{16}O_5$	Wie vorsteh., mit α-Naphthol[1]	Nadeln (aus verd. Alk.)
22	α-Methyl-d-lyxosid	$C_5H_9O_4 \cdot O \cdot CH_3$	Aus d-Lyxose, in CH_3OH + 0,7% HCl kochen[1]	Krystalle (aus CH_3OH + Essigest.)
23	α-Methyl-d-lyxosid-triacetat	$C_{12}H_{18}O_8$	Durch Acetyl. d. Vorstehenden in Pyrid.[1]. Aus Acetobromlyxose in CH_3OH + Ag_2CO_3 neben einem isomeren Triacetat (γ?)[2]	Krystalle (aus h. H_2O)[1]; Prismat. Nadeln (aus Alk.)[2]
24	α-Methyl-l-rhamnosid	$C_6H_{11}O_4 \cdot O \cdot CH_3$	Aus Rhamnose in CH_3OH + HCl (0,25%) bei 100°[1]. Aus Rhamnal d. Oxyd. m. Benzopersäure u. Beh. mit CH_3OH[2]	Große, farblose, rhomb. Krystalle; $a:b:c = 0{,}6206:1:0{,}5637$[3]
25	β-Methyl-l-rhamnosid	$C_7H_{14}O_5$	Aus Acetobromrhamnose in CH_3OH + Ag_2CO_3 u. Verseif. d. Acetyle[1]	Lange, verfilzte Nadeln (aus Essigest.)

Glykoside der Biosen bis Methylpentosen.

Schmelz- und Siedepunkt	Optisches Drehungsvermögen	Löslichkeit	Analytisches; Diverses	Literatur
124°	—	s. l. l. h., l. k. H_2O; l. Alk.; s.w.l. Chloroform, Benzol; unl. Äth., CS_2	—	[1] Ryan u. Ebrill: C. 1913, II, 1927.
119—120°	—	l. Alk., Äth., h. Chl.; l. l. h. H_2O; unl. Toluol, CS_2	—	[1] Ryan u. Ebrill: C. 1913, II, 1927.
176—177°	—	l. l. h. Alk.; l. Essigest.; sonst wenig lösl.	—	[1] Ryan u. Ebrill: C. 1913, II, 1927.
168°	$[\alpha]_D^{16} = -241,07°$ (in H_2O, $c = 1,12\%$)	—	Im Original ist diese Verbdg. als α-Form bezeichnet, was sich jedoch nach **Hudson** ändert	[1] McOwan: Soc. Lond. 1926, 1747.
90—92° [1]	$[\alpha]_D^{20} = +153,2°$ (in H_2O, $c = 9,3\%$) [1]; $[\alpha]_D^{20} = +153,9°$ (in H_2O, $c = 10,556\%$) [2]	s. l. l. Alk., Acet., schw. l. Äth.; l. H_2O	**Triacetat:** $C_{12}H_{18}O_8$. Kryst. F = 86°. $[\alpha]_D^{20} = +119,6°$ (in Chlorof.) [4]	[1] Fischer: Ber. 28, 1145 (1895). [2] Hudson: Amer. Soc. 47, 265 (1925). [3] Reuter: C. 1899, II, 179. [4] Hudson u. Dale: Amer. Soc. 40, 997 (1918).
155—156° [1]; 157° [2]	$[\alpha]_D^{20} = -65,9°$ (in H_2O, $c = 9\%$) [1]; —65,5° (in H_2O, $c = 13,72\%$) [2]	l. l. H_2O, h. Alk.; l. Äth.; w. l. Essigester	**Triacetat:** $C_{12}H_{18}O_8$. Krystallplatten. F = 115°. $[\alpha]_D^{20} = -60,8°$ (in Chlorof.). l. l. h. H_2O, Äth., Chlorof., Alk.	[1] Fischer: Ber. 28, 1145 (1895). [2] Hudson: Amer. Soc. 47, 265 (1925). [3] Dale: Amer. Soc. 37, 2745 (1915).
$Kp_{0,03} = 161,5°$	$[\alpha]_D = +62,8°$ (in Alk.)	—	—	[1] Haworth u. Westgarth: Soc. Lond. 1926, 880.
105°	—	l. h. Alk., Äth., Chlorof., Essigest., Aceton; unl. CS_2	—	[1] Ryan u. Ebrill: C. 1913, II, 1927.
192—193°	—	l. l. h., l. k. Alk.; s. l. l. Acet., Essigester; f. unl. Äth., Chlorof.	—	[1] Ryan u. Ebrill: C. 1913, II, 1927.
108—109°	$[\alpha]_D^{20} = +59,4°$, $[\alpha]_{578}^{20} = +61,9°$, $[\alpha]_{546,1}^{20} = +69,9°$, $[\alpha]_{435}^{20} = +117°$ (in H_2O)	—	α-**Benzyl-lyxosid:** $C_5H_9O_5 \cdot C_7H_7$. Kryst. (aus H_2O). F = 144°. $[\alpha]_D = +80,5°$ [2]	[1] Phelps u. Hudson: Amer. Soc. 48, 503 (1926). [2] Ekenstein u. Blanksma: C. 1908, I, 119.
96° [1] [2]	$[\alpha]_D^{20} = +30,1°$, $[\alpha]_{578}^{20} = +31,7°$, $[\alpha]_{436}^{20} = +62,0°$ (in Chlorof.) [1]; $[\alpha]_D^{25} = +30,0°$ (in CH_3OH) [2]	l. l. Äth., Chlorof., CH_3OH; w. l. Alk.; l. H_2O [2]	γ(?)-**Methyl-lyxosid-triacetat:** Hexagon. Platten (a. CH_3OH) F = 90°. $[\alpha]_D^{22} = -103,5°$ (in Chlorof., $c = 4\%$); $[\alpha]_D^{25} = -98,3°$ (in CH_3OH) [2]	[1] Ekenstein u. Blanksma: Amer. Soc. 50, 2049 (1928). [2] Levene u. Wolfrom: J. Biol. Chem. 78, 525 (1928).
108—109° [1]	$[\alpha]_D^{20} = -62,5°$ (in H_2O, $c = 9,1\%$) [1]	l. l. H_2O, Alk.; schw. l. Äth.	**Triacetat:** $C_{13}H_{20}O_8$. Blättchen (aus 50proz. Alk.). F = 86—87°; unl. H_2O; w. l. Alk.; sonst l. lösl. $[\alpha]_D^{16} = -53,5°$ (in $C_2H_2Cl_4$) [4]	[1] Fischer: Ber. 27, 2985 (1894); 28, 1158 (1895). [2] Bergmann u. Schotte: Ber. 54, 1569 (1921). [3] Reuter: C. 1899, II, 179. [4] Fischer, Bergmann u. Rabe: Ber. 53, 2383 (1920).
138—140° (k.)	$[\alpha]_D^{20} = +95,39°$ (in H_2O)	l. l. H_2O, CH_3OH, Acet., Essigester, Alk., Chloroform; w. l. Benzol; s. w. l. Äth.; unl. Petroläther	**Triacetat:** $C_{13}H_{20}O_8$. Nadeln od. Prismen. F = 151—152°. $[\alpha]_D^{18} = +45,73°$ (in $C_2H_2Cl_4$). l. l. auß. Äth., H_2O, Petroläther	[1] Fischer, Bergmann u. Rabe: Ber. 53, 2375 (1920).

Nr	Name	Formel, Konstitution	Vorkommen, Bildung, Darstellung	Krystallogr. Eigenschaften
26	Methyl-l-rhamnosid-triacetat	$C_{13}H_{20}O_8$: (Ringformel: O … HCO, HCO–$C(OCH_3)(CH_3)$, $HCOOCH_3$, CH_3OOCH, CH, CH_3) [1]	Entsteht neben vorstehendem [2] Ebenso, mit Chinolin statt mit Ag_2CO_3 [2] [3]	Derbe, würfelförmige Krystalle (aus CH_3OH)
27	Methyl-l-rhamnosid-monoacetat	$C_9H_{16}O_6$: (Ringformel: O … HCO, HCO–$C(OCH_3)(CH_3)$, $HCOH$, $HOCH$, CH, CH_3) [1]	Durch Verseif. d. Vorsteh. mit Alkali [2] [3]	Prismat. Nadeln (aus Essigest.) [2]
28	γ (?)-Methyl-l-rhamnosid (1,4?)-triacetat	$C_{13}H_{20}O_8$	Als Nebenprod. bei d. Darstell. d. Methylrhamnoside mit CH_3OH u. Ag_2CO_3 [1]	Farbl. Sirup
29	Äthyl-l-rhamnosid	$C_8H_{16}O_5$	Aus Rhamnose in Alk. + HCl [1]	Zäher Sirup; hygroskopisch
30	β-l-Menthyl-l-rhamnosid	$C_{16}H_{30}O_5$	Aus Acetobromrhamnose u. Menthol in Äther + Ag_2CO_3 u. Verseifen d. Acetyle [1]	Farbl. Prismen (aus Acet. + H_2O). Sehr bitter
31	α-l-Menthyl-l-rhamnosid	$C_{16}H_{30}O_5$	Wie vorsteh., als Nebenprodukt [1]	Plättchen (aus verd. Alk.)
32	Methyl-l-rhamnodesosid	$C_7H_{14}O_4$	Aus l-Rhamnodesose in CH_3OH + HCl (1%) [1]	Sirup
33	α-Methyl-d-iso-rhamnosid	$C_7H_{14}O_5$	D. Red. von Triacetyl- od. Tribenzoyl-α-methylglucosid-6-bromhydrin in verd. Essigs. mit Zn-Staub u. $PtCl_4$; Verseif. [1]	Nadeln (aus Essigest.)
34	β-Methyl-d-iso-rhamnosid (β-Methyl-glucomethylosid) [1]	$C_7H_{14}O_5$	Aus Triacetyl-β-methylglucosid-6-bromhydrin wie vorstehend [1] [2]	Farbl. Nadeln (aus Methyläthylketon) [2]
35	Äthyl-chinovosid (Chinovit, α-Äthyl-d-isorhamnosid)	$C_8H_{16}O_5$	Durch Hydrolyse des Chinovins (Glykosid d. Chinarinde) in Alk. mit HCl [1]. Aus Chinovose (Isorhodeose) in Alk. + HCl [2]	Öl, welches glasartig erstarrt. — Sehr hygroskop. [3]

Schmelz- und Siedepunkt	Optisches Drehungsvermögen	Löslichkeit	Analytisches; Diverses	Literatur
83—85°[2]); 83°[1])	$[\alpha]_D^{16}=+28{,}05°$ (in $C_2H_2Cl_4$)[2]); $[\alpha]_D^{21}=+35°$ (in Alk., $c=1\%$)[3]); $+35°$ (in Chlorof., $c=1\%$)	leichter l. in Äth. u. Petroläth. als das β-Rhamnosid	—	[1]) **Freudenberg:** Naturwissensch. **18**, 393 (1930). [2]) **Fischer, Bergmann u. Rabe:** Ber. **53**, 2375 (1920). [3]) **Haworth, Hirst u. Miller:** Soc. Lond. **1929**, 2469.
143—144°[2]); 140—141°[3])	$[\alpha]_D^{14}=+16{,}3°$ (in H_2O)[2]); $[\alpha]_D^{21}=+10{,}0°$ (in Alk., $c=1\%$)[3])	l. l. auß. Äth., Ligr., Benzol, k. Chlorof.	Verd. Säuren spalten rasch	[1]) **Freudenberg:** Naturwissensch. **18**, 393 (1930). [2]) **Fischer, Bergmann u. Rabe:** Ber. **53**, 2375 (1920). [3]) **Haworth, Hirst u. Miller:** Soc. Lond. **1929**, 2469.
—	$[\alpha]_D=+32{,}2°$ bis $+34{,}2°$ (in $C_2H_2Cl_4$)	—	Reduz. nicht Fehl. Lösg.	[1]) **Fischer, Bergmann u. Rabe:** Ber. **53**, 2381 (1920).
—	linksdrehend (in Alk.)	l. l. Alk., H_2O, Äth.	Reduz. nicht. — Verd. Säuren spalten leicht. — Destilliert bei 12—15 mm	[1]) **Fischer:** Ber. **26**, 2409 (1893); **27**, 2985 (1894). — **Sule:** Ber. **27**, 595 (1894).
114—115° (k.)	$[\alpha]_D^{20}=-7{,}48°$ (in Alk.)	l. l. außer H_2O	Reduz. nicht. **Diacetat:** $C_{20}H_{34}O_7$. Nadeln od. Prismen. $F=134—135°$. $[\alpha]_D^{11}=+13{,}3°$ (in Alk.). l. l. außer H_2O, Petroläther	[1]) **Fischer, Bergmann u. Rabe:** Ber. **53**, 2385 (1920).
164—166°	$[\alpha]_D^{23}=-131{,}3°$ (in Alk.)	s. l. l. außer H_2O	Reduz. nicht	[1]) **Fischer, Bergmann u. Rabe:** Ber. **53**, 2385 (1920).
$Kp_{0,2}=$ 120—130°	—	—	$n_D^{20}=1{,}4656$. Reduz. nicht. — Verd. Säuren hydrol. sehr leicht	[1]) **Bergmann:** A. **434**, 107 (1923).
98—99°; $Kp_1=$ 162—163°	$[\alpha]_D^{19}=+29{,}2°$ (in H_2O)	s. w. l. Äther, Petroläther; sonst l. lösl.	**Triacetat:** $C_{13}H_{20}O_8$. Prismen (aus Ligr.). $F=75°$. $[\alpha]_D^{20}=+159{,}2°$ (in Chlorof.). l. l. außer H_2O, Äther. **Tribenzoat:** $C_{28}H_{26}O_8$. Nadeln (aus Äth.). $F=139—140°$. $[\alpha]_D^{19}=+106{,}7°$ (in Pyridin). l. l. außer Petroläth.	[1]) **Helferich, Klein u. Schäfer:** Ber. **59**, 79 (1926); A. **447**, 19 (1926).
131—132°[2])	$[\alpha]_D^{20}=-55{,}12°$ (in H_2O)[2])	l. l. außer Äth. u. Petroläth.	Reduz. nicht. Emulsin spaltet. **Triacetat:** $C_{13}H_{20}O_8$. Nadeln (aus H_2O od. Ligr.). $F=100°$[2]); 94—96°[1]). $[\alpha]_D^{20}=-20{,}22°$ (in Alk.)[2]); $[\alpha]_D^{17}=-19{,}6°$ (in Alk.)[1]). l. l. außer H_2O, Petroläther	[1]) **Micheel:** Ber. **63**, 358 (1930). [2]) **Fischer u. Zach:** Ber. **45**, 3766 (1912).
$Kp_1=$ 136°[3]); $Kp_{760}=$ 300°[4])	$[\alpha]_D^{20}=+106{,}0°$ (in Alk.)[3]); $[\alpha]_D=+78{,}1°$[5])	l. H_2O, Alk., Äth.	Verd. Säuren spalten. **Triacetat:** $C_8H_{13}O_5(COCH_3)_3$. Nadeln (aus Petroläth.). $F=46—47°$. $Kp=303°$. l. l. Äth., Petroläth.; unl. H_2O[4])	[1]) **Hlasiwetz u. Gilm:** A. **111**, 188 (1859). [2]) **Fischer u. Liebermann:** Ber. **26**, 2415 (1893). [3]) **Freudenberg u. Raschig:** Ber. **62**, 373 (1929). [4]) **Liebermann:** Ber. **17**, 872 (1884). [5]) **Liebermann u. Giesel:** Ber. **16**, 935 (1883).

Tabelle 73 (Fortsetzung).

Nr	Name	Formel, Konstitution	Vorkommen, Bildung, Darstellung	Krystallogr. Eigenschaften
36	α-Methyl-rhodeosid (α-Methyl-d-fucosid)	$C_7H_{14}O_5$	Aus Rhodeose in CH_3OH u. HCl (0,25%) bei 100°[1])	Sirup
37	α-Äthyl-rhodeosid (α-Äthyl-d-fucosid)	$C_8H_{16}O_5$	Aus Rhodeose in Alk. + HCl[1])	Gelber Sirup
38	α-Methyl-fucosid	$C_7H_{14}O_5$	Aus Fucose in CH_3OH u. HCl[1])	Prismen (aus Essigest.)[1])

Tabelle 74.

Nr	Name	Formel, Konstitution	Vorkommen, Bildung, Darstellung	Krystallogr. Eigenschaften
1	α-Methyl-d-glucosid (1,5)	$C_6H_{11}O_5 \cdot O \cdot CH_3$: $HC \cdot O \cdot CH_3$ C ⋮ O ⋮	Aus Glucose od. Stärke in CH_3OH mit 0,25% HCl bei 100°[1]). Ebenso, verbesserte Darstellung[2]). Aus Glucose in verd. CH_3OH d. Einwirkung von α-Glucosidase (Hefe)[3]). Aus Cellulose → Acetyl. mit Essigs.-Anhydrid + H_2SO_4 → Behand. d. Acetats mit CH_3OH + HCl bei 100° u. Trennung vom β-Glucosid[4])	Große, doppelbrech. rhomb. Krystalle $a:b:c = 0,767:1:0,360.$ — Süß[5])
2	α-Methyl-d-glucosid (1,5)-tetracetat	$C_7H_{10}O_6(COCH_3)_4$	Aus β'-Acetochlorglucose in $CH_3OH + Ag_2CO_3$[1]). D. Acetyl. von α-Methylglucosid mit Essigs.-Anhydrid + Na-Acetat[2])	Kleine Prismen (aus Alk.); aus Benzol mit 1 Mol. Benzol[3])
3	2,3,4-Triacetyl-α-methyl-glucosid	$C_{13}H_{20}O_9$	Aus 6-Trityl-triacetyl-α-methyl-glucosid d. absp. d. Tritylrestes in Eisessig + HBr[1])	Krystalle (aus Äth. + Petroläth.)
4	2,3,4-Triacetyl-α-methyl-glucosid-6-chlorhydrin	$C_{13}H_{19}O_8Cl$	Wie vorstehend, jedoch absp. d. Tritylrestes mit PCl_5[1])	Krystalle
5	2,3,4-Triacetyl-α-methyl-glucosid-6-bromhydrin	$C_{13}H_{19}O_8Br$	Wie vorstehend, jedoch mit PBr_5[1]) Entsteht auch aus dem Trityl-triacetyl-β-glucosid d. Zusammenschmelzen mit PBr_5 bei 100°[2])	Krystalle
6	2,3,4-Triacetyl-α-methyl-glucosid-6-jodhydrin	$C_{13}H_{19}O_8J$	Aus Triacetyl-α-methylglucosid-6-p-Toluolsulfosäure mit NaJ in Aceton bei 130°[1])	Krystalle (aus CH_3OH)
7	2,3,4-Triacetyl-α-methyl-glucosid-6-p-toluolsulfosäure	$C_{20}H_{26}O_{11}S$	Aus Triacetyl-α-methylglucosid + Toluolsulfosäurechlorid in Pyridin[1])	Krystalle (aus Alk.)

Glykoside der Biosen bis Methylpentosen.

Schmelz- und Siedepunkt	Optisches Drehungsvermögen	Löslichkeit	Analytisches; Diverses	Literatur
—	$[\alpha]_D = +189{,}9°$ (in H_2O, c = 10%)	—	—	[1] Votoček u. **Valentin**: C. **1930**, I, 2543.
Zersetz. über 100°	$[\alpha]_D = +30°$ (in H_2O)	—	Wahrscheinlich noch mit Isomeren verunreinigt	[1] **Votoček**: Z. Zuckerind. Böhmen **24**, 254 (1900).
88—89°	$[\alpha]_D = -122°$ (in Alk., c = 0,5%)[1]; Berechnet: $[\alpha]_D^{20} = -190°$[2]	—	—	[1] **Tadokoro** u. **Nakamura**: C. **1924**, I, 1507. — **Freudenberg** u. **Raschig**: Ber. **60**, 1636 Anm. (1927). [2] **Hudson**: Amer. Soc. **47**, 268 (1925).

Glykoside der Hexosen.

Schmelz- und Siedepunkt	Optisches Drehungsvermögen	Löslichkeit	Analytisches; Diverses	Literatur
165—166°[2]; 166°[6]. $Kp_{0,2} = 200°$[7]	$[\alpha]_D^{20} = +158{,}9°$ (in H_2O)[6]; $[\alpha]_D^{12,5} = +157{,}9°$ (in H_2O)[2]; $[\alpha]_D^{20} = +158{,}2°$ (in H_2O, c = 1%)[7]	l. l. H_2O; l. Alk.; f. unl. Äther	$MVW_V = 846{,}7$ Cal.[8]. $D_4^{20} = 1{,}031022$. $n_D^{20} = 1{,}3468$[6]. Säuredissoz.-Konst. = $1{,}97 \cdot 10^{-14}$[9]. Reduz. nicht Fehl. Lösg. Hefe hydrolys.; Emulsin nicht. Verd. Säuren zerlegen. Alkalien wirken nicht ein	[1] **Fischer**: Ber. **28**, 1151, 1433 (1895); **26**, 2400 (1893). [2] **Patterson** u. **Robertson**: Soc. Lond. **1929**, 300. [3] **Bourquelot, Hérissey** u. **Bridel**: Compt. rend. **156**, 491 (1913). [4] **Irvine** u. **Soutar**: Soc. Lond. **117**, 1489 (1920). [5] **Tietze**: C. **1898**, II, 1080. [6] **Riiber**: Ber. **57**, 1797 (1924). [7] **Fischer** u. **Harries**: Ber. **35**, 2162 (1902). [8] **Fischer** u. **Loeben**: C. **1901**, I, 895. [9] **Michaelis**: Ber. **46**, 3683 (1913).
100—101°[2]	$[\alpha]_D^{20} = +175°, 35'$ (in Benzol)[2]; $+137°, 17'$ (in Alk.)[3]; $+131{,}0°$ (in Chloroform)[4]	unl. k., l. h. H_2O; l. Alk., Benzol	Reduz. nicht. Weitere Angaben üb. Drehungsvermögen in verschied. Lösungsmitteln siehe im Original[5]	[1] **Fischer** u. **Armstrong**: Ber. **34**, 2893 (1901). [2] **Königs** u. **Knorr**: Ber. **34**, 970 (1901). [3] **Moll** u. **van Charante**: Rec. **21**, 42, (1902). [4] **Pacsu**: Ber. **61**, 137, 1513 (1928). [5] **Hudson** u. **Dale**: Amer. Soc. **37**, 1264 (1915).
111°	$[\alpha]_D^{20,5} = +148{,}8°$ (in Chlorof.)	w. l. H_2O	—	[1] **Helferich, Bredereck** u. **Schneidmüller**: A. **458**, 111 (1927).
98—99°	$[\alpha]_D^{18} = +163{,}8°$ (in Pyrid.)	l. lösl.	Reduz. nicht Fehl. Lösg.	[1] **Helferich, Klein** u. **Schäfer**: Ber. **59**, 79 (1926).
117°[1]; 115 bis 117,5°[2]	$[\alpha]_D^{19} = +125{,}8°$ (in Pyrid.)[1]; $+131{,}1°$ (in Pyrid.)[2]	l. l. Äth., Chlorof.; l. Alk., CH_3OH; s. w. l. Ligroin	Reduz. nicht Fehl. Lösg.	[1] **Helferich, Klein** u. **Schäfer**: Ber. **59**, 79 (1926). [2] **Helferich** u. **Schneidmüller**: Ber. **60**, 2002 (1927).
150—151°	$[\alpha]_D^{24} = +160{,}1°$ (in Chlorof.)	—	—	[1] **Helferich** u. **Himmen**: Ber. **61**, 1825 (1928).
77—78,5°	$[\alpha]_D^{23} = +127{,}1°$ (in Chlorof.)	—	—	[1] **Helferich** u. **Himmen**: Ber. **61**, 1825 (1928).

Nr	Name	Formel, Konstitution	Vorkommen, Bildung, Darstellung	Krystallogr. Eigenschaften
8	Diacetyl-α-methyl-glucosid-4(?)-6-di-chlorhydrin	$C_{11}H_{16}O_6Cl_2$	Acetyl in Pyrid.[1]	Krystalle (aus Alk.)
9	Dibenzoyl-α-methyl-glucosid-4(?)-6-di-chlorhydrin	$C_{21}H_{20}O_6Cl_2$	Benzoyl. d. Glucosido-Dichlorhydrins[1]	Krystalle
10	2,3,4-Tribenzoyl-α-methyl-glucosid-6-bromhydrin	$C_{28}H_{25}O_8Br$	Aus Trityl-triacetyl-α-methyl-glucosid $+$ PBr$_5$, Verseifen u. Benzoyl. in Pyrid.[1] Auch aus Tribenzoyl-α-methyl-glucosid in $CCl_4 +$ PBr$_5$	Nadeln (aus CH_3OH)
11	2,3,4-Tribenzoyl-α-methyl-glucosid	$C_{28}H_{26}O_9$	Aus Tribenzoyl-trityl-α-methyl-glucosid in Chlorof. $+$ HCl[1]	Krystalle (aus Alk.)
12	Tetra-p-brombenzoyl-α-methyl-glucosid	$C_6H_7O_6 \cdot CH_3(OC_7H_4Br)_4$	Aus α-Methylglucosid u. p-Brombenzoylchlorid in Chlorof. $+$ Chinolin[1]	Kleine, spitze Nadeln
13	Tetrapalmityl-α-methylglucosid	$C_6H_7O_6 \cdot CH_3(OC_{16}H_{31})_4$	Aus α-Methylglucosid und Palmitylchlorid in Chlorf. $+$ Chinolin[1]	Nadeln
14	p-Toluylal-α-methyl-glucosid	$C_{15}H_{20}O_6$	Kompon. $+$ wasserfreiem Na_2SO_4 bei 175°[1]	Krystalle
15	o-Oxybenzal-α-methyl-glucosid	$C_{14}H_{18}O_7$	Ebenso, bei 145°[1].	Farbl. Krystalle
16	β-Methyl-d-glucosid(1,5)	$C_6H_{11}O_5 \cdot O \cdot CH_3:$ $CH_3 \cdot O \cdot CH$ (Ringformel, C und O)	Kommt in der Natur vor in Blättern von Dipsacaceen[1]. Entsteht immer neben α-Methylglucosid aus Glucose in $CH_3OH +$ HCl.[2] Aus Acetobromglucose in CH_3OH während 2 Tagen[3]. Aus Glucose in verd. CH_3OH mit Emulsion[4]. Aus β-Methylmaltosid d. Spaltung mit Hefeinfus.[5]. Verbesserte Darstellung aus Glucose in $CH_3OH +$ HCl[6]	Farbl. Blätter (aus Alk. $+$ Eisessig); Quadratische, doppeltbrechende Säulen $+ \tfrac{1}{2} H_2O$ (aus H_2O). $a:c = 1:0{,}804$. Süß[7]
17	β-Methyl-glucosid-tetracetat	$C_7H_{10}O_6(COCH_3)_4$	Aus Acetobromglucose in $CH_3OH +$ Ag_2CO_3[1]. Aus Acetonitroglucose in $CH_3OH +$ $BaCO_3$ bei 60°[2]. D. Acetyl. von β-Methylglucosid mit Essigs.-Anh. $+$ Na-Acetat[3]	Krystalle; rhomb.-bisphen. Tafeln (aus CH_3OH). $a:b:c = 0{,}7634:1:0{,}4638$
18	2,3,4-Triacetyl-β-methyl-glucosid	$C_{13}H_{20}O_9$	Aus 1-Chlor-2,3,4-triacetylglucose in $CH_3OH + Ag_2CO_3$[1]. Aus Dinitro-triacetylglucose[2]. Aus 6-Trityl-triacetyl-β-methyl-glucosid[3]	Farbl. seidige Nadeln (aus Chlorof. $+$ Äth.)[1]; Krystalle (aus Alk.)[2][3]

Glykoside der Hexosen.

Schmelz- und Siedepunkt	Optisches Drehungsvermögen	Löslichkeit	Analytisches; Diverses	Literatur
110°	—	l. l. Pyrid., Chloroform; unl. H_2O	—	[1] Helferich, Sprock u. Besler: Ber. 58, 886 (1925).
117°	$[\alpha]_D^{22} = +180,6°$ (in Pyrid.)	—	—	[1] Helferich, Sprock u. Besler: Ber. 58, 886 (1925).
122°	$[\alpha]_D^{18} = +90,9°$ (in Pyrid.)	—	—	[1] Helferich, Klein u. Schäfer: A. 447, 19 (1926).
143°[2]	$[\alpha]_D^{17} = +131,4°$ (in Pyrid.)	w. l. Pyrid., sonst unlösl.	Tetrabenzoyl-α-methyl-glucosid: $C_{35}H_{30}O_{10}$. $F = 105°$[1]). 6(?)-p-Toluolsulfo-tribenzoyl-α-methylglucosid: $C_{35}H_{32}O_{11}S$. Nad. (aus Alk.). $F = 166°$. $[\alpha]_D^{20} = +89,7°$ (in Pyrid.). z. l. Chlorof., Benzol, Essigest. [2]	[1] Helferich u. Becker: A. 440, 1 (1924). [2] Helferich, Klein u. Schäfer: A. 447, 19 (1926).
148°	—	l. l. Chlorof., Aceton; Essigest.; z. l. Äth., CCl_4; w. l. h. Alk.	Andere amorphe Säureester[2]: Tetra-(α-bromcampher-π-sulfosäure-)α-methylglucosid und: Tetra-(β-naphthalinsulfosäure-)α-methylglucosid	[1] Odén: C. 1918, II, 1034. [2] Odén: C. 1919, III, 540.
69°	$[\alpha]_D^{18} = +46,9°$ (in Chlorof.)	l. l. Chlorof., Benzol, CS_2; z. l. h. Äth., h. Alk., h. Aceton; w. l. Ligr.	—	[1] Odén: C. 1919, III, 540.
178°	$[\alpha]_D = +83,2°$ (in CH_3OH)	l. l. CH_3OH, Chlorof.	—	[1] Ekenstein u. Blanksma: Rec. 25 153 (1906).
182°	$[\alpha]_D = +91,2°$ (in H_2O, c = 0,4%)	l. H_2O; l. l. CH_3OH; w. l. Chlorof.	—	[1] Ekenstein u. Blanksma: Rec. 25, 153 (1906).
110°[6]; 105°[8]	$[\alpha]_D^{15} = -31,97°$ (in H_2O)[6]; $[\alpha]_D^{20} = -34,2°$ (in H_2O)[8]	l. l. H_2O; l. Alk.; f. unl. Äther	Reduz. nicht Fehl. Lösg. Wird ebenso von Emulsin gespalten. Ebenso von verd. Säuren. In $CH_3OH + HCl$ erfolgt teilweise Umlagerung in die α-Form. $D_4^{20} = 1,030670$; $n_D^{20} = 1,34688$[8]); $MVW_V = 845,2$ Cal.[9]). Säuredissoz.-Konst. $= 2,64 \cdot 10^{-14}$[10])	[1] Wattiez: C. 1925, I, 1330; 1926, II, 1957; 1929, II, 2569. [2] Fischer: Ber. 28, 1151 (1895). [3] Königs u. Knorr: Ber. 34, 965 (1901). [4] Bourquelot u. Verdon: Compt. rend. 156, 957, 1264 (1911). [5] Fischer u. Armstrong: Ber. 34, 2895 (1901). [6] Patterson u. Robertson: Soc. Lond. 1929, 300. [7] Tietze: C. 1898, II, 1081. [8] Rüber: Ber. 57, 1797 (1924). [9] Fischer u. Loeben: C. 1901, I, 895. [10] Michaelis: Rev. 46, 3683 (1913).
104 bis 105°[2][3]	$[\alpha]_D^{20} = -24,6°$ (in Alk.)[1]); $[\alpha]_D^{2} = -18°, 2'$ (in Chlorof.); $-27°, 4'$ (in Benzol); $-27°, 2'$ (in Alk.)[2][3]	s. schw. l. H_2O; l. Alk.; l. l. Äth., Chlorof., Aceton	Reduz. nicht Fehl. Lösg.	[1] Hudson u. Dale: Amer. Soc. 37, 1264 (1925). [2] Königs u. Knorr: Ber. 34, 957 (1901). [3] Moll u. van Charante: Rec. 21, 42 (1902).
134 bis 134,5°[2][3]	$[\alpha]_D = -19,1°$ (in Chlorof., c = 1,5%)[2]); $[\alpha]_D^{18} = -18,8°$ (in Chlorof.)[3]	—	Reduz. nicht. Isomeres 2,3,6(?)-Triacetyl-β-methylglucosid: Kryst. (aus Alk. + Petroläth.). $F = 114 — 115°$. $[\alpha]_D^{18} = -64,9°$ (in Chlorof.)[3]	[1] Zemplén u. Csürös: Ber. 62, 993 (1929). [2] Oldham: Soc. Lond. 127, 2840 (1925). [3] Helferich, Bredereck u. Schneidmüller: A. 458, 111 (1927).

Nr	Name	Formel, Konstitution	Vorkommen, Bildung, Darstellung	Krystallogr. Eigenschaften
19	2,3,4-Triacetyl-β-methyl-glucosid-6-chlorhydrin	$C_{13}H_{19}O_8Cl$	Aus 6-Trityl-triacetyl-β-methyl-glucosid mit PCl_5[1]	Krystalle (aus Essigest.)
20	2,3,4-Triacetyl-β-methyl-glucosid-6-bromhydrin	$C_{13}H_{19}O_8Br$	Aus Acetodibromglucose in $CH_3OH + Ag_2CO_3$[1]	Lange Nadeln (aus h. H_2O od. verd. Alk.)
21	2,3,4-Triacetyl-β-methyl-glucosid-6-jodhydrin	$C_{13}H_{19}O_8J$	Aus Triacetyl-β-methylglucosid-6-mononitrat[1]	Nadeln (aus verd. Alk.)
22	2,3,4-Triacetyl-β-methyl-glucosid-6-mononitrat	$C_{13}H_{19}O_{11}N$	Aus Triacetyl-1,6-dinitrat in CH_3OH[1]	Rote Masse (aus Alk.)
23	2,3,4-Triacetyl-β-methyl-glucosid-6-schwefelsäure	$C_{13}H_{20}O_{12}S$	Nur als Na-Salz bekannt. Bildung d. Acetyl. von β-Methylglucosid-6-Schwefelsäure[1]	Prismen (aus Alk.) $+ 1^{1}/_{2} H_2O$
24	2,3,4-Triacetyl-β-methyl-glucosid-6-p-toluolsulfonsäure	$C_{20}H_{26}O_{11}S$	Aus 6-p-Toluolsulfo-mono- (od. iso-di-)acetonglucose in Eisessig $+ HBr$ u. Beh. d. Reaktionsprod. in CH_3OH mit Ag_2CO_3[1]. Aus Triacetyl-β-methylglucosid $+$ Toluolsulfosäurechlorid in Pyrid.[2]	Krystalle (aus Alk.)[1][2]
25	2,3,4-Triacetyl-β-methyl-glucosid-6-benzoat	$C_{20}H_{24}O_{10}$	Aus 6-benzoyl-mono-acetonglucose in HBr-Eisessig u. Beh. d. Reaktionsprod. in CH_3OH mit Ag_2CO_3[1]. Auch aus 6-Brom-triacetyl-β-methylglucosid in Pyrid. $+$ Silberbenzoat	Krystalle (aus Alk.)
26	p-Toluolsulfonsaures Salz des Triacetyl-β-methyl-glucosid-6-pyridinium	$C_{25}H_{31}O_{11}NS$	Aus 6-Brom-triacetyl-β-methylglucosid mit p-Toluolsulfonsaurem Silber in Pyrid. kochen[1]	Weiße Nadeln (aus Aceton)
27	3,4,6-Triacetyl-β-methyl-glucosid	$C_{13}H_{20}O_9$	Aus 3,4,6-Triacetyl-1,2-glucosan in CH_3OH[1]	Prismen
28	3,4,6-Triacetyl-β-methyl-glucosid-2-chlorhydrin	$C_{13}H_{19}O_8Cl$	Aus dem Dichlorid des Triacetylglucals in $CH_3OH + Ag_2CO_3$[1]	Tafeln (aus H_2O); dünne Prismen (aus Aceton $+$ Petroläth.)
29	3,4,6-Triacetyl-β-methyl-glucosid-2-bromhydrin	$C_{13}H_{19}O_8Br$	Aus Triacetylglucal-dibromid in $CH_3OH + Ag_2CO_3$. Existiert in zwei Formen I u. II, die sich durch Isomerie am 2-Kohlenstoffatom unterscheiden[1]	I: Rhomb.-bisphenoid. Kryst. (aus Aceton $+$ Petroläth.). $a:b:c = 0,2602:1:0,2855$; Feine Nadeln od. lange Blättchen (aus H_2O)
30	β-Methyl-glucosid-tetrabenzoat	$C_{35}H_{30}O_{10}$	Aus Benzobromglucose in CH_3OH mit Ag_2O kochen[1]	Weiße Nadeln (aus CH_3OH)
31	2,3,4-Tribenzoyl-β-methyl-glucosid	$C_{28}H_{26}O_{10}$	Aus dem 6-Trityl-tubenzoyl-β-methylglucosid in Chlorof. $+$ Eisessig $+ HBr$[1]	Sirup

Schmelz- und Siedepunkt	Optisches Drehungsvermögen	Löslichkeit	Analytisches; Diverses	Literatur
$141°$	$[\alpha]_D^{19} = -9,8°$ (in Pyrid.)	—	Reduz. nicht	[1] **Helferich** u. **Schneidmüller**: Ber. **60**, 2002 (1927).
$125—126°$	—	l. h. H_2O; s. l. l. Chlorof., Benzol, Essigest.; w. l. Alk. Äther	Reduz. nicht. Gibt bei d. Verseif. mit $Ba(OH)_2$ Anhydromethylglucosid	[1] **Fischer** u. **Armstrong**: Ber. **35**, 837 (1902); **Fischer** u. **Zach**: Ber. **44**, 132 (1911); **45**, 456, 2068, 3761 (1912).
$111—112,5°$	$[\alpha]_D = +0,9°$ (in Chlorof., $c = 3,03\%$)	unl. H_2O; l. Äther	—	[1] **Oldham**: Soc. Lond. **127**, 2840 (1925).
$133,5°$	$[\alpha]_D = -14,3°$ (in Chlorof., $c = 6\%$)	—	—	[1] **Oldham**: Soc. Lond. **127**, 2840 (1925).
$141—142°$ (Z.)	$[\alpha]_D^{18} = -5,24°$ (in H_2O)	—	—	[1] **Ohle**: Bioch. Z. **131**, 601 (1922).
$155°$[1]; $171°$[2]; $164°$[1]	$[\alpha]_D^{20} = +12,03°$ (in Chlorof., $c = 2,83\%$)[1]; $[\alpha]_D^{19} = +33,1°$ (in Pyrid.)[2]	l. l. Chlorof., Alk., CH_3OH, Aceton, Äth.; unl. H_2O, Ligroin	**3-p-Toluolsulfosäure-triacetyl-β-methylglucosid:** $F = 131—132°$ $[\alpha]_D^{19} = -18,13°$ (in Chloroform, $c = 3,36\%$)[1]. **4(?)-p-Toluolsulfosäure-triacetyl-β-methylglucosid:** $F = 118°$. $[\alpha]_D^{18} = -29,7°$ (in Pyrid.)[2]	[1] **Ohle** u. **Spencker**: Ber. **59**, 1836 (1926). — **Ohle** u. **v. Vargha**: Ber. **62**, 2430 (1929). [2] **Helferich, Bredereck** u. **Schneidmüller**: A. **458**, 111 (1927).
$127°$	$[\alpha]_D^{19} = +15,15°$ (in Chlorof., $c = 1,65\%$)	l. l. Chlorof.; w. CH_3OH, Alk., Äther	—	[1] **Ohle** u. **Spencker**: Ber. **59**, 1836 (1926).
$169—170°$ (Z.)	$[\alpha]_D^{20} = -17,19°$ (in H_2O, $c = 3,5\%$)	l. l. H_2O, Alk.	—	[1] **Ohle** u. **Spencker**: Ber. **59**, 1836 (1926).
$95—97°$	$[\alpha]_D = +19,0°$	—	—	[1] **Hickinbottom**: Soc. Lond. **1928**, 3140.
$149—150°$	$[\alpha]_D^{17} = +40,2°$ (in $C_2H_2Cl_4$)	z. l. h. H_2O; z. w. l. k. H_2O; l. h. Alk.; l. l. Chlorof., h. Benz.; z. schw. l. Äth.; s. schw. l. Petroläth.	—	[1] **Fischer, Bergmann** u. **Schotte**: Ber. **53**, 532 (1920).
$138°$	$[\alpha]_D^{18} = +50,3°$ (in $C_2H_2Cl_4$)	schw. l. h. H_2O; l. l. h. Alk., Chloroform; schw. l. k. Alk.; s. schw. l. Äth., Petroläth.	Reduz. nicht Fehl. Lösg. **Form II:** Aus d. Mutterlauge d. Form I, da leichter löslich. Lange, monokl. Prismen (aus Aceton). $F = 115—116°$. $[\alpha]_D^{16} = -92°$ (in $C_2H_2Cl_4$). Die Kryst. sind monoklin-bisphenoid. $a:b:c = 2,7028 : 1 : 1,6237$	[1] **Fischer, Bergmann** u. **Schotte**: Ber. **53**, 532 (1920).
$160—162°$	$[\alpha]_D^{20} = +30,99°$ (in Chlorof.)	s. l. l. Aceton, Chlorof., Essigest.; schw. l. Alk.; s. w. l. Äth.; unl. Petroläth.	—	[1] **Fischer** u. **Helferich**: A. **383**, 90 (1911).
—	—	—	—	[1] **Josephson**: Ber. **62**, 313 (1929).

Nr	Name	Formel, Konstitution	Vorkommen, Bildung, Darstellung	Krystallogr. Eigenschaften
32	2,3,4-Tribenzoyl-β-methyl-glucosid-6-acetat	$C_{30}H_{28}O_{10}$	Aus Tribenzoyllävoglucosan → Acetyltribenzoylglucose-brom-hydrin in $CH_3OH + Ag_2CO_3$[1]). D. Acetylieren d. Verb. 31[2])	Flache Prismen (aus Chlorof. + Petroläth., dann CH_3OH)
33	2,3?-Dibenzoyl-β-methyl-glucosid	$C_{21}H_{22}O_8$	Aus 6-Acetyl-tribenzoyl-β-methylglucosid in $CH_3OH +$ Benzol + methylalk. NH_3[1])	Krystalle (aus 50proz. Alk.)
34	β-Methyl-glucosid-cuminaldehyd	$C_{17}H_{24}O_6$	Kompon. + wasserfreies Na_2SO_4 bei 205°[1])	Krystalle
35	h(γ)-Methyl-d-glucosid (1,4)	$C_6H_{11}O_5 \cdot O \cdot CH_3$	Durch Verseifung d. Tetraben-zoylverbindg.[1]). Aus s. fein gemahl. Glucose in CH_3OH ($+ 1\%$ HCl) 15 St. bei 18—20° schütteln. Reinigen d. Extrakt. mit w. Essigester u. destill.[2])	Sirup, farbl. u. sehr zähe. Schmeckt süß-bitter[2])
36	β-Methyl-glucofuranosid-5,6-monocarbonat	$C_8H_{12}O_7$	Aus Glucose-aceton-mono-carbonat mit verd. methylalk. H_2SO_4 bei 45°[1])	Krystalle (aus CH_3OH + Äth.)
37	γ-Methyl-glucosid-tetracetat	$C_7H_{10}O_6(COCH_3)_4$	D. Acetyl. v. Verb. 35[1])	Sirup
38	Tetrabenzoyl-β-methyl-glucosid (1,4)	$C_{35}H_{30}O_{10}$	Aus Tetrabenzoyl-h-Glucose $+ Ag_2O + CH_3J$[1])	Sirup
39	2-Acetyl-3,5,6-tri-p-toluolsulfo-β-methyl-glucosid(1,4)	$C_{30}H_{34}O_{13}S_3$	Aus d. entspr. 1-Bromkörper in $CH_3OH + Ag_2CO_3$[1])	Krystalle (aus Alk.)
40	2-Acetyl-3,5-di-p-toluolsulfo-6-benzoyl-β-methyl-glucosid(1,4)	$C_{30}H_{32}O_{12}S_2$	Aus d. entspr. 1-Bromverbindung in $CH_3OH + Ag_2CO_3$[1])	Kleine Tafeln (aus Alk.)
41	2-Acetyl-3-p-toluolsulfo-5,6-di-benzoyl-β-methyl-glucosid(1,4)	$C_{30}H_{30}O_{11}S$	Ebenso[1])	Nadeln (aus Alk.)
42	2,5,6-Triacetyl-3-p-toluolsulfo-β-methyl-glucosid(1,4)	$C_{20}H_{26}O_{11}S$	Aus d. entsp. 1-Bromid in $CH_3OH + Ag_2CO_3$[1])	Krystalle (aus Alk.)
43	(3,6)-Anhydro-α-methyl-glucosid	$C_7H_{12}O_5$	Aus 6-Brom-triacetyl-α-methyl-glucosid d. Verseif. mit Baryt[1])	Krystalle. Sehr hygroskop. Bitter
44	(3,6)-Anhydro-β-methyl-glucosid	$C_7H_{12}O_5$	Ebenso aus dem entspr. β-Methyl-glucosid[1])	Farbl. dick. Sirup. Gibt manchmal ein krystall. Hydrat. Bitter
45	2-Desoxy-α-methyl-glucosid	$C_7H_{14}O_5$	Aus d. Desoxyzucker in $CH_3OH + HCl$[1])	Sechseckige Tafeln od. schmale Pris-men (aus Essigest. + Chlorof.)
46	2-Desoxy-β-methyl-glucosid	$C_7H_{14}O_5$	Aus β-Methylglucosid-2-brom-hydrin + Na-Amalg.[1])	Krystalle (aus Alk.)

Glykoside der Hexosen.

Schmelz- und Siedepunkt	Optisches Drehungsvermögen	Löslichkeit	Analytisches; Diverses	Literatur
150—151°	$[\alpha]_D^{17}=-5,23°$ (in $C_2H_2Cl_4$)[1]); $[\alpha]_D^{20}=-6,5°$ (in Chlorof.); $[\alpha]_{Hg\,gelb}^{20}=-6,9°$ (in Chlorof., $c=1,6\%$)[2])	s. l. l. Chlorof.; z. l. h. Alk.	—	[1]) **Bergmann** u. **Koch:** Ber. **62**, 311 (1929). [2]) **Josephson:** Ber. **62**, 313 (1929).
167,5 bis 168,5°	—	—	**4,6-Diacetat:** $C_{25}H_{26}O_{10}$. Kryst. (aus CH_3OH). F = 166°	[1]) **Josephson:** Ber. **62**, 317 (1929).
124°	$[\alpha]_D=-34,8°$	w. l. H_2O; l. l. Chloroform	—	[1]) **Ekenstein** u. **Blanksma:** Rec. **25**, 160 (1906).
$Kp_{0,2}=$ 200—215°[2])	$[\alpha]_D^{20}=-16,4°$ (in H_2O, $c=1\%$)[1]) $[\alpha]_D^{18}=-1,47°$ (in H_2O)[2])	s. l. l. H_2O, CH_3OH, Alk.; z. w. l. k., l. l. h. Essigest.; s.w. l.Äth.; unl. Petroläth.	Wird von verd. HCl bei 17—18° doppelt so schnell als Saccharose hydrol. Emulsin u. Hefe sind ohne Einwirkung. Reduz. nicht Fehl. Lösg. Ist gegen Alkalien zieml. beständig[2])	[1]) **Schlubach, Trefz** u. **Rauchenberger:** Ber. **61**, 2368 (1928). [2]) **Fischer:** Ber. **47**, 1982 (1914).
143—145°	$[\alpha]_{5780}^{22}=-66°$; $[\alpha]_{5461}^{22}=-75°$ (in H_2O, $c=0,7\%$)	s. l. l. H_2O, Alk.; wenig. l. in Chloroform, Benzol, Äth.	—	[1]) **Haworth** u. **Porter:** Soc. Lond. **1929**, 2796.
$Kp_{0,3}=156°$	$[\alpha]_D^{13}=+54,6°$ (in Benzol)	f. unl. H_2O	Reduz. nicht Fehl. Lösg.	[1]) **Bergmann** u. **Kann:** A. **438**, 278 (1924).
—	$[\alpha]_D^{20}=-48,6°$ (in Chlorof., $c=1\%$)	—	—	[1]) **Schlubach, Trefz** u. **Rauchenberger:** Ber. **61**, 2368 (1928).
129,5°	$[\alpha]_D^{20}=-8,9°$ (in Chlorof., $c=6,2\%$)	—	—	[1]) **Ohle, Erlbach** u. **Vogl:** Ber. **61**, 1875 (1928).
105°	$[\alpha]_D^{20}=-4,16°$ (in Chlorof., $c=3,85\%$)	—	—	[1]) **Ohle, Erlbach** u. **Vogl:** Ber. **61**, 1875 (1928).
132,5°	$[\alpha]_D^{20}=-74,3°$ (in Chlorof., $c=4,27\%$)	—	Reduz. nicht	[1]) **Ohle, Erlbach** u. **Vogl:** Ber. **61**, 1875 (1928).
128°	$[\alpha]_D^{20}=-64,25°$ (in Chlorof., $c=1,3\%$)	—	—	[1]) **Ohle** u. **Erlbach:** Ber. **61**, 1870 (1928).
89—95°	$[\alpha]_D^{20}=+40,3°$ (in H_2O)	l.l. H_2O, CH_3OH, Alk.; w. l. Äther	Reduz. nicht Fehl. Lösg.	[1]) **Helferich, Klein** u. **Schäfer:** Ber. **59**, 79 (1926).
$Kp_{0,2-0,3}=$ 160—165°	$[\alpha]_D^{23}=-136,95°$ (in H_2O)	s. l. l. H_2O; l. Alk.; z. schw. l. Essigest.	Emulsin spaltet nicht	[1]) **Fischer** u. **Zach:** Ber. **45**, 456, 3763 (1912).
91—92°; Sintert 87°	$[\alpha]_D^{22}=+137,9°$ (in H_2O)	l. l. H_2O, Pyridin, Aceton; l. Chlorof. Essigest.; unl. Äth., Benzol, CCl_4	Wird weder von Emulsin noch von Hefe gespalten. Sehr verd. Säuren spalten sofort. Reduz. nicht Fehl. Lösg.	[1]) **Bergmann, Schotte** u. **Leschinsky:** Ber. **55**, 158 (1922).
121—122°	$[\alpha]_D^{17}=-48,38°$ (in H_2O)	s. l. l. H_2O, Alk.; schw. l. Essigester; unl. Chlorof., Petroläth.	Reduz. nicht. Weder d. Hefe noch d. Emulsin spaltbar. $1/10$ n-HCl hydrol. s. schnell	[1]) **Fischer, Bergmann** u. **Schotte:** Ber. **53**, 545 (1920).

Nr	Name	Formel, Konstitution	Vorkommen, Bildung, Darstellung	Krystallogr. Eigenschaften
47	2-Desoxy-β-methyl-glucosid-Triacetat	$C_{13}H_{20}O_8$	Aus vorig. d. Acetyl. in Pyridin[1]	Rhomb.-bisphen. Krystalle (aus Chlorof.). a:b:c=0,4701:1: 0,5636
48	2-Desoxy-β-methyl-glucosid-Tribenzoat	$C_{28}H_{28}O_8$	Aus Benzobromglucodesose in $CH_3OH + Ag_2CO_3$[1]	Krystalle (aus CH_3OH)
49	α-Methyl-glucoseenid(5,6)-triacetat	$C_{13}H_{18}O_5$	Aus Triacetyl-α-methylglucosid-6-jodhydrin in Pyrid.+AgF (welches etwas Ag_2O enthält)[1]	Krystalle (aus CH_3OH)
50	β-Methyl-glucoseenid(5,6)	$C_7H_{12}O_5$	Ebenso aus β-Methylglucosid-triacetyl-6-jodhydrin in Pyrid. +AgF u. Verseifen[1]	Dünne Platten (aus Essigest.)
51	β-Methyl-glucoseenid (5,6)-triacetat	$C_{13}H_{18}O_5$	Siehe vorsteh.[1] Aus Triacetyl-β-methylglucosid-b-bromhydrin in Pyrid.[2]	Krystalle (aus $CH_3OH + H_2O$)
52	6-amino-methyl-glucosid	$C_7H_{15}O_5$	Aus d. entspr. Salzen mit Säuren in Freiheit gesetzt[1].	Sirup (aus $CH_3OH + $ Äther)
53	β-Methyl-epiglucosamin	$C_7H_{16}O_5N$	Aus Methylglucosid-2-chlor-(-2-brom)-hydrin mit NH_3[1]	Sirup
54	β-Methyl-epiglucosamin-tetracetat	$C_{15}H_{23}O_9N$	Acetyl. in Pyridin. v. Verb. 53[1]	Glänzende, rhomb.-bisphen. Blättchen. a:b:c=0,4279:1: 0,3906
55	β-Methyl-glucosamin-tetracetat	$C_{15}H_{23}O_9N$	Aus 1-Bromtriacetylglucosamin in $CH_3OH + Ag_2CO_3$ u. Nachacetylierung[1]	Krystalle
56	α-Methyl-l-glucosid	$C_7H_{14}O_6$	Aus l-Glucose in $CH_3OH + HCl$[1]	Krystalle
57	β-Methyl-l-glucosid	$C_7H_{14}O_6$	Entsteht neben d. α-Form[1]	Krystalle
58	α-Methyl-d,l-glucosid	$C_7H_{14}O_6$ (Komponenten)	Umkrystallisieren der Komp. aus h. Alk[1]	Feine Nadeln (aus Alk.)
59	α-Äthyl-glucosid	$C_6H_{11}O_5 \cdot O \cdot C_2H_5$	Aus Glucose in mit HCl gesättigtem Alkohol[1][2]. Aus Glucose in 95 proz. Alkohol mit Hefe-Extrakt[3]. Durch Einwirkung von alkoholisch. HCl auf β-Äthylglucosid[4]	Doppeltbrechende sphenoid.-hemiedrische Nadeln (aus Alk.); a:b:c =0,850:1:0,594. Süß[5]
60	β-Äthyl-glucosid	$C_6H_{11}O_5 \cdot O \cdot C_2H_5$	Aus Acetobromglucose d. Schütteln in Alk.+Ag_2CO_3 u. Verseif.[1] Aus Glucose in verd. Alk.+Emulsin[2][3]	Hygroskop. verfilzte Nadeln. Süß-bitter[2]

Glykoside der Hexosen.

Schmelz- und Siedepunkt	Optisches Drehungsvermögen	Löslichkeit	Analytisches; Diverses	Literatur
96—97°; Sintert 91°	$[\alpha]_D^{19} = -30{,}16°$ (in $C_2H_2Cl_4$)	z. l. k. CH_3OH, Alk.; s. l. l. Alk., CH_3OH; l. h. Petroläth.; sehr l. l. Benzol, Chlorof., Essigest.; s. w. l. h. H_2O	—	[1] Fischer, Bergmann u. Schotte: Ber. 53, 545 (1920).
88°	$[\alpha]_D^{19} = -34{,}31°$ (in $C_2H_2Cl_4$)	l. l. Chlf., Eisessig, Pyrid., Äther, Aceton, CCl_4; schw. l. Alk.; s. schw. l. Petroläth.; unl. H_2O	—	[1] Bergmann, Schotte, Leschinsky: Ber. 56, 1052 (1923).
100—101° (Z.)	$[\alpha]_D^{20} = +116{,}9°$ (in Chlorof.); $[\alpha]_D^{18} = +123{,}8°$ (in Chlorof. für getrockn. Subst.)	—	Enthält in frisch bereitetem Zustand noch etwas CH_3OH	[1] Helferich u. Himmen: Ber. 61, 1825 (1928).
109—110°	$[\alpha]_D^{15} = -115{,}5°$ (in H_2O)	l. l. H_2O, Aceton, Alk.; w. l. Essigest. sonst schw. lösl.	—	[1] Helferich u. Himmen: Ber. 61, 1825 (1928).
92—93°	$[\alpha]_D^{20} = -34{,}8°$ (in Chlorof.)	—	Dichlorderivat: $C_{13}H_{18}O_5Cl_2$. Kryst. F = 129,5—132°	[1] Helferich u. Himmen: Ber. 61, 1825 (1928). [2] Helferich u. Himmen: Ber. 62, 2136 (1929).
—	—	l. CH_3OH; unl. Äth.	—	[1] Fischer u. Zach: Ber. 44, 132 (1911).
—	—	l. l. H_2O, Alk.; unl. Chlorof., Benzol, Petroläther	Wird weder von Emulsin noch von Hefeextrakt gespalten. Reduz. nicht Fehl. Lösg.	[1] Fischer, Bergmann u. Schotte: Ber. 53, 540 (1920).
188°[1]; 214°[2]	$[\alpha]_D = -130{,}0°$ (in $2^1/_2$proz.HCl)[2]	l. l. CH_3OH, Alk., Aceton, Chlorof.; w. l. Benzol, Äth.; s. schw. l. Petroläther	Reduz. nicht	[1] Fischer, Bergmann u. Schotte: Ber. 53, 540 (1920). [2] Levene u. Meyer: J. Biol. Chem. 55, 221 (1923).
151°	—	l. l. H_2O, Alkoholen, Eisessig; w. l. Aceton, h. Äther; unl. Chlorof., Essigester	—	[1] Hamlin: Amer. Soc. 33, 766 (1911).
165—166°	$[\alpha]_D^{20} = -156{,}9°$ (in H_2O, c = 5%)	l. wie die entsprech. d-Verbdg.	Wird weder von Emulsin noch von Invertin hydrol.	[1] Fischer: Ber. 27, 3483 (1894); 28, 1152 (1895).
—	—	—	Nicht in ganz reinem Zustande dargestellt	[1] Fischer: Ber. 27, 3483 (1894); 28, 1152 (1895).
163—166°	Als Racemat optisch inaktiv	—	—	[1] Fischer: Ber. 27, 3483 (1894).
113—114°[1]	$[\alpha]_D^{20} = +150{,}6°$ (in H_2O, c = 9%)[1]	s. l. l. H_2O, Essigester, h. Alk.; f. unl. Äth.	Wird von Invertin leicht gespalten; nicht aber von Emulsin. Verd. Säuren hydrol. leicht. Reduz. nicht Fehl. Lösg.	[1] Fischer: Ber. 26, 2400 (1893); 27, 2985 (1894); 28, 1145 (1895). [2] Fischer u. Beensch: Ber. 27, 2478 (1894). [3] Bourquelot, Hérissey u. Bridel: Compt. rend. 156, 168 (1913). — Aubry: C. 1915, I, 678. [4] Bourquelot u. Bridel: Compt. rend. 154, 1737 (1912). [5] Tietze: C. 1898, II, 1081.
73°[2]	$[\alpha]_D = -33{,}38°$ (in H_2O, c = 2,15%)[2] $[\alpha]_D = -36{,}5°$ (in H_2O)[3]	l. l. H_2O, Alk.; schw. l. Essigester	Wird von Emulsin gespalten	[1] Königs u. Knorr: Ber. 34, 971 (1901). [2] Bourquelot u. Bridel: Compt. rend. 154, 1375, 1737 (1912) [3] Coirre: C. 1914, I, 386.

Nr	Name	Formel, Konstitution	Vorkommen, Bildung, Darstellung	Krystallogr. Eigenschaften
61	β-Äthyl-glucosid-tetracetat	$C_{16}H_{24}O_{10}$	Aus Acetobromglucose d. Schütteln in Alk $+ Ag_2CO_3$ od. Kochen in Alk. mit Pyrid. od. $BaCO_3$[1])	Farbl. Prismen
62	3,4,6-Triacetyl-β-äthylglucosid	$C_{14}H_{22}O_9$	Aus Triacetyl-glucose-1,2-anhydrid in Alk.[1])	Hexagon. Prismen (aus Alk.)
63	2,3,4-Triacetyl-β-äthyl-glucosid-6-bromhydrin	$C_{14}H_{21}O_8Br$	Aus Acetodibromglucose in Alk. $+ Ag_2CO_3$[1])	Derbe Nadeln (aus CH_3OH)
64	α-Äthyl-glucosid (1,4)	$C_6H_{11}O_5 \cdot O \cdot C_2H_5$	Aus Diacetyl-α-äthyl-glucosid-monocarbonat d. Erhitzen mit $Ba(OH)_2$ in verd. Aceton[1])	Farbl. Nadeln (aus Essigest., der etwas Alk. enthält)
65	2,3-Diacetyl-α-äthyl-glucosid-(1,4)-5,6-monocarbonat	$C_{13}H_{18}O_9$	Durch Acetyl. d. Mutterlauge v. β-Äthylglucosid (1,4)-monocarbonat in Pyrid.[1])	Breite Blättchen (aus Alk. od. H_2O)
66	β-Äthyl-glucosid (1,4)	$C_6H_{11}O_5 \cdot O \cdot C_2H_5$	Aus d. nachsteh. Monocarbonat d. Verseif. mit verd. NaOH[1])	Krystalldrusen (aus Essigest. $+$ Äth.); sehr hygroskop.
67	β-Äthyl-glucosid (1,4)-5,6-monocarbonat	$C_9H_{14}O_7$	Aus Glucose-aceton-monocarbonat mit 2,25 proz. alkohol. HCl bei 40—50°[1])	Seidige Nadeln (aus Äth.-Petroläth.)
68	2,3-Diacetyl-β-äthyl-glucosid-(1,4)-5,6-monocarbonat	$C_{13}H_{18}O_9$	Aus vorsteh. d. Acetyl. in Pyrid.[1])	Farbl. Nadeln (aus verd. Alk.)
69	Ps.-Glucal-äthyl-cycloacetal	$C_8H_{14}O_4$: [Strukturformel]	Aus Triacetylglucal → Kochen in H_2O → mit orthoameisensaurem Äthyl kochen (in Alk.) → Verseif.[1])	Stäbe, Prismen od. 4—6 seitig. Platten (aus Essigest. $+$ Petroläth.)
70	Dihydro-ps.-glucal-α-äthyl-cycloacetal	$C_8H_{16}O_4$	Durch Redukt. d. Vorigen[1])	Kleine Prismen (aus Essigest. $+$ Petroläth.)
71	Dihydro-ps.-glucal-β-äthyl-cycloacetal	$C_8H_{16}O_4$	Aus Diacetyl-dihydro-ps-glucal d. Acetalisierung in Alk. $+$ HCl u. Absp. d. Acetylgruppen[1])	Nadeln od. Prismen
72	β-Amino-äthyl-glucosid-chlorhydrat	$C_8H_{17}O_5N + HCl$	Durch Verseifung des Triacetats. Nur als Chlorhydrat bekannt[1])	Nadeln (aus Alk.)
73	Triacetyl-β-amino-äthylglucosid-bromhydrat	$C_{17}H_{23}O_8N + HBr$	Aus Bromtriacetyl-glucosamin-hydrobromid $+$ Morphin in Alk.[1])	Farbl. Nadeln (aus Alk.)
74	α-Propyl-glucosid	$C_6H_{11}O_5 \cdot O \cdot C_3H_7$	Aus Glucose in Propylalkohol mit untergär. Hefe[1])	Bittere Nadeln (aus Aceton)

Die Konstitutionsformel zu Nr. 69:

$$\begin{array}{l} O \cdot C_2H_5 \\ CH \\ | \\ CH \\ \| \\ CH \qquad O \\ | \\ HCOH \\ | \\ HC \\ | \\ H_2COH \end{array}$$

Schmelz- und Siedepunkt	Optisches Drehungsvermögen	Löslichkeit	Analytisches; Diverses	Literatur
106—107°	$[\alpha]_D^{16,5} = -27°,4'$ (in Benzol)	l. l. Äther, Benzol, Aceton; w. l. k. H_2O, Ligroin	—	[1] **Königs** u. **Knorr**: Ber. **34**, 971 (1901).
121°	$[\alpha]_D = +14,4°$ (in Alk., c = 2,57%)	—	—	[1] **Hickinbottom**: Soc. Lond. **1928**, 3140.
154°	$[\alpha]_D^{18} = -11,78°$ (in Essigest.)	—	—	[1] **Wrede**: Z. physiol. Chem. **115**, 284 (1921).
82—83°	$[\alpha]_D^{23} = +98°$; $[\alpha]_{5780}^{23} = +106°$; $[\alpha]_{5461}^{23} = +116°$ (in H_2O, c = 1,58%)	—	Reduz. weder Fehl. Lösg. noch k. Permanganat-Lösg. Wird d. $^1/_{100}$ n-HCl leicht gesp.	[1] **Haworth** u. **Porter**: Soc. Lond. **1929**, 2796.
159—160°; Sintert: 155°	$[\alpha]_{5780}^{21} = +143°$; $[\alpha]_{5461}^{21} = +157°$ (in Aceton, c = 1,71%)	—	—	[1] **Haworth** u. **Porter**: Soc. Lond. **1929**, 2796.
59—60°	$[\alpha]_D^{26,5} = -86°$; $[\alpha]_{5780}^{26,5} = -93°$; $[\alpha]_{5461}^{26,5} = -101°$ (in H_2O, c = 0,9%)	—	Reduz. weder Fehl. Lösg. noch k. $KMnO_4$-Lösg. Wird durch $^1/_{100}$ n-HCl leicht gesp.	[1] **Haworth** u. **Porter**: Soc. Lond. **1929**, 2796.
164—165°	$[\alpha]_{5780}^{19} = -50,6°$; $[\alpha]_{5461}^{19} = -55,0°$ (in H_2O, c = 1,1%)	s. l. l. H_2O, Alk., Aceton, Chlorof.; s. w. l. trock. Äth.	—	[1] **Haworth** u. **Porter**: Soc. Lond. **1929**, 2796.
79—81°	$[\alpha]_{5780}^{23} = -39°$; $[\alpha]_{5461}^{23} = -42°$ (in Aceton, c = 0,93%)	viel l. l. als das α-Diacetat	—	[1] **Haworth** u. **Porter**: Soc. Lond. **1929**, 2796.
100—101°	$[\alpha]_D^{20} = +100,3°$ (in Alk.); +71,26° (in H_2O)	s. l. l. H_2O; l. Alk., h. Essigester; z. l. Äth., h. Benzol; schw. l. Petroläth.	Reduz. nicht. — Sehr empfindl. gegen verd. Säuren. **Diacetat**: $C_{12}H_{18}O_6$. Lange, dünne, prismat. Nadeln (aus Alk.). F = 81—82°. $[\alpha]_D^{18} = +102,8°$ (in Benzol). schw. l. H_2O; z. l. l. Alk.; s. l. l. Äther, Essigest., Benzol. $Kp_{0,1} = 130°$	[1] **Bergmann**: A. **443**, 223 (1925).
72—72,5°	$[\alpha]_D^{20} = +137,3°$ (in H_2O); +139,8° (in H_2O); $[\alpha]_D^{17} = +156,1°$ (in Alk.)	s. l. l. H_2O, CH_3OH, Alk.; l. l. Äth., Essigester, Aceton, Benzol; schw. l. Petroläth.	**Diacetat**: $C_{12}H_{20}O_6$. Öl. $Kp_{0,5} = 125—127°$. $[\alpha]_D^{20} = +117,9°$ (in Alk.). $n_D^{20} = 1,4457$	[1] **Bergmann**: A. **443**, 223 (1925).
95°	$[\alpha]_D^{20} = -29,5°$ (in H_2O, c = 5%)	—	—	[1] **Bergmann**: A. **443**, 223 (1925).
213—214° (Z.)	$[\alpha]_D^{20} = -27,75°$ (in H_2O, c = 2,7%)	unl. außer Alk.	Emulsin spaltet nicht	[1] **Irvine** u. **Hynd**: Soc. Lond. **103**, 41 (1913).
250° (Z.) —	$[\alpha]_D^{20} = +12,5°$ (in CH_3OH, c = 1,8%)	—	—	[1] **Irvine** u. **Hynd**: Soc. Lond. **103**, 41 (1913).
—	$[\alpha]_D = +140,8°$ (in H_2O, c = 1,136%)	l. l. H_2O; z. l. Aceton, Essigester	Wird von α-Glucosidase hydrol.	[1] **Bourquelot**, **Hérissey** u. **Bridel**: Compt. rend. **156**, 1493 (1913).

Nr	Name	Formel, Konstitution	Vorkommen, Bildung, Darstellung	Krystallogr. Eigenschaften
75	β-Propyl-glucosid	$C_6H_{11}O_5 \cdot O \cdot C_3H_7$	Aus Glucose in Propylalkohol $+ HCl$[1]. Aus Glucose in wässer. Propylalk. mit Emulsin[2])[3]	Glänz. Krystall-büschel. Bitter[2]
76	β-Isopropyl-glucosid	$C_9H_{18}O_6:$ CH_3 $\mid$ $CH \cdot O \cdot C_6H_{11}O_5$ $\mid$ CH_3	Aus Glucose in Isopropylalk. mit Emulsin[1]	Hygrosk. bittere Nadeln (aus Essigest.)
77	β-Isopropyl-glucosid-tetracetat	$C_{17}H_{26}O_{10}$	Aus Triacetyl-glucose-(1,2)-an-hydrid in Isopropylalk. u. Nach-acetylieren[1]	Nadeln (aus Alk.)
78	β-n-Butyl-glucosid	$CH_3 \cdot (CH_2)_3 \cdot O \cdot C_6H_{11}O_5$	Aus Glucose in n-Butylalk. u. $H_2O +$ Emulsin[1]	Farbl. hygroskop. Nadeln. In reinem Zustand nicht hygroskop.
79	β-Isobutyl-glucosid	$C_{20}H_{20}O_6:$ $(CH_3)_2 \cdot CH \cdot CH_2 \cdot O$ $\cdot C_6H_{11}O_5$	Aus Glucose $+$ Isobutylalk. $+$ Emulsin[1]	Geruchl. Nadeln
80	β-Amylenhydrat-glucosid	$C_{11}H_{22}O_6 + H_2O$	D. Verseif. des Acetates. Dieses aus Acetobromglucose in Amylen-hydrat $+ Ag_2CO_3$[1]	Nadeln (aus Essigest.). Bitter
81	β-Isoamyl-glucosid	$C_{11}H_{22}O_6$	Aus Glucose mit Isoamylalk. u. Emulsin[1]	Geruchl. bittere Nadeln (aus Essigest.)
82	Triacetyl-β-amino-amylglucosid-hydrobromid	$C_{12}H_{18}O_7N \cdot O \cdot C_5H_{11}$ $+ HBr$	Aus Bromtriacetylglucosaminhy-drobromid mit Amylalk. in Pyr.[1]	Nadeln (aus Äth. $+$ 40proz. Alk.)
83	α-Glykol-glucosid	$CH_2OH \cdot CH_2 \cdot O$ $\cdot C_6H_{11}O_5$	Aus Glucose $+$ Glykol mit α-Glu-cosidase in H_2O[1]	Farbl. hygr. Na-deln (aus Alk. $+$ Essigest.)
84	β-Glykol-glucosid	$C_8H_{16}O_7$	Aus Glucose in verdünnt. Glykol $+ HCl$ gesättigt[1]. Aus Glykol $+$ Acetobromglucose mit Ag_2CO_3 u. Extrakt. mit h. Alk. und Verseifen d. Acetats[2]) Aus Glucose in verd. Glykol mit Emulsin[3]	Derbe Krystalle (aus Alk.). Süß-bitter. Hygroskop.[2]
85	β-Propandiol-glucosid	$C_9H_{18}O_7:$ CH_3 $\mid$ $CHOH$ $\mid$ $CH_2 \cdot O \cdot C_6H_{11}O_5$	Aus Glucose in verd. Propandiol $+$ Emulsin[1]	Weiße, amorphe Masse
86	β-Glycerin-glucosid	$C_9H_{18}O_8:$ CH_2OH $\mid$ $CHOH$ $\mid$ $CH_2 \cdot O \cdot C_6H_{11}O_5$	Aus Glucose in Glycerin $+ HCl$.[1]) Aus Glucose mit verd. Glycerin $+$ Emulsin[2]). Aus Hexacetyl-glycerin-glucosid d. Verseif[3]	Sirup[1]). Sphär. Prismen[2]). Amorphe Masse[3]
	1-Tetracetylglucosido-aceton-glycerin	$C_{20}H_{30}O_{12}$	Aus Acetobromglucose $+$ Glyce-rinaceton mit Ag_2CO_3[2]	Krystalle (aus Benzol $+$ Äther)

Schmelz- und Siedepunkt	Optisches Drehungsvermögen	Löslichkeit	Analytisches; Diverses	Literatur
103°[3])	$[\alpha]_D = -34,9°$ (in H_2O)[2]); $[\alpha]_D = -38°, 68'$ (in H_2O, $c = 2,07\%$)[3])	—	Wird von Emulsin hydrol.	[1]) **Fischer** u. **Beensch**: Ber. **27**, 2478 (1894). [2]) **Bourquelot** u. **Bridel**: Compt. rend. **155**, 86 (1912). [3]) **Bourquelot** u. **Bridel**: Ann. chim. phys. [8] **28**, 145 (1913).
123—125°	$[\alpha]_D^{18} = -36,3°$ (in H_2O)	l. H_2O, Essigester	Wird von Emulsin hydrol.	[1]) **Bourquelot** u. **Bridel**: Compt. rend. **155**, 854 (1912).
134—135°	$[\alpha]_D = -23,4°$ (in Alk.)	—	—	[1]) **Hickinbottom**: Soc. Lond. **1928**, 3140.
—	$[\alpha]_D = -35,4°$ (in H_2O, $c = 3\%$)	—	Emulsin spaltet	[1]) **Bourquelot** u. **Bridel**: Ann. chim. phys. [8] **28**, 145 (1913).
113,5°	$[\alpha]_D = -39°, 18'$ (in H_2O, $c = 2,17\%$)	—	Emulsin spaltet	[1]) **Bourquelot** u. **Bridel**: Compt. rend. **155**, 437 (1912); Ann. chim. phys. [8] **28**, 145 (1913).
113°; H_2O-frei: 126—127°	$[\alpha]_D^{20} = -17,2°$ (in H_2O)	l. l. H_2O, Alk.; z. l. l. Essigest.; f. unl. Äth., Petroläth.	Emulsin hydrol. langsam, verd. Säuren schnell. **Tetracetat:** $C_{19}H_{30}O_{10}$. Feine Nadeln. $F = 122$—$123°$. l. l. Alk. z. l. l. Aceton, Essigest., Benzol; schw. l. H_2O	[1]) **Fischer** u. **Raske**: Ber. **42**, 1465 (1909).
99—100°	$[\alpha]_D^{17} = -36,4°$ (in H_2O, $c = 2,2\%$)	—	—	[1]) **Bourquelot** u. **Bridel**: Compt. rend. **155**, 854 (1912); Ann. chim. phys. [8] **28**, 145 (1913).
227° (Z.) —	$[\alpha]_D = +10,4°$ (in CH_3OH, $c = 1,69\%$)	—	—	[1]) **Irvine** u. **Hynd**: Soc. Lond. **103**, 41 (1913).
—	$[\alpha]_D^{18} = +135°, 48'$ (in H_2O)	l. l. H_2O, Alk.; f. unl. Äth., Essigester	Reduz. nicht. — Wird von α-Glucosidase od. verd. Säuren leicht hydrol.	[1]) **Bourquelot** u. **Bridel**: Compt. rend. **157**, 1024 (1913); **158**, 1229 (1914); — **Bourquelot**: C. **1918**, I, 98.
137—138°[1]) (k.); 136—137°[2]); 104°[3])	$[\alpha]_D = -30,55°$ (in H_2O)[3])	s. l. l. H_2O; z. schw. l. Alk.; s. schw. l. Essigest., Äth., Benzol	Reduz. nicht. Wird v. Emulsin od. verd. Säuren hydrol. **Tetracetat:** $C_{16}H_{24}O_{11}$. Große, farbl. Prismen (aus h. H_2O). $F = 100$—$102°$. $[\alpha]_D^{16} = -26,23°$ (in H_2O). l. l. H_2O, h. Benzol, Essigester, Äth.; s. schw. l. Petroläth. Reduz. nicht	[1]) **Fischer**: Ber. **26**, 2400 (1893). [2]) **E. u. H. Fischer**: Ber. **43**, 2529 (1910). [3]) **Bourquelot** u. **Bridel**: C. **1914**, II, 2003. — **Bourquelot**: Ann. chim. phys. [9] **4**, 310 (1915).
—	$[\alpha]_D = -30°, 32'$ (in H_2O, $c = 15,2\%$)	—	Wird von Emulsin gespalten. Das entsprechende α-Glucosid (mit α-Glucosidase) nicht isoliert	[1]) **Bourquelot, Bridel** u. **Aubry**: Compt. rend. **160**, 214 (1915).
130—135°[2]); 132°	$[\alpha]_D = -28,16°$ (in H_2O)[2]); $[\alpha]_D^{18} = -27,72°$ (in H_2O)[3]) $[\alpha]_D^{26} = -20,77°$ (in Chlorof.)	s. l. l. H_2O, Alk.; f. unl. Äth. l. l. Benzol, h. Alk., w. l. Äth., k. H_2O	Nicht einheitl. Reduz. nicht. **Hexamethyl-Deriv.:** $C_{15}H_{30}O_8$. Öl. $Kp_{12} = 190$—$192°$[4]). **Tetracetat:** $C_{17}H_{26}O_{12}$. Amorphe Masse. D. Verseif. d. Acetonverbdg. mit H_2SO_4[3]). **Hexacetat:** $C_{21}H_{30}O_{14}$. D. Acetylier. d. Tetracetats. Krystalle (aus 96proz. Alk.). $F = 98°$. $[\alpha]_D^{15} = -30,96°$ (in Alk.) l. l. Alk.; s. w. l. H_2O[3])	[1]) **Fischer** u. **Beensch**: Ber. **27**, 2478 (1894). [2]) **Bayliss**: C. **1913**, II, 974. — **Bourquelot, Bridel** u. **Aubry**: Compt. redn. **164**, 831 (1917). [3]) **Karrer** u. **Hurwitz**: Helv. **5**, 864 (1922). [4]) **Gilchrist** u. **Purves**: Soc. Lond. **127**, 2735 (1925).

Nr	Name	Formel, Konstitution	Vorkommen, Bildung, Darstellung	Krystallogr. Eigenschaften
87	α-Allyl-glucosid	$C_9H_{16}O_6$: CH_2 ‖ CH │ $CH_2 \cdot O \cdot C_6H_{11}O_5$	Aus Glucose in wässer. Allylalk. mit untergär. Bierhefe[1]	Farbl. geruchl. mikroskop. Nadeln (aus Aceton). Süß
88	β-Allyl-glucosid	$C_9H_{16}O_6$	Aus Acetobromglucose u. Allylalk. mit Ag_2CO_3 u. Verseif.[1]. Aus Glucose in Allylalk. mit Emulsin[2]	Farbl. Krystalle (aus Aceton)[1][2]
	β-Bromallyl-glucosid	$C_9H_{15}O_6Br$	Aus Tetracetyldibromallyl-glucosid d. Verseif. mit Baryt.[1]	Farbl. Prismen (aus Essigest.)
89	β-Cetyl-glucosid	$C_{22}H_{44}O_6$	Aus Acetobromglucose mit Cetylalk. u. Ag_2CO_3 in Äther u. Verseifung[1]	Kleine, biegsame, farbl. Nadeln (aus Essigest. od. Chlorof.)[1][2]
90	β-Myricyl-glucosid	$C_{36}H_{72}O_6$	Aus Acetobromglucose + Myricylalk. in Äther mit Ag_2CO_3 u. Verseif.[1]	Farbl. Tafeln (aus Alk.)
91	β-Ceryl-glucosid	$C_{33}H_{66}O_6$	Ebenso mit Cerylalkohol[1]	Hexagon. Tafeln (aus CH_3OH) od. Blättchen (aus Chlorof.)
92	β-Geraniol-glucosid	$C_{16}H_{28}O_6 + H_2O$	Findet sich in d. Natur in Pelargoniumarten. Aus Acetobromglucose u. Geraniol in Äther mit Ag_2O u. Verseifung[1]. Aus Glucose u. Geraniol in Aceton mit Emulsin[2]	Feine lange Nadeln + 1 H_2O (aus H_2O). Sehr bitter[1]
93	β-d-Citronellol-glucosid	$C_{16}H_{30}O_6$	Aus Acetobromglucose u. d-Citronellöl in Äther + Ag_2CO_3 u. Verseifung[1]	Farbl. bitterer Sirup
94	β-d,l-Milchsäure-glucosid	$C_9H_{16}O_8$: $HOOC \cdot CH \cdot O \cdot C_6H_{11}O_5$ │ CH_3	Aus Acetobromglucose u. Milchsäurem-Silber in Benzol u. Verseifung[1]	Amorph
95	d,l-Milchsäure-glucose-ester-tetracetat	$C_{17}H_{24}O_{12}$: $C_{14}H_{19}O_9 \cdot O \cdot OC \cdot CHOH$ │ CH_3	Nebenprod. bei d. Darst. d. Vor.[1]	Nadeln (aus Alk.)
96	β-Glykolsäure-glucosid	$C_8H_{14}O_8$	Aus Acetobromglucose mit Glykolsäureäthylester + Ag_2O u. Verseifung mit Baryt[1]	Zu Drusen vereinigte Blättchen (aus CH_3OH + Äth.). Sauer

Glykoside der Hexosen.

Schmelz- und Siedepunkt	Optisches Drehungsvermögen	Löslichkeit	Analytisches; Diverses	Literatur
85—$90°$	$[\alpha]_D = +131{,}72°$ (in H_2O, c $= 1{,}2\%$)	l. l. H_2O	Emulsin spaltet nicht	[1] **Bourquelot, Hérissey u. Bridel:** Compt. rend. **156**, 1493 (1913).
102 bis $103°$[1])[2]) (Sint.: $98°$)	$[\alpha]_D^{17} = -40{,}25°$ (in H_2O)[1]); $[\alpha]_D^{20} = -42{,}3°$ (in H_2O)[2])	s. l. l. H_2O, Alk., CH_3OH; z. l. Aceton, Essigester; f. unl. Äth., Benzol	Reduz. nicht. Emulsin spaltet. **Tetracetat:** $C_{17}H_{24}O_{10}$. $F = 89$ bis $90°$. Feine Nad. (aus verd. Alk.). $[\alpha]_D^{21} = -26{,}3°$ (in Chloroform)[1]).	[1] **Fischer:** Z. physiol. Chem. **108**, 3 (1920). — **Fischer u. Severin:** Ber. **45**, 2474 (1912). [2]) **Bourquelot u. Bridel:** Compt. rend. **155**, 437 (1912). — **Bourquelot, Hérissey u. Bridel:** Compt. rend. **156**, 1493 (1913).
127—$128°$	$[\alpha]_D^{17} = -49{,}72°$ (in H_2O)	l. l. H_2O, CH_3OH, Alk., h. Aceton, Essigest.; schw. l. Äther, Chlorof., Benzol; f. unl. Petroläther	**Tetracetyl-dibromallyl-β-glucosid:** $C_{17}H_{24}O_{10}Br_2$. Sechss. Prism. (aus Alk.). $F = 91$—$93°$. $[\alpha]_D^{21} = -11{,}4°$ (in Chl.); $[\alpha]_D^{16} = -10{,}54$ (in CH_3OH). Darstellg. aus obig. Tetracetat mit Brom[1])	
Sintert: $78°$[1])[2]); $F = 150°$[2]). 110—$145°$[1])	$[\alpha]_D^{24} = -22{,}02°$ (in Alk.)[1])	s. l. l. Benzol, Chl., Alk.; w. l. Essigest. s. schw. l. Äth.; unl. H_2O, Petroläther	Wird, in Eisessig gel., leicht von HCl hydrol. **Tetracetat:** $C_{30}H_{52}O_{10}$. Seidige Nad. (aus CH_3OH). $F = 71$—$73°$. $[\alpha]_D^{20} = -19{,}69°$ (aus Alk.). s. l. l. Alk., Äth., Aceton, Chl., Benzol, Essigest.; w. l. k. CH_3OH, Petroläth.[1]) **Tetrabenzoat:** $C_{50}H_{60}O_{10}$. Nadeln (aus Pyrid. + Alk.). $F = 65°$. $[\alpha]_D = +15{,}4°$ (in Chlorof.). l. l. Äth., Chlorof., Benzol, Pyrid.; w. l. Alk.[2])	[1] **Fischer u. Helferich:** A. **383**, 79 (1911) [2]) **Salway:** Soc. Lond. **103**, 1022 (1913).
$99°$	—	unl. H_2O; w. l. Chlorof., Äth., l. l. Pyrid., h. Alk.	**Tetracetat:** $C_{44}H_{80}O_{10}$. Blättchen (aus Aceton + Alk.). $F = 78$ bis $79°$. $[\alpha]_D = -10{,}8°$ (in Chlorof.). l. l. Äth., Chlorof., Benzol; w. l. k. Alk.	[1] **Salway:** Soc. Lond. **103**, 1022 (1913).
$94°$	—	—	**Tetracetat:** $C_{41}H_{74}O_{10}$. Farblose Blättchen (aus Alk.-Essigester). $F = 85$—$87°$. $[\alpha]_D = -14{,}1°$ (in Chlorof.)	[1] **Salway:** Soc. Lond. **103**, 1022 (1913).
$58°$[1])	$[\alpha]_D^{27} = -37{,}25°$ (in H_2O)[1])	s. l. l. H_2O; schw. l. Aceton, Essigest.; s. schw. l. Äther, Petroläther	Reduz. nicht. — Emulsin u. verd. Säuren spalten leicht. **Tetracetat:** $C_{24}H_{36}O_{10}$. Farblose, geruchl. Nadeln. $F = 29$—$30°$. $[\alpha]_D^{22} = -25{,}17°$ (in Alk.). s. l. l. Alk., Äth., Aceton, Essigester, Chlorof., Benzol; schw. l. H_2O, Petroläth.[1])	[1] **Fischer u. Helferich:** A. **383**, 77 (1911). [2]) **Bourquelot u. Bridel:** Compt. rend. **157**, 72 (1913); C. **1913**, II, 1309.
—	$[\alpha]_D^{20} = -28{,}59°$ (in Alk.)	l. Alk. u. and. Solv., außer H_2O u. Petroläther	Emulsin od. verd. Säuren spalten leicht. **Tetracetat:** $C_{24}H_{38}O_{10}$. Glänzende weiße Nadeln. $F = 30°$. l. lösl. außer H_2O; unl. Petroläth.	[1] **Hämäläinen:** Bioch. Z. **49**, 398 (1913).
—	$[\alpha]_D^{17} = -36{,}58°$ (in H_2O)	—	**β-Tetracetyl-glucosido-d,l-milchsaures Ammon.:** $C_{17}H_{27}O_{12}N$. Nadeln (aus Alk.). $F = 165°$. $[\alpha]_D^{16} = -34{,}92°$	[1] **Karrer, Nägeli u. Weidmann:** Helv. **2**, 242 (1919).
$174°$	$[\alpha]_D^{16} = -3{,}23°$	—	—	[1] **Karrer, Nägeli u. Weidmann:** Helv. **2**, 242 (1919).
165—$167°$	$[\alpha]_D^{21} = -44{,}11°$ (in H_2O)	s. l. l. H_2O, h. CH_3OH, l. Alk.; sonst schw. bis unl.	Reduz. nicht. — Verd. Säuren spalten. Emulsin hydrol. nicht. **Na-Salz:** $C_8H_{13}O_8Na$. Mikroskop. Blättchen	[1] **Fischer u. Helferich:** A. **383**, 83 (1911).

Nr	Name	Formel, Konstitution	Vorkommen, Bildung, Darstellung	Krystallogr. Eigenschaften
97	β-Tetracetyl-glucosido-glykol-saures Ammonium	$C_{16}H_{25}O_{12}N$	Aus Acetobromglucose mit glykol-saurem Silber in Toluol[1]	Nadeln (aus Alk.)
98	Tetracetyl-β-glucosido-glykol-säure-äthylester	$C_{18}H_{26}O_{12}$	Darst. s. Nr. 96[1]	Farbl. Nadeln (aus Alk.)
99	Glykolamid-glucosid-tetracetat	$C_{16}H_{23}O_{11}N + H_2O$: $CH_2 \cdot O \cdot C_{14}H_{19}O_9$ $\mid$ $CO \cdot NH_2$	Aus Glucosidoglykolsäureamid in Pyrid + Essigs.-Anh.[1]	Flache Prismen od. sechss. Tafeln (aus H_2O); farbl. feine Nadeln (aus Alk. + Äth.)
100	β-Glucosido-glykolsäureamid	$C_8H_{15}O_7N$	Durch Verseif. d. entspr. Acetats d. Äthylesters mit CH_3OH + NH_3[1]	Sechsseit. Prismen (aus Alk.)
101	α-Phenyl-glucosid	$C_6H_{11}O_5 \cdot O \cdot C_6H_5 + H_2O$	Aus Acetobromglucose u. Phenol in Chinolin, Trennung d. Isom. d. Krystall. aus CCl_4 u. Vers.[1]	Feine, farbl. Nad. (aus H_2O)[1]. Krystalle (aus Essigest.)[2]
102	α-Phenyl-glucosid-tetracetat	$C_{20}H_{24}O_{10}$	Siehe vorst.[1] Aus Triacetyl-glucose-1,2-anhy-drid + Phenol u. Acetylieren[2]	Farbl. lange Nadeln (aus Alk. od. H_2O)
103	β-Phenyl-glucosid	$C_{12}H_{16}O_6$: $\cdot O \cdot C_6H_{11}O_5$	Aus Acetobromglucose + Kalium-phenolat in Alk. u. Vers. d. Ace-tates[1]. Aus Acetochlorglucose + Natri-umphenolat in Äth. u. Verseif.[2]. Aus Acetobromglucose + Phenol in Chinolin, Trennung d. Isomer. d. Kryst. aus CCl_4 u. Verseif.[3] Aus Glucosylfluorid + Ba-Pheno-lat bei 100°[4]	Lange, farbl. Nadeln
104	β-Phenyl-glucosid-tetracetat	$C_{20}H_{24}O_{10}$	Siehe vorst.[1] Aus β-1-(Trichloracetyl)-tetra-cetylglucose u. Phenol[2]. Aus Acetobromglucose + Phenol in Benzol + Ag_2CO_3[3]	Große, prismat. Nadeln (aus Alk.). Bitter
105	2,4,6-Tribromphenyl-β-glucosid	$C_{12}H_{13}O_6Br_3$	Aus Acetobromglucose + Tri-bromphenol in Äther + NaOH[1]	Feine, farbl. Nadeln (aus Amylalk.). Sehr bitter
106	β-o-Kresyl-glucosid	$C_{13}H_{18}O_6$: $\cdot CH_3$ $\cdot O \cdot C_6H_{11}O_5$	Aus Acetochlorglucose mit O-Kresol + KOH in Alk.[1]	Bittere Nadeln

Glykoside der Hexosen.

Schmelz- und Siedepunkt	Optisches Drehungsvermögen	Löslichkeit	Analytisches; Diverses	Literatur
157°	$[\alpha]_D^{28} = -35,6°$ (in H_2O)	l. l. H_2O, h. Alk.; f. unl. Äther	Enthält 2 Mol. Alkohol	[1] **Karrer, Nägeli, Weidmann** u. **Wilbuschewich:** Helv. **2**, 242 (1919).
83—84°	$[\alpha]_D^{23} = -40,21°$ (in Alk.)	s. l. l. h. Alk., Äth., Aceton, Essigest., Chlorof.; w. l. k. Alk., Benzol; z. schw. l. H_2O; unl. Petroläth.	—	[1] **Fischer** u. **Helferich:** A. **383**, 83 (1911).
135—136° (wasserfrei); ist erst bei 155—156° ganz geschm.	$[\alpha]_D^{20} = -23,83°$ (in Aceton)	l. l. Essigest., Aceton, Chlorof., h. Benzol, h. Alk.; l. h. H_2O; schw. l. Äth., Petroläther	**Glykolnitril-glucosid:** $C_6H_{11}O_5 \cdot O \cdot CH_2 \cdot (C\equiv N)$. Amorph. Masse. **Tetracetat:** Kryst. (aus Acet. $+ H_2O$). $F = 129—130°$. $[\alpha]_D^{18} = -38,23°$ (in Aceton), s. l. l. h. H_2O, Aceton, Benzol, Essigest.; w. l. k. Äth., Alk., CH_3OH; f. unl. Petroläth.	[1] **Fischer** u. **Bergmann:** Ber. **50**, 1067 (1917). — **Fischer:** Ber. **52**, 197 (1919).
167°	$[\alpha]_D^{18} = -43,24°$ (in H_2O)	s. l. l. H_2O; schw. l. Alk., sonst f. unl.	—	[1] **Fischer** u. **Helferich:** A. **383**, 83 (1911).
173—174°[1]; 155—160°[2]	$[\alpha]_D^{20} = +180,8°$ (in H_2O)[1]; $[\alpha]_D = +157,0°$ (in Alk.)[2]	s. l. l. h. H_2O; z. w. l. k., l. l. h. Alk.; l. l. h. Aceton; z. w. l. Äth.	Emulsin spaltet nicht, wohl aber α-Glucosidase	[1] **Fischer** u. **Armstrong:** Ber. **34**, 2848 (1901). — **Fischer** u. **v. Mechel:** Ber. **49**, 2814 (1916). [2] **Hickinbottom:** Soc. Lond. **1928**, 3140.
115°[1]; 112°[2]	$[\alpha]_D^{20} = +165,4°$ (in Benzol)[1]; $[\alpha]_D = +162°$ (in Alk., c $= 1\%$)[2]	s. l. l. h. Alk.; l. l. Aceton, Chlorof., Benzol; z. w. l. h. H_2O; w. l. Äth.; s. w. l. k. Ligroin	Reduz. nicht Fehl. Lösg.	[1] **Fischer** u. **v. Mechel:** Ber. **49**, 2814 (1916). — **Fischer** u. **Armstrong:** Ber. **34**, 2885 (1901). [2] **Hickinbottom:** Soc. Lond. **1928**, 3140.
174—175°[2]; 171—172°[4]	$[\alpha]_D^{20} = -71,0°$ (in H_2O, c $= 4\%$)[2]; $[\alpha]_D^{18} = -65,6°$ (in H_2O)[4]	s. l. l. h. H_2O, Alk.	Wird von Emulsin gespalten. **β-Phenyl-6-brom-glucosid:** $C_{12}H_{15}O_5Br$. Weiße Nadeln (aus verd. Alk.). $F = 165°$. l. l. Äth., Aceton; l. Alk.; schw. l. Chlorof. — Darstell. aus Acetodibromglucose $+$ K-Phenolat in Chlorof.[5]	[1] **Königs** u. **Knorr:** Ber. **34**, 964 (1901). [2] **Fischer** u. **Armstrong:** Ber. **34**, 2885 (1901). [3] **Fischer** u. **v. Mechel:** Ber. **49**, 2814 (1916). [4] **Helferich, Bäuerlein** u. **Wiegand:** A. **447**, 27 (1926). [5] **W. S. Mills:** Chem. News **88**, 218 (1903)
127°[1][2]; 126°[3]	$[\alpha]_D^{20} = -29,04°$ bis $-29,80°$ (in Benzol)[1][2][3]	s. schw. l. h. H_2O; f. unl. k. H_2O; l. l. h., schw. l. k. Alk.; l. l. Chlorof., Benzol, Aceton	—	[1] **Fischer** u. **Armstrong:** Ber. **34**, 2885 (1901). — **Fischer** u. **v. Mechel:** Ber. **49**, 2814 (1916). [2] **Helferich** u. **Gootz:** Ber. **62**, 2788 (1929). [3] **Carter:** Ber. **63**, 586 (1930).
207—208°	$[\alpha]_D^{26} = -23,29°$ (in Pyrid.)	l. l. h. Alk., Benzol, Aceton; l. h. H_2O; s. schw. l. Äth., Petroläth., Essigester	Verd. Säuren od. Alkalien hydrol. **Tetracetat:** $C_{20}H_{21}O_{10}Br_3$. Lange, biegs. Nad. (aus Alk.). $F = 193$ bis $194°$. $[\alpha]_D^{25} = -8,89°$ (in Pyridin). l. l. h. Alk., Äth.; s. w. l. h. H_2O[1]. Über weitere **Derivate mit organ. Säuren** siehe [2]	[1] **Fischer** u. **Strauß:** Ber. **45**, 2472 (1912). [2] **Odén:** C. **1918**, II, 1034; **1919**, III, 256, 540.
163—165°	—	l. l. H_2O, Alk.; f. unl. Äther	Emulsin spaltet. **m- und p-Kresyl-glucoside:** $F = 167,5—168,5°$ resp. 175 bis 177° ebenfalls krystallis. in Nadeln erhalten	[1] **Ryan:** Soc. Lond. **75**, 1056 (1899); **79**, 705 (1901).

Tabelle 74 (Fortsetzung).

Nr	Name	Formel, Konstitution	Vorkommen, Bildung, Darstellung	Krystallogr. Eigenschaften
107	m-Kresotinsäure-β-glucosid	$C_{14}H_{18}O_8$: ·COOH ·O·$C_6H_{11}O_5$ ·CH_3	Aus Acetobromglucose u. d. Silbersalz d. m-Kresotinsäure in Xylol, neben d. entspr. Ester; Extrakt. mit verd. NH_3, Ansäuern mit HCl u. Verseif. d. Acetates[1]	Krystalle (aus Alk.)
108	p-Kresotinsäure-β-glucosid	$C_{14}H_{18}O_3$	Wie vorsteh., jedoch mit der p-Säure[1]	Krystalle (aus H_2O)
109	β-Thymyl-glucosid	$C_{16}H_{24}O_6 \cdot H_2O$: ·CH_3 ·O·$C_6H_{11}O_5$ CH · (CH_3)_2	Aus Acetochlorglucose u. Thymol + NaOH in Alk.[1]	Glänz. Blättchen
110	β-Anisyl-glucosid	$C_{14}H_{20}O_7 \cdot H_2O$: ·$CH_2$·O·$C_6H_{11}O_5$ ·O·CH_3	Aus Glucose u. Anisalkohol in wässer. Aceton + Emulsin[1]	Farbl. Nadeln (aus h. Essigest.)
111	β-Guajacol-glucosid	$C_{13}H_{18}O_7$: ·O·$C_6H_{11}O_5$ ·O·CH_3	Aus Acetochlorglucose + Guajakol-Natrium in Alk.[1]	Feine weiße Nadeln. Bitter
112	β-Resorcin-glucosid	$C_{12}H_{16}O_7$: ·OH ·O·$C_6H_{11}O_5$	Aus Acetobromglucose u. Resorcin in Äther + NaOH[1]	Farbl. Nadeln (aus H_2O). Bitter
113	β-Resorcin-glucosid-pentacetat	$C_{22}H_{26}O_{12}$	Aus Acetobromglucose u. Resorcin in Chinolin erwärmen u. nachacetylieren in Pyrid.[1]	Farbl. Nadeln od. Prismen (aus Alk.)
114	Arbutin (β-Hydrochinon-glucosid)	$C_{12}H_{16}O_7 \cdot H_2O$: ·O·$C_6H_{11}O_5$ · OH	Kommt in d. Natur vor in Ericaceen Darst. d. wässer. Extrakt. d. Naturstoffe Synthet. aus Acetobromglucose u. Hydrochinon + Ag_2CO_3 und Verseifen d. Acetates[1]	Feine, farbl. seidige Nadeln + 1 H_2O. Wird bei 110-115° wasserfrei. Bitter
115	Pentamethyl-arbutin	$C_{12}H_{11}O_2 \cdot (OCH_3)_5$	D. Methylierung von Verb. 114 mit $(CH_3)_2SO_4$ + NaOH oder $CH_3J + Ag_2O$[1]	Weiße Nadeln (aus Alk.)
116	Arbutin-pentacetat	$C_{12}H_{11}O_7 \cdot (CO·CH_3)_5$	Acetyl. von Verb. 114 mit Essigs.-Anh.[1]	Weiße Nadeln od. Schuppen (aus verd. Alk.)
117	Arbutin-pentabenzoat	$C_{12}H_{11}O_7 \cdot (OC_7H_5)_5$	Benzoyl. von Verb. 114 in NaOH[1]	Nadeln (aus Alk.)

Glykoside der Hexosen.

Schmelz- und Siedepunkt	Optisches Drehungsvermögen	Löslichkeit	Analytisches; Diverses	Literatur
142°	$[\alpha]_D^{20}=-56{,}2°$ (in H_2O)	—	Tetracetat: $C_{22}H_{26}O_{12}$. Krystalle (aus Alk.$+H_2O$). F $=145°$. $[\alpha]_D^{20}=-28{,}3°$ (in Chlorof.)[1]. Über d. entspr. Ester u. andere Isomere siehe im Original	[1] Josephson: A. **464**, 227 (1928).
148—149°	$[\alpha]_D=-48{,}4°$ (in H_2O)	s. l. l. H_2O	Tetracetat: Nad. (aus Alk.$+H_2O$). F $=161°$. l. l. Alk.; s. w. l. H_2O. Über den Ester u. Isomere siehe im Original	[1] Josephson: C. **1927**, I, 1444.
100°	—	l. l. h. H_2O, Alk.; w. l. k. H_2O	Emulsin spaltet. Isomeres: β-Carvacryl-glucosid: $C_{16}H_{24}O_6 \cdot {}^1/_2 H_2O$. Weiße Nad. F $=135°$[2])	[1] Drouin: Soc. chim. France [3] **13**, 5 (1895). [2] Ryan: Soc. Lond. **75**, 1056 (1899).
70—80°; wasserfrei: 137—138°	$[\alpha]_D=-53°{,}33'$ (in H_2O)	l. H_2O; w. l. Essigester	Reduz. nicht. — Emulsin spaltet rasch, verd. Säuren langsam	[1] Bourquelot u. Ludwig: Compt. rend. **158**, 1377 (1914).
157°	—	l. l. h., w. l. k. H_2O; schw. l. Alk.; unl. Äther	Leicht hydrol. von Säuren und Alkalien. β-Eugenol-glucosid: $C_{16}H_{22}O_7$. Nadeln. F $=132°$. l. l. h. Alk.; w. l. k. Alk.; unl. Äth., k. Benzol	[1] Michael: Am. chem. J. **6**, 336 (1894/95).
190°	$[\alpha]_D^{23}=-70{,}41°$ (in H_2O)	l. l. H_2O, h. Alk.; sonst schw. bis unlösl.	Emulsin od. verd. Säuren hydrol.	[1] Fischer u. Strauss: Ber. **45**, 2468 (1912).
118—119°	$[\alpha]_D^{18}=-40{,}1°$ (in Benzol)	l. l. Aceton, Essigester, Chlorof., h. Alk., Benzol; schw. l. Äth.; s. w. l. h. H_2O; unl. Petroläther	—	[1] Fischer u. Bergmann: Ber. **50**, 711 (1917).
163—164° (200° wasserfrei)[1]; 143° (ohne $H_2O=$ 195°)[2]; 170° (194° wasserfrei)[3]	$[\alpha]_D^{17}=-60{,}34°$ (in H_2O)[1]; $[\alpha]_D=-60{,}38°$ (in H_2O); $-63{,}84°$ (für wasserfreie Substanz)[2]; $[\alpha]_D^{25}=-62{,}26°$ (in H_2O)[3]	l. l. h. H_2O; w. l. k. H_2O, Alk.; f. unl Äther	Reduz. nicht. Färbt eine wässer. Eisenchlorid-Lösg. blau. Wird von verd. Säuren, von Emulsin, Arbutase u. Tyrosinase zerlegt[4]. Additionsprod. m. Hexamethylentetramin: $C_{12}H_{16}O_7 \cdot N_4(CH_2)_6$. Farbl. Kryst. l. l. H_2O, Alkohol, CH_3OH; sonst unl.[1]	[1] Mannich: Arch. Pharm. **250**, 547 (1912). [2] Hérissey: Compt. rend. **151**, 444 (1910). — Bourquelot u. Hérissey: Compt. rend. **146**, 764 (1908). [3] Moelwyn-Hughes: C. **1928**, II, 1076. [4] Sigmund: Monatsh. f. Chem. **30**, 77 (1909). — Bourquelot u. Hérissey: Compt. rend. de la Société de Biologie **47**, 578 (1895).
75,5°	$[\alpha]_D^{18}=-43{,}2°$ (in Aceton); $-48{,}2°$ (in Alk.); $-41{,}0°$ (in Chlf.)	l. l. Aceton, Äth., Alk., Chloroform, Benzol; w. l. k. H_2O	—	[1] Macbeth u. Mackay: Soc. Lond. **123**, 717 (1923).
144—145°	—	unl. H_2O; s. l. l. Alk.; z. l. Äther	Tetracetat: $C_{20}H_{24}O_{11}$. Weiße Prismen (aus verd. Alk.). F $=136°$; unl. H_2O; s. l. l. h. Alk.	[1] Mannich: Arch. Pharm. **250**, 547 (1912).
159—165°	—	w. l. h. Alk.	**Monobenzoylarbutin:** $C_{12}H_{15}O_7(OC_7H_5)$. Feine Nadeln (aus H_2O). F $=184{,}5°$. l. h., unl. k. H_2O[2])	[1] Strecker: A. **118**, 292 (1861). — Hlasiwetz u. Habermann: A. **177**, 343 (1875). [2] Wilmar: C. **1904**, I, 1308.

Tabelle 74 (Fortsetzung).

Nr	Name	Formel, Konstitution	Vorkommen, Bildung, Darstellung	Krystallogr. Eigenschaften
118	Benzyl-arbutin	$C_{19}H_{22}O_7 \cdot H_2O$	Aus Arbutin u. Benzylbromid + KOH in Alk.	Farbl. Nadeln
119	Benzal-arbutin	$C_{19}H_{20}O_{12}$	Kompon. mit wasserfr. Na_2SO_4 bei 165°[1])	Krystalle (aus CH_3OH)
120	Methyl-arbutin	$C_{13}H_{18}O_7 \cdot H_2O$: $\cdot O \cdot C_6H_{11}O_5$ $O \cdot CH_3$	Kommt meist neben Arbutin in der Natur vor. Kann auch aus Arbutin d. Methylierung mit CH_3J u. KOH in CH_3OH gewonnen werden[1]). Synthet. aus Acetonchlorglucose u. Methylhydrochinon-Kalium in Alkohol[2])	Farbl. seidige Nadeln. Bitter
121	β-Glucosido-hydrochinoncarbon-säure-5-methyläther	$C_{14}H_{18}O_9$	Aus Acetobromglucose und dem Silbersalz der Säure in Toluol; Verseif. d. Acetates[1])	Farbl. Nadeln (aus Alk.)
122	Hydrochinonsäure-tetracetyl-β-glucose-ester	$C_{21}H_{24}O_{13}$	Entsteht als Nebenprod. bei d. Darstell. d. Vorig.[1])	Farbl. Nadeln (aus h. Alk.)
123	β-Phloroglucin-glucosid (Phlorin)	$C_{12}H_{16}O_8$: $\cdot OH$ $HO \cdot \bigcirc \cdot O \cdot C_6H_{11}O_5$	Entsteht bei d. Spaltung d. Phlorrhizins mit Barytwasser[1]). Aus Acetobromglucose u. Phloroglucin in alkal. Lösg. u. Verseif.[2])	Tetragon. Kryst. (aus H_2O)[2])
124	Phloroglucin-2-tetracetylgluco-sido-4-methyläther-1-aldehyd	$C_{22}H_{26}O_{13}$: $\cdot CH{=}O$ $HO \cdot \bigcirc \cdot O \cdot C_{14}H_{19}O_9$ $O \cdot CH_3$	Aus Acetobromglucose u. Phloroglucinaldehyd-4-methyläther in Aceton + KOH[1])	Krystalle (aus Alk.)
125	α-Benzyl-glucosid	$C_{13}H_{18}O_6$: $\cdot CH_2 \cdot O \cdot C_6H_{11}O_5$	Aus α-Acetojodglucose und Benzylalk. mit Chinolin in h. Benzol, kochen u. nachher verseifen[1])	Krystalle (aus Essigest.)
126	β-Benzyl-glucosid	$C_{13}H_{18}O_6$	Aus Acetobromglucose u. Benzylalk. in Äther mit Ag_2O u. Verseifen d. Acetates[1]). Entsteht auch d. Emulsin auf Glucose + Benzylalk. in H_2O[2])	Feine Nadeln (aus Essigest.)[1])
127	2,3,4-Triacetyl-benzyl-glucosid-6-bromhydrin	$C_{19}H_{23}O_8Br$	Aus Acetodibromglucose u. Benzylalk. mit Ag_2O[1])	Lange, farbl. Nad. (aus Alk.)
128	β-o-Methoxy-benzyl-glucosid	$C_{14}H_{20}O_7$	Kompon. in verd. Aceton + Emulsin[1])	Farbl. geruchl. bittere Nadeln (aus Essigest.)
129	β-Benzyl-2-amino-glucosid-chlorhydrat	$C_{13}H_{19}O_5N \cdot HCl$	Verseifen des d. Kondens. von Bromtriacetylglucosaminhydrobromid u. Benzylalk. in Pyrid. erhaltenen Acetates[1])	Krystalle (aus CH_3OH + Äth.)

Schmelz- und Siedepunkt	Optisches Drehungsvermögen	Löslichkeit	Analytisches; Diverses	Literatur
161°	$[\alpha]_D^{17}=-44{,}47°$ (in 95proz. Alk. f. H_2O-freie Subst.)	l. l. Alk.; l. l. h., s. w. l. k. H_2O	—	[1] Schiff u. Pellizzari: A. 221, 368 (1883).
218°	$[\alpha]_D=-24{,}2°$ (in CH_3OH, c=0,4%)	w. l. H_2O; l. l. h. CH_3OH	—	[1] Ekenstein u. Blanksma: Rec. 25, 153 (1906).
175—176°[2] (wasserfrei); 158—160° (wasserhaltig)	$[\alpha]_D=-63°,43'$ (in H_2O, für H_2O-freie Substanz)[2]	s. l. l. h., z. l. k. H_2O; s. l. l. Alk.; w. l. Äther	Tetracetat: $C_{21}H_{26}O_{11}$. Nadeln (aus verd. Alk.). F=95,5—96,5°[3]. Über Nitro-Derivate d. Arbutins siehe [4]	[1] Schiff: Ber. 15, 1841 (1882). [2] Michael: Ber. 14, 2098 (1881). [3] Mannich: Arch. Pharm. 250, 547 (1912). [4] Schiff u. Pellizzari: A. 221, 366 (1885). — Schiff: A. 154, 242 (1870). — Hlasiwetz u. Habermann: A. 177, 343 (1875). — Bourquelot u. Hérissey: J. Pharm. et Chim. [6] 27, 421 (1907).
166°	$[\alpha]_D^{20}=-39{,}63°$ (in H_2O)	s. l. l. H_2O; l. l. Alk.; unl. Äth.	Methylester: $C_{15}H_{20}O_9$. F=83°. $[\alpha]_D^{20}=-48{,}52°$. Tetracetat: $C_{22}H_{26}O_{13}$. Farblose Krystalle (aus Alk.). F=172 bis 174°. $[\alpha]_D^{20}=-32{,}13°$	[1] Karrer u. Mitarbeiter: Helv. 4, 130 (1921).
185°	$[\alpha]_D^{18}=-39{,}82°$	—	-5-Methyläther: $C_{22}H_{26}O_{13}$. Nadeln (aus Alk.). F=163°; schwerer lösl. als das Glucosid	[1] Karrer u. Mitarbeiter: Helv. 4, 130 (1921).
239° (Z.)[2]	$[\alpha]_D^{20}=-74{,}79°$ (in H_2O)[2]	s. l. l. H_2O, Alk.; schw. l. Aceton; s. w. l. Äther	Emulsin od. verd. Säuren hydrol.	[1] Cremer u. Seuffert: Ber. 45, 2565 (1912). [2] Fischer u. Strauß: Ber. 45, 2471 (1912).
177°	—	—	Phloroglucin-4-tetracetylglucosido-2-methyläther-1-aldehyd: Kryst. (aus Äth.+Alk.). F=151°; l. l. Benzol; w. l. Äther; schw. l. H_2O	[1] Karrer, Lichtenstein u. Helfenstein: Helv. 12, 991 (1929).
122°	$[\alpha]_D^{13}=+131{,}0°$ (in H_2O)	—	Tetracetat: $C_{21}H_{26}O_{10}$. Krystalle (aus Alk.+Äth.). F=111°. $[\alpha]_D^{15,5}=+143{,}3°$ (in Chlorof.); $[\alpha]_D^{16}=+134{,}3°$ (in Alk.)	[1] Helferich u. Gootz: Ber. 62, 2788 (1929).
123—125°[1]	$[\alpha]_D^{20}=-55{,}59°$ (in H_2O)[1]	s. l. l. H_2O, Alk.; z. schw. l. Essigest., Aceton; s. schw. l. Benzol, Äth., Chloroform; unl. Petroläther	Reduz. nicht. Emulsin spaltet. Tetracetat: $C_{21}H_{26}O_{10}$. Weiße, seidige Nad. (aus verd. Alk.). F=96—101°. $[\alpha]_D^{22}=-49{,}51°$ (in Alk.)[1]; $[\alpha]_D^{15}=-53{,}0°$ (in Chlorof.)[3]; s. l. l. CH_3OH, Acet., Äth., Benzol, Chlorof.; l. Alk.; s. schw. l. H_2O; unl. Petroläther	[1] Fischer u. Helferich: A. 383, 71 (1911). [2] Bourquelot u. Bridel: Compt. rend. 155, 523 (1912). [3] Helferich u. Gootz: Ber. 62, 2788 (1929).
141°	$[\alpha]_D^{20}=-46{,}76°$ (in Chlorof.)	—	3, 4, 6-Triacetyl-β-benzylglucosid: $C_{19}H_{24}O_9$. Sirup[2]	[1] Fischer u. Zach: Ber. 45, 463 (1912). [2] Hickinbottom: Soc. Lond. 1928, 3140.
127—128°	$[\alpha]_D=-52°,24'$ (in H_2O)	z. l. l. H_2O, Alk.	Über Nitrobenzyl-glucoside siehe im Original	[1] Bourquelot u. Ludwig: Compt. rend. 158, 1037 (1914).
176° (Z.)	$[\alpha]_D=-51{,}2°$ (in H_2O, c=1%)	—	Triacetyl-β-benzyl-2-amino-glucosid-bromhydrat: $C_{12}H_{18}O_7N \cdot O \cdot C_7H_7 \cdot HBr$. Krystalle (aus Äth.+Alk.). Z=235—236°. $[\alpha]_D^{20}=+52{,}11°$ (in CH_3OH, c=1,37%)	[1] Irvine u. Hynd: Soc. Lond. 103, 41 (1913).

Nr	Name	Formel, Konstitution	Vorkommen, Bildung, Darstellung	Krystallogr. Eigenschaften
130	β-Phenyläthyl-glucosid	$C_{14}H_{20}O_6$	Aus Glucose u. Phenyläthylalk. + Emulsin[1])	Farb- u. geruchl. bittere Nadeln (aus Essigest. + Äth.)
131	β-Cinnamyl-glucosid	$C_{15}H_{20}O_6$	Glucose + Cinnamylalk. + Emulsin in H_2O[1])	Nadeln (aus Aceton + Äth.)
132	β-Salicyl-glucosid (β-Saligenin-glucosid)	$C_{13}H_{18}O_7 + 4 H_2O$: $\cdot CH_2 \cdot O \cdot C_6H_{11}O_5$ $\cdot OH$	Aus Glucose u. Saligenin in verd. Aceton + Emulsin[1])	Lange Nadeln. Geruchlos. Bitter
133	Salicin (β-Salicylalkohol-glucosid)	$C_{13}H_{18}O_7$: $\cdot CH_2OH$ $\cdot O \cdot C_6H_{11}O_5$	In der Natur weit verbreitet in Salix- und Populusarten in Rinde, Blättern und Blüten. Aus Populin (s. d.) d. Kochen mit Barytwasser od. Kalkmilch und Fällen d. Benzoesäure mit Eisenchlorid[1]). Synthet. d. Redukt. von Helicin (s. d.) mit Na-Amalg. od. Zn-Staub + verd. H_2SO_4[2])	Weiße Nadeln, Blättchen od. rhomb. Prismen[3])
134	Pentamethyl-salicin	$C_{18}H_{28}O_7$	Methyl. v. Salicin mit CH_3J + Ag_2O in CH_3OH → Aceton → CH_3J[1])	Nadeln (aus Petroläth.)
135	Salicin-pentacetat	$C_{23}H_{28}O_{12}$	Acetylisierung v. Salicin mit Na-Acetat u. Essigs.-Anh.[1])	Krystalle
136	Salicin-tribenzoat	$C_{34}H_{30}O_{10}$	Benzoyl. von Salicin mit Benzoylchlorid + NaOH[1])	Krystall. Masse
137	Pentacetyl-(salicin-methyl-amin)	$C_{24}H_{31} \cdot O_{11}N$	Aus Tetracetyl-salicinbromid in CH_3OH + Methylamin[1])	Derbe Tafeln (aus CH_3OH)
138	Pentacetyl-(salicin-äthyl-amin)	$C_{25}H_{33}O_{11}N$	Ebenso, in Alk. + Äthylamin[1])	Farbl. Nadeln (aus 50proz. Alk.)
139	Disalicin-amin	$C_{26}H_{35}O_{12}N$	Aus Tetracetylsalicinbromid in CH_3OH + NH_3[1])	Farbl., sternf. geordn. Nadeln (aus H_2O)

Schmelz- und Siedepunkt	Optisches Drehungs- vermögen	Löslichkeit	Analytisches; Diverses	Literatur
—	$[\alpha]_D = -23°, 92'$ (in H_2O)	l. l. H_2O, Essigest.; unl. Äth.	Reduz. schwach Fehl. Lösg. Dürfte nicht ganz rein sein	[1] **Bourquelot** u. **Bridel:** Compt. rend. **156**, 827 (1913).
—	$[\alpha]_D = -46,46°$ (in H_2O)	l. l. H_2O	Reduz. nicht. Emulsin spaltet	[1] **Bourquelot** u. **Bridel:** Compt. rend. **156**, 827 (1913).
—	$[\alpha]_D = -37°, 5'$ (in H_2O)	z. l. H_2O	Reduz. schwach Fehl. Lösg.	[1] **Bourquelot** u. **Hérissey:** Compt. rend. **156**, 1790 (1913).
201°[4][5])	$[\alpha]_D^{20} = -45,6°$ (in Alk., c=0,6%)[4] $[\alpha]_D^{25} = -62,25°$ (in H_2O)[5]); $[\alpha]_D^{20} = -62,56°$ (in H_2O, c = 5%)[6]	l. k., s. l. l. h. H_2O; l. Alk.; unl. Äth.	Emulsin, Salicase[7]) spalten; nicht aber Invertin[8]). Verd. Säuren spalten. $MVW_V = 1523,0$ Cal. Gibt amorphe, weiße Verbindgn. mit Na u. Pb[10]). **Monobenzal-Salicin:** $C_{20}H_{22}O_7$. $F = 187°$. $[\alpha]_D = -48,3°$ (in Aceton). l. l. Aceton; w. l. Alk., H_2O, Chlorof., CH_3OH[11]). Ähnl. Verbindg. mit p-Toluyal, Salicylaldehyd siehe im Original	[1] **Piria:** A. **96**, 378 (1855). [2] **Lisenko:** Z. Chem. Pharm. **1864**, 577. [3] **Schabus:** Jahresber. Chem. **1854**, 628. [4] **Brauns:** Amer. Soc. **47**, 1280 (1925). [5] **Moelwyn-Hughes:** C. **1928**, II, 1076. [6] **Wegscheider:** Ber. **18**, 1600 (1885). [7] **Sigmund:** Monatsh. f. Chem. **30**, 77 (1909). [8] **Fischer:** Ber. **27**, 2985 (1894). [9] **Fischer** u. **Loeben:** C. **1901**, I, 895. [10] **Peckin:** Jahresber. Chem. **1868**, 484. — **Piria:** A. **30**, 176 (1839). [11] **Ekenstein** u. **Blanksma:** Rec. **25**, 153 (1906).
62—64°	$[\alpha]_D^{20} = -52,15°$ (in CH_3OH, c=4,7%)	—	**Dimethylsalicin:** $C_{15}H_{22}O_7$. Methyl. mit $(CH_3)_2SO_4 + NaOH$. Farbl. Prismen (aus Essigest. + Petroläth.). $F = 122°$[2])	[1] **Irvine** u. **Rose:** Soc. Lond. **89**, 818 (1906). [2] **Haworth:** Soc. Lond. **107**, 8 (1915).
131—132°	$[\alpha]_D^{20} = -18,34°$ (in Chlorof., c=8%)	—	**Halogen-Derivate** u. deren Acetate siehe im Original, sowie [2]	[1] **Brauns:** Amer. Soc. **47**, 1280 (1925). [2] **Zemplén:** Ber. **53**, 1005 (1920). — **Visser:** Arch. Pharm. **235**, 536 (1897). — **Piria:** A. **56**, 52 (1845). — **Schmidt:** Z. Chem. **1865**, 516.
90°	—	—	Über Di- u. Tetrabenzoate sowie Verbindgn. mit anderen organ. Säuren siehe [2]	[1] **Kueny:** Z. physiol. Chem. **14**, 368 (1890). [2] **Schiff:** A. **154**, 5 (1870). — **Ekenstein** u. **Blanksma:** Rec. **25**, 153 (1906). — **Odén:** C. **1919**, III, 539.
165°	$[\alpha]_D^{22} = -37,40°$ bis $-38,49°$ (in Chlorof.)	s. l. l. h. Alk., Aceton, Benzol, Chloroform; s. schw. l. Äth., H_2O	**Octacetyl-(-disalicin-methyl- amin):** $C_{44}H_{53}O_{20}N$. Nadeln. $F = 198$—200°. $[\alpha]_D^{24} = -34,70°$ bis $-35,40°$ (in Chlorof.) Über **Salicin-methylphenylamin** siehe im Original	[1] **Zemplén** u. **Kunz:** Ber. **55**, 982 (1922).
96—97°	—	l. l. Alk., Aceton, Chlorof., Benzol; schw. l. Äth.; f. unl. H_2O	**Octacetyl-(-disalicin-äthylamin):** $C_{44}H_{55}O_{20}N$. Nadeln. $F = 151$ bis 153°. Über **Salicin-diäthylamin** siehe im Original	[1] **Zemplén** u. **Kunz:** Ber. **55**, 982 (1922).
205° (Z.)	$[\alpha]_D^{23,5} = -45,82°$ (in n-HCl)	l. l. verd. Säuren; schw. l. h. H_2O; sonst s. schw. lösl.	**Dodekacetyl-trisalicinamin:** $C_{63}H_{75}O_{30}N$. Mikroskop. Nadeln. $F = 173$—175°. $[\alpha]_D^{24} = -45,13°$ (in Chlorof.)	[1] **Zemplén** u. **Kunz:** Ber. **55**, 982 (1922).

Tabelle 74 (Fortsetzung).

Nr	Name	Formel, Konstitution	Vorkommen, Bildung, Darstellung	Krystallogr. Eigenschaften
140	Tetracetyl-(salicil-trimethyl-ammoniumbromid)	$C_{24}H_{34}O_{10}NBr$	Aus Tetracetylsalicinbromid in Alk. + Trimethylamin[1])	Farbl. Nadeln
141	Tetracetyl-salicin-rhodanid	$C_{22}H_{25}O_{10}NS$	Aus Tetracetylsalicinbromid in Aceton + Rhodanammonium[1])	Prismat. Krystalle (aus Alk.)
142	Disalicin-disulfid	$C_{26}H_{44}O_{12}S_2$: $\left[\bigcirc \begin{matrix} \cdot CH_2 \cdot S\text{———} \\ \cdot O \cdot C_6H_{11}O_5 \end{matrix} \right]_2$	Aus vorsteh. in $CH_3OH + NH_3$ u. Verseif.[1])	Kleine mikroskop. Krystalle (aus H_2O)
143	Populin (Monobenzoyl-salicin)	$C_{20}H_{22}O_8 \cdot 2 H_2O$	Kommt neben Salicin in den Pappeln vor[1]). Synthet. aus Salicin mit Benzoylchlorid[2])	Sehr feine Nadeln. Süßlich
144	Helicin	$C_{13}H_{16}O_7 \cdot {}^3/_4 H_2O$: $\bigcirc \begin{matrix} \cdot CH{=}O \\ \cdot O \cdot C_6H_{11}O_5 \end{matrix}$	Durch Oxyd. von Salicin $+ HNO_3$[1]) Aus Acetochlorglucose + Salicylaldehydkalium in Alk.[2])	Feine Nadel-büschel
	Helicoidin	$C_{26}H_{34}O_{14}$	Beim Auflösen von Helicin in HNO_3 von 12° Bé, die Spuren v. Stickoxyd enthält. — Im selben Artikel auch Octacetat und Halogen-Derivate[1])	Nadeln
145	Helicin-tetracetat	$C_{21}H_{24}O_{11}$	Acetyl. v. Helicin mit Essigs.-Anh. u. Na-Acetat[1])	Seidige Nadeln od. Prismen
146	Helicin-cyanhydrin	$C_{14}H_{17}O_7N$	Aus Helicin + HCN in H_2O[1])	Quadr. Tafeln
147	Amino-helicin (HCl-Salz)	$C_{13}H_{17}O_6N \cdot HCl$	Aus Bromtriacetylglucosaminhydrobromid in Pyrid. mit Salicylaldehyd in Äther u. Verseif.[1])	Nadeln (aus Alk. + Äth.)
148	m-Oxybenzaldehyd-glucosid-tetracetat	$C_{21}H_{24}O_{11}$	Aus Acetobromglucose u. m-Oxybenzaldehyd + NaOH in Äther[1])	Farbl. Nadeln (aus Aceton + H_2O)
149	Salinigrin (m-Oxybenzaldehyd-glucosid)	$C_{13}H_{16}O_7$: $\bigcirc \begin{matrix} \cdot CH{=}O \\ \\ \cdot O \cdot C_6H_{11}O_5 \end{matrix}$	In d. Rinde von Salix discolor. Extrakt. mit H_2O[1])	Weiße Krystalle
150	Salicylsäure-anhydrid-glucosid	$C_{26}H_{30}O_{15}$: $\overset{CO \cdot O \cdot CO}{C_6H_{11}O_5 \cdot O \cdot \bigcirc \bigcirc \cdot O \cdot C_6H_{11}O_5}$	Aus 2 Mol. Acetochlorglucose u. 1 Mol. Dinatriumsalicylat in Alk. u. Vers.[1])	Nadeln

Glykoside der Hexosen.

Schmelz- und Siedepunkt	Optisches Drehungsvermögen	Löslichkeit	Analytisches; Diverses	Literatur
68° (Sintert: 65°)	$[\alpha]_D^{26} = -42,37°$ (in H_2O)	l. l. H_2O, Alk., Aceton; f. unl. Äth., Chlorof., Benzol	—	[1] Zemplén u. Kunz: Ber. **55**, 982 (1922).
135°	$[\alpha]_D^{22} = +48,35°$ (in Chlorof.)	l. l. Chlorof., Aceton; schw. l. Alk.; s. w. l. Äth.; f. unl. Petroläther	—	[1] Zemplén u. Hoffmann: Ber. **55**, 995 (1922).
193°	$[\alpha]_D^{16} = -46,8°$ (in Eisessig)	s. l. l. h. H_2O, Eisessig; l. h. Alk.; w. l. k. H_2O, k. Alk.; unl. Äth., Petroläther	**Octacetat:** $C_{42}H_{50}O_{20}S_2$. Feine lange Nad. (aus Alk.). $F = 188°$. $[\alpha]_D^{20} = +45,60°$ (in Chloroform). l. l. Chl., h. Acet.; schw. l. h. Alk., f. unl. k. Alk., Äth., Petroläth.	[1] Zemplén u. Hoffmann: Ber. **55**, 995 (1922).
180°	—	schw. l. k., l. h. H_2O; l. l. Alk.; schw. l. Äther	Emulsin spaltet nicht; verdünnte Säuren hydrolys.	[1] Braconnot: Ann. chim. phys. [2] **44**, 296 (1830). — Picard: Ber. **6**, 890 (1873). [2] Schiff: A. **154**, 5 (1870).
174—175°	$[\alpha]_D^{20} = -60,43°$ (in H_2O, $c = 1,35\%$)[3]; $-47,04°$ (in 50proz. Alk.)[4]	l. k., s. l. l. h. H_2O; unl. Äther	Emulsin od. verd. Säuren spalten $MVW_v = 1480,5$ Cal.[5]. Verwandelt sich beim Erhitzen auf 180—185° in **Isohelicin**[6]. **Helicinoxim:** $C_{13}H_{17}O_7N \cdot H_2O$. Feine weiße Nad. $F = 190°$. $[\alpha]_D^{20} = -78,32°$ (in Alk.)[7]. Über N-Phenylhelicin-aldoxime siehe [8]	[1] Piria: A. **56**, 64 (1845). — Schiff: A. **154**, 15 (1870). [2] Michael: Ber. **12**, 2260 (1879). [3] Landolt: Ber. **18**, 1600 (1885). [4] Sorokin: J. prakt. Chem. [2], **37**, 329 (1888). [5] Fischer u. Loeben: C. **1901**, I, 895. [6] Schiff: Ber. **14**, 318 (1881). [7] Tiemann u. Kees: Ber. **18**, 1657 (1885). [8] Scheibler: Ber. **44**, 763 (1911).
—	—	—		
142°	$[\alpha]_D^{20} = -23,48°$ (in Benzol); $-37,15°$ (in Aceton)[2]	l. l. h. Alk., Äth.; unl. H_2O	Krystallis. Mono- u. Tetrabenzoate siehe im Original[1]. Verbindungen mit and. organ. Säuren siehe Original [3]	[1] Schiff: A. **154**, 23 (1870). [2] Fischer u. Slimmer: Ber. **36**, 2578 (1903). [3] Schiff: A. **210**, 126 (1881); Ber. **12**, 2032 (1879); — Odén: C. **1919**, III, 539.
176°	—	l. l. h. Alk., h. H_2O	**Tetracetat:** $C_{22}H_{25}O_{10}$. Farbl., spieß. Kryst. $F = 162°$. $[\alpha]_D^{20} = -24,32°$ (in Aceton). Verbindungen d. Helicins mit organ. Basen siehe Originale [2]	[1] Fischer: Ber. **34**, 630 (1901). — Fischer u. Slimmer: Ber. **36**, 2575 (1903). [2] Erlenmeyer u. Arnold: C. **1905**, I, 339. — Tiemann u. Kees: Ber. **18**, 1657 (1885). — Schiff: Ber. **14**, 2561 (1881); A. **154**, 31 (1870).
$Z = 180°$	$[\alpha]_D = -8,97°$ (in H_2O)	—	**Triacetat (HBr):** $C_{11}H_{23}O_9N \cdot HBr$. Weiße Kryst. (aus Äth. + Petroläth.). $Z = 216°$. $[\alpha]_D^{20} = +200,09°$ (in CH_3OH, $c = 1,5\%$). Gibt ein Methylalkoholat, $[\alpha]_D = +43,49°$	[1] Irvine u. Hynd: Soc. Lond. **103**, 41 (1913).
105—107°	$[\alpha]_D^{23} = -43°, 22'$ (in Alk., $c = 1,67\%$)	l. Alk., Benzol, Aceton, h. H_2O	—	[1] Bargellini u. de Fazi: Gazz. chim. Ital. **45**, II, 10 (1915).
195°	$[\alpha]_D^{15} = -87,3°$ (in H_2O)	l. H_2O; schw. l. Alk.	Wird zu Glucose und m-Oxybenzaldehyd hydrol.	[1] Jowett: Proc. Lond. **16**, 89 (1901).
184—185°	—	w. l. H_2O, k. Alk.	**Octacetat:** $C_{26}H_{22}O_{15}(COCH_3)_8$. Nadeln. $F = 110—111°$. unl. H_2O	[1] Michael: Ber. **15**, 1922 (1882).

Tabelle 74 (Fortsetzung).

Nr	Name	Formel, Konstitution	Vorkommen, Bildung, Darstellung	Krystallogr. Eigenschaften
151	β-Salicylsäure-glucosid	$C_{13}H_{16}O_8$: •COOH •O•$C_6H_{11}O_5$	Aus Acetobromglucose + Silbersalicylat d. Kochen in Toluol; neben dem Ester. Trennung d. Extraktion d. Mutterlauge d. Esters mit sehr verd. NH_3 und Verseif.[1]	Krystalle
	Salicylsäure-tetracetyl-glucose-ester	$C_{21}H_{24}O_{12}$	Siehe vorsteh.[1]	Farbl. Krystalle (aus Alk.)
	β-Salicylsäure-methylester-glucosid	$C_{14}H_{18}O_8$	Methyl. d. Glucosids mit Diazomethan[1]	Krystalle mit 1 Mol. Alk.
152	m-Oxybenzoesäure-glucosid	$C_{13}H_{16}O_8$	Aus m-Oxybenzoesäuremethylester + Acetobromglucose und Verseif.[1]	Farbl. Nadeln (aus H_2O)
153	p-Oxybenzoesäure-glucosid	$C_{13}H_{16}O_8$	Aus Acetobromglucose + Na-phenolat des p-Oxybenzoesäuremethylester in Aceton u. Verseif.[1]	Krystalle
154	2-Oxy-4-methoxy-benzoesäure-β-glucosid	$C_{14}H_{18}O_9$	Aus d. Silbersalz d. Säure u. Acetobromglucose in Xylol u. Verseifung[1]	Krystalle (aus H_2O)
155	Gaultherin (α?-Salicylsäure-glucosid)[1]	$C_{14}H_{18}O_8 \cdot H_2O$: •$COOCH_3$ •O•$C_6H_{11}O_5$	In d. Natur in Betula-, Gaultheria-, Spiraea-, Polygala- und Erythroxylan-Arten[2]	Farbl. bittere Nadeln
156	o-Cumaraldehyd-glucosid	$C_{15}H_{18}O_7 \cdot H_2O$: •O•$C_6H_{11}O_5$ •CH=CH•CH=O	D. Kondens. von Helicin mit Acetaldehyd in schwach alkalisch. Lösg.[1]	Feine hellgelbe Nadeln
157	o-Cumaralkohol-glucosid	$C_{15}H_{20}O_7 \cdot H_2O$	D. Redukt. d. Vorig. mit Na-Amalg.[1]	Feine weiße Nad.
158	p-Cumarsäure-glucosid	$C_{15}H_{18}O_8$: •O•$C_6H_{11}O_5$ •CH=CH•COOH	Aus Acetobromglucose + p-Cumarsäure-methylester in Aceton + NaOH und Verseif.[1]	Farbl. Nadeln (aus H_2O)
159	Gluco-o-cumarsäure-methyl-keton	$C_{16}H_{20}O_7 \cdot H_2O$	Aus Helicin mit Aceton in schw. alkal. Lösg.[1]	Feine hellg. Nadeln
	Gluco-o-cumarsäure-methyl-ketoxim	$C_{16}H_{21}O_7N$	Aus vorsteh. + Hydroxylamin-HCl in schwach alkal.-alkohol. Lösg.[1]	Feine weiße Nad.
	Gluco-o-cumarincarbonsäure-äthylester	$C_{20}H_{26}O_{10}$	Aus Helicin + Malonsäureester in alk. Lösg. mit etwas Piperidin[2].	Weiße Nadeln (aus h. H_2O)
	α-Phenyl-o-glucocumarsäure-nitril	$C_{21}H_{21}O_6N$	D. Kondens. von Helicin mit Benzylcyanid[2][3]	Feine Nadeln

Glykoside der Hexosen.

Schmelz- und Siedepunkt	Optisches Drehungsvermögen	Löslichkeit	Analytisches; Diverses	Literatur
142° (Z.)	—	s. l. l. H_2O, h. Alk.; schw. l. k. Alk., Äth., Essigest.	**Tetracetat:** $C_{21}H_{24}O_{12}$. Krystalle. F = 167°. $[\alpha]_D = -28,47°$ (in Essigest.)	[1] **Karrer:** Ber. **50**, 833 (1917). — **Karrer** u. **Weidmann:** Helv. **3**, 252 (1920). — **Karrer, Nägeli** u. **Weidmann:** Helv. **2**, 425 (1919).
185°	$[\alpha]_D^{16} = -39,60°$ (in Chlorof.)	l. Alk., Chlorof.	—	
90—92°; ohne Alk. = 105°	—	l. l. Alk., H_2O	**Tetracetat:** $C_{22}H_{26}O_{12}$. Nadeln. F = 154°. $[\alpha]_D^{18} = -44,77°$. l. l. Alk.; w. l. H_2O	
143—144°	$[\alpha]_D^{20} = -68,41°$ (in H_2O)	l. l. h. Alk., H_2O; unl. Äther	**m-Oxybenzoesäuremethylester-glucosid-tetracetat:** $C_{22}H_{26}O_{12}$. Nadeln. F = 114—115°. **Entspr. Glucose-Ester:** Nadeln. F = 147°. $[\alpha]_D^{20} = -26,45°$ [2])	[1] **Mauthner:** J. prakt. Chem. [2], **88**, 764 (1913). [2] **Karrer** u. Mitarbeiter: Helv. **4**, 130 (1921).
213°	$[\alpha]_D^{17} = -79,2°$ (in H_2O)	—	**p-Oxybenzoesäuremethylester-glucosid:** $C_{14}H_{18}O_8$. Nad. F = 169°. $[\alpha]_D^{16} = -78,1°$ (in H_2O). **Tetracetat:** Nad. F = 162,5°. $[\alpha]_D^{17} = -24,0°$ (in Chloroform). Andere Isomere im Original. **Entspr. Glucose-Ester:** Kryst. F = 197°. $[\alpha]_D^{20} = -29,76°$ [2])	[1] **Sabalitschka** u. **Schweitzer:** Arch. Pharm. **267**, 675 (1929). [2] **Karrer** u. Mitarbeiter: Helv. **4**, 130 (1921).
163°	—	s. l. l. h. H_2O; z. l. l. k. H_2O; l. l. Pyridin; w. l. Alk.; kaum l. Äth., Benzol, Essigest.	Entspr. **Tetracetyl-glucoseester:** $C_{22}H_{26}O_{13}$. Kryst. F = 147°. $[\alpha]_D^{16} = -45,37°$. l. l. Pyridin, Essigest.; w. l. k., l. h. H_2O; w. l. k. Alk.	[1] **Karrer** u. **Weidmann:** Helv. **3**, 252 (1920).
—	Linksdrehend [3]	l. l. H_2O, Alk., Eisessig; f. unl. Äth., Chlorof., Benzol	Reduz. schwach Fehl. Lösg. — Wird von Emulsin nicht, aber von Gaultherase gespalten zu Gl. + Salicylsäuremethylester	[1] **Karrer:** Helv. **3**, 252 (1920). [2] **Köhler:** Ber. **12**, 246 (1879). [3] **Schneegans** u. **Gerock:** Arch. Pharm. **235**, 437 (1894); Ber. **27**, Ref. 883 (1894).
199°	Linksdrehend	schw. l. k. H_2O; schw. l. k., l. l. h. Alk., h. Aceton; unl. Äther	**Phenylhydrazon:** $C_{21}H_{24}O_6N_2$. Weiße Masse. F = 132°. schw. l. k., l. l. h. H_2O. **Oxim:** $C_{15}H_{19}O_7N \cdot 2\,H_2O$. Nad. F = 200°	[1] **Tiemann** u. **Kees:** Ber. **18**, 1955 (1885).
115°	—	l. l. Alk.; l. H_2O; unl. Äther	—	[1] **Tiemann** u. **Kees:** Ber. **18**, 1955 (1885).
194—195°	—	w. l. k. H_2O; schw. l. Benzol, Äth.	**p-Cumarsäuremethylester-glucosid-tetracetat:** $C_{24}H_{28}O_{12}$. Kryst. Masse	[1] **Mauthner:** J. prakt. Chem. [2] **97**, 217 (1918).
192°	—	schw. l. k. H_2O, Alk.; l. l. in der Wärme	Als Nebenprod. bildet sich: **Digluco-o-cumarketon:** $C_{29}H_{34}O_{13}$ $\cdot 4\,H_2O$	[1] **Tiemann** u. **Kees:** Ber. **18**, 1955 (1885). [2] **Hjelt** u. **Elving:** C. **1903**, I, 89. [3] **Fischer:** Ber. **34**, 629 (1901).
173°	—	l. h. H_2O, h. Alk.; unl. Äther	—	
152°	$[\alpha]_D^{20} = -7,02°$ (in Alk.)	l. l. h., w. l. k. H_2O; l. Alk.; unl. Äther	Emulsin spaltet nicht	
175—176°	$[\alpha]_D^{20} = -8,81°$ (in Alk.)	l. l. Alk., Aceton; schw. l. h. H_2O, Chlorof.	Emulsin spaltet nicht	

Nr	Name	Formel, Konstitution	Vorkommen, Bildung, Darstellung	Krystallogr. Eigenschaften
160	**Coniferin** (Laricin, Abietin)	$C_{16}H_{22}O_8 \cdot 2 H_2O$: $\cdot CH=CH \cdot CH_2OH$ $\cdot O \cdot CH_3$ $\cdot O \cdot C_6H_{11}O_5$	In Coniferen, Zuckerrüben, Spargel u. im allgem. in der Holzsubstanz der Pflanzen[1]	Weiße Krystalle (aus H_2O)[1]
161	**Syringin**	$C_{17}H_{24}O_9 \cdot H_2O$: $\cdot CH=CH \cdot CH_2OH$ $CH_3 \cdot O \cdot \quad \cdot O \cdot CH_3$ $\cdot O \cdot C_6H_{11}O_5$	In Flieder- u. Linguster-Arten. Extrakt. mit H_2O[1]. Aus Acetobromglucose mit dem K-Salz des [Dimethyl-pyrogalloyl-]-acroleïn in verd. äther. KOH; Isol. des Aldeh. u. Hefe-Redukt. mit nachf. Verseif. d. Acetyle[2]	Feine, farbl. Nadeln $+$ 1 Mol. H_2O[2]
162	**Syringaaldehyd-glucosid**	$C_{15}H_{20}O_9$: $\cdot CH=O$ $CH_3 \cdot O \cdot \quad \cdot OCH_3$ $O \cdot C_6H_{11}O_5$	D. Oxyd. einer wässer. Lösg. von Syringin mit Chromsäure[1]. Aus Syringaaldehyd + Acetobromglucose in Äther + NaOH, Verseif.[2]	Feine, farbl. Nadeln (aus Essigest.)
163	**Syringasäure-glucosid**	$C_{15}H_{20}O_{10} \cdot 2 H_2O$: $\cdot COOH$ $CH_3 \cdot O \cdot \quad \cdot O \cdot CH_3$ $\cdot O \cdot C_6H_{11}O_5$	In d. Rinde von Robinia pseudacacia[1]. D. Methyl. von Tetracetyl-glucosidogallussäure mit Diazomethan und Vers.[2]. Aus Acetobromglucose + Syringasäuremethylester in Äther + NaOH u. Verseif.[3]	Lange Nadeln (aus H_2O mit 2 Mol. H_2O)
164	**Protocatechualdehyd-glucosid**	$C_{13}H_{16}O_8$	Aus Acetobromglucose u. Protocatechualdehyd in alk. Lösg. u. Verseif.[1]	Nadeln (aus Essigest.)
165	**Vanillin-glucosid**	$C_{14}H_{18}O_8 \cdot 2 H_2O$: $\cdot CH=O$ $\cdot O \cdot CH_3$ $\cdot O \cdot C_6H_{11}O_5$	Kommt in d. Natur vor. Synthet. aus Acetobromglucose u. Vanillin in Äther + NaOH; Verseifung d. Acetyle[1]. Bildet sich auch aus Coniferin mit Chromsäure in H_2O[2]	Feine Nadeln, ab 100° wasserfrei
166	**Glucosido-vanillylalkohol**	$C_{14}H_{20}O_8 \cdot H_2O$: $\cdot CH_2OH$ $\cdot O \cdot CH_3$ $\cdot O \cdot C_6H_{11}O_5$	Aus vorsteh. d. Red. mit Na-Amalg. in H_2O[1]	Weiße Nadeln
167	**Glucosido-acetovanillon** (Androsin)	$C_{15}H_{20}O_8$	In d. Natur. — Synthet. aus Acetobromglucose + Acetovanillon in Aceton + NaOH u. Verseif.[1]	Farbl. Nadeln (aus H_2O)

434

Schmelz- und Siedepunkt	Optisches Drehungsvermögen	Löslichkeit	Analytisches; Diverses	Literatur
185°[1])	$[\alpha]_D^{20} = -66,90°$ (in H_2O, c=0,6%; für wasserfreie Subst.)[1]); $[\alpha]_D^{20} = -64,05°$ (in H_2O; f. wasserhalt. Subst.); $-70,08°$ (in H_2O; f. wasserfreie Substanz); $-36,86°$ (in Pyrid. f. H_2O-halt. Subst.); $-40,75°$ (in Pyrid. f. H_2O-freie Subst.)[2])	schw. l. k., l. l. h. H_2O; w. l. Alk.; unl. Äther	Emulsin od. verd. Säuren hydrol. **Tetracetat:** $C_{24}H_{30}O_{12}$. Krystalle. F=125—126°. l. l. h., w. l. k. Alk.; l. Äth.; unl. H_2O[3]). Über amorphes Tribenzoat[4], Cinnamoyl- und Stearylconiferin[5]) siehe die betreff. Originale	[1]) **Wegscheider:** Ber. **18**, 1600 (1885). [2]) **Zemplén:** Z. physiol. Chem. **85**, 414 (1913). [3]) **Tiemann** u. **Nagai:** Ber. 8, 1140 (1875). [4]) **Kueny:** Z. physiol. Chem. **14**, 367 (1890). [5]) **Odén:** C. **1919**, III, 539.
192°[2])	$[\alpha]_D^{20} = -17,25°$ (in H_2O, f. wasserfreie Subst.)[2])	l. l. h. H_2O, Alk., Äth.; unl. Benzol, Chlorof.	**4-(Tetracetyl-glucosido)-3,5-Dimethoxy-zimtaldehyd:** $C_{25}H_{30}O_{13}$. Farbl. Nadeln (aus 80proz. Alk.). F=182°. unl. H_2O; w. l. Äth.; l. l. Alk., Chlorof., Benzol[2])	[1]) **Körner:** Gazz. chim. Ital. **18**, 209 (1888). [2]) **Pauly** u. **Strassberger:** Ber. **62**, 2277 (1929).
162°[1]); 210—211[2])	$[\alpha]_D^{20} = -12,83°$ (in H_2O)[2])	l. l. H_2O, Alk.; s.w. l. k., l. l. h. Essigester; f. unl. Äther	**Phenylhydrazon:** F=156°. Nadeln[1]). **Oxim:** Nadeln[1]). **Tetracetat:** $C_{23}H_{28}O_{13}$. Farbl. Nadeln. F=158—159°. l. l. h. Alk., Benzol; w. l. Äther[2])	[1]) **Körner:** Gazz. chim. Ital. **18**, 209 (1888). [2]) **Mauthner:** J. prakt. Chem. [2] **124**, 313 (1930).
208°[3])[4]); 225° (ohne Wasser)	$[\alpha]_D^{16} = -18,18°$ (in H_2O)[2])	schw. l. k., l. l. h. H_2O	Gibt kryst. K- u. Ba-Salz[4]). **Tetracetylglucosido-syringasäuremethylester:** $C_{24}H_{30}O_{14}$. Nadeln. F=106—107°[3])	[1]) **Power:** Chem. Z. **25**, Ref. 527 (1901). [2]) **Fischer** u. **Bergmann:** Ber. **51**, 1804 (1918). [3]) **Mauthner:** J. prakt. Chem. [2] **82**, 271 (1910). [4]) **Körner:** Gazz. chim. Ital. **18**, 209 (1888).
73—74°	$[\alpha]_D^{11} = -36,21°$ (in H_2O)	l. l. H_2O, Alk.; w. l. Essigest.; unl. Benzol, Aceton	**Tetracetat:** $C_{21}H_{24}O_{12}$. Nadeln (aus Alk.). F=179—180°. $[\alpha]_D^{11} = -49,5°$. unl. H_2O, Äth., Benzol; w. l. Chlorof.; l. l. Alk., Acet., CH_3OH, Essigester	[1]) **Glaser** u. **Ueberall:** Bioch. Z. **138**, 192 (1923).
188—189°[1]); 192°[2])	$[\alpha]_D^{20} = -88,63°$ (in H_2O, c=0,9%)[1])	—	Emulsin od. verd. Säuren spalten. **Tetracetat:** $C_{22}H_{26}O_{12}$. Farblose Prismen. F=143—144°. l. l. Alk., Essigest.; schw. l. Äth.; f. unl. H_2O[1]). **Oxim:** $C_{14}H_{19}O_8N \cdot H_2O$. Nad. l. H_2O; w. l. Alk.; unl. Äth.[3]) **Phenylhydrazon:** $C_{20}H_{24}O_7N_2$. Krystall. Masse. F=195°[3])	[1]) **Fischer** u. **Raske:** Ber. **42**, 1465 (1909). [2]) **Tiemann:** Ber. **18**, 1596 (1885). [3]) **Tiemann** u. **Kees:** Ber. **18**, 1657 (1885).
120° (Z.); (S=60—80°)	Linksdrehend	l. l. Alk., H_2O; f. unl. Äther	Wird von Emulsin gesp.	[1]) **Tiemann:** Ber. **18**, 1597 (1885).
223—224°	—	w. l. k H_2O; l. h. Alk.; w. l. Äther, Benzol	**Tetracetat:** $C_{23}H_{28}O_{12}$. Farblose Kryst. (aus CH_3OH). F=156 bis 157°. l. l. h. Alk., h. Benzol, h. Aceton; schw. l. Ligroin	[1]) **Mauthner:** J. prakt. Chem. [2] **97**, 217 (1918).

Nr	Name	Formel, Konstitution	Vorkommen, Bildung, Darstellung	Krystallogr. Eigenschaften
168	Glucosido-vanillinsäure	$C_{14}H_{18}O_9 \cdot H_2O$	D. Oxyd. von Coniferin mit $KMnO_4$[1]	Feine prismat. Nadeln
169	Ferula-aldehyd-glucosid	$C_{16}H_{20}O_8 \cdot 2 H_2O$	D. Kondens. von Vanillinglucosid mit Acetaldehyd in schwach alkal. Lösg.[1]	Hellg. Nadeln
170	Glucosido-ferulasäure	$C_{16}H_{20}O_9$	Aus Acetobromglucose + Ferula-säuremethylester in Aceton + NaOH u. Verseif.[1]	Farbl. Nadeln (aus H_2O)
171	Picein (Glucosido-p-oxacetophenon)	$C_{14}H_{18}O_7 \cdot H_2O$: $\cdot CO \cdot CH_3$ (Ring) $\cdot O \cdot C_6H_{11}O_5$	In der Natur (Pinus Picea). Extrakt. mit verd. $NaHCO_3$-Lösg.[1]. Aus Acetobromglucose + p-Oxy-acetophenon u. Verseif.[2]	Prismat. Krystalle (aus H_2O) mit 1 Mol. H_2O
172	Glucosido-p-oxybenzophenon	$C_{19}H_{70}O_7$: (Ring) $\cdot CO \cdot$ (Ring) $\cdot O \cdot C_6H_{11}O_5$	Aus Acetobromglucose u. p-Oxy-benzophenon u. Verseif.[1]	Farbl. Nadeln (aus Essigest.)
173	Äsculin	$C_{15}H_{16}O_9 \cdot 2 H_2O$	In Rinde u. Früchten d. Kasta-nienbaumes. — Extrakt. mit H_2O[1]. Aus Äsculetin + Acetobromglu-cose in alkal. Lösg. u. Verseif.[2]	Kleine Prismen (aus H_2O od. verd. Alk.). Verliert bei 120 bis 130° das Krystall-wasser
174	β-m-Xylylenglykol-glucosid	$C_{14}H_{20}O_7 \cdot H_2O$	Kompon. mit Emulsin[1]	Nadeln
175	α-Naphthyl-carbinol-β-glucosid	$C_{17}H_{20}O_6$	Kompon. in Aceton mit Emul-sin[1]	Bittere Nadeln (aus H_2O)
176	β-[α-Naphthyl]-glucosid	$C_{16}H_{18}O_6 \cdot H_2O$: $\cdot O \cdot C_6H_{11}O_5$ (Ring)	Acetochlorglucose + α-Naphtol in alkoh. NaOH[1]	Mikroskop. Nadeln
177	β-[β-Naphthyl-]glucosid	$C_{16}H_{18}O_6$	Aus Acetobromglucose, β-Naph-thol u. KOH in CH_3OH[1]. Aus Acetochlorglucose + β-Naph-tholnatrium in Äther u. Verseif.[2]	Lange Nadeln
178	2-Phenyl-chinolin-4-carbon-säure-tetracetyl-glucose-ester	$C_{29}H_{29}O_{11}$: $\cdot CO \cdot O \cdot C_{14}H_{19}O_9$ (Ring) $\cdot C_6H_5$ N	Aus d. Silbersalz d. Säure + Ace-tobromglucose in Toluol[1]	Krystalle (aus Alk.)

Glykoside der Hexosen.

Schmelz- und Siedepunkt	Optisches Drehungsvermögen	Löslichkeit	Analytisches; Diverses	Literatur
211—212°	—	l. l. h., schw. l. k. H_2O; l. Alk.; unl. Äther	Emulsin spaltet. Gibt in H_2O l. lösl. Salze. Unlösl. nur d. Pb-Salz. **Tetracetat:** $C_{22}H_{26}O_{13}$. Nadeln (aus verd. Alk.). F = 181—182°. w. l. h. H_2O; l. l. h. Alk.[2])	[1]) **Tiemann** u. **Reimer:** Ber. 8, 515 (1875). [2]) **Tiemann** u. **Nagai:** Ber. 8, 1140 (1875).
200—202°	Linksdrehend	l. l. h. H_2O, Alk.; schw. l. k. H_2O; unl. Äther, Benzol, Chlorof.	**Oxim:** $C_{16}H_{21}O_8N$. Nadeln. F = 163°. l. l. Alk.; schw. l. k. H_2O; unl. Äth. **Phenylhydrazon:** Pulv. F = 212°. l. l. Alk.; f. unl. Äth., H_2O	[1]) **Tiemann:** Ber. 18, 3481 (1885).
186—187°	—	w. l. k. H_2O; schw. l. Äth., Benzol	**Tetracetyl-glucosido-ferulasäure-methylester:** $C_{25}H_{30}O_{13}$. Farbl. Nadeln (aus verd. CH_3OH). F = 125—126°. l. l. Alk., Benzol; z. w. l. Äther[1]). **Glucosido-ferulasäure-methyl-keton:** $C_{17}H_{22}O_8 \cdot 2 H_2O$. Hellg. Nadeln. F = 207°. l. l. h. H_2O, Alk.; unl. Äther[2])	[1]) **Mauthner:** J. prakt. Chem. [2] 97, 217 (1918). [2]) **Tiemann:** Ber. 18, 3481 (1885).
194°[1])[2])	$[\alpha]_D^{20} = -88,87°$ (in H_2O)[2])	l. l. h. H_2O, h. Alk.; s. w. l. k. H_2O, k. Alk.; unl. Äther, Chlorof.	Emulsin spaltet. Gibt ein Blei-Salz[1]). **Tetracetat:** $C_{22}H_{26}O_{11}$. Krystalle (aus CH_3OH). F = 172—173°. l. l. Alk., Äth.; unl. H_2O[2])	[1]) **Tanret:** Soc. chim. France [3] 11, 944 (1894). [2]) **Mauthner:** J. prakt. Chem. [2] 88, 764 (1913).
178—179°	$[\alpha]_D^{20} = -55,58°$ (in Alk.)	l. l. H_2O, Alk.; schw. l. k. Äther	**Tetracetat:** $C_{27}H_{28}O_{11}$. Farblose Nadeln (aus CH_3OH). F = 167 bis 168°. l. l. Alk.; w. l. h. Äth.	[1]) **Mauthner:** J. prakt. Chem. [2] 88, 764 (1913).
160°[1]); 205° (für H_2O-freie Subst.)	$[\alpha]_D^{11} = -146°$ (in CH_3OH)[2])	schw. l. h. H_2O; l. h. Alk.; l. Essigester, Eisessig; unl. Äther	Emulsin od. verd. Säuren spalten. Gibt Salze; Mg-Salz: l. l. H_2O; gelbe Masse[1]). **Tetracetat:** $C_{15}H_{12}O_9(COCH_3)_4$. Säulen od. Drusen (aus CH_3OH). F = 181—182°. $[\alpha]_D^{11} = -21°$ (in CH_3OH). z. w. l. H_2O, Äther; l. l. h. Alk. CH_3OH[2]). **Pentacetat:** $C_{15}H_{11}O_9(COCH_3)_5$. Kl. Nadeln (aus Alk.). F = 130°[3]). Dibromäsculin u. das entsprech. Pentacetat siehe im Original[4])	[1]) **Zwenger:** A. 90, 65 (1854). — Schiff: Ber. 14, 303 (1881). [2]) **Glaser** u. **Kraus:** Biochem. Z. 138, 183 (1923). [3]) **Schiff:** A. 161, 73 (1872). [4]) **Liebermann** u. **Knietsch:** Ber. 13, 1594 (1880).
85—95°	$[\alpha]_D = -46°, 86'$ (in H_2O)	l. l. H_2O; z. w. l. Essigest.	**p-Xylylenglykol-glucosid:** Prismat. Blättchen. F = 157—158°. $[\alpha]_D = -50°, 47'$ (in H_2O)	[1]) **Bourquelot** u. **Ludwig:** Compt. rend. 159, 213 (1914).
156—157°	$[\alpha]_D = -71,02°$ (in H_2O)	w. l. k., l. l. h. H_2O	Reduz. nicht. Emulsin spaltet	[1]) **Bourquelot** u. **Bridel:** Compt. rend. 168, 323 (1919).
147° (Sintert: 90°)	—	l. l. h. H_2O, Alk.; w. l. k. H_2O	Emulsin spaltet	[1]) **Drouin:** Soc. chim. France [3] 13, 5 (1895).
184—186°	—	l. l. h. H_2O, Alk.; l. k. Aceton	Emulsin spaltet. **Tetracetat:** $C_{24}H_{26}O_{10}$. Feine, federartige Nädelchen (aus Alk.). F = 135—136°[2])	[1]) **Ryan:** Soc. Lond. 75, 1055 (1899). [2]) **Fischer** u. **Armstrong:** Ber. 34, 2900 (1901).
151°	—	—	—	[1]) **Karrer:** Ber. 50, 833 (1917).

Tabelle 74 (Fortsetzung).

Nr	Name	Formel, Konstitution	Vorkommen, Bildung, Darstellung	Krystallogr. Eigenschaften
179	**Sambunigrin** (d-Mandelnitril-glucosid)	$C_{14}H_{17}O_6N$: O · $C_6H_{11}O_5$ —CH CN	In den Blättern d. schwarzen Holunder. Synthetisch: Aus d,l-Mandelsäure-äthylester + Acetobromglucose u. $Ag_2O \rightarrow$ d + l-Tetracetyl-glucosidomandelsäure-äthylester + $NH_3 \rightarrow$ d + l-Mandelamidglucosid + Pyrid. (die d-Form bleibt gelöst) $\rightarrow$ Acetyl. in Pyrid., Behand. des Acetats mit $POCl_3$ u. Verseifen des d,l-Mandelnitril-glucosids mit NH_3 u. Trennung d. Krystallisation[1]	Lange weiße Nadeln[2]
180	**Prunasin** (l-Mandelnitril-glucosid)	$C_{14}H_{17}O_6N$	Findet sich in einigen Pflanzen in d. Natur[1]. Aus Amygdalin mit Hefe[2]. Zur Synthese siehe vorstehende Verbindung. Literaturstelle[1][3]	Feine Nadeln (aus Chlorof.). Sehr bitter[1][2]
181	**Prulaurasin** (d,l-Mandelnitril-glucosid)	$C_{14}H_{17}O_6N$	In d. Natur in einigen Pflanzenteilen. — Extrakt. mit H_2O[1]. Aus Isoamygdalin mit Hefe[2]. Synthese wie bei d. Vorhergehenden[3]	Farbl. lange, sehr dünne Nadeln
182	**d-Mandelsäure-β-glucosid** (Sambunigrinsäure)	$C_{14}H_{18}O_8$: O · $C_6H_{11}O_5$ ·CH COOH	Aus der d,l-Form über das Chininsalz[1]	Feine, biegsame Nadeln in Büscheln (aus Amylalk.)
	d-Mandelsäure-β-tetracetyl-glucose-ester	$C_{22}H_{26}O_{12}$	Bildet sich als Nebenprod. bei d. Darstell. d. Vorsteh.[2]	Nadeln (aus Alk.)
183	**d-Mandelsäure-methylester-β-glucosid**	$C_{15}H_{20}O_8$	Methyl. d. Verb. 182 mit Diazomethan[1]	Farbl. Nadeln (aus Chlorof. + CCl_4)
184	**d-Mandelamid-glucosid-tetracetat**	$C_{22}H_{27}O_{11}N$	Darstell. siehe Synthese d. Sambunigrins[1]	Farbl. dünne Nadeln (aus Alk.)
185	**l-Mandelsäure-β-glucosid**	$C_{14}H_{18}O_8$	Aus d. Silbersalz d. Säure + Acetobromglucose in Toluol u. Verseifung[1]	Amorph
186	**β-Tetracetyl-glucosido-l-mandelsäure-tetracetyl-glucose-ester**	$C_{36}H_{44}O_{21}$	Als Nebenprod.; siehe Original[1]	Krystalle (aus Essigest.)

438

Schmelz- und Siedepunkt	Optisches Drehungsvermögen	Löslichkeit	Analytisches; Diverses	Literatur
151—152°[2])	$[\alpha]_D = -76,3°$ (in H_2O)[2])	l. l. H_2O, h. Alk.; l. Essigest.	Reduz. nicht Fehl. Lösg. Emulsin spaltet in Glucose + Benzaldehyd + HCN. **Tetracetat:** $C_{22}H_{25}O_{10}N$. Prismat. Nädelch. (aus Alk.). F = 125 bis 126°. $[\alpha]_D^{22} = -52,4°$ (in Essigest.). s. l. l. Essigest., Acet., Chlorof., Benzol, Eisessig; schw. l. Äther; l. h. H_2O; l. l. h. Alk.; s. w. l. Petroläther[1])	[1]) **Fischer** u. **Bergmann:** Ber. 50, 1047 (1917). [2]) **Bourquelot** u. **Danjou:** J. Pharm. et Chem. [6] 22, 385 (1905). — **Guignard:** Compt. rend. 141, 16, 448 (1905).
147—149°	$[\alpha]_D = -26°, 85'$ (in H_2O)	s. l. l. H_2O, Alk., Aceton; z. l. Essigester, Chlorof.	Emulsin spaltet in Glucose, Benzaldehyd u. HCN[4]). Sehr verd. Barytlösg. wandelt allmählich in Prulaurasin um[5]). **Tetracetat:** $C_{22}H_{25}O_{10}N$. Lange, flache, rosettenf. Nad. (aus Alk. + H_2O). F = 139—140°. $[\alpha]_D^{25} = -24,01°$ (in Essigest.)[3])	[1]) **Hérissey:** J. Pharm. et Chim. [6] 26, 194 (1907). [2]) **Fischer:** Ber. 28, 1509 (1895). [3]) **Fischer** u. **Bergmann:** Ber. 50, 1047 (1917). [4]) **Auld:** Soc. Lond. 93, 1276 (1908). [5]) **Caldwell** u. **Courtauld:** Soc. Lond. 91, 671 (1907).
123—125°[3])	$[\alpha]_D^{20} = -53,06°$ (in H_2O)[3])	l. l. H_2O, Alk., Essigester; f. unl. Äth.	Emulsin spaltet zu Glucose, Benzaldehyd u. HCN[2]). **Tetracetat:** $C_{22}H_{25}O_{10}N$. Orthorhomb. Nadeln. F = 120—123°. s. l. l. k. Alk.[4])	[1]) **Hérissey:** J. Pharm. et Chim. [6] 23, 5 (1906); 24, 537 (1906); 26, 198 (1907). [2]) **Bourquelot** u. **Hérissey:** J. Pharm. et Chim. [6] 26, 5 (1907). [3]) **Fischer** u. **Bergmann:** Ber. 50, 1047 (1917). [4]) **Caldwell** u. **Courtauld:** Soc. Lond. 91, 671 (1908).
175—177°; Z = 186°	$[\alpha]_D^{18} = +51,02°$ (in H_2O)	l. l. H_2O, CH_3OH, h. Alk.; l. h. Amylalk., Chinol., Pyrid., schw. l. Äth, Acet., Chlorof., Benzol	Emulsin spaltet nicht. **Chininsalz:** $C_{34}H_{42}O_{20}N_2$. Derbe, schräg abgeschn. Prismen. Z = 248°. $[\alpha]_D^{20} = -69,35°$ (in H_2O). l. l. h. H_2O; schw. l. CH_3OH, k. H_2O.	[1]) **Fischer:** Z. physiol. Chem. 107, 176 (1919) [2]) **Karrer, Nägeli** u. **Weidmann:** Helv. 2, 425 (1919).
163°	$[\alpha]_D^{14} = +5,14°$; $[\alpha]_D^{20} = +7,66°$	—	**Tetracetat:** $C_{22}H_{26}O_{12}$. Nadeln (aus Alk.). F = 166°. $[\alpha]_D^{14} = -5,34°$. l. l. H_2O, Alk., Pyrid.; schw. l. Äth., Essigest.[2])	
88—89°	$[\alpha]_D^{19} = +41,2°$ (in H_2O)	l. l. H_2O, Alk., Essigester, Chlorof., Pyrid.; w. l. Acet.; s. w. l. Äth., Benzol, CCl_4	Emulsin spaltet	[1]) **Fischer:** Z. physiol. Chem. 107, 176 (1919).
136—137°	$[\alpha]_D = -16,4°$ (in Aceton)	l. l. Essigest., Aceton, Benzol, Chloroform; z. l. l. k. Alk.; schw. l. Äth.; l. h. H_2O	Freies Glucosid: $C_{14}H_{19}O_7N$. Amorph (aus Pyrid.). Wird sehr langsam von Emulsin gespalten	[1]) **Fischer** u. **Bergmann:** Ber. 50, 1047 (1917).
—	$[\alpha]_D^{15} = -138,60°$	—	**Tetracetat:** $C_{22}H_{26}O_{12}$. Krystalle. F = 132°. $[\alpha]_D^{15} = -82,40°$. **l-Mandelsäureester-tetracetyl-glucosid:** $C_{22}H_{26}O_{11}$. F = 134°. $[\alpha]_D^{17} = -62,09°$	[1]) **Karrer, Nägeli** u. **Weidmann:** Helv. 2, 425 (1919).
235°	$[\alpha]_D^{11} = -74,96°$ (in Chlorof.)	l. l. Chl., h. Essigester; schw. l. Alk., Äth., k. Essigest.	—	[1]) **Karrer, Nägeli** u. **Weidmann:** Helv. 2, 425 (1919).

Nr	Name	Formel, Konstitution	Vorkommen, Bildung, Darstellung	Krystallogr. Eigenschaften
187	l-Mandelamid-glucosid	$C_{14}H_{19}O_7N$	Darstell. s. Synthese im Original[1])	Gibt eine in fein. Nadeln od. Prism. kryst. **Pyridin-Verbdg.** Pyridinfrei: amorph
188	d,l-Mandelsäure-β-glucosid (Prulaurasinsäure)	$C_{14}H_{18}O_8$	D. Verseif. von Tetracetylglucosi-do-mandelsäure-äthylester in $CH_3OH + NH_3$[1])	Amorphe, hygro-skop. Masse[1]). Aus Alk. m. 1 Mol. Alkohol: Kryst.[2])
189	d,l-Mandelsäure-β-glucosid-tetracetat	$C_{22}H_{26}O_{12}$	Silbersalz d. Säure + Acetobrom-glucose in Toluol[1])	Nadeln (aus verd. Alk.)
	d,l-Mandelsäure-tetracetyl-glucoseester	$C_{22}H_{26}O_{12}$	Als Nebenprod.[1])	—
190	β-Tetracetyl-glucosido-d,l-mandelsäure-äthylester	$C_{22}H_{29}O_{12}$	Aus d,l-Mandelsäureäthylester u. Acetobromglucose + Ag_2O[1])	Krystalle (aus Alk.)
191	β-[d,l-p-Methyl-mandelsäure]-tetracetyl-glucosid	$C_{23}H_{28}O_{12}$	Silbersalz d. Säure + Acetobrom-glucose in Toluol[1])	Farbl. feine Nadeln (aus Alk.)
192	d,l-Tetracetylglucosido-d,l-mandelsäure-d,l-tetracetyl-glucose-ester	$C_{36}H_{44}O_{21}$	Aus d,l-Acetobromglucose + dem Silbersalz der d,l-Mandelsäure in heiß. Toluol[1])	Krystalle (aus Chlorof. + Essigest.)
193	Linamarin (Phaseolunatin)	$C_{10}H_{17}O_6N$: $(CH_3)_2 = C<^{O \cdot C_6H_{11}O_5}_{CN}$	In d. Natur vorkommend, z. B. in Phaseolus lunatus[1]) Synthese: Aus Acetobromglucose u. α-Oxyisobuttersäure-äthyl-ester + $Ag_2O \rightarrow$ Tetracetylglucosi-do-α-oxyisobuttersäureäthylester + $NH_3 \rightarrow$ Glucosido-α-oxyiso-butyramid $\rightarrow$ Acetyl. in Pyrid. $\rightarrow$ $POCl_3 \rightarrow$ Tetracetyl-linamarin u. Verseifen mit NH_3[2])	Feine Nadeln (aus Essigest.)[2])
194	Tetracetyl-glucosido-α-oxyiso-buttersäure-äthylester	$C_{20}H_{30}O_{12}$	Siehe vorsteh. Synthese[1])	Feine Nadeln (aus Alk.)
195	Glucosido-α-oxyisobuttersäure	$C_{10}H_{18}O_8$	Siehe Synthese d. Linamarin. (Verseif. d. Vorsteh. mit Baryt)[1])	Harte Prismen
196	Glucosido-α-oxyisobuttersäure-amid	$C_{10}H_{19}O_7N$	Aus dem Äthylester mit NH_3 in CH_3OH[1])	Lanzettf. Nadeln (aus Alk.)
197	Orsellinsäure-tetracetyl-glucosido-ester	$C_{22}H_{26}O_{13}$	Acetobromglucose + Silbersalz d. Säure in Toluol[1])	Farbl. verfilzte Nadeln (aus Alk.)

Glykoside der Hexosen.

Schmelz- und Siedepunkt	Optisches Drehungsvermögen	Löslichkeit	Analytisches; Diverses	Literatur
—	—	l. l. H_2O, Alk.; w. l. Aceton, Essigest.; s. w. l. Äther	Emulsin spaltet leicht. **Tetracetat:** $C_{22}H_{27}O_{11}N$. Feine Nad. $F = 161°$ $[\alpha]_D^{18} = -90{,}15°$ (in Aceton). l. l. Chl., Acet., Essigester, h. Alk., h. Benzol; schw. l. in diesen Solv. in d. Kälte; s. schw. l. Äth.; l. h. H_2O; unl. Petroläth.	[1] **Fischer u. Bergmann:** Ber. **50**, 1047 (1917).
—	$[\alpha]_D^{16} = -56{,}0°$ (in H_2O)[1]); $[\alpha]_D^{11} = -27{,}83°$ bis $-33{,}18°$ (in H_2O)[2]	l. l. H_2O, Alk., h. Pyrid.; z. l. l. Aceton; s. w. l. Benzol, Essigest.; l. k. Amylalk.	**Ammonium-Salz:** Masse. $[\alpha]_D^{16} = -36{,}12°$[3]). **Methylester:** $C_{15}H_{20}O_8$. Amorph. $[\alpha]_D^{25} = -45{,}4°$ (in H_2O, c = 3,2 %)[1]	[1] **Fischer:** Z. physiol. Chem. **107**, 176 (1919). [2] **Karrer, Nägeli u. Weidmann:** Helv. **2**, 242 (1919). [3] **Karrer, Nägeli u. Lang:** Helv. **3**, 573 (1920).
150°	$[\alpha]_D^{15} = -36{,}97°$ bis $-43{,}46°$	—	**Chlorid u. Amid** siehe im Original	[1] **Karrer, Nägeli u. Weidmann:** Helv. **2**, 242 (1919). — **Karrer, Nägeli u. Lang:** Helv. **3**, 573 (1920).
—	—	l. l. Alk.	—	
102—109°; S = 90°	$[\alpha]_D = -33{,}0°$ bis $-40{,}1°$ (in Benzol)	l. l. Essigest., Aceton, Benzol, h. Alk; l. Äth., h. H_2O; f. unl. Petroläther	Reduz. nicht Fehl. Lösg.	[1] **Fischer u. Bergmann:** Ber. **50**, 1047 (1917).
149—150°	—	—	**Ester:** Nadeln. $F = 155°$. **β-[d,l-o-chlormandelsäure]-tetracetyl-glucosid:** $C_{22}H_{25}O_{12}Cl$. Kl. farbl. Nad. (aus verd. Alk.). $F = 182°$	[1] **Karrer u. Mitarbeiter:** Helv. **4**, 130 (1921).
227°	optisch inaktiv	s. w. l. h. Alk.	**d,l-Mandelsäure-d,l-tetracetyl-glucoseester:** $C_{22}H_{26}O_{12}$. Nadeln (aus Alk.). $F = 146°$. Opt. inaktiv	[1] **Karrer, Nägeli u. Smirnoff:** Helv. **5**, 141 (1922).
141°[1]); 141—142°[2]); 144—145°[3])	$[\alpha]_D^{18} = -29{,}1°$ (in H_2O)[2]); $[\alpha]_D^{28} = -27{,}7°$ (in H_2O)[3])	l. l. H_2O, k. Alk., h. Aceton; w. l. h. Essigest.; s. w. l. Äth., Benzol, Chloroform; f. unl. Petroläth.	Wird von einem spez. Emulsin (Phaseolunatase) in Glucose, HCN u. Aceton gesp. Emulsin spaltet langsam. Ebenso verd. Säuren[1]). **Tetracetat:** $C_{18}H_{25}O_{10}N$. Lange Nad. (aus Alk.). $F = 141°$. $[\alpha]_D^{14} = -10{,}66°$ (in Acet.). l. l. Acet., Essigest., Chl., Benzol, h. Alk., h. CH_3OH; schw. l. Äth.; s. schw. l. Petroläther[2])	[1] **Guignard:** Compt. rend. **142**, 545 (1906). — **Henry u. Dunstein:** Ann. chim. phys. [8] **10**, 118 (1907). [2] **Fischer u. Anger:** Ber. **52**, 854 (1919). [3] **Armstrong u. Horton:** C. **1912**, I, 1033.
114—115°	$[\alpha]_D^{20} = -11{,}23°$ (in Aceton)	l. l. Acet., Chlorof., Benzol, Essigest.; h. CH_3OH, Alk.; w. l. Äth.; z. l. h. H_2O	—	[1] **Fischer u. Anger:** Ber. **52**, 854 (1919).
146—147°	$[\alpha]_D^{20} = -23{,}06°$ (in H_2O)	l. l. H_2O, Alk., CH_3OH; schw. l. Essigest., Äther, Aceton	Reduz. nicht	[1] **Fischer u. Anger:** Ber. **52**, 854 (1919).
166—167°	$[\alpha]_D^{18} = -24{,}32°$ (in H_2O)	l. l. H_2O, CH_3OH, Eisessig, h. Alk.; sonst unl.	**Tetracetat:** $C_{18}H_{27}O_{11}N$. Farbl. Nad. (aus H_2O) od. sechsseitige Tafeln (aus Alk. + H_2O). $F = 159°$. $[\alpha]_D^{21} = -20{,}96°$ (in Acet.). l. l. CH_3OH, Aceton, Essigest., Chlorof., h. Benzol; w. l. h. H_2O; s. w. l. Äther; f. unl. Petroläther	[1] **Fischer u. Anger:** Ber. **52**, 854 (1919).
153°	$[\alpha]_D^{18} = -41{,}75°$	—	—	[1] **Karrer u. Mitarbeiter:** Helv. **4**, 130 (1921).

Tabelle 74 (Fortsetzung).

Nr	Name	Formel, Konstitution	Vorkommen, Bildung, Darstellung	Krystallogr. Eigenschaften
198	β-Glucosido-gallussäure (Glucogallin?)	$C_{13}H_{16}O_{10}$	Aus Acetobromglucose u. Gallussäureäthylester in Aceton$+$NaOH in Alkal. und Verseif[1]. Im chines. Rhabarber. Extrakt. mit k. Aceton[2]	Farbl. Nadeldrusen (aus H_2O). Enthält H_2O, welches bei 78° entweicht[1]. Kl. monokl. Krystalle[2]
199	Tetracetyl-glucosido-gallussäure-äthylester	$C_{23}H_{28}O_{14}$	Siehe vorstehend[1]	Farbl. Nadeln (aus Alk.)
200	β-p-Glucosidogallussäure-hexacetat	$C_{27}H_{32}O_{16}$	Aus d. Tetracetylglucosegallussäure d. Acetyl. in Pyrid.[1]	—
201	Phlorrhizin	$C_{21}H_{24}O_{10} \cdot H_2O$: $\cdot CO \cdot CH_2 \cdot CH_2 \cdot$ $HO \cdot \bigcirc \cdot O \cdot C_6H_{11}O_5 \bigcirc$ $HO \quad OH$	Findet sich in d. Rinde d. Obstbäume, besonders in d. Wurzelrinde. — Extrakt. mit verd. Alk.	Weiße, seidige Nadeln mit 2 Mol. H_2O (aus H_2O)
202	Phlorrhizin-tetracetat	$C_{29}H_{32}O_{13}$	Acetyl. mit Essigs.-Anh. $+$ Na-Acetat[1]	Pulver
	Phlorrhizin-Monoacetat	$C_{23}H_{26}O_{11} \cdot 2 H_2O$	Acetyl. mit Essigs.-Anh. bei 20°[2]	Kleine Nadeln (aus H_2O)
	Phlorrhizin-triacetat	$C_{27}H_{30}O_{13} \cdot H_2O$	Acetyl. bei 70°[2]	Amorph
	Phlorrhizin-Pentacetat	$C_{31}H_{34}O_{15} \cdot H_2O$	Kochen mit Essigs.-Anh.[2]	Porzellanartige Masse
203	Quercetin-glucosid-octacetat	$C_{37}H_{35}O_{20}$	Aus Acetobromglucose u. Tetracetylquercetin in Chinolin$+Ag_2O$[1]	Pulver
204	β-Alizarin-glucosid	$C_{20}H_{18}O_9$: $CO \cdot OH$ $\bigcirc\bigcirc \cdot O \cdot C_6H_{11}O_5$ CO	Aus Acetobromglucose u. Alizarin in Chinolin$+Ag_2O$ d. alkalische Verseif. od. aus der NH_3-Verbindg. d. saure Verseif[1]	Gelbe Nadeln (aus Alk.)
205	β-Alizarin-glucosid-tetracetat	$C_{28}H_{26}O_{13}$	Darstell. siehe vorsteh.[1]	Lange, goldgelbe Nadeln
206	2-(Tetracetyl-glucosido)-anthrachinon	$C_{28}H_{26}O_{12} + \frac{1}{2}$Alk.	Aus Acetobromglucose$+$2-Oxy-anthrachinon$+$Chinolin u. Ag_2O. Existiert in zwei Formen I u. II[1]	Rohprodukt: Hellgelbe Krystalle
	1. Form	—	—	Farbl. Nadeln
	2. Form	—	—	Blaßgelbe Nadeln od. Rosetten

442

Glykoside der Hexosen.

Schmelz- und Siedepunkt	Optisches Drehungsvermögen	Löslichkeit	Analytisches; Diverses	Literatur
Wasserhalt.: S = ca. 80°; wasserfrei: S = 155°, Z = 193°[1]. 200° (Z.)[2]	$[\alpha]_D^{20} = -21{,}30°$ (in H_2O)[1]	s. l. l. h. H_2O; l. l. Alk.; schw. l. h. Aceton, h. Äth.[1]	Reduz. nicht Fehl. Lösg.—Emulsin od. verd. Säuren spalt. leicht[1]	[1] **Fischer** u. **Strauss:** Ber. **45**, 3773 (1912). [2] **Gilson:** Bulletin de l'Academie Royale de Médecine de Belg. [4], **16**, 831 (1902).
180—181°	$[\alpha]_D^{20} = -10{,}66°$ (in $C_2H_2Cl_4$)	w. l. h. H_2O; s. l. l. h. Aceton, h. Alk.; s. schw. l. h. Äth.	—	[1] **Fischer** u. **Strauss:** Ber. **45**, 3773 (1912).
176—177°	$[\alpha]_D^{18} = -19{,}0°$ (in $C_2H_2Cl_4$)	s. l. l. Chl.; schw. l. Aceton, h. Alk., Benzol; s. schw. l. Äth.; s. w. l. Petroläther	—	[1] **Fischer** u. **Bergmann:** Ber. **51**, 1804 (1918).
108°[1] (170° Z.); 110,5°[2])	$[\alpha]_D^{20} = -50{,}02°$ (in H_2O); $-52{,}4°$ (in Alk.); $-51{,}23°$ (in Aceton)[2]. $[\alpha]_D^{17} = -65{,}15°$ (in H_2O); $-53{,}14°$ (in 40 proz. Alk.); $-49{,}82°$ (in 85 proz. Alk.)[3]	s. schw. l. k. H_2O; s. l. l. h. H_2O; l. l. Alk.; kaum l. Äth.; l. l. Pyrid., Chinolin, Anilin, Aceton; unl. Chlorof.	Verd. Säuren hydrol. zu Glucose + Phloretin. **Trimethylphlorrhizin:** $C_{24}H_{30}O_{10}$. Durch Methyl. mit Diazomethan. Amorphe, gelbl. Subst. $[\alpha]_D^{24} = -58{,}69°$[4]. **Anilid:** $C_{33}H_{34}O_8N_2$. Gelbes Pulver. l. Alk. Acetate sind amorph[5]). Blei- u. Silberverbindungen siehe im Original[6]	[1] **Schiff:** Ber. **14**, 303 (1881). [2] **Moelwyn-Hughes:** C. **1928**, II, 1076. [3] **Oholm:** C. **1913**, I, 1649. [4] **Wessely** u. **Sturm:** Monatsh. f. Chem. **53/54**, 554 (1929). [5] **Schiff:** A. **156**, 1 (1870). [6] **Stas:** A. **30**, 198 (1830).
—	$[\alpha]_D = -41{,}05°$ (in Chlorof.); $-35{,}86°$ (in Alk.)	l. l. Alk., CH_3OH, Chlorof., Aceton, Äther, Essigest.; unl. H_2O, Petroläther	**Tribenzoat:** $C_{42}H_{36}O_{13}$. Amorph. lösl. Alk., Äth.[2]). Über amorphe Hepta-brom-benzoyl- u. Hepta-palmityl-Verb. siehe im Original[3]	[1] **Zemplén** u. Mitarbeiter: Ber. **61**, 2486 (1928). [2] **Schiff:** A. **156**, 1 (1870). [3] **Odén:** C. **1919**, III, 540.
—	—	z. l. H_2O, Alk.		
—	—	—	—	
—	—	l. Alk., Äth.; unl. H_2O		
—	$[\alpha]_D^{22} = -28{,}5°$ (in Chlorof.); $-28{,}3°$ (in Alk.)	—	—	[1] **Zemplén** u. Mitarbeiter: Ber. **61**, 2486 (1928).
235—236°	—	schw. l. h. Alk., h. CH_3OH; l. h. Eisessig; unl. H_2O, Chlorof., Benzol, Essigest.	**Ammoniak-Verbdg.:** $C_{20}H_{21}O_9N$. D. Verseif. d. Tetracetats in $CH_3OH + NH_3$. Rote Nad. (aus Alk.). F = 198—199°. unl. Äth., Essigest., Chlorof., Benzol, Petroläth., k. H_2O; schw. l. h. H_2O, k. Alk., h. CH_3OH, Eisessig; l. Pyrid.	[1] **Zemplén** u. **Müller:** Ber. **62**, 2107 (1929).
205°	—	l. l. Chlf.; l. Eisessig, Pyrid., Essigester; schw. l. Alk., CH_3OH, h. H_2O, Benzol; unl. Äth., Petroläth., k. H_2O	**Tetrabenzoat:** $C_{48}H_{34}O_{13}$. Goldgelbe Nad. F = 232°. lösl. Chlf., Acet., Pyrid., Eisessig, h. Essigest.; s. schw. l. h. Alk., CH_3OH; unl. Äth., H_2O, Petroläth., k. Alk., CH_3OH	[1] **Zemplén** u. **Müller:** Ber. **62**, 2107 (1929).
146—150°	—	—	Über andere Oxyanthrachinonglucoside siehe im Original	[1] **Müller:** Ber. **62**, 2793 (1929).
164°	$[\alpha]_D^{26} = -4{,}64°$ (in $C_2H_2Cl_4$)	l. l. Alk., Chlf., CCl_4, Essigest., Aceton; sonst schw. bis unl.	Lagert sich langsam in die 2. Form um	
132°	$[\alpha]_D^{26} = -4{,}81°$ (in $C_2H_2Cl_4$)	schw. l. Alk., sonst etwas schw. l. als d. 1. Form	—	

Nr	Name	Formel, Konstitution	Vorkommen, Bildung, Darstellung	Krystallogr. Eigenschaften
207	**Indican**	$C_{14}H_{17}O_6N$: $C \cdot O \cdot C_6H_{11}O_5$ (Ringsystem: H_4C_8 mit CH und NH)	Kommt in indigohaltigen Pflanzen vor. Synthese: Aus Acetobromglucose + 3-Acetoxyindol-2-carbonsäuremethylester in Aceton + verd. NaOH → 3-Tetracetyl-β-glucosidoxyindol-2-carbonsäuremethylester ($C_{24}H_{27}O_{12}N$: Prismen. F = 229—230°) → in CH_3OH + KOH → K-Salz der 3-β-Glucosidoxyindol-2-carbonsäure → Acetylierung u. Verseif.[1]	Nadeln (aus H_2O) + 3 Mol. H_2O
208	**β-Cyclohexanol-glucosid**	$C_6H_{11} \cdot O \cdot C_6H_{11}O_5$: (Cyclohexanring: H_2, H_2, H_2, H_2, H_2) $H \cdot O \cdot C_6H_{11}O_5$	Aus Acetobromglucose in Äther + Cyclohexanol u. Ag_2O und Verseif.[1]	Dicke Nadelkrusten (aus Essigest.)
209	**β-1,2-Methylcyclohexanol-glucosid**	$C_{13}H_{24}O_6$	Aus Acetobromglucose u. 1,2-Cyclohexanol in Äther + Ag_2O u. Verseif.[1]	Farbl. Nadeln, zu kugelförm. Aggregaten vereinigt (aus h. Essigest.)
210	**α[l-Menthyl]-d-glucosid**	$C_{16}H_{30}O_6 \cdot H_2O$: (Cyclohexanring: $\cdot CH_3$ oben, H_2, H_2, H_2, H_2, $\cdot O \cdot C_6H_{11}O_5$, $\cdot$ CH, CH₃ CH₃)	Aus Acetobromglucose + l-Menthol in Chinolin bei 100—105°, Nachacetyl. in Pyrid., Trennung d. α- u. β-Form aus Alk. + H_2O, wobei d. β-Form zuerst krystall. — Verseifen[1]	Dünne, viereck. Blättchen (aus H_2O) od. Prismen (aus Essigest. od. Aceton)
211	**β[l-Menthyl]-d-glucosid**	$C_{16}H_{30}O_6 \cdot H_2O$	Aus Acetobromglucose + Menthol in trock. Äther + Ag_2CO_3, Verseif.[1]). Siehe vorsteh. α-Glucosid[2]	Viereckige Platten. Sehr bitter
212	**β[l-Menthyl]-d-glucosid-tetracetat**	$C_{24}H_{38}O_{10}$	Siehe vorstehend.[1][2]	Feine, farbl. Nadeln (aus 50proz. Alk.)
	Triacetyl-β-menthyl-glucosid-6-bromhydrin	$C_{22}H_{35}O_8Br$	Aus Acetodibromglucose + Menthol in Äther + Ag_2CO_3[4]).	Lange Nadeln (aus Alk.)
213	**β-Cis-terpinmono-glucosid**	$C_{16}H_{28}O_7 \cdot H_2O$	Aus Acetobromglucose + Cis-terpin + Ag_2CO_3 in Äther u. Verseifen[1]	Farbl. bittere Krystalle (aus h. Essigest. + Ligroin)
214	**β-Terpineol(35°)-glucosid**	$C_{16}H_{28}O_6$	Aus Acetobromglucose + Terpineol (F = 35°) in Äth. + Ag_2CO_3 u. Verseif.[1]	Farbl. Nadeln (aus Essigest. + Ligr.). Sehr bitter. Hydrat: (aus h. H_2O od. feucht. Essigest.) gl. biegs. Nadeln

Schmelz- und Siedepunkt	Optisches Drehungsvermögen	Löslichkeit	Analytisches; Diverses	Literatur
57—58°; wasserfrei: 176—178°	—	—	**Pentacetat:** $C_{24}H_{27}O_{11}N$. Prismen (aus Alk.). $F = 148°$. w. l. k., l. l. h. Alk.; l. l. Chorof. **3-β-Glucosido-oxindol-2-carbonsäure-amid:** $C_{15}H_{18}O_7N_2$. Tafeln (aus H_2O). $F = 251—253°$ (Z.). **3-β-Glucosido-oxindol-2-carbonsäure:** $C_{15}H_{17}O_8N$. Farbl. Prism. (aus H_2O). $F = 230—231°$ (Z.). **Tetramethylindican:** $C_{18}H_{25}O_6N$. Amorph. $[\alpha]_D^{15} = +9,19°$ (in Aceton)[2)	[1]) **Robertson:** Soc. Lond. **1927**, 1937. [2]) **Macbeth u. Pryde:** Soc. Lond. **121**, 1660 (1922).
133—137°	$[\alpha]_D^{20} = -41,43°$ (in H_2O)	s. l. l. H_2O, Alk., Aceton; l. Chloroform; schw. l. Essigest., Benzol; s. schw. l. Äth., Petroläth.	Emulsin spaltet. **Tetracetat:** $C_{20}H_{30}O_{10}$. Lange, seidige Nad. (aus 25 proz. Alk.). $F = 120—121°$. $[\alpha]_D^{21} = -29,41°$ (in Alk.). l. l. Chlorof., Benzol, Äth., Essigest., CH_3OH, h. Alk.; schw. l. k. Alk.; s. schw. l. H_2O; unl. Petroläther	[1]) **Fischer u. Helferich:** A. **383**, 77 (1911). — **Hämäläinen:** Bioch. Z. **49**, 398 (1913).
148°	$[\alpha]_D^{18} = -27,80°$ (in Alk.)	s. l. l. H_2O, CH_3OH; l. l. Alk., Aceton; s. w. l. k. Essigest., Äth., Chlorof., Benzol; f. unl. Petroläth.	Emulsin od. verd. Säuren spalten leicht. **Tetracetat:** $C_{21}H_{32}O_{10}$. Nadeln (aus Aceton). $F = 107,5°$. l. lösl. auß. k. Alk., k. H_2O u. Petroläth. Über krystall. 1,3- u. 1,4-Methyl-cyclohexanol-glucoside siehe im Original	[1]) **Hämäläinen:** Bioch. Z. **61**, 1 (1914).
159—160°	$[\alpha]_D^{20} = +63,7°$ (aus Alk.)	s. w. l. k., l. l. h. H_2O, h. Alk., h. Essigest., Aceton; schw. l. Äth., Benzol; unl. Petroläth.	**Tetracetat:** $C_{24}H_{38}O_{10}$. Prism. od. flächenreiche Kryst. (aus Alk. + H_2O). $F = 82—83°$. $[\alpha]_D^{20} = +94,4°$ (in Benzol). l. l. Aceton, Äth., Benzol, Chlorof.; w. l. Alk.; s. schw. l. h. H_2O. **Triacetat:** $C_{22}H_{26}O_9$. Flache Prismen (aus 50 proz. Alk.). $F = 99$ bis 100°. $[\alpha]_D^{18} = +107,6°$ (in Benzol)	[1]) **Fischer u. Bergmann:** Ber. **50**, 711 (1917).
77—79°	$[\alpha]_D^{20} = -91,9°$ (in Alk. f. wasserhaltige Subst.)	l. l. Alk.; l. Äther, Benzol, Essigester; s. schw. l. H_2O; f. unl. Petroläth.	Emulsin hydrolys.	[1]) **Fischer u. Raske:** Ber. **42**, 1465 (1909). [2]) **Fischer u. Bergmann:** Ber. **50**, 711 (1917).
130°[1]); 131—132°[2])	$[\alpha]_D^{20} = -65,5°$ (in Benzol)[2])	l. l. Äther, Benzol, Chlorof., Aceton, Essigest.; w. l. Alk.; s. w. l. H_2O; f. unl. Petroläth.	**Triacetat:** $C_{22}H_{26}O_9$. Als Nebenprod. bei d. Acetyl. Farbl. Nad. (aus Petroläth.). $F = 143°$. $[\alpha]_D^{17} = -12,61°$ (in Benzol)[2]). Aus Triacetyl-1,2-anhydroglucose. Kryst. $F = 144°$. $[\alpha]_D = -10,6°$ (in Benzol)[3])	[1]) **Fischer u. Raske:** Ber. **42**, 1465 (1909). [2]) **Fischer u. Bergmann:** Ber. **50**, 711 (1917). [3]) **Hickinbottom:** Soc. Lond. **1928**, 3140. [4]) **Fischer u. Zach:** Ber. **45**, 463, 3763 (1912).
140°	$[\alpha]_D^{20} = -49,62°$ (in Chlorof.)	unl. H_2O; sonst z. l. lösl.		
143—149°	$[\alpha]_D^{20} = -11,09°$ (in Alk.)	l. l. H_2O, Alk., CH_3OH, Aceton, Äther, Chlorof.; w. l. Essigest., Benzol; unl. Petroläth.	Emulsin spaltet langsamer als verd. Säuren. **Tetracetat:** $C_{24}H_{38}O_{11}$. Kleine, farbl. Nädelch. $F = 129—131°$. s. l. l. Chlf., Benzol, CH_3OH; z. l. Alk., Äth.	[1]) **Hämäläinen:** Bioch. Z. **49**, 398 (1913).
110° (Sintert: 100°). 106—108°	$[\alpha]_D^{20} = -5,88°$ (in Alk.)	l. l. Chlorof., Essigester, Aceton; z. l. H_2O; schw. l. Äth., Benzol; unl. Petroläth.	Emulsin spaltet langsamer als verd. Säuren. **Tetracetat:** $C_{29}H_{36}O_{10}$. Lange, glänz., biegs. Nad. (aus verd. Alk.), unl. Petroläth.; schw. l. H_2O; sonst l. lösl.	[1]) **Hämäläinen:** Bioch. Z. **49**, 398 (1913).

Nr	Name	Formel, Konstitution	Vorkommen, Bildung, Darstellung	Krystallogr. Eigenschaften
215	β-Terpineol(32°)-glucosid	$C_{16}H_{28}O_6$	Ebenso mit Terpineol (F = 32°)[1]	Feine, farbl. biegs. Nadeln (h. Essigester + Ligroin); Hydrat: (a. feucht. Essigest.) Nadeln + 1 Mol. H_2O
216	β-d-Dihydrocarveol-glucosid	$C_{16}H_{28}O_6$	Ebenso, mit d-Dihydrocarveol (F = 220—224°)[1]	Farbl. lange, biegs. Nadeln (aus h. H_2O); krystallwasserhaltig
217	β-d-Camphenylol-glucosid	$C_{15}H_{26}O_6 \cdot H_2O$	Ebenso, mit d-Camphenylol[1]	Farbl. Nadeln (aus h. Essigest. + Ligroin)
218	β-Camphenhydrat-glucosid	$C_{16}H_{28}O_6$	Ebenso, mit Camphenhydrat[1]	Feine, farbl. biegs. Nadeln (aus Essigest. + Ligr.)
219	d-Borneol-β-d-glucosid	$C_{16}H_{28}O_6 \cdot H_2O$:	Ebenso, mit d-Borneol[1]	Farbl. Nadeln (aus H_2O). Bitter
220	l-Borneol-β-d-glucosid	$C_{16}H_{28}O_6 \cdot H_2O$	Ebenso, mit l-Borneol[1] Aus Glucose + l-Borneol in H_2O mit Emulsin[2]	Lange, biegsame, silberglänz. Nadeln (aus H_2O)
221	d,l-Isoborneol-β-d-glucosid	$C_{16}H_{28}O_6 \cdot H_2O$	Aus Acetobromglucose + d,l-Isoborneol in Äther + Ag_2CO_3, Verseifen[1]. Aus Glucose + d,l-Isoborneol in H_2O + Emulsin[2]	Nadeln (aus H_2O)
222	β-l-Fenchyl-d-glucosid	$C_{16}H_{28}O_6 \cdot ?H_2O$:	Aus Acetobromglucose + l-Fenchylalk. in Äther + Ag_2CO_3, Verseifen[1]. Kompon. in verd. Alk. + Emuls.[2]	Lange, farblose Nadeln (aus verd. Alk.)
223	α-Santenol-β-glucosid	$C_{15}H_{26}O_6$:	Siehe vorsteh.[1]. Bildet sich auch aus d. Kompon. im Kaninchendarm[2]	Feine, farbl. biegs. Nadeln (aus h. Essigest. + Ligroin); aus H_2O m. 1 Mol. H_2O: glänz. Nad.

446

Glykoside der Hexosen.

Schmelz- und Siedepunkt	Optisches Drehungsvermögen	Löslichkeit	Analytisches; Diverses	Literatur
ca. 90° (Sintert: 50°) 80,5—82,5°	$[\alpha]_D^{20} = -10{,}94°$ (aus Alk.)	l. l. außer Benzol; unl. Petroläth.	Verd. Säuren hydrol. schneller als Emulsin. **Tetracetat:** $C_{29}H_{36}O_{10}$. Nadeln (aus verd. Alk.). $F = 114—116°$	[1] **Hämäläinen:** Bioch. Z. **49**, 398 (1913).
164—165° (ohne H_2O)	$[\alpha]_D^{20} = +36{,}52°$ (in Alk.)	z. l. lösl. außer Alk., H_2O, Äth.	Emulsin od. verd. Säuren hydrol. leicht. **Tetracetat:** $C_{29}H_{36}O_{10}$. Farbl., biegs. Nadeln (aus verd. Alk.). $F = 155—156°$. l. lösl. auß. H_2O, Petroläth.	[1] **Hämäläinen:** Bioch. Z. **49**, 398 (1913).
95—98°; wasserfrei: S = 107-111° F = 143°	$[\alpha]_D^{20} = -25{,}47°$ (in Alk.)	l. l. außer Benzol, Petroläth.	Emulsin u. verd. Säuren hydrol. leicht. **Tetracetat:** $C_{23}H_{34}O_{10}$. Weiße Nad. (aus verd. Alk.). $F = 128{,}5$ bis 130°. l. lösl. außer H_2O, Petroläther	[1] **Hämäläinen:** Bioch. Z. **49**, 398 (1913).
96,5—102,5°	$[\alpha]_D^{20} = -30{,}56°$ (in Alk.)	l. l. außer Benzol, Petroläth.	Emulsin spaltet langsamer als verd. Säuren. **Tetracetat:** $C_{24}H_{36}O_{10}$. Lange, biegs. Nadeln (aus verd. Alk.). $F = 115—117°$. l. lösl. auß. H_2O, k. Alk.; unl. Petroläth.	[1] **Hämäläinen:** Bioch. Z. **49**, 398 (1913).
134—136°	$[\alpha]_D^{20} = -42{,}2°$ (in Alk.)	l. k. H_2O, Alk.	Emulsin spaltet schwer, verd. Säuren zieml. leicht. **Tetracetat:** $C_{24}H_{36}O_{10}$. Feine Nadeln (aus verd. Alk.). $F = 119$ bis 120°	[1] **Fischer u. Raske:** Ber. **42**, 1465 (1909).
132,5 bis 133,5°. H_2O-frei: 138—141°	$[\alpha]_D^{20} = -60{,}12°$ (in Alk., f. wasserfreie Subst.)	z. l. l. außer H_2O, Benzol, Petroläth.	Emulsin od. verd. Säuren hydrol. **Tetracetat:** $C_{24}H_{36}O_{10}$. Derbe Nadeln. $F = 124°$. z. l. l. außer Alk., H_2O; unl. Petroläther	[1] **Hämäläinen:** Bioch. Z. **50**, 209 (1913). [2] **Hämäläinen:** Bioch. Z. **52**, 409 (1913).
133—134,5°; H_2O-frei: 143—144,5°	$[\alpha]_D^{20} = -32{,}99°$ (in Alk.)	l. l. Chlf., CH_3OH, Alk.; z. l. l. Acet.; w. l. Äth., Essigester, H_2O; schw.l. Benzol; unl.Petroläther	Emulsin od. verd. Säuren hydrol. **Tetracetat:** $C_{24}H_{36}O_{10}$. Nadeln. $F = 119{,}5—122{,}5°$. l. l. auß.H_2O; unl. Petroläther	[1] **Hämäläinen:** Bioch. Z. **50**, 209 (1913). [2] **Hämäläinen:** Bioch. Z. **52**, 409 (1913).
124—127° (H_2O-frei: 130—132,5°)	$[\alpha]_D^{20} = -36{,}57°$ (in Alk., f. H_2O-freie Subst.)	l. l. Acet., CH_3OH; z. l. Essigest.; w. l. Alk., Äth., Chloroform; schw. l. Benzol, k. H_2O; unl. Petroläth.	Emulsin od. verd. Säuren hydrol. **Tetracetat:** $C_{24}H_{36}O_{10}$. Lange, farbl. biegs. Nad. (aus verd. Alk.). $F = 119—121{,}5°$. l. lösl. außer k. Alk., H_2O; unl. Petroläther	[1] **Hämäläinen:** Bioch. Z. **50**, 209 (1913). [2] **Hämäläinen:** Bioch. Z. **52**, 409 (1913).
122,5 bis 125,5° 96,5—100°	$[\alpha]_D^{20} = -44{,}63°$ (in Alk.)	l. l. außer Benzol; unl. Petroläth.	Emulsin od. verd. Säuren spalten leicht. **Tetracetat:** $C_{23}H_{34}O_{10}$. Lange, derbe Nadeln (aus verd. Alk.). $F = 135{,}5—137°$. z. l. l. auß. Alk. h. H_2O; unl. Petroläther	[1] **Hämäläinen:** Bioch. Z. **53**, 423 (1913). [2] **Hämäläinen:** C. **1913**, II, 1319.

Nr	Name	Formel, Konstitution	Vorkommen, Bildung, Darstellung	Krystallogr. Eigenschaften
224	β-Sabinol-glucosid	$C_{16}H_{26}O_6 \cdot H_2O$	Siehe vorsteh.[1]	Farbl. biegs. Nad. (aus h. Essigest. + Ligroin)
225	Cholesterin-glucosid	$C_{33}H_{56}O_6$	Aus Acetobromglucose u. Cholesterin in Äther$+Ag_2CO_3$ und Verseif.[1]	Farbl. Nadeln (aus verd. Pyrid.)
226	Sitosterin-glucosid	$C_{33}H_{56}O_6$	Siehe vorstehend, mit Sitosterin u. Verseif.[1]	Farbl. Nadeln (aus Pyrid. + Alk.)
227	Morphin-glucosid	$C_{23}H_{29}O_8N \cdot H_2O$	AusAcetobromglucose+Morphin in verd. Aceton+NaOH und Verseif.[1]	Nadeln (aus 50proz. Alk.)
228	Morphin-2-amino-β-glucosid	$C_{23}H_{30}O_7N_2$	Als Nebenprod. der mittels Morphin dargest. Aminoglucoside b. Kochen mit methylalk. HCl[1]	Nadeln (aus CH_3OH + Äth.)
229	Dihydrocuprein-glucosid	$C_{25}H_{34}O_6N_2$	Aus Acetobromglucose+Dihydrocuprein in NaOH-haltig. H_2O u. Äther u. Verseif.[1]	Amorph
230	α-Methyl-d-mannosid(1,5)	$C_7H_{14}O_6$	Aus Mannose in CH_3OH mit 0,25% HCl bei 90—100°[1] Aus Triacetyl-glucal in CH_3OH $+NH_3 \rightarrow +$Benzopersäure $\rightarrow$ mit CH_3OH kochen[2] Aus Mannose in CH_3OH+Emulsin[3]	Doppeltbrechende rhomb.-sphenoid. Krystalle; $a:b:c=0,927:1:0,937$[4]
231	β-Methyl-d-mannosid-tetracetat	$C_{15}H_{22}O_{10}$	Aus Acetobrommannose in $CH_3OH + Ag_2CO_3$, Behandeln m. $CH_3OH + HCl$[1]	Krystalle (aus Äth.)
232	α-Methyl-d-mannosid(1,4?) („γ"-Methyl-mannosid)	$C_7H_{14}O_6$	Aus Mannose-dicarbonat, Methyl. mit Diazomethan od. CH_3J $+Ag_2O$ u. Verseif.[1]. Aus Mannose in $CH_3OH+HCl$ $\rightarrow$ Extrakt. mit Essigest.[2] Über ähnliche, jedoch unreine Produkte (Sirupe) siehe Origin.[3]	Farbl. Nadeln (aus CH_3OH)[1][2]
	α-Methyl-d-mannosid(1,4?)-dicarbonat	$C_9H_{10}O_8$	Siehe vorstehend[1]	Farbl. Krystalle (aus Essigest.)

Glykoside der Hexosen.

Schmelz- und Siedepunkt	Optisches Drehungsvermögen	Löslichkeit	Analytisches; Diverses	Literatur
$68,5°$ (H$_2$O-frei: ca. $66°$)	$[\alpha]_D^{20} = -33,60°$ (in Alk.)	l. l. außer Äther, Benzol; f. unl. Petroläth.	Emulsin spaltet rasch, verdünnte Säuren ebenso. **Tetracetat:** $C_{24}H_{34}O_{10}$. Lange Nadeln. $F = 121°$. s. l. l. außer H$_2$O; unl. Petroläther	[1] **Hämäläinen:** Bioch. Z. 50, 209 (1913).
$285°$	—	s. w. l. Alk., Chloroform, Äther; l. l. Pyrid., h. Amylalk.	**Tetracetat:** $C_{41}H_{64}O_{10}$. Nadeln (aus Alk.). $F = 159{-}160°$ $[\alpha]_D = -23,8°$ (in Chlorof.)	[1] **Salway:** Soc. Lond. 103, 1022 (1913).
$295{-}300°$	—	unl. H$_2$O; w.l.Alk., Äther, Chlorof., Benzol; l. l. Pyrid.	Zeigt die Reakt. d. Phytosterine. **Tetracetat:** $C_{41}H_{61}O_{10}$. Farblose Nadeln (aus Alk.). $F = 166{-}167°$. $[\alpha]_D = -22,9°$ (in Chl.). s. l. l. Alk., Äth., Chl., Benzol. **Tetrabenzoat:** $C_{61}H_{72}O_{10}$. Nadeln (aus Alk.). $F = 198°$. $[\alpha]_D = +18,3°$ (in Chlorof.). l. l. Chl., Benzol, Essigest.; w. l. Alk.	[1] **Salway:** Soc. Lond. 103, 1022 (1913).
$183{-}193°$	—	—	**Tetracetat:** $C_{31}H_{37}O_{12}N \cdot H_2O$. Weiße Nad. (aus verd. Alk.). $F = 154{-}156°$. **HCl-Salz** d. Acetats: $Z = 200°$. l. H$_2$O	[1] **Mannich:** A. 394, 223 (1912).
$Z = 248°$	$[\alpha]_D = -113,5°$ (in CH$_3$OH, $c = 1\%$)	—	Reduz. nicht. Wird s. l. hydrol. **HCl-Salz:** Tafeln. $Z = 204°$	[1] **Irvine u. Hynd:** Soc. Lond. 103, 41 (1913).
ca. $160°$; (S $= 110°$)	HCl-Salz: $[\alpha]_D^{20} = -160°$ (in H$_2$O, $c = 2,69\%$)	—	**Tetracetat:** $C_{53}H_{42}O_{11}N_2$. Amorph. $F = 95{-}102°$. **HCl-Salz** d. Acetats: Nadeln. $F = 236{-}237°$. $[\alpha]_D^{18} = -188°$ (in H$_2$O). l. lösl. H$_2$O	[1] **Karrer:** Ber. 49, 1644 (1916).
$193{-}194°$[1]	$[\alpha]_D^{20} = +82,5°$ (in H$_2$O, $c = 1\%$); $+79,2°$ ($c = 8\%$); $+87,5°$ (in Alk., $c = 1\%$)[1]	l. H$_2$O, Alk.	$D_7 = 1,473$[1]. **Tetracetat:** $C_{15}H_{22}O_{10}$[5]. Krystalle (aus verd. Alk.). $F = 65°$. $[\alpha]_D^{20} = +49,1°$ (in Chlorof.); $+65,2°$ (in CH$_3$OH)[6]. **Formal-α-methylmannosid:** Weiße Nadeln. $F = 127°$. $[\alpha]_D = +10,5°$[7]. Zur Struktur siehe d. Original[8]	[1] **Fischer:** Ber. 28, 1429 (1895). — **Fischer u. Beensch:** Ber. 29, 2927 (1896). [2] **Bergmann u. Schotte:** Ber. 54, 1569 (1921). [3] **Hérissey:** Compt. rend. 173, 1406 (1921). [4] **Tietze:** C. 1898, II, 1081. [5] **Dale:** Amer. Soc. 46, 1046 (1924). [6] **Levene u. Sobotka:** J. Biol. Chem. 67, 759 (1926). [7] **Bruyn u. Ekenstein:** Verhandl. d. Akad. von Amsterdam, 1920, 152. [8] **Goodyear u. Haworth:** Soc. Lond. 1927, 3136.
$161°$	$[\alpha]_D^{20} = -47°$ (in Chlorof.)	—	—	[1] **Dale:** Amer. Soc. 46, 1046 (1924).
$118\text{-}119°$[1][2]	$[\alpha]_D^{20} = +113°$ (in H$_2$O, $c = 1,1\%$); $[\alpha]_D^{25} = +117°$ (in H$_2$O, $c = 1,1\%$); $[\alpha]_{5780}^{25} = +123°$ (in H$_2$O); $[\alpha]_{5461}^{25} = +137°$ (in CH$_3$OH)[1]	l. l. H$_2$O, Alk.; schw. l. Essigester	Wird sehr leicht hydrolysiert. **Tetracetat:** $C_{15}H_{22}O_{10}$. Acetyl. in Pyrid. — Feine Nadeln (aus verd. Alk.). $F = 63°$. $[\alpha]_D^{19} = +107°$ (in Chlorof.). lösl. Aceton, Chlorof., Alk., Äth.; w. l. H$_2$O; unl. Petroläther. — Reduz. nicht[2]	[1] **Haworth u. Porter:** Soc. Lond. 1930, 649. [2] **Haworth, Hirst u. Webb:** Soc. Lond. 1930, 651. [3] **Irvine u. Burt:** Soc. Lond. 125, 1343 (1924).
$172{-}173°$ (Z.)	$[\alpha]_{5780}^{22} = +87°$; $[\alpha]_{5461}^{22} = +98°$ (in Aceton, $c = 2,45\%$)	—	Reduz. nicht	

Nr	Name	Formel, Konstitution	Vorkommen, Bildung, Darstellung	Krystallogr. Eigenschaften
233	„γ"-Methyl-mannosid-tetracetat	$C_{15}H_{22}O_{10}$	Aus Acetobrommannose in $CH_3OH + Ag_2CO_3$[1])[2])	Nadeln (aus CH_3OH od. Äth.)
	„γ"-Äthyl-mannosid-tetracetat	$C_{16}H_{24}O_{10}$	Aus Acetobrommannose in Alk. $+ Ag_2CO_3$[1])	Nadeln (aus Petroläth.)
234	γ-Äthyl-mannosid (1,4?)-tetracetat	$C_{16}H_{24}O_{10}$	Durch Acetylierung des γ-Äthyl-mannosids aus $CH_3OH + HCl$ erhält man ein in 2 Formen auftretendes Tetracetat, von denen die α-Form wohl nur verunreinigtes α-Äthylmannosid (1,5) ist[1])	α-Form: Sirup β-Form: Krystalle (aus Chlorof.)
235	α-Methyl-l-mannosid (1,5)	$C_7H_{14}O_6$	Aus l-Mannose in $CH_3OH + HCl$ (0,25%)[1])	Rhomb. Krystalle a:b:c = 0,927 : 1 : 0,938
236	α-Methyl-d-galaktosid (1,5)	$C_7H_{14}O_6 \cdot H_2O$	Aus Galaktose in $CH_3OH + HCl$ (0,25%)[1]). Aus Galaktose in verd. CH_3OH + Unterhefe[2])	Farbl. rhomb. Nadeln (aus H_2O) mit 1 Mol. H_2O. a:b:c = 0,623 : 1 : 1,742[3]). Aus 95 proz. Alk. wasserfrei[2])
237	β-Methyl-d-galaktosid (1,5)	$C_7H_{14}O_6$	Bildet sich neb. d. α-Form aus Gal. in $CH_3OH + HCl$[1]). Aus Acetonitrogalaktose in $CH_3OH + BaCO_3$ u. Verseif.[2]). Aus Galaktose in CH_3OH + Emulsin[3])	Farbl. Nadeln (aus Alk.)
238	γ-Methyl-galaktosid (1,4)	$C_7H_{14}O_6$	Aus Galaktose in CH_3OH + HCl bei 100°[1])[2])	Fast farbl. Sirup (aus CH_3OH + Essigest.)
239	α-Äthyl-galaktosid (1,5) (Galaktit)	$C_6H_{11}O_5 \cdot O \cdot C_2H_5$	In d. Natur (in Lupinen) vorkommend als „Galaktit"[1]). Aus Galaktose in Alk. + HCl (0,25%)[2]) Aus Gal. in verd. Alk. + Unterhefe[3])	Farbl. Nadeln (aus Alk.)
240	β-Äthyl-galaktosid (1,5)	$C_8H_{16}O_6$	Aus Acetochlorgalaktose in Alk. + Ag_2CO_3 u. Verseif.[1]). Aus Galaktose in Alk. + Emulsin[2])[3])	Farbl. Nadeln (aus Alk. od. Essigester)[2])[3])

Schmelz- und Siedepunkt	Optisches Drehungsvermögen	Löslichkeit	Analytisches; Diverses	Literatur
$105°$[1)[2)]	$[\alpha]_D^{20} = -26,4°$ (in Chlorof.)[1)]; $[\alpha]_D^{25} = -33,4°$ (in CH_3OH)[2)]	—	Hat wahrsch. cyclische Struktur u. ist kein γ-Zucker im Sinne d. vorsteh. Verbindung	[1)] **Dale:** Amer. Soc. **46**, 1046 (1924). [2)] **Levene** u. **Sobotka:** J. Biol. Chem. **67**, 759, 771 (1926).
$81—82°$	$[\alpha]_D = -45,6°$ (in Alk.)	—	Siehe vorsteh. Verbindung, die ähnlich gebaut ist	
—	$[\alpha]_D = +42,50°$ (in Chlorof.).	—	Freies γ-Äthyl-mannosid $(1,4?)$ als Sirup bekannt	[1)] **Levene** u. **Sobotka:** J. Biol. Chem. **67**, 759, 771 (1926).
$110—113°$	$[\alpha]_D = +1,80°$ (in Chlorof.); $[\alpha]_D = -1,5°$ (in Benzol)	—	—	
—	$[\alpha]_D^{20} = -79,4°$ (in H_2O, $c = 8\%$)[1)]	—	**Methyl-d,l-mannosid:** D. Umkrystall. d. Kompon. oberh. $15°$. — Dünne Blättchen. $F = 166,5$ bis $167,5°$. $D_7 = 1,443$. Optisch inaktiv als Racemat[1)][2)]	[1)] **Fischer** u. **Beensch:** Ber. **29**, 2929 (1896). [2)] **Tietze:** C, **1898, II**, 1080.
$110°$[1)]; $111°$[4)] $114—116°$[2)]	$[\alpha]_D^{20} = +179,3°$ (in H_2O, f. wasserhaltige Subst.)[1)]; $[\alpha]_D^{20} = +177,6°$ (in H_2O)[4)]; $[\alpha]_D^{20} = +196,6°$ (in H_2O)[5)]; $+192,7°$ (in H_2O)[2)]	l. l. H_2O; schw. l. Alk.; f. unl. Äther	Verd. Säuren hydrol. Emulsin spaltet nicht. $MVW_V = 839,7$ Cal. [6)]. **Tetracetat:** $C_{15}H_{22}O_{10}$. D. Acetyl. in Pyrid. — Krystalle (aus Petroläth.). $F = 86—87°$. $[\alpha]_D^{20} = +132,5°$ (in Chlorof.). z. l. lösl. außer H_2O u. Petroläth. [7)] Struktur siehe im Original[8)]	[1)] **Fischer:** Ber. **28**, 1154 (1895); — **Fischer** u. **Beensch:** Ber. **27**, 2480 (1894). [2)] **Hérissey** u. **Aubry:** Compt. rend. **158**, 204 (1914). [3)] **Reuter:** C. **1899, II**, 179. [4)] **Pacsu** u. **Ticharich:** Ber. **62**, 3008 (1929). [5)] **Riiber** u. **Minsaas:** Soc. Lond. **1929**, 2173. [6)] **Fischer** u. **Loeben:** C. **1901, I**, 895. [7)] **Micheel** u. **Littmann:** A. **466**, 115 (1928). [8)] **Pryde, Hirst** u. **Humphreys:** Soc. Lond. **127**, 348 (1925).
$178°$[3)]	$[\alpha]_D^{20} = +2,6°$ (in kalt ges. Borax-Lösg., $c = 8,5\%$)[2)] $[\alpha]_D^{18} = -0,419°$ (in H_2O, $c = 2,98\%$)[3)]	l. l. H_2O; l. Alk.; unl. Essigest.	Emulsin od. verd. Säuren hydrol. leicht. **Tetracetat:** $C_{15}H_{22}O_{10}$. Große flache Prismen. $F = 93—94°$. $[\alpha]_D^{17} = -25°, 28'$ (in Benzol)[1)]. Aus Acetobromgal. in $CH_3OH + Ag_2CO_3$. $F = 94°$. $[\alpha]_D = -4,5°$ (in CH_3OH)[4)]	[1)] **Fischer:** Ber. **28**, 1155 (1895). [2)] **Königs** u. **Knorr:** Ber. **34**, 979 (1901). [3)] **Bourquelot** u. **Bridel:** Compt. rend. **156**, 1104 (1913). — **Bourquelot:** Ann. chim. [9] **7**, 153 (1917). [4)] **Levene** u. **Sobotka:** J. Biol. Chem. **67**, 759, 771. (1926)
—	$[\alpha]_D = +25,9°$ (in H_2O)[1)]; $[\alpha]_D = $ ca. $-60°$ (in $CH_3OH + 1\%$ HCl)[2)]	—	Reduz. nicht Fehl. Lösg. Nach Darst. [1)] noch sehr mit der n-Form verunreinigt	[1)] **Cunningham:** Soc. Lond. **113**, 596 (1918). [2)] **Haworth, Ruell** u. **Westgarth:** Soc. Lond. **125**, 2468 (1924).
$138—139°$[2)]; $140—141°$[3)]	$[\alpha]_D = +185,52°$ (in H_2O)[3)]; $[\alpha]_D^{20} = +186,8°$ (in H_2O)[4)]	—	Reduz. nicht. Verd. Säuren spalten leicht	[1)] **Fischer:** Ber. **47**, 456 (1914). — **Bourquelot:** Ann. chim. [9] **7**, 153 (1917). [2)] **Fischer** u. **Armstrong:** Ber. **35**, 3155 (1902). [3)] **Bourquelot:** Ann. chim. [9] **7**, 153 (1917). [4)] **Pacsu** u. **Ticharych:** Ber. **62**, 3008 (1929).
$153—155°$[1)]; $161°$[2)]; $123—125°$[3)]	$[\alpha]_D^{20} = -4,0°$ (in H_2O, $c = 10,7\%$)[1)]; $[\alpha]_D = -6,69°$ (in H_2O)[2)]; $[\alpha]_D = -4°$ (in H_2O)[3)]	—	Emulsin hydrol. — Lagert sich mit alkohol. HCl teilweise in die α-Form um. **Tetracetat:** $C_{16}H_{24}O_{10}$. Krystalle. $F = 88°$. $[\alpha]_D^{20} = -29,8°$ (in Benzol, $c = 10\%$)[1)]	[1)] **Fischer** u. **Armstrong:** Ber. **35**, 3155 (1902). [2)] **Bourquelot:** Ann. chim. [9] **7**, 153 (1917). [3)] **Bourquelot** u. **Hérissey:** Compt. rend. **155**, 731, 1552 (1912)

Nr	Name	Formel, Konstitution	Vorkommen, Bildung, Darstellung	Krystallogr. Eigenschaften
241	α-n-Propyl-galaktosid	$C_9H_{18}O_6$	Aus Galaktose u. n-Propylalk. mit Unterhefe[1])	Farbl. längl. Blättchen
242	β-n-Propyl-galaktosid	$C_9H_{18}O_6$	Aus Galaktose u. wässer. Propylalk. mit Emulsin[1])	Weiße biegsame Nadeln (aus Aceton) + H_2O?
243	α-Allyl-galaktosid	$C_9H_{16}O_6$	Aus Galaktose-dibenzylmercaptal mit $HgCl_2$ in Allylalkohol[1])	Feine Nadeln (aus Alk.)
244	β-Allyl-galaktosid	$C_9H_{16}O_6$	Kompon. mit Emulsin[1])	Farbl. Nadeln (ausAceton+Äth.)
245	β-Isobutyl-galaktosid	$C_{10}H_{20}O_6$	Kompon. mit Emulsin[1])	Farbl. Nadeln
246	Äthylenglykol-α-mono-galaktosid	$C_6H_{11}O_5 \cdot O \cdot CH_2 \cdot CH_2OH$	Kompon. in H_2O + Untergärige Hefe[1])	Farbl. Nadel-rosetten
247	α-Phenyl-galaktosid-tetracetat	$C_{20}H_{24}O_{10}$	Aus Acetobromgalaktose + Phenol in Chinolin[1])	Krystalle (aus Alk.)
248	β-Phenyl-galaktosid	$C_{12}H_{16}O_6$	Aus Acetochlorgalaktose in Äther + Kaliumphenolat u. Verseif.[1])	Lange, farbl., federart. Nadeln
249	β-Benzyl-galaktosid	$C_{13}H_{18}O_6$	Kompon. in H_2O + Emulsin[1])	Weiße Nadeln (aus Aceton)
250	β-[p-Oxybenzyl]-galaktosid	$C_{12}H_{16}O_7 \cdot 2 H_2O$	Aus Acetobromgalaktose + Hydrochinon in Aceton + wässerig. KOH in N_2-Atmosph. u.Verseif.[1])	Prism. (aus H_2O); Prism. Nadeln (aus 75proz. CH_3OH)
251	β-[p-Anisyl]-galaktosid	$C_{13}H_{18}O_7$	Siehe vorsteh., jedoch mit Anisylalkohol[1])	Prismat. Nadeln (aus Alk.); Lange Prismen (aus H_2O) mit 1 Mol. H_2O
252	β-l-Menthyl-d-galaktosid	$C_{16}H_{30}O_6 \cdot 2 H_2O$	Aus Acetobromgalaktose + Menthol in Benzol + Ag_2O; Verseif.[1])	Rechteckige Prism. (aus H_2O)
253	β-d-Bornyl-d-galaktosid	$C_{16}H_{28}O_6$	Wie vorstehend, mit Borneol[1])	Feine Nadeln (aus Benzol) mit 1 Mol. Benzol; Hexagon. Platten (aus H_2O) mit 1 Mol. H_2O
254	β-[α-Naphthyl]-galaktosid	$C_{16}H_{18}O_6$	Aus Acetochlorgalaktose + α-Naphthol in Alk.[1])	Weiße, rechtwinkl. Platten
255	α-Methyl-d-fructosid(2,6)	$C_6H_{11}O_5 \cdot O \cdot CH_3$	Aus β-Acetochlorfructose in CH_3OH, Äther u.Pyrid. + $AgNO_3$ u. Verseif. d. Acetats mit alkoh. Dimethylamin[1]). Über die Konstit. s. Orig.[2])	Krystalle

Glykoside der Hexosen.

Schmelz- und Siedepunkt	Optisches Drehungsvermögen	Löslichkeit	Analytisches; Diverses	Literatur
$134°$	$[\alpha]_D^{21} = +179{,}04°$ (in H_2O)	l. l. H_2O; z. l. l. k. 90proz. Alk.; w. l. absol. Alk.	Reduz. nicht. Verd. Säuren spalten rasch, Hefe langsam	[1] **Bourquelot** u. **Aubry:** Compt. rend. **163**, 312 (1916). — **Bourquelot:** Ann. chim. [9] **7**, 153 (1917).
$82°$, wird fest u. schw. noch einmal bei $105—106°$	$[\alpha]_D = -8{,}86°$ (in H_2O)	s. l. l. H_2O, Alk.	Emulsin spaltet. Ebenso verd. Säuren	[1] **Bourquelot, Hérissey** u. **Bridel:** Compt. rend. **156**, 330 (1913).
$138—142°$	$[\alpha]_D^{20} = +171{,}7°$ (in H_2O)	—	—	[1] **Pacsu** u. **Ticharich:** Ber. **62**, 3008 (1929).
—	$[\alpha]_D = -12{,}15°$ (in H_2O, c = 2,7%)	—	—	[1] **Bourquelot:** Ann. chim. [9] **7**, 153 (1917).
—	$[\alpha]_D = -11°, 23'$ (in H_2O)	—	Reduz. nicht	[1] **Bourquelot** u. **Bridel:** C. **1913**, II, 1222. — **Bourquelot:** Ann. chim. [9], **7**, 153 (1917).
$134°$	$[\alpha]_D = +169{,}9°$ (in H_2O)	—	Reduz. nicht. — Verd. Säuren od. α-Glucosidase hydrol. **β-Form:** Mit Emulsin. Nad. (aus Alk. + Äth.). F = 133—134°. $[\alpha]_D = $ ca. $0°$ (in H_2O)	[1] **Bourquelot, Aubry** u. **Bridel:** Compt. rend. **160**, 674 (1915). — **Bourquelot:** Ann. chim. [9] **7**, 153 (1917).
$131—132°$	$[\alpha]_D^{20} = +173{,}3°$ (in Benzol); $+175{,}5°$ (in Chlorof.)	l. l. Chlorof., Benzol, Essigest., Aceton	—	[1] **Helferich** u. **Bredereck:** A. **465**, 166 (1928).
$139—141°$	$[\alpha]_D^{20} = -39{,}83°$ (in H_2O, c = 4,5%)	l. l. H_2O	Emulsin spaltet. Nicht gesp. d. Hefeauszug. **Tetracetat:** $C_{20}H_{24}O_{10}$. Farblose Prismen (aus verd. Alk.). F = 123 bis 124°. $[\alpha]_D^{20} = -25{,}77°$ (in Benzol, c = 7,5%)	[1] **Fischer** u. **Armstrong:** Ber. **35**, 839 (1902).
$100—101°$	$[\alpha]_D = -25{,}05°$ (in H_2O)	s. l. l. H_2O	Emulsin od. verd. Säuren hydrol.	[1] **Bourquelot, Hérissey** u. **Bridel:** Compt. rend. **156**, 330 (1913). — **Bourquelot:** Ann. chim. [9] **7**, 153 (1917).
$246—247°$	$[\alpha]_D^{20} = -53{,}2°$ (in H_2O)	—	**Tetracetat:** $C_{20}H_{24}O_{11}$. Prismen (aus Alk.). F = 202—203°	[1] **Robertson:** Soc. Lond. **1929**, 1820.
$161°$	$[\alpha]_D^{20} = -40°$ (in H_2O)	—	**Tetracetat:** $C_{21}H_{26}O_{11}$. Prismen (aus 90proz. Alk.). F = 104°	[1] **Robertson:** Soc. Lond. **1929**, 1820.
$40—41°$	$[\alpha]_D^{20} = -74{,}2°$ (in Alk.)	—	**Tetracetat:** $C_{24}H_{38}O_{10}$. Prismen (aus 50proz. Alk.). F = 100 bis 101°. $[\alpha]_D^{20} = -48{,}6°$ (in Chlorof.)	[1] **Robertson:** Soc. Lond. **1929**, 1820.
$137—138°$	$[\alpha]_D^{20} = -6{,}5°$ (in Alk.)	—	**Tetracetat:** $C_{24}H_{36}O_{10}$. Nadeln (aus 70proz. Alk.). F = 140°. $[\alpha]_D^{20} = +1{,}3°$ (in Chlorof.)	[1] **Robertson:** Soc. Lond. **1929**, 1820.
$123°$				
$202—203°$	—	l. l. Alk., h. H_2O; w. l. k. H_2O; unl. Äth., Essigester, Benzol	Verd. Säuren hydrol.	[1] **Ryan** u. **Mills:** Soc. Lond. **79**, 704 (1901).
$102°$	$[\alpha]_D^{20} = +92{,}7°$ (in Alk., c = 1,2%); $+91{,}0°$ (in Essigester); $+46{,}5°$ (in H_2O)	—	**Tetracetat:** $C_{15}H_{22}O_{16}$. Krystalle (aus Äth.). F = 112°. $[\alpha]_D = +45{,}0°$ (in Chlorof., c = 1,3%)	[1] **Schlubach** u. **Schröter:** Ber. **61**, 1216 (1928); **63**, 364 (1930). [2] **Haworth, Hirst** u. **Learner:** Soc. Lond. **1927**, 1040.

Tabelle 74 (Fortsetzung).

Nr	Name	Formel, Konstitution	Vorkommen, Bildung, Darstellung	Krystallogr. Eigenschaften
256	β-Methyl-d-fructosid (2, 6)	$C_7H_{14}O_6$	Aus Fructosetetracetat mit CH_3J $+ Ag_2O$ auf d. H_2O-Bad; Verseifen[1]) Über die Konstit. s. Orig.[2])	Krystalle (aus Alk.)
257	Tetracarbomethoxy-β-methyl-fructosid (2, 6)	$C_{15}H_{22}O_{14}$	Aus Tetracarbomethoxyfructose (2, 6) in $CH_3J + Ag_2O$[1])	Krystalle (aus Essigest.)
258	γ-Methyl-fructosid [Methylfructosid (2, 5)]	$C_7H_{14}O_6$	Aus Fructose in $CH_3OH + HCl$ bei Zimmertemp.; Extrakt. mit Essigest.[1]). Durch Dephosphorylierung v. α- u. β-Methylhexosediphosphorsäure mittels Phosphatase[2])	Farbl. Sirup[1]). Nichtreduzierende Sirupe[2])
259	Tetracarbomethoxy-γ-methyl-fructosid	$C_{15}H_{22}O_{14}$	Aus γ-Methylfructosid + Chlorameisensäure-methylester in Pyrid.-Chlorof.[1])	Sirup
260	β-Äthyl-fructosid (2, 6)	$C_6H_{11}O_5 \cdot O \cdot C_2H_5$	Aus Fructosetetracetat mit Äthyljodid $+ Ag_2O$ u. Verseif.[1])	Farbl. Krystalle (aus Alk., dann H_2O)
261	γ-Äthyl-fructosid (2, 5)	$C_8H_{16}O_6$	Fructose + Alk. + HCl bei Zimmertemperatur[1])[2])	Sirup
262	Tetracarboäthoxy-γ-äthyl-fructosid (2, 5)	$C_{20}H_{32}O_{14}$	Aus vorst. mit Chlorameisensäure-Äthylester in Pyrid.-Chlorof.[1])	Sirup
263	β-Methyl-d-sorbosid	$C_7H_{14}O_6$	Aus d-Sorbose in $CH_3OH + HCl$[1])	Krystalle
264	β-Methyl-l-sorbosid	$C_7H_{14}O_6$	Ebenso, aus l-Sorbose[1])	Wasserhelle, dicke Tafeln (aus Aceton)
265	Methyl-hamamelosid	$C_7H_{14}O_6$	Aus Hamamelitanninacetal d. Hydrolyse[1])	Farbl. Sirup

Tabelle 75.

Nr	Name	Formel, Konstitution	Vorkommen, Bildung, Darstellung	Krystallogr. Eigenschaften
1	β-Methyl-α-Glucoheptosid	$C_7H_{13}O_6(OCH_3)$	Durch Kochen des Zuckers in HCl-haltigem CH_3OH[1])	Büschel feiner Prismen (aus Alk.). Süß

454

Glykoside der Hexosen.

Schmelz- und Siedepunkt	Optisches Drehungsvermögen	Löslichkeit	Vorkommen, Bildung, Darstellung	Literatur
119—120°	$[\alpha]_D^{20} = -172,1°$ (in H_2O)	l. l. H_2O, h. Alk.; w. l. h. Aceton, Essigester	Reduz. nicht. — Sublimiert im Hochvakuum. **Tetracetat:** $C_{15}H_{22}O_{16}$. Prismen (aus Petroläth.). $F = 75—76°$. $[\alpha]_D^{20} = -124,4°$ (in Chlorof.)	[1] **Hudson** u. **Brauns:** Amer. Soc. **38**, 1216 (1916). [2] **Haworth, Hirst** u. **Learner:** Soc. Lond. **1927**, 1040.
107°	$[\alpha]_D = -126,1°$ (in Chlorof., c = 0,6%)	—	Tetracarboäthoxy-β-methyl-fructosid (2,6): $C_{19}H_{30}O_{14}$. Sirup. $[\alpha]_D = -90,9°$ (in Aceton, c = 1,2%)	[1] **Allpress, Haworth** u. **Inkster:** Soc. Lond. **1927**, 1233.
—	$[\alpha]_D = +25,2°$ (in Essigest.)[1]; $+26,6°$ (in H_2O). α: $[\alpha]_{5461} = +48°$ bis $+64°$ (in H_2O); β: $[\alpha]_{5461} = -44°$ bis $-51°$ (in H_2O)[2]	—	Sehr verd. Säuren hydrol. sehr leicht bereits in d. Kälte[1]	[1] **Menzies:** Soc. Lond. **121**, 2238 (1922). [2] **Morgan** u. **Robison:** Bioch. J. **22**, 1270 (1928).
$Kp_{0,1} =$ 226—227°	$[\alpha]_D = +19,8°$ (in Aceton, c = 1,5%)	—	Ist gegen verd. HCl sehr beständ. **Tetracarboäthoxy-γ-methyl-fructosid:** $C_{19}H_{30}O_{14}$. Sirup. $Kp_{0,07} = 235—238°$. $[\alpha]_D = +22,5°$ (in Aceton). Red. k. $KMnO_4$-Lösg. Gegen HCl-Hydrol. sehr beständ.	[1] **Allpress, Haworth** u. **Inkster:** Soc. Lond. **1927**, 1233.
151°	$[\alpha]_D^{20} = -155,3°$ (in H_2O)	l. l. H_2O, h. Alk.	**Tetracetat:** $C_{16}H_{24}O_{10}$. Krystalle (aus Äth.). $F = 83°$. $[\alpha]_D^{20} = -127,6°$ (in Chlorof.)	[1] **Brauns:** Amer. Soc. **42**, 1846 (1920).
—	$[\alpha]_D = +28°$ (in Aceton)[1]	l. l. H_2O, Alk., Aceton, Pyrid.[1]	Reduz. nicht. — Entfärbt sofort k. $KMnO_4$-Lösg.[1]. **Tetracetat:** $C_{16}H_{24}O_{10}$. Sirup. $[\alpha]_D = +39°$ bis $+47,9°$ (in Chlorof.)[2]	[1] **Allpress, Haworth** u. **Inkster:** Soc. Lond. **1927**, 1233. [2] **Irvine, Oldham** u. **Skinner:** Amer. Soc. **51**, 1279 (1929).
$Kp_{0,05} =$ 228°	$[\alpha]_D = +27,5°$ (in Aceton)	l. Aceton, Chlorof.	Sehr beständ. gegen HCl-Hydrol. bei 100°	[1] **Allpress, Haworth** u. **Inkster:** Soc. Lond. **1927**, 1233.
119°	$[\alpha]_D = +88,5°$ (in H_2O)	—	—	[1] **Bruyn** u. **Ekenstein:** Rec. **19**, 1 (1900).
120—122°	$[\alpha]_D^{20} = -88,5°$ (in H_2O, c = 9%)	l. l. H_2O, h. Alk.; w. l. k. Alk.; s. schw. l. Acet., Essigest.	Wird weder von Hefe noch von Emulsin hydrol.	[1] **Fischer:** Ber. **28**, 1159 (1895).
—	$[\alpha]_{589,3}^{18} = -75°$ (in CH_3OH)	l. H_2O, Alk., Essigester; unl. Äth.	Reduz. nicht. — Destilliert im Hochvak. bei 190°. **Triacetat:** $C_{13}H_{20}O_9$. Weiße, seidige Nadeln (Äth. + Petroläth.). $F = 72,5°$. $[\alpha]_{Hg}^{20} = -34,8°$ (in Alk.)	[1] **Schmidt:** A. **476**, 250 (1929).

Glykoside der Heptosen.

Schmelz- und Siedepunkt	Optisches Drehungsvermögen	Löslichkeit	Analytisches; Diverses	Literatur
168—170°	$[\alpha]_D^{20} = -74,9°$ (in H_2O, c = 10%)	l. l. H_2O; w. l. h. Alk., Acet.; f. unl. Äth.	Im Original als α-Glucoheptosid bezeichnet. Wird d. Emulsin nicht gespalten. Reduz. nicht Fehl. Lösg. In d. Mutterlauge bei d. Darst. findet sich d. **α-Methyl-α-Glykoheptosid.** Ein α-Äthyl-α-Glykoheptosid: $C_7H_{13}O_6(OC_2H_5)$ wurde dargestellt, aber nicht näher beschrieben	[1] **Fischer:** Ber. **28**, 1156 (1895).

Tabelle 75 (Fortsetzung).

Nr	Name	Formel, Konstitution	Vorkommen, Bildung, Darstellung	Krystallogr. Eigenschaften
2	β-Benzyl-α-Glucoheptosid	$C_{14}H_{20}O_7$	Aus Acetobromglykoheptose + Benzylalkohol + Ag_2O[1])	Farbl. Nadeln (aus Essigest.). Bitter
3	β-Borneol-α-Glucoheptosid	$C_{17}H_{30}O_7$	Aus Acetobromglykoheptose + Borneol + Ag_2O[1])	Nadeln
4	β-Cyclohexanol-α-Glucoheptosid	$C_{13}H_{24}O_7$	Ebenso, mit Cyclohexanol[1])	Büschelförmige Nadeln (aus h. Eisessig)
5	β-Geraniol-α-Glucoheptosid	$C_{17}H_{30}O_7$	Ebenso, mit Geraniol[1])	Farbl. Nadeln
6	β-Vanillin-α-Glucoheptosid	$C_{15}H_{20}O_7$	Ebenso, mit Vanillin[1])	Nadeln (aus CH_3OH)

Tabelle 76.

Nr	Name	Formel, Konstitution	Vorkommen, Bildung, Darstellung	Krystallogr. Eigenschaften
1	Methyl-glucoarabinosid	$C_{11}H_{19}O_9(OCH_3)$	Aus Octacetylmaltose in Methylenchlorid + HJ, Behandeln mit $CH_3OH + Ag_2CO_3$ u. Verseifen des Hexacetats[1])	Sirup
2	Primverin	$C_{20}H_{28}O_{13}$: $\quad$ (siehe Strukturformel)	In Primulaceen. Darstellung d. Extrakt. der Pflanzenteile[1])	Wasserfreie Krystalle
3	Primulaverin	$C_{20}H_{28}O_{13} + 2\,H_2O$	Kommt neben vorstehend. in Primulaceen vor[1])	Krystalle (aus Essigester); Nadeln (aus Alk.)
4	Monotropitosid	$C_{19}H_{26}O_{12} + H_2O$	In der Rinde von Betula lenta L.[1])	Prismen (aus Aceton + H_2O)
5	Salicylsäure-primverosid	$C_{11}H_{19}O_8 \cdot O \cdot C_6H_4 \cdot CO_2H$	Durch Verseifen des Vorig. mit KOH[1])	Nadeln (aus Aceton)
6	Vicianin	$C_{19}H_{25}O_{10}$: $\quad$ (siehe Strukturformel)	In d. Samen von Vicia angustifolia u. and. Vicia-Arten[1])	Farbl., glänzende Nadeln
7	Geosid	$C_{21}H_{30}O_{10}$: $\quad$ (siehe Strukturformel)	In den Wurzeln des Benediktinerkrautes[1])	Feine Nadeln

Strukturformel zu Nr. 2 (Primverin):

$$\begin{array}{c} C \cdot CO \cdot OCH_3 \\ HC{=}\!\!\!\diagup \quad \diagdown C \cdot O \cdot C_{11}H_{19}O_9 \\ HC \diagdown \quad \diagup CH \\ C \cdot OCH_3 \end{array}$$

Strukturformel zu Nr. 6 (Vicianin):

$$\begin{array}{c} CH \\ HC{=}\!\!\!\diagup \quad \diagdown C{-}CH{-}O{-}C_{11}H_{19}O_9 \\ HC \diagdown \quad \diagup CH \qquad CN \\ CH \end{array}$$

Strukturformel zu Nr. 7 (Geosid):

$$CH_2{:}CH \cdot CH_2 \cdot C\underset{\diagdown HC}{\overset{\diagup CH}{}}\!\!\!\!\!\diagup\!\!\diagdown \begin{array}{c} C \cdot O \cdot CH_3 \\ C \cdot O \cdot C_{11}H_{19}O_8 \\ CH \end{array}$$

Glykoside der Heptosen.

Schmelz- und Siedepunkt	Optisches Drehungsvermögen	Löslichkeit	Analytisches; Diverses	Literatur
147—148°	Linksdrehend	—	Pentacetat: $C_{24}H_{30}O_{12}$. Rhomb. Tafeln (aus verd. Alk.). $F = 116$ bis $117°$. Das Glykosid wird von Emulsin nicht gespalten. Reduz. nicht Fehl. Lösg.	[1] **Glaser** u. **Zimmermann:** Z. physiol. Chem. **166**, 103 (1927).
217°	Linksdrehend	—	Pentacetat: $C_{27}H_{40}O_{12}$. Nadeln (aus verd. Alk.). $F = 146\text{-}146,5°$	[1] **Glaser** u. **Zimmermann:** Z. physiol. Chem. **166**, 103 (1927).
153—157°	Linksdrehend	—	Pentacetat: $C_{23}H_{34}O_{12}$. Prismat. Säulen (aus verd. Alk.). $F = 140$ bis $140,5°$	[1] **Glaser** u. **Zimmermann:** Z. physiol. Chem. **166**, 103 (1927).
128—129°	Linksdrehend	—	—	[1] **Glaser** u. **Zimmermann:** Z. physiol. Chem. **166**, 103 (1927).
206—207°	Linksdrehend	—	Pentacetat: $C_{25}H_{30}O_{14}$. Säulen (aus verd. Alk.). $F = 179\text{—}180°$	[1] **Glaser** u. **Zimmermann:** Z. physiol. Chem. **166**, 103 (1927).

Glykoside der Disaccharide.

Schmelz- und Siedepunkt	Optisches Drehungsvermögen	Löslichkeit	Analytisches; Diverses	Literatur
—	—	—	Hexacetat: $C_{11}H_{13}O_9 \cdot O \cdot CH_3 \cdot (CO \cdot CH_3)_6$; Krystalle (aus CH_3OH). $F = 117°$	[1] **Irvine** u. **Dick:** Soc. London **115**, 593 (1919).
203—204° (Maquenne- Block); 206°	$[\alpha]_D = -71,53°$ (in H_2O)	w. l. k. H_2O; l. Alk., Aceton; schw. l. trock., l. l. feucht. Essigest.	Reduz. nicht Fehl. Lösg. Wird d. das Enzym Primverase gespalten zu Primverose u. p-Methoxy-salicylsäuremethylester	[1] **Goris** u. **Mascré:** Compt. rend. **149**, 947 (1910). — **Goris, Mascré** u. **Vischniac:** C. **1913**, I, 310.
161—163°	$[\alpha]_D = -66,65°$ (in H_2O, c=4%)	unl. Benzol, Chlorof.; l. H_2O, Alk., Aceton, Essigest.	Wahrscheinlich nicht rein. Primverase spaltet zu Primverose u. m-Methoxy-salicylsäuremethylester	[1] **Goris** u. **Mascré:** Compt. rend. **149**, 947 (1910). — **Goris, Mascré** u. **Vischniac:** C. **1913**, I, 310.
179,5°	$[\alpha]_D = -58,22°$ (in H_2O); $[\alpha]_D = -58,80°$ (in Aceton); $[\alpha]_D = -59,25°$ (in Alk.)	l. H_2O; schw. l. Aceton, Alk., Essigester; f. unl. Äth.	Primverase spaltet in Primverose u. Salicylsäuremethylester	[1] **Bridel** u. **Picard:** Compt. rend. **180**, 1864 (1925).
—	$[\alpha]_D = -61,6°$ (in H_2O)	—	Reduz. nicht Fehl. Lösg. Reagiert in wässer. Lösg. sauer. Verd. H_2SO_4 spaltet zu Salicylsäure, Glucose u. Xylose. Rhamnodiastase spaltet zu Primverose u. Salicylsäure	[1] **Bridel** u. **Picard:** Compt. rend. **186**, 98 (1928).
147—148°	$[\alpha]_D = -20,7°$ (in H_2O)	w. l. k., s. l. l. h. H_2O; schw. l. Alk.; unl. Benzol, Chlorof., CS_2, Petroläther	Wird d. das Enzym Vicianase zu Vicianose, HCN u. Benzaldehyd gespalten	[1] **Bertrand:** Compt. rend. **143**, 832 (1906). — **Bertrand** u. **Weisweiller:** Compt. rend. **147**, 252 (1908); **150**, 181 (1910); **151**, 884 (1910).
146—147°	$[\alpha]_D = -53,80°$ (in H_2O)	w. l. h. H_2O, Alk.; unl. Äth.	Gease spaltet in Eugenol u. Vicianose. Emulsin od. verd. Säuren spalten in Eugenol, Glucose u. Arabinose	[1] **Cheimol:** Schweiz. Apoth.-Z. **66**, 283 (1928).

Nr	Name	Formel, Konstitution	Vorkommen, Bildung, Darstellung	Krystallogr. Eigenschaften
8	Methyl-strophantobiosid	$C_{12}H_{21}O_{10} \cdot CH_3$	D. Hydrolyse des Strophantins mit HCl[1]	Weiße Krystalle (aus CH_3OH)
9	α-Methyl-gentiobiosid	$C_{12}H_{21}O_{10} \cdot O \cdot CH_3$	Synthetisch aus Tribenzoyl-α-methylglucosid in CCl_4+ Acetobromglucose+$Ag_2O \rightarrow$ Verseif. in $CH_3OH + NH_3$[1]	Große klare Krystalle (aus Alk.) + 1 Mol. Alk. Hygroskop
10	2, 3, 4-Tribenzoyl-α-methyl-gentiobiosid-tetracetat	$C_{42}H_{44}O_{18}$	Siehe vorstehende Darstellung[1]	Sehr feine, glänz. Nadeln (aus Alk.)
11	β-Methyl-gentiobiosid	$C_{12}H_{21}O_{10} \cdot O \cdot CH_3$	Aus Acetobromgentiobiose in $CH_3OH + Ag_2CO_3$ und Verseifen[1]	Krystalle
12	Alizarin-gentiobiosid	$C_{26}H_{28}O_{14}$: (Anthrachinon-Gerüst mit CO, OH oben und CO unten) $\cdot O \cdot C_{12}H_{21}O_{10}$	Verseifung d. Heptacetats in Alk.+ verd. $NaOH$[1]	Gelbliche Prismen
13	Heptacetyl-alizarin-gentiobiosid	$C_{40}H_{42}O_{21}$	Aus Acetobromgentiobiose+ Alizarin in Chinolin+ Ag_2O[1]	Kleine Nadeln (aus Essigs.)
14	l-Amygdalin (l-Mandelsäurenitril-β-gentiobiosid) [Nach der neueren Bezeichnungsweise als d-Amygdalin resp. d-Mandelsäure-nitril-β-gentiobiosid benannt[4])]	$C_{20}H_{27}O_{11}N + 3 H_2O$: (Benzolring mit CH—CH—CN-Seitenkette, β,β O—$C_{12}H_{21}O_{10}$)	In bitteren Mandeln, Obstkernen und verschiedenen Pflanzen Darstellung d. Extraktion der glucosidhaltigen Substanz mit verd. Alk.[1] Synthetisch aus Acetobromgentiobiose+ d, l-Mandelsäureäthylester od. Methylester, über die acetylierte d, l-Amygdalinsäure $\rightarrow$ Amid $\rightarrow$ Nitril u. Trennung d. opt. Isomeren d. frakt. Krystallisation; od. direkt ausgehend von Derivaten der d-Mandelsäure[2) 3) 4]	Rhomb. Prismen + 3 H_2O (aus H_2O)[1]; Glänz. Schuppen + 2 H_2O (aus 80-proz. Alk.). Bitter. Wird bei 110—120° wasserfrei[5]
15	Isoamygdalin (d, l-Mandelsäurenitril-β-gentiobiosid)	$C_{20}H_{27}O_{11}N + 2 H_2O$	Beim Schütteln einer wässerig. Amygdalin-Lösg. mit Baryt[1] Ebenso, mit Pyridin[2]	Weiße Platten od. Nadeln + 2 H_2O (aus H_2O). Wird bei ca. 100° wasserfrei[3]

Glykoside der Disaccharide.

Schmelz- und Siedepunkt	Optisches Drehungsvermögen	Löslichkeit	Analytisches; Diverses	Literatur
207°	$[\alpha]_D =$ ca. $+8,24°$ (in H_2O, c $= 5,76\%$)	l. l. H_2O; z. l. h. Alkoh., Aceton; l. k. CH_3OH; f. unl. Äther, Ligroin	Reduziert u. gärt nicht. Wird von verd. Säuren zu Rhamnose, Mannose u. CH_3OH gespalten. Gibt ein **Dibenzoat:** F$=136°$ und ein **Tribenzoat:** F$=68°$	[1] **Feist:** Ber. **31**, 535 (1898); **33**, 2063, 2091 (1900).
Sintert: 100°; Z $= 102°$. Alkoholfrei: F $=$ ca.120°	$[\alpha]_D^{18} = +58,5°$ (in H_2O); $[\alpha]_D^{18} = +65,5°$ für alkoholfreie Substanz; in H_2O)	s. l. l. H_2O; sonst schw. bis unl.	Reduz. nicht Fehl. Lösg. Wird von Emulsin gespalten. Frische, untergärige Hefe verändert nicht. **Heptacetat:** $C_{27}H_{38}O_{18}$. Acetyl. in Pyridin. Nadeln. F$=96°$. $[\alpha]_D^{20} = +64,5°$ (in Chlorof.)	[1] **Helferich, Becker u. Wiegand:** A. **440**, 1 (1924). — **Helferich, Klein u. Schäfer:** A. **447**, 19 (1926).
173°[2]	$[\alpha]_D^{19} = +53,2°$ (in Pyridin)[2]	—	—	[1] **Helferich, Becker u. Wiegand:** A. **440**, 1 (1924). [2] **Helferich, Klein u. Schäfer:** A. **447**, 26 (1926).
98°	$[\alpha]_D^{20} = -36°$ (in H_2O, c $= 8$—9%)	—	Reduz. nicht Fehl. Lösg. **Heptacetat:** $C_{27}H_{38}O_{18}$. Krystalle. F$=82°$. $[\alpha]_D^{20} = -18,9°$ (in Chlorof., c $= 10\%$)	[1] **Hudson u. Johnson:** Amer. Soc. **39**, 1272 (1916).
178—80°	—	z. l. l. H_2O, h. Alk., h. CH_3OH; sonst unl.	**NH_3-Verbindg.:** $C_{26}H_{31}O_{14}N$. Tiefrote Nadeln. F$=199$—$200°$. z. l. l. H_2O; schw. l. Alk., CH_3OH; sonst unlösl.	[1] **Zemplén u. Müller:** Ber. **62**, 2107 (1929).
258°	—	l. l. Chlorof., CCl_4; l. Essigs. h. Ameisen-, Essig-, Benzoesäureester; s. schw. l. Aceton, Benzol warm. Alk., CH_3OH; unl. k. Alk., H_2O, Äth. CS_2, Petroläth.	**Heptacetyl-(1-acetyl-alizarin-) gentiobiosid:** $C_{42}H_{44}O_{22}$. Hellgelbe, glänz. Nadeln. F$=232°$	[1] **Zemplén u. Müller:** Ber. **62**, 2107 (1929).
215° (wasserfreie Subst.)	$[\alpha]_D = -40°,26'$ (in H_2O)[6]; $[\alpha]_D^{20} = -35,87°$ (in H_2O, für die wasserh. Subst.)[7]; $[\alpha]_D^{20} = -40,01°$ (für die wasserfreie Substanz)	l. k., s. l. l. h. H_2O; z. l. Alk. unl. Äth.	Reduz. nicht Fehl. Lösg. Emulsin spaltet zu Benzaldehyd, Blausäure u. 2 Mol. Glucose. Ebenso verd. Säuren od. H_2O bei 160°[8]. Hefenenzyme spalten zu Glucose u. l-Mandelnitrilglucosid. **Heptacetat:** $C_{20}H_{20}O_{11}N(OC_2H_3)_7$. L. seid. Nadeln (aus Alk.). F$=171$ bis 172°[9]. $[\alpha]_D = -37,6°$ (in Chlorof.); $-34,0°$ (in Essigester). l. lösl. Chlorof., Aceton, Essigester; w. l. Alk.; s. w. l. Benzol; f. unl. Äther[10]. **Hexacetat:** F$= 186$—$188°$. $[\alpha]_D^{15} = -51,0°$[11]. **Heptabenzoat:** $C_{20}H_{20}O_{11}N(OC_7H_5)_7$. Lockere, weiße Nadeln (aus Chlorof. + Alk.). F$=218°$. $[\alpha]_D^{18} = -10,5°$ (in Chlorof.). l. l. Chlorof., Benzol, Pyrid., Aceton; z. l. CS_2, Essigest., h. Alk., w. l. Essigsäure[12]	[1] **Liebig u. Wöhler:** A. **22**, 1 (1837); **24**, 46 (1838). [2] **Zemplén:** Ber. **57**, 698 (1924) — **Zemplén u. Kunz:** Ber. **57**, 1194, 1357 (1924). [3] **Campbell u. Haworth:** Soc. Lond. **125**, 1337 (1924). [4] **Kuhn u. Sobotka:** Ber. **57**, 1767 (1924). [5] **Schiff:** Ber. **32**, 2699 (1899). [6] **Zemplén:** Z. physiol. Chem. **85**, 414 (1913). [7] **Wittstein:** Jahresberichte d. Chemie **1864**, 590. [8] **Guignard:** C. **1906**, I, 1280. [9] **Fischer u. Bergmann:** Ber. **50**, 1048 (1917). [10] **Tutin:** Soc. Lond. **95**, 663 (1909). [11] **Helferich u. Leete:** Ber. **62**, 1549 (1929). [12] **Odén:** C. **1919**, III, 540.
—	$[\alpha]_D = -47,6°$ (in H_2O)[3] $[\alpha]_D = -52,6°$ (in verd. Ammoniak)[4]	s. l. l. H_2O, verd. Alk., schw. l. absol. Alk., f. unl. Essigester	Wird von Emulsin wie Amygdalin gespalten. **Heptacetat:** $C_{34}H_{41}O_{18}N$. Farbl. Nadeln (aus Alk.). F$=174°$. $[\alpha]_D = -65,6°$ (in Chlorof.); $-57,1°$ (in Essigest.). l. l. Chlorof., Essigester; w. l. Alk.[4]	[1] **Dakin:** Soc. Lond. **85**, 1512 (1904). [2] **Zemplén:** Z. physiol. Chem. **85**, 414 (1913). [3] **Hérissey:** Journal Pharm. et Chim. [6] **26**, 198 (1907). [4] **Tutin:** Soc. Lond. **95**, 663 (1909).

Nr	Name	Formel, Konstitution	Vorkommen, Bildung, Darstellung	Krystallogr. Eigenschaften
16	d-Amygdalinsäure	$C_{20}H_{28}O_{13}$: —CH·COOH O·$C_{12}H_{21}O_{10}$	Aus d, l-Amygdalinsäure in CH_3OH + Alk. u. Cinchonin in d. Wärme u. Verseif. des Cinchoninsalzes mit Baryt[1])	Kryst. Pulver. Etwas hygrosk.
17	Diamygdalinsäure-imid-tetra-decacetat	$C_{66}H_{83}O_{38}N$	Bei Einwirkung von HCl auf Heptacetylamygdalin in Alk. u. Chlorof.[1])	Feine, lange Nadeln (aus Alk. + Aceton)
18	l-Amygdalinsäure	$C_{20}H_{28}O_{13}$	Aus dem Gemisch der d, l-Heptacetylamygdalinsäure d. Fraktionierung mit Äth. und Benzol u. Verseifung[1])	Amorph
19	l-Amygdalinsäure-heptacetat	$C_{34}H_{42}O_{20}$	Siehe vorstehend.; als schwerer lösl. Verbindg.[1])	Nadeln
20	Hexacetyl-l-amygdalinsäure-lacton	$C_{32}H_{38}O_{18}$	Siehe vorstehend.; als leichter lösl. Verbindg.[1])	Nadeln (aus Alk.)
21	d, l-Amygdalinsäure	$C_{20}H_{28}O_{13}$	Aus Amygdalin durch Einwirkung von Alkalien od. konz. HCl[1])[2])	Amorph.
22	Heptacetyl-d, l-amygdalinsäure	$C_{34}H_{42}O_{20}$	Synthetisch aus Acetobrom-gentiobiose d. Kochen mit d, l-mandelsaurem Silber in Benzol; neben dem d, l-Mandel-säure-Ester d. Heptacetylgen-tiobiose[1])	Amorph
23	Heptacetyl-gentiobiosido-l-mandel-säure-ester	$C_{34}H_{42}O_{20}$	Aus Acetobromgentiobiose + l-mandelsaurem Ag in Benzol kochen; neben einer gewissen Menge Heptacetyl-l-Amygda-linsäure[1])	Krystalle
24	Heptacetyl-gentiobiosido-d, l-mandelsäure-ester	$C_{34}H_{42}O_{20}$	Ebenso, mit d, l-mandelsau-rem Ag; neben einer gewissen Menge Heptacetyl-l-amygda-linsäure[1])	Farbl. Nadeln (aus Alk.)
25	Heptamethyl-d, l-amygdalinsäure-methylester	$C_{28}H_{44}O_{13}$	D. Methylierung von Amygdalinsäure mit $(CH_3)_2SO_4$ in alkalisch. Lösg. u. Nachme-thyl. mit CH_3J + Ag_2O. Reinigung d. Destill. im Hoch-vakuum[1])	Krystallis. teilweise in feinen Nadeln (aus Petroläth.)
26	d, l-Amygdalinsäure-äthylester	$C_{22}H_{32}O_{13}$	Aus Acetobromgentiobiose + d, l-Mandelsäureäthylester + Ag_2O u. Verseif.[1])	Sirup

Glykoside der Disaccharide.

Schmelz- und Siedepunkt	Optisches Drehungsvermögen	Löslichkeit	Analytisches; Diverses	Literatur
—	$[\alpha]_D^{18} = +17{,}27°$ (in H_2O)	l. l. H_2O, Alk., CH_3OH, h. Amylalk., z. schw. l. Aceton, Essigester	**Cinchonin-Salz:** $C_{39}H_{50}O_{14}N_2$. Sintert: 230°. Zers. 240°. $[\alpha]_D^{13} = +79{,}7°$ (in H_2O). s. l. l. h. H_2O, h. CH_3OH; schw. l. k. Alk. Reduz. nicht Fehl. Lösg. Wird von Emulsin gespalten	[1] **Fischer:** Z. physiol. Chem. **107**, 176 (1919).
212°	$[\alpha]_D^{21} = -72{,}1°$ (in Chlorof.)	l. l. Chlorof., l. h. Aceton; w. l. h. Alk.; s. schw. l. Äth.; unl. H_2O, Petroläth.	—	[1] **Zemplén:** Ber. **53**, 1005 (1920).
—	$[\alpha]_D = -132{,}7°$ bis $-133{,}2°$ (in H_2O)	—	—	[1] **Zemplén u. Kunz:** Ber. **57**, 1194 (1924).
ca. 115°	$[\alpha]_D^{18} = +60{,}06°$ (in Chlorof., $c = 4\%$)	s. l. l. Chlorof., Aceton, Essigest.; w. l. k. Benzol, k. Alk., Äther, Petroläther	Labil	[1] **Zemplén u. Kunz:** Ber. **57**, 1194 (1924).
195—196°	$[\varkappa]_D^{18} = -65{,}6°$ (in Chlorof., $c = 4\%$)	l. l. Chlorof., Essigester, Aceton, Benzol, Eisessig; z. l. h. Alk.; s. w. l. Äther, Petroläth.	Stabiler als vorstehende Verbindung	[1] **Zemplén u. Kunz:** Ber. **57**, 1194, 1357 (1924).
—	$[\alpha]_D^{18} = -58°$ (in H_2O)[2]	—	—	[1] **Walker u. Krieble:** Soc. Lond. **95**, 1369 (1909). — **Schiff:** A. **154**, 347 (1870). — **Dakin:** Soc. Lond. **85**, 1512 (1904). — **Karrer, Nägeli u. Lang:** Helv. **3**, 578 (1920). [2] **Zemplén u. Kunz:** Ber. **57**, 1194 (1924).
ca. 90°	$[\alpha]_D^{15} = +6{,}25°$ bis $+10{,}55°$ (in Chlorof.)	l. Äther	Das durch Acetylieren der d,l-Amygdalinsäure erhaltene Heptacetat ist ein Gemisch. $F = 90—100°$. $[\alpha]_D^{16} = +36{,}1°$ (in Chlorof.)[2]	[1] **Zemplén:** Ber. **57**, 698 (1924). [2] **Zemplén u. Kunz:** Ber. **57**, 1194 (1924).
177°	$[\alpha]_D^{24} = -51{,}76°$ (in Chlorof.)	l. Chlorof., Aceton, Essigest., h. Alk., Benzol; w. l. Äth., Petroläth.	Reduz. kochende Fehl. Lösg.	[1] **Zemplén u. Kunz:** Ber. **57**, 1357 (1924).
209° (Z.); Sintert: 205°	$[\alpha]_D^{17{,}5} = -9{,}73°$ (in Chlorof., $c = 2{,}4\%$)	l. l. Chlorof., Benzol, Aceton; w. l. Äther; f. unl. Petroläth.	—	[1] **Zemplén:** Ber. **57**, 698 (1924).
91°; $Kp_{0{,}02} = 270°$ (Bad-Temp.)	$[\alpha]_D^{16} = -49{,}3°$ (in CH_3OH); $[\alpha]_D^{16} = -51{,}7°$ (in Alk.); $[\alpha]_D^{16} = -50{,}8°$ (in Aceton); $[\alpha]_D^{16} = -55{,}7°$ (in 20proz. Alk.)	—	—	[1] **Haworth u. Leitch:** Soc. Lond. **121**, 1921 (1922).
—	$[\alpha]_D = -78°$	—	**Heptacetat:** $C_{36}H_{46}O_{20}$. Nadeln. $F = 205°$. $[\alpha]_D = -62{,}1°$ (in Chlorof. $c = 0{,}8\%$), unl. H_2O, Äther, k. Alk.; l. Chlorof., Aceton, h. Alk.[1]. Dürfte wohl d-Form (mit etwas l-Form verunreinigt) sein[2]	[1] **Campbell u. Haworth:** Soc. Lond. **125**, 1337 (1924). [2] **Kuhn u. Sobotka:** Ber. **57**, 1767 (1924).

Tabelle 76 (Fortsetzung).

Nr	Name	Formel, Konstitution	Vorkommen, Bildung, Darstellung	Krystallogr. Eigenschaften
27	**Heptacetyl-l-amygdalinsäure-äthylester** (Nach neuer Nomenklatur d-Form)	$C_{36}H_{46}O_{20}$	Wie vorstehend u. Trennung d. Gemisches d. frakt. Kryst. aus CH_3OH u. Alk., wobei die d-Form zuerst auskrystallisiert[1])	Lange Nadeln (aus Alk.)
28	**Heptacetyl-d-amygdalinsäure-äthylester** (Nach neuer Nomenklatur l-Form)	$C_{36}H_{46}O_{20}$	Ebenso, in der Mutterlauge d. Vorigen[1])	Täfelchen (aus Chlorof. od. Benzol + Äther)
29	**Heptacetyl-l-amygdalinsäure-amid**	$C_{34}H_{43}O_{19}N$	Aus dem Hexacetyl-l-Amygdalinsäure-lacton mit CH_3OH + NH_3 in Benzol[1]) Aus d, l-Amygdalinsäure-äthylester + NH_3 in Alkohol, Acetylierung in Pyridin und Trennung der d- und l-Form[2])	Nadeln (aus Alk.)[1]) Kryst. mit 1 Mol. Pyridin[2])
30	**d, l-Amygdalinsäure-amid**	$C_{20}H_{29}O_{12}N$	Aus d, l-Amygdalinsäureäthylester + NH_3 in Alkohol[1])	—
31	**β-Methyl-maltosid**	$C_{12}H_{21}O_{10} \cdot O \cdot CH_3 + H_2O$	Aus Heptacetylchlormaltose (od. Heptacetylnitromaltose) + Ag_2CO_3 ($BaCO_3$) in CH_3OH und Verseifen[1]) Ebenso aus Heptacetylbrommaltose[2])	Krystalle + 1 H_2O (aus Äth.-Alk.)[3])
32	**β-Methyl-maltosid-heptacetat**	$C_{27}H_{38}O_{18}$	Siehe vorstehend[1])[2])	Lange, farblose Nadelbüschel
33	**Methyl-maltosid(?)-heptacetat**	$C_{27}H_{38}O_{18}$	Aus d. Freudenbergschen Acetochlormaltose in CH_3OH + Pyridin[1])	Große, sternförmige Krystalle
34	**Äthyl-maltosid(?)-heptacetat**	$C_{28}H_{40}O_{18}$	Ebenso, in C_2H_5OH[1])	Krystalle
35	**α-Äthyl-maltosid-heptacetat**	$C_{28}H_{40}O_{18}$	Aus β-Octacetylmaltose in Chlorof.-Alk. + sublim. Eisenchlorid[1])	Amorph
36	**β-Äthyl-maltosid-heptacetat**	$C_{28}H_{40}O_{18}$	Aus Acetobrommaltose + Alkohol in Äth. + Ag_2CO_3[1])	Prismen (aus Alk.)
37	**β-Äthyl-maltosid**	$C_{12}H_{21}O_{10} \cdot O \cdot C_2H_5$	D. Verseifung des Vorigen[1])	Krystalle (aus CH_3OH + Essigester)
38	**β-Phenyl-maltosid**	$C_{12}H_{21}O_{10} \cdot O \cdot C_6H_5$	Aus Acetochlormaltose + Na-Phenolat in Äther u. Verseifen[1])	Kleine, farblose Prismen (aus H_2O)

462

Glykoside der Disaccharide.

Schmelz- und Siedepunkt	Optisches Drehungsvermögen	Löslichkeit	Analytisches; Diverses	Literatur
212,5 bis 213,5°	$[\alpha]_D^{20} = -72,8°$ (in Chlorof.); $[\alpha]_D^{20} = -65,1°$ (in Chlorof., $c = 2\%$)	schw. l. Alk.	Mit gleichen Eigenschaften auch aus Amygdalin erhalten	[1] **Kuhn** u. **Sobotka:** Ber. **57**, 1767 (1924).
189,5 bis 191°; 190—191°	$[\alpha]_D^{20} = -3,4°$ (in Chlorof.); $[\alpha]_D^{20} = -20,1°$ (in Chlorof.)	l. l. Alk.	Siehe vorstehende Bemerkung	[1] **Kuhn** u. **Sobotka:** Ber. **57**, 1767 (1924).
180—181° [1] 166—167° [2]	$[\alpha]_D^{24} = -66,3°$ (in Chlorof.) [1] $[\alpha]_D = -68,6°$ (in Chlorof.) [2]	l. l. Chlorof., Aceton, Essigest., Benzol, h. Alk.; w. l. Äther, Petroläther	Gibt mit $POCl_3$ das Heptacetyl-l-amygdalin. **d-Form:** $F = 152—153°$. $[\alpha]_D = -49,7°$ (in Chlorof.) [2]	[1] **Zemplén** u. **Kunz:** Ber. **57**, 1357 (1924). [2] **Campbell** u. **Haworth:** Soc. Lond. **125**, 1337 (1924).
—	$[\alpha]_D = -77°$	l. H_2O, Pyridin; w. l. h. Alk.	—	[1] **Campbell** u. **Haworth:** Soc. Lond. **125**, 1337 (1924).
110° (130° Z); Wasserfrei: F = 155° (Z)[3]. 110—111° [4]	$[\alpha]_D^{19} = +76,0°$ (in H_2O); $[\alpha]_D^{19} = +78,8°$ (in H_2O; wasserfreie Substanz)[3]; $[\alpha]_D = +83,9°$ (in H_2O)[4]; $[\alpha]_D = +63,5°$ (in Alk.); wasserfreie Substanz	l. l. H_2O; l. Alk., CH_3OH	Reduz. nicht Fehl. Lösg.[1]. Emulsin spaltet. Hefeauszug spaltet zu Glucose $+ \beta$-Methylglucosid	[1] **Fischer** u. **Armstrong:** Ber. **34**, 2885 (1901); **35**, 840 (1902). — **Königs** u. **Knorr:** Ber. **34**, 4343 (1901). [2] **Hudson** u. **Sayre:** Amer. Soc. **38**, 1867 (1916). [3] **Helferich** u. **Becker:** A. **440**, 1 (1924). [4] **Irvine** u. **Black:** Soc. Lond. **1926**, 862.
128—129° [1] 125° [2]	$[\alpha]_D^{20} = +60°, 46'$ (in Benzol)[1] $[\alpha]_D^{20} = +53,5°$ (in Chloroform)[2]	s. w. l. H_2O; l. Äther; l. l. Alk., Essigester	Reduz. nicht Fehl. Lösg.	[1] **Fischer** u. **Armstrong:** Ber. **34**, 2885 (1901); **35**, 840 (1902). — **Königs** u. **Knorr:** Ber. **34**, 4343 (1901). [2] **Hudson** u. **Sayre:** Amer. Soc. **38**, 1867 (1916).
163—164°	$[\alpha]_{578} = +101,6°$ (in $C_2H_2Cl_4$)	unl. H_2O; schw. l. Alk., Äther; l. l. Aceton, Essigest., Chlorof., $C_2H_2Cl_4$	**Freies Glykosid:** $C_{13}H_{24}O_{11}$. Sirup. $[\alpha]_{573} = +117,12°$ (in H_2O). — Zur Struktur siehe [2]	[1] **Freudenberg, Hochstetter** u. **Engels:** Ber. **58**, 666 (1925). [2] **Freudenberg:** Naturwissenschaften **18**, 393 (1930).
142—143°	—	—	Das freie Glykosid ist sirupös. — Zur Struktur siehe [2]	[1] **Freudenberg, Hochstetter** u. **Engels:** Ber. **58**, 666 (1925). [2] **Freudenberg:** Naturwissenschaften **18**, 393 (1930).
S = 80—85° F = 90 bis 100°	$[\alpha]_D^{17} = +122,2°$ bis 127,5° (in Chlorof.)	l. l. Alk., CH_3OH, Chlorof., Aceton, Äther, Benzol; unl. H_2O, Petroläth.	Nicht rein	[1] **Zemplén:** Ber. **62**, 985 (1929).
132°	$[\alpha]_D^{14} = +48,93°$ (in $C_2H_2Cl_4$)	l. l. Essigest., Chlorof., Benzol, Aceton; w. l. Äther; l. Alk.; unl. H_2O	Reduz. nicht Fehl. Lösg.	[1] **H. Fischer** u. **Kögl:** A. **436**, 219 (1924).
168—169°	$[\alpha]_D^{16,5} = +79,22°$ (in H_2O)	l. l. H_2O, CH_3OH, Alk.; z. w. l. Äther, Chlorof., Aceton	Wird von Emulsin gespalten	[1] **H. Fischer** u. **Kögl:** A. **436**, 219 (1924).
96°	$[\alpha]_D^{20} = +34,0°$ (in H_2O, $c = 5,1\%$)	l. l. h. H_2O, Alk., CH_3OH; f. unl. Essigester	Wird von Emulsin gespalten. **Heptacetat:** $C_{32}H_{40}O_{18}$. Krystalle. $F = 157—158°$. l. l. h. Alk.; schw. l. k. Alk., h. H_2O	[1] **Fischer** u. **Armstrong:** Ber. **35**, 3144 (1902).

Nr	Name	Formel, Konstitution	Vorkommen, Bildung, Darstellung	Krystallogr. Eigenschaften
39	β-Benzyl-maltosid	$C_{12}H_{21}O_{10} \cdot O \cdot C_7H_7$	Aus Acetobrommaltose + Benzylalkohol in Äth. + Ag_2CO_3 u. verseifen[1]	Bittere Nadeln (aus Essigester)
40	Heptacetyl-maltosido-d, l-mandel-säure	$C_{34}H_{42}O_{20}$: ⬡—CH—COOH | $O \cdot C_{12}H_{14}O_{10}(OC \cdot CH_3)_7$	Aus Acetobrommaltose und d, l-mandelsaurem Ag, in sehr schwacher Ausbeute[1]	Amorph
41	β-Menthyl-maltosid	$C_{12}H_{21}O_{10} \cdot O \cdot C_{10}H_{19}$ $+ 2 H_2O$	Aus Acetobrommaltose + Menthol, in Äther + Ag_2CO_3 schütteln und verseifen[1]	Farblose, feine, verfilzte Nadeln
42	β-Menthyl-maltosid-heptacetat	$C_{36}H_{54}O_{18}$	Siehe vorstehendes[1]	Nadeln (aus Alk.)
43	β-Methyl-cellobiosid	$C_{12}H_{21}O_{10} \cdot O \cdot CH_3$	Aus Acetobromcellobiose in CH_3OH + Benzol, mit Ag_2O schütteln und verseifen[1]	Prismen (aus Alk.)
44	β-Methyl-cellobiosid-heptacetat	$C_{12}H_{14}O_{10}(COCH_3)_7 \cdot OCH_3$	Siehe vorstehendes[1][2][3]	Feine, farbl. Nad (aus Alk.)
45	2,3,4,2′,3′-Pentacetyl-β-methyl-cellobiosid	$C_{23}H_{34}O_{16}$	Aus der 6,6′-Ditrityl-Verbindung in Eisessig + HBr[1]	Krystalle (aus Chlorof. + Petroläther)
46	6,6′-Dijod-pentacetyl-β-methyl-cellobiosid	$C_{23}H_{32}O_{14}J_2$	Aus d. p-Toluolsulfonsäure-Verbindg. mit NaJ in Aceton bei 100°[1]	Nadeln (aus verd. Alk. od. Chlorof. + Petroläth.)
47	6,6′-p-Toluolsulfo-pentacetyl-β-methyl-cellobiosid	$C_{37}H_{46}O_{20}S_2$	Aus der Pentacetyl-Verbindg. + p-Toluolsulfons.-chlorid in Pyridin[1]	Krystalle (aus Alk. od. Chlorof. + Petroläther)
48	α-Äthyl-cellobiosid-heptacetat	$C_{28}H_{40}O_{18}$	Aus α-Octacetylcellobiose in Chlorof. + Alk. mit sublim. Eisenchlorid. Aus β-Äthyl-cellobiosid-heptacetat d. Behandl. mit $TiCl_4$[1]	Feine farblose Nadeln (aus Alk.)
49	β-Äthyl-cellobiosid	$C_{12}H_{21}O_{10} \cdot O \cdot C_2H_5$	Aus Acetobromcellobiose in Alk. + Ag_2CO_3 u. Verseifung[1]	Amorph. Hygroskop.
50	β-Äthyl-cellobiosid-heptacetat	$C_{28}H_{40}O_{18}$	Siehe vorstehendes[1]. Ebenso, mit Al-Grieß und Hg-Acetat[2]	Nadeln (aus Alk.)
51	β-Isobutyl-cellobiosid-heptacetat	$\begin{array}{l}CH_3 \\ \rangle CH \cdot CH_2 \cdot O \\ CH_3 \cdot C_{12}H_{14}O_{10}(CO \cdot CH_3)_7\end{array}$	Aus Acetobromcellobiose + Isobutylalkohol in Benzol + Ag_2CO_3[1]	Farblose Nadeln (aus Alk. + H_2O)
52	α-Phenyl-cellobiosid-heptacetat	$C_{32}H_{40}O_{18}$	Aus Acetobromcellobiose in Benzol + Phenol + Al-Grieß u. Hg-Acetat[1] Dasselbe, ohne Al-Grieß[2]	Lange, farbl., seidige Nadeln (aus Alk.)

Glykoside der Disaccharide.

Schmelz- und Siedepunkt	Optisches Drehungsvermögen	Löslichkeit	Analytisches; Diverses	Literatur
147—148°	$[\alpha]_D^{17} = +47,64°$ (in H₂O)	l. l. H₂O, Chlorof., Alk., CH₃OH; s. w. l. Äther, Aceton, Essigester	Reduz. nicht Fehl. Lösg. Wird von Emulsin gespalten. **Heptacetat:** C₃₃H₄₂O₁₈. Prismen (aus Aceton + H₂O). F = 125°. $[\alpha]_D^{16,5} = +27,64°$ (in C₂H₂Cl₄). Lösl. wie das entsprech. β-Äthylmaltosidheptacetat	[1] H. Fischer u. Kögl: A. 436, 219 (1924).
—	$[\alpha]_D = ca. +9°$ bis $+35°$ (in Alk.)	unl. H₂O; l. l. Alk.	Weder rein noch einheitlich	[1] Karrer u. Mitarb.: Helv. 4, 130 (1921).
199° (wasserfrei); 203° (k.)	$[\alpha]_D^{16} = +14,20°$ (in H₂O)	z. l. l. k. H₂O, h. Alk.; schw. l. Chlorof., Aceton; s. schw. l. Äther, Benzol, Ligroin	Reduz. nicht Fehl. Lösg. — Wird von verd. Säuren zerlegt. **Ba-Salz:** (C₂₂H₃₉O₁₁)₂Ba. Große Nadeln od. Prismen. z. l. l. H₂O	[1] E. Fischer u. H. Fischer: Ber. 43, 2526 (1910).
183°; 186° (k.)	$[\alpha]_D^{19} = +20,74°$ (in C₂H₂Cl₄)	l. l. Chlorof., Benzol, Aceton, Essigest.; w. l. Äther; schw. l. k. Alk.	Reduz. nicht. Ist geruchlos	[1] E. Fischer u. H. Fischer: Ber. 43, 2526 (1910).
193°	$[\alpha]_D^{17} = -19,09°$ (in H₂O)	l. l. H₂O; z. w. l. CH₃OH, Alk.; sonst s. w. lösl.	Wird von Emulsin gespalten	[1] Helferich, Löwa, Nippe u. Riedel: Z. physiol. Chem. 128, 141 (1923).
180°[1]); 186,5°[2]); 187°[3])	$[\alpha]_D^{20} = -25,1°$ (in Chlorof.)[3]); $[\alpha]_D^{17} = -31,61°$ (in Essigester)[2])	l. Chlorof., Essigester, Benzol; schw. l. H₂O, k. Alk.	—	[1] Zemplén: Ber. 53, 1002 (1920). [2] Helferich, Löwa, Nippe u. Riedel: Z. physiol. Chem. 128, 141 (1923). [3] Hudson u. Sayre: Amer. Soc. 38, 1867 (1916).
191—196°	$[\alpha]_D^{23} = -37,9°$ (in Chlorof.)	w. l. Äther, Petroläth., H₂O; l. Chloroform	Reduz. nicht	[1] Helferich, Bohn u. Winkler: Ber. 63, 989 (1930).
216—219°	$[\alpha]_D^{17} = -7,5°$ (in Chlorof.)	—	—	[1] Helferich, Bohn u. Winkler: Ber. 63, 989 (1930).
160—162°	$[\alpha]_D^{21} = -2,5°$ (in Chlorof.)	—	—	[1] Helferich, Bohn u. Winkler: Ber. 63, 989 (1930).
169—170°; 174°	$[\alpha]_D^{16} = +49,7°$ bis $+52,6°$ (in Chlorof.)	l. l. Chlorof., Aceton, h. Alk.; schw. l. k. Alk., Äther; unl. H₂O, Petroläther	Nicht rein erhalten	[1] Zemplén: Ber. 62, 985 (1929).
—	$[\alpha]_D = -9,55°$ (in H₂O, c = 1%)	l. l. H₂O, Alk.; w. l. Äther	D = 1,0705. Nicht rein. Reduz. noch Fehl. Lösg.	[1] Karrer, Nägeli u. Lang: Helv. 3, 573 (1920).
184°[1]); 186°[2])	$[\alpha]_D = -24,76°$ (in Chlorof.)[1]); $[\alpha]_D^{18} = -19,44°$ (in Chlorof.)[2])	l. l. Chlorof., h. Alk.; w. l. k. Alk.; schw. l. Äther, H₂O	Reduz. noch Fehl. Lösg. Nicht rein	[1] Karrer, Nägeli u. Lang: Helv. 3, 573 (1920). [2] Zemplén: Ber. 62, 990 (1929).
196—197°	$[\alpha]_D^{12} = -21,5°$ (in Chlorof.)	l. Chlorof., Alk.; s. w. l. H₂O	—	[1] Zemplén: Ber. 53, 1003 (1920).
217°	$[\alpha]_D^{17} = +81,10°$ (in Chlorof.)	l. l. Chlorof., Benzol, Aceton; schw. l. k. Alk., k. CH₃OH, Äther; unl. H₂O, Petroläther	Reduz. nicht	[1] Zemplén: Ber. 62, 990 (1929). [2] Zemplén u. Nagy: Ber. 63, 368 (1930).

Nr	Name	Formel, Konstitution	Vorkommen, Bildung, Darstellung	Krystallogr. Eigenschaften
53	β-Phenyl-cellobiosid-heptacetat	$C_{32}H_{40}O_{18}$	Aus Acetobromcellobiose + Phenol in Chinolin[1]	Sehr kleine, gelbgraue Nadeln (aus Alk.)
54	β-Benzyl-cellobiosid-heptacetat	$C_{26}H_{35}O_{17} \cdot O \cdot C_7H_7$	Aus Acetobromcellobiose in Benzol u. Benzylalkohol u. Ag_2CO_3[1]	Lange, sehr dünne, farbl. Nadeln (aus Alk.)
55	α-Cyclohexyl-cellobiosid-heptacetat	$C_{26}H_{35}O_{17} \cdot O \cdot C_6H_{11}$	Aus Acetobromcellobiose in Benzol + Cyclohexanol u. Al-Grieß + Hg-Acetat[1]	Farbl. seidige Nadeln (aus Alk.)
56	β-Glykolsäure-cellobiosid	$C_{14}H_{24}O_{13}$: $COOH$ | $CH_2' \cdot O \cdot C_{12}H_{21}O_{10}$	Aus Acetobromcellobiose + Glykolsäureäthylester u. Ag_2O und verseifen[1]	Krystalle (aus CH_3OH + Essigester)
57	β-Cellobiosido-glykolsäure-amid	$C_{14}H_{25}O_{12}N$: $CO \cdot NH_2$ | $CH_2 \cdot O \cdot C_{12}H_{21}O_{10}$	Aus dem Heptacetyl-cellobiosidoglykolsäureäthylester + NH_3 in CH_3OH[1]	Zu Rosetten verein. Prismen (aus verd. Aceton)
58	Glykolnitril-β-cellobiosid	$C_{14}H_{23}O_{11}N$: CN | $CH_2 \cdot O \cdot C_{12}H_{21}O_{10}$	Aus Heptacetyl-cellobiosidoglykols.-amid + $POCl_3$ und verseifen[1]	Amorph. Hygroskop.
59	Cellobiosido-d, l-mandelsäure-heptacetat	$C_{34}H_{42}O_{20}$	Aus Acetobromcellobiose + d, l-mandels.-Ag in Tetrahydronaphthalin[1]	Farbl. Nadeln
60	Alizarin-cellobiosid	$C_{26}H_{28}O_{14}$: $CO \cdot OH$ ... $\cdot O \cdot C_{12}H_{21}O_{10}$ (Anthrachinon-Konstitution)	Aus Acetobromcellobiose u. Alizarin in Chinolin + Ag_2O; Verseifen des Acetats mit NaOH in Alk.[1]	Feine, hellgelbe Nadeln (aus Eisessig)
61	Alizarin-cellobiosid-heptacetat	$C_{40}H_{42}O_{21}$	Siehe vorstehendes[1]	Goldgelbe, kleine Kryst. od. dicke Prismen (aus Ameisensäureester)
62	2,6-Bis-(heptacetyl-cellobiosido-)-anthrachinon	$C_{66}H_{78}O_{38}$	Aus Acetobromcellobiose + Anthraflavinsäure in Chinolin + Ag_2O[1]	Feine Nadeln (aus Chlorof. + Alk.)
63	Methyl-cellodesosid	$C_{13}H_{24}O_{10}$	Aus Cellodesose in CH_3OH + HCl. Zwei isomere Formen A u. B, die vielleicht die α- u. β-Isomeren in nicht ganz reinem Zustand darstellen[1]	A: Büschel feiner Nadeln (aus CH_3OH + Essigester) B: Krystalle

Glykoside der Disaccharide.

Schmelz- und Siedepunkt	Optisches Drehungsvermögen	Löslichkeit	Analytisches; Diverses	Literatur
193°	—	—	—	[1] Zemplén: Ber. **53**, 1003 (1920).
193° (Sintert: 190°)	$[\alpha]_D^{20} = -37{,}4°$ (in Chlorof.)	l. l. Chlorof.; w. l. Alk., Essigest.; schw. l. Benzol; s. schw. l. Äther	—	[1] Zemplén: Ber. **53**, 1003 (1920).
203,5°	$x]_D^{20} = +63{,}4°$ (in Chlorof.)	—	Reduz. nicht Fehl. Lösg.	[1] Zemplén: Ber. **62**, 990 (1929).
195° (Z.)	$[\alpha]_D = -25{,}12°$ (in H_2O)	l. l. H_2O; schw. l. CH_3OH; sonst schw. bis unl.	**Heptacetyl-cellobiosido-glykolsäure-äthylester:** $C_{30}H_{42}O_{20}$. Krystalle (aus Alk.). F = 161—163°. $[\alpha]_D^{17} = -30{,}9°$ (in Aceton). l. l. Aceton, Chlorof., Essigest., Benzol, h. CH_3OH, h. Alk.; z. schw. l. k. Alk., h. H_2O; f. unl. Äther, Petroläther	[1] Fischer u. Anger: Ber. **52**, 854 (1919). — Fischer: Z. physiol. Chem. **107**, 176 (1919).
150—152°	$[\alpha]_D^{17} = -27{,}79°$ (in H_2O)	l. l. H_2O, Eisessig, h. CH_3OH; w. l. Alk.; s. schw. l. Essigest., Äther, Aceton, Petroläth.	Reduz. nicht. — Wird von Emulsin gespalten. — NaOH spaltet NH_3 ab. **Heptacetat:** $C_{28}H_{39}O_{19}N$. Nadeln. F = 205—206°. $[\alpha]_D^{18} = -20{,}60°$ (in Aceton)	[1] Fischer u. Anger: Ber. **52**, 854 (1919).
Z = 108°; S = ca. 80°	$[\alpha]_D^{18} = -28{,}74°$ (in H_2O)	l. l. H_2O, CH_3OH, h. Alk., Pyrid.; schw. l Aceton, Essigester	**Heptacetat:** $C_{28}H_{37}O_{18}N$. Nadeln (aus Alk.). F = 200—202°. $[\alpha]_D^{17} = -26{,}78°$ (in Aceton)	[1] Fischer u. Anger: Ber. **52**, 854 (1919).
179—182°	$[\alpha]_D = $ ca. $-44°$ (in Chlorof.)	l. l. Chlorof., h. Alk.; schw. l. k. Alk., Äther, H_2O	Reduz. nicht Fehl. Lösg.	[1] Karrer, Nägeli u. Lang: Helv. **3**, 573 (1920).
256°	—	l. h. Eisessig und 50proz. h. Alk.; sonst unl.	**NH_3-Verbindg.:** $C_{26}H_{31}O_{14}N$. Aus d. Heptacetat in $CH_3OH + NH_3$. Rubinrote Nadeln. S = 220°. F = 230°. schw. l. Alk., CH_3OH, h. Eisessig, h. H_2O; sonst unl.	[1] Zemplén u. Müller: Ber. **62**, 2107 (1929).
249°	—	l. Chlorof., CCl_4, h. Eisessig, Essigester, Ameisenester; schw. l. Aceton, Benzol, k. Eisessig; f. unl. h. Alk., CH_3OH, CS_2; unl. H_2O, Äther, Petroläther	**Heptacetyl-(1-acetyl-alizarin)-cellobiosid:** $C_{42}H_{44}O_{22}$. Zitronengelbe Nadeln od. Tafeln (aus Alk.). F = 228—229°	[1] Zemplén u. Müller: Ber. **62**, 2107 (1929).
287°	$[\alpha]_D^{26} = -5{,}26°$ (in $C_2H_2Cl_4$)	l. l. Chlorof., CCl_4, h. Eisessig, Essigester, h. Alk., CH_3OH, Benzol, Toluol; w. l. in diesen Solv. in d. Kälte; unl. H_2O, k. Alk., Äther, Petroläther	Über eine Reihe anderer **Isomeren** siehe im selben Artikel	[1] Müller: Ber. **62**, 2793 (1929).
169—171°	$[\alpha]_D^{22} = +40{,}0°$ (in H_2O, c = 7%)	l. l. H_2O, Alk., Pyrid.; schw. l. Essigest.; f. unl. Äther, Aceton, Benzol, CCl_4, Petroläther	Reduz. nicht. — Verd. Säuren spalten	[1] Bergmann u. Breuers: A. **470**, 38 (1929).
ca. 220° (Z.)	$[\alpha]_D^{20} = -19{,}9°$ (in H_2O, c = 3,5%); $[\alpha]_D^{20} = -20{,}1°$ (in H_2O, c = 11%)			

Nr	Name	Formel, Konstitution	Vorkommen, Bildung, Darstellung	Krystallogr. Eigenschaften
64	2,3-Bisdesoxy-cellobiose-α-methyllactolid	$C_{13}H_{24}O_9$	Durch Redukt. von ψ-Cellobial-α-methyllactolid mit Palladium in CH_3OH[1]	Farbl. kl. Prismen
65	ψ-Cellobial-α-methyllactolid	$C_{13}H_{22}O_9$: H(OCH₃)—C—...—CH=CH—HC·O·C₆H₁₁O₅—HC—H₂COH (O)	Aus Pentacetyl-ψ-cellobial in $CH_3OH + HCl$ u. verseifen[1]	Prismat. Nadeln od. Blättchen (aus Essigest.)
66	ψ-Cellobial-α-methyllactolid-pentacetat	$C_{23}H_{32}O_{14}$	Siehe vorstehend. Bei d. Darstell. ist Nachacetylieren in Pyrid. nötig[1]	Feine Nadeln (aus CH_3OH)
67	2,3,4,2′,3′-Pentacetyl-β-methyl-cellobiosedienid	$C_{23}H_{30}O_{14}$	Aus 6,6′-Dijodpentacetyl-β-methylcellobiosid in Pyridin $+ Ag_2F_2$[1]	Krystalle (aus Alk.)
68	β-Glucosido-(2 od. 3)-α-methyl-glucosid	$C_{13}H_{24}O_{11}$	Aus Benzal-α-methylglucosid $+$ Acetobromglucose in Chloroform $+ Ag_2CO_3$, verseifen d. Acetates u. Abspr. d. Benzalgruppe mit HCl[1]	Lange, verfilzte Nadeln (aus CH_3OH)
69	β-Glucosido-benzal-α-methyl-glucosid	$C_{20}H_{28}O_{11}$	Siehe vorstehendes[1]	Feine, biegsame Nadeln (aus h. H_2O oder 50proz. CH_3OH)
70	1-Methyl-2-glucosyl-glucosid	$C_{13}H_{24}O_{11}$	Aus dem synthet. Disaccharid in $CH_3OH + HCl$[1]	Amorphes, sehr hygr., gelb. Pulver
71	β-Methyl-lactosid	$C_{12}H_{21}O_{10} \cdot O \cdot CH_3$	Aus Heptacetylchlorlactose in $CH_3OH + Ag_2CO_3$ und verseifen[1]	Weiße Nadeln
72	β-Methyl-lactosid-heptacetat	$C_{27}H_{38}O_{18}$	Siehe vorstehendes[1]	Krystalle
73	β-Glykol-lactosid-heptacetat	$C_{28}H_{40}O_{19}$	Aus Acetobromlactose $+$ Glykol $+ Ag_2CO_3$[1]	Blättchen (aus 50proz. Alk.)
74	β-Menthyl-lactosid	$C_{22}H_{40}O_{11} + 2 H_2O$	Aus Acetobromlactose $+$ Menthol in Chlorof. $+ Ag_2CO_3$ u. verseifen[1][2]	Nadelförmige, konzentr. geordnete Prismen mit 4 Mol. H_2O (aus H_2O)[1]; Nadeln $+$ 2 H_2O (aus H_2O)[2]
75	β-Menthyl-lactosid-heptacetat	$C_{36}H_{54}O_{18}$	Siehe vorstehendes[1][2]	Prismat. Krystalle (aus Alk. $+ H_2O$)[1]; Nadeln (aus Alk.)[2]

Glykoside der Disaccharide.

Schmelz- und Siedepunkt	Optisches Drehungs- vermögen	Löslichkeit	Analytisches; Diverses	Literatur
147—148°	$[\alpha]_D^{21} = +90{,}4°$ (in H_2O)	l. l. H_2O, Alk.; w. l. h. trock. Essig- ester; f. unl. Äther, Chlorof., Benzol	Hygroskop. — Nimmt 1 Mol. H_2O auf. Reduz. nicht. — Verd. Säuren hydrol.	[1] Bergmann u. Breuers: A. 470, 38 (1929).
112—113°	$[\alpha]_D^{21} = +97{,}3°$ (in H_2O)	l. l. H_2O, Alk., Aceton; schw. l. h. trock. Essigest.; f. unl. Äther, Chlorof., Benzol, Petroläther	Hygroskop. — Zieht $1\frac{1}{2}$ Mol. H_2O an. Reduz. nicht Fehl. Lösg. — Ver- braucht in wässer. Lösg. Brom. — Verd. Säuren hydrol.	[1] Bergmann u. Breuers: A. 470, 38 (1929).
131,5 bis 132,5°	$[\alpha]_D^{21} = +65{,}4°$ (in $C_2H_2Cl_4$)	l. l. Benzol, Chlo- roform, Essigest., $C_2H_2Cl_4$; schw. l. Alk., Äther; s. schw. l. H_2O; f. unl. Petroläther	Reduz. nicht Fehl. Lösg. Addiert Brom. Wenn nicht nachacetyliert, resultiert als Nebenprod. ein bei 203—205° schmelzendes **Tetracetat**	[1] Bergmann u. Breuers: A. 470, 38 (1929).
99—102°	$[\alpha]_D^{21} = -90{,}4°$ (in Chlorof.)	—	Reduz. nicht Fehl. Lösg. Verd. Säuren hydrolys. sehr leicht. Entfärbt Brom	[1] Helferich, Bohn u. Winkler: Ber. 63, 989 (1930).
252° (Z.)	$[\alpha]_D^{18} = +62{,}7°$ (in H_2O)	—	Reduz. nicht Fehl. Lösg. Wird von Hefe nicht angegriffen	[1] Freudenberg, Toepffer u. Andersen: Ber. 61, 1750 (1928).
245°	—	—	Reduz. nicht Fehl. Lösg. **Tetracetat:** $C_{28}H_{36}O_{15}$. Feine Nadeln (aus CH_3OH). $F = 232°$. $[\alpha]_D^{21} = +47°$ (in Chlorof.)	[1] Freudenberg, Toepffer u. Andersen: Ber. 61, 1750 (1928).
68—69°	—	—	Reduz. nicht Fehl. Lösg.	[1] A. u. J. Pictet: Helv. 6, 617 (1923).
170—171°	—	s. l. l. H_2O, h. Alk.; sonst schw. lösl.	Reduz. nach längerem Kochen Fehl. Lösg.	[1] Ditmar: Ber. 35, 1951 (1902).
65—66° (Sintert: 55—56°)	$[\alpha]_D^{19} = +6{,}35°$ (in Chlorof.)	unl. k., l. h. H_2O; l. l. Alk., Äther	**Isom. Heptacetat:** Aus Heptacetyl- bromlactose in $CH_3OH + Ag_2CO_3$. $F = 76—77°$. $[\alpha]_D^{19} = -5{,}91°$ (in Chlorof.). Ist vielleicht das neben- stehende Prod. in reinerer Form	[1] Ditmar: Ber. 35, 1951 (1902); Monatsh. f. Chem. 23, 865 (1902).
64—65°	$[\alpha]_D^{20} = -6{,}31°$ (in Alk.)	s. l. l. Alk., Chlo- roform; w. l. Ace- ton; f. unl. Ligroin	—	[1] Fröschl, Zellner u. Zak: Monatsh. f. Chem. 55, 25 (1930).
ca. 110°[1]); Wasserfrei 170°; 182° (f. wasserfreie Subst.)[2]	$[\alpha]_D^{16} = -38{,}11°$ (in H_2O, f. wasser- freie Substanz)[1]); $[\alpha]_D^{18} = -28{,}04°$ (in H_2O, f. das Hydrat)[2]	l. l. H_2O, Alk., Chlorof., Aceton; w. l. Äther, Petrol- äther[2]) l. h., schw. l. k. Alk., Chlorof., Aceton, Benzol; z. schw. l. k. H_2O; l. l. h. Eisessig[1])	Reduz. nicht Fehl. Lösg. Verd. Säuren spalten. Ebenso Emul- sin	[1] H. Fischer: Z. physiol. Chem. 70, 256 (1910). [2] Fröschl, Zellner u. Zak: Monatsh. f. Chem. 55, 25 (1930).
125—130°[1]); 92°[2])	$[\alpha]_D^{19} = -29{,}66°$ (in $C_2H_2Cl_4$)[1]); $[\alpha]_D^{20} = -34{,}84°$ (in Alk.)[2])	l. l. Benzol, Essig- ester, Alk., Äther, Chlorof., Eisessig, $C_2H_2Cl_4$; schw. l. H_2O, Petroläther	Verd. Säuren hydrol. sehr schwer. Reduz. nicht Fehl. Lösg.	[1] H. Fischer: Z. physiol. Chem. 70, 256 (1910). [2] Fröschl, Zellner u. Zak: Monatsh. f. Chem. 55, 25 (1930).

Nr	Name	Formel, Konstitution	Vorkommen, Bildung, Darstellung	Krystallogr. Eigenschaften
76	β-Methyl-melibiosid-(1,5)	$C_{12}H_{21}O_{10} \cdot O \cdot CH_3$	Aus Acetobrommelibiose in $CH_3OH + Ag_2CO_3$ u. Verseifen[1]	Amorph
77	γ-Methyl-melibiosid-(1,4)	$C_{12}H_{21}O_{10} \cdot O \cdot CH_3$	Aus Melibiose in $CH_3OH +$ HCl bei Zimmertemp.[1]	Amorph
78	Bis-(glucosyl-6-)-sulfid-dimethyl-β,β-glucosid	$C_{14}H_{26}O_{10}S + {}^1/_2 H_2O$	Aus Triacetylmethylglucosid-6-bromhydrin mit einer alkoh. K_2S-Lösg., Acetylieren u. Verseifen[1]	Derbe Drusen (aus 90proz. Alk.). Süß.
79	Bis-(glucosyl-6-)-selenid-dimethyl-β,β-glucosid	$C_{14}H_{26}O_{10}Se + {}^1/_2 H_2O$	Wie vorstehend, mit SeK_2-Lösg. u. Verseifung[1]	Derbe Krystalldrus. (aus 90proz. Alk.). Süß.
80	Bis-(glucosyl-6-)-diselenid-di-β,β-methylglucosid	$C_{14}H_{26}O_{10}Se_2 + 1$ Alk.	Als Nebenprod. bei d. Darst. d. Vorig. od. mit KHSe-Lösg. u. Verseifung[1]	Derbe Nadeln (aus 90proz. Alk.). Süß
81	Bis-(-glucosyl-6-)-sulfon-dimethyl-β,β-glucosid-hexacetat	$C_{26}H_{38}O_{18}S$	Aus d. Hexacetat d. Sulfids in Eisessig $+ KMnO_4$[1]	Krystalle (aus CH_3OH)
82	Bis-(-glucosyl-6-)-selenoxyd-dimethyl-β,β-glucosid-hexacetat	$C_{26}H_{38}O_{17}Se$	Aus dem Hexacetat d. Selenids in Eisessig $+ KMnO_4$[1]	Lange Nadeln (aus CH_3OH)

Tabelle 77.

Nr	Name	Formel, Konstitution	Vorkommen, Bildung, Darstellung	Krystallogr. Eigenschaften
1	Tetracetyl-glucose-1-isocyanat	$C_{15}H_{19}O_{10}N:$ $C_6H_7O_5(COCH_3)_4 \cdot N:C:O$	Aus Acetobromglucose + Silbercyanat in Xylol[1]	Dünne Prismen (aus Essigest. + Petroläth.)
2	Tetracetyl-1-rhodan-glucose	$C_{15}H_{19}O_9SN$	Aus Acetobromglucose + Rhodansilber in Xylol[1]	Vierseit. dünne Platten (aus Alk.) Aus Chlorof. + Ligroin
3	Succinimid-glucosid-tetracetat	$C_{18}H_{23}O_{11}N:$ $\begin{matrix} CH_2 \cdot CO \\ \mid \quad\quad\;\; \rangle N \cdot C_{14}H_{19}O_9 \\ CH_2 \cdot CO \end{matrix}$	Aus Acetobromglucose + Succinimid-Silber in Xylol + Chlorof.[1]	Lange, filzartige Nadeln (aus Alk.)
4	Succinamid-glucosid	$C_{10}H_{18}O_7N_2:$ $CH_2 \cdot CO \cdot NH_2$ $\mid$ $CH_2 \cdot CO \cdot NH \cdot C_6H_{11}O_5$	Aus vorsteh. in $CH_3OH + NH_3$[1]	Sternf. Prismen (aus $H_2O +$ Alk.) mit 2 Mol. H_2O

Glykoside der Disaccharide.

Schmelz- und Siedepunkt	Optisches Drehungs- vermögen	Löslichkeit	Analytisches; Diverses	Literatur
—	$[\alpha]_D^{27} = +75,0°$ (in H_2O)	—	**Heptacetat:** $C_{27}H_{38}O_{13}$. Kryst. (aus Alk.). $F = 150°$. $[\alpha]_D^{23} = +90,5°$ (in Chlorof.). Reduz. nicht	[1] **Levene** u. **Jorpes:** J. Biol. Chem. **86**, 403 (1930).
—	$[\alpha]_D^{29} = +107,0°$ (in H_2O)	—	Reduz. nicht Fehl. Lösg.	[1] **Levene** u. **Jorpes:** J. Biol. Chem. **86**, 403 (1930).
188°	$[\alpha]_D^{18} = +6,53°$ (in H_2O)	l. l. H_2O, h. Alk.; schw. l. k. Alk., Äther	Reduz. nicht Fehl. Lösg. Wird weder von Hefe noch von Emulsin gespalten. **Hexacetat:** $C_{26}H_{38}O_{16}S$. Weiße Nad. (aus CH_3OH). $F = 168°$. $[\alpha]_D^{15} = -10,82°$ (in Essigest.). l. l. Chlorof., Essigest.; schw. l. Alk., Äther; unl. H_2O	[1] **Wrede:** Z. physiol. Chem. **115**, 284 (1921).
138°	$[\alpha]_D^{14} = +14,59°$ (in H_2O)	lösl. wie vorstehd.	Verhalten wie die S-Verbindg. **Hexacetat:** $C_{26}H_{38}O_{16}Se$. Lange, weiße Nadeln (aus CH_3OH). $F = 179$ bis $180°$. $[\alpha]_D^{16} = -3,10°$ (in Essigester). Lösl. wie die S-Verbindung	[1] **Wrede:** Z. physiol. Chem. **115**, 284 (1921).
96—97°	$[\alpha]_D^{14} = +76,25°$ (in H_2O)	l. l. H_2O, h. Alk.; sonst schwer lösl.	Weder Hefe noch Emulsin spalten. **Hexacetat:** $C_{26}H_{38}O_{16}Se_2$. Kryst. (aus CH_3OH). $F = 148°$. $[\alpha]_D^{17} = +49,74°$ (in Essigest.). unl. H_2O; schw. l. k. Alk., Äth.; l. l. h. Alk., Chlorof., Essigest.	[1] **Wrede:** Z. physiol. Chem. **115**, 284 (1921).
232—233°	—	schw. l. k. Alk.; unl. H_2O; l. l. Eisessig	—	[1] **Wrede** u. **Zimmermann:** Z. physiol. Chem. **148**, 65 (1925).
231°	$[\alpha]_D^{20} = -19,0°$ (in Chlorof.)	l. l. Chlorof., h. Alk., Eisessig; w. l. k. Alk., Benzol	—	[1] **Wrede** u. **Zimmermann:** Z. physiol. Chem. **148**, 65 (1925).

N= und S=Glykoside.

Schmelz- und Siedepunkt	Optisches Drehungs- vermögen	Löslichkeit	Analytisches; Diverses	Literatur
117—118°	$[\alpha]_D^{19} = -7,38°$ (in $C_2H_2Cl_4$)	s. l. l. h. Alk. Benzol, Essigester; schw. l. Äth.; l. l. verd. NH_3	Nimmt beim Kochen 1 Mol. Alk. auf	[1] **Fischer:** Ber. **47**, 1377 (1914).
111—113°; 114° ca. 100°	$[\alpha]_D^{17} = +6,02°$ (in $C_2H_2Cl_4$); $[\alpha]_D^{20} = -3,4°$ bei $-8,5°$ (aus Chl. mit Ligroin gefällt)	l. l. außer k. H_2O, k. Ligroin	**Triacetyl-rhodanglucose-6-brom-hydrin:** $C_{13}H_{16}O_7SNBr$. Feine Nad. $F = 164,5°$. $[\alpha]_D^{18} = +16,22°$ (in $C_2H_2Cl_4$). l. lösl. außer H_2O; f. unl. Petroläther[2]	[1] **Fischer:** Ber. **47**, 1377 (1914). [2] **Fischer, Helferich** u. **Ostmann:** Ber. **53**, 884 (1920).
203—204° (Sintert: 195°)	$[\alpha]_D^{18} = +12,73°$ (in $C_2H_2Cl_4$)	l. l. h. H_2O, h. Alk.; schw. l. k. H_2O, k. Alk., Äth.; l. l. Benzol; s. l. l. Chlorof., Aceton, Essigester	Reduz. nicht. — Verd. Säuren spalten leicht	[1] **Fischer:** Ber. **47**, 1377 (1914).
88—90°. Wasserfrei: 192°	$[\alpha]_D^{19} = -17,4°$ (in H_2O)	l. l. h. H_2O; z. l. l. h. CH_3OH; schw. l. Alk., Aceton; unl. Äth.	Reduz. langsam Fehl. Lösg.	[1] **Fischer:** Ber. **47**, 1377 (1914).

Nr	Name	Formel, Konstitution	Vorkommen, Bildung, Darstellung	Krystallogr. Eigenschaften
5	β-Glucosido-saccharin-tetracetat	$C_{21}H_{23}O_{12}SN$	Aus Acetobromglucose u. dem Silbersalz d. Saccharins in Xylol[1)	Feine Nadeln (aus CH_3OH od. Alk.)
6	β-Glucosido-o-sulfamid-benzoesäure	$C_{13}H_{17}O_9SN$	D. Verseif. d. Vorst. mit Baryt[1)	Krystall. Masse (aus CH_3OH+ Äth.). Sauer.
7	N-d-Glucosido-anthranilsäure-tetracetat	$C_{21}H_{25}O_{11}N:$ $\cdot N \overset{H}{\underset{\cdot COOH}{\diagdown C_{14}H_{19}O_9}}$	Aus Acetobromglucose $+$ anthranilsaures Silber in Toluol[1)	Nadeln (aus Alk.)
8	β-Tetracetyl-glucosido-anthranilsäure-methylester	$C_{22}H_{27}O_{11}N$	Aus vorstehendem mit Diazomethan[1)	Krystalle
9	Triacetyl-l-arabinosido-1-trimethyl-ammoniumbromid	$C_{14}H_{24}O_7NBr$	Aus Acetobromarabinose $+$ Trimethylamin in Benzol od. Alk.[1)	Lange, verfilzte Nadeln (aus Butanol). Sehr hygroskop.
10	Glucosido-1-trimethyl-ammonium-bromid	$C_9H_{20}O_5NBr:$ H $C-N(CH_3)_3 \cdot Br$ HCOH HOCH O HCOH HC H_2COH	Aus Acetobromglucose mit einer alkoh. Lösg. von Trimethylamin u. Verseif. d. Acet. in wässer. Lösg. mit HBr[1)	Derbe, hygr. Krystalle (aus Alk.)
11	Glucosido-1-trimethyl-ammonium-bromid-tetracetat	$C_{17}H_{28}O_9NBr$	Siehe vorstehendes[1)	Rhomb. Prismen (aus Alk.)[1); $a:b:c = 0{,}4520 : 1 : 0{,}3443$[2)
12	Glucosido-1-trimethyl-ammonium-chlorid	$C_9H_{20}O_5NCl$	Aus Verbindg. 10 mit Ag_2O, dann mit der entsprech. Säure, od. durch dir. Umsetzung mit einem Salz d. entsprech. Säure[1)	Sehr hygroskop. Krystalle
	-jodid	$C_9H_{20}O_5NJ$	—	Farbl. hygroskop. Krystalle
	-pikrat	$C_{15}H_{22}O_{12}N_4$	—	Gelbe Nadeln
	-chloroplatinat	$C_{18}H_{40}O_{10}N_4Cl_6Pt$	—	Orangebraune Krystalle
13	Tetracetyl-glucosido-1-trimethyl-ammoniumchlorid	$C_{17}H_{28}O_9NCl$	Wie vorstehendes, aus Verbindg. 11[1)	Farbl. Krystalle; hygrosk.
	-perchlorat	$C_{17}H_{28}O_{13}NCl$	—	Breite Krystallnadeln
	-pikrat	$C_{23}H_{30}O_{16}N_4$	—	Feine Nadeln (aus H_2O)
	-chlorplatinat	$C_{34}H_{56}O_{18}N_2Cl_6Pt$	—	Orangef. feine Nadeln (aus H_2O)

Schmelz- und Siedepunkt	Optisches Drehungsvermögen	Löslichkeit	Analytisches; Diverses	Literatur
154°	$[\alpha]_D = -40{,}3°$ (in Chlorof.)	l. l. Benzol, Chloroform, Essigester, Aceton; z. w. l. Äth; s. schw. l. Petroläther	—	[1] **Josephson:** Ber. **60**, 1822 (1927).
—	$[\alpha]_D = +2{,}8°$ (in H_2O)	s. l. l. H_2O, CH_3OH, Alk. Aceton, Pyridin; s. w. l. Äth., Petroläth.	**Na-Salz:** Krystalle. $Z = 119°$. $[\alpha]_D = -14{,}9°$ (in H_2O)	[1] **Josephson:** Ber. **60**, 1822 (1927).
181°	$[\alpha]_D^{17} = -63{,}89°$ (in Alk.); $[\alpha]_D^{19} = -62{,}99°$ (in Essigester)	schw. l. H_2O; w. l. k., l. l. h. H_2O	**N-Glucosido-anthranilsaures Ammonium:** s. l. l. H_2O. $[\alpha]_D^{14} = -85{,}66°$	[1] **Karrer, Nägeli u. Weidmann:** Helv. **2**, 242 (1919).
165°	$[\alpha]_D^{15} = -54{,}88°$	unl. H_2O; l. Alk., s. l. l. Pyridin, Essigest.	—	[1] **Karrer u. Weidmann:** Helv. **3**, 252 (1920).
—	$[\alpha]_D^{17} = +27{,}6°$ (in H_2O)	—	—	[1] **F. u. H. Micheel:** Ber. **63**, 386 (1930).
161—162°	$[\alpha]_D^{16} = +5°$ (in H_2O)	—	Wird von Alkal. gespalten. Mit Baryt entsteht Lävoglucosan	[1] **Karrer u. Ter Kuile:** Helv. **5**, 870 (1922).
192°[1]	$[\alpha]_D^{18} = +10{,}2°$ (in H_2O)[1]	l. l. H_2O, h. Alk; schw. l k. Alk.; unl. Äther[1]	Verseif. mit Baryt gibt Lävoglucosan[1]	[1] **Karrer u. Smirnoff:** Helv. **4**, 817 (1921). [2] **Karrer u. Ter Kuile:** Helv. **5**, 870 (1922).
—	—	l. l. H_2O, Alk.; unl. Äther	—	[1] **Karrer u. Ter Kuile:** Helv. **5**, 870 (1922).
162—163°	—	s. l. l. H_2O; l. Alk.	—	
141°	—	l. l. H_2O, Alk.; unl. Äth.	—	
—	—	l. l. H_2O; l. h. Alk.	**Glucosido-1-trimethyl-ammonium-chloraureat:** $C_9H_{20}O_5NCl_4Au$. l. l. H_2O	
173°[1]; 174—176°[2]	$[\alpha]_D^{18} = +6{,}26°$ (in H_2O)	—	—	[1] **Karrer u. Ter Kuile:** Helv. **5**, 870 (1922). [2] **F. u. H. Micheel:** Ber. **63**, 386 (1930).
190°	—	—	—	
133°	—	—	—	
209—210° (Z.)	—	f. unl. Alk.	**Tetracetyl-glucosido-1-trimethyl-ammonium-chloraureat:** $C_{17}H_{28}O_9NCl_4Au$. Gelbe Nadeln	

Nr	Name	Formel, Konstitution	Vorkommen, Bildung, Darstellung	Krystallogr. Eigenschaften
14	Glucosido-1-pyridinium-bromid	$C_{11}H_{16}O_5NBr$	Aus d. Acetat d. Verseif. in H_2O-HBr[1])	Feste Masse (aus 96proz. Alk.)
	-chlorid	$C_{11}H_{16}O_5NCl$	—	Krystalle (aus 96-proz. Alk.)
	-jodid	$C_{11}H_{16}O_5NJ$	—	Feine Blättchen (aus 96proz. Alk.)
	-perchlorat	$C_{11}H_{16}O_9NCl$	—	Derbe Kryst. (aus 96proz. Alk.)
15	Tetracetyl-glucosido-1-pyridinium-bromid	$C_{19}H_{24}O_9NBr$	Aus Acetobromglucose + Pyridin u. etwas Phenol[1])	Schräg abgeschnittene, farbl. Prismen (aus Methyläthylketon)
	Tetracetyl-glucosido-1-pyridinium-bromid-p-Toluolsulfonat[2])	$C_{26}H_{11}O_{12}NS$	—	Krystalle (aus Alk. + Äth.)
16	Galaktosido-1-trimethyl-ammonium-bromid	$C_9H_{20}O_5NBr$	Aus Acetobromgalaktose mit alkoh. Trimethylamin u. Verseif. in H_2O-HBr[1])	Feine Nadeln (aus Alk.)
17	Heptacetyl-maltosido-dimethylamin	$C_{28}H_{41}O_{17}N$	Aus Heptacetylbrommaltose mit alkoh. Trimethylamin[1])	Krystalle (aus Alk.)
18	Heptacetyl-cellobiosido-dimethyl-amin	$C_{28}H_{41}O_{17}N$	Wie vorstehendes, mit Acetobromcellobiose[1]). Ebenso, jedoch mit Trimethylamin-Chloroform. — Bildet sich auch mit Dimethylamin-Chlorof.[2])	Krystalle (aus Alk.)
19	Heptacetyl-cellobiosido-piperidin	$C_{31}H_{45}O_{17}N$	Aus Acetobromcellobiose in Chlorof. + Piperidin bei 20°[1])	Krystalle (aus Chlorof.-Alk.)
20	Tetracetyl-glucosido-piperidid A	$C_{19}H_{29}O_9N$	Aus Acetobromglucose + Piperidin bei 0° mit sehr viel Äther[1])	Prismen (aus Äth. + CH_3OH)
	Tetracetyl-glucosido-piperidid B	$C_{19}H_{29}O_9N$	Ebenso, mit 1/2 Vol. Äther[1])	Nadeln (aus CH_3OH + Ligr.)
21	Tetracetyl-glucosido-dimethyl-amin-HCl	$C_{16}H_{25}O_9N \cdot HCl$	Acetobromglucose + Dimethylamin[1])	Krystalle
22	Tetracetyl-glucosido-1-benzyl-methylamin	$C_{22}H_{29}O_9N$	Acetobromglucose + Benzyl-methylamin in Äther[1])	Krystalle (aus Äth. + Ligr.)
23	Theophyllin-β-lactosid-heptacetat	$C_{33}H_{42}O_{19}N_4$	Aus Acetobromlactose mit Theophyllinsilber in Xylol kochen[1])	Krystalle (aus Alk.)
24	Veronal(?)-glucosid-tetracetat	$C_{22}H_{30}O_{12}N_2$	Aus Tetracetylglucose-Harnstoff mit Diäthyl-malonyl-chlorid in Pyrid.-Chlorof.[1])	Feine Nadeln (aus Essigest.)

Schmelz- und Siedepunkt	Optisches Drehungsvermögen	Löslichkeit	Analytisches; Diverses	Literatur
$179°$	$[\alpha]_D = +41,4°$ (in H_2O)	s. l. l. H_2O, verd. Alk.; s. schw. l. absol. Alk.	—	[1] **Karrer, Widmer** u. **Staub:** Helv. **7**, 519 (1924).
$177°$	$[\alpha]_D = +49,2°$ (in H_2O)	s. l. l. H_2O; s. schw. l. absol. Alk.	—	
$183°$	—	—	—	
$170°$	—	l. l. H_2O; schw. l. Alk.	—	
$174°$	$[\alpha]_D^{20} = -6,43°$ (in H_2O)	s. l. l. H_2O, Alk., Aceton; f. unl. Benzol, Petroläth.	Alkal. zersetzen. — Reduz. nicht Fehl. Lösg. Isomeres bildet sich beim Fällen mit Äther: $[\alpha]_D = +16,2°$	[1] **Fischer** u. **Raske:** Ber. **43**, 1750 (1910). [2] **Ohle** u. **Spencker:** Ber. **59**, 1836 (1926).
$184°$ (Z.)	$[\alpha]_D^{20} = -22,5°$ (in H_2O, $c = 2,7\%$)	—	In d. Mutterlauge ein **Isomeres:** Sirup. $[\alpha]_D^{20} = +43,0°$ (in H_2O, $c = 7,05\%$)	
$162—164°$	$[\alpha]_n^{20} = +37,6°$ (in H_2O)	—	**Tetracetat:** $C_{17}H_{28}O_9NBr$. FeineNad. (aus Aceton). $F = 173°$ (Z.). $[\alpha]_D^{20} = +31,1°$ (in Chlorof.). l. lösl. H_2O, Alk., Chlorof.; unl. Äth., Petroläth.	[1] **Micheel:** Ber. **62**, 687 (1929).
$205°$ (Z.)	$[\alpha]_D^{21} = +65,59°$ (in Chlorof.)	l. l. Chl., Benzol, h. Alk., CH_3OH; schw. l. Aceton, Essigest.; w. l. k. Alk.; unl. H_2O, Äther, Petroläth.	—	[1] **Zemplén, Csürös** u. **Bruckner:** Ber. **61**, 927 (1928). — **Zemplén** u. **Bruckner:** Ber. **61**, 2481 (1928).
$205—206°$ [1] (Z.) $203°$ [2]	$[\alpha]_D^{20} = -11,46°$ (in Chlorof.) [1] $[\alpha]_D^{25} = -10,51°$ (in Chlorof.) [2]	l. Alk., CH_3OH, Chlorof., Aceton; schw. l. Äther; unl. H_2O [2]	Nimmt 1 Atom Brom auf und gibt: **Heptacetyl-cellobiosido-dimethyl- ammoniumbromid:** $C_{28}H_{41}O_{17}NBr$. Kryst. $F = 148—149°$. $[\alpha]_D^{18} = -7,53°$ (in Chlorof.) [1]	[1] **Zemplén, Csürös** u. **Bruckner:** Ber. **61**, 927 (1928). [2] **Zemplén** u. **Bruckner:** Ber. **61**, 2481 (1928).
$215—220°$ (Z.)	$[\alpha]_D^{18} = -15,28°$ (in Chlorof.)	l. l. Chl., Aceton; w. l. Alk., CH_3OH; schw. l. Äther; unl. H_2O.	Nimmt Brom auf. **Br-Verbg.:** $F = 132—133°$ (Z.)	[1] **Zemplén** u. **Bruckner:** Ber. **61**, 2481 (1928).
$123°$ (Z.)	—	—	**HCl-Salz:** Prismen. $F = 126°$	[1] **Baker:** Soc. Lond. **1929**, 1205.
$136°$ (Z.)	—	—	**HCl-Salz:** Prismen. $F = 131—132°$ (Z.)	
$159—160°$ (Z.)	$[\alpha]_{5461} = -15,1°$ $\rightarrow +95° \rightarrow$ Zers. (in 90proz. Alk.)		**Diäthylamid:** $C_{18}H_{24}O_9N \cdot HCl$. $F = 152—153°$	[1] **Baker:** Soc. Lond. **1929**, 1205.
$125°$	—	—	**HCl-Salz:** $F = 80°$. $[\alpha]_{5461} = -4,4°$ $\rightarrow +29,4° \rightarrow +54°$ (in Alk.) Über im Benzolkern substituierte Methyl-, Chlor- u. Cyan-Glucoside siehe im Original	[1] **Baker:** Soc. Lond. **1929**, 1205.
$104—105°$ (Z.)	$[\alpha]_D^{18} = -10,44°$ (in Essigest.); $[\alpha]_D^{20} = -10,53°$ (in Alk.)	l.l. h. Alk., Essigest., Benzol, Chlorof.; schw. l. Äth.; unl. H_2O, Petroläther	—	[1] **Fröschl, Zellner** u. **Zak:** Monatsh. f. Chem. **55**, 25 (1930).
$169—170°$ (Sintert: $165°$)	$[\alpha]_D^{18} = -21,0°$ (in Pyrid.); $[\alpha]_D^{19} = -20,2°$ (in Pyrid.)	s. l. l. Pyrid., Essigest., Chlorof., Benzol, Aceton, CH_3OH, Alk., Äth., CCl_4; unl. H_2O, Petroläth.	Reduz. Fehl. Lösg. erst nach länger. Kochen. — Die verd. alkoh. Lösg. gibt mit Quecksilbernitrat einen weißen Niederschlag (Veronal)	[1] **Helferich** u. **Kosche:** Ber. **59**, 75 (1926).

Nr	Name	Formel, Konstitution	Vorkommen, Bildung, Darstellung	Krystallogr. Eigenschaften
25	o-Sarkosinester-β-glucosid-tetracetat	$C_{19}H_{29}O_{11}N$	Aus Acetobromglucose + Sarkosinester bei 50°, Extrakt. mit Äther[1]	Feine Nadeln (aus CH_3OH)
26	Sarkosinamid-β-glucosid	$C_9H_{18}O_6N$	Aus vorstehendem in CH_3OH + NH_3 bei 0°[1]	Kleine Krystalle (aus Alk.)
27	Theophyllin-β-glucosid	$C_7H_7O_2N_4 \cdot C_6H_{11}O_5$	Aus Acetobromglucose mit Theophyllinsilber in Xylol kochen; Verseif. mit CH_3OH + NH_3[1]	Rhomb. Blättchen (aus Alk.). Sehr bitter. Aus H_2O mit 2 Mol. H_2O: Lange Prismen
28	Theophyllin-β-glucosid-phosphorsäure	$C_{13}H_{16}O_7N_4 \cdot PO_2H$	Aus vorsteh. in Pyridin mit $POCl_3$ bei —20°, als Ba-Salz isoliert u. gereinigt[1]	Sehr feine Nadeln od. Blättchen mit 2 Mol. H_2O (aus Wasser)
29	Chlortheophyllin-β-glucosid	$C_7H_6O_2N_4Cl \cdot C_6H_{11}O_5$	Aus Acetobromglucose mit Chlortheophyllinsilber in Xylol kochen u. Verseif.[1]	Prismen (aus verd. CH_3OH mit 1 Mol. CH_3OH); (aus H_2O mit 1 Mol. H_2O)
30	Theobromin-β-glucosid	$C_7H_7O_2N_4 \cdot C_6H_{11}O_5$	Aus Acetobromglucose mit Theobrominsilber in Toluol kochen; Verseif.[1]	Schmale, schräg abgeschn. Prismen mit 1 Mol. H_2O (aus verd. Aceton). Sehr bitter
31	Hydroxycaffein-β-glucosid-tetracetat	$C_8H_9O_3N_4 \cdot C_{14}H_{19}O_9$	Aus Acetobromglucose + Hydroxycaffeinsilber in Xylol kochen[1]	Feine Nadeln (aus Alk.-Chlorof.)
32	Trichlorpurin-β-glucosid-tetracetat	$C_5N_4Cl_3 \cdot C_{14}H_{19}O_9$	Aus Acetobromglucose + Trichlorpurinsilber in Xylol kochen[1]	Lange Prismen (aus Alk.)
33	Theophyllin-β-glucosid-6-bromhydrin	$C_{13}H_{17}O_6N_4Br$	Aus Acetodibromglucose mit Theophyllinsilber in Xylol kochen[1]	Prismen mit $2\frac{1}{2}$ Mol. H_2O (aus verd. Aceton)
34	Dichloradenin-β-glucosid	$C_5H_2N_5Cl_2 \cdot C_6H_{11}O_5$	Aus 2, 8-Dichlor-6-amino-purinsilber + Acetobromglucose in Xylol kochen u. Verseif.[1]	Feine Nadeln (aus H_2O). Bitter
35	Monochloradenin-β-glucosid	$C_5H_3N_5Cl \cdot C_6H_{11}O_5$	Aus d. Dichlorglucosid d. Erhitz. im Einschließrohr mit H_2O u. Zn-Staub[1]	Zu Garben verein. Nadeln (aus H_2O)
36	Adenin-β-glucosid	$C_5H_4N_5 \cdot C_6H_{11}O_5$	Aus dem Dichloradenin-glucosid d. Dechlorierung. Rein. über das Pikrat[1]	Lange, flache, schräg abgeschn. Prismen (aus H_2O). Bitter
37	Hypoxanthin-β-glucosid	$C_5H_3ON_4 \cdot C_6H_{11}O_5$	Aus dem Adeninglucosid d. Erhitz. mit Natriumnitrit in H_2O-Essigs.[1]	Lange Nadeln mit 1 Mol. H_2O (aus H_2O)

Schmelz- und Siedepunkt	Optisches Drehungsvermögen	Löslichkeit	Analytisches; Diverses	Literatur
$87—88°$	$[\alpha]_D^{20}=-5,29°$ (in CH_3OH)	l. l. Alk., Äth., Chl., Benzol; unl. H_2O, Ligroin	—	[1] **Maurer:** Ber. **59**, 827 (1926).
$169—170°$ (Z.)	$[\alpha]_D^{21}=+15,01°$ (in H_2O)	s. l. l. H_2O; schw. l. Alk.; unl. Äther	Reduz. Fehl. Lösg. — Wird von verd. Säuren od. Laugen leicht hydrolys.	[1] **Maurer:** Ber. **59**, 827 (1926).
$278—280°$ (Z.)	$[\alpha]_D^{20}=-2,33°$ (in H_2O); $[\alpha]_D^{20}=+1,09°$ (in n-HCl)	l. k., s. l. l. h. H_2O; schw. l. Alk., CH_3OH, Aceton; unl. Chloroform, Äther	Reduz. nicht Fehl. Lösg. — Emulsin spaltet nicht, verd. Säuren leicht. **Tetracetat:** $C_{21}H_{26}O_{11}N_4$. Flache, schräg abgeschn. Prismen (aus Alk.). $F=147—149°$; (aus H_2O) $F=168$ bis $170°$. $[\alpha]_D^{20}=-12,36°$ (in $C_2H_2Cl_4$), z. l. außer k. Alk., Äth., H_2O	[1] **Fischer** u. **Helferich:** Ber. **47**, 210 (1914).
$Z=$ ca. $200°$	$[\alpha]_D^{26}=-29,75°$ in H_2O)	l. l. h., schw. l. k. H_2O; sonst schw. bis unl.	Schmeckt sauer. — Reduz. schwach Fehl. Lösg. Das **Ba-Salz** ist amorph. Bei d. Darst. mit $Ba(OH)_2+POCl_3$ entsteht eine amorphe, isomere Form der Säure	[1] **Fischer:** Ber. **47**, 3193 (1914).
$159°$ (Z.)	$[\alpha]_D^{20}=+18,88°$ (in H_2O)	l. l. k., s. l. l. h. H_2O; schw. l. h. Alk., sonst unlösl.	Reduz. nicht Fehl. Lösg. **Tetracetat:** $C_{21}H_{25}O_{11}N_4Cl$. Flache Prismen (aus Alk.). $F=166—167°$. $[\alpha]_D^{21}=-15,95°$ (in Toluol). l. lösl. in Aceton, Chlorof., sonst schw. bis unlösl.	[1] **Fischer** u. **Helferich:** Ber. **47**, 210 (1914).
$Z=205°$ $\rightarrow$ Zers. (in H_2O)	$[\alpha]_D^{20}=-49,58°$	l. h. H_2O; sonst z. schw. bis unlöslich	Reduz. heiße Fehl. Lösg. — Kochen mit H_2O spaltet. **Tetracetat:** $C_{21}H_{26}O_{11}N_4$. Farbl. Nad. Sint.: $180°$. $Z=270°$. $[\alpha]_D^{20}=-18,42°$ (in $C_2H_2Cl_4$), schw. l. k., l. l. h. H_2O; l. l. Chl., Aceton; z. w. l. Benzol, Essigest.; s. schw. l. Äther	[1] **Fischer** u. **Helferich:** Ber. **47**, 210 (1914).
$235°$	$[\alpha]_D^{25}=+1,81°$ (in $C_2H_2Cl_4$)	l. l. Chlorof., sonst schw. bis unlöslich	Reduz. kochende Fehl. Lösg. Sehr zersetzlich	[1] **Fischer** u. **Helferich:** Ber. **47**, 210 (1914).
$168—169°$	$[\alpha]_D^{20}=-26,02°$; $\alpha^{19}=-26,48°$ (in $C_2H_2Cl_4$)	l. l. Chl., Aceton, Essigest.; z. schw. l. h. Alk., Äth.	Reduz. nicht. — Wird von verd. Säuren sehr langsam hydrol.	[1] **Fischer** u. **Helferich:** Ber. **47**, 210 (1914).
$217°$ (Z.)	$[\alpha]_D^{13}=-18,99°$ (in H_2O); $[\alpha]_D^{18}=-13,87°$ (in n-HCl)	l. l. h. H_2O; l. CH_3OH, Alk., Aceton; s. w. l. Äth., Chl., Benzol, Petroläth.	**Triacetat:** $C_{19}H_{23}O_9N_4Br$. Feine Nadelbüschel. $F=193—194°$. $[\alpha]_D^{13}=-10,01°$ (in $C_2H_2Cl_4$). l. l. Chlorof., h. Alk.; schw. l. CH_3OH, Äth., H_2O; unl. Petroläth.	[1] **Fischer, Helferich** u. **Ostmann:** Ber. **53**, 873 (1920).
$250°$ (Z.)	$[\alpha]_D^{20}=+8,3°$ bis $+9,2°$ (in H_2O)	s. schw. l k., etwas leichter l. h. H_2O, sonst schw. bis unl.	Wird langsam hydrol. **Tetracetat:** $C_{19}H_{21}O_9N_5Cl_2$. Gelbl. Nad. (aus verd. Aceton). $F=213$ bis $215°$. $[\alpha]_D^{17}=-16,52°$ (in $C_2H_2Cl_4$). s. l. l. Aceton; l. Chlorof.; s. w. l. Äth. h. H_2O	[1] **Fischer** u. **Helferich:** Ber. **47**, 210 (1914).
$Z=225°$ (Sint.: $190°$)	$[\alpha]_D^{20}=-7,66°$ (in H_2O)	schw. l. k., l. h. H_2O, sonst schw. bis unlösl.	Reduz. nicht Fehl. Lösg.	[1] **Fischer** u. **Helferich:** Ber. **47**, 210 (1914).
$210°$; $Z=275°$	$[\alpha]_D^{20}=-10,50$ (in H_2O); $[\alpha]_D^{20}=+5,67°$ (in n-HCl)	l. k., s. l. l. h. H_2O; l. h. Essigest., sonst schw. bis unlöslich	Reduz. nicht Fehl. Lösg. **Pikrat:** $C_{17}H_{18}O_{12}N_8$. Trapezförm. gelbe Tafeln (aus H_2O). $F=250°$ (Z.). s. schw. l. H_2O, Alk.; unl. Äth.	[1] **Fischer** u. **Helferich:** Ber. **47**, 210 (1914).
$245°$ (Z.)	$[\alpha]_D=$ ca. $0°$ (in H_2O); $[\alpha]_D^{20}=-34,50°$ (in n-NaOH); $[\alpha]_D^{20}=+12,92°$ (in n-HCl)	s. l. l. h. H_2O; l. h. Essigest.; schw. l. Alk., sonst unlösl.	—	[1] **Fischer** u. **Helferich:** Ber. **47**, 210 (1914).

Tabelle 77 (Fortsetzung).

Nr	Name	Formel, Konstitution	Vorkommen, Bildung, Darstellung	Krystallogr. Eigenschaften
38	**Guanin (?)-β-glucosid**	$C_5H_4ON_5 \cdot C_6H_{11}O_5$	Aus Monochloradeninglucosid d. Behandl. mit Natriumnitrit in $H_2O +$ Essigsäure u. Behand. d. intermediär entsteh. Chlorhypoxanthinglucosids mit NH_3 im Einschlußrohr bei 145—150°[1]	Farbl. Nadeln (aus H_2O)
39	**Theophyllin-β-d-galaktosid**	$C_7H_7O_2N_4 \cdot C_6H_{11}O_5$	Aus Acetobromgalaktose mit Theophyllinsilber in Xylol kochen u. Verseif.[1]	Lange Nadeln (aus Alk.)
40	**Theobromin-β-d-galaktosid**	$C_7H_7O_2N_4 \cdot C_6H_{11}O_5$	Aus Acetobromgalaktose mit Theobrominsilber in Toluol kochen; Verseif.[1]	Weiße Nadeln (aus verd. Aceton) mit 2 Mol. H_2O
41	**Theophyllin-β-l-rhamnosid**	$C_7H_7O_2N_4 \cdot C_6H_{11}O_4$	Aus Acetobromrhamnose mit Theophyllinsilber in Xylol kochen u. Verseif.[1]	Farbl. krystall. Masse (aus Alk.). Sehr bitter
42	**Theobromin-β-l-rhamnosid-triacetat**	$C_7H_7O_2N_4 \cdot C_{12}H_{17}O_?$	Wie vorsteh., mit Theobrominsilber[1]	Glänz. Blättchen (aus Alk.)
43	**Theophyllin-β-d-isorhamnosid**	$C_7H_7O_2N_4 \cdot C_6H_{11}O_4$	Aus Triacetyl-theophyllinglucosid-6-bromhydrin in 50-proz. Essigsäure mit Zn-Staub; Verseif. d. Acetats[1]	Krystalle (aus Essigest.)
44	**Theophyllin-α-l-arabinosid**	$C_7H_7O_2N_4 \cdot C_5H_9O_4$	Aus Acetobromarabinose mit Theophyllinsilber in Xylol kochen; Verseif.[1]	Feine Nadeln (aus CH_3OH)
45	**Theophyllin-β-d-xylosid**	$C_7H_7O_2N_4 \cdot C_5H_9O_4$	Aus Acetobromxylose mit Theophyllinsilber in Xylol kochen u. Verseif.[1]	Nadeln (aus CH_3OH)
46	**2-Äthyl-thiouracil-β-d-xylosid**	$C_{11}H_{16}O_5N_2S$	Aus Acetobromxylose mit 2-Äthylthiouracilsilber in Xylol kochen u. Verseif.[1]	Weiße Nadeln (aus Alk.)
47	**1-Methyl-uracil-β-d-xylosid**	$C_{10}H_{14}O_6N_2$	Wie vorstehendes, mit 1-Methyluracil-Silber[1]	—
48	**1-Methyl-5-nitrouracil-β-d-xylosid-triacetat**	$C_{16}H_{19}O_{11}N_3$	Aus Acetobromxylose mit d. Kaliumsalz d. 1-Methyl-5-nitrouracils[1]	Grünl. Krystalle
49	**Theophyllin-β-d-ribosid** (Dimethyl-xanthosin)	$C_7H_7O_2N_4 \cdot C_5H_9O_4$	Aus Acetobromribose mit Theophyllinsilber in Xylol kochen; Verseif.[1] D. Methyl. d. Xanthosins mit Diazomethan[2]	Hygr. harte, gelbe Krystalle[1]

N- und S-Glykoside.

Schmelz- und Siedepunkt	Optisches Drehungsvermögen	Löslichkeit	Analytisches; Diverses	Literatur
298° (Z.)	$[\alpha]_D^{15} = -41,94°$ (in n-NaOH)	s. schw. l. k., l. l. h. H_2O, l. l. verd. Säuren od. Alkal.	Verd. Säuren hydrol. leicht. Ist nicht einheitlich. C wird bei der Analyse zu hoch gefunden	[1] Fischer u. Helferich: Ber. 47, 210 (1914).
251° (Z.)	$[\alpha]_D^{20} = +23,45°$ (in H_2O)	l. l. H_2O.	Reduz. nicht Fehl. Lösg. Tetracetat: $C_{21}H_{26}O_{11}N_4$. Krystalle (aus Alk.). F = 135—137°. $[\alpha]_D^{20} = -12,96°$ bis $-13,97°$ (in Toluol). l. l. außer Alk., Äth., H_2O, Essigest.	[1] Helferich u. Kühlewein: Ber. 53, 17 (1920).
Z = 150°	$[\alpha]_D = $ ca. $-16°$ (in H_2O, sofort nach d. Auflösung)	z. l. l. H_2O; z. l. h. Alk., sonst schw. l. bis unl.	Reduz. Fehl. Lösg. — Sehr empfindl. gegen H_2O. Tetracetat: $C_{21}H_{26}O_{11}N_4$. Krystalle (aus Acet. + Äth.). Z = 208°. $[\alpha]_D^{17} = +9,76°$ (in Chlorof.). l. l. außer H_2O. Reduz. Fehl. Lösg.	[1] Helferich u. Kühlewein: Ber. 53, 17 (1920).
167—168°	$[\alpha]_D^{22} = -77,97°$ bis $-78,6°$ (in H_2O)	s. l. l. H_2O; z. l. l. h. Alk.; s. schw. l. k. Alk.; f. unlöslich Äther, Chlorof., Benzol	Reduz. nicht Fehl. Lösg. Triacetat: $C_{19}H_{24}O_9N_4$. Kryst. (aus Alk.). F = 135—136°. $[\alpha]_D^{20} = -48,87°$ (in $C_2H_2Cl_4$). l. l. auß. Ligroin, H_2O	[1] Fischer u. Fodor: Ber. 47, 1058 (1914).
Sint.: 222° F = 250 bis 260°	—	z. l. l. h. Alk.; w. l. Essigest.; s. w. l. Äther	Reduz. stark kochende Fehl. Lösg.	[1] Fischer u. Fodor: Ber. 47, 1058 (1914).
245°	$[\alpha]_D^{16} = -22,39°$ (in H_2O)	l. l. H_2O., Alk.; l. Aceton, Essigest.; s. w. l. Benzol, Chlorof., Äther	Reduz. nicht Fehl. Lösg. — Verd. Säuren hydrol. leicht. Triacetat: $C_{19}H_{24}O_9N_4$. Kryst. (aus Alk.). F = 230°. In Eisessig oder $C_2H_2Cl_4$. $[\alpha]_D = $ ca. 0°. l. l. Chlorof., Aceton, Eisessig, h. Alk., Essigest., Benzol; w. l. H_2O, Petroläth.	[1] Fischer, Helferich u. Ostmann: Ber. 53, 873 (1920).
Sint.: 245°; Z = 276 bis 277°	$[\alpha]_D^{18} = +34,08°$ (in H_2O)	w. l. H_2O; s. w. l. CH_3OH, Alkohol, Aceton, sonst fast unlösl.	Reduz. nicht Fehl. Lösg. — Verd. Säuren hydrol. rasch. Triacetat: $C_{18}H_{22}O_9N_4$. Rhombische Blättchen (aus CH_3OH). F = 214 bis 216°. $[\alpha]_D^{23} = +43,34°$ (in $C_2H_2Cl_4$). l. l. Chlorof.; l. Acet.; z. w. l. Alk., Benzol, Essigest.; s. schw. l. H_2O, Äth.	[1] Helferich u. Kühlewein: Ber. 53, 17 (1920).
229°	$[\alpha]_D^{25} = -28,5°$ (in CH_3OH); $[\alpha]_D^{25} = -27,4°$ (in H_2O); $[\alpha]_D^{25} = -41,0°$ (in 0,5-n-NaOH)	—	Triacetat: $C_{18}H_{22}O_9N_4$. Kryst. (aus Xylol + Petroläth.). $[\alpha]_D^{25} = -21,9°$ (in CH_3OH). l. l. H_2O, Alk., Äth.; s. w. l. Essigest.	[1] Levene u. Sobotka: J. Biol. Chem. 65, 463 (1925).
114—115°	$[\alpha]_D^{25} = +21,5°$ (in CH_3OH)	—	Sehr unbeständig gegen Alkali. Triacetat: $C_{17}H_{22}O_8N_2S$. Kryst. (aus CH_3OH + Alk.). F = 104—105°. $[\alpha]_D^{25} = +28,4°$ (in CH_3OH)	[1] Levene u. Sobotka: J. Biol. Chem. 65, 469 (1925).
—	$[\alpha]_D^{25} = +27,3°$ (in CH_3OH)	—	Reduz. Fehl. Lösg. — Sehr beständig gegen verd. HCl. Triacetat: $C_{16}H_{20}O_9N_2$. Amorph. $[\alpha]_D = $ ca. 0°	[1] Levene u. Sobotka: J. Biol. Chem. 65, 469 (1925).
243°	$[\alpha]_D^{25} = -45,5°$ (in Pyrid. + CH_3OH)	unl. H_2O, Alk.	Reduz. Fehl. Lösg. 5-Nitro-uracil-xylosid: $[\alpha]_D^{25} = -1,80$ Nicht rein!	[1] Levene u. Sobotka: J. Biol. Chem. 65, 469 (1925).
234°[1]	$[\alpha]_D^{25} = -21,0°$ (in Alk.)[1]; $[\alpha]_D^{25} = -38°$ (in 0,5-nNaOH); $[\alpha]_D^{20} = -28°$[2])	—	Triacetat: $C_{18}H_{22}O_9N_4$. $[\alpha]_D^{25} = -21,9°$ (in CH_3OH)[1]	[1] Levene u. Sobotka: J. Biol. Chem. 65, 463 (1925). [2] Levene: J. Biol. Chem. 55, 437 (1923).

Nr	Name	Formel, Konstitution	Vorkommen, Bildung, Darstellung	Krystallogr. Eigenschaften
50	**Xanthosin** (Xanthinribosid)	$C_{10}H_{12}O_6N_4 \cdot 2\ H_2O$	Aus Guanosin mit $NaNO_2$ in H_2O[1]	Farbl. lange Prismen (aus H_2O)
51	**Guanosin** (Vernin, Guaninribosid)	$C_{10}H_{13}O_5N_5 \cdot 2\ H_2O$	Findet sich in d. Natur als Bestandteil d. Nucleinsäuren in Tieren und Pflanzen. Kommt in freiem Zustand in Pilzen vor. Aus Hefenucleinsäure od. aus Guanylsäure d. neutrale Hydrolyse[1]	Sehr feine, lange Nadeln (aus h. H_2O)[2]
52	**Guanosin-phosphorsäure**	$C_{10}H_{14}O_8N_5P \cdot 2\ H_2O$	Aus Hefenucleinsäure d. Hydrolyse mit NH_3[1]	Lange prismat. Nadeln
53	**Inosin** (Carnin, Hypoxanthinribosid)	$C_{10}H_{12}O_5N_4$	Aus Fleischextrakt d. neutr. Hydrolyse d. darin enth. Inosinsäure[1]	Pulver
54	**Adenosin** (Adeninribosid)	$C_{10}H_{13}O_4N_5 \cdot 1\tfrac{1}{2}H_2O$	Aus Nucleinsäuren d. neutr. Hydrolyse[1]	Farbl. Krystalle (aus H_2O)
55	**Adenosin-phosphorsäure**	$C_{10}H_{14}O_7N_6P \cdot H_2O$	Aus Nucleinsäuren d. Hydrol. mit NH_2[1]	Pulver
56	**Cytidin**	$C_9H_{13}O_5N_3$	Durch neutr. Hydrol. aus Hefenucleinsäuren[1]	Lange Nadeln (aus 90proz. Alk.)
57	**Cytidin-phosphorsäure**	$C_{19}H_{14}O_8N_3P$	D. Hydrol. von Hefenucleinsäure mit NH_3[1]	Längl. Tafeln
58	**Uridin** (Ribosido-3-uracil)	$C_9H_{12}O_6N_2$	Aus Hefenucleinsäure d. neutr Hydrolyse[1]	Krystalle (aus 90proz. Alk.)

Schmelz- und Siedepunkt	Optisches Drehungsvermögen	Löslichkeit	Analytisches: Diverses	Literatur
Verkohlt bei hoher Temp.	$[\alpha]_D^{30} = -51{,}21°$ (in verd. NaOH)	w. l. k. H_2O; l. l. h. H_2O; schw. l. h. verd. Alk.	—	[1] **Levene** u. **Jacobs:** Ber. **43**, 3150 (1910).
237°[1]; 240° (Z.)[3]	$[\alpha]_D^{20} = -60{,}4°$ (in $^1/_{10}$ n-NaOH)[4]); $[\alpha]_D^{20} = -60{,}52°$ (in $^1/_{10}$ n NaOH)[2]); $[\alpha]_D^{20} = -61{,}0°$ (in H_2O)[1]	l. l. h., w. l. k. H_2O; unl. Alk.; l. in Alkalien oder verd. Säuren	Reduz. nicht Fehl. Lösg. — Verd. Säuren spalten zu Guanin u. d-Ribose. **Pikrat:** Feine Nadeln. $Z = $ ca. 185°[3])	[1] **Levene** u. **Jacobs:** Ber. **42**, 2474 (1909). — **Levene** u. **Jorpes:** J. Biol. Chem. **86**, 401 (1930). [2] **Levene** u. **Jacobs:** Ber. **42**, 2469 (1909). [3] **Schulze** u. **Trier:** Z. physiol. Chem. **70**, 143 (1910). [4] **Levene** u. **La Forge:** Ber. **43**, 3164 (1910).
180° (Z.); Sint.: 175°	$[\alpha]_D^{25} = -7{,}5°$ bis $-8°$ (in H_2O); $[\alpha]_D^{20} = -44°$ (in 5proz. NH_3); $[\alpha]_D^{20} = +15°$ (in 10proz. HCl); $[\alpha]_D^{20} = -65°$ (in 5proz. NaOH)	—	**Brucin-Salz:** $F = 233°$. $Z = 240°$. $[\alpha]_D^{20} = -26{,}0°$ (in 35proz. Alk.)	[1] **Levene:** J. Biol. Chem. **40**, 171 (1919).
218°	$[\alpha]_D^{20} = -72{,}92°$ (in verd. NaOH)	l. h. H_2O; s. schw. l. h. Alk.	Gibt ein schön krystall. Na-Salz	[1] **Levene** u. **Jacobs:** Ber. **43**, 3150 (1910).
—	$[\alpha]_D^{20} = -60°$ (in H_2O); $[\alpha]_D^{20} = -43{,}5°$ (in 10proz. HCl); $[\alpha]_D^{20} = -68{,}5°$ (in 5proz. NaOH)	—	—	[1] **Levene** u. **La Forge:** Ber. **43**, 3164 (1910). — **Levene:** J. Biol. Chem. **41**, 483 (1920).
195° (Z.)	$[\alpha]_D^{50} = -40{,}5°$ (in H_2O, $c=1\%$); $[\alpha]_D^{20} = -38°$ (in 10proz. HCl); $[\alpha]_D^{20} = -66{,}0°$ (in 5proz. NaOH)	w. l. H_2O; l. l. h. H_2O	**Brucin-Salz:** Mit 7 Mol. H_2O. Sint.: 195°. $Z = 225°$. $[\alpha]_D^{20} = -37°$ (in H_2O)	[1] **Levene:** J. Biol. Chem. **41**, 19, 483 (1920).
Sint.: 220°; $Z = 230°$	$[\alpha]_D^{21} = +29{,}63°$ (in H_2O)	—	**Nitrat:** Krystalle (aus H_2O). $F = 197°$	[1] **Levene** u. **La Forge:** Ber. **45**, 608 (1912).
230—233° (Z.)	$[\alpha]_D^{50} = +40°$ bis $+48{,}5°$ (in H_2O); $[\alpha]_D^{25} = +26°$ (in 10proz. HCl); $[\alpha]_D^{25} = +44{,}5°$ (in 5proz. NH_3); $[\alpha]_D^{25} = +1°$ (in 5proz. NaOH); $[\alpha]_D^{25} = -21°$ (in 10proz. NaOH)	—	**Ba-Salz:** $[\alpha]_D^{20} = +14{,}0°$	[1] **Levene:** J. Biol. Chem. **39**, 77 (1919); **41**, 483 (1920).
165°	$[\alpha]_D = +4°$ (in H_2O); $[\alpha]_D = +5°$ (in 10proz. HCl); $[\alpha]_D = -6°$ (in 5proz. NaOH)	—	**Brom-Uridin:** $C_9H_{11}O_6N_2Br$. Kryst. $Z = 181—184°$. $[\alpha]_D^{21} = -15{,}38°$ (in H_2O)	[1] **Levene** u. **La Forge:** Ber. **45**, 608 (1912). — **Levene:** J. Biol. Chem. **41**, 483 (1920); **63**, 653 (1925).

Tabelle 77 (Fortsetzung).

Nr	Name	Formel, Konstitution	Vorkommen, Bildung, Darstellung	Krystallogr. Eigenschaften
59	Uridin-phosphorsäure	$C_9H_{13}O_9N_2P$	D. Hydrolyse von Hefenucleinsäuren mit NH_3[1]	Lange Prismen (aus CH_3OH)[1]
60	Purinhexosid, Adenylthiomethyl-pentose	$C_{11}H_{15}O_3N_5S$	Aus Hefe[1]. Aus Hefe-Extrakt nach der Tanninmethode[2]	Feine Nadeln (aus H_2O)[1]. Prismen[2]
61	Guanin-2-d-ribodesosid	$C_{10}H_{12}O_5N_4$	D. Hydrol. der Thymusnucleinsäure mit Dünndarmsaft von Hunden[1]	Lange Nadeln (aus H_2O)
62	Hypoxanthin-2-d-ribodesosid	$C_{10}H_{12}O_5N_4$	Siehe vorstehendes[1]	Lange Nadeln (aus H_2O)
63	Cytidin-2-d-ribodesosid-pikrat	$C_{15}H_{16}O_{11}N_6$	Siehe vorstehendes[1]	Krystalle
64	Thymin-d-ribodesosid	$C_{10}H_{14}O_5N_2$	Siehe vorstehendes[1]	Platten (aus H_2O)
65	β-Thiophenyl-d-xylosid	$C_6H_5S \cdot C_5H_9O_4$	Aus Acetobromxylose mit Thiophenol-Na in Äth.-Chlorof. u. Verseif.[1]	Dicke Prismen (aus Alk.)
66	α-Methyl-d-thioglucosid	$C_6H_{11}O_5 \cdot S \cdot CH_3$	Aus Glucose-methylmercaptal (1 Mol.) + $HgCl_2$ (1 Mol.) in H_2O[1]	Feine farbl. Nad. (aus Essigest.)
67	β-Methyl-d-thioglucosid	$C_6H_{11}O_5 \cdot S \cdot CH_3$	Aus Acetobromglucose in CH_3OH + Methylmercaptan-Kalium, Reacetyl. u. Verseif. d. Acetats[1]. Das Acetat entsteht auch d. Methyl. der Tetracetyl-thioglucose mit Diazomethan od. d. Silbersalzes d. Thioglucose mit Jodmethyl[2]	Sirup
68	α-Äthyl-thioglucosid	$C_6H_{11}O_5 \cdot S \cdot C_2H_5$	Aus Glucose-äthylmercaptal (1 Mol) + $HgCl_2$ (1 Mol) in h. H_2O[1]	Feine seidige Nad. (aus Essigest.). Bitter
69	β-Äthyl-thioglucosid	$C_6H_{11}O_5 \cdot S \cdot C_2H_5$	Aus Acetobromglucose in CH_3OH + Äthylmercaptan-Kalium, Reacetyl. u. Verseif.[1]. Aus Na-β-Glucothiosat in H_2O + Äthyljodid[2]	Farbl. viereckige Prism. + 1 H_2O[1]
70	α-n-Propyl-thioglucosid	$C_6H_{11}O_5 \cdot S \cdot C_3H_7$	Aus Glucose-n-Propylmercaptal + $HgCl_2$ in verd. Alk.[1]	Feine farbl. Nad. (aus Essigest.)

Schmelz= und Siedepunkt	Optisches Drehungs= vermögen	Löslichkeit	Analytisches; Diverses	Literatur
198,5°[1]); 202°[2])	$[\alpha]_D^{20} = +10,5°$ (in H_2O)[2]); $[\alpha]_D^{20} = +6,5°$ (in 2proz. NaOH)[1]); $[\alpha]_D^{20} = -15°$ (in 5proz. NaOH)	—	**Brucin=Salz:** Mit 7 Mol. H_2O. Sint.: 185°; Z = 195°. $[\alpha]_D^{20} = -20°$ (in H_2O)[3]). **Neutral. NH_3=Salz:** Lange Prismen $+ 1 H_2O$. $[\alpha]_D^{20} = +21°$ (in H_2O)[3]). **Monoammonium=Salz:** Prismat. Nad. Z = 240°. $[\alpha]_D^{20} = +13,0°$ (in H_2O); $[\alpha]_D^{50} = +10,5°$ (in H_2O); $[\alpha]_D^{25} = +2,5°$ (in 10proz. HCl); $[\alpha]_D^{25} = +14°$ (in 5proz. NH_3); $[\alpha]_D^{25} = +1,5°$ (in 2proz. NaOH); $[\alpha]_D^{25} = -26°$ (in 10proz. NaOH)[1]) [3])	[1]) **Levene:** J. Biol. Chem. **41**, 483 (1920). [2]) **Levene:** J. Biol. Chem. **41**, 1 (1920). [3]) **Levene:** J. Biol. Chem. **40**, 395 (1919).
206°[1]); 208°[2])	$[\alpha]_D = +12,15°$ (in 1proz. H_2SO_4)[1])	w. l. k., l. l. h. H_2O; unl. Alk., Äther	**Pikrat:** Tafeln od. Nadeln (aus H_2O). F = 183°[2])	[1]) **Mandel u. Dureham:** J. Biol. Chem. **11**, 85 (1912). [2]) **Suzuki, Odake u. Mori:** Biochem. Z. **154**, 278 (1924).
—	$[\alpha]_D^{25} = -36,0°$ (in n-NaOH, c = 2%)	—	—	[1]) **Levene u. London:** J. Biol. Chem. **83**, 793 (1929).
S = 202°	$[\alpha]_D^{25} = -21,0°$ (in verd. NaOH, c = 2%)	—	—	[1]) **Levene u. London:** J. Biol. Chem. **83**, 793 (1929).
S = 190°	$[\alpha]_D^{25} = +40,0°$ (in H_2O, c=0,5%)	—	—	[1]) **Levene u. London:** J. Biol. Chem. **83**, 793 (1929).
185°	$[\alpha]_D^{25} = +32,5°$ (in n-NaOH, c = 2%)	—	—	[1]) **Levene u. London:** J. Biol. Chem. **83**, 793 (1929).
144°	$[\alpha]_D^{20} = -70,8°$ (in H_2O); $[\alpha]_D^{20} = -87,05°$ (in Acet., c = 0,63%)	l. l. H_2O, Alk., Acet., Essigest.	**Triacetat:** $C_{16}H_{25}O_7S$. Kl. Prismen (aus Äth. + Petroläth.). F = 78°. $[\alpha]_D^{20} = -58,9°$ (in Chlorof.)	[1]) **Purves:** Amer. Soc. **51**, 3619 (1929).
137°	$[\alpha]_D^{30} = +124,5°$ (in H_2O)	l. l. H_2O; z. schw. l. Alk.	Reduz. nicht Fehl. Lösg. — Verd. Säuren od. Sublimatlösg. hydrol. **Tetracetat:** $C_{15}H_{22}O_9S$. Feine farbl. Prismen (aus verd. Alk.). F = 89°. $[\alpha]_D^{23} = +150,0$ ($C_2H_2Cl_4$)	[1]) **Schneider, Sepp u. Stiehler:** Ber. **51**, 214 (1918).
—	$[\alpha]_D^{15} = -18,14°$ (in H_2O)	l. l. H_2O., Alk.; z. l. Acet.; schw. l. Äther	Reduz. nicht Fehl. Lösg. — Wird von Sublimat, Emulsin, Hefe u. Myrosin nicht gesp., jedoch von verd. Säuren. **Tetracetat:** $C_{15}H_{22}O_9S$. Feine Nad. (aus Alk.). F = 93°. $[\alpha]_D^{20} = -14,67°$ (in $C_2H_2Cl_4$); unl. H_2O; z. l. l. Alk.; s. l. l. Äther	[1]) **Schneider, Sepp u. Stiehler:** Ber. **51**, 214 (1918). [2]) **Wrede:** Z. physiol. Chem. **119**, 56 (1922).
153°	$[\alpha]_D^{20} = +120,8°$ (in H_2O)	s. l. l. k. H_2O; s. w. l. Alk.	Beständ. gegen Emulsin, Hefe u. Myrosin. — Verd. Säuren od. Sublimatlösg. zerlegen. **Tetracetat:** $C_{16}H_{24}O_9S$. Prismat. Nad. (aus 50proz. Alk.). F = 63°. $[\alpha]_D^{20} = +155,2°$ (in Alk.)	[1]) **Schneider u. Sepp:** Ber. **49**, 2054 (1916).
46—47°[1]); Wasserfrei: 99—100°	$[\alpha]_D^{25} = -55,14°$ (in H_2O)[1]); $[\alpha]_D^{19} = -60,14°$ (in H_2O)[2])	s. l. l. H_2O, Alk.; schw. l. Aceton; s. w. l. Äther	**Tetracetat:** $C_{16}H_{24}O_9S$. Feine Nad. F = 78—79°. $[\alpha]_D^{20} = -22,27°$ (in $C_2H_2Cl_4$)[1]). F = 83—84°. $[\alpha]_D^{21} = -27,25°$ (in $C_2H_2Cl_4$)[2])	[1]) **Schneider, Sepp u. Stiehler:** Ber. **51**, 214 (1918). [2]) **Schneider, Gille u. Eisfeld:** Ber. **61**, 1244 (1928).
118—122°	$[\alpha]_D^{24} = +116,5°$ (in H_2O)	s. l. l. H_2O., Alk., feucht. Essigester; schw. l. trocken. Essigester	—	[1]) **Schneider, Sepp u. Stiehler:** Ber. **51**, 214 (1918).

Nr	Name	Formel, Konstitution	Vorkommen, Bildung, Darstellung	Krystallogr. Eigenschaften
71	α-Benzyl-thioglucosid	$C_6H_{11}O_5 \cdot S \cdot CH_2 \cdot C_6H_5$	Aus Glucose-benzylmercaptal $+ HgCl_2$ in verd. Alk.[1]	Krystalle (aus Essigest.)
72	4-Methyl-α-benzyl-thioglucosid	$C_{14}H_{20}O_5S$	Aus 4-Methyl-glucose-di-ben-zylmercaptal in k. Alk. $+ HgCl_2$[1]	Blättch. (aus H_2O) Nadeln (aus Essig-ester)
73	β-Benzyl-thioglucosid	$C_6H_{11}O_5 \cdot S \cdot CH_2 \cdot C_6H_5$	Aus Acetobromglucose in $CH_3OH +$ Benzylmercaptan-Kalium, Reacetyl. u. Verseif.[1]	Sirup
74	β-Thiophenyl-glucosid	$C_6H_5 \cdot S \cdot C_6H_{11}O_5$	Aus Acetobromglucose in Äther $+$ Thiophenol-NaOH u. Verseif.[1]	Feine rosettenf. Nadeln (aus Essigest). Bitter
75	β-Tetracetyl-allyl-thiourethan-glucosid	$C_{20}H_{29}O_{10}NS$	Aus d. Silbersalz. d. Allyl-thio-carbaminsäure-Äthylesters in Chlorof. $+$ Acetobromglu-cose[1]	Lange, feine Na-delbüschel (aus Alk.)
76	β-Tetracetyl-benzyl-thiourethan-glucosid	$C_{24}H_{31}O_{10}NS$	Aus Benzylthiourethansilber $+$Acetobromglucose in Chlo-rof. od. Xylol[1]	Krystalle (aus Alk.)
77	β-Tetracetyl-cheirolin-thiourethan-glucosid	$C_{21}H_{33}O_{12}NS_2$	Wie vorsteh., mit d. Silber-salz des Methylsulfonpropyl-thiocarbaminsäure-Äthyl-esters[1]	Nadelbüschel (aus Äth.)
78	β-Tetracetyl-phenyl-thiourethan-glucosid	$C_{23}H_{29}O_{10}NS$	Aus Acetobromglucose $+$ Phe-nylthiourethansilber in Xylol[1]	Krystalle (aus Alk.)
79	β-Tetracetyl-ps-thioharnstoff-S-glucosid-hydrobromid	$C_{15}H_{22}O_9N_2S \cdot HBr$	Aus Acetobromglucose $+$ Thioharnstoff in Toluol in d. Hitze[1]	Feine, farbl. Na-deln (aus Alk.)
80	β-Tetracetyl-[monophenyl-ps-thio-harnstoff]-S-glucosid	$C_{21}H_{26}O_9N_2S$	Aus Acetobromglucose in Ben-zol $+$ Monophenylthioharn-stoff in d. Hitze[1]	Feine Nadeln (aus Alk.)
81	Sinigrin (Myronsaures Kalium)	$C_{10}H_{16}NS_2KO_9 \cdot H_2O$: $CH_2 : CHCH_2N:CS \cdot C_6H_{11}O_5$ $\mid$ $O \cdot SO_3K$	Im Samen d. schwarzen Senfs u. in ander. Cruciferen. Dar-stell. d. Extrakt. d. Pflanzen-teile mit Alkohol	Glänzendweiße, derbe Nadeln[1]. Krystallwasserfrei: Derbe Nadeln (aus $CH_3OH +$ Alk.)[2]
82	Merosinigrin	$C_{10}H_{15}O_5NS$	Aus d. alkoh. Reaktionsflüssig-keit bei d. Einwirkung von Ka-liummethylat auf Sinigrin[1]	Feine Nadeln (aus Essigest.)
83	Sinalbin	$C_{30}H_{42}O_{15}N_2S_2 \cdot 5\ H_2O$	Im Samen d. weißen Senfs[1]	Nadeln (aus Alk.). Bitter
84	Gluco-cheirolin	$C_{11}H_{20}O_{11}NS_3K \cdot H_2O$	In Goldlacksamen und in Cru-ciferen	Krystalle (aus 90proz. Alk.)

484

Schmelz= und Siedepunkt	Optisches Drehungsvermögen	Löslichkeit	Analytisches: Diverses	Literatur
112—114°	$[\alpha]_D^{25} = + 175,7°$ (in H_2O)[1]; $[\alpha]_D^{20} = + 176,1°$ (in H_2O, c$=4\%$)[2]	l. l. H_2O., Alk., feucht. Essigest.	**Tetracetat:** $C_{21}H_{26}O_9S$. Feine prismat. Nad. (aus Alk.). $F=77°$. $[\alpha]_D^{25} = +200,8°$ (in Alk.); $[\alpha]_D^{23} = +186,3°$ (in $C_2H_2Cl_4$)[1]	[1] **Schneider, Sepp** u. **Stiehler:** Ber. **51**, 214 (1918). [2] **Pacsu:** Ber. **58**, 509 (1925).
136°	$[\alpha]_D^{15} = + 249,61°$ (in Alk.)	l. l. k. Alk.; l. h. Benzol	—	[1] **Pacsu:** Ber. **58**, 1455 (1925).
—	—	—	**Tetracetat:** $C_{21}H_{26}O_9S$. Feine Nad. (aus Alk.). $F=98°$. $[\alpha]_D^{24} = —93,1°$ (in $C_2H_2Cl_4$)	[1] **Schneider, Sepp** u. **Stiehler:** Ber. **51**, 214 (1918).
133°	$[\alpha]_D^{20} = —72,5°$ (in H_2O)	s. l. l. H_2O; l. l. Alk.; schw. l. Essigester; s. schw. l. Äth., Chlorof.	Reduz. nicht Fehl. Lösg. — Wird von Emulsin nicht gespalten. **Tetracetat:** $C_{20}H_{24}O_9S$. Lange Nad. (aus Alk.). $F=117°$[1]. $[\alpha]_D^{20} = —40°$ (in Toluol)[1]; $[\alpha]_D^{20} = —17,5°$ (in Chloroform)[2], s. schw. l. H_2O; l. l. h. Alk., Essigest., Toluol; schw. l. Äther	[1] **Fischer** u. **Delbrück:** Ber. **42**, 1476 (1909). [2] **Purves:** Amer. Soc. **51**, 3619 (1929).
99°	$[\alpha]_D^{18} = —17,92°$ (in Alk.); $[\alpha]_D^{18} = —1,46°$ (in $C_2H_2Cl_4$)	unl. H_2O; l. l. Alk.; s. l. l. Äth., Benzol, Chlorof., CH_3OH	Färbt Fehl. Lösg. schwarz. **Freies Glucosid:** Amorph. $[\alpha]_D^{20} =$ ca. —52,4° (in H_2O). Myrosin spaltet nicht	[1] **Schneider, Clibbens, Hüllweck** u. **Steibelt:** Ber. **47**, 1258 (1914).
126°	$[\alpha]_D^{15} = —3,49°$ (in $C_2H_2Cl_4$)	unl. H_2O; f. unl. k., schw. l. h. Alk.; w. l. Äther; l. l. Benzol, Chlorof., $C_2H_2Cl_4$	**Freies Glucosid:** Amorph. $[\alpha]_D^{15} = +31,02°$ (in H_2O). Myrosin spaltet nicht	[1] **Schneider, Clibbens, Hüllweck** u. **Steibelt:** Ber. **47**, 1258 (1914).
113°	$[\alpha]_D^{20} = —4,66°$ (in $C_2H_2Cl_4$)	l. l. h., schw. l. k. Alk.; z. l. l. CH_3OH; schw. l. H_2O, Äther	**Freies Glucosid:** Amorph. $[\alpha]_D^{22} = —116,77°$ (in H_2O). Myrosin spaltet nicht	[1] **Schneider, Clibbens, Hüllweck** u. **Steibelt:** Ber. **47**, 1258 (1914).
159°	$[\alpha]_D^{15} = —2,46°$ (in $C_2H_2Cl_4$)	l. l. h. Xylol, h. Alk., Äth., Chlorof., sonst schw. bis unlösl.	**Freies Glucosid:** Amorph. Rechtsdrehend in H_2O. Myrosin spaltet nicht.	[1] **Schneider** u. **Clibbens:** Ber. **47**, 2218 (1914).
192°	$[\alpha]_D^{20} = —8,72°$ (in H_2O)	z. l. l. H_2O, h. Alk.; w. l. k. Alk., sonst unlösl.	**Bicarbonat:** Krystalle. $F=92°$ (Z.) **Oxalat:** Krystalle.	[1] **Schneider** u. **Eisfeld:** Ber. **61**, 1260 (1928).
150°	$[\alpha]_D^{22} = + 19,15°$ (in Essigest., c$= 1,4\%$); ca. o° (in $C_2H_2Cl_4$)	unl. H_2O; schw. l. k., l. h. Alk., Chloroform, Essigest.	**Oxalat:** Krystalle. $F=146°$. $[\alpha]_D^{22} = —15,55°$ (in 50proz. Alk.). w. l. H_2O, Alk.; l. l. h. H_2O, h. Alk.	[1] **Schneider** u. **Eisfeld:** Ber. **61**, 1260 (1928).
127°[1]; 179°[2]	$[\alpha]_D = —17,6°$ (in H_2O)[1]; $[\alpha]_D = —16,13°$ (in H_2O)[2]	l. l. H_2O; schw. l. Alk.; f. unl. Äther, Benzol	Wird d. Myrosin gespalten zu Glucose, Allylsenföl u. Kaliumbisulfat[1]. Mit Kaliummethylat bildet sich Thioglucose u. Merosinigrin. Beim Kochen mit HCl entsteht H_2S, NH_3, H_2SO_4 u. Glucose	[1] **Schneider** u. **Schütz:** Ber. **46**, 2637 (1913). — **Schneider** u. **Wrede:** Ber. **47**, 2225 (1914). — **Gadamer:** Ber. **30**, 2322 (1897). [2] **Wrede, Banik** u. **Brauss:** Z. physiol. Chem. **126**, 210 (1923).
192°	$[\alpha]_D^{20} = + 149,2°$ (in H_2O)	l. l. H_2O, Alk., Acet.; w. l. Essigester; schw. löslich Äther	**Triacetat:** $C_{16}H_{21}O_8NS$. Tafeln. $F = 177°$	[1] **Schneider** u. **Wrede:** Ber. **47**, 2227 (1914).
84°; Wasserfrei: 138—140°	$[\alpha]_D^{20} = —8,23°$ (in H_2O)	schw. l. k., l. l. h. H_2O; schw. l. Alk.	Wird d. Alkali rot, d. HNO_3 gelb gefärbt. Myrosin spaltet zu Glucose, p-Oxybenzylsenföl u. Sinapinbisulfat	[1] **Gadamer:** Arch. d. Pharm. **235**, 84 (1897); Ber. **30**, 2327 (1897).
158—160° (Wasserfrei)	$[\alpha]_D^{20} = —21,5°$ (in H_2O)	l. l. H_2O; schw. l. Alk.	Wird durch Myrosin gespalten	[1] **Schneider** u. **Schütz:** Ber. **46**, 2634 (1913).

Nr	Name	Formel, Konstitution	Vorkommen, Bildung, Darstellung	Krystallogr. Eigenschaften
85	β-Glucosido-thioglykolsäure	$C_8H_{13}O_7S:$ $CH_2 \cdot S \cdot C_6H_{11}O_5$ | $COOH$	Aus Kaliumthioglykolsäure-äthylester + Acetobromglucose in CH_3OH, Verseifen[1])	Krystalle (aus Alk.)
86	β-Thiophenyl-lactosid	$C_6H_5 \cdot S \cdot C_{12}H_{20}O_{10}$	Aus Acetobromlactose in Benzol + Thiophenol-NaOH; Verseifen[1])	Krystalle (aus 95 proz. Alk.)[2]). Bitter
87	β-Thiophenyl-maltosid	$C_6H_5 \cdot S \cdot C_{12}H_{20}O_{10}$	Aus Acetobrommaltose in Chlorof. + Thiophenol-Na in Alk. u. Verseif[1])	Amorphe, weiße Masse, sehr hygr.
88	β-Thiophenyl-cellobiosid	$C_6H_5 \cdot S \cdot C_{12}H_{20}O_{10}$	Wie vorstehend., aus Cellobiose[1])	Krystalle (aus $CH_3OH + $ Äth.)
89	β-Thiokresyl-cellobiosid-heptacetat	$C_{33}H_{42}O_{10}S$	Wie vorsteh., mit Thiokresol-Na[1])	Lange, seidene Nadeln
90	β-Methyl-thiocellobiosid	$C_{13}H_{24}O_{10}S$	Aus Thiocellobiose-Silber in $H_2O + CH_3J$ u. Verseif. — Ebenso d. Methyl. von Heptacetylthiocellobiose mit Diazomethan[1])	Feine Nadelrosett. Süßbitter
91	β-Äthyl-thiocellobiosid	$C_{14}H_{26}O_{10}S$	Ebenso mit Jodäthyl[1])	Feine Nadeln

N- und S-Glykoside.

Schmelz- und Siedepunkt	Optisches Drehungsvermögen	Löslichkeit	Analytisches: Diverses	Literatur
148—150°	$[\alpha]_D = -66,19°$ (in H_2O)	l. l. H_2O; schw. l. Alk.; unl. Äther.	β-Tetracetyl-glucosidothioglykol-säureäthylester: $C_{18}H_{26}O_{11}S$. Farbl. Nad. (aus H_2O). F $= 63°$. $[\alpha]_D^{15} = -58,52°$. l. Alk., Äth., Benzol; schw. l. h., f. unl. k. H_2O	[1]) **Karrer** u. Mitarb.: Helv. **4**, 130 (1921).
216°[1]); 220°[2])	$[\alpha]_D^{20} = -40,1°$ (in H_2O)[1]); $[\alpha]_D^{19} = -39,3°$ (in H_2O, c $= 1\%$); $[\alpha]_D^{19} = -40,36°$ (in H_2O, c $= 6,56\%$)[2])	l. l. H_2O; s. schw. l. k. Alk., Chlorof., Äther, Essigester	Verd. Säuren spalten. Emulsin spaltet in Galaktose $+ \beta$-Thiophenyl-glucosid. Heptacetat: $C_{32}H_{46}O_{10}S$. Kl. Prismen, F $= 164°$. $[\alpha]_D^{20} = -17,7°$ (in Chloroform)[1]); $[\alpha]_D^{20} - 19,6°$ (in Chlorof.)[2]). l. Chlorof.; schw. l. Alk.; f. unl. H_2O	[1]) **Fischer** u. **Delbrück**: Ber. **42**, 1476 (1909). [2]) **Purves**: Amer. Soc. **51**, 3619 (1929).
—	$[\alpha]_{D1}^{27} = +38,0°$ (in H_2O)	—	Heptacetat: $C_{32}H_{40}O_{10}S$. Nad. (aus Alk.). F $= 93—95°$. $[\alpha]_D^{27} = +49,0°$ (in Chlorof.)	[1]) **Purves**: Amer. Soc. **51**, 3631 (1929).
230°	$[\alpha]_D^{17} = -59,2°$ (in H_2O)	—	Heptacetat: $C_{32}H_{40}O_{10}S$. Nad. (aus Chl. $+$ Alk.). F $= 295°$ (Z.). $[\alpha]_D^{20} = -28,5°$ (in Chl.). l. l. Chl., Acet.; w. l. Alk.; f. unl. Äther	[1]) **Purves**: Amer. Soc. **51**, 3619 (1929).
217°	$[\alpha]_D^{20} = -28,0°$ (in Chlorof.)	—	—	[1]) **Purves**: Amer. Soc. **51**, 3619 (1929).
220°	$[\alpha]_D^{20} = -31,4°$ (in H_2O)	l. l. H_2O; schw. l. h. Alk.; f. unl. Äther	Reduz. nicht Fehl. Lösg. Heptacetat: $C_{27}H_{38}O_{17}S$. Feine Nad. (aus Alk.). F $= 200°$. $[\alpha]_D^{20} = -20,4°$ (in Chl.). l. l. Chl., h. Alk.; s. schw. l. H_2O, k. Alk.	[1]) **Wrede** u. **Hettche**: Z. physiol. Chem. **172**, 169 (1927).
219°	$[\alpha]_D^{20} = -37,9°$ (in H_2O)	—	Heptacetat: $C_{28}H_{40}O_{17}S$. Feine Nad. F $= 193°$. $[\alpha]_D^{20} = -26,9°$ (in Chloroform)	[1]) **Wrede** u. **Hettche**: Z. physiol. Chem. **172**, 169 (1927).

Reduktions- und Oxydationsprodukte der Zucker.

Alkohole, Osone, Carbonylsäuren, Aldonsäuren und Zuckersäuren.

Tabelle 78.

Nr	Name	Formel, Konstitution	Vorkommen, Bildung, Darstellung	Krystallogr. Eigenschaften
1	**Glykol**	$C_2H_6O_2$: H_2COH | H_2COH	Aus Glykolaldehyd d. Redukt. mit Al-Amalg. od. durch Einwirkung gärender Hefe[1]	Dicker, farbl. Sirup. Süß
2	**d,l-Propylenglykol**	$C_3H_8O_2$: H_2COH | $CHOH$ | CH_3	Bei d. Redukt. von Acetol mit Al-Amalg. od. Na-Amalg.[1]	Dickes, süßes Öl
3	**Glycerin**	$C_3H_8O_3$: H_2COH | $CHOH$ | H_2COH	Durch Redukt. von Dioxyaceton mit Na-Amalg.[1]. Findet sich als Kompon. d. Fette in der Natur. Durch Vergärung gärfähiger Zukker in Gegenwart von Sulfiten	Süßer, farbl. Sirup. In der Kälte rhomb. Kryst.
4	**α-Methyl-glycerin**	$C_4H_{10}O_3$: H_2COH | $CHOH$ | $CHOH$ | CH_3	Beim Kochen d. Bromadditionsprodukt.d.Crotylalkohols m.H_2O[1]	Süßer, dicker Sirup
5	**d-Erythrit** (früher l-Erythrit)	$C_4H_{10}O_4$: H_2COH | $HOCH$ | $HCOH$ | H_2COH	Durch Redukt. der d-Threose mit Na-Amalg.[1]	Trigonal-rhomb. Krystalle; Prismen (aus H_2O); Nadeln (aus Alk.). Süß
6	**l-Erythrit** (früher d-Erythrit)	$C_4H_{10}O_4$: H_2COH | $HCOH$ | $HOCH$ | H_2COH	Durch Redukt. von d-Erythrulose mit Na-Amalg.[1]	Trigonal-rhomboedr. Kryst.; Prismen (aus H_2O); Nadeln (aus Alk.)[2]
7	**d,l-Erythrit**	$C_4H_{10}O_4$ (Komponenten)	Krystallisieren gleicher Mengen d. Komp. aus Alk.[1]	Krystalle (aus Alk.). Süß. Zerfließlich
8	**i-Erythrit**	$C_4H_{10}O_4$: H_2COH | $HCOH$ | $HCOH$ | H_2COH	In Algen natürl. vorkommend[9]. Durch Redukt. von d-Erythrose mit Na-Amalg. in der Kälte[1]. D. Redukt. von d-Erythrulose mit Na-Amalgam neben l-Erythrit[2]	Tetragonale Prismen. Süß
9	**Methyltetrit**	$C_5H_{12}O_4$	Bei der Redukt. von α, β-Dioxy-γ-valerolacton mit Na-Amalgam in saurer Lösg.[1]	Gelbl. Sirup

Schmelz- und Siedepunkt	Optisches Drehungs- vermögen	Löslichkeit	Analytisches; Diverses	Literatur
$Kp_{760} = 197,37°$; $F = -11,5°$ $(-15,6°)$	—	l.l. H_2O, Alk., schw. l. Äth.	$D^0 = 1,1297$; $D^{25} = 1,1097$. $n_D^{25} = 1,43063$	[1] **Beilstein:** 4. Aufl., 1. Bd., S. 465; 1. Erg. Bd. S. 242.
$Kp = 188—189°$	—	s. l. l. H_2O, Alk.; s. schw. l. Äth.	$D^{23} = 1,038$. Wird durch oxyd. Bakterien in die opt.-akt. Form ge-spalten	[1] **Beilstein,** 4. Aufl., 1. Bd., S. 472; 1. Erg. Bd. S. 245.
$Kp_{760} = 290°$; $F = +17°$ $(+20°)$	—	s. l. l. H_2O, Alk.; unl. Äth., Chlorof.	$D^{25} = 1,2474$; $n_D^{20} = 1,47289$	[1] **Beilstein,** 4. Aufl., 1. Bd., S. 502; 1. Erg. Bd. S. 266.
$Kp_{27} = 172—175°$	—	—	—	[1] **Lieben** u. **Zeisel:** Monatsh. f. Chem. **1,** 832 (1880).
$88°$ [1]	$[\alpha]_D = +4,33°$ (in H_2O, $c = 6\%$) [1]; $[\alpha]_D = -11,50°$ (in 95 proz. Alk., $c = 5\%$) [3]	s. l. l. k. H_2O, h. Alk.	Tetracetat: $C_{12}H_{18}O_8$. Sirup. $[\alpha]_D = +21,6°$ (in Chlorof., $c = 29\%$); schw. l. H_2O; l. l. Alk., Äth., Chlorof. [3]). **Dibenzalderivat:** $C_4H_6O_4 : (C_7H_6)_2$. Krystalle. $F = 231°$ [3])	[1] **Maquenne:** Compt. rend. **130,** 1402 (1900). — **Ruff:** Ber. **34,** 1371 (1901). [2] **Wyroubow:** Compt. rend. **132,** 1419 (1901). [3] **Maquenne** u. **Bertrand:** Compt. rend. **132,** 1419 (1901).
$88,5—89°$ [1]	$[\alpha]_D = -4,4°$ (in H_2O, $c = 5\%$) [3]; $+11,10°$ (in 95 proz. Alk., $c = 5\%$)	l. l. H_2O; s. l. l. sied. Alk.	Tetracetat: $C_{12}H_{18}O_8$. Sirup. $[\alpha]_D = -19,28°$ (in Chlorof., $c = 5\%$) [3]. **Dibenzalderivat:** $C_4H_6O_4 : (C_7H_6)_2$. Krystalle. $F = 231°$ [3])	[1] **Bertrand:** Compt. rend. **130,** 1473 (1900). [2] **Wyroubow:** Compt. rend. **132,** 1419 (1901). [3] **Maquenne** u. **Bertrand:** Compt. rend. **132,** 1419 (1901).
$72°$	Als Racemat inaktiv	s. l. l. H_2O, Alk.	Tetracetat: $C_{12}H_{18}O_8$. Kry-stalle. $F = 53°$; schwl. l. H_2O; l. l. Alk. **Dibenzalderivat:** $C_4H_6O_4 : (C_7H_6)_2$. Krystalle. $F = 220°$	[1] **Maquenne** u. **Bertrand:** Compt. rend. **132,** 1566 (1901). — **Griner:** Compt. rend. **117,** 555 (1893).
$120°$ [1]; $121,5°$ [3] $Kp = 329—331°$ [1]	Inaktiv	s. l. l. H_2O; w. l. k. Alk., unl. Äth.	Gärt nicht mit Hefe. Wird vom Sorbosebacterium zu d-Erythrulose oxyd. [2]). $D = 1,451$ [4]). $MVW_V = 504,1$ Cal [5]). Tetracetat: $C_{12}H_{18}O_8$. Kry-stalle. $F = 89°$ [6]). Tetranitrat: $C_4H_6O_{12}N_4$. Blättchen (aus Alk.). $F = 61°$; unl. k. H_2O [7]). **Dibenzalderivat:** $C_4H_6O_4 : (C_7H_6)_2$. Krystalle. $F = 201°$ [8])	[1] **Ruff:** Ber. **32,** 3677 (1899). [2] **Bertrand:** Compt. rend. **130,** 1472 (1900). [3] **Grinakowski:** C. **1913,** II, 2076. [4] **Schröder:** Ber. **12,** 562 (1879). [5] **Stohmann** u. **Langbein:** J. prakt. Chem. [2] **45,** 328 (1892). [6] **Perkin** u. **Simonsen:** Soc. Lond. **87,** 859 (1905). [7] **Stenhouse:** A. **70,** 226 (1849); **130,** 302 (1864). [8] **Bruyn** u. **Ekenstein:** Rec. **18,** 150 (1899). — **Fischer:** Ber. **27,** 1535 (1894). [9] **Zellner:** Monatsh. f. Chem. **31,** 617 (1910). — **Strecker:** A. **68,** 108 (1848). — **Stenhouse:** A. **68,** 78 (1848).
—	—	l. l. H_2O, Alk., unl. Äth., Essigester	Tetrabenzoat: $C_5H_8O_4(OC_7H_5)_4$. $F = 136$ bis $137°$	[1] **Gilmour:** Soc. Lond. **105,** 78 (1914).

Nr	Name	Formel, Konstitution	Vorkommen, Bildung, Darstellung	Krystallogr. Eigenschaften
10	**Adonit**	$C_5H_{12}O_5$: H_2COH $\|$ $HCOH$ $\|$ $HCOH$ $\|$ $HCOH$ $\|$ H_2COH	Natürlich vorkommend in Adonis vernalis[1]). Durch Redukt. von l-Ribose mit Na-Amalg.[1])	Große Prismen (aus H_2O); kurze Nadeln (aus Alk.)
11	**d-Arabit**	$C_5H_{12}O_5$: H_2COH $\|$ $HOCH$ $\|$ $HCOH$ $\|$ $HCOH$ $\|$ H_2COH	Durch Redukt. von d-Arabinose mit Na-Amalg.[1]). Ebenso d. Redukt. v. d-Lyxose[2])	Große, prismat. Krystalle. Süß[1])
12	**l-Arabit**	$C_5H_{12}O_5$: H_2COH $\|$ $HCOH$ $\|$ $HOCH$ $\|$ $HOCH$ $\|$ H_2COH	Durch Redukt. von l-Arabinose mit Na-Amalg. in neutral. Lösg.[1])	Süße Warzen
13	**d,l-Arabit**	$C_5H_{12}O_5$ (Komponenten)	Krystallisieren der Kompon. aus H_2O[1])	Prismen
14	**Xylit**	$C_5H_{12}O_5$: H_2COH $\|$ $HOCH$ $\|$ $HCOH$ $\|$ $HOCH$ $\|$ H_2COH	Durch Redukt. von d-Xylose mit Na-Amalg. in saurer Lösg.[1])	Sirup. Süß
15	**l-Rhamnit**	$C_6H_{14}O_5$: H_2COH $\|$ $HCOH$ $\|$ $HCOH$ $\|$ $HOCH$ $\|$ $HOCH$ $\|$ CH_3	Durch Redukt. von l-Rhamnose mit Na-Amalg. in schwach saurer Lösg.[1])	Trikline Prismen (aus Aceton). Süß
16	**d-Rhodeit** (d-Fucit)	$C_6H_{14}O_5$: H_2COH $\|$ $HCOH$ $\|$ $HOCH$ $\|$ $HOCH$ $\|$ $HCOH$ $\|$ CH_3	Durch Redukt. von d-Rhodeose mit Na-Amalg. in schwach alkalischer Lösg.[1])	Weiße Täfelchen

Schmelz- und Siedepunkt	Optisches Drehungsvermögen	Löslichkeit	Analytisches; Diverses	Literatur
102°	Inaktiv	s. l. l. H_2O; l. l. h. Alk., unl. Äth., Petroläth.	**Dibenzalderivat:** $C_5H_8O_5(C_7H_6)_2$. $F=164$ bis 165° [1])	[1]) **Fischer:** Ber. **26**, 633 (1893). [2]) **Bruyn** u. **Ekenstein:** Rec. **18**, 151 (1899).
103° [1])	$[\alpha]_D^{20}=+7,7°$ (in gesätt. Borax-lösg., $c=10\%$); $+6,5°$ (in Borax-lösg.) [1])	s. l. l. H_2O; l. in 90proz. Alk.	—	[1]) **Ruff:** Ber. **32**, 555 (1899). [2]) **Ruff** u. **Ollendorff:** Ber. **33**, 1802 (1900).
102°	ca. 0° in H_2O [2]). $[\alpha]_D=-5,4°$ (in gesätt. Borax-lösg.) [2])	s. l. l. H_2O, h. Alk.	$MVW_V=611,7$ Cal. [3]). Sorbose-Bacterium oxyd. zu l-Arabinoketose [4]). **Monobenzalderivat:** $C_5H_{10}O_5(C_7H_6)$. $F=152°$; w. l. k. H_2O, Äth., l. h. H_2O; l. l. h. Alk., Chlorof. [5])	[1]) **Kiliani:** Ber. **20**, 1234, 1571 (1887). [2]) **Fischer** u. **Stahel:** Ber. **24**, 538 (1891). [3]) **Stohmann** u. **Langbein:** J. prakt. Chem. [2] **45**, 328 (1892). [4]) **Bertrand:** Compt. rend. **126**, 763 (1888). [5]) **Fischer:** Ber. **27**, 1535 (1894). — **Bruyn** u. **Ekenstein:** Rec. **18**, 150 (1899).
105—106°	Als Racemat inaktiv	—	—	[1]) **Ruff:** Ber. **32**, 556 (1899).
—	Inaktiv	—	Wird vom Sorbose-Bacterium nicht oxydiert [2]). **Dibenzalderivat:** $C_5H_8O_5(C_7H_6)_2$. $F=175°$. Krystalle; f. unl. H_2O, Alk., l. Chlorof. [3])	[1]) **Fischer:** Ber. **27**, 2487 (1894). [2]) **Bertrand:** Compt. rend. **126**, 763 (1898). [3]) **Bruyn** u. **Ekenstein:** Rec. **18**, 151 (1899).
121° [1]); 122—123° [2])	$[\alpha]_D^{20}=+10,7°$ (in H_2O, $c=8,6\%$)	s. l. l. H_2O, Alk., schw. l. Chloroform, Acet.; f. unl. Äth.	Destill. unzersetzt. **Dibenzalderivat:** $C_6H_{10}O_5(C_7H_6)_2$. Weiße Krystalle. $F=203°$. $[\alpha]_D=-55°$ (in Chloroform); l. Chlorof., schw. l. Alk. [3])	[1]) **Fischer** u. **Piloty:** Ber. **23**, 3103, 3827 (1890). [2]) **Vignon** u. **Gerin:** Compt. rend. **133**, 641 (1901). [3]) **Bruyn** u. **Ekenstein:** Rec. **18**, 151 (1899).
153,5°	$[\alpha]_D=-1,45°$ (in H_2O); $[\alpha]_D^{21}=-4,6°$ (in 10proz. Borax-lösg.)	l. l. H_2O, unl. Alk.	Destill. unzersetzt. Sorbose-Bacterium oxydiert nicht	[1]) **Votoček** u. **Buliř:** C. **1906, I**, 1818.

Tabelle 78 (Fortsetzung).

Nr	Name	Formel, Konstitution	Vorkommen, Bildung, Darstellung	Krystallogr. Eigenschaften
17	l-Fucit (l-Rhodeit)	$C_6H_{14}O_5$: H_2COH HOCH HCOH HCOH HOCH CH_3	Durch Redukt. von l-Fucose mit Na-Amalg. in H_2SO_4-saurer Lösung[1]	Blättchen (aus Alk.)
18	d,l-Fucit (d,l-Rhodeit)	$C_6H_{14}O_5$ (Komponenten)	Aus d. Kompon. od. d. Redukt. von d,l-Fucose mit Na-Amalg.[1]	Weiße Tafeln
19	l-Epirhamnit (l-Isorhamnit)	$C_6H_{14}O_5$: H_2COH HOCH HCOH HOCH HOCH CH_3	Durch Redukt. von Epi(-iso)-rhamnose mit Na-Amalg.[1]	Dicker, bitterer Sirup
20	Isorhodeit (d-Isorhamnit, d-Epirhamnit)	$C_6H_{14}O_5$: H_2COH HCOH HOCH HCOH HCOH CH_3	Durch Redukt. von Isorhodeose mit Na-Amalg.[1]. Ebenso aus Chinovose (Iso-rhodeose)[2]	Dicker Sirup
21	Epirhodeit (d-Epifucit)	$C_6H_{14}O_5$: H_2COH HOCH HOCH HOCH HCOH CH_3	Durch Redukt. v. Epirhodeose mit Na-Amalg. in schw. saurer Lösg. über das Dibenzal[1]	Krystalle (aus H_2O)
22	Epifucit	$C_6H_{14}O_5$: H_2COH HCOH HCOH HCOH HOCH CH_3	Durch Redukt. d. Lactons der Epifuconsäure mit Na-Amalgam über das Dibenzal[1]	Krystalle
23	Digitoxit	$C_6H_{14}O_4$: CH_2OH CH_2 HCOH HCOH [1] HCOH CH_3	Durch Redukt. von Digitoxose mit Na-Amalg.[2]	Prismen (aus Aceton)

494

Schmelz- und Siedepunkt	Optisches Drehungsvermögen	Löslichkeit	Analytisches; Diverses	Literatur
153—154°	$[\alpha]_D^{20} = +4{,}7°$ (in 10proz. Borax-lösg.)	—	—	[1]) Votoček u. Potmešil: Ber. 46, 3653 (1913).
168°; 168—170°	Als Racemat inaktiv	l. H_2O; unl. Alk.	Destill. unzersetzt	[1]) Votoček u. Buliř: C. 1908, I, 1818. — Votoček u. Potmešil: Ber. 46, 3655 (1913).
—	$[\alpha]_D^{20} = +9{,}18°$ (in H_2O)	l. l. H_2O, Alk., Aceton	Dibenzalderivat: $C_6H_{10}O_5(C_7H_6)_2$. Seidige Nad. (aus Alk.). $F = 196°$. $[\alpha]_D^{20} = -36{,}7°$ (in Chlorof.)	[1]) Votoček u. Mikšič: Soc. chim. France [4] 43, 220 (1928).
—	$[\alpha]_D^{20} = -10{,}0°$ (in H_2O)[2])	l. l. H_2O, Alk.	Destill. im Hochvakuum. Monobenzalderivat: $C_6H_{12}O_5(C_7H_6)$. Kryst. (aus Alk.). $F = 158°$[1]). Dibenzalderivat: $C_6H_{10}O_5(C_7H_6)_2$. Kryst. (aus Alk.). $F = 196$ bis bis 197°. $[\alpha]_D^{20} = +36{,}7°$ (in Chlorof.)[1])[2])	[1]) Votoček u. Valentin: Soc. chim. France [4] 43, 216 (1928). [2]) Votoček u. Rac: C. 1929, II, 554.
104°	$[\alpha]_D^{21} = +2°$ (in H_2O)	—	Dibenzalderivat: $C_6H_{10}O_5(C_7H_6)_2$. Nadeln (aus Alk.). $F = 184°$	[1]) Votoček u. Valentin: C. 1930, I, 2544.
104°	$[\alpha]_D = -2{,}3°$ (in H_2O, $c = 2{,}9\%$)	—	Dibenzalderivat: $C_6H_{10}O_5(C_7H_6)_2$. Kryst. (aus Alk.). $F = 183°$. $[\alpha]_D = +39{,}7°$ (in Chlorof., $c = 1{,}57\%$)	[1]) Votoček u. Kučerenko: 1930, I, 2544.
88°	—	—	Dibenzalderivat: $C_{20}H_{22}O_4$. Farbl. Kryst. (aus CH_3OH). $F = 142°$	[1]) Micheel: Ber. 63, 347 (1930). [2]) Windaus u. Schwarte: Nachr. Ges. Wiss. Göttingen 1926, 1.

Nr	Name	Formel, Konstitution	Vorkommen, Bildung, Darstellung	Krystallogr. Eigenschaften
24	d-Talit	$C_6H_{14}O_6$: H_2COH HOCH HOCH HOCH HCOH H_2COH	Durch Redukt. von d-Talose mit Na-Amalg.[1][2]	Zerfl. Prismen (aus Alk.). Süß
25	d,l-Talit	$C_6H_{14}O_6$ (Komponenten)	Aus d. Kompon. od. durch Oxyd. von Dulcit mit PbO_2+HCl u. Redukt. d. entstand. Prod. mit Na-Amalg.[1]	Nadeln (aus Essigest.)
26	d-Mannit	$C_6H_{14}O_6$: H_2COH HOCH HOCH HCOH HCOH H_2COH	Sehr verbreitet in der Natur[1]. Entsteht auch bei gärungsenzymatischen Vorgängen bei der Zuckergärung. Durch Redukt. von d-Mannose mit Na-Amalg.[2] Durch Redukt. von d-Fructose neben d-Sorbit[3]	Rhomb. Nadeln od. Prismen. Süß
27	l-Mannit	$C_6H_{14}O_6$: H_2COH HCOH HCOH HOCH HOCH H_2COH	Durch Redukt. von l-Mannose mit Na-Amalg.[1]. Durch Redukt. d. Doppellactons d. l-Mannozuckersäure[2]	Feine Nadeln. Süß
28	d,l-Mannit (α-Acrit)	$C_6H_{14}O_6$ (Komponenten)	Durch Mischen d. Kompon. od. durch Redukt. von α-Acrose (d,l-Fructose) od. d,l-Mannose mit Na-Amalg.[1]	Prismen (aus H_2O); Platten (aus CH_3OH). Süß
29	Dulcit	$C_6H_{14}O_6$: H_2COH HCOH HOCH HOCH HCOH H_2COH	In der Natur weit verbreitet; aus der Manna von Madagaskar d. Umkrystallis. mit H_2O rein zu gewinnen[1]. Durch Redukt. von d-Galaktose mit Na-Amalg.[1]. Ebenso aus l-Galaktose[2]	Monokline Prismen. Süß

Schmelz- und Siedepunkt	Optisches Drehungsvermögen	Löslichkeit	Analytisches; Diverses	Literatur
86°	$[\alpha]_D^{18} = +3{,}05°$ (in H_2O, c = 10%). Bei Zusatz von Borax linksdreh.	s. l. l. H_2O, Alk., s. w. l. Äth.	**Tribenzalderivat:** $C_6H_8O_6(C_7H_6)_3$. Feine, farbl. Nad. F = 216°. (S = 200°). $[\alpha]_D = -40°$ (in Chlorof., c = 0,5%). unl. H_2O, s. schw. l. Alk., l. l. Chlorof.[2][3])	[1]) **Fischer:** Ber. **27**, 1528 (1894). [2]) **Bertrand** u. **Bruneau:** Compt. rend. **146**, 482 (1908). [3]) **Bruyn** u. **Ekenstein:** Rec. **18**, 151 (1899).
66—67°	Als Racemat inaktiv	s. l. l. H_2O; l. Alk.	**Tribenzalderivat:** $C_6H_8O_6(C_7H_6)_3$. Krystalle. F = 205—206°; w. l. h. Alk., f. unl. H_2O, Äth.	[1]) **Fischer:** Ber. **27**, 1530 (1894).
166°; $Kp_1 =$ 276—280°[4])	$[\alpha]_D = +22{,}5°$ (in Borax-Lösg.)[5]). $[\alpha]_D^{25} = -0{,}49°$ (in H_2O, c = 7%)[8])	l. H_2O; schw. l. k. Alk., schw. l. Pyrid., unl. Äth.	Sublimiert. Gärt nicht mit Hefe. Sorbose-Bacterium oxyd. zu Fructose[12]). Reduz. nicht Fehl. Lösg. $D^{13} = 1{,}521$[6]). $MVW_V = 727{,}6$ Cal.[7]). **Tribenzalderivat:** $C_6H_8O_6(C_7H_6)_3$. Fadenförmige Kryst. (aus Alk.). F = 213—219°. $[\alpha]_D = -13{,}0°$ (in Chlorof.); unl. H_2O, w. l. Alk., l. l. Chlorof.[9][10]). $[\alpha]_{4359}^{25} = -29{,}8°$ (in Chlorof.)[13]). **Hexacetat:** $C_{18}H_{26}O_{12}$[10][11]). Rhomb. Kryst. (aus Alk.). F = 123°; 126°[13]). $[\alpha]_D = +18{,}8°$ (in Eisessig); unl. H_2O, k. Alk., Äth. $[\alpha]_{4359}^{22} = +35{,}04°$ (in Chlorof.)[13])	[1]) Siehe **Czapek:** Biochemie d. Pflanzen. 2. Aufl., Bd. 1, S. 297. [2]) **Fischer** u. **Hirschberger:** Ber. **21**, 1808 (1888). — **Fischer:** Ber. **23**, 3684 (1890). [3]) **Scheibler:** Ber. **16**, 3010 (1883). [4]) **Krafft** u. **Dyes:** Ber. **28**, 2587 (1895). [5]) **Vignon:** Compt. rend. **77**, 1191 (1873). [6]) **Prunier:** Soc. chim. France [2] **28**, 556. [7]) **Stohmann** u. **Langbein:** J. prakt. Chem. [2] **45**, 328 (1892). [8]) **Nossowitsch:** Monatsh. f. Chem. **37**, 215 (1916). [9]) **Bruyn** u. **Ekenstein:** Rec. **18**, 151 (1899). [10]) **Iwata:** C. **1929**, II, 177. [11]) **Tutin:** Bioch. J. **19**, 416 (1925). [12]) **Bertrand:** Compt. rend. **126**, 763 (1898). [13]) **Patterson** u. **Todd:** Soc. Lond. **1929**, 2876.
163—164°[1])	$[\alpha]_D = $ ca. $-20°$ (in Borax-Lösg.)[1]); in H_2O sehr geringe Linksdrehung	s. l. l. H_2O; s. schw. l. Alk., l. h. CH_3OH	—	[1]) **Fischer:** Ber. **23**, 375 (1890). [2]) **Kiliani:** Ber. **20**, 2715 (1887).
168°	Als Racemat inaktiv	z. l. l. H_2O; z. schw. l. Alk.	**Tribenzalderivat:** $C_6H_8O_6(C_7H_6)_3$. Krystalle. F = 190—192°[2])	[1]) **Fischer** u. **Tafel:** Ber. **22**, 100 (1889). — **Fischer:** Ber. **23**, 383, 390 (1890). [2]) **Fischer:** Ber. **27**, 1530 (1894).
188,5°[1]); 189 bis 189,5°[3]) $Kp_1 =$ 275—280°[4])	Inaktiv	l. H_2O; schw. l. Alk.; unl. Äth.	Sublimiert teilweise. Reduz. nicht Fehl. Lösg. Gärt nicht mit Hefe. Wird vom Sorbose-Bacterium nicht oxydiert[8]). $D^{15} = 1{,}466$. $MVW_V = 723{,}6$ Cal.[5]). **Dibenzalderivat:** $C_6H_{10}O_6(C_7H_6)_2$. Kryst. F = 215—220°; unl. H_2O, schw. l. Alk., l. Chlorof.[6]). **Hexanitrat:** $C_6H_8O_{18}N_6$. Nad. (aus Alk.). F = 94—95°[7]). **Hexacetat:** $C_{18}H_{26}O_{12}$. Blättchen (aus Alk.). F = 171°; unl. H_2O; l. l. h. Alk.; w. l. k. Alk., Äth.[1])	[1]) **Gilmer:** A. **123**, 372 (1862). — **Bouchardat:** Ann. chim. phys. [4] **27**, 81 (1873). — **Bouchardat:** Soc. chim. France [2] **15**, 21 (1874). [2]) **Fischer** u. **Hertz:** Ber. **25**, 1261 (1892). [3]) **Ipatiew:** Ber. **45**, 3226 (1912). [4]) **Krafft** u. **Dyes:** Ber. **28**, 2587 (1895). [5]) **Stohmann** u. **Langbein:** J. prakt. Chem. [2] **45**, 328 (1892). [6]) **Fischer:** Ber. **27**, 1534 (1894). [7]) **Wigner:** Ber. **36**, 799 (1903). [8]) **Bertrand:** Compt. rend. **126**, 763 (1898).

Nr	Name	Formel, Konstitution	Vorkommen, Bildung, Darstellung	Krystallogr. Eigenschaften
30	**d-Idit**	$C_6H_{14}O_6$: H_2COH $HOCH$ $HCOH$ $HOCH$ $HCOH$ H_2COH	Durch Redukt. von d-Idose mit Na-Amalg.[1]. Ebenso aus d-Sorbose[2]	Monokl. Prism. (aus Alk.). Süß. Hygroskop.
31	**l-Idit** (Sobierit)	$C_6H_{14}O_6$: H_2COH $HCOH$ $HOCH$ $HCOH$ $HOCH$ H_2COH	Neben d-Sorbit in den Vogelbeeren natürl. vorkommend[1]. Durch Redukt. von l-Idose mit Na-Amalg.[2]. Ebenso aus l-Sorbose[3]	Monokl. zerfließl. Prismen (aus Alk.)
32	**d-Sorbit**	$C_6H_{14}O_6$: H_2COH $HCOH$ $HOCH$ $HCOH$ $HCOH$ H_2COH	In Vogelbeeren u. and. Früchten natürl. vorkommend[1]. Durch Redukt. von l-Sorbose mit Na-Amalg. neben l-Idit[2]. Ebenso aus d-Fructose neben d-Mannit[3]. Ebenso aus d-Glucose[4]	Nadeln mit $1/2$ od. 1 Mol. H_2O. Süß
33	**l-Sorbit**	$C_6H_{14}O_6$: H_2COH $HOCH$ $HCOH$ $HOCH$ $HOCH$ H_2COH	Durch Redukt. von l-Gulose mit Na-Amalg.[1]. Ebenso aus d-Sorbose neben d-Idit[2]	Warzen feiner Nadeln mit $1/2$ H_2O
34	**2-Desoxysorbit** (2-Desoxymannit)	$C_6H_{14}O_5$: H_2COH HCH $HOCH$ $HCOH$ H_2COH	Durch Redukt. von Glucodesose mit Na-Amalg.[1]	Aus Alk. mit Äth. gefällt, tafelf. Krystalle od. Nadeln
35	**3,6-Anhydrosorbit**	$C_6H_{12}O_5$: H_2COH $HCOH$ CH $HCOH$ (O) $HCOH$ CH_2	Durch Redukt. v. 3,6-Anhydroglucose mit Na-Amalgam in schwach alkalischer Lösg.[1]	Farblose, lange Nadeln (aus h. Essigester); Dicke, weiße Platten (aus organ. Solvent.) Bittersüß

Alkohole.

Schmelz- und Siedepunkt	Optisches Drehungsvermögen	Löslichkeit	Analytisches; Diverses	Literatur
73,5°	$[\alpha]_D^{20}=+3,5°$ (in H_2O)[3]	—	**Hexacetat:** $C_{18}H_{26}O_{12}$. Blättchen. F=121,5°. $[\alpha]_D^{20}=+25,33°$ (in Chlf., c=5%)[3]. **Tribenzalderivat:** $C_6H_8O_6(C_7H_6)_3$. Krystalle. F=215—218°. $[\alpha]_D=-6°$ (in Aceton, c=0,5%); unl. H_2O, s. schw. l. h. Alk., Äth., schw. l. Chloroform, Benzol, Aceton[4]	[1] **Fischer** u. **Fay:** Ber. **28**, 1975 (1895). [2] **Bruyn** u. **Ekenstein:** Rec. **19**, 9 (1900). [3] **Bertrand** u. **Lanzenberg:** Soc. chim. France [3] **35**, 1073 (1906). [4] **Bruyn** u. **Ekenstein:** Rec. **18**, 151 (1899).
73—74°[1]	$[\alpha]_D^{20}=-3,53°$ (in H_2O, c=10%)[1]	—	**Hexacetat:** Blättch. (aus Alk.). F=151,5°. $[\alpha]_D^{18}=-25,65°$ (in Chlorof., c=5%)[1]. **Dibenzalderivat:** $C_6H_{10}O_6(C_7H_6)_2$. Krystalle. F=190°[4]. **Tribenzalderivat:** $C_6H_8O_6(C_7H_6)_3$. Krystalle. F=219—223°[4]	[1] **Bertrand:** Soc. chim. France [3] **33**, 166 (1905). — **Bertrand** u. **Lanzenberg:** Soc. chim. France [3] **35**, 1073 (1906). [2] **Fischer** u. **Fay:** Ber. **28**, 1982 (1895). [3] **Bruyn** u. **Ekenstein:** Rec. **19**, 7 (1900). [4] **Bruyn** u. **Ekenstein:** Rec. **18**, 151 (1899).
110—111°[1] (H2O-frei); 75° (für d. Hydrat.)[5]. 87—95° (aus Alk.)[10]	$[\alpha]_D^{15}=-1,73°$ (in H_2O)[5]; $[\alpha]_D^{20}=+1,4°$ (in Borax-Lösg.)[6]; $[\alpha]_D^{20}=-2,01°$ (in H_2O)[10]	s. l. l. H_2O; l. l. h., schw. l. k. Alk.	Wird v. Sorbose-Bacterium zu l-Sorbose oxydiert[11]. **Hexacetat:** $C_{18}H_{26}O_{12}$. Kryst. (aus Alk.). F=99°[7]. **Monobenzalderivat:** $C_6H_{12}O_6(C_7H_6)$. Krystalle. F=175°. $[\alpha]_D=+6°$ (in Alk.)[4][8]. **Dibenzalderivat:** $C_6H_{10}O_6(C_7H_6)_2$. Krystalle. F=163°. $[\alpha]_D=+29°$ (in Alk.)[4][9]	[1] **Boussingault:** Ann. chim. phys. [4] **26**, 376 (1872). [2] **Vincent** u. **Delachanal:** Compt. rend. **111**, 51 (1890). [3] **Fischer:** Ber. **23**, 3684 (1890). [4] **Meunier:** Compt. rend. **111**, 49 (1890). [5] **Vincent** u. **Delachanal:** Compt. rend. **108**, 355 (1889). [6] **Fischer** u. **Stahel:** Ber. **24**, 2144 (1891). [7] **Tutin:** Bioch. J. **19**, 416 (1925). [8] **Bruyn** u. **Ekenstein:** Rec. **18**, 151 (1899). [9] **Fischer:** Ber. **27**, 1534 (1894). [10] **Riiber, Sörensen** u. **Thorkelsen:** Ber. **58**, 964 (1925). [11] **Bertrand:** Compt. rend. **122**, 900 (1896).
77°[1]	$[\alpha]_D=-1,4°$ (in Borax-Lösg.)[1]	—	**Dibenzalderivat:** $C_6H_{10}O_6(C_7H_6)_2$. Krystalle. F=160°. $[\alpha]_D=-28°$[2]	[1] **Fischer** u. **Stahel:** Ber. **24**, 535, 2144 (1891). [2] **Bruyn** u. **Ekenstein:** Rec. **19**, 7 (1900).
S=104°; F=105 bis 106°; Z=190°	$[\alpha]_D^{18}=+15,61°$ (in H_2O)	l. l. H_2O, Alk.; l. Pyrid., Essigs.; w. l. Aceton; s. w. l. Essigest., Chlorof., Äth., CCl$_4$, Petroläth.	**Diacetonverbindung:** $C_{12}H_{22}O_5$. Sirup. Kp$_1$=120—125°. $[\alpha]_D^{20}=+11,08°$ (in $C_2H_2Cl_4$). l. l. Alk., Äth., Aceton, Benzol; unl. k. H_2O	[1] **Bergmann, Schotte** u. **Leschinsky:** Ber. **56**, 1052 (1923).
113°	$[\alpha]_D^{20}=-7,47°$ (in H_2O)	l. l. H_2O, h. Alk., h. Amylalk.; s. w. l. Äth., Benzol, Chloroform	Destillierbar. Reduz. nicht Fehl. Lösg.	[1] **Fischer** u. **Zach:** Ber. **45**, 2068 (1912).

Nr	Name	Formel, Konstitution	Vorkommen, Bildung, Darstellung	Krystallogr. Eigenschaften
36	**Styracit**	$C_6H_{12}O_5$ (Konstit. unbekannt)	Natürl. vorkommend in den Fruchtschalen d. japan. Pflanze Styrax Abassia[1]	Weiße, hygrosk. Prismen (aus 90proz. Alk.). Bittersüß
37	**α-Rhamnohexit**	$C_7H_{16}O_6$: H_2COH $\|$ $HOCH$ $\|$ $HCOH$ $\|$ $HCOH$ $\|$ $HOCH$ $\|$ $HOCH$ $\|$ CH_3	Durch Redukt. von α-Rhamno-hexose mit Na-Amalg.[1]	Kleine Prismen (aus Alk.)
38	**d-Glyko-α-heptit**	$C_7H_{16}O_7$: H_2COH $\|$ $HCOH$ $\|$ $HCOH$ $\|$ $HOCH$ $\|$ $HCOH$ $\|$ $HCOH$ $\|$ H_2COH	Durch Redukt. von d-Gluco-α-heptose mit Na-Amalg.[1]	Feine Prismen (aus CH_3OH) od. Nadeln (aus H_2O)
39	**d-Glyko-β-heptit**	$C_7H_{16}O_7$: H_2COH $\|$ $HOCH$ $\|$ $HCOH$ $\|$ $HOCH$ $\|$ $HCOH$ $\|$ $HCOH$ $\|$ H_2COH	Durch Redukt. von d-Glyko-β-heptose mit Na-Amalg.[1]	Rechtwinklige Tafeln od. Stäbchen (aus Alk.)
40	**d-Manno-α-heptit** **(Perseit)**	$C_7H_{16}O_7$: H_2COH $\|$ $HCOH$ $\|$ $HOCH$ $\|$ $HOCH$ [6] $\|$ $HCOH$ $\|$ $HCOH$ $\|$ H_2COH	In der Natur vorkommend[1]. Durch Redukt. von d-Manno-α-heptose mit Na-Amalg.[2]. Ebenso aus Perseulose neben Perseulit[3]. Ebenso aus d-Mannoketoheptose neben d-Manno-β-heptit[4]	Nadeln

500

Alkohole.

Schmelz- und Siedepunkt	Optisches Drehungsvermögen	Löslichkeit	Analytisches; Diverses	Literatur
155°	$[\alpha]_D^{20} = -71,72°$ (in H_2O)	s. l. l. H_2O; s. w. l. k. Alk.; f. unl. Äth., Benzol, Aceton	Reduz. nicht Fehl. Lösg. Oxyd. mit Brom liefert einen reduzierenden Zucker. **Tetracetat:** $C_6H_8O_5(OC_2H_3)_4$. Prismen (aus H_2O).| $F = 66$ bis 67°. Nadeln (aus Alk.). $F = 58°$. $[\alpha]_D^{22} = -20,86°$ (in Alk.). **Tetrabenzoat:** $C_6H_8O_5(OC_7H_5)_4$. $F = 142°$	[1] **Asahina:** Ber. **45**, 2363 (1912); C. **1907**, II, 1431.
173°	$[\alpha]_D = +14°$ (in H_2O, c = 10%)	z. l. l. h. CH_3OH, Alk.	Reduz. nicht Fehl. Lösg.	[1] **Fischer** u. **Piloty:** Ber. **23**, 3106 (1890).
127—128°[1]); 129°[2]); 134—135°[3])	Optisch inaktiv	s. l. l. H_2O; schw. l. Alk.	**Heptacetat:** $C_{21}H_{30}O_{14}$. Tafeln (aus H_2O). $F = 113$ bia 115°[1]). **Monobenzaldderivat:** $C_7H_{14}O_7(C_7H_6)$. $F = 214°$. Existiert in einer instab. Form, welche bei 153-154° schmilzt[4])	[1] **Fischer:** A. **270**, 80 (1892). [2] **Philippe:** Ann. chim. phys. [8] **26**, 326 (1912). [3] **Pictet** u. **Barbier:** Helv. **4**, 924 (1921). [4] **Fischer:** Ber. **27**, 1533 (1894).
130—131°	$[\alpha]_D^{10} = +0,48°$ (in H_2O, c = 10%). In Borax-Lösg. linksdrehend	l. k., s. l. l. h. H_2O; schw. l. Alk.	**Heptacetat:** $C_{21}H_{30}O_{14}$. Harz. $F = $ ca. 50°. $[\alpha]_D^{13} = +34,8°$ (in Alk., c = 10%); l. l. Alk., Äther; w. l. Chlorof.; schw. l. H_2O. **Tribenzalderivat:** $C_7H_{10}O_7(C_7H_6)_3$. Krystalle. $F = 230°$	[1] **Philippe:** Compt. rend. **147**, 1481 (1908); Ann. chim. phys. [8] **26**, 333 (1912).
188°	$[\alpha]_D^{20} = +4,53°$ (in gesättigter Borax-Lösg.)[4])	l. H_2O, h. Alk.; s. w. l. k. Alk.; unl. Äth.	Reduz. nicht Fehl. Lösg. MVW $= 835,8$ Cal. Gärt nicht mit Hefe. Sehr aktives Sorbose-Bact. oxyd. zu Perseulose[3]). **Heptacetat:** $C_{21}H_{30}O_{14}$. Krystalle. $F = 119°$; unl. H_2O; l. Alk.[1]). **Dibenzalderivat:** $C_7H_{12}O_7(C_7H_6)_2$. Krystalle. $F = 219°$. $[\alpha]_D = -60°$ (in Aceton)[1])[4])[5])	[1] **Maquenne:** Soc. chim. France [2] **50**, 132, 548 (1888); Compt. rend. **107**, 583 (1888); Ann. chim. phys. [6] **19**, 5 (1890). [2] **Fischer** u. **Passmore:** Ber. **23**, 936, 2231 (1890). [3] **Bertrand:** Compt. rend. **126**, 763 (1898); **147**, 201 (1908); **149**, 226 (1909). [4] **La Forge:** J. Biol. Chem. **28**, 551 (1917). [5] **Bruyn** u. **Ekenstein:** Rec. **18**, 151 (1899). [6] **Peirce:** J. Biol. Chem. **23**, 328 (1925).

Tabelle 78 (Fortsetzung).

Nr	Name	Formel, Konstitution	Vorkommen, Bildung, Darstellung	Krystallogr. Eigenschaften
41	d-Manno-β-heptit	$C_7H_{16}O_7$: H_2COH HOCH HOCH HOCH HCOH HCOH H_2COH	Durch Redukt. von d-Manno-β-heptose mit Na-Amalg.[1]). Ebenso aus d-Mannoketo-heptose[2])	Strahlenförmig geordn. Nadeln (aus H_2O od. 80proz. Alk.)
42	l-Manno-α-heptit (d-Gala-α-heptit)	$C_7H_{16}O_7$: H_2COH HOCH HCOH HCOH HOCH HOCH H_2COH	Durch Redukt. von l-Manno-α-heptose mit Na-Amalg.[1]). Durch Redukt. von d-Gala-α-heptose mit Na-Amalg.[2])	Krystalle (aus H_2O)[1]). Nadeln (aus 90proz. Alk.)[2])
43	d, l-Manno-α-heptit	$C_7H_{16}O_7$ (Komponenten)	Kompon. in H_2O od. durch Red. von d,l-Mannoheptose mit Na-Amalg.[1])	Tafeln (aus H_2O)
44	d-Gala-β-heptit (d-Guloheptit)	$C_7H_{16}O_7$: H_2COH HOCH HCOH HOCH HOCH HCOH H_2COH	Durch Redukt. von d-Gala-β-heptose mit Na-Amalg.[1]). Ebenso aus α-d-Guloheptose[2])	Rosetten kleiner Prismen (aus verd. Alk.)
45	β-Guloheptit (Altro-heptit?)	$C_7H_{16}O_7$	Bei der Darst. d. vorig. als Neben-prod.[1])	Spitze Stäbchen
46	Perseulit	$C_7H_{16}O_7$: H_2COH HCOH HOCH HOCH HCOH HOCH H_2COH	Durch Redukt. von Perseulose mit Na-Amalg. neben Perseit[1])	Krystalle
47	α-Sedoheptit (Volemit[4])[5]))	$C_7H_{16}O_7$: H_2COH HOCH HCOH HCOH HCOH HCOH H_2COH	In Pflanzen natürlich vorkom-mend[1]). Durch Redukt. von Sedoheptose mit Na-Amalg. neben der β-Ver-bindung. Trennung d. Krystallis, wobei die α-Form zuerst krystal-lisiert[2])	Stäbchen od. Nadeln (aus verd. Alk.)

Schmelz- und Siedepunkt	Optisches Drehungsvermögen	Löslichkeit	Analytisches; Diverses	Literatur
$217°$[1] ($S = 150$ bis $153°$) $215°$[2])	$[\alpha]_D^{22} = +2,27°$ (in H_2O)[1]); $[\alpha]_D^{20} = +2,55°$ (in H_2O)[2])	—	—	[1] **Peirce:** J. Biol. Chem. **23**, 334 (1915). [2] **La Forge:** J. Biol. Chem. **28**, 521 (1917).
$187°$[1]) $187—188°$[2]) (k.)	$[\alpha]_D^{20} = -4,35°$ (in gesätt. Borax- lösg., $c = 8,8\%$)[2])	s. l. l. H_2O; schw. l. Alk.	Diese Verbindung ist der op- tische Antipode von Perseit	[1] **Smith:** A. **272**, 188 (1892). [2] **Fischer:** A. **288**, 147 (1895).
$205°$; $203°$	Als Racemat inaktiv	—	—	[1] **Smith:** A. **272**, 189 (1892). — **Peirce:** J. Biol. Chem. **23**, 328 (1915).
Sint. $138°$[1]); $F = 141$ bis $144°$ $138—141°$[2])	—	. schw. l. Alk.	—	[1] **Peirce:** J. Biol. Chem. **23**, 335 (1915). [2] **La Forge:** J. Biol. Chem. **41**, 251 (1920).
$128—129°$	ca. $0°$	—	Benzalverbindung: $F = 260°$ (Z.)	[1] **La Forge:** J. Biol. Chem. **41**, 251 (1920).
—	Stark linksdrehend	l. l. k. H_2O; k. Alk.	—	[1] **Bertrand:** Compt. rend. **149**, 227 (1910).
$154—155°$[1]); $151—152°$[2])	$[\alpha]_D = +2,65°$ (in H_2O)[1]); $+20,83°$ (in Borax- lösg.)[1]); $[\alpha]_D^{20} = +2,25°$ (in H_2O, $c = 10\%$)[2])	l. l. H_2O; schw. l. Alk.; unl. Äth.	Tri-Äthylidenderivat: $C_{13}H_{22}O_7$. Krystalle. $F = 191—194°$. $[\alpha]_D = -45,55°$ (in Chlorof., $c = 2,2\%$)[3]). $[\alpha]_D^{20} = -72,35°$ (in Chlorof.); $-117,6°$ (in Pyrid.)[5]). Tribenzalderivat: $C_7H_{10}O_7(C_7H_6)_3$. $F = 214—215°$. Farbl. Nad. $[\alpha]_D^{20} = -1,7°$ (in Chlorof.); $-48,4°$ (in Pyrid.)[5])	[1] **Bougault** u. **Allard:** Compt. rend. **135**, 796 (1902). [2] **La Forge** u. **Hudson:** J. Biol. Chem. **30**, 68 (1917). [3] **La Forge:** J. Biol. Chem. **42**, 375 (1920). [4] **La Forge** u. **Hudson:** J. Biol. Chem. **79**, 1 (1928). [5] **Ettel:** C. **1929**, II, 714.

Tabelle 78 (Fortsetzung).

Nr	Name	Formel, Konstitution	Vorkommen, Bildung, Darstellung	Krystallogr. Eigenschaften
48	**β-Sedoheptit** (Taloheptit od. Alloheptit)	$C_7H_{16}O_7$	Als Nebenprod. bei der Redukt. von Sedoheptose[1]	Tafeln od. Stäbchen (aus verd. Alk.)
49	**α-Glykoheptulit**	$C_7H_{16}O_7$: H_2COH H_2COH $HCOH$ $HOCH$ $HCOH$ $HCOH$ $HOCH$ oder $HOCH$ $HCOH$ $HCOH$ $HOCH$ $HCOH$ H_2COH H_2COH	Durch Redukt. d. α-Glucoheptulose mit Na-Amalg.[1]	Seidige Nadeln (aus 80 proz. Alk.)
50	**d-Glyko-α, α-octit**	$C_8H_{18}O_8$: H_2COH $HOCH$ $HCOH$ $HCOH$ $HOCH$ $HCOH$ $HCOH$ H_2COH	Durch Redukt. von d-Glyko-α, α-octose mit Na-Amalg.[1][2]	Farbl. Nadeln (aus CH_3OH)
51	**d-Manno-octit**	$C_8H_{18}O_8$: H_2COH $HCOH$ $HCOH$ $HOCH$ $HOCH$ $HCOH$ $HCOH$ H_2COH	Durch Redukt. von d-Manno-octose mit Na-Amalg.[1]	Mikroskop. Tafeln (aus H_2O)
52	**d-Gala-α, α-octit**	$C_8H_{18}O_8$: H_2COH $HOCH$ $HCOH$ $HCOH$ $HOCH$ $HOCH$ $HCOH$ H_2COH	Durch Redukt. von d-Galaoctose mit Na-Amalg.[1]	Feine Nadeln (aus 90 proz. Alk.); Tafeln (aus H_2O)

Schmelz- und Siedepunkt	Optisches Drehungs- vermögen	Löslichkeit	Analytisches; Diverses	Literatur
127—128°	Wahrscheinlich inaktiv	—	Gibt eine **Tribenzal-verbindung**, F = 272—275°	[1] **La Forge** u. **Hudson**: J. Biol. Chem. **30**, 71 (1917). [2] **Ettel**: C. **1929**, II, 714.
144°	$[\alpha]_D^{20} = -2°\ 24'$ (in H_2O; c = 5%)	l. l. H_2O; z. w. l. 80 proz. Alk.	**Acetat:** Kryst. F = 116—117°	[1] **Bertrand** u. **Nitzberg**: Compt. rend. **186**, 1172, 1773 (1928).
156—159° [2]	$[\alpha]_D^{20} = +2°$ (in H_2O); +6° (in Borax-lösg.) [1]	s. l. l. H_2O; schw. l. Alk.; unl. Äth.	**Benzalverbindung:** Krystalle. F = 185—187°	[1] **Fischer**: A. **270**, 98 (1892). [2] **Philippe**: Ann. chim. phys. [8] **26**, 356 (1912).
258°	—	s. schw. l. H_2O	—	[1] **Fischer** u. **Passmore**: Ber. **23**, 2235 (1890).
224—226°	—	—	—	[1] **Fischer**: A. **288**, 151 (1895).

Nr	Name	Formel, Konstitution	Vorkommen, Bildung, Darstellung	Krystallogr. Eigenschaften
53	**d-Glyko-α, α, α-nonit**	$C_9H_{20}O_9$: H_2COH | $CHOH$ | $HOCH$ | $HCOH$ | $HCOH$ | $HOCH$ | $HCOH$ | $HCOH$ | H_2COH	Durch Redukt. von d-Glyko-nonose mit Na-Amalg.[1][2]	Rechtwinkl. Tafeln od. Prismen (aus H_2O)
54	**d-Glyko-$\alpha, \alpha, \alpha, \alpha$-decit**	$C_{10}H_{22}O_{10}$: H_2COH | $CHOH$ | $CHOH$ | $HOCH$ | $HCOH$ | $HCOH$ | $HOCH$ | $HCOH$ | $HCOH$ | H_2COH	Ebenso aus d-Glykodesose[1]	Nadeln (aus H_2O)
55	**Melibiotit**	$C_{12}H_{24}O_{11}$	Durch Redukt. von Melibiose mit Na-Amalg.[1]	Sirup
56	**Lactosit**	$C_{12}H_{24}O_{11} \cdot H_2O$	Bei der katalytischen Hydr. von Lactose in $H_2O + $ Nickel[1]	Rhomb. Oktaeder. Süß
57	**Lactobiotit**	$C_{12}H_{24}O_{11}$ (vielleicht identisch mit vorstehend. Verbindg.)	Redukt. von Lactose mit Ca-Amalg.[1]	Farbl. weiße Krystalle (aus h. Alk.). Süßbitter
58	**Rhamninit**	$C_{18}H_{34}O_{14}$	Durch Redukt. von Rhamninose mit Na-Amalg.[1]	Amorph

Alkohole.

Schmelz- und Siedepunkt	Optisches Drehungsvermögen	Löslichkeit	Analytisches: Diverses	Literatur
$198°$[2]	$[\alpha]_D^{15} = +1{,}5°$ in H_2O)[2]); $+3{,}6°$ (in Boraxlösg.)[2])	l. l. h. H_2O; f. unl. Alk.	—	[1] **Fischer:** A. **270**, 107 (1892). [2] **Philippe:** Ann. chim. phys. [8] **26**, 367 (1912).
$222°$	$[\alpha]_D^{20} = +1{,}2°$ (in H_2O, c $=2\%$)	l. l. h., schw. l. k. H_2O; s. w. l. Alk.	Sublimiert. **Decacetat:** $C_{30}H_{42}O_{20}$. Blättchen (aus Alk.). F $= 149$ bis $150°$. $[\alpha]_D^{18} = +16°$ (in Chlorof., c $= 5\%$); l. Chlorof., schw. l. Alk.; unl. H_2O	[1] **Philippe:** Ann. chim. phys. [8] **26**, 401 (1912).
—	—	l. l. H_2O, Alk.	Reduz. nicht Fehl. Lösg. Hydrolyse liefert d-Galaktose + Mannit	[1] **Scheibler** u. **Mittelmeier:** Ber. **22**, 3118 (1889).
$78°$	$[\alpha]_D = +12{,}2°$ (in H_2O)	l. l. k. H_2O; s. w. l. k. Alk.	$D = 1{,}43$. Reduz. nicht Fehl. Lösg. Hydrolyse mit H_2SO_4 gibt Galaktose $+$ d-Sorbit	[1] **Senderens:** Compt. rend. **170**, 47 (1920).
Zers. ab $200°$	—	l. l. H_2O; schw. l. Alk.; unl. Äth., Chlorof., Benzol	Reduz. nicht Fehl. Lösg. Hydrolyse gibt Galaktose + d-Sorbit	[1] **Neuberg** u. **Marx:** Bioch. Z. **3**, 539 (1907).
—	$[\alpha]_D = -57°$	—	Nicht rein erhalten. Gibt in wässer. Lösg. mit Baryt eine Verbindg.: $C_{18}H_{34}O_{14} \cdot 2\,BaO$. Durch Fällen mit Bleiacetat resultiert die Verbindg.: $C_{18}H_{34}O_{14} \cdot 4\,PbO$	[1] **Ch.** u. **G. Tanret:** Compt. rend. **129**, 725 (1899); Soc. chim. France [3] **21**, 1065 (1899).

Tabelle 79.

Nr	Name	Formel, Konstitution	Vorkommen, Bildung, Darstellung	Krystallogr. Eigenschaften
1	**Glyoxal** (Glykoloson)	$C_2H_2O_2$: CH=O | CH=O	Aus d. Osazon der Glykolose u. bei verschied. chem. Reaktionen[1])	Gelbe Prismen
2	**Methylglyoxal**	$C_3H_4O_2$: CH=O | CO | CH₃	Bei verschied. chem. Reaktion.[1]). Bei d. Gärung versch. Zucker[2]). Bei d. Oxyd. d. Zucker d. Alkali[3])	Öl
3	**Trioson** (Dioxyacetonoson)	$C_3H_4O_3$: [CH=O | CO | CH₂OH]₃	D. Oxydat. von Dioxyaceton in H_2O + Cu-Acetat[1])	Weiße Krystalle
4	**Erythroson** (Disemicarbazon: $C_6H_{12}O_4N_6$)	$C_4H_6O_4$: H₂COH CH=O | | CO oder CO | | CO CHOH | | H₂COH H₂COH	Durch Oxydat. von Erythrit mit H_2O_2 + Fe-Salten[1]). Nur als **Disemicarbazon** dargestellt	Krystalle
5	**l-Arabinoson**	$C_5H_8O_5$: HC=O | CO | HOCH | HOCH | H₂COH	Oxyd. von l-Arabinose mit H_2O_2 + Ferrosalz[1]). D. Spaltung von l-Arabinosazon mit konz. HCl oder Benzaldehyd[2])	Sirup
6	**l-Rhamnoson**	$C_6H_{10}O_5$: HC=O | CO | HCOH | HOCH | HOCH | CH₃	Oxyd. von l-Rhamnose mit H_2O_2 + Ferrosalz[1]). D. Spaltung von l-Rhamnosazon mit Benzaldehyd[2]). Dass., aber mit konz. HCl[3])	Sirup
7	**Chinovoson** (d-Rhamnoson)	$C_6H_{10}O_5$: HC=O | CO | HOCH | HCOH | HCOH | CH₃	Aus Chinovosazon + rauch. HCl[1])	Sirup

Osone.

Schmelz- und Siedepunkt	Optisches Drehungsvermögen	Löslichkeit	Analytisches; Diverses	Literatur
$15°$; $Kp_{776} = 51°$	—	l. H_2O	Polymerisiert sich leicht	[1] **Beilstein:** 4. Aufl., Bd. I, S. 759; Erg.-Bd. I, S. 393.
Siedet ab $72°$	—	l. l. Äth., Benzol; l. H_2O	Polymerisiert sich sehr leicht	[1] **Beilstein:** 4. Aufl., Bd. I, S. 762; Erg.-Bd. I, S. 395. [2] **Neuberg** u. **Kobel:** Bioch. Z. **193**, 464 (1928); **203**, 463 (1928); **207**, 232 (1929); **210**, 466 (1929). [3] **Fischler:** Z. physiol. Chem. **165**, 53 (1927). — **Fischler** u. **Lindner:** Z. physiol. Chem. **175**, 237 (1928).
$99°$	—	l. l. H_2O, Alk.; unl. Äth., Aceton	Geht in h. H_2O schnell in die monomolekulare Form über[1]. **Disemicarbazon:** $C_5H_{10}O_3N_6$. Krystalle. $F = 221°$; w. l. H_2O[2]	[1] **Evans** u. **Waring:** Amer Soc. **48**, 2678 (1926). [2] **Küchlin** u. **Böeseken:** Rec. **47**, 1011 (1928).
$224°$	—	—	—	[1] **Küchlin** u. **Böeseken:** Rec. **47**, 1011 (1928).
—	Schwach rechtsdrehend[3]	l. l. H_2O, sied. Alk.; unl. Äth.	Gibt sehr leicht d. Osaz. mit Phenylhydrazin	[1] **Morrell** u. **Crofts:** Soc. Lond. **75**, 790 (1899); **83**, 1285 (1903). — **Bellars:** Soc. Lond. **87**, 283 (1905). [2] **Fischer** u. **Armstrong:** Ber. **35**, 3141 (1902). [3] **Fischer:** Ber. **24**, 1840 (1891).
—	—	—	—	[1] **Morrell** u. **Crofts:** Soc. Lond. **77**, 1220 (1900); **83**, 1287 (1903). [2] **Morrell** u. **Bellars:** Soc. Lond. **87**, 289 (1905). [3] **Fischer:** Ber. **22**, 96 (1889).
—	—	unl. H_2O; w. l. Äth., Benz., Chlorof.; schw. l. Alk.; l. heiß. Eisessig	—	[1] **Fischer** u. **Liebermann:** Ber. **26**, 2415 (1893).

Nr	Name	Formel, Konstitution	Vorkommen, Bildung, Darstellung	Krystallogr. Eigenschaften
8	**d-Glucoson** (Mannoson, Fructoson)	$C_6H_{10}O_6$: HC=O CO HOCH HCOH HCOH H_2COH	D. Oxyd. von Glucose, Fructose, Mannose od. Saccharose m. H_2O_2 + Ferrosalz[1]). Aus d. Glucosaz. d. Spaltung mit rauch. HCl[2]). D. Spaltung d. Glucosaz. mit o-Nitrobenzaldehyd[3]). Neben d-Galaktose beim Erhitz. von Lactoson mit HCl[2]). Neben Glucose b. Erhitz. von Maltoson mit verd. H_2SO_4[4]). D. Einwirkg. von Chinon im Lichte auf d-Glucose[5]). Aus Melibioson mit Emulsin[6]). Aus einer wäßr. Lösg. d. Gluc. bei Gegenwart von o + m-Xylol im Sonnenlicht[8]). Aus einer Lösg. von Gluc. in verd. Na_2CO_3 im Hg-Licht[9])	Sirup. Kaum süß
9	**l-Glucoson**	$C_6H_{10}O_6$: HC=O CO HCOH HOCH HOCH H_2COH	Aus l-Glucosazon mit rauchend. HCl[1])	Sirup
10	**d, l-Glucoson, α-Acroson**	$C_6H_{10}O_6$ (Komponenten)	Aus α-Acrosazon mit rauchend. HCl[1])	Sirup
11	**d-Galaktoson**	$C_6H_{10}O_6$: HC=O CO HOCH HOCH HCOH H_2COH	Aus d. Galaktosazon mit rauch. HCl[1])	—
12	**Maltoson**	$C_{12}H_{20}O_{11}$: HC———HC=O HCOH O CO HOCH O HOCH HCOH ——HC HC HCOH H_2COH H_2COH	Aus d. Maltosazon mit rauch. HCl[1]). Dass., jedoch mit Benzaldehyd[2]). Dass. [siehe [3])] wird beschleunigt d. Zusatz von Essigs. od. Benzoesäure[3])	Amorphe, farbl. Masse[2])
13	**Isomaltoson**	$C_{12}H_{20}O_{11}$	Aus d. Isomaltosazon d. rauch. HCl[1])	Sirup
14	**Lactoson**	$C_{12}H_{20}O_{11}$: H C———HC=O HCOH O CO HOCH O HOCH HOCH ——HC HC HCOH H_2COH H_2COH	Einwirk. von rauch. HCl auf Lactosazon. Ebenso mit Benzaldehyd[1])	Sirup

Schmelz- und Siedepunkt	Optisches Drehungsvermögen	Löslichkeit	Analytisches; Diverses	Literatur
—	$[\alpha]_D = -3{,}25°$ [7])	l. H_2O, l. sied. absol. Alk.; unl. Äther	Reduz. kalte Fehl. Lösg.[2]). Gärt nicht. Wird von Zn-Staub + Essigs. zu Fructose reduziert	[1]) **Morrell** u. **Crofts:** Soc. Lond. **75**, 788 (1899); **77**, 1221 (1900); **81**, 668 (1902). [2]) **Fischer:** Ber. **21**, 2632 (1888); **22**, 88 (1889). [3]) **Morrell** u. **Bellars:** Soc. Lond. **87**, 290 (1905). [4]) **Lewis:** Am. chem. J. **42**, 318 (1909). [5]) **Ciamician** u. **Silber:** Ber. **34**, 1534 (1901). [6]) **Fischer** u. **Armstrong:** Ber. **35**, 3143 (1902). [7]) **Hynd:** Proc. Lond. **101**, 244 (1927). [8]) **Ciamician** u. **Silber:** Ber. **46**, 3898 (1913). [9]) **Meyer:** Bioch. Z. **32**, 2.
—	—	—	Nicht näher beschrieben	[1]) **Fischer:** Ber. **23**, 375 (1890).
—	—	l. H_2O, heiß. abs. Alk.	Zn-Staub + Essigs. reduz. zu α-Acrose	[1]) **Fischer** u. **Tafel:** Ber. **23**, 98 (1890).
—	—	—	Nicht isoliert	[1]) **Fischer:** Ber. **22**, 96 (1889). — **Morrell** u. **Crofts:** Soc. Lond. **77**, 1219 (1900).
—	Schwach rechts-drehend [2])	—	Hefe-Maltoglykase hydrol. zu Glucose u. d-Glucoson [2])	[1]) **Fischer:** Ber. **21**, 2631 (1888); **22**, 87 (1889). [2]) **Fischer** u. **Armstrong:** Ber. **35**, 3141 (1902). — **Hynd:** Proc. Lond. **101**, 244 (1927). [3]) **Fischer:** Ber. **44**, 1903 (1911).
—	—	—	Zerfällt d. Hydrol. in Glucose u. d-Glucoson	[1]) **Fischer:** Ber. **23**, 3687 (1890).
—	—	—	Wird von 4 proz. HCl in Galaktose u. d-Glucoson hydrol.	[1]) **Fischer:** Ber. **21**, 2631 (1888); **22**, 87 (1889). — **Fischer** u. **Armstrong:** Ber. **35**, 3141 (1902). — **Fischer:** Ber. **44**, 1903 (1911). — **Hynd:** Proc. Lond. **101**, 244 (1927).

Tabelle 79 (Fortsetzung).

Nr	Name	Formel, Konstitution	Vorkommen, Bildung, Darstellung	Krystallogr. Eigenschaften
15	Melibioson	$C_{12}H_{20}O_{11}$: HC——————HC=O HCOH · · · · · · · CO HOCH–O · O–HOCH HOCH · · · · · · · HCOH HC————————HCOH H$_2$COH · · · · ——CH$_2$	Aus d. Melibiosazon d. Spaltung mit Benzaldehyd[1])	Sirup
16	Glucosido-Galaktoson	$C_{12}H_{20}O_{11}$	Aus Glucosido-Galaktosazon d. Spaltung mit Benzaldehyd[1])	Amorph
17	Sedoheptoson	$C_7H_{12}O_7$	Aus Sedoheptosazon + HCl[1])	Gelber Sirup

Tabelle 80.

Nr	Name	Formel, Konstitution	Vorkommen, Bildung, Darstellung	Krystallogr. Eigenschaften
1	l-Lyxuronsäure	$C_5H_8O_6$: COOH HC—— HOCH	 HOCH—O HOHC——	Aus d-Schleimsäuremonoamid d. Oxydat. mit H_2O_2 + Fe-Salzen[1]). Ebenso aus Zuckersäure-Mono-kaliumsalz m. H_2O_2 + Fe-Salzen	Im freien Zustand nicht isoliert
	Phenylosazon-Phenylhydrazinsalz	$C_{23}H_{26}O_4N_6$	—	Gelbe Krystalle
2	d-Lyxuronsäure	$C_5H_8O_6$: HOHC—— HOCH	 HOCH—O HC—— COOH	Aus d-Schleimsäure-monoamid d. Oxyd. mit Bromlauge[1])	Im freien Zustand nicht isoliert
3	d, l-Lyxuronsäure	$C_5H_8O_6$ (Komponenten)	Durch Oxydat. von d,l-Schleim-säuremonoamid mit H_2O_2 + Fe-Salzen über das Tetracetat → Os-imin → Hydrolyse mit verd. Säuren. Ebenso d. Oxyd. mit Hypobromit[1])	Im freien Zustand nicht untersucht
	Tetracetat des Amids	$C_{13}H_{17}O_9N$	—	Nadeln od. Prismen
	Osimin des Amids	$C_5H_{10}O_4N_2$	—	Schiefe, vier-seitige Tafeln (aus verd. CH$_3$OH)

Osone.

Schmelz- und Siedepunkt	Optisches Drehungsvermögen	Löslichkeit	Analytisches; Diverses	Literatur
—	Schwach rechtsdrehend	—	Emulsin oder Mutterhefe hydrol. zu Galaktose und d-Glucoson	[1] Fischer u. Armstrong: Ber. 35, 3141 (1902). — Fischer: Ber. 44, 1903 (1911).
—	—	—	Wird von Emulsin l. hydrolys. Nicht hydrolys. von Kefirenzym	[1] Fischer u. Armstrong: Ber. 35, 3141 (1902).
—	Schwach linksdrehend	—	Gibt m. o-Phenylendiamin eine Verbindg. $C_{13}H_{16}O_5N_2 + \frac{1}{2} H_2O$. Nadeln. $F = 163$ bis $165°$ (Z.)	[1] La Forge u. Hudson: J. Biol. Chem. 30, 66 (1917).

Carbonylsäuren.

Schmelz- und Siedepunkt	Optisches Drehungsvermögen	Löslichkeit	Analytisches; Diverses	Literatur
—	—	—	**Asymm. Benzylphenylhydrazinverbindg. d. Amids:** Nadeln (aus Essigester)	[1] Bergmann: Ber. 54, 1362 (1921).
$164°$ (Z)	$\alpha_D = -0{,}30°$ (in Pyrid.-Alk.)	w. l. H_2O; l. l. Alk., Aceton, verd. Essigsäure	—	
—	—	—	**Phenylosazon-Phenylhydrazinsalz:** $\alpha_D = +0{,}24°$ (in Pyridin-Alk.)	[1] Bergmann: Ber. 54, 1362 (1921).
—	—	—	Reduz. stark Fehl. Lösg.	[1] Bergmann: Ber. 54, 1362 (1921).
$S = 170°$; $F = 217°$ (k)	—	w. l. h. H_2O; z. w. l. Alk., Benzol, Chloroform	—	
—	—	—	**HCl-Salz:** Sechsseitige Tafeln od. Prismen. $Z = 158°$. **H_2SO_4-Salz:** Sechsseit. Blättchen. Reduz. Fehl. Lösg.	

Tabelle 80 (Fortsetzung).

Nr	Name	Formel, Konstitution	Vorkommen, Bildung, Darstellung	Krystallogr. Eigenschaften
	Phenylosazon	$C_{17}H_{18}O_4N_4 + 2\,H_2O$	—	Nadeln (aus 90proz. Essigest.)
	Asymm. Benzylphenylhydrazinsalz des Benzylphenylhydrazons	$C_{31}H_{36}O_6N_4$	—	Nadeln (aus Essigest. + Petroläth.)
	p-Bromphenylhydrazinverbindung	$C_{17}H_{18}O_5N_4Br_2$	—	Prismen od. flache gelbe Nadeln
4	**1, 2-Monoaceton-l-Xyluronsäure**	$C_8H_9O_7$: 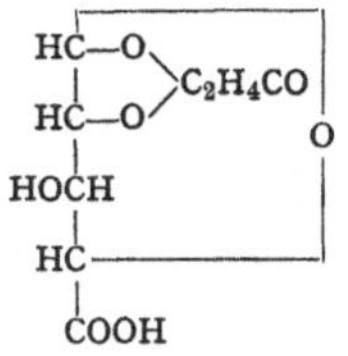	Durch Oxydat. von Monoaceton-3,6-Anhydroglucose mit $KMnO_4$ in 2 Tagen[1])	Im freien Zustande nicht isoliert
	K-Salz	$C_8H_{11}O_6K$	—	Prismen (aus CH_3OH)
	Ca-Salz	$C_{16}H_{22}O_{12}Ca$	—	Krystall. Masse
	Phenylosazon-Phenylhydrazid	$C_{23}H_{24}O_3N_6$	Leitet sich von der acetonfreien Säure ab	Gelbe Nadeln
5	**5-Keto-rhamnonsäure**	$C_6H_{10}O_6$	Aus Rhamnonsäure-Lacton oder Rhamnose d. Oxyd. m. HNO_3[1])[2]). Bei der Oxydat. von Rhamnose mit Br als Nebenprodukt[3]). Ebenso aus Rhamnonsäure-Lacton d. Oxyd. mit Br-Wasser. In allen Fällen entsteht das Lacton d. 5-Ketorhamnonsäure	Als freie Säure nicht untersucht
	Phenylhydrazon[3])	$C_{12}H_{14}O_4N_2$	—	Hellg. Krystalle
	p-Bromphenylhydrazon[3])	$C_{12}H_{13}O_4N_2Br \cdot H_2O$	—	Krystalle (aus Alk.)
	o-Nitrophenylhydrazon[3])	$C_{12}H_{13}O_6N_3$	—	Rote Krystalle (aus Alk.)
	p-Nitrophenylhydrazon[3])	$C_{12}H_{13}O_6N_3 . H_2O$	—	Gelbe Krystalle (aus Alk.)
	Lacton der 5-Ketorhamnonsäure	$C_6H_8O_5$	Entsteht immer bei der Darstellung der Säure (siehe 5)	Krystalle (aus h. Alk.)[2])
6	**d-Mannuronsäure** (Cinchoninsalz)	$C_{25}H_{32}O_8N_2$	Durch Hydrol. von Alginsäure (aus Macrocystis pyrifera) mit verd. H_2SO_4 u. Isolier. als Cinchoninsalz[1])	Krystalle

Carbonylsäuren.

Schmelz- und Siedepunkt	Optisches Drehungsvermögen	Löslichkeit	Analytisches; Diverses	Literatur
ca. 170° (k. Z.)	—	z. l. l. h. Essigester, Alk.; s. w. l. h. H_2O	**Phenylhydrazinsalz:** $C_{23}H_{26}O_4N_6$. Feine gelbe, gebog. Nad. (aus H_2O). 164° (Z.); w. l. in organ. Solvent.; z. l. l. verd. Alk.	
ca. 88—89° (Z.)	—	l. l. Alk., h. Benzol, Chlorof.; w. l. Äth.; s. w. l. H_2O	—	
S = 200°; F = 204° (Z.)	—	w. l. Benzol, Chlorof., H_2O; z. l. l. verd. Alk., verd. Essigs.; l. l. Pyrid.	—	
—	—	—	—	[1] **Ohle** u. **Erlbach:** Ber. **62**, 2758 (1929).
Z = 260°	$[\alpha]_D^{20} = -51{,}1°$ (in H_2O, c = 8%)	l. H_2O, CH_3OH	—	
ca. 260° (Z.)	—	w. l. H_2O	—	
165—170°	$[\alpha]_D^{20} = +3{,}34°$ (in Pyrid., c = 2,98%)	—	—	
—	—	—	Reduz. stark Fehl. Lösg.[1][2][3]. **Oxim:** $C_6H_9O_5N$. Krystalle (aus Alk. od. Essigest.). F = 191—192°	[1] **Kiliani:** Ber. **55**, 83 (1922). [2] **Votoček** u. **Beneš:** C. **1929**, I, 1677. [3] **Votoček** u. **Malachta:** C. **1930**, I, 1614.
165°	—	—	—	
175°	—	—	—	
192—193°	—	—	**m-Nitrophenylhydrazon:** Gelbe Krystalle (aus Alk.). F = 190°[3]	
176°	—	—	—	
188°[1][3]); 196°[2])	$[\alpha]_D = -25{,}7°$ → $-24{,}7°$ (in H_2O)[2])	schw. l. H_2O	Reduz. stark Fehl. Lösg.	
152°	—	—	—	[1] **Nelson** u. **Cretcher:** Amer. Soc. **51**, 1914 (1929).

Nr	Name	Formel, Konstitution	Vorkommen, Bildung, Darstellung	Krystallogr. Eigenschaften
7	d-Galakturonsäure	$C_6H_{10}O_7$: CH=O HCOH HOCH HOCH HCOH COOH	Kommt in d. Natur vor als Baustein der „Pektine", z. B. im Rübenmark, u. wird durch Hydrolyse desselb. mit verd. Säuren od. mit H_2O unt. Druck dargest.[1][2]). Synthet. durch Oxydat. von Diacetongalakt. in $H_2O + KMnO_4 + KOH$ und nachh. Hydrol. des K-Salzes mit H_2SO_4[3])	Kommt in einer α- u. β-Form vor (s. d.)
	α-Form	$C_6H_{10}O_7 \cdot H_2O$: OH HCOH HCOH HOCH HOCH HCOH COOH	Entsteht immer nach d. Hydrol. als erste Form[1])	Feine, zugesp. Nädelchen od. rhomb. od. monokl. Tafeln (aus h. H_2O od. verd. Alk.)
	β-Form	$C_6H_{10}O_7$: HOCH HCOH HOCH O HOCH HC COOH	Aus d. α-Form beim Kochen mit Alkohol[1])	Feine Nädelch. (aus Alk.)
	Phenylosazon-Phenylhydrazinsalz[3])	$C_{24}H_{28}O_5N_6$	—	Braune Kryst. (aus Alk.)
	Na-Salz[1])	$C_6H_9O_7Na$	—	Mikroskop. Niederschlag
	Ba-Salz[3])	$C_{12}H_{18}O_{14}Ba \cdot 2 H_2O$	—	—
	Brucin-Salz[1])[3])	$C_{29}H_{36}O_{11}N_2 \cdot H_2O$	—	Farbl. feine Nad. (aus H_2O + Aceton)[1])
	Cinchonin-Salz[1])	$C_{25}H_{32}O_8N_2 \cdot H_2O$	—	Feine Nadeln
	Morphin-Salz[1])	$C_{23}H_{29}O_{10}N$	—	Feine weiße Nadeln
	Diaceton-d-Galakturonsäure[3])	$C_{12}H_{18}O_7$	—	Glasklare Kryst. (aus Alk.)
8	Tetragalakturonsäure a (Tetra-anhydro-tetra-galakturonsäure)	$C_{24}H_{32}O_{24}$	Aus Hydratopektin od. Pektinsäure durch Hydrolyse mit verd. HCl[1])	Weiß. amorph. Pulver

Carbonylsäuren.

Schmelz- und Siedepunkt	Optisches Drehungs- vermögen	Löslichkeit	Analytisches; Diverses	Literatur
—	—	—	Reduz. sehr stark Fehl. Lösg. in d. Wärme. Wird d. Br-Wasser od. HNO_3 zu Schleimsäure oxyd. Dissoz.-Konst. $= 3{,}04 \cdot 10^{-4}$; $p_H = 2{,}5$ in $^n/_{20}$-Lösg. Gibt α-Naphthol-Reakt. d. Zucker; gibt die Naphthoresorcinreakt. d. Uronsäuren: Blaugrüne Färbg., die m. rotvioletter Farbe in Äth. übergeht	[1]) **Ehrlich** u. **Schubert**: Ber. **62**, 1974 (1929). [2]) **Ehrlich** u. **Kosmahly**: Bioch. Z. **212**, 162 (1929). [3]) **Ohle** u. **Berend**: Ber. **58**, 2585 (1925).
$S = 110°$; $Z = 156$ bis $159°$	$[\alpha]_D^{20} = +98{,}0° \rightarrow +50{,}9°$ (in H_2O, $c = 2{,}1\%$) (für wasserhalt. Subst.); $+107° \rightarrow +55°$ (für wasserfreie Subst.)	l. l. H_2O, verd. Alk.; s. schw. l. absol. Alk.	Färbt fuchsinschwefl. Säure sofort rotviolett	
$160°$ (Z.)	$[\alpha]_D^{20} = +27{,}0° \rightarrow +55{,}3°$ (in H_2O)	wie vorsteh., jedoch l. absol. Alk.	Verwandelt sich b. Kochen m. H_2O in d. α-Form zurück. Färbt fuchsinschwefl. Säure erst nach einiger Zeit, bis Umlagerung in das Gleichgewicht mit d. isomeren α-Form eintritt	
$140°$ (Z.)	—	—	—	
—	$[\alpha]_D^{22} = +36{,}02°$ (in H_2O)	—	—	
$Z = $ ca. $180°$	$[\alpha]_D^{20} = +25{,}1°$ (in H_2O, $c = 1{,}4\%$; wasserfreie Subst.)	—	—	
$180°$ (Z.)[1]); $189°$ (Z.)[3])	$[\alpha]_D^{20} = -7{,}70°$ (in H_2O)[1])	—	—	
$178°$ (Z.)	$[\alpha]_D^{20} = +139{,}0°$ (in H_2O)	—	—	
$S = 160°$; $Z = 162$ bis $163°$	$[\alpha]_D^{20} = -56{,}6°$ (in H_2O)	—	—	
$157°$	—	—	**K-Salz:** $C_{12}H_{17}O_7K$. Feine lange Nad. $+ ^1/_2\ H_2O$. $Z = $ ca. $200°$. $[\alpha]_D^{20} = -61{,}09°$ (in H_2O, $c = 2\%$). Sehr hygr.; s. l. l. H_2O	
—	$[\alpha]_D^{20} = +275{,}6°$ (in $^n/_{10}$-NaOH); $+277{,}7°$ (in H_2O)	schw. l. k. H_2O; l. h. H_2O, l. l. $^n/_{10}$-NaOH, sonst unl.	$p_H = 2{,}9$ (in $0{,}02$ n-Lösg.). Wird von Br zu Schleim- u. Oxalsäure oxydiert. **Na-Salz:** $C_{20}H_{28}O_{16}(CO_2Na)_4 \cdot H_2O$. Weiß. Pulver. $[\alpha]_D^{20} = +245{,}3°$ (in H_2O). Ident. mit dem Na-Salz der Säure c	[1]) **Ehrlich** u. **Schubert**: Ber. **62**, 1974 (1929).

Nr	Name	Formel, Konstitution	Vorkommen, Bildung, Darstellung	Krystallogr. Eigenschaften
9	**Tetragalakturonsäure b** (Trianhydro-tetra-galakturonsäure-mono-lacton)	$C_{20}H_{29}O_{16}\left(<\begin{array}{c}CO\\|\\O\end{array}\right)$ $(COOH)_3$	Neben den anderen Formen bei der Hydrol. von Pektinsäure[1]. Ebenso aus den Säuren a od. c durch Erhitzen in H_2O od. verd. Säuren unter Druck	Farbl. Pulver
10	**Tetragalakturonsäure c** (Mono-hydrato-tetra-anhydro-tetra-galakturonsäure)	$C_{24}H_{32}O_{24} \cdot H_2O$	Ebenso wie die anderen d. Hydrolyse von Pektinsäure d. HCl bei längerer Einwirkung[1]. Entsteht auch aus d. Na- od. NH_3-Salz der Säure a durch Fällen mit HCl	Weiß. amorph. Pulver
11	**α-Keto-d-galaktonsäure** (d-Tagaturonsäure)	$C_6H_{10}O_7$	D. Oxydat. von d-Galaktoson mit Br-Wasser über d. nichtisolierte Ca-Salz[1]	Nicht näher untersucht
12	**β-d-Glucuronsäure**	$C_6H_{10}O_7$: $\begin{array}{ccc} CH{=}O & & HOC{-}H \\ | & & | \quad\ \\ HCOH & & HCOH \\ | & & | \ \\ HOCH & = & HOCH \quad O \\ | & & | \ \\ HCOH & & HCOH \\ | & & | \ \\ HCOH & & HC{-} \\ | & & | \\ COOH & & COOH \end{array}$	In d. Natur häufig vorkommend in Form von Verbindungen (Paarlinge) in den tierischen Ausscheidungsprodukten u. in Pflanzen. Durch Redukt. von d-Zuckersäurelacton mit Na-Amalgam in saurer Lösg.[1]. Durch Spaltung von Glucuronsäure-Paarlingen mit verd. Säuren im Autoklaven[2]. D. Hydrol. von Mentholglucuronsäure (d. Oxyd. von Mentholglucosid mit Bromlauge) am H_2O-Bad mit verd. H_2SO_4 u. Reinig. üb. d. Ba-Salz[3]. Darstellung d. teilw. Hydrol. von Gummi arabicum[3]	Nadelförmige Krystalle[3]. Sauer
	Phenylosazon[5]	$C_{18}H_{20}O_5N_4$	—	Lange f. Nadeln
	Phenylhydrazid des Phenylosazons[5]	$C_{24}H_{26}O_4N_6$	—	Feine gelbe Nadeln
	p-Bromphenylosazon-p-bromphenyl-hydrazinsalz[8]	$C_{25}H_{27}O_5N_6Br_3$	—	Gelbe Nadeln
	Glucuronsäure-Harnstoff[5]	$C_7H_{12}O_7N_2$	Kompon. mit verd. H_2SO_4 bei 40°	—
	Na-Salz[6]	$C_6H_9O_7Na \cdot H_2O$	—	Nadeln
	K-Salz[6]	$C_6H_9O_7K + 1^{1}/_{2} H_2O$	—	Nadeln

Schmelz- und Siedepunkt	Optisches Drehungsvermögen	Löslichkeit	Analytisches; Diverses	Literatur
—	$[\alpha]_D^{20} = +243°$ bis $+250,5°$ (in H_2O)	l. H_2O; unl. Alk.	$p_H = 2,8$ (in 0,02 n-Lösg.). Reduz. koch. Fehl. Lösg. Brom oxyd. zu Schleim- u. Oxalsäure. **Na-Salz:** $C_{24}H_{28}O_{24}Na_4 \cdot H_2O$. Weiß. lock. Pulver. $[\alpha]_D^{20} = +217,7°$ (in H_2O)	[1] **Ehrlich** u. **Schubert:** Ber. **62**, 1974 (1929).
—	$[\alpha]_D^{20} = +285,0°$ (in $^n/_{10}$-NaOH)	Schwerer l. als die Säure a	$p_H = 2,85$ (in 0,02 n-Lösg.). **Na-Salz:** Ident. mit d. Salz der Säure a	[1] **Ehrlich** u. **Schubert:** Ber. **62**, 1974 (1929).
—	$[\alpha]_D^{20} = -7,6°$ (in verd. HCl)	—	Reduz. stark Fehl. Lösg. **Brucin-Salz:** $C_{23}H_{26}O_4N_2 \cdot C_6H_{10}O_7 + 3\,H_2O$. Nadeln. F ($H_2O$-frei) $= 175°$ (Z.). $[\alpha]_D^{21} = -24,55°$ (in H_2O, $c = 2\%$); $-24,39°$ (in Alk., $c = 2\%$)	[1] **Kitasato:** Bioch. Z. **207**, 217 (1929).
$154°$ (Z.)[3]; $156°$[9])	$[\alpha]_D^{24} = +11,73° \rightarrow +36,26°$ (in H_2O, $c = 5,6\%$)[3]). In Alk. mit Äth. gefällt: $[\alpha]_D^{21} = +36,30°$ (in H_2O). Berechnete Drehg. α-Form $= +82°$; β-Form $= -5°$ (in H_2O)[4])	l. H_2O, Alk.; unl. Äth.	Reduz. Fehl. Lösg. erst beim Kochen. $p_H = 2,5$—$2,8$ (in 0,02 n-Lösg.)[3]). Bei d. Redukt. entsteht d-Gulonsäure. Gibt mit Naphthoresorcin $+$ HCl einen Niederschlag, dessen Lösg. in Äther rotviolett gefärbt ist. **p-Bromphenylhydrazin-Der.:** Hellgelbe Nadeln. F $= 236°$. $[\alpha]_D = -369°$ (in Pyrid.-Alk.), schw. l. H_2O[10])	[1] **Fischer** u. **Piloty:** Ber. **24**, 522 (1891). [2] **Neuberg:** Ber. **33**, 3317 (1900). [3] **Ehrlich** u. **Rehorst:** Ber. **58**, 1990 (1925). — **Bergmann** u. **Wolf:** Ber. **56**, 1060 (1923). [4] **Hudson:** Amer. Soc. **47**, 537 (1925). [5] **Neuberg** u. **Neimann:** Z. physiol. Chem. **44**, 111 (1905). [6] **Ehrlich** u. **Rehorst:** Ber. **62**, 628 (1929). [7] **Schwalbe** u. **Feldtmann:** Ber. **58**, 1534 (1925). [8] **Levene** u. **Meyer:** J. Biol. Chem. **60**, 173 (1924). [9] **Weinmann:** Ber. **62**, 1637 (1929). [10] **Neuberg:** Ber. **32**, 2386, 2395 (1899).
200—$202°$	Linksdrehend in Pyrid.-Alk.	w. l. H_2O; l. l. Aceton; s. l. l. Pyridin; w. l. Benz.; unl. Äth.	—	
$212°$ (Z.)	Linksdrehend in Pyrid.-Alk.	l. l. Pyrid., sonst schwerer l. als vorsteh.	—	
—	$[\alpha]_D^{20} = -208° \rightarrow -180°$	—	**3-Methyl-glucuronsäure: p-Bromphenylosazon-p-bromphenylhydrazinsalz:** Gelbe Nadeln. $C_{24}H_{25}O_5N_6Br_3$. F $= 157°$. $[\alpha]_D^{20} = -104° \rightarrow -14°$ (in Pyrid., $c = 0,5\%$)[8])	
—	$[\alpha]_D = -21°$ (in H_2O)	—	**Ba-Salz:** $(C_7H_{11}O_7N_2)_4 \cdot Ba$. Weiß. Niederschl.; s. l. l. H_2O; unl. Alk. $[\alpha]_D^{17} = -15,83°$ (in H_2O, $c = 8,8\%$)	
—	$[\alpha]_D^{20} = -0,56° \rightarrow +22,51°$ (in H_2O)	—	—	
—	$[\alpha]_D^{21} = +4,53° \rightarrow +20,02°$ (in H_2O, f. wasserh. Subst.); $[\alpha]_D^{21,5} = -2,78° \rightarrow +22,47°$ (in H_2O, f. wasserfr. Subst.)	—	—	

Tabelle 80 (Fortsetzung).

Nr	Name	Formel, Konstitution	Vorkommen, Bildung, Darstellung	Krystallogr. Eigenschaften
	Ammon.-Salz[6]	$C_6H_9O_7(NH_4)$	—	Feine Nadeln
	Ba-Salz[6]	$(C_6H_9O_7)_2Ba$	—	Amorph. weiß. Pulver
	Cinchonin-Salz[2][7]	$C_6H_{10}O_7 \cdot C_{19}H_{22}ON_2$	—	Weiße Nadeln (aus Alk.)
	Chinin-Salz[2]	$C_6H_{10}O_7 \cdot C_{20}H_{24}O_2N_2$	—	Weiße Krystalle
	Brucin-Salz[2][6]	$C_6H_{10}O_7 \cdot C_{23}H_{26}O_4N_2 \cdot H_2O$	—	Nadeln
13	**Glucuronsäure-lacton** (Glucuron)	$C_6H_8O_6$	Im Saponin d. Zuckerrübe natürl. vorkommend[1]. Aus Mentholglucuronsäure in Alk. $+$ HCl bei 75—80°[2]	Dicke, monokl. Tafeln[3]. $a:b:c=$ $1,289:1:1,223$. Süß
	Phenylhydrazon[6]	$C_{12}H_{14}O_5N_2$	—	Gelbe Nadeln
	Diphenylhydrazon[6]	$C_{18}H_{18}O_2N_2$	—	Weiße Nadeln
	Benzylphenylhydrazon[6]	$C_{19}H_{20}O_5N_2$	—	Weiße Nadeln
	p-Bromphenylhydrazon[6]	$C_{12}H_{13}O_5N_2Br$	—	Farbl. quadrat. Tafeln (aus Alk.)
	Glucuron-Oxim[6]	$C_6H_9O_6N$	—	Lange Nadeln
	Glucuron-Semicarbazon[6]	$C_7H_{11}O_6N_3$	—	Lange weiße Nadeln
	Glucuron-Thiosemicarbazon[6]	$C_7H_{11}O_5N_3S$	—	Weiße Nadeln (aus H_2O)
14	**5-Keto-d-gluconsäure**	$C_6H_{10}O_7$: COOH | HCOH | HOCH | HCOH | CO | H_2COH	D. Oxyd. von d-Gluconsaurem Ca mit H_2O_2+ Ferriacetat[1]. Bei d. Gärung von d-Glucose od. d-Gluconsäure d. einen Micrococcus in Gegenwart von Hefewasser u. Kreide[2]. D. Einwirkung v. Sorbosebacter. auf d-Gluconsäure in einer 0,5-proz. Hefeabkoch. bei 18—25°[3]. Aus d-Glucose od. d-Gluconsäure d. Oxyd. mit HNO_3[4]	Sirup
15	**5-Keto-l-gluconsäure**	$C_6H_{10}O_7$	D. Oxydat. von l-Gluconsäure mit HNO_3[1]	Im freien Zust. nicht untersucht

Schmelz- und Siedepunkt	Optisches Drehungsvermögen	Löslichkeit	Analytisches; Diverses	Literatur
—	$[\alpha]_D^{20} = -4{,}05° \rightarrow +23{,}17°$ (in H_2O)	—	—	
—	$[\alpha]_D^{20{,}5} = +17{,}45°$ (in H_2O)	—	—	
202°[7]); 204°[2])	$[\alpha]_D = +138{,}6°$[2]); $[\alpha]_D = +139{,}9°$ (in H_2O)[7])	l. h. H_2O, Alk.; sonst unl.	—	
S = 175°; F = 180°	$[\alpha]_D = -80{,}1°$ (in H_2O)	—	—	
156—157°[6]); 200°[2])	$[\alpha]_D^{20} = -15{,}08°$ (in H_2O)[6])	f. unl. Alk.; unl. Äth.	—	
S = 170°[4]); F = 175 bis 178°; 174—175°[1])	$[\alpha]_D^{20} = +19{,}21°$ (in H_2O)[1])	l. H_2O; unl. Alk.	**Diacetyl-bromglucuronsäure-lacton:** $C_{10}H_{11}O_7Br$. Aus Glucuron + Acetylbromid. Feine weiße Nad. (aus Äther+ Petroläth.). F = 90° (k.); l. l. Alk., Äth., Benzol, unl. Petrol-äth. Reduz. Fehl. Lösg. erst nach lang. Kochen[5])	[1]) **Rehorst:** Ber. **62**, 519 (1929). [2]) **Kiliani:** Ber. **59**, 1469 (1926). [3]) **Grünling:** Z. Krystall. **7**, 586. [4]) **Fischer** u. **Piloty:** Ber. **24**, 521 (1891). [5]) **Neuberg** u. **Neimann:** Z. physiol. Chem. **44**, 118 (1905). [6]) **Giemsa:** Ber. **33**, 2996 (1900). — **Neuberg:** Ber. **33**, 3317 (1900).
160°	—	f. unl. Alk., Äth., H_2O; z. l. verd. Alk.	—	
150°	—	l. l. h. Alk.; sonst unl.	—	
141° (Z.)	—	f. unl. H_2O; z. l. h. Alk.	Gibt ein in Nadeln krystall. K-Salz	
142° (Z.)	—	unl. k. H_2O; z. l. h. Alk.; w. l. Äth.	—	
149—151° (Z.)	$[\alpha]_D = +14{,}40°$	w. l. H_2O, Alk., Äth.	—	
188° (Z.)	—	schw. l. H_2O, Äth., Alk.	—	
223°	—	l. l. H_2O; sonst unl.	—	
—	$[\alpha]_D = -14{,}5°$ (in H_2O, c=2%)[2]); $-13{,}7°$ (in H_2O)[4])	l. l. H_2O, Alk.; w. l. Äth.[2])	Mit Hefe-Carboxylase wird kein CO_2 abgespalten[4]). Reduz. Fehl. Lösg. Gibt die α-Naphthol-, Resorcin-, Orcin- und Phloroglucin-Reaktion[5]). **Ca-Salz:** $(C_6H_9O_7)_2Ca + 3 H_2O$, Monokl. Krystalle. Verliert bei 130° 2 Mol. H_2O[2]). **Cd-Salz:** $(C_6H_9O_7)_2Cd + 2H_2O$. Prismen; s. l. l. h. H_2O; l. k. H_2O[2]). Gibt auch kryst. Strontium- u. Blei-Salze[2])	[1]) **Ruff:** Ber. **32**, 2270 (1899). [2]) **Boutroux:** Ann. chim. phys. [6] **21**, 565 (1890); Compt. rend. **102**, 924 (1886); **111**, 185 (1890). [3]) **Bertrand:** Ann. chim. phys. [8] **3**, 281 (1904). [4]) **Kiliani:** Ber. **54**, 462 (1921); **55**, 79, 2819 (1922); **58**, 2352 (1925). [5]) **Neuberg:** Z. physiol. Chem. **31**, 564, 573 (1900).
—	$[\alpha]_D = $ ca. $+14{,}6°$ (in verd. HCl)	—	**Ca-Salz:** $(C_6H_9O_7)_2Ca \cdot 3 H_2O$. Derbe Tafeln	[1]) **Kiliani:** Ber. **59**, 1470 (1926).

Tabelle 80 (Fortsetzung).

Nr	Name	Formel, Konstitution	Vorkommen, Bildung, Darstellung	Krystallogr. Eigenschaften
16	**2 (?)-Keto-d-gluconsäure**	$C_6H_{10}O_7$: COOH CO (?) HOCH HCOH HCOH H_2COH	Aus Glucose d. Oxyd. mit unter-bromigsaurem Ba[1])	Im freien Zust. nicht untersucht
17	**2-Keto-d-gluconsäure (2, 6)** (d-Fructuronsäure)	$C_6H_{10}O_7$: COOH HOC⌐ HOCH HCOH O HCOH H_2C⌐	D. Oxydat. von β-Diacetonfructose mit $KMnO_4$ in alkal. Lösg. und Verseif. d. Acetonverbindg.[1]). D. Oxyd. d. Glucosons mit Bromwasser[4])	Sirup
	K-Salz[2])	$C_6H_9O_7K \cdot H_2O$	—	Krystalle
	Na-Salz[3])	$C_6H_9O_7$Na⌐	—	Prismat. Kryst. (aus $H_2O +$ CH_3OH mit 1 Mol. H_2O)
	Ba-Salz[2])	$(C_6H_9O_7)_2Ba \cdot 2\ H_2O$	—	Krystalle
	NH_4-Salz[3])	$C_6H_{10}O_7 \cdot NH_3$	—	—
	Brucin-Salz[1])[4])	$C_{29}H_{36}O_{11}N_2 \cdot 3\ H_2O$	—	Nadeln[4])
	Phenylhydrazinsalz des Hydrazons[4])	$C_{18}H_{24}O_6N_4$	—	Krystalle (aus H_2O). Enthält H_2O
18	**2-Ketogluconsäure-methylester**	$C_7H_{12}O_7$	Aus d. Na-Salz in CH_3OH und etwas H_2SO_4[1])	Krystalle
19	**2-Ketogluconsäure-äthylester**	$C_8H_{14}O_7$	Aus d. K-Salz d. Kochen in C_2H_5OH mit etwas H_2SO_4[1])	Derbe Prismen (aus Alk.)
20	**Diaceton-2-keto-d-gluconsäure (2, 6)**	$C_{12}H_{18}O_7$	Durch Oxyd. von β-Diacetonfructose mit $KMnO_4$ in alkalisch. Lösg.[1])	Große, prismat. Krystalle
	K-Salz	$C_{12}H_{17}O_7K \cdot H_2O$	—	Feine Nadeln
	Na-Salz	$C_{12}H_{17}O_7$Na	—	Sehr feine Nadeln
	NH_4-Salz	$C_{12}H_{17}O_7 \cdot NH_4 + {}^1/_2 H_2O$	—	Derbe Nadeln (aus Alk.)
	Brucin-Salz	$C_{35}H_{44}O_{11}N_2 \cdot H_2O$	—	Dünne, hexagon. Blättchen (aus H_2O)
	Anilin-Salz	$C_{18}H_{25}O_7N$	—	Nadeln

Schmelz- und Siedepunkt	Optisches Drehungsvermögen	Löslichkeit	Analytisches; Diverses	Literatur
—	$[\alpha]_D^0 = -13{,}65°$ (in verd. HCl)	—	**Ca-Salz:** $(C_6H_9O_7)_2Ca$. Farbl. Blättchen (aus H_2O). $[\alpha]_D = -9{,}56°$ (in H_2O). **Phenylhydrazinsalz des Hydrazons:** $C_{18}H_{24}O_6N_4$. Hellgelbe Nadeln. $F = 174°$. Das Ca-Salz wird von Hefe-Carboxylase zu CO_2 und d-Arabinose abgebaut; mit $Ba(OBr)_2$ zu d-Arabonsäure	[1] **Hönig** u. **Tempus:** Ber. 57, 787 (1924).
—	$[\alpha]_D^0 = -99{,}62°$ (in verd. HCl)[2]	—	R.V. = 71,1% d. Glucose, auf äquimolek. Mengen bezogen; = 55,2% d. Glucose, auf gleiche Gewichtsmengen bezogen[3]	[1] **Ohle:** Ber. 58, 2577 (1925). [2] **Ohle** u. **Berend:** Ber. 60, 1159 (1927). [3] **Ohle** u. **Wolter:** Ber. 63, 843 (1930). [4] **Neuberg** u. **Kitasato:** Bioch. Z. 183, 485 (1927).
152° (Z.)	$[\alpha]_D^0 = -69{,}95°$ (in H_2O, c = 2,2%)	l. H_2O	—	
—	$[\alpha]_D^{20} = -81{,}72°$ (in H_2O, c = 1,7% für krystallwasserfreie Substanz)	l. H_2O; unl. Alk., CH_3OH	—	
—	—	l. l. H_2O	—	
Z = 160 bis 161°	—	—	—	
166° (Z.)[1]; 171° (Z.)[4]	$[\alpha]_D^{20} = -56{,}9°$ (in H_2O, c = 1,1%)[1]; $[\alpha]_D^{22} = -42{,}7°$ (in 50proz. Alk.)[4]	l. H_2O	—	
108° (H2O-freie Subst. $F = 121°$)	$[\alpha]_D^0 = -36{,}15°$ (in Pyrid.-H_2O)	—	**Phenylhydrazinsalz des Osazons:** $C_{24}H_{28}O_5N_6$. Tiefrotes Pulver. $F = 102$—$103°$; l. l. Alk.[1]	
173° (Z.)	$[\alpha]_D^{20} = -82{,}08° \rightarrow -77{,}44°$ (in H_2O, c = 2,8%)	schw. l. h. H_2O; l. Pyrid.; sonst schw. l.	**Phenylhydrazon:** $C_{13}H_{18}O_6N_2$. Feine gelbe Nadeln. $F = 163°$. $[\alpha]_D^{20} = -124{,}1° \rightarrow -220° \rightarrow$ ca. $-40° \rightarrow$? (wegen Verfärbung nicht weiter verfolgbar) in H_2O	[1] **Ohle** u. **Wolter:** Ber. 63, 843 (1930).
123—124° (S = 105°)	$[\alpha]_D^{17} = -66{,}64°$ (in H_2O, c = 3,4%)	leichter l. als vorsteh.	Sehr zersetzlich	[1] **Ohle** u. **Wolter:** Ber. 63, 843 (1930).
99—100°	$[\alpha]_D^{18} = -49{,}35°$ (in Chlorof., c = 9,45%)	l. l. außer Petroläth.	Destill. im Hochvak. ohne Zersetzung	[1] **Ohle:** Ber. 58, 2577 (1925). — **Ohle** u. **Wolter:** Ber. 63, 843 (1930). [2] **Ohle** u. **Berend:** Ber. 60, 1159 (1927).
—	$[\alpha]_D^{20} = -36{,}4°$ (in H_2O)[2]	l. Alk., H_2O	—	
—	—	l. sied. Alk. von 95%; s. w. l. absol. Alk.	—	
204—205° (Z.)	—	l. h. absol. Alk.	—	
175° (Z.)	$[\alpha]_D^{18} = -36{,}28°$ (in H_2O, c = 2,8%)	s. w. l. k. Alk.; l. H_2O; l. l. Aceton, Essigester in der Wärme	—	
120°	$[\alpha]_D^{20} = -31{,}3°$ (in Chlorof., c = 1,2%)	—	—	

Nr	Name	Formel, Konstitution	Vorkommen, Bildung, Darstellung	Krystallogr. Eigenschaften
21	Diaceton-2-ketogluconsäure-amid	$C_{12}H_{19}O_6N$	In Äth. $+ PCl_5 +$ methylalk. NH_3[1])	Prismat. dünne Nadeln (aus Benzol-Benzin)
22	Diaceton-2-ketogluconsäure-methylester	$C_{13}H_{20}O_7$	In Äth. $+ PCl_5 +$ Na-Methylat[1])	Flache, rhomb. Tafeln od. Oktaeder (aus verd. Alk.)
23	Triacetyl-2-ketogluconsäure-lacton	$C_{12}H_{14}O_9$	D. Acetyl. d. Na-Salzes d. 2-Ketogluconsäure in Pyrid. $+$ Essigs.-Anh. bei $35°$[1])	Krystalle (aus Alk.)
24	3, 4, 5-Trimethyl-2-ketogluconsäure(2, 6)-methylester	$C_{10}H_{18}O_7$: (siehe Formel unten)	Aus n-1,3,4,5-Tetramethylfructose d. Oxydat. mit HNO_3 u. Veresterung mit CH_3OH[1])	Rektanguläre Platten (aus Petroläth.)
25	β-2,3,4,5-Tetramethyl-2-ketogluconsäure (2, 6)-methylester	$C_{11}H_{20}O_7$	Aus vorig. mit $CH_3J + Ag_2O$[1]). D. Methylierung d. 2-Ketogluconsäure m. $(CH_3)_2SO_4 + NaOH$[2])	Hexag. Platten (aus Äth. $+$ Petroläth.)
26	β-2,3,4,5-Tetramethyl-2-ketogluconsäure (2, 6)-amid	$C_{10}H_{19}O_6N$	Aus vorig. mit methylalkoh. NH_3[1])	Nadeln od. dicke Platten
27	3, 4, 5-Trimethyl-2-ketogluconsäure (2, 6)-äthylester	$C_{11}H_{20}O_7$	—	Krystalle[1])
28	3, 4, 6-Trimethyl-2-ketogluconsäure (2, 5)-äthylester	$C_{11}H_{20}O_7$	Aus Tetramethyl-γ-Fructose d. Oxyd. mit HNO_3 u. Veresterung mit Alkohol[1])	Sirup
29	2, 3, 4, 6-Tetramethyl-2-ketogluconsäure (2, 5)-amid	$C_{10}H_{19}O_6N$	Durch Oxydat. von Tetramethyl-γ-Fructose mit HNO_3 u. Beh. d. Tetramethyl-methyl-(äthyl)-esters mit methylalkohol. NH_3[1])	Feine Nadeln (aus Petroläth.)
30	3, 4, 6-Trimethyl-2-ketogluconsäure (2, 5)-methylester	$C_{10}H_{18}O_7$	Wie Verbindg. 28, jedoch Verestern mit CH_3OH[1])	Sirup

Konstitution zu Nr. 24:

$$\begin{array}{l} \text{COOCH}_3 \\ | \\ \text{HOC}\!\!-\!\!\!\rceil \\ | \\ \text{CH}_3\text{OCH} \\ | \\ \text{HCOCH}_3 \quad \text{O} \\ | \\ \text{HCOCH}_3 \\ | \\ \text{H}_2\text{C}\!\!-\!\!\!\rfloor \end{array}$$

Carbonylsäuren.

Schmelz- und Siedepunkt	Optisches Drehungsvermögen	Löslichkeit	Analytisches; Diverses	Literatur
98—$99°$	$[\alpha]_D^{17} = -50{,}58°$ (in Chlorof., $c = 6\%$)	z. l. l. k. H_2O; l. l. außer Petroläth.	**Methylamid:** $C_{13}H_{21}O_6N$. Krystalle. $F = 123$—$124°$. **Anilid:** $C_{18}H_{23}O_6N$. Drusen prismat. Nadeln. $F = 107$ bis $107{,}5°$. $[\alpha]_D^{20} = -16{,}15°$ (in Chlorof., $c = 5{,}2\%$), unl. H_2O; sonst l. l.	[1] **Ohle u. Wolter:** Ber. **63**, 843 (1930).
$52°$	$[\alpha]_D^{20} = -44{,}70°$ (in Chlorof., $c = 3\%$); $-54{,}56°$ (in CH_3OH, $c = 2{,}76\%$)	l. l. in organ. Solvent.	—	[1] **Ohle u. Wolter:** Ber. **63**, 843 (1930).
$154°$	$[\alpha]_D^{20} = -60{,}4°$ (in Chlorof., $c = 2{,}2\%$)	—	**Tetracetyl-2-ketogluconsäure-methylester:** $C_{15}H_{20}O_{11}$. Sirup. $Kp_{0,3} = 199$—$203°$. $[\alpha]_D^{18} = -38{,}8°$ (in Chlorof., $c = 2{,}55\%$). Wahrscheinl. ein Gemisch verschied. Isomerer	[1] **Ohle u. Wolter:** Ber. **63**, 843 (1930).
119—$120°$; $Kp_{12} =$ ca. $160°$	$[\alpha]_D^{17} = -107{,}0°$ (in H_2O, $c = 0{,}84\%$); $-94{,}0°$ (in CH_3OH, $c = 1{,}34\%$)	l. H_2O, CH_3OH	Reduz. Fehl. Lösg.	[1] **Haworth u. Hirst:** Soc. Lond. **1926**, 1858.
102—$103°$; $Kp_{0,05} =$ 100—$103°$	$[\alpha]_D^{20} = -129°$ (in H_2O, $c = 1\%$); $-116°$ (in CH_3OH, $c = 0{,}7\%$)	l. H_2O, CH_3OH	$n_D^{20} = 1{,}4532$. Reduz. nicht Fehl. Lösg. Wird von verd. Säuren nicht hydrolysiert	[1] **Haworth u. Hirst:** Soc. Lond. **1926**, 1858. [2] **Anderson, Charlton, Haworth u. Nicholson:** Soc. Lond. **1929**, 1337.
118—$119°$	$[\alpha]_D = $ ca. $-137°$ (in H_2O, $c = 0{,}94\%$)	l. l. Alk., CH_3OH, H_2O; w. l. Aceton; s. w. l. Äth.	—	[1] **Haworth, Hirst u. Learner:** Soc. Lond. **1927**, 1040.
87—$88°$	$[\alpha]_D = -98°$ (in H_2O, $c = 1\%$)	—	Reduz. Fehl. Lösg.	[1] **Irvine u. Patterson:** Soc. Lond. **121**, 2696 (1923). — **Haworth, Hirst u. Learner:** Soc. Lond. **1927**, 1040.
$Kp_{0,1} =$ 130—$135°$	$[\alpha]_D^{24} = +25{,}8°$ (in H_2O, $c = 2{,}7\%$)	—	Reduz. Fehl. Lösg. $n_D^{14} = 1{,}4520$. **Tetramethylderiv.:** $C_{12}H_{22}O_7$. Nichtreduz., farbl. Sirup. $Kp_{12} = 155$—$160°$ (Badtemp.). $[\alpha]_D^{23} = +3°$ (in H_2O, $c = 1{,}07\%$)	[1] **Avery, Haworth u. Hirst:** Soc. Lond. **1927**, 2308.
100—$101°$	$[\alpha]_{5461}^{21} = -83°$ (in H_2O, $c = 0{,}98\%$); od.: $[\alpha]_D = -76°$ (in H_2O, $c = 1{,}099\%$)	l. l. Alk., CH_3OH, H_2O; w. l. Aceton; s. w. l. Äth.	—	[1] **Avery, Haworth u. Hirst:** Soc. Lond. **1927**, 2308. — **Haworth, Hirst u. Nicholson:** Soc. Lond. **1927**, 1513.
—	$[\alpha]_D = +30°$ (in H_2O)	l. H_2O	$n_D^{15} = 1{,}4500$. Reduz. Fehl. Lösg. **2, 3, 4, 6-Tetramethylderivat:** $C_{11}H_{20}O_7$. Farbl. Sirup. $Kp_{16} = 165°$ (Badtemp.). $n_D^{20} = 1{,}4392$. $[\alpha]_D = +9°$ (in CH_3OH). Nicht reduzierend. Bei einer anderen Darstellg.: $Kp_{16} = 161°$. $n_D^{15} = 1{,}4422$. $[\alpha]_D = -8°$ (in CH_3OH)	[1] **Haworth, Hirst u. Nicholson:** Soc. Lond. **1927**, 1513.

Tabelle 80 (Fortsetzung).

Nr	Name	Formel, Konstitution	Vorkommen, Bildung, Darstellung	Krystallogr. Eigenschaften
31	**l-Manno-hepturonsäure-lacton**	$C_7H_{10}O_7$	Durch Oxydat. von α-Galaheptonsäure mit HNO_3[1]	Prismat. od. tafelförm. Kryst. (aus H_2O)
	Phenylhydrazon	$C_{13}H_{16}O_6N_2$	—	Gelbl. Krystalle
	Phenylhydrazon-Phenylhydrazid	$C_{19}H_{24}O_6N_4$	—	Weiße Blättchen
	p-Nitrophenylhydrazon	$C_{13}H_{15}O_8N_3$	—	Gelbe, derbe Nadeln
	Semicarbazon	$C_8H_{13}O_7N_3$	—	Flache, keilförm. Krystalle
32	**α-Glucohepturonsäure (?)-Semicarbazon**	$C_8H_{13}O_7N_3$	Durch Oxydat. von α-Glucoheptonsäure mit HNO_3[1]	Derbe Krystalle (aus h. H_2O)
33	**α-Keto-maltobionsäure**	$C_{12}H_{20}O_{12}$	Durch Oxydat. von Maltoson mit Bromwasser[1]	Sirup
	Ba-Salz	$(C_{12}H_{19}O_{12})_2Ba$	—	Amorph.
	Brucin-Salz	$C_{12}H_{20}O_{12} \cdot C_{23}H_{26}O_4N_2 + 2\,H_2O$	—	Krystallisiert
34	**Glucuronoglucose**	$C_{12}H_{20}O_{12}$	Durch Hydrol. d. Polysaccharids aus „Friedländerbacillus Typ A" mit verd. H_2SO_4[1]. Aus d. Mutterlauge bei d. Darst. wird die unter „Diverses" angeführte isomere Aldobionsäure gewonnen	Sirup
35	**Aldobionsäure**	$C_{12}H_{20}O_{12}$	Aus dem Polysaccharid des Pneumococcus Typ III od. Hydrolyse mit H_2SO_4[1][2]	Schneeweiße, amorph. Masse[1]
	Morphin-Salz[1]	$C_{12}H_{20}O_{12} \cdot C_{17}H_{19}O_3N$	—	Krystalle (aus Alk.$+CH_3OH$)
36	**Glucurono-galaktose** (α-Aldobionsäure)	$C_{12}H_{20}O_{12} \cdot 2\,H_2O$	Durch partielle Hydrolyse von Gummi arabicum[1][2]	Nadeln (aus H_2O od. Aceton)[2]
37	**Glucurono-galaktonsäure-Ca-Salz**	$C_{12}H_{18}O_{13}Ca \cdot 6\,H_2O$	Durch Oxyd. der vorsteh. Verbindung mit Barium-Hypojodit[1]	Nadeln (aus H_2O)

Schmelz- und Siedepunkt	Optisches Drehungsvermögen	Löslichkeit	Analytisches; Diverses	Literatur
205—206° (Z.)	$[\alpha]_D = -195{,}8°$ (in H_2O)	l. H_2O (1 Teil in 15 Tln. H_2O bei 20°)	Reduz. sehr stark Fehl. Lösg. Wird d. Brom zu Carboxygalaktonsäure oxydiert	[1] Kiliani: Ber. 55, 85, 493 (1922); Ber. 22, 1385 (1889); 58, 2344 (1925).
166° (Z.)	—	schw. l. H_2O	—	
199°	—	—	Phenylosazon-Phenylhydrazid: $C_{25}H_{28}O_5N_6$. Gelbe Nad. $F = 203$—204°; unl. H_2O, Alk.	
167° (Z.)	—	l. l. h. H_2O	p-Bromphenylhydrazon: $C_{13}H_{15}O_6N_2Br$. $F = 165°$ (Z.)	
174—175° (Z.)	—	f. unl. H_2O; schw. l. k.; l. l. h. H_2O	—	
ca. 190°	—	—	Existenz fraglich [2]	[1] Kiliani: Ber. 56, 2016 (1923). [2] Kiliani: Ber. 58, 2344 (1925).
—	$[\alpha]_D^{20} = +54{,}9°$ (in H_2O)	—	Reduz. stark Fehl. Lösg. Wird d. verd. Säuren zu Glucose + d-Fructuronsäure hydrolysiert	[1] Kitasato: Bioch. Z. 207, 217 (1929).
—	$[\alpha]_D^{20} = +54{,}8°$ (in H_2O, c = 2,4%)	l. l. H_2O	—	
150—160° (Z.)	$[\alpha]_D^{20} = +11{,}2°$ (in H_2O, c = 4%); $+16{,}1°$ (in 50proz. Alk., c = 4%)	l. l. H_2O; l. verd. Alk.	—	
—	$[\alpha]_D = -54°$	—	R.V. = 50% d. Glucose. Gibt die Naphthoresorcinreaktion. Verd. Säuren hydrol. zu Glucose + Glucoronsäure. Bei d. Oxyd. entstehen eine **Glucuronogluconsäure:** $C_{10}H_{18}O_9(COOH)_2$. Isomere **Aldobionsäure:** $[\alpha]_D = -58{,}8°$. R.V. = 40% d. Glucose. Gibt keine Naphthoresorcinreaktion	[1] Goebel: J. Biol. Chem. 74, 619 (1927).
—	$[\alpha]_D = +10{,}0°$ (in H_2O)[1]	z. l. l. h. Alk., h. CH_3OH, Essigs.; l. l. H_2O; sonst s. schw. bis unl.[1]	R.V. = 49,5% d. Glucose (Gl. = 100). Gibt starke Naphthoresorcin-Reakt.[1]. Durch Oxyd. das Ca-Salz der **Glucuronogluconsäure:** $C_{10}H_{18}O_9 \cdot (COO)_2Ca$. $[\alpha]_D = -7{,}5°$[2]	[1] Heidelberger u. Goebel: J. Biol. Chem. 70, 613 (1926). [2] Heidelberger u. Goebel: J. Biol. Chem. 74, 613 (1927).
153—156°	$[\alpha]_D = -47{,}9° \rightarrow -54{,}0°$ (in H_2O)	w. l. in den gew. Solv.	—	
116°[2]); (Z = 128°)	$[\alpha]_D = +10{,}5° \rightarrow -7{,}75°$ (in H_2O, c = 2% für die wasserhalt.Subst.); $+11{,}6° \rightarrow -8{,}56°$ (für die wasserfreie Subst.)[2]	—	Reduz. Fehl. Lösg. Gibt ein Osazon[2]. Bei d. Hydrolyse entsteht Galaktose + Glucuronsäure[2]. **Na-Salz:** $[\alpha]_D = -7{,}85°$ (in H_2O)[2]. **Cinchonidin-Salz:** $C_{12}H_{20}O_{12} \cdot C_{19}H_{22}ON_2 \cdot 2\,H_2O$. Nadelrosetten (aus H_2O). Z = 172° (H_2O-frei). $[\alpha]_D = -64{,}9°$ (in H_2O) für wasserfreie Subst.[2]	[1] Butler u. Cretcher: Amer. Soc. 51, 1519 (1929). [2] Heidelberger u. Kendall: J. Biol. Chem. 84, 639 (1929).
—	$[\alpha]_D = -22{,}83°$ (in H_2O, c = 3,94%)	l. H_2O	—	[1] Heidelberger u. Kendall: J. Biol. Chem. 84, 639 (1929).

Tabelle 81.

Nr	Name	Formel, Konstitution	Vorkommen, Bildung, Darstellung	Krystallogr. Eigenschaften
1	**Oxymalonsäure** (Tartronsäure)	$C_3H_4O_5$: COOH | CHOH | COOH	Entsteht bei d. Oxydat. von Glucose od. Fructose mit H_2O_2 + Ferrosulfat, bei d. Oxydat. von Weinsäure und durch viele andere Methoden[1])	Farbl. Prismen mit 1 Mol. H_2O (aus Wasser)
2	**d-Weinsäure** (d-Dioxybernsteinsäure)	$C_4H_6O_6$: COOH | HCOH | HOCH | COOH	Ziemlich verbreitet im Pflanzenreiche, teils frei, teils als Salze[1]). Bildet sich bei d. Oxydat. verschiedener Zucker mit HNO_3 od. von d-Zuckersäure mit HNO_3 od. $KMnO_4$ in alkalischer Lösg.	Monoklin-sphenoid. Säulen[1]). Hydrat: Orthorhomb. Kryst. + 1 H_2O[3])
	Monomethyl-d-weinsäure	$C_5H_8O_6$: COOH | HCOH | CH_3OCH | COOH	Aus d-Weinsäure d. Methylier. mit $(CH_3)_2SO_4$ + NaOH[4])	Prismen (aus Äther)
	Dimethyl-d-weinsäure	$C_6H_{10}O_6$	D. Methylier. des d-Weinsäureesters mit CH_3J u. Ag_2O u. Verseifen des Esters[5])	Prismen (aus H_2O); Platten (aus Aceton)
3	**d-Weinsäure-mono-methylester**	$C_5H_8O_6$: COOCH_3 | HCOH | HOCH | COOH	Aus d-Weinsäure d. Kochen in CH_3OH. Andere Darstellg. siehe im Original[1])	Rhomb.-bisphen. Prism. (aus H_2O) + 1 Mol. H_2O
4	**d-Weinsäure-di-methylester**	$C_6H_{10}O_6$: COOCH_3 | HCOH | HOCH | COOCH_3	Durch Kochen von d-Weinsäure in CH_3OH[1])	Krystalle. Tritt in 2 Modif. auf
5	**Dimethyl-d-weinsäure-dimethylester** (Dimethoxy-d-bernsteinsäure-dimethylester)	$C_8H_{14}O_6$: COOCH_3 | HCOCH$_3$ | CH_3OCH | COOCH_3	Aus d-Weinsäureester d. Methylier. mit CH_3J + Ag_2O[1]). D. Oxydat. d. Trimethylxylonsäure-γ-lacton mit HNO_3 (D = 1,42) bei 97—100°; Verestern mit CH_3OH[2])	Prismen[1])
6	**Dimethyl-d-weinsäure-diamid** (Dimethoxy-d-bernsteinsäure-diamid)	$C_6H_{12}O_4N_2$: CONH$_2$ | HCOCH$_3$ | CH_3OCH | CONH$_2$	Aus d. Ester (vorsteh.) in CH_3OH + NH_3[1]). D. Oxydat. von n-Tetramethylglucose + HNO_3 (D = 1,42) bei 20°, Verestern in CH_3OH + HCl u. frakt. Destill.; dann Behand. mit CH_3OH + NH_3[2]). Ebenso, ein Tetramethyl-γ-gluconolacton[3])	Nadeln[1]); lange Nadeln[2]) (d. Sublimation)
7	**Dimethyl-d-weinsäure-di-[methylamid]**	$C_8H_{16}O_4N_2$: CONHCH$_3$ | HCOCH$_3$ | CH_3OCH | CONHCH$_3$	Aus Dimethyl-d-Weinsäureester in CH_3OH mit Methylamin[1]). D. Oxydat. von l-Trimethyl-γ-arabonsäurelacton + HNO_3 (D = 1,42), Verestern mit CH_3OH + Methylamin[2])	Lange Nadeln (aus Petholäth. od. Essigest.)[1])

Zuckersäuren.

Schmelz- und Siedepunkt	Optisches Drehungsvermögen	Löslichkeit	Analytisches; Diverses	Literatur
$Z = 155°$ bis $187°$	—	l. l. H_2O, Alk.; kaum l. Äther (H_2O-frei, l. lösl. Äth.)	Wasserfreie Subst. sublim. bei 110 bis 120°	[1] **Beilstein:** 4. Aufl. Bd. III, Seite 415; Erg.-Bd. III, Seite 148,
$168—170°$[1]); $170°$[2])	$[\alpha]_D^{20} = +15,05°$ (in H_2O, c$=$20%); $[\alpha]_{5461}^{15} = +2,6°$ (in CH_3OH, c$=$10%)[1])	l. l. H_2O; l. Alk.; z. l. Aceton; schw. l. Äth.	$D_4^{18} = 1,795$; $D_4^{20} = 1,7598$[1]). Hydrat: $D = 1,582$[3]). — Über Salze siehe [1])	[1] **Beilstein:** 4. Aufl. Bd. III, Seite 481; Erg.-Bd. III, Seite 169. [2] **Coops u. Verbade:** Rec. 44, 983 (1925). [3] **Longchambon:** C. 1926, I, 2455. [4] **Haworth:** Soc. Lond. 107, 15 (1915). [5] **Purdie u. Irvine:** Soc. Lond. 79, 959 (1901).
$174°$	$[\alpha]_D = +45,4°$ (in H_2O, c$=$2%)	—	—	
$151°$	$[\alpha]_D^{20} = +89,29°$ (in Aceton, c$=$9%); $+95,80°$ (in Aceton, c$=$1,8%); $+74,74°$ (in H_2O, c$=$9%)	l. l. H_2O, Alk., Äth.; schw. l. Benzol	Gibt Salze	
$76°$	$[\alpha]_D^{18} = +18,71°$ (in H_2O, c$=$6,3%)	l. l. H_2O, Aceton, Essigest.; schw. l. Alk., Äther	Gibt kryst. Salze	[1] **Beilstein:** 4. Aufl. Bd. III, Seite 509; Erg.-Bd. III, Seite 176.
$50°$; $61,5°$. $Kp = 280°$; $Kp_{12} = 158,5°$	$[\alpha]_D^{20} = +2,74°$ (in H_2O); $[\alpha]_D^{15} = —9,2°$ (in Chlorof., c$=$5%); $[\alpha]_{546,1}^{15} = +2,6°$ (in CH_3OH, c$=$10%)	l. l. Alk., Chlorof., Benzol	—	[1] **Beilstein:** 4. Aufl. Bd. III, Seite 510; Erg.-Bd. III, Seite 176.
$57°$[1]); $Kp_{0,15} = 117—120°$[2]) (Badtemp.)	$[\alpha]_D^{60} = +82,52°$ (ohne Lösungsmittel)[1])	—	$D_4^{60} = 1,1317$[1]). $n_D^{14} = 1,4429$[2])	[1] **Purdie u. Irvine:** Soc. Lond. 79, 957 (1901). [2] **Haworth u. Porter:** Soc. Lond. 1928, 611.
$269—270°$ (Z.)[2]); $270°$[3]) ($Z = 283°$)	$[\alpha]_D^{20} = +94,44°$ (in H_2O, c$=$0,72%)[1]); $[\alpha]_D = +95°$ (in H_2O, c$=$0,80%)[2])	l. h. H_2O; sonst unl.[1])	—	[1] **Purdie u. Irvine:** Soc. Lond. 97, 960 (1901). [2] **Hirst:** Soc. Lond. 1926, 350. [3] **Haworth, Hirst u. Miller:** Soc. Lond. 1927, 2436.
$205°$[1]); $205—206°$[2])	$[\alpha]_D^{15} = +132,6°$ (in H_2O, c$=$1,95%)	—	—	[1] **Haworth u. Jones:** Soc. Lond. 1927, 2349. [2] **Haworth, Hirst u. Learner:** Soc. Lond. 1927, 2432.

Tabelle 81 (Fortsetzung).

Nr	Name	Formel, Konstitution	Vorkommen, Bildung, Darstellung	Krystallogr. Eigenschaften
8	l-Weinsäure (l-Dioxybernsteinsäure)	$C_4H_6O_6$: COOH | HOCH | HCOH | COOH	Neben and. Darstellungsmeth. auch durch Spalt. d. Racemate, d. Oxydat. von l-Erythrit mit HNO_3 (D = 1,2) od. von d-Threonsäurelacton mit HNO_3[1])	Kryst. sind der d-Weinsäure enantiomorph[1])
9	Dimethyl-l-weinsäure-dimethylester (Dimethoxy-l-bernsteinsäure-dimethylester)	$C_8H_{14}O_6$	Durch Methylier. des l-Weinsäure-dimethylesters mit CH_3J u. Ag_2O[1])	Krystalle (aus Äth. + Petroläth.)[1])
10	Dimethyl-l-weinsäure-diamid	$C_6H_{12}O_4N_2$	Aus vorsteh. in $CH_3OH + NH_3$[1]). D. Oxydat. von d-Trimethyl-γ-arabonsäurelacton + HNO_3 (D = 1,42)[2])	Nadeln (aus Alk.)
11	d,l-Weinsäure (Traubensäure)	$C_4H_6O_6$ (Komponenten)	In d. Natur vorkommend; od. durch Vermischen d. Kompon.[1])	Triklin-pinakoidale Kryst. + 1 H_2O
12	Meso-Weinsäure (i-Dioxybernsteinsäure, Antiweinsäure)	$C_4H_6O_6$: COOH | HOCH | HOCH | COOH	Aus d-Weinsäure d. Erhitzen mit H_2O auf 165° u. d. and. Method. — D. Oxydat. von l-Sorbose[1])	Rektanguläre Tafeln + 1 H_2O[1]) Trikl.Taf. + H_2O; Orthorhomb. Okt. ohne H_2O[2])
	Dimethyl-meso-weinsäure	$C_6H_{10}O_6$	Aus dem Dimethylester d. Verseif.[3])	Kryst. (aus H_2O)
13	Meso-weinsäure-dimethylester	$C_6H_{10}O_6$	D. Oxydat. der Digitoxose m. HNO_3 (D = 1,2) u. Verestern in CH_3OH + HCl[1])	Krystalle
14	Dimethyl-meso-weinsäure-dimethylester	$C_8H_{14}O_6$	D. Verestern der Dimethyl-meso-weinsäure in CH_3OH + HCl[1]). Aus Mesoweinsäure d. Methyl. mit $CH_3J + Ag_2O$[2])	Kryst.(aus Äth.)[1]); Platten (aus Äth. + Petroläth.)[2])
15	Dimethyl-meso-weinsäure-diamid	$C_6H_{12}O_4N_2$	Aus d. Ester mit $CH_3OH + NH_3$[1])	Rektanguläre Prismen (aus CH_3OH)
16	Dimethyl-meso-weinsäure-dimethylamid	$C_8H_{16}O_4N_2$	Ebenso mit Methylamin in CH_3OH[1])	Krystalle (aus Essigest.)
17	α,β-Dioxyglutarsäure-diamid	$C_5H_{10}O_4N_2$: $CONH_2$ | CH_2 | HCOH | HCOH | $CONH_2$	D. Oxydat. von Digitoxose + HNO_3 (D = 1,2), Verestern u. Behand. mit $CH_3OH + NH_3$[1])	Lange Nadeln (aus Alk.)
18	Isomere α,β-Dioxyglutarsäure	$C_5H_8O_6$: COOH | CH_2 | HOCH [1]) | HCOH | COOH	D. Oxydat. von Metasaccharopentose mit HNO_3[2])	Tafeln od. Nadeln (aus H_2O)

Schmelz- und Siedepunkt	Optisches Drehungsvermögen	Löslichkeit	Analytisches; Diverses	Literatur
$168—169°$[2])	$[\alpha]_D^{20}=—14,0°$ (in H_2O)[2])	—	Gibt kryst. Salze[1])	[1]) **Beilstein:** 4. Aufl. Bd. III, Seite 520; Erg.-Bd. III, Seite 180. [2]) **Parck:** C. **1926,** I, 619.
$52°$[1]); $Kp_{0,77}=83°$[2])	$\alpha_D^{59}=—28,25°$ (ohne Lösungsmittel)[1]); $[\alpha]_D^{18}=—78,8°$ (in CH_3OH, $c=3,12\%$)[2])	—	$n_D^{18}=1,4345$[2]). **Dimethyl-l-weinsäure:** $C_6H_{10}O_5$. $F=154°$[1])	[1]) **T. S. u. D. C. Patterson:** Soc. Lond. **107,** 153 (1915). [2]) **Haworth u. Jones:** Soc. Lond. **1927,** 2349.
$278°$[1]); $Z=294°$. $270°$[2]); $(Z=283°)$	$[\alpha]_D^{18}=—94°$ (in H_2O, $c=0,9\%$)[2])	—	**Dimethyl-l-weinsäure-Di-[methylamid]:** $C_8H_{16}O_4N_2$. Lange Nadeln (aus Essigest.). $F=205°$. $[\alpha]_D^{17}=—131,8°$ (in H_2O, $c=1,61\%$)[1])[2])	[1]) **Haworth u. Jones:** Soc. Lond. **1927,** 2349. [2]) **Haworth, Hirst u. Learner:** Soc. Lond. **1927,** 2432.
$203—204°$ (wasserfrei: $205—206°$)	inaktiv als Racemat	weniger lösl. als die d-Form	Über Salze und andere Verbind. siehe Literatur	[1]) **Beilstein:** 4. Aufl. Bd. III, Seite 522; Erg.-Bd. III, Seite 181.
Wasserfrei: $140°$[1]). $120°$[2]); $159—160°$	inaktiv .	s. l. l. H_2O	$D=1,668$ (mit H_2O); $D=1,737$ (ohne H_2O)[2])	[1]) **Beilstein:** 4. Aufl. Bd. III, Seite 528; Erg.-Bd. III, Seite 182. [2]) **Longchambon:** C. **1926,** I, 2455. [3]) **T. S. u. D. C. Patterson:** Soc. Lond. **107,** 155 (1915).
$161°$	—	s. l. l. H_2O	—	—
$112°$	—	—	—	[1]) **Micheel:** Ber. **63,** 347 (1930).
$68°$[1]); $67—68°$[2])	—	s. w. l. Petroläther	—	[1]) **T. S. u. D. C. Patterson:** Soc. Lond. **107,** 155 (1915). [2]) **Haworth u. Hirst:** Soc. Lond. **1926,** 1858.
$245—246°$ (Z.)	—	—	—	[1]) **Haworth u. Hirst:** Soc. Lond. **1926,** 1858.
$210°$	—	—	—	[1]) **Haworth u. Jones:** Soc. Lond. **1927,** 2349.
$152—153°$	$[\alpha]_D=—43,0°$ (in H_2O)	—	—	[1]) **Micheel:** Ber. **63,** 347 (1930).
$156°$	$[\alpha]_D=$ ca. $+11°$	—	**Chininsalz:** $2\,C_{20}H_{24}O_2N_2+C_5H_8O_6+7$ (?) H_2O. Nadelbüschel (aus H_2O). $F=158$ bis $160°$	[1]) **Nef:** A. **376,** 82 (1910). [2]) **Kiliani u. Loeffler:** Ber. **38,** 3626 (1905).

Tabelle 81 (Fortsetzung).

Nr	Name	Formel, Konstitution	Vorkommen, Bildung, Darstellung	Krystallogr. Eigenschaften
19	d-Trioxyglutarsäure (d-Arabotrioxyglutarsäure)	$C_5H_8O_7$: COOH HOCH HCOH HCOH COOH	D. Oxydat. von d-Arabinose (od. l-Fucose) mit HNO_3 $(D=1,2)$[1]	Blättchen (aus Aceton)[1] od. Tafeln (aus H_2O)[2]
20	d-Trimethoxy-glutarsäure-dimethylester	$C_{10}H_{18}O_7$	D. Oxydat. von Trimethyl-d-arabinose od. Trimethyl-d-Lyxonsäure mit HNO_3 $(D=1,42)$ u. Verestern mit $CH_3OH+HCl$[1])[2]	Sirup
21	d-Trimethoxy-glutarsäure-diamid	$C_8H_{16}O_5N_2$	Aus vorsteh., mit CH_3OH+NH_3[1])[2]	Krystalle (aus Alk.)
22	l-Trioxyglutarsäure (l-Arabotrioxyglutarsäure)	$C_5H_8O_7$: COOH HCOH HOCH HOCH COOH	Aus l-Arabinose d. Oxydat. m. HNO_3 $(D=1,2)$; ebenso aus d-Quercit, l-Rhamnose[1]	Feine Blättchen (aus Alk.)
23	l-Trimethoxy-glutarsäure-dimethylester	$C_{10}H_{18}O_7$	D. Oxydat. von Trimethyl-α-l-methylarabinosid$+HNO_3$ $(D=1,2)$ bei $90°$ u. Verestern mit $CH_3OH+HCl$[1]). Ebenso aus Tetramethyl-δ-galaktonsäurelacton$+HNO_3$ $(D=1,42)$[2]). Ebenso aus l-Trimethyl-arabonsäure-δ-lacton u. Verestern[3]). D. Oxydat. von l-Trimethyl-rhamnose od. dessen α-Methylrhamnosid mit HNO_3 $(D=1,24)$ bei $85°$ u. Verestern[4])	Sirup
24	l-Trimethoxy-glutarsäure-diamid	$C_8H_{16}O_5N_2$	Aus dem Dimethylester mit CH_3OH+NH_3[1])[2])[3])[4])	Krystalle (aus CH_3OH)
25	d,l-Trioxyglutarsäure (d,l-Arabotrioxyglutarsäure)	$C_5H_8O_7$	Komponenten od. d. Oxydat. von d,l-Arabinose mit HNO_3[1])	Kryst. (aus Acet).
26	Xylotrioxyglutarsäure	$C_5H_8O_7$: COOH HCOH HOCH HCOH COOH	D. Oxydat. von Xylose mit HNO_3 $(D=1,2)$ bei $40°$[1]). Ebenso aus Isorhamnose[2]), Isorhodeose[3])	Farbl. Blättchen[2])

Zuckersäuren.

Schmelz- und Siedepunkt	Optisches Drehungsvermögen	Löslichkeit	Analytisches; Diverses	Literatur
128°[1])[2])	$[\alpha]_D^{20} = +22°, 9'$ (in H_2O, c=5%)[1]); $[\alpha]_D^{20} = +22,2°$ (in H_2O)[2])	l. l. H_2O, Alk.; l. Aceton	**Ca-Salz:** $C_5H_6O_7Ca + 3 H_2O$. Weiß. Pulver. Ebenso das Ba-Salz[1])	[1]) **Ruff:** Ber. **31**, 1573 (1898); **32**, 550 (1899). [2]) **Nef:** A. **403**, 204 (1914).
$Kp_{15} = 143°$[1]); $Kp_{0,1} = 100°$[2])	$[\alpha]_D^{16} = -47,5°$ (in CH_3OH, c=1,98%); $[\alpha]_D^{16} = -42,5°$ (in H_2O, c=1,26%)[1]). $[\alpha]_D^{16} = -34°$ (in H_2O); $[\alpha]_D^{16} = -39°$ (in CH_3OH)[2])	—	$n_D^{16} = 1,4375$[1]); $n_D^{20} = 1,4355$[2])	[1]) **McOwan:** Soc. Lond. **1926**, 1737. [2]) **Hirst** u. **Smith:** Soc. Lond. **1928**, 3147.
232—233°[1]); 230°[2])	$[\alpha]_D^{16} = -49,54°$ (in H_2O, c=0,54%)[1])	—	**Dimethylamid:** $C_{10}H_{20}O_5N_2$. Kryst. F=171—172°[2])	[1]) **McOwan:** Soc. Lond. **1926**, 1737. [2]) **Hirst** u. **Smith:** Soc. Lond. **1928**, 3147.
127°[1])	$[\alpha]_D = -21,2°$ (in H_2O, c=1,065%)[2]). $[\alpha]_D^{20} = -22,7°$ (in H_2O)[3])	—	Reduz. nicht Fehl. Lösg. **K-Salz:** $C_5H_6O_7K_2$. Monokline Tafeln. $[\alpha]_D = +9°, 5'$[1]). **Brucin-Salz:** Nadeln. F=175°. $[\alpha]_D = -41,65°$. **Chinin-Salz:** Nadeln. F=172°. l. l. H_2O; w. l. Alk. **Ca-Salz:** Mit 1 Mol. H_2O[2])	[1]) **Kiliani:** Ber. **21**, 3006 (1888). — **Kiliani** u. **Scheibler:** Ber. **21**, 3276 (1888); **22**, 517 (1889). — **Will** u. **Peters:** Ber. **22**, 1697 (1889). [2]) **Hirst** u. **Robertson:** Soc. Lond. **127**, 358 (1925). [3]) **Fischer:** Ber. **24**, 1836 (1891). — **Fischer** u. **Herborn:** Ber. **29**, 1961 (1896).
$Kp_{18} = 143°$[1]); $Kp_{0,08} = 95°$[2]); $Kp_{0,14} = 105°$[3])	$[\alpha]_D = +47,3°$ (in CH_3OH, c=1,84%)[1]); $[\alpha]_D = +45°$ (in H_2O, c=1,46%)	l. lösl.	$n_D^{21} = 1,4355$[1]); $n_D^{15} = 1,4365$[3]); $n_D^{20} = 1,4350$[4]). **Na-Salz:** $[\alpha]_D = +25°$. Dieses Salz ist das der freien Trimethoxyglutarsäure[4])	[1]) **Hirst** u. **Robertson:** Soc. Lond. **127**, 358 (1925). [2]) **Haworth, Hirst** u. **Jones:** Soc. Lond. **1927**, 2428. [3]) **Haworth** u. **Jones:** Soc. Lond. **1927**, 2349. [4]) **Hirst** u. **Macbeth:** Soc. Lond. **1926**, 22.
230—233°	$[\alpha]_D = +50,4°$ (in H_2O, c=0,7%)	—	**Dimethylamid:** $C_{10}H_{20}O_5N_2$. Nadeln (aus Essigester). F=172°. $[\alpha]_D^{18} = +59,9°$ (in H_2O, c=1%)[2])[3])	[1]) **Hirst** u. **Robertson:** Soc. Lond. **127**, 358 (1925). [2]) **Haworth, Hirst** u. **Jones:** Soc. Lond. **1927**, 2428. [3]) **Haworth** u. **Jones:** Soc. Lond. **1927**, 2349. [4]) **Hirst** u. **Macbeth:** Soc. Lond. **1926**, 22.
154,5° (Z.)	inaktiv als Racemat	l. l. H_2O, Alk.	**K-Salz:** Krystalle. Das **Ca-Salz** ist unlösl. in H_2O	[1]) **Ruff:** Ber. **32**, 530 (1899).
152°[2])	inaktiv	l. l. H_2O, Alk.; w. l. Aceton; unl. Äth., Chlorof.	Reduz. nicht Fehl. Lösg. **K-Salz:** $C_5H_6O_7K_2 + 2 H_2O$. Hexagon. Taf. lösl. H_2O; **Ca-Salz:** C_5H_6O Ca. Krystallp. w. l. H_2O[4]) **Diphenylhydrazid:** $C_{17}H_{20}O_5N_4$. Farbl. Blättch. F=210°. s. w. l. H_2O, Alk.[2]). **Monoformal-Derivat:** $C_6H_8O_7$. Kryst. mit 1 H_2O. F=242°[5])	[1]) **Tollens:** A. **254**, 318 (1889). — **Allen** u. **Tollens:** A. **260**, 306 (1890). [2]) **Fischer:** Ber. **24**, 1836 (1891). — **Fischer** u. **Piloty:** Ber. **24**, 4214 (1891). [3]) **Votoček:** Ber. **44**, 819 (1911). [4]) **Ruff:** Ber. **32**, 559 (1899). [5]) **Bruyn** u. **Ekenstein:** Rec. **19**, 181 (1897).

Nr	Name	Formel, Konstitution	Vorkommen, Bildung,	Krystallogr. Eigenschaften
27	Xylotrimethoxyglutarsäure-dimethylester	$C_{10}H_{18}O_7$	D. Oxydat. von Trimethylxylon-säure-δ-lacton[1]); durch Oxydat. von Trimethylmethylxylosid[2]); in den Mutterlaugen bei d. Oxydat. von Tetramethylglucose mit HNO_3 (D = 1,42)[3]) u. Verestern mit $CH_3OH + HCl$	Farbl. Öl
28	Xylotrimethoxyglutarsäure-diamid	$C_8H_{16}O_5N_2$	Wie vorsteh., aus d. Ester in $CH_3OH + NH_3$[1])[2])[3])	Weiße Krystalle
29	Ribotrioxyglutarsäure	$C_5H_8O_7$: COOH | HOCH | HOCH | HOCH | COOH	D. Oxydat. von Ribonsäurelacton mit HNO_3 bei 100°[1]). Ebenso aus Epirhodeose mit HNO_3 (D = 1,2) bei 50—55°[2])	Sirup
	Lacton	$C_5H_6O_6$	—	Farbl. Nadeln[1])
30	d-Zuckersäure	$C_6H_{10}O_8$: COOH | HCOH | HOCH | HCOH | HCOH | COOH	Im Milchsaft von Ficus elastica als Mg-Salz natürl. vork.[1]). Aus Stärke, Glucose, Maltose, Saccharose usw. d. Oxydat. mit HNO_3 (D = 1,15—1,20)[2]) Verbesserte Darstell. aus Reisstärke mit HNO_3 (D = 1,15) bei 50—55° bis 100°[3]). Krystallis. Säure aus d. Ag-Salz in $H_2O + 3$n-HCl bei —15° u. wiederholtes Behand. mit Alk. u. Isobutyl-alkohol[4])	Nadelrosetten (aus 93 proz. Alk.)[4])
	Mono-lacton	$C_6H_8O_7$	—	Krystalle
	2,3,4-Trimethyl-zuckersäure-lacton	$C_9H_{14}O_7$	D. Oxydat. von 2,3,4-Trimethyl-glucose + HNO_3 (D = 1,2) bei 80°[9])[10])	Sirup
31	Tetramethyl-zuckersäure-dimethylester	$C_{12}H_{22}O_8$	D Oxydat. der 2,3,4,5-Tetramethyl-gluconsäure mit HNO_3 (D = 1,2) bei 100°; Veresterung[1]). Aus d. Zuckersäure d. Methyl. mit $(CH_3)_2SO_4$ u. NaOH, dann $CH_3J + Ag_2O$[2])	Hexagon. Prismen (aus Äther)
32	d-Zuckersäure-monoamid	$C_6H_{11}O_7N$	Aus d-Zuckersäurelacton in wässer. NH_3[1])	Farbl. Nadeln[1])
33	l-Zuckersäure	$C_6H_{10}O_8$: COOH | HOCH | HCOH | HOCH | HOCH | COOH	D. Oxydat. von l-Glucose, l-Glucon-säure od. d-Gulose mit HNO_3. Nur als Salze bekannt[1])	**K-Salz:** Farbl. Nad. $C_6H_9O_8K$. **Ag-Salz:** Weiße Flock. $C_6H_8O_8Ag_2$ **Ca-Salz:** $C_6H_8O_8Ca + 4H_2O$

Zuckersäuren.

Schmelz- und Siedepunkt	Optisches Drehungsvermögen	Löslichkeit	Analytisches; Diverses	Literatur
$Kp_{12} = 132°$; $Kp_{0,09} = 102—104°$	inaktiv	l. lösl.	$n_D^{15} = 1,4402$. **Xylotrimethoxyglutarsäure:** $C_8H_{14}O_7$. Öl. l. l. H_2O; l.CH_3OH, Alk., Chlorof.; reduz. nicht Fehl. Lösg.[2]	[1] Haworth u. Jones: Soc. Lond. 1927, 2349. [2] Hirst u. Purves: Soc. Lond. 123, 1352 (1923). [3] Hirst: Soc. Lond. 1926, 350.
194 bis 195°[2])[3]); 195—198° (Z.)[1]	inaktiv	w. l. k. H_2O, Alk., CH_3OH, Äth.; l. l. in der Wärme	**Dimethylamid:** $C_{10}H_{20}O_5N_2$. Seidige Nad. (aus Essigest.). F = 167—168°[1]	[1] Haworth u. Jones: Soc. Lond. 1927, 2349. [2] Hirst u. Purves: Soc. Lond. 123, 1352 (1923). [3] Hirst: Soc. Lond. 1926, 350.
—	inaktiv[1]. $[\alpha]_D$ = ca. $+12°$ (in H_2O, c = 4,8%)?[2]	—	Reduz. nicht Fehl. Lösg.	[1] Fischer u. Piloty: Ber. 24, 4214 (1891). [2] Votoček u. Krauz: Ber. 44, 362 (1911).
170—171° (Z.)[1]; 184—185°[2]	inaktiv?	l. l. H_2O, Alk., Acet.; w. l. Essigester; unl. Äth.[1]	—	
125—126°[4])	$[\alpha]_D^{19} = +6,86° \to +20,60°$ (in H_2O)[4]	l. Alk.; w. l. Äth.; l. l. H_2O	**Monokalium-Salz:** $C_6H_9O_8K$. Nad. (aus H_2O)[4]). **Cinchoninsalz:** Kryst. (aus H_2O). Z. ab 190°. $[\alpha]_D^{20} = +149,1°$ (in H_2O)[4]); $[\alpha]_D = +152°$ (in H_2O, c = 1%)[5]); **Chinin-Salz:** Nadeln. F = 174°. **Di-phenylhydrazid:** $C_{18}H_{22}O_6N_4$. Gelbl. Tafeln. Z = 210°. unl. H_2O, Alk., Äth.[6])	[1] Gorter: Rec. 31, 281 (1912). [2] Beilstein: 4. Aufl. Bd. III, Seite 422; Erg.-Bd. III, Seite 270. [3] Kiliani: Ber. 58, 2344 (1925). [4] Rehorst: Ber. 61, 163 (1928). [5] Neuberg: Ber. 34, 3466 (1901). [6] Fischer u. Passmore: Ber. 22, 2728 (1889). [7] Sohst u. Tollens: A. 241, 1 (1888); 245, 19 (1888). [8] Kiliani: Ber. 56, 2016 (1923). [9] Irvine u. Dick: Soc. Lond. 115, 593 (1919). [10] Irvine u. Oldham: Soc. Lond. 119, 1756 (1921). [11] Levene u. Meyer: J. Biol. Chem. 54, 805 (1922); 60, 173 (1924).
130—132°[7])	$[\alpha]_D = +37,9° \to +22,5°$ (in H_2O)[7]	l. l. H_2O	**Na-Salz:** Krystallnadeln (aus H_2O) schw. l. k., l. l. h. H_2O[8])	
—	$[\alpha]_D^{20} = +43,2° \to +24°$ (in 50 proz. Alk.)[9]) $[\alpha]_D = +76,1° \to +54,8°$ (in 50 proz. Alk.)[10])	—	**3-Methylzuckersäure-lacton:** Aus 3-Methylglucose mit 50 proz. HNO_3 bei 20°. Kryst. (aus Acet. + Äth.). F = 206—207°. (Sint. 190°.) $[\alpha]_D^{20} = +15°$[11])	
77—78°[1]); 68°[2])	$[\alpha]_D^{18} = +8,88°$ bis $+10,26°$ (in H_2O)[2])	l. l. H_2O, Chlorof., Äther[2])	**Tetramethyl-zuckersäure-diamid:** $C_{10}H_{20}O_6N_2$. Hexagon. Platten (aus H_2O). F = 237—239°[2]). 237°. $[\alpha]_D^{18} = +12,22°$	[1] Haworth, Loach u. Long: Soc. Lond. 1927, 3146. [2] Karrer u. Peyer: Helv. 5, 577 (1922).
135° (Z.)[1]	$[\alpha]_D^9 = +22,5°$ (in H_2O)[1])	z. l. l k., l. l. h. H_2O; schw. l. Alk. u. and. Solvent.[1])	**Diamid:** $C_6H_{12}O_6N_2$. Kryst. (aus Alk.). F = 172—173°. $[\alpha]_D^{20} = +13,3°$[2])	[1] Bergmann u. Wolff: Ber. 54, 1380 (1921). [2] Bergmann: Ber. 54, 2651 (1921). — Hudson u. Komatsu: Amer. Soc. 41, 1141 (1918).
—	schwach links-drehend	w. l. H_2O	**Di-phenylhydrazid:** $C_{18}H_{22}O_6N_4$. Gelbe Tafeln. F = 213—214° (Z.)	[1] Fischer: Ber. 23, 2611 (1890). — Fischer u. Stahel: Ber. 24, 534 (1891).
—	—	—		
—	—	schw. l. H_2O		

Nr	Name	Formel, Konstitution	Vorkommen, Bildung, Darstellung	Krystallogr. Eigenschaften
34	d,l-Zuckersäure	$C_6H_{10}O_8$	Komponenten od. Oxydat. der d,l-Gluconsäure mit HNO_3[1]	Sirup
35	α, α'-d-Anhydro-zuckersäure (d-Epi-isozuckersäure)	$C_6H_8O_7$: COOH–CH–HOCH–HCOH–CH–COOH (O-Brücke)	Aus Glucosaminsäure mit Silbernitril $+$ HCl u. Oxyd. mit HNO_3. Ebenso aus d-Xylohexosaminsäure mit salpetriger Säure[1]	Platten (aus Aceton) mit H_2O. Bei 160° wasserfrei
36	α, α'-l-Anhydro-zuckersäure (l-Epi-isozuckersäure)	$C_6H_8O_7$: COOH–HC–HCOH–HOCH–HC–COOH (O-Brücke)	Aus d-Lävoxylohexosaminsäure mit salpetriger Säure[1]	Krystalle (aus Aceton)
37	Isozuckersäure (α, α'-Anhydromannozuckersäure)[4]	$C_6H_8O_7$: COOH–CH–HOCH–HCOH–HC–COOH (O-Brücke)	Aus Eieralbumin, Spaltung mit HBr u. nachf. Oxydat. mit HNO_3[1]. D. Oxydat. von Glucosaminchlorhydrat mit HNO_3 (D $=$ 1,2). Ebenso aus Chitin od. Chitosamin[2]	Rhombische Krystalle[2]
38	d-Manno-zuckersäure	$C_6H_{10}O_8$: COOH–HOCH–HOCH–HCOH–HCOH–COOH	D. Oxydat. von d-Mannonsäurelacton mit NHO_3 bei 50°. Ebenso aus Mannose od. Mannit[1]	Als freie Säure nicht isoliert
	Monophenylhydrazid[3]	$C_{12}H_{14}O_6N_2$	—	Farbl. Nadeln (aus h. H_2O)
	Dilacton[1]	$C_6H_6O_6 + 2 H_2O$: CO–HOCH–CH–HC–HCOH–CO (O-Brücken)	—	Lange Nadeln (aus H_2O)
	Diamid[4]	$C_6H_{12}O_6N_2$	—	Kl. rhombische Kryst. (aus H_2O)

536

Schmelz- und Siedepunkt	Optisches Drehungsvermögen	Löslichkeit	Analytisches; Diverses	Literatur
—	als Racemat inaktiv	—	**K-Salz:** $C_6H_9O_8K$. Feine Nadeln w. l. k., l. l. h. H_2O. **Di-phenylhydrazid:** $C_{18}H_{22}O_6N_4$. Blättchen. $F = 209—210°$	[1] **Fischer:** Ber. **23**, 2611 (1890). — **Fischer** u. **Stahel:** Ber. **24**, 534 (1891).
—	$[\alpha]_D^{25} = +39{,}7°$ (in H_2O)	—	**K-Salz:** $C_6H_7O_7 + {}^1/_2 H_2O$. Krystalle (aus h. H_2O). **Pb-Salz:** $C_6H_6O_7Pb + 2 H_2O$. Platten. schw. l. H_2O	[1] **Levene:** J. Biol. Chem. **36**, 89 (1918). — **Levene** u. **La Forge:** J. Biol. Chem. **20**, 433 (1915).
163°	$[\alpha]_D^{21} = -38{,}79°$ (in H_2O)	—	**K-Salz:** $C_6H_7O_7K + H_2O$. Kryst. (aus H_2O). $[\alpha]_D^{28} = -38{,}09°$ (in H_2O)	[1] **Levene:** J. Biol. Chem. **36**, 89 (1918). — **Levene** u. **La Forge:** J. Biol. Chem. **21**, 351 (1918).
185° [2]	$[\alpha]_D^{20} = +46{,}1°$ [2]	l. l. H_2O, Alk.; w. l. Äth. [2]	Über Salze u. and. Verbindgn. siehe die Originale. Geht beim Kochen in H_2O in die nur aus Salzen bekannte **Norisozuckersäure** [3] über	[1] **Neuberg:** Ber. **34**, 3963 (1904). [2] **Tiemann:** Ber. **17**, 241 (1884). **27**, 118 (1894). — **Fischer** u. **Andreae:** Ber. **36**, 2587 (1903). [3] **Tiemann** u. **Haarmann:** Ber. **19**, 1257 (1886). [4] **Levene:** J. Biol. Chem. **36**, 89 (1918).
—	—	—	**K-Salz:** Aus d. Lacton dargest. $[\alpha]_D = +7{,}46°$ (in H_2O). Reduz. Fehl. Lösg. [2]. Aus d. Diamid dargest. $[\alpha]_D = -13{,}01°$ (in H_2O). Reduz. nicht Fehl. Lösg.	[1] **Fischer** u. **Hirschberger:** Ber. **22**, 3218 (1889). — **Fischer:** Ber. **22**, 204 (1889); **23**, 218 (1890); **24**, 539, 1836, 2136 (1891). — **Ekenstein, Jorissen** u. **Reicher:** Pharm. et Chim. **21**, 383 (1896). [2] **Kiliani:** Ber. **63**, 369 (1930). [3] **Fischer:** Ber. **24**, 539 (1891). [4] **Hudson** u. **Komatsu:** Amer. Soc. **41**, 1141 (1919).
190—191°	—	z. l. h. H_2O	**Di-phenylhydrazid:** $C_{18}H_{22}O_6N_4$. Gelbl. Nad. $F = 212°$. f. unl. h. H_2O	
180—190°	$[\alpha]_D = +201{,}8°$ bis $+204{,}8°$ (in H_2O)	l. l. H_2O	Reduz. Fehl. Lösg.	
188—189,5°	$[\alpha]_D^{20} = -24{,}4°$	—	--	

Tabelle 81 (Fortsetzung).

Nr	Name	Formel, Konstitution	Vorkommen, Bildung, Darstellung	Krystallogr. Eigenschaften
39	**l-Manno-zuckersäure**	$C_6H_{10}O_8$: COOH | HCOH | HCOH | HOCH | HOCH | COOH	D. Oxydat. von l-Mannonsäurelacton mit HNO_3 bei $50°$[1]	Nur als Dilacton bekannt od. in Form von Salzen
	Dilacton[1] [2]	$C_6H_6O_6 + 2\,H_2O$: — CO | HCOH O | HC — | — CH | O HOCH | OC —	—	Nadeln (aus H_2O) mit $2\,H_2O$
40	**d,l-Manno-zuckersäure**	$C_6H_{10}O_8$	Kompon. od. Oxydat. der d,l-Mannonsäure[1]	Nur als Lacton u. in Verbdg. bek.
	Dilacton	$C_6H_6O_6$	—	Lange Prismen
41	**d-Idozuckersäure**	$C_6H_{10}O_8$: COOH | HOCH | HCOH | HOCH | HCOH | COOH	Ebenso, aus d-Idonsäure[1]	Sirup
42	**l-Idozuckersäure**	$C_6H_{10}O_8$: COOH | HCOH | HOCH | HCOH | HOCH | COOH	D. Oxydat. von l-Idonsäure mit HNO_3[1]	Sirup
43	**d,l-Idozuckersäure**	$C_6H_{10}O_8$	D. Oxydat. von Muconsäure mit Na-Chlorat $+$ Osmiumsäure in Essigsäure[1]	**Cu-Salz:** $C_6H_8O_8Cu+2H_2O$. Bläul. Würfel od. Säulen
44	**α,α'-d-Anhydro-idozuckersäure**	$C_6H_8O_7$: COOH | — CH | HCOH O | HOCH | HC — | COOH	Aus d-Xylohexosaminsäure mit salpetriger Säure[1]	Farbl. Prismen $+ 2\,H_2O$ (aus Aceton $+$ Äther)

538

Schmelz- und Siedepunkt	Optisches Drehungsvermögen	Löslichkeit	Analytisches; Diverses	Literatur
—	—	—	**Monophenylhydrazid:** $C_{12}H_{14}O_6N_2 + {}^1\!/_2\,H_2O$. Krystalle $F = 190{-}192°$. l. l. h. H_2O, Alk. **Di-phenylhydrazid:** $C_{18}H_{22}O_6N_4$. Gelbe Blättchen. $F = 212{-}213°$. s. w. l. H_2O, Alk.	[1]) **Kiliani:** Ber. **20**, 339, 2710 (1887); **21**, 1422 (1888); **22**, 524 (1889); **54**, 456 (1921).—**Fischer:** Ber. **23**, 370 (1890); **24**, 539 (1891); **27**, 3227 (1894). [2]) **Kiliani:** Ber. **61**, 1155 (1928).
68°; 180° für d. Anhydr.	$[\alpha]_D = -201°$ (in H_2O)	l. H_2O; w. l. Alk.; unl. Äth.	Reduz. Fehl. Lösg. **Diacetat:** $C_6H_4O_4(COCH_3)_2$. Rhomb. Prism. $F = 155°$. unl. H_2O; l. h. Essigest.	
— / 190°	als Racemat inaktiv / —	l. l. h. H_2O; w. l. Alk.	**Mono-phenylhydrazid:** Kleine Kryst. $F = 190{-}195°$ (Z.). l. h. H_2O. **Di-phenylhydrazid:** Farbl. Blättchen. $F = 220{-}225°$ (Z.). f. unl. H_2O. **Diamid:** $C_6H_{12}O_6N_2$. Tafeln. $F = 183{-}185°$ (Z.)	[1]) **Fischer:** Ber. **24**, 539 (1891).
—	$[\alpha]_D = $ ca. $-100°$	l. l. H_2O	**Cu-Salz:** Blaue Prism. w. l. H_2O. **Dibenzal-Derivat:** Weiße Nadeln. $F = 211°$. $[\alpha]_D = -27°$[2])	[1]) **Fischer** u. **Fay:** Ber. **28**, 1975 (1895). [2]) **Bruyn** u. **Ekenstein:** Rec. **19**, 180 (1900).
—	$[\alpha]_D = $ ca. $+100°$	—	**Cu-Salz:** $C_6H_8O_8Cu + 2\,H_2O$. Blaue Krystalle. Das Ca-Salz ist schw. lösl. H_2O	[1]) **Fischer** u. **Fay:** Ber. **28**, 1975 (1895).
Z = 120°	—	—	**Di-phenylhydrazid:** $C_{18}H_{22}O_6N_4$. Gelbl. Prismen. $F = 217{-}218°$ (Z.). unl. H_2O, Alk., Äther	[1]) **Behrend** u. **Heyer:** A. **418**, 294 (1919).
226° (Z.)	$[\alpha]_D^{20} = -93,32°$	—	—	[1]) **Levene:** J. Biol. Chem. **36**, 89 (1918).

Nr	Name	Formel, Konstitution	Vorkommen, Bildung, Darstellung	Krystallogr. Eigenschaften
45	Schleimsäure	$C_6H_{10}O_8$: COOH | HCOH | HOCH | HOCH | HCOH | COOH	D. Oxydat. von Galaktose, Lactose, Raffinose, Dulcit, Galaktonsäure, Galaktanen, Pflanzengummi, α-Rhamnohexose usw. mit HNO_3[1]). Synthese d. Oxydat. von Muconsäure mit $KMnO_4$ od. Na-Chlorat mit etwas Osmiumsäure[2])	Weißes Pulver, aus rhomb. Krystallen
	Monophenylhydrazid[4])	$C_{12}H_{16}O_7N_2$	—	Weiße Tafeln
46	Schleimsäure-d,l-monoamid	$C_6H_{11}O_7N$	Aus Schleimsäurelacton mit NH_3[1])	Viereckige Tafeln (aus H_2O)
47	Schleimsäure-d-monoamid	$C_6H_{11}O_7N$	Trennung der d,l-Form über das Brucin-Salz[1])	Farbl. Pulver (aus H_2O)
48	Tetramethyl-schleimsäure-dimethylester	$C_{12}H_{22}O_8$	D. Methylier. d. Schleimsäure mit $(CH_3)_2SO_4 + NaOH$, dann mit $CH_3J + Ag_2O$[1])	Tafeln
49	α, α'-Anhydro-schleimsäure	$C_6H_8O_7$: COOH | HC—— | | HOCH | | O HOCH | | | HC—— | COOH	Aus d-Lyxosimin → d-Lyxohexosaminsäure mit salpetriger Säure[1]). Ebenso aus Epichondrosaminsäure mit Silbernitrit $+ HCl$ u. Nachbeh. mit HNO_3	Prismen (aus Aceton)
50	d-Taloschleimsäure	$C_6H_{10}O_8$: COOH | HOCH | HOCH | HOCH | HCOH | COOH	D. Oxydat. von d-Talonsäure mit HNO_3 bei 100°[1]). Ebenso aus d-Altronsäurelacton mit HNO_3 (D = 1,15) im Wasserbad[2])	Mikroskopische Blättchen
51	l-Taloschleimsäure	$C_6H_{10}O_8$	D. Oxydat. von β-Rhamnohexose mit HNO_3 bei 45—50°[1])	Krystalle (aus Aceton)

Zuckersäuren.

Schmelz- und Siedepunkt	Optisches Drehungsvermögen	Löslichkeit	Analytisches; Diverses	Literatur
$213—214°$ (Z.)[1]; $217°$[3]	inaktiv	z. l. h., w. l. k. H_2O; f. unl. Alk., Äther	Reduz. nicht Fehl. Lösg.[1]. Gibt ein sirupöses Lacton[1]. Über Salze siehe in den Origin.[1]. **Diamid:** $C_6H_{12}O_6N_2$. Oktaeder. $F = 220°$ (Z.). w. l. H_2O; unl. Alk., Äth.[4]. **Tetracetat:** $C_{16}H_{20}O_{12} + 2 H_2O$. Weiß. Nad. (Alk.). $F = 243°$. w. l. H_2O; l. l. Alk.[5]	[1] **Fudakowski:** Ber. **9**, 42 (1876). — **Kiliani:** Ber. **14**, 2529 (1881). — **Kent** u. **Tollens:** A. **227**, 221 (1885). — **Rieschbieth** u. **Tollens:** Ber. **18**, 2611 (1885). — **Kiliani** u. **Scheibler:** Ber. **22**, 517 (1889). — **Fischer** u. **Morrell:** Ber. **27**, 382 (1894). — **Fischer** u. **Hertz:** Ber. **25**, 1247 (1892). [2] **Behrend** u. **Heyer:** A. **418**, 294 (1919). [3] **Hac** u. **Hadina:** Soc. chim. France [4] **37**, 1242 (1925). [4] **Fischer:** Ber. **24**, 2141 (1891) [5] **Skraup:** Monatsh. f. Chem. **14**, 470 (1893). [6] **Bülow:** A. **236**, 194 (1886). — **Maquenne:** Soc. chim. France [2] **48**, 719 (1887).
$194—195°$	—	l. h. H_2O	**Di-phenylhydrazid:** $C_{18}H_{22}O_6N_4$. Tafeln. $F = 240°$ (Z.). s. schw. l. in allen Solv.[6]	
$192°$ (Z.)	inaktiv als Racemat	schw. l. k., l. h. H_2O; sonst unl.	Reduz. nicht Fehl. Lösg. **Pentacetat:** $C_{16}H_{21}O_{12}N$. Tafeln. $Z = 197°$. schw. l. Benzol, Chloroform, Äth.; l. l. h. H_2O, h. Alk., Aceton, Essigest.	[1] **Bergmann:** Ber. **54**, 1362 (1921).
—	$[\alpha]_D^{17} = +23{,}6°$ (in $^1/_4$ n-NH_3)	—	**Brucin-Salz:** $C_{39}H_{47}O_{16}N_3 + 2 H_2O$. Prismen (aus verd. CH_3OH). $[\alpha]_D^{20} = -29{,}8°$ bis $-30°$ (in H_2O, $c = 2{,}5\%$) für wasserfreie Substanz)	[1] **Bergmann:** Ber. **54**, 1362 (1921).
$103°$	—	—	**Trimethyl-schleimsäure-dimethyl-ester:** Als Nebenprod. Kl. Nad. (aus Alk.). $F = 165—166°$. f. unl. Äth. **Tetramethyl-schleimsäure-diamid:** $C_{10}H_{20}O_6N_2$. Kl. Tafeln. $F = 276°$	[1] **Karrer** u. **Peyer:** Helv. **5**, 577 (1922).
$203—204°$	inaktiv	—	—	[1] **Levene** u. **La Forge:** J. Biol. Chem. **20**, 433 (1915); **22**, 321 (1915).
$158°$ (Z.)	$[\alpha]_D = +29{,}4°$ (in H_2O)	l. l. H_2O, h. Alk.; schw. l. Aceton; unl. Äth., Chlorof.	Reduz. nicht Fehl. Lösg. Kochen mit Pyridin bewirkt teilweise Umlager. zu Schleimsäure. **Di-phenylhydrazid:** $C_{18}H_{22}O_6N_4$. $F = 185—190°$[1]	[1] **Fischer:** Ber. **24**, 3622 (1891). — **Fischer** u. **Morrell:** Ber. **27**, 382 (1894). [2] **Levene** u. **Jacobs:** Ber. **43**, 3145 (1910).
—	$[\alpha]_D^{20} = -33{,}9°$ (in H_2O)	—	**Di-phenylhydrazid:** Blättchen. $F = 185°$. l. l. h. H_2O	[1] **Fischer** u. **Morrell:** Ber. **27**, 382 (1894).

Nr	Name	Formel, Konstitution	Vorkommen, Bildung, Darstellung	Krystallogr. Eigenschaften
52	α,α'-Anhydro-d-taloschleim-säure (Epichondrosinsäure)	$C_6H_8O_7$: COOH CH HOCH O HOCH HC COOH	D. Oxydat. der rechtsdrehenden d-Ribohexosaminsäure mit HNO_3[1]. Aus dem Ca-Salz der Chondrosinsäure mit Oxalsäure[2]	Farbl. Prismen (aus Aceton)[2]
53	Alloschleimsäure	$C_6H_{10}O_8$: COOH HCOH HCOH HCOH HCOH COOH	Durch Kochen von Schleimsäure in wässer. Pyridin od. NH_3 bei 140°[1])[2])[3]. D. Oxydat. des i-Inosits mit 4 proz. $KMnO_4$ in alkoh. Lösg.[4]	Feine Nadeln[1] od. rechteck. Tafeln[3] (aus H_2O)
54	α,α'-Anhydro-alloschleimsäure	$C_6H_8O_7$: COOH HC HCOH O HCOH HC COOH	Aus der linksdrehenden d-Ribohexosaminsäure mit HNO_3[1]	Nur als Ca-Salz bekannt
55	Tricarbonsäure	$C_7H_{10}O_{10}$: COOH COOH HCOH HCOH HCOH oder HCOH COOH·CH HC·COOH HOCH HCOH COOH COOH	Aus dem Dilacton der l-Mannozuckersäure mit KCN[1]	Sehr hygroskop. Krystalle
56	$\alpha,\beta,\gamma,\delta$-Tetraoxybutan-$\alpha,\alpha',\delta$-tricarbonsäure	$C_7H_{10}O_{10}$: COOH HCOH HCOH HOCH COH COOH COOH	Aus Lävulosecarbonsäurelacton durch Oxydat.[1]	Tafeln od. Säulen
57	α-Gluco-pentaoxypimelinsäure	$C_7H_{12}O_9$: COOH HCOH HCOH HOCH HCOH HCOH COOH	D. Oxydat. von α-Glucoheptonsäure-lacton mit HNO_3 bei 40°[1]. Ebenso, bei 17—20°[2]. D. Anlagerung von HCN an d-Glucuronsäure[3]	Nur als Lacton bekannt

542

Schmelz- und Siedepunkt	Optisches Drehungsvermögen	Löslichkeit	Analytisches; Diverses	Literatur
179—$181°$ (Z.)[2]	$[\alpha]_D^{28} = -16{,}56°$ (in H_2O)[2]	l. l. H_2O, Alk.; f. unl. Äther[2]	**Ca-Salz:** $C_6H_6O_7Ca + 2\,H_2O$. Platten od. prismat. Nadeln[1]	[1] **Levene** u. **Clark:** J. Biol. Chem. **46**, 19 (1921). [2] **Levene** u. **La Forge:** J. Biol. Chem. **20**, 433 (1915).
166—$171°$[1]; 167—$168°$ (Z.)[2]; $176°$ (Z.)[4]	inaktiv	l. H_2O; unl. Alk.	**Di-phenylhydrazid:** $C_{18}H_{22}O_6N_4$. Feine Blättchen. $F =$ ca. $213°$[1], $218°$ (Z.)[4]. f. unl. H_2O, Alk. **Diamid:** $C_6H_{12}O_6N_2$. $F = 209°$ (Z.)[2]. **Diäthylester:** $C_{10}H_{18}O_8$. $F = 137$ bis $138°$ (aus Alk.)[2]	[1] **Fischer:** Ber. **24**, 2136, 2683 (1891). [2] **Butler** u. **Cretcher:** Amer. Soc. **51**, 2167 (1929). [3] **S.** u. **Th. Posternak:** Helv. **12**, 1181 (1929). [4] **S.** u. **Th. Posternak:** Compt. rend. **188**, 1296 (1929); Helv. **12**, 1165 (1929).
—	inaktiv	—	Das **Ca-Salz** krystallis. mit 3 Mol. H_2O	[1] **Levene** u. **Clark:** J. Biol. Chem. **46**, 19 (1921).
—	$[\alpha]_D = -22{,}8°$ (in verd. HCl)	—	Gibt amorphes Ca-Salz wechselnder Zusammensetzung. **Cu-Salz:** $(C_7H_7O_{10})_2 \cdot Cu_3 \cdot Cu(OH)_2 + 18\,H_2O$. Hellblaue Säulchen	[1] **Kiliani:** Ber. **61**, 1155 (1928); **63**, 369 (1930).
—	$[\alpha]_D =$ ca. $0°$ (in H_2O)	—	Gibt Ca- u. K-Salz	[1] **Kiliani:** Ber. **61**, 1155 (1928).
—	inaktiv	—	**Lacton:** Krystalle. $F = 150°$. Inaktiv. Gibt krystallis. **Brucin-** u. **Chinin-Salz**[2]	[1] **Kiliani:** Ber. **19**, 1912 (1886). [2] **Kiliani:** Ber. **55**, 2817 (1922). [3] **Neuberg** u. **Neimann:** Z. physiol. Chem. **44**, 97 (1905).

Nr	Name	Formel, Konstitution	Vorkommen, Bildung, Darstellung	Krystallogr. Eigenschaften
58	β-Gluco-pentaoxypimelinsäure-lacton	$C_7H_{10}O_8$	D. Oxydat. von β-Glucoheptonsäure-lacton mit HNO_3[1]	Prism. od. Nadeln (aus Essigest.)
59	α-d-Manno-pentaoxypimelin-säure	$C_7H_{12}O_9$: COOH HCOH HOCH HOCH HCOH HCOH COOH	D. Oxydat. von d-Mannoheptose mit HNO_3[1][2]	Krystalle[2]
60	α-d-Gala-pentaoxypimelin-säure	$C_7H_{12}O_9$: COOH HCOH HCOH HOCH HOCH HCOH COOH	D. Oxydat. von α-Galaheptose mit HNO_3 bei $50°$[1]. Ebenso aus l-Mannoheptonsäure-lacton[2]	Mikroskopische Prismen[1]
61	β-d-Gala-pentaoxypimelin-säure	$C_7H_{12}O_9$: COOH HOCH HCOH HOCH HOCH HCOH COOH	D. Oxydat. von β-Galaheptose od. β-Galaheptonsäure mit HNO_3 ($D = 1,35$) bei $20°$[1][2]	Sirup, der sich leicht in das Lacton verwandelt
62	α, α-d-Manno-hexaoxy-suberinsäure (α-Gala-hexaoxysuberinsäure)	$C_8H_{12}O_{10}$: COOH HOCH HOCH HCOH HCOH HOCH HOCH COOH	D. Oxydat. von α, α-d-Mannoocton-säure mit HNO_3 ($D = 1,2$)[1]. Aus l-Mannohepturonsäure durch die Cyanhydrinsynthese[2]	**Lacton:** $C_8H_{10}O_8$. Farbl. Prismen[1]. **Freie Säure:** Farbl. Taf. mit $2\ H_2O$[2]. **Dilacton:** $C_8H_6O_8$. Prismen[2]

Schmelz- und Siedepunkt	Optisches Drehungsvermögen	Löslichkeit	Analytisches; Diverses	Literatur
177° (Z.)	$[\alpha]_D = +68,5°$ (in H_2O)	l. l. H_2O, Alk.	Das **Ca-Salz** ist krystallis. u. schw. l. H_2O	[1] **Fischer:** A. **270**, 64 (1892).
168°[2]	$[\alpha]_D^{20} = -16,5° \rightarrow -17,9°$ (in H_2O, c = 7%)[2]. $[\alpha]_D = $ ca. $-10,5°$[1])	l. l. H_2O	Das Ca-Salz ist in H_2O schw. l. **Di-phenylhydrazid:** $C_{19}H_{24}O_7N_4$. Kryst. F = 225°[1]). **Diäthylester:** $C_7H_{10}O_9(C_2H_5)_2$. Nadeln. F = 166°. l. H_2O, h. Alk.; unl. Äth.[2])	[1] **Fischer u. Hartmann:** A. **272**, 190 (1893). [2] **Peirce:** J. Biol. Chem. **23**, 327 (1915).
171°[1])	$[\alpha]_D^{20} = +15,08°$ (in H_2O, c = 6,87%)[3])	w. l. H_2O	Gibt krystallis. K-, Na-, Cd-, Ba- u. Pb-Salze[1]). Reduz. nicht Fehl. Lösg.[1]). Identisch mit **l-Manno-pentaoxy-pimelinsäure**[2])	[1] **Kiliani:** Ber. **22**, 521, 1385 (1889). [2] **Peirce:** J. Biol. Chem. **23**, 328 (1915). [3] **Fischer:** A. **288**, 155 (1895).
—	$[\alpha]_D = $ ca. $+2,7°$ (in H_2O)[1])	—	**Ca-Salz:** Mit 2 H_2O. $[\alpha]_D = +2,7°$ (in HCl)[1]). **Lacton:** $C_7H_{10}O_8$. Krystalle. Z = ca. 180°[2])	[1] **Fischer:** A. **288**, 139 (1895). — **Fischer u. Morrell:** Ber. **27**, 382 (1894). [2] **Kiliani:** Ber. **55**, 493 (1922).
Z = 289°[1]). Z = 200°[2]). Z = 200°[2])	inaktiv	w. l. h. H_2O s. w. l. k., w. l. h. H_2O	**Amid-Ammon.-Salz:** $C_8H_{12}O_9 \cdot NH_2 \cdot NH_4$. F = 192° (Z.). f. unl. k., l. h. H_2O[2]). **Chinin-Salz:** Nadeln. F = 201°[2]). **Brucin-Salz:** Kryst. F = 170 bis 171° (Z.)[2]). **Di-phenylhydrazid:** $C_{20}H_{26}O_8N_4$. Kryst. F = 285—286°. f. unl. H_2O; s. w. l. Alk., Pyrid.[2])	[1] **Peirce:** J. Biol. Chem. **23**, 327 (1915). [2] **Kiliani:** Ber. **55**, 493 (1922).

Tabelle 82.

Nr	Name	Formel, Konstitution	Vorkommen, Bildung, Darstellung	Krystallogr. Eigenschaften
1	**Glykolsäure**	CH_2OH—$COOH$	Kommt in d. Natur vor (u. a. im Saft d. Zuckerrübe u. d. Zuckerrohres). Entsteht u. a. aus Formaldehyd u. HCN (u. Verseif.); aus Glykol mit HNO_3; aus verschied. Zuckern (Arabinose, Glucose, Galaktose, Fructose usw.) durch Oxydat., bes. in alkal. Lösg.[1]).	Stabile Form: Nadeln (aus H_2O) od. Blätter (aus Äther)[1]), monokl. prismat. Achsenverhältnis: $a:b:c = 0,8473:1:0,7385$[2]). Instabile Form: Aus d. Schmelze d. stabil. Form, b. gering. Unterkühlung
	Amid	CH_2OH—$CONH_2$	Aus d. Estern od. Anhydriden m. wäßr. NH_3[3])	Rhomb. Krystalle od. Blättchen (aus Alk.)
2	**Methylglykolsäure** (Methoxyessigsäure)	CH_3OCH_2—$COOH$	Entsteht u. a. aus 6-Methyl-galaktose d. Oxydat. m. Ag_2O in h. wäßr. Lösg.[1])	Hygr. Flüssigkeit[2])
	Amid	CH_3OCH_2—$CONH_2$	Aus d. Nitril mit H_2O_2 u. Na_2O_2 od. aus d. Methylester m. k. wäßr. NH_3[3])	Krystalle
3	**d-Glycerinsäure** (früher l-Säure)	$C_3H_6O_4$: COOH | HCOH | CH_2OH	Entsteht u. a. durch Einwirkg. v. Kalkmilch auf d-Glucuronsäure od. beim Durchleiten v. Luft durch alkal. Maltoselösg.[1]). Aus d-Glycerinaldehyd mit HgO u. $Ba(OH)_2$ in wäßr. Lösg. b. $20°$[2])	Sirup
4	**l-Glycerinsäure** (früher d-Säure)	$C_3H_6O_4$: COOH | HOCH | CH_2OH	Aus d,l-Glycerinsäure d. verschied. Mikroorganismen od. Spaltung mittels Brucin; aus l-Isoserin mit HNO_2[1])	Sirup
	Amid	$C_3H_7O_3N$	Aus d. Äthylester u. NH_3[2])	Platten od. Prismen (aus CH_3OH)
5	**Dimethyl-l-glycerinsäure-methylester** (l-Dimethoxypropionsäure-methylester)	$C_6H_{12}O_4$: COOCH$_3$ | CH_3OCH | CH_2OCH_3	D. Methylierg. v. l-Glycerinsäuremethylester m. $CH_3I + Ag_2O$[1])	Flüssig
6	**d, l-Glycerinsäure**	$C_3H_6O_4$	Entsteht u. a. durch Oxydation v. Glycerin mit HNO_3[1])[2]); v. d,l-Glycerinaldehyd m. Br_2; v. verschied. reduz. Zuckern m. Fehl. Lösg. od. and. alkal. Oxydationsmitteln[1])	Dicker Sirup[1])
	Ca-Salz	$(C_3H_5O_4)_2Ca \cdot 2 H_2O$[1])[2])	—	Kl. derbe Rauten od. 6eckige Tafeln (aus k. H_2O); verliert b. $100°$ 1 H_2O[2]), b. 105—$110°$ 2 H_2O[1])
	Amid	$C_3H_7O_3N$	Aus d. Äthylester u. NH_3[3])	Prismat. Krystalle (aus CH_3OH)

Aldonsäuren.

Schmelz- und Siedepunkt	Optisches Drehungsvermögen	Löslichkeit	Analytisches; Diverses	Literatur
78—79°; 80°[1]) 63°[1])	inaktiv	l. l. H_2O, Alk., Äth.[1])	M.V.W. = 166,0 bis 166,7 Cal. Dissoziationskonst. bei 25°: $K = 1,54 \cdot 10^{-4}$. Gibt m. $FeCl_3$ in verd. wäßr. Lösg. intensive Gelbfärbung. Geht beim Erhitzen in verschiedene **Anhydride** über[1]). Über **Salze** vgl. Beilstein[1]).	[1]) **Beilstein:** 4. Aufl., Bd. III, S. 228ff.; Erg.-Bd. III, S. 88ff. [2]) **Steinmetz:** C. 1921, III,790. [3]) **Beilstein:** 4. Aufl., Bd. III, S. 240; Erg.-Bd. III, S. 92. [4]) **P. Mayer:** Z. physiol. Chem. 38, 141 (1903).
120°; 116—117°	—	l. l. H_2O, w. l. Alk.	**Phenylhydrazid:** $C_8H_{10}O_2N_2$, weiße prismat. Nadeln (aus Essigest.), F = 115—120°; l. lösl. in h. H_2O, Alk., Essigester, sonst schw. lösl.[4])	
$Kp_{730} = 197°$ $Kp_{13} = 96,5°$	inaktiv	—	$D_4^{20} = 1,1768$; $n_D^{20} = 1,41677$. Dissoziationskonst. bei 25°: $K = 2,94 \cdot 10^{-4}$ [2]). **Ag-Salz:** glänz. Nadeln[1]); weitere Salze vgl. Beilstein[2]). **ω-[Methoxy-acetyloxy]-aceto-veratron:** $C_{13}H_{16}O_6$, Prismen (aus Äth.), F = 70°[1])	[1]) **Freudenberg u. Smeykal:** Ber. 59, 105 (1926). [2]) **Beilstein:** 4. Aufl., Bd. III, S. 232; Erg.-Bd. III, S. 89. [3]) **Beilstein:** 4. Aufl., Bd. III, S. 241; Erg.-Bd. III, S. 92.
96,5°	—	—	—	
—	$[\alpha]_D$ = ca. —2,3° (in H_2O)[3])	—	**Ca-Salz:** $(C_3H_5O_4)_2Ca \cdot 2\,H_2O$, Prismen (aus H_2O + Alk.), $[\alpha]_D^{20} = +13°$ (in H_2O, c = ca. 10%); +14,5° (id., c = ca. 5%)[1]). **Ba-Salz:** $(C_3H_5O_4)_2Ba \cdot \frac{1}{2}\,H_2O$; $[\alpha]_D = +12°$ (in H_2O)[3]). Weitere Salze vgl. Beilstein[1])	[1]) **Beilstein:** 4. Aufl., Bd. III, S. 395; Erg.-Bd. III, S. 141. [2]) **Wohl u. Schellenberg:** Ber. 55, 1404 (1922). [3]) **Greenwald:** J. Biol. Chem. 63, 346 (1925).
—	in H_2O rechtsdrehend; Salze u. Ester linksdrehend	100 Tl. H_2O lösen bei 20° 9,32 Tl. wasserfreies Ca-Salz	**Ca-Salz:** $(C_3H_5O_4)_2Ca \cdot 2\,H_2O$, monokline sphenoid. Kryst.; $[\alpha]_D^{17} = -11,6°$ (in H_2O, c = ca. 10%); $[\alpha]_D^{20} = -14,6°$ (id., c = ca. 3,75%)[1]). Weitere Salze vgl. Beilstein[1])	[1]) **Beilstein:** 4. Aufl., Bd. III, S. 392; Erg.-Bd. III, S. 141. [2]) **Beilstein:** 4. Aufl., Bd. III, S. 394.
99,5—100°	$[\alpha]_D^{100} = -39,98°$ (ohne Lösgm.); $[\alpha]_D^{20} = -63,09°$ (in CH_3OH)	—	$D_4^{100} = 1,3347$	
$Kp_{15} =$ 77—78°	$[\alpha]_D^{20} = -69,70°$ (ohne Lösgm.)	—	$D_4^{20} = 1,0634$. **Amid:** $C_5H_{11}O_3N$, aus d. Ester m. methylalkoh. NH_3 bei 120°.— Nadeln (aus CH_3OH), F = 77—77,5°; $[\alpha]_D^{20} = -54,5°$ (in CH_3OH); —71,6° (in Pyrid.); s. l. lösl. in Äth. u. Alk., ziemlich in Ligroin	[1]) **Frankland u. Gebhard:** Soc. Lond. 87, 864 (1905).
—	inaktiv	Mischbar m. H_2O u. Alk.; unl. Äth.	M.V.W. = 125,5 Cal. Dissoziationskonst. bei 25°: $K = 2,28 \cdot 10^{-4}$. Gibt m. $FeCl_3$ in verd. wäßr. Lösg. intensive Gelbfärbung. Geht bei längerem Stehen in ein kryst. **Anhydrid:** $(C_3H_4O_3)_x$, Nadeln (aus H_2O), Zers. bei 250°, über[1])	[1]) **Beilstein:** 4. Aufl., Bd. III, S. 395; Erg.-Bd. III, S. 141. [2]) **Kiliani:** Ber. 54, 465 (1921). [3]) **Beilstein:** 4. Aufl., Bd. III, S. 397.
—	—	100 Tl. H_2O lösen bei 20° 3,85 Tl. wasserfreies Salz	Weitere **Salze** siehe im Beilstein[1])	
91,5—92°	—	—	—	

Tabelle 82 (Fortsetzung).

Nr	Name	Formel, Konstitution	Vorkommen, Bildung, Darstellung	Krystallogr. Eigenschaften
7	d-Erythronsäure	$C_4H_8O_5$: COOH | HCOH | HCOH | CH_2OH	Aus d-Erythrose m. Bromwasser; aus d-Fructose m. HgO u. Ba(OH)$_2$ in heiß. wäßr. Lösg.; b. d. Oxydat. v. verschied. reduz. Zuckern u. Zuckerderivaten der d-Reihe, besonders in alkal. Lösg.[1][2]	Sirup
	Phenylhydrazid	$C_{10}H_{14}O_4N_2$	Aus d. Kompon. in H$_2$O auf d. Wasserbad[3]	Drusen prismat. Blättchen (aus Essigester)
	γ-Lacton	$C_4H_6O_4$	Aus d. Säure (über d. Brucinsalz gereinigt) durch Eindampfen[3]	Farbl. Prismen (aus abs. Alk.)
8	2, 4-Dimethyl-d-erythronsäure-methylester (β-Oxy-α,γ-dimethoxy-buttersäure-methylester)	$C_7H_{14}O_5$	D. Oxydat. v. Tetramethyl-γ-d-fructose od. 3,4,6-Trimethyl-d-fructuronsäure mit alkal. KMnO$_4$ u. Esterif.[1]; bei d. Oxydat. v. n-Tetramethyl-glucose mit alkal. H$_2$O$_2$ (u. Esterif.), neben and. Prod.[2]	Flüssig
	Amid	$C_6H_{13}O_4N$	Aus d. Ester m. methylalkoh. NH$_3$[1]	Krystalle (aus Petroläther)
9	2, 3, 4-Trimethyl-d-erythronsäure-methylester (α, β, γ-Trimethoxy-buttersäure-methylester)	$C_8H_{16}O_5$	Aus Verb. 8 d. Methylierg. m. CH$_3$I + Ag$_2$O[1]	Farbl. Flüssigkeit, im Vak. leicht destillierbar
10	l-Erythronsäure	$C_4H_8O_5$: COOH | HOCH | HOCH | CH_2OH	D. Oxydat. v. l-Erythrose mit Bromwasser[1]; bei d. Oxydat. v. l-Arabinose in alkal. Lösg.[2][3] usw.	Sirup
	Phenylhydrazid	$C_{10}H_{14}O_4N_2$	Wie bei der d-Verb.[1]	Krystalle
	γ-Lacton	$C_4H_6O_4$	Wie bei der d-Verb.[1][2]	Farbl. derbe Prismen (aus abs. Alk.)[1]
11	d, l-Erythronsäure	$C_4H_8O_5$	Durch Oxydat. v. i-Erythrit mit verd. HNO$_3$; weitere Darst. siehe im Beilstein[1]	Sirup
	Phenylhydrazid	$C_{10}H_{14}O_4N_2$	Wie bei d. akt. Kompon.[2]	Weiße Tafeln (aus Essigester)
	γ-Lacton	$C_4H_6O_4$	—	Monokl. Prismen (aus Aceton)[2]
12	d-Threonsäure (früher l-Säure)	$C_4H_8O_5$: COOH | HOCH | HCOH | CH_2OH	Aus d-Glycerinaldehyd durch HCN-Anlagerung u. Verseif.[1]; aus d-Xylose, d-Glucose u. d-Galaktose durch Oxydat. in alkal. Lösg. usw.[2][3]	Sirup (Gemisch von Säure u. Lacton)
	Phenylhydrazid	$C_{10}H_{14}O_4N_2$	Aus d. Kompon. in Alk.[4][5]	Dünne Blättchen (aus Alk.)

Schmelz- und Siedepunkt	Optisches Drehungsvermögen	Löslichkeit	Analytisches; Diverses	Literatur
—	linksdrehend in H_2O[1]	—	**Ca-Salz:** $(C_4H_7O_5)_2Ca \cdot 2 H_2O$ (aus H_2O m. Alk. gefällt). — $[\alpha]_D^{20} = +8,2°$ (in H_2O, c=9%)[3]. **Brucinsalz:** $C_4H_8O_5 \cdot C_{23}H_{26}O_4N_2$, Prismen (aus H_2O+Alk.), F=215° (Zers.); $[\alpha]_D^{20} = -23,5°$ (in H_2O, c=4%); l. lösl. in H_2O u. verd. Alk., schwer in abs. Alk.; unl. in Äth., Aceton, $CHCl_3$[1])[3]. Weitere Salze siehe im Beilstein[1]	[1] **Beilstein:** 4. Aufl., Bd. III S. 411; Erg.-Bd. III, S. 146. [2] **Jensen** u. **Upson:** Amer. Soc. **47**, 3019 (1925). — **Hägglund** u. **Urban:** Ber. **62**, 2046 (1929). [3] **Ruff:** Ber. **32**, 3672 (1899).
128° (k.)	$[\alpha]_D^{20} = +17,5°$ (in H_2O?, c=3,458%)	l. l. H_2O u. h. Alk.	—	
103°	$[\alpha]_D^{20} = -73,3°$ (in H_2O, c=8%)	—	—	
$Kp_{13} = 130°$; $Kp_{0,07} = 100°$ (Badtemp.)	$[\alpha]_D^{20} = $ ca. $+20°$ (in H_2O)	—	$n_D^{17} = $ ca. 1,4400. Die **freie Säure** bildet amorphe K- u. Ba-Salze: bei d. Destill. ($Kp_{0,04}$=125°, Badtemp.) geht sie in ein **Lacton** od. **Lactid:** $(C_6H_{10}O_4)_2$? über; farbl. hygr. Sirup, n_D=1,4419[1]	[1] **Avery, Haworth** u. **Hirst:** Soc. Lond. **1927**, 2308. — Vgl. **Haworth** u. **Mitchell:** Soc. Lond. **123**, 306 (1923). [2] **Gustus** u. **Lewis:** Amer. Soc. **49**, 1512 (1927).
104—105°	$[\alpha]_D^{19} = +33°$; $[\alpha]_{5461}^{19} = +37°$ (in H_2O, c=1,05%)	—	—	
—	$[\alpha]_D^{21} = +19°$ (in H_2O, c=1,04%)	—	n_D^{12}=1,4282. **Amid:** $C_7H_{15}O_4N$, farbl. Nadeln (aus Petroläth.), F=58—59°; $[\alpha]_D^{18} = +40,5°$ (in H_2O, c=1,09%)	[1] **Avery, Haworth** u. **Hirst:** Soc. Lond. **1927**, 2308.
—	rechtsdrehend in H_2O	—	**Brucinsalz:** $C_4H_8O_5 \cdot C_{23}H_{26}O_4N_2$, weiße Prismen (aus H_2O+Alk.), F=212° (Zers.); $[\alpha]_D^{20} = -28,4°$ (in H_2O, p=4%); —30,7° (id., p=9%); Lösl. wie bei d. d-Verb.[1]. Weitere Salze siehe im Beilstein[3]	[1] **Ruff:** Ber. **34**, 1368 (1901). [2] **Nef, Hedenburg** u. **Glattfeld:** Amer. Soc. **39**, 1638 (1917). [3] **Beilstein:** 4. Aufl., Erg.-Bd. III, S. 146.
127° (k.)	$[\alpha]_D^{20} = -17,29°$[2]	—	—	
104° (k.)	$[\alpha]_D^{20} = +72,5°$ (in H_2O, c=ca. 4%)[2]	—	—	
—	inaktiv	l. l. H_2O u. Alk.	**Brucinsalz:** F=207°; $[\alpha]_D^{20} = -26,6°$ (in H_2O, p=ca. 4%), fast unl. in abs. Alk.[2]. Weitere Salze siehe im Beilstein[1]	[1] **Beilstein:** 4. Aufl., Bd. III, S. 412; Erg.-Bd. III, S. 146. [2] **Nef:** A. **357**, 243 247 ff. (1907).
150—151°	—	weniger lösl. als d. akt. Kompon.	—	
92—95°; Kp_{14}=195 bis 200° (geringe Zers.)	—	l. l. H_2O, Alk., Aceton; s. schw. l. Äth.	**Dibenzoat:** $C_{18}H_{14}O_6$, schwere Kryst. (aus Äth.), F=118°, unl. H_2O[2]	
—	$[\alpha]_D = $ ca. $-30°$ (in H_2O)[4]	—	**Ca-Salz:** $(C_4H_7O_5)_2Ca \cdot 3 H_2O$, Kryst. (aus H_2O+Alk.), verliert 2 H_2O im Vak. über H_2SO_4, d. dritte bei 100 bis 110°. — $[\alpha]_D^{20} = -7,43°$ (in H_2O, f. Monohydrat)[4]. **Brucinsalz:** Platten od. Tafeln, F=214°; $[\alpha]_D^{20} = -32,4°$ (in H_2O, c=4%)[2])[5]. Über **Strychnin-** u. **Chininsalz** siehe im Beilstein[2]	[1] **Wohl** u. **Momber:** Ber. **50**, 455 (1917). [2] **Beilstein:** 4. Aufl., Erg.-Bd. III, S. 147. [3] **Jensen** u. **Upson:** Amer. Soc. **47**, 3019 (1925). [4] **Nef, Hedenburg** u. **Glattfeld:** Amer. Soc. **39**, 1646 (1917). [5] **Nef:** A. **403**, 265 (1914).
157—158°	$[\alpha]_D^{20} = -29$ bis $-31°$	—	—	

Tabelle 82 (Fortsetzung).

Nr	Name	Formel, Konstitution	Vorkommen, Bildung, Darstellung	Krystallogr. Eigenschaften
13	**l-Threonsäure** (früher d-Säure)	$C_4H_8O_5$	Aus l-Arabinose bei d. Oxydat. m. Luft-Sauerstoff in alkal. Lösg.[1]	Sirup
14	**d, l-Threonsäure**	$C_4H_8O_5$	Bei d. Oxydat. v. verschied. reduz. Zuckern m. $Cu(OH)_2 + NaOH$[1]	Sirup, nicht rein erhalten
15	**Trioxy-isobuttersäure**	$C_4H_8O_5$: COOH | COH / \\ $HOCH_2$ CH_2OH	Aus Dioxyaceton durch HCN-Anlagerung in wäßr. Lösg. bei 50—60° u. Verseif.; Reinigen über d. Ba-Salz[1]	Feine farbl. Prismen (aus Alk.)
16	**l-Rhamnotetronsäure** (Methyl-tetronsäure)	$C_5H_{10}O_5$: COOH | HCOH | HOCH | HOCH | CH_3	D. Oxydat. v. l-Rhamnotetrose (Methyltetrose) m. Bromwasser[1]. D. Oxydat. v. l-Rhamnose m. Luftsauerstoff in alkal. Lösg.[2]	Nicht isoliert
	Amid	$C_5H_{11}O_4N$	Aus d. Lacton u. NH_3 in Äth.[2]	Große Platten, stark doppelbrechend (aus abs. Alk.)
	Phenylhydrazid	$C_{11}H_{16}O_4N_2$	Aus d. Kompon., auf d. Wasserbad[1]	Weiße, glänz. Blättch. (aus Essigest.)
	γ-Lacton	$C_5H_8O_4$	—	Feine Nadeln[1], wahrscheinl. rhomb.[2] (aus H_2O od. Alk.)
17	**Rhodeotetronsäure-(d-Fuco-tetronsäure-)-γ-lacton**	$C_5H_8O_4$: CO | HOCH | | O HOCH | | | HC — | CH_3	D. Oxydat. v. Rhodeotetrose m. Bromwasser; als Lacton isoliert[1]	Prismat. hygr. Kryst.
18	**l-Fucotetronsäure-γ-lacton**	$C_5H_8O_4$	D. Oxydat. v. l-Fucose m. Luftsauerstoff in alkal. Lösg.; als Lacton isoliert[1]	Krystalle (aus Essigest.)
19	**d-Ribonsäure**	$C_5H_{10}O_6$	D. Oxydat. v. (natürl.) d-Ribose mit Bromwasser[1]. D. Epimerisat. v. d-Arabonsäure mittels h. wäßr. Pyrid.[1][2]	Nur in Lösg. erhalten
	γ-Lacton	$C_5H_8O_5$	—	Krystalle (aus Essigest.)[3]
20	**5-Phospho-d-ribonsäure**	$C_5H_{11}O_9P$: COOH | HCOH | HCOH | HCOH | $CH_2OPO(OH)_2$	D. Oxydat. v. d-Ribose-phosphorsäure mit verd. HNO_3 (D = 1,2) bei 40° od. mit Bromwasser $+$ Ca-Acetat bei Zimmertemp.[1] od. mit $Ba(OI)_2$[2]	Nur in Lösg. erhalten

Schmelz- und Siedepunkt	Optisches Drehungsvermögen	Löslichkeit	Analytisches; Diverses	Literatur
—	—	—	**Phenylhydrazid:** $C_{10}H_{14}O_4N_2$, $F = 157°$. — $[\alpha]_D^{20} = $ ca. $+29°$	[1] **Nef, Hedenburg** u. **Glattfeld:** Amer. Soc. **39**, 1638 (1917).
—	inaktiv	—	—	[1] **Nef:** A. **357**, 233 (1907).
116°	inaktiv	s. l. l. H_2O, w. l. abs. Alk.; schw. l. Äther; unl. $CHCl_3$, C_6H_6	**Ca-Salz:** $(C_4H_7O_5)_2 \cdot 4 H_2O$, feine Nadeln (aus H_2O), l. in 1 Tl. h. H_2O, unl. abs. Alk.; verliert bei 125° 4 H_2O. Über weitere Salze siehe im Original	[1] **E. Fischer** u. **Tafel:** Ber. **22**, 106 (1889).
—	—	—	**Ba-Salz:** $(C_5H_9O_5)_2Ba$, wird beim Verreiben m. abs. Alk. krystallin. **Brucinsalz:** $C_5H_{10}O_5 \cdot C_{23}H_{26}O_4N_2 \cdot H_2O$, weiße Nadeln (aus Alk.), $F = 145$—$150°$ (Zers.); verliert H_2O im Vak. über H_2SO_4 bei 70°. — s. l. l. in H_2O, w. l. in h. Alk. u. $CHCl_3$; unl. in Essigester, Äth., Aceton, k. $CHCl_3$[1]). Weitere Salze siehe im Original[1])	[1] **Ruff:** Ber. **35**, 2365 (1902). [2] **Hudson** u. **Chernoff:** Amer. Soc. **40**, 1005 (1918).
135° (Zers.)	$[\alpha]_D = +54,8°$ (in H_2O, $c = 2,16\%$)	l. l. abs. Alk.	—	
169° (k.)	—	—	—	
120—121°[1]); 123°[2])	$[\alpha]_D^{20} = -47,5°$ (in H_2O, $c = 5,9\%$)[1]); $[\alpha]_D = -44,7°$ (in H_2O, $c = 1,275\%$)[2])	l. l. Alk., Essigester[1]), Äth.[2]); w. l. $CHCl_3$, C_6H_6[1])	—	
—	$[\alpha]_D = +44,2°$ (in H_2O, $c = 0,7\%$), ohne Mutarotat.	—	—	[1] **Votoček** u. **Valentin:** C. 1930, I, 2543.
111°	$[\alpha]_D^{20} = -63,65°$ (in H_2O, $c = 5,0\%$)	—	**Amid:** $C_5H_{11}O_4N$, aus d. Lacton mit alkoh. NH_3, Kryst. (aus abs. Alk. + Äth.), $F = 112,5°$; $[\alpha]_D^{20} = +18,48°$ (in H_2O, $c = 2,0\%$)	[1] **Clark:** J. Biol. Chem. **54**, 65 (1922).
—	$[\alpha]_D = +8,42°$ (E. in H_2O; anfangs linksdrehend)[3])	—	**Cd-Salz:** $(C_5H_9O_6)_2Cd$ (bei 110° getrocknet); krystallin.[1]). **Phenylhydrazid:** $C_{11}H_{16}O_5N_2$, Kryst. (aus 50proz. Alk.), $F = 162°$ (unscharf), Zers. 180°[3])	[1] **Levene** u. **Jacobs:** Ber. **44**, 752 (1911). [2] **van Ekenstein** u. **Blanksma:** Chem. Weekblad **10**, 664 (1913); C. 1913, II, 1562.
72—78°[3]); 80°[2])	$[\alpha]_D = +18,4°$ (A. in H_2O, $c = 5\%$)[2])	—	**p-Bromphenylhydrazid:** $C_{11}H_{15}O_5N_2Br$, Blättchen (aus H_2O), $F = 169°$(Zers.). — $[\alpha]_D^{16} = +3,8°$ (in H_2O); $[\alpha]_D^{10} = +14,0°$ (in Pyrid.). — Über **Hydrazid** siehe im Original[4])	[3] **Levene** u. **La Forge:** Ber. **45**, 614 (1912). [4] **van Marle:** Rec. **39**, 549 (1920).
—	Monocalciumsalz in H_2O: $[\alpha]_D^{25} = -12,68° \rightarrow -0,8°$ in 168 St., unt. part. γ-Lacton-Bildung[2])	—	Wäßr. Ammoniumacetat-Lösg. spaltet bei 130° in H_3PO_4 u. d-Ribonsäure[1]). **Neutrales Ca-Salz:** $(C_5H_8O_9P)_2Ca_3$, mikr. kugel. Aggr.; z. lösl. in k., weniger in h. H_2O[1])	[1] **Levene** u. **Jacobs:** Ber. **44**, 746 (1911). [2] **Levene** u. **Mori:** J. Biol. Chem. **81**, 215 (1928).

Tabelle 82 (Fortsetzung).

Nr	Name	Formel, Konstitution	Vorkommen, Bildung, Darstellung	Krystallogr. Eigenschaften
21	l-Ribonsäure	$C_5H_{10}O_6$: COOH | HOCH | HOCH | HOCH | CH_2OH	D. Epimerisat. v. l-Arabonsäure mittels wäßr. Pyrid. bei 100°[1] od. 130°[2]. Bei d. Oxydat. v. l-Arabinose mit $Cu(OH)_2$ u. NaOH in wäßr. Lösg.[3] D. Oxydat. v. l-Ribose (aus l-Arabinal u. Benzopersäure) mit Bromwasser[4]	Sirup
	γ-Lacton	$C_5H_8O_5$	D. Eindampfen der (über das Cd-Salz od. Phenylhydrazid gereinigten) Säure[1][2][4][5]	Lange, farbl. Prismen (aus Alk.)[1]
22	d-Arabonsäure	$C_5H_{10}O_6$: COOH | HOCH | HCOH | HCOH | CH_2OH	D. Oxydat. v. d-Arabinose mit Bromwasser[1]. Bei d. elektrolyt. Oxydat. v. d-Glucose[2]. D. Oxydat. v. d-Glucose in alkal. Lösg. (neb. and. Prod.) mittels O_2, H_2O_2[3], $CuCO_3$[4], $Ba(OBr)_2$[5]. D. Oxydat. v. d-Fructuronsäure mit $Ba(MnO_4)_2$ in saurer Lösg.[6]	Sirup
	Phenylhydrazid	$C_{11}H_{16}O_5N_2$	Aus d. Kompon. in abs. Alk.[3]	Krystalle
	γ-Lacton	$C_5H_8O_5$	D. Eindampfen der Säure[1][4]	Harte Nadeln (aus Aceton od. Essigest.)
23	2, 3, 5?-Triacetyl-d-arabonsäure	$C_{11}H_{16}O_9$	Nebenprod. bei d. Oxydat. von Triacetylglucal mit Ozon[1]. D. Oxydat. v. Tetraacetyl-d-glucoseen(1,2) mit $KMnO_4$[2]	Lange Nadeln od. Prismen (aus C_6H_6)[1]
24	Dimethyl-d-arabonsäure-γ-lacton	$C_5H_6O_3(OCH_3)_2$	Entsteht neb. and. Prod. bei d. Oxydat. v. n-Tetramethylglucose mit alkal. H_2O_2[1]	Lange, farbl. Nadeln (aus Petroläth.)
25	2, 3, 4-Trimethyl-d-arabonsäure-δ-lacton	$C_5H_5O_2(OCH_3)_3$	D. Oxydat. v. 3,4,5-Trimethyl-d-fructuronsäure mit $Ba(MnO_4)_2$ + H_2SO_4 u. Vakuumdestill.[1]	Lange, farbl. Nadeln
26	2, 3, 5-Trimethyl-d-arabonsäure-γ-lacton	$C_5H_5O_2(OCH_3)_3$	Wie vorstehend, aus 3,4,6-Trimethyl-d-fructuronsäure[1]	Nadeln od. Platten (aus Petroläth.)

Schmelz- und Siedepunkt	Optisches Drehungsvermögen	Löslichkeit	Analytisches; Diverses	Literatur
—	—	—	**Cd-Salz:** $(C_5H_9O_6)_2Cd$ (bei $110°$ getrocknet), feineNadeln, $[\alpha]_D^{20} = +0,6°$ (in H_2O). Weitere Salze siehe im Original[2]). **Phenylhydrazid:** $C_{11}H_{16}O_5N_2$, derbe Nadeln, $F = 163—164°$; lösl. in H_2O, leichter lösl. in Alk. als Arabonsäurephenylhydrazid[3])[5]). **Amid:** $C_5H_{11}O_5N$, Platten (aus 90proz. Alk.), $F = 137—138°$; $[\alpha]_D^{20} = -16,4°$ (in H_2O); l. lösl. in H_2O, schwer in Alk.; wird in wäßr. Lösg. langsam hydrol.[6])	[1]) **Simon** u. **Hasenfratz:** Comp. rend. **179**, 1165 (1924). — **Hasenfratz:** Compt. rend. **184**, 210 (1927). [2]) **E. Fischer** u. **Piloty:** Ber. **24**, 4214 (1891). [3]) **Nef:** A. **357**, 225 (1907). [4]) **Gehrke** u. **Aichner:** Ber. **60**, 918 (1927). [5]) **van Ekenstein** u. **Blanksma:** Chem. Weekblad **4**, 743 (1907); C. **1908, I,** 119. [6]) **Hudson** u. **Komatsu:** Amer. Soc. **41**, 1141 (1919). — **Weerman:** Rec. **37**, 38 (1917).
$84—86°$[1]); $79—80°$[4])[5])	$[\alpha]_D^{20} = -18,0°$ (in H_2O, c $= 9,34\%$)[2]); $[\alpha]_D^{15} = -18°$[1])	l. l. H_2O, Alk., Aceton; w. l. Essigester; s. schw. l. Äth.[2])	Geht (im Gegensatz zu Arabonolacton) beim Erhitzen in CH_3OH nicht in d. Ester über[1]). **Tribenzoat:** $C_5H_5O_5(C_7H_5O)_3$, feine Nadeln, w. l. in k., leicht in h. Alk. u. Benzin; $[\alpha]_D = +11,1°$ (in C_6H_6)[1])	
—	$[\alpha]_D = +18,65° \to +48,62°$ in 48 St. (in H_2O)[6])	1 Tl. Ca-Salz löst sich in 74,12 Tl. H_2O bei $12°$ u. in 22,2 Tl.b.$40°$[1])	**Ca-Salz:** $(C_5H_9O_6)_2Ca \cdot 5\ H_2O$, farbl. derbe Nadeln[1]). — $[\alpha]_D^{20} = -2,57°$ (Hydrat), resp. $-3,19°$ (Anhydr., in H_2O)[3]). **Ba-Salz:** $(C_5H_9O_6)_2Ba$, H_2O-freie Kryst. (aus $H_2O + CH_3OH$). Sehr schwach linksdrehend in H_2O[6]). **Brucinsalz:** Durchsichtige Platten (aus wäßr. Alk.), enthält Krystallwasser, das im Vak. über H_2SO_4 entweicht. $F = 167—170°$. — $[\alpha]_D = -26,33°$ (in H_2O)[3]). Über weitere Alkaloidsalze siehe im Original[3])	[1]) **Ruff:** Ber. **32**, 556 (1899). [2]) **Löb:** Bioch. Z. **17**, 136 (1909). [3]) **Glattfeld:** Am. chem. J. **50**, 135 (1913). — Vgl. **Spoehr:** Am. chem. J. **43**, 227 (1910). [4]) **Jensen** u. **Upson:** Amer. Soc. **47**, 3019 (1925). [5]) **Hönig** u. **Tempus:** Ber. **57**, 787 (1924). [6]) **Ohle** u. **Berend:** Ber. **60**, 1166 (1927). [7]) **Hudson:** Amer. Soc. **39**, 467 (1917).
$213—214°$	$[\alpha]_D^{20} = -13,9°$ (in H_2O)[3])[6]); $[\alpha]_D^{20} = -14,4°$; $[\alpha]_D^{80} = -25°$ (in H_2O, c $= 0,972\%$)[7])	w. l. abs. Alk.[3])	—	
sint. $94°$; $F = 98$-$99°$[1]); $96°$[4])	$[\alpha]_D^{20} = +73,73°$ (A.) (in H_2O, c $= 10\%$)[1])	—	—	
$120—127°$ (unscharf)	$[\alpha]_D^{17} = +27,5°$ (in Alk.)	l. l. Alk., Aceton, Essigester, $CHCl_3$; z. l. H_2O; schw. l. C_6H_6, Äth.; s. schw. l. Petroläth.	Die wäßr. Lösg. reagiert sauer[1]). **K-Salz:** $C_{11}H_{15}O_9K$, Kryst. (aus $H_2O + $ Alk.), $F = 214—215°$[2])	[1]) **E. Fischer** †, **Bergmann** u. **Schotte:** Ber. **53**, 510, 522 (1920). [2]) **Maurer:** Ber. **62**, 336 (1929).
$77°$ (k.)	$[\alpha]_D^{20} = +89° \to +71,8°$ in 10 Tag. (in H_2O, c $= 5\%$)	—	—	[1]) **Gustus** u. **Lewis:** Amer. Soc. **49**, 1512 (1927).
$44°$	$[\alpha]_D^{18} = -177,3° \to -10,2°$ in 2 Tag. (in H_2O)	—	$n_D^{18} = 1,4626$ (f. unterkühlte Fl.)	[1]) **Anderson, Charlton, Haworth** u. **Nicholson:** Soc. Lond. **1929**, 1337.
$32—33°$	$[\alpha]_D = +44,5° \to +25,5°$ in 18 Tag. (in H_2O, c $= 0,712\%$)	—	—	[1]) **Avery, Haworth** u. **Hirst:** Soc. Lond. **1927**, 2308. — **Haworth** u. **Learner:** Soc. Lond. **1928**, 619.

Nr	Name	Formel, Konstitution	Vorkommen, Bildung, Darstellung	Krystallogr. Eigenschaften
27	l-Arabonsäure	$C_5H_{10}O_6$: COOH | HCOH | HOCH | HOCH | CH_2OH	D. Oxydat. v. l-Arabinose mit Bromwasser[1][2]), verd. HNO_3[3]), $Cu(OH)_2$ in alkal. Lösg.[4]) od. mittels Sorbosebacterium[5]). Weitere Darstellungs- u. Bildungsweisen siehe im Beilstein[6])	Sirup
	Amid	$C_5H_{11}O_5N$	Aus d. Lacton m. alkohol. NH_3[11])[12])	Krystalle (aus CH_3OH[11]) od. 90proz. Alk.[12]))
	Phenylhydrazid	$C_{11}H_{16}O_5N_2$	D. Erhitzen d. Kompon. in wäßr. Lösg.[13])	Farbl. glänz. Blättchen (aus h. H_2O)
	γ-Lacton	$C_5H_8O_5$	D. Eindampfen der Säure[15])	Farbl., harte Nadeln (aus Aceton)
	δ-Lacton?	$C_5H_8O_5$	Wurde einmal beim Eindampfen der (aus d. Ca-Salz freigemacht.) Säure erhalten[8])[9])	Krystalle
28	l-Arabonsäure-methylester	$C_4H_9O_4COOCH_3$	D. Erhitzen des Lactons in CH_3OH[1])	Krystalle
	l-Arabonsäure-äthylester	$C_4H_9O_4COOC_2H_5$	Analog, in C_2H_5OH	Krystalle
29	Tetracetyl-l-arabonsäurenitril	$C_{12}H_{17}O_8CN$	D. Erhitzen v. l-Arabinoseoxim m. $(CH_3CO)_2O$ u. Na-Acetat[1])	Krystalle (aus H_2O)
30	2, 3, 4-Trimethyl-l-arabonsäure	$C_5H_7O_3(OCH_3)_3$	D. Oxydat. v. 2,3,4-Trimethyl-l-Arabinose m. Bromwasser[1])[2])	Nur in Lösg. erhalten
	δ-Lacton	$C_8H_{14}O_5$	Aus d. Säure durch Vakuumdestill.	Seidige, prismat. Nadeln[4])
31	2, 3, 5-Trimethyl-l-arabonsäure	$C_5H_7O_3(OCH_3)_3$	D. Oxydat. v. Trimethyl-γ-arabinose m. verd. HNO_3 bei $75°$[1]) od. m. Bromwasser[2])	Nur in Lösg. erhalten
	γ-Lacton	$C_8H_{14}O_5$	Aus d. Säure d. Vakuumdestill.[1]) od. d .Methylierg. v. γ-Arabonolacton m. $CH_3I + Ag_2O$[2])[3])	Lange, farbl. Nadeln (aus Petroläth.)[3])

Aldonsäuren.

Schmelz- und Siedepunkt	Optisches Drehungsvermögen	Löslichkeit	Analytisches; Diverses	Literatur
—	[α]_D = −8,5° → −45,9° in 2 Tag. (in H_2O)[7] [α]_D = −10,8° → −51,5° in 12 Tag. (in H_2O, c = ca. 6,5%, als Lacton ber.)[8]	—	Ca-Salz: $(C_5H_9O_6)_2Ca \cdot 5\,H_2O$, kl. Prismen od. Nadeln (aus H_2O), verliert 5 H_2O beim Erhitzen auf 100°[1]); [α]_D = +3,1° (in H_2O)[9][10]); w. l. in k. H_2O. Ba-Salz: $(C_5H_9O_6)_2Ba$, mikr. Tafeln (aus H_2O + Alk.), wasserfrei[1]). Brucinsalz: $C_5H_{10}O_6 \cdot C_{23}H_{26}O_4N_2 \cdot 4\,H_2O$[2]), derbe Kryst. (aus wäßr. Alk.), F = 155°[4]), bzw. 160°[10]); [α]_D = −21,74° (in H_2O)[10]). Weitere Salze siehe im Beilstein[6]). Über N-substituierte Amide, Anilide u. Hydrazide vgl.[14])	1) Kiliani: Ber. 19, 3029 (1886) 20, 339 (1887). 2) Kiliani: Ber. 58, 2347 (1925). 3) Kiliani: Ber. 21, 3006 (1888); 54, 460 (1921). 4) Nef: A. 357, 216 ff. (1907). 5) Bertrand: Soc. chim. France [3] 19, 1003 (1898). 6) Beilstein: 4. Aufl., Bd. III, S. 473; Erg.-Bd. III, S. 165. 7) Allen u. Tollens: A. 260, 312 (1890). 8) Böddener u. Tollens: Ber. 43, 1645 (1910). 9) Hauers u. Tollens: Ber. 36, 3321 (1903). 10) Glattfeld: Am. chem. J. 50, 147 (1913). 11) Weerman: Rec. 37, 35 (1917). 12) Hudson u. Komatsu: Amer. Soc. 41, 1141 (1919). 13) E. Fischer: Ber. 23, 2627 (1890). — van Ekenstein u. Blanksma: Chem. Weekblad 4, 743 (1907); C. 1908, I, 119. 14) van Marle: Rec. 39, 549 (1920). — van Wijk: Rec. 40, 221 (1921). 15) E. Fischer u. Piloty: Ber. 24, 4218 (1891). 16) Simon u. Hasenfratz: Compt. rend. 179, 1165 (1924).
132—133° (Zers.)[11] 135—136°[12])	[α]_D^{14} = +38,4° (in H_2O)[11]); [α]_D^{20} = +37,5° (in H_2O, c = 5%)[12])	s.l.l. H_2O, weniger CH_3OH, schw. l. Alk.[11]		
215°	[α]_D = +14,94° (in H_2O, c = 2%)[10])	w. l. k. H_2O		
sint. 86° F = 95—98°[15]); 98—101°[10])	[α]_D^{20} = −73,9° (in H_2O, c = 9,45%)[15]); [α]_D = −70,8° → −51,5° in 40 Tag. (in H_2O)[8])	—	Triacetat: $C_5H_5O_5(COCH_3)_3$, Kryst. (aus Äth.), F = 67°; [α]_D^{20} = −67,2° (in C_6H_6). Dibenzoat: $C_5H_6O_5(COC_6H_5)_2$, F = 200°; [α]_D^{20} = −37,65° (in Aceton). Tribenzoat: $C_5H_5O_5(COC_6H_5)_3$, F = 120°; [λ]_D^{20} = +24° (in Aceton), +28,2° (in C_6H_6)[16])	
118°	[α]_D = −9,13° → −36,1° in 20 Tag. (in H_2O)	—	—	
148° (rasch erhitzt)	[λ]_D^{20} = −6,30° (in H_2O)	—	Zersetzt sich bei längerem Erhitzen auf 110° in Lacton u. CH_3OH; die wäßr. Lösg. wird langsam hydrol. Über Tetracetate d. Methyl- u. Äthylesters siehe im Original	1) Simon u. Hasenfratz: Compt. rend. 179, 1165 (1924). — Vgl. Böddener u. Tollens: Ber. 43, 1645 (1910).
126,5°	schwach rechtsdrehend	—		
117—118°[1]); 119—120°[2])	—	w. l. k. H_2O, leicht. h. H_2O; l.l. Alk. u. Äth.[1]	Alkalien spalten HCN ab[1])	1) Wohl: Ber. 26, 744 (1893); 32, 3667 (1899). 2) Deulofeu u. Selva: Soc. Lond. 1929, 225.
—	[α]^{19}_{5461} = +16° → +18° in 2 Tag. (in H_2O, c = 0,72%, als Lacton ber.)[3]	—	Gibt amorphe Salze (Na-, K-, NH_4-, Ba-, Pb-, Hg-), s. l. l. in H_2O. Amid: Kryst., F = 95—100°[1])	1) Pryde, Hirst u. Humphreys: Soc. Lond. 127, 348 (1925). 2) Pryde u. Humphreys: Soc. Lond. 1927, 559. 3) Drew, Goodyear u. Haworth: Soc. Lond. 1927, 1237. 4) Drew u. Haworth: Soc. Lond. 1927, 775.
45°[4]); Kp₁₂ = 156°[1])	[α]_D = +178,3° → +21,5° in 24 St. (in H_2O, c = 1,12%)[2]); [α]^{21}_{5461} = +206,3° → +17° in 4 St. (in H_2O, c = 1,41%)[4]); [α]^{21}_{5461} = +203,5° (in C_6H_6, c = 0,86%) ohne Mutarotat.[4])	l.l. in organ. Lösgm.[1])[4]	$n_D^{15,5} = 1{,}4630$ (f. unterkühlte Fl.)[4]). Reduz. nicht Fehl. Lösg.[1])[4]). Polymeres Lacton: $(C_8H_{14}O_5)_{10}$, d. Einw. v. HCl- od. Acetylchloriddämpfen auf d. Lacton. Mikrokryst. Pulv. (aus C_6H_6), sint. ab 130°, F = 135—138°; w. lösl. in k., etwas mehr in h. H_2O. — [α]^{90}_{5461} = ca. 0° (in H_2O, c = 0,39%); in k. H_2O schwach linksdrehend; [α]^{21}_{5461} = +39° (in C_6H_6, c = 0,6%). Erhitzen auf 175°/0,03 mm depolymeris. z. monomerem Lacton[4])	
—	[α]_D^{18} = −2° → −26,2° in 24 St. (in verd. wäßr. Mineralsäure, c = 1,01%)[2])	—	—	1) Baker u. Haworth: Soc. Lond. 127, 365 (1925). 2) Pryde u. Humphreys: Soc. Lond. 1927, 559. 3) Haworth u. Nicholson: Soc. Lond. 1926, 1899. 4) Drew, Goodyear u. Haworth: Soc. Lond. 1927, 1237.
33°[3]); Kp₂ = 115°[2]); Kp₀,₀₃ = 90°[1])	[α]_D = −44,4° → −25,2° in 20 Tag. (in H_2O, c = 1,06%)[4])	—	$n_D^{17} = 1{,}4452$ (f. unterkühlte Fl.)[2])	

Nr	Name	Formel, Konstitution	Vorkommen, Bildung, Darstellung	Krystallogr. Eigenschaften
32	d, l-Arabonsäure (Ca-Salz)	$(C_5H_9O_6)_2Ca \cdot 5 H_2O$	Das Ca-Salz entsteht durch Vermischen gleicher Teile d. akt. Kompon.[1]	Ca-Salz kryst. analog den akt. Kompon.
	γ-Lacton	$C_5H_8O_5$	D. Eindampfen der (aus d. Ca-Salz freigemachten) Säure	Große prismat. Nadeln (aus Aceton)
33	d-Xylonsäure (früher l-Säure)	$C_5H_{10}O_6$: COOH | HCOH | HOCH | HCOH | CH₂OH	D. Oxydat. v. d-Xylose m. Bromwasser[1][2]), verd. k. HNO_3[3]), $Cu(OH)_2$ in alkal. Lösg.[4]) od. mittels Sorbosebacterium[5]). D. Oxydat. v. d-Galaktose in alkal. Lösg. mittels Luft od. H_2O_2 (neb. and. Prod.)[6]). Verbesserte Darst. aus d-Xylose (mit Br_2 in Gegenw. v. Ba-Benzoat) siehe [7]	Sirup
	Brucinsalz	$C_5H_{10}O_6 \cdot C_{23}H_{26}O_4N_2$	Aus d. Kompon.[6][9])	Nadeldrus. od. rhomb. Tafeln (aus Alk.)[9]); enthält Kryst.-H_2O, das im Vak. üb. H_2SO_4 entweicht[6])
	Cd-xylonobromid	$C_5H_9O_6CdBr \cdot H_2O$	Aus d. (HBr-haltigen) Rohsäure mit $CdCO_3$[2])	Prismat. Nadeln
	Amid	$C_5H_{11}O_5N$	Aus d. Lacton u. alkohol. NH_3[11])	Weiße Platten
	Phenylhydrazid	$C_{11}H_{16}O_5N_2$	Aus d. Kompon. in wäßr. Lösg.[9])	Farbl. Nadeln (aus Essigester)
	γ-Lacton	$C_5H_8O_5$	D. Eindampfen der Säure[1][6])	Schwere Krystalle (aus Aceton)
34	Tetracetyl-d-xylonsäurenitril	$C_{12}H_{17}O_8CN$	D. Erhitzen v. d-Xylose-oxim mit $(CH_3CO)_2O$ u. Na-Acetat[1])	Blättchen (aus H_2O)
35	Dimethylen-d-xylonsäure	$C_5H_6O_6(CH_2)_2$	Aus d-Xylonsäure u. wäßr. Formaldehyd, m. konz. HCl[1])	Nadeln (aus Aceton). Kryst. aus H_2O mit $1/2$ Mol. H_2O

Schmelz- und Siedepunkt	Optisches Drehungsvermögen	Löslichkeit	Analytisches; Diverses	Literatur
—	inaktiv	lösl. in 34 Tl. H_2O bei 12°, in 10 Tl. H_2O bei 40°	Ist kein Racemat	[1] **Ruff:** Ber. **32**, 557 (1899).
115—116° (k.)	inaktiv	l. l. H_2O u. Alk.; in Aceton weniger lösl. als d. akt. Kompon.	racemisch	
—	$[\alpha]_D = +17,5°$ (E. in H_2O; anfangs linksdrehend)[1]; $[\alpha]_D = +17,98°$ (E. in H_2O)[8]; $\alpha^{20} = -0°\,32' \rightarrow +1°\,14'$ in 24 St. (f. 1,5 g Cd-xylonobromid zu 30 ccm in n-H_2SO_4 gelöst, im 3 dm-Rohr)[5]	—	**Sr-Salz:** $(C_5H_9O_6)_2Sr$ — Viereckige Krystallplatten (aus H_2O m. Alk. gefällt), mit $8^1/_2 H_2O$[1]; od. flache Säulen (aus H_2O) mit 5 H_2O, w. l. in H_2O[8]); verliert d. Krystallwasser bei 100°. — $[\alpha]_D = +12,14°$ (in H_2O, c = ca. 4,3%, f. Anhydrid)[1]. **Zn-Salz:** $(C_5H_9O_6)_2Zn \cdot 3 H_2O$, schöne Nadeln[1]. **Cinchoninsalz:** $C_5H_{10}O_6 \cdot C_{19}H_{22}ON_2$, Tafeln (aus H_2O) od. Nadeln (aus Alk.), F = 180° (Zers.)[9], bzw. 170°[6]; schw. l. in Alk. — $[\alpha]_D^{20} = +126,2°$ (in H_2O)[6]; $[\alpha]_D^{17} = +125,0°$ (in H_2O, c = 2,0%)[9].	[1] **Allen** u. **Tollens:** A. **260**, 306 (1890). — **Clowes** u. **Tollens:** A. **310**, 175 (1899). [2] **Bertrand:** Soc. chim. France [3] **5**, 556 (1891); **7**, 501 (1892); **15**, 593 (1896). [3] **Kiliani:** Ber. **54**, 460 (1921). [4] **Nef, Hedenburg** u. **Glattfeld:** Amer. Soc. **39**, 1650 (1917). [5] **Bertrand:** Soc. chim. France [3] **19**, 1001 (1898). [6] **Nef:** A. **403**, 220, 244 ff., 291 ff. (1914). — Vgl. **Spoehr:** Am. chem. J. **43**, 245 (1910). [7] **Hudson** u. **Isbell:** Amer. Soc. **51**, 2227 (1929). [8] **Kiliani:** Ber. **59**, 2462 (1927). [9] **Neuberg:** Ber. **35**, 1473 (1902). [10] **Browne** u. **Tollens:** Ber. **35**, 1461 (1902). [11] **Weerman:** Rec. **37**, 40 (1917). [12] **van Marle:** Rec. **39**, 559 (1920).
172—174°[9]; 176°[6]	$[\alpha]_D^{20} = -18,7°$ (in H_2O, p = ca. 4,2%)[6]	w. l. k. H_2O u. Alk.; z. l. h. H_2O; l. in ca. 27 Tl. h. Alk.; schw. l. h. Aceton; fast unl. bis unl. in and. org. Lösgm.[9]	Über **Morphinsalz** siehe im Original[9]	
—	$[\alpha]_D^{20} = +8,8°$ (in H_2O, c = 1,5%)[7]; $[\alpha]_D = +7,4°$ (in H_2O)[10]	0,1456 g in 10 ccm wäßr. Lösg. bei 22°; lösl. in $7^1/_2$ bis 8 Tl. kochend. H_2O[2]	Bläht sich beim Erhitzen ohne zu schmelzen (Pharaonenschlange)[2]. Anal. **Chlorid:** $C_5H_9O_6CdCl \cdot H_2O$, Kryst., ca. $3^1/_2$ mal löslicher in H_2O als d. Bromid[2]	
81—82°	$[\alpha]_D^{16} = +44,5°$ (in H_2O, p = 9,1%)	l. l. H_2O, w. l. Alk.	Wird in wäßr. Lösg. langsam hydrol.	
129° (Zers.)	—	l. l. in allen Lösgm. außer Kohlenwasserstoffen	Über **Hydrazid** u. **Benzalhydrazid** siehe [12]	
90—92°[1]; 99—103°[6]	$[\alpha]_D = +74,4°$ (in H_2O)[1]; $[\alpha]_D = +89,56°$ (in H_2O, p = ca. 4,2%)[6]	—	—	
81,5°	—	s. l. l. Alk. u. CH_3OH; z. l. h. H_2O; fast unl. k. H_2O	Sublim. bei Wasserbadtemperatur. Alkalien spalten HCN ab	[1] **Maquenne:** Compt. rend. **130**, 1402 (1900); Ann. chim. phys. [7] **24**, 403 (1901).
209—212°	$[\alpha]_D = +39,5°$ (in H_2O, f. Anhydrid)	—	Gibt kryst. Ca-, Zn- u. Phenylhydrazin-Salze[1]. **Dibenzal-d-xylonsäure:** $C_5H_6O_6 \cdot (C_7H_6)_2$, Kryst. (aus CH_3OH), F = 199°. — $[\alpha]_D = -22°$ (in CH_3OH, c = 0,4%); w. l. in H_2O, CH_3OH, Alk.[2]	[1] **Clowes** u. **Tollens:** A. **310**, 176 (1899). [2] **van Ekenstein** u. **de Bruyn:** Rec. **18**, 305 (1899).

Nr	Name	Formel, Konstitution	Vorkommen, Bildung, Darstellung	Krystallogr. Eigenschaften
36	2, 3-Dimethyl-d-xylonsäure	$C_5H_8O_4(OCH_3)_2$	D. Oxydat. v. 2,3-Dimethyl-xylose m. Bromwasser bei 75°[1]	Nur in Lösg. erhalten
	γ-Lacton	$C_7H_{12}O_5$	Aus d. Säure durch Vakuumdestill.	Sirup
37	3, 5-Dimethyl-d-xylonsäure-γ-lacton	$C_5H_6O_3(OCH_3)_2$	D. Oxydat. v. 3,5-Dimethyl-xylose mit Bromwasser bei 75°, u. Vakuumdestill.[1]	Sirup
38	2, 3, 5-Trimethyl-d-xylonsäure	$C_5H_7O_3(OCH_3)_3$	D. Oxydat. v. Trimethyl-γ-xylose mit Bromwasser bei 35°[1]	Nur in Lög. erhalten
	γ-Lacton	$C_8H_{14}O_5$	Aus der Säure durch Vakuumdestill.[1] od. d. Methylierg. v. 3,5-Dimethyl-[2] od. 2,3-Dimethylxylonsäurelacton[3] m. CH_3I + Ag_2O	Farbl. Flüssigkeit
39	2, 3, 4-Trimethyl-d-xylonsäure	$C_5H_7O_3(OCH_3)_3$	D. Oxydat. v. 2,3,4-Trimethyl-xylose mit Bromwasser bei 75°[1]	Nur in Lösg. erhalten
	δ-Lacton	$C_8H_{14}O_5$	Aus d. Säure durch Vakuumdestill.	Lange Nadeln (aus Petroläth.)[1]
40	l-Xylonsäure (früher d-Säure)	$C_5H_{10}O_6$	D. Oxydat. v. l-Xylose mit Bromwasser[1]	Nicht isoliert
41	Tetracetyl-l-xylonsäurenitril	$C_{12}H_{17}O_8CN$	D. Erhitzen v. l-Xyloseoxim mit $(CH_3CO)_2O$ u. Na-Acetat[1]	Weiße Krystalle (aus Alk.)
42	d-Lyxonsäure	$C_5H_{10}O_6$: COOH | HOCH | HOCH | HCOH | CH_2OH	D. Oxydat. v. d-Lyxose m. Bromwasser[1]; d. Epimerisat. v. d-Xylonsäure m. wäßr. Pyrid. bei 135°[2][3]); entsteht neb. and. Prod. bei d. Oxydat. v. d-Xylose mit $Cu(OH)_2$ in alkal. Lösg.[4] od. v. d-Galaktose m. Luft, $Cu(OH)_2$ od. H_2O_2 in alkal. Lösg.[5]	Nicht isoliert
	Phenylhydrazid	$C_{11}H_{16}O_5N_2 \cdot 2\,H_2O$	Aus d. Kompon. in d. Wärme[1][2][3]	Farbl. Tafeln (aus verd. Alk.); verliert beim Trocknen bei 105° 2 H_2O
	γ-Lacton	$C_5H_8O_5$	—	Schwere Nadeln od. Prismen (aus Essigest.)[1][2][5]

Schmelz- und Siedepunkt	Optisches Drehungsvermögen	Löslichkeit	Analytisches; Diverses	Literatur
—	$[\alpha]_D^{22}=+30,4° \to +63°$ in 700 St. (in H_2O, c=1%, als Lacton ber.)	Phenylhydrazid: l. l. H_2O, Alk., Essigester; unl. Äth., Petroläth.	**Phenylhydrazid:** $C_{13}H_{20}O_5N_2$, Nadelrosetten (aus Essigester+Petroläth.), F=107—108°; $[\alpha]_D^{23}=+30°$ (in Alk., c=0,5%). **p-Bromphenylhydrazid:** $C_{13}H_{19}O_5N_2Br$, lange, seidige Nadeln, F=150—151°	[1] **Hampton, Haworth u. Hirst:** Soc. Lond. **1929**, 1748.
$Kp_{0,02}=$ ca. 115°	$[\alpha]_D^{23}=+97° \to +69°$ in ca. 400 St. (in H_2O, c=1,2%)	—	$n_D^{16,5}=1,4640$	
$Kp_{0,08}=$ 105—106°	$[\alpha]_{5780}^{21,5}=+81,5° \to +85,1°$ in 1 Tag → +39° in 49 Tag. (in H_2O)	—	$n_D^{15}=1,4643$. **Phenylhydrazid:** $C_{13}H_{20}O_5N_2$, Nadelrosetten (aus C_6H_6), F=94—95°; lösl. in $CHCl_3$, weniger in H_2O u. Äth., unl. Petroläth.	[1] **Haworth** u. **Porter:** Soc. Lond. **1928**, 611.
—	$[\alpha]_{5780}^{17}=+42,5° \to +40°$ in 1 Tag → +62,5° in 40 Tag. (in H_2O, c=0,856%, als Lacton ber.)[2]	—	**Phenylhydrazid:** $C_{14}H_{22}O_5N_2$; Nadelrosetten (aus C_6H_6), F=89—90°[2][3]	[1] **Haworth** u. **Westgarth:** Soc. Lond. **1926**, 880. [2] **Haworth** u. **Porter:** Soc. Lond. **1928**, 611. [3] **Hampton, Haworth u. Hirst:** Soc. Lond. **1929**, 1750.
$Kp_{0,06}=$ 82°[2]	$[\alpha]_{5780}^{17}=+108° \to +110°$ in 1 Tag → +67,5° in 40 Tag. (in H_2O, c=2%)	—	$n_D^{17}=1,4464$[2]	
—	$[\alpha]_{5461}^{16}=+32,7° \to +21,5°$ in 8 St. (in H_2O, c=0,977%, als Lacton ber.)[2]	—	**Phenylhydrazid:** $C_{14}H_{22}O_5N_2$, F=137—138,5°[3]	[1] **Haworth** u. **Westgarth:** Soc. Lond. **1926**, 880. [2] **Drew, Goodyear** u. **Haworth:** Soc. Lond. **1927**, 1237. [3] **Haworth** u. **Long:** Soc. Lond. **1929**, 349.
55°[1]; 56°[2] (scharf)	$[\alpha]_{5461}^{20}=0° \to +21,5°$ in 70 St. (in H_2O, c=1,87%)[2]; $[\alpha]_D^{15}=-3,8° \to +20,8°$ (in H_2O, c=1,33%)[1]	—	—	
—	—	—	**Cadmium-l-xylonobromid:** $C_5H_9O_6CdBr . H_2O$, analog d.d-Verb.	[1] **E. Fischer** u. **Ruff:** Ber. **33**, 2145 (1900).
82°	—	s. l. l. $CHCl_3$, l. Alk., Äth.; fast unl. H_2O	—	[1] **Deulofeu:** Soc. Lond. **1929**, 2458.
—	—	—	**Brucinsalz:** schiefe Prismen od. Platten (aus Alk.), F=174—176° (k.); l. lösl. H_2O, lösl. in ca. 40 Tl. h. Alk.[2] od. flache Nadeln (aus verd. Alk.), F=168°, ca. 8% Krystallwasser enthaltend); $[\alpha]_D^{20}=-27,57°$ (in H_2O)[5]. **Chininsalz:** Nadeln (aus Alk.), F=169°; lösl. in 3 Tl. h. Alk., w. l. k. Alk. $[\alpha]_D=-109,8°$ (in H_2O)[5]. Über weitere Salze vgl.[3]	[1] **Wohl** u. **List:** Ber. **30**, 3107 (1897). [2] **E. Fischer** u. **Bromberg:** Ber. **29**, 581, 2068 (1896). [3] **Bertrand:** Soc. chim. France [3] **15**, 592 (1896). [4] **Nef, Hedenburg** u. **Glattfeld:** Amer. Soc. **39**, 1650 (1917). [5] **Nef:** A. **403**, 220, 244 ff., 282 ff., 291 ff. (1914). — Vgl. **Spoehr:** Am. chem. J. **43**, 245 (1910) u. **Nef:** A. **376**, 55 Anm. (1910). [6] **van Marle:** Rec. **39**, 559 (1920).
142°[3] (Hydrat); 164—165° (k.)[2] (Anhydrid)	$[\alpha]_D=-11,2°$ bis $-12,6°$ (in H_2O, c=4%)[5]; $[\alpha]_D^{20}=-13,72°$ (in H_2O)[4] (f. Anhydrid)	l.l. H_2O, schw. l. k. Alk.[2]	Über **Hydrazid** (F=188°; $[\alpha]_D^{14}=-3,6°$ in H_2O) vgl.[6]	
112°[1]; 114—115° (k.)[2]	$[\alpha]_D^{20}=+82,4°$ (in H_2O, c=ca.·10%)[2]; $[\alpha]_D^{20}=+84,75°$[4]	l. l. H_2O, weniger Alk.; fast unl. Äth.; l. in ca. 200 Tl. h. Essigester[2]	—	

Nr	Name	Formel, Konstitution	Vorkommen, Bildung, Darstellung	Krystallogr. Eigenschaften
43	**2, 3, 4-Trimethyl-d-lyxonsäure**	$C_5H_7O_3(OCH_3)_3$	D. Oxydat. v. n-Trimethyl-d-lyxose m. Bromwasser bei $35°$[1]. D. Epimerisat. v. 2,3,4-Trimethyl-d-xylonsäure m. wäßr. Pyrid. bei $100°$[2].	Nur in Lösg. erhalten
	δ-Lacton	$C_8H_{14}O_5$	Aus der Säure durch Vakuumdestill. [1]	Flüssig
44	**2, 3, 5-Trimethyl-d-lyxonsäure**	$C_5H_7O_3(OCH_3)_3$	D. Oxydat. v. Trimethyl-γ-lyxose mit Bromwasser bei $35—40°$[1]. D. Epimerisat. v. 2,3,5-Trimethyl-d-xylonsäure m. wäßr. Pyrid. bei $100°$[2]	Nur in Lösg. erhalten
	γ-Lacton	$C_8H_{14}O_5$	Aus d. Säure durch Vakuumdestill. od. d. Methylierg. v. γ-Lyxonolacton m. $CH_3I + Ag_2O$[1]	Lange Nadeln (aus Äth. + Petroläth.)
45	**Apionsäure**	$C_5H_{10}O_6$	D. Oxydat. v. Apiose mit Bromwasser[1]	Sirup
	Phenylhydrazid	$C_{11}H_{16}O_5N_2$	Aus d. Kompon. in konz. wäßr. Lösg. auf d. Wasserbad	Weiße Prismen (aus Alk. od. Essigest.)
46	**l-Arabodesonsäure** (**l-Ribodesonsäure, 2-Desoxy-l-arabonsäure**)	$C_5H_{10}O_5$: $\begin{array}{c} COOH \\ | \\ CH_2 \\ | \\ HCCH \\ | \\ HOCH \\ | \\ CH_2OH \end{array}$	D. Oxydat. v. l-Arabodesose (l-Ribodesose) mit Bromwasser[1] od. $Ba(OI)_2$[2]	Nur in Lösg. erhalten
47	**Metasaccharopentonsäure** (**d-Xylodesonsäure?**)	$C_5H_{10}O_5$: $\begin{array}{c} COOH \\ | \\ CH_2 \\ | \\ HOCH \quad [1] \\ | \\ HCOH \\ | \\ CH_2OH \end{array}$	D. Oxydat. v. Metasaccharopentose m. Bromwasser[2]	Sirup
48	**Tetracetyl-l-rhamnonsäurenitril**	$C_{13}H_{19}O_8CN$	D. Erhitzen v. l-Rhamnose-oxim mit $(CH_3CO)_2O$ u. Na-Acetat[1]	Große, farbl. Kryst. (aus 70 proz. Alk.)
49	**3, 4-Dimethyl-l-rhamnonsäure**	$C_6H_{10}O_4(OCH_3)_2$	D. Oxydat. v. 3,4-Dimethyl-rhamnose m. Bromwasser bei $40°$[1]	Nur in Lösg. erhalten
	δ-Lacton	$C_8H_{14}O_5$	—	Lange Nadeln (aus Äth. + Petroläth.)
50	**2, 3, 4-Trimethyl-l-rhamnonsäure**	$C_6H_9O_3(OCH_3)_3$	D. Oxydat. v. 2,3,4-Trimethyl-rhamnose m. Bromwasser bei $40°$[1]	Nur in Lösg. erhalten
	δ-Lacton	$C_9H_{16}O_5$	Aus d. Säure durch Vakuumdestill.	Krystalle

Aldonsäuren.

Schmelz- und Siedepunkt	Optisches Drehungsvermögen	Löslichkeit	Analytisches; Diverses	Literatur
—	$[\alpha]_D^{19}=-13,4°$ (A) (in H_2O; als Lacton ber.)[1]	—	**Phenylhydrazid:** $C_{14}H_{22}O_5N_2$, Kryst. (aus C_6H_6), $F=180—181°$[1]	[1] **Hirst** u. **Smith:** Soc. Lond. 1928, 3147. [2] **Haworth** u. **Long:** Soc. Lond. 1929, 345.
$Kp_{0,02}=105°$	$[\alpha]_{D4}^{19}=+35,5°\rightarrow$ $-9,3°$ in 3 Tag. (in H_2O, c$=1,2\%$)	—	$n_D^{18}=1,4620$	
—	$[\alpha]_D^{20}=-20,8°\rightarrow$ $+25,6°$ in 500 St.; noch kein Gleichgew. (in H_2O, c$=0,5\%$, als Lacton ber.)[1]	—	**Phenylhydrazid:** $C_{14}H_{22}O_5N_2$, hexagonale Prismen (aus C_6H_6), $F=142°$[2]	[1] **Bott, Hirst** u. **Smith:** Soc. Lond. 1930, 658. [2] **Haworth** u. **Long:** Soc. Lond. 1929, 345.
$44°$; $Kp_{12}=170°$	$[\alpha]_D^{20}=+82,5°\rightarrow$ $+56,5°$ in 1000 St. (in H_2O, c$=0,5\%$)	—	$n_D^{18}=1,4569$ (f. unterkühlte Fl.)	
—	—	—	**Ca-Salz:** $(C_5H_9O_6)_2Ca$, amorph. **Sr-Salz:** $(C_5H_9O_6)_2Sr$, Kryst. (aus H_2O mit Alk. gefällt)	[1] **Vongerichten:** A. 321, 78 (1902).
sint. 120°; $F=126$ bis 127°	—	l. l. H_2O, weniger Alk.; schw. l. Essigester	—	
—	$[\alpha]_D^{25}=+8,5°\rightarrow$ $-10,7°$ (in H_2O, c$=$ ca. 10%) bzw. $-12,2°$ (als Lacton ber., c$=$ca. 9%)[2]	—	**Ba-Salz:** $(C_5H_9O_5)_2Ba$, farbl., hygr. Nadeln (aus abs. Alk.)[1]; $[\alpha]_D^{25}=$ $-0,43°$ (in H_2O, c$=16,25\%$)[2]. Die **d-Arabodesonsäure** bildet ein ganz analoges Ba-Salz[2]	[1] **Gehrke** u. **Aichner:** Ber. 60, 918 (1927). [2] **Levene, Mikeska** u. **Mori:** J. Biol. Chem. 85, 785 (1930).
—	—	—	**Ca-Salz:** $(C_5H_9O_5)_2Ca$ (aus H_2O mit Alk. gefällt), amorph. **Chininsalz,** kryst. **Phenylhydrazid:** $C_{11}H_{16}O_4N_2$, weiße Plättchen (aus H_2O), $F=134°$; l. lösl. in heiß., schw. l. in k. H_2O[2]	[1] **Nef:** A. 376, 82 (1910). [2] **Kiliani** u. **Loeffler:** Ber. 38, 2667 (1905). — **Kiliani:** Ber. 41, 120 (1908).
69—70°	—	s. l. l. h. Alk., schw. l. k. Alk.; l. l. Äther u. C_6H_6, schw. l. Petroläth.	—	[1] **E. Fischer:** Ber. 29, 1380 (1896).
—	$[\alpha]_D^{21}=-15,9°\rightarrow$ $-118,1°$ in 4 Tag. (in H_2O; als Lacton ber.)	—	**Amid:** $C_6H_{17}O_5N$, farbl. Nadeln (aus Alk. $+$ Petroläth.), $F=152—155°$; lösl. in H_2O, CH_3OH, Alk.; unl. Petroläth.	[1] **Haworth, Hirst** u. **Miller:** Soc. Lond. 1929, 2469.
66—68°	$[\alpha]_D^{22}=-153°\rightarrow$ $-119°$ in 86 St. (in H_2O, c$=1,05\%$)	—	—	
—	$[\alpha]_D^{21}=+14,5°\rightarrow$ $-79°$ in ca. 50 St. (in H_2O, c$=1,14\%$, als Lacton ber.)	—	**Phenylhydrazid:** $C_{15}H_{24}O_5N_2$, lange Nadeln (aus Äth. od. C_6H_6), $F=177°$	[1] **Avery** u. **Hirst:** Soc. Lond. 1929, 2466. — Vgl. **Haworth, Hirst** u. **Miller:** Soc. Lond. 1929, 2469.
40—41°; $Kp_{0,15}=96°$	$[\alpha]_D^{18}=-130°\rightarrow$ $-78,2°$ in ca. 100 St. (in H_2O, c$=1,25\%$)	—	—	

Nr	Name	Formel, Konstitution	Vorkommen, Bildung, Darstellung	Krystallogr. Eigenschaften
51	**l-Rhamnonsäure**	$C_6H_{12}O_6$	D. Oxydat. v. l-Rhamnose mit Bromwasser[1])[2])[3])[4]) od. verd. k. HNO_3[5])	Nur in Lösg. erhalten
	Brucinsalz	$C_6H_{12}O_6 \cdot C_{23}H_{26}O_4N_2 \cdot 7\,H_2O$[7])	—	Farbl. Nadeln (aus Alk.)[2]); verlieren $7\,H_2O$ bei 100°[7])
	Amid	$C_6H_{13}O_5N$	Aus γ- od. δ-Lacton m. alkohol. NH_3[8])	Farbl. Platten (aus abs. Alk.)
	Phenylhydrazid	$C_{12}H_{18}O_5N_2$	Aus d. Kompon. in Alk.[9])	Farbl. Blättchen[10])
	γ-Lacton	$C_6H_{10}O_5:$ O[—CO—HCOH—HCOH—CH]—HOCH—CH_3	D. längeres Erhitzen d. Säure od. d. δ-Lactons, bes. in Gegenw. v. Mineralsäuren[8])	Rhomb. Kryst. (aus Aceton) m. prismat. Habitus. Achsenverhältnis: a:b:c = 0,7772:1:0,3484[12])
	δ-Lacton	$C_6H_{10}O_5:$ O[—CO—HCOH—HCOH—HOCH—CH]—CH_3	Bei raschem Einengen d. Säure im Vak.[8])	Rhomb. bisphenoidale Kryst. (aus Aceton). Achsenverhältnis: a:b:c = 0,6874:1:1,2592[12])
52	**d-Rhamnonsäure-γ-lacton**	$C_6H_{10}O_5$	Aus Isorhodeonsäure (d-Isorhamnonsäure) d. Erhitzen mit wäßr. Pyrid.[1])	Kl. weiße, glänz. Nadeln
53	**d-Isorhamnonsäure** (Isorhodeonsäure)	$C_6H_{12}O_6$	D. Oxydat. v. natürl. Isorhodeose[1]) bzw. Chinovose[2]) od. v. synthet. d-Isorhamnose[3]) m. Bromwasser	Nicht isoliert
	Lacton	$C_6H_{10}O_5$	—	Kryst. (aus Aceton)[3])
54	**l-Isorhamnonsäure**	$C_6H_{12}O_6$	D. Epimerisat. v. l-Rhamnonsäure m. wäßr. Pyrid. bei 150°; Trennung v. Rhamnonsäure über die Brucinsalze[1])	Nicht isoliert
	Lacton	$C_6H_{10}O_5$	—	Kryst. (aus Aceton)
55	**Rhodeonsäure** (d-Fuconsäure)	$C_6H_{12}O_6$	D. Oxydat. v. Rhodeose m. Bromwasser[1])	Nicht isoliert
	γ-Lacton	$C_6H_{10}O_5$	D. Eindampfen d. wäßr. Säurelösg.[1])	Weiße mikr. Nadeln (aus H_2O)

Schmelz- und Siedepunkt	Optisches Drehungsvermögen	Löslichkeit	Analytisches; Diverses	Literatur
—	$[\alpha]_D = -7{,}67° \rightarrow -29{,}28°$ in $3\frac{1}{2}$ St. (in H_2O)[3])	—	**Sr-Salz:** $(C_6H_{11}O_6)_2Sr \cdot 7$ od. $7/2\,H_2O$, mikr. Sphärokryst., verliert bei 100° d. Krystallwasser[3]). Weitere anorg. Salze siehe im Beilstein[6]). **Chininsalz:** glänz. Nadelwarzen (aus H_2O), H_2O-frei; $F = 180—182°$; schw. l. in k. H_2O u. Alk.[7])	[1]) **Will** u. **Peters:** Ber. **21**, 1813 (1888). [2]) **E. Fischer** u. **Herborn:** Ber. **29**, 1961 (1896). [3]) **Schnelle** u. **Tollens:** A. **271**, 68 (1892). [4]) **Kiliani:** Ber. **55**, 81 (1922). [5]) **Kiliani:** Ber. **54**, 460 (1921). [6]) **Beilstein:** 4. Aufl., Bd. III, S. 476. [7]) **Kiliani:** Ber. **46**, 670 Anm. 3 (1913); Ber. **55**, 2822 (1922) — vgl. Ref.[9]) . [8]) **Jackson** u. **Hudson:** Amer. Soc. **52**, 1270 (1930). [9]) **Votoček** u. **Benes:** Soc. chim. France [4] **43**, 1328 (1928). [10]) **E. Fischer** u. **Morrell:** Ber. **27**, 390 (1894). [11]) **Hudson:** Amer. Soc. **39**, 462 (1917). [12]) **Wright:** Amer. Soc. **52**, 1276 (1930). [13]) **Weber** u. **Tollens:** A. **299**, 323 (1898).
sint. 120°; $F = 126°$[2]) 132°[7])	—	l. in 3 Tl. Alk.[2])		
134—134,5°	$[\alpha]_D^{20} = +27{,}7°$ (in H_2O, $c = 2{,}4\%$)	l. H_2O u. h. Alk., fast unl. k. Alk. u. Äth.	—	
186—190°[10]); 195—196°[9])	$[\alpha]_D^{80} = +17{,}2°$ (in H_2O, $c = $ ca. 4%)[11])	l. h. H_2O, schw. l. k. H_2O u. Alk.[10])	Über **Hydrazid** siehe[7])	
148—150°[8]); 150—151°[3]); 151—152°[13])	$[\alpha]_D^{23} = -39{,}7° \rightarrow -38{,}4°$ in 6 Woch. (in H_2O, $c = 3{,}94\%$)[8])	l. l. H_2O, Alk.; schw. l. Äth.[1]). 100 Tl. Aceton lösen 3,85 Tl. bei 20°[2]). 100 ccm Aceton lösen 1,37 g bei 1°[8])	Reduz., wenn ganz rein, Fehl. Lösg. nicht[4]). **2,3?-Methylen-rhamnonsäure-lacton:** $C_7H_{10}O_5$, aus d. γ-Lacton u. Formaldehyd m. konz. HCl. Sechsseitige lange Tafeln (aus H_2O), $F = 178—180°$; $[\alpha]_D = -85{,}4°$ (in H_2O, $c = $ ca. 4%); reduz. Fehl. Lösg. — Gibt m. NaOH d. kryst. **Na-Salz der Methylen-rhamnonsäure:** $C_7H_{11}O_6Na$[13])	
172—181°[8])	$[\alpha]_D^{23} = -98{,}4° \rightarrow -61{,}0°$ in 6 St. $\rightarrow -30{,}1°$ in 11 Woch. (in H_2O, $c = 3{,}164\%$)[8]); $[\alpha]_D = -99{,}4°$ (A) (in H_2O)[9])	100 ccm Aceton lösen 0,1495 g bei 1°[8])		
—	$[\alpha]_D^{18} = +40{,}9°$ (in H_2O, $c = 10\%$)	—	Im Original ist die Drehung irrtümlich mit $-40{,}9°$ angegeben	[1]) **Votoček** u. **Valentin:** Compt. rend. **183**, 62 (1926).
—	—	—	**Phenylhydrazid:** $C_{12}H_{18}O_5N_2$, $F = 152°$. Eigenschaften wie bei der l-Verb.[3])	[1]) **Votoček:** C. **1902**, II, 1361. — **Votoček** u. **Krauz:** Ber. **44**, 3287 (1911). [2]) **Votoček:** C. **1929**, II, 553. [3]) **E. Fischer** u. **Zach:** Ber. **45**, 3771 (1912).
151—152° (k.) (unscharf)	$[\alpha]_D^{20} = +66{,}9° \rightarrow +5{,}35°$ in 20 St. (in H_2O)	s. l. l. H_2O		
			Brucinsalz: $C_6H_{12}O_6 \cdot C_{23}H_{26}O_4N_2$ (bei 100° getrocknet), $F = 167°$ (unscharf); l. l. in H_2O, in Alk. schwerer als Brucin-l-rhamnonat.	[1]) **E. Fischer** u. **Herborn:** Ber. **29**, 1961 (1896).
152—154° (k.) (unscharf) Zers. 190—200°	$[\alpha]_D^{20} = -62° \rightarrow -5{,}2°$ in 24 St. (in H_2O, $c = $ ca. $8{,}9\%$)	l. l. H_2O, h. CH_3OH, wenig. in Alk.; l. in ca. 60 Tl. h. Aceton; w. l. Essigester, fast unl. Äth.	**Phenylhydrazid:** $C_{12}H_{18}O_5N_2$, Nadeln (aus Alk.), sint. 148°, $F = 152°$; l. l. H_2O, schw. l. Aceton	
—	—	0,5537 g Ba-Salz in 100 ccm wäßr. Lösg. bei 15°[2])	**Ba-Salz:** $(C_6H_{11}O_6)_2Ba$, kryst. Blättchen (aus h. wäßr. Lösg. m. Alk. gefällt). Aus k. wäßr. Lösg.: Hydrate mit 1 u. 2 H_2O[1]).	[1]) **Votoček:** Z. Zuckerind. Böhmen **27**, 15 (1902); C. **1902**, II, 1361. [2]) **Votoček** u. **Krauz:** Ber. **44**, 364 (1911). [3]) **Votoček:** Ber. **37**, 3859 (1904). — **Votoček** u. **Valentin:** C. **1930**, I, 2543.
105,5°	$[\alpha]_D = -76{,}3° \rightarrow -29{,}1°$ in mehrer. Tag. (in H_2O)	l. l. H_2O, unl. abs. Alk.	**K-Salz:** $C_6H_{11}O_6K \cdot 1\frac{1}{2}\,H_2O$, mikr. Prismen (aus Alk.), z. lösl. in H_2O[1]). **Phenylhydrazid:** $C_{12}H_{18}O_5N_2$, Nadeln (aus 85 proz. Alk.), $F = 205—206°$; $[\alpha]_D = +12°$ (in H_2O, $c = 0{,}993\%$)[3])	

Tabelle 82 (Fortsetzung).

Nr	Name	Formel, Konstitution	Vorkommen, Bildung, Darstellung	Krystallogr. Eigenschaften
56	**Tetracetyl-rhodeonsäurenitril**	$C_{13}H_{19}O_8CN$	D. Erhitzen v. Rhodeose-oxim mit $(CH_3CO)_2O$ u. Na-Acetat[1])	Nadeln (aus 70proz. Alk.)
57	l-Fuconsäure	$C_6H_{12}O_6$: COOH HOCH HCOH HCOH HOCH CH_3	D. Oxydat. v. l-Fucose m. Bromwasser[1])	Sirup
	γ-Lacton	$C_6H_{10}O_5$	—	Krystalle[1])
58	**Tetracetyl-fuconsäurenitril**	$C_{13}H_{19}O_8CN$	Aus Fucoseoxim, wie bei Verb. 56[1])	Krystalle (aus 70proz. Alk.)
59	Epi-rhodeonsäure (d-Epifuconsäure)	$C_6H_{12}O_6$	D. Epimerisat. v. Rhodeonsäure m. wäßr. Pyrid. bei 150—160°; Reinigung über d. Ba-Salz[1])	Sirup
	γ-Lacton	$C_6H_{10}O_5$	D. Eindampfen der Säure[1])	Kryst., nicht hygr.[2])
60	l-Epifuconsäure	$C_6H_{12}O_6$	Aus l-Fuconsäure, wie bei Verb. 59[1])	Nicht isoliert
	γ-Lacton	$C_6H_{10}O_5$	—	Kryst. (aus Alk.)[2])
61	d-Gulomethylonsäure-γ-lacton	$C_6H_{10}O_5$: CO HCOH O HCOH CH HCOH CH_3	Entsteht neb. l-Rhamnonsäurelacton durch Redukt. v. 5-Keto-rhamnonsäurelacton m. Na-Amalgam; Trennung über d. Phenylhydrazide[1])	Krystalle
62	**Antiaronsäure**	$C_6H_{12}O_6$	D. Oxydat. v. Antiarose m. Bromwasser[1])	Nicht isoliert
	Phenylhydrazid	$C_{12}H_{18}O_5N_2$	Aus d. Kompon. in 95proz. Alk.[2])	Lange, derbe Nadeln (aus Alk.+Äth.)
	Lacton	$C_6H_{10}O_5$	—	Kryst. (aus h. H_2O)[1]), monokl. m. Epidothabitus[2])
63	**Digitalonsäure**	$C_7H_{14}O_6$: COOH CH_3OCH CHOH [1]) HOCH CHOH CH_3	D. Oxydat. v. Roh-Digitalose m. Bromwasser; Trennung v. Gluconsäure mittels Alk.-Äth. (1:4); als γ-Lacton ($C_7H_{12}O_5$) isoliert[2])[3])	γ-Lacton: Rhomb. Prismen (aus H_2O); Achsenverhältnis: a:b:c= 0,9243:1:0,3662[2])
64	**l-Rhamnodesonsäure** (2-Desoxyrhamnonsäure)	$C_6H_{12}O_5$	D. Oxydat. v. l-Rhamnodesose m. Bromwasser bei Zimmertemp.[1])	Sirup

564

Schmelz- und Siedepunkt	Optisches Drehungsvermögen	Löslichkeit	Analytisches; Diverses	Literatur
177—178°	—	schw. l. H_2O, leichter in Alk.	Alkalien spalten HCN ab	[1] **Votoček:** Ber. 50, 37 (1917).
—	—	ca. 0,53% Ba-Salz in H_2O bei 15°	**Ba-Salz:** $(C_6H_{11}O_6)_2$Ba, glänz. rhomb. Täfelchen (aus h. H_2O); $[\alpha]_D$ = ca. 0° (in H_2O). **K-Salz:** $C_6H_{11}O_6$K · $1^1/_2 H_2O$, lange Nadeln (aus H_2O), l. l. in H_2O. Über Sr- u. Ca-Salze s. im Original[1]. **Phenylhydrazid:** $C_{12}H_{18}O_5N_2$, farbl. viereckige Blättchen (aus H_2O), F = 203—204°[1]. **Amid:** $C_6H_{13}O_5N$, Kryst. (aus 85-proz. Alk.), F = 180,5°; $[\alpha]_D^{20}$ = —31,13° (in H_2O, c = 2%)[2]	[1] **Müther** u. **Tollens:** Ber. 37, 308 (1904). [2] **Clark:** J. Biol. Chem. 54, 71 (1922).
106—107°	$[\alpha]_D$ = +78,3° (A.) (in H_2O, c = 3,3%)	—		
177—178°	—	schw. l. H_2O, leichter in Alk.	Alkalien spalten HCN ab	[1] **Votoček:** Ber. 50, 39 (1917).
—	—	1,162 g Ba-Salz in 100 ccm wäßr. Lösg. bei 15°	**Ba-Salz:** $(C_6H_{11}O_6)_2$Ba · $1^1/_2 H_2O$, weiße, filzige Nadeln (aus verd. Alk.); $[\alpha]_D$ = ca. 0° (in H_2O)[1]. **Phenylhydrazid:** $C_{12}H_{18}O_5N_2$, Nadeln (aus H_2O), F = 179°; $[\alpha]_D$ = —17,7° (in H_2O, c = 1,271%)[2]	[1] **Votoček** u. **Krauz:** Ber. 44, 362 (1911). [2] **Votoček** u. **Valentin:** C. 1930, I, 2543.
128°	$[\alpha]_D$ = —28,6° (E) nach 6 Tag. (in H_2O, c = 10%)	—		
—	—	—	**Ba-Salz:** $(C_6H_{11}O_6)_2$Ba · $1^1/_2 H_2O$, Nadeln, anal. d. d-Verb.[1]. **Phenylhydrazid:** $C_{12}H_{18}O_5N_2$, Kryst. (aus 85 proz. Alk.), F = 178°; $[\alpha]_D$ = +18,0° (in H_2O, c = 1,611%)	[1] **Votoček** u. **Červený:** Ber. 48, 658 (1915). [2] **Votoček** u. **Kučerenko:** C. 1930, I, 2544.
126—127°	$[\alpha]_D^{20}$ = +36,7° → +31,0° in 3 Tag. (in H_2O, c = ca. 7%)	—		
sint. 103° F = 153°	$[\alpha]_D$ = —58,3° → —38,3° in 2 Tag. (in H_2O)	—	Das **Phenylhydrazid** kryst. nicht aus 96 proz. Alk. (Gegensatz zu Rhamnonsäure-phenylhydrazid)	[1] **Votoček** u. **Benes:** Soc. chim. France [4] 43, 1328 (1928).
—	—	—	**Chininsalz:** feine Nadeln (aus H_2O), H_2O-frei, F = 180—181°; in k. H_2O leichter lösl. als Chinin-rhamnonat[2]. **Brucinsalz:** $C_6H_{12}O_6$ · $C_{23}H_{26}O_4N_2$ · 2 H_2O, kl. zugespitzte Prismen (aus H_2O), verliert 2 H_2O bei 100°; F = 118—119°[2]	[1] **Kiliani:** Arch. Pharm. 234, 438 (1896). [2] **Kiliani:** Ber. 46, 667 (1913).
143—145°	—	schw. l. k. H_2O, l. l. h. H_2O		
—	$[\alpha]_D^{20}$ = —30° (in H_2O)[1]	—		
138°	$[\alpha]_D^{28}$ = —79,4° (in H_2O?)	l. l. H_2O, Alk., Äth.	Reduz. nicht Fehl. Lösg. **Ag-Salz:** $C_7H_{13}O_6$Ag, mikr. Nadeln. **Ca-Salz,** amorph[2]. **Phenylhydrazid:** $C_{13}H_{20}O_5N_2$, derbe Tafeln (aus CH_3OH + Äth.), F = 174°; l. l. in h. H_2O, wenig in k. H_2O, k. Alk., Aceton; z. l. CH_3OH[3]. — $[\alpha]_D$ = ca. —16° (in H_2O?, c = 3,125%)[1]	[1] **Kiliani:** Ber. 55, 90 (1922). [2] **Kiliani:** Arch. Pharm. 230, 250 (1892); Ber. 25, 2116 (1892); 31, 2454 (1898). [3] **Kiliani:** Ber. 42, 2610 (1909).
—	—	—	**Ba-Salz:** $(C_6H_{11}O_5)_2$Ba, farbl. Nadeln (aus H_2O + Aceton), H_2O-frei. **Phenylhydrazid:** $C_{12}H_{18}O_4N_2$, Kryst. (aus H_2O), F = 172—172,5° (k.)	[1] **Bergmann** u. **Ludewig:** A. 434, 105 (1923).

Nr	Name	Formel, Konstitution	Vorkommen, Bildung, Darstellung	Krystallogr. Eigenschaften
65	Digitoxonsäure	$C_6H_{12}O_5$	D. Oxydat. v. Digitoxose m. Bromwasser bei Zimmertemp.[1]	Nicht isoliert
	Brucinsalz	$C_6H_{12}O_5 \cdot C_{23}H_{26}O_4N_2 \cdot 3\,H_2O$	Aus d. Kompon. in h. H_2O[3]	Kurze, derbe Säulen (aus Alk. + Äth.); verliert 3 H_2O im Vak. über H_2SO_4
	Phenylhydrazid	$C_{12}H_{18}O_4N_2$	Aus d. Kompon. in abs. Alk.[4]	Nadelwarzen (aus Alk. + Äth.)
	Lacton	$C_6H_{10}O_4$	—	Sirup[2]
66	Digitoxose-carbonsäure	$C_7H_{14}O_6$: COOH | HOCH | CH$_2$ | HOCH | HOCH | HOCH | CH$_3$ [1]	Aus Digitoxose u. HCN in wäßr. Lösg. m. NH_3-Katal., Verseif. m. $Ba(OH)_2$; als Lacton ($C_7H_{12}O_5$) isoliert[2]	Lacton: Kryst. (aus 50 proz. Alk.)[2]
67	d-Allonsäure	$C_6H_{12}O_7$	D. HCN-Anlagerung an d-Ribose u. Verseif. m. $Ba(OH)_2$, neb. d-Altronsäure; Trennung über d. Ca- u. Pb-Salz[1]	Sirup
	γ-Lacton	$C_6H_{10}O_6$	D. Eindampfen der Säure	Farbl. lange Prismen (aus Alk.)[1]
68	d-Altronsäure	$C_6H_{12}O_7$: COOH | HOCH | HCOH | HCOH | HCOH | CH$_2$OH	Wie bei Verb. 67; Isolierung als kryst. Ca-Salz[1]. D. Hydrol. v. Neolactobionsäure m. 5 proz. HCl auf d. Wasserbad[2]	Sirup
	Ca-Salz	$(C_6H_{11}O_7)_2Ca \cdot 3\tfrac{1}{2}\,H_2O$[1]	—	Aggreg. verwachsener Nadeln (aus H_2O)[1]
69	d-Gluconsäure-γ-lacton	$C_6H_{10}O_6$ CO | HCOH | O HOCH | HC—	Durch längeres Eindampfen der wäßr. Lösg. der freien Säure bei höherer Temp.[1][2]	Schwere Prismen (aus Alk.)[2]
70	d-Gluconsäure-δ[1]-lacton	$C_6H_{10}O_6$: CO | HCOH | O HOCH | HCOH | HC— | CH$_2$OH	D. rasches Eindampfen im Vak. bei niedr. Temp. v. frisch aus d. Ca-Salz bereiteter wäßr. Säurelösg.; od. d. Erhitzen v. Äthylgluconat auf 70—80°[2][3]	Dünne Nadeln (aus Alk.)

Schmelz- und Siedepunkt	Optisches Drehungsvermögen	Löslichkeit	Analytisches; Diverses	Literatur
—	—	—	**Ag-Salz,** derbe Rhomben, w. l. in H_2O, sehr lichtempfindlich. **K-Salz** u. **Pb-Salz,** kryst.[2]	[1] **Kiliani:** Ber. **38,**4040 (1905).
124°	—	s. l. l. H_2O, weniger abs. Alk., unl. Äth.	**Chininsalz:** derbe Nadeln od. Säulen (aus 85proz. CH_3OH + Äth.), $F = 164°$, H_2O-frei; w. l. in k. H_2O, l. l. in 85proz. CH_3OH[3]	[2] **Kiliani:** Ber. **42,** 2610 (1909)
123°	$[\alpha]_D = -17{,}1°$ (in H_2O)	l. l. H_2O u. verd. Alk.; w. l. abs. Alk., fast unl. Äth.	—	[3] **Kiliani:** Arch. Pharm. **251,** 579 (1913).
—	$[\alpha]_D =$ ca. $-28{,}7°$ (in H_2O, $c = 5{,}47\%$)	—	—	[4] **Kiliani:** Ber. **41,** 656 (1908).
153—154°	$[\alpha]_D = -13{,}7°$ (in H_2O)[1]	l. l. H_2O, weniger Alk.[2]	**Ca-Salz:** $(C_7H_{13}O_6)_2Ca$, amorph[2]. Weitere amorphe Salze siehe im Original[1]. **Phenylhydrazid:** $C_{13}H_{20}O_5N_2$, Nadelwarzen, $F = 145—148°$; $[\alpha]_D = -37{,}7°$ (in H_2O?, $c = 4{,}636\%$)[1]	[1] **Kiliani:** Ber. **55,** 88 (1922). — Vgl. **Micheel:** Ber. **63,** 347 (1930). [2] **Kiliani:** Ber. **31,**2456 (1898).
—	$[\alpha]_D^0 = -10{,}0°$ (A) (in H_2O, $c = 2{,}5\%$)[2]	—	**Na-Salz** (in Lösg.): $[\alpha]_D^{20} = +4{,}30°$ (in H_2O, $c = 10\%$)[3]. **Brucinsalz:** $C_6H_{12}O_7 \cdot C_{23}H_{26}O_4N_2$, Kryst. (aus 95proz. Alk.), $F = 160°$; $[\alpha]_D^{20} = -21{,}28°$ (in H_2O, $p = 2{,}5\%$)[3] **Phenylhydrazid:** $[\alpha]_D^{20} = +25{,}88°$[2]	[1] **Levene** u. **Jacobs:** Ber. **43,** 3141 (1910). [2] **Levene:** J. Biol. Chem. **59,** 123 (1924). [3] **Levene** u. **G. M. Meyer:** J. Biol. Chem. **26,** 355 (1916).
sint. 97° $F =$ bis 120°	$[\alpha]_D^{20} = -6{,}8°$ (in H_2O, $c =$ ca. 11%)	s. l. l. H_2O, l. l. h. Alk., schw. l. k. Alk.		
—	$[\alpha]_D^0 = +8{,}0°$ (A) (in H_2O, $c = 2{,}5\%$)[3]; $[\alpha]_D^{30} = +35{,}14°$ (E) (in H_2O, als Lacton ber.)[1]		**Na-Salz** (in Lösg.): $[\alpha]_D^{20} = -4{,}05°$ (in H_2O, $c = 7{,}78\%$)[4]. **Brucinsalz:** $C_6H_{12}O_7 \cdot C_{23}H_{26}O_4N_2$, Kryst. (aus 95proz. Alk.), $F = 158°$; $[\alpha]_D^{20} = -23{,}82°$ (in H_2O, $p = 2{,}5\%$)[4] vgl.[2]. **Phenylhydrazid:** $[\alpha]_D^{20} = -15{,}8°$[3]	[1] **Levene** u. **Jacobs:** Ber. **43,** 3141 (1910). [2] **Kunz** u. **Hudson:** Amer. Soc. **48,** 2435 (1926). [3] **Levene:** J. Biol. Chem. **59,** 123 (1924). [4] **Levene** u. **G. M. Meyer:** J. Biol. Chem. **26,** 355 (1916).
—	—	z. l. k. H_2O, l. l. h. H_2O	Verliert bei 110° unter atm. Druck 1 H_2O, im Vak. über P_2O_5 $3^1/_2$ H_2O. Gibt m. $Ca(OH)_2$ bas. Salz, w. l. H_2O[1]	[1] **E. Fischer:** Ber. **23,** 2625 (1890).
130—135°[1] 134—136°[2]	$[\alpha]_D^{20} = +68{,}2°$ (A.) (in H_2O)[1] $[\alpha]_D^{20} = +67{,}5° \rightarrow +17{,}7°$ (E) in 14 Tag. (in H_2O)[2]	z. l. in h. Alk.[1]	Schmeckt süß[1]. **Tetracetat:** $C_6H_6O_6(COCH_3)_4$, Kryst. (aus Alk.), $F = 103°$; $[\alpha]_D^{20} = +13{,}46°$ (in $CHCl_3$, $c =$ ca. 3%)[3]	[2] **Hedenburg:** Amer. Soc. **37,** 345 (1915). — Vgl. **Nef:** A. **403,** 322 (1914). [3] **Mikšič:** C. **1928,** I, 2704.
150—152°[2] 153°[3]	$[\alpha]_D^{20} = +61{,}7° \rightarrow +6{,}24°$ in 26 St. (in H_2O, $p =$ ca. 4,2%)[2] $[\alpha]_D^{20} = +63{,}4° \rightarrow +10{,}2°$ in $2^1/_2$ St. $\rightarrow +20{,}45$ (E) in 8 Tag. (in H_2O, $c =$ ca. 4,5%)[3]	—	Geht in wäßr. Lösg. in 24 St. in das Gleichgew. δ-Lacton $\rightleftarrows$ Säure, in 8 Tag. in das Gleichgew. δ-Lacton $\rightleftarrows$ Säure $\rightleftarrows$ γ-Lacton über	[1] **Haworth** u. **Nicholson:** Soc. Lond. **1926,** 1899. [2] **Nef:** A. **403,** 322 (1914). [3] **Hedenburg:** Amer. Soc. **37,** 345 (1915).

Tabelle 82 (Fortsetzung).

Nr	Name	Formel, Konstitution	Vorkommen, Bildung, Darstellung	Krystallogr. Eigenschaften
71	d-Gluconsäure	$C_6H_{12}O_7$: COOH | HCOH | HOCH | HCOH | HCOH | CH_2OH	Ältere Bildungs- u. Darstellungsweisen siehe im Beilstein[1]. Neue od. verbesserte Darst.: d. Oxydat. v. d-Glucose (in wäßr. Lösg.) mit Cl_2[2]), Br_2[3]), Hypochloriten[4][5], $Ba(OBr)_2$[5]), $Ba(OI)_2$[6]), HgO[7]). Entsteht b. d. Einwirk. auf d-Glucose (od. Saccharose) v. Bact. xylinum (Sorbosebacterium)[8]), Bact. gluconicum[9]), verschied. Citromyces-, Aspergillus- u. Penicillum-Arten[10]) usw.	Feine Nadeln (aus Alk. + Amylalk., d. Eindampfen im Vak. bei 36—40°)[11])
	Ca-Salz	$(C_6H_{11}O_7)_2Ca$	—	Zu Kügelchen vereinigte Nadeln[1]) od. voluminöse Kryst.[12]) (aus H_2O)
	Ba-Salz	$(C_6H_{11}O_7)_2Ba$ $. 3 H_2O$	—	Doppelbrech., rhomboidale Blättchen (aus H_2O)[1])
	Brucinsalz	$C_6H_{12}O_7 \cdot C_{23}H_{26}O_4N_2$ $. 2.H_2O$	—	Schöne Säulen (aus 85 proz. CH_3OH); verliert Kryst.-H_2O im Vak. über H_2SO_4[1])[12])[14])
	Amid	$C_6H_{11}O_6NH_2$	Aus d. Lacton m. alkoh. NH_3[15])[16])	Nadeln (aus Alk.)
	Phenylhydrazid	$C_6H_{11}O_6N_2H_2C_6H_5$	Aus d. Kompon. in wäßr. Lösg. m. Essigs.-Katal. auf d. Wasserbad[11])[18])	Farbl. kl. Prismen od. Blättchen (aus H_2O)
72	d-Gluconsäure-äthylester	$C_5H_{11}O_5COOC_2H_5$	D. Kochen v. d-Gluconsäure od. δ-Gluconolacton in Alk. m. HCl-Katal.[1])[2]). Aus Ca-Gluconat in abs. Alk. mit HCl, Zers. der $CaCl_2$-Doppelverb. m. konz. wäßr. Na_2SO_4-Lösg.[3])	Seidige Nadeln (aus Alk. od. Alk. + Äth.), enthalten Alk., der im Vak. üb. H_2SO_4 entweicht[1])
73	d-Gluconsäure-nitril	$C_5H_{11}O_5CN$	D. Erhitzen v. Glucose-oxim mit $(CH_3CO)_2O$ + Na-Acetat u. Hydrol. d. Acetates m. alkoh. H_2SO_4[1])	Seidige farbl. Plättchen (aus Alk.)

Aldonsäuren.

Schmelz- und Siedepunkt	Optisches Drehungsvermögen	Löslichkeit	Analytisches; Diverses	Literatur
Sint. 110—112° F = 130 bis 132° (unscharf)	$[\alpha]_D^{20} = -6,7° \rightarrow$ $+7°$ in 1 Tag $\rightarrow$ $+12°$ in 8 bis 14 Tag. (in H_2O, c=2,841%)[11]) $[\alpha]_D = -1,7° \rightarrow$ $+9,8°$ in 20 St. $\rightarrow$ $+17,67°$ (E) in 11 Tag. (in H_2O, c=3,647%)[12])	In Sirupform l. l. in abs. Alk.[12])	Geht beim Trocknen im Vak. bei 78° langsam in Lacton über[11]). Gibt m. $FeCl_3$ in wäßr. Lösg. intensive Gelbfärbg.[1]). Dissoziationskonst.: $K = 1,65 \cdot 10^{-4}$ [13]) **Na-Salz:** $C_6H_{11}O_7Na$, Kryst., $[\alpha]_D^{20} = +10,3°$ (in H_2O); Lösl. in H_2O bei 25°: 46,1 g in 100 ccm[13]). **K-Salz:** $C_6H_{11}O_7K$, Nadeln (aus verd. Alk.), F = 180° Zers.[1]); $[\alpha]_D^{20} = +10,3°$ (in H_2O); lösl. in H_2O bei 25°: 51 g in 100 ccm[13]). **NH₄-Salz:** $C_6H_{11}O_7NH_4$, Prismen (aus verd. Alk.), F = 154°; $[\alpha]_D = +14,5°$ (in H_2O, c = 5%)[1]); $[\alpha]_D^{20} = +11,8°$ (in H_2O); Lösl. in H_2O bei 25°: 30 g in 100 ccm[13]); s. w. l. in Alk.[1])	[1] **Beilstein:** 4. Aufl., Bd. III, S. 542; Erg.-Bd. III, S. 188. [2] **Ling** u. **Nanji:** Soc. chem. Ind. 41, T 28 (1922). [3] **Kiliani:** Ber. 62, 588 (1929). — **Hudson** u. **Isbell:** Amer. Soc. 51, 2225 (1929). [4] **Chem. Fabrik vorm. Sandoz** (Patente): C. 1928, II, 1382; 1929, II, 351. [5] **Hönig** u. **Ruziczka:** Ber. 62, 1434 (1929). [6] **Goebel:** J. Biol. Chem. 72, 809 (1927). [7] **Blanchetière:** Soc. chim. France [4] 33, 345 (1923). — **Bert:** Soc. chim. France [4] 33, 733 (1923). [8] **Bernhauer** u. **Schön:** Z. physiol. Chem. 180, 232 (1929). [9] **S. Hermann:** Bioch. Z. 192, 176, 188 (1928); 205, 297 (1929). [10] **Falck** u. **Kapur:** Ber. 57, 920 (1924). — **Bernhauer:** Bioch. Z. 153, 517 (1924); 172, 296, 313 (1926). — **Butkewitsch:** Bioch. Z. 182, 99 (1927). — **Herrick** u. **May:** J. Biol. Chem. 77, 185 (1928), vgl. 75, 417 (1927); usw. [11] **Rehorst:** Ber. 61, 163 (1928). [12] **Nef:** A. 403, 303, 322 (1914) — **Hedenburg:** Amer. Soc. 37, 345 (1915). [13] **May, Weisberg** u. **Herrick:** C. 1930, I, 2389. [14] **Jensen** u. **Upson:** Amer. Soc. 47, 3019 (1925). [15] **Weerman:** Rec. 37, 24 (1917). [16] **Hudson** u. **Komatsu:** Amer. Soc. 41, 1141 (1919). [17] **Zemplén** u. **Kiss:** Ber. 60, 170 (1927). [18] **E. Fischer** u. **Passmore:** Ber. 22, 2728 (1889). [19] **Weerman:** Rec. 37, 52 (1917). — **van Marle:** Rec. 39, 549 (1920). — **van Wijk:** Rec. 40, 221 (1921). — **Freudenberg** u. **Blümmel:** A. 440, 59 (1924).
—	$[\alpha]_D^{20} = +10,5°$ (in H_2O, c = ca. 5%)[12]) $+9,8°$ (in H_2O)[13])	in H_2O b. 25°: 3,9 g in 100 ccm[13]); unl. Alk.[1])	**Monohydrat:** $(C_6H_{11}O_7)_2Ca \cdot H_2O$, charakterist. blumenkohlähnl. Aggr. mikr. Nadeln (aus verd. Alk.), verliert H_2O erst bei 120°; $[\alpha]_D = +6,66°$ (in H_2O)[1])	
120° (Zers.)	$[\alpha]_D^{20} = +9,0°$ (in H_2O, f. Monohydrat)[13])	in H_2O b. 25°: 8,7 g Monohydrat in 100 ccm[13]); unl. Alk.[1])	Verliert 2 H_2O bei längerem Stehen über $CaCl_2$ od. H_2SO_4, d. dritte erst bei 100°[1])	
120—122° (Hydrat) 155—157° (Anhydr.)[14])	$[\alpha]_D^{20} = -18,76°$ (in H_2O, p = 4%, f. Anhydrid)[12]) $[\alpha]_D^{20} = -18,9°$ (id.)[14])	—	**Cinchoninsalz,** Tafeln (aus 95 proz. Alk.), F = 187°, resp. 189°; $[\alpha]_D^{20} = +124,6°$ (in H_2O, p = 3%); schw. l. Alk.[1])[12]) Über **weitere Salze** siehe im Beilstein[1]) u. Literaturst.[13])	
142—143° (Zers.)[15]) 143—144°[16])	$[\alpha]_D^{12} = +33,8°$ (in H_2O, p = 4%)[15]) $[\alpha]_D^{20} = +31,2°$ (in H_2O, c = 5%)[16])	l. l. H_2O, schw. l. abs. Alk., unl. Äth.[15])	Die wäßr. Lösg. geht beim Stehen langsam in Ammonium-gluconat über[15]). **Pentacetat:** $C_{16}H_{25}O_{11}N$, derbe Prismen (aus Alk.), F = 183,5—184°; $[\alpha]_D^{21,5} = +20,8°$ (in Pyrid.)[17])	
Sint. 195°[18]) F = 199 bis 200°[11]) 200—201°[14])	$[\alpha]_D^{20} = +12°$ bis $+12,9°$ (in H_2O)[11])[12])[14])	ca. 15 Tl. in 100 Tln. koch. H_2O; schw. l. k. H_2O u. h. Alk., fast unl. Äth.[18])	Wird d. wäßr. $Ba(OH)_2$ in die Komponenten gespalten[18]). Über **substituierte Amide, Anilide u. Hydrazide** der d-Gluconsäure siehe[19])	
62—63°[1]) 40—50° (Alk.-haltig)[1])	$[\alpha]_D = $ ca. 0° (in H_2O)[1]); $[\alpha]_D^{20} = -1,0°$ (in H_2O, p = 4,2%)[2]). Die wäßr. Lösg. wird infolge Hydrolyse allmähl. rechtsdrehend	l. l. abs. Alk.[1])	Zersetzt sich beim Erhitzen auf 70 bis 80° od. in wäßr. Lösg. langsam in Alk. u. δ-Lacton, bzw. freie Säure[1]). **Doppelverb. m. CaCl₂:** $2\,C_8H_{16}O_7 \cdot CaCl_2$, kl. farbl. Kryst.[3]). **Pentacetat:** $C_{18}H_{26}O_{12}$, Krystallbüschel (aus H_2O), F = 103,5°; unl. k. H_2O, schw. l. h. H_2O, l. l. Alk. u. Äth.[4])	[1] **Hedenburg:** Amer. Soc. 37, 345 (1915). [2] **Nef:** A. 403, 326 (1914). [3] **Hlasiewetz** u. **Habermann:** A. 155, 127 (1870). [4] **Volpert:** Ber. 19, 2621 (1886).
115—120° (Zers.)	$[\alpha]_D^{21} = +8,8°$ (in H_2O)	l. l. H_2O, weniger CH_3OH, schw. l. Alk.; l. Pyrid., w. l. Aceton; unlösl. Äth., Petroläther, $CHCl_3$, C_6H_6	Die wäßr. Lösg. wird d. Erwärm. zu NH_4-Gluconat hydrol.[1]). **Pentacetat:** $C_{15}H_{21}O_{10}CN$, rhomb. bisphenoidische Kryst. (aus verd. Alk.), F = 80—81°[2]), bzw. 84°[1]); schw. l. k. H_2O, l. l. h. Alk., Äth., $CHCl_3$, CCl_4[2]); $[\alpha]_D^{22} = +46,2°$ (in $CHCl_3$)[1])	[1] **Zemplén:** Ber. 60, 171 (1927). — **Zemplén** u. **Kiss:** Ber. 60, 165 (1927). [2] **Wohl:** Ber. 26, 732 (1893).

Nr	Name	Formel, Konstitution	Vorkommen, Bildung, Darstellung	Krystallogr. Eigenschaften
74	Dimethylen-d-gluconsäure	$C_6H_8O_7(CH_2)_2$	Aus d-Gluconsäure u. CH_2O mit konz. HCl bei 110° [1]	Feine, glänz. Nadeln (aus H_2O)
75	2, 3, 4-Trimethyl-d-gluconsäure-lacton	$C_6H_7O_3(OCH_3)_3$	D. Oxydat. v. 2,3,4-Trimethyl-d-Glucose mit Bromwasser u. Vakuumdestill. [1]	Sirup
76	2, 3, 4, 6-Tetramethyl-d-gluconsäure	$C_6H_8O_3(OCH_3)_4$	D. Oxydat. v. n-Tetramethyl-glucose mit Bromwasser [1] [2] [3]	Nur in Lösg. erhalten [2] [4]
	δ-Lacton	$C_{10}H_{18}O_6$	Aus d. Säure d. Vakuumdestill.	Farbl. Sirup
77	2, 3, 5, 6-Tetramethyl-d-gluconsäure	$C_6H_8O_3(OCH_3)_4$	D. Oxydation v. Tetramethyl-γ-glucose mit Bromwasser bei 75° [1] [2] D. Hydrol. v. völlig methylierter Maltobionsäure [3]), Cellobionsäure [4]) od. Lactobionsäure [5]) mit 7proz. HCl bei 80—90°	Nur in Lösg. erhalten
	γ-Lacton	$C_{10}H_{18}O_6$	Aus d. Säure d. Vakuumdestill. D. Oxydat. v. 2,3,6-Trimethyl-glucose mit Bromwasser, u. Methylierg. des entstand. Trimethyl-γ-gluconolactons m. $CH_3I + Ag_2O$ [1]	Farbl. Nadeln [2] [3]
78	2, 3, 4, 5, 6-Pentamethyl-d-gluconsäure	$C_6H_7O_2(OCH_3)_5$	D. Methylierg. v. Ca-Gluconat m. $(CH_3)_2SO_4 + NaOH$, dann $CH_3I + Ag_2O$, u. Verseif. des Esters m. verd. NaOH [1]	Sirup
79	l-Gluconsäure	$C_6H_{12}O_7$: COOH | HOCH | HCOH | HOCH | HOCH | CH$_2$OH	Aus l-Arabinose u. HCN in wäßr. Lösg. u. Verseif. des Nitrils mit $Ba(OH)_2$, neb. l-Mannonsäure; od. aus letzterer mit wäßr. Chinolin bei 140°; Reinigung über d. Phenylhydrazid u. Ca-Salz [1]. Verbesserte Darst. aus Arabinose u. HCN, Reinigung über d. Ba- od. Brucinsalz [2] [3]	Nicht isoliert
	Phenylhydrazid	$C_6H_{11}O_6N_2H_2C_6H_5$	Aus d. Kompon., wie bei der d-Verb. [1]	Farbl. glänz. kl. Tafeln od. Prism. (aus H_2O)
	γ-Lacton	$C_6H_{10}O_6$	Aus d. Säure d. Eindampfen [2]	Kl. Nadeln (aus H_2O) [2] od. farbl. Platten (aus Alk. od. Eisessig) [3]

Schmelz- und Siedepunkt	Optisches Drehungsvermögen	Löslichkeit	Analytisches; Diverses	Literatur
220°	$[\alpha]_D = +41°$ (in H_2O)	lösl. in 117,7Tl. H_2O b. 13°; schw. l. Alk., Äth., $CHCl_3$	Gibt m. Basen wasserlösl., meist gut kryst. Salze	[1] **Henneberg** u. **Tollens:** A. **292**, 31 (1896).
$Kp_{11} = 160°$	$[\alpha]_D = +76,5° \rightarrow +53,2°$ in 15 St. (in verd. Alk., $c =$ ca. 4%)	—	Weitere Angaben über 2,3,4-Trimethylgluconsäure sowie über **3,5,6-Trimethyl-** u. **2,3-Dimethyl-d-gluconsäure** siehe bei [2]	[1] **Purdie** u.**Bridgett:** Soc.Lond. **83**, 1040 (1903). [2] **Levene** u. **G. M. Meyer:** J. Biol. Chem. **65**, 535 (1925). — **Levene** u. **Simms:** J. Biol. Chem. **68**, 737 (1926).
— $Kp_{0,06} = 101°$[5]	$[\alpha]_D^{19} = +22°$ (A) (in H_2O, $c = 1,1\%$, als Säure ber.)[4]); $[\alpha]_{5461}^{19} = +27,4° \rightarrow +33,8°$ in 6 Tag. (in H_2O, $c = 1,1\%$, als Lacton ber.)[4] $[\alpha]_D = +101,1°$ (in Alk., $c = 3,65\%$)[3]); $[\alpha]_D^{18} = +101° \rightarrow +29,6°$ in 8 St. (in H_2O, $c = 2\%$)[5]	—	**Ba-Salz:** $(C_{10}H_{19}O_7)_2Ba$, weiß. amorpher Niederschlag (aus Alk. m. Äth. gefällt)[1]. **Phenylhydrazid:** $C_{16}H_{26}O_6N_2$, Kryst. (aus C_6H_6), F = 115°; $[\alpha]_D = +42,1°$ (in Alk., $c = 1,0\%$)[5]); $[\alpha]_{5780}^{19} = +50,8°$ (in Alk.)[6] $n_D^{14} = 1,4565$ [5]	[1] **Purdie** u. **Irvine:** Soc. Lond. **83**, 1033 (1903). [2] **Levene** u. **G. M. Meyer:** J. Biol. Chem. **65**, 535 (1925). — **Levene** u. **Simms:** J. Biol. Chem. **68**, 742 (1926). [3] **Charlton, Haworth** u. **Peat:** Soc. Lond. **1926**, 89. [4] **Drew, Goodyear** u. **Haworth:** Soc. Lond. **1927**, 1237. [5] **Haworth, Hirst** u. **Miller:** Soc. Lond. **1927**, 2436. [6] **Haworth** u. **Peat:** Soc. Lond. **1929**, 357.
—	$[\alpha]_{5461}^{20} = +34° \rightarrow +41°$ in 4 Tag. (in H_2O, $c = 1,08\%$, als Lacton ber.); $[\alpha]_D^{20} = +30°$ (A — id.)[2]	—	**Phenylhydrazid:** $C_{16}H_{26}O_6N_2$, farbl. seidige Nadeln (aus C_6H_6), F = 135 bis 136°[4])[5]	[1] **Charlton, Haworth** u. **Peat:** Soc. Lond. **1926**, 89. [2] **Drew, Goodyear** u. **Haworth:** Soc. Lond. **1927**, 1237. [3] **Haworth** u. **Peat:** Soc. Lond. **1926**, 3094. [4] **Haworth, Long** u. **Plant:** Soc. Lond. **1927**, 2809. [5] **Haworth** u. **Long:** Soc. Lond **1927**, 544.
26—27° $Kp_{0,05} = 97°$[1]	$[\alpha]_{5461}^{20} = +72° \rightarrow +38,8°$ (E) in 500 St. (in H_2O, $c = 1,415\%$); $[\alpha]_D^{20} = +62,5°$ (A — id.)[2]); $[\alpha]_D = +53,7°$ (in Alk., $c = 2\%$)[1]	—	$n_D^{13} = 1,4490$; $n_D^{20} = 1,4470$ (f. unterkühlte Fl.)[3]	
$Kp_1 = 155°$	$[\alpha]_D^{20} = +22,5°$ (in H_2O, $c = 4,44\%$)	—	**Na-Salz** (nur in Lösg.): $[\alpha]_D = +53,7$ (in H_2O, $c = 4,7\%$)	[1] **Levene** u. **G. M. Meyer:** J. Biol. Chem. **65**, 543 (1925).
—	—	—	**Ca-Salz:** $(C_6H_{11}O_7)_2Ca$, blumenkohlähnl. Massen mikr. Nadeln (aus H_2O); $[\alpha]_D^{20} = -6,64°$ (in H_2O, $p =$ ca.10%), lösl. in 3—4 Tl. h. H_2O[1]. **Ba-Salz:** $(C_6H_{11}O_7)_2Ba \cdot 3 H_2O$, derbe Tafeln[2]. **Brucinsalz:** $C_6H_{12}O_7 \cdot C_{23}H_{26}O_4N_2 \cdot 4 H_2O$, Nadelwarzen (aus H_2O)[4]. Aus 90proz. Alk. umkryst. u. im Vak. getrocknet: H_2O-frei, F = 181—182° (scharf); $[\alpha]_D^{20} = -25,43°$ (in H_2O?, $c = 4\%$)[3]	[1] **E. Fischer:** Ber. **23**, 2611 (1890). [2] **Kiliani:** Ber. **58**, 2349(1925) **59**, 1470 (1926). [3] **Upson, Sands** u. **Whitnah:** Amer. Soc. **50**, 519 (1928). [4] **Kiliani:** Ber. **55**, 100 (1922).
200° (Zers.)[1])[3]	$[\alpha]_D^{20} = -11,7°$ (in H_2O, $c = 2,97\%$)[3]	—	Wird d. wäßr. $Ba(OH)_2$ in d.Kompon. gespalten[1]	
134—135°[3]	$[\alpha]_D = -68,7° \rightarrow -13,7°$ in 15 Tag., dann wieder schwacher Anstieg (in H_2O, $c = 3,79\%$)[3]	—	—	

Nr	Name	Formel, Konstitution	Vorkommen, Bildung, Darstellung	Krystallogr. Eigenschaften
80	2, 3, 4, 6-Tetramethyl-l-gluconsäure	$C_6H_8O_3(OCH_3)_4$	D. Lacton entsteht d. Methylierg. m. $CH_3I + Ag_2O$ v. 3,4,6-Trimethyl-l-gluconolacton (aus 2,3,5-Trimethyl-l-arabinose d. HCN-Anlagerung, neb. d. entspr. l-Mannose-Deriv.; Trenng. über d. Phenylhydrazide)[1]	Lacton: Sirup, nicht ganz rein erhalten
81	d, l-Gluconsäure	$C_6H_{12}O_7$	D. Epimerisat. v. d,l-Mannonsäure m. wäßr. Chinolin bei 140°; das Ca-Salz entsteht auch d. Vermischen gleicher Teile der akt. Kompon.[1]	Sirup (Gemisch v. Säure u. Lacton)
82	d-Mannonsäure	$C_6H_{12}O_7$: COOH | HOCH | HOCH | HCOH | HCOH | CH_2OH	D. Oxydat. v. d-Mannose mit Bromwasser[1][2]; d. Epimerisat. v. d-Gluconsäure m. wäßr. Chinolin bei 140°[3]; entsteht (neb. and. Säuren) bei d. Oxydat. v. d-Glucose, d-Mannose od. d-Fructose in alkal. Lösg. m. $Cu(OH)_2$[4] od. $CuCO_3$[5]. Über weitere Bildungsarten siehe im Beilstein[6]	Sirup
	Brucinsalz	$C_6H_{12}O_7$ $\cdot C_{23}H_{26}O_4N_2$[8])	—	Nadeln (aus H_2O od. verd. Alk.)[8]
	Amid	$C_6H_{11}O_6NH_2$	Aus d. Lacton m. alkoh. od. methylalkoh. NH_3[9])[10]	Krystalle (aus verd. Alk.)
	Phenylhydrazid	$C_6H_{11}O_6N_2H_2C_6H_5$	Darst. wie beim Glucosederiv.[1]	Farbl. schiefe kl. Prismen (aus H_2O)
83	d-Mannonsäure-γ-lacton	$C_6H_{10}O_6$: CO | HOCH | O HOCH | HC | CH_2OH	D. längeres Erhitzen der freien Säure od. des δ-Lactons in wäßr. Lösg., besonders in Gegenw. v. etwas HCl[1])[2]. Neue verbesserte Darst. durch Bromoxydat. v. d-Mannose[3]	Farbl. Nadeln[1] od. glänz. Prismen[2] (aus Alk.)
84	d-Mannonsäure-δ[1]-lacton	$C_6H_{10}O_6$: CO | HOCH | HOCH | O HCOH | HC | CH_2OH	D. rasches Verdampfen d. frisch bereiteten wäßr. Säurelösg. im Vak. unterhalb 50°[2]	Glänz. Oktaëder (aus Alk.)
85	d-Mannonsäure-äthylester	$C_5H_{11}O_5COOC_2H_5$	D. Erhitzen v. d-Mannonsäure od. deren δ-Lacton in Alk.; od. besser aus d. δ-Lacton u. Alk. m. HCl-Katal. bei Zimmertemp.[1]	Nadeln (aus Alk.)

Schmelz- und Siedepunkt	Optisches Drehungsvermögen	Löslichkeit	Analytisches; Diverses	Literatur
$Kp_{0,5} = 115°$ (Badtemp.)	—	—	**Phenylhydrazid:** $C_{16}H_{26}O_6N_2$, Kryst. (aus Äth.), $F = 115°$; $[\alpha]_{5780}^{19} = -50°$ (in Alk.). **3, 4, 6-Trimethyl-l-gluconsäure-phenylhydrazid:** $C_{15}H_{24}O_6N_2$, Krystalle (aus C_6H_6), $F = 125°$. War noch mit etwas Mannonsäurederiv. verunreinigt	[1] **Haworth** u. **Peat:** Soc. Lond. **1929**, 350.
—	inaktiv	—	**Ca-Salz:** $(C_6H_{11}O_7)_2Ca \cdot H_2O$, lösl. in 16—20 Tl. h. H_2O. **Phenylhydrazid:** $C_{12}H_{18}O_6N_2$, Krystallaggr. (aus H_2O), $F = 188$—190°	[1] **E. Fischer:** Ber. **23**, 2617 (1890).
—	$[\alpha]_D^{20} = -1°$ (A — in H_2O)[7]	l. l. k. Alk.[7]	**Na-Salz** (nur in Lösg. erhalten): $[\alpha]_D^{20} = -8,82°$ (in H_2O, $c = 9,5\%$)[8]. **Ca-Salz:** $(C_6H_{11}O_7)_2Ca \cdot 2 H_2O$, mikr. Prismen (aus H_2O), verliert Kryst.-H_2O bei 108° nicht; lösl. in H_2O, w. l. in Alk.[1]; $[\alpha]_D^{20} = -7,52°$ (in H_2O, $p = $ ca. 4%, f. Anhydr. ber.)[7]. Über Sr- u. Ba-Salze siehe [1]	[1] **E. Fischer** u. **Hirschberger:** Ber. **22**, 3218 (1889). [2] **Clowes** u. **Tollens:** A. **310**, 170 (1899). [3] **E. Fischer:** Ber. **23**, 800 (1890). [4] **Nef:** A. **357**, 259 (1907). [5] **Jensen** u. **Upson:** Amer. Soc. **47**, 3019 (1925). [6] **Beilstein:** 4. Aufl., Bd. III, S. 547; Erg.-Bd. III, S. 189. [7] **Nef:** A. **403**, 303 (1914). [8] **Levene** u. **Meyer:** J. Biol. Chem. **26**, 355 (1916). [9] **Hudson** u. **Komatsu:** Amer. Soc. **41**, 1141 (1919). [10] **van Wijk:** Rec. **40**, 232 (1921). [11] **Hudson:** Amer. Soc. **39**, 462 (1917). [12] **Levene:** J. Biol. Chem. **59**, 123 (1924). [13] **van Marle:** Rec. **39**, 549 (1920). — **van Wijk:** Rec. **40**, 221 (1921).
$212°$[5][7][8]	$[\alpha]_D^{20} = -26,73°$ (in H_2O, $p = $ ca. 4%)[7]; $[\alpha]_D^{20} = -27,4°$ (in H_2O)[5]	l. in ca. 5 Tl. h. H_2O; fast unl. h. Alk.[7]	Über **Chininsalz** ($F = 165°$, l. l. in k. H_2O) siehe[7]	
172—173°[9] $176°$[10] (Zers.)	$[\alpha]_D^{20} = -17,3°$ (in H_2O, $c = 0,94\%$)[9]; $[\alpha]_D^{12} = -17,2°$ (in H_2O, $c = 0,51\%$)[10]	s. w. l. Alk.[10]	Über **substituierte Amide, Anilide u. Hydrazide** der d-Mannonsäure siehe[13]	
214—216° (Zers.)[1]	$[\alpha]_D^{80} = -8,1°$ (in H_2O, $c = $ ca. 2,8%)[11]; $[\alpha]_D^{20} = -10,5°$ (in H_2O)[12]	l. l. h. H_2O, s. schw. l. k. H_2O u. Alk.[1][11]		
149—153°[1]; $151°$[2]	$[\alpha]_D^{20} = +51,8°$ (A) (in H_2O, $c = 4\%$)[2]; $[\alpha]_D = $ ca. $+47°$ (E) (id. — nach Erhitzen auf 100° u. Abkühl.)[2]	l.l.H_2O, schwerer in Alk.[1], jedoch leichter als d. δ-Lacton[2]	Die frische wäßr. Lösg. reagiert neutral[1]. M.V.W. $= 619$ Cal.[4]. **Tetracetat:** $C_{14}H_{18}O_{10}$, Nadeln (aus Äth.), $F = 120°$; $[\alpha]_D = +44,9°$ (in $CHCl_3$, $c = 1,56\%$)[5]	[1] **E. Fischer** u. **Hirschberger:** Ber. **22**, 3218 (1889). [2] **Hedenburg:** Amer. Soc. **37**, 345 (1915). — Vgl. **Nef:** A. **403**, 306 (1914). [3] **Nelson** u. **Cretcher:** Amer. Soc. **52**, 403 (1930). [4] **Fogh:** Compt. rend. **114**, 920 (1892). [5] **Goodyear** u. **Haworth:** Soc. Lond. **1927**, 3143.
161—162° [2][3]	$[\alpha]_D^{20} = +114,0° \rightarrow +27,5°$ in 21 St. (in H_2O, $c = 1,24\%$)[3]; $[\alpha]_D^{20} = +111,85° \rightarrow +28,3°$ in 28 St. $\rightarrow +39,85°$ in 23 Tag., steigt noch weiter (in H_2O, $c = $ ca. 4%)[2]	l. in ca. 100 Tl. h. abs. Alk.[2]	—	[1] **Haworth** u. **Nicholson:** Soc. Lond. **1926**, 1899. [2] **Hedenburg:** Amer. Soc. **37**, 345 (1915). — Vgl. **Nef:** A. **403**, 306 (1914). [3] **Goodyear** u. **Haworth:** Soc. Lond. **1927**, 3136, 3144.
160—161°[1]; $164°$[2]	$[\alpha]_D^{20} = $ ca. 0° (in H_2O)[1]. Die wäßr. Lösg. wird infolge Hydrolyse allmähl. rechtsdrehend	l. l. in k. H_2O	Zersetzt sich beim Erhitzen auf 160 bis 170° in Alk. u. γ-Lacton	[1] **Hedenburg:** Amer. Soc. **37**, 345 (1915). [2] **Nef:** A. **403**, 316 (1914).

573

Nr	Name	Formel, Konstitution	Vorkommen, Bildung, Darstellung	Krystallogr. Eigenschaften
86	2, 3- od. 5, 6-Monoaceton-d-mannonsäure-γ-lacton	$C_9H_{14}O_6$	Aus d. Kompon. durch kurzes Schütteln mit 0,1% HCl[1])	Farbl. Nadeln (aus Aceton+Ligroin)
87	2, 3; 5, 6-Diaceton-d-mannon-säure-γ-lacton	$C_{12}H_{18}O_6$: (Konstitution: siehe Strukturformel)	Wie vorstehend, d. längeres Schütteln mit 0,2% HCl[1]). D. Oxydat. v. Diacetonmannose m. alkal. $KMnO_4$, über d. K-Salz der freien Säure[2])	Farbl. Nadeln (aus Ligroin)[1])[2])
88	2, 3- od. 5, 6-Dimethyl-d-mannon-säure-γ-lacton	$C_6H_8O_4(OCH_3)_2$	D. Hydrol. des Acetonderivates m. k. 0,1 proz. HCl. (Letzteres entsteht d. Methylierg. v. Verb. 86 od. bei d. Methylierg. v. γ-Mannonolacton m. $CH_3I + Ag_2O$ in acetonhalt. CH_3OH.)[1])	Weiße Nadeln (aus Essigest.+Petrol-äther)
89	5, 6-Dimethyl-d-mannonsäure-γ-lacton	$C_6H_8O_4(OCH_3)_2$	D. Oxydat. v. 5,6-Dimethyl-d-mannit m. HNO_3 ($D = 1,184$) bei 75° u. Trocknen im Vak. bei 70 bis 75°[1])	Farbl. Nadeln (aus Äth.)
90	3, 4, 6-Trimethyl-d-mannonsäure	$C_6H_9O_4(OCH_3)_3$	D. Oxydat. v. 3,4,6-Trimethyl-mannopyranose m. Bromwasser[1])	Nur in Lösg. erhalten
	δ-Lacton	$C_9H_{16}O_6$	—	Kryst. (aus Äth.)
91	2, 3, 4, 6-Tetramethyl-d-mannon-säure	$C_6H_8O_3(OCH_3)_4$	D. Oxydat. v. n-Tetramethyl-mannose m. Bromwasser[1])[2]). D. Epimerisat. v. 2,3,4,6-Tetra-methylgluconsäure m. wäßr. Py-ridin bei 100°[3])	Nur in Lösg. erhalten
	δ-Lacton	$C_{10}H_{18}O_6$	—	Prismat. Nadeln[1])
92	2, 3, 5, 6-Tetramethyl-d-mannon-säure	$C_6H_8O_3(OCH_3)_4$	D. Oxydat. v. Tetramethyl-γ-mannose mit Bromwasser[1]) od. $Ba(OI)_2$[2]). D. Epimerisat. v. 2,3,5,6-Tetra-methylgluconsäure m. wäßr. Py-ridin bei 100°[3])	Nur in Lösg. erhalten
	γ-Lacton	$C_{10}H_{18}O_6$	Aus d. Säure d. Erhitzen, od. d. Methylierg. v. γ-Mannonolacton m. $CH_3I + Ag_2O$[4])[5])	Farbl. Platten od. lange Nadeln (aus Äth. od. Petrol-äther)[4])[5])
93	3, 4, 5, 6-Tetramethyl-d-mannon-säure	$C_6H_8O_3(OCH_3)_4$	D. Oxydat. v. 3,4,5,6-Tetra-methyl-d-mannit m. HNO_3 ($D = 1,184$); Reinigen über d. (amorphe) Ca-Salz[1])	Farbl. Flüssigkeit

574

Schmelz- und Siedepunkt	Optisches Drehungsvermögen	Löslichkeit	Analytisches; Diverses	Literatur
133°	$[\alpha]_D^{20} = +55,4°$ (in H_2O, c = 1,62%)	—	**Monomethylen-d-mannonsäure-lacton:** $C_7H_{10}O_6$, Kryst. (aus Aceton), F = 206°; $[\alpha]_D = +91°$ [2])	[1]) **Goodyear** u. **Haworth:** Soc. Lond. **1927**, 3136. [2]) **Clowes** u. **Tollens:** A. **310**, 171 (1899).
126°	$[\alpha]_D^{20} = +50,6°$ (in $CHCl_3$, c = 1%); $[\alpha]_{Di}^{20} = +73,65°$ → +45,9° in 20 Tag. (in 50proz. Alk.)[1])	—	**Kalium-diaceton-mannonat:** $C_{12}H_{19}O_7K \cdot H_2O$, Kryst. (aus Alk. + Äth.), F oberhalb 210° u. Zers.; verliert bei 80° im Vak. 1 H_2O. — $[\alpha]_D^{20} = -31,8°$ (in H_2O, c = 2,52%)[2])	[1]) **Goodyear** u. **Haworth:** Soc. Lond. **1927**, 3136. [2]) **Ohle** u. **Berend:** Ber. **58**, 2590 (1925).
109—110°	$[\alpha]_D^{20} = +61,1°$ → +60,5° in 19 Tag. (in H_2O, c = 1,03%)	—	**Monoaceton-dimethyl-mannonsäure-lacton:** $C_{11}H_{18}O_6$, Nadeln (aus Äth. od. Petroläth.) od. Prismen (aus CCl_4) F = 110°. — $[\alpha]_D^{20} = +64,2°$ → +55,8° in 9 Tag. (in H_2O, c = 1,1%)	[1]) **Goodyear** u. **Haworth:** Soc. Lond. **1927**, 3136.
112—114°	$[\alpha]_D^{20} = +22,36°$ → +16,22° in 6 Tag. (in wäßr. CH_3OH)	—	—	[1]) **Irvine** u. **Paterson:** Soc. Lond. **105**, 910 (1914).
—	$[\alpha]_D^{20} = +31°$ → +111° in 48 St. (in H_2O, c = 0,7%, als Lacton ber.)	—	**Phenylhydrazid:** $C_{15}H_{24}O_6N_2$, Kryst. (aus C_6H_6), F = 137—139°	[1]) **Bott, Haworth** u. **Hirst:** Soc. Lond. **1930**, 1395.
96—97°	$[\alpha]_D^{20} = +167,5°$ → +110° in 74 St. (in H_2O, c = 0,7%)	—	—	
—	$[\alpha]_{5461}^{14} = +17°$ → +60,7° in 4 Tag. (in H_2O, c = 1,12%, als Lacton ber.)[1])	—	**Phenylhydrazid:** $C_{16}H_{26}O_6N_2$, glänz. Blättchen (aus C_6H_6), F = 184 bis 185°[1])[3]); $[\alpha]_D^{16} = -22°$ (in $CHCl_3$, c = 1,37%)[4])	[1]) **Drew, Goodyear** u. **Haworth:** Soc. Lond. **1927**, 1237. [2]) **Greene** u. **Lewis:** Amer. Soc. **50**, 2817 (1928). [3]) **Haworth** u. **Long:** Soc. Lond **1929**, 345. [4]) **Haworth** u. **Peat:** Soc. Lond. **1929**, 356.
23—25° $Kp_{0,02} = 104°$	$[\alpha]_{5461}^{18} = +172,3°$ → +73,4° in 6 Tag. (in H_2O, c = 1,88%)[1]); $[\alpha]_D = +136,4°$ → +62,8° in 6 Tag. (in H_2O, c = 2,97%)[2])	—	$n_D^{16} = 1,4650$[1])	
—	$[\alpha]_D^{20} = -25,3°$ → +48,2° (E — in H_2O, c = ca. 2%)[4]); $[\alpha]_D^{21} = -23°$ → -17° in 5 Tag. → ? (in H_2O, c = 0,923%)[5])	· —	**Phenylhydrazid:** $C_{16}H_{26}O_6N_2$, farbl. Prismen (aus Äth. od. C_6H_6), F = 167°[3])[5])	[1]) **Haworth, Hirst** u. **Webb:** Soc. Lond. **1930**, 658. [2]) **Levene** u. **G. M. Meyer:** J. Biol. Chem. **76**, 809 (1928). [3]) **Haworth** u. **Long:** Soc. Lond. **1929**, 345. [4]) **Levene** u. **G. M. Meyer:** J. Biol. Chem. **60**, 167 (1924). [5]) **Drew, Goodyear** u. **Haworth:** Soc. Lond. **1927**, 1237. — **Goodyear** u. **Haworth:** Soc. Lond. **1927**, 3136.
107°[4]) 109°[3]) $Kp_{0,3} = 135°$[4])	$[\alpha]_D^{18} = +65,2°$ → +61,2° in 9 Tag. (in H_2O, c = 1,038%)[5]); $[\alpha]_D^{19} = +53°$ (E) (in H_2O, c = 2,5%, mit HCl-Katal.)[5])	—	—	
$Kp_{12} = 180—182°$	$[\alpha]_D^{20} = +10,1°$ ohne Mutarotat. (in wäßr. CH_3OH)	—	**Pentamethyl-d-mannonsäure:** $C_6H_7O_2(OCH_3)_5$, analog aus Pentamethylmannit. Farbl. Sirup, $Kp_{0,18} = 110°$, $n_D = 1,4409$; $[\alpha]_D^{20} = +13,3°$ (in Alk.)	[1]) **Irvine** u. **Paterson:** Soc. Lond. **105**, 913, 922 (1914).

Tabelle 82 (Fortsetzung).

Nr	Name	Formel, Konstitution	Vorkommen, Bildung, Darstellung	Krystallogr. Eigenschaften
94	l-Mannonsäure (Arabinose-carbonsäure)	$C_6H_{12}O_7$: COOH | HCOH | HCOH | HOCH | HOCH | CH_2OH	Aus l-Arabinose u. HCN in wäßr. Lösg. bei Zimmertemp. m. NH_3-Katal., Verseif. des Nitrils mit $Ba(OH)_2$, Reinigung über das Lacton[1][2][3]. Durch Spaltung v. d,l-Mannonsäure mittels Strychnin[4]	Nicht isoliert
	Amid	$C_6H_{11}O_6NH_2$	D. part. Verseif. d. Nitrils[1] od. aus d. Lacton u. methylalkoh. NH_3[8]	Weiße Nadeln (aus Alk.)
	Hydrazid	$C_6H_{11}O_6NHNH_2$	Aus d. Lacton u. Hydrazinhydrat, in H_2O[9] od. h. CH_3OH[10]	Farbl. Säulen od. Tafeln
	γ-Lacton	$C_6H_{10}O_6$	Darst. analog der d-Verb.[7]	Krystalle (aus Alk. od. Eisessig)
	δ-Lacton	$C_6H_{10}O_6$	Wie vorstehend[7]	Mikr. farbl. Platten
95	3, 4, 6-Trimethyl-l-mannonsäure	$C_6H_9O_4(OCH_3)_3$	Aus 2,3,5-Trimethyl-l-arabinose u. KCN in wäßr. Lösg. u. sukzessives Behandeln m. Chlorameisensäuremethylester, verd. HCl u. verd. $Ba(OH)_2$; Trennung vom epimeren l-Gluconsäurederiv. üb. d. Phenylhydrazide[1]	Nicht isoliert
	δ-Lacton	$C_9H_{16}O_6$	—	Harte farbl. Prismen (aus Äth.)
96	2, 3, 4, 6-Tetramethyl-l-mannonsäure-δ-lacton	$C_6H_6O_2(OCH_3)_4$	D. Methylierg. v. 3,4,6-Trimethyl-l-mannonolacton m. $CH_3I + Ag_2O$[1]	Krystalle
97	2, 3, 5, 6-Tetramethyl-l-mannonsäure-γ-lacton	$C_6H_6O_2(OCH_3)_4$	D. Methylierg. v. γ-l-Mannonolacton m. $CH_3I + Ag_2O$[1]	Lange, schmale, farbl. Platten
98	d, l-Mannonsäure Ca-Salz	$C_6H_{12}O_7$ $(C_6H_{11}O_7)_2Ca$	D. Oxydat. v. d,l-Mannose (synthetisch aus d,l-Mannit) mit Bromwasser; Isolierg. als Ca-Salz[1]	Ca-Salz: Aggr. feiner Nadeln (aus H_2O), wasserfrei
	γ-Lacton	$C_6H_{10}O_6$	Aus gleichen Teilen der akt. Kompon.[1]	Sternförmig verwachsene Prismen od. Nadeln (aus H_2O)

576

Aldonsäuren.

Schmelz- und Siedepunkt	Optisches Drehungsvermögen	Löslichkeit	Analytisches; Diverses	Literatur
—	—	—	**Na-Salz** (in Lösg.): $[\alpha]_D = +10,1°$ (in H_2O, $c = 3,3\%$ auf das Säure-Ion ber.)[5]. **Ca-Salz:** $(C_6H_{11}O_7)_2Ca \cdot 3\,(?)\,H_2O$, feine Nadeln (aus H_2O od. verd. Alk.), verliert Kryst.-H_2O bei 100° nicht; w. l. in k. H_2O, leicht in h. H_2O[3][6]. D. **Strychninsalz** ist in Alk. weniger lösl. als d. entspr. d-Verb.; d. **Morphinsalz** in H_2O dagegen leichter[4]. **Brucinsalz:** $F = 161—162°$; $[\alpha]_D^{20} = -15,78°$ (in H_2O?, $c = 4\%$)[7]	[1] **Kiliani:** Ber. 19, 3033 (1886); 20, 346 (1887); 21, 916 Anm. (1888). [2] **E. Fischer:** Ber. 23, 2611 (1890). [3] **Kiliani:** Ber. 55, 100 (1922); 58, 2349 (1925). [4] **E. Fischer:** Ber. 23, 379 (1890). [5] **van Ekenstein, Jorissen** u. **Reicher:** Z. physik. Chem. 21, 383 (1896). [6] **E. Fischer:** Ber. 23, 2627 (1890). [7] **Upson, Sands** u. **Whitnah:** Amer. Soc. 50, 519 (1928). [8] **Weerman:** Rec. 37, 33 (1917). [9] **Kiliani:** Ber. 58, 2361 (1925). [10] **Weerman:** Rec. 37, 63 (1917). [11] **E. Fischer** u. **Passmore:** Ber. 22, 2728 (1889). [12] **Fogh:** Compt. rend. 114, 920 (1892). [13] **Clowes** u. **Tollens:** A. 310, 172 (1899).
171—172° (Zers.)[8]	$[\alpha]_D^{13} = +29,9°$? (in H_2O)[8]	l. l. h. H_2O, z. l. k. H_2O, schw. l. Alk., unl. Äth.	Die angegeb. Drehung dürfte zu hoch sein; vgl. den Wert bei der d-Verb.	
161—162° (Zers.)[10]	$[\alpha]_D^{14} = +4,4°$ (in H_2O, $p = 3,7\%$)[10]	l. in ca. 15 Tln. k. H_2O[9]	**Phenylhydrazid:** $C_{12}H_{18}O_6N_2$, farbl. Blättchen, $F = 214—216°$ (Zers.), w. lösl. in k. H_2O u. Alk.[11]	
150,5—151°	$[\alpha]_D = -51,8°$ (A — in H_2O) konstant f. 2 Tage	—.	$M.V.W. = 616,9$ Cal.[12]. Über zwei isomere **Monomethylen-l-mannonsäure-lactone:** $C_6H_8O_6(CH_2)$ I: $F = 205—207°$; $[\alpha]_D = -88,0°$ II: $F = 235°$; $[\alpha]_D = -53,3°$ siehe[13]	
160—162°	$[\alpha]_D = -113,6° \rightarrow -30,9°$ in 32 St. $\rightarrow -40,9°$ in 28 Tag. (in H_2O)	—		
—	—	—	**2-Methylcarbonat:** $C_6H_8O_3(OCH_3)_3 \cdot OCOOCH_3$, Kryst. (aus Äther), $F = 155°$. **Phenylhydrazid:** $C_{15}H_{24}O_6N_2$, Kryst. (aus C_6H_6), $F = 137—139°$	[1] **Haworth** u. **Peat:** Soc. Lond. 1929, 350.
96—97°	$[\alpha]_D = -167° \rightarrow -112,8°$ in 3 Tag. (in H_2O, $c = 1,88\%$)	—	—	
F = niedrig $Kp_{0,06} = 145—150°$ (Badtemp.)	$[\alpha]_D^{18} = -150° \rightarrow -58,2°$ (E) in 6 Tag. (in H_2O)	—	**Phenylhydrazid:** $C_{16}H_{26}O_6N_2$, Nadeln (aus Äth.), $F = 183—184°$; $[\alpha]_D^{16} = +22°$ (in $CHCl_3$, $c = 1,37\%$)	[1] **Haworth** u. **Peat:** Soc. Lond. 1929, 350.
109°	$[\alpha]_D = -65,5° \rightarrow -47,4°$ (E) in 18 Tag. (in H_2O?)	l. l. Äth. u. Alk., weniger in H_2O	—	[1] **Upson, Sands** u. **Whitnah:** Amer. Soc. 50, 519 (1928).
—	inaktiv	l. in 60-70 Tl. kochend. H_2O, d.h. viel schwerer als d. akt. Kompon.	Das **Strychninsalz** (feine Nadeln aus H_2O) wird d. Kochen m. Alk. in d. akt. Kompon. gespalten. **Phenylhydrazid:** $C_{12}H_{18}O_6N_2$, farbl. Würfel (aus H_2O), $F = 235°$ (Zers.); s. schw. l. in Alk., weniger lösl. in h. H_2O als d. akt. Kompon.	[1] **E. Fischer:** Ber. 23, 376, 390 (1890).
Sint. 149°; $F = 155°$	inaktiv	s. l. l. h. H_2O, w. l. h. Alk.	Die frische wäßr. Lösg. schmeckt süß, reagiert neutral u. reduz. nicht Fehl. Lösg. Ist racemisch	

Nr	Name	Formel, Konstitution	Vorkommen, Bildung, Darstellung	Krystallogr. Eigenschaften
99	**d-Gulonsäure** (früher l-Säure) (Xylose-carbonsäure)	$C_6H_{12}O_7$: COOH | HCOH | HCOH | HOCH | HCOH | CH_2OH	Aus d-Xylose u. HCN in wäßr. Lösg. m. NH_3-Katal., Verseif. des Nitrils m. $Ba(OH)_2$[1]) od. H_2SO_4[2]), Überführung in Lacton	Nur in Lösg. erhalten
	Ca-Salz	$(C_6H_{11}O_7)_2Ca \cdot 3^1/_2 H_2O$	—	Aggr. v. feinen Nadeln, verliert $3^1/_2 H_2O$ bei 105°[1])
	Brucinsalz	$C_6H_{12}O_7 \cdot C_{23}H_{26}O_4N_2$	—	Nadeln (aus verd. Alk.)[9])
	Amid	$C_6H_{11}O_6NH_2$	Aus d. Lacton m. alkoh. NH_3[10])[11])	Krystalle (aus verd. Alk.)
	Phenylhydrazid	$C_6H_{11}O_6N_2H_2C_6H_5$	Aus d. Kompon. konz. h. wäßr. Lösg.[1])	Dünne Blättchen (aus Alk.)[5])
	γ-Lacton	$C_6H_{10}O_6$	—	Prismat. rhomb. Kryst. (aus H_2O od. 6oproz. Alk.)[1])
100	**Dimethylen-d-gulonsäure** (Diformal-gulonsäure)	$C_6H_8O_7(CH_2)_2$	Aus d. Kompon. m. konz. HCl[1])	Krystalle (aus verd. Alk.)
101	**l-Gulonsäure** (früher d-Säure)	$C_6H_{12}O_7$	D. Redukt. v. d-Glucuronsäure[1]) od. d-Zuckersäurelacton[2]) m. Na-Amalgam	Nur in Lösg. erhalten
	Phenylhydrazid	$C_{12}H_{18}O_6N_2$	Wie bei der d-Verb.[2])	Krystalle
	γ-Lacton	$C_6H_{10}O_6$	—	Prismat. od. tafelförm. rhomb. Kryst. (aus H_2O od. 6oproz. Alk.). Achsenverhältnis: $a:b:c = 0,5770:1:0,8285$[1])[2])
102	**d, l-Gulonsäure** **Ca-Salz**	$C_6H_{12}O_7$ $(C_6H_{11}O_7)_2Ca \cdot x H_2O$	D. Vermischen gleicher Teile der akt. Lactone u. Überführen in d. Ca-Salz mittels $CaCO_3$ in wäßr. Lösg.[1])	Ca-Salz: feine Nadeln (aus H_2O), verliert Kryst.-H_2O langsam im Vak. über H_2SO_4, rasch bei 108°
	γ-Lacton	$C_6H_{10}O_6$	—	—

Schmelz- und Siedepunkt	Optisches Drehungsvermögen	Löslichkeit	Analytisches; Diverses	Literatur
—	$[\alpha]_D^0 = -1,6°$ (A — in H_2O, c$=2,5\%$)[3]	—	Dissoziationskonst.: $K = 10^{-3,68}$ [4]. Über d. Verlauf der Rotationskurve bei d. Lactonbildung vgl. [4]. **Na-Salz** (nur in Lösg.): $[\alpha]_D^{20} = +11,5°$ bis $+12,7°$ (in H_2O)[5][6]; $[\alpha]_D = +13,9°$ (in H_2O, c$=1\%$, auf d. Säure-Ion ber.)[7]	[1] E. Fischer u. Stahel: Ber. **24**, 528 (1891). [2] La Forge: J. Biol. Chem. **36**, 347 (1918). [3] Levene: J. Biol. Chem. **59**, 123 (1924). [4] Levene u. Simms: J. Biol. Chem. **65**, 31 (1925). [5] Nef: A. **403**, 267 ff. (1914). [6] Levene u. Meyer: J. Biol. Chem. **26**, 355 (1916). [7] van Ekenstein, Jorissen u. Reicher: Z. physik. Chem. **21**, 383 (1896). [8] E. Fischer u. Curtiss: Ber. **25**, 1028 (1892). [9] E. Fischer u. Fay: Ber. **28**, 1977 Anm. 2 (1895). [10] Weerman: Rec. **37**, 34 (1917). [11] Hudson u. Komatsu: Amer. Soc. **41**, 1141 (1919). [12] van Marle: Rec. **39**, 549 (1920). [13] Fogh: Compt. rend. **114**, 920 (1892).
—	—	5,8 Tl. Anhydr. in 100 Tl. H_2O bei $15°$[8]	**Bas. Ba-Salz:** $C_6H_{11}O_7BaOH$, Aggr. feiner Kryst. (aus H_2O), w. l. in H_2O; verliert bei $105°$ kein H_2O[1]	
$155-158°$ (Zers.)[9]; $162-164°$ [5][6]	$[\alpha]_D^{20} = -18,7°$ bis $-19,6°$ (in H_2O)[5][6]	l. in ca. 50 Tl. h. abs. Alk.[9]	Über kryst. **Strychnin-** u. **Chininsalz** siehe[5]	
$122-123°$ (Zers.)	$[\alpha]_D^{16} = +16,1°$ (in H_2O, p$=$ca. 6%)[10]; $[\alpha]_D^{20} = +15,2°$ (in H_2O, c$=5\%$)[11]	l. l. H_2O, weniger in CH_3OH, schw. l. Alk.[10]	Wird in wäßr. Lösg. langs. hydrol.[10]	
$147-149°$ Zers. $195°$[1]	$[\alpha]_D^{20} = +13,45°$ bis $+13,74°$ (in H_2O)[3][5]	l. l. H_2O[1]), z. l. k. Alk.[5]	Über **Hydrazid** siehe[12]	
$185°$ (k.)[1]; $182-185°$[5]	$[\alpha]_D^{20} = -55,3°$ (in H_2O, c$=4-10\%$)[1][7]	s. l. l. h. H_2O, w. l. k. H_2O; s. schw. l. h. abs. Alk.[1]	Die frische wäßr. Lösg. schmeckt süß u. reagiert neutral[1]. M.V.W. $= 615,3$ Cal.[13]	
$177°$	$[\alpha]_D = -88°$ (in Alk., c$=1\%$)	—	**Monobenzal-d-gulonsäure:** $C_6H_{10}O_7(C_7H_6)$, Kryst. (aus CH_3OH), $F=174°$; $[\alpha]_D = -67°$ (in CH_3OH, c$=1\%$). — Gibt kryst. Alkalisalze	[1] van Ekenstein u. de Bruyn: Rec. **19**, 178 (1900).
—	$[\alpha]_D = $ ca. $0°$ (A — in H_2O)[1]	—	**Na-Salz** (nur in Lösg.): $[\alpha]_D^{20} = -13,9°$ (in H_2O, c$=2,4\%$, auf d. Säure-Ion ber.)[3] **Ca-Salz:** $(C_6H_{11}O_7)_2Ca$ (bei $104°$ getrocknet), amorph. weißes Pulver; $[\alpha]_D^{21} = -14,45°$ (in H_2O, c$=1,73\%$)[1]	[1] Thierfelder: Z. physiol. Chem. **15**, 71 (1891). [2] E. Fischer u. Piloty: Ber. **24**, 525 (1891). [3] van Ekenstein, Jorissen u. Reicher: Z. physik. Chem. **21**, 383 (1896).
$147-149°$	—	l. l. h. H_2O u. h. Alk.	—	
$180-181°$[2]	$[\alpha]_D = +55,6°$ (in H_2O, c$=4\%$)[3], vgl. [1] u. [2]	—	—	
—	inaktiv	1,6 Tl. Anhydr. in 100 Tl. H_2O bei $15°$	**Phenylhydrazid:** $C_{12}H_{18}O_6N_2$, Nadelrosetten, $F=153-155°$; s. l. l. in h. H_2O, z. schw. l. in k. H_2O	[1] E. Fischer u. Curtiss: Ber. **25**, 1025 (1892).
$160°$	inaktiv	—	Ist im Gegensatz zu vorsteh. Verbb. nicht racemisch; d. wäßr. Lösg. scheidet bei langs. Kryst. ein Gemisch d. akt. Kompon. aus	

Nr	Name	Formel, Konstitution	Vorkommen, Bildung, Darstellung	Krystallogr. Eigenschaften
103	**d-Idonsäure** (früher l-Säure)	$C_6H_{12}O_7$: COOH | HOCH | HCOH | HOCH | HCOH | CH_2OH	Nebenprod. bei d. Darst. v. d-Gulonsäure; wird aus d. Mutterlaugen des Gulonolactons als Brucinsalz isoliert. — Entsteht auch d. Epimerisat. v. d-Gulonsäure m. wäßr. Pyrid. bei 140°[1])	Sirup (Gemisch v. Säure u. Lacton)
	Cd-d-idonobromid	$C_6H_{11}O_7CdBr$ $\cdot \frac{1}{2} H_2O$	Aus d. Kompon.[1])	Feine, farbl. Nadeln (aus H_2O od. verd. Alk.) verliert $\frac{1}{2} H_2O$ b. 100°
	Brucinsalz	$C_6H_{12}O_7 \cdot C_{23}H_{26}O_4N_2$	—	Prismen od. lange Blättchen (aus CH_3OH)[3])
	Phenylhydrazid	$C_{12}H_{18}O_6N_2$	—	Weiße Krystallmasse (aus Alk.); kryst. schwer[4])
104	**Dibenzal-d-idonsäure**	$C_6H_8O_7(C_7H_6)_2$	Aus d. Kompon. m. konz. HCl[1])	Kryst. (aus CH_3OH)
105	**l-Idonsäure** (früher d-Säure)	$C_6H_{12}O_7$	D. Epimerisat. v. l-Gulonsäure m. wäßr. Pyrid. bei 140°; Reinigung über d. Brucinsalz[1])	Sirup (Gemisch v. Säure u. Lacton)
	Cd-l-idonobromid	$C_6H_{11}O_7CdBr$ $\cdot \frac{1}{2} H_2O$	Aus d. Kompon.	Anal. der d-Verb.
106	**d-Galaktonsäure**	$C_6H_{12}O_7$: COOH | HCOH | HOCH | HOCH | HCOH | CH_2OH	D. Bromoxydat. v. d-Galaktose od. Lactose. Weitere ältere Bildungs- u. Darstellungsweisen siehe im Beilstein[1]). Neue od. verbesserte Darst.: aus Lactose m. Br_2 (neb. d-Gluconsäure, Trennung über das Cd-Salz)[2]); d. Oxydat. v. d-Galaktose m. k. verd. HNO_3 (D = 1,2)[3]), Hypochloriten[4])[5]), $Ba(OBr)_2$[5]), Mercuri-Acetat[6])	D. Hydrat kryst. aus frischer wäßr. Lösg. beim Eindampfen im Vak. unterhalb 50°. — Nadeln (aus H_2O + Alk. umkryst.)[7])[8]). Verliert Kryst.-H_2O sehr langsam im Vak. über H_2SO_4[8])
	Hydrat	$(C_6H_{12}O_7)_2H_2O$		
	Ca-Salz	$(C_6H_{11}O_7)_2Ca \cdot 4$[7]) od. 5[3]) H_2O	—	Monokl. spenoid. Tafeln (aus k. H_2O od. H_2O + Alk.); verliert langs. im Vak., rasch bei 100°. 3 bzw. 4 H_2O[1])[3])[7])
	Cd-Salz	$(C_6H_{11}O_7)_2Cd \cdot H_2O$[1])	—	Kl. Nadeln (aus heiß. H_2O), verliert Kryst.-H_2O erst bei 140°
	Brucinsalz	$C_6H_{12}O_7 \cdot C_{23}H_{26}O_4N_2$ $\cdot 2 H_2O$[7])	—	Vierseit. Prismen (aus 95 proz. Alk.), verliert im Vak. über H_2SO_4 5,8 % H_2O
	Amid	$C_6H_{11}O_6NH_2$	Aus d. Lacton m. alkoh. NH_3[13])[14])	Feine Nadeln (aus H_2O)
	Phenylhydrazid	$C_6H_{11}O_6N_2H_2C_6H_5$	—	Glänz. farbl. Blättchen (aus H_2O)[15])

580

Schmelz- und Siedepunkt	Optisches Drehungsvermögen	Löslichkeit	Analytisches; Diverses	Literatur
—	Erst schwach rechtsdrehend [2]), wird dann linksdrehend: $[\alpha]_D = $ ca. —40° in H_2O [1])	l. l. H_2O, schw. l. abs. Alk., unl. Äth. [1])	Wird d. Bleiessig als bas. Pb-Salz aus wäßr. Lösg. gefällt [1]). **Na-Salz** (nur in Lösg.): $[\alpha]_D^{20} = $ —2,52° (in H_2O, $c = 8\%$) [3]). Neutrale **Ca-, Ba-, Pb-Salze**: amorph, l. l. in H_2O [1])	[1]) **E. Fischer** u. **Fay**: Ber. **28**, 1975 (1895). [2]) **Levene**: J. Biol. Chem. **59**, 123 (1924). [3]) **Levene** u. **G. M. Meyer**: J. Biol. Chem. **26**, 355 (1916). [4]) **Nef**: A. **403**, 267 (1914). [5]) **van Marle**: Rec. **39**, 556 (1920).
205° (k.) (Zers.)	$[\alpha]_D^{20} = $ —3,25° (in H_2O, $c = $ ca. 10%)	l. in 1 Tl. h. H_2O	—	
188° [3]); 185—190° (k.) (Zers.) [1])	$[\alpha]_D^{20} = $ —25,79° (in H_2O, $p = 2,5\%$) [3])	s. l. l. H_2O; l. in ca. 200 Tl. h. CH_3OH; s. schw. l. abs. Alk. [1])	**Chininsalz**: glänz. Nadeln (aus Alk.), $F = 158°$; $[\alpha]_D^{20} = $ —103,1° (in H_2O, $p = $ ca. 4%). Über **Strychninsalz** siehe im Orig. [4])	
100—110°	$[\alpha]_D = $ —12,4° (in H_2O) [4]); $[\alpha]_D^{20} = $ —15,1° (in H_2O) [2])	l. l. k. H_2O u. h. Alk., weniger k. Alk.; s. schw. l. h. Essigester [4])	Wohl nicht ganz rein erhalten. Über **Hydrazid** (Sirup) u. **Benzalhydrazid** (Kryst., $F = 153°$) vgl. [5])	
215°	$[\alpha]_D = $ —5° (in CH_3OH, $c = 0,4\%$)	s. w. l. in H_2O, CH_3OH, Alk.	Eignet sich zur Trennung von d-Gulonsäure [1]). **Diformal-d-idonsäure:** $C_6H_8O_7(CH_2)_2$, Kryst., $F = 226°$; $[\alpha]_D = $ —54° (in CH_3OH) [2])	[1]) **van Ekenstein** u. **de Bruyn**: Rec. **18**, 305 (1899). [2]) **van Ekenstein** u. **de Bruyn**: Rec. **19**, 181 (1900).
—	rechtsdrehend (in H_2O)	—	**Brucinsalz**: farbl. Kryst. (aus CH_3OH), $F = 190—195°$ (k.) u. Zers.	[1]) **E. Fischer** u. **Fay**: Ber. **28**, 1981 (1895).
—	$[\alpha]_D = $ +3,41° (in H_2O, $c = $ ca. 11%)	—	—	
140—141° [7]); 147,5° [9])	$[\alpha]_D^{20} = $ —13,3° → —10,8° in $3^1/_2$ St. → —45,5° in 18 Tag. (in H_2O, $p = $ ca. 4,3%, f. Anhydr. ber.) [8]); $[\alpha]_D = $ —11,18° → —57,57° in 23 Tag. (in H_2O, $c = 1,1\%$) [9]); $[\alpha]_D^{20} = $ ca. —50° (E); $[\alpha]_D^{100} = $ ca. —60° (E) (in H_2O) [7]) [8])	—	Anderes **Hydrat**: $C_6H_{12}O_7 \cdot 2 H_2O$?, $F = 122°$; vgl. [10]). **Na-Salz**: $C_6H_{11}O_7Na \cdot 2 H_2O$, Kryst., lösl. in ca. 8,5 Tln. k. H_2O (f. Anhydr. ber.) [11]). — $[\alpha]_D^{20} = $ +0,40° (in H_2O, $c = 10\%$), f. Anhydr. ber. [12]). **NH$_4$-Salz**: $C_6H_{11}O_7NH_4$, Nadeln, $F = 155—157°$; $[\alpha]_D^{20} = $ +3,33° (in H_2O?) [6])	[1]) **Beilstein**: 4. Aufl., Bd. III, S. 549; Erg.-Bd. III, S. 191. [2]) **Kiliani**: Ber. **59**, 1471 (1926). [3]) **Kiliani**: Ber. **54**, 461 (1921). [4]) **Chem. Fabrik vorm. Sandoz** (Patent): C. **1928**, II, 1382. [5]) **Hönig** u. **Ruziczka**: Ber. **62**, 1434 (1929). [6]) **Ingvaldsen** u. **Bauman**: J. Biol. Chem. **41**, 147 (1920). [7]) **Nef**: A. **403**, 273 ff. (1914). [8]) **Hedenburg**: Amer. Soc. **37**, 363 (1915). [9]) **Pryde**: Soc. Lond. **123**, 1812 (1923). [10]) **Kiliani**: Ber. **55**, 95 (1922). [11]) **Kiliani**: Ber. **58**, 2355, 2357 (1925). [12]) **Levene** u. **G. M. Meyer**: J. Biol. Chem. **26**, 355 (1916). [13]) **Weerman**: Rec. **37**, 30 (1917). [14]) **Hudson** u. **Komatsu**: Amer. Soc. **41**, 1141 (1919). [15]) **E. Fischer** u. **Passmore**: Ber. **22**, 2728 (1889). [16]) **Levene**: J. Biol. Chem. **59**, 126 (1924). [17]) **van Marle**: Rec. **39**, 549 (1920). — **van Wijk**: Rec. **40**, 221 (1921). [18]) **Ruff** u. **Franz**: Ber. **35**, 943 (1902). — **Kiliani**: Ber. **58**, 2354 (1925).
—	$[\alpha]_D = $ +2,85° (in H_2O) [1]); $[\alpha]_D^{20} = $ +1,5° (in H_2O, $p = 4\%$, f. Monohydrat) [7])	0,76 Tl. in 100 Tln. H_2O bei 15° [1]); l. l. h. H_2O [3])	Dihydrat: $(C_6H_{11}O_7)_2Ca \cdot 2 H_2O$, Kryst. (aus h. H_2O) [4])	
—	—	s. w. l. H_2O	$(C_6H_{11}O_7)_2Cd \cdot 4$ [1]) od. 5 [2]) H_2O, kryst. aus k. wäßr. od. essigs. Lösg.	
141—143° [7]); 170° [12]) (H_2O-frei)	$[\alpha]_D^{20} = $ —21° bis —23,4° (in H_2O, f. Anhydr.) [7]) [12])	—	Über **weitere Salze** siehe im Beilstein [1]), sowie Literaturst. [7]) u. [11])	
172—173° (Zers.)	$[\alpha]_D^{14} = $ +36,7° (in H_2O, $p = 1,5\%$) [13]); $[\alpha]_D^{20} = $ +30,2° (in H_2O, $c = 5\%$) [14])	lösl. H_2O, w. l. CH_3OH, Alk.; unl. in and. neutr. org. Lösgm. [13])	Über **substituierte Amide, Anilide u. Hydrazide** der d-Galaktonsäure siehe [11]) u. [17]). Über Acetyl- u. Chlor-substituierte d-Galaktonsäure siehe [18])	
203° [7]); 200—205° (Zers.) [15])	$[\alpha]_D^{20} = $ +10,44° bis +12,2° (in H_2O) [7]) [16])	z. l. h. H_2O, schw. l. k. H_2O u. h. Alk. [7]) [16])	—	

Nr	Name	Formel, Konstitution	Vorkommen, Bildung, Darstellung	Krystallogr. Eigenschaften
107	d-Galaktonsäure-γ-Lacton	$C_6H_{10}O_6$: CO–HCOH–HOCH–CH (O-Ring)	D. Eindampfen d. wäßr. Säurelösg. u. Trocknen im Vak. bei $100°$[1])[2])[3]). Aus d. Hydrat d. Trocknen im Vak.[2])[3]) od. Umkryst. aus abs. Alk.[4])	Nadeln (aus abs. Alk. od. trock. Essigest.)
108	d-Galaktonsäure-äthylester (Doppelverb. mit $CaCl_2$)	$(C_8H_{16}O_7)_2 \cdot CaCl_2$	Aus Ca-Galaktonat in abs. Alk. mittels HCl[1])	Hygr. Krystalle
109	Pentacetyl-d-galaktonsäure-nitril	$C_{15}H_{21}O_{10}CN$	D. Erhitzen v. d-Galaktoseoxim m. $(CH_3CO)_2O$ u. Na-Acetat[1])	Weiße Krystalle (aus verd. Alk.)
110	Dimethylen-d-galaktonsäure	$C_6H_8O_7(CH_2)_2$	Aus d-Galaktonsäure u. 40 proz. Formaldehydlösg. m. konz. HCl[1])	Krystallisiert aus H_2O mit 2 H_2O, aus Aceton mit 1 H_2O
111	6-Methyl-d-galaktonsäure	$C_6H_{11}O_6OCH_3$	Aus 6-Methyl-d-galaktose mit gelb. HgO u. $CaCO_3$ in kochend. wäßr. Lösg.[1])	Farbl. Blättchen
112	2,3,4,6-Tetramethyl-d-galaktonsäure	$C_6H_8O_3(OCH_3)_4$	D. Oxydat. v. n-Tetramethylgalaktose m. Bromwasser[1])[2])[3])	Krystalle[2])
	δ-Lacton	$C_{10}H_{18}O_6$	Aus d. Säure d. Vakuumdestill.[2])	Farbl. Sirup
113	2,3,5,6-Tetramethyl-d-galaktonsäure	$C_6H_8O_3(OCH_3)_4$	D. Oxydat. v. Tetramethyl-γ-galaktose m. Bromwasser bei 30 bis $35°$[1])	Nur in Lösg. erhalten
	γ-Lacton	$C_{10}H_{18}O_6$	Aus d. Säure d. Vakuumdestill.[1]) od. d. Methylierg. v. γ-Galaktonolacton m. $CH_3I + Ag_2O$[3])	Sirup
114	l-Galaktonsäure	$C_6H_{12}O_7$: COOH–HOCH–HCOH–HCOH–HOCH–CH_2OH	D. Oxydat. v. l-Galaktose mit Bromwasser[1]). D. Spaltung v. d,l-Galaktonsäure mittels Brucin[2])	Sirup (Gemisch v. Säure u. Lacton)[2])

Schmelz- und Siedepunkt	Optisches Drehungsvermögen	Löslichkeit	Analytisches; Diverses	Literatur
134-136° (k.) (?)[1]; 109—111°[3]); 112°[4])	$[\alpha]_D^{20}$ = —77,6° (A — in H_2O, c=8,18%); $[\alpha]_D^{20}$ = —77,0° (A — in H_2O)[2]); $[\alpha]_D^{20}$ = —69,9° → —48,2° in 45 Tag. (in H_2O, p=ca. 4%, als Hydrat ber.)[3])	—	**Hydrat:** $C_6H_{12}O_6 \cdot H_2O$, aus d. konz. h. wäßr. Säuresirup durch Kryst., aus Alk.[5]) od. Eisessig[4]), od. aus d. Anhydrid an feuchter Luft[2])[3]). Prismen (aus Essigest.[2])[3]) od. Aceton[5])), F=66°[2])[5]), bzw. 65—67,5°[3]); $[\alpha]_D^{20}$ = +70,1° → +48,77° in 48 Tag. (in H_2O, p=4%)[3])	[1] **Ruff** u. **Franz:** Ber. 35, 948 (1902). [2] **Nef:** A. 403, 273 (1914). [3] **Hedenburg:** Amer. Soc. 37, 363 (1915). [4] **Levene** u. **G. M. Meyer:** J. Biol. Chem. 46, 307 (1921). [5] **Schnelle** u. **Tollens:** A. 271, 81 (1892). — **Clowes** u. **Tollens:** A. 310, 166 (1899).
—	—	—	Wird d. H_2O in $CaCl_2$, Alk. u. Galaktonsäure hydrol. **Pentacetat:** $C_{18}H_{26}O_{12}$, Kryst. (aus Alk.), F=101—102°, s. l. l. in Äth., C_6H_6, $CHCl_3$, schwerer in Alk.	[1] **Kohn:** Monatsh. f. Chem. 16, 333 (1895).
135°	—	s. schw. l. H_2O, schw. l. k. Alk.; l.l.h.Alk., Äth., C_6H_6, $CHCl_3$; unl. Petroläth., Ligroin	Alkalien u. ammoniakal. Ag_2O spalten HCN ab	[1] **Wohl** u. **List:** Ber. 30, 3103 (1897).
136°	$[\alpha]_D$ = +45,3° (in H_2O?)	l. in 112 Tln. H_2O bei 20°; s. schw. l. Alk. u. Äth.	Gibt kryst. K-, Na-, Zn-, Sr-Salze. **Phenylhydrazinsalz:** $C_8H_{12}O_7 \cdot C_6H_8N_2$, Nadeln (aus 50proz. Alk.), F=208°	[1] **Clowes** u. **Tollens:** A. 310, 166 (1899).
156°	$[\alpha]_{578}^{18}$ = —5,54° → —40,2° in 8 Tag. (in H_2O)	—	**Phenylhydrazinsalz:** $C_7H_{14}O_7 \cdot C_6H_8N_2$, farbl. Prismen, F=158—159°; $[\alpha]_{578}^{17}$=+4,7° (in H_2O)	[1] **Freudenberg** u. **Smeykal:** Ber. 59, 104 (1926).
84°	$[\alpha]_D$ = +22,6° → +26,6° in 2 Tag. (in H_2O, c=0,58%)	w. l. Äth.	**Amid:** $C_{10}H_{21}O_6N$, Kryst. (aus Petroläth.+Äth.), F=121°; $[\alpha]_D^{19,5}$=+35,7° (in Aceton, c=ca. 1%)[1]). — War vielleicht noch nicht ganz rein. **Phenylhydrazid:** $C_{16}H_{26}O_6N_2$, Kryst. (aus Äth. od. C_6H_6), F=135—137°[3])	[1] **Pryde, Hirst** u. **Humphreys:** Soc. Lond. 127, 348 (1925). [2] **Haworth, Ruell** u. **Westgarth:** Soc. Lond. 125, 2468 (1924). [3] **Haworth, Hirst** u. **Jones:** Soc. Lond. 1927, 2428. [4] **Drew, Goodyear** u. **Haworth:** Soc. Lond. 1927, 1237.
$Kp_{0,57}$=116°[1]); $Kp_{0,03}$=128° (Badtemp.?) [2])	$[\alpha]_D^{21}$=+166,5° → +26,2° in 2 Tag. (in H_2O, c=1,89%)[4])	—	n_D=1,4571[2]); n_D^{14}=1,4606[3])	
—	$[\alpha]_D^{16}$ = —8,6° (A — in H_2O, c=0,896%)[2])	—	—	[1] **Haworth, Ruell** u. **Westgarth:** Soc. Lond. 125, 2468 (1924). [2] **Drew, Goodyear** u. **Haworth:** Soc. Lond. 1927, 1237. [3] **Pryde:** Soc. Lond. 123, 1808 (1923).
Kp_2=130 bis 135°[3]); $Kp_{0,02}$=127—128° (Badtemp.?)[1])	$[\alpha]_D$=—29,5° → —27,0° in 5 Tag. (in H_2O, c=1,413%)[3]); $[\alpha]_D$=—27,1° → —25,2° in 12 Tag. (in H_2O, c=1,47%)[1]); E. wohl noch nicht erreicht[2])	—	n_D=1,4502[1]); n_D^{15}=1,4496[3])	
—	Stark rechtsdrehend in H_2O	—	**Ca-Salz:** $(C_6H_{11}O_7)_2Ca \cdot 5$? H_2O, fünfseit. Tafeln (aus h. H_2O), gleicht ganz der d-Verb. Das **Brucinsalz** ist in H_2O leichter lösl. als die d-Verb. **Cd-Salz** } ganz den entspr. **Phenylhydrazid** } d-Verbb. gleich[2])	[1] **van Ekenstein** u. **Blanksma:** C. 1914, I, 965. — **Neuberg** u. **Wohlgemuth:** Z. physiol. Chem. 36, 226 (1902). [2] **E. Fischer** u. **Hertz:** Ber. 25, 1256 (1892).

Nr	Name	Formel, Konstitution	Vorkommen, Bildung, Darstellung	Krystallogr. Eigenschaften
115	d, l-Galaktonsäure	$C_6H_{12}O_7$	D. Bromoxydat. v. d,l-Galaktose[1]). D. Redukt. v. Schleimsäurelacton m. Na-Amalgam[2])	Nicht isoliert
	Phenylhydrazid	$C_{12}H_{18}O_6N_2$	D. Erhitzen d. Kompon. in 20-proz. wäßr. Lösg.[2])	Farbl. sternförm. Nadeln (aus H_2O od. verd. Alk.)
	γ-Lacton	$C_6H_{10}O_6$	Aus d. Säure d. Eindampfen[2])	Aggr. feiner Prismen (aus Aceton)
116	d-Talonsäure	$C_6H_{12}O_7$: COOH | HOCH | HOCH | HOCH | HCOH | CH_2OH	D. Oxydat. v. d-Talose m. Bromwasser[1]) od. v. d-Galaktose m. $Cu(OH)_2$ od. H_2O_2 in alkal. Lösg. (neben and. Säuren)[2])[3]). D. Epimerisat. v. d-Galaktonsäure m. wäßr. Pyrid. od. Chinolin bei 100°[4]) od. 140—150°[5]), Reinigung über d. Cd- u. Brucinsalz. Aus d-Lyxose u. HCN, neben d-Galaktonsäure[6])	Hydrat: Krystalle (aus H_2O+Alk.); verliert d. Kryst.-H_2O sehr langsam im Vak. über H_2SO_4[4])
	Hydrat	$(C_6H_{12}O_7)_2 \cdot H_2O$		
	Brucinsalz	$C_6H_{12}O_7 \cdot C_{23}H_{26}O_4N_2$ $\cdot 3^1/_2$? H_2O[2])	—	Glänz. Nadeln (aus Alk.)[3]) od. Aggr. feiner Kryst.(aus CH_3OH)[5]); verliert im Vak. über H_2SO_4 ca. 10% H_2O[2]) — sehr hygr.[4])
	Phenylhydrazid	$C_{12}H_{18}O_6N_2$	Aus d. Kompon. in konz. wäßr. Lösg. auf d. Wasserbad[5])	Kl. farbl. Prismen (aus Alk.)[5])
117	Hammamelonsäure	$C_6H_{12}O_7$: CH_2OH | HOC—COOH | [1]) $(CHOH)_2$ | CH_2OH	D. Oxydat. v. Hammamelose m. gelb. HgO+$CaCO_3$ in wäßr. Lösg.[2])	Sirup
	Phenylhydrazid	$C_{12}H_{18}O_6N_2$	D. Erhitzen d. Kompon. in wäßr. Lösg.[2])	Glänz. Blättchen od. feine Nadeln (aus H_2O od. 90proz. Alk.)
118	d-Glucodesonsäure (2-Desoxygluconsäure)	$C_6H_{12}O_6$	D. Oxydat. v. 2-Desoxyglucose m. Bromwasser bei Zimmertemp.[1])	Krystalle (aus H_2O)
	Ba-Salz	$(C_6H_{11}O_6)_2Ba \cdot H_2O$	—	Lange Prismen (aus H_2O), verliert $1 H_2O$ im Vak. bei 76°

Aldonsäuren.

Schmelz- und Siedepunkt	Optisches Drehungsvermögen	Löslichkeit	Analytisches; Diverses	Literatur
—	—	Ca-Salz: l. in 40-45 Tl. koch. H_2O, d. h. viel schwerer als d. akt. Kompon.	**Ca-Salz:** $(C_6H_{11}O_7)_2Ca \cdot 2\tfrac{1}{2} H_2O$ (bei 100° getrocknet), mikr. Prismen (aus H_2O).	[1] **Neuberg** u. **Wohlgemuth:** Z. physiol. Chem. **36**, 226 (1902).
geg. 205° (unscharf)	—	—	**Ba-Salz:** $(C_6H_{11}O_7)_2Ba \cdot 2\tfrac{1}{2} H_2O$ (bei 100° getrocknet), feine Nadeln (aus H_2O), verliert bis 140° kein H_2O. **Cd-Salz:** $(C_6H_{11}O_7)_2Cd \cdot H_2O$ (bei 100° getrocknet), Kugeln v. Nadeln (aus H_2O), l. l. in h., schw. l. in k. H_2O)[2]	[2] **E. Fischer** u. **Hertz:** Ber. **25**, 1247 (1892).
122—125° (unscharf)	inaktiv	s. l. l. H_2O, weniger in Alk.; schw. l. Aceton, Essigester	Reagiert in frischer wäßr. Lösg. neutral. Ist racemisch	
125°	$[\alpha]_D^{25} = +16,73° \rightarrow -21,57°$ in 10 Tag. (in H_2O, c$=$4%)[4]	—	**γ-Lacton:** $C_6H_{10}O_6$, Sirup[5]); $[\alpha]_D = -41°$ (in H_2O — berechnet)[4]. Die Säure wird in wäßr. Lösg. mit Bleiessig als bas. Bleisalz gefällt[5]). **Cd-Salz:** $(C_6H_{11}O_7)_2Cd \cdot H_2O$, Nadeln (aus $H_2O +$ Alk.), l. l. in k. H_2O; verliert 1 H_2O b. 130° u. Zers., nicht aber bei 105°[5]). Ca-, Sr-, Ba-, Zn-Salze: amorph, l. lösl. in H_2O[5])	[1] **v. Braun** u. **Bayer:** Ber. **58**, 2221 (1925). [2] **Anderson:** Am. chem. J. **42**, 401, 414 (1909). [3] **Nef:** A. **403**, 267, 281 (1914). [4] **Hedenburg** u. **Cretcher:** Amer. Soc. **49**, 478 (1927). [5] **E. Fischer:** Ber. **24**, 3622 (1891). [6] **E. Fischer** u. **Ruff:** Ber. **33**, 2146 (1900). [7] **Levene** u. **Meyer:** J. Biol. Chem. **26**, 355 (1916); **31**, 623 (1917).
95—100°[3]) (Hydrat); 130—133°[5]); 135°[1]); 154—156°[2]) (Anhydr.)	$[\alpha]_D^{20} = -26,15°$ (in H_2O, p$=$2,5%)[7]	l. l. H_2O[5])	Eignet sich nicht zur Charakterisierung d. Säure[4])	
155° (Zers.) (unscharf)[5]); 159°[4]); 161—162°[2])	$[\alpha]_D^{20} = -24,75°$ bis $-25,1°$ (in H_2O)[2])[3]); $[\alpha]_D^{25} = -25,43°$ (in H_2O, c$=$2,5%)[4])	l. l. k. H_2O[3])[5])	—	
—	—	NH_4-Salz: s. l. l. H_2O u. wäßr. Pyrid.; l. l. h., w. l. k. Eisessig; unl. CH_3OH, Alk., Essigester, Pyridin	**NH_4-Salz:** $C_6H_{11}O_7NH_4$, strahlige Krystallbüschel (aus $H_2O + CH_3OH$), F $=$ 152°; $[\alpha]_{578}^{22} = -3,9°$ (in H_2O, c$=$10%)[2]). Gibt bei d. Redukt. m. HI $+$ rotem Phosphor: Methyl-propyl-essigsäure[1]). **Ca-Salz:** amorph[2])	[1] **O. Schmidt:** A. **476**, 250 (1929). [2] **Freudenberg** u. **Blümmel:** A. **440**, 54 (1924).
202—203°	$[\alpha]_{578}^{22} = +35,2°$ (in 50proz. Essigs. $+$ Pyrid., 1:1, c$=$4%)	s. schw. l. abs. Alk. u. Äth., l. h. Eisessig	Über **p-Toluolsulfo-hydrazid** siehe im Original[2]	
146—147° (k.)	$[\alpha]_D^{17} = +4,30° \rightarrow +10,85°$ in 24 St. (in H_2O)	—	Geht beim Trocknen im Hochvak. bei 100° langsam in d. sirupöse **Lacton** ($C_6H_{10}O_5$) über	[1] **Bergmann, Schotte** u. **Leschinsky:** Ber. **56**, 1057 (1923).
—	$[\alpha]_D^{19} = +13,37°$ (in H_2O, f. Anhydr.)	schw. l. H_2O, fast unl. in den gebräuchl. org. Lösgm.; l. Eisessig u. 50proz. Essigs.	—	

Nr	Name	Formel, Konstitution	Vorkommen, Bildung, Darstellung	Krystallogr. Eigenschaften
119	3, 6-Anhydro-d-gluconsäure	$C_6H_{10}O_6$: COOH $\vert$ HCOH $\vert$ CH $\vert$ HCOH O $\vert$ HCOH $\vert$ CH_2	D. Oxydat. v. 3,6-Anhydroglucose m. Bromwasser b. Zimmertemp., Reinigen über d. Ca-Salz, rasches Eindampfen im Vak.[1]	Längliche Blättchen (aus Propylalk.)
	γ-Lacton	$C_6H_8O_5$	Aus d. Säure d. Eindampfen	Kl. Würfel (aus Essigester)
120	2, 5-Anhydro-d-gluconsäure, Chitarsäure [1]	$C_6H_{10}O_6$: COOH $\vert$ HC $\vert$ HOCH $\vert$ O HCOH $\vert$ HC $\vert$ CH_2OH	D. Desaminierung v. Chitosaminsäure m. HNO_2 in der Kälte[2]	Sirup, kryst. schwer
121	2, 5-Anhydro-d-mannonsäure, Chitonsäure [1]	$C_6H_{10}O_6$: COOH $\vert$ CH $\backslash$ HOCH $\vert$ O HCOH $\vert$ HC $\vert$ CH_2OH	D. Desaminierung v. Epichitosaminsäure m. HNO_2[1]. D. Oxydat. v. Chitose m. Bromwasser bei Zimmertemp.[2]	Farbl. Sirup
122	2, 5-Anhydro-d-galaktonsäure, Epichondronsäure	$C_6H_{10}O_6$	Aus Chondrosaminsäure u. HNO_2 bei Zimmertemp.[1]	Nicht isoliert
123	2, 5-Anhydro-d-talonsäure, Chondronsäure	$C_6H_{10}O_6$	D. Desaminierung v. Lyxohexosaminsäure (Epichondrosaminsäure) m. HNO_2, od. d. Oxydat. v. Chondrose m. Bromwasser bei Zimmertemp.[1]	Nicht isoliert
124	α-Rhamnohexonsäure (Rhamnose-carbonsäure)	$C_7H_{14}O_7$: COOH $\vert$ HOCH $\vert$ HCOH $\vert$ HCOH $\vert$ HOCH $\vert$ HOCH $\vert$ CH_3	Aus l-Rhamnose u. HCN in wäßr. Lösg. bei 40°, Verseif. d. Nitrils m. $Ba(OH)_2$[1]	Nicht isoliert
	Cd-Salz	$(C_7H_{13}O_7)_2Cd$	—	Glänz. Blättchen (aus H_2O); bei 105° getrocknet H_2O-frei[2]

Aldonsäuren.

Schmelz- und Siedepunkt	Optisches Drehungsvermögen	Löslichkeit	Analytisches; Diverses	Literatur
123—125° (k.)	—	—	Schmeckt stark sauer; geht b. Stehen im Exsiccator langs. in d. Lacton über. **Ca-Salz:** $(C_6H_9O_6)_2Ca \cdot 4 H_2O$, feine Nadeln (aus H_2O), w. l. in k. H_2O; d. Kryst.-H_2O entweicht völlig erst b. 112° im Vak. **Ba- u. Cu-Salze:** Kryst.	[1]) **E. Fischer** u. **Zach:** Ber. **45,** 2071 (1912).
115° (k.)	$[\alpha]_D^{20} = +82,3° \rightarrow +66,5°$ (E) in 7 Tag. (in H_2O, c = ca. 9,2%)	s.l.l. H_2O, l.l. Alk., s. schw. l. Äth.	**Amid:** $C_6H_{11}O_5N$, farbl. sternförm. Nadeln (aus CH_3OH), F gegen 149° (unscharf); l. lösl. in H_2O, w. l. in k. Alk. u. and. neutr. org. Lösgm. — $[\alpha]_D^{20} = +77,75° \rightarrow +52,84°$ (in H_2O), unter langs. Hydrol., in 7 Tag.	
—	$[\alpha]_D^{0} = +63°$ (in H_2O)[3])	Ca-Salz: s. l. l. h. H_2O, z. l. k. H_2O, fast unl. absol. Alk.[2])	Gibt, m. $(CH_3CO)_2O$ u. Na-Acetat erhitzt: ω-[Acetyl-oxymethyl-]brenzschleimsäure[2]). **Ca-Salz:** $(C_6H_9O_6)_2Ca \cdot 4 H_2O$, farbl. glänz. Kryst. (aus H_2O), verliert $4 H_2O$ im Vak. bei 100°[2]) — $[\alpha]_D^{20} = +70,29°$ (in H_2O)[4]). **Brucinsalz:** F = 195°; $[\alpha]_D^{20} = -2,96°$ (in H_2O)[4])	[1]) **Levene:** Bioch. Z. **124,** 65 (1921). [2]) **E. Fischer** u. **Tiemann:** Ber. **27,** 145 (1894). — **E. Fischer** u. **Andreae:** Ber. **36,** 2591 (1903). [3]) **Levene:** J. Biol. Chem. **59,** 135 (1924). [4]) **Levene** u. **G. M. Meyer:** J. Biol. Chem. **26,** 355 (1916).
—	$[\alpha]_D^{0} = +38,3°$ (in H_2O) ohne Mutarotat.[3])	l.l. H_2O, Alk.[2]). Ca-Salz: l. in 12 Tl. H_2O bei 20°, l. l. h. H_2O[2])	Wird d. bas. Bleiacetat nicht gefällt. Gibt, m. $(CH_3CO)_2O$ u. Na-Acetat erhitzt: ω-[Acetyl-oxymethyl-]brenzschleimsäure[2]). **Ca-Salz:** $(C_6H_9O_6)_2Ca \cdot 2 H_2O$, vierseitige Blättchen (aus H_2O), verliert $2 H_2O$ bei 140° im Vak., nicht aber unt. Atm.-Druck[2]). — $[\alpha]_D^{20} = +35,5°$ (in H_2O, c = 2%)[1]). **Sr-Salz:** kryst., l. l. in H_2O[2]). **Brucinsalz:** F = 222°; $[\alpha]_D^{20} = -8,47°$ (in H_2O)[4])	[1]) **Levene:** Bioch. Z. **124,** 65 (1921); vgl. J. Biol. Chem. **36,** 89 (1918). [2]) **E. Fischer** u. **Tiemann:** Ber. **27,** 138 (1894). — **E. Fischer** u. **Andreae:** Ber. **36,** 2587 (1903). [3]) **Levene:** J. Biol. Chem. **59,** 135 (1924). [4]) **Levene** u. **G. M. Meyer:** J. Biol. Chem. **26,** 355 (1916).
—	—	—	**Brucinsalz:** $C_6H_{10}O_6 \cdot C_{23}H_{26}O_4N_2$ (bei 100° getrocknet). Prismen (aus Alk.), F = 244° (k.). — $[\alpha]_D^{20} = -9,23°$ bis $-9,37°$ (in H_2O, c = ca. 2,5%)	[1]) **Levene:** J. Biol. Chem. **26,** 150 (1916); **31,** 618 (1917); Bioch. Z. **124,** 37 (1921).
—	—	—	**Brucinsalz:** $C_6H_{10}O_6 \cdot C_{23}H_{26}O_4N_2 \cdot H_2O$, kurze Prismen (aus Alk.), verliert im Vak. bei 100° 1 H_2O; F = 218° (k. — f. Anhydr.), Zers. 223°. — $[\alpha]_D^{20} = -12,4°$ (in H_2O, c = ca. 2,5%)	[1]) **Levene:** J. Biol. Chem. **26,** 143 (1916); **31,** 616 (1917); Bioch. Z. **124,** 37 (1921). — Vgl. **Levene** u. **La Forge:** J. Biol. Chem. **18,** 123 (1914).
—	—	—	Wird d. bas. Bleiacetat aus wäßr. Lösg. gefällt. Gibt bei d. Oxydat. m. HNO_3 Schleimsäure[2]). **Na-Salz** (nur in Lösg.): $[\alpha]_D = +6°$ (in H_2O, c = 4,2%, auf d. Säure-ion ber.)[3]). **NH₄-Salz:** $C_7H_{13}O_7NH_4$, F = 151°, l. l. in H_2O, w. l. in Pyrid.[4]). **Ba-Salz:** $(C_7H_{13}O_7)_2Ba$ (bei 100° getrocknet), farbl. Blättchen (aus H_2O); z. l. in h., w. l. in k. H_2O, unl. in abs. Alk.[1]).	[1]) **E. Fischer** u. **Tafel:** Ber. **21,** 1658 (1888). — **Will** u. **Peters:** Ber. **21,** 1815 (1888). [2]) **E. Fischer** u. **Morrell:** Ber. **27,** 386 (1894). [3]) **van Ekenstein, Jorissen** u. **Reicher:** Z. physik. Chem. **21,** 383 (1896). [4]) **Mikšić:** C. **1928,** I, 2704. [5]) **E. Fischer** u. **Passmore:** Ber. **22,** 2728 (1889). [6]) **E. Fischer** u. **Piloty:** Ber. **23,** 3104 (1890).
—	—	l. in 271 Tln. H_2O bei 14°, in 20 Tln. bei 100°; unl. Alk.	**Brucinsalz:** Krystallaggr. (aus Alk.), F = 120—123°, l.l. in H_2O u. h. Alk.[2])	

Nr	Name	Formel, Konstitution	Vorkommen, Bildung, Darstellung	Krystallogr. Eigenschaften
	Phenylhydrazid	$C_7H_{13}O_6N_2H_2C_6H_5$	—	Schiefe, sechsseitige Blättchen (aus H_2O)[5]
	Amid	$C_7H_{13}O_6NH_2$	D. Hydrol. d. Nitrils m. h. wäßr. Alk.[4]	Krystalle
	Nitril	$C_6H_{13}O_5CN$	Aus l-Rhamnose u. HCN in konz. wäßr. Lösg. m. NH_3-Katal. bei o°; Fällen m. Alk.[4]	Krystalle
	γ-Lacton	$C_7H_{12}O_6$	D. Eindampfen der Säure[1]	Weiße Nadeln (aus Alk. + Äth.)
125	β-Rhamnohexonsäure	$C_7H_{14}O_7$: COOH HCOH HCOH ⋮	D. Epimerisat. v. α-Rhamnohexonsäure m. wäßr. Pyrid. bei 150°; Reinigung über die Ba-, Cd- u. Brucinsalze[1]	Nicht isoliert
	Phenylhydrazid	$C_7H_{13}O_6N_2H_2C_6H_5$	Aus d. Kompon. in H_2O bei 100°	Glänz. Blättchen (aus Alk. od. Aceton)
	γ-Lacton	$C_7H_{12}O_6$	D. Eindampfen der Säure	Farbl. glänz. Platten (aus Aceton)
126	α-Rhodeohexonsäure (α-d-Fucohexonsäure)	$C_7H_{14}O_7$: COOH HOCH (?) HCOH HOCH HOCH HCOH CH_3	Aus Rhodeose u. wäßr. HCN, m. NH_3-Katal., Verseif. m. $Ba(OH)_2$; Trennung v. d. β-Säure durch frakt. Kryst. d. Amide od. Ba-Salze[1]	Sirup
	Ba-Salz	$(C_7H_{13}O_7)_2Ba$	—	Glänz. Krystalle (aus H_2O), H_2O-frei
	Phenylhydrazid	$C_{13}H_{20}O_6N_2$	Aus d. Kompon. in konz. h. wäßr. Lösg.	Glänz. Blättchen (aus H_2O)
	γ-Lacton	$C_7H_{12}O_6$	—	Große Prismen
127	β-Rhodeohexonsäure (β-d-Fucohexonsäure)	$C_7H_{14}O_7$: COOH HCOH (?) HCOH HOCH HOCH HCOH CH_3	Wie bei Verb. 126; Amid u. Ba-Salz kryst. aus d. Mutterlaugen der α-Verb. Entsteht auch aus der α-Säure m. wäßr. Pyrid. bei 150°[1]	Sirup

Schmelz- und Siedepunkt	Optisches Drehungsvermögen	Löslichkeit	Analytisches; Diverses	Literatur
gegen 210° (unscharf)	—	l. in 72 Tln. H_2O bei 17°[2]); l. l. h. H_2O[5])	—	
194°	$[\alpha]_D^{20} = -47{,}26°$ (in H_2O, $c = 0{,}8\%$)	l. l. H_2O u. 50-proz. Alk., schw. l. absol. Alk. u. h. Pyrid. unl. Äth.	Wird d. kochend. H_2O hydrol. **Hexacetat:** $C_{19}H_{27}O_{12}N$, gelbl. Pulv., $F = 71$—$72°$, z. l. H_2O u. verd. Alk. unt. langs. Hydrol.[4])	
145°	$[\alpha]_D^{20} = -23{,}47°$ (in H_2O, $c = 1{,}026\%$)	l. l. H_2O; w. l. h. Pyrid., unl. Äth., C_6H_6, $CHCl_3$	**Pentacetat:** $C_{17}H_{23}O_{10}N$, Nadeln, $F = 85$—$86°$, l. l. in $CHCl_3$, C_6H_6, Alk., Äth. — $[\alpha]_D^{20} = -76{,}43°$ (in $CHCl_3$, $c = 1{,}28\%$)[4])	
Sint. 162°; $F = 168$ bis 169°	$[\alpha]_D^{20} = +83{,}8°$ (in H_2O, $c = 10\%$)[6]); $[\alpha]_D = +86{,}0°$ (in H_2O, $c = 6{,}4\%$)[3])	l. l. H_2O, Alk.; s. schw. l. Äth.[1])	Reagiert neutral[1]). **Tetracetat:** $C_{15}H_{20}O_{10}$, $F = 128{,}5$ bis 129°; $[\alpha]_D^{20} = +9{,}66°$ (in $CHCl_3$, $c = 1{,}25\%$)[4])	
—	—	—	Wird d. bas. Bleiacetat nicht gefällt. Gibt amorphe Ca-, Ba- u. Cd-Salze, l. l. in H_2O u. verd. Alk. **Brucinsalz:** Krystallaggr. (aus abs. Alk.), $F = 114$—$118°$; s. l. l. in H_2O, schw. l. in Aceton, s. schw. l. in Äth.	[1]) **E. Fischer** u. **Morrell:** Ber. **27**, 387 (1894).
Sint. 160°; $F = 170°$ (Zers.)	—	s. l. l. H_2O; l. in ca. 200 Tln h. Aceton	—	
134—138° (unscharf)	$[\alpha]_D^{20} = +43{,}34°$ (in H_2O, $c = $ ca. 10%)	s. l. l. H_2O u. Alk.	—	
—	—	—	Soll bei d. Oxydat. m. HNO_3 Zuckersäure geben (nur als unreines saures K-Salz erhalten). Über Konfiguration vgl. bei Verb. 127. **Amid:** $C_7H_{15}O_6N$, Kryst. aus d. Reaktionsprod. v. Rhodeose, HCN u. H_2O. Weiße Prismen, $F = 206°$, w. l. in k. H_2O	[1]) **Votoček:** Ber. **43**, 474 (1910). — **Krauz:** Ber. **43**, 482 (1910).
—	$[\alpha]_D^{20} = +6{,}88°$ (in H_2O)	schw. l. k. H_2O	**Pb-Salz,** kryst.	
231° (Zers.)	—	l. l. h. H_2O, schw. l. bis unl. h. Alk., Aceton Äth.	—	
129—131°	$[\alpha]_D^{20} = -34{,}8°$ (in H_2O, $c = 4{,}17\%$)	l. l. H_2O, schw. l. bis unl. Alk., Aceton, Äth.	Die wäßr. Lösg. schmeckt süß u. reagiert neutral	
—	—	—	Die von Votoček u. Krauz angenommene Konfiguration am C-Atom 2 ist fraglich; nach Drehungssinn d. Ba-Salze, Drehungsgröße der Lactone, Schm.-P. u. Lösl. d. Phenylhydrazide usw. dürfte die α-Säure eher d. Konfiguration der l-Mannose, d. β-Säure die der l-Glucose besitzen. **Pb-Salz,** kryst. **Amid:** $C_7H_{15}O_6N$, gelbl. Pulv., undeutlich kryst. (aus d. Mutterlaugen d. α-Verb.), $F = 197$—$198°$, l. l. H_2O	[1]) **Votoček:** Ber. **43**, 474 (1910). — **Krauz:** Ber. **43**, 482 (1910).

Nr	Name	Formel, Konstitution	Vorkommen, Bildung, Darstellung	Krystallogr. Eigenschaften
	Ba-Salz	$(C_7H_{13}O_7)_2Ba$	—	H_2O-freie Krystalle (aus H_2O)
	Phenylhydrazid	$C_{13}H_{20}O_6N_2$	Wie bei Verb. 126	Glänz. gelbl. Schuppen
	γ-Lacton	$C_7H_{12}O_6$	—	Krystalle (aus 90 proz. Alk.)
128	l-Fucohexonsäure	$C_7H_{14}O_7$	Aus l-Fucose u. HCN in wäßr. Lösg. m. NH_3-Katal. bei Zimmertemp., Verseif. des Nitrils mit $Ba(OH)_2$[1])	Nicht isoliert
	Phenylhydrazid	$C_{13}H_{20}O_6N_2$	Aus d. Kompon. in h. H_2O[1])	Rhomb. ? Tafeln (aus 95 proz. Alk.)
	δ?-Lacton	$C_7H_{12}O_6$	Aus d. Säure d. Eindampfen[1])	Rechtwinkl. Tafeln (aus Alk.)
129	d-Gluco-α-heptonsäure (Dextrose-carbonsäure)	$C_7H_{14}O_8$: COOH | HCOH | HCOH | HOCH | HCOH | HCOH | CH_2OH	Aus d-Glucose u. HCN in konz. wäßr. Lösg. m. NH_3-Katal. bei Zimmertemp., Verseif. mit $Ba(OH)_2$[1])[2])[3]); neuere Darst. siehe[4]). Aus d-Glucose u. KCN od. $Ba(CN)_2$ in konz. wäßr. Lösg.[5]). Über weitere Entstehungsweisen siehe im Beilstein[6])	Nur in Lösg. erhalten
	Amid	$C_7H_{13}O_7NH_2$	Aus d. Lacton m. alkoh. NH_3[9])	Krystalle (aus Alk.)
	Phenylhydrazid	$C_7H_{13}O_7N_2H_2C_6H_5$	—	Prismen (aus H_2O)[11])
	γ-Lacton	$C_7H_{12}O_7$	D. Eindampfen d. wäßr. Säurelösg.[1])[3])[4])	Rhomb. Prismen od. Tafeln (aus H_2O). Achsenverhältnis: $a:b:c = 0,3797:1:0,8847$[1])
130	Hexacetyl-glucoheptonsäure-nitril	$C_{18}H_{25}O_{12}CN$	D. Erhitzen v. α-Glucoheptose-oxim m. $(CH_3CO)_2O + Na$-Acetat od. aus d. acetyliert. Säureamid u. $POCl_3$ bei 70—75°[1])	Kl. farbl. Prismen (aus CH_3OH od. Alk.)

Schmelz- und Siedepunkt	Optisches Drehungsvermögen	Löslichkeit	Analytisches; Diverses	Literatur
—	$[\alpha]_D^{20} = -1,49°$ (in H_2O, $c = 6,48\%$)	in H_2O leichter lösl. wie d. α-Salz	—	
211°	—	z. l. h. Alk., unl. Aceton, Äth.; l. H_2O	—	
115°	$[\alpha]_D^{20} = -40,6°$ (in H_2O, $c = 4,7\%$)	l. l. H_2O, schw. l. bis unl. Alk., Aceton, Äth.	Die wäßr. Lösg. schmeckt süßlich u. reagiert schwach sauer	
—	—	—	**Ca-Salz:** $(C_7H_{13}O_7)_2Ca$, Tafeln (aus $H_2O + Alk.$), H_2O-frei. **Ba-Salz:** $(C_7H_{13}O_7)_2Ba$ (bei 100° getrocknet), weiße Blättchen (aus H_2O), H_2O-haltig. **Cd-Salz:** $(C_7H_{13}O_7)_2Cd \cdot 2\,H_2O$, Nadelbüschel (aus H_2O), verliert $2\,H_2O$ bei 130°[1] —	[1] **Mayer** u. **Tollens:** Ber. 40, 2436 (1907). [2] **Tollens** u. **Rorive:** Ber. 42, 2009 (1909).
Sint. 214°; F = 218°	$[\alpha]_D = $ ca. 0° (in h. Pyrid.)	schw. l. in den gebräuchl. Lösgm. außer Pyrid.		
Sint. 152°; F = 160°	$[\alpha]_D = $ ca. $+2,2°$ (nach $^1/_2$ St.) $\to +33,3°$ in 7 Tag. (in H_2O, $c = 1,56\%$)[1]; $[\alpha]_D = +37,6°$ (E — in H_2O)[2]	löst sich nur langs. in H_2O[1]	Kann, den Konstanten nach, nicht das Antilogon v. α- od. β-Rhodeohexonsäure-γ-lacton sein	
—	$[\alpha]_D^{20} = -8,7° \to -42,4°$ (in H_2O, $c = 2\%$)[7]	—	Gibt bei d. Oxydat. m. HNO_3: i-Pentaoxypimelinsäure[2]. **Na-Salz:** $C_7H_{13}O_8Na$, seidige Nadeln, l. l. in H_2O, unl. in 95 proz. Alk.[3]. — $[\alpha]_D^{20} = +3,98°$ (in H_2O, $c = 2\%$)[7]; $[\alpha]_D = +7,2°$ (in H_2O, $c = 6,5\%$ auf d. Säure-Ion ber.)[8]. **Ca-Salz:** $(C_7H_{13}O_8)_2Ca$, amorph[1]. **bas. Ba-Salz:** $C_7H_{13}O_8BaOH$ (bei 100° getrockn.), Krystallwarzen (aus H_2O), w. l. in H_2O[5]	[1] **Kiliani:** Ber. 19, 767 (1886). [2] **E. Fischer:** A. 270, 64, 70 (1892). [3] **Philippe:** Ann. chim. phys. [8] 26, 311 (1912). [4] **Glaser** u. **Zuckermann:** Z. physiol. Chem. 166, 103 (1927). [5] **Rupp** u. **Hölzle:** Arch. Pharm. 251, 553 (1913); 253, 404 (1915). [6] **Beilstein:** 4. Aufl., Bd. III, S. 572. [7] **Levene** u. **G. M. Meyer:** J. Biol. Chem. 60, 178 (1924). — Vgl. **Levene** u. **Simms:** J. Biol. Chem. 65, 31 (1925). [8] **van Ekenstein, Jorissen** u. **Reicher:** Z. physik. Chem. 21, 383 (1896). [9] **Hudson** u. **Komatsu:** Amer. Soc. 41, 1141 (1919). [10] **Zemplén** u. **Kiss:** Ber. 60, 165 (1927). [11] **E. Fischer** u. **Passmore:** Ber. 22, 2728 (1889). [12] **Hudson:** Amer. Soc. 39, 462 (1917). [13] C. 1912, II, 1844. [14] **Fogh:** Compt. rend. 114, 920 (1892).
134,5°	$[\alpha]_D^{20} = +10,6°$ (in H_2O, $c = 1,47\%$)	—	**Hexacetat:** $C_7H_7O_7(COCH_3)_6NH_2$, farbl. Prismen (aus Alk.), F = 163°; $[\alpha]_D^{20} = +17,4°$ (in $CHCl_3$)[10]	
171—172°	$[\alpha]_D^{20} = +9,3°$ (in H_2O, $c = $ ca. $3,5\%$)[12]	l. l. h. H_2O, w. l. Alk.[11]	—	
145—148°[1]); 148°[7]); 156—157°[3])	$[\alpha]_D^{25} = -52,86° \to -50,26°$ in 24 St. $\to -43,7°$ (E., nach Aufkochen) (in H_2O, $c = 10\%$)[3]; $[\alpha]_D^{20} = -56,0° \to -50,0°$ (in H_2O, $c = 2\%$)[7]	Lösl. in H_2O bei 25°: 45 g in 100 ccm od. 39,7 g in 100 g Lösg.[3] — z. l. 80 proz. Alk., w. l. 95 proz. Alk.[3], unl. Äth.[1]	Die frische wäßr. Lösg. reagiert neutral[1][3]. Wird unt. d. Namen **Hediosit** als Süßstoff f. Diabetiker verwendet[13]. M. V. W. = 726,9 Cal.[14]	
113°	$[\alpha]_D^{21} = +24,6°$ (in $CHCl_3$)	l. l. k. $CHCl_3$, h. Alk., CH_3OH, Aceton, Essigs., Essigest.; s. schw. l. Äth., fast unl. H_2O u. Petroläth.	—	[1] **Zemplén** u. **Kiss:** Ber. 60, 165 (1927).

Nr	Name	Formel, Konstitution	Vorkommen, Bildung, Darstellung	Krystallogr. Eigenschaften
131	Dimethylen-α-glucohepton-säurelactone	$C_7H_8O_7(CH_2)_2$	Aus α-Glucoheptonsäurelacton u. 40proz. Formaldehydlösg. entstehen m. konz. HCl zwei isomere Dimethylenverbindungen[1]	Isomeres A: feine Nad. (aus H_2O). Isomeres B: Krystalle (aus H_2O)
132	4-Methyl-α-glucoheptonsäure	$C_7H_{13}O_7OCH_3$	Aus 3-Methylglucose d. HCN-Anlagerung u. Verseif.[1]	Nur in Lösg. erhalten
	δ-Lacton	$C_8H_{14}O_7$	—	Krystalle (aus CH_3OH)
133	d-Gluco-β-heptonsäure	$C_7H_{14}O_8$: COOH | HOCH | HCOH | HOCH ⋮	Aus d. Mutterlaugen d. Lactons der α-Säure (Verb. 129); Reinigung über das Brucinsalz[1][2][3]	Nicht isoliert
	Amid	$C_7H_{13}O_7NH_2$	Aus d. Lacton mit alkoh. NH_3[4]	Krystalle (aus verd. Alk.)
	Phenylhydrazid	$C_7H_{13}O_7N_2H_2C_6H_5$	—	Kryst. Blättchen (aus abs. Alk.)[1]
	γ-Lacton	$C_7H_{12}O_7$	D. Eindampfen d. Säure[1][2][3]	Lange Nadeln (aus H_2O od. Alk.)
134	d-Manno-α-heptonsäure (Mannose-carbonsäure)	$C_7H_{14}O_8$: COOH | HCOH | HOCH | HOCH [1] | HCOH | HCOH | CH_2OH	Aus d-Mannose u. HCN in konz. wäßr. Lösg. m. NH_3-Katal., Verseifen m. $Ba(OH)_2$[1][2] od. KOH[3]. Aus d-Mannose u. KCN od. $Ba(CN)_2$ in konz. wäßr. Lösg.[4]	Kl. Prismen (aus H_2O)[2]
	Ba-Salz	$(C_7H_{13}O_8)_2Ba$ · 3 H_2O[3]	—	Undeutl. kryst. Aggr. (aus H_2O); im Vak. getrockn. H_2O-frei[2]
	Phenylhydrazid	$C_7H_{13}O_7N_2H_2C_6H_5$	—	Kl. Prismen (aus H_2O)[7]
	Amid	$C_6H_{13}O_6CONH_2$	D. part. Hydrol. d. Nitrils mittels H_2O[2][5] od. aus d. Lacton u. NH_3 in 50proz. Alk.[9]	Krystalle (aus H_2O od. verd. Alk.)
	Nitril	$C_6H_{13}O_6CN$	Aus Mannose u. HCN in konz. wäßr.-alkoh. Lösg.[5]	Nadeln
	γ-Lacton	$C_7H_{12}O_7$	Aus d. kryst. Säure d. Erhitzen auf 130° od. d. fortgesetztes Eindampfen d. wäßr. Säurelösg.[2]	Nadelbüschel (aus Alk.)

Aldonsäuren.

Schmelz- und Siedepunkt	Optisches Drehungsvermögen	Löslichkeit	Analytisches; Diverses	Literatur
ca. 280°	$[\alpha]_D^{20} = -69{,}5°$ (in H_2O, $c = 0{,}155\%$)	lösl. in ca. 600 Tln. H_2O bei 15°;	Gibt kryst. Na-, K- u. Ba-Salze der entspr. Dimethylen-α-glucoheptonsäure[1]).	[1] **Weber** u. **Tollens:** A. **299**, 328 (1898).
ca. 230°	. $[\alpha]_D^{20} = -101{,}0°$ (in H_2O, $c = 0{,}18\%$)	in H_2O etwas leichter lösl. als d. A-Isom.	Über **Monobenzal-α-glucoheptonsäure** ($F = 210°$; $[\alpha]_D = -59°$ in CH_3OH) siehe [2])	[2] **van Ekenstein** u. **de Bruyn:** Rec. **18**, 305 (1899).
—	$[\alpha]_D^{0} = -14{,}9° \rightarrow$ $[\alpha]_D^{20} = +3{,}0°$ (in H_2O, $c = 2\%$)	—	**Na-Salz** (nur in Lösg.): $[\alpha]_D^{20} = +7{,}2°$ (in H_2O, $c = 1{,}938\%$)	[1] **Levene** u. **G. M. Meyer:** J. Biol. Chem. **60**, 173 (1924). — Vgl. **Levene** u. **Simms:** J. Biol. Chem. **65**, 31 (1925).
204°	$[\alpha]_D^{20} = +48° \rightarrow +3{,}5°$ (in H_2O, $c = 2\%$)	—	—	
—	—	—	**Cd-Salz:** feine Nadeln (aus H_2O), l. lösl. in H_2O. **Ca- u. Ba-Salze:** amorph, s. l. l. in H_2O[1]). **Brucinsalz:** $C_7H_{14}O_8 \cdot C_{23}H_{26}O_4N_2 \cdot 3\,H_2O$[3]), verliert $3\,H_2O$ bei 100°. — Kryst. (aus Alk.), $F = 126°$[1]) bzw. 158°[2]); s. l. l. in h. H_2O, weniger in k. H_2O[1])	[1] **E. Fischer:** A. **270**, 83 (1892). [2] **Philippe:** Ann. chim. phys. [8] **26**, 328 (1912). [3] **Kiliani:** Ber. **58**, 2353 (1925). [4] **Hudson** u. **Komatsu:** Amer. Soc. **41**, 1141 (1919).
158°	$[\alpha]_D^{20} = -30{,}2°$ (in H_2O, $c = 5{,}00\%$)	—	—	
150—152°	—	in k. H_2O viel leichter lösl. als das α-Deriv.	—	
151—152°[1]); 161—162°[2])	$[\alpha]_D^{23} = -82{,}1° \rightarrow$ $-68{,}2°$ in 6 St. $\rightarrow$ $-67{,}9°$ in 24 St. $\rightarrow$ $-50{,}1°$ (E — nach Aufkochen) (in H_2O, $c = 10\%$)[2])	Lösl. in H_2O bei 25°: 58,9 g in 100 ccm od. 49,8 g in 100 g Lösg.[2]) — l. l. h. Alk., schw. l. k. Alk., fast unl. Äth.[1])	Die wäßr. Lösg. reduz. nicht Fehl. Lösg., schmeckt schwach süß u. reagiert ca. 24 St. lang neutral[1])[2])
175° (Zers.)	Ganz schwach linksdrehend (in H_2O)	l. in ca. 25 Tln. H_2O bei 30°; in abs. Alk. leichter lösl. als das Lacton	Geht langsam im Vak. über H_2SO_4, rasch bei 130° in das Lacton über[2]). **Na-Salz:** $C_7H_{13}O_8Na$, lange Nadeln (aus H_2O), $F = 220$—225° (Zers.), w. l. in k. H_2O[2]). **NH$_4$-Salz:** $F = 154°$; $[\alpha]_D^{20} = +7{,}22°$? (in H_2O)[5]). **Ca-Salz:** $(C_7H_{13}O_8)_2Ca$ (im Vak. über H_2SO_4 getrockn.), feine Nadeln (aus H_2O, lösl. in ca. 30 Tln. h. H_2O[6]). **Cd-Salz:** $(C_7H_{13}O_8)_2Cd$, Nadeln (aus H_2O); lösl. in ca. 100 Tln. h. H_2O[6]). **Brucinsalz:** $C_7H_{14}O_8 \cdot C_{23}H_{26}O_4N_2 \cdot \tfrac{1}{2}$ od. $1\,H_2O$, Würfel (aus 90 proz. Alk.), $F = 161°$; l. l. in H_2O, w. l. abs. Alk.[6]). Über Sr- u. Strychninsalz siehe im Original[6])	[1] **Peirce:** J. Biol. Chem. **23**, 327 (1915). [2] **E. Fischer** u. **Hirschberger:** Ber. **22**, 370 (1889). — **E. Fischer** u. **Passmore:** Ber. **23**, 2226 (1890). [3] **Kiliani:** Ber. **63**, 369 (1930). [4] **Rupp** u. **Hölzle:** Arch. Pharm. **253**, 409 (1915). [5] **Mikšić:** C. **1928**, I, 2704. [6] **Hartmann:** A. **272**, 190 (1892). [7] **E. Fischer** u. **Passmore:** Ber. **22**, 2728 (1889). [8] **Hudson:** Amer. Soc. **39**, 462 (1917). [9] **Hudson** u. **Monroe:** Amer. Soc. **41**, 1140 (1919).
—	—	w. l. h. H_2O, s. schw. l. k. H_2O, unl. Alk.[2])[3])		
220—223°	$[\alpha]_D^{80} = +21°$ (in H_2O, $c = $ ca. $3{,}3\%$)[8])	w. l. h. H_2O, s. schw. l. k. H_2O[7]); in Alk. leichter l. als das β-Deriv.[1])		
193—194°[9]); 200°[5]) (Zers.)	$[\alpha]_D^{20} = +28{,}0°$ (in H_2O, $c = 1{,}08\%$)[9])	w. l. H_2O[5])	—	
121—122°	$[\alpha]_D^{20} = +31{,}4° \rightarrow +23{,}11°$ (in H_2O, $c = 0{,}93\%$, unt. Hydrol.)	s. l. l. H_2O; unl. Äth., Aceton, $CHCl_3$, Pyrid.	Wird d. h. H_2O rasch, d. k. H_2O langsam zum Amid hydrol. **Hexacetat:** $C_{19}H_{25}O_{12}N$, Kryst. (aus Alk.), $F = 125°$, l. l. in $CHCl_3$, C_6H_6, Aceton — $[\alpha]_D^{20} = +31{,}45°$ (in $CHCl_3$, $c = 0{,}82\%$)[5])	
148—150°	$[\alpha]_D^{20} = -74{,}23°$ (in H_2O, $c = 10\%$), nimmt s. langs. ab	l. l. H_2O, w. l. abs. Alk., unl. Äth.	Die frische wäßr. Lösg. schmeckt süß u. reagiert neutral[2])	

Tabelle 82 (Fortsetzung).

Nr	Name	Formel, Konstitution	Vorkommen, Bildung, Darstellung	Krystallogr. Eigenschaften
135	d-Manno-β-heptonsäure	$C_7H_{14}O_8$: COOH $\|$ HOCH $\|$ HOCH $\|$ HOCH $\|$ $\vdots$	Aus d. Mutterlaugen d. Ba- bzw. Cd-Salzes der α-Säure; od. d. Epimerisat. der α-Säure mittels wäßr. Pyrid.; Reinigen über d. Phenylhydrazid[1]	Sirup (Gemisch v. Säure u. Lacton)
136	l-Manno-α-heptonsäure	$C_7H_{14}O_8$	D. HCN-Anlagerung an l-Mannose, wie bei Verb. 134[1]	Nicht isoliert
	Phenylhydrazid	$C_{13}H_{20}O_7N_2$	—	Kryst. (aus h. H_2O)
	γ-Lacton	$C_7H_{12}O_7$	D. Eindampfen d. wäßr. Säure-lösg.	Kryst. (aus Alk.)
137	d,l-Manno-α-heptonsäure	$C_7H_{14}O_8$	D. HCN-Anlagerung an d,l-Mannose, wie bei Verb. 134[1]	Nicht isoliert
	Phenylhydrazid	$C_{13}H_{20}O_7N_2$	—	Glänz. mikr. Nadeln (aus H_2O)
	γ-Lacton	$C_7H_{12}O_7$	Entsteht auch aus gleichen Teilen d. akt. Kompon.[1]	Kl. Nadeln (aus H_2O)
138	d-Gulo-α-heptonsäure	$C_7H_{14}O_8$: COOH $\|$ HOCH $\|$ HCOH $\|$ HCOH $\|$ $\vdots$	Aus d-Gulose u. HCN in wäßr. Lösg. m. NH_3-Katal. bei Zimmertemp., Verseif. m. verd. H_2SO_4[1]	Sirup (Säure-lactongemisch)
139	d-Gulo-β-heptonsäure	$C_7H_{14}O_8$: COOH $\|$ HCOH $\|$ HCOH $\|$ $\vdots$	Das Ba-Salz verbleibt in d. Mutterlaugen des Salzes der α-Säure (Verb. 138)[1]	Sirup (Säure-lactongemisch), nicht frei v. α-Verb. erhalten
140	d-Gala-α-heptonsäure (Galaktose-carbonsäure)	$C_7H_{14}O_8$: COOH $\|$ HCOH $\|$ HCOH $\|$ HOCH $^{1)}$ $\|$ HOCH $\|$ HCOH $\|$ CH_2OH	Aus d-Galaktose u. HCN in wäßr. Lösg. m. NH_3-Katal., über d. Amid; dann Verseif. m. $Ba(OH)_2$[2][3][4]. Aus Galaktose u. KCN od. $Ba(CN)_2$ in konz. wäßr. Lösg.[5]	Feine Nadeln (aus H_2O d. Verdunsten im Vak.); über H_2SO_4 getrockn. H_2O-frei[2]
	Amid	$C_7H_{13}O_7NH_2$	Zwischenprod. bei der Darst. der Säure[2][6]	Nadeln (aus Essigs. od. Alk.)

594

Schmelz- und Siedepunkt	Optisches Drehungsvermögen	Löslichkeit	Analytisches; Diverses	Literatur
—	—	l. l. H_2O, schw. l. Alk., unl. Äth.	**Ba- u. Cd-Salz:** amorph, l. l. in H_2O. **Phenylhydrazid:** $C_{13}H_{20}O_7N_2$, Nadelrosetten (aus 70 proz. Alk.), $F = 190°$; lösl. in ca. 12 Tln. k. H_2O, unl. in Alk. u. Äth. — $[\alpha]_D^{27} = -25,8°$ (in H_2O)	[1] **Peirce:** J. Biol. Chem. **23**, 327 (1915).
—	—	—	**Ba-Salz:** $(C_7H_{13}O_8)_2Ba$ (im Vak. über H_2SO_4 getrockn.), Kryst. (aus H_2O); w. l. in h. H_2O, unl. in Alk.	[1] **Smith:** A. **272**, 182 (1892).
gegen 220° (Zers.)	—	w. l. h. H_2O	—	
153—155°	$[\alpha]_D^{20} = +75,15°$ (in H_2O, c = ca. 5%)	s. l. l. H_2O, w. l. abs. Alk., fast unl. Äth.	Die frische wäßr. Lösg. reagiert neutral	
—	inaktiv	—	**Ca-Salz:** $(C_7H_{13}O_8)_2Ca \cdot H_2O$, mikr. quadrat. Prismen (aus H_2O), verliert 1 H_2O bei 110°	[1] **Smith:** A. **272**, 182 (1892).
gegen 225° (Zers.)	—	—	—	
gegen 85°	—	in H_2O etwas weniger löslich als die aktiven Kompon.; schw.l.abs.Alk.	Die frische wäßr. Lösg. reagiert neutral u. schmeckt süß	
—	—	—	**Ba-Salz:** $(C_7H_{13}O_8)_2Ba$, Tafeln (aus H_2O), s. w. l. in k. H_2O; $[\alpha]_D = $ ca. 0° (in H_2O). **Phenylhydrazid:** $C_{13}H_{20}O_7N_2$, lange Nadeln (aus 75 proz. Alk.), $F = 191$ bis 192°; $[\alpha]_D^{20} = -15,38°$ (in H_2O, c = ca. 8%)	[1] **La Forge:** J. Biol. Chem. **41**, 251 (1920).
—	—	—	Das **Ba-Salz** ist l. lösl. in k. H_2O. Das **Lacton** gibt bei d. Redukt. m. Na-Amalgam: β-Guloheptit, $F = 128$ bis 129°	[1] **La Forge:** J. Biol. Chem. **41**, 251 (1920).
145° (Zers.)	$[\alpha]_D = $ ca. 0° (in H_2O, c = 5%)[2]	s. l. l. H_2O, unl. abs. Alk.	Die wäßr. Lösg. reagiert stark sauer[2]. **K-Salz:** $C_7H_{13}O_8K \cdot {}^1/_2 H_2O$, farbl. Prismen od. Nadeln (aus H_2O), $F = 110°$ unt. H_2O-Abgabe. **Ba-Salz:** $(C_7H_{13}O_8)_2Ba$, mikr. Nadeln (aus H_2O), langs. lösl. in H_2O, unl. Alk.; $[\alpha]_D = $ ca. $+5,5°$ (in H_2O, c = 12%). **Pb-Salz:** $(C_8H_{13}O_8)_2Pb \cdot H_2O$, feine Nadeln (aus H_2O); l. l. in h. H_2O, w. l. in k. H_2O[2]	[1] **Peirce:** J. Biol. Chem. **23**, 327 (1915). [2] **Maquenne:** Compt. rend. **106**, 286 (1888). — **Kiliani:** Ber. **21**, 915 (1888); **22**, 521 (1889). [3] **E. Fischer:** A. **288**, 141 (1895). [4] **Kiliani:** Ber. **55**, 96 (1922). [5] **Rupp** u. **Hölzle:** Arch. Pharm. **253**, 412 (1915). [6] **Hudson** u. **Komatsu:** Amer. Soc. **41**, 1141 (1919). [7] **Mikšić:** C. **1928**, I, 2704. [8] **Hudson:** Amer. Soc. **39**, 462 (1917).
194° (Zers.)[2]; 206°[6]	$[\alpha]_D^{20} = +14,3°$ (in H_2O, c = 0,43%)[6]	l. h. Essigs., w. l. H_2O, s. schw. l. Alk.[2]	Wird d. h. H_2O hydrol.[2]. **Heptacetat:** $C_7H_7O_7(COCH_3)_6NH COCH_3$, d. Acetylier. m. H_2SO_4-Katal., $F = 126°$. — $[\alpha]_D^{20} = +21,8°$ → $+23,9°$ (in $CHCl_3$, c = 1,66%)[7]	

Nr	Name	Formel, Konstitution	Vorkommen, Bildung, Darstellung	Krystallogr. Eigenschaften
	Phenylhydrazid	$C_7H_{13}O_7N_2H_2C_6H_5$	—	Glänz. Nadeln (aus H_2O)[3][4]
	γ-Lacton	$C_7H_{12}O_7$	D. fortges. Eindampfen d. wäßr. Säurelösg. auf d. Wasserbad[3]	Derbe Tafeln od. Nadeln (aus CH_3OH)[3][4]
141	d-Gala-β-heptonsäure	$C_7H_{14}O_8$: COOH | HOCH | HCOH ⋮	Aus d. Mutterlaugen d. Amides der α-Säure (Verb. 140) d. Verseifen m. $Ba(OH)_2$ u. Reinigen über d. Phenylhydrazid[1][2]	Kryst. (aus H_2O d. Einengen im Vak. od. auf d. Wasserbad)[2]
	Phenylhydrazid	$C_{13}H_{20}O_7N_2$	—	Farbl. Stäbchen od. Blättchen (aus H_2O)[1][2]
142	d-Fructoheptonsäure (Lävulose-carbonsäure)	$C_7H_{14}O_8$: COOH | HOCH$_2$—COH | HOCH | HCOH [1] od. | HCOH | CH$_2$OH COOH | HOC—CH$_2$OH | HOCH | HCOH [2] | HCOH | CH$_2$OH	D. Verseif. d. Nitrils (Verb. 143) m. k. konz. HCl[2][3]. Aus d-Fructose u. KCN od. $Ba(CN)_2$ in konz. wäßr. Lösg.[4]	Sirup
	Phenylhydrazid	$C_{13}H_{20}O_7N_2$	D. Erhitzen d. Kompon. in alkoh. Lösg.[6]	Derbe Säulen (aus 50proz. Alk.)
	Lacton	$C_7H_{12}O_7$	D. Eindampfen d. wäßr. Säurelösg.[2][7]	Farbl. Prismen od. Tafeln (aus Alk. + Äth.)
143	d-Fructoheptonsäure-nitril (Lävulose-cyanhydrin)	$C_6H_{13}O_6CN$	Aus d-Fructose u. HCN in konz. wäßr. Lösg. m. NH_3-Katal.[1]	Monokl. Tafeln od. Nadeln (aus H_2O)
144	Chitoheptonsäure (3, 6-Anhydro-d-manno-heptonsäure)	$C_7H_{12}O_7$	D. HCN-Anlagerung an Chitose (2,5-Anhydromannose) u. Verseif. m. $PbCO_3$[1]	Nur in Lösg. erhalten
145	Rhamnoheptonsäure-lacton	$C_8H_{14}O_7$	Aus α-Rhamnohexose u. wäßr. HCN bei Zimmertemp., Verseif. m. $Ba(OH)_2$, Eindampfen d. wäßr. Säurelösg.[1]	Nadeln (aus abs. Alk.)
146	d-Gluco-$\alpha\,\alpha$-oct onsäure	$C_8H_{16}O_9$	Aus α-Glucoheptose u. HCN in wäßr. Lösg. m. NH_3-Katal., Verseifen m. $Ba(OH)_2$[1][2]	Nicht isoliert
	Phenylhydrazid	$C_{14}H_{22}O_8N_2$	D. Erhitzen d. Kompon. in konz. wäßr. Lösg.[1]	Farbl. Nadeln (aus h. H_2O)
	γ-Lacton	$C_8H_{14}O_8 \cdot H_2O$[2]	D. Eindampfen d. wäßr. Säurelösg.[1][2]	Nadeln (aus H_2O)[2]; wird bei 100—110° H_2O-frei[1][2]

596

Aldonsäuren.

Schmelz- und Siedepunkt	Optisches Drehungsvermögen	Löslichkeit	Analytisches; Diverses	Literatur
226° (k.)[3] (unscharf)	$[\alpha]_D^{20} = +8,5°$ (in H_2O, c=ca.1,2%)[3]	lösl. in ca. 25[3] bzw. 35[4] Tln. h. H_2O; s.w.l. k. H_2O u.Alk.[3]	—	
Sint. 146°; F = 151° (k.)[3]	$[\alpha]_D^{20} = -52,2°$ (in H_2O, c=ca. 10%)[3]	l. l. H_2O, z. l. CH_3OH, w. l. Alk.	—	
145°	—	—	Wird d. bas. Bleiacetat gefällt[1]. **Ba-Salz:** Kryst. (aus H_2O), w. l. in H_2O[2]	[1] **E. Fischer:** A. **288**, 152 (1895). [2] **Kiliani:** Ber. **55**, 96 (1922).
185°	$[\alpha]_D^{20} = -6,32°$ (in H_2O, p=ca.7,6%)[1]	lösl. in ca. 4[1] bzw. 8[2] Tln. h. H_2O u. ca. 13 Tln. k. H_2O; schw.l. h. Alk., fast unl. Äth.[1]	—	
—	—	—	Redukt. m. HI u. rot. Phosphor liefert α-Methyl-capronsäure[3]. **NH_4-Salz:** $C_7H_{13}O_8NH_4$, Prismen (aus H_2O + Alk.)[5]. **Ca-Salz:** $(C_7H_{13}O_8)_2Ca$ (bei 95° getrocknet), amorph. Pulv., s. l. l. in H_2O[3]. **Brucinsalz:** $C_7H_{14}O_8 \cdot C_{23}H_{26}O_4N_2 \cdot 4 H_2O$, Kryst., verliert 4 H_2O bei 100°; F = 162° (H_2O-frei)[2]	[1] **Nef:** A. **376**, 55 Anm. (1910) [2] **Kiliani:** Ber. **61**, 1163 (1928). [3] **Kiliani:** Ber. **18**, 3070 (1885); **19**, 223 (1886). — **Kiliani** u. **Düll:** Ber. **23**, 449 (1890). [4] **Rupp** u. **Hölzle:** Arch.Pharm. **253**, 410 (1915). [5] **Düll:** Ber. **24**, 348 (1891). [6] **Kiliani:** Ber. **55**, 2825 (1922). [7] **Kiliani:** Ber. **19**, 1914 (1886).
187°	$[\alpha]_D = -29,5°$ (in H_2O, c=4,8%)	schw. l. k. H_2O	—	
Sint. 126°; F = 130°[7]	$[\alpha]_D = +72,9°$ (in H_2O)[2]	s. l. l. H_2O, z. l. Alk., unl. Äth.	—	
110—115° (unscharf)	Ganz schwach rechtsdrehend in H_2O	s. l. l. H_2O, unl. abs. Alk. u. Äth.	Zersetzt sich beim Stehen in wäßr. Lösg. — Alkalien u. Ag_2O spalten HCN ab	[1] **Kiliani:** Ber. **18**, 3066 (1885); **19**, 221 (1886). — **Kiliani** u. **Düll:** Ber. **23**, 449 (1890).
—	—	—	**Ba-Salz:** $(C_7H_{11}O_7)_2Ba \cdot 2 H_2O$, amorph., gelbl. Pulv. (aus H_2O + Alk., im Vak. über P_2O_5 getrocknet). **Dibenzoat:** $C_7H_{10}O_7(COC_6H_5)_2 \cdot H_2O$ kl. Oktaëder (aus Alk.), sint. 110°, F = 117—120°	[1] **Neuberg** u. **Neimann:** Ber. **35**, 4022 (1902).
Sint. 158°; F = 160°	$[\alpha]_D^{20} = +55,6°$ (in H_2O, c=10%) unveränd. nach 6 St.	s. l. l. H_2O, z. l. CH_3OH u. Alk., unl. Äth.	**Phenylhydrazid:** $C_{14}H_{22}O_7N_2$, Nadeln (aus H_2O), F geg. 215° (Zers.); z. l. in h. H_2O, schw. l. k. H_2O u. Alk.	[1] **E. Fischer** u. **Piloty:** Ber. **23**, 3106 (1890).
—	—	—	**Ba-Salz:** $(C_8H_{15}O_9)_2Ba$, feine Nadeln[1] od. rhomb. Blättchen[2] (aus H_2O), w. l. in k. H_2O.	[1] **E. Fischer:** A. **270**, 92 (1892) [2] **Philippe:** Ann. chim. phys. [8] **26**, 340 (1912). [3] **Fogh:** Compt. rend. **114**, 920 (1892).
gegen 215° (Zers.)	—	w. l. k. H_2O	**Ca-Salz** u. **Cd-Salz:** feine Nadeln (aus H_2O), l. lösl. in h. H_2O[1]	
138° (Hydrat); 165—166° (Anhydr.)[2]	$[\alpha]_D^{22} = +48,8° \rightarrow +47,5°$ in 24 St. $\rightarrow +43,7°$ nach Aufkochen (in H_2O, c=10%, f. Anhydr. ber.)[2]	Lösl. in H_2O bei 20°: 47,2 g Anhydr. in 100 ccm; l. in 60 Tln. h. CH_3OH[2] schw. l. abs. Alk.[1]	Die frische wäßr. Lösg. reagiert neutral[1][2]. M.V.W. = 837,5 Cal.[3]	

Nr	Name	Formel, Konstitution	Vorkommen, Bildung, Darstellung	Krystallogr. Eigenschaften
147	d-Gluco-$\alpha\beta$-octonsäure	$C_8H_{16}O_9$	D. Ba-Salz verbleibt in d. Mutterlaugen des Salzes der α-Säure (Verb. 146), bes. wenn HCN-Anlagerung bei höherer Temp. (40°) vorgenommen wurde. Entsteht auch d. Epimerisat. der α-Säure m. wäßr. Pyrid. bei 140°[1]	Nicht isoliert
	γ-Lacton	$C_8H_{14}O_8$	—	Feine Nadeln (aus CH_3OH) od. Prismen (aus H_2O)[1]
148	d-Manno-$\alpha\alpha$-octonsäure	$C_8H_{16}O_9$: COOH — HCOH — HCOH [1] — HOCH ⋮	Aus α-Mannoheptose m. wäßr. HCN (NH_3-Katal.) bei Zimmertemp., Verseif. m. $Ba(OH)_2$[2]	Nicht isoliert
	Lacton	$C_8H_{14}O_8$	D. Eindampfen d. wäßr. Säurelösg.[2]	Kryst. (aus Alk.)
149	d-Gala-$\alpha\alpha$-octonsäure	$C_8H_{16}O_9$:	D. HCN-Anlagerung an α-Galaheptose bei 0°; Verseif. m. warm. H_2O, dann $Ba(OH)_2$[1]	Nicht isoliert
	Phenylhydrazid	$C_{14}H_{22}O_8N_2$	—	Farbl. Krystallmasse (aus H_2O)
	Lacton	$C_8H_{14}O_8$	D. Eindampfen d. wäßr. Säurelösg.[1]	Kryst. (aus H_2O od. verd. Alk.)
150	Rhamnooctonsäure-lacton	$C_9H_{16}O_8$	Aus Rhamnoheptose u. wäßr. HCN bei 40°; Verseif.m.$Ba(OH)_2$, Eindampfen d. wäßr. Säurelösg.[1]	Farbl., konzentrisch grupp. Nadeln (aus H_2O)
151	d-Gluco-$\alpha\alpha\alpha$-nononsäure	$C_9H_{18}O_{10}$	D. HCN-Anlagerung an α-Glucooctose in wäßr. Lösg. m. NH_3-Katal., Verseif. m. $Ba(OH)_2$[1][2]	Sirup (Säure-lactongemisch)[1]
	Phenylhydrazid	$C_9H_{17}O_9N_2H_2C_6H_5$	Aus d. Kompon. in 10proz. wäßr. Lösg. auf d. Wasserbad[1]	Sternförm. grupp. Nadeln (aus H_2O)[2]
	Lacton	$C_9H_{16}O_9$	Aus d. Säuresirup d. Trocknen bei 105°[2]	Sirup
152	d-Gluco-$\alpha\alpha\beta$-nononsäure	$C_9H_{18}O_{10}$	Das Ba-Salz verbleibt in den Mutterlaugen d. Salzes der α-Säure (Verb. 151)[1]	Sirup (Säure-lactongemisch)
153	d-Manno-nononsäure-lacton	$C_9H_{16}O_9$	Aus α-Mannooctose u. HCN in 10proz. wäßr. Lösg. m. NH_3-Katal., Verseif. m. $Ba(OH)_2$, Eindampfen d. wäßr. Säurelösg.[1]	Feine Nadeln (aus Alk.)

Aldonsäuren.

Schmelz- und Siedepunkt	Optisches Drehungsvermögen	Löslichkeit	Analytisches; Diverses	Literatur
—	—	—	Wird. d. bas. Bleiacetat gefällt[2]). **Ba-Salz:** gummiart. Masse, l. lösl. in H_2O[1]). **Phenylhydrazid:** $C_{14}H_{22}O_8N_2$, feine Nadeln (aus Alk.), F=170—172° (Zers.), l. lösl. in k. H_2O[1])	[1] **E. Fischer:** A. **270**, 99(1892). [2] **Philippe:** Ann. chim. phys. [8] **26**, 357 (1912).
195—197°[2])	$[\alpha]_D^{20}=+23{,}6°$ (in H_2O, c=10%)[1]); $[\alpha]_D^{17}=+24{,}1°$ → $+19{,}7°$ nach Aufkochen (in H_2O, c=8%)[2])	8,4% in H_2O bei Zimmertemp.[2]); l.l. h. H_2O, w. l. CH_3OH u. Alk.[1])	Die frische wäßr. Lösg. reagiert neutral[2])	
—	—	—	Gibt bei d. Oxydat. m. HNO_3: i-Manno-octarsäure (Hexaoxykorksäure)[1]). **Phenylhydrazid:** $C_{14}H_{22}O_8N_2$, farbl. Nadeln (aus h. H_2O), F gegen 243° (Zers.); w. l. in h. H_2O, fast unl. in k. H_2O u. Alk.[2])	[1] **Peirce:** J. Biol. Chem. **23**, 327 (1915). [2] **E. Fischer** u. **Passmore:** Ber. **23**, 2233 (1890).
167—170° (unscharf)	$[\alpha]_D^{20}=-43{,}58°$ (in H_2O, p=ca. 10%)	l. l. H_2O, z. l. h. Alk.	Die frische wäßr. Lösg. schmeckt süß u. reagiert neutral[2])	
—	—	—	**Nitril:** $C_7H_{15}O_7CN$, Zwischenprod. bei d. Darst.; Kryst. (aus H_2O), F= 144—150°; wird d. h. H_2O zum Amid verseift.	[1] **E. Fischer:** A. **288**, 147 (1895).
235° (k.)	—	w. l. k. H_2O	**Ba-Salz:** $(C_8H_{15}O_9)_2Ba$ (im Vak. über H_2SO_4 getrockn.), s. feine Kryst. (aus H_2O), w. l. sogar in h. H_2O	
225—228° (k.)	$[\alpha]_D^{20}=+64{,}0°$ (in H_2O, p=ca. 4,6%)	l. in ca. 20 Tln. H_2O bei 20°, l. l. h. H_2O; s. schw. l. abs. Alk.		
171—172° (unscharf)	$[\alpha]_D^{20}=-50{,}8°$ (in H_2O, p=4,76%)	l.l. H_2O, Alk., w. l. Aceton	**Phenylhydrazid:** $C_{15}H_{24}O_8N_2$, feine Nadeln (aus H_2O), F geg. 220° (Zers.), w. l. in h. H_2O	[1] **E. Fischer** u. **Piloty:** Ber. **23**, 3109, 3827 (1890).
—	rechtsdrehend in H_2O[1]); $[\alpha]_D=+28{,}7°$ (E — in H_2O, c=10%)[2])	s. l. l. H_2O, schw. l. abs. Alk.	Reduz. nicht Fehl. Lösg.[1]). **Ba-Salz:** $(C_9H_{17}O_{10})_2Ba$ (im Vak. über H_2SO_4 getrockn.), kl. Nadeln (aus H_2O)[1]); l. in 5 Tln. h. H_2O, s. schw. l. k. H_2O[2]). **Ca-** u. **Cd-Salz:** amorph, l. l. H_2O[1])	[1] **E. Fischer:** A. **270**, 102 (1892). [2] **Philippe:** Ann. chim. phys. [8] **26**, 359 (1912).
248°	—	ca. 13% in kochend. H_2O[2]); s. schw. l. k. H_2O u. Alk.[1])	—	
—	$[\alpha]_D=+39{,}7°$ → $+32{,}2°$ in 8 Tag. (in H_2O, c=6,66%)	—	—	
—	—	—	**Ba-Salz:** Sirup, l. lösl. in H_2O. **Phenylhydrazid:** $C_{15}H_{24}O_9N_2$, feine Nadeln, F=212—213°. In k. H_2O viel leichter lösl. als das α-Deriv.	[1] **Philippe:** Ann. chim. phys. [8] **26**, 367 (1912). — Vgl. **E. Fischer:** A. **270**, 102 (1892).
175—177°	$[\alpha]_D^{20}=-41{,}0°$ (in H_2O, c=10%)	l. l. H_2O, z. l. h. Alk.	Die frische wäßr. Lösg. schmeckt süß u. reagiert neutral. **Phenylhydrazid:** $C_{15}H_{24}O_9N_2$, kleine Nadeln (aus 50proz. Essigs.), F geg. 254° (Zers.); s. schw. l. in h. H_2O, leichter in 50proz. Essigs.	[1] **E. Fischer** u. **Passmore:** Ber. **23**, 2236 (1890).

Tabelle 82 (Fortsetzung).

Nr	Name	Formel, Konstitution	Vorkommen, Bildung, Darstellung	Krystallogr. Eigenschaften
154	d-Gluco-$\alpha\alpha\alpha\alpha$-deconsäure	$C_{10}H_{20}O_{11}$	Aus α-Gluconose u. HCN in konz. wäßr. Lösg. m. NH_3-Katal. bei 25°; Hydrol. d. gebildeten Amids m. Ba(OH)$_2$[1])	Nicht isoliert
	Strychninsalz	$C_{10}H_{20}O_{11}$ · $C_{21}H_{22}O_2N_2$[2])	—	Hexagon. Blättchen (aus 70proz. Alk.), H_2O-frei; feine Nad. (aus H_2O), mit 5 H_2O[1])
	Phenylhydrazid	$C_{16}H_{26}O_{10}N_2$	Aus d. Lacton od. Anhydrid u. Phenylhydrazin in konz. wäßr. Lösg.	Rechteckige Blättchen
	Lacton	$C_{10}H_{18}O_{10}$ · H_2O	D. Eindampfen d. wäßr. Säurelösg., Auslaugen d. Rohprod. m. k. H_2O, Verdunsten d. wäßr. Lösg. über H_2SO_4	Feine Nadeln (aus H_2O); verliert langs. im Vak., rasch bei 110°, 1 H_2O
	Anhydrid	$(C_{10}H_{19}O_{10})_2O$	Bleibt beim Auslaugen d. Rohlactons m. k. H_2O ungelöst zurück	Kl. Nadeln
155	d-Gluco-$\alpha\alpha\alpha\beta$-deconsäure	$C_{10}H_{20}O_{11}$	D. Verseif. der Mutterlaugen des α-Amides (Verb. 154) m. Ba(OH)$_2$; Reinigen über d. Phenylhydrazid. Entsteht auch d. Epimerisat. der α-Säure m. wäßr Pyrid. bei 140°[1])	Nicht isoliert
	Phenylhydrazid	$C_{16}H_{26}O_{10}N_2$	Wie bei Verb. 154	Feine Nadeln (aus H_2O)
	Lacton	$C_{10}H_{18}O_{10}$ · H_2O	Wie bei Verb. 154, jedoch Auslaugen m. h. 80proz. Alk.	Hemiedr. Nadeln (aus 80proz. Alk.), verliert langs. im Vak., rasch bei 110°, 1 H_2O
	Anhydrid	$(C_{10}H_{19}O_{10})_2O$	Bleibt beim Auslaugen des Rohlactons ungelöst zurück	Schwammige Kugeln feiner Nadeln
156	Vicianobionsäure	$C_{11}H_{20}O_{11}$	D. Oxydat. v. Vicianose m. Bromwasser bei Zimmertemperatur in Gegenw. v. CaCO$_3$[1])	Nur als Ca-Salz isoliert: Flocken (aus H_2O mit Alk. gefällt)
157	Primeverobionsäure	$C_{11}H_{20}O_{11}$	Aus Primeverose wie bei Verb. 156[1])	Ca-Salz: weißes Pulv. (aus H_2O m. Alk. gefällt)
158	3-β-d-Glucosido-d-arabonsäure	$C_{11}H_{20}O_{11}$	D. Oxydat. v. Glucosido-arabinose (aus Cellobiose) m. Ba(OI)$_2$ in wäßr. Lösg.[1])	Nur in Lösg. erhalten

Aldonsäuren.

Schmelz- und Siedepunkt	Optisches Drehungsvermögen	Löslichkeit	Analytisches; Diverses	Literatur
—	—	—	**Na-Salz:** $C_{10}H_{19}O_{11}Na$, seidige Nadeln; l. l. in h., w. l. in k. H_2O, s. schw. l. in Alk. **Ba-Salz:** $(C_{10}H_{19}O_{11})_2Ba$, rhomb. Blättchen — 100 Tl. H_2O lösen 1,8 Tl. bei 100° u. 0,3 Tl. bei Zimmertemp. Weitere Salze siehe im Original. **Amid:** $C_{10}H_{21}O_{10}N$, weiße kryst. Körner (aus H_2O), F geg. 250° (unscharf); fast unl. in k. H_2O u. Alk., lösl. in h. H_2O unt. langs. Hydrol. Wird d. $Ba(OH)_2$ leicht verseift	[1] **Philippe:** Ann. chim. phys. [8] **26**, 369 (1912); Compt. rend. **151**, 986 (1910). [2] **Philippe:** Beilstein, 4. Aufl., Erg.-Bd. III, S. 206.
197—200° (Anhydr.); 155—160° (Hydrat)	—	l. l. H_2O; 100 Tl. heiß. 70proz. Alk. lösen 6 Tl. Salz		
268° (scharf)	—	0,7% in kochendem H_2O; fast unl. in k. H_2O u. Alk.		
gegen 168° (Hydrat); 214° (H_2O-frei)	$[\alpha]_D^{20} = -40{,}4° \rightarrow$ $-43{,}0°$ nach Aufkochen (in H_2O, c=6%, H_2O-frei ber.)	Lösl. in H_2O: 6,6 g (H_2O-frei) in 100 ccm Lösg. bei 15°, 45 g in 100 g b. 100°; fast unl. in h. CH_3OH u. 95proz. Alk.	Die frische wäßr. Lösg. reagiert schwach sauer; geht beim Erhitzen teilw. in Säure u. Anhydrid über	
250°	—	0,2% in k. H_2O; langs. l. h. H_2O unt. teilw. Zers.	Die wäßr. Lösg. reagiert schwach sauer; geht beim Erhitzen teilw. in Säure u. Lacton über	
—	$[\alpha]_D = -25{,}3°$ (E — in H_2O) (Gleichgew. zwisch. Säure, Anhydrid u. Lacton)	—	**Ba-Salz:** $(C_{10}H_{19}O_{11})_2Ba$, feine Nadeln, l. l. in k. H_2O. **Strychninsalz:** $C_{10}H_{20}O_{11} \cdot C_{21}H_{22}O_2N_2 \cdot 6 H_2O$ [2], Kryst. (aus 50proz. Alk.), verliert bei 105° 6 H_2O. — F = 170—175° (Hydrat) bzw. 195—200° (Anhydr.); s. l. l. in k. H_2O, fast unl. in stark. Alk.[1]). Weitere Salze siehe im Original	[1] **Philippe:** Ann. chim. phys. [8] **26**, 403 (1912); Compt. rend. **151**, 1366 (1910). [2] **Philippe:** Beilstein, 4. Aufl., Erg.-Bd. III, S. 206.
246°	—	6—7% in kochendem H_2O; s. w. l. k. H_2O	—	
gegen 135° (Hydrat); 193° (H_2O-frei)	$[\alpha]_D^{17} = -33{,}0° \rightarrow$ $-28{,}0°$ nach Aufkochen (in H_2O, f. Hydrat ber.); $[\alpha]_D^{17} = -34{,}9°$ (A — in H_2O, H_2O-frei ber.)	100 ccm gesätt. wäßr. Lösg. enthalten 12,4 g (H_2O-frei) bei 15° u. ca. 60 g bei 100°	Verhält sich wie d. Lacton der α-Säure (Verb. 154)	
216—218°	$[\alpha]_D = -10° \rightarrow$ $-20{,}4°$ nach Aufkochen (in H_2O, c=ca. 1,2%)	ca. 1% in k. H_2O; l. h. H_2O unt. teilw. Hydrol.	Verhalten wie bei Verb. 154	
—	—	—	Gibt bei d. Hydrol. m. verd. H_2SO_4: l-Arabinose u. d-Gluconsäure	[1] **Bertrand** u. **Weisweiller:** Compt. rend. **151**, 884 (1910); Soc. chim. France [4] **9**, 147 (1911).
—	—	—	Gibt bei d. Hydrol. m. verd. H_2SO_4: d-Xylose u. d-Gluconsäure	[1] **Goris** u. **Vischniac:** Compt. rend. **169**, 975 (1919); Soc. chim. France [4] **27**, 262 (1920).
—	$[\alpha]_D^{22} = +21{,}0° \rightarrow$ $+16{,}9°$ in $2^1/_2$ St. $\rightarrow$ $+19{,}8°$ in 29 St. (in H_2O, c=3,7%)	—	**Ca-Salz:** $(C_{11}H_{19}O_{11})_2Ca \cdot H_2O$ (bei 110° getrockn.), Nadeln (aus H_2O + CH_3OH u. Aceton); $[\alpha]_D^{21} = +14{,}2°$ (in H_2O, c=3%)[1]). Über **Nitril-heptacetat** (nicht rein erhalten) vgl. [2]	[1] **Levene** u. **Wolfrom:** J. Biol. Chem. **77**, 679 (1928). [2] **Zemplén:** Ber. **59**, 1265 (1926).

Tabelle 82 (Fortsetzung).

Nr	Name	Formel, Konstitution	Vorkommen, Bildung, Darstellung	Krystallogr. Eigenschaften
159	3-β-d-Galaktosido-d-arabonsäure	$C_{11}H_{20}O_{11}$	D. Oxydat. v. Galaktosido-arabinose (aus Lactose) m. $Ba(OI)_2$[1]	Nur in Lösg. erhalten
	Nitril-heptacetat	$C_{24}H_{33}O_{16}CN$	D. Acetylier. v. Galaktosido-arabinose-oxim m. $(CH_3CO)_2O +$ Na-Acetat[2]	Derbe Prismen (aus CH_3OH)
160	Maltobionsäure	$C_{12}H_{22}O_{12}$	D. Oxydat. v. Maltose m. Bromwasser[1], Bromwasser$+PbCO_3$[2] od. $Ba(OI)_2$ in wäßr. Lösg.[3] bei Zimmertemp.	Farbl. Sirup
	Ca-Salz	$(C_{12}H_{21}O_{12})_2Ca$	—	Amorph. Pulver (aus H_2O m. Alk. gefällt u. m. abs. Alk. verrieb.); bei 105° getrocknet: H_2O-frei[1][2][3]
161	Oktamethyl-maltobionsäure-methylester	$C_{21}H_{40}O_{12}$: $C_{11}H_{13}O_2(OCH_3)_8$ $COOCH_3$	D. Methylierg. v. Ca-Maltobionat m. $(CH_3)_2SO_4+NaOH$, dann $CH_3I + Ag_2O$ u. frakt. Destill.[1]	Blaßgelb. zäher Sirup
162	Isomaltobionsäure, Glucosido-gluconsäure	$C_{12}H_{22}O_{12}$	D. Oxydat. v. Isomaltose (Gallisin) m. Bromwasser[1]. Aus d-Glucose u. d-Gluconsäure, m. konz. HCl, Reinigung mittels Eisessig[2]	Sirup[1] bzw. farbl. amorph. Pulv. (m.Äth. verrieben — Säure-lacton-gemisch)[2]
163	Cellobionsäure	$C_{12}H_{22}O_{12}$	D. Oxydat. v. Cellobiose m. Bromwasser[1] od. $Ba(OI)_2$[2] bei Zimmertemp.	Sirup, wird üb. H_2SO_4 hart ohne zu kryst.[1]
	Ca-Salz	$(C_{12}H_{21}O_{12})_2Ca$	—	Amorph. Pulver (aus H_2O m. Alk. gefällt u. verrieben); H_2O-frei wenn getrocknet[2]
164	Oktacetyl-cellobionsäure-nitril	$C_{27}H_{37}O_{18}CN$	D. Acetylier. v. Cellobiose-oxim m. $(CH_3CO)_2O +$ Na-Acetat[1]	Farbl. Nadelbüschel (aus Alk.)
165	Oktamethyl-cellobionsäure-methylester	$C_{21}H_{40}O_{12}$: $C_{11}H_{13}O_2(OCH_3)_8$ $COOCH_3$	Aus Ca-Cellobionat wie bei Verb. 161[1]	Blaßgelb. zäher Sirup
166	Neo-lactobionsäure	$C_{12}H_{22}O_{12}$	D. Oxydat. v. Neolactose m. Bromwasser bei Zimmertemp.[1]	Fast farbl. Sirup (aus Alk. m. Äth. gefällt)
167	Oktamethyl-lactobionsäure-methylester	$C_{21}H_{40}O_{12}$: $C_{11}H_{13}O_2(OCH_3)_8$ $COOCH_3$	Aus Ba-Lactobionat wie bei Verb. 161[1]	Sirup

Aldonsäuren.

Schmelz- und Siedepunkt	Optisches Drehungsvermögen	Löslichkeit	Analytisches; Diverses	Literatur
—	$[\alpha]_D^{34}=+31,9°$ (A — in H_2O, c$=3,56\%$). Die Drehung sinkt erst etwas u. steigt dann wieder	—	**Ca-Salz:** $(C_{11}H_{19}O_{11})_2Ca\cdot H_2O$, Kryst. (aus H_2O+CH_3OH), enthält Kryst.-H_2O, das bis auf 1 Mol. bei 125° entweicht. — $[\alpha]_D=+33,6°$ (in H_2O, c$=1,84\%$)[1]	[1] **Levene** u. **Wintersteiner:** J. Biol. Chem. **75**, 315 (1927). [2] **Zemplén:** Ber. **59**, 2410 (1926).
132°	$[\alpha]_D^{23,5}=+5,6°$ (in $CHCl_3$)	in allen Lösgm. etwas leichter lösl. wie Verb. 164	R.V.$=9$ (Glucose$=100$). Ammoniakal. Silberlösg. od. CH_3ONa spalten HCN ab[2]	
—	$[\alpha]_D^{20}=+98,3°$ (in H_2O, c$=6,34\%$)[2]. Über Mutarotation u. Lactonbildg. vgl.[4]	Mischbar mit H_2O, fast unl. absol. Alk. u. Essigester, unl. Äth.[1][2]	Reagiert stark sauer[1]. Reduz. Fehl. Lösg. erst nach Hydrol. m. verd. Mineralsäuren (zu d-Glucose u. d-Gluconsäure)[1][2]. Verd. Alkalien spalten nicht[2]. Wird d. bas. Bleiacetat aus wäßr. Lösg. gefällt[1]. **Brucinsalz:** Kryst. (aus H_2O+Alk.), F$=153°$ (im Vak. getrockn.). — $[\alpha]_D^{20}=+38°$ (in H_2O). Über weitere (amorphe) Salze siehe im Original[2]. Über **Nitril-oktacetat** (nicht rein erhalten) vgl.[5]	[1] **E. Fischer** u. **J. Meyer:** Ber. **22**, 1941 (1889). [2] **Glattfeld** u. **Hanke:** Amer. Soc. **40**, 989 (1918). [3] **Goebel:** J. Biol. Chem. **72**, 809 (1927). [4] **Levene** u. **Sobotka:** J. Biol. Chem. **71**, 471 (1926/27). [5] **Zemplén:** Ber. **60**, 1555 (1927).
—	$[\alpha]_D^{20}=+97,5°$ (in H_2O)[2]	s. l. l. H_2O, unl. abs. Alk.[1][2]		
$Kp_{0,05}=$ 170—173°	$[\alpha]_D=+120,8°$ (A — in 7proz. HCl, c$=4,2\%$)	—	$n_D^{14}=1,4620$. Hydrol. m. h. 7proz. HCl liefert: n-Tetramethylglucose u. 2,3,5,6-Tetramethylgluconsäure	[1] **Haworth** u. **Peat:** Soc. Lond. **1926**, 3094.
—	rechtsdrehend[1]	s. l. l. H_2O, fast unl. Alk. u. Eisessig, unl. Äth.[2]	Schmeckt schwach sauer[2]. Wird d. bas. Bleiacetat gefällt[1][2]. Reduz., wenn unrein, Fehl. Lösg.[1][2]. **Ca-Salz:** $(C_{12}H_{21}O_{12})_2Ca$ (bei 100° getrockn.), amorph. zerreibl. weiße Masse, l. lösl. in H_2O[2]. Verd. H_2SO_4 spaltet in Glucose u. Gluconsäure[2]	[1] **Schmitt** u. **Rosenhek:** Ber. **17**, 2459 (1884). [2] **E. Fischer** u. **Beensch:** Ber. **27**, 2484 (1894).
—	$[\alpha]_D^{23}=-3,6°\rightarrow +1,1°$ (E) in 24 St. (in H_2O, c$=3,2\%$)[2]	s. l. l. H_2O, unl. Alk. u. Eisessig[1]	Wird d. bas. Bleiacetat nicht gefällt[1]. Reduz. Fehl. Lösg. erst nach Hydrol. m. verd. Mineralsäuren (zu d-Glucose u. d-Gluconsäure)[1]. Über weitere (amorphe) Salze siehe[1]	[1] **Maquenne** u. **Goodwin:** Soc. chim. France [3] **31**, 857 (1904). [2] **Levene** u. **Wolfrom:** J. Biol. Chem. **77**, 671 (1928).
—	—	l. l. H_2O, unl. Alk.		
132° (scharf)	$[\alpha]_D^{18,5}=+34,3°$ (in $CHCl_3$)	l. l. $CHCl_3$, Aceton, Essigest., h. CH_3OH u. Alk.; schw. l. k. CH_3OH, Alk., Äth.; s. schw. l. Petroläth.	R.V.$=17,6$ (Glucose$=100$). Ammoniakal. Silberlösg. u. CH_3ONa spalten HCN ab	[1] **Zemplén:** Ber. **59**, 1259 (1926).
$Kp_{0,05}=$ 169—171°	$[\alpha]_D^{19}=+5,4°$ (A — in 7proz. HCl, c$=3,1\%$)	—	$n_D^{14}=1,4609$. — Hydrol. m. h. 7proz. HCl liefert: n-Tetramethylglucose u. 2,3,5,6-Tetramethylgluconsäure	[1] **Haworth, Long** u. **Plant:** Soc. Lond. **1927**, 2809.
—	—	—	Reaktionen u. Salze (amorph.) ähnl. der Lactobionsäure. Hydrol. m. verd. H_2SO_4 liefert: d-Galaktose u. d-Altronsäure	[1] **Kunz** u. **Hudson:** Amer. Soc. **48**, 2435 (1926).
$Kp_{0,05}=$ 157—164°	$[\alpha]_D=+34,0°$ (A — in 7proz. HCl)	—	$n_D^{13}=1,4632$. — Hydrol. m. h. 7proz. HCl liefert: n-Tetramethylgalaktose u. 2,3,5,6-Tetramethylgluconsäure	[1] **Haworth** u. **Long:** Soc. Lond. **1927**, 544.

Tabelle 82 (Fortsetzung).

Nr	Name	Formel, Konstitution	Vorkommen, Bildung, Darstellung	Krystallogr. Eigenschaften
168	**Lactobionsäure**	$C_{12}H_{22}O_{12}$	D. Oxydat. v. Lactose m. Brom-wasser[1][2]), Bromwasser + Ba-Benzoat[3]), Hypochloriten[4]) od. $Ba(OI)_2$[5]) bei Zimmertemp.	Farbl. Sirup (aus H_2O m. Alk. u. Äth. gefällt)[1])
	Ca-Salz	$(C_{12}H_{21}O_{12})_2Ca$	—	Blättrig.undeutl.kryst. Pulv. (aus konz. wäßr. Lösg. m. Alk. gefällt)[2])
	Ca-Lactobiono-chlorid	$C_{12}H_{21}O_{12}CaCl$ bzw. $(C_{12}H_{21}O_{12})_2Ca \cdot CaCl_2$	Aus d. Kompon.[4])	Kryst.(ausH_2O+Alk.), mit Kryst.-Lösgm.,das s. langs. im Hochvak. oberhalb 100° abge-geben wird
169	**Melibionsäure**	$C_{12}H_{22}O_{12}$	D. Oxydat. v. Melibiose m. Brom-wasser[1]), Bromwasser + Ba-Ben-zoat[2]) od. $Ba(OI)_2$[3])	Nur in Lösg. erhalten
	Ca-Salz	$(C_{12}H_{21}O_{12})_2Ca$	—	Krystalle (aus H_2O + CH_3OH), enthält Kryst.-Lösgm., das bei höherer Temp. entweicht[3])
170	**Oktamethyl-melibionsäure-methylester**	$C_{21}H_{40}O_{12}$: $C_{11}H_{13}O_2(OCH_3)_8$ COOCH$_3$	D. Methylierg. v. Ca-Melibionat wie bei Verb. 161[1])	Sirup
171	**Galaktosido-gluconsäure**	$C_{12}H_{22}O_{12}$	Aus d-Galaktose u. d-Gluconsäure m. konz. HCl, Reinigung mittels Eisessig[1])	Wie bei Verb. 162
172	**Lactose-carbonsäure**	$C_{13}H_{24}O_{13}$	Aus Lactose u. HCN in konz. wäßr. Lösg. m. NH_3-Katal., Verseif. m. $Ba(OH)_2$[1]). Aus Lactose u. KCN od. $Ba(CN)_2$ in wäßr. Lösg.[2])	Sirup; erstarrt im Vak. über H_2SO_4 zu glasig. zerreibbar. Masse[1])
	Ca-Salz	$(C_{13}H_{23}O_{13})_2Ca$	—	Amorph; bei 108° ge-trochn. H_2O-frei[1])
173	**Maltose-carbonsäure**	$C_{13}H_{24}O_{13}$	Aus Maltose, wie bei Verb. 172[1])[2])	Wie bei Verb. 172
174	**Rhamninotrionsäure**	$C_{18}H_{32}O_{15}$	D. Oxydat. v. Rhamninotriose m. Bromwasser bei Zimmertemp.[1])	Sirup (Säure-lacton-gemisch); wird beim Trocknen bei 100° fest
	Ca-Salz	$(C_{18}H_{31}O_{15})_2Ca$	—	Amorph
175	**Manninotrionsäure**	$C_{18}H_{32}O_{17}$	D. Oxydat. v. Manninotriose m. Bromwasser bei Zimmertemp.[1])	Sirup (Säure-lacton-gemisch)
	Ca-Salz	$(C_{18}H_{31}O_{17})_2Ca$	—	Amorph

604

Aldonsäuren.

Schmelz- und Siedepunkt	Optisches Drehungsvermögen	Löslichkeit	Analytisches; Diverses	Literatur
—	$[\alpha]_D^{24}$ = ca. $+2°$ → $+2,4°$ in 2 St. (in H_2O, c = 4,2%)[6]	s. l. l. H_2O, schw. l. Alk. u. k. Eisessig, unl. Äth.[1]	Reagiert stark sauer. Reduz. Fehl. Lösg. erst nach Hydrol. m. verd. Mineralsäuren (zu d-Galaktose u. d-Gluconsäure)[1]. Gibt in H_2O w. lösl. **bas. Pb-** u. **Ca-Salze**[1][3]	[1] **E. Fischer** u. **J. Meyer:** Ber. **22**, 361 (1889). [2] **Ruff** u. **Ollendorff:** Ber. **33**, 1806 (1900). [3] **Hudson** u. **Isbell:** Amer. Soc. **51**, 2225 (1929). [4] **Chem. Fabrik vorm. Sandoz** (Patente): C. **1928, II**, 1382; **1929, II**, 351. [5] **Goebel:** J. Biol. Chem. **72**, 809 (1927). [6] **Levene** u. **Sobotka:** J. Biol. Chem. **71**, 471 (1926/27). [7] **Haworth** u. **Long:** Soc. Lond. **1927**, 546. [8] **Zemplén:** Ber. **59**, 2402 (1926).
—	—	s. l. l. H_2O, unl. abs. Alk.[1]	**Ba-Salz:** $(C_{12}H_{21}O_{12})_2Ba$, ganz anal. dem Ca-Salz[1]. Scheint (wie auch dieses) 3 Mol. Alk. zu enthalten[7], die beim Trocknen bei 105° entweichen[1][5]. Über **Nitril-oktacetat** (nicht rein erhalten) vgl. [8]	
—	—	—		
—	$[\alpha]_D^{25}$ = ca. $+106°$ → $+113,8°$ in 6 Tag. (in H_2O, c = 3,22%)[2]	—	Über d. Verlauf der Mutarotationskurve u. γ- u. δ-Lactonbildg. siehe[2] im Original. Reduz. Fehl. Lösg. erst nach Hydrol. m. verd. Mineralsäuren (zu d-Galaktose u. d-Gluconsäure)[1]. Wird d. Bleiessig + NH_3 gefällt[1]. **Cu-Salz:** wasserlösl.[1]. Über **Nitril-oktacetat** (nicht rein erhalten) vgl. [4]	[1] **Neuberg, Scott** u. **Lachmann:** Bioch. Z. **24**, 162 (1910). [2] **Levene** u. **Jorpes:** J. Biol. Chem. **86**, 403 (1930). [3] **Levene** u. **Wintersteiner:** J. Biol. Chem. **75**, 321 (1927). [4] **Zemplén:** Ber. **60**, 928 (1927).
—	$[\alpha]_D^{17}$ = $+88,6°$ (in H_2O, c = 5%)[1]	l. l. H_2O		
$Kp_{0.06}$ = 173—175°	$[\alpha]_D^{13}$ = $+106,4°$ (in H_2O, c = 1,63%)	—	n_D^{14} = 1,4640. — Hydrol. m. h. 7proz. HCl liefert: n-Tetramethylgalaktose u. 2,3,4,5-Tetramethylgluconsäure	[1] **Haworth, Loach** u. **Long:** Soc. Lond. **1927**, 3152.
—	—	—	Genau wie bei Verb. 162; desgl. das **Ca-Salz:** $(C_{12}H_{21}O_{12})_2Ca$. Verd. H_2SO_4 spaltet in Galaktose u. Gluconsäure	[1] **E. Fischer** u. **Beensch:** Ber. **27**, 2485 (1894).
—	—	l. l. H_2O, schw. l. Alk., unl. Äth.	Schmeckt u. reagiert sauer. Reduz. Fehl. Lösg. erst nach Hydrol. m. verd. H_2SO_4 (zu d-Galaktose u. d-Gluco-α-heptonsäure)[1]. Gibt ein in H_2O w. lösl. **bas. Pb-Salz.**	[1] **Reinbrecht:** A. **272**, 197 (1892). [2] **Rupp** u. **Hölzle:** Arch. Pharm. **253**, 413 (1915).
—	—	l. l. H_2O	**Sr-** u. **Ba-Salze:** analog d. Ca-Salz[1]	
—	—	—	Wie bei Verb. 172, desgl. das **Ca-Salz:** $(C_{13}H_{23}O_{13})_2Ca$. — Hydrol. liefert: d-Glucose u. d-Gluco-α-heptonsäure[1]	[1] **Reinbrecht:** A. **272**, 200 (1892). [2] **Rupp** u. **Hölzle:** Arch. Pharm. **253**, 414 (1915).
gegen 125°	$[\alpha]_D$ = $-94,9°$ (in H_2O)	—	Wird d. ammoniakal. Bleiacetat gefällt. Reduz. Fehl. Lösg. erst nach Hydrol. m. verd. H_2SO_4 (zu 2 Mol. l-Rhamnose u. 1 Mol. d-Galaktonsäure).	[1] **C. u. G. Tanret:** Compt. rend. **129**, 725 (1899); Soc. chim. France [3] **21**, 1071 (1899).
—	—	l. l. H_2O	**Ba-Salz:** ganz anal. d. Ca-Salz	
—	$[\alpha]_D$ = $+157,5°$ → $+138,7°$ (in H_2O)	—	Reduz. Fehl. Lösg. erst nach Hydrol. m. verd. H_2SO_4 (zu 2 Mol. d-Galaktose u. 1 Mol. d-Gluconsäure)	[1] **C. Tanret:** Soc. chim. France [3] **27**, 958 (1902).
—	—	l. l. H_2O	**Ba-Salz:** ganz anal. d. Ca-Salz	

Tabelle 82 (Fortsetzung).

Nr	Name	Formel, Konstitution	Vorkommen, Bildung, Darstellung	Krystallogr. Eigenschaften
176	**d-Glucosaminsäure, d-Chitosaminsäure** (2-Amino-d-gluconsäure[1]))	$C_6H_{13}O_6N$: COOH — HCNH$_2$ — HOCH — HCOH — HCOH — CH$_2$OH	D. Oxydat. v. Glucosamin (als Bromhydrat[2]) od. Chlorhydrat[3])) m. Bromwasser bei Zimmertemp., od. m. gelb. HgO in h. wäßr. Lösg.[4]). Aus d-Arabinosimin u. HCN in konz. wäßr. Lösg., Verseif. m. k. konz. HCl[5])	Farbl. Blättchen od. Nadeln (aus H$_2$O)[2])
	Cu-Salz	$(C_6H_{12}O_6N)_2Cu$	—	Blaue Krystallmasse (aus h. H$_2$O)[2])
	Brucinsalz	$C_6H_{13}O_6N$ $\cdot C_{23}H_{26}O_4N_2$	—	Kryst. (aus H$_2$O)[3])
	Lacton-chlorhydrat	$C_6H_{11}O_5N \cdot HCl$	D. Eindampfen d. Säure m. alkoh. HCl[5])	Sirup
177	**Pentacetyl-d-glucosaminsäure-nitril**	$C_{16}H_{22}O_9N_2$: CN — CHNHCOCH$_3$ — [CHOCOCH$_3$]$_3$ — CH$_2$OCOCH$_3$	Aus Chitosaminoxim(-chlorhydr.) d. Acetylier. m. (CH$_3$CO)$_2$O + Na-Acetat[1])	Kl. glänz. Prismen (aus H$_2$O, Alk. oder Äth.)
178	**5,6?-Benzyliden-chitosaminsäure**	$C_6H_{11}O_6N(C_7H_6)$	Aus Chitosaminsäure u. Benzaldehyd m. alkoh. HCl; Verseif. d. Esters m. verd. wäßr. NaOH[1])	Prismat. Tafeln (aus H$_2$O + Alk.)
179	**l-Glucosaminsäure** (2-Amino-l-gluconsäure)	$C_6H_{13}O_6N$	Aus l-Arabinosimin u. HCN in konz. wäßr. Lösg., Verseif. m. k. konz. HCl[1])	Rechtwinkl. Tafeln od. Nadeln (aus H$_2$O)
180	**d,l-Glucosaminsäure**	$C_6H_{13}O_6N$	Aus gleichen Teilen der aktiv. Kompon.[1])	Mikr. Prismen (aus H$_2$O)
181	**Epichitosaminsäure** (2-Amino-d-mannonsäure[1]))	$C_6H_{13}O_6N$	D. Epimerisat. v. Chitosaminsäure m. wäßr. Pyrid. bei 100 bis 105°; Trennung d. frakt. Kryst. u. über d. Lacton[2])	Prismat. Nadeln (aus H$_2$O + Alk.)[2])
182	**Chondrosaminsäure** (Lävo-d-lyxohexosaminsäure, 2-Amino-d-galaktonsäure[1]))	$C_6H_{13}O_6N$: COOH — HCNH$_2$ — HOCH — HOCH — HCOH — CH$_2$OH	D. Oxydat. v. Chondrosamin m. Bromwasser bei 35—40°[2]) od. m. gelb. HgO[3]). Aus d-Lyxosimin u. HCN in konz. wäßr. Lösg., Verseif. m. k. konz. HCl, Reinigen d. frakt. Kryst.[4])	Prismat. Nadeln (aus H$_2$O od. H$_2$O + Alk.)[3])

Aldonsäuren.

Schmelz- und Siedepunkt	Optisches Drehungsvermögen	Löslichkeit	Analytisches; Diverses	Literatur
Zers. 250°	In H_2O schwach linksdrehend [6]). $[\alpha]_D^{18}=-16{,}8° \rightarrow -14{,}65°$ in 30 St. (in $2\frac{1}{2}$proz. HCl, $p=$ ca. 9%)[6]); $[\alpha]_D^{0}=+1{,}3°$ (in 5proz. NaOH, $c=5\%$)[1])	l. in ca. 38 Tln. H_2O bei 20°[6]); l. l. h. H_2O, schw. l. Alk., unl. Äth.[2])	Schmeckt süß, kuchenartig. — Gibt beim trock. Erhitz. Pyrrolreakt. Redukt. m. HI u. rot. Phosphor liefert rechtsdreh. α-Aminocapronsäure[3]). D. Methylierg. m. $(CH_3)_2SO_4$ u. Alkali wird Betain abgespalten[7]). **Chlorhydrat bzw. Bromhydrat:** $C_6H_{13}O_6N \cdot HCl$ (bzw. HBr), Kryst. (aus verd. alkoh. HCl (bzw. HBr)+ Äth.)[2])	[1]) **Levene:** J. Biol. Chem. **59**, 123 (1924); **63**, 95 (1925). [2]) **E. Fischer** u. **Tiemann:** Ber. **27**, 142 (1894). [3]) **Neuberg, Wolff** u. **Neimann:** Ber. **35**, 4009 (1902). [4]) **Pringsheim** u. **Ruschmann:** Ber. **48**, 680 (1915). [5]) **E. Fischer** u. **Leuchs:** Ber. **36**, 27 (1903). [6]) **E. Fischer** u. **Leuchs:** Ber. **35**, 3803 (1902). [7]) **Pringsheim:** Ber. **48**, 1158 (1915).
—	—	—	**Ag-** u. **Zn-Salze:** kryst.[2])	
228—230°	—	unl.Alk. u. and. org. Lösgm.	Über **Acetyl-, Phenylisocyanat-** u. **Phenylsenföl-Derivate** siehe [3]) im Original	
—	—	—	—	
118—119° (k.)	—	unl. k. H_2O, l. l. h. H_2O u. Alk.; s. l. l. $CHCl_3$, w. l. Äth.	Spaltet beim Kochen mit Alkalien HCN ab	[1]) **Neuberg** u. **Wolff:** Ber. **35**, 4017 (1902).
230°	$[\alpha]_D=-28°$ (in H_2O, $c=1\%$)	l. H_2O, schw. l. Alk.	**Äthylester-chlorhydrat:** $C_{15}H_{21}O_6N \cdot HCl$, Kryst. (aus CH_3OH+Äth.), $F=200°$ — $[\alpha]_D^{20}=-30°$. Über weitere Derivate der Benzal-chitosaminsäure siehe in d. Originalen	[1]) **Levene** u. **La Forge:** J. Biol. Chem. **21**, 345 (1915). — **Levene:** J. Biol. Chem. **53**, 449 (1922); **54**, 809 (1922).
Zers. 250°	In H_2O schwach rechtsdrehend. $[\alpha]_D^{18}=+16{,}3° \rightarrow +14{,}3°$ (in $2\frac{1}{2}$proz. HCl, $p=8{,}82\%$)	l. in ca. 34 Tln. H_2O bei 20°	Gleicht ganz der d-Säure	[1]) **E. Fischer** u. **Leuchs:** Ber. **35**, 3802 (1902).
—	In $2\frac{1}{2}$proz. HCl inaktiv	l. in ca. 24 Tln. h. H_2O, in 574 Tln. H_2O bei 20°	—	[1]) **E. Fischer** u. **Leuchs:** Ber. **35**, 3804 (1902).
198° (Zers.)	$[\alpha]_D^{20}=+10{,}0° \rightarrow +39°$ (in $2\frac{1}{2}$proz. HCl)[2]); $[\alpha]_D^{0}=-5{,}0°$ (in 5proz. NaOH, $c=5\%$)[1])	l. H_2O, w. l. Alk.	**Lacton-chlorhydrat:** $C_6H_{11}O_5N \cdot HCl$, aus d. Säure m. alkoh. HCl. — Prismat. Nadeln (aus CH_3OH), $F=203°$ (Zers.); $[\alpha]_D^{20}=+45{,}0°$ (in $2\frac{1}{2}$proz. HCl?)[2])	[1]) **Levene:** J. Biol. Chem. **59**, 123 (1924); **63**, 95 (1925). [2]) **Levene:** Bioch. Z. **124**, 47 (1921); J. Biol. Chem. **36**, 73 (1918).
Zers. 190°	$[\alpha]_D=-17{,}9° \rightarrow -31{,}9°$ (in $2\frac{1}{2}$proz. HCl, $c=5\%$)[3]); $[\alpha]_D^{0}=-15°$ (in 5proz. NaOH, $c=2{,}5\%$)[1])	—	Das **Lacton-chlorhydrat** (aus d. Säure m. alkoh. HCl) wurde nur als Sirup erhalten[3])	[1]) **Levene:** J. biol. Chem. **59**, 123 (1924); **63**, 95 (1925). [2]) **Levene** u. **La Forge:** J. Biol. Chem. **20**, 433 (1915). [3]) **Levene:** J. Biol. Chem. **31**, 609 (1917). [4]) **Levene:** Bioch. Z. **124**, 50 (1921); J. Biol. Chem. **36**, 73 (1918). — Vgl. **Levene** u. **La Forge:** J. Biol. Chem. **22**, 331 (1915).

Tabelle 82 (Fortsetzung).

Nr	Name	Formel, Konstitution	Vorkommen, Bildung, Darstellung	Krystallogr. Eigenschaften
183	**Epichondrosaminsäure** (Dextro-d-lyxohexosaminsäure, 2-Amino-d-talonsäure[1]))	$C_6H_{13}O_6N$: COOH | H_2NCH | HOCH |	Kryst. aus d. Mutterlaugen v. Chondrosaminsäure bei d. Darst. aus Lyxosimin[2]). Entsteht auch d. Epimerisat. v. Chondrosaminsäure m. wäßr. Pyridin bei 100°[3])	Krystalle (aus H_2O + CH_3OH)
184	**Dextro-d-xylohexosaminsäure** (2-Amino-d-idonsäure[1]))	$C_6H_{13}O_6N$	Aus d-Xylosimin u. HCN, wie bei Verb. 182[2])	Krystalle (aus H_2O + CH_3OH)
185	**Lävo-d-xylohexosaminsäure** (2-Amino-d-gulonsäure[1]))	$C_6H_{13}O_6N$	Kryst. aus den Mutterlaugen der Dextro-Säure (Verb. 184)[2])	Krystalle (aus H_2O + Alk.)
186	**Lävo-d-ribohexosaminsäure** (2-Amino-d-allonsäure[1]))	$C_6H_{13}O_6N$	Aus d-Ribosimin u. HCN, wie bei Verb. 182[2])	Dünne, cholesterinähnl. Platten (aus H_2O)
187	**Dextro-d-ribohexosaminsäure** (2-Amino-d-altronsäure[1]))	$C_6H_{13}O_6N$	Kryst. aus den Mutterlaugen der Lävo-Säure (Verb. 186)[2])	Krystalle (aus H_2O + CH_3OH)
188	**3-Amino-d-gluconsäure**	$C_6H_{13}O_6N$	D. Oxydat. v. 3-Aminoglucose m. gelb. HgO in h. wäßr. Lösg.[1])	Krystalle (aus verd. Alk.)
189	**6-Amino-d-galaktonsäure**	$C_6H_{13}O_6N$	D. Oxydat. v. 6-Aminogalaktose m. gelb. HgO in h. wäßr. Lösg.[1])	Sternförm. Nadeln (aus H_2O)
190	**Galaheptosaminsäure** (2-Amino-d-galaheptonsäure)	$C_7H_{15}O_7N \cdot H_2O$	Aus Galaktosimin-ammoniak u. HCN in konz. wäßr. Lösg., Verseif. m. k. konz. HCl[1])	Mikr. rechtwinklige Tafeln od. Prismen (aus H_2O); verliert Kryst.-H_2O bei 130°
	Cu-Salz	$(C_7H_{14}O_7N)_2Cu$ $\cdot 2\,H_2O$	—	Hellblaue, feinkörn. kryst. Masse (aus h. H_2O); verliert 2 H_2O bei 130°[1])

608

Schmelz- und Siedepunkt	Optisches Drehungsvermögen	Löslichkeit	Analytisches; Diverses	Literatur
206° (Zers.)	$[\alpha]_D^{20} = +8,0°$ (A — in $2^1/_2$ proz. HCl)[1])[2]); $[\alpha]_D^{0} = +1,8°$ (in 5 proz. NaOH, $c = 2,5\%$)[1])	in H_2O u. CH_3OH leichter lösl. als Chondrosaminsäure	—	[1]) **Levene:** J. Biol. Chem. **59**, 123 (1924); **63**, 95 (1925). [2]) **Levene:** Bioch. Z. **124**, 50 (1921); J. Biol. Chem. **36**, 73 (1918). [3]) **Levene:** J. Biol. Chem. **26**, 367 (1916).
224° (Zers.)	$[\alpha]_D^{20} = +14,0°$ (A — in $2^1/_2$ proz. HCl)[2]); $[\alpha]_D^{30} = -3,0°$ (E — in $2^1/_2$ proz. HCl)[3]); $[\alpha]_D^{"} = -16°$ (in 5 proz. NaOH, $c = 2,5\%$)[1])	—	**Lacton-chlorhydrat:** $C_6H_{11}O_5N \cdot HCl$, aus d. Säure m. alkoh. HCl. — Prismat. Nadeln (aus Alk.), $F = 205°$ (Zers.), w. l. Alk.[2])[3]). **Dibenzal-dextroxylohexosaminsäure-äthylester-chlorhydrat:** $C_{22}H_{25}O_6N \cdot HCl$, aus d. Säure u. Benzaldehyd m. alkoh. HCl. — Kryst. (aus abs. Alk.), $F = 217°$[3])	[1]) **Levene:** J. Biol. Chem. **59**, 123 (1924); **63**, 95 (1925). [2]) **Levene:** Bioch. Z. **124**, 50 (1921); J. Biol. Chem. **36**, 73 (1918). [3]) **Levene u. La Forge:** J. Biol. Chem. **21**, 351 (1915).
200° (Zers.)	$[\alpha]_D^{20} = -11,0° \rightarrow -31,5°$ (in $2^1/_2$ proz. HCl)[2]); $[\alpha]_D^{0} = +2,0°$ (in 5 proz. NaOH, $c = 2,5\%$)[1])	in H_2O u. Alk. leichter lösl. als Verb. 184	**Monobenzal-lävoxylohexosaminsäurelacton-chlorhydrat:** $C_{13}H_{15}O_5N \cdot HCl$, aus d. Säure u. Benzaldehyd m. alkoh. HCl — Kryst. (aus CH_3OH), $F = 206°$ (Zers.); $[\alpha]_D^{20} = -60,5°$ (in 50 proz. Alk.)[2])	[1]) **Levene:** J. Biol. Chem. **59**, 123 (1924); **63**, 95 (1925). [2]) **Levene:** Bioch. Z. **124**, 50 (1921); J. Biol. Chem. **36**, 73 (1918).
212° (Zers.)	$[\alpha]_D^{26} = -26,0°$ (A — in $2^1/_2$ proz. HCl)[1])[2]); $[\alpha]_D^{28} = -9,4°$ (E — in $2^1/_2$ proz. HCl)[3]); $[\alpha]_D^{0} = -15,0°$ (in 5 proz. NaOH, $c = 2,5\%$)[1])	l. H_2O, unl. in den gebräuchl. org. Lösgm.[2])	**Lacton-chlorhydrat:** $C_6H_{11}O_5N \cdot HCl$, aus d. Säure m. alkoh. HCl — Kryst. (aus Alk.), $F = 188°$[2])	[1]) **Levene:** J. Biol. Chem. **59**, 123 (1924); **63**, 95 (1925). [2]) **Levene:** Bioch. Z. **124**, 50 (1921). — **Levene u. Clark:** J. Biol. Chem. **46**, 19 (1921). [3]) **Levene u. La Forge:** J. Biol. Chem. **20**, 433 (1915).
186°	$[\alpha]_D^{20} = +12,5°$ (A — in $2^1/_2$ proz. HCl)[2]); $[\alpha]_D^{0} = +2,0°$ (in 5 proz. NaOH, $c = 2,5\%$)[1])	leichter lösl. in H_2O u. CH_3OH als Verb. 186	**Lacton-chlorhydrat:** $C_6H_{11}O_5N \cdot HCl$, aus d. Säure m. alkoh. HCl — Derbe Kryst. (aus Alk.), $F = 150°$ — $[\alpha]_D^{20} = +21,5°$ (in 2,5 proz. HCl)[2]). **Dibenzal-dextroribohexosaminsäure-äthylester-chlorhydrat:** $C_{22}H_{25}O_6N \cdot HCl$, aus d. Säure u. Benzaldehyd m. alkoh. HCl — Mikr. Nadeln (aus Alk.), $F = 221°$; $[\alpha]_D^{20} = -26,0°$ (in CH_3OH)[2])	[1]) **Levene:** J. Biol. Chem. **59**, 123 (1924); **63**, 95 (1925). [2]) **Levene:** Bioch. Z. **124**, 50 (1921). — **Levene u. Clark:** J. Biol. Chem. **46**, 19 (1921).
168° (Zers.)	$[\alpha]_{578}^{18} = +13°$ (in H_2O)	—	—	[1]) **Freudenberg, Burkhart** u. **Braun:** Ber. **59**, 718 (1926).
Schmilzt nicht	$[\alpha]_{578}^{16} = +9,2°$ (in $0,2$ n-NaOH)	l. in ca. 80 Tln. h. H_2O; in k. H_2O noch schwerer l. als Glucosaminsäure	Die wäßr. Lösg. reagiert neutral u. reduz. nicht Fehl. Lösg. Gibt ein kryst. **Phenylhydrazid**	[1]) **Freudenberg u. Doser:** Ber. **58**, 298 (1925). — Vgl. **Freudenberg u. Smeykal:** Ber. **59**, 100 (1926).
240° (k.) (bräunt sich ab 210°)	$[\alpha]_D^{20} = +11,23°$ (in 5 proz. HCl, $p = 8,76\%$)	l. in ca. 30 Tln. H_2O bei 100° u. 962 Tln. bei 20°; l.l. in wäß. NaOH, NH_3, HCl; unl. Alk., Äth.	**N-β-Naphthalinsulfonyl-Derivat:** $C_{17}H_{21}O_9NS$, aus d. Säure u. β-Naphthalinsulfonylchlorid in alkal. Lösg.— Nadelaggr. (aus s. verd. HCl), F geg. 201° (k — Zers.); l.l. in h. H_2O, schw. l. in k. H_2O, Alk., Äth.[2])	[1]) **E. Fischer u. Leuchs:** Ber. **35**, 3801 (1902). [2]) **E. Fischer u. Bergell:** Ber. **35**, 3785 (1902).
—	—	l. in ca. 800 Tln. h. H_2O, fast unl. k. H_2O	—	

Tabelle 82 (Fortsetzung).

Nr	Name	Formel, Konstitution	Vorkommen, Bildung, Darstellung	Krystallogr. Eigenschaften
191	**Chitosamino-heptonsäuren** (3-Amino-glucoheptonsäuren)	$C_7H_{15}O_7N$	Aus Glucosamin u. HCN od. Glucosamin-chlorhydrat und NH_4CN in konz. wäßr. Lösg., Verseif. m. h. H_2O[1] od. $Ba(OH)_2$[2]); Trennung der epimeren Formen d. frakt. Kryst. der freien Säuren (in Dextro- u. Lävo-: Levene[2])) od. der Cu-Salze (in α- u. β-: Neuberg[1]); Trennung unvollst.[2])	**Dextro-Form** (β-Säure v. Neuberg?): Derbe Prismen (aus H_2O)[2]) **Lävo-Form** (α-Säure v. Neuberg?): Lange prismat. Nadeln (aus 25 proz. Alk.)[2])
192	**Chondrosamino-heptonsäuren** (3-Amino-galaheptonsäuren)	$C_7H_{15}O_7N$	Aus Chondrosamin-chlorhydrat u. NH_4CN in konz. wäßr. Lösg., Verseif. m. $Ba(OH)_2$; Trennung der epimeren Formen d. frakt. Kryst. der freien Säuren aus H_2O bzw. $H_2O + Alk.$[1]	**Lävo-Form:** Lange Prismen (aus H_2O) **Dextro-Form:** Krystalle (aus $H_2O + Alk.$)

Aldonsäuren.

Schmelz- und Siedepunkt	Optisches Drehungsvermögen	Löslichkeit	Analytisches; Diverses	Literatur
192° (Zers.)	$[\alpha]_D^{25} = +6,5° \rightarrow$ $+2,75°$ in 24 St. (in 2,5 proz. HCl)[2]); $[\alpha]_D = +1° 34'$ (in H_2O, $c = 5\%$)[1]	weniger l. in H_2O als die Lävo-Form	Schmeckt schwach süß; gibt beim trock. Erhitzen Pyrrolreakt. Wird d. Bleiessig+NH_3 gefällt. Spaltet beim Kochen m. $Ba(OH)_2$ od. PbO NH_3 ab[1]). **Cu-Salz:** $C_7H_{13}O_7NCu$, blaugrüne Prismen (aus h. H_2O), w. l. H_2O[1])	[1] **Neuberg** u. **Wolff:** Ber. **35**, 4018 (1902); **36**, 618 (1903). [2] **Levene:** Bioch. Z. **124**, 78 (1921). — Vgl. **Levene:** J. Biol. Chem. **24**, 55 (1916); **Levene** u. **Matsuo:** J. Biol. Chem. **39**, 105 (1919).
139° (k.) (Zers.)	$[\alpha]_D^{25} = -7,5° \rightarrow$ $-12°$ in 24 St. (in 2,5 proz. HCl)[2]); $[\alpha]_D = $ ca. $0°$ (in H_2O, $c = 5\%$)[1]	—	Schmeckt stärker süß als d. β-Säure; gibt sonst d. gleichen Reaktionen[1]). **Cu-Salz:** $C_7H_{13}O_7NCu$ (bei 110° getrocknet), blaugrünes Pulv. (aus H_2O m. Alk. gefällt), in H_2O viel leichter lösl. als d. β-Salz[1]). **Brucinsalz:** $C_7H_{15}O_7N \cdot C_{23}H_{26}O_4N_2$, prismat. Nadeln (aus H_2O), $F = 163$ bis 164°; s. l. l. in H_2O, unl. in Alk.[1]). Über **Tetrabenzoat:** $C_{35}H_{31}O_{11}N$ siehe [1] im Original	
139° (k.) (Zers.)	$[\alpha]_D^{25} = -8,25° \rightarrow$ $-13,0°$ in 24 St. (in 2,5 proz. HCl)	weniger l. in H_2O als die Dextro-Form	—	[1] **Levene:** Bioch. Z. **124**, 78 (1921). — Vgl. **Levene:** J. Biol. Chem. **26**, 143 (1916); **Levene** u. **Matsuo:** J. Biol. Chem. **39**, 105 (1919).
—	$[\alpha]_D^{25} = +42,5° \rightarrow$ $+65,0°$ in 24 St. (in 2,5 proz. HCl)	—	—	

Nachträge und Namenverzeichnis.

Nr	Name	Formel, Konstitution	Vorkommen, Bildung, Darstellung	Krystallogr. Eigenschaften
1	**Acetol** (Oxyaceton)	$C_3H_6O_2$: H_2COH | CO | CH_3	Entsteht neben anderen Darstellungsmethoden auch beim Kochen von Formaldehyd mit $ZnCO_3$ od. Zn-Staub[1]). Allgem. Darstell. d. Kochen von Chlor- od. Bromaceton mit K-Formiat in CH_3OH[2])	Farbl. Flüssigkeit
2	**l-Threose**	$C_4H_8O_4$: CHOH | HCOH O | HOCH | CH_2	Durch Wohlschen Abbau der l-Xylose. Nicht in Substanz isoliert[1])	In Lösung
3	**l-Xyloketose** (l-Arabinulose)	$C_5H_{10}O_5$: H_2COH | CO | HCOH | HOCH | CH_2OH	Durch Einwirkung des Sorbose-Bacter. auf l-Arabit[1])	Nicht in Substanz isoliert
4	**Rhodeotetrose**	$C_5H_{10}O_4$	Durch Verseif. des Rhodeotetrose-diacetamids m. 5 proz. HCl[1])	Nur in wäßr. Lösg. erhalten
5	**β-d-Lyxose** (siehe Tab. 4, Nr. 7)	$C_5H_{10}O_5$	Aus dem p-Bromphenyl-hydrazon mit Benzaldehyd[1])	Krystalle (aus Alk.)
6	**d-Allo-methylose** (siehe Tab. 5, Nr. 14)	$C_6H_{12}O_5$: $CH=O$ | HCOH | HCOH | HCOH | HCOH | CH_3	Aus Digitoxosan d. Oxydat. mit Benzopersäure[1])	Krystalle
7	**Saccharinose**	$C_6H_{12}O_5$	Durch Redukt. von Saccharin mit Na-Amalg. in H_2SO_4-saurer Lösg.[1])	Sirup
8	**β-Galaktose**	$C_6H_{12}O_6$	Neue Konstanten[1])	Monokl.-prismat. Krystalle. $a:b:c = 0{,}827:1:0{,}775$
9	**α-d-Gulose**	$C_6H_{12}O_6$	Neue Darstellung in krystall. Form[1])	Krystalle
10	**ψ-Fructose** (siehe Tab. 6, Nr. 35)	H_2COH | CO | HCOH | HCOH | HCOH | H_2COH	Konstitutionsangabe[1])	—
11	**Saccharino-hexose**	$C_7H_{14}O_6$	Aus der Saccharinose durch die Cyanhydrinsynthese[1])	—

ersten Teil.

Schmelz- und Siedepunkt	Optisches Drehungsvermögen	Löslichkeit	Analytisches; Diverses	Literatur
$Kp_{760} = 145—146°$; $Kp_{18} = 54°$	—	l. Alk., H_2O, Äther	Reduz. kalte Fehl. Lösg.	[1] **Löb:** C. **1908, II**, 853, 1017. [2] **Nef:** A. **335**, 260 (1904). — Im allgemeinen siehe: **Beilstein**, 4. Aufl., Bd. I, Seite 821; Erg.-Bd. I, Seite 418.
—	$[\alpha]_D^{20} = —24,6°$ (in H_2O)	—	Reduz. kalte Fehl. Lösg.	[1] **Deulofeu:** Soc. Lond. **1929**, 2458.
—	—	—	Reduz. Fehl. Lösg. — Gibt Ketosen-Reakt.	[1] **Bertrand:** Compt.rend. **126**, 763, (1898).
—	rechtsdrehend	—	Reduz. Fehl. Lösg.	[1] **Votoček:** Ber. **50**, 35 (1917).
117—118°	$[\alpha]_D = —70° \rightarrow —14°$ (in 90proz. Alk.); $[\alpha]_{5461} = —80° \rightarrow —9°$ (in 90proz. Alk.)	—	—	[1] **Haworth u. Hirst:** Soc.Lond. **1928**, 1221.
146°	$[\alpha]_D^{18} = —12,0° \rightarrow —1,0°$ (in H_2O)	—	—	[1] **Micheel:** Ber. **63**, 347 (1930).
—	linksdrehend	—	Gibt kein Osazon. — Mit HCl destill., wird kein Methylfurfurol gebildet	[1] **Votoček:** C. **1930, I**, 3173.
—	$[\alpha]_D^{20} = +54,2°$ (A.) (in H_2O)	—	—	[1] **Riiber, Minsaas, Lyche u. Berner:** Soc. Lond. **1929**, 2173.
—	$[\alpha]_D = +61,6°$ (A.)	—	—	[1] **Isbell:** C. **1930, I**, 2725.
—	—	—	—	[1] **Nef:** A. **403**, 208 (1914).
—	—	—	Gibt ein krystallisiertes Phenyl- u. p-Bromphenylosazon	[1] **Votoček:** C. **1930, I**, 3173.

Nr	Name	Formel, Konstitution	Vorkommen, Bildung, Darstellung	Krystallogr. Eigenschaften
12	d-β-Manno-heptose	$C_7H_{14}O_7$: $CH=O$ $HOCH$ $HOCH$ $HOCH$ $HCOH$ $HCOH$ H_2COH	Aus d-Manno-β-heptonsäure d. Redukt. mit Na-Amalg.[1]	Krystalle (aus H_2O)
13	l-α-Glykoheptulose (siehe Tab. 8, Nr. 8)	$C_7H_{14}O_7$	Aus α-Glykoheptit d. Oxyd. mit Sorbosebacterium[1]	Harte, süße Prismen
14	α-d-Glykoheptulose	$C_7H_{14}O_7$: H_2COH CO $HCOH$ $HOCH$ $HCOH$ $HCOH$ H_2COH	Durch Alkali-Umlagerung d. α-d-Glykoheptose[1]	Süße Prismen
15	α-l-Guloheptose	$C_7H_{14}O_7$: $CH=O$ $HCOH$ $HOCH$ $HOCH$ $HCOH$ $HOCH$ H_2COH	Konstitution[1]	—
16	Dioxyacetonyl-dioxyaceton	$C_6H_{10}O_5$:	Aus einem alten Dioxyaceton-Präparat d. Fraktion[1]	Krystalle
17	Dioxyaceton-Triose	$C_7H_{14}O_7$	Neben vorsteh.[1]	Krystalle
18	α-d-Glucosido-d-arabinose (siehe Tab. 11, Nr. 5)	$C_{11}H_{20}O_{10}$	D. Abbau d. Octacetylmalto-bionsäurenitrils u. Verseifen[1]	Nur in Lösung
19	Rhamnosido-galaktose	$C_{12}H_{22}O_{10}$	Aus d. Mutterlauge d. acetyl. Solanidinglykosids, Eindampfen, in Aceton mit Ag_2CO_3 schütteln; Verseifen[1]	Farbl., sehr hygr. Pulver
20	Isocellotriose	$C_{18}H_{32}O_{16}$	Bei d. Darstell. der Isocellobiose als Nebenprod.[1]	Feinnadelige Warzen $+ 1/2 H_2O$. Wird bei 115 bis 120° wasserfrei

Schmelz- und Siedepunkt	Optisches Drehungsvermögen	Löslichkeit	Analytisches; Diverses	Literatur
—	—	l. Alk.; l. l. H_2O	—	[1] **Peirce:** J. Biol. Chem. **23**, 228, 333 (1916).
173,5°	$[\alpha]_D^{22} = -67°,8'$ (in H_2O, c = 10%)	l.l. H_2O; w.l. Alk.	R.V. = 88% d. Glucose. — Gärt nicht. Konstit. siehe [2]	[1] **Betrand** u. **Nitzberg:** Compt. rend. **186**, 925, 1172 (1928). [2] **Austin:** Amer. Soc. **52**, 2106 (1930).
171—174°	$[\alpha]_D^{20} = +67,46°$ (in H_2O); $[\alpha]_{578}^{20} = +70,28°$ (in H_2O); $[\alpha]_{546,1}^{20} = +79,5°$ (in H_2O)	—	R.V. = 87,6% d. Glucose. — Gärt nicht. Osazon ident. mit α-d-Glykoheptosazon	[1] **Austin:** Amer. Soc. **52**, 2106 (1930).
—	—	—	β-Guloheptose: $$\begin{array}{c} CH=O \\ | \\ HOCH \\ | \\ HOCH \\ | \\ HOCH \\ | \\ HCOH \\ | \\ HOCH \\ | \\ H_2COH \end{array}$$	[1] **La Forge:** J. Biol. Chem. **41**, 251 (1920).
164°	—	—	R.V. = 75% d. Glucose	[1] **Levene** u. **Walti:** J. Biol. Chem. **78**, 23 (1928).
258°	—	unl. H_2O, Alk., Aceton, Pyrid., Essigsäure; l. verd. Alkalien	—	[1] **Levene** u. **Walti:** J. Biol. Chem. **78**, 23 (1928).
—	$[\alpha]_D^{20} = +72,0°$ (in H_2O)	—	In der früher angegebenen Stelle ist die Darstellung aus Maltose zu streichen	[1] **Zemplén:** Ber. **60**, 1555 (1927).
—	$[\alpha]_D^{18} = $ ca. 0° (in H_2O)	—	R.V. gegen $KMnO_4$ = 46,06% d. Glucose	[1] **Zemplén** u. **Gerecz:** Ber. **61**, 2297 (1928).
—	$[\alpha]_D = +15,6°$ (in H_2O)	schw. l. k. H_2O; f. unl. Alk.; w. l. h. Essigest.	R.V. = 29% d. Glucose. — Gibt kein Osazon. Verd. HCl hydrol. sehr schwer	[1] **Ost:** Z. angew. Chem. **41**, 696 (1928).

Nr	Name	Formel, Konstitution	Vorkommen, Bildung, Darstellung	Krystallogr. Eigenschaften
21	**α-Lactulose** (4-β-d-galaktosido-d-fructose)	$C_{12}H_{22}O_{11}$: 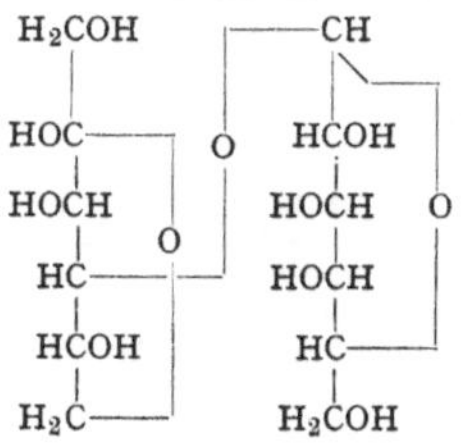	Aus Lactose d. Umlagerung mit Alkali[1])	Hexagonale, farbl. Platten. Süßer als Lactose
22	**Anhydro-sedoheptose**	$C_7H_{12}O_6$	Aus Sedoheptose d. Erhitzen in 1proz. HCl, od. aus d. Dibenzalderivat d. Kochen mit Essigs.[1])	Krystalle (aus 95proz. Alk.). Süß
23	**Chondrose** (2, 5-Anhydrogalaktose od. -Talose)	$C_6H_{10}O_5$	Neue Konstanten[1])	—
24	**Trisaccharid aus Glykogen**	$C_{18}H_{32}O_{16}$	D. enzymat. Abbau d. Glykogens mit Muskel- od. Lebergewebe[1])	Pulver
25	**Trisaccharid-Anhydrid (aus Glykogen)**	$C_{18}H_{30}O_{15}$	Aus vorsteh. durch spontane Anhydridisierung[1])	Pulver
26	**Tetralävoglucosan**	$C_{24}H_{40}O_{20}$	Durch Polymeris. von Lävoglucosan im Vak. bei 250° mit Zn-Staub[1])	Hygroskop. Pulver
27	**Gentiobioseen**	$C_{12}H_{20}O_{10}$	D. Verseif. des Heptacetates[1])	Krystalle (aus H_2O + Aceton)
28	**Digitoxosan** (Digitoxoseen [1, 2]) (siehe Tab. 14, Nr. 1)	$C_6H_{10}O_3$	Darstell. verbessert[1])	Lange, weiße Nad. (aus Toluol → Toluol-Benzin)
29	**β-l-2-Ribodesose** (l-Arabodesose)	$C_5H_{10}O_4$	Darstell. aus Diacetyl-l-Arabinal d. Hydrol. mit verd. H_2SO_4[1])	Krystalle
30	**d-2-Ribodesose** (Thyminose[1]))	$C_5H_{10}O_4$	Aus Thymusnucleinsäure d. Hydrolyse[1])	Krystalle
31	**β-d-2-Xylodesose**	$C_5H_{10}O_4$	Aus Xylal in 5proz. H_2SO_4 bei 0°[1])	Dicke Platten
32	**l-Arabinal**	$C_5H_8O_3$	Durch Barytverseifung des Diacetylarabinals[1])[2])	Feine, spießige, glänzende Nadeln (aus Chlorof.)[1]) od. aus Benzol[2]). Sehr hygroskop.[1]). Nicht hygroskop.[2])

ersten Teil (Fortsetzung).

Schmelz- und Siedepunkt	Optisches Drehungsvermögen	Löslichkeit	Analytisches; Diverses	Literatur
158°	$[\alpha]_D^{22} = -23{,}8° \rightarrow -51{,}5°$ (in H_2O)	s. l. l. H_2O	Reduz. Fehl. Lösg. — Gibt Lactosazon. — Gibt die Ketosenreakt. nach Seliwanoff	[1] **Montpomery** u. **Hudson:** Amer. Soc. **52**, 2101 (1930).
155°	$[\alpha]_D^{20} = -146{,}3°$ (in H_2O, $c = 10\%$)	s. l. l. H_2O; z. l. l. h. Alk.	Reduz. nicht Fehl. Lösg. Verd. Säuren hydrol. zu 20% zu Sedoheptose	[1] **La Forge** u. **Hudson:** J. Biol. Chem. **30**, 73 (1918).
—	$[\alpha]_D^{22} = +20°$	—	R.V. $= 54{,}64\%$ d. Glucose	[1] **Levene** u. **Ulpts:** J. Biol. Chem. **64**, 475 (1925).
—	$[\alpha]_{Hg} = +181°$ (in H_2O); $[\alpha]_D = +154°$	—	R.V. $= 30\%$ d. Glucose. **Osazon:** F $= 186°$. Nadeln. Gibt eine **Ba-Verbindung**	[1] **Barbour:** J. Biol. Chem. **85**, 29 (1929).
—	$[\alpha]_{Hg} = +187°$ (in H_2O)	—	R.V. $= 8{,}52\%$ d. Glucose. Gibt ein **Acetat**; nicht näher untersucht	[1] **Barbour:** J. Biol. Chem. **85**, 29 (1929).
—	$[\alpha]_D = +60{,}7°$ (in H_2O)	—	—	[1] **Irvine** u. **Oldham:** Soc. Lond. **127**, 2903 (1925).
175°	$[\alpha]_D^{20} = +2{,}1° \rightarrow -18{,}7°$ (in H_2O)	l. l. H_2O; sonst schw. bis unlösl.	Reduz. h. Fehl. Lösg.	[1] **Helferich, Bohn** u. **Winkler:** Ber. **63**, 989 (1930).
118,5 bis 119,5°	$[\alpha]_D^{19} = -323°$ (in H_2O)	—	Nicht haltbar	[1] **Micheel:** Ber. **63**, 347 (1930).
80°; ist erst bei 154° vollkommen geschm.	$[\alpha]_D^{25} = +91{,}7° \rightarrow +40{,}5°$ (in Pyrid.)	—	**Benzylphenyl-hydrazon:** $C_{18}H_{22}O_3N_2$. F $= 125—126°$. $[\alpha]_D^{25} = +17{,}5°$ (in Pyrid.)[1]	[1] **Levene, Mikeska** u. **Mori:** J. Biol. Chem. **85**, 785 (1930). — **Levene** u. **Mori:** J. Biol. Chem. **83**, 803 (1929).
78°; bei 150° vollkommen geschm.	$[\alpha]_D^{25} = -90{,}6° \rightarrow -40{,}0°$ (in Pyrid., $c = 2\%$); $-60° \rightarrow -50°$ (in H_2O, $c = 1\%$)	—	Gibt die grüne Fichtenspanreakt. Rötet fuchsinschwefl. Säure. **Benzylphenyl-hydrazon:** $C_{18}H_{22}O_3N_2$. Kryst. F $= 128°$. $[\alpha]_D^{25} = -17{,}5°$ (in Pyrid., $c = 2\%$)	[1] **Levene** u. **Mori:** J. Biol. Chem. **83**, 803 (1929). — **Levene, Mikeska** u. **Mori:** J. Biol. Chem. **85**, 785 (1930).
92—96°	$[\alpha]_D^{22} = -40{,}25° \rightarrow +50{,}75°$ (in Pyrid., $c = 2\%$); $-22{,}5° \rightarrow -2{,}0°$ (in H_2O, $c = 1\%$)	l. l. Pyridin, Alk., H_2O; w. l. Acet.; unl. Äther, CCl_4, Chlorof., Benzol	Reduz. Fehl. Lösg. Rötet fuchsinschwefl. Säure. Gibt die grüne Fichtenspanreaktion. **Benzylphenyl-hydrazon:** $C_{18}H_{22}O_3N_2$. Prismen od. Platten F $= 116—118°$. $[\alpha]_D^{25} = +13{,}5°$ (in Pyrid., $c = 4\%$). l. l. Pyrid., Alk., Aceton; w. l. Äth.; unl. H_2O	[1] **Levene** u. **Mori:** J. Biol. Chem. **83**, 803 (1929).
51—52°[1]; 81—83°[2]	$[\alpha]_D^{20} = -100{,}9°$ (in H_2O)[1]; $[\alpha]_D^{19} = -202{,}8°$ (in H_2O)[2]	l. l. außer Petroläther, Benzol, Ligroin, Chlorof.	Reduz. nicht. — Gibt die grüne Fichtenspanreakt. — Addiert 2 Atome Halogen. **d-Arabinal:** $[\alpha]_D^{23} = +100{,}5°$ (in H_2O)[1]	[1] **Gehrke** u. **Aichner:** Ber. **60**, 918 (1927). [2] **Meisenheimer** u. **Jung:** Ber. **60**, 1462 (1927).

Nr	Name	Formel, Konstitution	Vorkommen, Bildung, Darstellung	Krystallogr. Eigenschaften
33	d-Xylal	$C_5H_8O_3$	D. Verseifen des Diacetats mit Baryt[1])	Krystalle (aus Alk. + Äth.) od. Prismen
34	Digitoxose (siehe Tab. 17, Nr. 1)	$C_6H_{12}O_4$: (HOHC–CH₂–HCOH–HCOH–HC–CH₃, Ringschluss über O)	Konstitutionsbestimmung[1])	Krystalle
35	2-Desoxy-cellobiose (Cellodesose)	$C_{12}H_{22}O_{10}$	Aus Cellobial m. 2n-H_2SO_4[1])	Feinkrystall., sandiges Pulver (aus Alk.). Süß. Hygroskop.
36	Bis-(galaktosyl-6-)-amin	$(C_6H_{11}O_5)_2NH$	D. Verseifung der Diaceton-verbindg. mit 2n-H_2SO_4[1])	Hellg. Sirup
37	α-Diglucosyl-1-amin	$C_{12}H_{23}O_{10}N$	Durch Verseif. des Octacetats mit $NH_3 + CH_3OH$[1])	Krystallmehl oder feine Nadeln (aus $H_2O + CH_3OH$ + Aceton)
38	β-Diglucosyl-1-amin	$C_{12}H_{23}O_{10}N \cdot 2\,H_2O$	Aus 1-Aminoglucose durch Kochen in CH_3OH[1])	Derbe Krystall-platten (aus $CH_3OH + H_2O$)

Nr	Name	Formel, Konstitution	Vorkommen, Bildung, Darstellung	Krystallogr. Eigenschaften
1	Methyltetrose-diäthyl-mercaptal	$C_{19}H_{20}O_8S_2$	Kompon. in HCl[1])	Farbl. lange Nad.
2	Isobutylmercaptale:			
	Arabinose-Isobutylmercaptal	$C_5H_{10}O_4(SC_4H_9)_2$		
	Rhamnose- ,,	$C_6H_{12}O_4(SC_4H_9)_2$		
	Mannose- ,,	$C_6H_{12}O_5(SC_4H_9)_2$	Kompon. + HCl[1])	Krystalle (aus verd. Alk.)
	Galaktose- ,,	$C_6H_{12}O_5(SC_4H_9)_2$		
	Glucose- ,,	$C_6H_{12}O_5(SC_4H_9)_2$		
3	Acetol-Oxim	$C_3H_7O_2N$	Aus Acetol mit salzs. Hydr-oxylamin[1])	Prismen (aus Chlorof.)
4	Acetol-phenylhydrazon	$C_9H_{12}ON_2$	Kompon. in essigs. Lösg.[1])	Gelbe Säulen (aus Benzol)[1]); farbl. Nadeln[2])

ersten Teil (Fortsetzung).

Schmelz- und Siedepunkt	Optisches Drehungsvermögen	Löslichkeit	Analytisches; Diverses	Literatur
49—50°	$[\alpha]_D^{26} = -254,5°$ (in H_2O, $c = 2\%$); $-238,5°$ (in Alk., $c = 2\%$)	l. l. Alk., H_2O, Aceton; s. w. l. Äth.; unl. Benzol, Petroläther	Gibt alle Glucal-Reakt. **Diacetat:** $C_9H_{12}O_5$. D. Redukt. von Acetobromxylose mit Zn-Staub in Eisessig. Lange Prismen (aus Äth. + Ligr.). $F = 40°$. $[\alpha]_D^{25} = -314,7°$ (in Chlorof., $c = 3\%$). l. lösl. außer Ligroin	[1] **Levene** u. **Mori:** J. Biol. Chem. **83**, 803 (1929).
105—107°	$[\alpha]_D^{20} = +38,1$ bis $39,2°$ (in CH_3OH); $[\alpha]_D^{17} = +46,3°$ (in H_2O); $[\alpha]_D^{18} = +27,9° \rightarrow +43,3°$ (in Pyrid.)	—	—	[1] **Micheel:** Ber. **63**, 347 (1930).
$S = 184°$; $Z = 200°$	$[\alpha]_D^{21} = +23,4°$ (in H_2O); $[\alpha]_D = +9,82° \rightarrow +37,8°$ (in Pyrid.)	l. l. H_2O; l. CH_3OH, 90 proz. Essigs.; schw. l. 90 proz. Alk.; f. unl. Äther	Reduz. h. Fehl. Lösg. Gibt grüne Fichtenspan-Reakt.	[1] **Bergmann** u. **Breuers:** A. **470**, 38 (1929).
—	—	l. l. H_2O, Pyrid.; unl. Alk., Äther	**Bis-Phenylhydrazon:** $C_{24}H_{35}O_8N_5$. Farbl. Nadelrosetten (in H_2O); unl. Alk., Äther; w. l. H_2O; schw. l. Pyrid.	[1] **Freudenberg** u. **Doser:** Ber. **58**, 294 (1925).
$Z = 167$ bis $168°$	$[\alpha]_D = +85,1°$ (in H_2O). Nach 20 Tagen ist die Drehung auf $+6,5°$ gefallen	—	—	[1] **Brigl** u. **Keppler:** Z. physiol. Chem. **180**, 38 (1929).
$Z = 125$ bis $126°$	$[\alpha]_D = -20,9° \rightarrow -8°$ (in H_2O)	—	—	[1] **Brigl** u. **Keppler:** Z. physiol. Chem. **180**, 38 (1929).

zweiten Teil.

Schmelz- und Siedepunkt	Optisches Drehungsvermögen	Löslichkeit	Analytisches; Diverses	Literatur
109°	—	l. H_2O, verd. NaOH	—	[1] **Ruff** u. **Kohn:** Ber. **35**, 2362 (1902).
123°	$[\alpha]_D^{14} = +20,0°$	—	—	[1] **Uyeda:** Bull. Jap. **4**, 264 (1929).
112°	$[\alpha]_D^{13} = +14°$	—	—	
111°	$[\alpha]_D^{13} = +16,4°$	—	—	
129°	$[\alpha]_D^{13} = +41,2°$	—	—	
130°	$[\alpha]_D^{14} = +40°$	—	—	
71°[1]; 68—70°[2]; $Kp_{18} = 123—125°$[2]	—	s. l. l. H_2O, Alk., Äth.; schw. l. Benzol	—	[1] **Piloty** u. **Ruff:** Ber. **30**, 2059 (1897). [2] **Nef:** A. **335**, 247 (1904).
103°[1] 106°[2]	—	—	**p-Nitrophenylhydrazon:** $C_9H_{11}O_3N_3$, hellg. Täfelchen, $F = 173°$[3]. **p-Nitrophenylosazon:** $C_{15}H_{14}O_4N_6$, dunkelrote Nad. $Z = 291°$[3]	[1] **Hildesheimer:** Ber. **43**, 2803 (1910). [2] **Nef:** A. **335**, 247 (1904). [3] **Levene** u. **Walti:** J. Biol. Chem. **68**, 415 (1926).

Nr	Name	Formel, Konstitution	Vorkommen, Bildung, Darstellung	Krystallogr. Eigenschaften
5	l-Threose-phenylosazon	$C_{16}H_{18}O_2N_4$	Kompon. in essigs. Lösg.[1]	Krystalle (aus Benzol)
6	d-Ribomethylose-phenylosazon	$C_{17}H_{20}O_2N_4$	Kompon. in essigs. Lösg.[1]	Hellgelbe Krystallnadeln
7	d-Ribomethylose-p-Bromphenylosazon	$C_{17}H_{18}O_2N_4Br_2$	Durch Oxyd. d. Diacetyldigitoxoseen mit Ozon; Osazonbildg.[1]	Krystalle (aus Benzol)
8	d-Arabomethylose-phenylosazon	$C_{17}H_{20}O_2N_4$	Kompon. in essigs. Lösg.[1]	Hellgelbe Nadeln
9	d-Arabomethylose-p-Bromphenylosazon (siehe Tab. 3, Nr. 8)	$C_{17}H_{18}O_2N_4Br_2$	Aus Diacetyl-d-rhamnal d. Oxyd. mit Ozon; Osazonbildg.[1]	Krystalle (aus Benzol)
10	l-Arabomethylose-phenylosazon	$C_{17}H_{20}O_2N_4$	Kompon. in essigs. Lösg.[1]	Hellgelbe Nadeln (aus Benzol)
11	l-Arabomethylose-p-Bromphenylosazon	$C_{17}H_{18}O_2N_4Br_2$	Aus Diacetyl-l-rhamnal d. Oxyd. mit Ozon; Osazonbildg.[1]	Krystalle (aus Benzol)
12	Rhodeotetrose-p-Bromphenylosazon	$C_{17}H_{18}O_2N_4Br_2$	Kompon. in essigs. Lösg.[1]	Gelbe Krystalle (aus verd. Alk.)
13	Digitoxose-phenylhydrazon	$C_{12}H_{18}O_3N_2$	Kompon. in verd. essigs. Lösg. in d. Wärme[1]	Krystalle
14	d-Allomethylose-phenylosazon (siehe Tab. 32, Nr. 55)	$C_{18}H_{22}O_3N_4$	Kompon. in verd. essigs. Lösg. in d. Wärme[1]	Krystalle
15	3, 6-Anhydroallose-phenylosazon	$C_{18}H_{20}O_3N_4$	Aus Epiglucosaminacetat in 2proz. HCl kochen, m. Silbernitril + HCl beh. u. nachh. mit Phenylhydrazin[1]	Helgelbe Rosetten (aus verd. Alk.)
16	Anhydrohexose-phenylosazon	$C_{18}H_{20}O_3N_4$	Aus d. bei d. Oxyd. des Styracits mit Hypobromit entstehend. Hexose[1]	Lange, dünne Blättchen od. Trapeze (aus verd. Alk. od. Benzol)
17	β-1-Azido-glucose-tetracetat	$C_{14}H_{19}O_9N_3$	Aus Acetobromglucose in Acetonitril + Na-Azid bei $100°$[1]	Große, derbe Prismen (aus Alk.)
18	β-1-Azido-6-bromtriacetyl-glucose	$C_{12}H_{16}O_7N_3Br$	Wie vorsteh., mit Dibromtriacetylglucose[1]	Feine Nadeln od. Prismen (aus CH_3OH)
19	l-Threose-diacetamid	$C_8H_{16}O_5N_2$	Aus Tetracetyl-l-xylonsäurenitril in Alk. + ammoniakalk. Silberlösg.[1]	Krystalle (aus 95proz. Alk.). Süß
20	l-Aminoglucose-phenylisocyanat	$C_{13}H_{18}O_6N_2$	Aus d. Bruyn'schen 1-Aminoglucose in H_2O + $^1/_{10}$n-NaOH mit Phenylisocyanat[1]	Krystalle
21	l-Aminoglucose-phenylsenföl	$C_{13}H_{18}O_5N_2S$	Siehe vorsteh.[1]	Krystalle (aus Alk.)
22	Tetracetyl-glucose-anilid	$C_{20}H_{25}O_9N$	Aus Acetobromglucose + Anilin in Alk.[1]	Krystalle (aus Äther + Ligroin)
23	Tetracetyl-glucose-p-toluidid	$C_{21}H_{27}O_9N$	Siehe vorsteh.[1]	Krystalle (aus CH_3OH)
24	Tetracetyl-glucose-p-anisidid	$C_{21}H_{27}O_{10}N$	Siehe vorsteh.[1]	Krystalle (aus CH_3OH + Ligroin)

Schmelz- und Siedepunkt	Optisches Drehungsvermögen	Löslichkeit	Analytisches; Diverses	Literatur
165—166°	—	—	—	[1] Deulofeu: Soc. Lond. **1929**, 2458.
173—174°	$[\alpha]_D^{17} = -63,2°$ (in Pyrid.-Alk. 2:3)	—	—	[1] Micheel: Ber. **63**, 347 (1930).
160—161°	$[\alpha]_D^{18} =$ ca. 0°	—	—	[1] Micheel: Ber. **63**, 347 (1930).
172—174°	$[\alpha]_D = -65°$ (in Pyrid.-Alk. 2:3)	—	Identisch mit Nr. 6	[1] Micheel: Ber. **63**, 347 (1930).
160—161°	$[\alpha]_D^{17} =$ ca. 0°	—	Identisch mit Nr. 7	[1] Micheel: Ber. **63**, 347 (1930).
172—174°	$[\alpha]_D^{17} = +66°$ (in Pyrid.-Alk. 2:3)	—	—	[1] Micheel: Ber. **63**, 347 (1930).
160—161°	$[\alpha]_D^{17} =$ ca. 0°	—	—	[1] Micheel: Ber. **63**, 347 (1930).
143—144° (Z.)	—	l. l. Alk., Benzol; unl. Petroläth.	—	[1] Votoček: Ber. **50**, 35 (1917).
204—209°	$[\alpha]_D^{18} = +215°$ (in Pyrid.-Alk. 1:1)	—	—	[1] Micheel: Ber. **63**, 347 (1930).
182—183°	$[\alpha]_D^{17} = -72,3°$ (in Pyrid.-Alk. 2:3)	—	⋯	[1] Micheel: Ber. **63**, 347 (1930).
160° (Z = 185 bis 190°)	$[\alpha]_D^{20} = -44° \rightarrow -8°$ (in CH_3OH; aus Pyrid.+H_2O krystall.); $[\alpha]_D^{20} = -24° \rightarrow -8°$ (in CH_3OH; aus verd. Alk. krystall.)	—	—	[1] Levene u. Sobotka: J. Biol. Chem. **71**, 181 (1926).
185° (Z = 200°)	$\alpha_D = -1,1°$ (0,05 g in 5 ccm Eisessig)	l. l. Alk., Acet., Essigester; schw. l. Äther, Benzol, Chlorof.; fast unl. H_2O, Petroläther	—	[1] Asahina: Ber. **45**, 2363 (1912).
129° (Z.)	$[\alpha]_D^{19} = -33,0°$ (in Chlorof., c = 2,5%); $[\alpha]_D^{20} = -41,7°$ (in CH_3OH, c = 0,49%)	l. l. Chlorof., Aceton; w. l. H_2O, Äther	Die Verseif. liefert eine sirupöse 1-Acidoglucose	[1] Bertho: Ber. **63**, 836 (1930).
137—138° (Z.)	$[\alpha]_D^{23} = -15,2°$ (in Chlorof., c = 2,1%)	—	—	[1] Bertho: Ber. **63**, 836 (1930).
165—166°	—	s. l. l. H_2O; w. l. h. Alk.; unl. Äther	—	[1] Deulofeu: Soc. Lond. **1929**, 2458.
207—208°	—	unl. H_2O, Alk., Äther	Reduz. Fehl. Lösg.	[1] Schmuck: C. **1930**, I, 3173.
121°	—	l. l. h. H_2O, h. Alk.	Reduz. Fehl. Lösg.	[1] Schmuck: C. **1930**, I, 3173.
98°	$[\alpha]_{5461}^{24} = -75,2°$ (in Essigest.)	—	Über Halogen- u. N-Methylsubstit. Anilide siehe im Original	[1] Baker: Soc. Lond. **1928**, 1583.
147°	—	—	—	[1] Baker: Soc. Lond. **1928**, 1583.
129°	—	—	—	[1] Baker: Soc. Lond. **1928**, 1583.

Nr	Name	Formel, Konstitution	Vorkommen, Bildung, Darstellung	Krystallogr. Eigenschaften
1	Di-heterolävulosylchlorid	$C_{12}H_{21}O_{10}Cl$	Aus Heterolävulosan od. Di-heterolävulosan m. k. konz. HCl[1])	Weiße, amorphe Flocken (aus CH_3OH m. Äth. gefällt)
2	Di-heterolävulosan-hexanitrat	$C_{12}H_{14}O_{10}(NO_2)_6$	D. Nitrieren v. Heterolävulosan od. Diheterolävulosan m. $HNO_3 + H_2SO_4$ bei —10 bis —15°[1])	Schöne Krystalle (aus Alk. od. Amylalk.)
3	Trifucose-nitrat?	$(C_6H_{11}O_5)_3NO$?	Aus l-Fucose u. Nitriersäure bei 0°[1])	Krystalle (aus 95 proz. Alk.)
4	4?-p-Toluolsulfonyl-d-glucose	$C_6H_{11}O_6SO_2C_7H_7$	Aus d. entspr. Tetracetat d. Verseif. m. CH_3ONa bei —15 bis —20°[1])	Verfilzte Nadeln (aus H_2O)
5	Acetol-acetat	$C_5H_8O_3$	Über Darstellung siehe in den Originalen im Beilstein[1])	Öl
6	d-Ribomethylose-diacetat	$C_5H_8O_4(COCH_3)_2$	D. Oxydat. d. Diacetyldigitoxoseens mit Ozon[1])	Nur in Lösung erhalten
7	Acetobrom-d-glucomethylose (-d-epirhamnose)	$C_{12}H_{17}O_7Br$	Aus Triacetyl-β-methylglucomethylosid mit HBr in Eisessig[1])	Krystalle
8	Acetobrom-mannose	$C_{14}H_{19}O_9Br$	Neue Angabe d. F.[1])	Krystalle
9	2, 3, 4, 6 (?)-Tetracetyl-mannose	$C_{14}H_{20}O_{10}$	Aus d. vorsteh. Acetobrommannose mit Trimethylamin[1])	Krystalle
10	Heptacetyl-α-d-gluco-d-arabinose	$C_{25}H_{34}O_{17}$	D. Abbau d. Octacetyl-maltobionsäurenitrils in Chlorof. + Na-Methylat[1])	Pulver
11	Octacetyl-isocellobiose (siehe Tab. 48, Nr. 48)	$C_{12}H_{14}O_{11}(COCH_3)_8$	D. Acetyl. mit $ZnCl_2$ u. Essigsäure-Anhyd.[1])	Krystallwarzen (aus CH_3OH)
12	Aceto-chlor-maltose (von **Freudenberg** u. **Ivers**)	$C_{12}H_{15}H_{10}Cl(COCH_3)_7$: HC—O, C, Cl HC—O, CH$_3$ AcOCH, O HCO · $C_6H_7O_5Ac_4$ HC—O H_2COAc	Neue Konstitution dieses Körpers[1])	—
13	Cellotriose-hendekacetat	$C_{18}H_{21}O_{16}(COCH_3)_{11}$	Acetyl. mit $ZnCl_2$[1])	Krystalle (aus Alk.)
14	Isocellotriose-hendekacetat	$C_{18}H_{21}O_{16}(COCH_3)_{11}$	Acetyl. mit $ZnCl_2$[1])	Krystalle (aus h. Alk.)
15	1-Fluor-melibiose-heptacetat	$C_{26}H_{35}O_{17}F$	Aus Octacetylmelibiose in HF-Eisessig[1])	Nadeln (aus 70 proz. CH_3OH)
16	1-Chlor-melibiose-heptacetat	$C_{26}H_{35}O_{17}Cl$	Siehe vorsteh., mit HCl-Eisessig[1])	Prismen (aus Äther)

Schmelz- und Siedepunkt	Optisches Drehungsvermögen	Löslichkeit	Analytisches; Diverses	Literatur
—	—	s. l. l. H_2O	Gibt, m. Ag_2CO_3 behandelt, Heterolävulosan zurück	[1] **Pictet** u. **Chavan:** Helv. **9**, 809 (1926). — Vgl. **Chavan:** Dissertat. Genf 1927.
77°	$[\alpha]_D^{20} = -41,50°$ (in C_6H_6, c $=5,21\%$)	l. l. C_6H_6, Aceton, Essigs., $CHCl_3$, Pyridin, Äth., CH_3OH; weniger l. Alk.; unl. H_2O, Petroläth.	Reduz. nicht Fehl. Lösg.	[1] **Pictet** u. **Chavan:** Helv. **9**, 809 (1926). — Vgl. **Chavan:** Dissertat. Genf 1927.
F unscharf ab 48°	$[\alpha]_D = -63,31°$	l. org. Lösgm. außer Ligroin	Zusammensetzung u. Formel sind nach d. angegeben. Darstellungsweise höchst unwahrscheinlich; viell. liegt Verwechslung m. Fucose-trinitrat: $C_6H_9O_5(NO_2)_3$ vor	[1] **Tadokoro** u. **Nakamura:** C. **1924, I,** 1507.
165—167° (Zers.)	$[\alpha]_D^{18} = +23° \rightarrow$ $+41°$ (in H_2O, c $=1\%$)	l. H_2O, Alk., Butanol; schw. l. bis unl. in d. and. gebräuchl. Lösgm.	Wird d. 0,1 n-NaOH leicht verseift. β-Tetracetat: F $= 117—118°$ (k.); $[\alpha]_D^{18} = -19,3°$ (in $CHCl_3$)	[1] **Helferich** u. **Klein:** A. **455,** 178 (1927).
$Kp_{760} = 172°$; $Kp_{18} = 73—74°$	—	l. l. H_2O, Alk., Äther	$D_4^{20} = 1,0749$; $n_D^{20} = 1,4150$	[1] **Beilstein:** 4. Aufl., Bd. II, S. 155; Erg.-Bd. II, S. 72.
—	$[\alpha]_D = +43°$ (in Chlorof.)	—	Reduz. stark Fehl. Lösg.	[1] **Micheel:** Ber. **63**, 347 (1930).
135—136°	$[\alpha]_D^{17} = +228,4°$ (in Chlorof.)	—	—	[1] **Micheel:** Ber. **63**, 347 (1930); **63**, 755 (1930).
48—50°	$[\alpha]_D^{19} = +122,1°$ (in Chlorof., c $=1,04\%$)	—	—	[1] **F. u. H. Micheel:** Ber. **63**, 386 (1930).
159—160°	$[\alpha]_D^{19} = -24,2°$ (in Chlorof.)	—	Reduz. Fehl. Lösg.	[1] **F. u. H. Micheel:** Ber. **63**, 386 (1930).
—	$[\alpha]_D^{20,5} = +75,3°$ (in Chlorof.)	—	Nicht rein	[1] **Zemplén:** Ber. **60**, 1555 (1927).
115—125°	$[\alpha]_D = $ ca. $+4°$ (in Chlorof.)	l. lösl.	—	[1] **Ost:** Z. angew. Chem. **41**, 696 (1928).
—	—	—	—	[1] **Ost:** Z. angew. Chem. **41**, 696 (1928).
ca. 200—220°	$[\alpha]_D = +2,2°$ bis $+6,2°$ (in Chlorof.)	l. l. Chlorof., Alk., CH_3OH, Aceton	—	[1] **Ost:** Z. angew. Chem. **41**, 696 (1928).
ca. 120—150°	$[\alpha]_D = +2,4°$ (in Chlorof.)	—	—	[1] **Freudenberg:** Naturwissenschaften **18**, 393 (1930).
135°	$[\alpha]_D^{20} = +149,7°$ (in Chlorof.)	—	—	[1] **Brauns:** Amer. Soc. **51**, 1820 (1929).
127°	$[\alpha]_D^{20} = +192,5°$ (in Chlorof.)	—	—	[1] **Brauns:** Amer. Soc. **51**, 1820 (1929).

Nr	Name	Formel, Konstitution	Vorkommen, Bildung, Darstellung	Krystallogr. Eigenschaften
17	1-Brom-melibiose-heptacetat	$C_{26}H_{35}O_{17}Br$	Wie vorsteh., mit HBr-Eisessig[1])	Kl. Prismen (aus Äther)
18	2, 3, 4, 2′, 3′, 4′-Hexacetyl-trehalose	$C_{24}H_{34}O_{17}$	Aus Hexacetyl-ditrityl-trehalose in HBr-Eisessig[1])	Krystalle (aus Alk. + Petroläth.)
19	2, 3, 4, 2′, 3′, 4′-Hexacetyl-6, 6′-di-p-toluolsulfosäureester	$C_{38}H_{46}O_{21}S_2$	Aus vorsteh. m. p-Toluolsulfosäurechlorid in Pyridin[1])	Krystalle (aus Alk.)
20	2, 3, 4, 2′, 3′, 4′-Hexacetyl-6, 6′-di-jodhydrin	$C_{24}H_{32}O_{15}J_2$	Aus vorig. mit NaJ in Aceton[1])	Krystalle (aus Alk.)
21	Hexacetyl-trehalosedien	$C_{24}H_{30}O_{15}$	Aus vorsteh. mit Ag_2F_2[1])	Krystalle (aus Aceton)
22	β-Heptacetyl-gentiobiose-6′-jodhydrin	$C_{26}H_{35}O_{17}J$	Aus d. Bromhydrin mit NaJ in Aceton bei 100°[1])	Krystalle (aus Alk.)
23	β-Heptacetyl-gentiobioseen (5, 6)	$C_{26}H_{34}O_{17}$	Aus vorsteh. mit Ag_2F_2 in Pyridin[1])	Krystalle (aus CCl_4)
24	Heptacetyl-2-oxy-lactal (Heptacetyl-lactoseen [1, 2])	$C_{26}H_{34}O_{17}$	Aus Acetobromlactose in Chlorof. + Diäthylamin[1])	Derbe Krystalle (aus Alk.)
25	Pentacetyl-bisdesoxy-cellobiose	$C_{22}H_{34}O_{14}$	Aus Pentacetyl-ψ-cellobial d. Hydrierung mit Palladium-Mohr in Eisessig[1])	Kl. Nadelrosetten
26	Pentacetyl-glucosido-hexentetrol-anhydrid	$C_{22}H_{30}O_{13}$	Aus Pentacetyl-ψ-cellobial d. Hydrier. mit Palladium-Mohr nach Willstätter-Waldschmidt-Leitz[1])	Krystalle (aus Essigest. + Petroläth.)
27	Pentacetyl-glucosido-hexantetrol-anhydrid	$C_{22}H_{32}O_{13}$	Aus vorsteh. d. weitere Hydrierg. — Ebenso aus Hexacetyl- od. Pentacetyl-ψ-cellobial d. Hydrier. mit Pallad.-Mohr in Eisessig[1])	Farbl. Prismen (aus Alk.)
28	d-Allomethylose-benzoat (?)	$C_6H_{11}O_5(COC_6H_5)$?	Als Nebenprod. b. d. Darst. von Allomethylose aus Digitoxoseen mittels Benzopersäure erhalten. — Zusammensetzung ist fraglich[1])	Krystalle
29	Acetol-methyläther (Methoxyaceton)	$CH_3COCH_2OCH_3$	Aus Propargyl-methyläther m. $HgCl_2$ od. $HgBr_2$ u. H_2O[1]). D. Einwirk. v. Methylmagnesiumjodid auf Methoxyacetonitril u. Zers. d. Reaktionsprod. m. verd. H_2SO_4[2])	Farbl. Flüssigkeit, v. angenehmem Geruch
30	Acetol-äthyläther (Äthoxyaceton)	$CH_3COCH_2OC_2H_5$	Wie vorsteh., aus Propargyläthyläther bzw. Äthoxyacetonitril[1]). Aus γ-Äthoxyacetessigester, d. Kochen m. verd. HCl od. Einw. v. k. wäßr. 0,5 n-NaOH u. Neutralis.[1]). Weitere Bildungsweisen siehe im Beilstein[1])	Farbl., leicht bewegl. Flüssigkeit

Schmelz- und Siedepunkt	Optisches Drehungsvermögen	Löslichkeit	Analytisches; Diverses	Literatur
116°	$[\alpha]_D^{20} = +209,9°$ (in Chlorof.)	—	—	[1] Brauns: Amer. Soc. **51**, 1820 (1929).
93—96°	$[\alpha]_D^{19} = +158,3°$ (in Chlorof.)	—	In d. Mutterlauge ist ein Isomeres, F = 118—121°. Krystalle	[1] Bredereck: Ber. **63**, 959 (1930).
170—172°	$[\alpha]_D^{20} = +136,1°$ (in Chlorof.)	unl. H_2O, Petroläther	—	[1] Bredereck: Ber. **63**, 959 (1930).
191—193°	$[\alpha]_D^{19,5} = +92,1°$ (in Chlorof.)	—	—	[1] Bredereck: Ber. **63**, 959 (1930).
205—207°	$[\alpha]_D^{21} = +107,4°$ (in Chlorof.)	—	Das freie Trehalosedien ist sirupös u. nicht näher unters.	[1] Bredereck: Ber. **63**, 959 (1930).
250—252°	$[\alpha]_D^{20} = -3,6°$ (in Pyrid.)	unl. H_2O; schw. lösl. CH_3OH; l. Alk., Essigester; z. l. Pyrid., Chloroform	—	[1] Helferich, Bohn u. Winkler: Ber. **63**, 989 (1930).
139—143° (nicht regelmäßig)	$[\alpha]_D^{17} = -9,1°$ (in Chlorof.)	unl. H_2O, Ligroin; sonst l. lösl.	—	[1] Helferich, Bohn u. Winkler: Ber. **63**, 989 (1930).
166—167°	$[\alpha]_D^{21} = -17,07°$ (in Chlorof.)	l. l. Chlorof., Alk., h. Benzol; w. l. Äth., h. H_2O; s. w. l. k. H_2O	Reduz. h. Fehl. Lösg. — Entfärbt sofort k. $KMnO_4$-Lösg. — Ebenso Brom-Chloroform-Lösg.	[1] Maurer: Ber. **63**, 25 (1930).
153—155°	$[\alpha]_D^{20} = +32,5°$ (in $C_2H_2Cl_4$)	w. l. Alk.; schw. l. H_2O; f. unl. Petroläth.; sonst z. l. l.	Reduz. nicht Fehl. Lösg.	[1] Bergmann u. Breuers: A. **470**, 51 (1929).
109—110°	$[\alpha]_D^{20} = +20,0°$ (in $C_2H_2Cl_4$)	—	Addiert Brom in Chlorof. Gibt bei weiterer Hydrierung das entsprech. **Hexantetrol**	[1] Bergmann u. Breuers: A. **470**, 51 (1929).
133—134°	$[\alpha]_D^{21} = +18,1°$ (in $C_2H_2Cl_4$)	z. l. l. Eisessig, Pyrid., Essigest.; w. l. Alk., Äth.; s. w. l. H_2O; f. unl. Petroläther	Reduz. nicht Fehl. Lösg.	[1] Bergmann u. Breuers: A. **470**, 51 (1929).
105°	$[\alpha]_D^{19} = -19,9°$ (in 50proz. Alk.)	—	—	[1] Micheel: Ber. **63**, 347 (1930).
Kp = 118°[1]). Kp$_{732}$ = 114°[2])	—	Mischbar m. H_2O; l. in den gebräuchl. Lösgm.[1]	$D^{20} = 0{,}9570$. Reduz. Fehl. Lösg. u. ammoniakal. Silberlösg. **p-Nitrophenylhydraz.:** $C_{10}H_{13}O_3N_3$, seidige, citronengelbe Nadeln (aus C_6H_6 + Ligroin), F = 110—111°[1])	[1] Leonardi u. de Franchis: Gazz. chim. Ital. **33**, I, 316 (1903). — L. Henry: Rec. **23**, 343 (1904). [2] D. Gauthier: Ann. chim. phys. [8] **16**, 318 (1909).
Kp$_{760}$ = 128—129°. Kp$_{732}$ = 126°	—	Mischbar m. H_2O, Alk., Äth.	$D^0 = 0{,}9562$; $D^{21,7} = 0{,}9204$; $D^{100} = 0{,}8497$. — Reduz. k. ammoniakal. Silberlösg.[1]). **p-Nitrophenylhydraz.:** $C_{11}H_{15}O_3N_3$, seidige gelbe Nadeln (aus C_6H_6 + Ligroin), F = 101—102°[2])[3]). **Semicarbazon:** $C_6H_{13}O_2N_3$, prismat. Nadeln (aus C_6H_6 + Petroläth.), F = 96°[3]). Über **Acetol-n-propyl-, -isobutyl-** u. **-isoamyläther** siehe Beilstein[1])	[1] Beilstein: 4. Aufl., Bd. I, S. 822—823; Erg.-Bd. I, S. 418. [2] Leonardi u. de Franchis: Gazz. chim. Ital. **33**, I, 316 (1903). [3] Sommelet: Ann. chim. phys. [8] **9**, 515 (1906).

Nr	Name	Formel, Konstitution	Vorkommen, Bildung, Darstellung	Krystallogr. Eigenschaften
31	**Acetol-phenyläther** (Phenoxyaceton)	$CH_3COCH_2OC_6H_5$	Aus Chloraceton u. Na-Phenolat in Phenol[1]	Farbl., angenehm riechendes Öl
32	**1-Methyl-2-acetyl-dioxyaceton?** (Methoxy-cycloacetyl-di-hydroxyaceton)	$C_6H_{10}O_4$: CH_2OCH_3 | $C-OCOCH_3$? $\triangleright O$ CH_2	Beim Acetylieren d. Mutterlaugen v. d. Darst. v. Dioxyaceton-methylcycloacetal mittels $CH_3OH + HCl$; Trennung v. and. Prod. durch frakt. Kryst. u. Destill.[1]	Flüssig
33	**2, 3, 5-Trimethyl-d-lyxose (1, 4)** (Trimethyl-lyxofuranose)	$C_5H_7O_2(OCH_3)_3$	D. Hydrol. d. entspr. Methyllyxosides m. $^1/_{15}$ n-HCl bei $95°$ u. frakt. Dest.[1]	Farbl. bewegl. Sirup
34	**2, 3, 5-Trimethyl-γ-methyl-d-lyxosid**	$C_5H_6O(OCH_3)_4$	D. Methylierg. v. γ-Methyllyxosid m. $(CH_3)_2SO_4 + NaOH$ od. $CH_3I + Ag_2O$; od. aus Trimethyl-lyxofuranose mit methylalkohol. HCl[1]	Farbl. hygroskop. Flüssigkeit
35	**2, 3, 4?-Trimethyl-α-methylglucosid (1, 5)** (siehe Tab. 63, Nr. 26)	$C_6H_8O_2(OCH_3)_4$	Weitere Darst. durch Kochen v. Trithallium-α-methylglucosid m. CH_3I[1]	Sirup
36	**3, 4, 6-Trimethyl-d-mannose (1, 5) (α)**	$C_6H_9O_3(OCH_3)_3$	D. Hydrol. v. nachsteh. Acetat m. h. o,5 n-HCl[1]	Krystalle (aus Äther)
37	**3, 4, 6-Trimethyl-monoacetyl-methyl-mannosid**	$C_{12}H_{22}O_7$: CH_3O, OCH C CH_3, OCH CH_3OCH O $HCOCH_3$ HC H_2COCH_3	D. Methylier. v. Monoacetyl-,,γ"-methylmannosid mit $CH_3I + Ag_2O$ od. $(CH_3)_2SO_4 + NaOH$[1]	Farbl. Flüssigkeit
38	**2, 3, 4, 6-Tetramethyl-β-methyl-mannosid (1, 5)** (siehe Tab. 63, Nr. 77)	$C_6H_7O(OCH_3)_5$	Wurde rein und krystallisiert erhalten[1]	Lange Nadeln (aus Petroläth.)
39	**2, 3, 5, 6-Tetramethyl-d-mannose (1, 4)** (Tetramethyl-mannofuranose) (siehe Tab. 63, Nr. 78)	$C_6H_8O_2(OCH_3)_4$	Neue Darst. d. Hydrol. von reinem Tetramethyl-α-methylmannofuranosid m. verd. HCl[1]	Farbl. Flüssigkeit
40	**2, 3, 5, 6-Tetramethyl-α-methyl-mannosid (1, 4)**	$C_6H_7O(OCH_3)_5$	D. Methylierg. v. kryst. α-Methylmannofuranosid mit $(CH_3)_2SO_4 + NaOH$ oder $CH_3I + Ag_2O$[1]	Nadeln (aus Petroläth.)

628

dritten Teil (Fortsetzung).

Schmelz- und Siedepunkt	Optisches Drehungsvermögen	Löslichkeit	Analytisches; Diverses	Literatur
Kp = 229—230°	—	—	Liefert m. k. konz. H_2SO_4: 2- (nach Beilstein-Nomenkl. 3-) Methylcumaron. **Azin (Hydrazon):** $(C_9H_{10}O_2)N_2$, weiße Nadeln, F = 100—101°, kaum lösl. H_2O. **Semicarbazon:** $C_{10}H_{13}O_2N_3$, glänz. Blättchen, F = 173°[1]). Anal. Kresoxy-, Xylenoxy- Naphthoxyacetone siehe im Original[2])	[1] **Stoermer:** Ber. **28**, 1253 (1895); A. **312**, 273 (1900). — **Stoermer** u. **Wehln:** Ber. **35**, 3553 Anm. (1902). [2] **Stoermer:** A. **312**, 288 ff.
$Kp_{0,4-0,5}$ = 85—95°	—	—	Reduz. stark Fehl. Lösg. Ist in Benzollösg. Gemisch v. monomerer u. dimerer Form	[1] **Levene** u. **Walti:** J. Biol. Chem. **84**, 39 (1929).
$Kp_{0,04}$ = 95°	$[\alpha]_D^{20} = +39°$ (in H_2O, c = 1,05%) $[\alpha]_D^{20} = +41°$ (in 3 proz. wäßr. HCl)	l. Äth.	$n_D^{16} = 1,4580$. Reduz. Fehl. Lösg. Gibt bei d. Oxydat. m. Br_2: Trimethyl-γ-lyxonolacton	[1] **Bott, Hirst** u. **Smith:** Soc. Lond. **1930**, 658.
$Kp_{0,1}$ = 75°; $Kp_{0,06}$ = 90° (Badtemp. ?)	$[\alpha]^{20}$ = ca. +56° (E; in CH_3OH + 1% HCl)	—	$n_D^{17} = 1,4431$ bis 1,4457. — Reduz. nicht. — Ist, wenn aus d. γ-Lyxosid dargestellt, mit der n-Form verunreinigt	[1] **Bott, Hirst** u. **Smith:** Soc. Lond. **1930**, 658.
$Kp_{2,2}$ = 137°	$[\alpha]_D = +164°$ (in H_2O, c = 1,6%); $[\alpha]_D = +165,9°$ (in Alk., c = 0,8%)	—	$n_D = 1,4569$	[1] **Fear** u. **Menzies:** Soc. Lond. **1926**, 939.
101—102°; $Kp_{0,04}$ = ca. 135°	$[\alpha]_D^{22} = +21° \rightarrow +8,2°$ (in H_2O, c = 1,04%); $[\alpha]_D^{22} = +36°$ (in CH_3OH, c = 0,8%)	—	$n_D^{16} = 1,4734$ (f. unterkühlte Fl.). — Gibt bei weiterer Methylierung: n-Tetramethyl methylmannosid	[1] **Bott, Haworth** u. **Hirst:** Soc. Lond. **1930**, 1395.
$Kp_{0,1}$ = 120°	$[\alpha]_D^{23} = -20°$ (in H_2O, c = 1,24%); $-11°$ (in $CHCl_3$, c = 1,0%)	—	$n_D^{15} = 1,4594$. — Reduziert schwach Fehl. Lösg. bei längerem Kochen. — D. Acetyl ist geg. verd. wäßr. NaOH stabil, wird aber durch verd. Säuren leicht hydrolysiert. Die früher als **2-Acetyl-3, 4-dimethyl-β-methylrhamnosid** beschriebene Verb. (Tab. 62, Nr. 24) ist analog d. Mannosid zu formulieren	[1] **Bott, Haworth** u. **Hirst:** Soc. Lond. **1930**, 1395.
36—37°; $Kp_{0,04}$ = ca. 90°	$[\alpha]_D^{24} = -78°$ (in H_2O, c = 0,4%)	—	$n_D^{19} = 1,4521$ (f. unterkühlte Fl.)	[1] **Bott, Haworth** u. **Hirst:** Soc. Lond. **1930**, 1395.
$Kp_{0,1}$ = 124°	$[\alpha]_D^{21} = +39° \rightarrow +43°$ (in H_2O, c = 0,54%); $[\alpha]_D^{22} = +37°$ (A?; in CH_3OH, c = 0,86%)	—	$n_D^{15} = 1,4532$. Ist frei von Tetramethyl- mannopyranose	[1] **Haworth, Hirst** u. **Webb:** Soc. Lond. **1930**, 651.
24°; $Kp_{0,05}$ = 90°	$[\alpha]_D^{19} = +98,6°$ (in H_2O, c = 1,0%); $[\alpha]_D^{22} = +65°$ (E; in CH_3OH + 1% HCl)	—	$n_D^{16} = 1,4441$. Wird d. $^1/_{100}$ n-HCl leicht hydrol.	[1] **Haworth, Hirst** u. **Webb:** Soc. Lond. **1930**, 651.

Nr	Name	Formel, Konstitution	Vorkommen, Bildung, Darstellung	Krystallogr. Eigenschaften
41	Hexamethyl-dilyxose (1, 4)	$C_{16}H_{30}O_9$	D. Autokondensation v. Trimethyl-d-lyxofuranose bei langs. Destill.[1]	Nadelaggreg. (aus Petroläther umkryst.)
42	6, 6'-Di-trityl-trehalose	$C_{50}H_{50}O_{11}$	Aus H_2O-freier Trehalose u. Tritylchlorid (2 Mol.) in Pyrid. bei Zimmertemp.[1]	Kryst. (aus Alk.) m. $2^1/_2$ Mol. Alk.; der Alk. entweicht bei 136°/12 mm
43	6, 6'-Di-trityl-β-methylcellobiosid	$C_{51}H_{52}O_{11}$	Aus H_2O-freiem β-Methylcellobiosid u. Tritylchlorid (2 Mol.) in Pyridin auf dem Wasserbad[1]	Amorph

Nr	Name	Formel, Konstitution	Vorkommen, Bildung, Darstellung	Krystallogr. Eigenschaften
1	Acetol-methyl-cycloacetal (Acetol-methyllactolid)	$(C_4H_8O_2)_2$: $\left(\overset{\displaystyle CH_3-C\cdot O\cdot CH_3-CH_2}{\underset{\rule{1em}{0pt}}{\llcorner\!-\!-\!-\,O\,-\!-\!-\!\lrcorner}}\right)_2$	Aus Acetol in $CH_3OH+HCl$ [1][2]	Farbl. monokl. Krystalle (aus H_2O, od. Benzol, od. CH_3OH)[1]
2	Acetol-äthyl-cycloacetal (Acetol-äthyllactolid)	$(C_5H_{10}O_2)_2$: $\left(\overset{\displaystyle CH_3-C\cdot O\cdot C_2H_5-CH_2}{\underset{\rule{1em}{0pt}}{\llcorner\!-\!-\!-\,O\,-\!-\!-\!\lrcorner}}\right)_2$	Aus Acetol in Alkohol mit 1% HCl[1]. Aus Acetol mit Orthoameisensäureäthylester $+HCl$[2]	Vierseitige Platten (aus Petroläth.)[1]
3	Di-(dioxyacetonyl-)-methylcyclo-dioxyaceton	$C_{10}H_{16}O_7$	D. Erhitzen von Methyldioxyaceton bei 138—140 (3 St.) — 140—100° (4 St.) — 100° (16 St.)[1]	Krystalle (aus Äth. + Alk.)
4	Methyl-γ-d-lyxosid (1, 4) (Methyl-lyxofuranosid)	$C_5H_9O_4\cdot O\cdot CH_3$	Aus Lyxose in CH_3OH mit 1% HCl bei 20°; Extrakt. mit Essigester[1]	Sirup
5	Mono-äthyliden-α-methylglucosid	$C_9H_{16}O_6$	Kompon. $+H_2SO_4$ bei 10 bis 25°[1]. Aus Methoxypropylvinyläther $+\alpha$-Methylglucosid u. HCl[2]	Seidige Nadeln (aus Ligr. + Äth.)

dritten Teil (Fortsetzung).

Schmelz- und Siedepunkt	Optisches Drehungsvermögen	Löslichkeit	Analytisches; Diverses	Literatur
$77°$; $Kp_{0,05} = 160°$	$[\alpha]_D^{20} = +114° \rightarrow +43°$ (in 3 proz. wäßr. HCl)	—	Reduz. Fehl. Lösg. erst nach saurer Hydrol. (gibt Trimethyllyxose $[1,4]$ zurück). Muß der Drehung nach α, α-Struktur haben	[1] Bott, Hirst u. Smith: Soc. Lond. 1930, 658.
278—$281°$ (k.)	$[\alpha]_D^{19} = +62,5°$ (in Pyrid.)	l. l. Pyrid.; schw. l. bis unl. CH_3OH, Alkoh., $CHCl_3$, Aceton, Eisessig, Äth., Ligroin, Petroläth., H_2O	Hexacetat: $C_{62}H_{62}O_{17}$, Kryst. (aus Alk.), $F = 245$—$247°$ (k.), l. l. $CHCl_3$, Aceton, Pyridin, Eisessig; schwerer in Alk. u. CH_3OH; unl. H_2O, Ligroin. $[\alpha]_D^{21} = +113,6°$ (in $CHCl_3$)	[1] Bredereck: Ber. 63, 959 (1930).
—	$[\alpha]_D^{17} = -12,1°$ (in $CHCl_3$)	unl. H_2O	Pentacetat: $C_{61}H_{62}O_{16}$, amorph. $[\alpha]_D^{20} = +19,0°$ (in $CHCl_3$)	[1] Helferich, Bohn u. Winkler: Ber. 63, 995 (1930).

vierten Teil.

Schmelz- und Siedepunkt	Optisches Drehungsvermögen	Löslichkeit	Analytisches; Diverses	Literatur
$127°$[1][2]); $130°$[3]); $Kp = 193$ bis $194°$[1])	—	—	Gibt eine blaue, sehr unbeständ. J-JK-Verbindung[4])	[1] Nef: A. 335, 247 (1904). [2] Bergmann u. Ludewig: A. 436, 173 (1924). — Bergmann u. Miekeley: Ber. 62, 2297 (1929). [3] Henry: C. 1902, II, 928. [4] Bergmann: Ber. 57, 753 (1924).
73—$73,5°$[1]); $73,2$ bis $73,5°$[2]). $Kp_9 = 65$ bis $78°$[2])	—	l. löslich	Gibt eine blauschwarze, unbeständige J-JK-Verbindung[1]). Über n-Propyllactolid[1]) u. Äthylketale[2]) siehe in den Originalen	[1] Bergmann u. Gierth: A. 448, 73 (1926). [2] Ewlampiew: Ber. 62, 2386 (1929).
ca. $300°$ (Z.)	—	w. l. Pyrid.; f. unl. H_2O, Alk., Aceton, Äth., Benzol, Essigester	Reduz. h. Fehl. Lösg. Acetyl-dioxyacetonyl-methyl-cyclodioxyaceton: $C_9H_{14}O_6$. $F = 184°$. In d. Mutterlaug. bei d. Acetyl. des Methylcyclodioxyacetons in Pyrid. mit Essigs. Anh.	[1] Levene u. Walti: J. Biol. Chem. 84, 39 (1929).
—	$[\alpha]_D^{20} = +62°$ (in H_2O, $c = 1,07\%$)	—	Wird von verd. Säure sehr leicht hydrol. — Ist wahrscheinlich ein Gemisch von 75% γ-Lyxosid, 10% α-n-Lyxosid u. 15% freier Lyxose	[1] Bott, Hirst u. Smith: Soc. Lond. 1930, 658.
$77°$	—	—	—	[1] Hill u. Hibbert: Amer. Soc. 45, 3108 (1923). [2] Hill: Amer. Soc. 50, 2725 (1928).

Namenverzeichnis.

633

l-Arabinose-nitrobenzyl-hydrazon, **31**, 10 (124).
l-Arabinose-m-nitrophenyl-hydrazon, **31**, 16 (126).
l-Arabinose-o-nitrophenyl-hydrazon, **31**, 15 (124).
l-Arabinose-p-nitrophenyl-hydrazon, **31**, 17 (126).
l-Arabinose-o-phenylen-diamin, **37**, 39 (170).
l-Arabinose-phenyl-hydrazon, **31**, 1 (122).
l-Arabinose-phenyl-osazon, **31**, 2 (122).
i-Arabinose-phenyl-osazon, **31**, 34 (128).
l-Arabinose-salicylsäure-hydrazon, **37**, 3 (166).
l-Arabinosesemicarbazon, **28**, 2 (114).
l-Arabinose-tetranitrat, **40**, 1 (182).
l-Arabinose-thiosemicarbazon, **28**, 2 (115).
l-Arabinose-m-tolyl-hydrazon, **31**, 13 (124).
l-Arabinose-p-tolyl-hydrazon, **31**, 12 (124).
l-Arabinose-trimethylenmercaptal, **23**, 8 (96).
l-Arabinosido-d-glucose, **11**, 11 (40).
l-Arabinosimin, **25**, 2 (104).
l-Arabinoson, **79**, 5 (508).
d-Arabinosoxim, **26**, 3 (108).
l-Arabinosoxim, **26**, 4 (108).
l-Arabinulose, N **1**, 3 (614).
Arabiose, **11**, 7 (38).
d-Arabit, **78**, 11 (492).
l-Arabit, **78**, 12 (492).
— -monobenzalderivat, **78**, 12 (493).
d,l-Arabit, **78**, 13 (492).
d-Arabodesonsäure, **82**, 46 (560).
l-Arabodesonsäure, **82**, 46 (560).
— Ba-Salz, **82**, 46 (561).
l-Arabodesose, N **1**, 29 (618).
d-Araboketose, **4**, 18 (12).
d-Araboketosazon, **31**, 28 (127).
d-Araboketose-methylphenyl-osazon, **31**, 58 (130).
l-Araboketose, **4**, 19 (12).
l-Araboketosazon, **31**, 2 (123).
d,l-Araboketose, **4**, 15 (10).
d,l-Araboketose-methylphenyl-osazon, **31**, 57 (130).
d-Arabomethylose-p-Bromphenylosazon, N **2**, 9 (622).
l-Arabomethylose-p-Bromphenylosazon, N **2**, 11 (622).
d-Arabomethylose-phenylosazon, N **2**, 8 (622).
l-Arabomethylose-phenylosazon, N **2**, 10 (622).
d-Arabonsäure und Derivate, **82**, 22 (552, 553).
l-Arabonsäure und Derivate, **82**, 27 (554, 555).
d,l-Arabonsäure (Ca-Salz), **82**, 32 (556).
— -γ-lacton, **82**, 32 (556).
l-Arabonsäure-äthylester, **82**, 28 (554).
l-Arabonsäure-methylester, **82**, 28 (554).
d-Arabotrioxyglutarsäure, **81**, 19 (532).
l-Arabotrioxyglutarsäure, **81**, 22 (532).
d,l-Arabotrioxyglutarsäure, **81**, 25 (532).
Arbutin, **74**, 114 (424).
Arbutin-pentabenzoat, **74**, 117 (424).
Arbutin-pentacetat, **74**, 116 (424).
— -tetracetat, **74**, 116 (425).
β-1-Azido-glucose-tetracetat, N **2**, 17 (622).
β-1-Azido-6-bromtriacetyl-glucose, N **2**, 18 (622).

Ba-Melibiosate, Ca-, K-, Sr-, **72**, 40 (387).
Barium-d,l-arabinosat, **72**, 1 (378).
Barium-di-d,l-arabinosat, **72**, 3 (378).
Barium-di-saccharosat, **72**, 51 (391).
Barium-di-d-xylosat, **72**, 4 (378).
Barium-d-galaktosat, **72**, 23 (382).
Barium-glucosat, **72**, 11 (380).
Barium-lactosat, **72**, 38 (387).
Barium-maltosat, **72**, 35 (387).
Barium-raffinosate, **72**, 70 (394).
Barytverbindungen der Polyamylosen, **72**, 78 (397).
Benzal-arbutin, **74**, 119 (426).
Benzal-dimethylamino-methylglucosid-jodmethylat, **68**, 27 (337).
Benzalmannose, **68**, 16 (334).
3-Benzoyl-α-diacetonfructose, **70**, 73 (372).

3-Benzoyl-p-brombenzoyl-Verbindung, **70**, 73 (373).
1-Benzoyl-β-diacetonfructose, **70**, 78 (372).
3-Benzoyl-diacetonglucose, **70**, 62 (370).
— -p-brombenzoyl-Verbindung, **70**, 62 (371).
3-Benzoyl-diacetyl-α-mono-acetonfructose, **70**, 75 (372).
Benzoylgalaktosamin-phenyl-hydrazon, **36**, 14 (166).
6-Benzoyl-isodiacetonglucose, **70**, 63 (370).
5-Benzoyl-1,2-monoaceton-3,6-anhydroglucose, **70**, 72 (370).
3-Benzoyl-α-monoaceton-fructose, **70**, 74 (372).
— -p-brombenzoyl-Verbindung, **70**, 74 (373).
3-Benzoyl-monoacetonglucose, **70**, 64 (370).
6-Benzoyl-monoacetonglucose, **70**, 65 (370).
6-Benzoyl-3,5-di-p-toluolsulfonyl-monoacetonglucose, **70**, 89 (374).
Benzyl-arbutin, **74**, 118 (426).
3-Benzyl-diacetonglucose, **69**, 22 (342).
3-Benzyl-d-glucose, **66**, 6 (324).
— -osazon, **66**, 6 (325).
5,6-Benzyliden-1,2-acetonglucose, **69**, 40 (346).
— -methyläther, **69**, 40 (347).
5,6-Benzyliden-chitosaminsäure, **82**, 178 (606).
— -äthylester-chlorhydrat, **82**, 178 (606).
3-Benzyl-monoacetonglucose, **69**, 39 (346).
— -diacetat, **69**, 39 (347).
α-Benzyl-l-arabinosid, **73**, 12 (400).
β-Benzyl-2-amino-glucosid-chlorhydrat, **74**, 129 (426).
β-Benzyl-cellobiosid-heptacetat, **76**, 54 (466).
β-Benzyl-galaktosid, **74**, 249 (452).
β-Benzyl-α-Glucoheptosid, **75**, 2 (456).
— -pentacetat, **75**, 2 (457).
α-Benzyl-glucosid, **74**, 125 (426).
— -tetracetat, **74**, 125 (427).
β-Benzyl-glucosid, **74**, 126 (426).
— -tetracetat, **74**, 126 (427).
α-Benzyl-lyxosid, **73**, 22 (403).
β-Benzyl-maltosid, **76**, 39 (464).
— -heptacetat, **76**, 39 (465).
α-Benzyl-thioglucosid, **77**, 71 (484).
— -tetracetat, **77**, 71 (485).
β-Benzyl-thioglucosid, **77**, 73 (484).
— -tetracetat, **77**, 73 (485).
β-Benzyl-thiourethan-glucosid, **77**, 74 (485).
α-Bidechlorogluco-chloralose, **67**, 17 (330).
— -dibenzoat, **67**, 17 (331).
β-Bidechlorogluco-chloralose, **67**, 18 (330).
— -dibenzoat, **67**, 18 (331).
— -lacton, **67**, 18 (331).
Bi(glykosyl-6)diselenid, **21**, 5 (84).
Bi(glykosyl-6)selenid, **21**, 4 (84).
Bi(glykosyl-6)sulfid, **21**, 3 (84).
Biosan, **16**, 6 (70).
2,3-Bisdesoxy-cellobiose-α-methyllactolid, **76**, 64 (468).
Bis-[diacetonglucosyl-3]-sulfit, **70**, 7 (358).
Bis(-dihydrophenolo-glucalyl)-imin, **52**, 16 (247).
Bis-(galaktosyl-6-)-amin, N **1**, 36 (620).
Bis-phenylhydrazon, N **1**, 36 (620).
Bis-(glucosyl-6-)-diselenid-di-β,β-methylglucosid, **76**, 80 (470).
— -hexacetat, **76**, 80 (471).
Bis-(glucosyl-6-)-selenid-dimethyl-β,β-glucosid, **76**, 79 (470).
— -hexacetat, **76**, 79 (471).
Bis-(-glucosyl-6-)-selenoxyd-dimethyl-β,β-glucosid-hexacetat **76**, 82 (470).
Bis-(glucosyl-6-)-sulfid-dimethyl-β,β-glucosid, **76**, 78 (470).
— -hexacetat, **76**, 78 (471).
Bis-(-glucosyl-6-)-sulfon-dimethyl-β,β-glucosid-hexacetat, **76**, 81 (470).
2,6-Bis-(heptacetyl-cellobiosido-)anthrachinon **76**, 62 (466).
Bis-[isodiacetonglucosyl-6-]-imin, **69**, 33 (346).
— -p-toluolsulfonat, **69**, 33 (347).
Blei-fructosat, **72**, 29 (384).
Blei-glucosat, **72**, 12 (380).
Blei-lactosat, **72**, 39 (386).
Blei-d-mannosat, **72**, 20 (382).

Blei-raffinosat, **72**, 71 (394).
β-Borneol-α-Glucoheptosid, **75**, 3 (456).
— -pentacetat, **75**, 3 (459).
d-Borneol-β-d-glucosid, **74**, 219 (446).
— -tetracetat, **74**, 219 (447).
l-Borneol-β-d-glucosid, **74**, 220 (446).
— -tetracetat, **74**, 220 (447).
β-d-Bornyl-d-galaktosid, **74**, 253 (452).
— -tetracetat, **74**, 253 (453).
α-1-Bromacetyl-tetracetyl-Glucose, **46**, 44 (214).
α-Brom-β-äthoxypropionaldehyd-diäthylacetal, **61**, 3 (284).
2-Brom-3-äthylglycerinaldehyd-diäthylacetal, **61**, 3 (284).
β-Bromallyl-glucosid, **74**, 88 (420).
— -tetracetat, **74**, 88 (421).
Brom-α-diamylose, **72**, 80 (396).
6'-Bromgentiobiose, **39**, 25 (180).
Bromglucose, **39**, 19 (180).
2-Bromglucose, **39**, 9 (178).
6-Bromglucose-α, **39**, 15 (178).
Brom-glykolaldehyd, **39**, 1 (178).
Brom-α-hexaamylose, **72**, 80 (396).
Brom-hydroxy-acetyl-pseudolactal, **52**, 35 (248).
6-Brom-isodiacetonglucose, **70**, 2 (358).
1-Brom-melibiose-heptacetat, N **3**, 17 (626).
6-Brom-monoacetonglucose, **70**, 4 (358).
— -diacetat, **70**, 4 (359).
Brom-α-tetraamylose, **72**, 80 (396).
6-Brom-2,3,4-triacetyl-β-glucosido-1-schwefelsaures-6'-
    brom-2',3',4'-triacetyl-β-glucosido-1'-pyridinium-
    hydroxyd, **46**, 70 (218).
Brom-β-triamylose, **72**, 80 (396).
Brom-Uridin, **77**, 58 (481).
β-m-Butyl-glucosid, **74**, 78 (418).

Cadmium-l-xylonobromid, **82**, 40 (559).
Calcium-fructosat, **72**, 28 (384).
Calcium-glucosat, **72**, 10 (380).
Calcium-lactosat, **72**, 38 (386).
Calcium-maltosat, **72**, 35 (386).
Calcium-raffinosate, **72**, 68 (394).
β-Camphenhydrat-glucosid, **74**, 218 (446).
— -tetracetat, **74**, 218 (447).
β-d-Camphenylol-glucosid, **74**, 217 (446).
— -tetracetat, **74**, 217 (447).
Caramelan, **14**, 38 (66).
Caramelen, **14**, 39 (66).
N-Carboäthoxy-Glucosamin, **58**, 25 (270).
Carbomethoxy-difructose-tricarbonat, **58**, 28 (271).
O-Carbomethoxy-Glykolaldehyd, **58**, 8 (266).
O-Carbomethoxy-Glykolaldehyd-diäthylacetal, **58**, 8 (267).
Carbomethoxy-Saccharose, **58**, 30 (270).
Carnin, **77**, 53 (480).
β-Carvacryl-l-arabinosid, **73**, 14 (402).
β-Carvacryl-glucosid, **74**, 109 (425).
β-Carvacryl-xylosid, **73**, 20 (402).
Cellan, **16**, 33 (72).
Cellobial, **18**, 5 (76).
Ψ-Cellobial-α-methyllactolid, **76**, 65 (468).
Ψ-Cellobial-α-methyllactolid-pentacetat, **76**, 66 (468).
— -tetracetat, **76**, 66 (469).
Cellobionsäure, **82**, 163 (602).
— Ca-Salz, **82**, 163 (602).
Cellobiosan, **16**, 5 (70).
Cellobiose-β, **11**, 25 (44).
Cellobioseen, **15**, 3 (68).
Cellobiose-octacetyl-antioxim, **26**, 15 (110).
Cellobiose-phenyl-hydrazon, **35**, 20 (160).
Cellobiose-phenyl-osazon, **35**, 21 (160).
Cellobiosesemicarbazon, **28**, 12 (114).
6-β-Cellobiosido-diaceton-galaktose, **69**, 79 (358).
— -heptacetat, **69**, 79 (359).
6-β-Cellobiosidogalaktose-α, **12**, 1 (52).
6-β-Cellobiosido-galaktose-phenyl-osazon, **35**, 49 (162).

636

β-Cellobiosido-gentiobiose, **13**, 1 (156).
6-β-Cellobiosido-d-α-glucose, **12**, 3 (52).
6-β-Cellobiosido-glucose-phenyl-osazon, **35**, 51 (162).
β-Cellobiosido-glykolsäure-amid, **76**, 57 (466).
— -heptacetat, **76**, 57 (466).
Cellobiosido-d,l-mandelsäure-heptacetat, **76**, 59 (466).
Cellobiotetrose, **13**, 3 (56).
Cellobiothiose-Silber, **71**, 15 (378).
Cellodesose, N **1**, 35 (620).
Celloglucosan, **16**, 1 (68).
Cellosan, **16**, 2 (68).
Cellose, **11**, 25 (44).
Cellosylglucosylselenid, **21**, 21 (88).
Cellosylglucosylsulfid, **21**, 20 (88).
Cellosyl-glucosyl-sulfid-Kalium, **71**, 22 (378).
Cellotetraose, **13**, 12 (58).
Cellotriose, **12**, 9 (54); **12**, 10 (54).
Cellotriose-hendekacetat, N **3**, 13 (624).
Celtrobiose, **11**, 27 (44).
β-Ceryl-glucosid, **74**, 91 (420).
— -tetracetat, **74**, 91 (421).
β-Cetyl-glucosid, **74**, 89 (420).
— -tetrabenzoat, **74**, 89 (421).
— -tetracetat, **74**, 89 (421).
β-Cheirolin-thiourethan-glucosid, **77**, 75 (485).
Chinovit, **73**, 35 (404).
Chinovosazon, **32**, 27 (135).
Chinovose, **5**, 4 (14); **32**, 30 (135).
Chinovoson, **79**, 7 (508).
Chitarsäure, **82**, 120 (586).
Chitoheptonsäure, **82**, 144 (596).
— Ba-Salz, **82**, 144 (596).
— -dibenzoat, **82**, 144 (596).
Chitonsäure, **82**, 121 (586).
Chitosamin, **20**, 2 (80).
Chitosamino-heptonsäuren und Derivate, **82**, 191 (610).
d-Chitosaminsäure und Derivate, **82**, 176 (606).
Chitose, **14**, 20 (62).
α-1-Chloracetyl-tetracetyl-Glucose, **46**, 28 (212).
Chloralose, **67**, 10 (330).
— -tetrabenzoat, **67**, 10 (331).
— -tetracetat, **67**, 10 (331).
3-Chlor-diacetonglucose, **70**, 1 (358).
2-Chlor-d-fructose, **39**, 23 (180).
6-Chlorglucose-α, **39**, 11 (178).
2-Chlor-glycerose, **39**, 2 (178).
β-[d,l-o-Chlormandelsäure-tetracetyl-glucosid, **74**, 191 (441).
1-Chlor-melibiose-heptacetat, N **3**, 16 (624).
1-Chlor-2-monochlor-acetyl-3,4,6-triacetyl-Glucose, **46**, 37
    (212).
Chlortheophyllin-β-glucosid, **77**, 29 (476).
— -tetracetat, **77**, 29 (477).
1-Chlor-3,4,6-Triacetyl-Glucose-2-chlorsulfinsäure-ester,
    46, 39 (212).
β-1-Chlor-2-(-trichloracetyl)-hexacetyl-Maltose, **48**, 19 (226).
1-Chlor-2-trichloracetyl-3,4,6-triacetyl-Glucose, **46**, 36 (212).
Cholesterin-glucosid, **74**, 225 (448).
— -tetracetat, **74**, 225 (449).
Chondronsäure, **82**, 123 (586).
Chondrosamin, **20**, 3 (80).
Chondrosamin-chlorhydrat, **71**, 9 (376).
Chondrosamino-heptonsäuren, **82**, 192 (610).
Chondrosaminsäure, **82**, 182 (606).
— -lacton-chlorhydrat, **82**, 182 (606).
Chondrose, N **1**, 23 (818).
Chromi-glucosate, **72**, 16 (382).
Cicerose, **13**, 5 (58).
Cicerose-strontian, **72**, 77 (394).
β-Cinnamyl-glucosid, **74**, 131 (428).
β-Cis-terpinmono-glucosid, **74**, 213 (444).
— -tetracetat, **74**, 213 (445).
β-d-Citronellol-glucosid, **74**, 93 (420).
— -tetracetat, **74**, 93 (421).

637

646

648

β-Methyl-epiglucosamin, **74**, 53 (414).
β-Methyl-epiglucosamin-tetracetat, **74**, 54 (414).
1-Methyl-d-fructose, **63**, 92 (308).
3-Methyl-d-fructose(β), **63**, 93 (308).
3-Methyl-d-fructose(β), **63**, 93 (309).
— -n-methylfructosid, **63**, 93 (309).
— -γ-methylfructosid, **63**, 93 (309).
α-Methyl-d-fructosid(2,6), **74**, 255 (452).
— -tetracetat, **74**, 255 (453).
β-Methyl-d-fructosid(2,6) **74**, 256 (454).
— -tetracetat, **74**, 256 (455).
γ-Methyl-fructosid, **74**, 258 (454).
Methylfructosid(2,5), **74**, 258 (454).
α-Methylfructosid[2,5]-1,6-diphosphorsäure, **42**, 37 (198).
β-Methylfructosid[2,5]-1,6-diphosphorsäure (Ba-, Brucin-Salz), **42**, 38 (198).
Methylfructosid[2,5]-6-phosphorsäure (Ba-Salz), **42**, 31 (196).
α-Methyl-fucosid, **73**, 38 (406).
α-Methyl-d-fucosid, **73**, 36 (406).
6-Methyl-d-galaktonsäure, **82**, 111 (582).
— -phenylhydrazinsalz, **82**, 111 (582).
4-Methyl-d-galaktose(α), **63**, 81 (306).
6-Methyl-d-galaktose(α), **63**, 82 (306).
4-Methyl-d-galaktose(α)-osazon, **63**, 81 (307).
6-Methyl-d-galaktose(α)-osazon, **63**, 82 (307).
4-Methyl-galaktose-di-benzyl-mercaptal, **23**, 66 (102).
6-Methyl-d-galaktose(α)-phenylhydrazon, **63**, 82 (307).
α-Methyl-d-galaktosid(1,5) **74**, 236 (450).
— -tetracetat, **74**, 236 (451).
β-Methyl-d-galaktosid(1,5), **74**, 237 (450).
— -tetracetat, **74**, 237 (451).
γ-Methyl-galaktosid(1,4), **74**, 238 (450).
α-Methyl-gentiobiosid, **76**, 9 (458).
— -heptacetat, **76**, 9 (459).
β-Methyl-gentiobiosid, **76**, 11 (458).
— -heptactet, **76**, 11 (459).
Methyl-glucoarabinosid, **76**, 1 (456).
— -hexacetat, **76**, 1 (457).
β-Methyl-glucofuranosid-5,6-monocarbonat, **74**, 36 (412).
4-Methyl-α-glucoheptonsäure und Derivate, **82**, 132 (592).
β-Methyl-α-Glucoheptosid, **75**, 1 (454).
β-Methyl-glucomethylosid, **73**, 34 (404).
β-Methyl-glucosamin-tetracetat, **74**, 55 (414).
3-Methyl-glucosazon, **63**, 7 (290).
2-Methyl-d-glucose, **63**, 1 (288).
3-Methyl-d-glucose, **63**, 6 (290).
4-Methyl-d-glucose(β), **63**, 9 (290).
5-Methyl-d-glucose(α), **63**, 10 (290).
6-Methyl-d-glucose, **63**, 11 (290).
3-Methyl-d-glucose-anilid, **63**, 6 (291).
α-Methyl-glucoseenid(5,6)-triacetat, **74**, 49 (414).
β-Methyl-glucoseenid(5,6), **74**, 50 (414).
β-Methyl-glucoseenid(5,6)-triacetat, **74**, 51 (415).
— -dichlorderivat, **74**, 51 (415).
4-Methyl-d-glucose(β)-osazon, **63**, 9 (291).
5-Methyl-d-glucose(α)-osazon, **63**, 10 (291).
6-Methyl-d-glucose-osazon, **63**, 11 (291).
2-Methyl-d-glucose-phenylhydrazon, **63**, 1 (289).
α-Methyl-d-glucosid(1,5), **74**, 1 (406).
β-Methyl-d-glucosid(1,5), **74**, 16 (408).
α-Methyl-l-glucosid, **74**, 56 (414).
β-Methyl-l-glucosid, **74**, 57 (414).
α-Methyl-d,l-glucosid, **74**, 58 (414).
h(γ)-Methyl-d-glucosid(1,4), **74**, 35 (412).
α-Methylglucosid-6-bromhydrin, **39**, 16 (178).
β-Methylglucosid-2-bromhydrin I, **39**, 7 (178).
β-Methylglucosid-2-bromhydrin II, **39**, 8 (178).
β-Methylglucosid-6-bromhydrin, **39**, 17 (180).
α-Methylglucosid-6-chlorhydrin, **39**, 13 (178).
β-Methylglucosid-2-chlorhydrin, **39**, 6 (178).
β-Methylglucosid-6-chlorhydrin, **39**, 14 (178).
α-Methylglucosid-4-chlorhydrin-3-Schwefelsäure (Na-Salz), **41**, 13 (186).

β-Methyl-glucosid-cuminaldehyd, **74**, 34 (412).
α-Methylglucosid-4,6-dichlorhydrin, **39**, 21 (180).
α-Methylglucosid-4,6-dichlorhydrin-3-Schwefelsäure (Na-Salz), **41**, 12 (186).
α-Methylglucosid-dichlorhydrin-sulfat, **41**, 10 (186).
β-Methylglucosid-dichlorhydrin-sulfat, **41**, 11 (186).
α-Methylglucosid-diphosphorsäure (Ba-Salz), **42**, 12 (192).
β-Methylglucosid-2-jodhydrin, **39**, 10 (178).
β-Methylglucosid-6-jodhydrin, **39**, 18 (180).
β-Methylglucosid-6-mononitrat, **40**, 10 (182).
α-Methylglucosid-6-monophosphorsäure (Ba-Salz), **42**, 10 (190).
α-Methylglucosid-monophosphorsäure (Ag-Salz), **42**, 11(192).
β-Methylglucosid-6-phosphorsäure (Ba-Salz), **42**, 13 (192).
α-Methylglucosid-6-schwefelsäure (Ba-Salz), **41**, 4 (184).
β-Methylglucosid-6-schwefelsäure (Ba-Salz), **41**, 5 (186).
β-Methyl-glucosid-tetrabenzoat, **74**, 30 (410).
α-Methyl-d-glucosid(1,5-)-tetracetat, **74**, 2 (406).
β-Methyl-glucosid-tetracetat, **74**, 17 (408).
γ-Methyl-glucosid-tetracetat, **74**, 37 (412).
α-Methyl-glucosid-tetranitrat, **40**, 9 (182).
1-Methylglucosyl-3-amin-chlorhydrat, **71**, 6 (376).
1-Methyl-2-glucosyl-glucosid, **76**, 70 (468).
α-Methyl-glycerin, **78**, 4 (490).
β-Methyl-glycerinaldehyd, **2**, 6 (4).
Methylglycerinaldehyd-benzyl-phenyl-hydrazon, **30**, 16 (120).
β-Methyl-glycerin-aldehyd-diäthyl-acetal, **22**, 8 (94).
Methyglycerinaldehyd-phenyl-osazon, **30**, 17 (120).
β-Methyl-α-Glykoheptosid, **75**, 1 (455).
Methyl-glykolosid, **73**, 2 (400).
Methylglykolsäure und Derivate, **82**, 2 (546, 547).
Methylglyoxal, **79**, 2 (508).
Methyl-glyoxalosazon, **30**, 6 (121).
Methyl-hamamelosid, **74**, 265 (454).
— -triacetat, **74**, 265 (455).
Methylheptose, **8**, 1 (32).
6-Methyl-isodiacetonglucose, **69**, 31 (344).
α-Methyl-d-iso-rhamnosid, **73**, 33 (404).
— -triacetat, **73**, 33 (405).
— -tribenzoat, **73**, 33 (405).
β-Methyl-d-iso-rhamnosid, **73**, 34 (404).
— -triacetat, **73**, 34 (405).
β-Methyl-lactosid, **76**, 71 (468).
β-Methyl-lactosid-heptacetat, **76**, 72 (468).
— -heptacetat, **76**, 72 (469).
Methyl-lyxofuranosid, N **4**, 4 (630).
α-Methyl-d-lyxosid, **73**, 22 (402).
Methyl-γ-d-lyxosid(1,4), N **4**, 4 (630).
α-Methyl-d-lyxosid-triacetat, **73**, 23 (402).
γ-Methyl-lyxosid-triacetat, **73**, 23 (403).
β-Methyl-maltosid, **76**, 31 (462).
Methyl-maltosid-heptacetat, **76**, 33 (462).
β-Methyl-maltosid-heptacetat, **76**, 32 (462).
β-Methylmaltosid-schwefelsäure (Ba-Salz), **41**, 22 (188).
β-[d,l-p-Methyl-mandelsäure]-tetracetyl-glucosid, **74**, 191 (440).
4-Methyl-d-mannose, **63**, 72 (304).
4-Methyl-mannose-di-benzyl-mercaptal, **23**, 56 (102).
4-Methyl-d-mannose-osazon, **63**, 72 (305).
4-Methyl-mannose-phenylhydrazon, **63**, 72 (305).
α-Methyl-d-mannosid(1,4), **74**, 232 (448).
— -tetracetat, **74**, 232 (449).
α-Methyl-d-mannosid(1,5), **74**, 230 (448).
— -tetracetat, **74**, 230 (449).
α-Methyl-l-mannosid(1,5), **74**, 235 (450).
„γ"-Methyl-mannosid, **74**, 232 (448).
Methyl-d,l-mannosid, **74**, 235 (451).
α-Methyl-d-mannosid(1,4)-dicarbonat, **74**, 232 (448).
β-Methyl-d-mannosid-tetracetat, **74**, 231 (448).
„γ"-Methyl-mannosid-tetracetat, **74**, 233 (450).
α-Methylmannosid-tetranitrat, **40**, 12 (112).
β-Methyl-melibiosid-(1,5), **76**, 76 (470).
— -heptacetat, **76**, 76 (471).

3-Monobenzoyl-Glucose-phenylhydrazon, **55,** 29 (259).
6-Monobenzoyl-Glucose-phenylhydrazon, **55,** 28 (259).
Monobenzoyl-salicin, **74,** 143 (430).
Mono-blei-saccharosat, **72,** 53 (391).
Mono-p-brombenzoyl-Glucose, **55,** 32 (258).
Mono-calcium-saccharosat, **72,** 44 (386).
Monocarbomethoxy-Fructose-dicarbonat, **58,** 28 (270).
Monocarbomethoxy-Fructose-diacarbonat-Verbindung,
   58, 28 (271).
Monochloradenin-β-glucosid, **77,** 35 (476).
Monochloralglucosan, **67,** 19 (332).
Monogalloyl-Fructose, **59,** 31 (276).
1-Monogalloyl-α-glucose-heptacetat, **59,** 3 (272).
1-Monogalloyl-β-Glucose, **59,** 2 (270).
3- (od. 6-) Monogalloyl-glucose, **59,** 1 (270).
Monogalloyl-Lävoglucosan, **59,** 50 (277).
Mono-kalk-saccharose, **72,** 44 (386).
Monomethyl-acetonxylose, **69,** 7 (340).
2,3-Mono-methyl-äthylketon-glucose-di-benzyl-mercaptal,
   23, 43 (100).
1,2-Mono-methyläthylketon-d-xylose, **69,** 10 (340).
2-Monomethyl-anhydromethyl-glucosid, **65,** 11 (319).
2-Monomethyl-(5,6)-anhydro-methyl-glucosid-3-oleat,
   65, 11 (318).
Monomethylengalaktose, **68,** 6 (332).
Monomethylenglucose, **68,** 7 (332).
Monomethylen-d-mannonsäure-lacton, **82,** 86 (574).
Monomethylen-l-mannonsäure-lacton, **82,** 94 (576).
Monomethylenmannose, **68,** 5 (332).
Monomethyl-glucose-di-benzyl-mercaptal, **23,** 41 (100).
Monomethyl-trihexosan, **65,** 19 (320).
Monomethyl-d-weinsäure, **81,** 2 (528).
3- od. 5-Monomethyl-d-xylose, **62,** 10 (286).
β-Monostearyl-tetracetylglucose, **60,** 36 (283).
Mono-strontian-saccharose, **72,** 48 (388).
Mono-strontium-saccharosat, **72,** 48 (388).
Monotropitosid, **76,** 4 (456).
Morphin-glucosid, **74,** 227 (448).
— -tetracetat, **74,** 227 (449).
— HCl-Salz, **74,** 227 (449).
Morphin-2-amino-β-glucosid, **74,** 228 (448).
— HCl-Salz, **74,** 228 (449).
Morphose, **6,** 24 (24).
Mykose, **11,** 12 (40).
Myophosphat, **42,** 39 (198).
β-Myricyl-glucosid, **74,** 90 (420).
— -tetracetat, **74,** 90 (421).
Myronsaures Kalium, **77,** 81 (484).

3-α-**N**aphthalinsulfonyl-diacetonglucose, **70,** 21 (362).
3-β-Naphthalinsulfonyl-diacetonglucose, **70,** 22 (362).
α-Naphthyl-carbinol-β-glucosid, **74,** 175 (436).
β-Naphthyl-β-l-arabinosid, **13,** 15 (402).
β-[α-Naphthyl]-galaktosid, **74,** 254 (452).
β-[α-Naphthyl]-glucosid, **74,** 176 (436).
β-[β-Naphthyl]-glucosid, **74,** 177 (436).
— -tetracetat, **74,** 177 (437).
α-Naphthyl-β-xylosid, **73,** 21 (402).
Natrium-d-fructosat, **72,** 25 (384).
Natrium-d-glucosat, **71,** 6 (380).
Natrium-lactosat, **72,** 37 (386).
Natrium-maltosat, **72,** 34 (384).
Natrium-melibiosat, **72,** 40 (386).
Natrium-raffinosat, **72,** 67 (394).
Natrium-saccharosat, **72,** 42 (386).
Natrium-turanosat, **72,** 41 (386).
Neo-Lactobionsäure, **82,** 167 (602).
Neolactose, **11,** 46 (50).
Neolactose-phenyl-osazon, **35,** 47 (162).
Nickel-glucosat, **72,** 15 (380).
Nitrobenzyl-glucosid, **74,** 128 (426).
5-Nitro-uracil-xylosid, **77,** 48 (479).
Nonacetyl-Isotrihexosan, **51,** 17 (242).

Nonacetyl-Isotriamylose, **51,** 21 (242).
Nonacetyl-Triamylase, **51,** 20 (242).
Nonacetyl-Trifructosan, **51,** 18 (242).
Nonacetyl-Trihexosan, **51,** 14, 16 (242).
Norisozuckersäure, **81,** 37 (537).

Octacetyl-Amylobiose, **48,** 36 (228).
Octacetyl-Bis-(glucosyl-6-)diselenid, **54,** 18 (252).
Octacetyl-Bis-(glucosyl-6-)selenid, **54,** 17 (252).
Octacetyl-Bis-(glucosyl-6-)sulfid, **54,** 16 (252).
Octacetyl-cellobionsäure-nitril, **82,** 164 (602).
α-Octacetyl-Cellobiose, **48,** 40 (228).
β-Octacetyl-Cellobiose, **48,** 41 (228).
Octacetyl-cellobiose-antioxim, **26,** 15 (110).
Octacetyl-Cello-isobiose, **48,** 48 (230).
Octacetyl-1,1-Digalaktosylsulfon, **54,** 20 (252).
Octacetyl-Diglucosyl-diselenid, **54,** 15 (252).
Octacetyl-Diglucosyl-disulfid, **54,** 14 (252).
Octacetyl-1,1-Diglucosylsulfon, **54,** 19 (252).
Octacetyl-(-disalicin-äthylamin), **74,** 138 (429).
Octacetyl-(-disalicin-methyl-amin), **74,** 137 (429).
Octacetyl-Galaktobiose, **48,** 54 (230).
β-Octacetyl-6-β-d-galaktosido-d-glucose, **48,** 56 (230).
Octacetyl-Galaktosyl-glucosyl-selenid, **54,** 11 (252).
α-Octacetyl-Gentiobiose, **48,** 24 (226).
β-Octacetyl-Gentiobiose, **48,** 25 (226).
Octacetyl-Glucobiose A, **48,** 37 (228).
Octacetyl-Glucobiose B, **48,** 38 (228).
Octacetyl-β-d-Glucosido-fructose, **48,** 53 (230).
Octacetyl-α-2-Glucosido-glucose, **48,** 39 (228).
Octacetyl-4-β-Glucosido-mannose, **48,** 68 (232).
Octacetyl-isocellobiose, N 3, 11 (624).
α-Octacetyl-iso-maltose, **48,** 34 (228).
β-Octacetyl-iso-maltose, **48,** 35 (228).
Octacetyl-Isosaccharose, **48,** 52 (230).
Octacetyl-Isotrehalose-α,β, **48,** 10 (224).
Octacetyl-Isotrehalose-β,β, **48,** 11 (224).
α-Octacetyl-Lactose, **48,** 57 (230).
β-Octacetyl-Lactose, **48,** 58 (232).
α-Octacetyl-Maltose, **48,** 13 (224).
β-Octacetyl-Maltose, **48,** 14 (224).
β-Octacetyl-Melibiose, **48,** 55 (230).
α-Octacetyl-Neolactose, **48,** 65 (232).
β-Octacetyl-Neolactose, **48,** 66 (232).
Octacetyl-Rhamninose, **48,** 81 (234).
Octacetyl-Saccharose, **48,** 50 (230).
Octacetyl-Saccharose C, **48,** 51 (230).
Octacetyl-Saccharose D, **48,** 52 (230).
Octacetyl-Seleno-Digalaktose, **54,** 9 (252).
Octacetyl-Selenoisotrehalose, **54,** 7 (252).
Octacetyl-Tetraglucosan, **49,** 2 (236).
Octacetyl-Tetralävoglucosan, **49,** 5 (236).
Octacetyl-Thiocellobiose, **54,** 10 (252).
Octacetyl-Thio-Digalaktose, **54,** 8 (252).
Octacetyl-Thioisotrehalose, **54,** 6 (252).
Octacetyl-Trehalose-α,α, **48,** 8 (224).
Octadekamethyl-β-hexaamylose, **65,** 30 (322).
Octamethyl-cellobionsäure-methylester, **82,** 165 (602).
Octamethyl-[galaktosido-glucose], **64,** 14 (316).
Octamethyl-glucosido-glucosid, **64,** 3 (315).
Octamethyl-α,β-isotrehalose, **64,** 4 (314).
Octamethyl-lactobionsäure-methylester, **82,** 166 (602).
Octamethyl-maltobionsäure-methylester, **82,** 161 (602).
Octamethyl-melibionsäure-methylester, **82,** 170 (604).
Octamethyl-Saccharose, **64,** 16 (316).
Octamethyl-α-tetraamylose, **65,** 26 (322).
— -tetracetat, **65,** 26 (323).
Octamethyl-trehalose, **64,** 3 (314).
Octamethyl-turanose, **64,** 18 (316).
α-Octamylose, **16,** 30 (72).
α-Octobenzoyl-Diglucosyl-nitrosamin, **57,** 16 (264).
Octobenzoyl-Lactose, **56,** 17 (262).
Octobenzoyl-Raffinose, **56,** 23 (262).

653

658

661

Trisaccharid-osazon, N 1, 24 (618).
Tristearyl-α-methylglucosid, 60, 35 (281).
Tri-strontium-disaccharosat, 72, 50 (389).
Tri-strontium-saccharosat, 72, 50 (390).
Tri-[β-1,2,3,4-tetracetyl-glucose-6]-phosphat, 46, 67 (216).
Tri-thallium-α-methyl-l-arabinosid, 72, 2 (378).
Tri-Thallium-α-methyl-glucosid, 72, 9 (380).
Trithiodigalaktose, 21, 14 (86).
3,5,6-Tri-p-toluolsulfonyl-monoacetonglucose, 70, 28 (364).
Tri-(triacetylgalloyl-)-Lävoglucosan, 59, 29 (276).
3,5,6-Tri-[tricarbomethoxy-galloyl-]-monoacetonglucose, 70, 46 (366).
Tri-[trimethyl-anhydroglucose, 65, 22 (320).
3,5,6-Tri-(trimethylgalloyl-)-Glucose, 59, 6 (272).
3,5,6-Tri-(trimethyl-galloyl-)-monoacetonglucose, 70, 47 (366).
Tri-trimethyl-lävoglucosan, 65, 6 (318).
Tri-trityl-raffinose, 66, 24 (328).
— -octacetat, 66, 24 (329).
Tri-trityl-saccharose, 66, 23 (328).
— -pentacetat, 66, 23 (329).
6-Trityl-α-glucosyl-fluorid, 66, 10 (324).
— -triacetat, 66, 10 (325).
— -tribenzoat, 66, 10 (325).
6-Trityl-3-acetyl-monoaceton-glucose, 70, 52 (368).
6-Trityl-3,5-diacetyl-monoaceton-glucose, 70, 53 (368).
6-Trityl-3,5-dibenzoyl-monoaceton-glucose, 70, 67 (370).
1-Trityl-d-fructose-β, 66, 20 (326).
6-Trityl-d-galaktose-β, 66, 19 (326).
6-Trityl-d-mannose-β, 66, 16 (326).
6-Trityl-α-methylglucosid, 66, 11 (326).
— -trimethyläther, 66, 11 (327).
6-Trityl-β-methylglucosid, 66, 14 (326).
— -tribenzoat, 66, 14 (327).
1-Trityl-α-tetracetyl-fructose[2,6], 66, 21 (326).
6-Trityl-α-tetracetyl-glucose[1,5], 66, 8 (324).
6-Trityl-β-tetracetyl-glucose(1,5), 66, 9 (324).
6-Trityl-α-tetracetyl-mannose, 66, 18 (326).
6-Trityl-β-tetracetyl-mannose, 66, 17 (326).
6-Trityl-(-Triphenylmethyl-)d-glucose-α, 66, 7 (324).
Turanose-β, 11, 32 (46).
Turanose-natrium, 72, 41 (386).
Turanose-phenyl-osazon, 35, 23 (160).

Uridin, 77, 58 (480).
Uridin-phosphorsäure, 77, 59 (482).
— Brucin-Salz, 77, 59 (483).
— -monoammonium, 77, 59 (483).
— NH₃-Salz, 77, 59 (483).

Vacciniin, 55, 28 (258).
Vanillin-glucosid, 74, 165 (434).
— -oxim, 74, 165 (435).
— -phenylhydrazon, 74, 165 (435).
— -tetracetat, 74, 165 (435).
β-Vanillin-α-Glucoheptosid, 75, 6 (456).
— -pentacetat, 75, 6 (457).
Verbascose, 13, 11 (58).
Vernin, 77, 51 (480).
Veronal-glucosid-tetracetat, 77, 24 (474).
Vicianin, 76, 6 (456).
Vicianobionsäure, 82, 156 (600).
Vicianose, 11, 11 (40).
Volemit, 78, 47 (502).
Volemose, 8, 15 (32).
Volemose-phenyl-osazon, 34, 34 (156).
Volemulose, 8, 14 (32).
Volemulose-phenyl-osazon, 34, 33 (156).

d-Weinsäure, 81, 2 (528).
l-Weinsäure, 81, 8 (530).
d,l-Weinsäure, 81, 11 (530).
d-Weinsäure-di-methylester, 81, 4 (528).
d-Weinsäure-mono-methylester, 81, 3 (528).

Xanthinribosid, 77, 50 (480).
Xanthosin, 77, 50 (480).
d-Xylamin, 27, 3 (112).
d-Xylal, N 1, 33 (620).
— -diacetat, N 1, 33 (620).
Xylit, 78, 14 (492).
— -dibenzalderivat, 78, 14 (493).
β-Xylo-chloralose, 67, 5 (328).
— -dibenzoat, 67, 5 (329).
β-Xylochloralsäure, 67, 14 (330).
d-Xylodesonsäure, 82, 47 (560).
β-d-2-Xylodesose, N 1, 31 (618).
— -benzylphenyl-hydrazon, N 1, 31 (618).
Xylohexosamin, 20, 1 (80).
l-Xyloketose, N 1, 3 (614).
d,l-Xyloketose, 4, 16 (10).
l-Xyloketose-p-bromphenyl-hydrazon, 31, 61 (130).
i-Xyloketose-methylphenyl-osazon, 31, 59 (130).
l-Xyloketose-phenyl-osazon, 31, 60 (130).
Xylosan-dinitrat, 40, 3 (182).
d-Xylonsäure und Derivate, 82, 33 (556, 557).
l-Xylonsäure, 82, 40 (558).
d-Xylose-α, 4, 10 (10).
l-Xylose, 4, 11 (10).
d,l-Xylose, 4, 12 (10).
Xylose-di-äthylmercaptal, 23, 13 (96).
Xylose-di-amylmercaptal, 23, 14 (96).
Xylose-di-benzylmercaptal, 23, 16 (96).
d-Xylose-benzylphenyl-hydrazon, 31, 42 (128).
Xylose-p-brombenz-hydrazon, 37, 5 (166).
d-Xylose-p-bromphenyl-hydrazon, 31, 44 (128).
d-Xylose-p-bromphenyl-osazon, 31, 45 (128).
Xylose-carbonsäure, 82, 99 (578).
d-Xylose-3,4-dibromphenyl-hydrazon, 31, 49 (130).
d-Xylose-diphenyl-hydrazon, 31, 48 (128).
d-Xyloseharnstoff, 29, 3 (116).
d-Xylose-methylphenyl-hydrazon, 31, 41 (128).
d-Xylose-β-naphthyl-hydrazon, 31, 43 (128).
d-Xylose-m-nitrophenyl-hydrazon, 31, 47 (128).
d-Xylose-p-nitrophenyl-hydrazon, 31, 46 (128).
d-Xylose-phenyl-hydrazon, 31, 39 (128).
d-Xylose-phenyl-osazon, 31, 40 (128).
i-Xylose-phenyl-osazon, 31, 50 (130).
Xylosesemicarbazon, 28, 3 (114).
d-Xylose-tetranitrat, 40, 2 (182).
Xylose-thiosemicarbazon, 28, 3 (115).
Xylose-trimethylmercaptal, 23, 15 (96).
d-Xylose-trinitrat, 40, 2 (183).
Xylosidoglucose, 11, 10 (40).
Xylosimin, 25, 3 (106).
Xylotrimethoxyglutarsäure, 81, 27 (535).
Xylotrimethoxyglutarsäure-diamid, 81, 28 (534).
— -dimethylamid, 81, 28 (535).
Xylotrimethoxyglutarsäure-dimethylester, 81, 27 (534).
Xylotrioxyglutarsäure, 81, 26 (532).
— Ca-Salz, 81, 26 (533).
— -diphenylhydrazid, 81, 26 (533).
— K-Salz, 81, 26 (533).
— -monoformal-Derivat, 81, 26 (533).
β-m-Xylylenglykol-glucosid, 74, 174 (436).
p-Xylylenglykol-glucosid, 74, 174 (437).

Zink-glucosate, 72, 14 (380).
d-Zuckersäure und Derivate, 81, 30 (534, 535).
— -mono-lacton, 81, 30 (534).
l-Zuckersäure, 81, 33 (534).
— -di-phenylhydrazid, 81, 33 (535).
d,l-Zuckersäure, 81, 34 (536).
— -di-phenylhydrazid, 81, 34 (537).
— K-Salz, 81, 34 (537).
d-Zuckersäure-monoamid, 81, 32 (534).
— -diamid, 81, 32 (535).
Zymophosphat, 42, 32 (196).